東京・ベルリン Berlin–Tôkyô

Springer

Berlin
Heidelberg
New York
Barcelona
Budapest
Hong Kong
London
Mailand
Paris
Santa Clara
Singapur
Tokyo

Berlin–Tôkyô
im 19. und 20. Jahrhundert

東京・ベルリン

一九世紀〜二〇世紀における両都市の関係

JDZB

Springer

Japanisch-Deutsches Zentrum Berlin
Tiergartenstraße 24/25
D–10785 Berlin

東京・ベルリン
19世紀～20世紀における両都市の関係

編集
ヴォルフガンク・ブレン
マリー＝ルイーゼ・ゲールケ

日本語版編集
藤 野 哲 子
関 川 富士子

発行所
ベルリン日独センター
(Japanisch-Deutsches Zentrum Berlin)
Tiergartenstrasse 24/25, 10785 Berlin, Germany

発売元
シュプリンガー・フェアラーク出版
ベルリン／ハイデルベルク／ニューヨーク／東京

表紙、レイアウト、独文製版
デ・ブリック、ベルリン

製版
フランク・シュプラーヘン＆テヒニク、ニーダカッセル

印刷
ザーラドルック、ベルリン

製本
リューダリッツ＆バウア、ベルリン

許可なしに転載、複製することを禁じます。
定価 12,600 円
無塩素漂白紙使用

ISBN-13:978-3-642-64602-7   e-ISBN-13:978-3-642-60898-8
DOI: 10.1007/978-3-642-60898-8

Redaktion: Wolfgang Brenn, Marie-Luise Goerke,
Sekikawa Fujiko, Fujino Akiko
ISBN 978-3-642-64602-7

Springer-Verlag Berlin, Heidelberg, New York, Tôkyô

Die Deutsche Bibliothek – CIP-Einheitsaufnahme
Berlin–Tôkyô im 19. und 20. Jahrhundert / Hrsg.: Japanisch-
Deutsches Zentrum Berlin. – Berlin; Heidelberg ; New York ;
Tokio : Springer 1997

Umschlaggestaltung, Layout und deutscher Satz: de'blik, Berlin
Satz: Frank Sprachen und Technik, Niederkassel

Bindearbeiten: Lüderitz und Bauer, Berlin

SPIN: 10494269   60/3020 Gedruckt auf säurefreiem Papier

Über dieses Buch

本書について

1994年5月、東京とベルリンの友好都市提携が成立した。これをきっかけに、両都市の関係史を一冊の本にまとめるアイデアが生まれた。本書は、両メトロポリスの歴史上の接点を捉え、概説するものである。両都市関係の形成に積極的に関与する著名人や、ベルリンあるいは東京を専門に研究する諸氏に、過去と現在を文章と写真で描きだしていただいた。

各章の始めで両都市の歴史を概説し、それに両都市関係の個々の局面にテーマを絞った寄稿文が続く。四つの章は過去150年の歴史を年代順に分けたもので、テーマ別の配列ではない。寄稿文のなかには、その章の時代の枠を越え、厳密には年代順配列を中断してしまうものもあるが、これは意図的におこなったものである。

本書では、両大都市の歴史の多様性をとおして、また、執筆者たちの様々で自由な視角をつうじて、多彩な姿を描きだせたと思う。執筆者たちに、編集意図にあまりとらわれることなく執筆していただいたことで、自由で変化に富む内容が生まれた。

ブレンさんには豊かな経験に基づくお力添えを、ハックさんからは有益なご助言とご協力をいただいた。また、コックスさんにはたゆまぬ熱意をもって文献調査の迷路をたどる道しるべとなっていただいた。本書出版に際し、諸氏に改めて感謝申し上げたい。

文中の日本人名は日本の習慣どおりに姓・名の順に記した。日本語の単語および固有名詞の表記にはヘボン式ローマ字を用いた。引用文は――日本語に長母音記号を付した以外は――すべて原著にしたがった。

なお、寄稿文の大部分は1994年～1995年に執筆された。

マリー＝ルイーゼ・ゲールケ

Anläßlich der Städtepartnerschaft zwischen Berlin und Tôkyô, die im Mai 1994 in Berlin besiegelt wurde, entstand die Idee, ein Buch über die Beziehungen beider Städte zu schreiben. Das vorliegende Werk soll einen Überblick über die Berührungspunkte in der unterschiedlichen Geschichte beider Metropolen geben. Die Stationen gemeinsamer Vergangenheit und Gegenwart werden in Wort und Bild durch bekannte Persönlichkeiten, die diese Beziehungen aktiv gestalten, und durch Berlin- oder Tôkyô-Experten vertiefend dargestellt.

Am Anfang eines jeden Kapitels steht ein zusammenfassender Teil, der die Geschichte beider Städte in einen allgemeinen Bezugsrahmen zu setzen versucht und die schlaglichtartigen thematischen Darstellungen über einzelne Aspekte der Beziehungen zwischen Berlin und Tôkyô verknüpfen soll. Die vier Kapitel folgen den historischen Perioden der letzten hundertfünfzig Jahre und sind nicht thematisch angeordnet. Manche Beiträge sprengen den ihnen zugeordneten zeitlichen Rahmen und sorgen damit für eine Durchbrechung der starren Reihenfolge, was beabsichtigt war.

Das Buch bietet nach unserer Meinung durch die Mannigfaltigkeit der Geschichte beider Großstädte und durch die verschiedenen Blickwinkel der Autoren und Autorinnen, denen freie Hand gelassen wurde, ein vielfältiges Bild. Das Ergebnis ist umso abwechslungsreicher, gerade auch weil die Beiträge sich nicht an die Meinung der Herausgeber anschließen mußten.

Mein Dank gilt all den zahlreichen Personen, die die Autoren und mich durch ihre Kooperationsbereitschaft unterstützt haben. Stellvertretend möchte ich hier erwähnen: Herrn Dr. Brenn, auf dessen Erfahrung und Hilfsbereitschaft ich mich immer verlassen konnte, und Frau Hack, die mir mit klugem Rat und gewandter Tat zur Seite stand. Frau Kocks half mir mit unermüdlichem Eifer durch das Dickicht der Literatur.

Die japanischen Personennamen werden im folgenden in der in Japan üblichen Reihenfolge Familienname – Vorname wiedergegeben. Transkriptionen japanischer Begriffe bzw. Eigennamen erfolgen nach dem modifizierten Hepburn-System. Historische Zitate wurden im Original übernommen, mit Aus-

日本語版について

　日本語版は、そのほとんどが独文和訳です。対訳本ということもあり、なるべく原文に忠実に訳し、編集するよう努めました。したがって「花道」の説明のように日本の方には明らかに不必要と思われる箇所もあえて残しました。しかし、日本では一般に知られていないと思われるドイツの事項に関しては説明を付した意訳にするか、編注で説明を入れました（アルファベット注が翻訳者または編集者による注）。また、人名初出の際はなるべくフルネームを記し、必要と思われる場合には生没年等を補足しました。

　本書では、ドイツ人が日本について書いた文章を日本人が翻訳していることから、翻訳・編集作業中に内容および表現が明らかに適切でない箇所に気付くこともありました。著者と相談の上できる限り原文を訂正しましたが、できなかったものについては原文通りに和訳しました。

　日本語版では読者の便宜を考え、注と参考文献を分けました。本や論文のタイトルは『　』で、新聞、雑誌、論文集等は「　」で括ってあります。原典が外国語で定訳が判明していないものに関しては《　》ないし〈　〉に直訳を記しました。文学・映画・演劇作品等の題名や展覧会題名は『　』、外国語のもので日本語の定訳が判明しなかったものは《　》で括ってあります。参考文献は著者・編者のアルファベット順、同人物の著作は年代順です。アルファベットは原則的にドイツ語を正として並べたので、日本語版では分かりにくくなっていますが、ご了承ください。

　引用文では、旧漢字が必要なところでは、できる限りこれを使うようにしましたが、できなかったものは当用漢字を用いました。

　西洋人名のカタカナ表記は『岩波西洋人名辞典』に従いましたが、なかには「ケンペル」「シーボルト」「シーメンス」のように一般に日本で

nahme der Längungszeichen, die grundsätzlich bei japanischen Begriffen und Eigennamen verwendet wurden.
Die meisten Beiträge wurden 1994/95 geschrieben

Marie-Luise Goerke

知られているものは岩波に倣わなかったものも
あります。外国地名のカタカナ表記は『コンサ
イス外国地名事典』に倣いました。

　ベルリンの地名では、たとえば「フリードリ
ッヒシュトラーセ」を「フリードリッヒ通り」
として「通り」に「シュトラーセ」とルビをふ
り、固有名詞の音と意味を伝えたかったのです
が、本書ではルビを使用できないため「フリー
ドリッヒシュトラーセ通り」にしました。

　なお、ドイツがドイツ連邦共和国とドイツ民
主共和国に分割されていた頃、ドイツ連邦共和
国の役所関係の業務に就いていた者は「ベルリ
ン（西）」「ベルリン（東）」と書くように教えら
れ、ドイツ民主共和国側に立つ者は「西ベルリ
ン」「東ベルリン」と書いていましたが、本書で
は日本でもなじみのある後者の書き方で統一い
たしました。同様の理由でドイツ連邦共和国と
ドイツ民主共和国を「西ドイツ」「東ドイツ」と
している箇所もあります。

　原文がドイツ語の原稿では、日本の固有名詞
もドイツ語（ローマ字または独訳）で記されて
います。著者が漢字を添えてくださった場合も
ありますが、ほとんどは文献を繰って漢字ある
いは正式名称を調べました。ベルリンで手に負
えなかったものは東京で調べましたが、非常に
面倒な作業にご協力いただいた国立国会図書館
協力部国際協力課長の村山隆雄様を始め大勢の
方々に心より感謝申し上げます。また美術関係
の四原稿では——日本語版だけでなくドイツ語
版でも——ベルリン州公文書館と東京国立博物
館資料部研究指導室長の佐々木利和様にご協力
いただきました。その校正に当たっては、ベル
リン日独センターの桑原節子も参加しました。
同所員は美術史家として本書に寄稿しておりま
す。諸氏に改めて御礼申し上げます。

関　川　富士子　　　　　藤　野　哲　子

Da die meisten Artikel in deutscher Sprache geschrieben worden sind, hatten die Übersetzer große
Schwierigkeiten, japanische Bezeichnungen von deutschen und japanischen (!) Institutionen, Kanjis japanischer Personen- und Ortsnamen und japanische
Titel (stehende Übersetzung) von Büchern, Filmen
und Theaterstücken herauszufinden. Teilweise konnten die Autoren selbst diese Informationen liefern,
doch vieles mußte in mühsamer Arbeit recherchiert
werden. So möchte ich mich insbesondere bei Frau
Fujino Akiko bedanken, die in den heißen Sommer-
monaten in Tôkyô diese Arbeit geleistet hat, und
auch bei all denjenigen, die sie dabei unterstützt
haben. Stellvertretend möchte ich hier Herrn Murayama Takao (The National Diet Library, Library
Cooperation Department, Chief of International Cooperation Division) nennen. Bei den vier Artikeln,
die sich mit Kunst befassen, war ich auf die Hilfe des
Landesarchivs Berlin und auf Herrn Sasaki Toshikazu
(Research and Information Center of the Tôkyô National Museum) sowie auf die fachlichen Kenntnisse
von Frau Dr. Kuwabara Setsuko angewiesen. Ihnen
allen danke ich herzlich für ihre freundliche Unterstützung.

Sekikawa Fujiko

目次

Inhalt

第3章
二度の世界大戦

KAPITEL III
Zwei Weltkriege

第4章
そして1945年以降

KAPITEL IV
Nach 1945...

Grußwort
Aoshima Yukio

祝辞 青島幸男

1989年にベルリンの壁が崩壊し、東西ベルリンが統一され、ベルリン市は新たな歴史に向けて大きな一歩を踏み出されました。その五年後の1994年、東京都とベルリン市は友好都市の提携を結びました。これは、両都市が都市経営や文化、経済など広範な分野において協力し合い、市民同士の相互理解と友好の絆をさらに深め、市民生活の向上と世界平和の実現に寄与していこうとするものであり、両都市の交流の歴史にとって大きなエポックを画するものであります。

日本とドイツの交流の歴史は、江戸時代のシーボルト博士の日本滞在に遡ることができますが、本格的な交流が始まったのはわずか130年ほど前の明治維新になってからのことであります。両国の古い歴史からすれば、極めて新しい出来事ともいえますが、以来、両国の交流は急速な進展をみせてまいりました。日本の医学教育に貢献されたベルツ博士、日本の産業の発展に生涯を捧げたワーグナー博士など、日本の近代化に多大な貢献をされた多くのドイツの恩人を、私たちは忘れることができません。また、森鷗外がベルリンで医学を学んだのも、1880年代頃のことです。

私は今年の6月、初めてベルリンを訪問しました。歴史と伝統に支えられた風格のある美しい街並みと首都建設に燃える新しいベルリンの活力を目のあたりにして、深い感動を覚えました。また、掛け替えのない環境や資源を大切に考えリサイクルに取り組む市民の熱意を、まちの随所で感じました。私は、循環型社会づくりを都政の最大の政策課題と位置づけ、その実現に全力で取り組んでおりますが、ベルリンでの実践例は、私にとって大きな励ましとなりました。環境と調和した持続可能な都市の発展こそ、21世紀の都市の不可欠の条件であると思いを新たにしたところであります。

東京とベルリンは、これまでの歴史のなかで

1989 fiel die Berliner Mauer, Ost- und West-Berlin wurden vereinigt, und die Stadt hat einen großen Schritt in eine neue geschichtliche Phase gemacht. Fünf Jahre später, 1994, waren Tôkyô und Berlin als Partnerstädte verbunden. Die beiden Städte werden in so weitreichenden Bereichen wie Stadtverwaltung, Kultur oder Wirtschaft zusammenarbeiten. Es wird das gegenseitige Verständnis in der Bevölkerung und die freundschaftliche Verbindung vertiefen und dazu beitragen, den Lebensstandard unserer Bürger zu verbessern und den Frieden in der Welt zu bewahren; hier zeichnet sich eine große Epoche in der Geschichte des Austauschs zwischen den beiden Städten ab.

Die Geschichte des Austauschs zwischen Japan und Deutschland kann man bis in die Edo-Zeit, als Philipp Franz von Siebold sich in Japan aufhielt, zurückverfolgen; aber der eigentliche Austausch begann mit der Meiji-Restauration vor 130 Jahren. Für beide Länder mit ihrer langen Geschichte ist dies ein vergleichsweise junges Ereignis, doch seitdem hat sich der Austausch zwischen den beiden Ländern sehr schnell entwickelt. Wir können nicht vergessen, daß es viele deutsche Wohltäter waren, die zur Modernisierung Japans einen großen Beitrag geleistet haben, Erwin von Bälz, der die Medizinausbildung in Japan förderte, Gottfried Wagner, der sein Leben der Entwicklung der japanischen Industrie gewidmet hat, und andere. Und Mori Ôgai hat in Berlin in den 1880er Jahren Medizin studiert.

Ich habe dieses Jahr im Juni zum ersten Mal Berlin besucht. Mir fielen die schönen Viertel auf, die durch Geschichte und Tradition ihren Charakter erhalten

多くの困難に遭遇しながらも、市民のたゆまぬ
努力によってこれを克服し、発展してまいりま
した。このたびの『東京・ベルリン　19世紀〜
20世紀における両都市の発展』は、こうした先
人の努力と活躍を実に克明に描き出しています。
現下の難題を解決する鍵、未来を切り拓く力は
過去の歴史から学ぶことにあるといわれます。
東京とベルリンの両都市の相互の発展にとって、
本書は誠に貴重な示唆を与えてくれるものと確
信するものであります。本書の制作を契機とし
て、両都市の友好関係がより一層深まっていく
ことを期待して止みません。終わりに、本書の
上梓に多大なご尽力をされたベルリン日独セン
ターをはじめ関係者の皆様に深く敬意を表しま
して、ご挨拶といたします。

1997年7月

青島幸男

（東京都知事）

haben, und auch die Vitalität des neuen Berlin, die sich im Aufbau der Hauptstadt zeigt, und es hat mich tief berührt. Überall in der Stadt kann man auch den Enthusiasmus spüren, mit dem die Bevölkerung über das Recycling-Problem nachdenkt, das für die unersetzliche Umwelt und ihre Ressourcen so wichtig ist. Ich möchte, daß die Schaffung einer Recycling-Gesellschaft als wichtigste politische Aufgabe in Tôkyô einen Platz bekommt, und darin hat mich die Praxis in Berlin sehr ermuntert. Für eine nachhaltige Stadtentwicklung in Harmonie mit der Umwelt, für eine Stadt des 21. Jahrhunderts ist dies unentbehrlich, denke ich immer wieder.

Tôkyô und Berlin sind schon oft in ihrer Geschichte mit großen Schwierigkeiten konfrontiert worden, aber durch den unermüdlichen Fleiß ihrer Bürger konnten sie überwunden werden und die Städte wieder einen Aufschwung nehmen. Das Buch "Berlin–Tôkyô im 19. und 20. Jahrhundert" schildert sorgfältig die Anstrengungen und Aktivitäten der Pioniere des Austauschs. Der Schlüssel zur Lösung gegenwärtiger Probleme liegt darin, der Zukunft den Weg zu ebnen, indem man aus der Vergangenheit lernt. Ich bin überzeugt davon, daß sich für die Entwicklung Tôkyôs und Berlins in diesem Buch wertvolle Vorschläge finden lassen, und hoffe sehr, daß es dazu beitragen kann, die freundschaftlichen Beziehungen zwischen den beiden Städten zu vertiefen. Zum Schluß möchte ich allen an der Herstellung des Buches Beteiligten, allen voran dem JDZB, ganz herzlich für ihre Mühe danken.

Tôkyô, im Juli 1997

Aoshima Yukio
(Gouverneur von Tôkyô)

祝辞 エーバハルト・ディープゲン

Grußwort
Eberhard Diepgen

1994年に東京とベルリンは友好提携都市となりました。しかし両都市間の関係は既に多岐にわたる長い歴史を持っています。その例として森鷗外という名前があげられます。作家森鷗外の名は私たちにベルリンと東京の友好の架け橋を担う様々な文化の柱を思い出させてくれます。森鷗外は留学期間の一時期をベルリンで過ごしました。作家としての彼はベルリンを舞台とした『舞姫』を書くことで自分が学んだ街を日本人に身近なものとしました。また特にドイツ古典文学の翻訳家として彼は今日に至るまでも重要な文化の仲介者として影響力を持っています。ベルリン・ミッテ区にある森鷗外記念館は彼の業績を記念するものです。またベルリンではその他の所でも両都市の生き生きとした交流がおこなわれています。特におよそ十年来両国間の学術と経済の対話の分野で素晴らしい活躍をしているベルリン日独センターがそのひとつです。

経済関係は特にますます多様化していきます。ベルリンはヨーロッパの中心に位置するという立地条件から、また成長市場である中欧、東欧に近接することから、日本を含む諸企業の拠点として最適の街です。このことは例えばソニーも認識しており、市の中心のポツダム広場にヨーロッパ・ヘッドクォーターを建設しています。これはベルリンが今後ますます日独間の取引の中心となっていくことを表わすものです。

東京・ベルリン間の友好提携都市協約の締結はより強力な友好関係のための最初の一歩と考えるべきでしょう。今日もなお、型にはまった偏見が私たちの頭の中のイメージを支配してしまうことがままあります。しかしまさにドイツ経済こそ、世界第二位の経済大国との取引が与えてくれるチャンスを掴まなくてはならない立場にあるのです。

ベルリンを見る限り日本に関する知識は未だに不完全です。互いのパートナーを現実的に理

Seit 1994 sind Berlin und Tôkyô partnerschaftlich miteinander verbunden. Aber schon viel länger gibt es vielfältige Verbindungen zwischen den beiden Städten. Für sie steht zum Beispiel auch der Name Mori Ôgai. Der Name dieses Schriftstellers erinnert uns an die vielen kulturellen Pfeiler, die die Brücke der Freundschaft zwischen Berlin und Tôkyô tragen. Mori Ôgai verbrachte einen Teil seines Studiums in Berlin. Als Schriftsteller brachte er mit seiner Berliner Novelle *Das Ballettmädchen* seine Studienstadt den Japanern näher. Vor allem auch als Übersetzer der deutschen Klassiker wirkt er bis heute als wichtiger Kulturvermittler. An ihn erinnert noch die Mori Ôgai Gedenkstätte in Berlin-Mitte. Aber auch an anderen Stellen herrscht lebendiger Austausch, so vor allem im Japanisch-Deutschen Zentrum Berlin, das seit fast zehn Jahren auf dem Feld des wissenschaftlichen und wirtschaftlichen Dialoges Hervorragendes leistet.

Gerade die Wirtschaftsbeziehungen werden immer vielfältiger. Schließlich ist Berlin wegen seiner zentralen geographischen Lage in Europa und aufgrund seiner Nähe zu den wachsenden Märkten Mittel- und Osteuropas ein hervorragender Standort für Firmen auch aus Japan. Dies hat beispielsweise auch Sony erkannt – dieser Konzern baut mitten in der Stadt am Potsdamer Platz seine Europa-Zentrale. Dies zeigt, daß Berlin immer mehr in den Mittelpunkt des deutsch-japanischen Handelsaustausches rückt.

Die Unterzeichnung des Partnerschaftsabkommens zwischen Berlin und Tôkyô kann erst ein erster Schritt zu einer intensiven Freundschaft sein. Allzu-

解するには歴史と現在にあらゆる角度から徹底的に取り組むしかありません。この意味で本書が貴重な貢献をしてくれることでしょう。

1997年初春
エーバハルト・ディープゲン
（ベルリン市州長）

oft bestimmen noch Klischees unsere Denkbilder. Gerade die deutsche Wirtschaft muß die Chancen, die der Handel mit der zweitgrößten Wirtschaftsmacht der Welt bietet, nutzen.

In Berlin ist das Wissen über Japan oft noch lückenhaft. Ein realistisches Bild vom jeweils anderen Partner kann nur durch eine intensive Beschäftigung mit allen Aspekten der Geschichte und Gegenwart entstehen. Dazu wird das vorliegende Buch einen wertvollen Beitrag leisten.

Berlin, im Frühjahr 1997

Eberhard Diepgen
(Regierender Bürgermeister von Berlin)

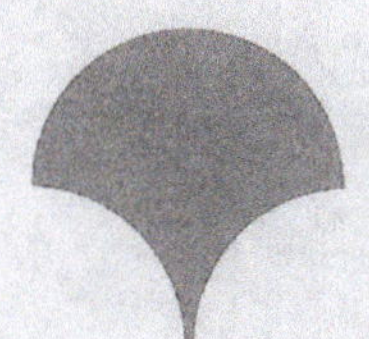

共　同　宣　言

　世界は今、歴史の転換期にあり、共存と繁栄を希求する時代へ大きく移行しつつある。

　人間の英知の結集たる都市は、世界の相互依存が高まるなか、今後の国際社会、ひいてはより良き世界を築くうえで、大きな役割を果たしつつある。

　東京とベルリン、この両都市は、長い歴史のなかで多くの困難を克服しながら発展し、今やそれぞれの国の首都として、また世界の中心的な都市として、さらに大きく飛躍していこうとしている。

　このふたつの都市が、密接な連帯のもとに、「都市の世紀」ともいうべき21世紀に向けて、いま新たな一歩を踏み出す。

　東京都知事鈴木俊一とベルリン市長エバーハルト・ディープゲンは、両都市が長年にわたって培ってきた関係をさらに発展させ、互いの尊敬と友情をかたちあるものとするため、東京都とベルリン市との間で、末永い友好都市関係を樹立することを決意した。

　我々は、両都市の都市経営にかける相互の熱意をふまえ、この提携に基づく多様な分野における交流と協力を促進することによって、両都市の発展に資するとともに、日本とドイツ両国の一層の友好親善を増進させ、ひいては世界の平和と発展に寄与しようとするものである。

　我々は、東京及びベルリン両都市市民の名のもとに、双方の議会の同意を得て、公式に友好都市関係を締結することをここに高らかに宣言する。

　　　　　1994年5月14日　ベルリンにて

東京都知事　　　　　　　　　　　　ベルリン市長

　鈴　木　俊　一　　　　　　　　　エバーハルト・ディープゲン

GEMEINSAME ERKLÄRUNG

über die Begründung einer Städtepartnerschaft
zwischen Berlin und Tokio

Die Welt befindet sich heute an einem historischen Wendepunkt und bewegt sich auf eine Zeit zu, in der die Hoffnung auf engere Zusammenarbeit und gemeinsamen Wohlstand besteht.

Es gibt in dieser Welt eine wachsende gegenseitige Abhängigkeit zwischen den einzelnen Nationen. Zugleich werden die Städte, in denen sich die Erfahrungen vieler Generationen versammeln, eine wichtige Rolle dabei spielen, wenn es darum geht, Gesellschaften internationaler zu gestalten und eine bessere Welt zu errichten.

Sowohl Tokio als auch Berlin haben sich bemerkenswert entwickelt und während ihrer langen Geschichte als Stadt viele Schwierigkeiten überwinden müssen. Beide Städte werden sich als Hauptstädte ihres jeweiligen Landes und als bedeutende Metropole positiv entwickeln.

Die beiden Städte arbeiten eng zusammen und wollen neue Schritte in Richtung 21. Jahrhundert - das man wohl zu Recht das Jahrhundert der Städte nennen könnte - unternehmen.

Wir, Shunichi Suzuki, der Gouverneur von Tokio, und Eberhard Diepgen, der Regierende Bürgermeister von Berlin, sind entschlossen, die bereits existierende Zusammenarbeit zwischen unseren beiden Städten langfristig weiterzu - entwickeln. Um dies zu realisieren, werden wir eine dauernde Städtepartnerschaft zwischen unseren beiden Städten schaffen, um unseren gegenseitigen Respekt und guten Willen zu dokumentieren.

Basierend auf den großen Erfahrungen, die beide Städte auf dem Feld des Stadtmanagments haben, werden wir die Zusammenarbeit und den Austausch auf verschiedenen Gebieten vorantreiben. Dies wird der Entwicklung beider Städte helfen, die Freundschaft zwischen Deutschland und Japan vertiefen und damit auch den Frieden in dieser Welt und deren Entwicklung fördern.

Dies erklären wir heute, in Namen der Bürger von Berlin und Tokio.

Unterzeichnet am 14. Mai 1994 in Berlin.

Eberhard Diepgen	Shunichi Suzuki
Regierender Bürgermeister	Gouverneur
von Berlin	von Tokio

Die 60er bis 80er Jahre des 19. Jahrhunderts
Marie-Luise Goerke

一八六〇年代から一八八〇年代まで

マリー゠ルイーゼ・ゲールケ

19世紀後半は帝国主義の時代であった。先進諸国は新市場の開拓や資源確保、勢力範囲と軍事拠点の拡大を求めた。西洋列強の植民地拡大の関心は、極東の国々にも向けられた。19世紀における対中貿易を中心とする東洋貿易では、イギリスが独占的な地位を占めていた。また学術も「地球上の未踏の地」の開拓に努めていた⁽¹⁾。1853年にアメリカの提督マッシュー゠C・ペリーが通商を求め日本の諸港を開港させるために軍艦を率いて浦賀にあらわれ、翌年日本は二百年以上におよぶ鎖国を終えアメリカと和親条約を結んだ。これは続く一連の根本的革新の端緒となり、1868年に断行された王政復古とともに年号を明治と改め新時代が始まった⁽²⁾。今日では、革新のプロセスを明治維新と呼んでいるが、これには近代日本の基礎を築いたと呼ばれる時代も包括される⁽³⁾。

1854年、アメリカがいわゆる神奈川条約と称する日米和親条約を締結した直後、イギリス、ロシア、フランスも日本と条約を締結し、翌1855年にはオランダが、また1860年にはポルトガルが続いた。日本が強制されて開国した七年後にはプロシアも条約を締結し、当時はまだ江戸と称した東京とベルリンの関係史の幕開けとなった。

プロシアと日本間の条約は両国の外交関係の出発点となったが、すでにそれ以前に非公式にドイツとの接触があった⁽⁴⁾。

「不平等条約」締結以前の在日外国人

1600年以降に日本に在住したわずかな西洋人は、おもにヨーロッパの商人と伝道士たちであった。キリスト教の信者が増加し、幕府は日本の社会秩序が乱される危険を感じた。急速に普及するキリスト教の禁止を名目として、幕府は1641年に鎖国令を出し、すべての外国人を国外追放した。長崎の小島・出島に滞在を許され

Die zweite Hälfte des 19. Jahrhunderts ist das Zeitalter des Imperialismus. Die Industriestaaten verlangten nach neuen Absatzmärkten, Rohstoffquellen, nach Ausdehnung ihrer eigenen Einflußsphären und Militärstützpunkten. Das kolonialistische Interesse der westlichen Großmächte richtete sich auch auf die Länder in Fernost, wobei der Ostasienhandel im 19. Jahrhundert – insbesondere mit China – von den Engländern dominiert wurde. Auch die Wissenschaft war bestrebt, die noch "unberührten Plätze der Welt" zu erschließen.[1] So machte 1853 ein amerikanisches Geschwader unter der Leitung von Commodore Matthew C. Perry bei Uraga fest (an der Einfahrt zur Bucht von Edo/Tôkyô), um die Öffnung japanischer Häfen für den Außenhandel zu erzwingen. Mit Erfolg: Der erste Handelsvertrag, den Japan nach seiner mehr als 200 Jahre andauernden, selbstgewählten Isolation mit den USA ein Jahr später unterzeichnete, bildete den Auftakt zu einer Reihe von einschneidenden Umwälzungen. Mit dem Übergang der politischen Gewalt in die Hände des japanischen Kaisers (Tennô) ab 1868 wurde eine neue Ära eingeleitet, die unter der Devise Meiji (aufgeklärte Regierung) stand.[2] Dieser Reformprozeß wird als Meiji-Restauration (Meiji-Ishin) bezeichnet und umfaßt jene Zeit, die man heute als die Geburtsstunde des modernen Japan beschreibt.[3]

Nachdem die USA einen Handelsvertrag, den sogenannten Vertrag von Kanagawa, mit Japan erwirkt hatte, ließen auch England, Rußland und Frankreich nicht lange auf sich warten und schlossen im gleichen Jahr wie die USA, also 1854, eigene Verträge ab, Holland folgte 1855 und Portugal 1860. Sieben Jahre nach der erzwungenen Landesöffnung reihte sich Preußen neben diese Staaten ein, womit die Geschichte der Beziehungen zwischen Berlin und Tôkyô (damals noch Edo genannt) ihren Anfang nahm.

Der Vertrag zwischen Preußen und Japan bildete den Ausgangspunkt der offiziellen, d.h. der diplomatischen Beziehungen beider Länder; inoffizielle Kontakte zu Deutschen gab es jedoch bereits schon zuvor.[4]

Ausländer in Japan in der Zeit vor den "ungleichen Verträgen"

Die wenigen westlichen Ausländer, die sich nach 1600 und noch vor der Landesabschließung in Japan

た中国人とオランダ人を除いて外国人との接触はほぼ断絶され、これを犯す者は罰せられた。1616年以降も日本との交易権を保有したのは、オランダ人と中国人のみになった。日独修好通商条約の締結前に日本に来たドイツ人はわずかであったが、そのほとんどがオランダ東インド会社の商船で到来し、オランダ人と称して日本に滞在したのであった⁽⁵⁾。

　1603年に政権を掌握し日本全国を支配した徳川幕府は前世紀の半ばに大政を奉還し、徳川時代が終わった。この時代には、京都に住む天皇は単に名目上の国家元首にすぎず、実権は江戸幕府の手中にあった。国は260の領国に分割され、領主である諸大名は幕府の統率下におかれ、行政を司ったのは武士階級であった。平和が支配した徳川時代には芸術が開花し、手工業、商業および都市が繁栄した。古典・儒教的色彩の支配層文化にくわえ、特に江戸の商業地区では享楽的生活を謳歌する町人文化が定着し、歌舞伎、錦絵、文楽が発展した。都市の日常生活は文学の世界にも登場し、幻想的で奔放な題材、江戸の色街や生活模様が細かく描かれた。俗文学・戯作は江戸を中心に発達し、和漢混交の文体からなり、道徳的教訓的な冒険小説や雄大で幻想的な内容の小説「読本」、滑稽で風刺的逸話を記した「滑稽本」、あるいは対話を骨子とした大衆的な小説集「洒落本」などと多様であった。「洒落本」は江戸の遊里における掟と風習を描き、後に幕府によって絶版を命じられた。また滑稽談を聴かせる落語は、19世紀半ばには700におよぶ小劇場で演じられ大衆の人気を博した。

　身分四民制の最上位には武士階級（士）が位置し、その下は農民（農）、職人（工）、商人（商）の順であった。穢多や非人は四民制の枠外の身分とされた。それは彼らが皮革業や葬儀屋、見世物、大道芸あるいは乞食稼業など宗教的・社会的にもタブー視された職業に就いていたた

aufhielten, waren vornehmlich europäische Kaufleute und zunehmend Missionare. Das Christentum fand zu dieser Zeit so viele japanische Anhänger, daß die Shogunatsregierung (Bakufu) die sozialpolitische Ordnung Japans durch die christliche Religion gefährdet sah. Dem sich rasch ausbreitenden Christentum wurde durch die seit 1641 vom Shogunat betriebene Politik der Landesabschließung Einhalt geboten und alle Ausländer wurden des Landes verwiesen. Mit Ausnahme der Chinesen und der Holländer, die sich nur auf einer der Stadt Nagasaki vorgelagerten kleinen Insel namens Dejima aufhalten durften, bestand fast keinerlei Kontakt zu Ausländern, der zudem unter Strafe verboten war. Nur die Holländer besaßen zusammen mit den Chinesen seit 1616 das alleinige Handelsrecht mit Japan. Die wenigen Deutschen, die den japanischen Boden vor Abschluß der Handelsverträge im Jahre 1861 trotzdem betraten, kamen zumeist auf Schiffen der Holländisch-Ostindischen-Gesellschaft ins Land und gaben sich dort als Holländer aus.[5]

Mitte des letzten Jahrhunderts ging in Japan eine Epoche zu Ende, die man als die Tokugawa-Periode bezeichnet. Die Namensgeber dieser Ära waren schon seit 1603 die Regenten (Shôgun) des Hauses Tokugawa. Der japanische Kaiser, der in der Hauptstadt Kyôto residierte, war nur nominelles Staatsoberhaupt, die tatsächliche Regierungsgewalt übte die Shogunatsregierung in Edo aus. Das Land war in 260 Fürstentümer unterteilt, deren Territorialherren (Daimyô) dem Regenten Japans unterstellt waren, der Verwaltungsapparat wurde von dem Schwertadel (Samurai oder Bushi) getragen. Die Tokugawa-Periode verlief friedlich, das Handwerk, die Künste, die Städte und der Handel blühten. In den städtischen Handelsvierteln, besonders in Edo, etablierte sich neben der klassisch-konfuzianisch geprägten Kultur der Elite eine sogenannte Bürgerkultur (Chônin bunka), die dem amüsierlichen Leben frönte und das Kabuki-Theater, die Holzschnittdrucke und das Puppentheater entwickelte. Der Alltag des Stadtlebens erhielt Einzug in die Literatur; phantastisch-eskapistische Sujets, die Freudenviertel und detailreiche Szenenschilderungen des Lebens in Edo wurden gepflegt. Die populäre Unterhaltungsliteratur (Gesaku) hatte ihr geistiges Zentrum in Edo, deren Spektrum von

めであった。18世紀中葉における貨幣経済の確立とともに幕府の経済・財政基盤が悪化し、また徳川幕府に対する批判も強まった。一方では時とともに都市の商人や職人が富を築き、なかには四民制最下位の身分に定められる以上の影響力を持つ商人も生まれた。しかし、他方では貧困に喘ぐ商人も多くいた。平和な時代に農民の年貢で暮らした支配層の武士たちは信望を失い、下級武士層は目に見えて貧困を極めていった。身分制度の上下間における社会的緊張と矛盾によって徳川時代の日本には社会的な改革の必要性が顕わになった。欧米諸国による外交上の圧力とともにこうした状況がアメリカの黒船到来十年後に徳川封建制度を崩壊させる要因となったのである。

鎖国から二百年後にイギリス、フランス、オランダそしてロシアが江戸幕府と締結した条約は、いわゆる「不平等条約」として歴史にその名を留めることになった。なぜならば、条約では各国が独自の領事裁判権・治外法権を享有し、さらに輸入関税設定に対する日本の関税自主権を制限していたためである[6]。

条約国の人間は開港地近辺に居住が許された。修好通商条約締結直後には、逸速く日本との貿易を開始しようとする諸外国の商人が殺到した。1850年代にはドイツ諸侯国との条約は存在しなかったが、ドイツ人商人も日本に到来した。彼らは権利を有さないことを意とせず、対外開港地のなかでもおもに横浜に拠点を築き、日本と条約関係にある国の保護下に入ることによって滞在を正当化したのであった。日本も外国人が来ることは予想していた。

「日本人は、外国人を受け入れる準備を万端整えていた。少数の家屋が点在する古い漁村横浜は、現在の元町に移された。大岡川[a]には新しい河床が掘られたために横浜は四方が水に囲まれ、西欧人居留地だけでなく、日本人地区も封

Adaptionen chinesischer Erzählkunst, von moralisierend pseudohistorischen Abenteuergeschichten und phantastischen Romanerzählungen der sogenannten Lesebücher (Yomihon) über komisch-satirische Episoden bis hin zu den populären Sammlungen in erzählter Dialogform reichten. Sogenannte Bücher feiner Lebensart (Sharebon) gaben Aufschluß über die Regeln und die Sitten der Amüsierviertel Edos – und wurden von der Tokugawa-Regierung verboten. Vorträge humorvoller Geschichten zogen in den über 700 kleinen Bühnentheatern Edos in der Mitte des 19. Jahrhunderts die Massen an.

An der Spitze der damaligen hierarchischen Vier-Ständeordnung standen die Krieger (Hof- und Schwertadel), es folgten die Bauern, die Handwerker und die Kaufleute. Die Eta, die japanischen Paria, wurden zu keinem der vier Stände hinzugerechnet, sie standen außerhalb der Ständeordnung, da sie religiös oder sozial tabuisierte Tätigkeiten ausführten, und z.B. Gerber oder Leichenbestatter, Schausteller, Gaukler oder Bettler waren. Mit der endgültigen Durchsetzung der Geldwirtschaft um die Mitte des 18. Jahrhunderts verschlechterte sich die materielle Grundlage des Shogunats, und die kritischen Stimmen gegenüber dem Tokugawa-Regiment nahmen zu. Einerseits gelangten manche der in den Städten lebenden Kaufleute und Handwerker im Laufe der Zeit zu wirtschaftlichem Reichtum und damit auch zu mehr Einfluß, als es ihre unterste Stellung in der Ständehierarchie vorsah. Auf der anderen Seite gab es viele in Armut lebende, kleinere Kaufleute. Die herrschende Klasse des Schwertadels, die in Friedenszeiten von den Abgaben der Bauern lebte, verlor an Ansehen, und die niederen Samurai verarmten zusehends. Durch die sozialen Spannungen und Widersprüche innerhalb der oberen und unteren Stände zeichnete sich im Japan der Tokugawa-Periode ein gesellschaftlicher Reformbedarf ab, der mit dem außenpolitischen Druck der Westmächte zusammen das alte Tokugawa-System ein gutes Jahrzehnt nach der Ankunft der amerikanischen Schiffe im Jahr 1853 zu Fall bringen sollte.

Diese nach 200 Jahren Landesabschließung mit Japan abgeschlossenen Verträge der sogenannten Vertragsstaaten England, Frankreich, Holland und Rußland, gingen als "ungleiche Verträge" in die Geschich-

鎖された状態であった。横浜港には段のある石造りの埠頭が完成し、商品は沖に停泊する船から艀で運ぶことができた。これにもかかわらず、領事たちは協定に則して横浜でなく神奈川港の開港に固執した。神奈川港は、船舶の入港には海底が浅すぎたのだが。しかし、商人にはこの交渉が長くかかりすぎ、一時も早く取引を開始したい彼らは領事を残して横浜に上陸した。この時上陸したのは約50人の外国人で、なかに数人のドイツ人が混じっていた。(…) 皆非常に若く、30才以上の者はほとんどいなかった」[7]

もちろん、ドイツの商人にしてみても他国の保護下に入るよりは、自国と日本の間に独自の条約があるほうがよかったであろう。そこで、アメリカ籍の商船に乗って日本に一番乗りしたドイツ人商人と思われるフリードリッヒ＝アウグスト・リュードルフ（1834年〜1891年）は1855年7月にすでに「ドイツ国民」（もっとも、この時点では一国家としてのドイツは存在しなかった）にもアメリカ人、ロシア人、イギリス人と同様の権利を容認することによってオーストリア皇帝、プロシア国王そして他のドイツ諸侯の厚情を取り付けることを日本政府に納得させようと試みた[8]。以下は、当時の一般的な正書法で書かれた日本政府宛の嘆願書である。

「私どもの船は、アメリカ政府より、輸送船として傭船されており、現在アメリカの旗のもとに航海してはおりますけれども、私どもの祖国は、アメリカでなくドイツであります。どこにおりましょうとも、祖国の利害を代表いたしますことは、すべてのドイツ人の義務でありますので、私どもは、日本滞在を、徒らに過ごさず、この機会を利用して、祖国のために次のことを閣下にお願い申し上げようと存じます。お願い申しますのは、日本国政府が、すでに他の多くの文明国民に与えられましたと同様の利権と特権を、ドイツの国民に与えられますよう、

te ein: "Ungleich", da sie allesamt das Recht der Exterritorialität mit eigener Konsulargerichtsbarkeit beinhalteten und ferner das souveräne Recht Japans zur Festsetzung von Importzöllen einschränkten.[6]

Den Angehörigen dieser Vertragsstaaten war es erlaubt, sich in der Nähe der geöffneten Häfen niederzulassen. Sehr rasch kamen nun verstärkt ausländische Kaufleute nach Japan, die so schnell wie möglich ins Japangeschäft einsteigen wollten. Obwohl in den 50er Jahren des 19. Jahrhunderts noch kein Vertrag mit einem der deutschen Staaten abgeschlossen war, fanden dennoch auch deutsche Kaufleute den Weg nach Japan. Daß sie dazu kein Recht besaßen, hielt sie nicht davon ab, sich an einem der für die Ausländer geöffneten Häfen – meist Yokohama – niederzulassen. Dort angekommen, stellten sie sich unter den Schutz eines der damaligen ausländischen Vertragspartner Japans und legalisierten dadurch ihren Aufenthalt. Japan hatte die Fremden bereits erwartet:

"Die Japaner hatten … alles für den Empfang der Ausländer gut vorbereitet. Das aus ein paar Häusern bestehende alte Fischerdorf Yokohama war dorthin verlegt worden, wo heute die Motomachi ist. Für den Oka-Fluß wurde … ein neues Bett gegraben, so daß Yokohama nach allen Seiten durchs Wasser abgesperrt war, nicht nur der europäische, sondern auch der japanische Teil. Eine steinerne Pier war fertig und Steinstufen führten in die Bucht, so daß die Waren mit Booten gelandet … werden konnten. Die Konsuln bestanden trotzdem zunächst darauf, daß den Abmachungen entsprechend nicht Yokohama, sondern Kanagawa geöffnet werden sollte, wo die Bucht viel zu flach für Schiffe war. Den Kaufleuten dauerten diese Verhandlungen zu lange, sie wollten schnell Geschäfte machen, so daß sie … ohne ihre Konsuln landeten. Es waren etwa fünfzig Ausländer, darunter einige Deutsche … Alle waren sehr jung, fast niemand war älter als dreißig Jahre."[7]

Natürlich hätten die deutschen Kaufleute lieber auf einen eigenen Vertrag zwischen Japan und ihrem Land verwiesen, anstatt sich unter den Schutz ausländischer Vertragspartner zu stellen. Und August Lühdorf, der wohl als erster deutscher Kaufmann unter amerikanischer Flagge nach Japan gekommen war, versuchte bereits im Juli 1855 die Regierung zu überzeugen, daß sie der "deutschen Nation" (die es zu die-

日本帝国政府のもとへ私どもの名をもって申言
せられんことであります。

　ドイツは、ヨーロッパの中原にあります。──わ
が国民は、その地理が示すようにヨーロッパ中
でもっとも文明的な国民と称されております。
ドイツは、強大なる陸軍国であります。しかし、
軍艦は自国の港湾を守るのに必要なだけの少数
の軍艦を持つにすぎません。──ロシア、アメ
リカ、イギリス、これらの国の人々と同様の方
法で、この地へ海軍力を送りますことが、ドイ
ツの政府に対し、大きな困難を惹き起こすであ
りましょうことは、閣下において洞察せられま
すものと、信じて疑わぬところであります。つ
きましては、オーストリア皇帝、プロシア国王、
並びにその他のドイツ諸君主が、願わくは日本
帝国政府によって、われわれに与えられます有
利な回答を、特別の仁恵によって受領し、その
ことによって活発化します友好関係を強固なら
しめるため、あらゆる努力を尽くすでありましょ
うことを、閣下において洞察せられますことを.
信じて、疑わぬものであります」

　10月22日、リュードルフの嘆願書は却下され
た。彼がドイツ国家の正使ではなく、しかもア
メリカ国旗のもとで日本に来航したというのが
その理由であった。

　開国および西洋諸国との修好通商条約は、日
本国内に激しい政争を惹き起こした。幕府は西
洋列強の要求を認め、条約締結に応じることに
よって勝ち目のない戦争を免れたものの、他方
では政府の一大危機を招く結果となった。修好
通商条約の締結は政府の脆弱さの現れで、主権
の失墜と見なされた。欧米列強の軍事的、経済
的優位には太刀打ちできなかったようである。

　開国に対する抵抗は反幕府勢力の結集を促し、
諸藩間の権力政策上の利害対立が顕著になった。
こうして反幕府派と幕府間の権力を巡る闘争が
発生したのである⁽⁹⁾。修好通商条約に反対する反

sem Zeitpunkt allerdings als Staat noch nicht gab)
dieselben Rechte wie den Amerikanern, Russen und
Engländern einräumen solle und sich dadurch das
Wohlwollen des Kaisers von Österreich, des Königs
von Preußen und der anderen deutschen Herrscher
versichern könne.[8] Im Original heißt es im Stile und
in der damals üblichen Orthographie:

"Obgleich unser Schiff von der amerikanischen Regierung als Transportschiff engagirt ist und wir gegenwärtig unter dem Schutze der amerikanischen
Flagge fahren, ist doch nicht Amerika, sondern
Deutschland unser Vaterland ... so dürfen wir unsere
Anwesenheit in Japan nicht vorübergehen lassen ...
Ew. Excellenz die Bitte allergehorsamst vorzulegen,
bei der kaiserlichen Regierung in unserm Namen
beantragen zu wollen, der deutschen Nation dieselben Vortheile und Privilegien gewähren zu wollen,
welche die kaiserlich japanesische Regierung bereits
mehreren andern civilisirten Nationen ertheilt hat.
Deutschland liegt in der Mitte Europa's. – Unsere
Nation wird mit Recht die gebildetste Nation
Europa's genannt. Deutschland ist sehr mächtig zu
Lande, hat aber nur wenig Kriegsschiffe, die bestimmt sind, die eigenen Häfen zu beschützen. Ew.
Excellenz werden ohne Zweifel einsehen, daß es den
deutschen Regierungen zu große Schwierigkeiten
verursachen werde, in derselben Weise wie die Russen, Amerikaner und Engländer eine Seemacht hierher zu senden, und daß demnach sowohl der Kaiser
von Oesterreich, der König von Preußen, wie die
übrigen deutschen Souveraine die uns durch die kaiserlich japanesische Regierung hoffentlich zu Theil
werdende günstige Antwort mit besonderem Wohl-
gefallen empfangen und Alles thun werden, um die
dadurch ins Leben gerufene freundschaftliche Verbindung zu befestigen."

Seine Bitte wurde jedoch mit der Begründung abgelehnt, daß Lühdorf kein offizieller Gesandter der
deutschen Staaten und zudem auch noch unter amerikanischer Flagge nach Japan gekommen sei.

Die Landesöffnung und die Handelsverträge mit den
westlichen Staaten führten indessen in Japan zu heftigen innenpolitischen Krisen. Die Shogunatsregierung, die die Ansprüche der westlichen Mächte akzeptierte und mit Vertragsabschlüssen reagierte, ver-
hinderte damit zwar Kriege, die nicht zu gewinnen

幕府勢力は尊皇攘夷を鼓吹した。外からの強制によって開国したことにより国家の安全が脅かされているとする反幕府勢力の思想は一般的な排外主義を内包するものであり[(10)]、幕府が天皇の認可なく独断で調印した不平等条約に対する不満を煽り立てたのであった。独自の通商条約締結を目標に1860年に東アジアに向けて出航したプロシアの使節団は、このような日本の政治的変遷時に向かって出帆したわけだが、そのことには気づいていなかった。

東アジアに赴いたプロシア使節団

　最初のいわゆる「不平等条約」締結は、ドイツ人商人たちの日本に対する興味をそそったばかりではない。遅れをとることを恐れたドイツでは、日本と独自に条約を締結する関心が高まった。ドイツ諸侯国にも修好通商条約を締結させようとしたのは、ハンブルクの商人たちであった。彼らの提出した請願書をもとに、内閣は1859年8月15日に日本、支那、暹羅（今日のタイ）と外交関係を結び通商政策上の協定を達成する目的で東アジア使節団の派遣を決定した。その際プロシアは自国のためだけでなくハンザ同盟都市、関税同盟国およびメクレンブルクの二つの大公国をも代表して交渉にあたることになった。使節団団員は700人以上にもおよび、正使であるフリードリッヒ＝アルブレヒト・ツー＝オイレンブルク伯爵が特命全権公使に任命された。プロシアにとっては通商政策上の動機の他にも、大ドイツとして東洋に進出できることは大きな魅力であり、この莫大な費用を要する使節を派遣して他の列強の仲間入りを図ったのである[(11)]。36ポンド砲[(12)]1門、68ポンド砲6門および30ポンド砲20門を搭載した総登録トン数2320トンの大型蒸気コルベット艦アルコーナ号、これより大砲搭載数の少ない帆走フリゲート艦テティス号、フラウエンロープ号およびエル

オイレンブルク
Eulenburg

gewesen wären, andererseits führte jedoch diese Politik zu einer folgenschweren Regierungskrise. Die Handelsvertragsabschlüsse wurden der Regierung als Schwäche und Souveränitätsverlust ausgelegt. Der militärisch-wirtschaftlichen Überlegenheit der westlichen Mächte hatte sie offenbar nichts entgegenzusetzen. Der Widerstand gegen die Landesöffnung wuchs sich zu einer allgemeinen Opposition gegen die Shogunatsregierung aus, die zu offenen, machtpolitischen Interessensgegensätzen unter den an der Spitze stehenden japanischen Clans führte und die im Zeichen eines Machtkampfes zwischen Kaiser und Shôgun ausgetragen wurde.[9] Die Opposition gegen die Regierung und die Handelsverträge stand unter der Devise: Ehrt den Kaiser und vertreibt die Barbaren (Sonnô-Jôi). Das Argument der Shogunatsgegner, daß die nationale Sicherheit durch die erzwungene Landesöffnung gefährdet sei, gebar eine allgemeine Fremdenfeindlichkeit,[10] die ihrer Mißbilligung über die allein vom Shogunat – ohne Zustimmung des Kaisers – unterzeichneten Verträge freien Lauf ließ. Die 1860 in See stechende preußische Mission nach Ostasien, deren Aufgabe es ist, eigene Handelsverträge zu erwirken, wird mitten in diese politische Umbruchphase Japans hinein segeln – ohne es zu wissen.

Die preußische Mission nach Ostasien

Der Abschluß der ersten sogenannten "ungleichen Verträge" lockte nicht nur deutsche Kaufleute nach Japan, sondern verstärkte – begünstigt durch die Sorge, den Anschluß zu verpassen – in Deutschland das Interesse an eigenen Handelsverträgen mit Japan. Den Anstoß, einen solchen Handelsvertrag auch für die deutschen Staaten zu erwirken, gaben Hamburger Kaufleute, auf deren Eingabe am 15. August 1859 per Kabinettsorder eine Ostasien-Expedition beschlossen wurde, um mit China, Japan und Siam (dem heutigen Thailand) diplomatische Beziehungen zu knüpfen und handelspolitische Abkommen zu erzielen. Dabei sollte Preußen in Ostasien nicht nur für sich selbst, sondern auch für die Hansestädte, die Zollvereinsstaaten und die beiden Großherzogtümer Mecklenburg verhandeln. Dem Beauftragten dieser

ベ号（運送船）で、使節団は船員と水兵も搭乗させて1860年3月に日本に向かい航海した。民間関係者は特命全権公使に任命されたオイレンブルク伯爵[13]、公使館付書記官ピーシェル、テオドール・フォン＝ブンゼンと後の領事マックス・フォン＝ブラント[14]の二人の公使館付武官、植物学者マックス＝エルンスト・ヴィヒュラー、地質学者フェルディナンド・フォン＝リヒトホーフェン男爵、ザクセン商業会議所全権委員グスタフ・シュピース、使節に関する報告を書いた画家Ａ・ベルク、ペリー使節団にも同行した素描画家兼製図家で旅行作家のヴィルヘルム・ハイネ、商人のＦ＝Ｗ・グルーベ、Ｃ・ヤーコブ、ヴォルフなどであった。

日本における内政上の変革期にあたる60年代には、列強との交渉に際して一種の引き延ばし作戦が用いられた。その理由は、新規条約の締結が国内での危機をさらに煽りたて、反幕府勢力の運動の火に新たに油を注ぐ恐れがあったためである。他方、新規通商条約の締結を阻止する試みには、列強から新たな脅威を招く危険も潜んでいた。1860年9月初めに江戸に到着したオイレンブルクとの交渉にあたり、日本は進展を急がなかった（オイレンブルクは江戸到着前に台風で帆船フラウエンロープ号を失った）。馬に乗ったオイレンブルクは40人の船員と40人の水兵を従えて上陸し、日本政府はプロシア人宿泊所に指定した芝赤羽根の接遇所に赴いた。

交渉の開始は当初ベルリンで予想されていた以上に遅れた。オイレンブルクが大阪、江戸、新潟の諸港をプロシアのために開港させる要求を撤回して初めて正式に交渉が開始されたのである。オイレンブルクは米国弁理公使タウンゼンド・ハリス（1804年〜1878年）に交渉の仲介を願い出、この妥協案によって交渉の開始を図ったのであった。11月の初めにオイレンブルクはつぎのような苦情を書簡に綴っている。

über 700 Mann starken Expedition, Graf zu Eulenburg, wurden die entsprechenden Vollmachten mitgegeben. Für Preußen stellte dabei – neben den handelspolitischen Motiven – die Möglichkeit, als deutsche Großmacht in Ostasien auftreten zu können, keinen geringen Anreiz dar, diese kostspielige Mission durchzuführen und sich so in das Gefolge der anderen Großmächte einzureihen.[11] Mit einem Flaggschiff, der 2.320 BRT großen Dampfcorvette Arkona, die mit einem 36-Pfünder[12], sechs 68-Pfündern und 20 36-Pfündern ausgerüstet war, und der weniger stark bestückten Segelfregatte Thetis, dem Schoner Frauenlob und mit dem Transportschiff Elbe, allesamt besetzt mit Matrosen und Seesoldaten, segelte die Gesandtschaft im März 1860 gen Japan. Der zivile Teil bestand u.a. aus dem zum Außerordentlichen Gesandten und Bevollmächtigten Minister ernannten Graf zu Eulenburg[13], dem Legationssekretär Pieschel, den beiden Gesandtschaftsattachés Theodor von Bunsen und dem späteren Konsul Max von Brandt[14], dem Botaniker Wichura, dem Geographen Ferdinand Freiherr von Richthofen, dem Handelssachverständigen Gustav Spieß, dem Maler Berg, der den Bericht über die Expedition verfaßte, dem Zeichner und Reiseschriftsteller Heine, der auch schon bei der Perry-Expedition dabei war, den Kaufleuten Grube, Jakob und Wolff.

Die mit gesellschaftlichem und politischem Zündstoff aufgeladene Situation im Japan der 60er Jahre führte zu einer Art Hinhaltetaktik bei den Verhandlungen mit ausländischen Mächten, da jeder neue Handelsvertrag die Krise im Land nur noch weiter angeheizt und neues Futter für die Regierungsgegner geliefert hätte. Andererseits barg jeder Versuch, neue Handelsverträge zu verhindern, die Gefahr, erneute Drohungen der ausländischen Mächte zu riskieren. So beeilte man sich nicht, die Verhandlungen mit Eulenburg voranzutreiben, der – ohne den zuvor in einem Taifun gekenterten Schoner Frauenlob – Anfang September 1860 in Edo landete. Eulenburg war zusammen mit 40 Matrosen und 40 Seesoldaten beritten von Bord gegangen und fand sich in Akabanebashi ein, wo die japanische Regierung den Preußen ein Quartier zugewiesen hatte.

Sehr viel zögerlicher als zuvor in Berlin eingeschätzt kamen die Verhandlungen in Gang, die erst richtig

「交渉とは、シャンペンを飲むことに他ならない。なぜならば、悪党たちは我々本来の目的の交渉をいまだに始めようとしないためだ」(15)

ようやく交渉が開始された1860年の12月、オランダ人通訳ヘンリー・ヒュースケン（1832年～1861年）(b)がプロシア使節団を訪ねてアメリカ公使館に戻る途上で殺害される事件が発生した。彼はハリスの秘書としてオイレンブルクの使節を精力的に援助した人物である。ヒュースケンの葬儀の日、オイレンブルク使節団員は排外的な雰囲気をはっきりと感じ取り、この時の様子をつぎのように書いている。

「通りはいつになく賑やかだった。我々は多数のならず者に出会い、じろじろと我々を品定めする、二本の刀をさした侍の一団に出会った。公使館の前は群衆の山で、不承不承にしか我々に道を開けなかった。罵言やけたたましい喋笑が聞かれた。我々が江戸の町でこのような衆人を見たのは初めてである。それはあたかも排外的な輩の屑が、喪中の人間をあざ笑うために徒党を組んだかのごとくであり、そのなかには謀反人や殺人者自身も混じっていた」(16)

このような状況にもかかわらず、1861年1月24日、日普修好通商航海条約は江戸においてフリードリッヒ＝アルブレヒト・ツー＝オイレンブルク伯爵と幕府の全権委任の三奉行との間で調印された。プロシアには諸港の開港が確約され、領事裁判権（治外法権）の保障にくわえて最恵国待遇条項が条約に含まれた。また外交代理公使を江戸に、各港には領事を任命する権利がプロシアに与えられた。しかし、ヒュースケン葬儀の約一週間後に調印された日本とプロシア間の修好通商条約は、オイレンブルクの尽力にもかかわらずドイツ同盟（ハンザ同盟都市と関税同盟諸国）には拡大適用されなかった。プロシアが代表して多数諸国との条約を同時に締結したいとする請願に、日本は驚愕したので

aufgenommen wurden, als sich Eulenburg bereit erklärte, auf die Öffnung der Häfen Ōsaka, Edo und Niigata für Preußen zu verzichten. Eulenburg ersuchte zudem den amerikanischen Ministerresidenten Townsend Harris um Vermittlung bei den Verhandlungen, die er durch dieses Kompromißangebot zu beschleunigen versuchte. Noch Anfang November beschwerte sich Eulenburg in Briefen:
"Verhandeln, das heißt so viel als Champagner trinken, denn zum wirklichen Verhandeln lassen es ja die Schurken immer noch nicht kommen." 15
Als im Dezember 1860 konkrete Verhandlungen endlich anfingen, wurde der holländische Dolmetscher Heusken, der als Sekretär Harris' die Eulenburg-Mission tatkräftig unterstützte, bei seiner Heimkehr nach einem Besuch bei der preußischen Gesandtschaft ermordet. Die ausländerfeindliche Stimmung war bei dem Begräbnis Heuskens für die Mitglieder der Eulenburg-Mission deutlich zu spüren:
"Die Straßen waren ungewöhnlich belebt; wir begegneten vielem Gesindel und ganzen Trupps von zweischwertigen Samrai, die uns mit grinsenden Blicken musterten. Vor der Legation wimmelte es von Menschen, die nur zögernd und widerwillig aus dem Weg gingen; man hörte Spottlaute und rohes Gelächter. Wir hatten ein ähnliches Publikum auf den Straßen von Yeddo nie gesehen, es war als ob der ganze Auswurf der fremdenfeindlichen Trabanten, darunter vielleicht Verschworene und die Mörder selbst, sich zusammengerottet hätten, um die Leidtragenden zu höhnen … " 16
Dessenungeachtet wurde der Freundschafts-, Handels- und Schiffahrtsvertrag am 24. Januar 1861 in Edo zwischen Friedrich Albrecht Graf zu Eulenburg und den Bevollmächtigten der Shogunatsregierung unterzeichnet. Neben den nun auch für Preußen vertraglich zugesagten Hafenöffnungen und der garantierten Exterritorialität mit eigener Konsulargerichtsbarkeit, enthielt der Vertrag Meistbegünstigungsklauseln und sprach Preußen das Recht zu, einen diplomatischen Agenten in Edo und einen Konsularbeamten in den jeweiligen Häfen zu ernennen. Trotz aller Bemühungen Eulenburgs wurde der Handelsvertrag zwischen Japan und Preußen, der eine knappe Woche nach Heuskens Bestattung unterzeichnet wurde, nicht auf die Hansestädte und die Zollver-

あった⁽¹⁷⁾。緊迫する内政危機と、勢力を拡大する開国反対派、つまり反幕府派が多数の条約の同時締結には断固として反対したために、日本はプロシアのみを条約相手国として認めたのであった。条約調印時オイレンブルクに残された道は日本の決定を承認するか、あるいは条約未締結のままで帰国するかのいずれかしかなかった。結局他のドイツ侯国はそれぞれ独自の国旗を掲げて日本に入国できず、以後もプロシア王国あるいは他の国の庇護に依存することになった。これまで列強の保護下にあった在日ドイツ人商人たちも、以後は出身国にはかかわりなく、プロシア人を名乗るようになった⁽¹⁸⁾。

条約締結に対するベルリンの反応は様々だった。経済面での期待は締結後も満たされることがなく、しかもハンザ同盟都市が考慮されなかったことは大きな打撃であった。ドイツ諸侯国の代表かつ代弁者として条約を達成しようとしたプロシアの目標は挫折したのである。それでもベルリンのプロシア議会は日本との条約締結を承認した。日本が批准書交換の引き延ばしに出るのを阻止するためプロシア側の希望に則り、条約は1863年1月1日に自動的に効力を発することになっていた。マックス・フォン＝ブラントが初代駐日プロシア領事に任命され、1863年1月1日に来日した。一方、中国駐在プロシア総領事ギード・フォン＝レーフースが批准書交換の全権を委任され、ブラント来日の半年後に横浜に到着したが、この時彼は困難な状況に直面することになった。レーフース来日の二ヶ月前に外国人すべてを国外に追放し、開港した港を再度封鎖するという将軍令が出されたのである。この一ヶ月後に状況はさらに悪化し、薩摩藩士によるイギリス商人リチャードソン殺害の報復としてイギリス艦隊が薩摩（鹿児島県）を砲撃した。この事件によって幕府は横浜の外国人に再度即刻退去を令した。また長州藩（山口県）

einsstaaten erweitert. Japan zeigte sich entsetzt über das von Preußen stellvertreterhaft vorgetragene Gesuch, mit derartig vielen Staaten gleichzeitig einen Vertrag abzuschließen.¹⁷ Die bedrohlich gewordene innenpolitische Krise und die immer stärker werdende Opposition gegen die Landesöffnung bzw. gegen die Shogunatsregierung, ließen mehrere Vertragsabschließungen gleichzeitig auf keinen Fall zu. Nur Preußen wurde daher als Vertragspartner anerkannt. Eulenburg blieb gar nichts weiter übrig, als entweder den Entschluß Japans anzuerkennen oder ganz ohne Vertrag nach Hause fahren zu müssen. Den anderen deutschen Staaten wurde ein Betreten Japans unter ihrer eigenen Flagge damit nicht gestattet, sie waren weiterhin auf die Obhut Preußens – oder die eines anderen Staates – angewiesen. Auch die in Japan bereits ansässigen deutschen Kaufleute, die bislang unter dem Schutz verschiedener Fremdmächte standen, mußten sich nun unter den Preußens stellen; ganz gleich ob sie tatsächlich aus Preußen stammten oder nicht.¹⁸

In Berlin wurde indessen der Abschluß des Vertrages mit geteilter Freude aufgenommen. Die ökonomischen Hoffnungen bestätigten sich auch in den folgenden Jahren noch nicht und die Nichtberücksichtigung der Hansestädte wog schwer. Das preußische Ziel, als Vorreiter und Sprecher für alle deutschen Staaten einen Vertrag zu erreichen, war gescheitert. Dennoch wurde der Vertragsabschluß mit Japan in Berlin vom Abgeordnetenhaus genehmigt. Er sollte gemäß des preußischen Wunsches am 1. Januar 1863 automatisch in Kraft treten, um erneute japanische Verzögerungsversuche bei dem Austausch der Ratifikationsurkunden von Anfang an zu unterbinden. Max von Brandt wurde zum ersten preußischen Konsul in Japan ernannt und traf dort am 1. Januar 1863 ein. Der zu dem Austausch der preußisch-japanischen Ratifikationsurkunden Bevollmächtigte Guido von Rehfues, preußischer Generalkonsul von China, stieß, ein halbes Jahr nach der Ankunft Brandts in Yokohama eingetroffen, auf handfeste Schwierigkeiten: Zwei Monate zuvor hatte das Shogunat den Befehl erlassen, alle Ausländer auszuweisen und die geöffneten Häfen wieder zu schließen. Einen Monat später spitzte sich die Kraftprobe noch weiter zu: Kagoshima wurde als Vergeltung für die Ermor-

が下関海峡の封鎖を図ったために、1864年夏には四ヶ国の連合艦隊が下関を攻撃した。しかし、レーフースはこのような情勢に惑わされることなく、幕府に圧力をくわえるためにプロシアの戦艦ガツェレ号で江戸に向った。最終的には幕府が譲歩し（戦艦を港から遠ざけるのが目的であったことも確かだが）、下関攻撃の半年後にガツェレ号船上で批准書が交換されたのである。

文久遣欧使節団

　1862年、すなわち条約批准書交換の二年前に、史上初めて日本の使節団がヨーロッパに渡り、パリ、ロンドン、アムステルダム、ペテルスブルクにくわえベルリンを訪問した⁽¹⁹⁾。開港を約束した江戸、大阪、新潟、兵庫（神戸）諸港の開港・開市の延期を条約相手国に納得させることが使節団の目的であり、これは諸港開港によって反幕府勢力を拡大させないためであった。しかし、鎖国ゆえに書物でしか知らなかった「蛮人たちの祖国」にも興味津々だった。40人弱の使節団は竹内保徳を正使、松平石見守康直⁽²⁰⁾を副使とし、京極能登守孝昭が副使兼御目付け役であった。福沢諭吉も同使節団にくわわり、自伝にはベルリン訪問が記録されている⁽²¹⁾。

　他の条約諸国とは事情が異なり、使節団のベルリン訪問には政治的使命の達成という圧力がなかった。これはオイレンブルクが江戸で修好条約を調印した際に、上記諸港の開港延期に同意していたためである。旅行は日本人だけに深い印象を与えたのではなかったようだ。和服を身につけ二本の帯刀姿で歩く使節団は、ベルリンでも大いに衆目を集めた。「陛下のご命令により、1862年7月21日正午にベルリン王宮白の間にて日本使節団の謁見式が厳かに開催」⁽²²⁾され、使節団は恭しく迎えられた。

　しかし、双方の意思の疎通には手間がかかった。日本語は通訳によってまずオランダ語に訳

dung des englischen Kaufmanns Richardson durch Samurai aus Satsuma (dem heutigen Kagoshima) von einem englischen Geschwader beschossen. Daraufhin wiederholte das Shogunat den Befehl, Yokohama sofort zu verlassen. Im Sommer 1864 bombardierte ein vereinigtes Geschwader der ausländischen Mächte Shimonoseki, da der Daimyô von Chôshû (dem heutigen Yamaguchi) versuchte, die Meerenge zu sperren. Rehfues ließ sich jedoch nicht beirren und segelte mit seinem preußischen Kriegsschiff Gazelle nach Edo, um die Regierung unter Druck zu setzen. Letztendlich gab das Shogunat nach – sicher auch, um das Kriegsschiff aus dem Hafen wieder wegsegeln zu sehen – und der Austausch der Ratifikationsurkunden fand ein halbes Jahr nach der Bombardierung von Shimonoseki an Bord der Gazelle statt.

Die Takeuchi-Mission

1862, also zwei Jahre vor dem Austausch der Ratifikationsurkunden, reiste zum ersten Mal eine japanische Gesandtschaft nach Europa, die neben Paris, London, Amsterdam und Petersburg auch Berlin einen Besuch abstattete.[19] Die Gesandtschaft hatte den Auftrag erhalten, einen Aufschub der zugesagten Öffnung der neuen Häfen Edo, Ôsaka, Niigata und Hyôgo (das heutige Kôbe) bei den Vertragsmächten zu erwirken, um die Regierungsopposition nicht durch weitere Hafenöffnungen zu stärken. Man war jedoch auch auf die Heimatländer der "Barbaren" neugierig, die ja wegen der Abgeschlossenheit – wenn überhaupt – nur durch Buchbeschreibungen bekannt waren. Die knapp vierzig Mann starke Gesandtschaft wurde von Takeuchi Yasunori und Matsudaira Yasunao[20] angeführt. Kyôgoku Takaaki reiste als Aufsichtsorgan (Ometsuke) und zur Kontrolle der Gesandtschaftsmitglieder mit. Fukuzawa Yukichi begleitete die Mission und berichtete in seiner Autobiographie über den Besuch in Berlin.[21]
Im Gegensatz zu den anderen Vertragsstaaten hatte Eulenburg schon bei der Vertragsunterzeichnung in Edo einer Verzögerung bei der Öffnung der genannten zusätzlichen Häfen zugestimmt, so daß der Gang nach Berlin nicht durch politischen Erfolgsdruck belastet war. Nicht nur für die Japaner muß diese Reise eindrucksvoll gewesen sein, auch für die Berliner gab es einiges zu sehen, schritten die Mitglieder dieser

され、それからドイツ語に訳された——同様に、ドイツ語はオランダ語に、そして日本語に訳された。使節団の公式訪問の内容は広範にわたり、たとえばシュパンダウ区の銃工場、繊維工場、議会、ティアーガルテン公園、ベルリン消防署、数多くの劇場、動物園などを訪れた。伝統的な和服姿の異邦人を一目見ようとして、好奇心溢れるベルリン市民の多数がジェンダルメンマルクト広場のホテル・ブランデンブルクに宿泊する使節団を訪ねてきた。随員の二人がベルリンの文献学者ヤコブ・グリムを訪問している。福沢がそのうちの一人だったかは定かではないが、グリムが日本の訪問客から贈り物と写真を受取り、オランダ語で会談したことが知られている。

「日本からの小箱を喜んでいると兄（ヤコブ・グリム——筆者注）にくれぐれも宜しく伝えてください。小箱には皆が驚嘆しますので、家宝にしようと思います。（…）さてもうひとつのお願いですが、写真の二人の日本人がどんな人物で、使節団でどんな立場にあるのか教えてください」(23)

使節団はベルリンに約二十日間滞在した後、1862年8月初めにシュテッティンを経てロシアに向かった。帰国した時の国内情勢はさらに悪化していた。倒幕を目指し結束した薩長連合はすでに大勢力に発展し、幕府の失墜と封建制度の崩壊は目前に迫っていた。

明治維新

1866年に将軍家茂が逝去、また翌1867年には孝明天皇が崩御した。この時点で倒幕勢力の蜂起はもはや鎮圧できず、内乱の危険が膨れ上ったため、幕府は1867年11月に大政を奉還した。こうして1868年2月に15才の睦仁親王（1852年～1912年）が天皇に即位し、同年江戸は東の京・東京と改称され、1869年皇居は東京に移された。

Abordnung doch in japanischer Kleidung und mit zwei Schwertern im Gürtel durch die Straßen Berlins. Man empfing die japanische Delegation mit großen Ehren:

"Auf Allerhöchsten Befehl findet Montag am 21. Juli 1862 um 12 Uhr mittags im Weissen Saale des königlichen Schlosses zu Berlin der feierliche Empfang der japanischen Gesandtschaft statt." [22]

Die Verständigung war jedoch umständlich, das Japanische wurde von einem Dolmetscher ins Holländische übersetzt und dann von einem weiteren ins Deutsche – und umgekehrt. Das Protokoll sah ein umfangreiches Besuchsprogramm vor, und so besichtigte man u.a. die Gewehrfabrik in Spandau, Textilfabriken, das Abgeordnetenhaus, den Tiergarten, die Berliner Feuerwehr, mehrere Theater und den Zoologischen Garten. Die Delegation, die im Hotel Brandenburg am Gendarmenmarkt ihre Unterkunft hatte, wurde häufig von neugierigen Berlinern aufgesucht, die die traditionell gekleideten japanischen Fremden zu sehen hofften. Zwei der japanischen Abgesandten besuchten den Philologen Jacob Grimm in Berlin; ob sich darunter auch Fukuzawa befand, ist umstritten. Fest steht, daß Grimm ein Geschenk und eine Fotografie von den Japanern erhielt und daß sie sich auf Holländisch verständigten. Der Besuch machte Eindruck und wußte Neugier zu wecken:

"Sag doch meinem Bruder [Jacob Grimm] ich dankte ihm vielmals für das Japaneser Kästchen, es wird von den Leuten mit Verwunderung besehn und berochen. es bleibt ein Familien Stück ... Nun habe ich noch eine Bitte an dich, die zwei Bildnisse der Japanesischen Herrn möchte ich gern wissen. was sie sind, u. was sie für ein Amt haben? bei der Gesandtschaft ... " [23]

Nach knapp 20 Tagen in Berlin reiste die Delegation Anfang August 1862 von Stettin aus weiter nach Rußland. Als sie nach Japan zurückkehrte, hatte sich die innenpolitische Lage mittlerweile weiter zugespitzt. Die Clans von Satsuma und Chôshû, wichtigste Anführer der Opposition gegen das Bakufu, waren bereits so einflußreich, daß das Ende der alten Shogunatsregierung und die Abschaffung des Feudalsystems kurz bevorstanden.

倒幕勢力はかつて「尊皇攘夷」を鼓吹し、諸外国との条約に反対するムードを作り上げ、これを徳川支配体制に抗する手段として用いてきた。しかし、彼らは政権の座に着くと西洋の技術と軍事的優位を認識し、同時に日本が積極的に対外政策をおこなう上でのチャンスをも認めた。日本が真に欧米に太刀打ちするには、国力の増強あるのみであった。これは、国はもはや鎖国によってではなく、抜本的な改革をなして植民地化の危険から身を守るべきだという認識である。そこで天皇は諸外国との条約の承認を宣言し、さらに在日外国人の迫害を禁止した。

明治新政府が宣布した五箇条の御誓文の中心は諸外国との関係を積極的に奨励し、新知識を習得することにあった。日本は西洋を手本とし、欧米の技術と理念の助けを借りて近代化を進行させ、古い儒教思想に基づく国家体制は廃止することとなった。しかし「上からの革命」による幅広い革新は国家すなわち日本のアイデンティティーの保持を目標としたものであり、最近の研究では1868年以降の変遷過程を「西洋化」ではなく「近代化」と理解するようになった(24)。

明治維新の改革は過激な社会的変革をもたらし、決して万人に甘受されたわけではなかった。改革にともない士族の権利剥奪が始まり、特に徴兵制度の導入とも重なって、1876年には最高潮に達した。政府は武士の帯刀を禁止し、この伝統的な刀の携帯を将校、警察官、大礼服着用者のみに許可したのである。保守的なエリート士族の一部には認容不可能な事態であり、70年代には不平士族の暴動を招いた。しかし、薩摩藩士が1877年に起こした反乱・西南戦争は明治政府に鎮圧され、これが政府に対する最後の士族反乱となった。

日本の新首脳部は国家新編成を速やかに押し進めて成果をもたらし、日本に適すると思われる技術と知識の導入を積極的におこなった。こ

明治天皇
Meiji-Tennô

1889年発布の大日本帝國憲法
（明治憲法）表題紙
Titelblatt der
Meiji-Verfassung von 1889

Meiji-Reformen

Nachdem der Shôgun 1866 und der Tennô 1867 verstorben waren, Aufstände nicht mehr niedergeschlagen werden konnten und ein Bürgerkrieg drohte, reichte die Shogunatsregierung im November 1867 ihren Rücktritt ein. Der fünfzehnjährige Kronprinz Mutsuhito (1852–1912) wurde im Februar 1868 (Anfang Meiji-Zeit) Tennô, im gleichen Jahr wird Edo in Tôkyô (östliche Hauptstadt) umbenannt, 1869 die kaiserliche Residenz von Kyôto dorthin verlegt.

Die Gegner des Tokugawa-Shogunats hatten mit der Losung "Ehrt den Kaiser und vertreibt die Barbaren" Stimmung gegen die Verträge mit den Ausländern gemacht und sich dieser Losung als Mittel gegen die herrschende Tokugawa-Regierung bedient. An die Macht gekommen, erkannten sie die technische und militärische Überlegenheit des Westens und zugleich auch die Chancen einer aktiv betriebenen japanischen Außenpolitik: Nur durch eigene Stärke konnte sich Japan gegen Europa und Amerika behaupten. Es galt, das eigene Staatswesen nicht mehr durch Abschließung, sondern durch eine grundlegende Reform vor der drohenden Gefahr einer Kolonisierung zu schützen. Der Kaiser verkündete die Anerkennung der Verträge mit den ausländischen Staaten und verbot weiterhin, die im Land befindlichen Fremden anzugreifen.

Im Zentrum eines Fünf-Punkte-Programms der neuen Regierung stand nun die aktive Förderung der Beziehungen zum Ausland und der Erwerb neuen Wissens. Japan sollte nach westlichem Vorbild unter Zuhilfenahme europäischer und amerikanischer Technik und Ideen modernisiert und das alte, konfuzianistisch geprägte Staatssytem abgelöst werden. Die umfassenden Neuerungen der "Revolution von oben" waren dennoch von Anbeginn an auf eine Wahrung der nationalen, japanischen Identität ausgelegt, weswegen man in der neueren Forschung auch die Umbruchphase ab 1868 als "Modernisierung" und nicht als "Verwestlichung" begreift.[24]

こで明治政府は、アメリカと中国において通商政策上の主導権を握っていたイギリスに着眼した。ドイツは初期の頃は日本の教師たることを要求されなかった。しかし、この状況も間もなく変化することになる。

　1868年における大政奉還後の数年間の中心課題は、特に国の経済面での安定化にあった。まず明治政府は版籍奉還を聴許し、変わって諸藩主を知藩事に任命したが、その後廃藩置県の断行により中央から府県知事を派遣して中央集権を強化し、地租改正によって中央財政を安定化させた。近代的生活・生産基盤（インフラストラクチャー）の構築、新貨条例の制定、太陰暦に代わり太陽暦の採用および情報システムの構築がこれに続いた。1869年1月1日には対外貿易のために東京の門戸が開かれた。1872年には横浜と東京・新橋間に鉄道が開通し、かつては馬で6時間から7時間かかった区間の所要時間が1時間に短縮された。

　一方ベルリンでも政治的変革が生じた。プロシアが対仏戦争に勝利し、1871年1月18日のドイツ帝国成立宣言とともにベルリンは首都に昇格した。こうしてベルリンにはプロシア王国と市の各種行政機関にくわえ、新帝国の諸機関が設置された。帝国成立から第一次世界大戦勃発までに市の人口は1.5倍に増え、80万人から200万人になった。1880年のベルリンの人口は120万人で、ベルリンは帝国の中心に変貌したのである。産業繁栄の前提たる国家構造改革（交通・輸送の改善、法の統一化、農業改革）はすでに19世紀初頭以来実施されており、それにくわえ、フランスが支払った戦争賠償金が首都ベルリンに投機活動を巻き起こし、無数の企業や株式会社、建設会社が突如として誕生した。政府地区のある市の中心部にはホテル、レストラン、デパート、銀行、出版社なども続々とでき、郊外には多くの工場が建設された。しかし

Die Reformen der Meiji-Restauration führten zu gewaltigen gesellschaftlichen Veränderungen, die keineswegs widerspruchslos hingenommen wurden. Die damit einhergehende Entprivilegierung der Samurai-Klasse, insbesondere begünstigt durch die Einführung einer allgemeinen Wehrpflicht, fand ihren Höhepunkt im Jahre 1876: Die Regierung verbot den Samurai das Tragen ihrer zwei Schwerter und gestattete diese traditionelle Bewaffnung nur noch den Offizieren, Polizisten und öffentlichen Beamten in feierlicher Uniform. Für Teile der konservativen Elite waren dies nicht mehr tolerierbare Veränderungen. In den 70er Jahren kam es daher zu mehreren Aufständen der Samurai. Als der Satsuma-Aufstand 1877 von der Regierung niedergeschlagen wurde, hatte die neue Regierung endgültig gesiegt.

Japans neue Führung trieb die Staatsumgestaltung zügig voran, wobei man sich bei der Technik- und Wissenseinfuhr gezielt auf das konzentrierte, was als erfolgreich und auch für Japan geeignet erschien. Die kaiserliche Regierung richtete dabei ihr Hauptaugenmerk auf Amerika und auf England, das in China handelspolitisch führend war. Deutschland wurde anfangs nicht gebeten, Lehrer für Japan zu sein. Das änderte sich jedoch bald.

In den ersten Jahren nach dem Machtwechsel von 1868 ging es vor allem um Reformen, die auf eine wirtschaftlich-praktische Stabilisierung des Landes abzielten. Die Regierung nahm die Lehen zurück und ernannte die damaligen Daimyôs zu Landesvorstehern. Danach wurde ein Präfekturalsystem eingeführt, und von der Zentralregierung wurden Gouver-

帝国議事堂と国王広場（ケーニヒス・プラッツ）（1907年）
Reichstagsgebäude und Königsplatz, 1907

その反面、泡沫会社乱立時代と称するこの時代の過激な産業化は広く市民層に貧窮をもたらし、そのほとんどが悲惨な条件の労働者住宅の暮らしを余儀なくされたのである。このような過激な発展は、1877年の選挙でドイツ社会民主党（ＳＰＤ）の圧倒的な勝利をもたらした。しかし、これに対する政府の答は、翌年に発布された社会主義者鎮圧法（社会民主主義の公安を害する活動に対抗する法律）であった。その反面、大都市の爆発的な成長や泡沫会社乱立時代の華やかさと「貧しい生活環境」の格差は芸術家、音楽家、作家そして知識人たちに強い刺激となったのである。テオドール・フォンターネやマックス・リーバーマン——代表して二名しか挙げないが——などが「針葉樹林に囲まれた世界都市」にインスピレーションを受け、往年のプロシア王国の首都に世界首都の神話を育む下地を築いたのである(25)。

　対外政策上もドイツ帝国はプロシアとは異なる利害を追っていた。上からの「ドイツ問題」の解決と社会主義者の弾圧を果たしたビスマルクの対外政策の理念はヨーロッパの均衡、相互の安全、利害調整だったが、世界における他のヨーロッパ列強の勢力と影響はドイツのそれよりもずっと強く、日本に対する影響力においても同様の状態であった。1871年に東京に医学学校が開設された以外、日本でのドイツの活動には取り上げるほどのものは見られなかった。

　オイレンブルク使節団来日後の数年間、両国に大幅な接近は見られなかったが、その後徐々に、今日では日独関係の「黄金時代」(26)と呼ばれる状態に向かっての変化の兆しが見え始めた。東京駐在ドイツ公使テオドール・フォン＝ホルレーベン（1840年〜1913年）(27)と、ベルリン駐在公使青木周蔵（1844年〜1914年）(28)は両国の関係、そして東京・ベルリンの関係の繁栄に大きく貢献した人物である。

新衛舎（ノイエ・ヴァッヘ）前の歩哨交代、ウンター・デン・リンデン通り
Wachablösung vor der Neuen Wache, Unter den Linden

neure entsandt. Durch diese Zentralisierung der Verwaltung und die folgende Bodensteuerreform wurde der Staatshaushalt konsolidiert. Der Aufbau einer modernen Infrastruktur, den Währungsreformen, die Übernahme des westlichen Kalenders anstelle des alten Mondkalenders, die Errichtung eines Kommunikationssystems folgten. Am 1. Januar 1869 wurde Tôkyô für den Außenhandel geöffnet. 1872 begann der Eisenbahnverkehr zwischen Yokohama und dem Shinbashi-Bahnhof in Tôkyô, wodurch sich die Reisezeit für diese Strecke von sechs bis acht Stunden zu Pferde auf eine Stunde verkürzte.

Nicht nur in Tôkyô, auch in Berlin fanden politische Veränderungen statt: Mit der Proklamation des Deutschen Reiches am 18. Januar 1871 wurde Berlin Hauptstadt, nachdem Preußen zuvor den Krieg gegen Frankreich gewonnen hatte. Zusätzlich zu den preußischen Staatsbehörden und der Stadtverwaltung wurden hier nun auch die neuen Reichsbehörden ansässig. In der Zeit zwischen der Reichsgründung und dem Ausbruch des 1. Weltkriegs stieg die Zahl der Einwohner um das Anderthalbfache von 800.000 auf rund 2 Millionen an. Die Bevölkerung Berlins lag 1880 bei 1,2 Millionen, und die Stadt mauserte sich in diesen Jahren zum Zentrum des Kaiserreichs. Neben den seit Beginn des 19. Jahrhunderts erfolgten strukturellen Staatsreformen (Verbesserung des Transportwesens, Vereinheitlichung des Rechts, Agrarreform), die die Voraussetzungen für den industriellen Aufschwung boten, führten zudem die von Frankreich gezahlten Kriegsentschädigungen zu Spekulationstätigkeiten in der Hauptstadt und ließen Unternehmen, Aktien- und Baugesellschaften entstehen. In der Mitte der Stadt entstanden neben dem Regierungsviertel Hotels, Restaurants, Warenhäuser, Banken und Verlage, und in den Vorstädten wurden neue Industriesiedlungen gebaut. Die zunehmende

ベルリンは、すでに始まった日本の近代化プロセスに新興ドイツ帝国が積極的に参加することで、いわば裏口から対日貿易に参入するチャンスを窺っていたのであろう。というのも、オイレンブルク使節が日本との修好通商条約に結び付けていた経済面での当初の期待が、未だ満たされていなかったからである。80年代の初めまで日本の輸出量はドイツ製品の輸入量をはるかに凌いでいた。特に日本から多量に輸出されたのは絹であり、その他に茶、蝋、たばこ、石炭が輸出された。しかも取引商品の大部分はヨーロッパに向かわず、中国に送られた。しかし、少なくとも日本国内における精神面でのドイツのプレゼンスに関しては、ベルリンの目論見は達成された。ドイツは法律、医学、軍事、教育制度などの学術分野で日本に影響を及ぼすことになったのである(29)。

Industrialisierung und die enormen Zuwanderungen in der Gründerzeit hatte jedoch auch eine weiter voranschreitende, enorme Verelendung großer Bevölkerungsschichten zur Folge, die meist in erbärmlichen Verhältnissen in den sogenannten Berliner Mietskasernen lebten. Eine Folge dieser stürmischen Entwicklungen war 1877 der große Wahlerfolg der Sozialdemokratischen Partei Deutschlands (SPD), auf den ein Jahr später mit dem sogenannten Sozialistengesetz (Gesetz gegen die gemeingefährlichen Bestrebungen der Sozialdemokratie) geantwortet wurde. Eine weitere Folge des explosionsartigen Wachstums der Großstadt und der Unterschiede zwischen gründerzeitlicher Prachtentfaltung und dem "Milljöh" war der Reiz, den Berlin auf Künstler, Musiker, Literaten und Intellektuelle ausübte. Theodor Fontane oder Max Liebermann, um nur zwei zu nennen, ließen sich von der "Weltstadt mit Kiefernheide" inspirieren und lieferten ihrerseits wiederum den Saft, der der einstigen königlichen Hauptstadt Preußens zu einem Weltstadt-Mythos verhalf. [25]

パウル・ヘーニガ作《カフェ・ヨスティからポツダム広場を眺める》（1890年）

Blick aus Cafe Josty auf Potsdamer Platz, Paul Höniger, 1890

「黄金時代」の横浜と東京に生きた「プロシア人」

最初に開港した諸港のうち、おもに横浜に居住した少数のドイツ人商人たちは1861年以降はプロシアの庇護下にあり、異国においても快適な生活を求め、すでに1863年2月には「ゲルマニア・クラブ」と称するドイツ人の集いの場を設けた。クラブの創設を進めたのはマックス・フォン＝ブラントである。ブラントは日本政府から土地を貰い受けてクラブハウスを建てた。1920年まで存在したこの建物には「非常に居心地よいカクテルルーム、手入れの行き届いた大きな図書室、巨大なビリヤードルーム、そして非常に人気のあったドイツ式ボウリング・レーン」(30)があった。

商人たちは非常に迅速に対応し、相応の利益を得ることができた。というのも、おもなドイツ商館のほとんどはハンザ同盟都市に本社を持っており、商館の主任たちは開港地の名誉領事に任命されたのである。たとえば1865年にはクニッフラー社のルイス・クニッフラー(c)が長崎の名誉領事に就任した。クニッフラーの商館は日本における最も古いドイツ商館のひとつで、C・イリス社の前身である。また1867年には横浜で同じくクニッフラー社のマルティン＝ヘルマン・ギルデマイスターが名誉領事になり、1868年にはカール＝アウグスト＝オットー・エーフファース（1841年〜1904年）が神戸（当時は兵庫と呼ばれていた）の名誉領事に就任した(31)。かつては小さな外国人居留地区であり、欧米製品の積みおろしの場にすぎなかった横浜は、1863年以降は活況を呈する土地に変貌した。約240人の外国人と、日本人地区に住む8000人の日本人がここで取引をし、港には常に外国船が停泊していた。当時横浜に住む外国人たちは少々誇張しているもののプライドをもって横浜のことを「小パリ」(32)と呼んだ。しかし、1854年の開港と1868年の大政奉還までの期間、外国人居留地区は監

Außenpolitisch verfolgte das Deutsche Reich natürlich andere Interessen als Preußen. Nach Lösung der "deutschen Frage" von oben und gegen den Machtanspruch der Liberalen war nun die Grundlage der Außenpolitik Bismarcks die Idee eines Gleichgewichts der europäischen Mächte, der wechselseitigen Sicherheit und des Interessenausgleichs. Von einem deutschen Gleichgewicht mit den europäischen Mächten konnte bisher bezüglich des Engagements und der Einflusses in Japan allerdings noch keine Rede sein, denn bis auf die 1871 gegründete Medizinschule in Tôkyô gab es bislang keine nennenswerten deutschen Aktivitäten.

Waren die ersten Jahre nach der Eulenburg-Mission noch ohne größere Annäherung beider Länder verstrichen, konnte man nun langsam einen Umschwung verzeichnen. Die Zeit, die aus heutiger Sicht gerne als das "Goldene Zeitalter" [26] bezeichnet wird, begann, und der deutsche Gesandte in Tôkyô, Theodor von Holleben (1840–1913)[27], sowie der japanische Gesandte in Berlin, Aoki Shûzô (1844–1914)[28], waren wesentlich an der nun aufkommenden Blüte der Beziehungen beider Länder und damit auch der zwischen Berlin und Tôkyô beteiligt.

In Berlin kalkulierte man bei dem nun sich mehr und mehr verstärkenden deutschen Engagement des jungen Deutschen Reiches im bereits eingeleiteten Modernisierungsprozeß in Japan die sich daraus ergebenden Chancen, durch die Hintertür endlich ins

ブランデンブルク門（1909年）
Brandenburger Tor, 1909

視地区であった。居留地区につうじる橋のたもとで日本人の監視人が見張りをし、たとえば馬で江戸に行く場合などは許可を必要とした。

横浜の外国人居留地が隔離されていたせいかも知れないが、初代駐日プロシア領事マックス・フォン＝ブラントは、倒幕勢力がほぼ勝利を収めた1868年8月になってもなお「日本はいくつかの独立大名の領国を真ん中に挟んで南北に分断されるだろう」(33)と推測していた。

明治新政府は国の革新を系統的に進行させるうえで、明治国家近代化の教師となる外国人教授、顧問、教師、技師、建築家などを日本に招聘した。そのなかにはドイツ人も混じっており、彼らは助言や援助を求められた。徐々に東京にドイツ人学者の小集団が生まれ、彼らは横浜に居住する商人たちと頻繁に交流した。しかし、他国の人間と比較するとドイツ人の数は少なく、70年代末期の在日外国人1700人のうち、ドイツ人はわずか160人であった。

東京ではドイツ人学者たちは築地の洋館に住むか、あるいは東京各地に分れて日本家屋に住んだ。他方商人たちは当時「ブラフ」(d)と呼ばれた横浜外人居留地区に居住していた。その後東京と横浜のドイツ人集団は拡大され、当時の様相はつぎのように描かれている。

「横浜は活況を呈していた。燕尾服とタキシードを着用するパーティーや、バーのカウンターに群がる多数の紳士たちと数少ない淑女を交えた舞踏会も催された。コンサートがおこなわれ、それにはもちろんのこと会員だけでなく、横浜在住の他国の使臣も参加した。多数のスイス人も会員となり、第一次世界大戦後にクラブ（ゲルマニア——筆者注）を脱会するまで毎日ここを訪れた。毎年横浜近辺の風光明媚な地でピクニックをした。先にクラブのボーイが目的地に出向き、充分に食物があるよう、また飲み物がよく冷えているよう手配した。女性が同伴す

Japangeschäft einzusteigen, sicherlich mit ein: Denn die wirtschaftlichen Erwartungen, die die Eulenburg-Mission anfänglich an den Handelsvertrag mit Japan geknüpft hatte, hatten sich vorerst nicht erfüllt. Der japanische Export war bis Anfang der 80er Jahre hinein viel größer als der Import deutscher Erzeugnisse. Insbesondere Seide, ferner Tee, Wachs, Tabak und Kohlen wurden ausgeführt. Ein großer Teil der Handelswaren ging zudem nicht nach Europa, sondern nach China. Die Rechnung ging zumindest bezüglich der geistigen Präsenz des Deutschen Reiches in Japan auf. Deutschland konnte in der Folge in Japan bei dem Aufbau einiger Wissenschaftsbereiche, des Rechts, der Medizin, des Militärs und des Bildungssystems mitwirken.[29]

Die "Preußen" in Yokohama und Tôkyô im "Goldenen Zeitalter"

Die wenigen deutschen Kaufleute, die sich nach der ersten Hafenöffnung vornehmlich in Yokohama aufhielten und seit 1861 unter dem Schutz Preußens standen, versuchten schnell, es sich in der Fremde gemütlich zu machen und gaben sich schon im Februar 1863 durch den deutschen Klub Germania einen nationalen Ort der Zusammenkunft, dessen Gründung von Max von Brandt vorangetrieben wurde. Er erhielt dafür von der japanischen Regierung eine Landschenkung. Das Clubhaus, das über "ein sehr gemütliches Barzimmer, eine große, gepflegte Bibliothek, ein riesiges Billardzimmer und eine stark benutzte Kegelbahn"[30] verfügte, existierte bis 1920.

Die verhältnismäßig rasche Reaktion der Kaufleute zahlte sich bald aus: Die Leiter der größeren deutschen Handelshäuser, deren Mutterhäuser zumeist in den Hansestädten lagen, wurden als Honorarkonsuln in den geöffneten Häfen eingesetzt: 1865 in Nagasaki Louis Kniffler, der zu einem der ältesten deutschen Handelshäuser in Japan gehörte und aus dem dann das Ostasienhaus C. Illies & Co. KG hervorging, 1867 in Yokohama Martin Herrmann Gildemeister, ebenfalls von der Firma Kniffler, 1868 in Kôbe (damals noch Hyôgo genannt) Karl August Otto Evers.[31] Yokohama, ehemals eine kleine Ausländersiedlung und Umschlageplatz für europäische und amerikanische Güter, hatte sich schon seit 1863 zu einem lebhafteren Ort gewandelt; etwa 240 Ausländer und

ることはごく稀であった」(34)

　1873年、ブラントの推進により独逸東洋文化研究協会（OAG）(e)が設立された。創設時の発起人71人のうち東京在住のドイツ人25人は大部分が学者と官人で、横浜の30人はおもに商人であった。同協会は社会的変革の渦中に設立されたのである。当時の東京はまだ「完全に日本的な町で、低い建物が立ちならぶなかに大寺院がそびえ、多くの庭園とわずかな政府関係の建物、そして所々に新設の学校があった。侍、そのほとんどが浪人（主家をもたない武士──筆者注）だが、1876年にもまだ帯刀していた」(35)。1873年以来協会機関誌〈独逸東洋文化研究協会報告〉にはドイツ人の生活だけでなく、日本と東洋に関するドイツ人の学術的論究も記録されており、そのテーマの多様性に東洋学の初期の状況を垣間見ることができる。

　日本の革新は、学術をも巻き込んだ。1877年には東京開成学校と東京医学学校が合併し、法・医・文・理の四学部を置く東京帝国大学が創設された。初代総長は加藤弘之(36)である。開校初期の頃の講義は、外国人講師の大部分がイギリス人もしくはアメリカ人であったため、英語でおこなわれることが多かった。しかし、その後ドイツ人学者の「輸入」と日本人学生のベルリンへの「輸出」が強化され、ドイツ語も授業に使用されることが多くなっていった。こうして医学を学ぶ者にはドイツ語が必須となり、また東京帝大の井上哲次郎(37)のもとで哲学を学ぶ学生もドイツ語を必要とした。

　80年代以降はプロシアの教育制度(38)と大学制度も模範として大きく注目されるようになった。ベルリンのフリードリッヒ＝ヴィルヘルム王立大学の講座制を東京帝大の制度に導入したことはその現れである。1887年10月には外交官養成教育をおこなうフリードリッヒ＝ヴィルヘルム王立大学に附属するベルリン東洋語学校が設

加藤弘之
Katô Hiroyuki

8.000 Japaner, die im japanischen Stadtviertel wohnten, wickelten hier ihre Geschäfte ab. Im Hafen waren stets ausländische Schiffe zu sehen, und Yokohama wurde damals von seinen ausländischen Bewohnern mit etwas übersteigertem Stolz "Klein-Paris"[32] genannt. Die Zeit zwischen der ersten Hafenöffnung 1854 und der Regierungsübernahme durch die kaiserliche Regierung 1868 war jedoch noch durch Überwachung der Ausländerkolonie gekennzeichnet. Die Siedlung wurde von japanischen Wachen an den Brücken kontrolliert; um etwa nach Edo reiten zu können, benötigte man eine Erlaubnis.

Mag es an der Abschottung der Fremdensiedlung in Yokohama gegenüber dem übrigen Japan gelegen haben oder nicht, der erste Konsul in Japan, Max von Brandt, wußte wenig über die innenpolitischen Entwicklungen seines Gastlandes und vermutete noch im August 1868, als die Kaiserpartei schon fast gesiegt hatte, "... daß das Land in einen Norden und einen Süden geteilt werden wird, mit einigen unabhängigen Fürsten in der Mitte."[33]

Für die systematisch betriebene Staatsumformung durch die kaiserliche Regierung wurden Ausländer ins Land geholt, die als Lehrer für die Modernisierung des Meiji-Staates dienten. Professoren, Berater, Lehrer, Ingenieure und Architekten, darunter auch deutsche, wurden um Rat und Hilfe gebeten. Langsam entstand eine kleine deutsche Gelehrtenkolonie in Tôkyô, die gute Kontakte zu den schon in Yokohama ansässigen Kaufleuten unterhielt. Verglichen mit den anderen Fremden war jedoch die Zahl der in Japan lebenden Deutschen Ende der 70er Jahre gering: unter den rund 1700 Ausländern in Japan gab es nur 160 Deutsche.

In Tôkyô wohnten die deutschen Gelehrten entweder in Häusern europäischen Stils in Tsukiji oder über die Stadt verteilt in japanischen Häusern. Die Kaufleute lebten in Yokohama in der für sie eigens geschaffenen Fremdensiedlung, dem "Bluff" wie es damals hieß. Die deutsche Kolonie in Tôkyô und Yokohama wuchs und lieferte, einer zeitgenössischen Schilderung nach, folgendes Bild:

"Es ging oft hoch her im alten Yokohama. Feste in

立された。こうして、ドイツで初めての日本語
教育課程がルドルフ・ランゲ（1850年〜1933
年）指導のもとに誕生したのである。この十年
前に開校した東京帝国大学には、ベルリン東洋
語学校が設立された年にドイツ学科ができた。
1887年にはルードヴィッヒ・ブッセが哲学講師
として迎えられ、ルードヴィッヒ・リースは歴史
を、またエミール・ハウスクネヒトは教育を受
け持ち、ハウスクネヒトはドイツ語の講義も担
当した。カール・フローレンツ（1865年〜
1935年）は1889年に東京帝国大学文科大科の
ドイツ語講師になり、1891年にはドイツ語と比較
言語学の正教授に就任した(39)。フローレンツはか
つて、ベルリン東洋語学校の井上哲次郎のもと
で日本語を学んだ。東京での教授活動を終えて
ドイツに帰国した後は、ハンブルク大学で日本
語および文化学科の初代主任教授に就任した。
これよりも早く創設されたベルリン東洋語学校
は言語教育を中心としたため、フローレンツは
ドイツにおける日本学の創始者といえる。

　1881年には日本にドイツ学術奨励協会が設立
された。協会は設立二年後に、ドイツのギムナ
ジウムを模範としたドイツ学協会学校（現在の
独協学園）を東京に開校し、日本人の官吏養成
教育をおこなった。もっとも、同校は十年後に
は改編され、中学校になった。東京と横浜在住
ドイツ人子弟の教育に関しては、1903年11月
にようやく横浜独逸學園協会が設立され、翌
1904年に横浜独逸學園が開校した(40)。

医学

　1868年の明治維新まで日本では漢方が中心で
あったが、これは国家改革の枠内で系統的に西
洋医学に取り替えられていった。出島のオラン
ダ人をつうじて西洋医学は幾分かは知られてお
り、それと取り組んだ学者や医者はいたが、漢
方信奉者に比べると徴々たる数であった。出島

文明開化──洋服と日本初の電灯（1880年代）
Modernisierung: Westliche Kleidung und Japans erstes elektrisches Licht in den 8oer Jahren des 19. Jahrhunderts

Frack und Smoking wurden gefeiert. Bälle wurden
gegeben mit vielen an der Bar stehenden Herren und
nur ganz wenigen Damen. Konzerte wurden abgehalten, zu denen selbstverständlich nicht nur die Mitglieder, sondern auch Yokohama-Residenten anderer
Nationalität kamen. Viele Schweizer waren Mitglied
und tägliche Besucher des Klubs [Germania], bis sie
nach dem ersten Weltkrieg austraten. Jedes Jahr
wurden Picknicks in Yokohamas schöne Umgebung
gemacht. Die Klubboys fuhren voran und sorgten
dafür, daß am Ziel genug zu essen da war, und daß
die Getränke gut gekühlt waren. Damen wurden nur
selten mitgenommen."[34]
1873 wurde auf Betreiben Brandts die Deutsche Gesellschaft für Natur- und Völkerkunde Ostasiens,
OAG, gegründet. Der Gründungsväter zählte man 71
Mann, von denen 25 in Tôkyô, meist Wissenschaftler
und Beamte, und 30 in Yokohama, vornehmlich
Kaufleute, ansässig waren. Die Gründung der OAG
fiel noch in die Zeit des gesellschaftlichen Umbruchs.
Tôkyô war damals noch "eine vollkommen japanische Stadt, ein endloses Meer niedriger Häuser mit
höheren Tempelbauten, vielen Gärten und erst wenigen Regierungsgebäuden und neuen Schulen dazwischen. Samurai, meist Rônin (herrenlose Samurai)
liefen noch 1876 mit Schwertern umher usw."[35] Die
Mitteilungen der OAG (MOAG) dokumentieren seit
1873 nicht nur das Leben der Auslandsdeutschen,
sondern auch die deutsche wissenschaftliche Diskussion über Japan und Ostasien, deren Themenvielfalt
ein recht anschauliches Bild gerade der Anfangszeit
der Ostasienkunde liefern.

と長崎に居住したヨーロッパの医師が西洋の学術書籍の研究を促し、特にエンゲルベルト・ケンペルやフィリップ＝フランツ・フォン＝シーボルトのようなドイツ人医師の寄与は大きかった。それは医学に留まらず、様々な学術分野に及ぶ学問・蘭学に発展したのである（蘭書の訳読をしたところより蘭学と呼ぶ）。明治政府の改革が進行し、西洋学術を指針とするにいたった過程で、以前よりオランダ商館付ドイツ人医師たちと交渉があったため、日本はドイツ医学を模範とするようになった。蘭学者がオランダ語から邦訳した書物の多くは、もともとドイツ人の書いたものであった。またヨハネス・L＝シェーンラインやルドルフ・ヴィルヒョウなどのベルリンの著名な医師は、国外でも高い名声を得ていたのであった(41)。

制度化した西洋医学講義が初めておこなわれたのは、1857年に江戸に設立された予防接種学研究所においてである。この研究所は1861年に西洋医学所と改称され、東京帝国大学医学部の前身である(42)。1870年に日本はドイツ外相に宛てた書信で、同医学学校にドイツ人医師二名の派遣を依頼した。これに応じてマックス・フォン＝ブラントは実現に協力する旨を表明し、軍医中尉二名の派遣をドイツに薦めた。軍医中尉なら上層部の日本人との接触の見込みがあったからである(43)。こうして軍医少佐ベンヤミン＝カール＝レオポルド・ミュラー（1822年〜1893年）(f)および軍医大尉テオドール＝エドゥアルド・ホフマン（1837年〜1894年）が選ばれたが、独仏戦争勃発により日本への旅立ちは暫時延期された。1871年5月、内閣は彼らを日本に出立させる決定をし、その四週間後にはミュラーは自身と夫人の旅券とともにヴィルヘルム一世の辞令を受領した(44)。

後に『東京──医学』(g)というタイトルで出版されたミュラーの回想録に、医学学校での活動

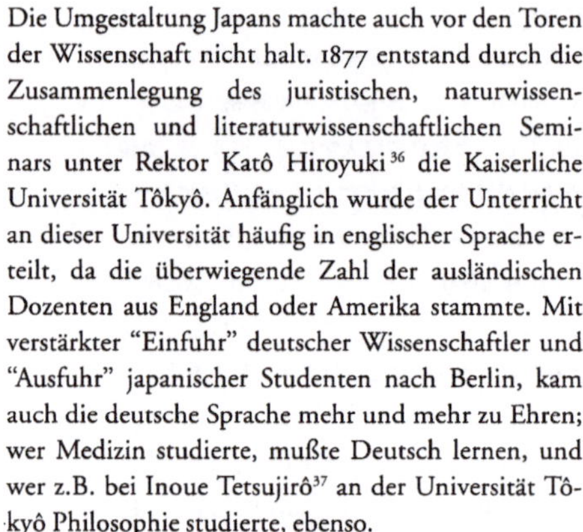

Die Umgestaltung Japans machte auch vor den Toren der Wissenschaft nicht halt. 1877 entstand durch die Zusammenlegung des juristischen, naturwissenschaftlichen und literaturwissenschaftlichen Seminars unter Rektor Katô Hiroyuki[36] die Kaiserliche Universität Tôkyô. Anfänglich wurde der Unterricht an dieser Universität häufig in englischer Sprache erteilt, da die überwiegende Zahl der ausländischen Dozenten aus England oder Amerika stammte. Mit verstärkter "Einfuhr" deutscher Wissenschaftler und "Ausfuhr" japanischer Studenten nach Berlin, kam auch die deutsche Sprache mehr und mehr zu Ehren; wer Medizin studierte, mußte Deutsch lernen, und wer z.B. bei Inoue Tetsujirô[37] an der Universität Tôkyô Philosophie studierte, ebenso.

Auch das Vorbild des preußischen Erziehungswesens[38] und das der Universitäten fand seit Mitte der 80er Jahre verstärkte Beachtung, z.B. durch die Übernahme des an der Berliner Friedrich-Wilhelms-Universität üblichen Lehrstuhlprinzips bei der Kaiserlichen Universitätsordnung. Im Oktober 1887 wurde in Berlin das Seminar für Orientalische Sprachen der Friedrich-Wilhelms-Universität, wo Anwärter für den auswärtigen Dienst ausgebildet wurden, gegründet. Unter der Leitung von Rudolf Lange entstand so der erste Studiengang für Japanisch in Deutschland. An der bereits zehn Jahre alten Kaiserlichen Universität Tôkyô entstand im Gründungsjahr des "SOS Berlin" die germanistische Fakultät. 1887 wurden dort Ludwig Busse als Dozent für Philosophie eingestellt, Ludwig Riess für Geschichte und Emil Hausknecht für Pädagogik. Dieser gab auch Unterricht in der deutschen Sprache. Karl Florenz wurde 1889 Lektor für deutsche Sprache an dieser Universität und 1891 Ordentlicher Professor für Deutsche Literatur und Vergleichende Sprachwissenschaft.[39] Florenz hatte zuvor bei Inoue Tetsujirô am Seminar für Orientalische Sprachen in Berlin Japanisch gelernt und erhielt – zurückgekehrt aus Tôkyô – 1914 den ersten Lehrstuhl für Sprache und Kultur Japans an der Universität Hamburg. Er gilt als Begründer der Japanologie in Deutschland; das zeitlich früher gegründete Seminar in Berlin diente vornehmlich der Sprachausbildung.

1881 wurde in Japan ein japanischer Verein zur Förderung der deutschen Wissenschaften ins Leben ge-

が描れている。彼はホフマンとともに、ここにドイツを模範とした医学部の基盤を築いたのである。ミュラーによると、学校には西洋の正規の医学教育機関に属する事柄すべてが欠けていた。たとえば、日本の教育は個人教授に基づいており、クラス編成の系統的な授業は見られなかった。基本的に一人の教師が一人の生徒に漢方を——漢方特有の医術を教えたのである。知識は秘密とされ、生徒は「秘伝」の習得を学習目標とし、学校に通うのは単に秘伝の補足と解していた。ミュラーはつぎのように嘆いている。

「われわれが初めて学校へ出向いた時、われわれに紹介された生徒は、約三百名ほどいた。かれらは、ずらりと並んだいくつかの大部屋に、十人ないし十六人ずつ大きな机を囲み、各自火鉢（ひばち、Hibatchi）を抱え、キセルを傍に置き、各自の前に拡げられた本を大声を張り上げて読んでいた。大体同じ分野の医学書であったが、読んでいる章はまちまちであり、その上書かれている用語は同じからず、しかもみんなが一斉に発声して周知の東洋的な単調な吟誦法で朗読するので、まるでユダヤ教会へ足を踏み入れたかの如き印象を受けた」[h]

ミュラーは修業年限を8年とする「医学教育制度」を導入し、時間割を組み、毎年学年末に試験をおこなうこととした。日本人学生の語学力が不足しているため、少なくともドイツ語に関しては新規時間割によって断固たる対策を講じ、全講義をドイツ語でおこなうことにした。その後ラテン語、物理、化学の教師が東京に派遣され、これらの学科もドイツ語で「系統的」な方法で講義がおこなわれた。このようにして、学生たちはそれまで朗読していた教科書を本当に理解できる状況におかれることになったのである。日本の従来の教育方法では、これは不可能だとミュラーは感じていたのである。

「外国語で書かれた本を使用することは、日

rufen. Dieser gründete zwei Jahre später in Tôkyô eine Schule nach dem Vorbild deutscher Gymnasien, die Doitsugaku Kyôkai Gakkô (die heutige Dokkyô-Schule), die allerdings nach zehn Jahren in eine Mittelschule umgewandelt wurde. Diese Schule sorgte für die Ausbildung des benötigten japanischen Beamtennachwuchses. Erst im November 1903 wurde für die Kinder der in Tôkyô und Yokohama weilenden Deutschen der Deutsche Schulverein Yokohama gegründet, der 1904 eine Deutsche Schule eröffnete.[40]

Medizin

Bis zur Meiji-Restauration im Jahre 1868 war die chinesische Heilkunde in Japan maßgebend, die nun im Rahmen der Staatsumformung durch die europäische Medizin systematisch abgelöst wurde. Durch die auf der Insel Dejima angesiedelten Holländer wußte man in Japan zwar einiges von der westlichen Medizin, und es gab auch Gelehrte und Ärzte, die sich mit dieser Heilkunde (Ranpô) beschäftigten, verglichen jedoch mit den Anhängern der chinesischen Heilkunst war ihre Anzahl gering. Die auf Dejima und in Nagasaki ansässigen europäischen Ärzte, unter anderen auch deutsche wie Engelbert Kaempfer und Philipp Franz von Siebold, regten jedoch schon vor 1868 eine Auseinandersetzung mit wissenschaftlichen Werken des Westens an, die über das Studium der Medizin hinaus zu einem eigenen Wissenschaftszweig in Japan führte, nämlich – da durch holländische Lehrbücher transferiert – dem der Holländischen Wissenschaften (Rangaku). Im Zuge der Reformen der Meiji-Regierung und der Orientierung an den westlichen Wissenschaften wirkten sich diese vormaligen Kontakte zu den deutschen Ärzten der holländischen Niederlassung insofern aus, als daß der deutschen Medizin eine Vorbildfunktion zugestanden wurde. Viele der aus dem Holländischen übersetzten Werke der Rangaku-Gelehrten stammten ursprünglich aus deutscher Feder, und die Medizin in Berlin, repräsentiert durch Persönlichkeiten wie Johannes L. Schönlein, Rudolf Virchow u.a., genoßen auch bei den ausländischen Beratern in Japan ein hohes Ansehen.[41]
Der erste institutionalisierte Unterricht in der westlichen Heilkunde wurde in dem 1857 errichteten Institut für Impfkunde in Edo erteilt. 1861 wurde es zum Institut für westliche Medizin (Seiyô Igakusho)

本の修行方法としては、まことに珍しいやり方であった。ある生徒の如きは、漸く外国文字が読め、在りきたりの外国語のうわつらの智識を若干覚えただけだというのに、厚ければ厚いほどよいと思って、何かあり合せの分厚な本を取り上げた。例えば解剖学の勉強にかれが第一に取上げた好みの本は、ドイツ人の学生ですら難しくて理解しにくい、専門の解剖学者用のヘンレ（Henle）の解剖学の大冊だったのである。その本が〈参考になる〉というような箇所をどこかの頁に見つけようものなら、その学生は書かれている国語を本当に読めようが読めまいが、またその外国語を読めるというようなお誂え向きの場合だとしても、その本がかれに理解できるように書かれているかどうか、かれの予備智識で読める程度のものであるかどうかなど一向にお構いなく、遮二無二その本と取り組むのであった。またある生徒は、例えばいくらかオランダ語ができたが、ドイツ語で書かれたヒルトル（Hyrtl）の解剖書を勉強しようとした。かれは、ヒルトルの本のある箇所を読むのに一語一語独蘭辞典を引いた。しかしかれはオランダ語が少々できるだけだったので、さらに蘭英辞典を繰り、そしてそれから英和辞典を引いてどうやらヒルトルに書かれている言葉の意味の概念をつかむのであった。このような学生が例えばヒルトルが上顎について書いた "Diese drei Knochen stützen den wankenden Thron dieses mächtigen Gesichtsmonarchen gegen die rastlosen Angriffe seines unruhigen Antagonisten, des Unterkiefers." （この上顎の三つの骨は、ふらついている下顎の休みない動きに耐えるように、顔の中心をなす最も大切なぐらつく部分を支えている）という文章を、果たしてどの程度まで理解し得たろうか、それは読者の判断にお委せしよう」[45]

　特にミュラーが完全に否定した漢方は、医学

umbenannt und war der Vorläufer der späteren medizinischen Fakultät der Kaiserlichen Universität Tôkyô.[42] Max von Brandt erklärte sich 1870 auf eine entsprechende japanische Anfrage in einem Schreiben an die Minister für Auswärtige Angelegenheiten bereit, sich für ein Engagement zweier deutscher Ärzte an dieser medizinischen Schule in Tôkyô einzusetzen. Er befürwortete die Entsendung von zwei Obermilitärärzten, da diese durch ihr höheres Ansehen Aussicht auf ein Eintreten in die besseren japanischen Kreise hätten.[43] Die Wahl fiel auf Oberstabsarzt Leopold Müller (1822–1893) und Stabsarzt Theodor E. Hoffmann (1837–1894), deren Abreise nach Japan sich jedoch zunächst durch Ausbruch des preußisch-französischen Krieges verschob. Im Mai 1871 beschloß dann das Kabinett, die beiden deutschen Ärzte nach Japan fahren zu lassen, und schon vier Wochen später erhielt Müller den Paß für sich und seine Frau von Kaiser Wilhelm I. samt Abreisebefehl.[44]

In seinen später unter dem Titel *Tokio-Igaku* veröffentlichten Erinnerungen berichtet Müller über seinen Aufenthalt an der Medizinschule, an der er zusammen mit Hoffmann die Grundlagen für eine medizinische Fakultät nach deutschem Vorbild legte. Seiner Auffassung nach fehlte dieser Schule alles, was zu einer ordentlichen Lehrstätte der westlichen Medizin gehörte: Die ganze japanische Ausbildung beruhe im Grunde genommen auf einer "Mann-zu-Mann-Unterweisung" und weniger auf einer systematischen Lehre im Klassenverbund. Im wesentlichen unterrichteten die einzelnen Lehrer ihre jeweiligen Schüler in der chinesischen Heilkunst, indem sie ihnen ihre charakteristischen Kunstgriffe beibrachten. Dieses Wissen sei geheim, der Lerneifer der Schüler darauf gerichtet, das eine oder andere "Geheimnis" zu erlernen, und der Schulbesuch werde lediglich als Ergänzung dessen begriffen. Müller klagte:
"Bei unserem ersten Besuche fanden wir etwa dreihundert Schüler, die uns vorgestellt wurden; sie saßen in einer Reihe von Sälen zu je zehn bis sechzehn um große Tische, jeder seinen Hibatchi (ein Kohleöfchen, A.d.V.) und seine Pfeife neben sich und lasen laut aus den vor ihnen liegenden Büchern, zwar meist demselben Wissenschaftsgebiet angehörig, aber doch ganz verschiedene Kapitel und obendrein Bücher,

学校の講義から放逐された。ミュラーは即座に全生徒を初心者に格下げして講義を開始した。

「日本人にとつてすら意外だったかも知れないが、私はこの試験で生徒等が後学年になってから初めて修得するような難しい知識をいろいろ知っていながら、誰一人として解剖学や生理学の予備智識を十分に勉強していない事実を確かめたのであった。心臓病の研究をした者は何人かいたにもかかわらず、血液の循環を満足に図解し得た者は一人もいなかった。また大腿骨を示したところ、それが右か左か、またなぜ右か、なぜ左かを自信を以て答え得た者は一人もいなかった。（…）だから私は、極めて積極的に説明した。私にしても見れば、誰も医学知識を全然持っていないも同然であり、むしろ全員同じように全くの初歩から始め、まず骨学の勉強をやり、所定の講義要綱を終えなければならぬと思われた。だがそれは多くの学生にとって強い衝撃であった」[46]

高度な講義内容についていけた学生はごくわずかだった。1876年の博士号試験まで頑張りぬいたのは300人の学生のうちわずか25人である。ミュラーがベルリンに戻った1875年には、すでに後任者が東京に派遣されていた。ミュラーとホフマンの後任者のなかで著名なのは外科医ユリウス=カール・スクリバ（1848年～1905年）と内科医エルヴィン・フォン=ベルツ（1849年～1913年）である。ベルツは1876年から1905年まで、スクリバは1881年から二十年間医師として日本で活動し、日本医学の発展に大きく貢献したと高く評価されている。

日本は外国から招聘した人材に代わり得る日本人専門家をできるだけ早く育てるよう努力し、試験に合格したわずかな学生のうち優秀な人物をドイツに留学させた。そのなかの一人北里柴三郎は1884年から1891年までベルリンのロベルト・コッホ研究所にいた。彼は1889年に世界

die in ganz verschiedenen Sprachen geschrieben waren – Alle gleichzeitig, in der bekannten orientalischen, psalmodirenden Weise, so daß man etwa den Eindruck hatte, als träte man in eine Synagoge."

Müller führte eine "feste Ordnung" in Form eines Stundenplans, der sich über acht Jahre erstreckte, und Examina, die nach jedem Jahr absolviert werden mußten, in dieses Studium ein. Gerade den mangelnden Fremdsprachenkenntnissen der japanischen Studenten wurde durch den neuen Stundenplan – zumindest was das Deutsche betrifft – energisch entgegengetreten: der gesamte Unterricht wurde in Deutsch erteilt. Geeignete Lehrer für Latein, Physik und Chemie wurden in der Folge nach Tôkyô entsandt, um den Unterricht in diesen Fächern – auf deutsch und nach der bekannten "systematischen" Methode – abzuhalten. Die Studenten sollten so in die Lage versetzt werden, die von ihnen – laut vorgelesenen – Lehrbücher tatsächlich auch zu verstehen, was Müller bei der bislang praktizierten Lehrmethode anzweifelte:

"Die Benutzung der in fremden Sprachen geschriebenen Bücher bildete nämlich einen der seltsamsten Bestandtheile des japanischen Studiums. Sobald ein Schüler nur die Buchstaben kannte und eine ganz oberflächliche Kenntnis einer oder zweier der üblichen fremden Sprachen erlangt hatte, nahm er sich irgend ein beliebiges Buch vor, je dicker desto besser; z.B. war zur Erlernung der Anatomie kein Buch beliebter als die große, selbst für einen deutschen Studenten schwer verständliche, sonst nur für Anatomen vom Fach bestimmte Anatomie von Henle. Hatte der Studirende ... die Versicherung erhalten, daß das betreffende Buch 'gut' sei, so machte er sich an das Studium desselben, ohne Rücksicht darauf, ob er die betreffende Sprache auch wirklich verstand ... Ein Schüler ... z.B ... las eine Stelle im Hyrtl und schlug dann Wort für Wort im deutsch-holländischen Lexikon nach; da er aber, wie gesagt, des Holländischen nur sehr wenig mächtig war, so nahm er weiter seine Zuflucht zu einem holländisch-englischen Lexikon, um dann mittelst des englisch-japanischen Lexikons endlich sich einen Begriff von der Bedeutung des in Hyrtl gefundenen Worts zu machen. Ich gebe nun anheim, zu beurtheilen, wieviel ein solcher Student beispielsweise von dem Satze verstanden haben

で初めて破傷風菌を培養し、1894年にはペスト菌を、また1898年には赤痢菌を発見した。1890年にはジフテリアと破傷風治療血清を創製した。北里はその功績を讃えられ、ベルリンで教授に任命されている。

法律

　憲法によって新興国日本に理論的基盤を確立する発端となったのは、ベルリンをも訪問した岩倉遣外使節の渡欧であった(47)。岩倉具視を正使とし伊藤博文と大隈重信が随行する使節団の目的は(48)、かつての文久遣欧使節団と同様に条約諸国の現状視察の他に、条約改正によってそれら諸国に条約上で保障された特権（治外法権、領事裁判権）の撤廃を実現することであった。しかし、西洋諸国は、日本が西洋の理念を指針とする司法・行政改革を実施しない限り、条約改正は考えられないという一致した態度をとった。さらにビスマルクは「カノ所謂ル公法ハ、列国ノ権利ヲ保全スル典常トハイヘトモ、大国ノ利ヲ争フヤ、己ニ利アレハ、公法ヲ執ヘテ動カサス、若シ不利ナレハ、翻スニ兵威ヲ以テス、固リ常守アルナシ、小国ハ孜孜トシテ辞令ト公理トヲ省瞥シ、敢テ越エス、以テ自主ノ権ヲ保セント勉ムルモ、其籤弄凌侮ノ政略ニアタレハ、殆ト自主スル能ハサルニ至ルコト、毎ニ之アリ、是ヲ以テ慷慨シ、一度ハ国力ヲ振興シ、一国対当ノ権ヲ以テ」(49)と述べている。岩倉使節団が帰国後、日本は国の法制度と行政制度の改革を実施し、憲法に明記すべき事柄が決定された(50)。この決定を促したのは対外政策上のみでなく、内政上の要因でもあった。つまり、明治初頭に発生した政治運動・自由民権運動が寡頭政治に抗して、国会開設による国意決定過程への人民の参加を中核要求とし、全国的に展開されたのである。このような対外政策と内政上の圧迫を前に中央政府は憲法制定と1890年の国会開設予告

mag, welchen Hyrtl bei Beschreibung des Oberkiefers gebraucht: 'Diese drei Knochen stützen den wankenden Thron dieses mächtigen Gesichtsmonarchen gegen die rastlosen Angriffe seines unruhigen Antagonisten, des Unterkiefers'."[45]

Insbesondere die chinesische Heilkunde, der Müller keinerlei Anerkennung zollte, wurde aus dem Unterricht verbannt. Müller stufte kurzerhand sämtliche Studenten als Anfänger ein und begann mit seinem Unterricht:

"Ich stellte nun, selbst für die Japaner augenscheinlich, fest, daß die Schüler zwar mancherlei aphoristische Kenntnisse besäßen, die zum Theil erst in späteren Semestern erworben werden sollten, daß aber nicht Einer von ihnen irgendwie genügend in der Anatomie und Physiologie vorbereitet sei; konnte mir doch kein Einziger ein Bild des Kreislaufs geben ... Keiner vermochte mir mit Sicherheit zu sagen, ob und warum ein ihm gezeigter Oberschenkel ein rechter oder ein linker sei ... Ich erklärte daher ganz positiv, für mich besäße überhaupt keiner irgend welche medicinischen Kenntnisse, vielmehr müßten alle gleichmäßig von Anfang an, d.h. mit der Lehre von den trockenen Knochen, beginnen und den vorgeschriebenen Studienplan durchmachen. Für Viele war das ein sehr harter Schlag ... "[46]

Nur wenige Studenten schafften es, die hohen Anforderungen zu erfüllen; bis zur Promotion im Jahre 1876 hielten es von den einst 300 Schülern nur ganze 25 durch. Als Müller 1875 nach Berlin zurückkehrte, waren seine Nachfolger bereits in Tôkyô tätig. Die wohl berühmtesten Nachfolger Müllers und Hoffmanns waren der Chirurg Julius Scriba und der Internist Erwin von Bälz. Dieser wirkte von 1876 bis 1905, Scriba seit 1881 zwanzig Jahre lang als Mediziner in Japan. Sie genossen den Ruf, für die Entwicklung der japanischen Medizin besondere Dienste geleistet zu haben.

Japan bemühte sich insgesamt, die aus dem Ausland berufenen Kräfte so schnell wie möglich durch japanische Fachleute zu ersetzen. Von den wenigen Studenten, die das Examen schafften, wurden die besten nach Deutschland zum Aufbaustudium geschickt. Unter diesen befand sich Kitazato Shibasaburô, der von 1884 bis 1891 am Robert-Koch-Institut in Berlin tätig war. 1889 züchtete er als erster den Tetanusba-

の法令を発布したのであった。まず伊藤博文を議長とする憲法共同審査会が編成され、列強の法律に関する情報を収集することになった。

しかし、国の進路に関して意見が対立した。日本の法務省では1872年以来フランス人の法律家が教授し、後の東京帝国大学では1874年以来英米人が教鞭を執ったために、日本ではこれら三国の法制度はよく知られていた。したがってイギリスあるいはフランスは民主主義者にも指針となるように見えたが、保守派は君主権の強い憲法がより適すると見なしていた。そこで、自身も保守派に属する岩倉具視は鑑定書を作成させ、結果は保守派の構想に確証を与えるものであった。鑑定書の内容は、イギリスの議会制度では王を議会に依存させ、内閣は指導的な位置にある政党の意のままにされている。そのために日本は君主制とリベラルな法国家が結び付くプロシア憲法とドイツ帝国憲法を参考とするべきであろう、というものである。議会開設後も天皇大権擁護が政治家たちの支配的な意見であったため、プロシア憲法とドイツ帝国憲法がモデルとして最適に思われた。1882年と1883年には伊藤は何度もベルリンを訪れ、法曹界の権威者ルドルフ・フォン＝グナイストと交渉を

ベルリンの建築家エンデとベックマンによって建てられた司法省（1895年竣工）

Vom Berliner Architekturbüro Ende und Böckmann geplantes, 1895 fertiggestelltes Justizministerium in Tôkyô

zillus in Reinkultur und entdeckte 1894 den Pestbazillus, 1898 den Erreger der Ruhr. 1890 fand er die Antitoxine für Diphterie und Tetanus. Kitazato wurde in Berlin für seine Verdienste zum Professor ernannt.

Recht

Die Schaffung eines theoretischen Fundaments für den neuen japanischen Staat durch eine Verfassung nahm ihren Anfang mit dem Besuch der Iwakura-Mission, die auch nach Berlin kam.[47] Iwakura Tomomi, der die Mission leitete, wurde von Itô Hirobumi begleitet[48] und hatte ebenso wie einst die Takeuchi-Mission nicht nur den Auftrag, die Lebensverhältnisse der Vertragsstaaten zu studieren, sondern sollte darüber hinaus versuchen, die vertraglich garantierten Privilegien dieser (Exterritorialität und Konsulargerichtsbarkeit) durch revidierte Handelsverträge aufzuheben. Die westlichen Staaten waren sich jedoch einig: Solange Japan nicht eine sich an westlichen Vorstellungen orientierende Gerichts- und Verwaltungsreform durchgeführt habe, sei an eine derartige Revision nicht zu denken. Bismarck wies zudem die Missionsmitglieder darauf hin, daß Japan auf seine eigene Macht vertrauen müsse, um stark zu werden. Auf andere Länder solle es sich nicht verlassen, und internationales Recht werde im übrigen oft nur solange respektiert, wie es im Interesse des eigenen Staates liege.[49] Nach Rückkehr der Iwakura-Mission gelangte man in Japan zu der Entscheidung, daß sich das Land einer Rechts- und Verwaltungssystemreform unterziehen müsse, die in einer Verfassung festgeschrieben werden sollte.[50] Nicht nur das außenpolitische Moment war hierfür entscheidend, sondern auch innenpolitische Faktoren: Die in der Meiji-Zeit sich formierende und erstarkende Opposition Jiyû-minken-undô (Bewegung für Freiheit und Volksrechte) forderte die Ablösung der herrschenden Oligarchie durch eine breitere Volksvertretung und trat für ein parlamentarisches Regierungssystem ein. Die Zentralregierung reagierte also sowohl auf den außenpolitischen als auch auf den innenpolitischen Druck durch ihr Versprechen, eine japanische Verfassung und ein parlamentarisches System für das Jahr 1890 auszuarbeiten. Eine Verfassungskommission unter dem Vorsitz Itô Hirobumis wurde gebil-

持った⁽⁵¹⁾。彼はプロシアの行政改革に大きく関与し、1875年以来最高裁判所副長官の地位にあった。ほぼ三ヶ月間、伊藤はベルリンでグナイストの特別講義を聴講し、またウィーンでは国家学・憲法学者ローレンツ・フォン＝シュタインからも助言を受けている。帰国後の伊藤はドイツの憲法学者ヘルマン・レースラーとともに、1884年から1888年まで日本国憲法の草案を作成した。レースラーは、ベルリン駐在大使青木周蔵の推挙によって日本の外務省顧問として派遣された人物である。憲法草案の原理は、大日本帝国の絶対君主たる天皇の地位、議会同意のもとによる天皇の立法権行使である⁽⁵²⁾。憲法草案は1888年に天皇に奉上され、一年後に日本帝国憲法として発布された。この立憲君主制憲法は1945年まで改正されることなく有効であった。

注

⑴ 参考文献29参照。すでに日本開国以前に、中欧の博物館と図書館が日本で熱心な収集活動をしたが、鎖国していたため規模には制限があった。

⑵ 1868年以降は天皇一代一年号となり、明治天皇の治世は明治が年号。即位の年1868年を明治元年とする。

⑶ しかし、ペリーによる海港強制以前の日本に近代的国家の構造が皆無だったわけではない。クライナーは参考文献14の論文において、これを証明している。1868年以降に国家の近代化を可能にした条件は、すでにそれ以前に築かれていたのである。徹底した官僚主義と行政、国民の３分の１に及ぶ学校教育、知識人層の西洋医学、自然科学および技術に関する知識、都市と商業の繁栄そして中央国家権力の存在が、明治の改革者たちが用いることのできた過去の成果であった（同上87頁）。

⑷ 一般に、日本に到来した最初のドイツ人はハンス＝ヴォルフガンク・ブラウン（1609年〜1655年）といわれている。しかし、ブラウン以前にドイツ人が日本に滞在していたことがクライナーの参考文献15の論文に書かれている。

⑸ 当時、日本に滞在した最も著名なドイツ人は前出の大砲鋳造士ハンス＝ヴォルフガング・ブラウン、医学者エンゲルベルト・ケンペル（1651年〜1716年）、医者であり学者であったフィリップ＝フランツ・フォン＝シーボルト（1796年〜1866年）である。初期の日独関係に関する同義語でも

ヘルマン・レースラー
Hermann Roesler

det, die Informationen über das Recht der ausländischen Mächte einholen sollte. Uneinigkeit bestand jedoch hinsichtlich der einzuschlagenden Richtung. Im japanischen Justizministerium lehrten seit 1872 französische Juristen, an der späteren Kaiserlichen Universität Tôkyô seit 1874 Engländer und Amerikaner, so daß deren Rechtssysteme in Japan durchaus bekannt waren. England oder Frankreich erschienen folglich auch den liberaleren Kräften wegweisend, eine Verfassung, die die monarchischen Rechte wahrte, allerdings den Konservativen geeigneter. Iwakura Tomomi, der selbst der konservativen Richtung angehörte, ließ ein Gutachten in Auftrag geben, das die konservativen Überlegungen bestätigte: Das britische parlamentarische System mache den König vom Parlament abhängig, das Kabinett sei der führenden Partei ausgeliefert. Japan solle sich daher besser an der preußischen Verfassung und der des Deutschen Reiches orientieren, die Monarchie und Rechtsstaat miteinander verbinde. Nach der vorherrschenden Meinung in den japanischen Regierungskreisen sollte auch nach der Einrichtung eines Parlaments die oberste Gewalt dem Tennô vorbehalten sein, und dafür schien die Verfassung Preußens und die des Deutschen Reichs als Vorbild am geeignetsten. 1882 und 1883 besuchte Itô mehrmals Berlin und setzte sich mit Rudolph von Gneist in Verbindung, der an den preußischen Verwaltungsreformen wesentlich beteiligt und seit 1875 Vizepräsident des preußischen Oberverwaltungsgerichts war.[51] Fast drei Monate lang hörte Itô in Berlin bei Gneist Sondervorlesungen, und in Wien befragte er den Staats- und Verfassungswissenschaftler Lorenz von Stein. Itô arbeitete nach seiner Rückkehr zwischen 1884 und 1888 in Japan zusammen mit dem deutschen Verfassungsrechtler Hermann Roesler die neue Verfassung aus. Roesler war als Berater des japanischen Außenministeriums auf Betreiben des japanischen Gesandten in Berlin, Aoki Shûzô, tätig. Auf der festgeschriebenen Grundlage einer unangefochtenen Stellung des Tennô wurde das Rechtswerk ausgearbeitet. Die gesetzgebende Gewalt des japanischen Kaisers wurde dabei von ihm mit Zustimmung des

あるケンペルとシーボルト二人に関する文献は大量にある。
なかでも参考文献15（29頁）を参照のこと。

(6) 参考文献2（75頁〜80頁）、16参照。90年代の中葉に
なってようやく諸大国と日本間に平等な条約締結が実現し
た。その最初となったのは1894年のイギリスとの条約で、
日独間の平等な条約は1899年に締結された。

(a) 編注：著者が引用した文献は長母音記号を使用しておら
ず「Oka」と記しているが、恐らく「大岡（Ōoka）」のこ
とと思われる。

(7) 参考文献24（2頁）

(8) 1855年8月にリュードルフは通訳に嘆願書を渡したが、
通訳は「こんなきれいな筆跡は、いままで見たことがないの
で、それにならって自分の写本をこしらえようと思っている」
ため「問題の手紙は、手元に持っている」ことが後に判明し
た。参考文献20（133頁〜134頁）。リュードルフは9月
17日に同じ嘆願書をもう一度提出し、今回は名宛人に届い
た。（編注：本文の引用の和訳は参考文献20の中村越訳
（152頁〜153頁、8月11日付け日記）より引用。同書に
よると、これはドイツ語とオランダ語の両国語で書かれた下
田奉行宛のリュードルフとグレタ号船長ゲー・タウロフ連名
の1855年8月4日付け嘆願書である。本注上述の通訳の
引用も同書（175頁、9月17日付け日誌）より）

(9) 権力政策上の計算から「蛮人」の侵入を日本の脅威と描
いたのではなく、日本がそれまで鎖国によって抗した蛮人の
侵入が今や現実の脅威と感じられたのである。「日本の一部ま
たは全土植民地化に対する恐怖は、根拠がない訳ではなかっ
た。当時東アジアと太平洋地域は植民地を保有する列強の関
心の的となっていた。ロシアはシベリアとアラスカに通商基
点を、イギリスは香港が誕生して以来貿易活動をどんどん東
アジアに拡大し、アメリカは大規模な捕鯨船団を有し中国貿
易の関与を拡大していった」（参考文献14、35頁）。アヘン
戦争（1840年〜1842年）も中国のごとき巨大国を屈服させ
るほど西洋諸国は強大である、という印象を日本に与えた。

(10) 参考文献2（49頁以降）に排外主義に関して特に三つの
理由が挙げられている。①武士階級の生活の圧迫（開港に
よる物価上昇、当初輸出マージンのほうが輸入マージンより
高かったために物資が不足し物価が上昇）、②西洋諸国公使
の「高慢な」態度、③討幕派の戦術としての尊皇攘夷運動
（皇室を崇拝し、外国人を打ち払うこと）。経済的理由からく
るもうひとつの不満は、為替相場が存在しなかったために外
国と日本の硬貨を重量比1対1で交換する協定にあったと
思われる。金と銀の日本国内での交換率は外国のそれよりも
ずっと低かったために、日本では金貨に対して得られる銀貨
数が外国でのそれよりも多く、これを外国で金貨に交換する
と150パーセントの利益を見積もることができた。この件
に関しては参考文献25（19頁）参照。

Parlaments festgelegt.[52] Die japanische Verfassung
wurde 1888 dem Tennô vorgelegt und ein Jahr später
als Verfassung des Japanischen Reiches verkündet.
Diese Verfassung einer konstitutionellen Monarchie
blieb bis 1945 ohne Änderungen in Kraft.

Anmerkungen

Die Literaturangaben werden in meinen vier Einführungskapiteln jeweils beim ersten Mal ihrer Verwendung vollständig aufgeführt. Im folgenden wird vor der Seitenzahl unter Angabe der
Fußnotennummer (FN) und der Kapitelnummer (Kap.), in denen
meine jeweiligen Beiträge stehen, auf diese vollständige Literaturangabe verwiesen.

[1] Vgl. Pantzer, Peter (1981) Japan und Mitteleuropa im 19. Jahrhundert. In: Kreiner, Josef (Hrsg) Japan-Sammlungen in Museen
Mitteleuropas – Geschichte, Aufbau und gegenwärtige Probleme.
(Bonner Zeitschrift für Japanologie, BZfJ, Bd 3) Bonn, S 59–74.
Schon vor der Öffnung Japans sei in Mitteleuropa eine rege Sam-
meltätigkeit in Museen und Bibliotheken zu verzeichnen gewesen, die natürlich durch die Abschließung des Landes in nur be-
grenztem Umfang möglich war.

[2] Seit 1868 gelten die Namen der jeweiligen kaiserlichen Regierungszeiten auch für die Bezeichnung der jeweiligen Ära. Die Bezeichnung der Regierungszeit des Meiji-Tennô wird wie alle folgenden kaiserlichen Regierungszeiten auch für die Jahresrech-
nung verwendet, wobei das erste Jahr des Regierungsantritts mit-
gerechnet wird. Das 1. Jahr Meiji ist folglich das Jahr 1868.

[3] Daß Japan jedoch schon vor der Erzwingung einer Landesöffnung durch Commodore Perry keineswegs völlig die Strukturen
eines modernen Staates fehlten, zeigt u.a. Kreiner, Josef (1983)
Die politische Entwicklung Japans 1850–1930. In: Kreiner, Josef,
Erich Pauer und Regine Mathias-Pauer (Hrsg) Japans Wandel
von der Agrar- zur Industriegesellschaft. (Forschungsberichte des
Landes Nordrhein-Westfalen, Nr 3168) Opladen, S 1–87. Die Voraussetzungen, die eine erfolgreiche Modernisierung des Staates
nach 1868 überhaupt möglich machten, waren bereits zuvor angelegt worden: Eine gut ausgebildete Bürokratie und Verwaltung,
Schulbildung bei rund einem Drittel der Bevölkerung, Kenntnisse über westliche Medizin, Naturwissenschaften und Technik
in Gelehrtenkreisen, Aufblühen der Städte und des Handels und
die Existenz einer zentralen Staatsmacht waren die Errun-
genschaften, auf die die Meiji-Reformer zurückgreifen konnten.
(Ebd. S 87)

[4] Hans Wolfgang Braun (1609–1655) gilt im allgemeinen als erster
Deutscher, der japanischen Boden betrat. Daß sich bereits vor

(11) プロシアの東アジアへの使節団派遣が経済的、政治的あるいは国の関心のいずれによって実現したのかは評価が一致していない。これに関して、たとえばヴィッピヒは「政治、経済そして威信が、その後のプロセスにおいても主要な動機であった。また、欧州大陸としての考量、思いがけず到来した市場チャンスと遅れを取り戻す必要性など一連の動機があった。最初はプロシア・ドイツの東アジア活動は経済的要因が主導的であったが、後にはそれが明らかに背後に押しやられた」と書いている（参考文献47、33頁）。また、シュターンケはベルリンは無条約状況を体面にかかわるものと感じ、大国としての要求によって他のヨーロッパ諸国の注目を集めた、と評価している。さらに「この行動（オイレンブルク使節団の派遣――筆者注）で発したシグナルの名宛人は、ヨーロッパの大陸列強の首都であり、アジアではなかった。アジア諸国に対する関心は二義的であった。プロシアにとって重要だったのは、アジアにおける条約締結国との合奏で一役演じることであった」と書いている（参考文献38、235頁）。

(12) 昔は武器を今日のように砲径で分類せずに、砲弾の重量で分類した。したがって「36ポンド砲」とは重量36ポンドの砲弾を用いる砲のことである。

(13) フリードリッヒ＝アルブレヒト・グラーフ＝ツー＝オイレンブルクは1815年6月29日にケーニッヒスベルクで生まれ、1881年7月2日に死亡した。オイレンブルクは16年間内相を務め、プロシアの行政改革を手がけた。彼を助けたのはルドルフ・フォン＝グナイストで、後に日本帝国憲法に影響を与えた人物である。オイレンブルクを陣頭とする東アジア使節団に関する記録は参考文献1および5にまとめられている。

(14) ブラントは1862年にプロシアの駐日常任代表者となり、1863年に「プロシア領事」に任命され、1874年に中国公使になった。彼は北海道を8隻の船で占領する冒険的な案をもっていた。理由は「北海道は、ヨーロッパ植民地として、とび抜けて適合している。北欧と北海道南部の気候は全く類似しており、その上、土地は広く水は豊かで、農業、牧畜に適する。又、良質の鉄鉱を多量に埋蔵し硫黄も採取できる。これ等の品々が最初から輸出国の条件を供えている。又、漁業の富は非常に大きい。土着のアイヌ人と移民して来た日本人を合わせても、人口は僅かであるから、ヨーロッパ人移住に対して彼等が妨げとなる事はないと思われる。彼等の軍事基地と守備隊は問題にならない」、参考文献4（第2巻、257頁）参照。ブラントはこの計画をベルリンの関心に反して独断で立てた。参考文献31（182頁以降）を参照。ブラントの役割に関しては参考文献38（172頁以降および221頁以降）参照。（編注：上述の北海道に関する引用の和文はアンドレーアス＝H・バウマン著『日本における初滞在プロシア領事　マックス・アウグスト・スツィービオ・フォン・

Braun schon Deutsche in Japan aufhielten, zeigt die Studie von Kreiner, Josef (1984) Deutschland-Japan. Die frühen Jahrhunderte. In: Kreiner, Josef (Hrsg) Deutschland-Japan. Historische Kontakte. Bonn (Studium Universale, Bd 3) S 1–55

[5] Die wohl bekanntesten Deutschen, die sich zu dieser Zeit in Japan aufhielten, sind der schon erwähnte Kanonier Hans Wolfgang Braun, der Mediziner Engelbert Kaempfer (1651–1716) und der Mediziner und Gelehrte Philipp Franz von Siebold (1796–1866). Die Literatur über Kaempfer und Siebold, deren Namen fast schon als Synonyme für die frühen deutschen Kontakte zu Japan stehen, ist sehr umfangreich. Vgl. u.a. Kreiner (1984) FN 4, Kap.1, S 29

[6] Vgl. u.a. Kroeschell, Karl (1987) Das moderne Japan und das deutsche Recht. In: Martin, Bernd (Hrsg) Japans Weg in die Moderne. Ein Sonderweg nach deutschem Vorbild? Frankfurt/Main, S 45–69, oder Araki Tadao Johannes (1959) Geschichte der Entstehung und Revision der ungleichen Verträge mit Japan (1853–1894). Diss. Marburg, S 75–80. Erst ab ungefähr Mitte der 90er Jahre kommt es zu dem Abschluß gleichberechtigter Verträge zwischen den ausländischen Mächten und Japan. Den Anfang bildet der mit England 1894, ein gleichberechtigter Vertrag zwischen Japan und Deutschland wird 1899 geschlossen.

[7] Meißner, Kurt (1956) Die Deutschen in Yokohama (Alt-Yokohama). Tôkyô (Mitteilungen der Gesellschaft für Natur- und Völkerkunde Ostasiens, MOAG, Bd 39, Teil A) S 2

[8] Im August 1855 übergab Lühdorf sein Gesuch einem Dolmetscher, der es jedoch nicht weiterreichte, um an diesem Schriftstück seine Handschrift zu üben, da ihm "noch nie eine schönere Schrift vorgekommen sei". Lühdorf, Friedrich August (1987) Acht Monate in Japan nach Abschluß des Vertrages von Kanagawa. Eingeleitet und neu herausgegeben von Jürgen Schneider, Wiesbaden (Beiträge zur Wirtschafts- und Sozialgeschichte, Bd 21) S 133f. Lühdorf schrieb am 17. September den gleichen Brief noch einmal, der nun seinen Adressaten erreichte.

[9] Das Eindringen der "Barbaren" wurde nicht nur aus machtpolitischem Kalkül heraus als Bedrohung Japans dargestellt, sondern auch als tatsächliche Bedrohung empfunden, der Japan bislang durch seine Abschließungspolitik trotzen konnte. Vgl. Kreiner (1983) FN 3, Kap.1, S 35: "Die Furcht vor einer teilweisen oder völligen Kolonisation Japans war durchaus nicht unbegründet. Ostasien und der Pazifik standen damals im Brennpunkt des Interesses der großen Kolonialmächte: Rußland hatte Handelsstationen in Sibirien und Alaska, Großbritannien verlagerte seine Handelsaktivitäten seit der Gründung Hongkongs mehr und mehr nach Ostasien, und die USA besaßen umfangreiche Walfangflotten und beteiligten sich zunehmend am China-Handel."

ブラント』、日本独学史学会編「日独文化交流史研究　1995年号」55頁～70頁所収、1995年の64頁より引用。なお、ブラントがプロシア初代駐日領事に任命された年を1862年とする文献もある）

(15) 参考文献 5（106頁）参照

(b) 編注：正しくはヘンリクス＝クゥンラドゥス・ヒュースケン。

(16) 参考文献 1（第 2 巻、154頁）参照

(17) 参考文献 22（145頁～152頁）参照。他のドイツ候国に対する条約も同時に交渉したいとするオイレンブルクの請願の問題は、たとえばハンザ同盟都市の政治的かつ経済的地位等諸状況が日本人に理解しにくい点にもあったのは明らかである。駐ベルリン・ハンザ同盟都市弁理公使ゲフケンが1862年に駐ベルリン日本国公使に対して、ハンザ都市が共和国の一国であることを説明した時、即座に日本側が質問したのは「大統領や国民議会はあるのか」ということであった（同上、147頁）。

(18) マイスナーは参考文献 25（16頁）に、1859年から1868年までに日本に在住した「プロシア人」つまりドイツ人の数は 50 人と書いている。

(19) 参考文献 8、10、18、36、38（160頁～167頁）、40、41参照

(20) 竹内保徳（1806年生まれ）、1854年から1861年まで幕臣で函館奉行。遣欧使節を終えて以降の消息は不明。参考文献 27（581頁）参照。松平康直は1860年から1863年まで神奈川奉行。ヨーロッパから帰国後譜代大名。老中の一人だった（同上、929頁参照）。（編注：松井康直（1830年～1904年）、1884年に松平康英と改名）

(21) 参考文献 6（129頁）参照。大きな功績を遺した学者・福沢（1835年～1901年）は東京に慶応義塾を開校した。福沢と松本洪庵（1833年～1893年、後に寺島宗則と称した明治の政治家）は通訳として使節団に随行した。参考文献 40（7頁）参照

(22) 参考文献 41（14頁）。著者の玉井は式部官シュティルフリード伯爵の《プロシアの王室式典記録》ベルリン、1877年、58頁～63頁より引用したと記している。

(23) ルードヴィッヒ＝エーミル・グリムの書簡集、参考文献 7（第 1 巻、484頁）参照。参考文献 9 にも本書簡に関する指摘がある。

(24) 参考文献 30参照。「新政府指導部は、軍事上で質・量ともに優位にある国々が経済・技術上でも最も進歩している事実を認めた。この認識が明治維新政府が採用した基本目標・富国強兵の根底となっている。長く独立を確保するために日本は一方では軍事力を必要とし、他方では経済力の増強を必要とした。これは特に西洋の技術知識を獲得してのみ達成可能であった。しかし、だからといって西洋の工業文化の無批

Auch die Erfahrung des Opiumkrieges (1840–42) zeigte Japan eindrucksvoll, wie mächtig das westliche Ausland wohl sein mußte, konnte es ein so großes Reich wie China besiegen.

[10] Vgl. Araki (1959) FN 6, Kap.1, S 49ff, der insbesondere drei Gründe für die Fremdenfeindlichkeit hervorhebt: 1. die wirtschaftliche Not der Samurai, (Preisanstieg durch Hafenöffnungen und Verknappung sowie Verteuerung der Waren im Inland wegen anfänglich höherer Export- als Importmargen) 2. die "hochmütige" Haltung der westlichen Diplomaten und 3. die Sonnô-Jôi-Bewegung (Ehrt den Kaiser, vertreibt die Fremden) als Taktik gegen das Shogunat. Ein weiterer Punkt für den aus wirtschaftlichen Gründen empfundenen Mißmut mag auch die Abmachung gewesen sein, mangels eines Wechselkurses ausländische und japanische Münzen im Gewichtsverhältnis 1:1 zu tauschen. Das japanische Verhältnis zwischen Gold und Silber lag jedoch weit unter dem des Auslandes, so daß also für ausländische Münzen erhaltenes japanisches Silbergeld in Goldmünzen umgetauscht beim Verkauf im Ausland ein Gewinn von 150% zu veranschlagen war. Vgl. u.a. Meißner, Kurt (1961) Deutsche in Japan 1639–1960. Tôkyô (Mitteilungen der Gesellschaft für Natur- und Völkerkunde Ostasiens, MOAG, Supplementband 26) S 19

[11] Es ist umstritten, ob Preußen eine Mission nach Ostasien aus ökonomischen, politischen oder nationalen Interessen entsandte. Vgl. z.B. Wippich, Rolf-Harald (1987) Japan und die deutsche Fernostpolitik 1894–1898. Stuttgart (Beiträge zur Kolonial- und Überseegeschichte, Bd 35) S 33: "Das Motivbündel aus politischen, wirtschaftlichen und prestigeträchtigen Aspekten sollte auch im weiteren Verlauf wegweisend sein und eine eigentümliche Kontinuitätsmixtur aus kontinentaleuropäischen Erwägungen, ungeahnten Marktchancen und einem fatalen Aufholbedürfnis ... begründen. Nur traten die das preußisch-deutsche Ostasien-Engagement anfangs entscheidend leitenden ökonomischen Faktoren in späteren Jahren ... merklich in den Hintergrund." Nach Stahncke, Holmer (1987) Die diplomatischen Beziehungen zwischen Deutschland und Japan 1854–1868. Stuttgart (Studien zur modernen Geschichte, Bd 33) empfand Berlin den vertragslosen Zustand als unwürdig und erreichte durch seinen Großmachtanspruch die Aufmerksamkeit der anderen europäischen Staaten: "Die außenpolitischen Adressaten, an die man sich mit dieser Aktion (der Eulenburg-Mission, A.d.V.) wandte, saßen in den europäischen Hauptstaaten und nicht in Asien. Das Interesse an den asiatischen Staaten war zweitrangig. Wichtig für Preußen war, im Konzert der Vertragsmächte in Asien eine Rolle zu spielen ..." (Ebd. S 235)

[12] Waffen wurden früher nicht wie heute üblich nach dem Querschnitt des Rohres, sondern durch das Gewicht des Geschosses

判な導入や技術至上主義に陥ることもなかった。事実は逆で、明治初期に生まれた言葉・和魂洋才にアンビバレントな姿勢が表現されている」（同上96頁より）。

(25) 東京の市の発展に関しては、本書第1章のワッテンベルクおよび正井参照。

(26) 参考文献23参照

(27) 当時、北京の弁理公使であったホルレーベンは、1874年に東京の弁理公使に任命され、1875年まで務めた。1886年から1891年までは駐日公使であった。参考文献34（46頁〜47頁）参照。（編注：ホルレーベンを特命全権公使とするものもあり、また1886年に特命全権大使に着任とするものもある）

(28) 青木は1869年に留学生としてベルリンに赴き、1873年在ベルリン公使館一等書記官、1874年から1885年までベルリン公使、1885年〜1889年まで副外相、1898年から1990年まで外相を歴任した。再び1892年から1897年までベルリンで公使を務め、1906年から1907年はワシントンで駐米大使となった。参考文献47（48頁）参照

(29) 歴史学者マルティンは、ドイツは「新時代に対する精神・理論基整の構築において、日本にとって理想像としての機能を果たした」と述べている。参考文献21参照

(30) 参考文献24（9頁）

(c) 編注：日本では一般に「クニフレル」で知られている。

(31) 参考文献33（21頁）

(32) 参考文献24（8頁）

(33) 1868年8月26日のリヒトホーフェン発言に基づくマイスナーの記述、参考文献25（26頁）より引用。

(d) 編注：著者に問い合わせたところ、これはドイツ語の「bluffen（はったり、こけおどし）」から派生した言葉らしい。

(34) 参考文献24（9頁）

(e) 編注：一般には戦前のものを「独逸東洋文化研究協会」、戦後は「ドイツ東洋文化研究協会」とするのが定訳のようである。

(35) 参考文献45

(36) 加藤は、日本に初めてドイツ語を導入した人物として、1907年に皇帝ヴィルヘルム二世より勲一等宝冠章を受けた。市川兼恭（1818年〜1899年）と加藤弘之（1836年〜1916年）はオイレンブルク使節団のプロシア人からベルリンからの進物として贈られた電信機の使用方法を教わった。井上哲次郎は、両人はこれをきっかけにドイツ語の書物を読みたくなり、ドイツ語を学ぶ決意を固めたと書いている。参考文献11参照

(37) 井上（1854年〜1944年）は1884年から1887年までドイツ哲学を学び、ベルリンのフリードリッヒ・ヴィルヘルム大学附属のベルリン東洋語学校日本語講師を務め、帰国後

---

klassifiziert, die "36-Pfünder" sind also 36-Pfund schwere Geschosse.

[13] Friedrich Albrecht Graf zu Eulenburg wurde am 29.6.1815 in Königsberg geboren und starb am 2.7.1881. Er war 16 Jahre lang preußischer Innenminister und arbeitete an der preußischen Verwaltungsreform mit. Unterstützt wurde er dabei von Rudolf von Gneist, der später Einfluß auf die japanische Verfassung gewann. Die von Eulenburg angeführte Ostasien-Mission wird dokumentiert durch ein vierbändiges Werk: (1864–73) Die Preußische Expedition nach Ost-Asien. Nach amtlichen Quellen, Berlin (im folgenden: Die preußische Expedition) und durch Eulenburg-Hertefeld, Graf Philipp Fürst zu (1900) Ost-Asien in den Briefen des Grafen Fritz zu Eulenburg. Berlin

[14] Brandt wurde 1862 der erste ständige Vertreter Preußens in Japan, 1863 ernannte man ihn zum "Konsul in Japan", 1874 zum Kaiserlichen Gesandten in China. Brandt hegte den abenteuerlichen Plan, Hokkaidô mit acht Booten zu besetzen, da "… das Land sich ausgezeichnet für eine europäische Kolonie eignen würde … Die eingeborne (Aino) und eingewanderte japanische Bevölkerung waren so gering, daß sie für eine europäische Einwanderung kein Hindernis bilden konnten … " Vgl. Brandt, Max von (1901) 33 Jahre in Ost-Asien. Leipzig, 3 Bd, Bd 2, S 257. Brandt verfolgte diese Pläne im Alleingang und gegen die Interessen Berlins. Vgl. Petter, Wolfgang (1975) Die überseeische Stützpunktpolitik der preußisch-deutschen Kriegsmarine 1859–1933, Diss. Freiburg, S 182ff. Zu der Rolle Max von Brandts vgl. auch Stahncke (1987) FN 11, Kap.1, S 172ff und 221ff

[15] Vgl. Eulenburg (1900) FN 13, Kap.1, S 106

[16] Vgl. Die preußische Expedition. Bd 2, FN 13, Kap.1, S 154

[17] Vgl. Mathias-Pauer, Regine (1983) Die Hansestädte und Japan am Vorabend der Meiji-Restauration. In: Park, Sung-Jo und Krempien, Rainer (Hrsg) Referate des V. Deutschen Japanologentages: vom 8. bis 9. April 1981 in Berlin. (Berliner Beiträge zur sozial- und wirtschaftswissenschaftlichen Japan-Forschung, Bd 16) Bochum, S 145–152. Die Problematik bei dem von Eulenburg vorgetragenem Gesuch, den Vertrag für die anderen deutschen Staaten gleich mit auszuhandeln, lag auch darin, daß die Japaner offensichtlich Schwierigkeiten hatten, den politischen und auch wirtschaftlichen Status, z.B. den der Hansestädte, zu verstehen. Als der hanseatische Ministerresident in Berlin, Dr. Geffcken, die Chance nutzte, den japanischen Gesandten in Berlin 1862 nochmals daraufhin anzusprechen und zu erklären, daß es sich bei den Hansestädten um Republiken handelt, erfolgte sogleich die japanische Gegenfrage "Präsident? Congress?". (Ebd. S 147)

は東京帝国大学哲学科の教授に就任した。彼は伝統的な日本哲学を研究するとともに西洋哲学の教授にもあたった。

(38) 本書第 4 章のハーシュ参照

(39) 参考文献 35 参照

(40) 参考文献 12 参照。東京のドイツ学園は 1991 年に横浜の学校所有地に校舎を建設するまで、各地を転々とした。開校当初の生徒数はわずか 9 人、現在では約 800 人に膨れ上がっている。

(41) 参考文献 42（46 頁以降）参照。同様の理由を挙げているのが参考文献 46 である。ドイツと日本の医学関係については参考文献 3、13、17、43、44 を参照のこと。

(42) 参考文献 28 参照

(43) 参考文献 26 参照

(f) 編注：ミュラーは 1824 年生まれという説もある。当時の文献では「ミュルレル」となっている。

(44) ベルリン州公文書館の書類「Rep. 200, Acc. 3293, Nr. 46,1」を参照。同公文書館には〈皇帝宮訪問に関するコントラクト〉、料理の献立表、日本人生徒の感謝状などが保管されている（計 79 枚）。

(g) 編注：参考文献 26。なお、石橋長英他訳『東京——医学』は日本国際医学協会より本書編集にあたってご寄贈いただいた。改めて感謝申し上げる。

(h) 編注：和文は参考文献 26（石橋長英他訳、17 頁〜18 頁）より引用。

(45) 参考文献 26（第 2 号、319 頁）（編注：和文は参考文献 26（石橋長英他訳、18 頁〜19 頁）より引用）

(46) 参考文献 26（第 3 号、441 頁〜442 頁）（編注：和文は参考文献 26（石橋長英他訳、42 頁〜43 頁）より引用）

(47) 岩倉使節団に関しては本書第 1 章のワッテンベルク参照。

(48) 岩倉と伊藤は尊皇派に属し、明治時代の指導的人物であった。廷臣であり、すでに 60 年代中頃より倒幕派に属した岩倉具視（1325 年〜1883 年）は、日本憲法の制定に大きく関与した。憲法起草を手がける伊藤のために、指針としてつぎの基本方針を打ち立てた。天皇に拒否権を付与すべきこと、大臣は天皇に対して責任を持ち、立法は政府の手中にあることであった。伊藤博文（1841 年〜1909 年）は 70 年代初頭に大隈重信（1838 年〜1922 年）とともに財政改革を実施し、各種大臣を歴任した。伊藤は憲法起草を手がけ、1909 年ハルビンで韓国の独立運動家に暗殺される。

(49) 参考文献 33（19 頁）。（編注：和文は久米邦武編著『特命全権大使米欧回覧実記』（全 5 巻）の当用漢字版で田中彰校注、東京、岩波書店、1977 年〜1982 年の第 3 巻、329 頁〜330 頁より引用）

(50) 近代日本の成立と同分野の日独関係については参考文献 37（特に、ヘルマン・レースラについて詳細な記述）、16

[18] Meißner (1961) FN 10, Kap.1, S 16, nennt insgesamt fünfzig "Preußen", d.h. also Deutsche, die in Japan zwischen 1859 und 1868 wohnten.

[19] Vgl. Haga Tôru (1979) Taikun no shisetsu (Die Mission des Taikun) In: Chûô Kôron, Tôkyô; Imamiya Shin (1949/50) Berurin ni okeru wagakuni saisho no ken'ô shisetsu (Die erste nach Europa entsandte Mission unseres Landes in Berlin) In: Shigaku Bd 24, Nr 2–3, Tôkyô, S 198–220; Kuroda Genji (1932) Die ersten japanischen Gesandten in Potsdam. In: Yamato. Zeitschrift der Deutsch-Japanischen Gesellschaft. Berlin, Jg IV, Heft 3/4, S 107–108; Siemers, Bruno (1938) Die ersten japanischen Gesandten nach Berlin. In: Nippon. Berlin, Bd 4, S 222–229; Stahncke (1987) FN 11, Kap.1, S 160–167; Tamai Kisaku (1899) Die erste japanische Gesandtschaft am Berliner Hofe. In: Ost-Asien. Monatsschrift für Handel, Industrie, Politik, Wissenschaft, Kunst etc. Berlin, Jg 2, Nr 13, S 13–16; Suzuki-Wippich, Shôko (1988) Neugierige Kölner bestaunen exotische Gäste aus Nippon. Der erste Aufenthalt einer japanischen Gesandtschaft in Deutschland im Jahre 1862. In: Japan aktuell. Bonn, Nr 4, S 6–8

[20] Takeuchi Yasunori (geb. 1806) war von 1854 bis 1861 ein Verwalter des Bakufu, der für Hakodate zuständig war (Hakodate-bugyô). Über seinen Werdegang nach der Rückkehr aus Europa ist nichts bekannt. Vgl. (1981) Meiji-Ishin Jinmei Jiten (Biographisches Lexikon zur Meiji-Restauration). Nihon Rekishigakkai (Hrsg) Tôkyô, S 581. Matsudaira Yasunao (1830–1904) war von 1860 bis 1863 ein Verwalter des Bakufu, der für Kanagawa zuständig war (Kanagawa-bugyô). Nach seiner Rückkehr aus Europa wurde er Fudai-daimyô (Erblehensträger) und gehörte dem Rat der Senioren (Rôjû) an, der Regierung und Verwaltung leitete. (Ebd. S 929)

[21] Vgl. Fukuzawa Yukichi (1981) The Autobiography of Fukuzawa Yukichi with Preface to the Collected Works of Fukuzawa, Tôkyô, S 129. Fukuzawa (1835–1901) war ein einflußreicher Gelehrter und gründete die Keiô-Universität in Tôkyô. Er und Matsumoto Kôan (später Politiker der Meiji-Zeit unter dem Namen Terashima Muneori, geb. 1833–1893) waren die Dolmetscher der Delegation. Vgl. Suzuki-Wippich (1988) FN 19, Kap.1, S 7

[22] Ost-Asien (1889) Nr 13, S 14. Tamai zitiert nach eigenen Angaben Oberceremonienmeister Graf Stillfried (1877) Ceremonialbuch für den Königlich Preussischen Hof. Berlin, S 58–63

[23] Grimm, Ludwig Emil (1985) Briefe. In: Koolmann, Egbert (Hrsg) Marburg, Bd 1, S 484. Hinweis von Hennig, Dieter (1991) Die Japanesen in Berlin. In: Brüder-Grimm-Gesellschaft (Hrsg) Jahrbuch der Brüder-Grimm-Gesellschaft. Kassel, Nr 1, S 125–150

[24] Vgl. Pauer, Erich (1983) Technologietransfer und industrielle Revolution in Japan 1850–1930. In: Kreiner, Josef, Erich Pauer

（45頁〜69頁）、32、39を参照のこと。

(51) 参考文献16（51頁と53頁）、19を参照。グナイストは、外国の憲法を転用しようとする日本の計画を疑問視していた。しかしながら、伊藤はグナイストから憲法と行政史に関する情報と助言を得た。たとえば、伊藤は議会に国家予算（特に軍事予算）の決定権を与えないことという助言を得ている。クレーシェルによると、その理由はプロシアの憲法紛争（1862年〜1866年）にある。当時プロシア議会がビスマルクの軍事予算を拒否し、憲法にはこのような場合の規定が欠けていたためにビスマルクは「欠欠理論」を用い予算なしの統治を強行した。しかし、プロシアが普墺戦争に勝った後、議会の同意なしでは有効な国家予算が成立しないことをビスマルクも容認したのである。日本国憲法には、国家予算が票決されない場合、あるいは成立しない場合には、政府は前年度の予算を実施すべきことが規定されている。

(52) 政治的意思形成に国民の参加が少ないこと、議会の立場が脆弱であること、天皇の揺るぎない立場、そして軍部の独特な地位は、30年代に軍部が権力を奪う土台として、また第二次世界大戦における日本の姿勢の前提ともみなされることが多い。他方、初めて規定された市民権は、続く自由民主運動の出発点とも解された。これに関しては参考文献14（41頁）を参照のこと。

参考文献

　参考文献は、筆者が執筆した4章をつうじて初出の際にのみ詳細に挙げる（編注：日本語版では、各章毎に挙げた）

1. 公用文献《プロシアの東アジア使節団》全4巻、ベルリン、1864年〜1873年

2. 荒木忠夫ヨハネス著《日本との不平等条約の成立とその改正の歴史——1853年〜1894年》、博士号取得論文、マールブルク、1959年

3. ジョン＝Z・ボウァース著《日本における医学教育——漢方から西洋医学へ》、ニューヨーク、1965年

4. マックス・フォン＝ブラント著《東アジアにおける33年——あるドイツ外交官の思い出》全3巻、ライプチヒ、1901年〜1902年（編注：邦訳：M・v・ブラント著、原潔／永岡敦共訳『ドイツ公使の見た明治維新』、東京、新人物往来社、1987年）

5. フィリップ・ツー＝オイレンブルク＝ヘルテフェルト侯爵ザンデルス伯爵著《フリッツ・ツー＝オイレンブルク伯爵の書簡に見る東アジア》、ベルリン、1900年

6. 福沢諭吉著『福沢諭吉自伝』、東京、1981年

7. ルードヴィッヒ＝エーミル・グリム著、エグベルト・コールマン編《書簡》、マールブルク、1985年

8. 芳賀徹著『大君の使節』、1968年（筆者は「中央公論」、東京、1979年を参照）（編注：中央公論社に問い合わせた

38

und Regine Mathias-Pauer (Hrsg) Japans Wandel von der Agrar- zur Industriegesellschaft. (Forschungsberichte des Landes Nordrhein-Westfalen, Nr 3168) Opladen, S 88–198: "Die neue politische Führung hatte erkannt, daß Länder, die quantitativ wie qualitativ militärische Überlegenheit besaßen, auch wirtschaftlich und technisch am weitesten fortgeschritten waren. Diese Erkenntnis liegt dem Schlagwort 'Reiches Land – starke Armee' (fukoku-kyôhei) zugrunde … um auf Dauer seine Unabhängigkeit wahren zu können, brauchte Japan einerseits militärische Stärke, andererseits eine leistungsfähige Industrie. Beides war nur zu erreichen, indem man vermehrt westliches, vor allem technisches Wissen erwarb. Diese Überlegungen führten allerdings keineswegs zu einer kritiklosen Übernahme der westlichen Industriekultur, zu keiner Technikeuphorie. Im Gegenteil: die ambivalente Haltung drückte sich in einem in der frühen Meiji-Zeit formulierten Schlagwort Wakon-yôsai, was soviel bedeutet wie 'japanischer Geist und westliches Können' aus." (Ebd. S 96)

25 Zur Stadtentwicklung Tôkyôs vgl. die Beiträge von Masai und Wattenberg im vorliegenden Band.

26 Vgl. Mathias-Pauer, Regine (1984) Deutsche Meinungen zu Japan – Von der Reichsgründung bis zum Dritten Reich. In: Kreiner, Josef (Hrsg) Deutschland-Japan. Historische Kontakte. Bonn (Studium Universale, Bd 3) S 115–141

27 Holleben, der ehemalige Geschäftsträger in Peking, wurde 1874 nach Tôkyô als Geschäftsträger versetzt und blieb dort bis 1875. Von 1886 bis 1891 war er Gesandter in Tôkyô. Vgl. Schäfer, Dietrich (1974) Auf dem Wege zur japanischen Verfassung. In: Schwalbe, Hans und Seemann, Heinrich (Hrsg) Deutsche Botschafter in Japan 1860–1973. Tôkyô, S 46f

28 Aoki kam 1869 zum Studium nach Berlin, wurde schon 1873 erster Sekretär der japanischen Gesandtschaft in Berlin, war von 1874 bis 1885 Gesandter in Berlin, von 1885–1889 Vizeaußenminister und von 1898 bis 1900 Außenminister. Von 1892–1897 hielt er sich zum zweiten Male in Berlin als Gesandter auf. 1906/07 war er Botschafter in Washington. Vgl. Wippich (1987) FN 11, Kap.1, S 48

29 Der Historiker Martin spricht hier sogar von einer "Leitbildfunktion", die Deutschland bei "der noch ausstehenden Sicherung der geistig-theoretischen Fundamente für die neue Zeit (Japans, A.d.V.)" erhielt. Vgl. Martin, Bernd (1987) Japans Weg in die Moderne und das deutsche Vorbild: Historische Gemeinsamkeiten zweier "verspäteter Nationen" (1860–1960). In: Martin, Bernd (Hrsg) Japans Weg in die Moderne. Ein Sonderweg nach deutschem Vorbild? Frankfurt/Main, S 17–45

30 Meißner (1956) FN 7, Kap.1, S 9

31 Röhreke, Heinrich (1974) Die Anfänge. In: Schwalbe, Hans

ところ、芳賀徹著『大君の使節』は1968年に中央公論社の
中公新書として初版発行。1979年版が第何刷か分からない
が、改訂版でも増補版でもないようである）

9. ディータ・ヘニッヒ著《ベルリンの日本人》、グリム兄
弟協会編〈グリム兄弟協会紀要〉第1号、125頁〜150頁
所収、カッセル、1991年

10. 今宮新著『ベルリンにおける我が国最初の遣欧使節』
「史学」第24巻、第2・3号、（198）66頁〜（220）88
頁所収、東京、慶応大学文学部三田史学会、1949年

11. 井上哲次郎著《日本におけるドイツ語教育のはじめ》
〈ニッポン——日本学のためのドイツの雑誌〉第1号、18
頁〜32頁所収、ベルリン、1935年

12. E＝F・コルマー著《学校史》〈東京ドイツ学園70年〉
9頁〜70頁所収、東京、1974年

13. エルンスト・クラース／比企能樹共編『日独医学交流
の300年』（日独語）東京／ベルリン／ハイデルベルク、
1992年

14. ヨーゼフ・クライナー著《1850年〜1930年の日本の
政治的発展》、ヨーゼフ・クライナー／エーリッヒ・バウア
ー／レギーネ・マティアス＝バウアー共編〈農業社会から産
業社会への日本の変遷〉〈ノルトライン・ヴェストファーレン
州研究報告、3168号〉1頁〜87頁所収、オプラーデン、
1983年

15. 同著《ドイツと日本——初期》、ヨーゼフ・クライナー
編〈ドイツと日本——歴史的接触〉〈一般学、第3巻〉1頁〜
55頁所収、ボン、1984年

16. カール・クレーシェル著《近代日本とドイツ法》、ベ
ルント・マルティン編〈日本の近代への道——ドイツに
倣った特別な道か〉45頁〜69頁所収、フランクフルト・ア
ム・マイン、1987年

17. 呉秀三著《ドイツ医学を始めとする異国の医学が日本
医学に与えた影響》、ドイツ東洋文化研究協会編〈ドイツ東
洋文化研究協会報告、記念出版第1部〉76頁〜91頁所収、
東京、1983年

18. 黒田源次著《ポツダムにおける最初の日本公使たち》
〈大和——独日協会会報〉第4年、第3号／4号合併号、
1107頁〜108頁所収、ベルリン、1932年

19. クラウス・ルーイッヒ著《ルドルフ・フォン＝グナイ
スト（1816年〜1895年）と1889年の日本国憲法》、ケ
ルン日本文化会館編〈日独文化の仲介者——400年にわた
る人物伝〉50頁〜78頁所収、フランクフルト・アム・マイ
ン、1990年

20. フリードリッヒ＝アウグスト・リュードルフ著《神奈
川条約締結後の日本での八ヶ月》、ユルゲン・シュナイ
ダー改編・編者解説付〈経済・社会史論文集、第21巻〉、
ヴィースバーデン、1987年（編注：邦訳は中村起訳、小西

und Heinrich Seemann (Hrsg) Deutsche Botschafter in Japan
1860–1973. Tôkyô, S 21

[32] Meißner (1956) FN 7, Kap.1, S 8

[33] Zitiert nach Meißner (1961) FN 10, Kap.1, S 26, der sich auf
Richthofen vom 26.8.1868 beruft.

[34] Meißner (1956) FN 7, Kap.1, S 9

[35] Weegmann, Carl von (1982) 85 Jahre OAG. In: Weegmann, Carl
von und Robert Schinzinger (Hrsg) Die Geschichte der OAG 1873
bis 1980. Tôkyô, S 9–59

[36] Katô wurde von Kaiser Wilhelm II. 1907 mit dem Kronenor-
den I. Klasse ausgezeichnet, da er als erster die deutsche Sprache
in Japan eingeführt haben soll. Ichikawa Kanenori (1818–1899)
und Katô Hiroyuki (1836–1916) sollten von den Preußen der
Eulenburg-Mission in der Benutzung des Gastgeschenks aus
Berlin – eines Telegraphenapparats – unterwiesen werden. Nach
Inoue Tetsujirô motivierte dieser Vorgang die zwei, die deutsche
Sprache zu lernen, um deutsche Bücher lesen zu können. Vgl.
Inoue Tetsujirô (1935) Die Anfänge des Studiums der deutschen
Sprache in Japan. In: Nippon. Deutsche Zeitschrift für Japano-
logie. Berlin, Nr 1, S 18–32

[37] Inoue (1854–1944) studierte von 1884 bis 1887 in Deutschland
Philosophie und war als Lektor für japanische Sprache am Seminar für Orientalische Sprachen an der Friedrich-Wilhelms-Universität in Berlin tätig. Nach seiner Rückkehr erhielt er den Lehrstuhl für Philosophie an der Kaiserlichen Universität Tôkyô. Seine Forschungen galten sowohl der traditionellen japanischen
Philosophie als auch der Vermittlung westlichen Denkens.

[38] Vgl. den Beitrag von Haasch im vorliegenden Band.

[39] Vgl. Schneider, Roland (1990) Karl Florenz (1865–1939), der
Begründer der deutschen Japanologie. In: Japanisches Kulturinstitut Köln (Hrsg) Kulturvermittler zwischen Japan und
Deutschland. Biographische Skizzen aus 4 Jahrhunderten. Frank-
furt/Main, S. 149–162

[40] Vgl. Kollmar, E.F. (1974) Geschichte der Schule. In: 70 Jahre
Deutsche Schule Tôkyô. Tôkyô, S 9–70. Die Deutsche Schule
Tôkyô überstand mehrere Ortswechsel, bis sie sich 1991 auf einem
eigenen Grundstück in Yokohama niederlassen konnte. Die anfänglich geringe Anzahl von 9 Schülern ist mittlerweile auf rund
800 Schüler gestiegen.

[41] Vgl. Vianden, Hermann Heinrich (1985) Die Einführung der
deutschen Medizin im Japan der Meiji-Zeit. Düsseldorf, S 46ff.
Dieselbe Begründung liefern ferner: Wenz, Werner und Arnold
Vogt (1987) Der Einfluß der deutschen Schulmedizin auf die
Herausbildung einer westlichen Medizin in Japan. In: Martin,
Bernd (Hrsg) Japans Weg in die Moderne. Ein Sonderweg nach
deutschem Vorbild? Frankfurt/Main, S 69–87. Zu den deutsch-

四郎校訂『グレタ号日本通商記』、雄松堂出版、1984年。同書は1857年にブレーメンで出版されたものを原著としている）

21. ベルント・マルティン著《近代へ向かう日本の道とその模範としてのドイツ──〈遅れてきた二国〉の歴史的類似点　1860年～1960年》、ベルント・マルティン編〈日本の近代への道──ドイツに倣った特別な道か〉17頁～45頁所収、フランクフルト・アム・マイン、1987年

22. レギーネ・マティアス＝バウアー著《明治維新直前のハンザ同盟都市と日本》、スン＝ジョ・パルク／ライナー・クレンビーン共編〈第5回日本学学会──1981年4月8日～9日ベルリン開催──報告集〉〈社会科学・経済学的日本研究に関するベルリン報告集、第16巻〉145頁～152頁所収、ボッフム、1983年

23. 同著《日本に関するドイツの意見──建国から第三帝国まで》、ヨーゼフ・クライナー編〈ドイツと日本──歴史的接触〉〈一般学、第3巻〉115頁～141頁所収、ボン、1984年

24. クルト・マイスナー著《昔の横浜のドイツ人》、ドイツ東洋文化研究協会編〈ドイツ東洋文化研究協会報告〉第39巻、パートA、東京、1956年

25. 同著《1639年～1960年の日本におけるドイツ人》、ドイツ東洋文化研究協会編〈ドイツ東洋文化研究協会報告、補巻第26巻〉、東京、1961年

26. ベンヤミン＝カール＝レオポルト・ミュラー著《東京医学──日本の精神的変遷の時代の思い出──1871年～1876年》〈ドイツ展望〉第15年、第2号、312頁～330頁所収、および〈ドイツ展望〉第15年、第3号、441頁～460頁所収、ベルリン、1888年（編注：邦訳は石橋長英／小川鼎三／今井正共訳、日本国際医学協会刊『東京──医学』、ヘキストジャパン、1975年、非売品）

27. 日本歴史学会編『明治維新人名辞典』、東京、1981年

28. 小川鼎三著《近代医学》、ホルスト・ハミッチュ編〈日本ハンドブック〉1115頁～1126頁所収、ヴィースバーデン、1984年

29. ペータ・パンツァー著《19世紀における日本と中欧》、ヨーゼフ・クライナー編〈中欧の美術館・博物館の日本コレクション──歴史、構成および現状の問題点〉〈ボン日本学誌・BZfJ、第3巻〉59頁～74頁所収、ボン、1981年

30. エーリッヒ・バウアー著《1850年～1930年の日本における技術移転および産業革命》、ヨーゼフ・クライナー／エーリッヒ・バウアー／レギーネ・マティアス＝バウアー共編〈農業社会から産業社会への日本の変遷〉〈ノルトライン・ヴェストファーレン州研究報告、3168号〉88頁～198頁所収、オプラーデン、1983年

31. ヴォルフガンク・ペッタ著《プロシア・ドイツ海軍の

japanischen Medizinbeziehungen vgl. u.a. Kure Shûzô (1983) Der Einfluß der fremden, insbesondere der deutschen Medizin auf die japanische. In: Deutsche Gesellschaft für Natur- und Völkerkunde, OAG (Hrsg) Mitteilungen der Gesellschaft für Natur- und Völkerkunde Ostasiens. (MOAG, Jubiläumsband Teil 1) Tôkyô, S 76–91; Bowers, John Z. (1965) Medical Education in Japan. From Chinese Medicine to Western Medicine. New York; Vianden, Heinz (1984) Deutsche Ärzte im Japan der Meiji-Zeit. In: Kreiner, Josef (Hrsg) Deutschland-Japan. Historische Kontakte. Bonn (Studium Universale, Bd 8) S 89–115; ders. (1990) Erwin Bälz (1849–1913) und die deutsche Medizin in Japan. In: Japanisches Kulturinstitut Köln (Hrsg) Kulturvermittler zwischen Japan und Deutschland. Biographische Skizzen aus 4 Jahrhunderten. Frankfurt/Main, S 99–122; Kraas, Ernst und Hiki Yoshiki (1992) (Hrsg) 300 Jahre japanisch-deutsche Beziehungen in der Medizin. Tôkyô Berlin Heidelberg

[42] Vgl. Ogawa Teizô (1984) Die moderne Medizin. In: Hammitzsch, Horst (Hrsg) Japan-Handbuch. Wiesbaden, S 1115–1126

[43] Vgl. dazu Müller, Leopold (1888) Tokio-Igaku. Skizzen und Erinnerungen aus der Zeit des geistigen Umschwungs in Japan 1871–1876. In: Deutsche Rundschau. Berlin, Jg 15, Nr 2, S 312–330 und Jg 15, Nr 3, S 441–460

[44] Vgl. die Akte Rep. 200, Acc. 3293, Nr. 46,1 des Landesarchivs Berlin. Hier findet sich auch ein "Contract über die Hausbesuche in der kaiserlichen Familie", Menü-Karten, Dank der japanischen Schüler u.a.m. (insg. 79 Blatt).

[45] Müller (1888) FN 43, Kap.1, Nr 2, S 319

[46] Müller (1888) FN 43, Kap.1, Nr 3, S 441–442

[47] Zur Iwakura-Mission vgl. den Beitrag von Wattenberg im vorliegenden Band.

[48] Iwakura und Itô gehörten zu den sich um den Tennô scharenden, führenden Oberhäuptern der Meiji-Zeit. Iwakura Tomomi (1325–1883), der dem Hofadel angehörte und sich schon Mitte der 60er Jahre gegen die Shogunatsregierung gestellt hatte, war wesentlich an der Schaffung einer japanischen Verfassung beteiligt. Er stellte zur Orientierung Itôs, der die Verfassung ausarbeiten sollte, folgende Grundsätze auf: Die Verfassung sollte vom Kaiser gewährt werden, die Minister sollten dem Kaiser verantwortlich sein und die Gesetzgebung sollte in den Händen der Regierung liegen. Itô Hirobumi (1841–1909) führte zusammen mit Ôkuma Shigenobu (1838–1922) die Finanzreform Anfang der 70er Jahre durch und war mehrmals Ministerpräsident Japans. Itô gilt als der Schöpfer der japanischen Verfassung und fiel 1909 einem Attentat in Korea zum Opfer.

[49] Röhreke, Heinrich (1974) Die Anfänge. In: Schwalbe, Hans und Heinrich Seemann (Hrsg) FN 27, Kap.1, S 19

海外基地政策——1859年〜1933年》、博士号取得論文、
フライブルク、1975年

32. ヴィルヘルム・レール著《日本国憲法》、フランクフ
ルト・アム・マイン、1963年

33. ハインリッヒ・レーレケ著《端緒》、ハンス・シュワ
ルベ／ハインリッヒ・ゼーマン共編〈駐日ドイツ大使たち
1860年〜1973年〉、東京、1974年

34. ディートリッヒ・シェーファ著《日本国憲法への道》、
ハンス・シュワルベ／ハインリッヒ・ゼーマン共編〈駐日ド
イツ大使たち　1860年〜1973年〉46頁〜47頁所収、東
京、1974年

35. ローランド・シュナイダー著《カール・フローレンツ
（1865年〜1939年）——ドイツにおける日本学の創始者》、
ケルン日本文化会館編〈日独文化の仲介者——400年にわ
たる人物伝〉149頁〜162頁所収、フランクフルト・ア
ム・マイン、1990年

36. ブルーノ・ジーマス著《ベルリンに向かった最初の駐
日公使たち》〈ニッポン、第4巻〉222頁〜229頁所収、
ベルリン、1938年

37. ヨハネス・ジーメス著《近代日本国家の成立とドイツ
の国家機構》、ベルリン、1975年

38. ホルマー・シュターンケ著《1854年〜1868年の日独
外交関係》〈近代史研究、第33巻〉、シュトゥットガルト、
1987年

39. 住谷一彦著《ドイツと日本——過去および現在》、ク
ラウス・クラハト他共編〈20世紀における日本とドイツ、
ボッフム・ルール大学東洋研究所報告書、第32巻〉10頁〜
22頁所収、ヴィースバーデン、1984年

40. ショウコ・スズキ＝ヴィッピヒ著《好奇心旺盛なケルン
の人々がニッポンのエキゾチックな客人を興味津々と眺め
る——1862年の日本人外交官のドイツ初滞在》〈ヤーバ
ン・アクトゥエル〉第4号、6頁〜8頁所収、ボン、1988年

41. 玉井喜作著《ベルリン王宮における最初の日本の使節
団》、玉井喜作編〈東亜——商工業・政治・学芸術の月刊誌〉
第2年、第13号、13頁〜16頁所収、ベルリン、1899年

42. ヘルマン＝ハインリッヒ・ヴィアンデン著《明治時代
における日本へのドイツ医学の導入》、デュッセルドルフ、
1985年

43. ハインツ・ヴィアンデン著《明治における在日ドイツ人
医師》、ヨーゼフ・クライナー編〈ドイツと日本——歴史的
接触〉〈一般学、第8巻〉ボン、1984年（89頁〜115頁）

44. 同著《エルヴィン・ベルツ（1849年〜1913年）と日
本におけるドイツ医学》、ケルン日本文化会館編〈日独文化
の仲介者——400年にわたる人物伝〉99頁〜122頁所収、
フランクフルト・アム・マイン、1990年

45. カール・フォン＝ヴェークマン著《ドイツ東洋文化研究

[50] Zum modernen japanischen Recht und den deutsch-japanischen Rechtsbeziehungen vgl. u.a.: Siemes, Johannes (1975) Die Gründung des modernen japanischen Staates und das deutsche Staatswesen. Berlin (ausführlich zu Hermann Roesler); Sumiya Kazuhiko (1984) Deutschland–Japan. Vergangenheit und Gegenwart. In: Kracht, Klaus u.a. (Hrsg) Japan und Deutschland im 20. Jahrhundert. (Veröffentlichungen des Ostasien-lnstituts der Ruhr-Universität Bochum, Bd 32) Wiesbaden, S 10–22; Kroeschell (1987) FN 6, Kap.1, S 45–69; Röhl, Wilhelm (1963) Die japanische Verfassung. Frankfurt/Main

[51] Vgl. Luig, Klaus (1990) Rudolf von Gneist (1816–1895) und die japanische Verfassung von 1889. In: Japanisches Kulturinstitut Köln (Hrsg) Kulturvermittler zwischen Japan und Deutschland. Biographische Skizzen aus 4 Jahrhunderten. Frankfurt/Main, S 50–78 und auch Kroeschell (1987) FN 6, Kap.1, bes. S 51/53. Gneist zweifelte an dem Erfolg des japanischen Vorhabens, eine fremde Verfassung auf das eigene Land zu übertragen. Dennoch erhielt Itô Auskunft und Rat über Verfassungs- und Verwaltungsgeschichte von Gneist, z.B. den, dem Parlament das Recht einer Entscheidung über den Staatshaushalt (v.a. den Militärhaushalt) nicht zu gewähren. Nach Kroeschell ging dieser Rat auf den preußischen Verfassungskonflikt 1862–66 zurück, bei dem das preußische Abgeordnetenhaus die Zustimmung zum Militärhaushalt Bismarcks verweigerte. Bismarck setzte daraufhin den Staatshaushalt durch Verordnung fest, da es in der Verfassung für einen solchen Fall keine Regelung gab. Nach dem Sieg über Österreich akzeptierte Bismarck nachträglich, daß ohne die Zustimmung des Abgeordnetenhauses kein gültiger Staatshaushalt zustandekommen könne. In der japanischen Verfassung hieß es, daß, wenn ein Staatshaushalt nicht abgestimmt oder zustandegekommen ist, die Regierung den des Vorjahres auszuführen habe.

[52] Insbesondere die geringe Beteiligung des japanischen Volkes an der politischen Willensbildung, die schwache Stellung des Parlaments, die unangefochtene Stellung des Tennô und die eigentümliche Stellung des Militärs werden häufig als Voraussetzungen für die Machtübernahme durch Militärkreise in den 30er Jahren und damit auch als Voraussetzungen der japanischen Haltung im II. Weltkrieg angesehen. Auf der anderen Seite werden die – erstmals – festgeschriebenen Bürgerrechte auch als Ausgangspunkt für weitergehende liberale Bewegungen begriffen. Vgl. dazu: Kreiner (1983) FN 3, Kap.1, S 41

協会　85年》、カール・フォン＝ヴェークマン／ロベルト・
シンチンゲル共編〈1873年から1980年までのドイツ東洋文
化研究協会の歴史〉9頁～59頁所収、東京、1982年
46. ヴェルナー・ヴェンツ／アーノルト・フォークト共著
《日本に西洋医学を取り入れる過程におけるドイツ医学教育
の影響》、ベルント・マルティン編〈日本の近代への
道——ドイツに倣った特別な道か〉69頁～87頁所収、フラ
ンクフルト・アム・マイン、1987年
47. ロルフ＝ハラルド・ヴィッピヒ著《日本とドイツの極
東政策、1894年～1898年》〈植民地・海外史報告、第35
巻〉、シュトゥットガルト、1987年

Tôkyô von den Anfängen bis 1868
Ulrich Wattenberg

東京は、日本でも比較的新しい都市に属する。1490年に太田道灌が江戸と称する海沿いの丘陵地に城を築いて城下町をひらいた。道灌の死後、城自体は腐朽した。その百年後に豊臣秀吉旗下の大名徳川家康が関八州に封じられ、江戸に関心を持った。秀吉の没後1600年に家康は関ヶ原の戦いに勝って征夷大将軍になり、江戸の地に幕府を開いた。この一帯は、昔の首府に倣った都市計画にはむいていなかったが、家康にとっては自身と一族に安全な場所を築くことがもっとも重要であった。当時、まだ江戸湾に面して作られていた城が大きく拡張され、大がかりに開削して城を取り囲む濠「内濠」を作り、さらにその外側に外濠を作った。家康の封臣たちは城のまわりの丘に、一般庶民はまず日比谷湾の岬、すなわち日本橋と新橋間の一帯に居住した。つぎに北方から突き出ている神田の丘の先端を開削し、江戸湾を埋立て、湾内の平なところを埋立地として江戸の町は海に向かって拡張された。この一帯は、今でも「水の都」の景観を呈している。

　城を取り囲む濠の工事では、多数の小さな川を利用した。しかし、そのために北側では水嵩が増す事態が頻繁に発生し、早期に運河を作り、海に放水する策を講じた。この運河に架かる主要な橋は、下町の中心にある日本橋である。京都に通じる有名な街道「東海道」はここを起点とし、日本橋は昔も今も東京から日本全国への距離を測定する起点である。日本橋の中央には道路元標がはめ込まれているが、残念ながら今では上に首都高速道路が走っている。

　江戸の建設にあたり、市域を囲む壁の建設は断念され、市のはずれに壁の機能を象徴的に果たす関門「大木戸」を二ヶ所に設置することで充分とされた。東海道を通って南から来た場合、現在の高輪地区の大木戸を通過すると、そこからが江戸の町であった。甲州街道で西から来た

誕生から一八六八年までの東京　ウルリッヒ・ワッテンベルク

Tôkyô gehört nicht zu den alten Städten Japans. 1490 gründet Ôta Dôkan den Ort unter dem Namen Edo mit einer kleinen Burg auf einer Anhöhe am Meer, die nach seinem Tode verfällt. Hundert Jahre später erhält Tokugawa Ieyasu, General unter Toyotomi Hideyoshi, die Provinzen der Gegend und interessiert sich für Edo. Als sich 1600 Ieyasu nach Hideyoshis Tode gegen seine Rivalen durchsetzt und zum Herrscher Japans wird, macht er den Ort zu seinem Regierungssitz. Für eine Planung nach der Art der alten Kaiserstädte ist die Gegend nicht geeignet, aber ihm geht es zunächst darum, sich und seiner Familie einen sicheren Platz einzurichten. Die Burg, damals noch unmittelbar an einer Meeresbucht gelegen, wird groß ausgebaut. Mit Erdbewegungen im großen Stil wird ein vollständiger Graben um die Burg geschaffen, der innere Graben (uchibori). Weiter draußen wird an einem weiteren Graben, dem "sotobori", gearbeitet. Die Lehnsleute Ieyasus suchen sich die Anhöhen um die Burg aus, die einfachen Bürger besiedeln zunächst die Landzunge vor der Hibiya-Bucht, also etwa die Gegend zwischen Nihonbashi und Shimbashi. Dann schüttet man die Bucht zu, wobei man die von Norden hineinragende Spitze des Kanda-Hügels abträgt. Auch nach außen in die flache Bucht hinein wird die Stadt erweitert; Grachten prägen dort das Bild.

Beim Bau der Gräben um die Burg konnte man verschiedene Bäche einbeziehen. Da diese auf der Nordseite aber häufig zu viel Wasser führten, kanalisierte man früh den Abfluß zum Meer. Die Hauptbrücke über diesen Kanal, in der Mitte der Unterstadt gelegen, ist die Nihonbashi, die Japan-Brücke. Die Tôkaidô, die berühmte Straße nach Kyôto, beginnt dort, und von dort aus wurden und werden die Entfernungen von Tôkyô gemessen. Die heutige Nihonbashi, leider durch eine Hochstraße überbaut, weist in ihrer Mitte eingelassen die Kilometer-Markierung Null auf.

Auf den Bau einer Außenmauer wurde verzichtet. Man begnügte sich am Rande der Stadt mit zwei Toranlagen, die eine symbolische Funktion ausübten. Kam man vom Süden über die Tôkaidô, so passierte man im heutigen Stadtteil Takanawa ein Straßentor, das den Beginn der Stadt markierte. Kam man von Westen über die Kôshûkaidô, so kam man durch ein

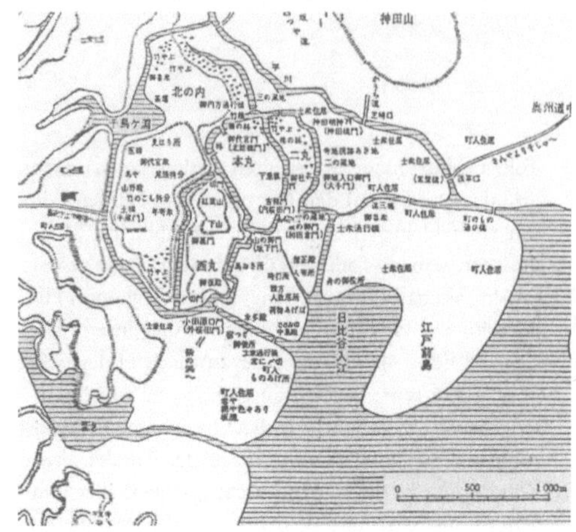

江戸（1602年）
Edo 1602

場合には四谷の大木戸を通過した。四谷には今
はかつての大木戸の存在を示す記念石があるの
みで、高輪のほうは通行路に当時の大木戸の一
部が残っている。見張りのついた関門「見付」
は市中にあり、将軍の居城は35の見付で守られ
ていた。第一に外濠の外曲輪門、つぎに内濠の
内曲輪門、最後に城門があった。これらの関門
はみな水門構造で作られていた。外から簡易作
りの門を通って庭に入り、そこからさらに非常
に頑丈に作った門（ほとんどの場合が右側にあ
る）を通り抜けて江戸市中に、あるいは江戸城
に入る。城の前に現存する桜田門は、当時の様
子を偲ばせてくれる。しかし、赤坂見附から海
に続く外濠の部分など、濠の大部分は消滅した。
今日では虎ノ門という土地の名前だけが、かつ
てここに重要な城門が存在したことを想起させ、
残っているのは番屋のみである。

　家康は江戸開府より三年も経たないうちに駿
府（静岡県）に移った（1605年）が、後継者た
ちは家康と同じく莫大なエネルギーを投入して
江戸の拡張を図った。1616年には駿河台（神田
の丘の突先にあたり、現在はJRお茶の水駅が
ある）を突き抜け、外濠を完成させた。こうし
て江戸の町は完全に二重の濠で囲まれ、江戸川
がまっすぐに隅田川に流れ込めるようになった。

ähnliches Tor im Stadtteil Yotsuya. In Yotsuya findet
man nur noch einen Gedenkstein, in Takanawa ist an
der Durchgangsstraße noch ein kleiner Rest der Anlage selbst zu sehen. Bewachte Tore gab es erst weiter
in der Innenstadt. Dort wurde die Burg des Shôguns
durch 35 Toranlagen geschützt, einmal am "sotobori",
dann am "uchibori" und schließlich an der Burganlage
selbst. Diese Tore sind alle nach dem gleichen Muster
als eine Art von Schleuse angelegt. Von außen betritt
man durch ein einfaches Tor einen Hof, von dem –
meist rechts – ein schwer befestigtes Tor in den inneren Teil der Stadt bzw. der Burg führt. Das gut erhaltene Sakurada-Tor vor der Burg vermittelt noch heute ein Bild davon. Viele der Gräben oder Graben-
Strecken aber sind verschwunden, z.B. der Teil des
Grabens von Akasaka-Mitsuke bis hin zum Meer.
Heute erinnert nur der Name Tora-no-mon (Tiger-
Tor) daran, daß sich dort einst eine wichtige Tor-
anlage befand. Übrig geblieben ist an der Stelle ein
Wachhäuschen der Polizei.

Ieyasu zieht sich schon nach knapp drei Jahren (1605)
nach Sumpu (dem heutigen Shizuoka) zurück, aber
seine Nachkommen bauen in den folgenden Jahren
die Stadt mit gleicher Energie weiter aus. 1616 wird
der Surugadai (das ist die Nase des Kanda-Hügels,
auf dem die heutige S-Bahn-Station Ochanomizu
liegt) durchstoßen, damit ist der "sotobori" vollendet.
Die Stadt ist nun von einem kompletten doppelten
Grabenring umgeben, und der Edo-Fluß kann gera-
dewegs in den Sumida-Fluß abfließen.

1625 wird ein großer Tempel, der Kan'eiji, auf dem
im Norden der Stadt gelegenen Ueno-Hügel errichtet. Sein Gegenstück ist der Zôjôji in Shiba, im Süden der Stadt, einst Mittelpunkt eines weitläufigen
Tempelbezirkes. Beide Tempel unterstehen dem besonderen Schutz des Shôguns und führen dessen Wap-
pen, die drei Malvenblätter. Die Shôgune sind – bis
auf Ieyasu und Iemitsu, die in Nikkô liegen – ab-
wechselnd dort beerdigt worden. Der Kan'eiji ging in
den Kriegswirren der Meiji-Restauration in Flammen
auf, der Zôjôji im 11. Weltkrieg. Die prächtigen To-
kugawagräber am Zôjôji haben sich nur zum Teil erhalten. Beim Verkauf des nördlichen Teils des Grund-
stückes wurden sie aufgehoben, die Bronzestelen sind
nun in einem kleinen Hof hinter dem Tempel zusam-
mengedrängt zu besichtigen.

江戸（1632年）

Edo 1632

1625年には江戸の北部に位置する上野の丘に
寛永寺が建立された。寛永寺とならぶ江戸の大
寺院は町の南部に建立された芝の増上寺で、か
つては広大な寺院地区の中心となる寺であった。
両寺院は将軍の特別な庇護のもとにあり、葵の
御紋を用いた。日光に祀られる家康と家光以外
の代々の将軍は、両寺院のいずれかを菩提所と
した。寛永寺は明治維新の混乱時に炎上し、増
上寺は第二次世界大戦で焼失した。増上寺にあ
る徳川家の荘厳な墓は一部しか残っておらず、
寺の敷地北側の一部を売却する際に墓を掘返し、
青銅の墓碑は寺の狭い裏庭に集められている。

　江戸の人口が急速に増え、飲料水が不足し始
めたため、現在の井ノ頭公園にある西部の池か
ら流れでる神田川を利用し、給水した。神田上
水は北部で町を迂回し、水道橋という名前が想
起させるように今日の水道橋のあたりで外濠を
横切った。これでも水不足を補えない状態とな
り、民間で莫大な規模の水供給プロジェクトに
取りかかった。これは玉川の上流で分水し、40
キロメートルの用水路で今日の新宿御苑まで水
を引くものであったが、高低の格差が少ないた
めに、非常に優れた計画であったといえる。新
宿御苑からは土管を敷設して江戸各所の井戸に
給水した。1654年に完成した用水路は玉川上水
と称し、今日でも一部その形跡を留めている。

　三代将軍家光の統治下で、今日までその影響
を留めることになった制度が制定された。すな
わち、諸大名を隔年交代で江戸屋敷と領国に居
住させる参勤交代制度が1640年頃に制定された
のである。大名が領国に戻る場合にも、妻子は
人質として江戸に残らなければならなかった。
西日本と関東平野間をつなぐ東海道の主要関所
である箱根山中芦ノ湖の箱根の関では「入り鉄

Die Stadt wuchs schnell, und das Trinkwasser wurde
knapp. Vom Westen wurde Wasser über die Kanda-
Wasserleitung herangeführt, die sich aus den Quellen
im heutigen Inokashira-Park speiste. Sie wurde im
Norden um die Stadt geführt und überquerte den
"sotobori" etwa dort, wo heute die Straßenbrücke
Suidôbashi (Wasserleitungsbrücke) mit ihrem Namen
daran erinnert. Als auch das nicht mehr reichte, wurde von privater Seite ein Wasserversorgungsprojekt
ungewöhnlichen Ausmaßes in Angriff genommen.
Man zweigte Wasser im Oberlauf des Tama-Flusses
ab und führte es in einem offenen Kanal von 40 km
Länge bis zum heutigen Park Shinjuku-Gyoen. Das
war bei dem geringen Gefälle eine Meisterleistung
der Planung. Von dort waren Rohre verlegt, die die
verschiedenen Brunnen in der Stadt versorgten. Diese Wasserversorgungsanlage, "Tama jôsui" genannt,
wurde 1654 fertiggestellt, sie ist teilweise heute noch
zu sehen.

Unter dem dritten Shôgun, Iemitsu, geschieht etwas,
was die Stadt bis heute prägt. Es kommt um 1640 zur
Festschreibung der Sankinkôtai-Regelung, die bestimmt, daß die Daimyô, also die Lehnsfürsten in
den Provinzen, ein Jahr in Edo residieren mußten,

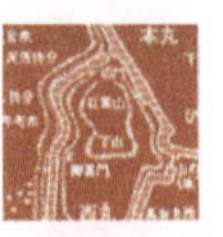

砲に出女」を厳重に取り締まった。大名たちに江戸勤務が義務付けられたことにより、諸大名の江戸屋敷が建設されることになった。大きな屋敷は一区画全体を占め、横長の一階あるいは二階建ての建物「長屋」が敷地を取り囲み、なかには美しい庭園や能舞台を備えるものもあった。霞が関の堂々とした門構えの浅野家や隣接の黒田家の大屋敷は、よく浮世絵にも見られる名跡である。現在、ここに外務省と大蔵省がある。その他の大名屋敷の広大な敷地も1868年以降はほかの目的に利用され、たとえば町の中心に大学を新設することを可能にしたのであった。

1640年には江戸に出現したドイツ人に関する最初の確かな記録がある。これは、ウルム出身のハンス＝ヴォルフガンク・ブラウン（1609年〜1655年）である。ブラウンはオランダ商館仕えとして長崎に到来し、大砲の鋳物師として知られ、幕府の委託によって臼砲３門を鋳造し、試射のために江戸に運んだ。麻布の野原の試射では標的とした小屋には的中しなかったものの幕府はブラウンの大砲に甚だ感心し、相応の賞賜を与えた。ブラウンの臼砲１門は靖国神社に保管され、第二次世界大戦時まで参観することができたが、その後は熔融されたようである。

武士階級に対峙する商人や職人、すなわち町人は神田、日本橋、隅田川の向こう岸、江戸市域から郊外にでる道路一帯に住んでいた。町人は山手地域にも定住していたが、これは諸大名の屋敷間に残された狭い湿気の多い窪地に限られていた。このように、江戸では最も高級な屋敷街にも武士に仕える職人や商人たちの家屋が立ちならんでいたのである。明治時代になっても町人は立ち退きを迫られることがなかったために、今日では極狭の土地が都市計画上の問題となっている。町人のなかにも富を築いた商人がいた。たとえば1673年に江戸に呉服店を開いて大成功した三井越後屋である。その系列デパ

bevor sie dann ein Jahr auf ihr Lehen konnten. Kehrten sie in die Heimatprovinz zurück, so mußten sie ihre Frauen und Kinder in Edo als Pfand lassen. An der am Hakone-See gelegenen Hauptzollschranke der Tôkaidô-Straße zwischen Westjapan und der Kantô-Ebene galt der Spruch, "Waffen dürfen nicht herein, und Frauen dürfen nicht hinaus". Die Anwesenheitspflicht führte dazu, daß die Daimyô Residenzen in Edo anlegten, von denen die großen jeweils ganze Straßenblöcke einnahmen. Diese Residenzen waren von langen, ein- oder zweistöckigen Gebäuden umgeben, den "nagaya", besaßen schöne Gärten und oft auch eine eigene Nô-Bühne. Die nebeneinander liegenden großen Residenzen des Asano-Clans und des Kuroda-Clans in Kasumigaseki mit ihren prächtigen Toren waren eine oft abgebildete Sehenswürdigkeit. Heute finden wir dort das Außenministerium und das Finanzministerium. Auch die anderen großen Grundstücke konnten nach 1868 gut genutzt werden, ermöglichten z.B. den Bau von Universitäten mitten in der Stadt.

Aus dem Jahre 1640 haben wir den ersten sicheren Bericht über einen Deutschen in Edo, Hans Braun aus Ulm. Er war in holländischen Diensten nach Nagasaki gekommen und war als Kanonengießer bekannt. Im Auftrag des Shogunats goß er verschiedene Mörser und brachte diese zu einem Probeschießen nach Edo. Bei dem Schießen im Stadtteil Azabu wurde zwar das Ziel, eine Hütte auf einer Wiese, nicht getroffen, das Shogunat war jedoch von den Geschützen beeindruckt und belohnte Braun entsprechend. Einer der Mörser wurde im Yasukuni-Schrein aufbewahrt, wo man ihn bis zum II. Weltkrieg sehen konnte. Er ist dann aber wohl eingeschmolzen worden.

Der Klasse der Krieger (Samurai) stand die Klasse der Kaufleute und Handwerker gegenüber, die Chônin. Die Chônin wohnten in den Bezirken Kanda, Nihonbashi, auf der anderen Seite des Sumida-Flusses und an den Ausfallstraßen. Sie siedelten auch in der Oberstadt, im Yamanote-Bereich, dort aber nur in den schmalen, feuchten Senken, die zwischen den Daimyô-Anwesen übriggeblieben waren. So war Edo auch in den besten Gegenden durchsetzt mit Häuserzeilen von Arbeitern, die den Samurai ihre Dienste anboten. Sie wurden auch in der Meiji-Zeit nicht

ート「三越」の「三」は三井家を、「越」は出身地を表わしている。三越はつい最近までベルリン繁華街の大通りクアフュルステンダムに支店を構えていた。三井家が急速に経済力を築き、相応に豪華な屋敷を構えていた一方、町人の大多数は長屋生活に甘んじなければならなかった。一家にわずか四畳の空間しかないことも多々あったが、長屋共同の井戸を使用できた。計算によると江戸の人口の8割が町人であり、市域の2割の狭い土地に暮らすことを余儀なくされた一方、残り2割の住民、つまり諸大名と武士の武家地は8割を占めていた。しかし、下町での狭さにもかかわらず中庭の形でオープンスペースが充分に確保され、二階建て以上の家屋は例外的にしか建築されなかったために息のつまる感じはなかった。

　江戸の町の建設がようやく完成した時期に大惨事が起こった。1657年、明暦1月18日（新暦では2月中旬）に大火が発生し、三日間燃え続けて江戸市街の大半を焼きつくしたのである。江戸城の大部分も焼け落ち、威風堂々とした高さ50メートルの城の象徴・天守閣も炎の犠牲となった。この壊滅的な火災からまもなくして、本妙寺で僧侶たちが施餓鬼のために振袖を焼いたのが出火の原因であった、という伝説が生まれた。しかし、この大惨事は江戸のエネルギーを根絶させることなく、慌ただしくおこなった過去の町造りを考え直し、新たに計画し直すきっかけとなったのである。まず町の分散化対策として徳川御三家が外濠の外側の地域に移った。紀伊家は現在東宮御所がある土地に、尾張家は現在は自衛隊本部となった市谷に、そして水戸家は17世紀に造園された名園にちなんで今日「後楽園」と呼ばれる土地に上屋敷を建設した。諸大名は江戸市街の本邸である上屋敷の他に火災時の別邸として江戸の郊外に中屋敷あるいは下屋敷を作った。将軍が資金の嵩む天守閣

vertrieben, und heute bilden die winzigen Grundstücke ein Problem bei der Stadtplanung. Unter den Chônin gelangten manche Kaufleute zu Reichtum, so z.B. die Familie Mitsui, die 1673 ein Kleidergeschäft in Edo eröffnete, das sehr erfolgreich war. Im Namen ihrer Kaufhauskette, Mitsukoshi, finden wir den ersten Teil ihres Familiennamens wieder, während der zweite Teil einen Hinweis auf ihre Heimatprovinz gibt. Mitsukoshi hatte bis vor kurzem eine Filiale auf dem Kurfürstendamm in Berlin. Während die Mitsui rasch wohlhabend wurden und entsprechend wohnten, mußte sich die Mehrheit der Chônin mit einer Schlafstätte in den Langhäusern begnügen. Eine ganze Familie hatte oft nur einen 4-Matten Raum für sich, verfügte aber über fließendes Wasser auf dem Hof. Berechnungen ergeben, daß die Chônin, die 80% der Einwohner Edos ausmachten, mit 20% der Fläche auskommen mußten, während 20% der Einwohner, nämlich die Daimyô und die Samurai, 80% der Fläche für sich nutzen konnten. Trotz der Enge in der Unterstadt ließ man aber genug freien Raum in Form von Höfen, vor allem ließ die nur in Ausnahmefällen zwei Stockwerke überschreitende Bebauung Luft zum Atmen.

Als die Stadt endlich fertig war, brach eine Katastrophe herein: am 18. Tag des 1. Monats (heute Mitte Februar) des Jahres 1657 brach ein Brand aus, der in drei Tagen über die Hälfte der Stadt zerstörte, darunter den größten Teil der Shôgun-Residenz, samt deren Symbol, dem Bergfried, einem stolzen Bau von 50 m Höhe. Dieser vernichtende Brand führte bald zur Legendenbildung: er sei entstanden, als Mönche versuchten, einen Kimono zu verbrennen, der einem unglücklichen Mädchen gehört hatte. Die Katastrophe brach nicht die Kraft Edos, sie war aber Anlaß, den hektisch vollzogenen Aufbau zu überdenken und neu zu planen. Als Maßnahme zur Dezentralisierung bezogen die drei Zweige der Tokugawa-Familie Gebiete außerhalb des "sotobori". Der Kii-Zweig bezog das Gelände, auf dem heute die Residenz des Kronprinzen steht, der Owari-Zweig das heutige Gelände der Streitkräfte in Ichigaya, der Mito-Zweig das Gelände, das heute nach dem großartigen Park, der dort im 17. Jahrhundert angelegt wurde, Kôrakuen heißt. Die Daimyô legten neben ihrem Hauptsitz in der Stadt, "kamiyashiki" (Residenzen der Daimyô)

の再建を諦めたために江戸城は大阪城や名古屋城に見るような象徴を持たないままとなった（江戸城は明治時代に取り壊され、現在、城郭の北側の末端を表わす巨大な石礎だけが残っている）。諸大名も屋敷の再建に過度な贅沢を施すことは諦めたが、江戸の町の再建は以前と変わらぬエネルギーを投入して進められた。その際、東部地域との接続を構築するために1661年に隅田川上方に両国橋を建設した。両国橋は素晴しい建築物で、浮世絵に多く描かれている。

明暦の大火は火消を新たに組織し直すきっかけにもなった。もっとも、絵のように美しい法被に身を包み纏を掲げる町火消は、大火から60年後に生まれたものである。この組織は明治時代まで存在したが、今日では伝統を守る会が受け継ぎ、出初式の梯子乗りを披露している。以後火消組は、1668年と1682年のような大火の発生を阻止できなかったものの、少なくとも被害の規模を抑えることには貢献した。小さな火事は日常茶飯事であり、「江戸っ子」気質を作り上げた。外国人は、火事の後に江戸の住民がとても落ち着きはらって家を建て直している様を記録している。

17世紀末期、元禄時代には江戸の再建は完了し、江戸は大いに繁栄した。近松門左衛門の歌舞伎が上演され、芭蕉の俳句が広まり、尾形光淋の豪華な屏風が人々に感嘆されるようになった。江戸庶民は北の王子の飛鳥山、あるいは西の小金井の公園まで遠出して花見をした。南部で人気のある遊楽地は品川近くの御殿山であった。この時期、1691年から1692年頃に、再び一人のドイツ人が江戸を訪れた。長崎商館付医師として来日したレムゴ出身の学者エンゲルベルト・ケンペル（1651年〜1716年）である。当時、江戸は住民100万人以上で世界一の人口を擁する大都市であり、江戸を訪れた時のケンペルの報告は彼の著書『日本誌』[18]の大部分を占

genannt, weitere Anlagen vor der Stadt an, "nakaya-shiki" (zweiter Wohnsitz) bzw. "shimoyashiki" (ländli-ches Anwesen), die auch als Ausweichquartiere nach einem Brand dienten. Der Shôgun verzichtete auf die kostspielige Herstellung des "tenshukaku", des Berg-frieds. Die Burg Edo blieb so ohne dieses Wahrzei-chen, das wir so gut von Ôsaka oder Nagoya kennen. (Heute markiert das mächtige Steinfundament das Nordende der Residenz, die man in der Meiji-Zeit abriß.) Der Wiederaufbau der Stadt, bei dem auch die Daimyô auf übermäßigen Prunk bei der Wieder-herstellung ihrer Yashiki (Residenzen) verzichteten, wurde mit gewohnter Energie vorgenommen. Dabei errichtete man für den Anschluß der Gebiete östlich des Sumida-Flusses 1661 die Ryôgoku-Brücke. Sie war ein imposantes Bauwerk und erscheint auf vielen Holzschnitten.

Der Brand gab Anlaß, die Feuerwehr neu zu organi-sieren. Die Volksfeuerwehren, mit den Feuerwehr-leuten in ihrer malerischen Kleidung und mit ihren Gruppenstandarten, entstanden allerdings erst 60 Jahre später. Sie haben bis zur Meiji-Zeit bestanden und leben heute noch in Traditionsvereinen fort, die insbesondere die Leiter-Akrobatik der alten Garden zeigen. Die Feuerwehr konnte weitere Großbrände zwar nicht verhindern, so die von 1668 und 1682 und die späteren, hat diese aber wenigstens in ihren Aus-wirkungen mildern können. Kleinere Brände gehör-ten zum Alltag, sie haben die Leute von Edo, die "Edokko" geprägt. Ausländische Beobachter berich-ten, wie gelassen man nach einem Feuer neue Häuser zimmerte.

Ende des 17. Jahrhunderts – nach der damaligen Jahres-devise spricht man von der Genroku-Zeit – kommt dann der Aufbau der Stadt zu seinem vorläufigen Abschluß, Edo blüht. Chikamatsu Monzaemons Ka-buki-Stücke werden aufgeführt und Bashôs Haiku gelesen, die prächtigen Wandschirme eines Ogata Kôrin bewundert. Man unternimmt Ausflüge, so nach Ôji im Norden, wo man unter den Kirschbäu-men auf dem Asukayama Feste feiert, oder nach Koganei im Westen, wo ebenfalls ein Park angelegt worden war. Im Süden ist der Gotenyama nahe Shi-nagawa ein beliebter Ausflugsort. In dieser Zeit, 1691/92, besucht wieder ein Deutscher die Stadt, es ist Engelbert Kaempfer aus Lemgo, der in hollän-

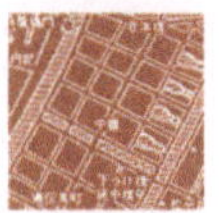

めている。江戸は元禄時代の後1880年代に入る
までほとんど変化せず、当時すでに楕円形の輪
郭をなしており、現在この楕円は山手環状線に
囲まれている。第二次世界大戦終局時まで形を
変えなかった道路網は、郊外地区では丘と谷に
添って敷設された。江戸は元禄時代の百年後の
文化文政時代（1804年〜1818年）に文化的にもう
一度大きく開花し、北斎や広重が浮世絵を描い
た。1820年代には再びドイツ人が長崎商館付医
師として従事した。フィリップ＝フランツ・フォ
ン＝シーボルト（1796年〜1866年）である。1826
年、毎年恒例のオランダ商人の将軍表敬訪問に
同行して江戸を訪れたシーボルトは、活気ある
江戸の町に感銘を受けた。

　1850年代になって江戸に変化の兆しが見え始
めた。諸外国が日本の開国を迫ったのである。
ロシア人とアメリカ人に続き、1860年にはドイ
ツの戦艦も江戸湾沖に出現し、翌年、オイレン
ブルク伯爵がプロシアと日本との通商条約を締
結する任務を受け来日した。条約締結にいたる
までの交渉は非常に長引き、その間、慣例どお
りにプロシア人も寺に宿泊した。当時は歓迎さ
れたはずのないドイツ人の来日だが、茜橋の銘
板にこの史実が刻印されている。条約締結数年
後に将軍は大政を奉還した。天皇は幕制を廃止
し、千年の時を経て再び権力を得たが、徳川幕
府が築いた現実に従い、京都を去って江戸に移
った。こうして江戸は天皇の京となり、「東の京」
つまり「東京」と改称されて新時代の幕開けと
なったのである。

注．

(a) 編注：エンゲルベルト・ケンペル著『The History of
Japan, with a description of the Kingdom of Siam』、
ロンドン、1727年。一番古い邦訳は志筑忠雄訳『鎖国論』、
1801年。最近では今井正訳『日本誌』、東京、霞ヶ関出版、
1973年、がある。

dischen Diensten in Nagasaki arbeitet. Sein Bericht
über den Besuch in Edo, das damals mit über einer
Million Einwohner die größte Stadt der Welt war,
nimmt einen großen Teil seines Buches über Japan
ein. Edo hat sich nach der Genroku-Zeit bis in die
80er Jahre des letzten Jahrhunderts nicht mehr
wesentlich verändert. Es nahm zu der Zeit bereits das
Oval ein, das heute durch die Yamanote S-Bahnlinie
umschlossen wird. Das Straßennetz erhielt sich unverändert bis nach dem II. Weltkrieg, in den Außenbezirken die Höhenzüge und Täler markierend.
Kulturell blüht Edo dann noch einmal hundert Jahre
nach der Genroku-Zeit, in der Bunka/Bunsei-Zeit
(1804–1818). In dieser Epoche entstehen die Holzschnitte (Ukiyoe) eines Hokusai und Hiroshige. In
den 20er Jahren des Jahrhunderts wirkt wieder ein
deutscher Arzt bei den Holländern in Nagasaki:
Philipp Franz von Siebold, der im Rahmen der
jährlichen holländischen Aufwartung beim Shôgun
1826 nach Edo kam und von der lebendigen Stadt
beeindruckt war.

In den 50er Jahren des letzten Jahrhunderts bahnt
sich ein Wandel an: das Ausland drängt auf Öffnung.
Nach den Russen und Amerikanern erscheinen 1860
auch deutsche Kriegsschiffe vor Edo. Graf Eulenburg
hat den Auftrag, für Preußen einen Handelsvertrag
zu erwirken. Die Verhandlungen bis zum Abschluß
des Vertrages ziehen sich in die Länge, man bietet
den Preußen wie üblich einen Tempel zum Quartier
an. Heute erinnert im Bezirk Akanebashi eine Ge-
denktafel an den Besuch, der damals sicher nicht
willkommen war. Wenige Jahre nach dem Abschluß
des Vertrages tritt der Shôgun zurück. Der Kaiser
schafft das Shogunat ab und nimmt nach 1.000
Jahren seine Rechte wieder selbst wahr. Er folgt aber
der von den Tokugawa geschaffenen Realität, gibt seinen Wohnsitz in Kyôto auf und zieht nach Edo. Edo
wird Kaiserstadt und in Tôkyô, "Hauptstadt im
Osten", umbenannt, eine neue Epoche beginnt.

Literatur

Es gibt eine unübersehbare Literatur über alle Aspekte von
Edo/Tôkyô. Im folgenden werden nur einige leicht zugängliche
Werke zitiert:

参考文献

　江戸・東京のあらゆる局面に関して無数の文献が存在するが、そのなかで入手しやすい文献をいくつか以下に挙げる。

1. Enbutsu Sumiko（漢字不明）著《オールド・ジャパン——将軍の町を歩いて》、東京、タットル出版、1993年

2. 今井金悟著『江戸名所記』、東京、社会思想社、1975年

3. 正井泰夫著『東京地図——地図に見る江戸と東京・Atlas Tôkyô. Edo/Tôkyô through Maps』（日英語版）、東京、平凡社、1986年

4. 西山松之助、芳賀登、竹内誠、小木新造共著『江戸三百年』（全3巻）、東京、講談社（講談社現代新書）、1975年～1976年

5. 西山松之助著『江戸文化史』、東京、岩波書店、1987年

6. ポール・ワレイ著『東京——今・昔』、東京／ニューヨーク、ウェザーヒル出版、1984年

7. 同著『東京——物語のある町』、東京／ニューヨーク、ウェザーヒル出版、1991年

– Enbutsu Sumiko (1993) Old Tôkyô. Walks in the City of the Shôgun. Tôkyô: Tuttle

– Imai Kingo (1975) Edo meishoki (Sehenswürdigkeiten von Edo). Shakai shisôsha. Tôkyô

– Masai Yasuo (1986) Atlas Tôkyô. Edo/Tôkyô through Maps. Tôkyô: Heibonsha [Japanisch/Englisch]

– Nishiyama Matsunosuke zusammen mit Haga Noboru; Takeuchi Makoto; Ogi Shinzô (1975) Edo sanbyaku nen (300 Jahre Edo). Tôkyô: Kôdansha Gendai Shinsho (3 Bände)

– Nishiyama Matsunosuke (1987) Edo bunkashi (Kulturgeschichte von Edo). Tôkyô: Iwanami

– Waley, Paul (1984) Tôkyô Now & Then. Tôkyô, New York: Weatherhill

– Waley, Paul (1991) Tôkyô: City of Stories. Tôkyô, New York: Weatherhill

Die Veränderung der Flächennutzung in Tôkyô während der Meiji-Zeit
Masai Yasuo

明治時代における東京の土地利用変化

正井泰夫

東京の都市化は、その規模において、圧倒的に巨大である。現在、3500万もの大人口が東京圏（東京通勤圏）に住むが、ひとつの大都市圏としては、人類史上最大のものである。現在の行政区画でみると、東京区部（23の自治区からなる範囲）が母都市を構成している。いうまでもなく、これは江戸の伝統をひく都市である。

1868年の明治維新は、それまでの伝統的な都市構造・景観を大きく変える契機となった。三百年の徳川幕府体制と二百年もの鎖国後に急に世界が開かれた体制ができ、都市づくりにも欧米指向が明瞭に意識された。しかし、欧米指向は、それが強く意識された割には、少なくとも都市づくりの面では、劇的に成功したといえないことは、現在でも、いたるところに日本的、伝統的側面を残していることで分かる。

今ここでは、著者が作成した二つの地図、つまり「大江戸新地図」（幕末の江戸の都市的利用復元図）と「震災前東京の土地利用復元図」（20世紀初頭の東京全域の都市的土地利用復元図）をとおして、主として土地利用変化をみてみよう（55頁および59頁参照）。

幕末から20世紀初頭までの約半世紀の間に、東京の市街地（都市的土地利用の及ぶ範囲）は7696ヘクタールから1万1928ヘクタールへと増えた。約55パーセントの拡大である。幕末の大江戸の人口は130万〜200万で、恐らく160万〜170万と推定されるが、その後50年間に300万になっている。つまり、人口は2倍近く増えたのに、街の面積は2倍をずっと下回っている。人口密度が高くなったのである。もっとも、第一次大戦後の急速な中産階級の増加と、折から入ってきた田園都市運動が関東大震災（1923年）によって促進され、その後急速に市街地の平均人口密度は低下した。

封建体勢下の江戸では、徳川家を含む大名たちは、それぞれ広大な敷地をもつ屋敷をもち、

Die Urbanisierung Tôkyôs hat sich flächenmäßig auf ein riesiges Gebiet ausgedehnt. Heute leben 35 Millionen Menschen im Raum Tôkyô (einschließlich der Einzugsgebiete der Berufspendler). Für ein einziges urbanes Ballungszentrum sind das Ausmaße, wie sie in der Menschheitsgeschichte noch nie dagewesen sind. Verwaltungsmäßig besteht die Metropole Tôkyô aus 23 sebstverwalteten Stadtbezirken, die natürlich auf die Tradition von Edo zurückgehen.

Die Meiji-Restauration von 1868 gab entscheidende Impulse zur Veränderung des bis dahin vorhandenen historischen Stadtbildes. Nach 300 Jahren des Tokugawa-Shogunats bzw. nach 200 Jahren der Isolierung Japans von der Außenwelt gelangte plötzlich eine Regierung an die Macht, die sich der Welt öffnete und die auch in bezug auf die Stadtplanung europäischen und amerikanischen Ideen folgte. Doch noch heute ist zu erkennen, daß sich diese Ideen – so sehr sie auch immer angestrebt wurden – zumindest in der Stadtplanung nicht erfolgreich durchsetzen konnten. Überall entdeckt der Besucher, daß japanische, traditionelle Elemente erhalten geblieben sind.

Diesem Beitrag sind zwei Karten des Autors beigefügt: "Neue Karte von Groß-Edo" (Reproduktion einer Karte zur städtischen Flächennutzung gegen Ende der Shogunatsregierung) sowie "Rekonstruktion: Flächennutzung vor dem Großen Erdbeben in Tôkyô" (Reproduktion der städtischen Flächennutzung während der Blütezeit Tôkyôs zu Beginn des 20. Jahrhunderts). Anhand dieser beiden Übersichten wollen wir die veränderte Flächennutzung betrachten.

Während der rund 50 Jahre vom Ende der Shogunatsregierung bis in die erste Zeit des 20. Jahrhunderts hat sich die Fläche Tôkyôs (Bereich, auf den sich die urbane Flächennutzung erstreckt) von 7.696 ha auf 11.928 ha erweitert. Das entspricht einem Zuwachs von ungefähr 55%. Gegen Ende des Shogunats hatte Groß-Edo zwischen 1,3 und 2 Millionen Einwohner (vermutlich waren es 1,6 bis 1,7 Millionen Einwohner), doch während der folgenden 50 Jahre stieg die Zahl auf drei Millionen. Das bedeutet, daß sich zwar die Einwohnerzahl nahezu verdoppelt hat, daß aber die Vergrößerung der Stadtfläche weit hinter einer solchen Verdoppelung zurückblieb. Und das wiederum bedeutet, daß die Bevölkerungsdichte anstieg. Allerdings nahm diese rasch wieder ab, als nach

全体で3121ヘクタールを占めていた。これは市街地全域の40.5パーセントに相当する。これらの屋敷内には、家臣の仕事場、警護の武士の住宅、奉公人の長屋、国下からの出向武士の宿舎なども含まれていたので、必ずしも極端な低人口密度ではなかったが、それにしても広い面積である。

　大名上屋敷は城に近い中心部に多く立地していた。上屋敷は大名のフォーマルな住居であると同時に、各藩の武士の職場でもあった。そのため次第に手狭となったので、補助的な中屋敷が少し外側に、そして別荘的要素の強い下屋敷が市街地の外縁部に建てられた。江戸市街地の外周のほとんどは大名下屋敷であり、残りの多くは寺町であった。つまり、市街地外周は大名屋敷と寺の塀の連続であった。これはヨーロッパやアジア大陸の城郭都市の囲郭ほどの防衛効果はなかったが、ある程度の防衛的役割を期待されていたと思われる。ともあれ、今のような無秩序なスプロールはなかった。

　主として幕府に勤めていた一般武士の屋敷、住居群は23.6パーセントであり、城、大名屋敷の40.5パーセントと合わせると実に64.1パー

dem 1. Weltkrieg der Mittelstand einen Zuwachs zu verzeichnen hatte und genau in dieser Zeit – nach der Erdbebenkatastrophe im Raum Tôkyô (1923) – die Gartenstadt-Bewegung einen erheblichen Zuspruch erfuhr.

Im Edo der Feudalzeit besaßen die Daimyô (Fürsten) einschließlich der Mitglieder der Tokugawa-Familien jeweils ausgedehnte Anwesen, die insgesamt 3.121 ha einnahmen. Das machte 40,5 % der bewohnten Stadtfläche aus. Da zu diesen Anwesen die Arbeitsstätten der Gefolgsleute, Wohnungen für die Wachsoldaten, die Gesindehäuser für die Diener, die Gasthöfe für die nach Edo abgeordneten Krieger und anderes gehörten, herrschte keinesfalls eine niedrige Bevölkerungsdichte, die Fläche war aber relativ groß.

Die Residenzen (kamiyashiki) der Daimyô waren hauptsächlich im Umkreis der Burg gelegen. Diese großen Anwesen dienten nicht nur als offizieller Wohnsitz der Daimyô, sie waren gleichzeitig die Wirkungsstätte der Samurai der verschiedenen Clans. Da es deshalb zuweilen ziemlich eng wurde, wurden etwas weiter entfernt ein zweiter Wohnsitz (nakayashiki) und schließlich völlig außerhalb der Stadtgrenzen eine Art Landhaus (shimoyashiki) errichtet. In der Umgebung von Edo befanden sich somit fast ausschließlich die Landsitze der Daimyô, die verbleibenden Flächen waren Tempelbezirke. Die Außenbezirke stellten also eine Ansammlung von Daimyô-Landsitzen und Tempeln dar. Diese Anordnung hatte keine

幕末の江戸（1850年〜1868年）　Ende der Shogunatszeit (1850–1868)

用途	Nutzung	ha	%
江戸城・幕府用地	Burg Edo, Besitzungen des Shogunats	296	3,8
大名上屋敷	Residenzen der Daimyô (kamiyashiki)	748	9,7
大名中屋敷	Zweitwohnsitze der Daimyô (nakayashiki)	321	4,2
大名下屋敷	Landsitze der Daimyô (shimoyashiki)	1 756	22,8
一般武家屋敷	Wohnsitze der gewöhnlichen Samurai	1 818	23,6
町屋	Machiya (Händler- und Handwerkerviertel)	1 626	21,1
仏閣	Buddhistische Tempel	1 027	13,3
神社	Shintoistische Schreine	99	1,3
孔子廟	Konfuzianische Tempel	5	0,1
合計	Gesamt	7 696	100

薩摩藩江戸屋敷
Der Palast des Fürstentums Satsuma in Edo

有馬家江戸屋敷
Palast des Arima-Clans in Edo

セント、つまり3分の2近くになる。武士階級
とその家族の総人口は約60万であり、これが
4939ヘクタールの土地に住んでいたので、人口
密度は1ヘクタールに約120人であった。当然
ながら、大名屋敷は低く、一般武家屋敷は高
かった。武家屋敷の多くは庭つき住居であり、
特に大名屋敷は樹木（常緑広葉樹、松、杉など）
が多く、江戸の町の広い範囲は建物より高い樹
木のみえる景観を示していた。

　住民の半分以上の町人（65万人以上で、恐ら
く100万人程度）は1626ヘクタール、つまり
21.1パーセントの土地に密集して住んでいた。
大半が木造平屋で、一部の商家などに漆喰など
の防火材が使われていた。彼らは商人、職人、
日雇い人夫などからなり、町屋と呼ばれる居住
区をつくっていた。他に不法占拠スラムもあっ
たが、面積的には狭かった。いずれにせよ、町
屋の人口密度は1ヘクタールに600人程度であ

Verteidigungsfunktion wie etwa die Burgstädte in Europa oder die auf dem asiatischen Kontinent mit ihren Stadtmauern. Dennoch wurde vermutlich eine gewisse Verteidigungsrolle von ihnen erwartet. Auf jeden Fall wucherte die Stadt nicht auf eine derart unsystematische Weise aus, wie es heutzutage geschieht. Die Anwesen und Wohnsitze der der Shogunatsregierung unterstehenden gewöhnlichen Samurai machten 23,6% der Fläche aus. Zählt man die 40,5% dazu, die auf die Burg und die Residenzen der Daimyô entfallen, ergeben sich 64,1% und somit nahezu zwei Drittel. Die Samurai und ihre Familien waren rund 600.000 Menschen, die auf einer Fläche von 4.939 ha lebten, das ist eine Bevölkerungsdichte von etwa 120 Personen je Hektar. Selbstverständlich handelte es sich bei den Residenzen der Daimyô um flache Bauten, während die Wohnsitze der gewöhnlichen Krieger mehrgeschossige Gebäude waren. In vielen Fällen gehörte zu dem Grundstück auch ein Garten, und besonders auf den Anwesen der Fürsten waren zahlreiche Bäume (immergrüne Laubgehölze, Kiefern, Zedern usw.) zu finden. Über weite Teile bot Edo den Anblick einer Landschaft, in der die Bäume höher waren als die Gebäude.

Mehr als die Hälfte der Bürger (über 650.000, vermutlich eine Million) lebten dicht gedrängt auf 1.626 ha, d.h. auf 21,1% der Fläche. In der Mehrzahl wohnten sie in niedrigen Holzhäusern, in denen ein Raum als Laden oder Geschäft diente. Mörtel und andere Materialien wurden für Brandschutzmauern verwendet. Die Leute waren Händler, Handwerker, Tagelöhner und ähnliches, die Stadtviertel, in denen sie lebten, waren die "machiya" (Händler- und Handwerkerviertel). Zwar gab es auch ausgesprochene Armenviertel, doch nahmen sie nur eine geringe Fläche ein. Auf jeden Fall lag die Bevölkerungsdichte in den "machiya" bei 600 Personen je Hektar. Wenn man bedenkt, daß sie größtenteils in einstöckigen Häusern lebten, versteht man, daß die Wohnfläche äußerst begrenzt war. In einigen Fällen hatten sich unter den Händlern und Handwerkern Vertreter derselben Sparte zusammengetan und bildeten eigene Wohnviertel. Kimonoviertel (gofuku-chô), Schmiedeviertel (kaji-chô), Wirtshausviertel (sakana-chô), Viertel der Silberhandwerker (ginza-chô) usw. stehen als gute Beispiele dafür.

り、一階建てが多かったことから見ても、居住スペースは極端に小さかった。商人、職人のなかには、同業者が集団的に居住する街区をつくる場合もあった。呉服町、鍛冶町、箸町、銀座町などはそのよい例である。

　宗教施設は14.7パーセントを占めていたが、そのほとんどは寺であった。しかし、数の上では神社のほうがはるかに多く、1000前後の神社があったと思われる。町屋の住民にとっては、神社が近隣住区の小規模なオープンスペースとなっており、コミュニティセンターの役割も果たしていた。神社、寺のほとんどが庭を境内にもち、不特定多数の人に常に開放されていた。

　以上のような幕末の江戸の街は、明治維新によって大変革を受けた。なかでも大名屋敷の変容はすさまじい。徳川家は天皇家へその用地の大半を献上した。江戸城は皇居となり、御三家の広大な上屋敷は、それぞれ仮宮殿（のちに赤坂離宮となり、現在は国の迎賓館）、陸軍士官学校・砲兵工廠となった。大名の上・中・下屋敷も、そのほとんどが新政府の役所、軍事施設、学校となり、また分割されて宅地になった。西のほうの外縁部の屋敷のなかには農地に還元したものもあり、東のほうの低地の屋敷には、工場や労働者住宅になったものが多かった。

大江戸新地図

1. 江戸城

2. 大名上屋敷

3. 大名中屋敷

4. 大名下屋敷

5. 一般武家屋敷

6. 町屋

7. 幕府・御三家用地

8. 大名用地

9. 仏閣

10. 神社

11. 孔子廟

12. 農地、空地等

Religiöse Einrichtungen nahmen 14,7% der Fläche ein, wobei der größte Teil davon auf buddhistische Tempel entfiel. Von der Zahl her gesehen gab es jedoch weitaus mehr shintoistische Schreine. Schätzungsweise existierten rund 1.000 davon. Für die Bewohner der "machiya" bedeuteten die Schreinbezirke kleine, freie Flächen in ihrer Nachbarschaft, außerdem dienten sie als Gemeindezentren. Innerhalb der Grenzen fast aller Schrein- und Tempelbezirke gab es auch einen Garten, der ständig für die Öffentlichkeit zugänglich war.

Für das Edo am Ende der Shogunatszeit, so wie es oben geschildert wurde, brachte die Meiji-Restauration tiefgreifende Veränderungen mit sich. Besonders zu beklagen ist die Verwandlung der Residenzen der Daimyô. Die Familie Tokugawa übergab in feierlicher Form den Großteil ihrer Besitzungen an den Tennô. Die Burg von Edo wurde zum kaiserlichen Wohnsitz, und aus den weiträumigen Residenzen der drei Zweigfamilien der Tokugawa wurden ein Palast (später Akasaka-Rikyû, heute Gästehaus der Regierung), eine Offiziersschule der Armee sowie ein Artillerie-Arsenal. Die verschiedenen Anwesen der Daimyô dienten nunmehr fast ausschließlich als Amtsgebäude der neuen Regierung, als militärische Einrichtungen oder als Schulen, oder sie wurden in Bauland aufgeteilt. Die westlich außerhalb der Stadtgrenze befindlichen Anwesen wurden teilweise in landwirtschaftliche Nutzflächen zurückverwandelt, und auf den Grundstücken, die auf der Ebene im Osten lagen, wurden zahlreiche Fabriken und Arbeiterviertel errichtet.

Neue Karte von Groß-Edo

1. Burg Edo

2. Daimyô Residenz (Kamiyashiki)

3. Zweiter Daimyô Wohnsitz (Nakayashiki)

4. Daimyô Landhäuser (Shimoyashiki)

5. Samurai Viertel

6. Machiya (Kaufleute und Handwerker)

7. Land der Tokugawa Familie

8. Land der Daimyôs

9. Buddhistischer Tempel

10. Shinto Schrein

11. Konfuzianischer Tempel

12. Agrarland, ungenutztes Land, usw.

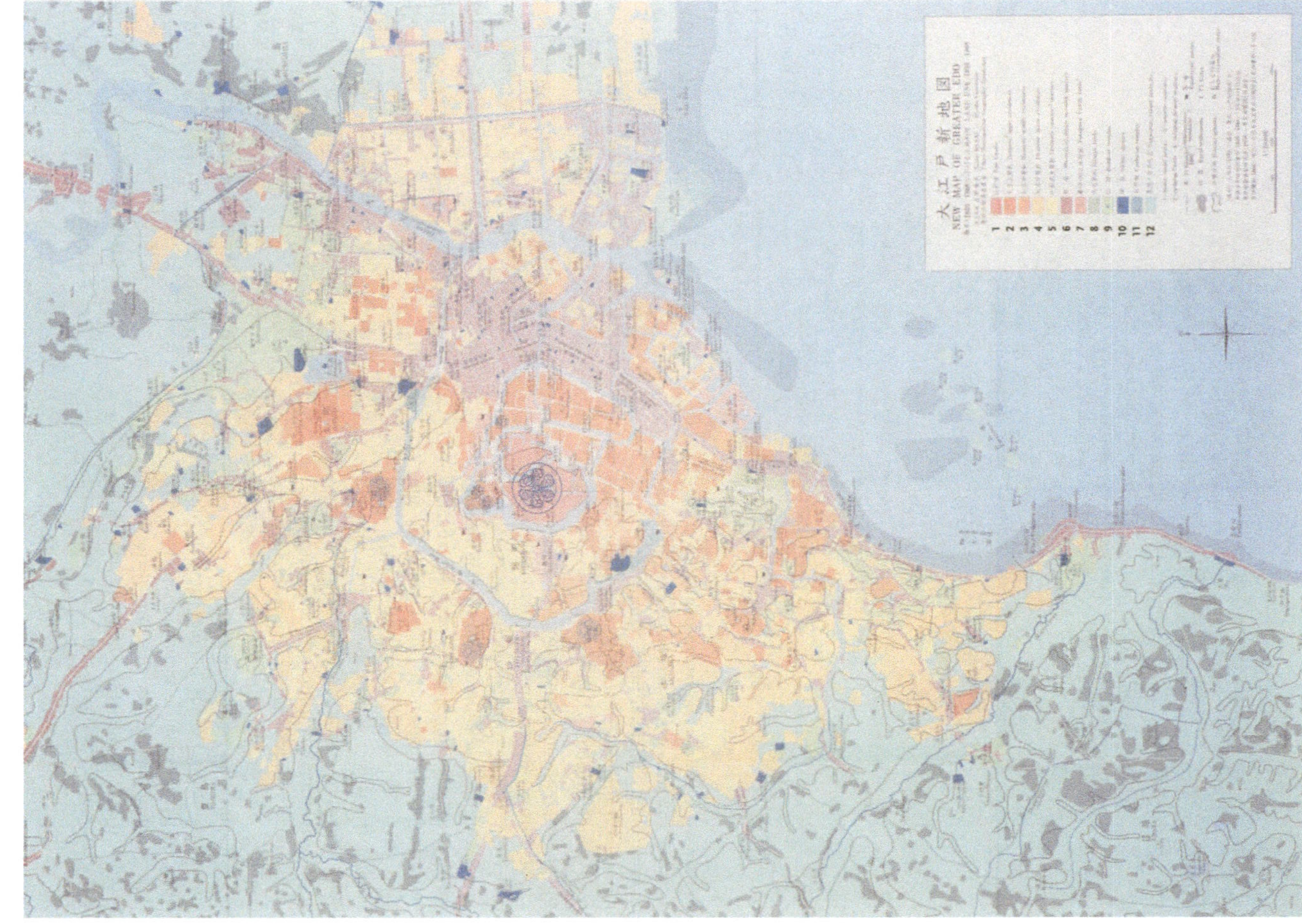

大江戸新地図　Neue Karte von Groß-Edo

59頁の図は、45年続いた明治が終わり、大正となった頃の東京の土地利用の概略を示す。大正3年（1914年）、東京の新しい中央駅として現在まで続く東京駅がオープンした。明治前期には、この東京駅のある丸の内は、ほとんどが政府役所と軍隊で占められていたが、この頃になると、役所は霞が関と大手町に集中し、軍隊は西のほうへ広い土地を求めて移動している。代わって丸の内は現在まで続く近代的な区画整理ができ、三菱財閥による丸の内のオフィス化が進行していた。しかしまだ、1914年当時の東京駅前には空地が広がっていた。

　明治が終わった頃、皇室、皇族関連施設は3.5パーセント、政府、公共、病院（民間病院も含む）は6.5パーセント、そして軍事用地が7.7パーセントを占めるようになった。政府施設は都心に、公共施設は都心を中心として全域に、軍事施設は西側から北側に主に分布していた。高

Die zweite beigefügte Karte vermittelt einen Überblick über die Flächennutzung in Tôkyô nach 45 Jahren Meiji-Regierung und zu Beginn der Taishô-Zeit. 1914 wurde der neue Hauptbahnhof Tôkyôs, der heute noch als Bahnhof Tôkyô existiert, eingeweiht. In den ersten Jahren der Meiji-Zeit befanden sich in Marunouchi, also in der Gegend des Bahnhofs Tôkyô, hauptsächlich Regierungsbehörden und Militäreinrichtungen. Schließlich konzentrierten sich in jenen Jahren die Behörden in den Stadtteilen Kasumigaseki und Ôtemachi, und das Militär forderte große Flächen im Westen und verlagerte sich dorthin. Somit konnte in Marunouchi eine bis heute anhaltende moderne Stadtplanung erfolgen. Die auf den Mitsubishi-Konzern zurückgehende Entwicklung des Stadtteils Marunouchi zu einem Büroviertel schritt weiter fort. Doch damals, 1914, erstreckte sich vor dem Bahnhof Tôkyô noch ein weites Baugelände. Als die Meiji-Zeit zu Ende ging, nahmen der Kaiserpalast sowie die Anlagen der kaiserlichen Familie 3,5%, Regierung, gemeinnützige Einrichtungen, Krankenhäuser (einschließlich der privaten Krankenhäuser) 6,5% und die Militäranlagen 7,7% der Flä-

大正3年の東京（1914年）　Tôkyô im Jahre 1914

用途	Nutzung	ha	%
会社・金融機関用地等	Firmen, Finanzinstitute u.ä.	49	0,4
商業住宅等混在地	Gewerbeeinrichtungen mit Wohnungen	1 002	8,4
住宅商業等混在地	Wohnungen mit Gewerbeeinrichtungen	2 226	18,7
倉庫、河岸、木場等	Lager, Speicher, Holzlager	450	3,8
皇室・皇族用地	Kaiserliche Besitzungen	420	3,5
政府・公共用地	Regierungsbehörden, öffentliche Einrichtungen,		
病院用地	Krankenhäuser	778	6,5
軍事用地	Militär	919	7,7
工業用地	Industrie	523	4,4
教育用地	Bildungseinrichtungen	450	3,8
宗教用地、墓地	Religiöse Einrichtungen, Friedhöfe	712	6,0
公園、緑地	Parks und Grünanlagen	177	1,5
大邸宅地	Große Grundstücke	689	5,8
一般住宅地等	Normale Wohngebiete	3 320	27,8
東京駅前ビル建設予定地	Baugelände vor dem Bahnhof Tôkyô	29	0,2
未利用海岸埋立地	Noch nicht genutztes im Meer aufgeschüttetes Land	184	1,5
合計	Gesamt	11 928	100

等教育機関は城の北側に集中していた。特に本郷、御茶の水、神田、大塚辺に多かった。小学校は全域に見られたが、商業地区内の小学校のほとんどは、校庭のほとんどない小規模なものであった。しかし、周辺部では運動場つきの小学校も見られた。因みに、もうこの頃は小学校の義務教育化が全国的に完成していた。

　江戸の大名屋敷の配置状態は、50年後、大きく四つの型に分かれた。ひとつは南西部に典型的に見られる高級官吏、大商人、外国人等の大邸宅群で、これは皇族の大邸宅の分布と似ている。もともと大名屋敷が多かったことと、横浜港に近いこと、海に近くて気候がややよいこと、集中による警備の容易さなどがその理由であろう。もうひとつは北西部で、ここでは教育施設への転用と分譲宅地化が目立った。さらに東側では工場への転用と労働者住宅化が目立つ。範囲は狭いが、第四の型として都心部の役所、会社ビルへの転用があげられる。ともあれ、皇室・皇族用地と大邸宅のすべてを合わせても1109ヘクタールであり、江戸時代の城と大名上屋敷を合わせた分しかなく、都市全体のなかで占める大邸宅の比率は、中・下屋敷まであった封建時代と比べて大幅に下がった。

　大名屋敷等の近代的転用で興味あることは、ヨーロッパの場合と大きく異なり、建物のほとんどが破壊されて、そこに新しい建物が作られたことである。江戸城内にあったおびただしい数の立派な建物はあらかた壊され、一部を新宮殿等の施設に、他を森に戻したのはその好例である。

　商業地のほとんどは、商業と住宅、そしてしばしば家内工業の混在するところであった。職住分離は小規模な店や工場ではおこなわれず、家屋のなかを仕事場と住居に分けて使用していた。身分階層による住み分けが厳密に存在した江戸と違って、明治の東京では、混在・混住

che ein. Im Stadtzentrum enstanden in großer Zahl Regierungsstellen und öffentliche Einrichtungen, während die militärischen Einrichtungen vom Westen bis in den Norden verstreut lagen. Im Norden der Burg befanden sich auch viele höhere Bildungseinrichtungen. Besonders viele gab es in Hongô, Ochanomizu, Kanda und Ôtsuka. Auch zahlreiche Grundschulen wurden in dieser Zeit gebaut. Doch die meisten der Grundschulen in den Händlervierteln waren so klein, daß sie nicht einmal über einen Schulhof verfügten. Es gab aber in den Außenbezirken auch Schulen, zu denen ein Sportplatz gehörte. Übrigens war zu diesem frühen Zeitpunkt bereits in ganz Japan die Grundschulpflicht eingeführt.

Die Residenzen der Daimyô aus der Edo-Zeit waren 50 Jahre später im wesentlichen in vier Verwendungszwecke aufgeteilt. Einmal waren das im Südwesten die typischen Landsitze hoher Beamter, angesehener Kaufleute oder Ausländer, die den Besitzungen der kaiserlichen Familie ähnelten. Das ist vermutlich darauf zurückzuführen, daß es sich hauptsächlich um ehemalige Fürstenresidenzen handelte, daß die Bucht von Yokohama und somit das Meer in der Nähe lagen und deswegen ein angenehmes Klima herrschte, und daß sich aufgrund der Konzentration die Bewachung leicht bewerkstelligen ließ. Zum anderen entstanden im Nordwesten immer mehr Bildungseinrichtungen, oder das Land wurde in Parzellen verkauft. Im Osten wurden sie in Industriegebiete umgewandelt und Arbeiterwohnungen gebaut. Und schließlich wurden, trotz der beengten Fläche dort, in der Stadtmitte Verwaltungs- und Firmengebäude gebaut. Jedenfalls betragen die Besitztümer der kaiserlichen Familie nun insgesamt 1.109 ha, also nur so viel, wie die Burg von Edo und die Residenzen der Daimyô zusammengenommen. Verglichen mit der Edo-Zeit, als es im Stadtgebiet auch noch die Zweitwohnsitze und Landsitze der Daimyô gab, ist das ziemlich wenig.

Im Gegensatz zu Europa, wo die alten Fürstensitze für eine moderne Nutzung von Interesse sind, wurden die Gebäude fast alle abgerissen und durch Neubauten ersetzt. Zahllose herrliche Bauten innerhalb von Edo wurden weitestgehend zerstört. Einerseits wurden dort neue Paläste errichtet, andererseits wurden wieder Wälder gepflanzt.

が一層進んだ。都市計画における地域制は寛容
となり、住宅地のなかにも商店や工場が入って
きた。駅前に巨大な商店街があるという現在の
東京の姿はまだなく、駅はそれまでに存在した
賑やかな所へ近づけて立地させるという方向が
とられた。日本橋（都心）と新橋駅（旧中央駅）
の間の銀座が中心商店街として興隆したが、こ
れも今でいう駅前立地型とは多少異なり、距離
が少しある。

　寺町は絶対的にも相対的にも縮小した。税金
のため経営危機に面した寺の多くは、境内の一
部を売ったり、郊外へ越したりした。最大の寺
の寛永寺は、境内の大部分を上野公園に提供し
た。その後も寺や大名屋敷の一部を公園や霊園
に転用したが、都市の急速な拡大に全く追いつ
かなかった。ウンター・デン・リンデン通りの
ような大規模な並木道の建設はまだなされず、
大正時代になって、少しずつ並木道が整備され
るようになった。ベルリンなどドイツ都市によ
くみられる市街地に隣接した大森林緑地、公園
は、現在にいたっても東京では考えられていな
い。これは、近くの森におおわれた山を緑地、
借景として利用してきた京都や奈良のいきかた

Die Händlerviertel bestanden hauptsächlich aus Geschäften und Wohnungen. Ab und zu gab es auch Häuser mit einer Werkstatt. Arbeiten und Wohnen waren also nicht voneinander getrennt, sondern dasselbe Gebäude wurde für beide Zwecke genutzt. Im Unterschied zu Edo, wo die Stände oder gesellschaftlichen Schichten jeweils in eigenen Vierteln wohnten, kam es im Tôkyô der Meiji-Zeit zunehmend zu einer Vermischung. Die auf dem Stadtplan erkennbare Einteilung wurde liberalisiert, und Geschäfte und Fabriken entstanden auch in den Wohnvierteln. Vor den Bahnhöfen existierten noch nicht die ausgedehnten Geschäftsstraßen, wie sie für das heutige Tôkyô typisch sind. Doch man achtete darauf, die Bahnhöfe in Gebieten zu errichten, in denen bereits rege Geschäftigkeit herrschte. Die Ginza zwischen Nihonbashi (dem Mittelpunkt der Stadt) und dem Bahnhof Shimbashi (dem damaligen Hauptbahnhof) erfuhr einen ungeheuren Aufschwung als zentrales Geschäftsviertel, doch auch dieses Gebiet war noch etwas anderes, als das, was man heute eine gute Lage vor dem Bahnhof nennt.

Die Tempelbezirke sind sowohl absolut als auch relativ kleiner geworden. Zahlreiche Tempel standen wegen der ausbleibenden Steuern vor dem wirtschaftlichen Ruin und haben einen Teil ihres Grundbesitzes verkauft oder sind in die Vorstädte gezogen. Beispielsweise hat der größte Tempel, der Kan'eiji, einen Groß-

震災前東京の土地利用復元図

1. 会社、金融等

2. 商業住宅等混在

3. 住宅商業等混在

4. 倉庫、河川、木場等

5. 皇室・皇族

6. 政府、公共、病院

7. 軍事

8. 工業

9. 教育

10. 宗教、墓地

11. 公園、緑地

12. 大邸宅

13. 住宅、空地、畑等

14. 水田

15. 市界

Flächennutzung vor dem Großen Erdbeben von Tôkyô

1. Firmen, Finanzunternehmen

2. Kommerzielle und Wohnnutzung

3. Wohnnutzung und kommerzielle Nutzung

4. Lager, Flüsse

5. Kaiserliche Besitzungen

6. Regierung, öffentliche Einrichtungen, Krankenhäuser

7. Militärische Einrichtungen

8. Fabriken

9. Schulen und Universitäten

10. Religiöse Einrichtungen

11. Parks und Grünflächen

12. Residenzen

13. Wohngebiete, ungenutztes Land, Felder

14. Reisfelder

15. Stadtgrenze

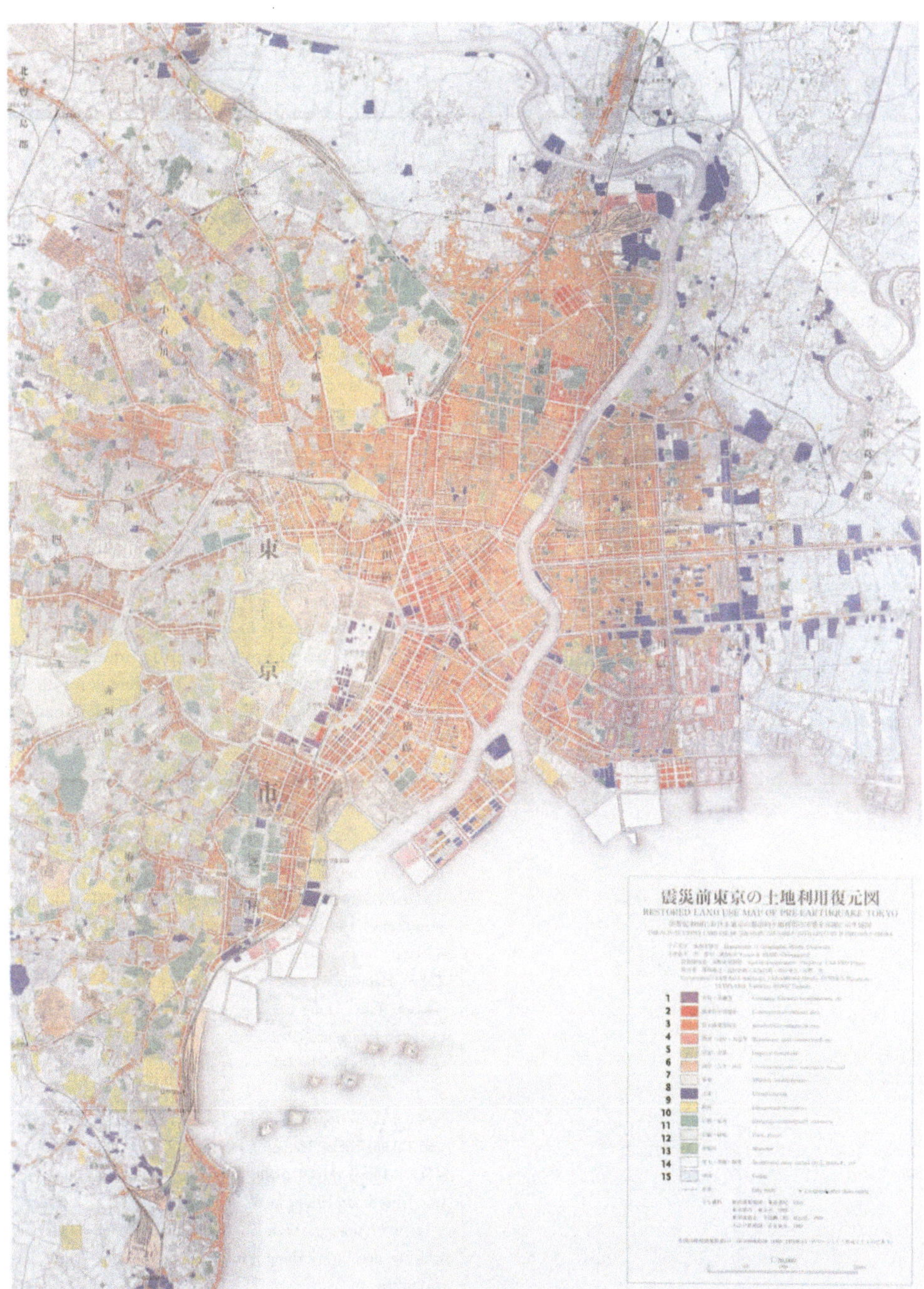

震災前東京の土地利用復元図 Flächennutzung vor dem Großen Erdbeben in Tōkyō

が、平野のなかの東京では適用されなかったためであろう。しかし、日本の大都市で山から最も離れている東京でも、都心から僅か30キロメートル～40キロメートルで森に完全におおわれた山地があるという地理条件を忘れてはならない。江戸・東京の山である富士山は100キロメートル、世界的な深雪地帯の新潟、長野のスキー、温泉、山岳リゾートでも150キロメートルしか離れていないのである。

参考文献

1. 正井泰夫著『大江戸新地図』、東京、自費出版、1985年
2. 同著『東京地図──地図に見る江戸と東京・Atlas Tôkyô Edo/Tôkyô through Maps』（日英語版）、東京、平凡社、1986年
3. 同著『城下町東京』、東京、原書房、1987年
4. 同編著『江戸東京大地図』、東京、平凡社、1993年
5. 正井泰夫／洪忠烈共著『震災前東京の土地利用復元図とその作成過程、地図、31-3』、東京、1993年
6. 東京都編『東京の都市計画百年』、東京、1989年
7. 田村明著『江戸東京まちづくり物語』、東京、時事通信社、1992年

teil seiner Flächen dem Ueno-Park angeboten. Auch später wurden ein Teil der Tempel oder Residenzen der Daimyô zu Parks und Gärten umgestaltet, doch konnte diese Entwicklung mit der raschen Ausdehnung der Stadt nicht Schritt halten. Es gab beispielsweise keine so großzügige Allee wie die Straße Unter den Linden. Erst in der Taishô-Zeit wurden nach und nach Alleen angelegt. Solch ausgedehnte Wälder und Parks, wie sie in der Nähe von Berlin und anderen deutschen Städten zu finden sind, bleiben selbst im heutigen Tôkyô unvorstellbar. Wahrscheinlich liegt das daran, daß man nicht wie in Kyôto oder Nara die nahegelegenen Bergwälder als Grünflächen, als natürlichen Hintergrund hatte, denn Tôkyô liegt inmitten einer Ebene. Doch wir sollten die geographische Tatsache nicht vergessen, daß auch für die Bewohner von Tôkyô, das unter allen japanischen Großstädten am weitesten von Bergen entfernt liegt, die Möglichkeit besteht, in einer Entfernung von 30 bis 40 km bewaldete Höhenzüge zu erreichen. Außerdem liegt der Fuji gewissermaßen als Berg Edos oder Tôkyôs in 100 km Entfernung, und bis in die weltbekannten schneesicheren Skigebiete von Niigata oder Nagano und in die Kurorte mit den heißen Quellen braucht man auch keine 150 km zu fahren.

Literatur
– Masai Yasuo (1985) Ô-Edo Shinchizu (Neue Karte von Groß-Edo) Tôkyô: im Selbstverlag
– Masai Yasuo (Hrsg) (1986) Atlas Tôkyô. Edo/Tôkyô through maps. Tôkyô: Heibonsha [Japanisch/Englisch]
– Masai Yasuo (1987) Jôkamachi Tôkyô (Burgstadt Tôkyô) Tôkyô: Harashobô
– Masai Yasuo/Hong Choongryeal (1993) Shinsaizen Tôkyô no tochiriyô fukugenzu (Rekonstruktion: Flächennutzung vor dem Großen Erdbeben in Tôkyô und ihr Entstehungsprozeß) Karte 31–3
– Masai Yasuo (1993) Edo Tôkyô Daichizu (Großer Atlas von Edo und Tôkyô) Tôkyô: Heibonsha
– Stadt Tôkyô (Hrsg) (1989) Tôkyô no toshikeikaku hyakunen (100 Jahre Stadtplanung in Tôkyô) Tôkyô
– Tamura Akira (1992) Edo Tôkyô machizukuri monogatari (Geschichte der Entwicklung von Edo und Tôkyô) Tôkyô: Jijitsûshinsha

ベルリンを訪れた岩倉遣外使節団

ウルリッヒ・ワッテンベルク

1873年3月9日の朝7時、ベルリンのレアター駅（レアターバーンホーフ）に日本人の一団が到着した。右大臣兼特命全権大使である岩倉具視にちなみ、後に岩倉遣外使節団と名付けられた一行であった。これは、19世紀中盤以降に国を代表してヨーロッパに派遣された使節団で最後のかつ最大のものであり、同時に1868年の維新後初めての使節団でもあった。岩倉使節団は、1858年以後に西欧諸国と締結した日本に不利な条約改正のために欧米に渡り、岩倉具視、木戸孝允、大久保利通、伊藤博文を筆頭に要人で構成されていた。これら政治家たちが国内でぜひとも必要とされていた時代であったにもかかわらずである。約50人で構成される使節団には、各訪問国に留学すべき年少の華族・士族の子弟たちも属していた。ベルリン留学には武者公路實世が選ばれ、学者一族である武者公路家がその後長年にわたってドイツと取り組む礎となったのである。

1871年末、まず横浜からアメリカに渡った岩倉使節団は、アメリカで長い交渉をおこなったが最終的には条約改正を諦めざるを得なかった。そのために、使節団に与えられた第二の目標、すなわちヨーロッパの社会、経済、技術発展の最新情報を得ることに全力を集中した。1872年の夏も終わりに近づいた頃、一行はイギリスを訪れ、翌1873年の1月初旬にドーバー海峡を渡って大陸に入り、まず最初にパリに赴いた。パリの後は当時すでに産業化の進んでいたベルギーと、1600年以来国交が断絶されることのなかったオランダを訪れた。そのつぎの目的地はドイツであった。ドイツのプロシア王国が普仏戦争でみせた軍事力は日本に強い印象を与え、日本は新生帝国としてのドイツに関心を寄せていた。当時ドイツも使節団に対して大きな関心を示した。皇帝はデン・ハーグに日本人一行を迎える接伴委員兼案内役を送り、国境の町ベント

Die Iwakura-Mission in Berlin
Ulrich Wattenberg

Am 9. März 1873 morgens um sieben Uhr traf auf dem Lehrter Bahnhof in Berlin eine Gruppe Japaner ein. Es handelte sich um die Iwakura-Mission, so später genannt nach ihrem Chef, dem Fürsten Iwakura Tomomi. Es war die letzte und größte der japanischen Missionen, die seit der Mitte des 19. Jahrhunderts mit offiziellem Auftrag in den Westen reisten und zugleich die erste nach Ende des Shogunats 1868. Die Mission war mit dem Ziel aufgebrochen, eine Revision der seit 1858 mit dem Westen abgeschlossenen, für Japan nachteiligen Verträge zu erreichen, und war mit Iwakura Tomomi, Kido Kôin, Ôkubo Toshimichi und Itô Hirobumi an der Spitze hochrangig besetzt, obwohl diese Politiker auch zu Hause dringend benötigt wurden. Zur Mission, die etwa fünfzig Personen umfaßte, gehörten darüber hinaus auch Studenten, die man unterwegs in verschiedenen Ländern zur Ausbildung plazierte. Für Berlin hatte man Mushanokôji Saneyo ausgewählt, womit eine langwährende Zuwendung dieser Gelehrten-Familie zu Deutschland begründet wurde.

Die Iwakura-Mission hatte sich Ende 1871 zunächst von Yokohama nach Amerika begeben und dort lange verhandelt, schließlich aber die Revision der Verträge aufgeben müssen. So konzentrierte man sich auf das zweite Ziel der Mission, sich nämlich über die neuesten gesellschaftlichen, wirtschaftlichen und technischen Entwicklungen des Westens zu informieren. Im Spätsommer 1872 reiste man weiter nach England, und in den ersten Januartagen 1873 setzte man dann von Dover zum Kontinent über, wo man zunächst Paris besuchte. Von dort ging es weiter in das damals bereits stark industrialisierte Belgien und nach Holland, das ja das Land war, zu dem der Kontakt seit 1600 nie abgerissen war. Das nächste Ziel war Deutschland, das wegen seiner im Preußisch-Französischen Krieg bewiesenen militärischen Stärke seinen Eindruck nicht verfehlt hatte und nun als neu entstandenes Kaiserreich interessierte. Deutschland stand seinerseits dem Besuch sehr aufgeschlossen gegenüber. Der Kaiser ließ die Japaner in Den Haag abholen und beim Grenzübertritt in Bentheim feierlich begrüßen. Man entschloß sich dann kurzfristig zu einem Besuch der Kruppschen Werke in Essen, verbrachte dort eine Nacht und fuhr am Abend drauf mit dem Nachtzug nach Berlin.

レアター駅（レアターバーンホーフ）
Lehrter Bahnhof

ハイムで厳かに歓迎した。ここで一行は急遽
エッセン市のクルップ工場の視察を決め、そこ
で一泊して翌日の夜に夜行列車でベルリンに向
かった。

　右大臣兼特命全権大使岩倉具視に大使随行と
して同行した権少外史久米邦武による 5 冊本
『特命全権大使米欧回覧実記』[1]が滞在先々での
見聞の成果の記述として 1877 年に刊行された。
同書は 100 巻[a]のうち 20 巻でアメリカを、同じ
く 20 巻でイギリスを扱っており、日本にとって
アングロサクソン諸国がいかに重要であったか
を強調している。フランスとドイツにはそれぞ
れ 10 巻を充てており、これは当時の情勢に叶っ
た量である。久米は 1839 年に肥前佐賀藩士の家
に生まれ、明治政府の高官になった。非常に学
識豊かな久米は、岩倉使節団の随員として最適
の人物であった。帰国後、旅行中に収集した資
料や書き記したメモをもとに、また外国の専門
文献を用いて五年間かけて『米欧回覧実記』の
執筆に取り組んだ。1879 年[b]に修史館（のち修
史局）に入り、1988 年に文科大学教授を兼ね、
帝国大学国史科の基礎を築く。1892 年に辞職、
その後、早稲田大学の教授になった。早稲田大
学では 85 才まで務め上げ、1931 年に天寿を全
うした。後に彼の曾孫にあたる久米邦貞は曾祖
父同様に政治的委任を受け、1987 年から 1989
年の間日本国総領事としてベルリンに赴任した。

Wir sind über die Beobachtungen während der Reise durch ein fünfbändiges Werk unterrichtet, das 1877 erschien, verfaßt von Kume Kunitake, der Fürst Iwakura als Sekretär begleitet hatte. Das Werk mit dem Titel *Sonderbevollmächtigte Mission. Wahrhaftiger Bericht über eine Rundreise durch Amerika und Europa*[1] widmet von seinen 100 Kapiteln 20 den USA und 20 England und unterstreicht damit die Bedeutung, die die angelsächsischen Länder für Japan hatten. Je zehn Kapitel sind Frankreich und Deutschland gewidmet, das ist sicher angemessen. Kume wurde 1839 in der Provinz Saga (Nord-Kyûshû) geboren. Er stammte aus einer Samurai-Familie, wurde Beamter und hatte sich mit seiner umfassenden Bildung für die Reise qualifiziert. Nach der Rückkehr arbeitete er fünf Jahre an dem Werk, wobei er sich auf seine Notizen und das unterwegs gesammelte Material stützte, aber offensichtlich auch ausländische Fachliteratur benutzte. 1879 ging er als Professor für Geschichte an die Kaiserliche Universität Tôkyô, später an die private Waseda Universität. Dort lehrte er bis zu seinem 85. Lebensjahr, starb hochbetagt 1931. Sein Urenkel, Kume Kunisada, war dann wieder in politischer Mission in Berlin tätig, nämlich als Generalkonsul von 1987–1989. In einem Vortrag in der Deutsch-Japanischen Gesellschaft Berlin hat er Einzelheiten aus dem Bericht seines Urgroßvaters wiedergegeben und kommentiert.[2] Studien zur Iwakura-Mission und ihrer Auswirkung auf die Modernisierung Japans sind in den letzten Jahren in aller Welt entstanden, insbesondere in Japan selbst.[3]

Bald nach ihrer Ankunft, am 11. März, suchte die Mission Kaiser Wilhelm zu einer Audienz im Schloß

久米邦貞はベルリン独日協会の講演において曾祖
父の執筆した文献内の個々の事柄を取り上げ解説
した(2)。近年世界各地で、特に日本国内で、岩倉
遣外使節団と、使節団が日本の近代化に及ぼし
た影響に関する研究が盛んになっている(3)。

　ベルリン到着直後の３月11日、使節団はヴィ
ルヘルム皇帝の王宮にて皇帝の謁見を賜わった。
久米はこの時の様子を著書のなかで軽く触れる
に留めているが、翌12日にはベルリンの日刊紙
につぎのような公式発表が掲載された。

　「皇帝陛下は無帽の姿で立って使節団をお迎
えになった。特命全権大使が陛下に日本語でご
挨拶をし、通訳がドイツ語に訳し、また畏くも
陛下より帝国宰相に渡し給うよう信任状を提出
した。陛下の応答はドイツ語でなされ、それを
通訳が日本語に訳した。謁見が終了したところ
で最高式部官が二面扉の片面を開け、隣の広間

auf. Kume geht in seinem Buch nur kurz darauf ein,
die Berliner Tageszeitungen brachten am Tage darauf
das offizielle Communique, in dem es u.a. heißt:
"Se. Maj. empfingen die Botschafter stehend und un-
bedeckten Hauptes. Der erste Botschafter richtete an
Allerhöchstselbigen in japanischer Sprache eine Anrede, welche durch den Dolmetscher ins Deutsche
übertragen wurde, und überreichte Sr. Maj. das Beglaubigungsschreiben, welches Allerhöchstdieselben
dem Reichskanzler zu übergeben geruhten. Die Er-
widerung Sr. Maj., welche in deutscher Sprache erfolgte, wurde von dem Dolmetscher ins Japanesische
übersetzt. Nach dem Schlusse der Audienz ließ der
Ober-Ceremonienmeister einen Flügel der Thür öffnen und das im angrenzenden Gemach zurückgeblie-
bene Gefolge der Botschafter ins Audienzzimmer eintreten. Nach dieser Vorstellung entfernten sich die
Botschafter und ihr Gefolge durch die wieder nun
ganz geöffnete Thür."
Der politische Auftrag der Mission war, wie gesagt,
bereits in den USA gescheitert, aber der Kaiser und die

王宮の白の間、皇帝の謁見室
"Weißer Saal" im Stadtschloß, Empfangsraum des Kaisers

に控えていた随員一行が謁見の間に入室し陛下にお目通りした。この後、大使と随員一行は両面を開いた扉から退場した」

　上述のごとく、使節団に委任された政治目的はすでにアメリカで挫折したのであったが、ドイツ皇帝と帝国政府は新興の島国から来訪した賓客の関心に添うよう努めた。相応に視察訪問日程の内容は広範に及ぶものであり、公式の部では、使節団は３月12日の王宮における帝国議会開期式に参列し、皇帝の施政演説を興味深く敬聴した。同夜、皇帝は王宮において日本人のために晩餐会を催したが、王宮に向かう途上、一行は皇太子を表敬訪問した。３月22日、一行は皇帝誕生日の祝宴で皇帝に再び会う機会を得（ちょうどこの皇帝誕生日にあわせて遠く離れた東京で二、三のドイツ人が「独逸東洋文化研究協会・ＯＡＧ」を設立した）、その後もう一度、大漁業展開催式の際に国民と交わる皇帝の姿を目にした。また、一行は皇子たちを訪問し、同夜、曲馬場（ヒッポドローム）の競馬を訪れる皇子たちに同行し、競馬場の雰囲気を大いに楽しんだ。もちろんのこと新築の「赤い」©市庁舎も訪問し、庁舎の贅沢な内装に感嘆した。ヨーロッパの旧来の諸大国に抗して実現させた新しい政治的統一体としてのドイツ帝国は、一行にとって興味深いものであった。外交上では、当時はまだパリ駐在の鮫島尚信公使がドイツ業務を代行しており、ベルリン在住の明敏な若い日本人・青木周蔵一等書記官が鮫島をサポートした。すでに1870年10月よりベルリンに留学していた青木は、通訳としても欠かすことができない存在であった。青木はドイツ女性と結婚し、後にベルリンの駐独公使に、その後は外務大臣に就任した。木戸の日記より知られているように、木戸と伊藤にドイツ新帝国憲法を説明したのも青木であり、この帝国憲法が後に大日本帝国憲法に影響を及ぼしたのである。

Reichsregierung waren bemüht, dem Interesse der Gäste aus dem aufstrebenden Inselstaat gerecht zu werden; entsprechend umfangreich war das Besuchsprogramm. Im offiziellen Teil des Programms nahm die Gesandtschaft an der Eröffnung der Sitzungsperiode des Reichstages am 12. März im Schloß teil und hörte interessiert zu, wie der Kaiser die Grundzüge seiner Politik darlegte. Am Abend gab der Kaiser ein Bankett für die Japaner im Schloß, wobei die Delegation auf dem Wege dorthin ihre Aufwartung beim Kronprinzen gemacht hatte. Man traf den Kaiser wieder auf einem Bankett zu dessen Geburtstag am 22. März. (Genau diesen Geburtstag des Kaisers nutzten im fernen Tôkyô einige Deutsche, um dort die Gesellschaft für Natur- und Völkerkunde Ostasiens, die OAG, zu gründen.) Man sah den Kaiser, sich unter das Volk mischend, dann noch einmal bei der Eröffnung der Großen Fischereiausstellung. Man besuchte die Prinzen und war mit ihnen abends zum Pferderennen im Hippodrom und genoß die Rennbahn-Atmosphäre. Dem neuen "roten" Rathaus stattete man natürlich auch einen Besuch ab und bewunderte dessen aufwendige Ausstattung. Das Deutsche Reich interessierte als neue politische Einheit, die sich gegen die alten Mächte Europas durchgesetzt hatte. Die diplomatische Vertretung wurde damals noch von dem Gesandten in Paris, Samejima, wahrgenommen, der in Berlin von einem umsichtigen jungen Japaner, Aoki Shûzô, unterstützt wurde. Aoki, der sich bereits seit Oktober 1870 zu Studien in Berlin aufhielt, war auch als Dolmetscher unentbehrlich. Er fand in Deutschland seine Frau, wurde später Gesandter in Berlin, dann Außenminister. Wie wir aus den Tagebüchern Kidos wissen, war es Aoki, der Kido und Itô die neue Reichsverfassung erläuterte, die dann später die japanische beeinflußte.

Zu den großen Eindrücken des Besuches gehörte das Essen, das Bismarck der Gesandtschaft gab. Kume gibt eine Zusammenfassung der Rede, in der Bismarck seinen Kampf um eine angesehene Stellung Deutschlands in Europa skizzierte. Das Deutsche Reich wolle keine Kolonien im Fernen Osten. Japan täte gut daran, nicht zuviel von den derzeitigen Diskussionen um einen Völkerbund zu erwarten. Die Starken würden sich keine Vorschriften machen lassen, also sei es gut, selbst stark zu sein.

使節団がベルリンで受けた様々な強い印象の
なかには、ビスマルクが催した晩餐会があった。
その席上でビスマルクはヨーロッパにおいてド
イツの有力な立場を確保するための戦いについ
て演説し、これを久米はつぎのように総括して
いる。「ドイツ帝国は極東に植民地を欲していな
い。目下論議されている国際連盟に余り期待し
ないほうが日本のためになる。列強は指図を受
けようなどとは考えていないであろう。即ち、
自身が強くあることが肝要である」[d]

帝国の軍事力に関しては、ハレ門（ハレッ
シェストア）近郊のフランツ兵営と、ベレ・ア
リアンスシュトラーセ通りの騎兵隊兵営を視察
した際に情報を集めた。兵器庫（ツォイクハウ
ス）を訪れた際に一行は中庭で巨大な獅子のブ
ロンズ像を目にし、久米は、これは1864年にデ
ンマークから奪ったものであると教わった。こ
の獅子像はかつてデンマークがドイツを破った
際に戦勝記念として鋳造されたものであった。
この時久米は、フランス人がベルリンのブラン
デンブルク門上の先勝記念碑カドリガを持ち去
ったこと、またワーテルロー記念碑の獅子をめ
ぐる同様の歴史を思い浮かべ、ヨーロッパの戦
争では互いにブロンズ像を奪い合うことが肝要
なのだ、という皮肉っぽい結論に達している。
事実、兵器庫にあったブロンズの獅子は1946年
に再びデンマークに戻されている。もっとも、
1890年に作られた複製は現在なおベルリンの
ヴァンゼー湖畔におかれている。ベルリン滞在
初期に使節団はモルトケ[e]とも面会したが、久米
の報告では触れられていない。しかし、久米は
著書のなかでモルトケの名を何度も挙げ、帝国
議会でのモルトケの演説を詳しく引用している。

一般の訪問日程も非常に綿密に作られていた。
岩倉と随員たちが今のベルリンを再訪するとす
れば、彼らは当時と同様に今なお大きな御影石
の噴水が正面玄関を飾る旧博物館（アルテス

Über die militärische Stärke des Kaiserreiches informierte man sich bei der Besichtigung der Franz-
Kaserne am Halleschen Tor und der Reiter-Kaserne
in der Belle-Alliance-Straße. Beim Besuch des Zeug-
hauses sah man einen gewaltigen Bronze-Löwen im
Hof. Kume erfährt, daß man diesen Löwen 1864 den
Dänen weggenommen hatte, die ihn zur Erinnerung
an einen früheren Sieg gegen Deutschland gegossen
hatten. Ihm fällt dazu die Entführung der Quadriga
durch die Franzosen ein und eine ähnliche Geschichte um den Löwen auf dem Waterloo-Denkmal,
und er kommt zu dem ironischen Schluß, in Europa
gehe es in den Kriegen vor allem um das gegenseitige
Wegnehmen von Bronzefiguren. Tatsächlich ist der
Bronze-Löwe aus dem Zeughaus seit 1946 wieder in
Dänemark. Eine Kopie, die bereits 1890 angefertigt
wurde, steht allerdings noch am Wannsee. Mit Moltke war man zu Beginn des Besuches zusammenge-
troffen. Kume geht in seinem Bericht darauf nicht
ein, erwähnt ihn aber mehrfach und zitiert ausführlich eine Reichstagsrede von ihm.

Auch das allgemeine Besuchsprogramm war sehr
sorgfältig zusammengestellt. Würden Iwakura und
seine Gesandtschaft heute Berlin besuchen, könnten
sie wie damals das Alte Museum samt der großen
Granit-Schale davor, das Kronprinzenpalais, das
Zeughaus besuchen. Sie könnten – wieder – durchs
Brandenburger Tor zum Tiergarten fahren und am
anderen Ende die Berliner Porzellanmanufaktur besichtigen. Anderes ist vom Erdboden verschwunden,
vor allem das Schloß mit dem Weißen Saal und auch
das Schloß Monbijou. Verschwunden sind die Stern-
warte, die Kasernen, die Haupt-Feuerwache in der
Lindenstraße. Das Hippodrom mußte dem Bahnhof
Zoo Platz machen. Anstelle des Kaiser-Wilhelm-
Gymnasiums würden sie einen völlig veränderten
Stadtteil, nämlich das Kulturforum mit der Philhar-
monie finden. Auch Siemens würden sie vergeblich
in der Markgrafenstraße suchen, wo die Firma damals
in zwei nebeneinander stehenden Häusern produ-
zierte. Im Text heißt es:

"14. [März] Schnee
Morgens halb elf begaben wir uns unter Führung unserer Begleiter zu einer Fabrik elektrischer Geräte.
Die Elektrogeräte-Fabrik des Herrn Siemens besitzt
ein Dampf-Triebrad von 50 PS und hat eine Beleg-

ムーゼーウム）や皇太子宮殿（クローンプリンツェンパレー）や兵器庫を訪れることができる。彼らは──ベルリンの壁が崩壊してから再び通り抜けることが可能になった──ブランデンブルク門を通り抜けてティーアガルテン公園に行き、公園の末端にあるベルリン磁器工場を見学できる。反面、今や完全に姿を消したのは白の間があった王宮とモンビジョー宮殿である。同じく天文台、兵営、リンデンシュトラーセ通りの消防署本部もなくなり、曲馬場はツォー駅（バーンホーフツォー）に姿を変えた。かつてヴィルヘルム皇帝高等学校（カイザーヴィルヘルム・ギムナジウム）があった場所は完全に様相が変わってしまい、今ではフィルハーモニーを含む文化フォーラムとなっている。シーメンスもマルクグラーフェンシュトラーセ通りから姿を消した。使節団が視察した当時は、ここに生産工場が２棟ならんで立っていたのである。久米の著書にはつぎのように書かれている。

「十四日　雪

　朝十時半ヨリ、接伴掛ノ案内ニテ、電気機器製造場ニ至ル、

○「ジーメンス」氏社ノ電気機器製造場ハ、蒸気ノ輪五十馬力ヲ設ケ、職人ヲイルヽ、日ニ八百人ナリ、製シ出ス所ノ器機ハ、スベテ電気ニカヽル、機関ノ具ニテ、尤モ多数ナルハ、電信ノ器機ナリ、

　電信ノ機器ハ、其装置ニ種類アリ、或ハ野画ヲ抹シ出シ、或ハ点ヲ穿チ出シ、或ハ文字ヲ印シ出シ、或ハ字ヲ指シテ回ル等、各国各人ニテ、発明ヲ異ニス、各得失アリ、又鉄道ニ用フル、合図ノ電信ハ、一定ノ符号アリ、事件繁ナラザルヲ以テ、其器械、尤モ簡易ナリ、此器械ニ付テ、本年ニ始テ発明セシ装置アリ、之ヲ施設シテ示セリ」[7]

　シーメンス社見学に関する報告の続きによると、元海軍将校のヴェルナー・フォン＝シーメ

schaft von 800 Personen. Die Geräte, die produziert werden, sind allesamt elektrisch betriebene mechanische Geräte, vor allem Telegraphen-Apparate.

Die Telegraphen-Apparate gibt es in vielen verschiedenen Ausführungen, z.B. geben einige Striche aus, andere Punkte, wieder andere drucken Buchstaben oder haben kreisende Zeiger, die auf Buchstaben zeigen usw. Je nach Ländern und Völkern sind die Erfindungen verschieden, haben ihre Vor- und Nachteile. Die für die Eisenbahnen bestimmten Signal-Telegraphen haben einen festen Code, damit es nicht zu Zwischenfällen kommt; diese Geräte sind besonders einfach. An diesem Gerät war eine in diesem Jahr gemachte Erfindung verwandt worden. Die Vorrichtung wurde gezeigt.”

Wie aus dem weiteren Bericht über den Firmenbesuch hervorgeht, ließ der ehemalige Marine-Offizier Werner von Siemens daneben noch mit einer fernzündbaren Mine für nicht zu tiefe Gewässer und mit Geräten zur Messung der Verbrennungsgeschwindigkeit von Schießpulver experimentieren. Zu den weiteren Stationen gehörte die Münze, die Notendruckerei und das Telegraphenamt, die Königliche Porzellanmanufaktur, wo die modernen Produktionsanlagen Kume zu einer ausführlichen Beschreibung anregen. Auf der bereits erwähnten Fischereiausstellung informierte man sich über Fischzucht und über die mechanisch gewebten Netze. Aus den Zeitungen ist zu entnehmen, daß unter den Dekorationen in

ブランデンブルク門
Brandenburger Tor

ンスは、海中余り深くない場所で用いる遠隔発火魚雷と、発射火薬の燃焼速度測定器の実験を披露している。その他にも造幣局、電信局、王室磁器工場を視察し、久米は近代的な生産装置に刺激されて詳細な記述をしている。前述の漁業展では魚の養殖と機械織りの網に関する情報が得られた。新聞記事によると、漁業展には、偶然だったのであろうが、日本の漁船と飲食店を描いた書割も展示されていたが、これは非常に正確な絵だったようである。ゾルトマン社を視察した際には、当時非常に人気のあったソーダ水の瓶詰め工程を見学した。ベルリンの経済を久米はつぎのようにまとめた。

「製造品ハ、絹帛、〈アルパカ〉、諸毛ノ織物、麻布、〈メリヤス〉、木綿、敷物、金玉ノ器、烟斗泥管、鋼刃、鉄械、鋳銅ノ工、学術器械、精好玻瓈、及ヒ鏡、紙、革、硝薬、帽子、時辰儀等、其他猶多シ、中ニモ名高キハ、伯林化冶ト称シテ、鋳鉄ノ諸品ヲ称美セラレ、陶器ノ精良ナルコト、薩撒ニ抗ス、木綿ハ〈タンネンベルク〉会社ノ製造、最モ盛大ニテ、年ニ価二百八十万〈ターラー〉ノ多キニ及ヒ、総テ紡織物ノ価、年ニ百八十万〈ターラー〉ニ及フ、磚瓦、土器ヲ焼クニ妙ヲ得タリ、磚瓦ハ無論、甃知、雕壁、欄檻ノ用、化学、製作、及ヒ室ヲ暖ムル鑪マテ、皆製造ス、石雕、油絵、銅、鋼板ノ絵モ美ナリ、賽金粉、顔料、香水ハ、此国ノ長技ニテ、白銅ハ、独逸〈メタール〉ノ美ヲ欧洲ニ播ス、ミナ此府ニ製作シ、或ハ近郡ヨリ集ル」[60]

社会関係の領域では、皇后陛下の強い要望で病院を視察した。ベルリンでは市民病院の一例としてシャリテ病院と、高級病院としてアウグスタ＝ビクトリア病院を訪問した。アウグスタ＝ビクトリア病院はドイツ皇后の支援のもとに新設されたものであり、久米は近代的病院建設に関する仔細な報告の契機としている。もうひとつ詳しく記述している社会的領域は西欧の

王宮
Stadtschloß

der Ausstellung auch ein Panorama mit japanischen Fischerbooten und einem Wirtshaus von sachkundiger Hand, wenn auch wohl zufällig, aufgebaut worden war. Bei einem Besuch der Firma Soltmann sah man zu, wie künstliches kohlensäurehaltiges Mineralwasser, das damals sehr beliebt war, in Flaschen abgefüllt wurde. Zusammmenfassend heißt es über die Berliner Wirtschaft bei Kume:
"Die Produktion umfaßt Seide, Alpaka, Textilien aus verschiedenen Wollarten, Hanf, Trikotagen, Baumwolle, Teppiche, Gold- und Edelsteinschmuck, Ofenrohre, Stahlmesser, Eisengeräte, Bronzeguß, wissenschaftliche Apparate, Feinglas, Linsen, Papier, Leder, Hüte, Uhren usw. Es gibt noch viele andere Sachen, darunter die sehr bekannten Metallgußwaren, die Berlin Jewellery genannt werden. Das Porzellan hat eine Qualität, die dem sächsischen ebenbürtig ist. Die Baumwollproduktion mit der Firma Tannenberg an der Spitze beträgt 2,8 Millionen Taler pro Jahr, die gesamte Produktion der [anderen] Textilien beträgt dem Werte nach 1,8 Millionen Taler. Ziegel und Erdwaren werden ebenfalls sehr sorgfältig gebrannt. Die Ziegel werden natürlich gebraucht für Böden, Schmuckwände, Balustraden, aber auch für die Chemie, Produktion, Wärmeeinrichtungen in Zimmern. Skulpturen, Ölbilder, Bronze, Kupferstiche sind sehr hübsch. Künstliches Goldpulver, Schminke, Parfum zeigen den hohen Stand dieses Landes. Nickel macht die Schönheit des 'deutschen Metalls' in ganz Europa bekannt. Das alles wird in dieser Stadt oder in der nahen Umgebung produziert."
Was den gesellschaftlichen Bereich anging, so war die Gesandtschaft auf ausdrücklichen Wunsch der japa-

ポツダムの大理石宮殿（マルモアパレー）
Potsdam, Marmorpalais

刑務所である。すでにアメリカでも大いに驚かされた西洋監獄制度であるが、ベルリンではモアビート地区の監獄を視察し、彼のそれまでの評価をさらに固める結果となった。当時、モアビートでは独房監禁に力を入れており、集団礼拝の際に囚人は仮面をかぶらなければならず、一般に囚人同士の接触も禁止されていた。もっとも、一行の視察後間もなくこの制度は廃止された。文化関係のプログラムは、ベルリン到着直後のオペラ鑑賞で始まった。使節団は大学を訪れ、また旧博物館のコレクションに深く感銘を受けた。芸術アカデミーで使節団は少々驚きの様子で裸体画デッサン室を見学した。久米は、じっとして動かない人物のスケッチが芸術を生み出すために必要なのか、と自問している。動物園と、特にウンター・デン・リンデン通りの、建物内部全体が大きな洞窟に作り替えられた水族館は、彼らに非常に生き生きとした印象を残した。ベルリン滞在の最後を飾ったのは、ポツダムへの遠出であった。新宮殿（ノイエパレー）、無憂宮（サンスーシ）、大理石宮殿（マルモアパレー）を見学し、戦争でかなりの損傷を受けたフィンクストベルク丘にある展望台（ベルベデーレ）に登った。久米はフリードリッヒ二世を、没した時に一枚も新しいシャツが見つからなかったという逸話をもつ倹約家の王として紹介している。また、フリードリッヒ二世が目障りな風車小屋を買収しようとしたのに「裁判所が横槍を入れたために」できなかったという話

nischen Kaiserin angehalten worden, Krankenhäuser zu besichtigen. In Berlin besuchte man die Charité als Beispiel für ein Volkskrankenhaus und das noble Augusta-Viktoria Hospital. Dieses neue Haus, das unter dem Protektorat der deutschen Kaiserin stand, nimmt Kume zum Anlaß, ausführlich über den modernen Krankenhausbau zu referieren. Ein anderer gesellschaftlicher Bereich hatte ihn bereits in Amerika erschreckt, das westliche Gefängniswesen. In Berlin bestärkt ihn das Zuchthaus in Moabit in seinem Urteil. Dort wurde damals gerade Einzelhaft soweit durchgeführt, daß die Gefangenen beim gemeinsamen Gottesdienst Masken tragen mußten und auch sonst am Kontakt gehindert wurden; eine Praxis, die allerdings bald danach wieder aufgegeben wurde. Das kulturelle Programm wurde gleich zu Beginn mit einem Besuch in der Oper eingeleitet. Man besuchte die Universität, war dann im (Alten) Museum, von dessen Sammlung man beeindruckt war. In der Akademie sieht die Mission etwas verwundert den Aktstudien-Saal. Kume fragt sich, ob dieses Skizzieren von in Pose erstarrten Personen nötig sei, um Kunst zu erzeugen. Der Zoologische Garten und vor allem das Aquarium Unter den Linden, wo ein ganzes Haus innen zu einer großen Grotte umgebaut worden war, hinterließen lebhafte Eindrücke. Den Abschluß des Berlin-Aufenthaltes bildete ein Ausflug nach Potsdam. Man sah das Neue Palais, Sanssouci, das Marmor-Palais, bestieg auch das Belvedere auf

ポツダムの展望台（ベルベデーレ）
Potsdam, Belvedere

も書き残している。一行は、非常に簡素という
印象を受けたバーベルスベルク城を見学した後
に列車でベルリンに戻った。翌3月28日、使節
団はロシアに向けて出発した。ベルリンは、使
節団が先に訪れたロンドンやパリとの比較に耐
えなければならなかった。両都市はベルリンよ
りももっと昔から、両国内で揺るぎない首都と
して成長していたのである。しかし久米にとっ
ては、ベルリンで感じ取った躍動感は非常に印
象深いものであった。ベルリンは82万6341人
の人口を抱え、これは広大なブランデンブルク
地方全体が百年前に有していた人口より多く、
非常に便利な鉄道網を有し、さらに工業、学術、
技術は繁栄し、非常に高度な教育をおこなって
いる、と久米は指摘している。彼は学術的事象
の詳細な描写に留まらず、自身の知識を補足的
に挿入し、分析もおこなっており、彼らの12年
前にベルリンを訪れた文久遣欧使節団報告のレ
ベルを明らかに超えていた。そのうえ久米は、
すべての事象描写において、訪れた先々の雰囲
気をも読者に伝えることを忘れていない。たと
えば、一行が病院を視察した3月中旬に雪が舞
い落ち、冬の面影が彼らを魅了したことを記し
ている。また、ティアーガルテン公園に木陰を
つくる鬱蒼とした大木に驚き、夜シャルロッテ
ンブルク城からの帰途、街路樹の下に立つガス
灯が映す光の輪を楽しんでいる。久米にとって
ベルリンは多くの訪問国のひとつにすぎず、し
かも長期の大旅行での最後の目的地であった。
それにもかかわらぬ観察の綿密さ、描写のレベ
ルの高さには驚くばかりである(4)。久米の著書は、
なぜ日本があのように早く西欧社会の一員になり
得たのか、という問いの答を暗示させるもの
である。

dem Pfingstberg, das im letzten Kriege stark beschädigt wurde. Kume skizziert den sparsamen Friedrich
II., bei dessen Tode man kein einziges neues Hemd
fand, kennt die Geschichte von der Mühle, die Friedrich störte, die er aber dennoch nicht in seinen Besitz
bringen konnte, "weil das Kammergericht dazwischen war". Ein Besuch im Schloß Babelsberg, das
man sehr schlicht fand, rundete den Tag ab, bevor
man mit der Bahn wieder nach Berlin zurückkehrte.
Am nächsten Tag, es war der 28. März, begab sich die
Gesandtschaft nach Rußland. Berlin mußte einen
Vergleich mit dem zuvor besuchten London und Paris aushalten, die in einem viel längeren Zeitraum
und als unbestrittene Hauptstadt in ihrem Lande gewachsen waren. Kume ist aber beeindruckt von der
Dynamik, die in Berlin zu beobachten ist. Er weist
darauf hin, daß diese Stadt mit nun 826.341 Bürgern
mehr Einwohner habe, als hundert Jahre zuvor die
ganze Provinz Brandenburg, daß sie über günstige
Eisenbahn-Verbindungen verfüge, ferner über eine
blühende Industrie, Wissenschaft und Technik und
einen hohen Ausbildungsstand. Kume hält nicht nur
Fakten mit wissenschaftlicher Gründlichkeit fest,
sondern bietet ergänzendes Wissen und Analysen an.
Damit geht er deutlich über die Takeuchi-Mission
hinaus, die nur zwölf Jahre zuvor Berlin besucht hatte. Bei all den Fakten versäumt Kume aber nicht,
dem Leser etwas Stimmung der besuchten Orte mit-
zugeben. So notiert er, wie während des Kranken-
hausbesuches Mitte März wieder Schnee fällt und
Winterstimmung zaubert. Er bestaunt die mächtigen, Schatten spendenden Bäume im Tiergarten, und
auf dem Rückweg abends vom Charlottenburger
Schloß freut er sich über die Lichterkegel, die von
den Gaslampen unter die Bäume projiziert werden.
Für Kume war Berlin nur eine Station unter vielen,
dazu noch eine am Ende einer langen, anstrengenden
Reise. Um so mehr beeindruckt die Sorgfalt der Beo-
bachtung,⁴ das hohe Niveau der Darstellung. Sein
Buch läßt ahnen, warum Japan sich so schnell in der
westlichen Welt einen Platz verschaffen konnte.

注

(1) 参考文献 2

(a) 編注：「巻」は今でいうところの「章」。

(b) 編注：辞典によっては 1875 年となっているものもある。

(2) 参考文献 1（146 頁）

(3) 参考文献 3

(c) 編注：ベルリン市庁舎は、ドイツ分割時代東ベルリン市庁舎だったため、共産主義にちなんで「赤い」市庁舎と呼ばれるようになったと考えられがちだが、実際は赤い煉瓦造りに由来する。

(d) 訳注：参考文献 2（当用漢字版、第 3 巻、329 頁～330 頁）に久米の原文掲載。本箇所は著者による要約であるため、和文は引用ではなく独文邦訳である。

(e) 編注：ヘルムート・グラーフ＝フォン＝モルトケ（1800 年～1991 年）は普墺戦争と普仏戦争を指揮した参謀総長で、優秀な戦術家として名を成した。

(f) 編注：和文引用は参考文献 2（当用漢字版、第 3 巻、320 頁）。

(g) 編注：和文引用は参考文献 2（当用漢字版、第 3 巻、306 頁）。

(4) 参考文献 4（150 頁）

参考文献

1. 久米邦貞著《明治時代初頭の日本とドイツの出会い――岩倉使節団のドイツ訪問》、ベルリン独日協会編〈日本とドイツ――相関関係 II――ベルリン独日協会における講演集――1987 年～1991 年〉所収、ベルリン、1991 年

2. 久米邦武編著『特命全権大使米欧回覧実記』（全 5 冊）、東京、1877 年。復刻版は宗高松太郎発行、東京、宗高書房、1975 年。当用漢字版は田中彰校注、東京、岩波書店、1977 年～1982 年。

3. 田中彰／高田誠二編著『〈米欧回覧実記〉の学際的研究』、北海道大学図書刊行会、1993 年

4. ウルリッヒ・ワッテンベルク著《久米邦武の〈米欧回覧実記〉にみるドイツ観》、東方学会編「國際東方學者會議紀要」第 35 冊所収、1990 年、150 頁

Anmerkungen

[1] Kume Kunitake (1877) Tokumei zenken taishi. Bei-Ô kairan jikki. Tôkyô

– Munataka Shôtarô (Hrsg) (1975) Kume Kunitake. Tokumei zenken taishi. Bei-Ô kairan jikki. Tôkyô: Tôkyô Munataka Shobô. [Faksimile-Ausgabe]

– Tanaka Akira (Hrsg) (1977) Kume Kunitake. Tokumei zenken taishi. Bei-Ô kairan jikki. Tôkyô: Iwanami Shoten. [Text in Tôyô-Kanji]

[2] Kume Kunisada (1991) Begegnung von Japan und Deutschland Anfang der Meiji-Zeit. Besuch der Iwakura-Mission in Deutschland. In: Deutsch-Japanische Gesellschaft Berlin e.V. (Hrsg) Japan – Deutschland. Wechselbeziehungen (II) Ausgewählte Vorträge der Deutsch-Japanischen Gesellschaft Berlin aus den Jahren 1987 bis 1991. Berlin, S 146

[3] Tanaka Akira und Takata Seiji (Hrsg) (1993) Interdisciplinary Studies on Bei-Ô kairan jikki. Sapporo [fast ausschließlich japanische Beiträge, dort auch weitere Literatur]

[4] Wattenberg, Ulrich (1990) Germany in Kume's Bei-Ô kairan jikki: A Fresh View on an Emerging Country. In: Transactions of the International Conference of Orientalists in Japan. No xxxv, S 150

Mori Ôgai in Berlin
Heike Schöche

ベルリン時代の森鷗外　ハイケ・ショッヘ

1862年1月19日、石見国（島根県）津和野藩の小城下町に医者、小説家、翻訳家、文学評論家、また市民啓蒙思想家として、そして日本とヨーロッパ間の仲介者として19世紀末期から20世紀初期の日本の精神生活に重要な役割を果たすことになった人物、森鷗外（本名は森林太郎）[1]が生まれた。今では、近代日本文学関係書に鷗外の名を欠かすことはできない。最も広範で完全な鷗外全集は38巻にのぼり、60以上の小説、10以上の伝記、60以上の散文翻訳、60以上の叙情詩翻訳、20以上の戯曲翻訳および多数の文学論、文学評論、美学、哲学、医学関係の論文が収められている。

1884年から1888年までのドイツ留学によって鷗外は知識、経験、認識を飛躍的に深め、これは、彼のその後の発展と文学活動に決定的な影響を与えた。日本政府から衛生学研究とドイツ陸軍衛生制度の調査を命じられた22才の若き鷗外は、1884年10月11日にベルリンに到着した。ドイツ帝国の新首都であり、経済状況がいわゆる泡沫会社乱立時代の好景気にあったベルリンとの出会いは鷗外を深く感動させた。当時の印象は、自伝的要素の強い『舞姫』につぎのように書き記されている。

「忽地この歐羅巴の新大都の中央に立てり。何等の光採ぞ、我目を射むとするは。何等の光澤ぞ、我心を迷はさむとするは。菩提樹下と譯するときは、幽静なる境なるべく思はるれど、この大道髪の如きウンテル・デン・リンデンに来て両辺なる石だたみの人道を行く隊々の士女を見よ。胸張り肩聳えたる士官の、まだ維廉一世の街に臨める窓に倚り玉ふ頃なりければ、様々の色に飾り成したる禮装をなしたる、妍き少女の巴里まねびの粧したる、彼も此も目を驚かさぬはなきに、車道の土瀝青の上を音もせで走るいろいろの馬車、雲に聳ゆる楼閣の少しとぎれたる処には、晴れたる空に夕立の音を聞か

Am 19. Januar 1862 wurde in Tsuwano, einem kleinen Ort in der Provinz Iwami (auf dem Gebiet der heutigen Präfektur Shimane) ein Mann geboren, der als Arzt, Schriftsteller, Übersetzer, Literaturkritiker, bürgerlicher Aufklärer und als Mittler zwischen japanischer und europäischer Kultur im geistigen Leben Japans gegen Ende des 19. und zu Beginn des 20. Jahrhunderts eine bedeutende Rolle spielte – Mori Ôgai (eigtl. Mori Rintarô).[1] Ôgais Name fehlt heute in keiner Publikation zur modernen japanischen Literatur. Sein Werk umfaßt in der umfangreichsten und vollständigsten Gesamtausgabe 38 Bände. Diese enthalten mehr als 60 Werke der Erzählprosa, über 10 Biographien, über 60 Prosaübersetzungen, über 60 Lyrikübersetzungen, über 20 Dramenübersetzungen und zahlreiche literaturtheoretische, literaturkritische, ästhetische, philosophische und nicht zuletzt auch medizinische Abhandlungen.

Der Studienaufenthalt in Deutschland 1884–88 bedeutete für Mori Ôgai einen wesentlichen Zuwachs an Wissen, Erfahrungen und Erkenntnissen, die in entscheidendem Maße seine weitere Entwicklung und sein literarisches Schaffen prägten. Betraut mit dem Auftrag seiner Regierung, Hygiene zu studieren und das Militärsanitätswesen Deutschlands zu untersuchen, traf der 22 Jahre junge Mori Ôgai am 11. Oktober 1884 in Berlin ein. Die Begegnung mit Berlin, der neuen Hauptstadt des Deutschen Kaiserreiches, dessen wirtschaftliche Situation durch die Hochkonjunktur der sogenannten Gründerjahre bestimmt wurde, beeindruckte ihn tief. In *Maihime* (1890, Das Ballettmädchen), einer stark autobiographisch gefärbten Novelle, schrieb er:

"… stand ich nun plötzlich mitten in dieser neuen Metropole Europas. Welch ein Glanz, der da meine Augen traf! Welch eine Farbenpracht, die da meine Sinne verwirrte! 'Unter den Linden' – hört man diese Worte, könnte das die Vorstellung von einem weltabgeschiedenen Ort unter Bäumen der 'Erleuchtung' erwecken, aber seht nur die Herren und Damen, die paarweise auf den steingepflasterten Gehsteigen zu beiden Seiten dieser breiten, schnurgeraden Allee flanieren! Die strammen, breitschultrigen Offiziere in ihren farbenprächtigen Galauniformen – es war ja noch die Zeit, da Wilhelm I. aus dem Fenster, das den Blick zu der Allee freigab, herabzuschauen pfleg-

せて漲り落つる噴井の水、遠く望めばブランデンブルク門を隔てて緑樹枝をさし交はしたる中より、半天に浮び出でたる凱旋塔の神女の像、この許多の景物目睫の間に聚まりたれば、初めてこゝに来しものの応接にいとまなきも宜なり」[2]

鷗外はベルリンに到着して間もなく、ベルリン駐在公使青木周蔵[3]に紹介された。この時、公使は彼につぎのような助言をしている。

「衛生学を修むるは善し。されど帰りて直ちにこれを実施せむこと、恐らくは難かるべし。足の指の間に、下駄の緒挟みて行く民に、衛生論はいらぬ事ぞ。学問とは書を読むのみをいふにあらず。欧州人の思想はいかに、その生活はいかに、その礼儀はいかに、これだに善く観ば、洋行の手柄は充分ならむといはれぬ」[4]

ドイツ滞在中の鷗外は集中的かつ情熱的に学術研究に専念した。同時に、青木周蔵の助言を胆に銘じてドイツ文化を習得し、ドイツ滞在二年目にはすでに「ドイツは多くの日本人にとって精神の第二の祖国になった」[5]と語っている。鷗外は日々の印象を漢文体でほとんど毎日日記に綴った。彼は当時、日本語、漢文、オランダ語、英語、ドイツ語の五ヶ国語に熟達していた。日記には異国とその文化や学術に対する鷗外の旺盛な関心と、あらゆる新しいものや未知の事柄を開拓し習得する心構えがあらわれている。後に出版された自伝的エッセー『妄想』（1911年刊）にはつぎのように書かれている。

「自分がまだ20代で、全く処女のやうな官能を以て、外界のあらゆる出来事に反應して、内には嘗て挫折したことのない力を蓄へてゐる時のことであった」[6]

ドイツに到来後、鷗外はまずライプチヒ、ドレスデン、ミュンヘンに赴き、それらの地から再三ベルリンを訪れている。最終的に1887年4月にはベルリンに移転し、フリードリッヒ＝ヴィルヘルム王立大学衛生研究所のロベルト・

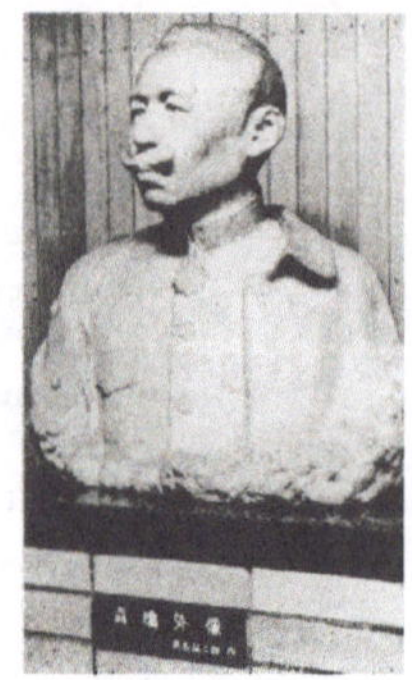

森鷗外の胸像
Büste Mori Ôgais

te – und die reizenden jungen Mädchen, nach Pariser Art herausgeputzt. Da war nichts, was das Auge nicht verwunderte: die Kutschen, die lautlos über die asphaltierten Fahrbahnen rollen, ein wenig entfernt von dem gleichsam bis in die Wolken hinaufragenden Dom die Fontäne eines Springbrunnens, deren Wasser rauschend wie ein Platzregen aus heiterem Himmel herabstürzt, und in der Ferne schaut zwischen dem Blätterdach der Bäume jenseits des Brandenburger Tors die Göttin auf der Siegessäule hervor, als schwebe sie in den Lüften. Wer zum erstenmal hierher kommt, kann gar nicht alles gleich in sich aufnehmen, was sich seinen Blicken darbietet."[2]

Kurz nach seiner Ankunft wurde Ôgai dem japanischen Gesandten Aoki Shûzô[3] vorgestellt. Dieser gab ihm folgenden Rat:

"Hygiene zu studieren ist eine gute Sache. Aber es dürfte wohl nach Ihrer Rückkehr in Japan sehr schwierig für Sie werden, das Gelernte sogleich in die Praxis umzusetzen. Das japanische Volk, das noch in Holzsandalen mit Riemen zwischen den Zehen herumläuft, braucht keine Abhandlungen über Hygiene. Wissenschaft besteht nicht nur aus Bücherlesen. Wenn Sie aber genau beobachten, wie die Menschen in Europa denken, wie sie leben und miteinander umgehen, dann kann Ihr Aufenthalt hier durchaus von Nutzen sein."[4]

Die nun folgenden Jahre zeigten, wie Ôgai, der sich intensiv und leidenschaftlich seinen wissenschaftlichen Studien widmete, zugleich auch den Ratschlag des Gesandten beherzigte und sich die Kultur Deutschlands zu eigen machte, über das er schon im zweiten Jahr seines Aufenthaltes in Deutschland sagte, daß es "vielen Japanern ein zweites geistiges Vaterland geworden" sei.[5] Fast täglich hielt er seine Eindrücke in seinem Tagebuch fest, und zwar in klassischem Chinesisch. Ôgai beherrschte zu diesem Zeitpunkt fünf Sprachen: Japanisch, klassisches Chinesisch, Holländisch, Englisch und Deutsch. Seine Notizen dokumentieren seine Aufgeschlossenheit dem fremden Land, seiner Kultur und Wissenschaft gegenüber und seine Bereitschaft, sich alles Neue und Unbekannte zu erschließen und anzueignen. In sei-

コッホの下で細菌学研究に専念した。

4月18日には「此日僑居を卜す。(Berlin N.W;
Marienstrasse 32-I bei Frau Stern.)」[7]と日記
に記している。後に彼は修道院通り（クロース
ターシュトラーセ）97番、大統領大通り（グロ
ーセ・プレジデンテンシュトラーセ）10番へと
二度下宿先を変えている。

まず5月2日から27日まで、鴎外は北里柴三
郎および他の日本人医学生とともに一ヶ月にわ
たる細菌学の講義を受講し、続いてコッホ衛生
学研究所において研究活動を開始した。当時の
ドイツ専門誌のドイツ語論文を読めば、鴎外が
どれほど入念かつ細心の注意を払って課題に取
り組んだかが分かる。その他軍医学分野におけ
る予算関係の講義や、軍医学学術協会の講義な
ども数多く受講した。また、ルドルフ・ヴィル
ヒョウなど著名人との出会いは、彼を研究活動
にさらに駆り立てることになった。

上司である石黒忠悳[8]がベルリンに到来後、
鴎外は彼の通訳を務め、陸軍省やフリードリッ
ヒ＝ヴィルヘルム研究所への公式訪問、シャリ
テ病院やその他の市立病院、駐屯部隊野戦病院
の視察、またカールスルーエやウィーンへの出
張に同行した。

すでにライプチヒ、ドレスデン、ミュンヘン
滞在時にもそうであったが、鴎外の関心は医学
のみに留まらず、非常に熱心に文学と取り組ん
だ。日記と日本に持ち帰った450冊におよぶヨー
ロッパの小説、数多くの文学論、文学史、哲学、
医学その他の書籍に書き記したメモを見ると、
鴎外がいかに熱心に個々の作品と取り組んだか
が窺われる。また劇場にも足繁く通った。たと
えば、シャウシュピールハウス劇場で『ハムレッ
ト』を、ドイツ劇場（ドイチェス・テアーター）
では『ドン・カルロス』を見ている。ペルガモ
ン博物館や様々な美術展覧会も彼を魅了した。

多数の日本人留学生がいたベルリンで鴎外は

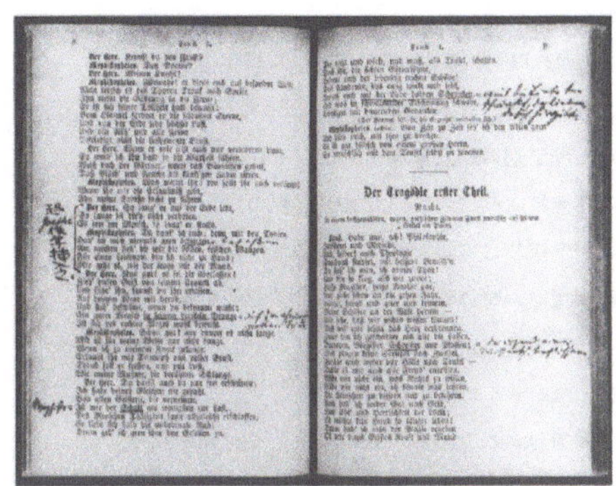

ゲーテの『ファウスト』、欄外の書き込みは森鴎外による
Goethe, *Faust*, Randbemerkungen von Ôgai

nem autobiographischen Essay *Môsô* (1911, Illusionen) reflektierte er später:
"Ich war in meinen Zwanzigern und reagierte auf die
verschiedensten Ereignisse mit der Sensibilität eines
junges Mädchens, während ich im Innern über eine
bisher noch nie gebrochene Kraft verfügte."[6]
Sein Weg führte ihn zunächst nach Leipzig, Dresden
und München, von wo aus er immer wieder Reisen
nach Berlin unternahm. Doch im April 1887 kam er
schließlich ganz nach Berlin, um sich hier bei Robert
Koch am Hygienischen Institut der Königlichen
Friedrich-Wilhelms-Universität dem Studium der
Bakteriologie zu widmen.
Am 18. April notierte er in sein Tagebuch: "Heute
habe ich mir ein Zimmer gesucht. (Berlin N.W.; Ma-
rienstraße 32-I bei Frau Stern)".[7] Später zog er noch
zweimal um, zunächst in die Klosterstraße Nr. 97
und zuletzt in die Große Präsidentenstraße Nr. 10.
Vom 2. bis zum 27. Mai nahm Ôgai gemeinsam mit
Kitazato Shibasaburô und anderen japanischen Me-
dizinstudenten an einem Monatskurs für Bakteriologie teil. Anschließend begann er seine Forschungs-
arbeit an Kochs Hygiene-Institut. Deutschsprachige
Abhandlungen in deutschen Fachzeitschriften jener
Jahre legen Zeugnis davon ab, mit welcher Gründlichkeit und Akribie Ôgai seine Aufgaben wahr-
nahm. Auch zahlreiche zusätzliche Veranstaltungen
wie Vorlesungen über Etats im Bereich Militärmedizin und Veranstaltungen der Wissenschaftlichen Gesellschaft für Militärmedizin besuchte er.

繁く留学仲間や友人の多くと会った。その一人、井上哲次郎(9)は鷗外同様にドイツに留学中の身であり、文学と哲学を研究し、1886年から1887年の冬学期には日本学研究家ルドルフ・ランゲの招きにより、ベルリン大学附属のベルリン東洋語学校で日本語を教えた。鷗外は井上と頻繁に交流し、特に哲学、宗教、文学問題を論じ合った。鷗外にゲーテの『ファウスト』の翻訳を促したのも井上であった。

　鷗外は、設立されたばかりのドイツ在留邦人の会「大和會」を定期的に訪れた。ドイツ滞在中に日本人としてのアイデンティティーを強め、新聞記事や講演などで日本の真の姿に関する啓蒙に努めた鷗外にとって大和會の設立は「長く心に抱いていた希望」「日本国民連合」(10)の実現を意味した。鷗外の意見が常に聞き入れられるとは限らず、努力はほとんど実を結ばなかったが、鷗外は会規約、定款の改正、そして会の発展のために勢力的に働いた。

　1888年3月10日、鷗外は皇帝護衛兵のプロシア第二歩兵連隊に赴く指令を受け、同年の7月1日までこの陸軍部隊に所属したが、振舞いが謙虚で模範的であり、また非常に理解力に優れていたため、上司より最大の賞賛を受けている。

　1888年7月5日、鷗外は石黒とともに帰国の途に着いた。後にこの時の彼の思いを『妄想』に書きあらわしている。

　「故郷は戀しい。美しい、懐かしい夢の國として故郷は戀しい。併し自分の研究しなくてはならないことになつてゐる學術を真に研究するには、その學術の新しい田地を開墾して行くには、まだ種々の要約の闕けてゐる國に帰るのは残惜しい。敢えてまだ（傍点箇所は原典ではかぎ括弧で括られている――編者注）と云ふ。日本に長くゐて日本を底から知り抜いたと云はれてゐる獨逸人某は、此要約は今闕けてゐるばかりでなくて、永遠に東洋の天地には生じて来な

Begegnungen mit berühmten Persönlichkeiten wie Virchow beflügelten ihn in seiner Forschungstätigkeit.

Nach der Ankunft seines Vorgesetzten Ishiguro Tadanori[8] in Berlin fungierte Ôgai als dessen Dolmetscher, begleitete ihn bei offiziellen Besuchen im Kriegsministerium, am Friedrich-Wilhelm-Institut, bei Besichtigungen der Charité und anderer städtischer Krankenhäuser und Garnisonslazarette sowie auf Dienstreisen zu Kongressen in Karlsruhe und Wien.

Doch wie schon in Leipzig, Dresden und München galt Ôgais Interesse nicht nur der Medizin. Mit großem Eifer widmete er sich auch der Literatur. Tagebucheinträge und Notizen in den meisten der 450 Bücher belletristischer europäischer Literatur, die neben zahlreichen literaturtheoretischen, -historischen, philosophischen, medizinischen und anderen Büchern zu Ôgais Heimfahrtgepäck zählten, belegen, wie intensiv sich Ôgai mit jedem einzelnen Werk auseinandersetzte. Auch ins Theater ging er häufig. So besuchte er zum Beispiel eine Vorstellung des *Hamlet* im Schauspielhaus und *Don Carlos* im Deutschen Theater. Das Pergamon-Museum und Kunstausstellungen zogen ihn gleichfalls in ihren Bann.

In Berlin, wo viele Japaner studierten, traf Ôgai sich oft mit japanischen Kommilitonen und Freunden, unter anderem mit Inoue Sonken Tetsujirô[9], der wie Ôgai zu einem Studienaufenthalt in Deutschland weilte, Literatur und Philosophie studierte und im Winter 1886/87, eingeladen von dem Japanologen Rudolf Lange, am Orientalischen Seminar der Berliner Universität Japanisch unterrichtete. Bei ihren zahlreichen Treffen diskutierten sie vor allem Fragen der Philosophie, Religion und Literatur. Inoue war es auch, der Ôgai zu seiner Übersetzung von Goethes *Faust* anregte.

Regelmäßig besuchte Ôgai den Yamato-Club, den erst kurze Zeit vorher gegründeten Verein der in Deutschland lebenden Japaner. Für Ôgai, der sich während seines Deutschland-Aufenthaltes in wachsendem Maße mit seinem Heimatland identifizierte und in Zeitungsartikeln, Reden u.a. für die Aufklärung über die wahre Situation in Japan engagierte, bedeutete die Gründung des Yamato-Clubs die Verwirklichung eines "lang gehegten Wunsches", des

いと宣告した。東洋には自然科學を育てて行く
雰圍氣はないのだと宣告した。（…）併し自分は
日本人を、さう絶望しなくてはならない程、無
能な種族だとも思わないから、敢えてまだ（傍
点箇所は原典ではかぎ括弧で括られている──
編者注）と云ふ。自分は日本で結んだ學術の果
實を歐羅巴へ輸出する時もいつかは来るだらう
と、其時から思ってゐたのである」[11]

　帰国後、鷗外は全力を尽くしてドイツで得た
経験と知識を実践に生かす努力をした。いくば
くかの障害が横たわっていたが、1907年には陸
軍軍医総監・陸軍省医務局長に任命されるとい
う飛ぶ鳥も落つごとくの出世をした。1916年ま
でこの地位にあり、その後は1922年に歿するま
で東京の帝室博物館総長兼図書頭を務めた。

　職業活動にくわえて鷗外はドイツで始めた文
学論と美学の研究を徹底的に押し進めた。この

森鷗外（左）、参謀本部付軍医ロート博士（中央）
Links Mori Ôgai,
in der Mitte Generalstabsarzt Dr. Roth

"Japanischen Nationalvereins".[10] Auch wenn seine Bemühungen nicht immer auf offene Ohren stießen und kaum Früchte trugen, engagierte sich Ôgai doch mit großer Vehemenz für die Schaffung einer Geschäftsordnung, die Verbesserung der Statuten und die Weiterentwicklung des Clubs.

Am 10. März 1888 erhielt Ôgai den Befehl zum Dienst im 2. Preußischen Infanterieregiment der Kaiserlichen Garde. Dort erfreute er sich aufgrund seines bescheidenen und vorbildlichen Auftretens und seiner hohen Auffassungsgabe größten Lobes von seiten seiner Vorgesetzten und diente bis zum 1. Juli des Jahres in diesem Heeresverband.

Gemeinsam mit Ishiguro trat er dann am 5. Juli 1888 seine Heimreise an. In *Môsô* beschrieb er später seine Gedanken und Gefühle während seiner Überfahrt: "Ich habe Sehnsucht nach meiner Heimat, nach meiner Heimat als dem Land meiner schönsten und vertrautesten Träume. Aber im Hinblick auf die wissenschaftlichen Forschungsaufgaben, die vor mir stehen, oder auf die Erschließung neuer Gebiete bedaure ich es sehr, daß ich in ein Land zurückkehre, wo es noch an den verschiedensten Bedingungen dazu mangelt. Ich sage mit Absicht 'noch'. Ein gewisser Herr, ein Deutscher, der lange Zeit in Japan war und von dem es heißt, daß er Japan von Grund auf kenne, hat erklärt, daß diese Bedingungen nicht nur fehlten, sondern in den Ländern Ostasiens wohl auch nie von selbst entstehen würden. Er hat behauptet, daß in Ostasien die Atmosphäre für eine Entwicklung der Naturwissenschaften gar nicht gegeben sei ... Doch ich selbst meine, daß die Japaner kein solch hoffnungsloses Volk sind, und sage deshalb 'noch'. Ich selbst habe immer daran geglaubt, daß einst die Zeit kommen wird, wo Früchte der Forschungstätigkeit Japans nach Europa exportiert werden." [11]

Nach seiner Rückkehr bemühte sich Ôgai mit all seinen Kräften um eine Umsetzung seiner in Deutschland gewonnenen Erfahrungen und Kenntnisse. Trotz einiger Schwierigkeiten gelang ihm eine steile Karriere bis hin zur Ernennung zum Generaloberstabsarzt der Kaiserlichen Armee Japans im Jahre 1907. Dieses Amt bekleidete er bis zum Jahre 1916. Bis zu seinem Tod im Jahre 1922 wirkte er als Direktor des Kaiserlichen Museums und der Bibliothek in Tôkyô.

研究をもとに同志たちと始めた文学誌上にいく
つかの論文を発表した。また、鷗外はドイツと
他のヨーロッパ諸国の小説、叙情詩および戯曲
を多数邦訳し、日本の演劇運動において積極的
に活動し、自らも数多くの長編小説、短編小説、
戯曲、詩を書き、ついには日本近代文学史にお
いて最も著名な人物の一人になった。

日本とドイツ・ヨーロッパ文学および両文化
間の仲介者としての鷗外の功績を称え、日本学
者、文学研究者、翻訳家であり、フンボルト大
学の日本学科主任であったユルゲン・ベルント
教授（1933年〜1993年）が1984年10月12
日に鷗外の渡独百年を記念して「森鷗外記念室」
をベルリンのルイーゼンシュトラーセ通りのア
パートに開設した。ここは、鷗外がベルリン時
代に暮らした下宿先3件のうち、唯一現存する
ものである。その後、記念室が序々に記念館と
いう形に拡大された。今日では図書館と読書室
の他にも数室あり、1989年に「森鷗外記念館」
開館の式典が催されて以来、フンボルト大学の
日本学部にも一部使用されている。記念館は当
初からフンボルト大学の付属施設であった。し
かし、1989年における東独社会の根本的な変革
が国の財政難をもたらし、記念館も節約を強い
られることになった。そこで館長のベルント教
授と長年のスタッフであったベアーテ・ヴェー
バー女史（1993年10月以来代行館長）は、記
念館を維持するための新しい道を探す必要に迫
られた。そこで日本のマスメディア、政治家、
政府当局の支持を得ておこなった寄付の呼びか
けに対し日本からの反響を得、また森鷗外記念
会（文京区本郷）と文化協会（クルトゥーアゲ
ゼルシャフト）[a]の会員、鷗外生誕の地である津
和野の市民および日本企業の寄付金のお陰で森
鷗外記念館はこの厳しい過渡期を生き残ること
ができた。またフンボルト大学、ベルリン州政
府および日本総領事館の協力のもとに、今では

Neben seinen beruflichen Aktivitäten setzte Ōgai
auch konsequent sein in Deutschland begonnenes
Studium der Literaturtheorie und der Ästhetik fort.
Darauf aufbauend verfaßte er schließlich eigene
Abhandlungen, die er in mit gleichgesinnten Freunden gegründeten Literaturzeitschriften veröffentlichte. Er übersetzte zahlreiche Werke der Erzählprosa,
Lyrik und Dramatik Deutschlands und auch anderer europäischer Länder, engagierte sich aktiv in der
Theaterbewegung Japans, und nicht zuletzt schrieb
er zahlreiche eigene Romane, Erzählungen, Novellen,
Dramen und Gedichte und ging schließlich als eine
der bedeutendsten Persönlichkeiten in die Geschichte der modernen japanischen Literatur ein.
In Würdigung der Leistungen Mori Ōgais als Mittler
zwischen japanischer und deutscher/europäischer
Literatur und Kultur wurde auf Initiative des Japanologen, Literaturforschers, Übersetzers und damaligen Leiters des Bereiches Japan der Humboldt-Universität zu Berlin (HUB) Prof. Dr. Jürgen Berndt
(1933–1993) am 12. Oktober 1984 anläßlich der 100.
Wiederkehr der Ankunft Ōgais in Deutschland in
der Berliner Luisenstraße, der einzigen erhaltenen
Wohnstätte Ōgais in Deutschland, das Mori-Ōgai-
Gedenkzimmer eröffnet. Dieses wurde nach und
nach zu einer Gedenkstätte erweitert, zu der heute
auch noch eine Bibliothek, ein Lesesaal sowie weitere
Räumlichkeiten zählen, die seit der feierlichen Eröffnung im Jahre 1989 zum Teil auch vom Bereich
Japan der HUB genutzt werden. Die Gedenkstätte
war von Anfang an eine Einrichtung der HUB. Da
diese angesichts des gesellschaftlichen Umbruchs im
Osten Deutschlands im Jahre 1989 durch Kosten-
explosionen zu Einsparungen gezwungen wurde,
mußten auch Professor Berndt als Leiter der Gedenkstätte und seine langjährige Mitarbeiterin Frau Beate
Weber (seit Oktober 1993 Kommissarische Leiterin)
nach neuen Wegen suchen, die Gedenkstätte am Leben zu erhalten. Nur dank der positiven Reaktion
auf einen Spenden-Hilferuf in Japan, der auch von
japanischen Massenmedien, Politikern und Regierungsstellen unterstützt wurde, und der Sammlung
zahlreicher Spendengelder von Mitgliedern der Mori-
Ōgai-Gesellschaft und der Kulturgesellschaft, von
Menschen aus Ōgais Geburtsort Tsuwano sowie
auch von japanischen Unternehmen konnte die Mo-

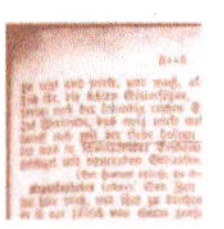

記念館の長期的存続が保証されている。1993年
4月13日にベルリン州政府は日本国外務省とシ
ェーリング株式会社の資金を基に「森鷗外記念
館保存基金」を設けた。記念館の最も重要な目
標と課題は鷗外の作品の評価、その生涯と業績
の研究、日本文化、特に日本文学の研究と紹介
を通して記念館を出会いの場に発展させ、定期
的に公の活動をおこなうことにある。文学の夕
べから講演会、映画会、生け花や書道講習会に
いたる催しをさらに広げ、日本に関心を持つよ
り大勢の人々に記念館を開放していきたい。

　このようにして、記念館は鷗外の意に即し、
日本文化と文学の仲介の場として機能し続ける
であろう。

注

(1)「鷗外」は筆名。

(2) 参考文献 6（13頁〜15頁）（訳・編註：和文は参考文献
1、5頁〜6頁より引用）

(3) 青木周蔵（1844年〜1914年）は1874年から1885年
まで駐ベルリン日本国公使でドイツ人女性と結婚した。帰朝
後、井上馨外務大臣のもとで外務次官に就任、外務大臣を経
てドイツ、ベルギー、イギリス公使を歴任した。参考文献 9
（34頁〜35頁）参照

(4) 参考文献 5（8頁）（訳・編註：和文は参考文献 3（123
頁）より引用）

(5) 参考文献 4（609頁）（編註：『日本の実状』は、1886
年6月にナウマンが〈アルゲマイネ・ツァイトゥング〉紙
に発表した記事への反論として鷗外が同年12月に同紙に発
表した文章。これを受けてナウマンは翌1887年1月に返答
し、鷗外も2月にまた反論している。したがって、ここで
は1987年の記事を指していると思われる。和文はドイツ語
からの邦訳）

(6) 参考文献 2（125頁）（訳・編註：和文は参考文献 3、
125頁より引用）

(7) 参考文献 5（188頁）。この建物にはルイーゼンシュトラ
ーセ通りに面してもうひとつの玄関があったが、現在ではマ
リエンシュトラーセ通りの玄関のみを使用。（訳・編註：和
文は参考文献 3、189頁より。括弧内は「ベルリン N. W.
マリエンシュトラーセ通り 32‑I番、シュテルン夫人宅」）

(8) 石黒忠悳（1845年〜1944年）、医学者。西洋医学を学

ri-Ôgai-Gedenkstätte in dieser schwierigen Übergangsphase überleben. In guter Zusammenarbeit der
HUB, des Berliner Senats und des Japanischen
Generalkonsulats wurden inzwischen die Grundlagen für eine langfristige Absicherung der Existenz der
Gedenkstätte gelegt: Am 13. April 1993 wurde durch
den Senat von Berlin aus Geldern des Japanischen
Außenministeriums und der Schering AG die Stiftung
Mori-Ôgai-Gedenkfonds errichtet. Die wichtigsten
Ziele und Aufgaben der Gedenkstätte bestehen in der
Würdigung des Werkes Mori Ôgais, in Forschungen
zu seinem Leben und Werk, in der Erschließung und
Vorstellung der japanischen Kultur, insbesondere der
japanischen Literatur, und nicht zuletzt in der Entwicklung der Gedenkstätte zu einem Ort der Begegnung mit regelmäßigen öffentlichen Aktivitäten. Das
bisherige Spektrum, das von literarischen Abenden,
Vorträgen, Filmabenden bis hin zu Ikebana- und
Kalligraphie-Kursen reicht, soll erweitert werden und
die Gedenkstätte auf diese Weise einem breiten Kreis
an Japan interessierter Menschen geöffnet werden.
So soll die Gedenkstätte ganz im Sinne Ôgais wirken
– als Ort der Vermittlung japanischer Kultur und
Literatur.

Anmerkungen

[1] Ôgai: Künstlername Mori Rintarôs

[2] Mori Ôgai (1994) Das Ballettmädchen. Übersetzung von Jürgen
Berndt, Berlin: edition q Verlag, S 13–15

[3] Aoki Shûzô (1844–1914), 1874–85 Gesandter an der japanischen
Vertretung in Berlin, heiratete eine deutsche Frau, nach seiner
Abberufung aus Berlin Staatssekretär am japanischen Außenministerium, dann Außenminister, später auch Gesandter in England. Schwalbe, Hans und Heinrich Seemann (1974) Deutsche
Botschafter in Japan 1860–1973. Tôkyô, S 34/35

[4] Mori Ôgai (1992) Deutschlandtagebuch. Übersetzung von Heike Schöche, Tübingen: konkursbuch Verlag Claudia Gehrke, S 8

[5] Mori Ôgai (1975) Noch einmal 'Die Wahrheit über Japan'. In:
Mori Ôgai zenshû (Mori-Ôgai-Gesamtausgabe), Tôkyô: Iwanami Shoten, Bd 26, S 609

[6] Mori Ôgai (1984) Môsô (Illusionen). In: Mori Ôgai zenshû, Tôkyô: Chikuma Shobô, Bd 2, S 125.

[7] Mori Ôgai (1992) S 188. Das Haus verfügt über einen zweiten
Eingang in der Luisenstraße, der heute als alleiniger Eingang benutzt wird.

び、日本に西洋医学の導入を求める。1871年に軍医になり、陸軍に陸軍衛生制度の確立と衛生施設の建設を促し、1890年には軍医総督に、1917年には日本赤十字社の総裁に就任する。参考文献 8（23頁）参照

(9) 井上哲次郎、号は巽軒（1855年〜1944年）。帰国後東京帝国大学の精神学科に勤め、後に学部長に就任。カントとショーペンハウエルの観念を日本哲学に取り入れ、自身も一元論的唯心論に取り組む。後に井上は天皇制度と日本の国家主義的思考の最も重要な代弁者の一人になった。参考文献 7（151頁）参照

(10) 参考文献 4（1886年 6 月 30 日の鷗外の大和會での講演、599頁）（編注：和文はドイツ語からの邦訳）

(11) 参考文献 2（129頁）

(a) 編注：原文には Kulturgesellschaft（直訳：文化協会）とあり、具体的にどの機関をさしているのかは不明。

参考文献

1. 森鷗外著『舞姫』「森鷗外全集」第 1 巻所収、東京、筑摩書房、1971年

2. 森鷗外著『妄想』「森鷗外全集」第 2 巻所収、東京、筑摩書房、1984年

3. 森鷗外著『独逸日記』「森鷗外全集」第 7 巻所収、東京、筑摩書房、1971年

4. 森鷗外著『再度〈日本の実状〉』「森鷗外全集」第 26 巻所収、東京、岩波書店、1975年

5. 森鷗外著、ハイケ・ショッヘ訳《ドイツ日記》、テュービンゲン、コンクルスブーフ出版クラウディア・ゲールケ、1992年

6. 森鷗外著、ユルゲン・ベルント訳《舞姫》、ベルリン、エディツィオンQ出版、1994年

7. 『日本近代文学大辞典』、東京、講談社、1984年

8. 京都大学文学部国史研究室日本近代史辞典編集委員会編『日本近代史辞典』、東京、東洋経済新報社、1958年

9. ハンス・シュワルベ／ハインリッヒ・ゼーマン共編《駐日ドイツ大使たち　1860年〜1973年》、東京、1974年

[8] Ishiguro Tadanori (1845–1941), Mediziner, studierte westl. Medizin, forderte die Einführung der westlichen Medizin in Japan, war seit 1871 im Militärärztlichen Amt tätig, engagierte sich bei der Schaffung eines Militärsanitätswesens und hygienischer Einrichtungen beim Militär, trat 1890 als Generaloberstabsarzt das Amt als Leiter des Medizinalbüros am Kriegsministerium an. 1917 wurde er Vorsitzender des Japanischen Roten Kreuzes. Vgl. (1958) Nihon kindaishi jiten (Wörterbuch der modernen japanischen Geschichte), Tôkyô: Tôyô Keizai Shinpôsha, S 23

[9] Inoue Sonken Tetsujirô (1854–1944), war nach seiner Rückkehr nach Japan an der Geisteswissenschaftlichen Fakultät der Kaiserl. Universität Tôkyô tätig, wurde dann zum Dekan dieser Fakultät ernannt. Er brachte die Ideen Kants und Schopenhauers in die japanische Philosophie ein und wandte sich selbst einem monistischen Spiritualismus zu. Später wurde Inoue zu einem der bedeutendsten Apologeten des Tennô-Systems sowie nationalistischen Gedankenguts in Japan. Vgl. (1984) Nihon kindaibungaku daijiten (Großes Wörterbuch der modernen japanischen Literatur), Tôkyô: Kôdansha, S 151

[10] Mori Ôgai (1975) S 599, Rede im Yamato-Club am 30.6.1888

[11] Mori Ôgai (1984) S 129

Die Wa-Doku-Kai (1888–1912) als Vorläuferin der Deutsch-Japanischen Gesellschaft Berlin
Günther Haasch

ベルリン独日協会の前身としての和独会（一八八八年〜一九一二年）

ギュンタ・ハーシュ

ドイツで設立された日本人とドイツ人の最初の会は、1888年に結成されたものと思われる和独会である。この会は、当時ベルリンのフリードリッヒ＝ヴィルヘルム王立大学附属の高等教育機関として新設されたベルリン東洋語学校の日本語科教授を勤め[a]、後に哲学者として名をなした井上哲次郎と、彼の学生数人によって設立された。この会は1890年に定款規約を備える正規の協会に再編され、会員の親族と女性も受入れた[1]。和独会の設立は帝国首都においては目新しい出来事であったといえる。なぜならば、白色人種による植民地拡大がピークに達していた当時、非ヨーロッパ人との同等の関係などはあり得ないというのが一般的な見方であったためである。

日本人が同等の人間として友好的に受け入れられた理由は、ベルリン在住邦人の社会的地位が高かったことと、ベルリン人に尊敬の念を抱かせるほど彼等の振舞が模範的だったことにあるといえるだろう[2]。

日本の外交官、将校、学者、商人、そして少数のエリート留学生と交際したドイツ人は、必然的に相応の立場にある人物、特に法律家、技師、医者、将校、学者たちであった。彼らは共同で日本と中国関係の学術講演会を開催し、日本から帰国したドイツ人の旅行報告、貿易政策や経済政策、芸術史、音楽学をテーマとするレポートの発表会を催した。また天皇の地位や日本人の愛国心の特殊性などというテーマの講演もおこない、議論を戦わせた。

今日なお著名な人物は、ドイツ人では美術史家オットー・キュンメル、歴史学者オスカー・ナホートとルードヴィッヒ・リース（長年にわたり東京帝国大学の教授を務めた）および天皇の侍医であったエルヴィン・フォン＝ベルツと外交官のアレクサンダー・フォン＝シーボルト、日本人では作家巖谷小波と大村仁太郎教授であ

Die erste japanisch-deutsche Vereinigung auf deutschem Boden war die Wa-Doku-Kai, die wahrscheinlich 1888 in Berlin von dem späteren Philosophen und damaligen Lektor am neugegründeten Seminar für Orientalische Sprachen an der Königlichen Friedrich-Wilhelms-Universität zu Berlin, Inoue Tetsujirô und einigen seiner Studenten gegründet wurde. Sie wurde dann 1890 zu einer regulären Gesellschaft mit Satzung, Statuten und Regularien umgestaltet und war nun auch für Angehörige und Damen geöffnet.[1] Das war in der Reichshauptstadt ein Novum, denn der gleichberechtigte Umgang mit Nichteuropäern dürfte in dieser Zeit, in der die koloniale Expansion der weißen Rasse einen Höhepunkt erreicht hatte, vielen unmöglich erschienen sein.

Die freundliche Aufnahme und die Akzeptanz der Japaner als Gleichberechtigte mag sich aus dem hohen Sozialstatus der hier ansässigen Japaner und aus ihrer vorbildlichen Haltung erklären, die den Berlinern Respekt einflößte.[2]

Der Umgang mit japanischen Diplomaten, Offizieren, Wissenschaftlern, Kaufleuten und einer kleinen studentischen Elite forderte auch auf deutscher Seite entsprechende Partner. Hier waren es vor allem Juristen, Ingenieure, Mediziner, Offiziere und Wissenschaftler. Gemeinsam wurden Sitzungen mit wissenschaftlichen Vorträgen über Japan und China durchgeführt, Reiseberichte von Heimkehrern, Referate mit handels- und wirtschaftspolitischen, kunsthistorischen und musikwissenschaftlichen Themen und auch kontroverse Vorträge zur Stellung des Tennô und zur Einzigartigkeit der japanischen Vaterlandsliebe gehalten.

Heute noch bekannt sind der Kunsthistoriker Otto Kümmel, die Historiker Oskar Nachod und Ludwig Riess (langjähriger Professor an der Universität Tôkyô) sowie der Leibarzt des Tennô, Erwin von Bälz und der Diplomat Alexander von Siebold auf deutscher und der Schriftsteller Iwaya Sazanami sowie Prof. Ômura Jintarô auf japanischer Seite. Das Ankündigungs- und Berichtsorgan der Wa-Doku-Kai war die Monatsschrift *Ost-Asien*, die von 1898 bis zu seinem Tode 1906 von Tamai Kisaku als Redakteur und Hauptbeiträger herausgegeben wurde.

Aus der Zeitschrift *Ost-Asien* erfahren wir auch das meiste über die weiteren Aktivitäten der Wa-Doku-

る。和独会の活動予告と報告機関である月刊誌〈東亜〉は 1898 年から玉井喜作を編集者兼主筆とし、彼が死去する 1906 年⑴まで刊行された。

　和独会の活動の大要も〈東亜〉誌より知ることができる。たとえば、グルーネバルトやコリン修道院への遠足、汽船によるハーフェル川遊覧、コンサートや合唱会、華やかなクリスマスパーティーや舞踏会、晩餐会などがあった。なかでも焼失した在東京ドイツ学協会学校再建援助の名目で 1902 年 4 月 3 日に催された舞踏会「東京祭」には 1000 人が参加し、明け方の 5 時近くまで踊り明かした。この時会は 3000 帝国マルク（今日の価値に換算すると 5 万マルクを上回る）の純益をあげ、これを東京に送金した⑶。

　その他に花見、新年の祝祭、優れた美術展の開催、市内観光、王立オペラ劇場やプロシア貴族院、兵器庫（ツォイクハウス）などの見学、病院、ホームレスの保護施設、監獄の視察、あるいは書物の刊行やチャリティ行事など様々な活動をおこなった。慈善関係では、たとえば日露戦争中に 2 万帝国マルクを日本赤十字社に寄金している。これは、世界大戦前の時代にしては巨額である。

　和独会結成十年後には東京に独和会が設立された。何人かの和独会日本人会員が帰国したこと、また和独会のドイツ人会員が日本に派遣され、軍隊や行政機関、大学、あるいは貿易事業に従事するケースが増えたことが、独和会設立の契機となったようである。

　このようにして、ベルリンと東京間の繋がりが著しく強化された。日本に渡ったドイツ人は独和会に迎え入れられ面倒をみてもらえた。逆に、ベルリンを訪問する日本の重要人物たち（皇室関係者、将校、学者、芸術家）は和独会に事前に通知し、到着の際には会の表敬を受け、講演をおこなうこともあった。

和独会の東京祭
Tôkyô-Fest der Wa-Doku-Kai

Kai: Ausflüge in den Grunewald oder zum Kloster Chorin, Dampferfahrten auf der Havel, Konzerte und Gesangsveranstaltungen, rauschende Weihnachtsfeste, Diners mit Bällen, wie das von etwa 1.000 Personen besuchte Tôkyô-Fest am 3. April 1902, das zugunsten der abgebrannten Deutschen Vereinsschule (Doitsugaku Kyôkai Gakkô) in Tôkyô veranstaltet wurde. Das Fest, auf dem bis 5.00 Uhr morgens getanzt wurde, brachte einen Reingewinn von 3.000,– Reichsmark (nach heutigem Wert über 50.000,– DM), der nach Tôkyô zum Wiederaufbau der Schule überwiesen werden konnte.[3]

Weitere Aktivitäten waren: Kirschblütenfeste und Neujahrsfeiern, Kunstausstellungen von hohem Rang, Stadtführungen, Führungen durch das Königliche Opernhaus, das Preußische Herrenhaus und das Zeughaus, Besichtigungen von Krankenhäusern, Obdachlosenasylen und Gefängnissen, Herausgabe von eigenen Publikationen und Durchführung von Wohltätigkeitsveranstaltungen wie die während des russisch-japanischen Krieges, durch die insgesamt 20.000,– Reichsmark dem Japanischen Roten Kreuz zur Verfügung gestellt werden konnten – eine riesige Summe für die Vor-Weltkriegszeit.

In Tôkyô war, zehn Jahre nach der Gründung der Wa-Doku-Kai, eine Doku-Wa-Kai (Deutsch-Japanische Gesellschaft) gegründet worden, wohl ausgelöst durch die Heimkehr einiger japanischer Mitglieder der Wa-Doku-Kai und die immer häufigere Entsendung oder Übersiedlung von ehemaligen deutschen Mitgliedern der Wa-Doku-Kai, die dann in Japan in der Armee, der Verwaltung, in den Universitäten oder im Handel tätig wurden.

　会員数が150人以上を超えることはまず稀であったにもかかわらず、和独会の集いには何百人もの人々が訪れることが多かった。しかし、協会と各種催しには政治、経済、あるいは軍事上での両国の関係に対し真に大きな影響力を持つ人物が欠けていた。日本人の多くは、少なくとも言葉の問題のない日本倶楽部のほうを好ましく思ったようで、しかも彼等の多くは職業上の出世を目指しており、仕事上の専門的な問題を同僚たちと語りあったり、発表しあえる法律、経済、あるいは医学関係の会などへの入会を求めていた。

　このような理由によって1912年には和独会の役員を務めるものがほとんどいなくなり、会は同年中に跡形もなく消滅したようである。和独会は両民族の理解を助ける上で絶好の手段であったと思われるので、これを失ったことは非常に残念である[4]。

　第一次世界大戦時、日本が挑発されることもなく参戦し、ドイツの東洋における根拠地・膠州湾を攻撃し、ドイツ領南洋群島を占領したことは、ドイツでの独日友好の改善にとっては不都合な事態であった。そのために、当座は独日協会の新設は考慮の対象となり得なかった。

　こうして独日協会が1928年に発足するまで、16年もの歳月が経過したのである。

和独会のシュラハテンゼー湖遠足（1901年）

Ausflug der Wa-Doku-Kai nach Schlachtensee (1901)

Damit wurden die Verbindungen zwischen Berlin und Tôkyô bedeutend gestärkt: deutsche Übersiedler konnten schnell von der Doku-Wa-Kai in Empfang genommen und betreut werden, Berlin besuchende wichtige japanische Persönlichkeiten (Hofangehörige, Offiziere, Wissenschaftler, Künstler) konnten der Wa-Doku-Kai bereits im voraus avisiert und bei ihrer Ankunft geehrt werden bzw. Vorträge halten.

Die geselligen Veranstaltungen der Wa-Doku-Kai wurden oft von mehreren hundert Personen besucht, obwohl die Mitgliederzahl selten die Zahl von 150 überschritt. Auf die Dauer fehlten aber der Gesellschaft und auch ihren Veranstaltungen die Personen, die wirklich bedeutenden Einfluß auf die politischen, wirtschaftlichen oder militärischen Beziehungen zwischen beiden Staaten nehmen konnten. Auch fühlten viele Japaner sich in der Nihonjinkai, dem japanischen Club, vielleicht angenehmer aufgehoben, zumindest ohne hemmende Sprachbarrieren. Viele wollten auch beruflich weiterkommen und suchten Aufnahme in juristischen, wirtschaftlichen oder medizinischen Vereinigungen, wo sie mit und vor Kollegen über berufsspezifische Fachprobleme sprechen konnten.

Aus allen diesen Gründen gelang es 1912 kaum noch, die Vorstandsämter der Wa-Doku-Kai zu besetzen, und die Gesellschaft löste sich im Laufe des Jahres, anscheinend ohne Spuren zu hinterlassen, auf. Der Verlust der Wa-Doku-Kai ist umso mehr zu bedauern, als sie ein hervorragendes Mittel zur Verständigung beider Völker gewesen wäre.[4]

Der 1. Weltkrieg mit dem unprovozierten Angriff Japans auf die kleine deutsche Besatzung von Kiautschou (Jiaozhou) und die Wegnahme eines bedeutenden Teils der deutschen Südseebesitzungen durch Japan führte in Deutschland zu einem so ungünstigen Klima für eine Erneuerung der deutsch-japanischen Freundschaft, daß zunächst an keine Neugründung einer Deutsch-Japanischen Gesellschaft zu denken war.

Eine solche sollte denn auch 16 Jahre (bis zum Jahre 1928) auf sich warten lassen.

注

(a) 編注：「ベルリン東洋語学校」に関しては、上村直巳著
『ベルリン東洋語学校講師・辻高衡』、日本独学史学会論
集編集委員会編「日独文化交流史研究　日独交流史の軌
跡——1994年号」39頁〜53頁所収、を参照した。

(1) この点および一連の重要な情報は参考文献3のアネッ
テ・ハック執筆箇所（1頁〜440頁）を参照した。

(2)「一年以内で彼ら（日本人学生——筆者注）はドイツ語を
かなり流暢に話し、すべてを理解でき、そして完璧な書簡を
書けるようになる。彼らは勤勉で忠実に義務に従うことの他
に、我々に尊敬の念と好意を抱かせる種々の美徳を備えてい
る。それらは特に彼らが真実を愛し、細事にも誠意をもって
立ち向かう姿勢、また昔から賞賛されている日本人の礼儀正
しさである」（参考文献1、568頁以降参照）

(b) 編注：玉井は1906年に亡くなったが、〈東亜〉は1910
年まで刊行された。

(3) 参考文献4（55頁）

(4)「異なる民族の代表が近づきになれば、誤解も解けやすく、
相互寛容という確固とした基盤に立つ友好関係を築くことが
できる。日本は、西洋のゲルマン民族との結束により、東の
文化の先駆けとして世に選ばれたのであるから、我々もこの
博識かつ将来性のある民族との歩み寄りを心から歓迎するも
のである」（参考文献2）。また参考文献4（56頁）も参照。

参考文献

1.〈あずまや〉、1872年

2.〈ジャーマン・タイムズ〉、1902年4月5日版

3. ギュンタ・ハーシュ編《独日協会の昔と今（1888年〜
1996年）》（タイトルのみ日独語、中身はドイツ語）、ベ
ルリン、フォルカー・シュピース学術出版、1996年

4. 玉井喜作編〈東亜——商工業・政治・学芸術の月刊誌〉
第50号、ベルリン、1902年

Anmerkungen

[1] Diese und eine ganze Reihe weiterer wichtiger Informationen verdanke ich dem Manuskript von Hack, Annette (1996) Die Geschichte der DJG Berlin. In: Haasch, Günther (Hrsg) Die Deutsch-Japanischen Gesellschaften 1888–1996, Berlin, S 1–440

[2] Vgl. (1872) Die Gartenlaube. S 568ff: "In Jahresfrist sprechen sie (die japan. Studenten A.d.V.) das Deutsche ziemlich fließend, verstehen alles und schreiben schon einen fehlerfreien Brief ... Neben dem Fleiße und der Pflichttreue besitzen sie noch andere Tugenden, welche ihnen schnell Achtung und Zuneigung erwerben. Vorzugsweise ist dahin ihre Wahrheitsliebe und Gewissenhaftigkeit auch in kleinen Dingen zu rechnen und sodann die Höflichkeit, wegen derer die Japaner von jeher gerühmt worden sind ..."

[3] (1902) Ostasien. Nr 50, S 55

[4] So sah es auch die *German Times* in ihrer Ausgabe vom 5.4.1902: "Wenn Vertreter verschiedener Völkerrassen miteinander Fühlung gewinnen, so klären sich leicht die Mißverständnisse, und eine Freundschaft kann auf der soliden Basis gegenseitiger Duldung aufgebaut werden. Da Japan zum Vorkämpfer der Kultur im Osten berufen ist, und zwar im Bunde mit den germanischen Völkern des Westens, so begrüßen wir aufrichtig jede Annäherung mit dieser intelligenten, zukunftsreichen Rasse."
Vgl. (1902) Ostasien. Nr 50, S 56

軍事関係

Militärische Beziehungen
Heinz-Eberhard Maul

ハインツ＝エーバハルト・マウル

1853年から1854年に日本が開国を強制され、それに続いて国内で発生した激しい権力闘争が幕を閉じたあと、明治天皇（1852年〜1912年）のもとで国の革新と近代化が強く押し進められた。立憲国の建設と欧米諸国との外交関係構築にくわえ、近代的な軍事力の組織化が優先目標であった。明治維新推進者たちのこの目論見は、富国強兵の政治的根本思想を実現するためには攻撃力ある軍隊が重要な前提であるという確信に基づいていた。わけても、1873年3月にベルリンで岩倉使節団がドイツ帝国宰相ビスマルクとプロシア参謀総長フォン＝モルトケ陸軍大将との会談で得た認識は、一国家の安定と繁栄のために軍事力がいかに重要であるかを東京の新政権首脳部に教えることになったのである。天皇布告により1871年に設けられた「御親兵」によって、この路線の第一歩が踏み出された。

新しい軍指導部は、幕末に将軍や大名に仕えていた外国人軍事顧問たちを引き続き採用した。それはおもに、ナポレオン三世が幕府の要請に応え派遣したフランス人将校たちであった。このようにフランスを手本に日本陸軍を組織し訓練した一方、海軍力ではイギリスが優勢であるところより日本海軍は海軍士官学校生徒はイギリスを手本として教育した。

しかし、その後は東京駐在代理公使が1878年10月29日にベルリンのドイツ外務省に報告したように「日本は長年にわたり優れた軍事オブザーバーをヨーロッパ各国の宮廷に派遣しており」、また「制度の刷新を強く希望し、この目的達成のために優秀なドイツ人将校の派遣を繰り返し希望している（…）。軍隊組織改革や参謀本部形成などに際し、当国の軍事首脳部が強く希望するドイツ人将校の協力を勝ち得るための第一歩が間もなく踏み出されるであろう」こととなった(1)。

こうして軍部の組織、訓練、指導領域におい

Nach der erzwungenen Öffnung Japans 1853/54 strebte, nach heftigen inneren Machtkämpfen, das Land unter Kaiser Meiji (1852–1912) die Erneuerung und Modernisierung an. Neben Schaffung eines Verfassungsstaates und Gestaltung neuer Außenbeziehungen mit dem Westen war der Aufbau moderner Streitkräfte vorrangiges Ziel. Dieser Absicht der Meiji-Reformer lag die Überzeugung zugrunde, daß ein schlagkräftiges Militär eine wichtige Voraussetzung zur Verwirklichung des politischen Grundgedankens des Fukoku kyôhei (reiches Land – starkes Militär) bedeutete. Nicht zuletzt hatten auch die Erfahrungen aus der Begegnung von Mitgliedern der Iwakura-Mission mit dem deutschen Reichskanzler von Bismarck und dem Chef des preußischen Generalstabes, General von Moltke, im März 1873 in Berlin die neuen Machthaber in Tôkyô gelehrt, wie wichtig ein starkes Militär für Stabilität und Ansehen eines Staates ist. Durch kaiserlichen Erlaß wurde im Jahr 1871 mit der Gründung der Kaiserlichen Garde (Goshinpei) der erste Schritt in diese Richtung getan. Die neue Militärführung übernahm die noch gegen Ende der Tokugawa-Ära in die Dienste des Shôguns und einiger Regionalfürsten (Daimyô) getretenen ausländischen Militärberater. Diese waren in erster Linie französische Offiziere, mit deren Entsendung nach Japan 1867 Kaiser Napoleon III. einem Ersuchen der Shogunatsregierung (Bakufu) entsprochen hatte. Während die japanischen Landtruppen auf diese Weise nach französischem Vorbild organisiert und geschult wurden, richtete sich wegen der anerkannten maritimen Vormachtstellung Englands die japanische Marine für die Ausbildung ihrer Kadetten nach dem englischen Muster.

Andererseits hatte in der Folgezeit, wie es der Bericht des Kaiserlichen Geschäftsträgers in Tôkyô an das Auswärtige Amt in Berlin vom 29. Oktober 1878 formulierte, "Japan seit einer Reihe von Jahren intelligente militärische Beobachter an den verschiedenen europäischen Höfen gehabt ..." und "vielfach den Wunsch geäußert, einen Wechsel des Systems herbeizuführen und sich zu diesem Zwecke der Dienste tüchtiger deutscher Offiziere zu versichern ...; und es werden in der Zwischenzeit voraussichtlich Schritte geschehen, um bei den beabsichtigten Veränderungen in der Armee-Organisation, Bildung eines Gene-

てドイツ帝国と皇国日本の軍隊の間により緊密な関係を構築する意図が初めて述べられたのであった。

しかし、この目論見が実践に移される以前にも二人のドイツ人軍医が日本の軍隊に従事し、非常に高い評価を受けた。その後も一連の優秀なドイツ人軍医が来日することになるが、まず最初に派遣された第5ブランデンブルク歩兵第48連隊のベンヤミン＝カール＝レオポルド・ミュラー博士（1824年〜1893年）と、海軍軍医大尉テオドール＝エドゥアルト・ホフマン博士（1837年〜1894年）は、1871年から1875年にかけて東京にドイツ式医科大学を設立するにあたり功績を上げると同時にドイツ医学に対する日本での名声を築いたのであった。後にベルリンに帰って軍医少佐ミュラー博士は彼の経験と体験を152頁に及ぶ詳細な日本報告書に書き記している(2)。

日独軍事関係構築に特に功績のあった日本の高官の代表的人物のなかでも、ここでは陸相と各種大臣を歴任した山形有朋元帥（1838年〜1922年）と桂太郎陸軍大将（1847年〜1913年）および有名な陸軍大将乃木希典（1849年〜1912年）を挙げる。

山形元帥は現在なお、日本の近代兵力の創立者とみなされている。1870年の初め、普仏戦争勃発直前に山形は日本人将校数人とともに一年間ベルリンに滞在していた。特にテンペルホーフ地区でのプロシア軍の演習から強い印象を受け、その後、ドイツの軍指導法を日本陸軍の手本として熱心に擁護した。陸相として日本陸軍のその後の発展に及ぼした山形の影響は甚大である。山形同様に桂陸軍大将も、ドイツ陸軍指導部のレベルの高さに感銘し、その優秀さを確信しきっていた。1870年から1873年までベルリンでは一連の若い日本人将校がドイツ軍制を学んでいたが、桂もその一人であった。桂の帰

桂太郎
Katsura Tarô

ralstabs etc. die von hiesigen militärischen Autoritäten so gewünschte Mitwirkung deutscher Offiziere zu erlangen".[1]

Damit wurde erstmals die Absicht geäußert, engere Beziehungen zwischen den Militärs des Deutschen Reiches und des Kaiserreiches Japan auf den Gebieten der Organisation, Ausbildung und Führung der Streitkräfte zu knüpfen.

Bevor diese Überlegungen jedoch in die Praxis umgesetzt werden konnten, hatten sich zwei deutsche Militärärzte als erste in einer Reihe hervorragender deutscher Mediziner in japanischen Diensten große Anerkennung erworben. Der Oberstabsarzt Dr. Leopold Müller vom 5. Brandenburgischen Infanterieregiment Nr. 48 und der Marinestabsarzt Dr. Theodor Hoffmann legten mit der verdienstvollen Gründung der Medizinisch-Chirurgischen Akademie in Edo in den Jahren 1871 bis 1875 gleichsam den Grundstein für den guten Ruf der deutschen Medizin in Japan. Oberstabsarzt Dr. Müller dokumentierte später nach der Rückkehr nach Berlin seine Erfahrungen und Erlebnisse in einem ausführlichen 152 Seiten umfassenden Japan-Bericht.[2]

Die beiden japanischen Generäle Yamagata Aritomo (1838–1922) und Fürst Katsura Tarô (1847–1913), die später zu Kriegsministern aufstiegen und auch mehrmals das Amt des Ministerpräsidenten bekleideten, sowie der berühmte General Graf Nogi Maresuke (1849–1912) stehen stellvertretend für eine größere Anzahl hoher japanischer Offiziere, die die damaligen japanisch-deutschen militärischen Beziehungen in besonderer Weise gestalteten.

General Yamagata gilt bis heute als der Gründer der modernen japanischen Streitkräfte. Anfang 1870, kurz vor Ausbruch des deutsch-französischen Krieges, hielt er sich zusammen mit einigen japanischen Offizieren für ein Jahr in Berlin auf. Besonders die Manövervorführungen preußischer Truppen in Tempelhof hinterließen bei ihm einen sehr nachhaltigen Eindruck, so daß er zukünftig ein eifriger Verfechter des Vorbildes deutscher Militärführung für Japans Armee wurde. Seine Einflußnahme als Kriegsminister auf die weitere Entwicklung des japanischen Militärs war prägend. Gleichermaßen begeistert und überzeugt von der Güte der deutschen militärischen Füh-

国後に陸軍の構造と軍隊の教育制度はすぐには改革されなかったものの、1874年に陸軍省に参謀部が設けられ、数年後にドイツを手本とした正規参謀本部が設立されたのは、桂の熱心な勧めによるものといわれる。

　1883年に桂が陸相大山巌（1842年〜1916年）とともにおこなった欧州視察で桂はドイツ人将校を日本陸軍に配置できるものかどうか積極的に調査した。ドイツ陸軍省との交渉の結果、参謀総長である陸軍元帥ヘルムート・フォン＝モルトケの提案により、参謀本部付陸軍少佐ヤーコプ＝クレメンス・メッケル（1842年〜1906年）が日本陸軍初のドイツ人教官として数年間東京に派遣されることが決まった。ハノーバーの陸軍学校教官として相応の資格を有するメッケルは優秀な教育者であった。また、戦術戦略に関する多数の著作で傑出し「モルトケお気に入りの生徒として、日本人の期待に適う人物であった」(3)

　1885年1月から1888年3月までの三年にわたり陸軍少佐メッケルは日本に滞在し、この間の彼の功績は与えられた目標と日本側の期待をはるかに超えるものであった。メッケルの日本陸軍大学校着任式の席上で明治天皇は自ら「わが国の将校たちが高度な軍事科学を身につけるため（…）陸軍大学を課題の重要性に適う完璧なレベルに引き上げてくれるよう願う」と述べている(4)。1889年にはメッケルの提唱によって徴兵制度が導入された。同じくメッケルの提案した日本陸軍の改革は、日本軍が重要な役割を担うという点で日本指導部エリートの政治構想に適うものだったため同意を得た。今日にいたるまで日本では、皇軍の上げた成果はメッケルの功績と評価されている。

　メッケルとほぼ同時期に陸軍大尉ヘルマン・フォン＝ブランケンブルクが教官として日本軍に従事していた。メッケルの後任者としては、

ヤーコプ＝クレメンス・
メッケル
Jacob Clemens Meckel

rungsqualitäten zeigte sich auch General Fürst Katsura. Er gehörte einer Gruppe junger japanischer Offiziere an, die von 1870 bis 1873 ebenfalls in Berlin das deutsche Wehrwesen studierten. Wenn auch bei Katsuras Rückkehr nach Japan die dortige Heeresstruktur und das militärische Ausbildungssystem noch nicht sogleich umgestellt werden konnten, war es doch seinem Drängen zuzuschreiben, daß 1874 im Kriegsministerium eine Generalstabsabteilung aufgestellt und einige Jahre später ein regulärer Generalstab nach deutschem Vorbild eingerichtet wurde.

Während einer weiteren Reise nach Europa, die General Katsura 1883 zusammen mit Kriegsminister Ôyama Iwao (1842–1916) unternahm, untersuchte er gezielt die Möglichkeit der Abstellung deutscher Offiziere zur japanischen Armee. Nach Verhandlungen mit dem deutschen Kriegsministerium fiel auf Vorschlag des Chefs des Generalstabes, Generalfeldmarschall Helmut von Moltke, die Entscheidung, den Major im Generalstabsdienst (i.G.) Jacob Meckel (1842–1906) für einige Jahre als ersten deutschen Instrukteur der japanischen Armee nach Tôkyô zu entsenden. Meckel war aufgrund seiner pädagogischen Fähigkeiten als Ausbilder an der Kriegsschule in Hannover entsprechend qualifiziert, hatte sich mit mehreren Veröffentlichungen über Taktik und Strategie hervorgetan und "entsprach als Lieblingsschüler Moltkes der japanischen Erwartungshaltung."[3]

Es gelang Major i.G. Meckel während seines dreijährigen Aufenthaltes in Japan von Januar 1885 bis März 1888, über die japanischen Erwartungen hinaus das ihm vorgegebene Ziel zu erreichen, das Kaiser Meiji persönlich anläßlich von Meckels Einführung an der japanischen Kriegsakademie mit folgenden Worten formulierte: "... damit meine Offiziere in den höheren Militärwissenschaften sich ausbilden ... bitte ich Sie, die Kriegsakademie auf den Stand der Vollkommenheit zu erheben, die der Wichtigkeit der Aufgabe entspricht."[4] Auf Meckels Empfehlung hin wurde ab 1889 in Japan die Wehrpflicht eingeführt, und man akzeptierte seine Anregungen zur japanischen Heeresreform, da sie den politischen Überlegungen der japanischen Führungselite hinsichtlich

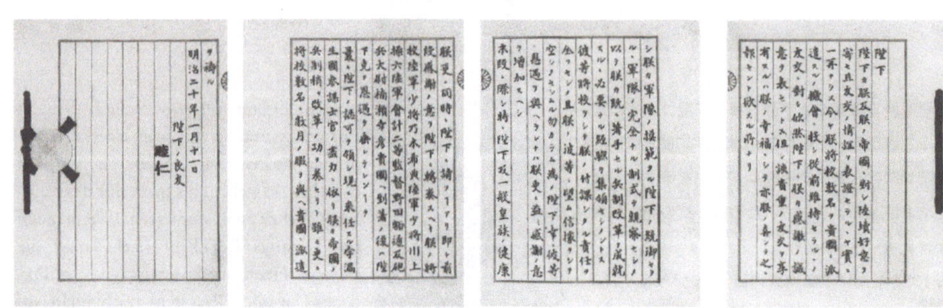

1887年から1888年にかけての乃木将軍一行のドイツ滞在に際して明治天皇がドイツ皇帝ヴィルヘルム二世に宛てた紹介状（1887年1月11日付）

プロシア参謀将校フォン＝ヴィルデンブルッフ（1888年〜1890年）と陸軍少佐フォン＝グルートシュライバ（1891年〜1895年）が日本に派遣された。

1887年3月、ドイツ皇帝ヴィルヘルム二世は天皇直筆の書状を受け取った。これには「前段感謝ノ意ヲ陛下ニ轉奏スヘキ朕の將校陸軍少将乃木希典陸軍少将川上操六陸軍會計二等監督野田豁通及砲兵大尉楠瀬幸彦貴國ヘ到着ノ後ハ陛下克ク恩遇ヲ垂レラレン事ヲ」[5]とある。

乃木将軍は軍隊における比類ない功績と、1912年9月13日の明治天皇大葬の日に殉死したことにより国の英雄になったが、1887年から1888年にかけての第一回ドイツ留学の際にはベルリンにも滞在していた。ベルリン滞在の最後、乃木と随員は「9月14日土曜日12時30分王宮内第II番玄関の大理石階段の先の皇太后官房」[6]で謁見の栄誉を賜わった。

乃木将軍は殉死する一年前の1911年8月、「旅順の攻略者」[7]として再び欧州研修旅行で再度訪独し、ベルリンを訪れた際には傷痍軍人収容所（インヴァリーデンハウス）を視察した。日本から帰国した上述の軍医少佐ミュラー博士が、その数年前までここで主任を勤めていた。今回のドイツ訪問で乃木将軍はマインツ近郊の演習場「グローサーザント」でドイツ皇帝と一緒に騎兵閲兵式に列席する機会を持った。

der herausragenden Rolle der japanischen Streitkräfte entgegenkamen. Von japanischer Seite wird bis auf den heutigen Tag Meckels Wirken als ausschlaggebender und nachhaltiger Beitrag für den späteren Aufstieg und die Erfolge des kaiserlichen japanischen Heeres gewertet.

Ungefähr zeitgleich mit Meckel stand als weiterer Ausbilder Hauptmann i.G. Hermann von Blankenburg in japanischen Diensten. Als Meckels Nachfolger kamen später die beiden preußischen Generalstabsoffiziere Major i.G. von Wildenbruch (1888–1890) und Major i.G. von Grutschreiber (1891–1895) nach Japan.

Im März 1887 erreichte den deutschen Kaiser Wilhelm II. ein handgeschriebener Brief des Kaisers von Japan, in welchem er darum bittet, "... den nachgenannten Offizieren: 1. den General-Major M. Nogi, 2. den General-Major S. Kawakami, 3. den Intendantur-Oberstlieutenant J. Noda, 4. den Hauptmann der Artillerie S. Kussunosse, als die Träger meiner Empfindungen, Euerer Majestät Huld angelegentlichst zu empfehlen".[5]

General Nogi, der später durch seine brillante Militärkarriere und wegen seines nach altjapanischer Sitte im Stile des Junshi (dem Herrn in den Tod folgen) am 13. September 1912 aus Anlaß des Todes von Kaiser Meiji begangenen Selbstmordes zum Helden der Nation wurde, hielt sich während seiner ersten Deutschlandreise 1887/88 auch in Berlin auf. Dort wurde ihm und seiner japanischen Begleitung am Ende des Aufenthaltes "am Sonnabend den 14ten d.Mts. 12½ Uhr Mittags im Königlichen Schloß zu Berlin, Königin Mutter-Kammer, Aufgang Marmor-Treppe, Portal II"[6] die Ehre einer Audienz am Kaiserlichen Hofe zuteil.

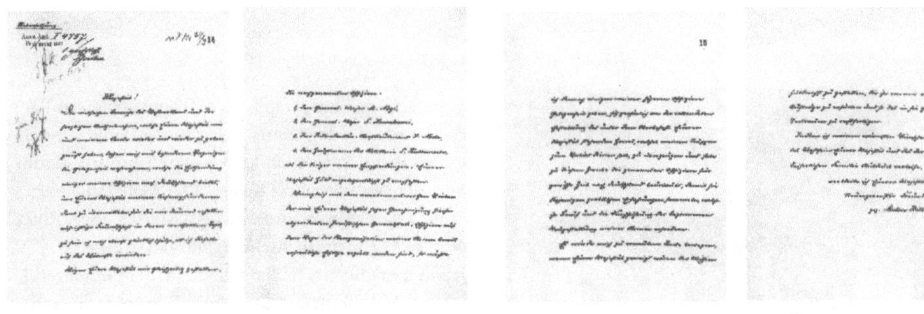

Empfehlungsschreiben Meiji Tennôs an Kaiser Wilhelm II. vom 11.1.1887 für General Nogi und seine Begleitung für den Aufenthalt in Deutschland 1887/88

1889年12月19日には「日本公使館」が井上
代理公使を通じて「天皇陛下直筆の書簡をドイツ
皇帝に」「謹呈」した。この書上で天皇は「博恭
親王と菊麿親王がキールの帝国海軍学校に入学を
許可されるという異例の恩恵に深く感謝する」旨
を表現している。

　両親王は1890年4月にキールの士官学校に入
学した。訓練の終了を示す「1891年5月2日記
録、試験合格」と記した「人事録」が存在する。
このように親王たちはドイツ海軍で海軍将校と
しての訓練を成功裏に終えたのであった。

　世紀の変わり目頃「1907年10月25日」に
「内務省」が「外務大臣」に宛てた報告によると
総じて53人の日本人将校、軍事技官、軍医たち
が「修学、ドイツ語の習得、その他の目的で」
ベルリン、ポツダム、マグデブルク、ケルンの
プロシア部隊に所属し、あるいはブレスラウや
ベルリンの総合大学やカッセルの軍事学校で学
んでいた。そのうちの過半数の27名がベルリン
のプロシア軍隊に所属するか、単科大学に在籍
していた。

　日本はすでに1870年初頭以来、定期的に武官
をベルリンの公使館に赴任させていた。しかし、
当時日本より信任状を得ていた西欧諸大国では
ドイツが「武官の日本派遣に同意し、皇帝が宰
相との合意のもとに」これに踏み切ったのが
1902年のことで一番最後であり、「1902年5月
29日の閣僚命令により、武官の職席が東京に設

Im August 1911, ein Jahr vor seinem Tode, war General Nogi, der "Sieger von Port Arthur"[7], während einer Informationsreise erneut prominenter Gast in Deutschland, wo er im Rahmen des Berlinbesuchs das Invalidenhaus besuchte. Einige Jahre zuvor war hier nach Rückkehr von seinem Japanaufenthalt der vorher erwähnte Oberstabsarzt Dr. Müller Leiter gewesen. Bei diesem Deutschlandbesuch erhielt General Graf Nogi auf dem Manöverplatz Großer Sand bei Mainz die Gelegenheit, gemeinsam mit dem Deutschen Kaiser eine Truppenparade zu Pferde abzunehmen.

Am 19. Dezember 1889 "beehrte" sich die "Légation du Japon" durch ihren Geschäftsträger Inoue ein "Handschreiben Seiner Majestät des Kaisers von Japan an Seine Majestät den deutschen Kaiser zu übersenden". Mit ihm verlieh Kaiser Meiji seiner "tief empfundenen Dankbarkeit über Seine Majestät außergewöhnliche Gunst, die beiden Prinzen Hiroyasu und Kikumaro zur Kaiserlichen Marineschule in Kiel zuzulassen", Ausdruck.

Im April 1890 haben die Prinzen ihren Dienst als Kadetten in Kiel angetreten und am Ende ihrer Ausbildungszeit findet sich in ihren "Personalbögen" der "Anerkennungsvermerk vom 2ten Mai 1891: Prüfung bestanden". Damit hatten sie die Ausbildung zum Seeoffizier bei der deutschen Marine erfolgreich abgeschlossen.

Um die Jahrhundertwende hielten sich entsprechend eines mit "Berlin, den 25. Oktober 1907" datierten Berichtes des "Ministers des Inneren" an den "Herrn Minister der auswärtigen Angelegenheiten" insgesamt 53 japanische Offiziere, Militäringenieure und Militärärzte "in Preußen zu Studienzwecken, zur Erlernung der deutschen Sprache oder aus sonstiger

日独の随員とともにベルリンを視察する乃木希典（1911年）
General Nogi mit japanischem und deutschem Begleitoffizier bei
einem Rundgang in Berlin im Jahre 1911

けられ、大参謀陸軍少佐ギュンタ・フォン＝エ
ッツェルが任命された」(8)

　1904年の日露戦争における日本の驚異的な勝
利はドイツ人将校による効率の良い軍の教育お
よびプロシアを手本に厳格に編成した日本軍の
能力と攻撃力と直接関係があると日本指導部は
見た。その結果、東京の軍首脳部はさらに集中
的に日本人将校をドイツに派遣することによっ
て日露戦争勝利の後も軍事知識を一層深めよう
と図った。日本人のこの意図はドイツ皇帝が反
日姿勢であったため実際は制限されることがし
ばしばであったが、第一次世界大戦まで両国の
将校は定期的に交流し、通常相手国に一年滞在
した。日本人は学ぶ側としてドイツ軍の知識と
実力に信頼を寄せ、一方ドイツ人将校は日本で
おもに教育に当たるという与えられた課題に集
中した。

　1906年4月19日の〈ジャパン・タイムズ〉
紙の記事は、新たなドイツ人将校の日本派遣を
目前に日本軍に対するドイツの大きな功績を誉
めたたえている。そして「読売新聞」を引用し
て「非常に経験豊かなかつての師ドイツが、生
徒たる日本から提案を受けられるほどに彼らが
進歩したと見なし、日本はそこに改めてドイツ

Veranlassung" bei preußischen Truppenteilen in Berlin, Potsdam, Magdeburg und Köln auf oder studierten an den preußischen Universitäten Breslau, Berlin
und der Militärschule Kassel. Die Mehrzahl, insgesamt 27, war zum preußischen Militär abgeordnet
oder an Berliner Hochschulen immatrikuliert.

Japan hatte bereits in den frühen 1870er Jahren regelmäßig Militärattachés an die japanische Gesandtschaft nach Berlin versetzt. Für Deutschland dauerte
es bis 1902, ehe man sich als eine der letzten damals in
Japan akkreditierten westlichen Mächte "für die In-
stallierung auch eines Militärattachés ausgesprochen
und der Kaiser sich im Einverständnis mit dem Kanz-
ler ... zu diesem Schritt entschlossen hatte. Durch
Kabinettsorder vom 29. Mai 1902 wurde eine Militär-
attachéstelle für Tôkyô geschaffen, die der Major im
Großen Generalstabe Günther von Etzel erhielt."[8]

Den sensationellen Sieg Japans über das zaristische
Rußland 1904 sah die japanische Führung in einem
direkten Zusammenhang mit der effizienten Unter-
richtung der japanischen Militärs durch deutsche
Offiziere und dem Können und der Schlagkraft der
nach preußischem Vorbild straff organisierten japanischen Armee. Die Folge war eine von den Militär-
führern in Tôkyô angestrebte Intensivierung der Entsendung japanischer Offiziere nach Deutschland, um
nach dem siegreichen Waffengang das zuvor erlernte
militärische Wissen weiter zu vertiefen. Wenn diese
Absicht der Japaner auf Grund der antijapanischen

マインツ近郊の演習場「グローサーザント」の閲兵式の際に日本将校参列の
もとに乃木将軍を歓迎する皇帝ヴィルヘルム二世（1911年）
Kaiser Wilhelm II. begrüßt im Beisein eines japanischen Offiziers
den japanischen General Nogi während einer Truppenparade auf
dem Manöverfeld Großer Sand bei Mainz im Jahre 1911

THE JAPAN TIMES
APRIL 19, 1906.

German Officers coming to Japan. —Several German officers have been selected by their Emperor to come to Japan (as soon as they have passed through a course of preparatory study at home in our language) to study the working of our army system, probably by putting themselves for a time actually in the army. This report gives occasion to the *Yomiuri* to recall how Germany for long played the part of teacher to our Army. If France, who formerly used to be our

日露戦争勝利後、ドイツ将校を日本軍へ派遣することを報道する〈ジャパン・タイムズ〉紙記事（1906年4月19日付）
Bericht der Zeitung 'Japan Times' vom 19.4.1906 über die Entsendung deutscher Offiziere zur japanischen Armee nach deren Sieg über das zaristische Rußland

人の驚嘆すべき徹底主義を認めることができる喜びを表現している」⁽⁹⁾とある。

　第一次世界大戦で日本は連合国側に立った。そうして1914年以降ドイツ帝国と日本の外交関係が断絶し、日本人にとって非常に利益のあった日独軍の提携も中断されたのである。

注
⑴ 駐東京代理公使（フォン＝グートシュミット）が国務大臣と外務省次官（フォン＝ビューロ）に宛てた1878年10月29日付報告。ボンの連邦外務省政治資料館第3課、Rep. IV、第1巻、7頁〜8頁
⑵ 本書第1章のゲールケ参照
⑶ 参考文献6（85頁）
⑷ 参考文献2（53頁）
⑸ 「陛下ノ良友　睦仁」と締めくくる原典（日独両語）はポツダムの連邦外務省政治資料館第3課、カタログ番号9.01、第28531巻。
⑹ ポツダムの皇太子侍従局〈外務次官ビスマルク伯爵、ベルリン宛〉1888年4月12日付書簡、ポツダムの連邦外務省政治資料館第3課、カタログ番号9.01、第28531巻
⑺ 日露戦争（1904年〜1905年）が最高頂に達した1905年1月2日、日本は遼東半島南部の旅順を七ヶ月間包囲した後、当時の司令官乃木将軍率いる日本陸軍第三軍がこれを征服した。旅順は凍結することがなく、戦略上の要地であった。この時6万人におよぶ戦没者がでたが、旅順の征服は

Haltung des deutschen Kaisers in der Praxis auch häufig Einschränkungen unterlag, kam es bis zum 1. Weltkrieg auf beiden Seiten doch zu regelmäßigen Offiziersabordnungen von üblicherweise einjähriger Dauer. Die Japaner vertrauten sich als Lernende dem Wissen und Können der deutschen Militärs an, während sich die deutschen Offiziere in Japan hauptsächlich auf ihren Ausbildungsauftrag konzentrierten.

In einer Meldung der *Japan Times* vom 19. April 1906 werden, in Erwartung erneuter Kommandierungen deutscher Offiziere nach Japan, die großen Verdienste Deutschlands um die japanische Armee gepriesen. Unter Hinweis auf die japanische Zeitung *Yomiuri Shinbun* "wird der Freude darüber Ausdruck verliehen, daß der vielerfahrene einstmalige Lehrer seinen Schüler jetzt für so weit fortgeschritten hält, um von ihm selbst neue Anregungen erhalten zu können und daß Japan darin wieder einmal einen Beweis der bewundernswerten deutschen Gründlichkeit sehen könne." [9]

Während des 1. Weltkrieges hatte sich Japan auf die Seite der Alliierten gestellt. So wurde nach dem Abbruch der diplomatischen Beziehungen zwischen dem Deutschen Reich und dem Kaiserreich Japan ab 1914 auch die den Japanern nützende Zusammenarbeit mit dem deutschen Militär eingestellt.

Anmerkungen

[1] Bericht des Kaiserlichen Geschäftsträgers in Tôkyô (von Gutschmid) an den Königlichen Staatsminister und Staatssekretär des Auswärtigen Amts (von Bülow) vom 29. Oktober 1878, S 7–8; Auswärtiges Amt (AA), Politisches Archiv (PA) Bonn, Abt. III, Rep. IV, Band I

[2] Vgl. den Beitrag Goerke im 1. Kapitel des vorliegenden Bandes.

[3] Meckel, Andreas (1990) Jacob Meckel (1842–1906), Instrukteur der japanischen Armee. Ein Leben im preußischen Zeitgeist. In: Japanisches Kulturinstitut Köln, Kulturvermittler zwischen Japan und Deutschland. Biographische Skizzen aus vier Jahrhunderten, Frankfurt, S 85

[4] Kerst, Georg (1970) Jacob Meckel. Sein Leben, sein Wirken in Deutschland und Japan. Göttingen, S 53

[5] Original des mit "treuergebenster Freund Mutsuhito" schlußgezeichneten Briefes (in japanischer und deutscher Sprache) bei: AA/PA, Potsdam, Abt. III, Best.Sign.9.01, Band 28531

[6] Hofmarschall-Amt des Kronprinzen, Potsdam, "An den Kaiserli-

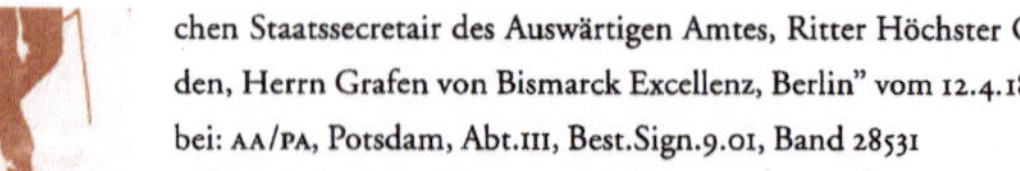

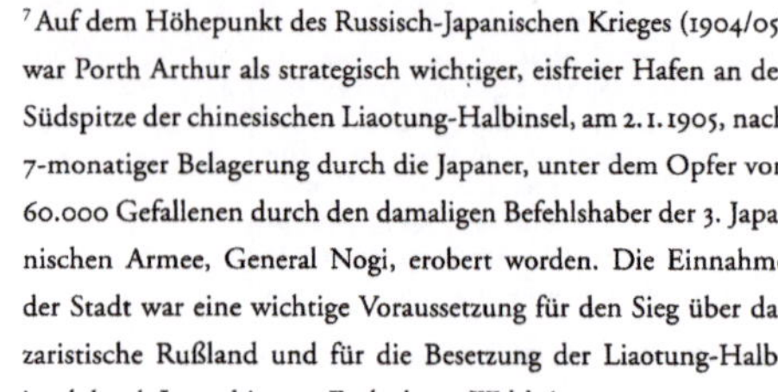

日本が戦争に勝利し、また第二次世界大戦終結まで日本が遼東半島を占拠したことの前提となる重要な出来事であった。

(8) 参考文献 7（23〜24頁）

(9) 在日ドイツ帝国大使館〈帝国宰相フォン＝ビューロウ侯爵閣下〉宛、1906 年 4 月 27 日付け報告、東京、2 頁

参考文献

1. 伊藤正康著《日本帝国軍の構築》、ハンブルク、1963 年

2. ゲオルク・ケルスト著《ヤーコブ・メッケル——その生涯と日独における影響》、ゲッティンゲン、1970 年

3. 久米邦貞著《明治時代初頭の日本とドイツの出会い——岩倉使節団のドイツ訪問》、ベルリン独日協会編〈日本とドイツ——相関関係 II ——ベルリン独日協会における講演集——1987 年〜1991 年〉所収、ベルリン、1991 年

4. ヨーゼフ・クライナー編《日本とドイツ——歴史的関係》、ボン、1984 年

5. ハインツ＝エーバハルト・マウル編《軍事大国日本——安全保障政策と軍隊》、ミュンヘン、1991 年

6. アンデレアス・メッケル著《ヤーコブ・メッケル（1842 年〜1906 年）——日本陸軍の師——プロシア時代精神による人生》、ケルン日本文化会館編〈日独間の文化の仲介者——400 年にわたる人物伝〉、フランクフルト・アム・マイン、1990 年

7. ハインリッヒ＝オットー・マイスナー著《プロシアおよび第三帝国における武官および軍事担当官》、ベルリン、1957 年

8. クルト・マイスナー著《在日ドイツ人》、東京、1961 年

9. 西郷従吾著『明治・大正時代におけるドイツと旧陸軍との関係』、日独協会編「再建 20 周年記念——日独文化交流の史実」154 頁〜165 頁所収、東京、1974 年

10. ハンス・シュワルベ／ハインリッヒ・ゼーマン共編《駐日ドイツ大使たち　1860 年〜1973 年》、東京、1974 年

11. ヴィーラント・ワーグナー著《明治時代初期の日本の外交政策——東アジアにおけるイデオロギー上、政治上の覇権請求》、シュトゥットガルト、1990 年

chen Staatssecretair des Auswärtigen Amtes, Ritter Höchster Orden, Herrn Grafen von Bismarck Excellenz, Berlin" vom 12.4.1888 bei: AA/PA, Potsdam, Abt.III, Best.Sign.9.01, Band 28531

[7] Auf dem Höhepunkt des Russisch-Japanischen Krieges (1904/05) war Porth Arthur als strategisch wichtiger, eisfreier Hafen an der Südspitze der chinesischen Liaotung-Halbinsel, am 2.1.1905, nach 7-monatiger Belagerung durch die Japaner, unter dem Opfer von 60.000 Gefallenen durch den damaligen Befehlshaber der 3. Japanischen Armee, General Nogi, erobert worden. Die Einnahme der Stadt war eine wichtige Voraussetzung für den Sieg über das zaristische Rußland und für die Besetzung der Liaotung-Halbinsel durch Japan bis zum Ende des 11. Weltkrieges.

[8] Meissner, Heinrich Otto (1957) Militärattachés und Militärbevollmächtigte in Preußen und im Dritten Reich. Berlin, S 23–24

[9] Kaiserliche Deutsche Botschaft (27. April 1906) Bericht an "Seine Durchlaucht dem Reichskanzler Fürsten von Bülow". Tôkyô, S 2

Weiterführende Literatur

– Itô Masayasu (1963) Aufbau des Kaiserlich-Japanischen Heeres. Hamburg

– Kreiner, Josef (Hrsg) (1984) Deutschland-Japan; Historische Kontakte. Bonn

– Kume Kunisada (1991) Begegnung von Japan und Deutschland Anfang der Meiji-Zeit; Besuch der Iwakura-Mission in Deutschland. In: Deutsch-Japanische Gesellschaft Berlin e.V. (Hrsg) Japan-Deutschland; Wechselbeziehungen (II) Ausgewählte Vorträge der Deutsch-Japanischen Gesellschaft Berlin aus den Jahren 1987–1991. Berlin

– Maul, Heinz-Eberhard (Hrsg) (1991) Militärmacht Japan; Sicherheitspolitik und Streitkräfte. München

– Meißner, Kurt (1961) Deutsche in Japan. Tôkyô

– Saigô Jûgo (1974) Meiji Taishôjidai ni okeru doitsu to kyûrikugun to no kankei (Über die Meiji- und Taishô-Ära; Die deutschjapanischen Heeresbeziehungen). In: Japanisch-Deutsche Gesellschaft (Hrsg) (1974) Saiken 20-shûnen kinen. Nichidoku bunka kôryû no shijitsu (20jähriges Jubiläum der Japanisch-Deutschen Historischen Beziehungen). Tôkyô

– Schwalbe, Hans und Heinrich Seemann (Hrsg) (1974) Deutsche Botschafter in Japan 1860–1973. Tôkyô

– Wagner, Wieland (1990) Japans Außenpolitik in der frühen Meiji-Zeit; Die ideologische und politische Grundlegung des japanischen Führungsanspruchs in Ostasien. Stuttgart

Jahrhundertwende
Marie-Luise Goerke

一九世紀から二〇世紀への変り目　マリー＝ルイーゼ・ゲールケ

ベルリン在住の日本人

　日本の経済や国の近代化に必要な技術と知識は、西洋の外国人顧問たちばかりでなく、留学あるいは視察目的で外国に赴いた日本人によってももたらされた⑴。技術分野で活動する人材も西洋諸国に派遣され、帰国後に彼らが学んできた事柄を日本の企業に伝え使用することに努めた。たとえばベルリンの建築家ヘルマン・エンデ（1829年～1907年）とヴィルヘルム・ベックマン（1832年～1902年）は日本に招聘され、日本の新政府の国会議事堂、裁判所、司法省⑵の設計に携わった。1887年～1888年には両名とともにセメントを練る職人や左官や煉瓦積みの職人も日本に渡り、それに呼応する形で20名ほどの日本人（建築家、室内装飾家、ガラス職人、他）がドイツを訪れた。

　日本人は、学問を修めるためにも新生の帝国首都にやってきた⑶。一番最初にベルリンに留学した人物は、後に東京の順天堂病院長になった佐藤進で、1869年にはすでにベルリンに住んでいた。佐藤はパッサウアーシュトラーセ通り3番のペンションに下宿し、彼に続いて数多くの留学生がここを下宿先とした。ペンションの女主人マリー・フォン＝ラーガーシュトレームは下宿人に親しみを込めて「日本伯母さん」と呼ばれ、80才の誕生日直前の1903年6月には下宿の名を「ペンション・ニッポン・オバサン」と改名している⑷。

　ベルリンは日本人に強い印象を与えた。ドイツ学協会学校（現独協学園）幹部の一員であった大村仁太郎は、旅行記《東京・ベルリン——日本帝国の首都からドイツ帝国の首都へ》にベルリンでの第一印象をつぎのごとく綴っている。

　「アンハルターバーンホーフ駅からほど近いポツダム広場まで電車に乗った。この広場にあるホテル・ベルビューに部屋をとった。ベルリンの生命線である巨大動脈数本が集合するポツ

"Berlin"–Japaner

Die für die Modernisierung der japanischen Wirtschaft und des Staatswesens notwendigen Techniken und das erforderliche Wissen wurden nicht nur durch westliche Berater in Japan vermittelt, sondern auch durch Japaner, die ins Ausland fuhren, um dort zu studieren oder zu beobachten.[1] Auch in technischen Berufen Arbeitende wurden von Tôkyô in die westlichen Staaten geschickt, um nach ihrer Rückkehr das dort Gelernte in den japanischen Betrieben weiterzugeben und anzuwenden. So wurden z.B. die Berliner Architekten Hermann Ende und Wilhelm Böckmann nach Japan eingeladen, um bei der Planung und dem Bau der Regierungsgebäude[2] der neuen Regierung Japans zu helfen. Mit den beiden Architekten reisten im Jahre 1887/88 auch Zementmischer und Maurer nach Japan und im Gegenzug etwa 20 Japaner (Architekten, Dekorateure, Glaser etc.) nach Deutschland.

Auch zum Studium kamen Japaner in die junge Reichshauptstadt;[3] der erste hieß Satô Susumu – der spätere Direktor des Juntendô-Hospitals in Tôkyô – und wohnte bereits 1869 in Berlin. Er bezog wie viele nach ihm bei Marie von Lagerström seine Pensionsunterkunft in der Passauer Str. 3. Frau Lagerström wurde liebevoll Nihon-Obasan (Tante Japan) genannt und gab kurze Zeit vor ihrem achtzigsten Geburtstag im Juni 1903 ihrer Herberge den Namen Pension Nippon-Obasan.[4]

Berlin machte Eindruck auf die Japaner. Ômura Jintarô, Mitglied des Direktoriums der Doitsugaku Kyôkai Gakkô, heutige Dokkyô-Schule, schilderte seine ersten Berlin-Eindrücke in der Reisebeschreibung *Tokio-Berlin. Von der japanischen zur deutschen Kaiserstadt*:

"Vom Anhalter Bahnhof fuhr ich zum naheliegenden Potsdamer Platz, an dem das Hotel Bellevue liegt, woselbst ich Wohnung nahm. Der Potsdamer Platz, in dem sich einige mächtige Arterien des Berliner Lebens einigen, bietet mit seinem riesigen Verkehr – wie ich mir erzählen ließ, soll er ein Kreuzpunkt von vielen Dutzenden elektrischen Straßenbahnlinien, sowie von kolossalen Menschenmassen sein – einen

大村仁太郎 Ômura Jintarô

ダム広場は、すさまじい交通量で驚嘆すべき光景である。聞くところによると、ここは路面電車の多数の路線が交差する地点であり、夥しい数の人間が集まるところだそうな。まず最初に目に止まり関心したことは、車道と、その両サイドの歩道からなる道路が非常に清潔で整備されていることだ」(5)

日独関係が始まってほぼ40年になるが、両国の関係はおもにベルリンと東京間で築かれたのであった。ベルリンではドイツ語の〈東亜——商工業・政治・学芸術の月刊誌——編集長：大日本出身の玉井喜作〉が刊行された。1898年から1910年まで続いた同誌は「日本人がヨーロッパで出した初めての月刊誌」である(a)。

この月刊誌が取り扱った主な内容は東洋への郵便連絡、広告、月々の日本貿易に関するリスト、書籍の紹介などであった。「雑報欄」ではベルリンの日本人集団や日本に赴くベルリンその他出身のドイツ人などの噂話しにくわえ、たとえばつぎのような非常に情報価値のある記事もみられる。

「日本のビール消費量は、1898年には前年比で20パーセント上昇した。ビールは無税であるが、一方日本酒にはかなり課税される。これにくわえて昨年は米価が高く、しかも日本酒に対する酒税をさらに増税するという政府の意図があるために酒の値段が暴騰し、逆にビールの消費量が増えたのである。日本からの知らせによると、11月28日（1898年——筆者注）に三田尻の資本家の会合で、当地にビール工場を新設するために山陽麦酒株式会社の設立が決定された。装置と原料はドイツから輸入されるものと思われ、我々は会社創立者たちにベルリン西南の醸造装置株式会社旧ハインリッヒ・ゲールケ＆Co.を、（…）桶と樽はベルリン北の樽工場W・コッホを強く推薦する」(6)

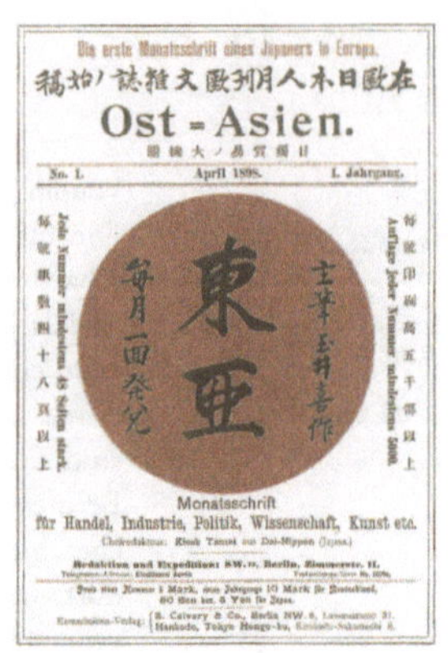

玉井喜作主幹の〈東亜〉第1号表紙
Titelblatt der ersten Ausgabe von
Ost-Asien

wahrhaft verblüffenden Anblick. Was mir zuerst auffiel und mich angenehm überraschte, war die peinliche Sauberkeit und Gleichmäßigkeit der Straßen, die aus dem Fahrdamm und den zu beiden Seiten laufenden Bürgersteigen (Trottoirs) bestehen."[5]

Die erst knapp vierzig Jahre währenden Beziehungen zwischen Deutschland und Japan spannten sich vornehmlich um die beiden Städte Berlin und Tôkyô. In Berlin wurde auch die deutschsprachige Zeitschrift *Ost-Asien, Monatsschrift für Handel, Industrie, Politik, Wissenschaft, Kunst etc., Chefredakteur: Kisak Tamai aus Dai Nippon (Japan)* herausgegeben, die als "erste Monatsschrift eines Japaners in Europa" von 1898 bis 1910 erschien.

Postverbindungen nach Ostasien, Inserate, Listen über den monatlichen japanischen Handelsverkehr, Bücherschauen u.a.m. waren für die Zeitschrift charakteristisch. Unter der Rubrik "Vermischtes" fand sich nicht nur der Gesellschaftsklatsch und Tratsch über die japanische Kolonie in Berlin und den nach Japan reisenden Berlinern und anderen Deutschen, sondern auch äußerst informative Kurznachrichten, wie z.B. folgende Meldung:

"Der Biergenuss in Japan hat sich im Jahre 1898 gegen das Vorjahr um 20% erhöht. Das Bier ist nämlich frei von Abgaben, während auf dem Sake schon

和独会の東京祭（1902年）
Tôkyô-Fest der Wa-Doku-Kai, 1902

日本関係の大小記事もこの月刊誌を飾った。たとえば、ヨーロッパ国際法への日本の加入に関するアレクサンダー・フォン＝シーボルト男爵の寄稿文が同誌の初年号から連載され、美濃部俊吉博士のドイツの貿易に関する記事も連載された。この頃日本政府は多数の専門家を西洋に派遣したが、美濃部は農商務省の委託で西洋市場での日本製品の可能性を調査するために渡欧したのであった。彼が農商務省にだした報告書は「両国の交流における利点を広く知らせるために」[7]〈東亜〉にも発表された。美濃部は報告書のなかで、陶磁器の販売の可能性を考えれば日本の伝統様式で生産すべきである、などの実践的な指摘をし、さらにつぎのような事柄を勧めている。

「緞通は現在までのところ芳ばしい輸出成果を上げていない。すでに何年も前に輸出を試みたことがあったが、日本の緞通は埃を含みすぎ、しかも独特な匂いを発することが分かった。そのために上流階級にとっては質が悪すぎ、下層階級が使用するには余り長持ちしないという欠陥がある。つまり、こういった理由でドイツでは商売の可能性はない」[8]

世紀の変わり目頃に対日貿易を手がけたのはおもに外国商館であった。もちろん日本側は通過貿易を避けて直接貿易をおこなうことに関心

和独会シュラハテンゼー湖遠足
Wa-Doku-Kai am Schlachtensee

日本倶楽部の広告　Anzeige des Nippon-Club

eine ziemlich hohe Steuer lastet. Dazu kamen die teuren Reispreise des letzten Jahres und die Absicht der Regierung, die Sakesteuer noch weiter zu steigern, weshalb die Preise für Sake ausserordentlich in die Höhe gingen und den Verbrauch zu Gunsten des Bieres verminderten. Wie wir aus Japan erfahren, hat am 28. November (1898, A.d.V.) eine Versammlung von Kapitalisten in Mitajiri beschlossen, unter dem Namen 'San'yo-Bier-Kabushiki-Kaisha' eine Aktien-Gesellschaft zu bilden, um dort eine neue Brauerei zu begründen. Die Einrichtung und das Rohmaterial werden voraussichtlich aus Deutschland bezogen werden, und wir empfehlen den Begründern ganz besonders die Aktien-Gesellschaft für Brauerei-Einrichtungen vorm. Heinrich Gehrke & Co., Berlin sw ... Für den Bedarf an Bottichen und Fässern ist in erster Reihe die Fass-Fabrik W. Koch, Berlin N ... hervorzuheben." [6]

Kleinere und größere Abhandlungen zum Thema Japan prägten ferner das Bild dieser Zeitschrift, z.B. die über den Eintritt Japans in das europäische Völkerrecht von Alexander Freiherr von Siebold, die in Folge ab dem ersten Jahrgang dieser Zeitschrift erschien oder der ebenfalls in Fortsetzung publizierte Bericht über den deutschen Handel von Dr. Minobe Shunkichi. Er war einer derjenigen, die die japanische Regierung, in diesem Fall das Ministerium für Landwirtschaft und Handel (Nôshômushô) ins Ausland entsandte, um die Aussichten japanischer Waren auf diesen Märkten zu erforschen. Sein an das Ministerium gerichteter Bericht erschien auch in der Zeitschrift *Ost-Asien*, um ihn damit zum "Vorteil des beiderseitigen Verkehrs hiermit weiteren Kreisen" [7] bekannt zu machen. Minobe gab ganz praktische Hinweise, z.B. daß Ton- und Porzellansachen wegen der besseren Verkaufschancen nach altjapanischem

を持っていた。美濃部はこの問題をつぎのごとくコメントしている。

「コペンハーゲンで私は中国や日本の製品を扱う店をみた。しかし、これらの店は日本から直接製品を輸入しているのではなく、ベルリンやハンブルクから、あるいはイギリスからも取り寄せているようだ。ベルリンとハンブルクの商社は日本から多量に輸入しているものの、我々日本人商人からではなく、自社の支店や横浜、神戸などのヨーロッパ商館から輸入している。(…) 多数の経験者と話したが、日本人商人と直接取り引きをしても何ら利点がなく、日本人商人は信頼できない、という考えの人がほとんどである。(…) だから日本人商人が直接対外貿易を希望するなら、当地のルールに従って正確かつ敏速に、また粗悪製品ではなく良質のものを送るよう努力すべきである」(9)

その他にも玉井は日本に特許を仲介し、日本の郵便切手と書籍を販売し、自らを両国間のドイツ語による仲介者とみなしていた。月刊誌〈東亜〉はベルリンの日本人社会における集会や行事や様々な活動を定期的に報道し、当時の情景を鮮やかに伝える誠に豊かな宝庫である。

日本人集団と日本に関心を持つグループの活

Geschmack herzustellen seien und empfahl weiterhin:

"Teppiche (Dantzû) haben bisher im Export kein gutes Ergebnis erzielt. Schon vor mehreren Jahren machte man einmal den Versuch, doch stellte sich heraus, dass unsere Teppiche zu viel Staub enthalten und dazu einen eigentümlich unangenehmen Geruch erzeugen. Dieser beiden Fehler wegen sind sie für die oberen Klassen zu gewöhnlich, für die unteren Klassen nicht haltbar genug. Damit ist also in Deutschland kein Geschäft zu machen." [8]

Um die Jahrhundertwende wurde fast der gesamte japanische Außenhandel durch ausländische Handelshäuser abgewickelt. Natürlich war die japanische Seite daran interessiert, diesen Zwischenhandel zu umgehen und ihn durch direkte Handelsbeziehungen zu ersetzen. Minobe kommentierte das Problem folgendermaßen:

"In Kopenhagen habe ich gleichfalls Geschäfte mit chinesischen und japanischen Waren gesehen, die sie jedoch von Berlin oder Hamburg beziehen, wohl auch aus England, nur nicht direkt aus Japan. Die Berliner und Hamburger Firmen führen zwar sehr viel aus Japan selbst ein, aber gar nichts von unseren japanischen Kaufleuten, sondern durch eigene Agenturen oder andere europäische Firmen in Yokohama oder Kôbe ... Ich habe mit vielen erfahrenen Leuten gesprochen, die mir sagten, sie hätten keinen Vorteil, wenn sie direkten Handel mit unseren Kaufleuten trieben. Es ist das Urteil fast eines jeden, mit dem ich

ベルリン東洋語学校の日本語授業参加者
Japanische Klasse des Orientalischen Seminars in Berlin

動は、世紀の変わり目頃に大いに活況を呈した。各種協会が発足し、ベルリンでは「和独会」〈独亜協会〉およびベルリン在留邦人の会「日本倶楽部」が誕生し、ハンブルクには「東亜細亜協会」[(b)]ができた。講演会が催され、日本関係の書籍が出版され、マスコミも報道するなど両国の関係は一層緊密度を増していった。1902年3月に〈東亜〉は、東京の教育諮問会が英語にくわえドイツ語を中学に導入することを決定したと伝えている。これは、玉井がローマ字の導入を奨励する動機となったようであり、彼のつぎのような発言がみられる。

「漢字の表象文字を放棄しローマ字を導入するとすれば、何という大きな進歩であろうか。日本の子供たちは何千にもおよぶ表象文字を学ぶために、七年もの労苦を強いられているのだ。日本の国民学校の生徒たちにとっては何たる苦痛であることか。生の喜びがこの労苦のために奪われ、青少年の憂鬱な面持ちや、また彼らの音楽面での発展が乏しい所以であると思われる」[(10)]

初めて生じた日独間の不和

日独関係が活況を呈する最中、ベルリンと東京関係史上に初めて暗い影を投じる事態が生じた。原因は日清戦争（1894年〜1895年）後に戦勝国日本が下関講和条約によって遼東半島を獲得したことに対するロシア、ドイツ、フランス三国の干渉であった[(11)]。開戦当時および戦時中のベルリンは、取り敢えずは干渉に直接関与しない姿勢を保ったが、終局的にはロシア、フランスとともに干渉するにいたったのである。このいわゆる三国干渉でのドイツの行動を、東京は理解できなかった。ロシアのとる攻撃的で膨張主義的極東政策とは反対に、ベルリンは干渉に踏み切るほどに防御すべき、あるいは日清戦争の結果失う恐れのある領地や利害の対象を極東には一切持っていなかった。この限りにおい

ポツダム駅（ポツダマバーンホーフ）を臨む
Blick zum Potsdamer Bahnhof

mich darüber unterhielt, dass man dem japanischen Kaufmann nicht vertrauen könne … Wenn also der japanische Kaufmann direkte überseeische Geschäfte zu machen wünscht, dann muss er … nur bestrebt sein, ganz genau nach Vorschrift prompt und schnell zu liefern, und lieber bessere als schlechtere Waren zu versenden."[9]

Tamai betrieb außerdem noch die Vermittlung von Patenten in Japan, verkaufte japanische Briefmarken und einige Bücher und sah sich insgesamt als ein deutschsprachiges Bindeglied zwischen beiden Ländern. Die Zeitschrift *Ost-Asien* ist eine wahre Fundgrube und vermittelt ein lebendiges Bild der damaligen Japan-Szene in Berlin, über deren Treffpunkte, Gesellschaften und Aktivitäten regelmäßig berichtet wurde.

Die japanische Kolonie und auch die Gruppe der an Japan Interessierten blühte um die Jahrhundertwende. Gesellschaften entstanden: in Berlin die Wa-Doku-Kai, die Deutsch-Asiatische Gesellschaft und der nur für Japaner zugelassene Nippon-Club, in Hamburg der Ostasiatische Verein; es wurden Vorträge veranstaltet, Bücher über Japan erschienen, die Presse berichtete und die Verbindungen der beiden Staaten wurden enger. Im März 1902 meldete die Zeitschrift *Ost-Asien*, daß der Erziehungsrat in Tôkyô beschlossen habe, außer der englischen auch die deutsche Sprache an den Mittelschulen einzuführen. Tamai sah sich dadurch offenbar veranlaßt, sogleich

ても、1895年4月の干渉には頷ける理由がな
かったのである。

日清戦争の最中、東洋におけるヨーロッパ権
益の防御を図るイギリスは、ドイツを対日干渉
に関与するよう勧誘したが、1894年7月にはア
ジアには一切関心がないとして皇帝ヴィルヘル
ム二世はこれを拒否したのであった(12)。しかしド
イツは、公式に中立を保障すべきという日本の
要求にも、共同干渉を目論むイギリスの働きか
けにも応じなかったのである。中国とドイツの
通商関係（おもに武器の輸出）のためと当初は
戦争結果の見通しがつかなかったために、ベル
リンは中立の立場の公式表明を拒否したので
あった(13)。日本の勝利が明らかになりだすと、イ
ギリスは新たに中国における権益の喪失を危惧
するようになった。1894年10月にイギリスは
二度目の干渉を試みたが、この時もベルリンは
協力する気配をみせなかった。しかし、ベルリ
ンが依然として東京に対する連合干渉に関与す
る考えを持たない反面、ヴィルヘルム二世は真
近に迫る中国の分割で「損をしないために」日
本との折衝を要求したのである(14)。

しかし、日本が勝利した場合に中国が新たに

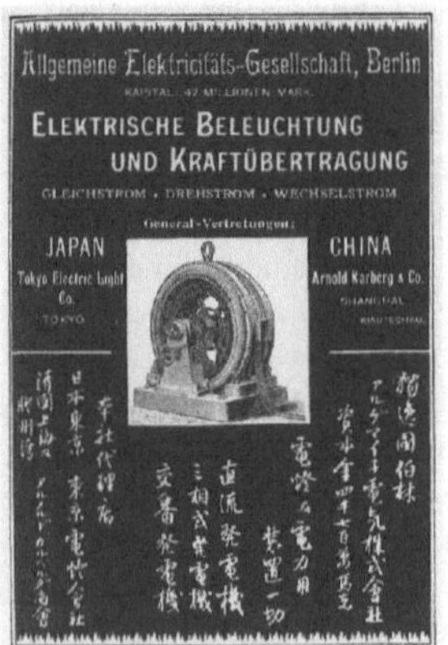

ベルリンＡＥＧ社広告（1899年）

Anzeige der AEG-Berlin 1899

die Einführung der lateinischen Schrift in Japan zu
fordern:

"Welch enormer Fortschritt wäre es aber ... die chinesische Symbolschrift ganz aufzugeben und einfach
das lateinische Alphabeth einzuführen! Sieben Jahre
außerordentlicher Anstrengung kostete es jeden jungen Japaner, die vielen tausend Symbole zu erlernen!
Welch eine Qual für die Kinder der japanischen
Volksschulen! Die Lebensfreude geht unter der Anstrengung dahin, und daher mag wohl auch der
melancholische Zug der Jugend und die geringe
Entwicklung der Musik rühren." [10]

Der erste Störfall

Den ersten Schatten auf die noch junge Geschichte
der Beziehungen zwischen Berlin und Tôkyô warf inmitten blühender deutsch-japanischer Kontakte die
russisch-französisch-deutsche Intervention in Shimonoseki gegen die Einnahme von Liaotung (Liao-
dong) durch Japan nach dem gewonnenen Chinesisch-Japanischen Krieg (1894/95). [11] Die anfängliche
Haltung Berlins bei Kriegsausbruch und auch im
späteren Kriegsgeschehen sah zunächst gar nicht
nach einem direkten Eingriff aus, bis das Deutsche
Reich schließlich doch mit Rußland und Frankreich
intervenierte. Insbesondere das deutsche Vorgehen
bei dieser sogenannten Tripelintervention stieß in
Tôkyô auf starkes Unverständnis: Im Gegensatz zu
der offensiv betriebenen, expansiven russischen Fernostpolitik hatte Berlin zu diesem Zeitpunkt noch
keinerlei Besitzungen oder Interessen in Ostasien,
die es zu verteidigen gegolten hätte oder die durch
das Ergebnis des Chinesisch-Japanischen Krieges
hätten gefährdet werden können. Insofern gab auch
keinen einleuchtenden Grund zu dieser Intervention
vom April 1895.

分割され、その際にドイツは何も獲得できないという可能性は皇帝の考えだけでなく、事実一年後には彼の姿勢をも一変させたのである。しかし、ロシアとドイツの三国干渉関与はヨーロッパの内部事情の結果でもあり、両国が接近し始めたことを表している[15]。

いずれにしても、日清戦争での東京の戦果にベルリンは驚嘆し、誇らしく感じたのである。というのも、日本陸軍はドイツをモデルに構築されたからである[16]。日本は突如として極東の文明大国にのし上がり、その位置を軍事的勝利によって獲得したのであった。東京に対する敬意はドイツ政府レベルに留まらなかった。様々な層のドイツ市民161人が大山陸軍相に日本の勝利を祝福する手紙をだし、そのうち50通が1900年に公表された[17]。しかし、このように軍事的成果を賞賛したものの、日本の勝利が確実になった段階で、そこから生じる危機にベルリンも気づき、1895年4月17日に下関で日清講和条約が締結された後、ロシアはフランス、ドイツとともに日本に干渉し、占領した遼東半島を還付させたのである。

さらにその二年後には、ドイツはアジアに関心がないとしたベルリンの姿勢を翻す行動を起こした。1897年11月にドイツ帝国は膠州湾と青島を占拠したのである。日本での評価はまちまちであるがドイツでは評判の高いベルリン駐在公使青木周蔵は、東南アジアにおける一領地はアフリカにおけるドイツの全占有地よりも「はるかに価値がある」と発言し、ドイツの領地獲得欲を大いにかきたてたのである[18]。ベルリンは東洋進出に際してヨーロッパ列強の反応を危惧する一方、東京の反応には配慮しなかった。というのも、日本は中国に対するドイツの関心には異存がない、という青木の発言に力を得ていたためであった。しかし、日本に配慮せずヨーロッパ近隣諸国の反応のみを念頭においた

Einen ersten Vorstoß Englands, das die europäischen Interessen in Ostasien mittels einer Intervention gegen Japan noch während des japanisch-chinesischen Krieges zu verteidigen suchte, hatte Kaiser Wilhelm II. daher auch zunächst noch im Juli 1894 folgerichtig mit dem Verweis, Deutschland verfolge keine Interessen in Asien, abgelehnt.[12] Dem japanischen Wunsch, Deutschland solle seine Neutralität offiziell bestätigen, wurde jedoch ebenso wie dem englischen Bemühen, gemeinsam zu intervenieren, nicht entsprochen. Die Handelsbeziehungen zwischen China und Deutschland – vornehmlich Rüstungsexporte – und auch die anfängliche Skepsis, wer aus diesem Krieg als Sieger hervorgehen würde, führten zu der Ablehnung Berlins, sich offiziell neutral zu verhalten.[13] Daß Japan den Krieg gegen China gewinnen würde, zeichnete sich jedoch immer konkreter ab, und so bangte England erneut um China: Es wagte einen zweiten Interventionsversuch im Oktober 1894, dem sich Berlin abermals nicht anschließen wollte. Einem offiziellen Vorgehen gegen Tôkyô wollte Berlin einerseits noch nicht Vorschub leisten, andererseits forderte Kaiser Wilhelm II. eine Verständigung mit Japan, um bei der bevorstehenden Aufteilung Chinas nicht "zu kurz zu kommen".[14]

Die Möglichkeit, daß im Falle eines japanischen Sieges China jedoch neu aufgeteilt werde und Deutschland dabei leer ausgehen könne, ließ ihn nicht nur seine Meinung, sondern tatsächlich ein Jahr später seine Haltung ändern. Die deutsch-russische Teilnahme an der Tripelintervention speiste sich dabei auch aus innereuropäischen Motivationen und verdeutlichte die Annäherung zwischen den beiden europäischen Staaten.[15]

Auf jeden Fall rang die militärische Stärke Tôkyôs im Krieg gegen China Berlin zunächst Bewunderung und Stolz ab – hatte man doch die japanische Armee nach deutschem Vorbild aufgebaut.[16] Japan stieg plötzlich zu der Zivilisationsmacht im Fernen Osten auf; eine Rolle, die es sich offenbar durch die militärischen Siege erkämpfen konnte. Tôkyô erwarb sich Achtung in ganz Deutschland und nicht nur in Regierungskreisen: 161 Deutsche aus verschiedenen Bevölkerungsschichten gratulierten dem japanischen Kriegsminister Ôyama per Brief zu den japanischen Siegen, 50 dieser Glückwünsche wurden 1900 ver-

のは誤算であり、ベルリンと東京の関係に直接
影響を及ぼした。三国干渉によって日本が強制
的に遼東半島を還付させられた直後にロシアが
遼東半島を占拠した時、東京はロシアとドイツ
が東洋で植民地政策に着手するという印象を持
ち、日本は艦隊を総動員した。しかし、日本艦
隊の示威行為に示したベルリン外務省の反応は、
ドイツは中国における日本の拡大を阻止する考
えはないというものであり(19)、これは1895年の
三国干渉の内容に反するものであった。つまり、
皇帝ヴィルヘルム二世は日本に対して実利的に
振る舞うことを決めたのであり、日独協定の締
結をも考えていた。「なぜならば、我々サイドに
とって日本も必要になり得るためである」(20)。協
定締結にはいたらなかったものの、まずは対外
政策上での危機は免れたのであった。

　1898年3月6日にドイツは日本が承認しない
青島「租借条約」によって中国における要塞構
築を確定的なものにした。続いて1899年にドイ
ツはカロリン諸島とマリアナ諸島を占拠した。
西欧の東洋進出によって日本国内では反ヨー
ロッパの風潮が高まり、排外傾向の進展とともに
三列強に対する失望と不信感が募っていった(21)。
ヨーロッパ列強は三国干渉後五年内に日本に対
する自らの警告を無視して各地を占領したので
ある。ドイツは青島を、フランスは膠州湾を、
ロシアは遼東半島を占領した。特に日本のベル
リンに対する友好関係には亀裂が生じ、この時
に1902年の日英同盟成立と1914年の対独戦争
参戦への前提が作られたのであった。

öffentlicht.[17] Trotz dieser militärischen Freuden sah
man gleichzeitig in Berlin auch die Gefahren eines
immer wahrscheinlicher werdenden japanischen Sieges. Als am 17. April 1895 in Shimonoseki der Friedensvertrag zwischen Japan und China unterzeichnet wurde, intervenierte Rußland – zusammen mit
Frankreich und Deutschland – gegen die Einnahme
von Liaotung durch Japan. Die Japaner mußten auf
ihre Ansprüche in Liaotung verzichten.

Schon zwei Jahre später wurde die einstige Position
Berlins, Deutschland verfolge keine Interessen in
Asien, durch ein weiteres Ereignis revidiert: Im November 1897 besetzte das Deutsche Reich die Bucht
von Kiautschou (Jiaozhou), einschließlich der Stadt
Tsingtau (Qingdao). Aoki Shûzô, der in Japan zwar
umstrittene, in Deutschland jedoch gepriesene japanische Gesandte in Berlin, schürte den deutschen Er-
werbsdrang nachdrücklich: Eine Provinz im Südos-
ten Asiens sei "weit schätzenswerter" als der gesamte
deutsche Afrikabesitz.[18] In Berlin sorgte man sich indessen zwar um die Reaktion der anderen europäischen Mächte bei dem Vorstoß, nicht jedoch um die
Tôkyôs und fühlte sich dabei durch Aokis Äußerung
bestärkt, daß Japan nichts gegen deutsche Interessen
in China habe. Der Fehler, die Antwort der europäischen Nachbarn, aber nicht die Japans zu bedenken,
wirkte sich auf das Verhältnis zwischen Berlin und
Tôkyô direkt aus. Als Rußland bald darauf selbst die
Liaotung-Halbinsel besetzte, von der die japanischen
Truppen kurz zuvor aufgrund der Tripelintervention
abzuziehen gezwungen waren, entstand in Tôkyô der
Eindruck einer gemeinsamen russisch-deutschen
Kolonialpolitik in Ostasien. Japan machte daraufhin
seine Flotte mobil. Die Reaktion des Auswärtigen
Amts in Berlin auf die japanische Flottendemon-
stration signalisierte jedoch – entgegen seiner 1895
dokumentierten Intervention – daß Deutschland
nicht daran dachte, Japan an einer Ausbreitung in
China zu hindern.[19] Kaiser Wilhelm II. entschied,
sich gegenüber Japan pragmatisch zu verhalten, und
schloß nun auch ein deutsch-japanisches Bündnis
nicht aus, "da wir dasselbe u.U. auch sehr wohl an
unserer Seite gebrauchen könnten"[20]. Zwar kam dies
nicht zustande, die bilaterale Krise war jedoch zunächst überwunden.

ベルリンにおける日本像──驚嘆から脅威の狭間で

　中国における日本の軍事勝利に対するドイツ人の好感が高まった期間は短く、間もなくドイツ人の感情は「黄禍」[22]という語に取って変わった。この言葉は20世紀初頭における日本の経済的[23]および軍事的成長にともない、ますます頻繁に用いられるようになった。ヴィルヘルム二世はこの造語によって、日本を統率者とする東洋の軍事的結合という恐怖のヴィジョンを広めた。彼は仏陀を指導者とする略奪者の一味がキリスト教の旗を掲げる一団と戦う絵を描かせ、「ヨーロッパの民族よ、最も聖なる財を守れ」という一文を添えさせた。

　前世紀の終りには、中国の支払う戦争賠償金と金本位制度導入に支えられ、日本には産業の繁栄がもたらされ、今世紀初めには少なからぬ外国債の取引がおこなわれた。また国民の所得は日露戦争勃発まで上昇を続けた。産業繁栄ばかりでなく、中国に対する関心も膨れ上り、世界政治においてもはや客体ではなく、能動的主体になることを望む声が高まった。日清戦争での勝利に、また1900年の北清事変ではヨーロッパ連合軍にとって重要な一役を担ったところに、日本は植民地獲得にやっきとなる列強が狙う国ではなくなり、自ら植民地を要求する国に発展したことが現われている[24]。

　日本が完璧に学ぶ勤勉な生徒の役割から脱皮し、真剣に受け止めるべき同等のパートナーに発展する恐れが濃くなればなるほど、列強は脅威的な競争相手と感じ取るようになった。もはや日本人は利発な祝福される勝者ではなく、かつての教師を追い抜く恐れのある醜い模倣者となった。北清事変の頃にはつぎのような警鐘が鳴らされた。

　「アジア人は受動的で静寂主義者であり、活動的なヨーロッパに比較して半ばまどろんでいるかのごとくである。このようなまどろみの一

Am 6. März 1898 besiegelte Deutschland durch den "Pachtvertrag" über Tsingtau, den Japan nicht anerkannte, seine Festsetzung in China, 1899 folgten die Karolinen- und Marianen-Inseln. Die nationalen Stimmen in Japan gegen die Europäer wurden durch deren Vorgehen in Fernost lauter, fremdenfeindliche Tendenzen wuchsen, Enttäuschung und Mißtrauen gegenüber den drei Mächten machte sich breit.[21] Die europäischen Staaten hatten binnen fünf Jahren nach der Tripelintervention die Gebiete eingenommen, von deren Inbesitznahme sie Japan zuvor gewarnt hatten: Deutschland besetzte Tsingtau, Frankreich die Kiautschou-Bucht und Rußland die Liaotung-Halbinsel. Das freundschaftliche Verhältnis Japans insbesondere zu Berlin hatte Schaden genommen, wodurch eine der Voraussetzungen geschaffen wurde, die zu dem japanisch-englischen Bündnis von 1902 und zum Kriegseintritt Japans gegen Deutschland 1914 führten.

Berliner Japanbilder:
Zwischen Bewunderung und Bedrohung

Das kurze Intermezzo der deutschen Sympathiewoge für die japanischen Militärsiege in China machte bald dem Schlagwort von der "Gelben Gefahr"[22] Platz, das in den ersten Jahren des neuen Jahrhunderts durch Japans wirtschaftliches[23] und militärisches Erstarken immer stärkeren Auftrieb erhielt. Wilhelm II. ließ mit dieser Wortschöpfung seiner Schreckensvision einer militärischen Einigung Ostasiens unter japanischer Führung freien Lauf und gab ein Bild in Auftrag, das die unter der Führung Buddhas stehenden, brandschatzenden Banden im Kampf mit den das christliche Banner hochhaltenden Truppen zeigte. Die Bildunterschrift lautete: "Völker Europas, wahret Eure heiligsten Güter".

Ende des vorigen Jahrhunderts erlebte Japan einen industriellen Aufschwung, der durch die chinesischen Reparationen und die Einführung der Goldwährung unterstützt wurde. Angesichts der so gewährleisteten Kreditwürdigkeit wurden in den ersten Jahren unseres Jahrhunderts nicht geringe Auslandsanleihen getätigt, und das Volkseinkommen stieg zunächst bis zu dem Russisch-Japanischen Krieg an. Nicht nur die industrielle Blüte, sondern auch die deutlich erkennbaren japanischen Interessen am ge-

部、つまりアジア文化の最も古い部分のひとつが、最近のヨーロッパの対中戦争の喧騒に驚いて目を醒ましたのである。すでに大分前に島国日本の民族は覚醒し、目に飛び込むヨーロッパ文明の純粋に機械的な点の優越性を認め、それを急いで磨きをかけた形で自分のものにしたのである。この民族はアジアの他の民族よりもずっと熱心にヨーロッパを模倣し、一方ヨーロッパ商人よりも安価な製品で東洋市場に進出することによって経済関係を攻撃的な対外貿易に拡大しようと図った。しかし、このアジア人は独立商人として、また経済的征服者として自ら危険を犯してまで東洋市場を越えてヨーロッパには進出しない。（…）すでに言ったように、アジア文化の大部分は今日まで受動的静寂を保っている。しかし、巨大な力がうたた寝をしている感じや、我々がこの文化を起して活動的で攻撃的な文化にさせようとすることは、今までで最も危険な企てなのではないか、という感覚は、時折ヨーロッパの土壌をゆるがし、予言的な警鐘を鳴り響かせるのである。『ヨーロッパの民族よ、最も聖なる財を守れ』と。これは、ヨーロッパの進撃によって惹き起こす恐れのある凄まじい戦いが二文化間の巨大な力と内容の闘争であることを指している。我々ヨーロッパ人はこの戦いに勝てるのだろうか」(25)

　近代国家への発展過程で日本が進んだ道は、疑いなく西洋、すなわち日本にとっては教師であるプロシア・ドイツが示した道であった。この頃のドイツが描いた日本像は一方では驚嘆、他方ではドイツが追い抜かれるという脅威のヴィジョンであった。変化する時代に自らを適合させ、両者に実りある提携に努める者はわずかであり、多くは諸悪の「責任」を日本人に転嫁しようと図ったのであった。

　こういった見方をする日本人の批判家たちは、ベルリン市民の日本に関する知識のなさを訴え

genüberliegenden Festland riefen die Stimmen auf den Plan, die sich Japan eher als Objekt denn als Subjekt im Spiel der politischen Kräfte wünschten. An dem gerade zuvor gewonnenen Chinesisch-Japanischen Krieg und dem Vorgehen der Japaner an der Seite der Europäer gegen den Boxeraufstand im Jahre 1900 verdeutlichte sich indes die Entwicklung Japans vom einstigen Objekt kolonialer Begierden zu einem handelnden Subjekt.[24]

Je mehr sich Japan von der Rolle des fleißigen Schülers zu entfernen drohte, zu perfekt lernte, sich zu einem ernstzunehmenden, gleichberechtigten Partner zu entwickeln schien, umso stärker empfanden einige dies als beängstigende Konkurrenz. Nun waren die Japaner nicht mehr die Gelehrigen oder die gefeierten Sieger im militärischen Kampf, sondern die häßlichen Nachahmer, die ihren einstigen Lehrer zu übertreffen drohten. Zur Zeit des Boxeraufstandes wurden warnende Stimmen laut:

"... Die Asiaten aber bleiben ... passiv und quietistisch und gegenüber der Regsamkeit Europas gleichsam im Halbschlummer. Aus diesem Halbschlummer ist ein Teil, und zwar einer der ältesten Teile asiatischer Kultur, durch die Trompetenstöße des jüngsten europäisch-chinesischen Krieges aufgeschreckt worden. Vorher schon ist das Inselvolk der Japaner erwacht, hat die Überlegenheit einzelner, in die Augen springender rein mechanischer Punkte der europäischen Civilisation erkannt und sich dieselben in Form einer rasch übergestrichenen Politur zu eigen gemacht. Dieses Volk hat dabei mehr als irgendeine andere asiatische Völkerschaft die Art der Europäer nachgeahmt, indem es seine Wirtschaftsbeziehungen gleichfalls in einem aggressiven Außenhandel auszudehnen suchte, mit seinen Produkten auf dem östlichen Markt erschien und den europäischen Kaufmann daselbst unterbot. Aber außer an dieser Stelle ist der Asiate als selbständiger Kaufmann und als wirtschaftlicher Eroberer für eigene Rechnung und Gefahr noch nicht in Europa aufgetreten ... Wie schon gesagt, der größte Teil der asiatischen Kultur ist bisher in passiver Ruhe geblieben. Aber das Gefühl, daß da eine gewaltige Macht schlummert, und daß es vielleicht das gefährlichste Unterfangen seit Jahrtausenden darstellt, diese Kultur zu wecken und zu einer aktiven und angreifenden machen zu wollen, dieses

た。ベルリン市民は西洋列強以外の国に同等の指導的役割を認めようとしなかった。しかし、まさにこれを日本は要求したのであった。

「大日本帝国の国民である我々がベルリンで支那人と呼びかけられることほど不愉快なことはなく、しかももっとばつが悪いのは義和団と嘲笑されることだ。しかし、そのような罵言を浴びせるのは貧しく卑しい輩か無教養な労働者に過ぎず、だから文句をつけても無意味である。（…）この三十年来勉学のためにベルリンに来た日本人の数は何千に達している。来日したドイツ人の数も決して少なくはない。特に日清戦争と中国の混乱以来、日本はどんどん勢力を持ち、英雄名日本人は当地にも鳴り響いているはずである。しかし、当地では想像するほど日本人は知られていない。日本は中国に属すると思われ、日本人と中国人は同じ人種と思われている。言い変えると中国という名は日本よりもずっと知れ渡っているのである。誠に遺憾な事実ではなかろうか。（…）黒髪で黄色肌の人間は皆一括して中国人と見なされているのだ。日本人が文明化への途上で青い目と金髪の人間を皆オランダ人と見なしたと同様に。（…）今ベルリンには約30人の中国人に対して、100人以上の日本人が滞在しているにもかかわらず、ベルリン市民はほとんどの場合我々を支那人と呼ぶのである。時には我々が日本人であることを指摘しても、どっちみち同じじゃないか、と言わんばかりの顔をする」(26)

以後東洋における日本の優勢がさらに強化されていき、そのため、祖国に忠実な日本人にはベルリン市民が日中両民族を同一視するのは耐え難いことであった。しかし、同時に──歪曲されていたとしても──当時のベルリン市民の一般的な意識では中国の方が優勢であったことを物語っている。これは「貧しく卑しい輩」だけに言えることではなく、他の市民層でも同様

Gefühl durchzittert von Zeit zu Zeit den europäischen Boden und klingt aus in den prophetischen Warnungsruf: 'Völker Europas, wahret Eure heiligsten Güter'. Es ist damit zugleich ausgesprochen, daß der furchtbare Kampf, welcher durch dieses europäische Vorgehen vielleicht heraufbeschworen wird, ein Ringen darstellen wird zwischen zwei Kulturen von gewaltiger Kraft und gewaltigem Inhalt ... Werden wir Europäer in diesem Kampfe siegen?" 25

Japans Weg in die Moderne wurde ohne Frage als ein einzig von den westlichen, in diesem Falle preußisch-deutschen, Lehrern gewiesener Weg begriffen. Das deutsche Japanbild in dieser Zeit schwankte zwischen Bewunderung und der von Furcht geprägten Vision einer möglichen Überlegenheit. Wenige sahen sich selbst gefordert, etwa durch eine mögliche Anpassung an sich ändernde Zeiten, zu einem für beide Seiten fruchtbaren Zusammengehen zu gelangen, viele suchten die "Schuld" bei den Japanern.

Japanische Kritiker dieser Sichtweise beklagten die mangelnde Kenntnis z.B. der Berliner über Japan, die außerhalb der westlichen Mächte keinem anderen Staat eine gleichberechtigte Führungsrolle zuzugestehen bereit waren – und die Japan doch für sich in Anspruch nehmen wollte.

"Nichts ist uns allen, wenn wir nach Berlin kommen, unangenehmer als dies, dass uns, den Angehörigen des Kaiserreichs Dai Nihon (Groß-Japan) manchmal 'Chinese' nachgerufen wird, und noch peinlicher ist es einem, gar als 'Boxer' verhöhnt zu werden. Da es aber nur arme, hungrige Teufel und ungebildete Arbeiter sind, die so etwas rufen, so lässt sich natürlich nichts dagegen sagen ... Nun zählen wir Japaner, die wir seit 30 Jahren nach Berlin studienshalber gekommen sind, nach Tausenden, und sicherlich nicht we-

ベルリン動物園、象の門
（1902 年）
Elefantentor, Zoo, 1902

であった。他の場で、巌谷小波はベルリン東洋語学校の一講師と交した初対面の会話を書いている。

「彼は『あなたは日本人ですか。日本はドイツのように寒いですか。首都はどこですか。ベルリンと同じくらいの大きさですか。日本は君主制、あるいは共和国ですか』と私に聞いたが、最後の質問ではふとこの同僚にからかわれているのかも知れないと思った。しかし、話しを続けるうちに、全部真面目な質問だったことがはっきりした。(…)我々日本人は外国に関して、外国人が我が国を知るよりもずっと多くの知識をもっている。その比率は7対3ぐらいだろうか」(27)

もちろん日本人のなかには「文化輸入」をさらに促進させることに賛同する者がいた。彼らが遺憾と感じていたのは日本に関するドイツ人の無知識というよりも、日本人の生活慣習が充分に西洋のそれになりきっていないことであった。

「私自身が見聞きしたところでは、ドイツでは男女ともに身体教育に大きな価値を置いている。事実、当地の人間は一般的に我々よりも体格が優れている。最近の学校衛生報告によると我が国の青少年の身長は、女子の場合には伸びている。特に学校で体操に力を入れるようになり、また椅子やテーブルを取り入れた、より近代的な生活を始めるようになって以来である。我が国の人間に体を鍛え運動を盛んにすることを強く勧め、畳に座る生活をやめるよう忠告する」(28)

日本人には創造性がなくただ模倣するのみ、と言うイメージが今日なお生き続けているが、これは、この時代にでき上がったものである。当時すでに、そのような先入観が生まれるのは特に知識の絶対的な欠如や、ステレオタイプのイメージ、あるいは日本語ができないためだ、という強い反論を唱える者もいた。また、故意

nige Deutsche sind in unser Land gekommen oder sind dort gereist. Besonders seit dem japanisch-chinesischen Krieg und den chinesischen Wirren ist Japan immer mächtiger geworden, und der Heldenname 'Japaner' muss mehr und mehr herübergeklungen sein. Aber hier sieht man, dass die Japaner weit weniger bekannt sind, als man dachte. Man meint noch immer, dass Japan zu China gehöre, ja, dass die Japaner und Chinesen dieselbe Rasse wären, oder mit anderen Worten: der Name 'China' ist viel bekannter geworden als der Name 'Japan'. Ist das nicht wirklich recht bedauerlich? ... Jeden Menschen mit schwarzem Haar und gelben Gesicht ... halten die meisten von ihnen gleich für einen Chinesen, gerade wie die Japaner, als sie erst halb zivilisiert waren, gewöhnlich jeden Menschen mit blauen Augen und blondem Haar für einen Holländer hielten ... Obgleich es jetzt in Berlin über 100 Japaner und dem gegenüber nur etwa 30 Chinesen gibt, nennen sie uns meistens Chinesen. Sagen wir auch manchmal, wir seien Japaner, so machen sie ein Gesicht, gerade als wenn sie sagen wollten: Na, das ist ja doch dasselbe!" [26]

Die Vormachtsstellung Japans in Ostasien erhielt derartigen Auftrieb – der sich in den folgenden Jahren noch verstärkte, daß die Vorstellung, die Berliner kennten den Unterschied zwischen beiden Völkern nicht, vaterlandstreuen Japanern ein Greuel war. Sie zeigte aber gleichzeitig, wenn auch verzerrt, die Dominanz Chinas in dem damaligen, allgemeinen Bewußtsein der Berliner. Dies traf nicht nur auf die "armen, hungrigen Teufel" zu, sondern durchaus auch auf andere Kreise. An anderer Stelle berichtete Iwaya Sazanami von einer Begegnung mit einem Lektor am Seminar für Orientalische Sprachen in Berlin:

"Er fragte mich: 'Sind Sie aus Japan? Ist es dort auch so kalt wie in Deutschland? Wie heißt die Hauptstadt? Ist dieselbe auch so gross wie in Berlin? Ist Japan ein Königreich oder eine Republik?' Die letzte Frage erweckte in mir die Vermutung, mein Kollege wollte mich vielleicht zum besten halten, aber aus der Fortsetzung der Unterhaltung ging hervor, dass alle Fragen in vollständigem Ernst gestellt wurden ... Wir Japaner kennen wahrlich mehr vom Auslande als die Fremden von Japan, die Kenntnisse dürften etwa im Verhältnis 7:3 stehen." [27]

に間違った意見を流すプロパガンダとも憶測されていた。日本を西洋の近代的産業国家と同等の国として認めることには大きな抵抗があり、列強の同等のパートナーと自認する日本人たちを侮辱するものであった。津軽英麿は《ヨーロッパ言語で出版された日本関係一般文学批評》でつぎのように発言している。

「日本に対する関心は、最近の東洋での出来事（北清事変を指している——筆者注）によるよりも、ヨーロッパ産のいわゆる日本演劇によって呼び起こされたようだ。名を挙げると《ミカド》や《ゲイシャ》と題するオペレッタである。これらのシナリオと舞台装置の馬鹿さ加減を真面目に語る価値はないが、《ミカド》で皇太子が作業服をまとうのや、《ゲイシャ》では生身の芸者も一括して茶室の競売をするなどは馬鹿さ加減の例である。（…）つい最近まで単に聖なる富士山のそびえるメルヒェンの国、茶や絹、磁器と漆器の産国と見なされていた日本皇国は今や近代文化諸国の仲間入りをし、国際政治の舞台で発言権を持とうとしているのである。将来諸民族の歴史に寄与する使命を受けた日本が、共同の行動のためにヨーロッパに初めて手を差し伸べているまさにこの時点で、また世界における日本の位置を確固としたものとし、それを永続的に確立する最高の機を見いだしたこの時点で、この国を正しい光に当て世界に示すことは、日本だけでなく世界各国の関心であることに疑いの余地はない」(29)

しかし、この「正しい光」は射さず、まずは日本に関するステレオタイプのイメージが、マックス・フォン＝ブラントなどの人物によってさえも定着させられた。津軽はつぎのように批判している。

「日本人に対する批判をよく耳にする。つまり、日本人はあらゆるものを見聞するために当地にやってきて、帰国すると当地での友好や親

Es gab natürlich auch japanische Befürworter, die den "Kulturimport" nach Japan noch weiter steigern wollten. Weniger die deutsche Unkenntnis über Japan als vielmehr die immer noch unzulänglichen japanischen Lebensgewohnheiten, die sich noch weiter an die des Westens anzupassen hätten, wurden dann als beklagenswert empfunden:

"Wie ich mir sagen ließ und selbst bemerkt habe, legt man in Deutschland auf die körperliche Erziehung beider Geschlechter sehr viel Wert. Tatsache ist, daß die Menschen hier im allgemeinen größer sind, als unsere Landsleute ... Aus unseren neusten schulhygienischen Mitteilungen ist ersichtlich, daß die Körperlänge unseres jüngeren Geschlechts, namentlich beim weiblichen, im Zunehmen begriffen ist, seitdem man für die körperlichen Übungen, besonders in den Schulen, mehr Sorge getragen hat und im modernen Leben mehr Tische und Stühle verwendet. Ich empfehle meinen Landsleuten körperliche Pflege und Bewegung auf das energischste und rate ihnen entschieden das Hocken auf den Matten ab." [28]

Die auch heute noch anzutreffende Meinung, Japan sei nicht kreativ und ahme nur alles nach, entstand in dieser Zeit. Es gab auch damals schon energische Gegenstimmen, die das Entstehen solcher Vorurteile vor allem durch eklatanten Wissensmangel, Klischeevorstellungen oder fehlende japanische Sprachkenntnisse begründet sahen, ferner auch eine bewußt falsche Propaganda vermuteten. Japan als einen modernen und den westlichen Industrieländern gleichberechtigten Staat anzuerkennen fiel schwer. Das kränkte jene Japaner, die ihre eigene Nation als einen bereits gleichberechtigten Partner der Weltmächte ansahen. Tsugaru Fusamaro äußert sich in einem Artikel *Allgemeine Kritik der in europäischen Sprachen erschienenen Litteratur über Japan*:

"Vielleicht noch mehr als durch die jüngsten Ereignisse in Ostasien (gemeint ist der Boxeraufstand, A.d.V.) ist das Interesse an Japanischem durch die sogenannten 'japanischen Theaterstücke' europäischer Abstammung, namentlich den 'Mikado' und die 'Geisha', wachgerufen worden. Den vollständigen Unsinn und die ganze Absurdität der Texte und Ausstattungen dieser Operetten brauche ich wohl nicht erst zu erwähnen, man denke doch nur an den Kronprinzen des 'Mikado' im Arbeitskittel oder an

切に対する恩を返さずに師である我らからの独立を図り、それはかりか師にとって危険な競争相手になろうと努める、という批判である。しかし私はこれは何らけしからぬとは思わないし、激しい生存競争のなかでは不可避であると思う。ドイツ自身も今日のごとく産業が繁栄する以前の前世紀に同じことをしたのではなかったか。（…）フォン＝ブラント氏は、日本の英雄秀吉がかの朝鮮遠征を企てた時、戦死した敵の耳を戦利品として国に持ち帰り埋めることを命令したと書いている。なんと忌まわしく野蛮なことか、と読者諸氏は正当にも叫ぶことであろう。しかし、この遠征は16世紀末におこなわれたのだと付記しておく。そうして当時のヨーロッパはいかばかりだったか、と尋ねたい」(30)

しかし「文明化された」西洋の人間皆がこのように相対的に考えられたわけではなかった。近代的民族国家への日本の発展は世紀の変わり目頃には産業化や国家・軍事制度の西欧化ばかりでなく、社会生活、都市の様相および流行の変化にも見てとれる。東京は「1887年9月に文化の光に照り輝き（すなわち電気照明——筆者注）」(31)、200万人の人口を抱え、全体に大きく変化した光景を呈していた。服装、ヘアースタイル、家具調度、食生活など西欧の習慣にどんどん適合していった。もちろんのこと、まずは受容が可能であった上層階級で変化が顕著となり、人々はシャンペンを飲み、シルクハットや洋服を身につけた。しかし、不信感に満ちたマックス・フォン＝ブラントは、この変化をまたしても単なる「馬鹿げたこと」と評している。

「その他の点では日本人は一向に変っていない。黒いフロックコートや細いズボンの下から、腺病質の中国人よりも西洋人をずっと忌み嫌い蔑視するこのアジア人の本来の顔を覗かせるのである」(32)

この時代の特徴は日清戦争での日本の軍事的

die Auktion eines Teehauses mitsamt der lebenden 'Geisha'! ... Das japanische Kaiserreich, welches bis vor kurzem bloss als Märchenland mit dem 'heiligen' Fuzi-Berg, als Lieferant von Thee und Seide, von Porzellan- und Lackwaren betrachtet worden war, ist jetzt in die Reihe der modernen Kulturländer getreten und will in der grossen internationalen Politik auch ein Wort sprechen. Daher liegt es ohne Zweifel im Interesse sowohl Japans als auch der übrigen Welt, dieses Land, welches also auch berufen ist, in Zukunft in die Geschichte der Völker mit einzugreifen, gerade in diesem Zeitpunkte, wo es zum ersten Male Europa zu einer gemeinsamen Aktion die Hand gereicht und vielleicht die beste Gelegenheit gefunden hat, seine Weltstellung zu begründen und sie dauernd zu befestigen, der Welt in richtigem Lichte zu zeigen." [29]

Auf dieses "Licht" wird man noch warten müssen. Einstweilen wurden die Japan-Klischees auch durch Personen wie Max von Brandt bestätigt und von Tsugaru kritisiert:

"Ferner höre ich oft den Japanern nachsagen, daß sie hierher kämen, um sich alles anzusehen, und wenn sie nach Hause zurückkehrten, die hier empfangene Freundlichkeit und Zuvorkommenheit dadurch belohnten, daß sie sich von ihren Lehrmeistern unabhängig zu machen, ja sogar diesen gegenüber gefährliche Konkurrenten zu werden suchten. Ich finde darin nichts Ungeheures und halte es für unvermeidlich im harten Kampf ums Dasein. Hat nicht auch Deutschland in dem letzten Jahrhundert es ebenso gemacht, bis es den heutigen Aufschwung seines Handels und seiner Industrie erreicht hat? ... Herr von Brandt ... erzählt, daß der japanische Held Hideyoshi, als er seine berühmte Expedition nach Korea unternommen hätte, befohlen habe, die Ohren der gefallenen Feinde als Trophäen heimzubringen und dort zu begraben. Wie schrecklich! Wie barbarisch! werden mit Recht meine verehrten Leser ausrufen. Ich möchte aber dazu bemerken, daß die genannte Expedition am Ende des 16. Jahrhunderts stattgefunden hat, und ferner fragen, wie es damals in Europa ausgesehen hat." [30]

Soviel Relativismus brachten jedoch nicht alle Angehörige der "zivilisierten", westlichen Welt auf. Japans Entwicklung zu einem modernen Nationalstaat zeig-

飛行船ツェッペリンの着陸（1909年）
Zeppelinlandung, Berlin 1909

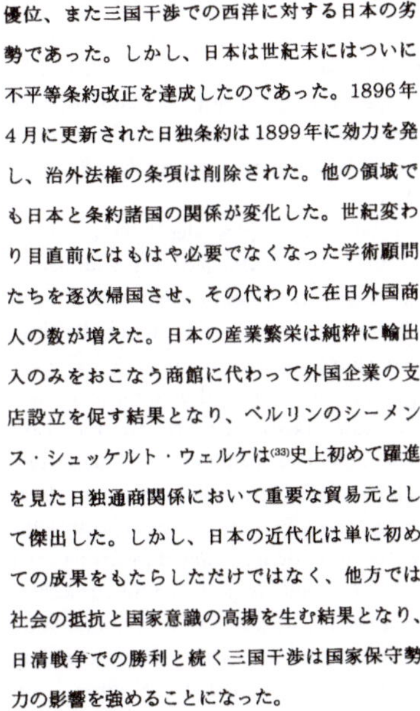

優位、また三国干渉での西洋に対する日本の劣
勢であった。しかし、日本は世紀末にはついに
不平等条約改正を達成したのであった。1896年
4月に更新された日独条約は1899年に効力を発
し、治外法権の条項は削除された。他の領域で
も日本と条約諸国の関係が変化した。世紀変わ
り目直前にはもはや必要でなくなった学術顧問
たちを逐次帰国させ、その代わりに在日外国商
人の数が増えた。日本の産業繁栄は純粋に輸出
入のみをおこなう商館に代わって外国企業の支
店設立を促す結果となり、ベルリンのシーメン
ス・シュッケルト・ウェルケは(33)史上初めて躍進
を見た日独通商関係において重要な貿易元とし
て傑出した。しかし、日本の近代化は単に初め
ての成果をもたらしただけではなく、他方では
社会の抵抗と国家意識の高揚を生む結果となり、
日清戦争での勝利と続く三国干渉は国家保守勢
力の影響を強めることになった。

　1904年2月初めに勃発し18ヶ月後に日本の
勝利で終わった日露戦争はそのような国家意識の
帰結であり、これは日本の勝利によって一層強力
になったのであった。ペテルスブルクと東京の対
立の原因は、戦略上重要な朝鮮であった。ロシア
が東アジアにおける日本の覇権を拒否したことが
日露紛争の発端となり、1904年初めに日本は国
交を断絶したのであった。今や伝説的な人物と
なった乃木将軍のもと日本は先制攻撃をしかけ、
旅順のステッセル将軍率いるロシア艦隊を壊滅さ
せたのである。日露戦争開戦にいたる過程で
1904年2月7日に〈ベルリン地方ニュース〉紙
が「日露戦争」という見出しで号外をだした。玉
井は〈東亜〉に誇らしくつぎのように書いている。

　「2月7日午後に〈ベルリン地方ニュース〉
の号外がでた時、我々の胸は激しく高鳴り、し
かも4時に当地の日本大使館より公式に号外記
事の確認を得、喜びは甚大であった。喜びは誠
に大きい。ベルリンの日本人集団にとってだけ

te sich um die Jahrhundertwende nicht nur durch Industrialisierung und Europäisierung des Staats- und
Militärwesens, sondern auch durch Veränderungen im
sozialen Leben, im Straßenbild und der Mode. Tôkyô
"erstrahlte im September 1887 im Glanze des Kultur-
Lichts (d.h. elektrisches Licht, A.d.V.)"[31], zählte zwei
Millionen Einwohner und gab insgesamt ein verän-
dertes Bild ab. Die Kleidung, die Haartracht, die Ein-
richtungsgegenstände, die Ernährung u.v.m. wurden
den westlichen Sitten immer ähnlicher, natürlich in
erster Linie unter den gehobenen Schichten, die es
sich leisten konnten, Champagner zu trinken und
sich mit Zylinder oder anderen europäischen Klei-
dungsstücken auszustatten. Diese Veränderungen wurden jedoch von dem mißtrauischen Max von Brandt
erneut als bloße "Makulatur" eingeschätzt:
"Im Uebrigen ist der Japaner das geblieben, was er
war, und man braucht ihn gar nicht sehr zu kratzen,
damit unter dem schwarzen Gehrock und der engen
Hose der Asiat zum Vorschein komme, der den
Fremden viel mehr haßt und ... viel mehr verachtet,
als der lymphatischere Chinese."[32]
In dieser Phase, die durch militärische Überlegenheit
Japans im vergangenen Krieg mit China und durch
Unterlegenheit bei der Tripelintervention gegenüber
den westlichen Mächten gekennzeichnet war, erreichte Japan in den letzten Jahren des Jahrhunderts
endlich die Revision der "ungleichen Verträge". Der
im April 1896 erneuerte Vertrag zwischen dem Deutschen Reich und Japan trat 1899 in Kraft. Die Exter-
ritorialitäts-Bestimmung wurde gestrichen. Auch auf
anderen Gebieten erfuhr das Verhältnis des japanischen Staates zu den Vertragsmächten Änderungen:
Die wissenschaftlichen Berater, derer man mittlerweile nicht mehr bedurfte, wurden kurz vor der Jahrhundertwende sukzessive nach Hause geschickt, die
Zahl der Kaufleute hingegen nahm zu. Der industrielle Aufschwung Japans verdrängte die sich auf reinen
Im- und Export beschränkenden Handelshäuser zugunsten ausländischer Werksvertretungen, wobei sich
die Berliner Siemens-Schuckert-Werke[33] bei den nun
einen ersten Aufschwung erlebenden deutsch-japanischen Handelsbeziehungen als wichtiger Lieferant

でなく、世界中に散らばる日本人は心より歓声を上げている（傍点箇所は原文では太文字——編者注）。日本が号外で別の国とともに名指しされたのは初めての事態である。日清戦争勃発の際にはベルリンでは号外は発行されなかった。それも対日貿易および対中貿易が盛んであったにもかかわらずである」(34)

　玉井は号外が発行された理由は、ロシアがドイツ政策において大きな位置を占めるせいだと書いている。日本サイドは日露戦争開戦に対するドイツの反応を不信の目で観察しているところだった。なぜならば、1895年の三国干渉でのベルリンの姿勢が記憶に鮮明であったためである。

　しかしながら、ドイツと他のヨーロッパ列強は、日露戦争では完全な中立を表明した。これは開戦の二年前、すなわち1902年に日英同盟が成立したため当然の成り行きといえる。日英同盟によって、日本は対露戦争で他のヨーロッパ列強の介入を免れたばかりでなく、西欧列強諸国の側に立つ同等のパートナーとしての地位を確立させていた。しかしながら、ベルリンの新聞では日本は好戦的民族として描かれ、玉井は〈東亜〉の上述の記事で激しく異論を唱えている。玉井が見るに、ロシアは日本が遼東半島と南満州の占領に固執するなら平和が脅かされる、という論拠をもち下関条約に干渉をくわえた。そのために日本は「勝利の実り」を放棄することを余儀なくされたが、ロシアは他人の実りを摘み取り、自ら遼東半島を横領することには支障を感じないようだ。すでに当時日本は「武力」で身を守るべきであったのだ。ロシアは「平然として」満州をも意のままにしようとしているが、もちろん平和は脅かされないと言っている。以上が玉井の論旨である。

　日本はロシアに勝ったものの多数の戦没者をだし、また経済的・軍事的に破綻をきたした。

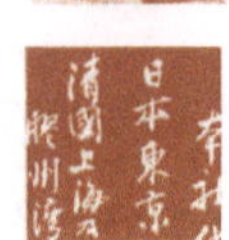

hervortaten. Die Modernisierung Japans zeitigte mehr als nur erste Erfolge, was auf der anderen Seite jedoch auch Widerstand und nationale Rückbesinnung zur Folge hatte; der Sieg über China und die sich anschließende Dreimächteintervention bestärkten die national-konservativen japanischen Kräfte in ihrem Einfluß.

Der Russisch-Japanische Krieg, der Anfang Februar 1904 begann und nach 18 Monaten mit dem Sieg Japans endete, verstärkte die nationalen Strömungen. Am strategisch wichtigen Korea hatte sich der Streit zwischen Petersburg und Tôkyô entzündet. Die russische Weigerung, Japan als Einflußfaktor im ostasiatischen Raum anzuerkennen, führte zu einer Kontroverse zwischen beiden Ländern, die Anfang 1904 den Abbruch der diplomatischen Beziehungen durch Japan zur Folge hatte. Es kam zu einem japanischen Präventivschlag unter dem Kommando des legendären japanischen General Nogi und damit zur Zerstörung der russischen Kriegsflotte unter General Stoessel in Port Arthur. Bei Kriegsausbruch erschien am 7. Februar 1904 ein Extrablatt des *Berliner Lokal-Anzeigers*, das titelte: "Krieg zwischen Japan und Rußland". Tamai kommentierte stolz in *Ost-Asien*:

"... Erst, als am 7. Februar nachmittags ein Extrablatt des 'Berliner Lokal-Anzeigers' erschien, da schlugen unsere Herzen höher und wir begrüssten es mit großer Freude, zumal wir um vier Uhr die offizielle Bestätigung des Inhalts in der hiesigen japanischen Gesandtschaft erhielten. **Wahrlich, gross ist die Freude! Nicht nur die japanische Kolonie in Berlin, sondern alle Japaner in der ganzen Welt jubeln von ganzem Herzen.** (Auch im Original fett, A.d.V.) Es ist das erste Mal, daß Japan in Extrablättern genannt wurde in Gemeinschaft mit nur einem anderen Lande. Beim Ausbruch des Chinesisch-Japanischen Krieges gab es keine Extrablätter in Berlin, obwohl Deutschland sowohl zu Japan als auch zu China in lebhaften Handelsbeziehungen stand." [34]

Tamai schrieb das Erscheinen des Extrablatts dem hohen politischen Stellenwert zu, den Rußland für Deutschland einnahm. Die japanische Seite beobachtete ferner gerade die deutsche Reaktion auf den Kriegsausbruch mißtrauisch, denn die Haltung Berlins bei der Tripelintervention des Jahres 1895 war noch nicht vergessen.

しかしながら、同時に日本にとっては計り知れない勝利をも意味した。つまり、白人種の優越という伝説が史上初めて破壊されたのである(35)。1905年に日本は和平交渉において要求を貫いた。ロシアの遼東半島租借権と南満州鉄道の日本への譲渡、樺太の割譲、朝鮮における日本の権益の確認などであった。西欧の列強に対する勝利、1910年以降の韓国併合、第一次世界大戦におけるかつてのドイツ領青島の占拠、これらはアジア太平洋圏における日本の立場を揺るぎないものにしたのである。

注

(1) なかでも著名な軍医、作家、翻訳家であった森鷗外のベルリン滞在に関しては本書第1章のショウへ参照。

(2) ちなみに、エンデとベックマンが設計した司法省庁舎の再建工事は1995年前半に終了した。（編注：エンデとベックマンは日比谷に諸官庁をまとめて建てることを計画したが、日比谷の地質が軟弱なため、実現できなかった。建設できたのは司法省および裁判所である。1995年に保存改修工事が終了した旧司法省庁舎とは「中央合同庁舎第6号館赤れんが棟」のことである。参考として堀内正昭著『明治のお雇い建築家——エンデ＆ベックマン』、東京、井上書院、1989年をあげておく）

(3) 《ベルリン・フリードリッヒ＝ヴィルヘルム大学の人事・学生公用記録》に1870年から1905年までの日本人の入学が記録されている。医学部の日本人学生は195人で最も多く、そのつぎが法学と国家学の学生であった。この期間には合計448人の日本人がベルリンで学び、3人が1870年に、そして15人が1905年に学んでいる。日本人新入生が最も多かった年は1906年の46人と1901年の36人であった。参考文献3参照

(4) フォン＝ラーガーシュトレーム婦人は80歳の誕生日を多数の日本人寄宿者と祝った。参考文献13（1902年、第9号、399頁および1903年、第3号、167頁）参照

(5) 参考文献13（1903年、210頁）

(a) 編注：本書第1章でハーシュは〈東亜〉が1906年まで続いたとしているが、1906年は玉井喜作の没年で、〈東亜〉自体は1910年まで刊行された。本文中「喜作」が「Kisak」と「u」が抜けているのは、喜作自身の書き方による。

(6) 参考文献13（1899年、第11号、512頁）（編注：文中の「みたじり」は、山口県の三田尻のことと思われ、したが

Deutschland und die anderen europäischen Großmächte erklärten jedoch ihre strikte Neutralität im Russisch-Japanischen Krieg, was angesichts des 1902, also zwei Jahre vor diesem militärischen Konflikt, abgeschlossenen englisch-japanischen Bündnisses auch gar nicht anders zu erwarten war. Mit diesem Bündnisabschluß war Japan nicht nur der drohenden Einmischung der anderen europäischen Mächte im Falle eines Krieges mit Rußland entgangen, sondern hatte sich auch als Partner an der Seite eines der einflußreichsten Staaten des Westens etabliert. Dessenungeachtet wurde Japan in der Berliner Presselandschaft als Kriegstreiber hingestellt, wogegen sich Tamai im o.a. Artikel heftig wehrte: Rußland habe in Shimonoseki mit dem Argument interveniert, daß der Frieden bedroht sei, wenn Japan auf die Einnahme der Liaotung-Halbinsel und den südlichen Teil der Mandschurei bestehe. Japan war daher gezwungen, seine "Siegesfrucht" aufzugeben. Dies hindere jedoch Rußland offensichtlich nicht, die fremden Früchte zu pflücken und sich daselbst die Liaotung-Halbinsel anzueignen. Schon damals hätte sich Japan mit "Kanonen" wehren müssen. Und nun wolle sich Rußland auch noch "in aller Gemütsruhe" der Mandschurei bedienen. Dadurch werde der Friede natürlich nicht bedroht!

Der japanische Sieg über Rußland brachte zwar viele personelle Verluste mit sich und führte Japan an den Rand seiner finanziellen und militärischen Kräfte, bedeutete aber gleichzeitig einen ungeheuerlichen Triumph: Der Mythos von der Überlegenheit der weißen Rasse war zum ersten Mal in der Geschichte zerschlagen worden.[35] 1905 setzte Japan bei den Friedensverhandlungen seine Ansprüche durch: Rußland mußte die Pacht von Liaotung Japan überlassen, ebenso die Konzession für die südmandschurische Eisenbahn, Sachalin und das Protektorat über Korea. Der japanische Sieg über eine europäische Weltmacht, die Annexion Koreas 1910 und die Übernahme des vormals deutschen Tsingtau im 1. Weltkrieg führten zu einer nunmehr unübersehbaren Vormachtstellung Japans im asiatisch-pazifischen Raum.

って「San' yo」は「山陽」と思われるが、確証はない)

(7) 参考文献 13（1898年、第 2 号、60頁）

(8) 参考文献 13（1898年、第 6 号、254頁）

(9) 参考文献 13（1898年、第 2 号、61頁〜63頁）。この不信感のおもな原因は経済上の理由であった。日本の絹に対してドイツでは1898年より直接輸入の際に 100キロに対し800マルク課税された。しかし、イギリス経由等の間接輸入の場合は 100キロに対し 600マルクと破格に安かった。この理由によって大部分のドイツの絹商人は日本の絹を第三国をつうじて購入したのである。参考文献 13（1898年、第2号、64頁）参照

(b) 編注：1873年 6 月に設立された「東亜細亜協会」のことと思われる（ブラント会長）。

(10) 参考文献 13（第12号、555頁）

(11) 1890年代における日独政治関係に関しては参考文献 12、16、17を参照。

(12) 参考文献 7（第 9 巻、2213頁）を参照

(13) 参考文献 16（21頁）

(14) 参考文献 7（第 9 巻、2219頁）

(15) 参考文献 8（121頁）、16（32頁）参照。ベルリンがイギリスの望む干渉に参加を拒否した後、ロシアとドイツが共同の行動をとったのは、ヨーロッパ内の情勢を考慮したためである。1891年に更新された独墺伊三国同盟は、フランスとロシアの同盟と対峙していた。イギリスを第四のパートナーに勝ち得ようとのドイツの努力は実らなかった。しかし、イギリスがドイツ抜きでは孤立すること、またドイツに依存していることを顕示するために、最終的にロシアと同盟して干渉関与に踏み切った。

(16) 本書第 1 章のマウル参照

(17) 『Deutsche Glückwünsche an das siegreiche Japan im Kriege gegen China』は T・芹沢によって訳された（東京、1900年）。玉井は〈東亜〉（1901年、35号、511頁〜512頁）に訳者の名を「しらさわ」と挙げているが、同書は入手できなかった。（編注：芹沢登一訳『Deutsche Glückwünsche an das siegreiche Japan im Kriege gegen China. Übersetzt von T. Serisawa・獨逸文――日清戰捷祝辭』(日独語)、東京、誠之堂書店、1900年)

(18) 参考文献 7（第 9 巻、2231頁）

(19) 参考文献 7（第 14 巻、3732頁）

(20) 参考文献 7（第 14 巻、3744頁）

(21) 三国干渉でのドイツの関与はいずれにしても不可解であり、これにドイツ公使フォン＝グートシュミット男爵の外交上の独断行為がくわわった。三国干渉に対しベルリンは文書の付随書においてグートシュミットに支持を与えた。内容は「日本の講和条約は誇張されており、ヨーロッパとドイツの利益が損なわれるために帝国政府は抗議すべきと見なし、必

Anmerkungen

Die Literaturangaben werden in meinen vier Einführungskapiteln jeweils beim ersten Mal ihrer Verwendung vollständig angeführt. Im folgenden wird vor der Seitenzahl unter Angabe der Fußnotennummer (FN) und der Kapitelnummer (Kap.), in denen meine jeweiligen Beiträge stehen, auf diese vollständige Literaturangabe verwiesen.

[1] U.a. auch der bekannte Militärarzt, Schriftsteller und Übersetzer Mori Ōgai, dessen Berlinaufenthalt im Beitrag von Schöche im vorliegenden Band beschrieben wird.

[2] Die Restaurationsarbeiten an dem von Ende und Böckmann gebauten Justizministerium wurden übrigens im ersten Halbjahr 1995 beendet.

[3] Anhand des "Amtlichen Verzeichnisses des Personals und der Studierenden auf der königlichen Friedrich-Wilhelms-Universität zu Berlin" sind die Neuzugänge der japanischen Studenten von 1870–1905 belegt. Japanische Studenten der Medizin sind mit 195 Personen insgesamt am meisten vertreten, gefolgt von den Rechts- und Staatswissenschaftlern. Insgesamt studierten in diesem Zeitumfang 448 Japaner in Berlin, 3 im Jahre 1870 und 15 im Jahre 1905. Die höchste Anzahl japanischer Neuzugänge liegt mit 46 Personen im Jahre 1900 und 36 im Jahre 1901. Vgl. Hartmann, Rudolf (1966) Einige Aspekte des geistigpolitischen Einflusses Deutschlands auf Japan vor der Jahrhundertwende. In: Deutsche Akademie der Wissenschaften zu Berlin (Hrsg) Mitteilungen des Institutes für Orientforschung. Berlin, Bd XII, S 463–481

[4] Ost-Asien (1902) Nr 9, S 399 und ebd. (1903) Nr 3, S 167. Den achtzigsten Geburtstag feierte Frau von Lagerstöm mit vielen japanischen "Pensionären" zusammen.

[5] Ebd. (1903) Berlin, S 210

[6] Ebd. (1899) Nr 11, S 512

[7] Ebd. (1898) Nr 2, S 60

[8] Ebd. (1898) Nr 6, S 254

[9] Ebd. (1898) Nr 2, S 61–63. Neben den japanischen Kaufleuten, denen man "nicht vertrauen konnte", gab es auch finanzielle Gründe: Für japanische Seide mußte man in Deutschland 1898 bei einem direkten Bezug für 100 Kilo 800 Mark Einfuhrzoll bezahlen. Bei indirektem Bezug z.B. über England, war der Zoll wesentlich niedriger, nämlich 600 Mark für 100 Kilo. Aus diesem Grunde bezogen deutsche Seidenhändler japanische Seide meist über Drittländer. Vgl. Ost-Asien (1898) Nr 2, S 64

[10] Ebd. Nr 12, S 555

[11] Zu den deutsch-japanischen politischen Beziehungen in den 90er Jahren des vorigen Jahrhunderts vgl. Wippich (1987) FN 11, Kap.1; ders. (1986) Deutschland und Japan am Scheideweg – Eine

要な場合にはそれに応じてこれを強調すべきというもの」であり、「日本は列強との戦いに勝つ見込みがないために、断念するものと思う」という言葉で括られている。本来はグートシュミット個人に宛てた付随書を、彼が日本政府に渡したために、ドイツは非常に厳しい声明をだす結果となった。しかし、ドイツは日本に対して具体的な関心を一切持っていなかったのである。参考文献11

(22) 参考文献2参照

(23) クライナー、バウアー、マティアス＝バウアーの三名は、日本の産業化の開始時期を1868年とはしておらず、それ以前にすでに工業発展段階があったことを証明している。在日外国人も、欧州産業も、日本の工業発展段階を、欧州のそれと同等のものと見なしていた。三名によると工業発展の始まりは1850年であり、その理由は、すでに当時賃金労働と工場制度が発展していたことである。参考文献6（55頁以降および200頁以降）参照

(24) 早島瑛は井上清者『日本帝国主義』、歴史学研究会編「近代日本の形成」51頁〜103頁所収、東京、1953年を参照するよう指摘（参考文献4、19頁）。井上は1900年の日本の中国侵略を日本帝国主義史の始まりとしている。

(25) 参考文献15（2頁〜3頁）

(26) 参考文献10（16頁）。漣山人の書簡は1900年〜1901年に書かれ、まず1903年に東京で『洋行土産』のタイトルで公開された。彼は巌谷小波の名でも知られ（本名巌谷季雄）、1901年から1903年までベルリン東洋語学校の講師を務めた。彼は日本初の児童作家なので、玉井は「日本の子供たちのお爺さん」と呼んだ。玉井はなにゆえ巌谷がチャイニーズと呼ばれることに興奮するのかはよく分からないと〈東亜〉に書いている。なぜならば、中国人と日本人の区別ができない人間は哀れむべきだからという。「我々は日本人と呼ばれようと中国人と呼ばれようと一向に構わない。どう言われても日本人なのだから」参考文献13（1903年、第4号、174頁）

(27) 参考文献13（1903年、第4号、174頁）

(28) 参考文献13（1903年、218頁〜219頁）

(29) 参考文献13（1901年、第11号、501頁〜502頁）

(30) 参考文献14。津軽英麿はベルリンで法学を学び、1903年に《日本の養子制度について》というテーマで博士号を取得した（これは、アネッテ・ハックさんに教えていただいた）。津軽自身も養子である。

(31) 参考文献13（1901年、第2号、55頁）

(32) 参考文献1（265頁）

(33) 本書第2章のヴィッテンドルファー参照

(34) 参考文献13（1904年、第12号、538頁）

(35) 参考文献5

Skizze des deutsch-japanischen Verhältnisses in den 1890er Jahren. In: Kreiner, Josef (Hrsg) Japan und die Mittelmächte. Bonn, S 15–59; Stingl, Werner (1978) Der Ferne Osten in der deutschen Politik vor dem Ersten Weltkrieg (1902–1914). Frankfurt/Main

[12] Vgl. Lepsius, J. u.a. (1920ff) (Hrsg) Die große Politik der europäischen Kabinette von 1871–1914. Sammlung der diplomatischen Akten des Auswärtigen Amtes. (Im folgenden GP). 40 Bd, Berlin, Bd 9, S 2213

[13] Wippich (1986) FN 11, Kap.2, S 21

[14] GP 9, S 2219

[15] Vgl. Wippich (1986) FN 11, Kap.2, S 32ff und Mathias-Pauer (1984) FN 26, Kap.1, S 121. Das gemeinsame russisch-deutsche Vorgehen nach der Ablehnung Berlins, sich an einem Vorstoß Englands zu beteiligen, orientierte sich an der innereuropäischen Lage. Der 1891 erneuerte Dreibund zwischen Deutschland, Österreich-Ungarn und Italien stand dem zwischen Frankreich und Rußland gegenüber. Die vergeblichen deutschen Bemühungen, England als vierten Partner zu gewinnen, führten letztendlich zu einer Beteiligung an einer Intervention mit Rußland im Bunde, um England zu zeigen, daß es ohne Deutschland isoliert und auf Deutschland angewiesen sei.

[16] Vgl. dazu den Beitrag von Maul im vorliegenden Band.

[17] Übersetzt von Serisawa T. (1900) Deutsche Glückwünsche an das siegreiche Japan im Kriege gegen China. Tôkyô. Tamai schreibt den Namen des Übersetzers anders, nämlich Shirasawa (Ost-Asien (1901) Nr 35, S 511/512). Das Buch lag mir im Original nicht vor.

[18] GP 9, S 2231

[19] GP 14, S 3732

[20] GP 14, S 8744

[21] Zu der ohnehin unverständlichen deutschen Beteiligung bei der Tripelintervention gesellte sich auch noch ein diplomatischer Alleingang des deutschen Gesandten Freiherr von Gutschmid: Die Weisung Berlins zu dieser Tripelintervention war mit einem an Gutschmid selbst gerichteten Nachsatz versehen, in dem es u.a. hieß, daß die japanischen Friedensbedingungen übertrieben seien, europäische und auch deutsche Interessen verletzten und daher die Regierung des Kaisers veranlaßt sei, zu protestieren – falls erforderlich auch mit dem nötigen Nachdruck. Der Nachsatz endete mit den Worten: "Japan kann daher nachgeben, da Kampf gegen drei Großmächte aussichtslos." Gutschmid überreichte jedoch der japanischen Regierung auch diesen Nachsatz, was dazu führte, daß Deutschland die schärfste Note abgab und dabei gleichzeitig das Land war, was keinerlei konkrete Interessen in Japan verfolgte. Vgl. Seemann, Heinrich (1974) Die Freund-

参考文献

参考文献は、筆者が執筆した4章をつうじて初出の際にのみ詳細に挙げる。（編注：日本語版では、各章毎に挙げた）

1. マックス・フォン＝ブラント著《東アジア問題》、ベルリン、1897年

2. ハインツ・ゴルヴィッツァー著《黄禍》、ゲッティンゲン、1962年

3. ルドルフ・ハルトマン著《世紀転換前にドイツが日本に及ぼした精神的・政治的影響の諸側面》、ベルリン・ドイツ学術アカデミー編〈オリエント学研究所報告、第XII巻〉463頁〜481頁所収、ベルリン、1966年

4. 早島瑛著《特別講和の幻──第一次世界大戦中のドイツの対日歩み寄り政策》〈19世紀の歴史研究──ケルン大学史学部論文集──第11巻〉所収、ミュンヘン／ウィーン／オルデンブルク、1982年

5. エルンスト・ジルカ著《冷めてきた友情》、ハンス・シュワルベ／ハインリッヒ・ゼーマン共編〈駐日ドイツ大使たち　1860年〜1973年〉64頁所収、東京、1974年

6. ヨーゼフ・クライナ／エーリッヒ・バウアー／レギーネ・マティアス＝バウアー共編《農業社会から産業社会への日本の変遷》〈ノルトライン・ヴェストファーレン州報告、3168号〉34頁〜53頁所収、オブラーデン、1983年

7. J・レプシウス他編《1871年から1914年までの欧州閣議の偉大な政治──外務省外交文書集》全40巻、ベルリン、1920年初巻発行

8. レギーネ・マティアス＝バウアー著《明治維新直前のハンザ同盟都市と日本》、スン＝ジョ・パルク／ライナー・クレンビーン共編〈第5回日本学学会──1981年4月8日〜9日ベルリン開催──報告集〉〈社会科学・経済学的日本研究に関するベルリン報告集、第16巻〉145頁〜152頁所収、ボッフム、1983年

9. 大村仁太郎著《東京・ベルリン──日本帝国の首都からドイツ帝国の首都へ》、1903年

10. 滝山人著、A・グラマッキー訳、H・ハース編《ドイツからのある日本人の手紙──編者による挨拶と注付》（タイトルのみ日独語、中身はドイツ語）、ブレーメン／横浜／上海、マックス・ネスラー出版、1904年（編注：原文で挙げられているのとは若干異なるが、以上の記述で正確と思われる。日本語書名は巌谷小波著『伯林百談』）

11. ハインリッヒ・ゼーマン著《冷めてきた友情》、ハンス・シュワルベ／ハインリッヒ・ゼーマン共編〈駐日ドイツ大使たち　1860年〜1973年〉55頁〜57頁所収、東京、1974年

12. ヴェルナー・シュティングル著《第一次世界大戦前のドイツ極東政治──1902年〜1914年》、フランクフルト・アム・マイン、1978年

schaft kühlt ab. In: Schwalbe, Hans und Heinrich Seemann (Hrsg) FN 27, Kap.1, S 55–57

[22] Vgl. Gollwitzer, Heinz (1962) Die Gelbe Gefahr. Göttingen

[23] Die Studie von Kreiner, Pauer und Mathias-Pauer (1983) FN 3, Kap.1, datiert den Beginn der Industrialisierung Japans im übrigen keineswegs erst auf 1868, sondern weist nach, daß sich durchaus auch schon zu einem früheren Zeitpunkt von einer gewissen industriellen Entwicklungsstufe sprechen läßt, die den in Japan weilenden Ausländern und auch der europäischen Industrie als eine gleichwertige erscheint. Den Anfang industrieller Entwicklung setzen diese Wissenschaftler 1850, da sich zu dieser Zeit schon Lohnarbeit und Fabriksysteme entwickelten. Ebd. S 55ff und S 200ff

[24] Vgl. Hayashima Akira (1982) Die Illusion des Sonderfriedens. Deutsche Verständigungspolitik mit Japan im ersten Weltkrieg. (Studien zur Geschichte des 19. Jahrhunderts, Bd 11) München Wien Oldenbourg, S 19. Hayashima verweist auf Inoue Kiyoshi (1953) Nihon teikokushugi no keisei. (Entstehung des japanischen Imperialismus) In: Rekishigaku Kenkyûkai (Hrsg) Kindai Nihon no keisei (Entstehung des modernen Japan) Tôkyô, S 51–130, der die japanische Intervention gegen China im Jahre 1900 als Anfang der japanischen Imperialismusgeschichte kennzeichnet.

[25] Vosberg-Rekow, Max (1901) Asien. In: Vosberg-Rekow, Max (Hrsg) Asien. Organ der Deutsch-Asiatischen Gesellschaft und der Münchener Orientalischen Gesellschaft. Jg 1, Nr 1, S 1–4, hier S 2–3

[26] Sazanami Sanjin (1904) Briefe eines Japaners aus Deutschland. (Gramatzky, A. Hrsg) Berlin, S 16. Der Text wurde 1900/1901 geschrieben und erschien zuerst in Tôkyô 1903 unter dem Titel: "Yôkô miyage". Sazanami oder Iwaya Sueo, 1901–1903 Lektor am sos Berlin, auch bekannt unter Iwaya Sazanami, wurde von Tamai als "Grosspapa der japanischen Kinder" bezeichnet, da er als der erste Jugendschriftsteller in Japan gilt. Er antwortete ihm in Ost-Asien öffentlich zu dem "Chinesenruf", daß er nicht recht verstehe, worüber sich Iwaya aufrege, da doch diejenigen zu bemitleiden seien, die den Unterschied zwischen Chinesen und Japanern nicht kennen. "Uns ist es vollständig gleichgültig, ob man uns Japaner oder Chinesen nennt, wir bleiben darum doch Japaner." Ost-Asien (1903) Nr 4, S 174

[27] Ost-Asien (1903) Nr 4, S 174

[28] Ost-Asien (1903) S 218/219

[29] Ost-Asien (1901) Nr 11, S 501/502

[30] Tsugaru Fusamaro (1901) Allgemeine Kritik der in europäischen Sprachen erschienenen Litteratur über Japan. In: Ost-Asien, Nr 11, S 501. Frau Hack verdanke ich den Hinweis, daß

13. 玉井喜作編〈東亜——商工業・政治・学芸術の月刊誌〉

14. 津軽英麿著《ヨーロッパ言語で出版された日本関係一般文学批評》、玉井喜作編〈東亜——商工業・政治・学芸術の月刊誌〉、1901年、第11号、501頁所収

15. マックス・フォスベルク＝レコフ著《アジア》、マックス・フォスベルク＝レコフ編〈アジア——独亜協会およびミュンヘン・オリエント学協会の機関誌、第1年、第1号〉1頁〜4頁所収、1901年

16. ロルフ＝ハラルド・ヴィッピヒ著《分岐点にたつ日本とドイツ——18世紀90年代の日独関係》、ヨーゼフ・クライナー編〈日本と独墺〉15頁〜59頁所収、ボン、1986年

17. 同著《日本とドイツの極東政策、1894年〜1898年》〈植民地・海外史報告、第35巻〉、シュトゥットガルト、1987年

Tsugaru in Berlin Jura studierte und 1903 mit einer Arbeit über "Die Lehre von der japanischen Adoption" promovierte. Tsugaru selbst war adoptiert worden.

[31] Ost-Asien (1901) Nr 2, S 55

[32] Brandt, Max von (1897) Ostasiatische Fragen. Berlin, S 265

[33] Vgl. dazu den Beitrag von Wittendorfer im vorliegenden Band.

[34] Ost-Asien (1904) Nr 12, S 538

[35] Jirka, Ernst (1974) Die Freundschaft kühlt ab. In: Schwalbe, Hans und Heinrich Seemann (Hrsg) FN 27, Kap.1, S 64

Growth of Tôkyô Railways and Population

1880s: Centralised Tôkyô population with early railway development. Most movement in the city was still foot.

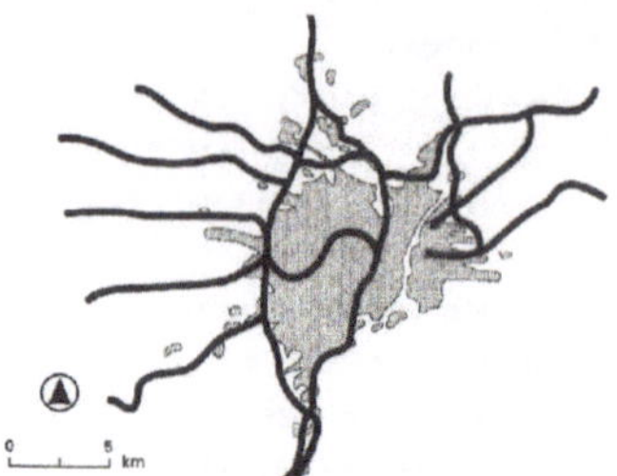

Late 1920s: Westward expansion of Tôkyô and railways after Great Kanto Earthquake (1923),

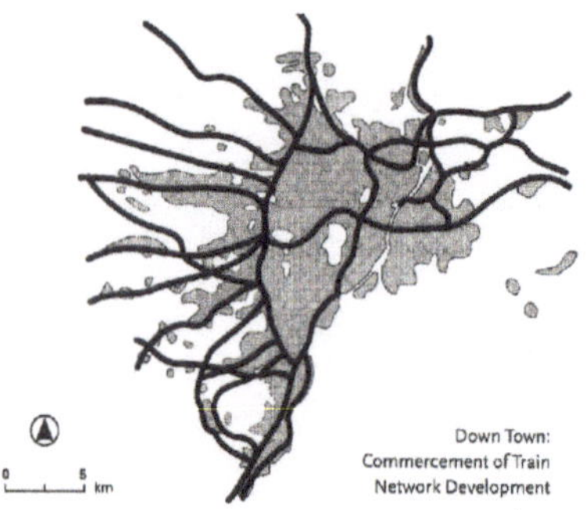

1930s: Suburbanisation spreading along railways.

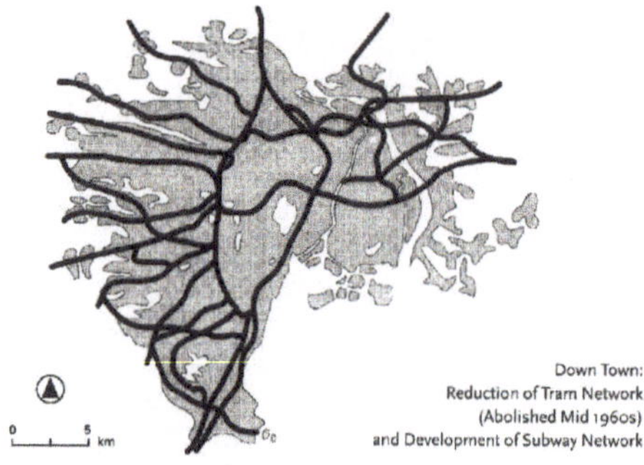

Mid 1950s: Early post-war development of Tôkyô.

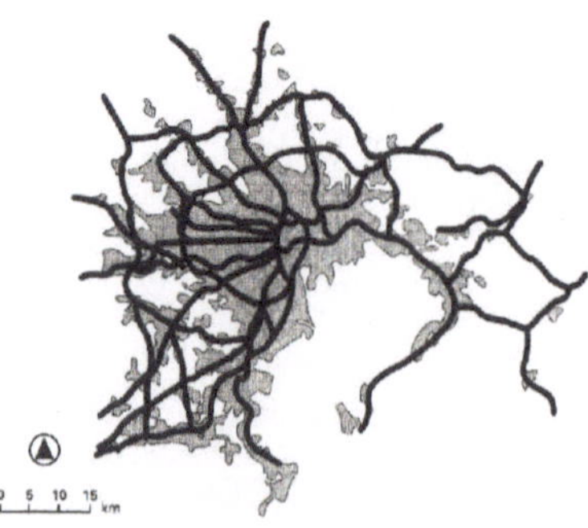

Mid 1970s: Urban sprawl following high economic growth period.

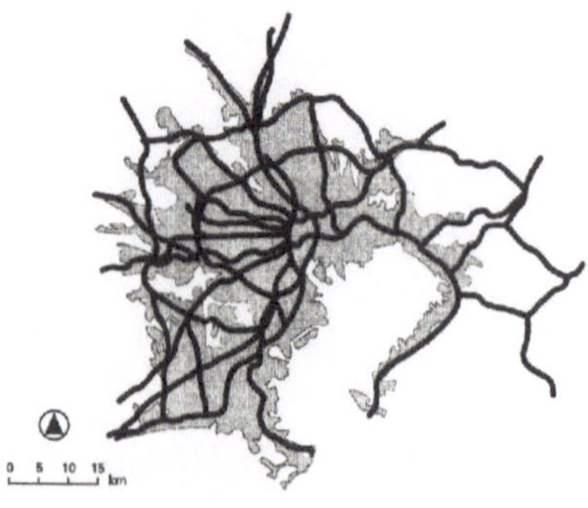

Early 1990s: Denseley-populated Tôkyô today.

Growth of Tôkyô Subway Network

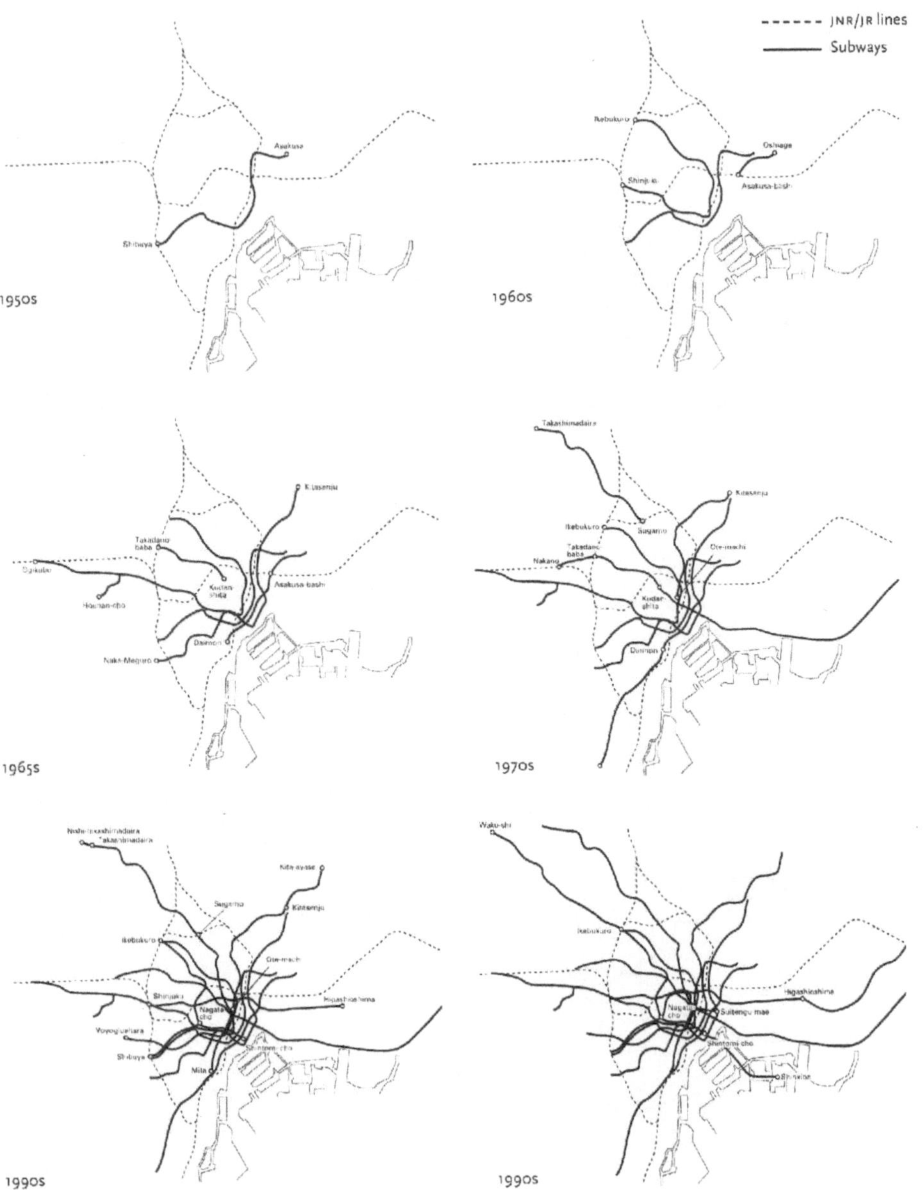

Berlin Subway Network (U-Bahn) before 1989

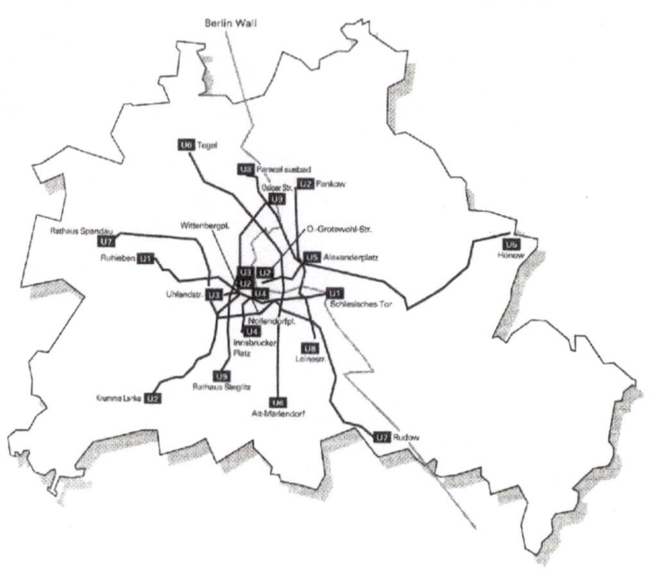

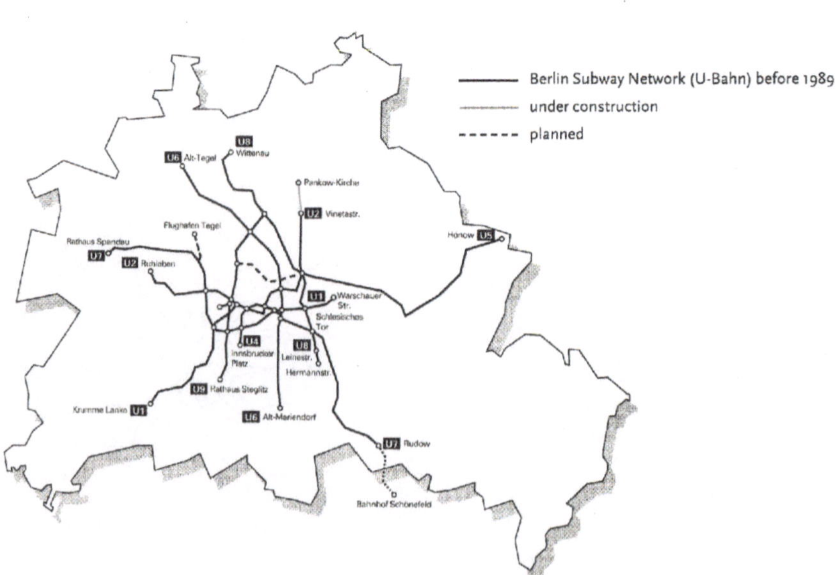

Berlin Rapid Transit Railway (S-Bahn) Network before 1989

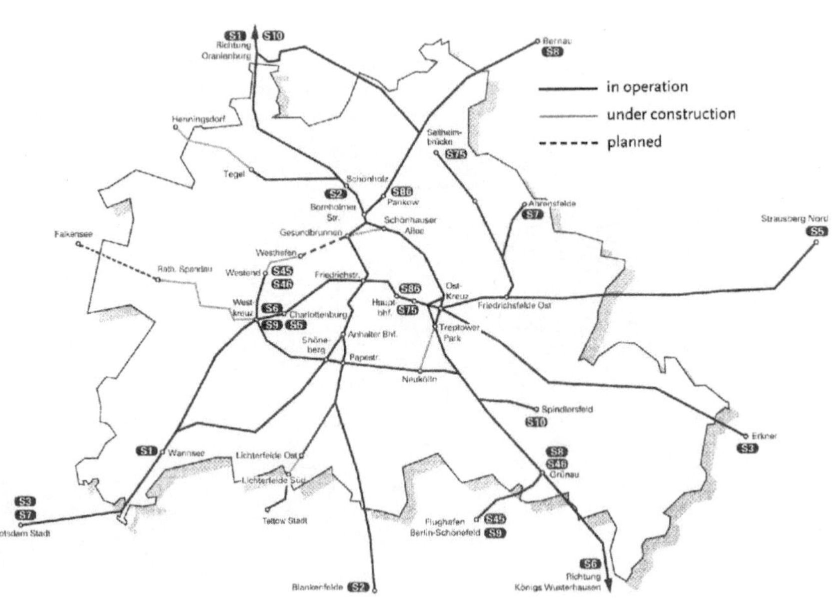

Berlin Tram Network
1989

Inventory BVG (regulation solution)
Inventory (other transportation companies)
Planned line extensions with expected opening date

高架か地下か　東京・ベルリン―Ｓバーン・環状線物語

平井　正

ベルリンと東京の都市交通網とロンドン、パリのそれを比べると、大変特徴的な違いがある。外郭が環状線である点は共通しているが、ロンドン、パリでは外郭線も市内を縦貫する動脈も「地下鉄」であるのに対し、ベルリンと東京は国有の都市高速鉄道で、中心市街地ではそれが高架線になっていることである。もちろんロンドンでもパリでも高架線部分はあるが、基本的には最初から地下鉄として建設され、高架線は川を越える部分やその他の特定区間である。

そんなことはどちらでもよいと思うのは早計で、市内交通の過密化を解消するために市内高速軌道が計画された19世紀後半には、それは大変な問題だった。ロンドンでは1863年という早い時期にもう地下鉄を開通させたが、車輌を牽引したのはまだ蒸気機関車だった。当然煙が問題で、ところどころに排煙のための開口部を設置したが、それでも車内は煙が充満して乗客は難行苦行だった。それに建設に当たって、道路を上から掘って後で蓋をする方式だったので、建設中に地上交通が渋滞して大変不評だった。それでも地下鉄にせざるを得なかったのは、当時鉄道先進国のイギリスは、同時に産業と近代的大都市の先進地帯で、もはや都心に高架線を建設する用地を確保できる状態にはなかったからである。パリはずっと遅れて1900年の万博の年に、予想される見物人の大部隊をさばく手段として、大急ぎで中心地帯を東西に縦貫する1号線が建設された。遅れた代わりに電気鉄道で、その愛称「メトロ」は世界で地下鉄の代名詞になるほど親しまれた。とにかくロンドンもパリも長距離列車の方は、さまざまな私鉄が市の外郭に作った専用のターミナル駅から発車し、都市内高速鉄道網は地下鉄によるという形になった。

ベルリンと東京は違っていた。市内交通はまだ過密ではなかった。それゆえ必要とされたのは外郭環状線だった。ベルリンの場合はまず当

Hochbahn oder Untergrundbahn?
S-Bahn und Ringbahn in Berlin und Tôkyô
Hirai Tadashi

Vergleicht man die öffentlichen Verkehrsnetze in Berlin und Tôkyô mit denen von London oder Paris, fallen einem beträchtliche Unterschiede auf. Zwar ist allen diesen Städten gemeinsam, daß die äußeren Bezirke auf einer Ringbahnstrecke liegen, doch im Unterschied zur britischen und französischen Hauptstadt, wo sowohl die Ringlinie als auch die das Stadtzentrum durchschneidenden Linien unterirdisch verlaufen, ist in Berlin und Tôkyô die staatlich betriebene Stadt-Schnellbahn im innerstädtischen Bereich als Hochbahn gestaltet worden. Natürlich gibt es auch in London oder in Paris Hochbahnabschnitte, aber grundsätzlich wurden die Linien von Anfang an als Untergrundbahn konzipiert. Nur an besonderen Stellen wie Flußüberquerungen finden wir Hochbahntrassen.

Nun könnte man meinen, es sei gleichgültig, ob die Strecken als Untergrund- oder als Hochbahn angelegt wurden. Doch das wäre ein voreiliger Schluß. In der zweiten Hälfte des 19. Jahrhunderts nämlich, als der Verkehr in den Stadtzentren überhand nahm und deshalb die innerstädtischen Schnellbahnstrecken geplant wurden, war diese Frage von großer Wichtigkeit. In London wurde die U-Bahn bereits 1863 in Betrieb genommen. Die Züge wurden zunächst von Dampflokomotiven gezogen, und selbstverständlich brachte der Qualm gewaltige Probleme mit sich. An verschiedenen Punkten war zwar an Rauchabzugsöffnungen gedacht worden, aber dennoch war die Fahrt für die Fahrgäste in den verqualmten Wagen eine Tortur. Dazu kam noch, daß während der Bauarbeiten der oberirdische Verkehr wegen der aufgerissenen Straßen ständig ins Stocken geriet, so daß die U-Bahn einen äußerst schlechten Ruf hatte. Trotzdem bestand zum Bau der U-Bahn keine Alternative, denn das damals auf dem Gebiet der Eisenbahn führende England war gleichzeitig auch in der Industrie und in der modernen Stadtentwicklung führend, so daß in den Innenstädten kaum noch Platz vorhanden war, um Hochbahnen zu bauen. Um einiges verspätet wurde in Paris im Jahr 1900 in großer Eile die Linie 1 gebaut, die das Stadtzentrum von Ost nach West durchquerte. Es war das Jahr der Weltausstellung, und man benötigte die Bahn, um der erwarteten Besucherströme Herr zu werden. Die Verspätung hatte aber auch ihr Gutes: Die Bahn fuhr elektrisch. Sie wurde liebevoll

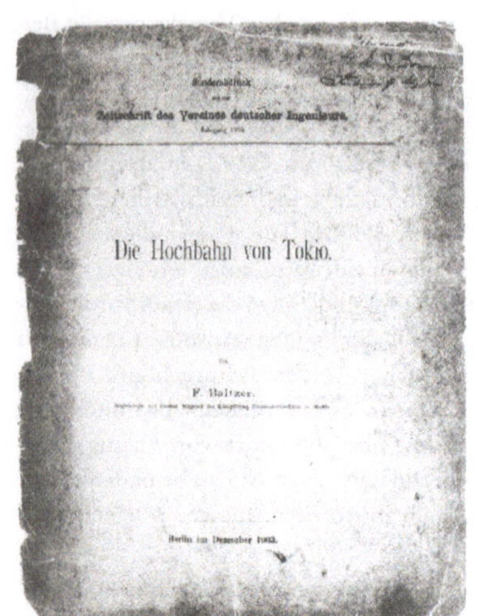

バルツァー著《東京の高架線》——プロシアの役人バルツァ
ーは都市鉄道計画をたてるため1898年に日本に派遣された
Der preußische Beamte Baltzer wurde 1898 nach
Japan entsandt, um den Plan zur japanischen
Hochbahn zu entwerfen

時存在していたターミナル駅を結びつける連絡
線が構想され、それがベルリンの北側を回る北
リング線、さらに当時はまったくの市外だった
「j.w.d.（ヨットヴェーデー）」[a]に南リングが作
られて、1877年に環状線が完成した。だがベル
リンの場合画期的だったのは市内を東西に縦貫
する都市鉄道の建設だった。旧市壁跡と堀（グ
ラーベン）を利用することで、軌道を高架線で
建設したことは、もちろん経済的効率が関係し
ていることではあるが、ロンドンやパリと違っ
て長距離列車が市内を縦貫して、ベルリンがヨ
ーロッパの東西交通の軸となることに大いに貢
献した。同時に煉瓦積みの連続アーチ構造とい
う作り方が、都市内の高架線に付きものの騒音
問題を解決する工法だったことも重要だった。
高架線を先に建設していたニューヨークでは、
鋼板と形鋼を使ったプレート・ガーダー方式で
騒音公害をまき散らし、都市交通に高架線が有

"Metro" genannt, und diese Bezeichnung ist in der
ganzen Welt zum Synonym für Untergrundbahn geworden. Auf alle Fälle gilt sowohl für London als auch
für Paris, daß die innerstädtische Schnellbahn unterirdisch verkehrte, während die Fernzüge von verschiedenen Bahnhöfen in den Außenbezirken abfuhren,
die von privaten Bahngesellschaften gebaut worden
waren.

In Berlin und Tôkyô war das anders. Dort hatte der
Verkehr im Stadtzentrum noch nicht eine solche
Dichte erreicht. Deshalb war vorrangig eine Ringlinie für die Außenbezirke erforderlich. In Berlin wurde zunächst eine Verbindungslinie zwischen den damals existierenden Fernbahnhöfen geplant. So entstand der Nordring, der nördlich um Berlin herum-
führte. Im Süden – zu jener Zeit noch weit vor den
Toren der Stadt und als "j.w.d." (janz weit draußen)
bezeichnet – wurde der Südring gebaut. 1877 wurde
dann der Ring geschlossen. Epochemachend in Berlin war jedoch der Bau einer Stadtbahn, die in ost-
westlicher Richtung durch das Zentrum verlief. Daß
man dafür die Reste der alten Stadtmauer und den
"Graben" (Stadtgrabenbefestigung) nutzte, und daß
die Gleise auf einer Hochbahntrasse verlegt wurden,
hatte natürlich auch etwas mit Wirtschaftlichkeit zu
tun. Aber im Gegensatz zu London oder Paris fuhren
auch die Fernzüge mitten durch die Stadt. Das hat
erheblich dazu beigetragen, daß Berlin zu einer ost-
westlichen Verkehrsachse in Europa wurde. Außerdem ist von Bedeutung, daß die Schienen auf Bögen
ruhten, die aus Ziegelsteinen gemauert waren: eine
Bauweise zur Unterdrückung des Lärms, der mit einer Hochbahn in der Innenstadt verbunden ist. In
New York waren schon vorher hochliegende Trassen
gebaut worden, aber man hatte sie auf Vollwandträ-
gern aus Profilstahl und Stahlplatten verlegt, was zu
einer enormen Lärmbelästigung führte und Zweifel
daran aufkommen ließ, ob Hochbahnen für den
Stadtverkehr überhaupt geeignet seien. Als ich einst
vor dem Fall der Berliner Mauer an einem verwahr-
losten Viadukt der S-Bahn vorbeikam und mir plötzlich die gemauerten Bögen ins Auge fielen, war die
Überraschung groß, denn dieselbe Bauweise hatte
man auch in Tôkyô angewandt.

Dies ist aber nicht die einzige Gemeinsamkeit zwischen den Verkehrssystemen in Tôkyô und Berlin.

効かどうか疑問を投げかけていたのである。私はかつて壁崩壊前のベルリンで、放置されたSバーン[b]の陸橋下を通った時、突然目に入ってくる煉瓦積みの連続アーチ構造の眺めに、一瞬息を呑んだものだった。東京もそれを引き継いでいたからである。

　東京とベルリンの交通体系の類似性はそれだけではない。そもそも環状線の建設を構想したこと自体が、偶然とはいえ相似形を示しているからである。日本では鉄道は1872年に、まず東京（新橋）・横浜間に開設された。もちろん鉄道先進国の英国からすべてを取り入れた。それは国鉄だったが、変革の嵐で騒乱の打ち続く状態の政府には、国鉄網を全国に張りめぐらす財力は無かった。東京・京都・大阪という一番の大動脈を作るのがやっとで、東京から北へ向かう幹線は「日本鉄道」という私鉄にまかせた。しかし鉄道を近代的国家建設の象徴と見た明治政府は、上野を始発駅とする日本鉄道と国鉄を連絡線によって結び付けることを、絶対の必要事と考えた。その結果、当時は東京の「j.w.d.」だった西郊に山手線という連絡線が作られた。この連絡線が後に環状線に転化したのだから、連絡線が環状線に進展したベルリンとまったく同じ経過を辿ったわけである。もっともこの連絡線ができた1891年にはすでに、東京を一周する環状線にする構想ができており、技師の作った青写真にははっきりと「東京市郊外輪環線」と記されていた。空白区間は国鉄の新橋と上野の間だけだったので、この間を結ぶ工事が計画されたが、そこは都心中の都心だったので、事は簡単ではなかった。この区間が実際に全通したのは何と1925年のことだったが、それはこの区間の中間に当時としては途方もなく巨大な、今日もそのまま残る大東京駅を作り、都心の交通体系を一新することをねらったり、元来海を埋め立てた軟弱地盤という、今でも東京都心の

日本鉄道線、新山手線（1900年前後）
Nippon-Tetsudô-Linie, heute Yamanote-Linie, um 1900

Daß zunächst der Bau einer Ringbahn geplant wurde, ist möglicherweise eine zufällige Ähnlichkeit. In Japan wurde die erste Eisenbahnlinie 1872 zwischen Tôkyô (Shimbashi) und Yokohama eröffnet. Selbstverständlich wurden alle technischen Aspekte von England, der führenden Eisenbahn-Nation, übernommen. Es handelte sich um eine vom Staat betriebene Strecke, doch der Regierung, die in den Wirren des damaligen Umbruchs ständig von Krisen geschüttelt wurde, fehlten die finanziellen Mittel, um das staatliche Eisenbahnnetz auf ganz Japan auszudehnen. Mit knapper Mühe gelang es noch, die wichtige Verkehrsader von Tôkyô über Kyôto nach Ôsaka fertigzustellen, doch der Bau einer von Tôkyô aus nach Norden führenden Hauptlinie wurde einer privaten Gesellschaft mit dem Namen Nippon Tetsudô (Japanische Eisenbahn) überlassen. Allerdings betrachtete es die Regierung der Meiji-Zeit (1868–1911), die in der Eisenbahn ein Symbol für den Aufbau eines modernen Staates sah, als absolute Notwendigkeit, zwischen dem Fernbahnhof Ueno der privaten Nippon Tetsudô und der Staatsbahn eine Verbindung zu schaffen. So wurde in den westlichen Vorstädten, die damals gewissermaßen Tôkyôs "j.w.d." darstellten, als Verbindungslinie die Yamanote-Linie gebaut, die dann später Bestandteil der Ringbahn wurde. Wir haben es hier also mit genau derselben Entwicklung zu tun, wie sie auch in Berlin ablief. Als diese Verbindungslinie 1891 dem Verkehr übergeben wurde, war der Plan bereits ausgereift, sie zu einer um Tôkyô herumführenden Ringlinie zu erweitern. Auf den Blaupausen der Ingenieure war sie deutlich mit der Bezeichnung "Ringbahnlinie durch die Außenbezirke von Tôkyô" versehen. Nur die Strecke zwischen den beiden Staatsbahnhöfen Shimbashi und Ueno war noch nicht gebaut, so daß der Bau für eine Verbindung dieser beiden Punkte geplant wurde. Da es sich bei diesem Gebiet aber um das Zentrum im Zentrum der Stadt handelte, bedeutete das ganze Vorha-

鉄道工事のアキレス腱となっている土地問題や、東京を襲った大地震の影響を受けたりしたためだった。

工事が開始された時には、まさにこの軟弱地盤がひとつの問題だった。今日でさえ、日本の誇る新幹線を上野駅から東京駅まで延ばす工事が、信じられないような陥没事故で大幅に遅れたのだから、19世紀には大問題だった。その時参考にされたのが、ニューヨークとベルリンの高架線だった。当時の日本の国鉄技術陣は、新時代を担う革新の意気に燃えていた。そして後に鉄道技監になる原口要が新橋・上野を高架線で結ぶ案を練っていた。彼はアメリカで高架線工事を実際に経験した人物で、ドイツの高架線も視察していたので、東京の交通体系を高架線で立体化する構想を立てたのだった。しかし彼が1883年に早くも、東京都心を高架にする案を各省委員に提示した時には、高架鉄道というコンセプトそのものが理解されず、「お祭りの神輿が通る時大丈夫だろうか」などという、およそ見当外れの質問がでる始末だった。当時の日本の鉄道の元締だった井上勝が「原口が長年研究して来たのだから、彼にまかせよう」と発言して、やっと決定に漕ぎ着けた。そして「日本鉄道」会社の「お雇い外国人」ヘルマン・ルムシ

東京駅

Hauptbahnhof Tôkyô

ben keine leichte Aufgabe. Und so wurde dieser Abschnitt tatsächlich erst 1925 vollständig für den Verkehr freigegeben. Das war auch darauf zurückzuführen, daß man das innerstädtische Verkehrssystem völlig erneuern wollte und daß in der Mitte des Streckenabschnitts der für die damaligen Verhältnisse außergewöhnlich große und auch heute noch in seiner ursprünglichen Anlage erhaltene Hauptbahnhof Tôkyô errichtet wurde. Ferner gab es Probleme mit dem Untergrund, der sich in einem Gebiet befand, das dem Meer durch Aufschüttung von Boden abgewonnen und nicht besonders fest war. Diese Bodenprobleme bilden heute noch die Achillesferse bei bahntechnischen Bauarbeiten in Tôkyô. Außerdem litt die Stadt noch unter den Auswirkungen des großen Erdbebens, das Tôkyô 1923 heimgesucht hatte.

Als mit dem Bau begonnen wurde, bereitete gerade der weiche Untergrund erhebliche Schwierigkeiten. Die Tatsache, daß selbst in unseren Tagen noch die Verlängerung der Shinkansen-Strecke, auf die Japan so stolz ist, vom Bahnhof Ueno bis zum Bahnhof Tôkyô wegen völlig unvorhergesehener Einsturzunfälle mit reichlicher Verspätung fertiggestellt wurde, läßt erahnen, wie groß die Probleme im 19. Jahrhundert waren. Damals waren die Hochbahnen von New York und Berlin das Vorbild. Die Ingenieure der japanischen Staatsbahn waren zu jener Zeit Feuer und Flamme für die Erneuerungen, die mit der neuen Ära einhergingen. Den Entwurf für die Hochbahnverbindung zwischen Shimbashi und Ueno hatte Haraguchi Kaname ausgearbeitet, der später Chefingenieur wurde. Er hatte persönlich den Hochbahnbau in Amerika miterlebt und auch die Hochbahnen in Deutschland eingehend studiert. Deshalb schlug er vor, das Tôkyôter Verkehrssystem als Hochbahn zu realisieren. Doch als er 1883 den Ministerialbeamten seine Vorstellungen unterbreitete, stieß er auf wenig Verständnis für sein Hochbahn-Konzept. Vielmehr maßregelte man ihn mit solch abwegigen Fragen wie: "Was passiert bei Festumzügen? Kann man denn auch die mitgeführten Schreine darunter hindurchtragen?" Doch als der Direktor der japanischen Eisenbahn, Inoue Masaru, erklärte: "Haraguchi hat sich lange genug damit beschäftigt. Deshalb überlassen wir ihm die Sache!", gelangte man schließlich zu einer Entscheidung. Bei Hermann Rumschöttel, der

ェッテル（1844年〜1918年）らに設計を委嘱した。実は1887年に来日した彼こそが、1882年に営業運転を開始したベルリンの「市内高速鉄道」の工事を担当した技師の一人だったのである。こうして新橋・東京間の高架線はベルリン方式となった。

工事は難工事だった。煉瓦のアーチは神田付近の鳶職を集めて積み上げさせたが、何しろ前述のような軟弱地盤である。昔の海底に当たる所には松の木の杭を千本も打ち込んで、地盤を固めなくてはならなかった。高い櫓を作って、「よいとまけ」という掛け声のもと賑やかに打ち込んだ、と物の本に書いてある。

しかし1923年の大地震で、当時東京の名所だった煉瓦造りの高い塔が真ん中から折れてから、東京では煉瓦造りの建物や工作物はすっかりお目にかかれなくなってしまった。それゆえ今日首都随一の繁華街である銀座への入り口に当たる有楽町付近に残る高架下の煉瓦積みは、大変印象的で異彩を放っている。それはまことに貴重な歴史的遺産であると同時に、ベルリンと東京を結ぶ絆のひとつである。ちなみに高架線も東京・上野間は煉瓦構造ではなく、コンクリート造りになっている。東京は今日ではコンクリート・ジャングルになってしまっているので、煉瓦構造は19世紀の「文明開化」時代の東京をしのばせる数少ない記念物であるが、有楽町のガード下の飲食店街に出入りする夜の酔客の風体が、案外昔の影響をとどめているように見えるのも、あるいは煉瓦の高架線の反映かもしれない。いずれにしても地下鉄より高架線の高速鉄道の方が親しまれていた点では、戦前の東京とベルリンは似ていたし、そのため地下鉄の発達が大幅に遅れた点も同じである。そこに都市デザインの共通項があるとも言える。

ところでベルリンのSバーンは作られたのが早かったせいもあって、長く蒸気運転だった。

有楽町高架駅（1910年）
Yûraku-chô Hochbahnstation, 1910

im Dienst der Nippon Tetsudô stand, wurden die Pläne in Auftrag gegeben. Er war 1887 nach Japan gekommen und hatte zuvor als einer der leitenden Ingenieure am Bau der 1882 eingeweihten Berliner Stadtbahn mitgearbeitet. Daher kommt es, daß die Hochbahn zwischen den Bahnhöfen Shimbashi und Tôkyô der Konstruktion in Berlin so ähnlich sieht.

Die Bauarbeiten gestalteten sich äußerst schwierig. Für die Errichtung der Ziegelbögen konnten Gerüstbauer aus der Umgebung von Kanda, einem Stadtteil Tôkyôs, herangezogen werden, aber der schon erwähnte weiche Untergrund machte Schwierigkeiten. Auf dem über dem früheren Meeresgrund aufgeschütteten Gelände mußten über 1.000 Kiefernstämme in den Boden getrieben werden, um den Baugrund zu befestigen. Die Chronik berichtet, daß von einem eigens errichteten Turm die Pfähle unter lauten "Hau-ruck"-Rufen der Arbeiter in den Boden gerammt wurden.

Doch das verheerende Erdbeben von 1923 ließ den gemauerten Turm, der damals als Sehenswürdigkeit Tôkyôs galt, in der Mitte abknicken. Danach waren in Tôkyô keine Gebäude oder Bauwerke mehr in Ziegelbauweise zu finden. Aus diesem Grund vermittelt heute das Mauerwerk unter der erhalten gebliebenen Hochbahn nahe dem Bahnhof Yûraku-chô am Eingang der Ginza, der belebtesten Straße der Hauptstadt, einen ganz besonderen Eindruck. Es handelt sich dabei nicht nur um ein wichtiges historisches Erbe, es verkörpert auch ein Band, das Berlin und Tôkyô verknüpft. Übrigens haben wir es bei der

1913年にプロシア下院はベルリンのSバーンの電化を決議したが、第一次世界大戦に阻まれて、実施は1926年になってしまった。その点では東京の環状線は汽車運転の黎明期は別として、最初から電車運転を目標にしており、まだ環がつながらない1909年にすでに、新橋・上野間を大回りで電車運転を始めていた。電車の車体は日本で作ったが、電気装置はドイツから輸入した。まだ一輌の運転で、15分間隔で発車し、全線を64分で走った。誰しも知るとおり、1879年にベルリンで開催された博覧会で、シーメンスが世界初の電気鉄道を展示したのだから、電気装置をドイツから輸入したのは不思議ではない。それだけにベルリンで電化が遅れたのは、財政難のためとはいえ何とも奇妙であるが、逆に日本の鉄道が電化に示した関心の強さは、国情のしからしむるところだった。ドイツは要するに平野の国である。日本は逆に山国である。トンネルや勾配の問題など、電化を必要とする要因が揃っていた。それゆえ日本の国鉄技術陣が電気鉄道に着目したのは当然のことだった。明治時代の国鉄の技術陣の元締だった島安次郎はドイツ語で教育をおこなっていた独協学園の出身で、鉄道の技師になってからも、英国だけでなくドイツの鉄道事情にも通じていた。シーメン

初代鉄道車輌（1909年）

Der erste Stadtbahnwagen, 1909

Hochbahnstrecke zwischen den Bahnhöfen Tôkyô und Ueno nicht mit Mauerwerk zu tun, sondern mit einer Betonkonstruktion. Überhaupt ist das Tôkyô unserer Tage ein Beton-Dschungel geworden, und so stellt das noch vorhandene Mauerwerk eines der wenigen Denkmäler dar, die uns an das Tôkyô des 19. Jahrhunderts, an die "Zivilisation und Aufklärung" (Bunmei Kaika) in der Meiji-Zeit erinnern. Wenn man die angetrunkenen Gäste der vielen Restaurants und Bars an der Hochbahn in Yûraku-chô betrachtet, hat man das eigenartige Gefühl, in Gesichter einer vergangenen Epoche zu blicken. Ob das wohl an dem alten Mauerwerk liegt? Wie dem auch sei – vor dem Krieg waren sich Tôkyô und Berlin in dem Punkt ähnlich, daß die Schnellbahn auf der Hochtrasse den Menschen vertrauter war als die U-Bahn; und auch in dem Punkt, daß die U-Bahn erst viel später ihren Aufschwung nahm. Vielleicht gab es hier Gemeinsamkeiten bei der Stadtplanung. Eine Folge des frühen Baus der Berliner S-Bahn bestand übrigens darin, daß sie lange Zeit mit Dampf betrieben wurde. 1913 beschloß dann das Abgeordnetenhaus des Preußischen Landtags, die S-Bahn zu elektrifizieren, doch dann kam der 1. Weltkrieg dazwischen, und so wurde dieses Vorhaben erst 1926 realisiert. In dieser Hinsicht allerdings liefen die Dinge in Tôkyô anders: Von Anfang an war geplant, die Ringbahn zu elektrifizieren. Bereits 1909, als der Ring noch gar nicht geschlossen war, fuhren zwischen Shimbashi und Ueno über einen großen Umweg elektrische Bahnen. Die Wagen selbst wurden in Japan gebaut, die elektrische Ausrüstung aber wurde aus Deutschland importiert. Zunächst fuhr alle 15 Minuten jeweils immer nur ein Wagen ab, der für die gesamte Strecke 64 Minuten benötigte. Bekanntermaßen hat Siemens auf der Berliner Ausstellung von 1879 den ersten elektrischen Zug der Welt vorgestellt. So ist es nicht verwunderlich, daß die elektrische Ausrüstung für die Tôkyôter Bahnen aus Deutschland stammte. Umso seltsamer ist es, daß sich die Elektrifizierung in Berlin so verzögert hat, auch wenn es hieß, daß es finanzielle Schwierigkeiten gab. Daß andererseits bei der japanischen Bahn ein so großes Interesse an der Elektrifizierung bestand, mag an den Gegebenheiten des Landes gelegen haben. Während Deutschland ein relativ flaches Land ist, ist Japan

浅草の凌雲閣、1923年の大震災で倒壊
Ryôunkaku in Asakusa, 1923 beim großen Erdbeben
verbrannt

スは電気機関車の走行テストで、当時としては
驚異的な時速210キロメートルという記録を
作った。その知らせを1901年に受けた島は、
1903年、自費でドイツ国有鉄道の視察に出掛け
た。専門家である彼は210キロメートルが理論
的に可能であることを知っていたので、素人の
ように驚きはしなかったが、それを自分の目で
確かめることで、電化の将来性への展望を開こ
うとしたのだった。見聞の結果を帰朝後彼はこ
う語っている。

「研究の結果は210キロの速度をもって列車
を運転するということは証明しましたが、何分
その設備に大金を要し、かつ抵抗が大きいから
大なる動力を要し、経済上引き合わぬため今日
の所ではまず実用になるということはないとい
う話であります」

つまりこの時点では電気鉄道の技術水準はも
う一歩だという観測である。にもかかわらず彼
は、鉄道の将来は電力による高速運転にあると
確信したのだった。そして日本の鉄道は以後電
化に向けて突き進んだのだった。

最後にエピソードをひとつ。新橋・東京間の煉
瓦積みは実に入念だった。そのため1923年の大
地震で少しの狂いも生じなかった。担当した今村
技手は東京駅の煉瓦積みに際して、煉瓦を一枚一
枚ブラシで洗わせた。その堅牢さは寸分の狂いも

sehr gebirgig. Tunnel und Steigungen machten die
Elektrifizierung erforderlich, so daß die Techniker
der japanischen Staatsbahn verständlicherweise ihr
Augenmerk auf den elektrischen Zugbetrieb richteten. Technischer Leiter der Staatsbahn während der
Meiji-Zeit war Shima Yasujirô. Er hatte die Lehran-
stalt Doitsugaku Kyôkai Gakkô (heute: Dokkyô-
Schule), in der auf deutsch unterrichtet wurde, absolviert, und nachdem er Eisenbahningenieur gewor-
den war, verfolgte er nicht nur die eisenbahntech-
nische Entwicklung in England, sondern auch in
Deutschland. Die elektrische Lokomotive von Siemens stellte bei Testfahrten mit der für damalige
Verhältnisse unglaublichen Geschwindigkeit von 210
Stundenkilometern einen Rekord auf. Shima erfuhr
1901 davon, und 1903 unternahm er auf eigene
Kosten eine Studienreise nach Deutschland. Als
Fachmann wußte er, daß 210 km/h theoretisch möglich sind. Er staunte also nicht wie ein unwissender
Laie, doch er wollte sich mit eigenen Augen von der
Realität überzeugen, um dann die Zukunftsperspek-
tiven der Elektrifizierung in Japan aufzuzeigen. In
seine Heimat zurückgekehrt, beschrieb er seine Eindrücke folgendermaßen:
"Die Testergebnisse haben gezeigt, daß sogar mit an-
gehängtem Zug 210 km/h gefahren werden können.
Aber die Ausrüstung kostet sehr viel Geld. Und weil
ein beträchtlicher Widerstand überwunden werden
muß, ist eine ungeheure Antriebskraft erforderlich,
so daß sich die Sache wirtschaftlich nicht lohnt. Es
heißt, daß deshalb zum gegenwärtigen Zeitpunkt an
eine praktische Anwendung nicht zu denken ist."
Er hatte gesehen, daß zu jenem Zeitpunkt die technische Entwicklung des elektrischen Bahnbetriebs
noch in den Kinderschuhen steckte. Aber ungeachtet
dessen war er der Überzeugung, daß die Zukunft der
Eisenbahn im Schnellverkehr mit elektrischem An-
trieb lag. Und die Elektrifizierung der japanischen Eisenbahnen wurde schließlich zügig in Angriff genommen.
Zum Schluß noch eine kurze Anmerkung. Das Mauerwerk an der Strecke Shimbashi–Tôkyô ist tatsächlich äußerst gewissenhaft ausgeführt. Deshalb hat es
sich bei dem großen Erdbeben von 1923 auch überhaupt nicht verzogen. Der bei den Bauarbeiten am
Bahnhof Tôkyô verantwortliche Ingenieur Imamura,

無く、**修理**に当たった今日の職人に、もう今では
真似ができないと嘆かせたほどだった。

注
(a) 編注：「ganz weit draussen・とても辺鄙なところ」
をベルリン子が発音すると「janz weit draussen」となり、
その頭文字をとった言い方が一般に定着して「j.w.d.」とな
った。
(b) 編注：「S-Bahn・Sバーン」は「Schnellbahn・高速
鉄道」「Stadtbahn・都市鉄道」の略で、市内環状線もあれ
ば、都市と郊外を結ぶものもある。

電気鉄道車輛（1911 年製）
Elektrischer Wagen, 1911 gebaut

ließ alle Ziegelsteine einzeln mit einer Bürste reini-
gen. Die Festigkeit der Mauern weist nicht die ge-
ringsten Mängel auf, so daß die Handwerker unserer
Tage bei Reparaturarbeiten neidvoll seufzen: "So etwas bringt heute keiner mehr zustande."

Budenzauber mit Wolkenkratzer: Tôkyô im Blickfang Berlins (1910–1936)

Eckhardt Momber

掘立小屋のロマンと高層ビルの街　東京（一九一〇年～一九三六年）　エッカルト・モンバー

20世紀前半にはドイツの民間人は世界中を旅した。しかし、日本まで訪れることはまだ非常に稀な時代であった。だが驚いたことに、それでも日本に赴いた少数の旅行者のなかには、ベルリン人が多くいた。彼らが皆生粋のベルリン人というわけではなかったが、東京での彼らの体験の背景には常にベルリンがあった。彼らは東京に魅了され、反発をも抱いた。ヨーロッパやアメリカへの旅行と違い、旅先の言葉を話せなかった。話せたとしてもわずかであった。しかし、いずれにしても、ベルリン人特有の不敵さを身につけた人々であった。例を挙げるとベルンハルト・ケラーマン（1910年）、マリー・フォン＝ブンゼン（1911年）、アルトゥール・ホーリッチャー（1925年）、リヒャルト・ヒュルゼンベック（1927年）、ブルーノ・タウト（1933年～1936年）たちである。

故郷のごとき親しみ

後に世界的に有名になった作家ベルンハルト・ケラーマンが、彼にとって第二の故郷となったベルリンに腰を落ち着けたと思うや否や日本旅行を企てたのは1910年のことである。もっとも、彼の出版者パウル・カシーラーの大きな経済援助を受けずには東京にも赴くことになるなみはずれた企ては不可能であったのだが。彼は東京での印象をつぎのように綴っている。

「東京は蟻塚、百万都市、平坦で灰色の低い屋根が波状に続く町。私は路上の喧騒から静かな場所への逃避を何日も試みたが、無駄であった。逃げてみても他の喧騒の町に踏み込むのが常であった。疲労困憊して人力車に乗り込み、行き先を帝国ホテルと告げると、車夫は顔色を失った。彼らが未だかつて足を踏み入れたことのない地区への日帰り旅行に近いものだったからだ。ここも本通りには電柱が林のごとく林立していた。町の中心部にはヨーロッパ風煉瓦造

Das zivile Reisen der Deutschen in der ersten Hälfte des 20. Jahrhunderts führte in alle Welt, nur selten aber nach Japan. Erstaunlicherweise war unter den wenigen Japanfahrern gleich eine ganze Handvoll aus Berlin, oft Zugereiste natürlich. Ihr Tôkyô-Erlebnis war von Berlin geprägt. Sie waren hingerissen, auch abgestoßen. Anders als Reisende in Europa oder Amerika sprachen sie die Sprache ihres Reiselandes zumeist nicht oder zu wenig. In jedem Fall bewahrten sie jene respektlose Sicht, für die Berliner gut sein sollen. Es waren Bernhard Kellermann (1910), Marie von Bunsen (1911), Arthur Holitscher (1925), Richard Huelsenbeck (1927) und Bruno Taut (1933/36).

Zu Hause, Allzu Hause

Kaum war Bernhard Kellermann einigermaßen seßhaft geworden in seiner Wahlheimat, da reiste der später weltberühmt gewordene Schriftsteller auch schon im Jahr 1910 nach Japan, allerdings nicht ohne die kräftige finanzielle Hilfe seines Verlegers Paul Cassirer. Ein ungewöhnliches Vorhaben, das ihn auch nach Tôkyô führte.

"Tokio ist ein wimmelnder Ameisenhaufen, eine Millionenstadt, ein Meer niedriger, flacher grauer Dächer. Ich versuchte es viele Tage lang, aus dem Gewirr von Straßen hinaus ins Freie zu finden, vergebens. Ich kam immer in neue Städte hinein, in denen es wimmelte, klapperte, zappelte. Die Kuli erbleichten, wenn ich todmüde das Jinrikisha bestieg und sagte: Imperial-Hotel. Das war eine Tagesreise, gewiß waren sie noch nie in diesem Stadtteil gewesen. Auch hier waren die Hauptstraßen mit förmlichen Wäldern von Telegraphenmasten überschwemmt. Im Herzen der Stadt standen einige öffentliche Gebäude im europäischen Backsteinstil, Schlachthäusern und Hospitälern ähnlich. Die Einheimischen wiesen mit großem Stolz daraufhin, ebenso auf die elektrische Eisenbahn (Siemens & Halske), die Tokio nach allen Seiten durchzieht. Nach und nach fühlte ich mich in Japan zu Hause."[1]

Berliner fühlen sich schnell zu Hause. Kellermann hinderte das weder daran, das Fremde, noch das Allzubekannte wahrzunehmen.

"Ich erging mich in den Straßen, sah mir die Leute an und die Waren in den Geschäften. Noch war ich mir nicht klar darüber geworden, wovon diese Leute ei-

りの公共の建物があったが、まるで屠殺場や病院の風情だった。しかし、土地の人間はそれらを自慢し、同じく東京から全方面につうじる電車（シーメンス・ハルスケ電気会社）にも誇りを抱いていた。私も次第に日本が故郷であるかのごとく感じるようになった」⁽¹⁾

　ベルリン子は異国にも素早く馴染むものであるが、ケラーマンは未知の事柄や、馴染み過ぎた事柄を認識する眼を保ち続けた。

　「私は通りを散策し、人々や商店の品々を眺めた。私にはまだ、彼らが一体何で生計を立てているのか分からなかった。魚、非常に小さくて馬の毛の束のように見える魚の乾物、石鹸を思わせる菓子。市場では唐檜や竹製の簡素で美しい、私には用途不明な品物をたくさん見た。それらに混じって帽子、靴、時計、武器などのヨーロッパ製のありとあらゆるがらくたがあった。ほとんどが粗悪品である。全く簡素な物を除いて、日本の品物も趣味が悪く醜く、ヨーロッパから送られてくる品々に見られるような、かの退廃した様式の粗悪品である」⁽²⁾

　もちろん彼は吉原の茶屋を訪れ、上野公園の桜に我を忘れた。ケラーマンは陶酔のなかで東京と伝統的な日本を体験したのである。しかし、彼の冷静な近代的精神は常に目覚めていた。

当意即妙の受け答え

　1911年５月、マリー・フォン＝ブンゼンは東京の中心にある皇居を訪問した。彼女は日本の上流階級と交際があったお陰で、日本に旅した人間のうちのほんのわずかな一人としてこのような機会に恵まれたのである。通常なら外から驚嘆するしかない皇居を彼女は内から観察し、この時の印象を《極東にて》と題する本に綴っている。

　「高い壁で囲われた皇居の門を通り抜け、車は低い日本家屋の前で止った。私を待ち受けて

gentlich lebten. Fische, getrocknete Fische, so klein, daß sie wie ein Ballen von Roßhaar aussahen, Kuchen, die an Seife erinnerten. In den Basaren sah ich Dutzende von Gebrauchsgegenständen, aus Fichtenholz und Bambus sauber und schlicht angefertigt, deren Zweck mir unverständlich war. Dazwischen gab es allen europäischen Tand, Hüte, Schuhe, Uhren, Revolver. Meist minderwertige Artikel. Auch die japanischen Waren, abgesehen von den ganz einfachen, waren geschmacklos und häßlich, in jenem verdorbenen Stil hergestellter Schund, wie er in Schiffsladungen aus Europa kommt." ²
Natürlich ließ er sich in den Teehäusern des Yoshiwaras nieder und verlor sich in der Kirschblüte des Uenoparks. Kellermann erlebte Tôkyô und das traditionelle Japan wie im Rausch und blieb doch wach für seine nüchterne Moderne.

Mund auf dem rechten Fleck

Als eine der ganz wenigen Japanreisenden hatte Marie von Bunsen dank ihrer Beziehungen auf höheren, japanischen Ebenen Gelegenheit, im Mai 1911 den Kaiserpalast im Zentrum Tôkyôs zu besichtigen. Sie inspizierte von innen, was meist nur von außen bestaunt werden durfte, und beschrieb ihren Eindruck in dem Buch *Im Fernen Osten*.
"Ich durchfuhr das alte Shoguntor mit seinen gewaltigen Mauern und hielt vor niedrigen japanischen Gebäuden. Hier erwarteten mich mit beeindruckenden Verbeugungen einige kleine Herren in langen Gehröcken in der getäfelten Halle. Nun durch lange Flure; Holz in bester Arbeit, die üblichen Reispapierscheiben wurden durch Milchglas ersetzt. Das gab ein gleichsanftes Licht, und auch hier warfen Zweige aus dem Garten reizvolle 'japanische' Umrisse auf das matte Weiß. Dann wurde ich freundlich von den Damen und dem Grafen Kagawa begrüßt, und gütigerweise schlugen sie mir vor, das Schloß zu besehen. Nach dem Brand war es an Stelle des alten Shogunpalastes neu aufgebaut, vieles ist gut japanisch, manches beklagenswert europäisch. Große Pracht, keine Überladung und immer ein Gefühl für das Raumverhältnis. ... Nun sollte ich draußen den 'schönen Blick' auf die zwei Brücken sehen. Vermutlich war einst das Zusammenspiel dieser einen Winkel bildenden Brücken sehr malerisch, aber jetzt hatten sie guß-

明治時代の東京
Tōkyō in der Meiji-Zeit

いたのは、長いフロックコートを着た、深いお
辞儀をする数人の小柄な男性たちであった。そ
して長い廊下。この廊下の木には最高の技術を
施し、障子は紙に代わり曇りガラスであった。
それは均等なやさしい光を生み、ここでも庭の
木々の枝が魅力的な日本の輪郭を不透明な白い
ガラスに投じていた。それから私は、淑女たち
と香川伯爵(ⁱ⁰)に親しく迎えられ、親切にも皇居の
案内を受けた。火災の後、旧幕府江戸城の場所
に新築されたものである。多くが日本様式、し
かし残念ながらヨーロッパ様式も多く用いられ

eiserne Geländer! Wir gingen hinüber, sie wollten
mir die 'berühmte Aussicht' zeigen. Ehemals sah man
auf die Edelhöfe mit ihren Toren und Baumwipfeln,
jetzt erblickte ich das schauerlich häßliche Tokio, den
öden Platz mit den in allen Stilarten sich ergehenden
Theatern und Ministerien. Es war schwer, passende
Worte zu finden." ³
Adel verpflichtete, auch zu Takt und Schweigen vielleicht, Marie von Bunsen hatte damit einige Not. In
der Regel behielt sie ihren Mund auf dem rechten
Fleck und berichtete freimütig, nicht selten ironisch.
"Der regierende Kaiser ist Nachkomme der ältesten
Dynastie der Welt; seit über 2.000 Jahren beherrsch-
ten, mit Hinzunahme einiger Adoptionen aus ver-

タウトの描いた掛軸（1934年以降）
Rollbild von Taut, nach 1934

ている。非常に絢爛としているが装飾過多に陥らず、常に空間比に対する配慮が認められる。（…）それから私は外にでて、二つの橋の織り成す美しい景観を眺めるようにいわれた。恐らく、かつては二本の橋が作る角度の眺めが絵のようだったのであろうが、今は鋳物の欄干が取り付けてあるではないか。我々は橋のたもとに行った。彼らは有名な景観を私に見せたかったのである。かつて人々は門と樹木のある貴族の館を愛でたのであろうが、現在私はここからひどく醜い東京を、ありとあらゆる様式が入り混じった劇場や各省の建物が混在する殺伐とした街を眺めている。適当な言葉を思いつくのがとても難しかった」(3)

貴族が義務とする礼儀と沈黙は、マリー・フォン＝ブンゼンの得意とするところではなかったようである。常に彼女は当意即妙の受け答えをし、腹蔵なく、しばしば皮肉な口調で語っている。

「今上天皇は世界最古の王朝継承者である。彼の祖先は、養子縁組みもあったものの、二千年以上も昔からこの国を統治してきた。当今の極度に困難な状況下で、統治者として相応の準備をしなかったにもかかわらず、彼は確固たる地歩を占めている。好んで歌を詠み、性格は良いと言われる。外見上は下層階級の残酷な犯罪者と変わりがない。一方同じ家系に属する皇后は、数多の王子や王女のごとく麗しく、気品がある。偶然に過ぎないのだろうか」(4)

日独帝国主義国家間で接近が始まったかの時代にあって、これは大使館のある一等書記官にとっては非常に目に余る発言であった。在ベルリン日本大使館は過敏に反応し、外務省に出向いてこの本の発禁を強く申し入れた。外務省は相応の手段を講じることを約した。しかし、関係者全員にとって幸運なことに、一人のベルリン女性による日本国天皇の侮辱は、日独の書類の埃のなかに埋もれ消え去ったのである(5)。

wandten Häusern, seine Vorfahren dieses Reich. In schwierigster Lage, ohne irgendwelche geeignete Vorbereitung hat er sich durchgesetzt und behauptet, er dichtet mit Vorliebe, sein Charakter wird günstig beurteilt. Äußerlich gleicht er einem brutalen Verbrecher aus den niederen Ständen, während die dem gleichen Geschlecht angehörende Kaiserin, auch fast alle kaiserlichen Prinzen und Prinzessinnen, angenehm aussehen, Stil aufweisen. Zufall." [4]

Das war einem Botschaftssekretär Erster Klasse in einer Zeit des Vorspiels der Annäherungen zwischen dem japanischen und dem deutschen Imperialismus denn doch zu weit gegangen. Die japanische Botschaft in Berlin reagierte überempfindlich. Man war im Auswärtigen Amt vorstellig geworden und hatte nachdrücklich ein Verbot des Buches gefordert, worauf entsprechende Schritte zugesagt wurden. Zum Glück für alle Beteiligten verlief sich die Beleidigung einer kaiserlich-japanischen Majestät durch eine Berlinerin im deutsch-japanischen Aktenstaub. [5]

Budenstadt mit Wolkenkratzern

In den fünf Wochen, die Arthur Holitscher in Japan verbrachte, erlebte er vier Erdbeben, drei davon im Gebiet von Tôkyô – und dies zwei Jahre nach jenem Großen Erdbeben im Jahr 1923.

"Furchtbar der Anblick des einst so mächtig emporgebauten Yokohama. Heute ist es eine Bretter- und Budenstadt, kaum anders anzuschauen als eine junge, in den Kinderschuhen steckende Präriestadt mitten in den Wüsteneien Kanadas. Buden aus Brettern, eilig und oberflächlich zusammengezimmert, beherbergen die großen Schiffahrtsgesellschaften des Weltverkehrs, die mächtigen internationalen Banken, Verwaltungsgebäude ... Die Rikscha fährt mich durch Straßen, die Straßen waren und heute nur mehr Phantome von Straßen sind. Zu beiden Seiten des Weges riesige Granitfundamente der Wolkenkratzer, die sich hier einst erhoben, heute nur wie knapp über dem Erdboden wüst abgebrochene Steinklötze, uneben zu schauen. Hier und da ein irrsinnig wirres Gebilde: graue hohe Pilaster, die in der Höhe verbogen gleich schmutzigen versteinerten Springbrunnen an dünnen wirren Eisenstäben dicke Betonklötze, im Fall versteinerte Tropfen herunterbaumeln lassen. Häuser aus armiertem Beton, für Ewigkeiten gebaut, und von

掘立小屋と高層ビルの混在する街

　アルトゥール・ホーリッチャーが日本で過ごした五週間の間、彼は地震を五度、そのうち三度は東京で体験した。かの 1923 年に起こった大地震の二年後のことである。

　「かつては建物がそびえ立っていた横浜は悲惨そのものであった。今は板張りの粗末な掘立小屋の町である。カナダの荒野のただなかに誕生したばかりの町とほとんど変わりがない。板作りの小屋、大急ぎで大雑把に建てた建物に国際路線の船会社、国際大銀行、市の行政機関などが居を構えている。（…）以前は道路であったのが、今では道路の幻影に過ぎない所を人力車が私を乗せて走る。道の両側には、かつてはそこにそびえ立っていた高層ビルの御影石の土台が破壊され、地面すれすれでねじ伏せられた石の塊となってでこぼこと横たわっている。ここあそこと大混乱の様相。灰色の長い角柱は上のほうでねじ曲がり、柱の鉄筋に大きなコンクリートの塊がぶら下がっている様は汚い石化した噴水に、これも石化した水滴がぶら下がっているかのごとくである。未来永劫に存続するよう建てられた鉄筋の建物は、たった一度の強震によって何百万もの石に粉砕され、破壊された。乱雑に積み上げた数階分もある瓦礫の山、電話交換局、曲がった梁、空中でぶらぶらと踊るセメントの塊。これらを整備し、瓦礫を除去するのはまず不可能な業である」(6)

　ケラーマンの場合と同様に、ホーリッチャーにもこの首都は強い、総じて肯定的な印象を与えた。しかし、彼の驚嘆の的になったのは、震災後に結集されたエネルギーと日本人の生きる喜びである。彼は好んで街を歩き回った。

　「路上では歓喜が感じられた。この民族はなんという華やかさ、生きる喜び、愛らしさ、優しさを備え、それでいて力を結集できることか。東京は掘立小屋の集まり、乱雑な掘立小屋の街。

タウトの描いた掛軸（1934 年以降）
Rollbild von Taut, nach 1934

einem einzigen scharfen gewaltsamen Ruck in Millionen Stückchen zersplittert, zerbrochen, craqueliert. Hier: ein wirrer, stockhoher, nach allen Seiten auseinanderhängender Trümmerhaufen, die Telephonzentrale, verbogene Traversen, in der Luft schwingende Zementblöcke – fast unmöglich, diese Haufen zu lichten, diese Trümmer wegzuschaffen."[6]

Ähnlich wie auf Kellermann hatte diese Hauptstadt auch auf Holitscher einen starken, insgesamt positiven Eindruck gemacht, seine Bewunderung aber galt der nach den Naturkatastrophen wieder neu mobilisierten Energie und Lebensfreude der Japaner. Gern trieb er sich in ihren Straßen herum.

"Draußen, in den Straßen, setzt sich die Freude fort. Welch eine Buntheit, tobende Lebenslust, Lieblichkeit und zarte, doch gesammelte Kraft in diesem Volk! Tôkyô ein Budenhaufen, eine unübersehbare Budenstadt, wie Yokohama, dessen Schicksal es ja geteilt hat, noch vertieft, noch verschrecklicht durch den Brand, endlos dehnt es sich zwischen den Kanälen und Wasseradern, den Hügeln und festen gemauerten Umrissen der Kaisergärten und Paläste hin. Eine Straße läuft quer durch die Riesenstadt, in ihr erheben sich wieder Wolkenkratzer aus Stein und jenem verhängnisvollen armierten Beton, öde Kasten mitten hingesetzt in das niedere Gewimmel der Buden und Baracken, wie auf dem Broadway in Amerika. Übles Amerika, hergepflanzt in japanische Landschaft."[7]

Budenstadt mit Wolkenkratzern drin! Dieser Eindruck zieht sich wie ein roter Faden durch das Tôkyô-Erlebnis Berliner Japanreisenden. Dabei sah Holitscher zunächst wohl wirklich nur die provisorisch zurechtgezimmerten Behausungen nach dem großen Beben, aber er und andere Japanreisende ließen sich von dem äußerlichen Ansehen, den die klassisch gezimmerten Holzhäuser noch heute bieten, täuschen. Denn diese Buden waren und sind Kunstwerke der traditionellen japanischen Architektur, etwas für Kenner japanischer Ästhetik.

Dada in Tôkyô

Mitten aus dem 1. Weltkrieg heraus gründete Richard Huelsenbeck nach dem Vorbild des Züricher Cabaret Voltaire und zusammen mit den Brüdern Herzfelde, Walter Mehring, Georg Grosz, Carl Einstein sowie dem selbsternannten Oberdada Johannes Baader die

横浜と運命をともにしたが、大火災のためにずっと悲惨な状態である。運河と河川、丘と皇居の庭園とそれを囲った壁の間をぬって無限に広がっている。一本の道路が巨大な街を貫いて走っている。道路に沿って粗末な建物とバラックが立ち並び、それらの間に石造りの、あの禍をもたらした鉄筋コンクリートの高層ビルが再び侘しい箱のごとく建てられている。これはアメリカのブロードウェイを想起させる。日本の風景のなかに移しかえられた醜いアメリカ」[7]

　粗末な建物とバラックが混在する街のなかにそびえる高層ビル。これは、日本を訪れたベルリン人が東京で一様に体験したことである。ホーリッチャーの場合は、最初は、大震災後に間に合わせに建てた掘立小屋だけを実際に見たようであるが、それでもホーリッチャーも他の旅行者も、伝統的な木造日本家屋の外観に惑わされたことは否めない。しかし、日本の美意識につうじる者にとっては、これらの小屋こそ昔も今も日本の伝統建築の芸術作品なのである。

ダダイストの東京体験

　第一次世界大戦の最中、その刺激を受け、リヒャルト・ヒュルゼンベックはチューリッヒのカバレー・ヴォルテールを手本に、ヘルツフェルト兄弟、ヴァルター・メーリンク、ジョージ・グロス、カール・アインシュタインおよびダダイスムの頭目と自ら名乗ったヨハネス・バーダーとともに、ベルリンにダダイスム運動を開始し、1920年に「ダダイスムは勝利する」と宣言した。しかし、ダダイスムは勝利せず、医者であるヒュルゼンベックはハンブルク・アメリカ航路の船医として海に出、アフリカ、インド、中国、そして1927年には日本に渡った。

　ヒュルゼンベックは、今日なお全世界から日本を訪れる旅行者の目標である古い日本が当時すでにステレオタイプ化されたものであったこ

Dada-Bewegung in Berlin. 1920 erschien sein Manifest "Dada siegt". Aber Dada siegte nicht, und der studierte Mediziner Dr. med Huelsenbeck mußte zur See. Als Schiffsarzt der Hamburg-Amerika-Linie fuhr er nach Afrika, Indien, China und 1927 nach Japan.

Das alte, seinerzeit schon Klischee gewordene Japan, heute noch Ziel von Touristen aus der ganzen Welt, glaubte Huelsenbeck bis auf die Knochen der westlichen Moderne durchschaut zu haben.

"Eine Straße moderner Zementhäuser wird immer wieder von freien Plätzen unterbrochen, als ob dort dem Willen zur Neuzeit der Atem ausgegangen wäre. Dann lange Reihen der kleinen Holzhäuschen, aus denen Frauen mit weißgepuderten Gesichtern sehen. Mit einem neugierigen, aber ernsten Blick. Abends binden die Rikschakulis sich Papierlaternen an die Deichsel ihrer Wagen. Wie sie traben! Ein Droschkengaul ist faul dagegen. Ich habe mir die Füße dieser menschlichen Gäule angesehen: eine weiß angelaufene dicke Kruste ... wie Aussatz."[8]

Alle Japanreisenden beschwerten sich über jenes den Blick zum Himmel verstellende, dicht gewebte, schwarze Spinnennetz.

"Die Telegraphenstangen, das Spinnweb der Drähte um Brust und Kopf gewickelt, erinnern mich an amerikanische Landstraßen; sie stehen da, gut ausgerichtet und doch salopp, Landstreicher, die weit ins Ferne marschieren."[9]

Auch das berüchtigte Lächeln Japans, insbesondere das seiner Frauen nahm Huelsenbeck quer zu all dem üblich gewordenen Unsinn jenes Top-Klischees zur Kenntnis.

"Die Frauen sind süß, duftig, trippelig; die Schleifen des Obi auf ihrem Rücken sind wie Schmetterlingsflügel. Es sieht aus, als würden sie nun lächeln und davonfliegen. Aber sie lächeln nicht, selbst in der Zeit der Kirschblüte lächeln sie nicht. Lächeln ist eine europäische Angelegenheit; noch ist die asiatische Starrheit zu groß und hält ihre unschul-

タウトの大倉邸設計案
（1935年３月９日）
Villa Ōkura, Entwurfszeichnung
von Taut, 9.3.1995

大倉邸
Villa Ōkura

大倉邸
Villa Ôkura

とを見抜いた、と思った。

「近代的なコンクリートの建物の立つ道路は、常に広場によって中断される。あたかも新しい時代への意志がそこで息切れしたかのようである。そして、白粉を塗った女性が顔を覗かせる小さな木造家屋の列が長く続く。興味津々だが真面目な顔つき。夜になると、人力車の車夫は轅に提灯を結び付ける。なんと早く駆けることか。彼らに比べると、辻馬車の馬は実に怠け者である。私は、人間の姿を借りた馬の足を見てみた。白く変色した皮膚はまるで癩病のようだ」(8)

日本に旅行した者は皆、隈なく張り巡らされた、空の眺めを遮る、かの黒い蜘蛛の巣について不平を漏らす。

「胸と頭を針金で巻きつけたような電柱は、アメリカの街道を想起させる。きちんと整列しているが無造作で、ずっと遠くまで行進して行く浮浪者のようだ」(9)

ヒュルゼンベックは、ステレオタイプ化された全くナンセンスな日本のイメージ、たとえば日本人の微笑、特に女性の微笑は理解しがたい、ということにも触れている。

digen Mienen gefangen. Daß sie sich befreien möchten, diese zierlichen Frauen, und ihren Ehemännern, die mit ihnen wie mit einer Sache umgehen, auf die Finger klopften! Daß sie diese dunklen, selbstbewußten Brüder ein wenig auf den Arm nehmen möchten, wie sie selbst jahrhundertelang auf den Arm genommen worden sind!" 10

Tôkyô? – Toll!

"18. Mai 1933. Skizze vom Closet i. d. Bahn u. Gedanke zur Lösung von jap. Stuhl und Tischfrage. Der Stille Ozean. Türkisblaues Wasser. Viele Fischerboote, Inseln bewaldet, Hügel und Fahrt an der Küste entlang. Hellrote Flächen auf Matten und Kästen (Fische als Dünger getrocknet?) Dann höher in die Berge, rauher, sehr eigenartige, japanische hohe Berge im Hintergrund. Fuji nicht zu sehen. Plötzlich Ebene mit fast nur Kiefern, Wälder und Gebüsch – Sehr ausgedehnt. Strenger, ernster Charakter. Häuser oft mit Wellblech. Oft europäischer Einschlag. Nähe der Großstadt Yokohama nüchterner, viele elektrische Leitungen. Dann allmählich Tokio, mehr Budencharakter, auf andrer Bahnseite bessere Häuser anders als in Kioto, höheres Obergeschoss. Dann Zentrum mit hohen Häusern. Schrecklich! ..." 11

Das Besondere der bis heute nur handschriftlich vorhandenen, mit den Jahrzehnten leider immer weniger

「女たちは可愛らしく、良い匂いがして、ちょこちょこと歩く。背中で結んだ帯は蝶の羽のようだ。微笑んで飛び去るかの風情である。しかし、彼女たちは微笑んでいない。桜の花が咲く頃でさえも微笑まない。微笑みは、ヨーロッパのものだ。アジアの堅苦しさはまだまだ根強く、彼女たちの無垢な顔にこびり付いている。この小さくて愛らしい女たちが自らを解放し、彼女たちを物のごとく扱う夫たちを叱咤することを願う。彼女たちが何百年もの間愚弄されてきたように、これら底意ある自負心の強い男たちを愚弄することを」(10)

東京かい、最高の町だよ

「1933年5月18日。汽車の便器と日本式の椅子や机の考察に関するメモ。太平洋。ターコイズブルーの水。多数の漁船、木に覆われた島、丘、海岸沿いを走る。むしろと箱の上に薄赤の面（肥料用の魚を干しているのか）。山に入る、荒涼として非常に特異な日本の高い山々が背後に。富士は見えない。突如ほとんど松だけの平野、森と林。非常に広大。厳しい真剣な雰囲気。トタン葺きの屋根多し。ヨーロッパの要素多。大都市横浜の近郊はより殺風景、無数の電線。徐々に東京に近づくにつれ、掘立小屋の様相、反対の窓からは京都と違った上等の家屋が見える、階数が多い。東京の中心部にはビル。ぞっとする」(11)

タウトの原稿は現在にいたるまで手書きのものしか残されていず、残念ながら時代とともにますます読みづらくなっている。当時すでに世界的に有名であったブルーノ・タウトが記した旅行メモの特質は、その主観性と精密さである。タウトは終始一貫して自分に正直であり、正直であるがために自己の先入観に気づかないことが多かった。

lesbaren Reisenotizen des als Architekt seiner Zeit weltweit bekannt gewordenen Bruno Taut sind ihre Subjektivität und Präzision. Taut blieb unbedingt ehrlich und war, auch in Voreingenommenheiten, oft rücksichtslos.

"19. Mai ... Strasseneindruck: nüchtern, kolonial-japanisch. – Zum Shoguntempel und -grab. Offiziell kalt, könnte überall sein, nur 'japanisch'. 17. Jahrh. Kein 'Sinn' mehr, nur Repräsentation. Shôgun Diktator zum Gott und Tempel gemacht. Park zwischen Frau- und Mann-tempel. Schwarze Säulen in Halle, farbige Schnitzerei, gut, aber kalt. Goldene Säulen im Heiligtum: Gold abgegriffen. Überall, selbst außen, Protzerei. Nur zum Ansehen. Was in Katsura japanisch, hier gar nicht. Quasi Motto für Tokio. Bei Rundfahrt offizielle Gebäude durchweg charakterlos, europäisch-amerikanisch. Große Autowege im Grün, Erinnerung an Paris. Kaiserpalast in Mitte wie Kreml." [12]

Tauts Sprache blieb Notiz: schnell, oft hastig zupackend, auch hilflos. Festhalten, festhalten, Nichts verloren gehen lassen! Scharfe, oft unversöhnliche Urteile erklären sich aus der besonderen, persönlichen Enttäuschung eines Emigranten in Existenznot.

"Lohnte es, darum zu bleiben? Schon eher, um alle Schattenseiten – z.T. auch die der Natur – näher kennen zu lernen. z.B. heute nacht und bis zum Nachmittag schwerer Sturm. Man hält Papierschie-

丸善で開催された展示即売会『タウト小工芸品展覧会』（1935年）
Verkaufsausstellung von Tauts handwerklichen Arbeiten bei Maruzen, 1935

「5月19日。（…）路上での印象。無味乾燥、植民地日本的。東照宮へ。天気予報では寒いとのこと、多分いたるところ寒いのだろう。ただし日本の寒さ。17世紀。すでに意義喪失、単なる権威の表現。独裁者将軍を神格化し寺にした。女寺と男寺の間に公園。お堂には黒い柱、彩色を施した彫刻、良くできている、しかし寒い。本社に黄金の柱。金は剥げている。いたるところ、外観さえも誇示尊大。眺めるだけのもの。桂離宮における日本的なものは、ここには全くない。いわば東京の表象。周遊旅行でみる公共の建物には例外なく特徴がなく、欧米的。郊外の広い車道、パリを想起。中心部の皇居、クレムリン宮殿のごとし」(12)

タウトが書き残した記録はメモのみである。せかせかとした走り書きが多く、途方に暮れた様子もある。次々と書き留め、見逃すものがあってはならない。厳しい、時には仮借のない意見には存在を脅かされる亡命者特有の個人的な絶望が表われている。

「こんなことのために留まる甲斐があったのか。すべてのマイナスの側面を（一部自然のも含めて）もっとよく知るという意味では甲斐があったかもしれない。たとえば、昨夜から今日の午後までの大嵐。襖とガラス窓、そして雨戸もほとんど閉まっている。軽い雨にもかかわらず強風に巻上げられた埃が家のなかに入り込まないように、また雨も入り込まないように。すべて隙間だらけで、実矧がなされていないから。風が瓦を吹き飛ばし、あるいは屋根のトタンを剥がし、危険な状態でぶら下がっている。ガタガタと音をたて、乱暴な音楽のようだ。それに、暗い家のなかでは今にも停電の恐れがある。しかも暑い夏の夜、東京では泥棒の恐れのために全階雨戸を閉め切らなければならない（警察の警告）。開放的な日本家屋はむっとする空気のなかで大きな苦痛となる。それにくわえて天井が

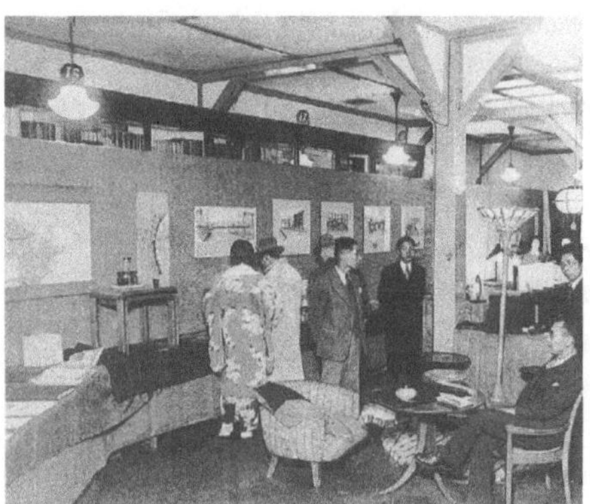

丸善で開催された展示即売会『タウト小工芸品展覧会』（1935年）
Verkaufsausstellung von Tauts handwerklichen Arbeiten bei
Maruzen, 1935

bewände und die verglasten an der Aussenwand, aber auch meistens die äusseren Holzschiebewände (quasi Läden) geschlossen, damit der trotz leichtem Regen aufgewirbelte Staub nicht ins Haus dringen kann und wiederum auch nicht der Regen, da alles offene Fugen und keine Falze hat. Der Wind reisst Dachziegel oder von dem Dachblech ganze Stücke herunter, sie hängen lebensgefährlich und klappern und klingen wie eine wilde Musik. Dazu bei den innen dunkeln Häusern jeden Augenblick die Möglichkeit, daß der elektr. Strom versagt. Und in den heißen Sommernächten muss (polizeilich verlangt) in Tokio wegen der Diebe das Haus oben und unten mit jenen Holzwänden verschlossen sein – das 'offene' jap. Haus wird zur größten Qual in der Stickluft. Dazu die Enge der zwar niedrigen Häuser: wenn eins brennt – wie leicht bei den temporären Öfen mit Zinnrohrabzügen, die einfach vom Zimmer durch die Außenwand gesteckt sind, bei den vielen Hibachi (den offenen Kohlebecken), und das etwa bei einem Erdbeben und solchem Sturm – dann brennt das Haus, die leichten Zäune, alles wie Papier in einem Husch, die grosse Flamme muss die Nachbarhäuser mitnehmen und Gehen oder Entwischen bei der Enge der Wohnwege und in der Stadt sehr sehr schwer. Der leichte Holzbau ist appetitlich – aber bei Sturm merkt man im Obergeschoss ein Schaukeln wie auf einem Schiff…" 13

低く狭い部屋。部屋から外壁に突き出している
だけの錫の煙突のついたストーブや火鉢を多く
使用、地震やこのような嵐の時にはなんと簡単
に炎上することか。簡易作りの垣根、すべて紙
のように消滅する。大きな炎は隣家も舐め、道
路と町が狭いために歩くこと、逃げることは非
常に難しい。簡単な木造の家は見た目は良いが、
嵐の時には二階にいると船のごとく揺れるのが
分かる」(13)

　日本家屋の魅力は褪せたのだろうか。他の人
間が外から見ただけの家屋に、ブルーノ・タウ
トは住んだのである。タウトは掘立小屋の町、
東京を内側から体験したのである。

　その結果亡命者タウトは古典的美と彼の言葉
でいえば近代的「汚物」の間にあるモダンな機
知、つまり輝かしい可能性を感じるだけのいく
ばくかのブラックユーモアを失ってしまってい
たのかもしれない。

　「12月18日。東京の夜景。長い通りの両側に
水平に一様に並んだネオン。まさに光の建築。
初めて見た。様々な光の溢れる歓楽街の狭い通
りの幻想的な景観。それにくわえ今は正月の飾
り。道路の端から端までカラフルな布や宣伝の
旗などを仮設の赤い柱にくくり付け、日中は非
常に色彩豊か、素晴しい。夜は堤灯、色彩豊か
で盛大だ。昨日は浅草。街路の堤灯と人々の丈
に対して店の屋根の低いことが華やかさを醸す
通り。映画館には汚物。映画館、演芸場などな
ど一本の通りにひしめいている。多くの人出、
寒い」(14)

　次第に苦々しい思いが広がっていく。政治的に
も、また彼自身と妥協を許さない彼の美意識水準
に対しても日本の人々のよそよそしさが膨れ上っ
ていくさまをブルーノ・タウトは感じ取る。しか
し、彼自身が視覚文化と称える日本文化に対する
観察眼が衰えることはなかった。

Aus der Zauber des japanischen Hauses? Bruno Taut
hatte bewohnt, was Andere betrachtet hatten. Er hatte Tôkyô, die Budenstadt, von innen erlebt.

Was diesem Emigranten vielleicht abhanden kommen mußte, das mag eine Portion schwarzen Hu-
mors gewesen sein, der ihm erlaubt hätte, den modernen Witz zwischen klassischer Schönheit und dem
modernen "Dreck", wie er formulierte, zu erkennen,
die schillernde Zukunft im Reich dazwischen.

"18. Dezember. Die Abendlichter von Tokio! Damals
die gleichmässigen senkrechten Röhren zu beiden
Seiten einer langen Strasse, eine wirkliche Lichterar-
chitektur, zum ersten Mal gesehen, und die Phanta-
stik der schmalen Vergnügungsstraßen in ihrem
Überreichtum der verschiedensten Lichter. Jetzt dazu
die Neujahrsdekoration. Bei Tage sehr bunt, mit farbigen Tüchern ganze Straßen entlang auf roten provisorischen Pfosten, Reklamefahnen etc., toll.
Abends die Laternen, bunt, oft großartig angeordnet.
Gestern in Asakusa (Vergnügungsviertel), eine im
Maßstab, mit den Strassenlaternen und der niedrigen Höhe der Ladenhäuser zu den Menschen
prachtvoll wirkende Strasse. Im Kino, Dreck! Kinos,
Varietés etc. dicht in einer Straße. Viele Menschen
und kalt!" [14]

Langsam machte sich Verbitterung breit. Bruno Taut
spürte immer größere, auch politische Reserviertheit
ihm und seinen kompromißlosen ästhetischen Maß-
stäben gegenüber. Sein Blick für die von ihm gepriesene, japanische Augenkultur trübte sich nicht.

"2. August. Das war ein herrlicher Abend. Als wir
hinfuhren, plötzlich vom Auto in der Abenddämme-
rung über der Stadt mit ihren roten Reklamelichtern
ein bekannter Umriss mit einer Wolke wie über dem
Vesuv: der Fuji-san. Gross, überraschend, wie eine
Fata morgana, und doch Wirklichkeit." [15]
Und kein Kitsch!

「8月2日。素晴しい夜であった。我々はドライブをした。夕暮れのなかに赤いネオンサインを輝かす町の上方に突如ヴェスヴィオ山の上空のごとく雲のかかった見慣れた輪郭。富士山。巨大で意外、蜃気楼のごとくだが現実」[15]

そして、これは「いかもの」[b]ではなかった。

注

[1] ケラーマンは1879年ヒュルト市生まれ、1909年にミュンヘンからベルリンに移る。1910年に日本に旅行し、1914年に《日本散策》を執筆。他に《トンネル》、1913年、がある。ポツダム近郊のクライン・グリニッケ地区で1951年に死亡。引用は参考文献4（41頁）。

[2] 参考文献4（42頁）

[a] 編注：「香川伯爵」は宮内官として皇太后宮大夫だった香川敬三伯爵（1839年〜1919年）のこと。

[3] マリー・フォン＝ブンゼンは1860年ロンドン生まれ、1869年以降ベルリンのキールガンシェヴィレンフィアテル地区に移住、1893年に《流れに逆らって》を執筆、1911年に日本旅行、1914年に《極東にて》を発表、1941年死亡。引用は参考文献1（8頁）。

[4] 参考文献1（8頁）

[5] 詳細は参考文献5（13頁）参照。

[6] アルトゥール・ホーリッチャーは1896年ブタペスト生まれ、1915年ベルリンに移住、1925年アジア旅行に出発、1941年ジュネーブで死亡。引用は参考文献2（300頁）。

[7] 参考文献2（302頁）

[8] リヒャルト・ヒュルゼンベックはヘッセン近郊のフランケナウ生まれ、1916年にベルリンに移住、1974年にムラルトで死去。引用は参考文献3（161頁）。

[9] 参考文献3（163頁）

[10] 参考文献3（163頁〜164頁）

[11] ブルーノ・タウトは1880年旧東プロシアのケーニヒスベルク生まれ。1903年ベルリンのブルーノ・メーリンクの下で設計士。1908年再びベルリンに居住、1921年ベルリン近郊のダーレヴィッツに移り、1924年以降新都市建設と近代的集合住宅建設の先駆者として活躍、ブリッツの馬蹄形集合住宅、ツェーレンドルフ郊外集合住宅地区、ブレンツラウアーベルク集合住宅地区等を手がける。1933年末国外亡命、1933年〜1936年日本滞在、日本で多数の著作を出版、『Reisenotizen Japan』の和訳は好評を博す。1938年イスタンブールで死去。参考文献6（37頁）より。

[12] 参考文献6（38頁）

Anmerkungen

[1] Kellermann, Bernhard, geboren 1879 in Fürth, 1909 von München nach Berlin, (1913) *Der Tunnel*, 1910 in Japan, gestorben 1951 in Klein-Glienicke bei Potsdam. Hier zitiert nach: Kellermann, Bernhard (1914) Ein Spaziergang in Japan. Berlin, S 41

[2] Ebd. S 42

[3] Bunsen, Marie von, geboren 1860 in London, ab 1869 in Berlin, Kielgansches Villenviertel, (1893) *Gegen den Strom*, 1911 Reise nach Japan, gestorben 1941. Hier zitiert nach: Bunsen, Marie von (1934) Im fernen Osten. Leipzig , S 8

[4] Ebd.

[5] Hierzu siehe ausführlich Krebs, Gerhard (1992) Tennô-Beleidigungen während des 'Dritten Reiches'. OAG Aktuell, Nr 57, Tôkyô, S 13

[6] Holitscher, Arthur, 1896 in Budapest geboren, 1915 nach Berlin, 1925 Aufbruch zu einer Asienreise, gestorben 1941 in Genf. Hier zitiert nach: Holitscher, Arthur (1926) Das unruhige Asien, Reise durch Indien – China – Japan. Berlin, S 300

[7] Ebd. S 302

[8] Huelsenbeck, Richard, geboren 1892 in Frankenau bei Hessen, 1916 nach Berlin, gestorben 1974 in Muralto (Tessin). Hier zitiert nach: Huelsenbeck, Richard (1928) Der Sprung nach Osten, Bericht einer Frachtdampferfahrt nach Japan, China und Indien. Dresden, S 161

[9] Ebd. S 163

[10] Ebd. S 163f

[11] Taut, Bruno geboren 1880 im ehemals preußischen Königsberg, 1903 als Architekt bei Bruno Möhring in Berlin, 1908 wieder in Berlin, 1921 in Dahlewitz bei Berlin, ab 1924 Berliner Pionier einer neuen Stadtbaukunst und des modernen Kleinwohnungsbaus: Großsiedlung Britz, Waldsiedlung Zehlendorf, Wohnstadt im Bezirk Prenzlauer Berg, Ende Februar 1933 Flucht vor Verhaftung ins Ausland, 1933 bis 1936 in Japan, hier zahlreiche Veröffentlichungen, darunter die *Reisenotizen Japan*, mit großem Erfolg ins Japanische übersetzt, gestorben 1938 in Istanbul. Hier zitiert nach der handschriftlichen Seitennumerierung des beschriebenen Manuskripts, aufbewahrt im Iwanami-Verlag, Tôkyô, S 37.

[12] Ebd. S 38

[13] Ebd. S 432

[14] Ebd. S 354

[15] Ebd. S 404

(13) 同上（432頁）

(14) 同上（354頁）

(15) 同上（404頁）

(b) 編注：「いかもの」は、ドイツ語の「Kitsch」の訳としてタウト自身が選んだ日本語。

参考文献

1. マリー・フォン＝ブンゼン著《極東にて》、ライプチヒ、1914年

2. アルトゥール・ホーリッチャー著《不穏なアジア――インド・中国・日本への旅》、ベルリン、1926年

3. リヒャルト・ヒュルゼンベック著《東洋への冒険――日本・中国・インドへの貨物船航海記》、ドレスデン、1928年

4. ベルンハルト・ケラーマン著《日本散策》、ベルリン、1914年

5. ゲルハルト・クレープス著《第三帝国時代における天皇侮辱》〈ドイツ東洋文化研究協会・ＯＡＧアクトゥエル、第57号〉所収、東京、1992年

6. ブルーノ・タウト著《日本旅行メモ》、岩波書店所有手書き頁番号入り原稿

フリッツ・ルンプ 「パンの會」のベルリン出身ボヘミアン　ペーター・ペルトナー

オトマー・シュタルケは「ベルリンの変わり者」を実に的確に表現している。つまり、多彩な才能に溢れ、独日間の文化の掛け橋となったボヘミアンのフリッツ・ルンプ（1888年〜1949年）を。

「フリッツ・ルンプはボヘミアン中のボヘミアン。ルンプ自身は断じてボヘミアンとして人目を惹こうとは思っていなかったし、ものぐさからぶらぶらとカフェ通いの暮らしをしたのでもなく、奇抜な意見を持ちだして騒々しく議論を交したのでもなかった。彼はまさにボヘミアンそのもので、生まれつきのジプシーであった。ポツダムに邸宅を構える良家に生まれたジプシーで、非常に豪壮な古い建築様式の両親の邸宅には高価なものからがらくたまでが、地下室から屋根裏までいっぱい詰め込まれ、それらの入り混じった一種独特な雰囲気が充満していた。（…）ずんぐりとした体型のルンプはナポレオンの頭を持っていた。この頭には、しっかりとした基礎を持つ知識と洗練された美的感覚、芸術作品に対する絶対的な鑑識眼、ウイットやふざけと大言壮語が詰まっていたのである。ズボンに折り目が入っていたことはなく、シャツの襟も清潔だったとはいえない。そんな細事に気を配る時間がなかったのである。彼は教授であり、賢人であり、学者であった。（…）彼は間断なく活動していた。（…）彼は大酒飲みだった。（…）金は持ちあわせていたことがない。（…）どんなサークルでも、彼はたちまち中心人物になった。（…）女性たちは熱烈に彼を崇拝した」(1)

1909年、20才の年にフリッツ・ルンプは初めて日本に到来した。当時すでに彼が人を魅了するかの独特の雰囲気を持っていたことが、シュタルケの描写で浮き彫りにされる。これには明らかに日本人も感化されたようである。特に、1895年にベルリンで創刊された文学雑誌〈パン〉を手本にして「パンの會」の名のもとに

Fritz Rumpf: ein Berliner Bohémien unter japanischen Pan-Jüngern

Peter Pörtner

Unübertrefflich schildert Ottomar Starke ein "Berliner Original": Fritz Rumpf (1888–1949), den Bohémien, das Allroundtalent und den großen Kulturvermittler zwischen Deutschland und Japan:
"Das As aller Bohémiens war Fritz Rumpf ... Rumpf wollte beileibe nicht als Bohémien auffallen, führte nicht aus Bequemlichkeit ein müßiggängerisches Caféhausleben, diskutierte nicht lärmend mit ausgefallenen Argumenten, er war der Bohémien schlechthin, ein Zigeuner aus Veranlagung. Ein Zigeuner aus sehr gutem Haus, der in Potsdam in der elterlichen Villa wohnte, einem sehr repräsentablen Bau alten Stils, der vom Keller bis unters Dach mit einem sonderbaren Gemisch aus Kostbarkeiten und Gerümpel angefüllt war ... Rumpf war klein von Statur und hatte einen Napoleonskopf, der bis zum Rand angefüllt war mit dem fundiertesten Wissen, einem erlesenen Geschmack, untrüglichem Gefühl für die Echtheit von Kunstwerken und mit Späßen, Dummheiten und Fanfaronaden. Er hatte nie eine Bügelfalte in der Hose, und die Sauberkeit seines Kragens ließ zu wünschen übrig. Er hatte einfach nicht die Zeit, an solche Dinge zu denken: er war ein Professor, ein Weiser, ein Gelehrter ... Er war ununterbrochen tätig ... Er war ein Hartsäufer ... Er hatte nie Geld ... Er wurde stets sofort Mittelpunkt jeder Gesellschaft ... Die Frauen vergötterten ihn ..."[1]

1909, als Einundzwanzigjähriger, war Fritz Rumpf zum ersten Mal nach Japan gekommen. Es scheint, daß er schon zu dieser Zeit jene faszinierend-skurrile Ausstrahlung besaß, die Starke in seiner Skizze so plastisch vor Augen stellt, eine Ausstrahlung, für die offensichtlich auch die Japaner empfänglich waren. Vor allem aber die Mitglieder einer Gruppe junger Künstler, die sich – nach dem Vorbild der 1895 gegründeten Berliner Literaturzeitschrift *Pan* – unter dem Namen Pan no kai (Pan-Gesellschaft), zusammengeschlossen hatten, verfielen seinem Künstler-Charme und kürten ihn zu einer Art Modellbohémien, von dem sie sich Anschauungsunterricht in exotisch-unbürgerlichem Lebensstil erwarteten. Und Rumpf enttäuschte sie nicht.

Die Mitglieder der Pan-Gesellschaft, die vom Dezember 1908 bis ins Jahr 1912 existierte, waren, nach ihrer eigenen Überzeugung, ästhetisch und hedonistisch orientiert, ein auch nur im weitesten Sinne

結束した若い芸術家たちは、ルンプの放つ芸術家としての魅力の虜になり、彼を一種の典型的ボヘミアンに祭り上げ、エキゾチックで反市民的な生活スタイルの生きた見本として真似ようとしたのであった。そしてルンプはというと、彼らを決して失望させることがなかった。

　1908年から1912年まで続いた「パンの會」の人々は、広い意味においてすらも政治的な関心を持ち合わせていず、自らの確信に基づいて耽美主義を謳歌した。「パンの會」に目的らしき目的を求めれば、「パンの會」発起者の一人で悲しい運命の定めにあった非凡な詩人北原白秋（1885年〜1942年）のつぎの詩に見いだすことができよう。

空に眞赤な雲のいろ。
甕に眞赤な酒の色。
なんでこの身が悲しかろ。
空に眞赤な雲のいろ。[a]

　「パンの會」はヨーロッパ芸術の影響を受け入れる場であった。会の仲間たちのデカダンなポーズは当時の厳格主義に対する反逆を表わし、厳格主義のうちに古くて封建的な日本の遺物を見たのであった。もっとも、彼らの反逆は洗練されたメランコリーのなかに表現されるか、あるいはまったく反対に、極端な場合では一種の学生組合（ブルシェンシャフト）的で粗野な大はしゃぎをして不満のはけ口を求めたのであった。このような事情から、石版画家で美術史家である織田一磨（1862年〜1956年）などは「パンの會」の人々に見られた放逸すぎる振る舞いをあちこちに触れ回ったりした。たとえば、夜半に家に帰る途上で靴を履いたままで永代橋の欄干からアーチの天辺へよじ登り、そこから河に向かって用を足したとか。

politisches Interesse verfolgten sie nicht; ein Gedicht des hochbegabten Kitahara Hakushû (1885–1942), eines Mitglieds der Pan no kai, dem ein trauriges Schicksal vorbestimmt war, erschien ihnen Programm genug:

Am Himmel rotglühende Wolken.
Im Pokal rotglühender Wein.
Warum also sollte ich traurig sein!?
Am Himmel rotglühende Wolken.

Die Pan-Gesellschaft war ein Umschlagplatz europäischer Kunsteinflüsse. In ihrer dekadenten Attitüde drückte sich ihr Widerwille gegen den Rigorismus ihrer Zeit aus, in dem sie Relikte des alten, feudalistischen Japan sahen. Ihr Protest äußerte sich freilich nur in gepflegter Melancholie, die sich – im extremsten Fall – in einer Art burschenschaftlich-grobianischer Ausgelassenheit ihr Ventil suchte. So kolportiert etwa ein Mitglied der Gesellschaft, der Lithograph und Kunsthistoriker Oda Kazuma (1862–1956), die Unart der Pan-Jünger, auf ihrem nächtlichen Heimweg: in ihren Stiefeln auf den Bögen der

フリッツ・ルンプ作『パンの會』（墨絵）

Die Pan no kai (Silhouetten), Tuschzeichnung von Fritz Rumpf

　ロマンチシズムと反自然主義を掲げる「パンの會」は、郷愁的に江戸時代（1600年〜1868年）と吉原情調のデカダンスを謳歌した。この日本独自の過去を見直すことによってヨーロッパの印象主義と象徴主義芸術や文学との交流が開始された。つまり、ヨーロッパの力を借りて独自のものを再発見する試みであった。フリッツ・ルンプにとっても、まさにここに「パンの會」の魅力があったのである。

　詩人であり後に皮膚病学者となった木下杢太郎（1885年〜1945年）の1910年の詩は（この時フリッツ・ルンプはすでにドイツに帰国していたのだが）、江戸情調と「パンの會」の人々の想像力を虜にした「フランスの」デカダンスが織りまざる一種独特な雰囲気を醸し出している。

該里酒[b]
冬の夜の暖爐の
湯のたぎる靜けさ。
ぽっと、やや顔に出たるほてりの
幻覺か、空耳かしら、
該里玻璃杯のまだ残る酒を見入れば
ほのかにも人の聲する。
ほのかにも人すすり泣く。

「ええ、ま………あ、なあ……にご……と
ぞい、な……あ……」と
さう言ふは呂昇の聲か、
比春聽いた京都の寄席の………
それをきいて人の泣いたる………。
乃至その酒の仕業か。

冬の夜の靜けさに
褐く澄む該里の酒。
さう言ふは呂昇の聲か、
乃至その酒の仕業か。
幕あけて窓から見れば、
星の夜の小網町河岸
舟一つ………かろき水音。

Eitai-Brücke herumzuklettern oder von der Mitte der Brücke in den Fluß hinab ihre Notdurft zu verrichten.

Der Romantizismus und Antinaturalismus der Pan-Gesellschaft erhielt eine eigentümliche Färbung durch ihre nostalgische Rückwendung zum ästhetischen Hedonismus der Edo-Epoche (1600–1868) und ihrer Freudenviertelkultur. Dieser neue Blick auf die eigene Vergangenheit hatte sich in der Auseinandersetzung mit der zeitgenössischen europäischen impressionistischen und symbolistischen Kunst und Literatur eröffnet. Mit Europas Hilfe versuchte man gleichsam das Eigene wiederzuentdecken. Nicht zuletzt hierin lag der Reiz der Pan-Gesellschaft für Fritz Rumpf.

Ein Gedicht Kinoshita Mokutarôs (1885–1945), des Dichters und späteren Dermatologen, aus dem Jahr 1910, als Fritz Rumpf bereits wieder nach Deutschland zurückgekehrt war, vermittelt jene merkwürdig-eigenwillige Mischung aus Edo-Nostalgie und "französischer" Dekadenz, die die Phantasie der japanischen Pan-Jünger gefangengenommen hatte:

Sherry
Stille und Winternacht.
Über dem Feuer siedet das Wasser.
Eine leichte Wärme steigt mir ins Gesicht.
Bild' ich es mir ein, täuscht mich mein Ohr –
wenn ich in mein Sherryglas blicke,
hör' ich eine Stimme,
eine leise Stimme, schluchzend, in der Ferne.

"Warum? ...Warum
hast du ...?"
Ist es Roshô, die singt?
– Im Frühling hörte ich sie in Kyôto,
wie sie die Hörer bezauberte –
Oder täuscht mich der Alkohol?

In der Stille der Winternacht,
ein brauner klarer Sherry.
Ist es Roshô, die singt?
Oder narrt mich der Alkohol?
Ich schiebe den Vorhang beiseite und blicke
in die Sternennacht über den Ufern des Koami-chô –
ein einsamer Kahn ... das leise Rauschen des Wassers.

フリッツ・ルンプが「パンの會」の幾多の集まりに参加した1909年の日本社会の出来事を回想してみよう。1月には浅草に大公園ができた。映画館5館にくわえ大観覧車、パノラマ、踊りや芝居といったアトラクションがあった。3月には森永製菓が初の日本製板チョコを販売。同じ月に初めて日本でマラソンが開催され、タングステン電球の生産が開始された。6月10日にはレモンソーダ「リボンシトロン」が新発売され、6月25日には初の日本の映画雑誌「活動写真新界」が創刊になった。同じく6月にはロシアパンが大ブームを巻き起こした。7月5日には代々木に軍事演習場が開設。9月9日に文部省は県と市当局に対し、学生飲酒の取り締まりを命じた。同年の末には若い女性用の書籍をより厳しく検閲する命令がだされた。9月には東京に「ビアホール」の第一号が誕生し、そこでは「ミュンヘンでのように」ビールを飲むことができた。1909年には日本の子供たちの間で磁石と一枚の紙と鉄粉を使ったマグネという簡単な遊びが非常に人気があった。同年に大ヒットした流行歌は「ハイカラ節」[c]。

あそこを歩いている
三人の女学生のなかでも、
most beauty の彼女が眼に止まる。
彼女の肌は white、
その姿は tall

つまり、このような環境において「パンの會」はセーヌ河畔パリのカフェ文化を隅田川河畔に移植することを試みたのである。「パンの會」仲間のうちでもルンプの最も親しい友であった木下杢太郎は、何十年も後に当時を振り返り「われわれは、パリの芸術家や詩人の生活を空想し、それを模倣しようとした」と語っている。下町の西洋風居酒屋、最初の頃は両国橋脇の西洋料理屋「第一やまと」、後には永代橋の「永

Vergegenwärtigen wir uns einige Ereignisse des Jahres 1909, in dem Fritz Rumpf sich in Japan aufhielt und an mehreren Treffen der Pan-Gesellschaft teilnahm: Im Januar wurde in Asakusa ein großer Vergnügungspark eröffnet. Neben fünf Kinos gehörten zu den Attraktionen ein Riesenrad, ein Panorama, Theater- und Tanzbühnen. Im März brachte die Firma Morinaga die erste in Japan hergestellte Tafelschokolade auf den Markt. Im gleichen Monat fand der erste Marathonlauf in Japan statt und die ersten japanischen Wolframbirnen gingen in Produktion. Ab 10. Juni konnte man die erste japanische Zitronenlimonade – ribonshitoron – trinken. Am 25. Juni erschien die erste Nummer der ersten japanischen Filmzeitschrift *Katsudôshashin shinkai*. Ebenfalls im Juni erlebte russisches Brot – roshiapan – einen Verkaufsboom. Am 5. Juli wurde in Yoyogi ein Manöverplatz eröffnet. Am 9. September wurden die Präfekturen und städtischen Verwaltungen vom Erziehungsministerium verpflichtet, den Alkoholkonsum der Studenten zu kontrollieren. Später im Jahr folgte die Verfügung, das Schrifttum für Mädchen einer strengeren Zensur zu unterziehen. Im September wurden in Tôkyô die ersten "beer-halls" eröffnet, in denen man Bier "nach Münchner Vorbild" trinken konnte. Unter dem Namen "magune" war im Jahr 1909 unter japanischen Kindern das einfache Spiel mit einem Magneten, einem Blatt Papier und Eisenpulver sehr beliebt. Der "Schlager des Jahres" war die *Haikarabushi*:

Von den drei Schülerinnen,
die da drüben vorübergehen,
sticht mir die eine *most beauty* ins Auge:
ihr Teint ist *white*,
ihre Statur ist *tall*.

In diesem Ambiente also versuchte die Pan-Gesellschaft, Pariser Caféhauskultur von der Seine an das Ufer des Sumida-Flusses zu verpflanzen. Kinoshita Mokutarô, der engste Freund Rumpfs unter den japanischen Pan-Jüngern, erinnerte sich Jahrzehnte später: "Wir imaginierten uns das Leben der Pariser Künstler und Dichter – und versuchten es ihnen nachzutun." Westlich gestylte Lokale in den Shitamachi, den plebeian lowlands, dienten als Treffpunk-

代亭」がたまり場であった。「永代亭」で「パンの會」参加者全員が、白秋の「空に真赤な雲のいろ」会歌を歌えば集会の終りを告げる合図であった。それから千鳥足で永代橋を渡り、向こう岸にあるつぎの目標、江戸風の料理屋「都川」に移動した。「都川」では頬に刀傷のある酒好きの女将が彼らに儲け抜きの実価で晩食を提供した。

　フリッツ・ルンプの存在は「パンの會」に世界市民的な雰囲気を添えた。彼はお誂え向きの「歓迎される客であった。またそのようなものとして、ルンプはパンの會の象徴であった」⁽²⁾。木下杢太郎はルンプの最も重要な天性は、そのポジティブな欠陥、つまり、彼は皮肉家ではなかったことにある、といっている。木下は、ルンプが木版画を習っていた画家伊上凡骨の家で彼に初めて出会った。木下に誘われてルンプは1909年2月13日の「パンの會」に出席し、当夜、彼はつぎのテキストを朗読したようである。これは文学雑誌1909年「スバル」3月号に、どうやら正書法を若干無視したかたちで掲載されたようである⁽ᵈ⁾。

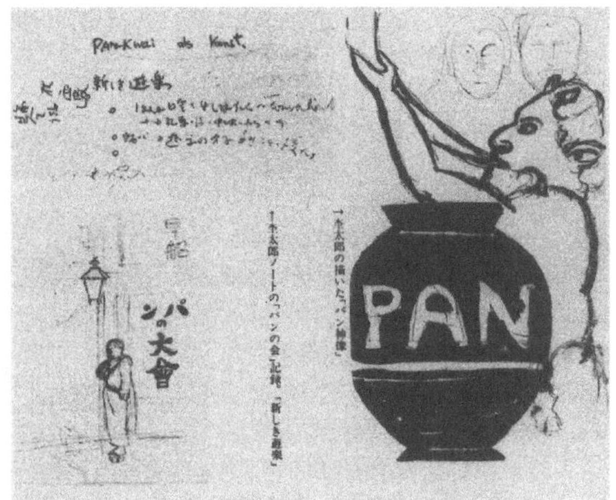

木下杢太郎作『パン神像』と「パンの會」記録
Der Gott Pan und Pan no kai, Skizzen von Kinoshita Mokutarô

タ、タッタ、タ
シィツ、シュー、シュー
「ウィーン・ノイシュタット、5分の停車！」
「ビール、ビールはいかが〜、ビールに冷たいお水はいかが〜」
「ミュンヘン・ノイエステナーハリヒテン新聞、ターゲスブ
　ラット新聞はいかが〜」
「葉巻に煙草はいかが〜」
「車掌さん、車掌さん！助けて〜！！！」
「はい、はい、どうなさいました？！」
「この人が、嫌らしいことをするの」
「銅の扉を頭にガンとぶつけておやりなさい」
「ビール、ビールはいかが〜」
タン、ッタッタン、タン、
ピー！「発車しま〜す！」
フィーシュ、シュー、フィッシュ、シュッ、シュッ、シュッ
シュッ、シュッ、シュッ、シュッ

te, zunächst das Restaurant Daiichi Yamato an der Ryôgoku-Brücke, später das Eitaitei an der Eitai-Brücke: Wenn die Teilnehmer eines Pan-Treffens im Eitaitei gemeinsam Kitaharas "Hymne" – *Am Himmel rotglühende Wolken …* – gesungen hatten, galt das Treffen für beendet. Man überquerte dann taumelnden Fußes die Eitai-Brücke. Das Ziel war stets das Miyakogawa, ein Restaurant im Edo-Stil auf der gegenüberliegenden Seite der Brücke, wo die reiswein-liebende Wirtin mit ihrer Schwertnarbe auf der Wange den Pan-Jüngern ein Essen zum Selbstkostenpreis bereitete.

Fritz Rumpf verlieh der Pan-Gesellschaft einen kosmopolitischen Touch. Er war "ein willkommener Gast, der wie auf Bestellung aufgetaucht war. Rumpf als solcher war das Symbol der Pan no kai."² Kinoshita Mokutarô nennt als wichtigste Charaktereigenschaft Rumpfs einen positiven Mangel: Rumpf sei nicht zynisch gewesen. Kinoshita hatte Rumpf während seiner gelegentlichen Besuche bei dem Maler Igami Bonkotsu, bei dem Rumpf Unterricht nahm, kennengelernt. Auf Einladung Kinoshitas nahm Rumpf am 13. Februar 1909 zum ersten Mal an einem Treffen der Pan-Gesellschaft teil. An diesem Abend soll Rumpf folgenden Text – der in der Märznummer 1909 der Zeitschrift *Subaru* (in offenbar leicht kor-

後のある機会では、ルンプは下士兵の正装をして現われ、ドイツ各地の方言の声色を使ったりしたようである。ルンプが日本の演劇と取り組み、浮世絵を研究し、中国語の知識も有していた事実は、日本人の友人たちを甚く感心させた。彼らが最も興ろがったのは、ルンプがドイツリートを歌うのや、あるいはプロの道化師のような猿まねをすることであった。さらに、彼の木版の先生である伊上凡骨家での人も知る夫婦喧嘩のまねはルンプの得意中の得意とするところであった。他方ルンプは日本の友人たちにとって謎に包まれた人物でもあった。しかし、ルンプも彼の友人たちも、敢えて謎の部分に触れようとしなかった。なぜならば、謎を解けば典型的なボヘミアンが彼の最大の魅力を脱ぎ捨てることになったであろうし、それどころか、ボヘミアンたる役目を果たせなくなったかも知れないからであった。北原白秋はルンプとの初対面をつぎのように書いている。

「赫つ面のその若い毛唐はおそろしく不作法に胡座を掻いて、お猿の眞似などしては林檎をかちつたり、奇聲を發したりしてゐた。その後電車の中で一寸顔を見合せて目禮したことがあつた。するとその頃の會の時に〈何故あなたは黙つてゐました〉と私の肩をたたいた。(…)彼は情人の天草女を追つかけて上海から日本へ來たと云ふ話であつたが、眞疑のほどはおぼつかなかつた。(…)東京では伊上凡骨の弟子になつて日本の木版を習つてゐた。だが、軍事探偵のやうだから氣をつけるやうにと鷗外先生から後で私も注意を受けた」(e)

『麥酒の歌』と題する木下杢太郎の詩でもフリッツ・ルンプは中心人物であり、弱齢21才のルンプと24才の杢太郎の間に非常に短い間に生まれた信頼と暗黙の了解のほどが如実に表われている。

rumpierter Orthographie) abgedruckt wurde – vorgetragen haben:

Ta, tatta, ta!
Schiz, Schû ... Schû ...
"Wiener Neu-Stadt –, Fuenf Minuten!"
"Bier, e Bier, ... Bier, frischstes Wasser"
"Münchner neuste Nachrichten, Tageblaetter"
"Cigar und Cigaretten, Aromatie!"
"Herr Schaffner, Herr Schaffner! Zu Hilfe, zu
    [Hilfe!!!"
"Nû ... was giebt denn?!"
"Man Kisst mî-ch!!"
"Haut – Ihe mit dem Kupfertuer auf den Schaedel"
"e Bier, e Bier"
Tan, ttatan, tan...
Hir,r,r,r,r, ... "Ab'... faehrt!"
Fîsch, ... Schû ... fisch ... Schu, Schu', Schu',
Schu'... Schu', Schu', Schu', ...

Bei späterer Gelegenheit soll Rumpf als einfacher Soldat aufgetreten sein und verschiedene deutsche Dialekte vorgestellt haben. Die Tatsache, daß Rumpf sich mit japanischem Theater beschäftigte, Holzschnittkunst studierte und Kenntnisse des Chinesischen besaß, hat seine japanischen Freunde tief beeindruckt. Am besten gefiel er ihnen aber, wenn er deutsche Lieder vortrug oder wie ein professioneller Possenreißer einen Affen nach der Natur mimte ... Eine weitere vielgerühmte Spezialität Rumpfs war die Nachahmung des notorischen Ehestreits im Hause seines Meisters Igami Bonkotsu. Andererseits blieb Rumpf seinen japanischen Freunden in einem prägnanten Sinne rätselhaft. Aber weder Rumpf noch seine Freunde bemühten sich, an diesem Rätselstatus etwas zu ändern. Denn dies hätte den Modellbohémien seiner wichtigsten Reize entkleidet, ja, hätte ihn zur Erfüllung seiner Aufgabe vielleicht sogar untauglich gemacht. Kitahara Hakushû schildert seine erste Begegnung mit Rumpf auf folgende Weise:
"Dieser rotgesichtige junge Fremde saß schrecklich unmanierlich mit gekreuzten Beinen da und ahmte einen Affen nach: Er biß in einen Apfel und stieß seltsame Töne aus. Danach traf ich ihn einmal im Zug. Wir nickten uns nur kurz zu. Bei einem späteren Treffen der Pan no kai klopfte er mir auf die

雨あとの濡れた柳の
陰の燈の緑色の寂しいことよ。
予は窓より市街の一角を眺めて、
厚い麥酒の杯を口にするとき
ふと心に浮ぶ。異國なるわが友 FRITZ RUMPF

薄明の如きその回想の世界は
また夜であつた。雨が降つてた。彼の
大きな西班牙外套に兩つ體を入れて
燈の明き寄席を出て暗い道を歩いた。

故しらず予等の心は激してゐた。
美に對するこがれと、
世に對するうらみと、
多分さうであつた、心の激は。
（RUMPF どこかで酒を飲まう。）予は曰つた。
（いいです、いいです。それ可いです。）
彼は答へた。

（給仕、麥酒だ。）と、予等はどなつた、
或る小さい料理屋の卓につくや否や。
ねむたげなる給仕は會計臺から立ち、
その時も赤二つの大杯を運んで來た。
（RUMPF お前は異國の男だ、
然し "RUMPF" お前は熟くおれ達の心が分る。
それは「青年」に國籍がないからだ。
RUMPF まづ飲め、そして當てて見ろ、
何が一體この俺を近来こんなに悩ますかを。）
彼れ RUMPF は怪しく笑つた。
そしてその赤い顔に麥酒の大杯を運んだ。....(1)

本では杢太郎はつぎの文を書き足している。
　「引き裂かれた映画のように『麥酒の歌』は
この箇所で終わっている。どの位もっと続くの
か、今ではもう思いだせない。何年にこの詩を
作ったのかさえも忘れた」

Schulter und fragte mich, warum ich damals nichts
gesagt hätte. – Man erzählte von ihm, er sei seiner
Geliebten, einer Amakusa-onna (japanische Frauen,
die als Prostituierte nach Sibirien, in die Mandschurei, nach China, Südostasien, Indien, den Südpazi-
fik und Amerika gingen, A.d.V.), aus Shanghai nach
Japan gefolgt. Keiner wußte, ob es stimmte. In Tôkyô
lernte er als Schüler Igami Bonkotsus die Holzschnittkunst. Später mahnte mich Mori Ôgai zur Vorsicht:
vielleicht sei Rumpf ein Spion ..."
Auch in einem *Bierlied* betitelten Gedicht Kinoshita
Mokutarôs steht Fritz Rumpf im Mittelpunkt. Dieses
Gedicht dokumentiert auf eine geradezu anrührende
Weise das Maß des Vetrauens, des stillschweigenden
Einverständnisses, das sich in so kurzer Zeit zwischen
dem (einundwanzigjährigen!) Fritz Rumpf und (dem
vierundzwanzigjährigen) Kinoshita Mokutarô eingestellt hat:

Wie traurig das grüne Licht
der Laternen im Schatten der regenfeuchten Weiden.
Ich schaue aus dem Fenster nach der Straßenecke
und führe ein Glas Bier zum Mund –
da erinnere ich mich plötzlich meines Freundes
　　[in der Fremde: Fritz Rumpf

In der dämmerigen Welt meiner Erinnerung
ist es Nacht. Es regnet. Sein großes Cape
füllen zwei Gestalten: Sie kommen aus dem
　　[lampenerleuchteten Theater
und gehen die dunklen Straßen entlang.

Unsere Herzen sind voller Unruhe.
　　[Wir wissen nicht warum.
Ist es die Sehnsucht nach dem Schönen?
Der Haß auf die Welt?
Vielleicht kommt er daher.
　　[Der Bodensatz unserer Herzen.
Gehen wir was trinken, Rumpf? frage ich.
Gut. Gut. Das ist gut, antwortet er.

Kellner, Bier! Rufen wir beide
und setzen uns an einen Tisch in der kleinen Kneipe.
Da richtet sich der Kellner müde von der Kasse auf
und bringt uns noch zwei große Krüge.
Rumpf, du bist ein Mann aus der Fremde,

注

(1) 参考文献 2（89頁以降）

(a) 訳注：野田宇太郎著『パンの会――近代文芸青春史研究』「近代作家研究叢書 33」、東京、日本図書センター、1984年、124頁より引用。

(b) 編注：木下杢太郎著「耽里酒」「現代日本詩人全集 2」所収、東京、1955年、145頁

(c) 編注：1909年にヒットした流行歌で正式には「ハイカラソング」。これに「自転車ソング」という替え歌もあった。その他に「春爛漫の花の色」の曲に合わせた「ハイカラ節女学生の歌」（年代不明）と「ハイカラのーえ節」（1910年）もあるが、どの歌詞もドイツ語の歌詞と内容が合わないため、ここではドイツ語を邦訳した。

(2) 参考文献 1（104頁）（編注：本稿の参考文献 1 からの引用 3 箇所はドイツ語からの邦訳）

(d) 編注：雑誌「スバル」の 1909年（明治 42年）3月号の「消息」欄にドイツ語のまま掲載されたものを邦訳した。

(e) 訳注：前出（注 a）208頁～209頁より引用。

(f) 訳注：前出（注 a）201頁～102頁より引用。

参考文献

1. 野田宇太郎著『日本耽美派の誕生』、東京、河出書房、1951年

2. オトマー・シュタルケ著《フリッツ・ルンプ》、ハルトムート・ヴァルラーヴェンス編〈お前は熱くおれ達の心が分る――日独文化関係の狭間に見るフリッツ・ルンプ（1888年～1949年）〉89頁～93頁所収、ヴァインハイム、VCH アクタ・フマニオラ出版、1989年

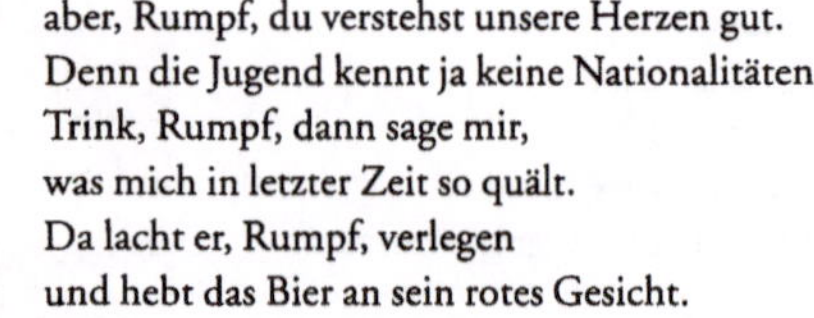

aber, Rumpf, du verstehst unsere Herzen gut.
Denn die Jugend kennt ja keine Nationalitäten.
Trink, Rumpf, dann sage mir,
was mich in letzter Zeit so quält.
Da lacht er, Rumpf, verlegen
und hebt das Bier an sein rotes Gesicht.

– In der Buchausgabe fügt Kinoshita hinzu:
"Wie ein gerissener Film endet das Manuskript des 'Bierliedes' an dieser Stelle. Um wieviel länger es war, daran kann ich mich nicht mehr erinnern. Ich weiß nicht einmal mehr, in welchem Jahr ich es geschrieben habe ..."

Anmerkungen

[1] Starke, Ottomar (1989) Fritz Rumpf. In: Walravens, Hartmut (Hrsg) Du verstehst unsere Herzen gut. Fritz Rumpf (1888-1949) im Spannungsfeld der deutsch-japanischen Kulturbeziehungen, Weinheim: VCH Verlagsgesellschaft, S 89–93, hier S 89ff

[2] Noda Utarô (1951) Nihon tanbi-ha no tanjô (Die Geburt des japanischen Ästhetizismus). Tôkyô: Kawade Shobô, S 104

Die Tôkyôter Holzschnitt-Ausstellung
Der Sturm von 1914
Fujii Hisae

1914年春、ベルリンから東京に初めて齎らされた美術展があった。『DER STURM 木版畫展覽會』がそれである。これはヨーロッパから持ち込まれた最初の、当時の西欧の最前衛の美術を紹介する展覧会であった。このためポピュラーな展覧会ではなかったが、一部の若いアーティストの共感をよび、造形表現に影響を与えた。このため、この展覧会抜きに近代日本の前衛美術、新興美術を語ることはできない。以下、この展覧会および関係者についての後藤暢子氏、長田謙一氏、五十殿利治氏等の詳細な調査研究(1)を参考に、この展覧会の実現の経緯、内容と成果の大要を述べる。

『DER STURM 木版畫展覽會』について 一九一四年、東京 藤井久栄

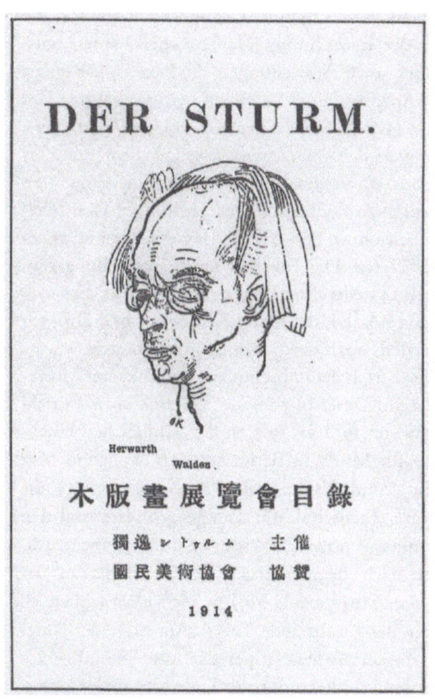

『木版畫展覽會』目録表紙、中央はヘルヴァルト・ヴァルデンの似顔絵（1914年）
Titelblatt des Ausstellungskataloges mit einem Porträt von Herwarth Walden, 1914

Im Frühjahr 1914 wurde erstmals eine Kunstausstellung von Berlin nach Tôkyô gebracht; die Holzschnittausstellung *Der Sturm*. Dabei handelte es sich um die erste Ausstellung aus dem Okzident, die die damals avantgardistischste Kunst Westeuropas vorstellte. Daher war sie auch keine besonders populäre Ausstellung, sie fand aber die Sympathie eines Teils der jungen Künstler und beeinflußte deren bildnerischen Ausdruck. So kann man nicht über die avantgardistische und neue Kunst des modernen Japan sprechen, ohne diese Ausstellung zu erwähnen. Es folgt ein Abriß ihrer Realisierung, ihrer Inhalte und ihrer Ergebnisse, wozu die detaillierten Untersuchungen über die Ausstellung und die daran beteiligten Personen von Gotô Nobuko, Nagata Ken'ichi, Omuka Toshiharu u.a. herangezogen wurden.[1]

Das Zustandekommen der Ausstellung

Die vom 14. bis 28. März 1914 im Tôkyôter Hibiya-Kunstmuseum veranstaltete Holzschnitt-Ausstellung *Der Sturm* (im weiteren Sturm-Ausstellung genannt) zeigte Druckgraphiken und Zeichnungen des deutschen Expressionismus, Kubismus und Futurismus. Der Herausgeber des Berliner Wochenblattes *Der Sturm* und Betreiber der gleichnamigen Galerie, Herwarth Walden (eigtl. Georg Lewin, 1878–1941), hatte zwei in Deutschland studierende Japaner mit ihrer Realisierung betraut, nämlich Saitô Kazô (1887–1955) und Yamada Kôsaku (1886–1965).

Walden stammte aus Berlin, war Pianist und Komponist und hatte an der Königlichen Hochschule für Musik studiert. 1903 rief er den Berliner Verein für Kunst als Ort der öffentlichen Vorstellung neuer kompositorischer Werke ins Leben. Da aber auch Vertreter anderer Kunstgattungen eingeladen wurden, entwickelte sich dieser Verein zum Kunstsalon, wodurch Walden mit verschiedenen neuen Kunstrichtungen in Berührung kam. Im März 1910 gründete er dann das Blatt *Der Sturm – Wochenschrift für Kultur und Künste,* und der Expressionismus wurde zum Slogan einer neuen Kunst. Im *Sturm* wurden die Werke junger Künstler, wie Kokoschka oder Heckel und Kirchner von der Künstlervereinigung Brücke, Kandinski und Marc von der Gruppe Blauer Reiter und andere abgedruckt, die die Rebellionsflagge gegen die etablierte Kunst hißten. Im März 1912 eröff-

展覧会実現の経緯

　1914年3月14日から28日まで東京の日比谷美術館で開催された『DER STURM 木版畫展覧會』（以下、『シュトゥルム展』とする）は、ベルリンで週刊誌〈デル・シュトゥルム〉を発行し、シュトゥルム画廊を経営するヘルヴァルト・ヴァルデン（本名ゲオルク・レーヴィン、1878年〜1941年）が二人の日本人留学生、すなわち、斎藤佳三（1887年〜1955年）と山田耕作（1886年〜1965年、1930年より耕筰と書く）に託した、版画と素描によるドイツ表現主義、キュビスム、未来派の作品展であった。

　ヴァルデンはベルリンに生まれ、ベルリン王立音学院に学んだピアニストであり作曲家であった。1903年、作曲家たちの新作発表の場としてベルリンに「芸術協会」を創設したが、さまざまな分野の芸術家も招いたので、芸術協会は芸術サロンともなり、彼は新しい芸術の動きと関わるようになった。そして1910年3月、彼は〈デル・シュトゥルム——文化と芸術のための週刊誌〉を創刊し、「表現主義」を新しい芸術のスローガンとした。ココシュカや「ブリュッケ」のヘッケル、キルヒナー等、「青騎士団（ブラウエ・ライター）」のカンディンスキー、マルク等、すなわち、既成芸術に反旗を掲げる若い画家たちの作品が〈デル・シュトゥルム〉誌に載った。1912年3月、ヴァルデンはシュトゥルム画廊を開設し、1912年から1913年にかけて、上記の画家たちの作品展、イタリア未来派展、「フランス表現主義」と称したブラック、ドラン、ヴラマンクの作品展やピカソ、ドラン、クレー、アルキペンコ等の展覧会を意欲的に開催した。そして1913年秋（9月20日〜2月1日）、『第一回独逸秋季展覧會——国際絵画展』を開催し、上述の作家やアルプ、シャガール、エルンスト、ファイニンガー、ゴンチャロヴァ、ラリオノフ、レジェ、モンドリアン、ピ

マックス・ペヒシュタイン作『祭日の焼肉を射る』（1912年）
Max Pechstein, Erlegung des Festbratens, 1912

nete Walden die Sturm-Galerie in Berlin und von 1912 bis 1913 veranstaltete er dort zahlreiche Ausstellungen, darunter solche mit Werken der oben genannten Maler, des italienischen Futurismus, eine mit Werken von Braque, Derain und Vlaminck, die unter der Bezeichnung Französischer Expressionismus lief, sowie Ausstellungen, die Picasso, Delaunay, Klee, Archipenko und anderen gewidmet waren. Im Herbst 1913 eröffnete er den *1. Deutschen Herbstsalon – Internationale Gemäldeausstellung* (20. September bis 1. Februar), an dem sich neben bereits genannten Künstlern Arp, Chagall, Ernst, Feininger, Gontscharowa, Larionow, Léger, Mondrian, Picabia und andere beteiligten. Die Tôkyôter Sturm-Ausstellung vom März 1914 stellte diese Werke dann in Japan vor.[2]

Yamada Kôsaku, der später Komponist und Dirigent des ersten japanischen Symphonieorchesters wurde, studierte nach dem Abschluß an der Tôkyôter Musikschule mit Unterstützung des Unternehmers Iwasaki Koyata von 1910 bis 1913 an der Königlichen Hochschule für Musik in Berlin bei Karl Wolf und Max Bruch Komposition. Saitô Kazô, der später die Tôkyôter Fachschule für Design gründete und den Gedanken von der Einheit der Künste verfocht, studierte nach dem Abbruch des Studiums an der Tôkyôter Musikschule im Jahr 1907 am Fachbereich Design der Kunstschule Tôkyô. Am Ende des Jahres 1912 ging er als Staatsstipendiat zum Studium nach Berlin und studierte dort bis Ende 1913 an der Unterrichtsanstalt des Königlichen Kunstgewerbemuseums bei Kutschmann. Saitô hatte die Tôkyôter Musikschule einen Jahrgang unter Yamada besucht, und die beiden waren gut befreundet. Auch in Berlin knüpfte

カビア等が参加した。1914年3月の東京でのシュトゥルム展は、これら上記の展覧会に出品した作品を日本に紹介するものであった⑵。

　後に作曲家で交響楽団の指揮者となる山田耕作は東京音楽学校を卒業後、実業家岩崎小弥太の援助を受けて1910年から1913年までベルリンの王立音学院でカルル・ウォルフ、マックス・ブルッグに師事して作曲法を学んだ。他方、後に東京図案専門学校を創立し、総合芸術を提唱した斎藤佳三は、1907年東京音楽学校を中退して東京美術学校図案科に学び、1912年暮れに国費留学生としてベルリンに留学、1913年末まで王立工芸学校でクチュマンに師事した。斎藤は東京音楽学校で山田の一期下で、二人は親しかった。ベルリンでも山田は新しいものに貪欲な斎藤と行動を共にし、自分が新しい芸術に開眼したのは全く斎藤のお陰であったと述懐している⑶。

　ヴァルデンと斎藤、山田が親しくなった経緯は、長田謙一氏の詳細な調査によれば、以下のとおりである⑷。

　1913年1月7日、山田はベルリン到着早々の斎藤をともない、ベルリンの銅版画館の学芸員で東洋美術にも造形が深く、1911年頃一年間程、夫妻で日本に滞在した親日家グラーザーを訪問した。その折、「先月伯林で開かれたデル・シュトゥルム雑誌社の催しで最も新しい運動である」⑸展覧会が話題になった。これが、二人が〈シュトゥルム〉の名を聞いた最初である。早速に二人のシュトゥルム社訪問が始まり、連日のようにその画廊を訪ねて、ヴァルデンと自宅に招かれるほどに親しくなった。その親密さを語るのが、五十殿利治氏が調査発見した、ベルリン国立図書館所蔵「シュトゥルム・アルヒーフ」のヴァルデン夫妻の芳名帳にある1913年10月25日付の斎藤と山田の漢字とローマ字による記帳（署名）である⑹。この親交から、二人は帰国する際にヴァルデンからシュトゥルム社に関係し

Yamada seine Aktivitäten eng an die Saitôs, dem ständig nach Neuem dürstete. In seinen Erinnerungen schreibt er es ganz und gar Saitô zu, daß sich ihm die neue Kunst offenbarte.[3]

Die Umstände, wie Saitô und Yamada Walden kennengelernt haben, stellen sich nach der detaillierten Untersuchung von Nagata Ken'ichi wie folgt dar.[4]

Am 7. Januar 1913 begleitete Yamada den unlängst in Berlin angekommenen Saitô und besuchte den Japanfreund und Kenner ostasiatischer Kunst Glaser, der sich als Kustos des Berliner Kupferstichkabinetts um 1911 mit seiner Gattin in Japan aufgehalten hatte. Bei dieser Gelegenheit kam auch eine "vorigen Monat in Berlin eröffnete und vom Verlag der Zeitschrift *Der Sturm* veranstaltete" Ausstellung zur Sprache, "welche die neueste Bewegung darstellt".[5] Dies war das erste Mal, daß die beiden den Namen *Sturm* hörten. Sogleich schickten sie sich an, den Verlag zu besuchen und gingen fast täglich in die dortige Galerie. Ihre Beziehung zu Walden wurde dann so eng, daß sie sogar zu ihm nach Hause eingeladen wurden. Von dieser Vertrautheit spricht der von Omuka Toshiharu entdeckte, in sinojapanischen Schriftzeichen und lateinischer Schrift erfolgte Eintrag (eigenhändige Unterschriften) Saitô und Yamadas vom 25. Oktober 1913 im Gästebuch der Familie Walden, das sich im Sturm-Archiv der Berliner Staatsbibliothek befindet.[6]

Aus dieser Freundschaft heraus wurden die beiden schließlich bei ihrer Rückkehr nach Japan von Walden damit betraut, in Tôkyô eine Ausstellung von Werken derjenigen Künstler durchzuführen, die mit dem Sturm-Verlag in Verbindung standen.

Berlin war in der damaligen Zeit das Zentrum der expressionistischen Bewegung, die sich auf Literatur, Theater, Musik und Kunst erstreckte. Die Musik der Schüler Schönbergs kam zum Vortrag, und die Dramen von Ibsen, Strindberg und Hauptmann wurden aufgeführt. Yamada sah diese Aufführungen in fachkundiger Begleitung von Osanai Kaoru, einem Freund seit der Zeit in Tôkyô, der damals in Berlin Schauspielkunst studierte und später das Kammertheater in Tsukiji gründete. So entwickelten Yamada und Saitô in dem für unkonventionelle Kunstbewegungen entbrannten Berlin einen Sinn für neue Tendenzen in Kunst, Musik, Oper und Theater. Sie beteiligten sich später in Tôkyô am Bildungsverein

た画家たちの作品による、東京でのシュトゥルム展の開催を依託されたのである。

当時のベルリンは文学、演劇、音楽、美術にわたって表現主義の運動の中心であった。シェーンベルクの弟子たちの音楽が演奏され、イプセン、ストリンドベリー、ハウプトマンらの戯曲が上演されていた。山田は、東京以来の友人で、当時ベルリンで演劇を勉強し、後に築地小劇場を設立した小山内薫に案内されて、これらの上演を観たというように、山田と斎藤の二人は、新しい芸術運動に燃えるベルリンで、新傾向の美術、音楽、オペラ、演劇を鑑賞した。同時に、後年、日本の各界の重鎮となった哲学の阿部次郎、美術史の沢木四万吉等日本人留学生のグループ「文教会」に参加して新知識、新情報を交換、刺激しあった(7)。ベルリンの多岐にわたる文化活動の影響は、たとえば、斎藤が帰国後、美術、デザイン、音楽、舞台等の諸分野に活動の幅を拡げ、総合芸術、生活芸術を提唱した点にも見られる(8)。

二人の日本人と国際文化都市ベルリンの国際前衛美術センターの感があったシュトゥルム社との出会いは、西洋と異なる文化環境に育った人間が、「近代」という共有の時・空間のなかで共感する「なにか」を感じ取った貴重な体験であった。それなればこそ二人は帰国に際してのヴァルデンの依頼、すなわち、東京でのシュトゥルム展の開催を快く引き受けただけでなく、その展覧会目録で自らを「シュトゥルム分社」と名乗るのである。

展覧会の出品作品

斎藤と山田が1913年12月ベルリンを発ち、シベリア経由で帰国したのは翌1914年1月である。それから約二ヶ月後の3月14日から28日までの二週間、東京の日比谷美術館でシュトゥルム展は開催された。

(Bunkyôkai) einer Gruppe japanischer Auslandsstudenten, zu der unter anderem der Philosoph Abe Jirô, später eine allgemein anerkannte Autorität seines Landes, und der Kunsthistoriker Sawaki Yomokichi gehörten. Dort tauschte man neue Kenntnisse und Informationen aus und gab sich gegenseitig Anregungen.[7] Die Konsequenzen der weitverzweigten kulturellen Aktivitäten in Berlin spiegeln sich zum Beispiel auch darin, daß Saitô nach der Rückkehr nach Japan sein Tätigkeitsfeld auf die verschiedensten Bereiche, wie Kunst, Design, Musik, Bühne usw., ausdehnte und die Gedanken von der Einheit der Künste sowie der Kunst im Leben nachdrücklich vertrat.[8]

Die Begegnung der beiden Japaner mit dem Sturm-Verlag, mit seiner Aura eines internationalen avantgardistischen Kunstzentrums in der kulturellen Weltstadt Berlin, war ein wichtiges Erlebnis für Menschen, die in einer vom Westen völlig verschiedenen Kultur aufgewachsen waren, indem sie ein in Zeit und Raum der Moderne allen gemeinsames "Etwas" spürten. Gerade deshalb waren die beiden bei ihrer Heimkehr nicht nur gerne bereit, der Bitte Waldens nachzukommen und die Sturm-Ausstellung in Tôkyô zu veranstalten, sondern sie stellten sich selbst im Ausstellungskatalog als Sturm-Außenstelle vor.

Die auf der Ausstellung gezeigten Werke

Saitô und Yamada verließen Berlin im Dezember 1913, reisten über Sibirien und erreichten ihr Heimatland im Januar 1914. Ungefähr zwei Monate danach, d.h. in den zwei Wochen vom 14. bis 28. März, fand dann im Tôkyôter Hibiya-Kunstmuseum die Sturm-Ausstellung statt.

Yamada spricht im Vorwort zum dazugehörigen Katalog davon, daß der Sturm-Verlag "stets kraftvolle, neue Kunstwerke vorgestellt" und "im Herbst letzten Jahres unter dem Namen '1. Deutsche Herbstausstellung' Bilder so zusammengestellt hat, daß man sämtliche, heute in Europa auftretenden neuen Bewegungen in Augenschein nehmen kann". Weiter führt er aus: "Wir haben uns nun entschlossen, die auf der Ausstellung dieses Verlags gezeigten Bilder in Japan vorzustellen ...", wobei "... es sich diesmal ausschließlich um Holzschnitte handelt, aber von der zweiten Veranstaltung an auch Ölbilder gezeigt werden sollen. Daneben werden wir gleichfalls die Musik von

山田は同展目録の「序」で、シュトゥルム社
が「常に力のある新しい繪を紹介し」「去年の秋、
第一回独逸秋季展覧會と名づけて、現今欧州に
起きてゐる新らしい運動の繪をのこらず一目で
見る事が出来る様に、まとめた」と語り、「今度
私共が此社の展覧會に出品した繪を、日本に紹
介する事にし」「今回は木版畫ばかりでございま
すが、第二回からは油繪の方も陳列します。そ
れから新らしい派の作曲家が拵えた音樂も紹介
致します」と述べている。実際には第一回展の
みで終わってしまったが、意気込みの程がよく
分かる。

　会場となった日比谷美術館は佐藤久二（1888
年〜1982年）が1913年12月に特に新人のた
めの作品発表の場の提供および美術作品の観賞
と普及を目的に設立した小私立美術館で、この
点が、展示作品の販売もしたものの、一般の画
廊と相違した。1915年12月経営難のため閉鎖
したが、二年間の展覧会活動を見ると芸術運動、
特に新しい美術の動向をよく理解し、それにい
かに積極的に関わったかが分かる。この佐藤の
姿勢が開館して三ヶ月後の1914年3月、日比谷
美術館でシュトゥルム展を開催させたともいえ
るのである(9)。

　ヴァルデンが斎藤と山田に依託した152点の
うち、26作家70点の作品が展示された。主要作
家にマルク、ココシュカ、ボッチョーニ、カンディ
ンスキー、キルヒナー、ペヒシュタイン等の名が
ある。出品作のうち、その絵柄が明らかなのは
本展目録所収の5点、「美術新報」所載の斎藤
佳三の談話「表現派と立方派と未来派」の挿図
4点、「現代の洋画」口絵の1点、およびベル
リン国立図書館蔵「シュトゥルム・アルヒーフ」
の中に五十殿氏が発見した会場写真二葉に写っ
ている作品のうち作者・題名が明らかな3点の
計13点である。それ以外は〈シュトゥルム〉誌
と照合した結果、一部推定するに留まる(10)。

マックス・ペヒシュタイン作『沐浴』（1912年）
Max Pechstein, Badende, 1912

Komponisten neuer Schulen vorstellen." Tatsächlich
ist es leider nur zu dieser ersten Ausstellung gekommen, der Enthusiasmus der Veranstalter wird aber
überaus deutlich.

Der Ort der Ausstellung, das Hibiya-Kunstmuseum,
war eine kleine private Einrichtung, die Satô Kyûji
(1888–1982) im Dezember 1913 mit dem Ziel gegründet hatte, speziell dem Nachwuchs eine Möglichkeit
zur Präsentation seiner Werke zu geben sowie Kunstwerke zu genießen und zu popularisieren. Obwohl
auch Verkäufe der Ausstellungsstücke stattfanden,
unterschied sich das Kunstmuseum in diesem Punkt
von allgemeinen Galerien. Zwar wurde es im Dezember 1915 wegen finanzieller Schwierigkeiten geschlossen, betrachtet man jedoch die zweijährigen Ausstellungsaktivitäten, dann zeigt sich, daß man Bewegungen in der Kunst, besonders die neuen Kunstrichtungen, verstanden hatte und sie auch aktiv zu unterstützen wußte. Man kann sagen, daß es diese Einstellung
Satôs war, der die Durchführung der Sturm-Ausstellung im Hibiya-Kunstmuseum im März 1914, also
drei Monate nach seiner Eröffnung, zu verdanken
war.⁹

Von den 152 Objekten, die Saitô und Yamada von
Walden anvertraut worden waren, kamen 70 Werke
von 26 Künstlern zur Präsentation. Unter den wichtigen Künstlern, die ausgestellt wurden, finden sich
Namen wie Marc, Kokoschka, Boccioni, Kandinski,
Kirchner und Pechstein. Insgesamt 13 der Ausstellungsstücke sind eindeutig identifiziert: fünf, die im
Katalog der Ausstellung erschienen; vier, die als Illustrationen zu Saitô Kazôs *Expressionismus, Kubismus
und Futurismus* in *Bijutsu Shinpô* (Neue Kunst-

新傾向の美術は雑誌「美術新報」「白樺」等ですでに紹介されていたが、木版画と素描（ドローウィング）で構成されているとはいえ、実作品（オリジナル作品）に日本人が接するのは、この展覧会が最初であった。この展覧会が一般の人々に充分理解されたとは言えないし、少数の新聞・雑誌の展覧会評も好意的ではなかった⁽¹¹⁾。しかし、一部の若い美術家に与えた影響は大きかった。たとえば、版画家恩地孝四郎（1891年〜1955年）がこの展覧会の目録を晩年まで保管していた事実は、少数とはいえ、多感な青年達がこの展覧会にどんなに感銘したかを明かすものである。また、山田と親しかった東郷青児（1897年〜1978年）の未来派そしてキュビスムの作品、長谷川潔（1891年〜1980年）のペヒシュタインに似た作品、永瀬義郎（1891年〜1978年）のドイツ表現主義風の作品等は当時の西欧の新傾向絵画の受容を語るものである。確証できないが、これらの表現が、彼等がこの展覧会でオリジナル作品に接した結果と考えられないであろうか。1915年、1916年の彼等の作風の変化を見ると、雑誌の図版では分からない生の作品のマチエールや表現にショックを受け、影響されたと思われるのである。

以上、日独初の美術交流とも言えるこの展覧会は国家や公的機関をバックにせず、純粋に個人レベルの地点から自発的に企画され実現したこと、この展覧会を見てヨーロッパの新美術思潮に同時代の人間として共鳴する日本のアーティストがいたことの2点は、1910年代のいわゆる大正モダニズムの美術が、明治以来の近代化イコール西洋化に従う西洋美術の模倣の域を脱した、新たな受容と展開を示しているといってよい。さらには、20世紀美術に見る共時性、国際性の到来を予告しているともとれ、きわめて意義深い、象徴的な展覧会であったと考えるのである。

nachrichten) dienten; eins, das als Illustration auf dem Innentitel von *Gendai no Yôga* (Europäische Malerei der Gegenwart) herauskam; und drei der Werke, die auf den von Omuka Toshiharu im Sturm-Archiv der Berliner Staatsbibliothek entdeckten beiden Fotografien des Veranstaltungsortes dargestellt und deren Schöpfer sowie Titel bekannt sind. Was die übrigen anbetrifft, so beschränkt man sich zum Teil auf Vermutungen, die sich auf den Vergleich mit der Zeitschrift *Der Sturm* stützen.¹⁰

Neue Kunsttendenzen waren bereits in *Bijutsu Shinpô* (Neue Kunstnachrichten), *Shirakaba* (Birke) und anderen Zeitschriften vorgestellt worden. Aber bei dieser Ausstellung, die zwar nur Holzschnitte und Graphiken zeigte, konnten Japaner zum ersten Mal Originalkunstwerke sehen. Man kann nicht davon sprechen, daß diese Exposition von der breiten Masse hinreichend verstanden worden wäre, und auch die wenigen Kritiken in Zeitungen und Magazinen fielen nicht eben freundlich aus.¹¹ Aber der Einfluß, den die Ausstellung auf einen Teil der jungen Künstler ausübte, war beträchtlich. Die Tatsache, daß zum Beispiel der Graphikkünstler Onchi Kôshirô (1891–1955) den Ausstellungskatalog bis ins hohe Alter aufbewahrte, zeigt deutlich, welch tiefen Eindruck die Ausstellung bei sensiblen jungen Leuten hinterließ, auch wenn es nicht allzu viele waren. Unter anderem verdeutlichen die futuristischen und kubistischen Werke von Tôgô Seiji (1897–1978), der in einem engen Verhältnis zu Yamada stand, die an Pechstein erinnernden Werke von Hasegawa Kiyoshi (1891–1980) und die im Stil des deutschen Expressionismus gehaltenen Werke von Nagase Yoshio (1891–1978) die Rezeption der damals tendenziell neuen Bilder aus Westeuropa. Es läßt sich zwar nicht belegen, aber sind diese künstlerischen Ausdrucksweisen nicht als Ergebnis des direkten Kontaktes mit den Originalkunstwerken auf dieser Ausstellung anzusehen? Betrachtet man die Veränderung des Stils dieser Künstler in den Jahren 1915/16, so scheint er durch Wesen und Ausdruck der Originale in einem Ausmaß beeinflußt worden zu sein, wie es durch Zeitschriftenillustrationen nicht möglich gewesen wäre.

Sowohl das ohne Unterstützung staatlicher oder öffentlicher Organe auf rein privater Ebene spontan geplante und realisierte Zustandekommen dieser Aus-

長谷川潔作『牧神の午後』（1916年）

Hasegawa Kiyoshi, Nachmittag eines Fauns, 1916

付記

　本稿執筆にあたり、長田謙一氏、五十殿利治氏には多大なご協力を賜りました。ここに記して謝意を表します。

注

(1) 参考文献 1 ～ 7 参照

(2) 『DER　STURM　木版畫展覧會』目録（3 頁の山田耕作の序）

(3) 参考文献 7（394頁）

(4) 参考文献 3、4

(5) 参考文献 4（138頁）

(6) 参考文献 5（108頁、125頁）

(7) 参考文献 2、3、4、7

(8) 参考文献 3、4

(9) 参考文献 5

(10) 参考文献 1、5

(11) 同上

参考文献

1. 藤井久栄著『資科調査、〈月映〉再考　附〈DER STURM　木版画展覧会〉出品作について』「東京国立近代美術館　紀要」第 1 号所収、1987年 3 月、15頁〜21頁および24頁〜51頁

2. 後藤暢子著『日本における表現主義音楽の受容』「思想」723号、特集「表現主義の音楽」152頁〜 161 頁所収、1984年 9 月

3. 長田謙一著『斎藤佳三――日本的モデルネと〈総合芸術〉

stellung, die man auch als den Beginn des künstlerischen Austauschs zwischen Japan und Deutschland bezeichnen kann, als die Tatsache, daß es japanische Künstler gab, die die Ausstellung sahen und als Zeitgenossen mit den neuen europäischen Kunstströmungen übereinstimmten, weisen sicherlich auf eine neue Art der Rezeption und Entwicklung hin. Damit trat die Kunst des sogenannten Taishô-Modernismus im zweiten Dezennium dieses Jahrhunderts über die Stufe der Imitation westlicher Kunst hinaus, die die Modernisierung = Verwestlichung seit der Meiji-Restauration begleitet hatte. Dies läßt sich auch als Ankündigung der in der Kunst des 20. Jahrhunderts zu beobachtenden Synchronität und Internationalität verstehen. Meiner Ansicht nach handelte es sich so um eine äußerst bedeutungsvolle und symbolträchtige Ausstellung.

Danksagung
Beim Schreiben des vorliegenden Beitrags wurde mir die tatkräftige Unterstützung der Herren Nagata Ken'ichi und Omuka Toshiharu zuteil. Ihnen möchte ich hier herzlich danken.

Anmerkungen
[1] S. Literaturliste
[2] Yamada Kôsaku (1914) Vorwort in: Katalog der Holzschnittausstellung Der Sturm, S.3
[3] Vgl. Yamada, S.394
[4] Vgl. die beiden Literaturangaben von Nagata
[5] Nagata shuturumu Bunsha, S.138
[6] Vgl. Omuka, S.108, 125
[7] Vgl. Gotô, Nagata, Yamada
[8] Vgl. Nagata
[9] Vgl. Omuka
[10] Vgl. Fujii, Omuka
[11] Vgl. Fujii, Omuka

Literatur
– Fujii Hisae (1987) Shiryô chôsa, Tsukuhae saikô fu Der Sturm mokuhanga tenrankai shuppinsaku ni tsuite (Materialuntersuchung: Neue Betrachtung der Zeitschrift Tsukuhae – Über die Exponate der Holzschnitt-Ausstellung Der Sturm). In: Tôkyô Kokuritsu Kindai Bijutsukan Kiyô (Berichte des Staatlichen Museums für Moderne Kunst Tôkyô), Nr 1, März, S 15–21, 24–51

の夢」「斎藤佳三展」目録３頁〜11頁所収、朝日新聞社・秋田市立千秋美術館発行、1990年１月

4. 同著『〈シュトゥルム分社〉への旅』、千葉大学教養部編、平成元年度科学研究費補助金（総合研究Ａ）研究成果報告書「ドイツ大衆社会成立期における文化構造の転換」137頁〜152頁所収、1990年３月

5. 五十殿利治著『日比谷美術館について』、千葉大学教養部編、平成三年度科学研究費補助金（総合研究Ａ）研究成果報告書「日独近代化過程の比較文化的研究」99頁〜130頁所収、1992年３月

6. ヘルヴァルト・ヴァルデン著、本郷義武他編訳『一言半句——文化と芸術のための週刊誌〈デル・シュトゥルム〉創刊の辞」「表現主義——芸術のための戦いの記録」10頁所収、白水社、1983年

7. 山田耕筰著『自伝　はるかなり青春のしらべ』、1957年「日本人の自伝19　横山大観、三宅克巳、山田耕筰」、平凡社、1982年に再録

– Gotô Nobuko (1984) Nihon ni okeru hyôgenshugi ongaku no juyô (Die Rezeption expressionistischer Musik in Japan). In: Shisô Nr 723, September, Sonderausgabe: Hyôgenshugi no ongaku (Expressionistische Musik), S 152–161

– Nagata Ken'ichi (1990) Saitô Kazô – Nihonteki moderune to 'sôgô geijutsu' no yume (Saitô Kazô – die japanische Moderne und der Traum von der 'Einheit der Kunst'). In: Asahi Shimbunsha (Asahi-Zeitungsverlag) (Hrsg) und Akita Shiritsu Senshû Bijutsukan (Städtisches Senshû–Kunstmuseum Akita) Saitô Kazôten mokuroku (Katalog der Saitô Kazô–Ausstellung) Januar, S 3–11

– ders. (1990) 'Shuturumu Bunsha' e no tabi (Der Weg zur 'Sturm-Außenstelle'). In: Berichte zu Forschungsergebnissen (Gesamtforschungen A) gestützt auf Hilfsgelder für wissenschaftliche Forschungskosten im Fiskaljahr 1989, Doitsu taishûshakai seiritsu-ki ni okeru bunka kôzô no tenkan (Der Wandel der kulturellen Struktur in der Entstehungsperiode der deutschen Massengesellschaft), Fakultät für allgemeine Bildung der Chiba-Universität, März, S 137–152

– Omuka Toshiharu (1992) Hibiya Bijutsukan ni tsuite (Über das Hibiya-Kunstmuseum). In: Berichte zu Forschungsergebnissen (Gesamtforschungen A) gestützt auf Hilfsgelder für wissenschaftliche Forschungskosten im Fiskaljahr 1991, Nichidoku kindaika katei no hikaku bunkateki kenkyû (vergleichende kulturelle Forschungen zum Prozeß der Modernisierung in Japan und Deutschland), Fakultät für allgemeine Bildung der Chiba-Universität, März, S 99–130

– Walden, Herwarth (1983) Kurze Rede zur Gründung von *Der Sturm* – Wochenschrift für Kultur und Künste. In: Hongô Yoshitake u.a. (Hrsg/Übers) Hyôgenshugi – Geijutsu no tame no tatakai no kiroku (Expressionismus – Protokoll des Kampfes für die Kunst), Tôkyô: Hakusuisha

– Yamada Kôsaku (1957) Jiden – Harukanari seishun no shirabe (Autobiographie – Betrachtung der fernerrückenden Jugendzeit), In: Nihonjin no jiden 19, Yokoyama Taikan, Miyake Katsumi, Yamada Kôsaku (Autobiographien von Japanern 19, Yokoyama Taikan, Miyake Katsumi und Yamada Kôsaku), Tôkyô: Heibonsha, wiederaufgelegt 1982

かつてのベルリン

　ヨーロッパの人々は研究者や旅行者の言葉をとおして好奇心を喚起され、日本の舞台芸術はかくあろうと想像をめぐらせていたが、そのような舞台が1901年11月18日、普段よりも高額の「特別料金」でベルリン中央劇場で上演初日を迎えた。この公演では「日本のドゥーセ^(a)と呼ばれるマダム貞奴と東京は帝室宮中劇場30名の純日本人からなる劇団総出」⁽²⁾で《芸者と武士》⁽³⁾と《裂裟、日本演劇全4幕》⁽⁴⁾が上演された。しかし、この広告は少し誇張されたもので、川上音二郎⁽⁵⁾に率いられた劇団の俳優陣は実際には18人でしかなかった。「宮中劇場」というのも当たらない。日本の皇室が反政府アジテーターを宮中劇場の監督に指名するなど絶対にあり得なかったことである。そもそも「宮中劇場」そのものが存在しなかった。公演前の呼び声はすでに高かったが、それは貞奴⁽⁶⁾の優雅な舞踊が、また特に表現力に富み緻密に構成された臨終の場面が、まずイギリスの、そしてフランスの観客を魅了したことによるところが大きい。くわえて川上はヨーロッパ人の好みをいち早く把握し、西洋の観客の気に入らなそうな箇所はことごとく削除し、代わりにすべて視覚に訴え、衣装の豪華さや踊り、特に舞踊の振付に重点を置いたのである。日本語で上演したために台詞の理解に関してはほとんど留意しなかったが、特に切腹の場面では病み崩壊に瀕するヨーロッパのブルジョワ階級の核心を見事に捉えていた。つまり、これは内容的にも美学的にも純日本演劇とはいえず、こういうものをヨーロッパ人は好むであろう、との錯覚で取り入れた見世物に過ぎなかったのである。

　ベルリンの批評はどちらかといえば遠慮がちであった。そんななかで〈フォッシッシェ・ツァイトゥンク〉紙⁽⁷⁾は、観客は「民族学的興味」を示した、と述べ、〈舞台と世界〉誌⁽⁸⁾は、まった

Von der Schwermut des Nichtverstehens¹: Berlin-Tôkyô und die Darstellenden Künste
Thomas Leims

Die frühen Jahre in Berlin

Das, was sich Europa, durch Schilderungen von Wissenschaftlern und Reisenden neugierig gemacht, unter japanischem Theater vorstellte, hatte in Berlin am 18. November 1901 im Central-Theater "zu erhöhten Preisen" Premiere: "Madame Sada Jacco, genannt die japanische Duse, mit d. ganzen Schauspiel = Ensemble des kaiserl. Hoftheaters in Tôkyô bestehend aus 30 Original = Japanern"² führte *Die Geisha und der Ritter*³ sowie *Kesa, japanisches Drama in 4 Scenen*⁴ auf. Die Reklame übertrieb allerdings ein wenig, denn das unter Leitung von Kawakami Otojirô⁵ stehende Ensemble bestand lediglich aus 18 Personen. Auch von einem "Hoftheater" konnte keine Rede sein, denn das japanische Kaiserhaus hätte niemals einen oppositionellen Agitator zum Direktor seiner Bühne gemacht. Außerdem war die Institution "Hoftheater" unbekannt. Der Ruf, der dem Gastspiel vorauseilte, gründete sich vor allem auf die Ausdruckskraft der Sada Yakko⁶, die mit ihren graziösen Tänzen, insbesondere den expressiv und subtil gestalteten Sterbeszenen, zunächst das englische und französische Publikum zu begeistern wußte. Zudem hatte Kawakami den Geschmack der Europäer rasch

川上音二郎と貞奴の公演ポスター

Theaterplakat des Gastspiels von Kawakami Otojirô und Sada Yakko

くの「猿芝居」であると言い切った。しかし、ほとんどすべての批評の基調は驚愕、途方に暮れたといったもので、次の〈ベルリン日報〉紙にはぼ類似している。

「見事であったか。美しかったか。面白かったか。大成功だったか。一体あれは何だったのか。男たちは乱暴だが気は良くて、なかに一人、大袈裟に顔をしかめながらも演技は実に雄弁で、表情の衝撃的な表現力（原文のまま——筆者注）を持った者があり、これが川上音二郎。繊細さ、善良さ、心情、優雅な明朗さが見られるのは女役だけで、その頂点にたつのが芸術家・貞奴である。貞奴が怒り心頭に発し、髪はもつれ、鼻息も荒く恋敵を打ち殺し、自ら命を絶つと、見る者の神経は逆撫でされるのだが、それでもこれは事実、偉大な芸術である」(9)

1908年３月に宮殿劇場でおこなわれたハナコ(10)の公演にも、これと同程度の芸術的水準が認められる。そこでの表現や舞踊も伝統的日本演劇というより、むしろヨーロッパ人の想像する異国的なものの産物といって良い(11)。ハナコの芸術は時には貞奴のそれと同等に扱われ、時には水準の劣るものと見られたが(12)、いずれにせよ芸者ハナコは、そのパーソナリティでヨーロッパのインテリや芸術家を惹き付けることに成功した。たとえばオーギュスト・ロダンは、彼女をモデルにするためあらゆる手段を惜しまなかったし、フセヴォロド・メイエルホリドは自分の俳優らに、ハナコの芸術に照らし合わせてそれぞれが自分の演劇をもう一度見直すことすら奨めた(13)。「ドイツの批評家のうちで最も尊敬され、同時に最も厭われる存在」であったアルフレット・ケル（1867年〜1948年、ドイツの劇評家、ナチス政権の確立とともに国外亡命）ですら、ハナコに対する評価をつぎのように表現している。

「私は驚きのまなざしをもって彼女をみつめ笑う
彼女は気を惹き、心と官能を撫でくすぐる

erkannt und alles eliminiert, was westlichen Rezipienten hätte mißfallen können, und statt dessen ganz auf visuelle Elemente, d.h. Kostümpracht, Tanz und vor allem choreographierte Kämpfe gesetzt. Gerade mit seinen Harakiri-Szenen traf er den Nerv eines dem Morbiden verfallenen europäischen Bürgertums, zumal er auf die Textverständlichkeit – die Aufführungen waren in Japanisch – fast völlig verzichtete. Weder inhaltlich noch ästhetisch handelte es sich also um genuin japanisches Theater, sondern ein dem vermeintlichen europäischen Gusto angepaßtes Spektakel.

Die Berliner Kritik reagierte eher verhalten. Während die *Vossische Zeitung*[7] "ethnographisches Interesse" beim Publikum beobachtet haben wollte, konstatierte die *Bühne und Welt*[8] schlichtweg "Affentheater". Den Grundtenor fast aller Kritiken, nämlich sich erstaunt, ja ratlos zu geben, inaugurierte jedoch das *Berliner Tageblatt*:

"War es großartig? War es schön? War es interessant? War es ein großer Erfolg? Was war es? ... Die Männer sind Rauhbeine ..., darunter aber Einer, der bei allem Grimassieren eine eminent schauspielerische Beredsamkeit und erschütternde Kraft des Mienenspiels (sic!) besitzt, Otojirô Kawakami ... Die Zartheit, die Güte, das Gefühl, die anmuthige Heiterkeit kommt nur in den Frauenrollen zu Gehör, voran durch die Künstlerin ... Sada Yacco ... Wenn sie sich entlädt, wenn sie mit wirren Haaren, mit schnaubenden Nüstern die Nebenbuhlerin erschlägt und sich selbst den Tod giebt, so schlägt das auf die Nerven, aber in der That, es ist große Kunst ... "[9]

Auf der gleichen ästhetischen Ebene bewegte sich das Gastspiel der Hanako[10], die im März 1908 im Palasttheater gastierte: Auch ihre Darstellungen und Tänze waren viel mehr ein Konstrukt europäisch-exotischer Imagination denn originär japanisches Theater.[11] Hanakos Kunst wurde der Sada Yakkos manchmal als ebenbürtig gegenübergestellt, manchmal als nicht von gleicher Qualität eingestuft,[12] allerdings hatte es die Geisha verstanden, viele europäische Intellektuelle und Künstler in den Bann ihrer Persönlichkeit zu ziehen: Auguste Rodin etwa setzte alles daran, daß sie ihm Modell stand, und Meyerhold empfahl seinen Schauspielern gar, ihre Spielweise an der Kunst der Hanako zu überprüfen.[13] Selbst Alfred

《ゲイシャ》の
メリー・テンペスト（1896年）
Mary Tempest in 'Geisha', 1896

《ミカド》の
ピーター・プラット（1952年）
Peter Pratt in 'Mikado', 1952

《ミカド》の
ベルタ・レーヴィス（1952年）
Bertha Lewis in 'Mikado', 1952

愛らしい人形、ニッポンのもの
　それでいて純粋な芸術家」⁽¹⁴⁾

　特に世紀末のイギリスとフランスの造形芸術界に顕著であったジャポニズムの熱がベルリンに波及したのは、もっと遅くなってからだった。演劇界が最初に注意を払ったのは色彩と《ミカド》⁽¹⁵⁾スタイルの「歌劇」であった。たとえば1898年にはヴァルター・ゲーリッケ作の《小さな芸者たち——歌と踊りをともなった笑劇全一幕》や、E・v＝S作の《ベルリンの日本人あるいはＸＹＺ——劇的な冗談全一幕》が検閲局に提出されている⁽¹⁶⁾。そのころ、マックス・ラインハルト（1873年〜1943年、ドイツの演出家）を初めとする真面目な劇作家や演劇人は、自然主義と写実主義の限界を何とか乗り越えようという努力に没頭していた。

　「私は、俳優主体の演劇があると信じる。過去数十年のように、純文学的視点が唯一の決め手となるべきではない」⁽¹⁷⁾

　当然の帰結としてマックス・ラインハルトは特に反イリュージョン舞台装置を試みたが、これはまさに日本の舞台装置や技術の特色と言える。1905年、ベルリンにおける『真夏の夜の夢』の演出で、ラインハルトは初めて廻り舞台を取り入れたが、ヨーロッパ最初の電動式廻り舞台はすでに1896年、日本の舞台を手本にカール・ラウテンシュレーガー（1843年〜1906年、劇場工学技術家）によってミュンヘンのババリア王立劇場国民座付属小劇場レジデンツ座に設置されていた。1910年4月にラインハルトは、フ

Kerr, "die meistbewunderte und meistgehaßte Erscheinung unter den deutschen Kritikern", gab seiner Wertschätzung Ausdruck:
"Ich seh sie staunend an und lache,
Sie schmeichelt, streichelt Herz und Sinn:
Ein Püppchen, eine Nippon-Sache –
und eine schiere Künstlerin." ¹⁴

Vom Japonismus-Fieber, in dem sich die bildende Kunst vor allem Englands und Frankreichs um die Jahrhundertwende befand, war Berlin erst recht spät ergriffen worden. Das Theater orientierte sich zunächst an den Farben und "Opern" im Stile des *Mikado* ¹⁵: Im Jahr 1898 z.B. wurden der Zensurbehörde Stücke wie *Die kleinen Geishas – Burleske mit Gesang und Tanz in 1 Akt* von Walter Gericke und *Die Japaneser in Berlin oder x.y.z. – Dramatischer Scherz in 1 Akt* von E.v.S. vorgelegt.¹⁶ Ernsthafte Dramatiker und Theaterleute, allen voran Max Reinhardt, hingegen waren gerade damit beschäftigt, die Grenzen von Naturalismus und Realismus zu überwinden:
"... Ich glaube an ein Theater, das dem Schauspieler gehört. Es sollen nicht mehr, wie in den letzten Jahrzehnten, die rein literarischen Gesichtspunkte die alleinherrschenden sein." ¹⁷

Konsequenterweise experimentierte Max Reinhardt vor allem mit antiillusionistischen Einrichtungen, die die japanische Bühnenausstattung und -technik zu bieten hatten: 1905 verwendete er in seiner Berliner Inszenierung des *Sommernachtstraums* zum erstenmal die Drehbühne, die Karl Lautenschläger 1896 nach japanischem Vorbild ins Münchener Residenztheater hatte einbauen lassen. Im April 1910 arbeitete er bei der Uraufführung der Pantomime *Sumurun* von Friedrich Freksa sogar mit dem Hanamichi, dem aus dem Kabuki bekannten, durch das Parkett führenden Auftrittssteg, um den Rahmen der Guckkasten- bzw. Proszeniumsbühne sprengen zu können.

リードリッヒ・フレスカのパントマイム《ズムルン》の初演において、歌舞伎で知られる花道も導入している。花道は舞台から客席を貫いて後方に延びる登退場の通路で、これにより覗き箱舞台、プロセニアム舞台という西洋演劇の伝統の枠を破ろうとしたのであった。

「自然主義の第四の壁が取り払われたことで観客と俳優の間にある種の関係が可能となり、この関係は緊張感をはらみながら遠くなったり近くなったりと変化する」(18)

マックス・ダウテンダイ、ベルンハルト・ケラーマン、またリオン・フォイヒトヴァンガー（1884年生まれ、小説家、劇作家）といったインテリたちは多かれ少なかれ花道の導入に賛意を表明している(19)。一般的には、花道を最初に導入したのは画家でグラフィックデザイナーでもあったエミール・オルリク（1870年〜1932年）であったというのが通説である。オルリクは1905年よりラインハルトの舞台美術家だった(20)。オルリクは1900年4月から1901年2月まで日本でおもに版画を研究し、しばしば能や歌舞伎にもでかけた。日本から帰国して一年にならないうちにオルリクは歌舞伎座の舞台形態について以下のように報告している。

「観客席を貫いて、少し高めの位置に二本の通路(21)が設けられている。これが花の道・花道と呼ばれるものである。このいわゆる二つの拡張舞台を使って俳優たちは登退場するだけでなく、演技もする」(22)

しかしながら、カール・ヴァルザー（1877年〜1943年）が決定的なインパクトを与えたという可能性もある。彼もまた1905年からベルリンのラインハルトのもとで舞台美術・舞台装置家として働いていた。そして、1908年4月から9月までケラーマンとともに日本に旅行し、日本演劇についての知識を習得し、これを自らの芸術分野に応用したのであった(23)。

歌舞伎座
Kabuki-Theater

"Die umgeworfene vierte Wand des Naturalismus eröffnet zwischen Publikum und Schauspieler den Kontakt, der spannungsvoll zwischen Distanz und Nähe wechselt." [18]

Intellektuelle wie Max Dauthendey, Bernhard Kellermann und auch Lion Feuchtwanger hatten sich mehr oder weniger gleichzeitig für den Einsatz des Hanamichi ausgesprochen. [19] Man geht allgemein davon aus, daß die Anregung zur Verwendung des Hanamichi von dem Maler und Grafiker Emil Orlik (1870–1932) stammt, der ab 1905 für Reinhardt als Bühnenbildner arbeitete. [20] Orlik hatte von April 1900 bis Ende Februar 1901 in Japan vor allem die Holzschnittkunst studiert und auch häufig Vorstellungen des Nô und Kabuki besucht. Über die Bühnenform des Kabukiza-Theaters berichtet er weniger als ein Jahr nach seiner Rückkehr:

"Mitten durch den Zuschauerraum führen zwei erhöhte Stege [21] 'hana-michi' (Blumenwege) genannt. Auf diesen Ausläufern der Bühne, die sie um zwei Dimensionen erweitern, spielen die Schauspieler im Kommen und Abgehen." [22]

Ebensogut ist es jedoch möglich, daß Karl Walser (1877–1943) die entscheidenden Impulse gegeben hat, denn auch er arbeitete als Bühnenbildner und Ausstatter ab 1905 für Reinhardt in Berlin und hatte sich auf seiner Japanreise mit Kellermann von April bis September 1908 Kenntnisse des japanischen Theaters angeeignet und diese auch künstlerisch verarbeitet. [23]

Die Reaktionen auf die Innovationen waren geteilt. Die *Vossische Zeitung* z.B. kommentierte:

"Was der auf eine hohle Metapher des Prologs gebaute, in den Zuschauerraum hineingezimmerte Steg … bedeuten sollte, weiß ich nicht, es wäre denn, daß er ausdrücken wollte: wir sind heute vom rechten Pfade abgekommen und drängen auf einem Seitenweg ans Publikum heran." [24]

Während man also für Reformierungsversuche des europäischen Theaters – nicht selten in eklektizistisch-manieristischer Weise – von einzelnen Elemen-

この創意への反応は一様でなかった。たとえ
ば〈フォッシェ・ツァイトゥンク〉紙は以下
のようにコメントしている。

　「プロローグの空虚な隠喩に依っただけの、
観客席に押し込まれた通路、これが何を意味す
るのか、私には不明である。『我々は本道から
はずれてしまったので、今や横道から観客に迫
ろう』ということなら話は別だが」(24)

　ヨーロッパの演劇の改革のために、しばしば
折衷主義的でわざとらしいやり方で日本演劇の
個々の要素を取り入れている最中にあっても、
それまでにドイツ語に翻訳されたわずかな日本
の演劇作品がベルリンで注意を引く以上の成功
を収めるにはいたっていない。1908年、ヴォル
デマール・ルンゲが室内劇場（カマシュピーレ）
で《テラコヤ》という歌舞伎あるいは浄瑠璃に
端を発する作品を演出したが、作品のテーマは
侍の忠誠で、ヴォルフガンク・フォン＝ゲルスド

ten japanischer Herkunft Gebrauch machte, hatten
die wenigen japanischen Dramen, die inzwischen in
deutscher Übersetzung vorlagen, in Berlin kaum
mehr als Achtungserfolge zu verbuchen. 1908 inszenierte Woldemar Runge in den Kammerspielen *Terakoya*, ein dem Kabuki- bzw. Jôruri-Repertoire entstammendes Stück über die Vasallentreue der Samurai, das Wolfgang von Gersdorff[25] unter Verwendung
einer Übersetzung des Japanologen Karl Florenz[26] für
die deutsche Bühne bearbeitet hatte. Die Uraufführung (im folgenden "U") fand 1907 in Köln statt.
Das Bühnenbild von Ernst Stern zeigte eine zwar
"japanisierte" Ausstattung, die jedoch ganz den westlichen dramaturgischen Konventionen unterworfen
blieb. Ein ähnlich "japanisiertes" Bühnenbild entwarf Emil Orlik für das Rührstück *Niemand weiß es*
des Berliner Journalisten Theodor Wolf (1868–
1943). Es handelt von einem japanischen Maler, der,
um mit seiner Geliebten, einer Prinzessin, zusammenleben zu können, deren Mann, einen Fürsten,
mit dem Schwert ersticht (U: 5. Dezember 1908 in
den Kammerspielen).[27] Besonders eindrucksvoll war

エルンスト・シュテルンによる舞台案。ヴォルフガンク・フォン＝ゲルスドルフ作《竹田出雲の悲劇をベースとした劇〈テラコヤ〉》
（室内劇場、1908年）の寺子屋内の場面。

Inneres einer japanischen Schule, Szenenentwurf von Ernst Stern zu 'Die Dorfschule (Terakoya) nach der Tragödie
des Takeda Izumo' von Wolfgang von Gersdorff, Kammerspiele 1908

ルフ(25)が日本学者カール＝アドルフ・フローレンツ（1865年～1939年）(26)の翻訳をもとに、ドイツの舞台向けに脚本を書いた（1907年、ケルンで初演）。エルンスト・シュテルン（1876年～1954年、舞台美術・舞台装置家）の舞台美術は「日本風」の要素をふくんでいたものの、実はまったく西洋の演出の伝統に忠実なものであった。そのような「日本風な」舞台美術はエミール・オルリクもベルリンのジャーナリスト、テオドール・ヴォルフ（1868年～1943年）の作品で、お涙頂戴劇の《誰も知らない》で用いている。これは、日本人の画師が恋人の姫と一緒になるために、姫の夫である大名を刀で刺し殺す物語である（1908年12月5日、室内劇場で初演）(27)。ここで特に注目すべきは大名の衣装で、オルリクは歌舞伎作品『暫』のなかの有名な英雄、鎌倉権五郎景政の荒事様式をとりいれている。

これらがいくら「面白い」試みであったとしても、廻り舞台を除いては少なくとも表立って後世にまで残るような影響を及ぼしたわけではない。「日本的なもの」の本当の受容はむしろ、大変に微妙に進んでいった。例としてイングリット・シュースターは、会話劇のなかに再びパントマイムが取り入れられるようになったことを指摘しているが(28)、これは正当な見方であろう。なかでもホフマンスタールにおいては、貞奴の公演がきっかけとなったと思われる(29)。ラインハルトの演出するドイツ劇場で、観客席のなかに舞台を延長させることにより自然主義の「第四の壁」が克服された際には、ラインハルトの能についての知識が一役買ったことであろう。舞踊とジェスチュアが相互に影響を及ぼしあうことも、無視できない。また、日本がベルリンの演劇界に与えた影響を測る上で重要なのは、当時東アジア各国の区別がなされていなかった、という事実である。「日本のものを優れたものと

das Kostüm des Fürsten, das Orlik wohl dem Aragoto-Stil des Kamakura Gongorô Kagemasa, einer berühmten Heldenrolle aus dem Kabuki-Stück *Shibaraku*, nachempfunden hatte.

So "interessant" diese Experimente auch für die damalige Zeit gewesen sein dürften, eine nachhaltige Wirkung hatten sie – abgesehen von der Drehbühne – zumindest vordergründig nicht. Die Umsetzung des "Japanischen" geschah vielmehr auf eine sehr subtile Weise: Ingrid Schuster weist z.B. mit Recht auf die Wiedereinführung der Pantomime ins Sprechtheater hin,[28] die Hofmannsthal u.a. auf den Stimulus des Sada-Yakko-Gastspiel zurückführt.[29] Bei der Überwindung der "vierten Wand" des Naturalismus durch das Hineinragenlassen der Bühne in den Zuschauerraum in Reinhardts Deutschem Theater wird dessen Kenntnis der Nô-Bühne eine Rolle gespielt haben. Auch die gegenseitigen Beeinflussungen auf den Gebieten Tanz und Gestik dürfen nicht außer acht gelassen werden. Wichtig für die Bewertung japanischer Einflüsse im Gesamtzusammenhang der Berliner Theaterlandschaft ist allerdings die oft mangelnde Differenzierung der Länder Ostasiens: Zwar haben wir es eindeutig mit einer "Voreingenommenheit für das Japanische und gegen das chinesische Theater"[30] zu tun, Hofmannsthal, Klabund[31] und auch andere Autoren gingen jedoch mit thematischen und formalen Versatzstücken beider Kulturkreise recht frei um, so daß eine eindeutige Unterscheidung nicht immer möglich ist bzw. als sinnvoll erscheint.

Die Rolle Berlins im japanischen Theater des frühen 20. Jahrhunderts

Eine herausgehobene, d.h. vom europäischen, russischen und amerikanischen Kontext isolierte Betrachtung des deutschen, zumal des Berliner Einflusses auf das japanische Theater stößt allein schon aus methodischen Erwägungen auf Schwierigkeiten. Des weiteren würde der vielschichtige Charakter des Mediums Theater sowohl thematische, motivische, dramaturgische als auch gestalterische Überlegungen erfordern. Eine derartig umfassende transkulturatorische Analyse ist jedoch in einem Überblick nicht zu leisten. Deshalb werden hier nur die wichtigsten Stationen und Personen der Berlin-Tôkyôter Theaterbeziehungen betrachtet.

見なし、中国の演劇には余り感心しない先入観に満ちた傾向」[30]も確かに在ったが、ホフマンスタールやクラブント[31]等は主題上、形式上の舞台設定に関しても、日本と中国の間をきわめて自由に行ったり来たりするのである。それゆえに、当時の状況について日本的なるものと中国的なるものをはっきりと区別することは必ずしも可能ではないし、意味あることとも思われない。

ベルリンが20世紀初頭の日本演劇に与えた影響

　ベルリンが日本演劇に与えた影響を、欧米やロシアとの関係から切り離して独自のものとして扱うのは、方法論的見地からも困難である。また、多面性をもった情報媒体である演劇について考える場合、主題、題材、作劇技法、また形式にも視点を当てなければならない。このような要求を満たすべき多文化に及ぶ包括的分析は、概要として提示できる類のものではない。したがって、ここではベルリンと東京の演劇界の関係におけるおもな出来事と人物に限定して考察する。

　1880年にはすでに『瑞西独立自由の弓弦』という題名で、シラー作のヴィルヘルム・テルが斎藤鉄太郎と楽増吉の共訳で出版された。予定されていた全20冊の分冊のうち、1冊目のみが出版されたようである[32]。1888年には福地桜痴（1841年〜1906年）[33]が《マリア・スチュアート》の抜粋翻訳『春雪瑪利御最後』を発表。戯曲としてはレッシングの《エミーリア・ガロッティ》（1889年から『戯曲折薔薇』の題名で森鷗外漁史、三木竹二の共訳[34]）が続き、シラーの『オルレアンの乙女』（1893年に内田魯庵が翻訳）、ゲーテの『ファウスト』（1897年に大野酒竹が初訳、よく知られているのは森鷗外の翻訳）[35]が発表された。1905年3月1日になって初めてヴィルヘルム・テルが明治座で歌舞伎形式で上演された。このときの題名は『瑞西義民

日本人が演じるファウストとグレートヒェン
Japaner spielen Deutsche,
Faust und Gretchen

Bereits 1880 erschien unter dem Titel *Suisu dokuritsu jiyû no yumizuri* (Bogensehne für die Freiheit der Schweiz) eine Übersetzung von Schillers *Wilhelm Tell* von Saitô Tetsutarô und Izumu Masakichi. Von den angekündigten zwanzig Lieferungen wurde jedoch offensichtlich nur die erste veröffentlicht.[32] 1888 brachte Fukuchi Ôchi (1841–1906)[33] eine Teilübersetzung der *Maria Stuart* heraus. Als Lesedramen folgten Lessings *Emilia Galotti* (ab 1889 in Fortsetzungen übersetzt von Mori Ôgai[34] unter dem Titel *Oribara* = Die gebrochene Rose), Schillers *Jungfrau von Orleans* (1893 übersetzt von Uchida Roan) und Goethes *Faust* (1897 erstmals übersetzt von Ôno Shachiku; berühmter ist allerdings die Übersetzung von Mori Ôgai)[35]. Erst am 1. März 1905 wurde eine im Stil des Kabuki inszenierte Version des *Wilhelm Tell* im Meijiza-Theater unter dem Titel *Suisu gimin den* (Geschichte der getreuen Schweizer) als erstes "deutsches" Drama aufgeführt.[36]

Diese Inszenierung fiel in eine Periode heftiger Diskussionen und des Ringens um die Erneuerung des japanischen Theaters. Proponenten dieses Streits waren vor allem Tsubouchi Shôyô (1859–1935)[37] und –

有楽座（1935年竣工）
Yûraku-Theater, erbaut 1935

伝』（巌谷小波訳）となっているが、「ドイツ」
演劇初演、と謳われたのであった(36)。

　この上演は、丁度日本の演劇界で演劇改良に
関する論争や試みが盛んであった頃におこなわ
れた。改良派の先頭に立ったのは坪内逍遥
（1859年～1935年）(37)、特にドイツの側からみて
も重用視されるべき森鷗外、島村抱月（1871年～
1918年）(38)、三木竹二（1867年～1908年）(39)、
小山内薫（1881年～1928年）(40)、そして後に
は土方興志（1898年～1959年）(41)や村山知義
（1901年～1977年）(42)らであった。しかし、
ドイツ自然主義の作品が日本演劇界に登場した
のは、有楽座が開設されて間もなくだった(43)。小
山内と市川左団次の創設した自由劇場は、最初
ゲアハルト・ハウプトマンの『日の出前』（森鷗
外訳）をこけら落としにしようと計画していた
が、検閲にとおらないことを恐れて結局イプセ

wichtig aus deutscher Sicht – Mori Ôgai, Shimamura Hôgetsu (1871–1918) [38], Miki Takeji (1867– 1908) [39], Osanai Kaoru (1881–1928) [40], später Hijikata Yoshi (1898–1959) [41] und Murayama Tomoyoshi (1901–1977) [42]. Der Durchbruch des deutschen Naturalismus im japanischen Theater kam jedoch kurz nach der Eröffnung des Yûrakuza-Theaters [43]: Die von Osanai und Ichikawa Sadanji gegründete Truppe Jiyû Gekijô (Theater der Freiheit) hatte als erste Produktion Gerhard Hauptmanns *Vor Sonnenaufgang* geplant, sich aus Sorge vor der Zensur dann aber für Ibsens *John Gabriel Borkmann* entschieden (Japanische Erstaufführung: November 1909, im folgenden "JE"). Bereits ein Jahr zuvor hatte die Tôkyô Haiyû Gakkô (Schauspielschule Tôkyô) *Sturmglokken* von Georg Engel eingeübt, das somit als erstes zeitgenössisches deutsches Drama bezeichnet werden kann, das je in Japan aufgeführt wurde. [44] Dann allerdings ging es Schlag auf Schlag: 1910 wird *Die tiefe Natur* von Hermann Bahr gezeigt, 1911 Hofmannsthals *Der Tor und der Tod*, Hauptmanns *Elga* und

ゲオルク・カイザー作『朝から夜中まで』、村山知義による舞台装置（全景、1924年）
Bühnenbild von Murayama zu Georg Kaisers Stück 'Von Morgen bis Mitternacht' (1924)

ンの『ジョン＝ガブリエル・ボルクマン』（森鷗外訳）に差し替えた（1909年11月）。それより一年前には東京俳優学校がゲオルク・エンゲル作の『革命の鐘』（吉田白甲訳）を取り上げており、これが当時のドイツの現代劇の作品初の上演といえる(44)。その後は目白押しで1910年にはヘルマン・バールの『奥底』（森鷗外訳）が、1911年にはホフマンスタールの『痴人と死』（森鷗外訳）、ハウプトマンの『僧房の夢』（森鷗外訳）および『寂しき人々』（森鷗外訳）、1912年にはシュニッツラーの『猛者』（森鷗外訳）、ズーダーマンの『故郷』（島村抱月訳）、ヴィルヘルム・シュミットボンの『ディオゲネスの誘惑』（森鷗外訳）および『街の子』（森鷗外訳）、エドアルト・シュトッケンの『飛行機』（森鷗外訳）、リルケの『家常茶飯』（森鷗外訳）が上演された。1913年になるとヴィルヘルム・マイヤー＝フェルスターの『思い出』（松居松葉訳）、ゲーテの『ファウスト』が森鷗外翻訳版により帝国劇場で、その後ホフマンスタールの『エレクトラ』（松居松葉訳）およびW・フォン＝ショルツの『負けたる人』（森鷗外訳）がプログラムに上っている。1914年にはシュニッツラーの『恋愛三昧』（森鷗外訳）、ハウプトマンの『ハネレの昇天』（森鷗外訳）および『平和祭』（秦豊吉訳）、ズーダーマンの『テエヤア王』（小山内薫訳）、ヴェーデキントの『死人の踊』（訳者不詳）、シラーの『オルレアンの少女』（花園兼定脚色）、ハウプトマンの『取者ヘンシェル』（秦豊吉訳）等が日本で初演された。日本とドイツが敵対関係にあった第一次世界大戦中でさえ、ドイツ語圏作家の手になる作品は上演され続けた。例として挙げられるのはシュニッツラーの『輪舞』（秦豊吉訳）と『アナトオル』（秦豊吉訳）、O・エルンストの『村夫子』（巖谷小波訳）、シュミットボンの『若きアキレス』（池田大伍訳）、ヘッベルの『マリア・マグダレエネ』（訳者不詳）、ショルツの

ゲオルク・カイザー作『朝から夜中まで』、村山知義の舞台装置（1924年）
Bühnenbild von Murayama zu Georg Kaisers Stück 'Von Morgen bis Mitternacht' (1924)

Die einsamen Menschen, 1912 Schnitzlers *Der tapfere Cassian*, Sudermanns *Heimat*, *Die Versuchung des Diogenes* und *Mutter Landstraße* von Wilhelm Schmidtbonn, *Myrrha* von Eduard Stucken und Rilkes *Das tägliche Leben*. 1913 stehen *Alt-Heidelberg* von Wilhelm Meyer-Förster, Goethes *Faust* in der Übersetzung von Mori Ôgai im Teikoku Gekijô (Imperial Theatre), später Hofmannsthals *Elektra* und *Der Besiegte* von W. v. Scholz auf dem Programm. 1914 werden Schnitzlers *Liebelei*, Hauptmanns *Hanneles Himmelfahrt* und *Ein Friedensfest*, Sudermanns *Teja*, Wedekinds *Tod und Teufel*, Schillers *Die Jungfrau von Orleans* und Hauptmanns *Fuhrmann Henschel* in Japan erstmalig aufgeführt. Sogar während des 1. Weltkrieges, in dem sich Japan und Deutschland feindlich gegenüberstehen, finden sich Dramen deutschsprachiger Autoren wie Schnitzlers *Reigen* und *Anatol*, *Flachsmann als Erzieher* von O. Ernst, Schmidtbonns *Der Tod des Achilles*, Hebbels *Maria Magdalene*, Scholz' *Vertauschte Seelen* und Hauptmanns *Die versunkene Glocke* auf dem Programmen von Teikoku Gekijô bzw. Yûrakuza.

Die Gründung des Tsukiji Shôgekijô (Kammertheater Tsukiji) [45] wird allgemein als das wichtigste Ereignis für die Entwicklung der modernen Bühnenkunst in Japan erachtet, bot es doch bis zu den Eingriffen durch die Zensurbehörden 1940 über 20 verschiedenen Theatergruppen, darunter auch mißliebigen "linken" bzw. proletarischen Ensembles, eine künstlerische Heimstatt. Am Kammertheater Tsukiji

『魂の入れかへ』（山本有三翻案）、ハウプトマンの『沈鐘』（楠山正雄訳）などで、帝国劇場や有楽座のプログラムに上った。

　一般に築地小劇場の創設[45]は、日本の現代舞台芸術の発展に最も重要な影響を及ぼした出来事とされている。1940年に当局の介入を受けるまで、ここでは20以上の劇団が公演をおこなった。厭われた「左翼の」、あるいはプロレタリアの劇団も上演することができた。小山内と土方が中心となった築地小劇場では、ベルリンで見たものや学んだものが生かされた。こけら落としにはラインハルト・ゲーリングの『海戦』（伊藤武雄訳）などを上演。同年にはすでにゲオルク・ヒルシュフェルト、ゲオルク・カイザー、アルトゥール・シュニッツラー、ヴィルヘルム・マイヤー＝フェルスターなどの作品がプログラムにならべられていた。これらの事実を位置づけるための分析はまだ待たれるところであるが、日独間のある種の相互性は認められよう。すなわち、ベルリンの主要な芸術家らは異国的なものと、日本から感じ取られるイマジネーションを現実のことと考え、それらを用いて自然主義および写実主義を克服しようと努力し、日本のアバンギャルドの一部は、あまりにも重くのしかかる形式の伝統に、言ってみればアンチテーゼ的に対峙すべく、ドイツの表現主義、ネオ・ロマン派、また写実主義の影響を受けたのである。

二つの大戦の間および枢軸同盟時代の映画におけるベルリンと東京

　日本で初めて上映されたドイツ映画は、おそらくロベルト・ヴィーネ監督の『カリガリ博士』（1919年、1921年日本初上映）であろう。フリードリッヒ＝ヴィルヘルム・ムルナウ監督の『最後の人』（1924年、1926年日本初上映）も大きな成功を収めた[46]。日本の映画界は、初期の

築地小劇場

Kammertheater Tsukiji

wirkten vor allem Osanai und Hijikata, die sich von dem in Berlin Gesehenen und Erlernten inspirieren ließen. Bei der Eröffnungsvorstellung wurde unter anderem Reinhard Goerings *Seeschlacht* gegeben. Noch im selben Jahr standen unter anderem Dramen von Georg Hirschfeld, Georg Kaiser, Arthur Schnitzler und Wilhelm Meyer-Förster auf dem Spielplan. Eine wertende Analyse steht noch aus, jedoch läßt sich bereits hier eine gewisse Reziprozität ausmachen: Während führende Berliner Künstler Exotismus und als real erachtete Imagination von Japan dazu nutzten, Naturalismus und Realismus zu überwinden, ließen sich Teile der japanischen Avantgarde vom deutschen Expressionismus, der Neoromantik oder dem Realismus beeinflussen, um der übermächtigen Tradition des Formalen quasi antithetisch gegenübertreten zu können.

Berlin und Tôkyô im Film der Zwischenkriegs- und Achsenzeit

Der erste in Japan aufgeführte deutsche Film ist wohl *Das Kabinett des Dr. Caligari* von Robert Wiene (U: 1919, JE: 1921). Einen großen Erfolg erzielte auch *Der letzte Mann* von F.W. Murnau (U: 1924, JE: 1926).[46] Zwar orientierte sich Japan in der Frühphase des Kinos hauptsächlich an den USA, deutscher Einfluß ist aber nicht völlig von der Hand zu weisen, denn zumindest in der Frühzeit lassen sich Film und Theater nicht trennen. Die große Filmproduktionsfirma Shô-chiku z.B. stellte schon bald nach ihrer Gründung den vom Theater bekannten Osanai Kaoru als künstlerischen Leiter ein. Über den Umweg des Shingeki sind ästhetische Einflüsse aus Deutschland also durchaus nachweisbar. Der große Durchbruch gelang

ころはおもにアメリカに倣っていたが、ドイツの影響も皆無であったとは言えない。というのも、初期のころの映画は演劇とは切りはなせない関係にあったからである。たとえば、大きな映画製作会社である松竹は、設立して間もない頃に演劇界で名高い小山内薫を芸術監督として迎えた。したがって新劇という回り道を経ながらも、初期の日本映画にドイツの美学的影響がはっきりと認められるのである。しかしながら、ドイツの映画が大きく登場してくるのは、1930年代を待たねばならなかった⁽⁴⁷⁾。

ドイツにおける日本映画の受容も、簡単に進んだ訳ではない。ベルリンで上映されたアメリカ映画をとおして早川雪舟（1891年〜1973年）のような俳優は知られていた。しかし、初めて日本の映画が上映されたのは、1929年になってからのことである。ノレンドルフ劇場のモーツァルト・ザール（後のウーファ・パビリオン）で衣笠貞之助（1896年〜1982年）の作品『十字路』（1928年）⁽⁴⁸⁾が初上映された。衣笠は若いころからドイツの表現主義に共鳴しており、1929年には自分の新作の配給会社を見つけるためわざわざベルリンを訪れたのだった。これを助けたのは伊藤圀夫という人物である。伊藤については後に述べたい。伊藤は衣笠をエルヴィン・ピスカートル（1893年生まれ、演出家）に紹介したが、ピスカートルは衣笠の作品を「劇的すぎる」として拒絶した⁽⁴⁹⁾。反してグスタフ・フォン＝ヴァンゲンハイムはこの作品を推薦したが、エキゾチックな響きのドイツ語タイトル《吉原の陰で》を与えてしまったのもヴァンゲンハイムであった。

ドイツと日本の映画の交流は1930年頃になってようやく盛んになる。もちろん、ベルリンと東京がその中心に立ったことはいうまでもない。1928年には川喜多長政（1903年〜1981年）が東京で東和商事、後の東和映画株式会社を設

dem deutschen Film jedoch erst in den 30er Jahren.[47] Auch die Rezeption des japanischen Films in Deutschland verlief nicht ohne Schwierigkeiten. Zwar kannte man etwa den Schauspieler Hayakawa Sesshû (1889–1973) aus in Berlin laufenden amerikanischen Filmen. Erst 1929 wurde jedoch im Mozartsaal des Nollendorf-Theaters (dem späteren Ufa-Pavillion) der erste japanische Film, *Im Schatten des Yoshiwara*,[48] von Kinugasa Teinosuke (1896–1982) uraufgeführt. Kinugasa, der dem deutschen Expressionismus seit seiner Jugend nahegestanden hatte, war 1929 extra nach Berlin gereist, um für seinen neuen Film einen Verleih zu finden. Dabei versicherte er sich der Hilfe eines gewissen Itô Kunio, von dem weiter unten noch die Rede sein wird. Itô machte Kinugasa u.a. mit Erwin Piscator bekannt, der den Film jedoch als zu "theatralisch" ablehnte.[49] Gustav von Wangenheim hingegen empfahl den Film, "verpaßte" ihm allerdings den exotistischen deutschen Titel.

Der deutsch-japanische Filmaustausch kam erst um 1930 richtig in Gang. Wie nicht anders zu erwarten, standen Berlin und Tôkyô dabei im Mittelpunkt. 1928 hatte Kawakita Nagamasa (1903–1981) in Tôkyô den Filmverleih Tôwa gegründet. Da er in den frühen 20er Jahren als Austauschschüler Deutsch gelernt hatte, wollte die Ufa über ihn auf dem japanischen Markt Fuß fassen. Ein entsprechender Vertrag kam 1929 zustande. 1930 lief mit großem Erfolg *Geheimnisse des Orients*, *Asphalt* wurde von der einflußreichen Zeitschrift *Kinema Junpô* gar zum besten Film des Jahres gekürt. 1933 kam *Mädchen in Uni-*

『十字路』（衣笠貞之助監督、1928年）上映館（1929年）

Spielstätte von 'Im Schatten des Yoshiwara', 1929

立した。川喜多が 1920 年代初めに交換学生とし
てドイツ語を学んだという関係から、ウーファ
社（Ｕｆａ）は川喜多をつうじて日本の映画市
場に地歩を築きたいと願い、1929 年に両者は契
約を交した。1930 年には『東洋の秘密』（1928
年）が大成功を収め、『アスファルト』（1928 年）
にいたっては、広く知られる映画雑誌「キネマ
旬報」でその年最高の作品に選ばれた。1933 年
には『制服の処女』が日本で上映され、1934 年
は『『狂乱のモンテカルロ』や『会議は踊る』（3
本とも 1931 年——編者注）のようなドイツのレビ
ュー映画が全盛期の年だった」(50)。

　この間川喜多夫妻はトビス社とも契約を結ん
だが、最大の成功はドイツ人監督アーノルト・
ファンク（1889 年〜1974 年）を日独合作映画に
採用し得たことだろう(51)。1936 年、東和社がフ
ァンクを招いたのは「ヨーロッパやアメリカで
も理解されるような映画を作るためであった。
彼ら（日本の製作者たち——筆者注）は、日本
映画のテーマが外国では正しく理解されないこと
を知っていたからである。それでも、映画そのも
のは極めて日本的でなければならない」(52)。ファ
ンクは自伝のなかで、ドイツ帝国プロパガンダ
省からは大した協力を得られなかったと記し、
プロパガンダ大臣のゲッベルス（帝国映画協会
はその傘下にあった）にいたっては、ファンク
の日本行の旅費のために外貨を調達することも
拒否した、と述べている。しかし、その後の日
本放送協会（ＮＨＫ）の調査により、プロパガン
ダ省が、その頃独日協会の事務局長を務めていた
フリードリッヒ・ハック博士宛に、当時の 10 万
マルクを用意したことが分かっている(53)。さらに
ファンクは、私家版としてのみ発表された映画
評論集のなかで、ゲッベルスが「多額の帝国補
助金を用意してくれた」(54)ことに感謝の意を表明
している。ともあれ日本で製作した映画の内容
は、ドイツ留学から帰る途上のテルオが、ドイ

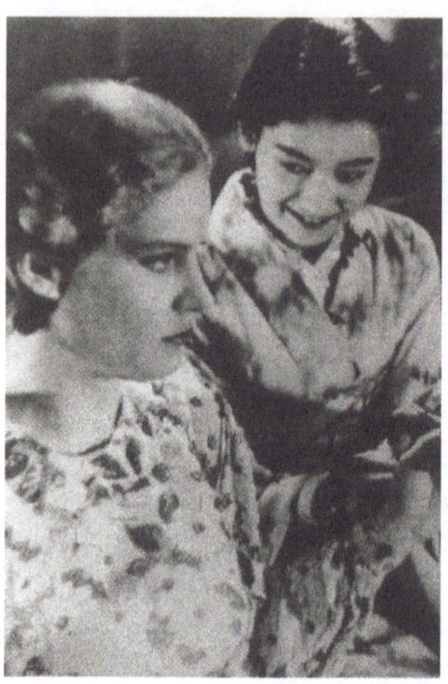

《侍の娘》（アーノルト・ファンク監督、1937 年）のルース・エーヴェ
ルスと原節子
Ruth Ewers und Hara Setsuko in Arnold Fancks Film 'Die Tochter
des Samurai'

form in die japanischen Kinos, 1934 "war ... gleichbedeutend mit deutschen Revuefilmen ... wie 'Bomben auf Monte Carlo' und 'Der Kongreß tanzt' ".[50]
Den größten Coup landete das Ehepaar Kawakita, das inzwischen auch einen Vertrag mit der Tobis geschlossen hatte, jedoch mit der Engagierung des deutschen Filmregisseurs Arnold Fanck (1889–1974) für eine deutsch-japanische Co-Produktion.[51] 1936 holte die Tôwa Fanck nach Japan, "um einen Film zu schreiben, der auch in Europa und Amerika verstanden werden könnte, denn sie (die japanischen Produzenten, A.d.V.) wüßten wohl, daß die japanischen Filmthemen im Ausland unverständlich seien. Aber der Film müsse dennoch in allem recht japanisch sein."[52] Fanck schreibt in seiner Autobiographie auch von der mangelnden Kooperationsbereitschaft des Reichspropagandaministeriums: Goebbels – als oberster Dienstherr der Reichsfilmkammer – habe sogar die Zurverfügungstellung von Devisen für die Reise abgelehnt. Inzwischen fanden Rechercheure der japanischen Fernsehgesellschaft NHK jedoch heraus, daß

ツ人女性に恋をするという感傷的な物語である。テルオは養子に入った家の娘ミツコと婚約しており良心の呵責に悩むことになる。テルオの情事を知ったミツコは、噴火口に身を投げようとする。昔の恩師に「正気に戻るように」説き伏せられたテルオは、最後の瞬間にミツコを救うのであった。テルオ役は当時の人気俳優小杉勇が演じ、早川雪舟も出演していた。しかし、この映画最大の掘り出し物は、ミツコを演じた当時16才の原節子に違いない。原は、後に日本映画のスターとして、世界的名声を得るようになる。

　ファンクは、日本人の共同監督を得ることに固執した。しかし、伊丹万作（1900年〜1946年）は、しばしばファンクのコンセプトから逸脱して撮影を独行した。それが原因で軋轢が生じたが、1937年2月3日の日本における初上映で伊丹版が上映されたために争いへと発展した。ファンクによれば(55)、その批評があまりに悪かったために一週間後にはファンク版が配給され、成功を収めた、ということである。二つの版がどれほど異なったイデオロギーに支えられたものであったかは、それぞれの題名からも一目瞭然である。ファンクの選んだ題名は《侍の娘》、

das Propagandaministerium 100.000 Reichsmark an Dr. Friedrich Hack, den damaligen Geschäftsführer der Deutsch-Japanischen Gesellschaft gezahlt hatte.[53] Zudem dankt Fanck in seiner allerdings nur als Privatdruck herausgegebenen Sammlung der Filmkritiken Goebbels ausdrücklich für den "großzügigen Reichszuschuß".[54] Der Film *Die Tochter des Samurai* erzählt die rührselige Geschichte von Teruo, der sich während der Rückfahrt von Deutschland, wo er studiert hatte, in eine Deutsche verliebt. Dadurch kommt es zu einem Loyalitätskonflikt, denn Teruo ist mit Mitsuko, der Tochter seines Adoptivvaters verlobt. Als Mitsuko von Teruos Liaison erfährt, beschließt sie, sich in einen Krater zu stürzen. Im letzten Moment gelingt es Teruo, der nach einer Unterredung mit seinem alten Lehrer "zur Besinnung" gelangt ist, Mitsuko vor dem Tod zu bewahren. Teruo wurde von dem bereits damals in Japan sehr populären Kosugi Isamu gespielt; auch Hayakawa Sesshû übernahm eine Rolle. Die Entdeckung des Films war aber zweifellos die Darstellerin der Mitsuko, die damals erst sechzehnjährige Hara Setsuko, die später als der Star des japanischen Kinos schlechthin Weltruhm erlangen sollte.

Fanck hatte auf einem japanischen Co-Regisseur bestanden. Itami Mansaku (1900–1946) drehte jedoch viele Szenen anders, als sie von Fanck konzipiert worden waren. Darüber kam es zum Streit, zumal bei der japanischen Uraufführung am 3. Februar 1937

《侍の娘》（アーノルト・ファンク監督、1937年）ベルリン封切の際のゲッベルス、武者小路公共、ルース・エーヴェルスと原節子（1937年3月）
Goebbels, Mushanokôji, Ruth Ewers und Hara Setsuko, anläßlich der Berliner Uraufführung 'Tochter des Samurai', März 1937

《侍の娘》（アーノルト・ファンク監督、1937年）上映の際のゲッベルスと武者小路公共、映画館マルモアパラストにて
Goebbels und Mushanokôji im Marmorpalast anläßlich 'Tochter des Samurai'

伊丹の題名は『新しき土』であった。映画の結末は、テルオとミツコが満州で新しい「幸運」を求めるというもので、当時の政治的情勢に見事に基調を合わせていたから、伊丹の題名の方が適当であったと思われる。テルオは現代的なトラクターで土を耕し、ミツコは畑に座って生まれたばかりの赤ん坊をあやすといったのどかな田園風景の傍らで銃剣武装した兵隊が見張りに立っている。ドイツでは1937年3月23日にベルリンの映画館カピトールで初上映され、ファンクが主演女優の原節子をドイツに招いたことも手伝って、大成功を収めた。

　《侍の娘》を撮影するにあたり、ファンクのチーフカメラマンであったリヒャルト・アンクストは逆光撮影を初め数多くの新技術を導入した。ロケーション撮影技術も、彼によって大幅に改良された(56)。このためアンクストは1937年6月、再び日本に招聘された(57)。二回目の日本滞在中には野村浩将（1905年〜1979年）監督のもとで『国民の誓い』（ドイツ題《聖なる目標》）という日独合作に携わっている。この映画はスキーヤーを扱ったもので（ゼップ・リストというドイツ人スキー教師が日本の女子アルペンスキーのトレーニングをする）、1940年に予定されていた札幌冬季オリンピック宣伝活動の一環であった(58)。ここでもナチスのプロパガンダは、この映画を自らの血と土のイデオロギーのために利用しようとした。「日本人の民族性という背景が、この映画に、土にしっかりと根差した表現力を与えたのである」(59)

　日中戦争の勃発で、日本政府は1937年9月22日、外国映画の輸入を厳しく制限することを決定した。いくつか予定されていた外国との合作映画は、実現されなかったようである(60)。代わって、日本人の興味はまず週間ニュースに移った。ドイツ映画も数少なく、レニ・リーフェンシュタール監督による二本のオリンピッ

《侍の娘》（アーノルト・ファンク監督、1937年）の原節子
Hara Setsuko in 'Die Tochter des Samurai'

tatsächlich die Version Itamis gezeigt wurde. Laut Fanck[55] waren die Kritiken jedoch so schlecht, daß eine Woche später seine Fassung – erfolgreich – in die japanischen Kinos kam. Die unterschiedlichen Ideologien, die mit den beiden Versionen verfolgt wurden, kommen bereits in der Wahl der Titel zum Ausdruck: Fanck nannte seinen Film *Die Tochter des Samurai*, Itamis Version hieß *Atarashiki tsuchi* (Neue Erde). Dieser Titel paßte gut, denn mit der allerletzten Sequenz fügte sich der Film nahtlos in die aktuelle politische Landschaft ein: Sein "Glück" findet unser Paar nämlich in Mandschukuo. Teruo pflügt mit einem modernen Schlepper die Scholle, während Mitsuko auf dem Feld sitzend ihr neugeborenes Baby wiegt. Bewacht wird diese Idylle von einem Soldaten mit aufgepflanztem Bajonett ... Die deutsche Premiere im Berliner Capitol am 23. März 1937 war ein großer Erfolg, zumal Fanck seine Hauptdarstellerin Hara Setsuko nach Deutschland eingeladen hatte.

ク映画『民族の祭典』と『美の祭典』（1936年）、そして『ブルク劇場』（1936年、1939年日本初上映）と『早春』（1936年、1939年日本初上映）やエミール・ヤニングス（1884年〜1950年、俳優）演ずる『世界に告ぐ』（1941年、1943年日本初上映）を初め数本の映画が日本の映画館で上映されるにとどまった(61)。

　《侍の娘》がドイツでは大成功だったとはいえ、日本映画への興味を大きく刺激する結果に結び付くことはなかった。しかし枢軸同盟が締結され、「東洋のプロシア」の「ゲルマン魂」との結束の固さを政治面のみならず文化面でも強調することが必要となるにいたって、日本の作品はドイツの映画館で再び脚光を浴び始めた。もっともそれは日本の劇映画ではなく、もっぱら詳しい週間ニュースや、プロパガンダ目的で作られたドキュメンタリー映画であった(62)。特に挙げておきたい作品には《陽の昇る国日本》（1942年）と『南海の花束』（1942年）がある。前者は日本の映画資料を用いてドイツで製作されたドキュメンタリー映画で、今日に及んでもまだ生き続ける先入観をそのまま映画にしようと目論んだようなものであった(63)。後者は「日本軍飛行士の闘志に関する日本の一大作品」(64)で、ドイツ初上映の際、ゲッベルスおよび大島大使が臨席した事実が、プロパガンダとしてのこの映画の価値を如実に示している。少なくともドイツにおいて映画というメディアは、国内外における心理戦の重要な道具として使われた。ドイツ軍が最初の敗北を喫した頃、同盟国の成功を映画をつうじて強調することは、とりわけ重要であった(65)。「1943年に東京で開催された日独文化委員会におけるドイツ側の苦情リストには、日本の映画館にドイツの映画が充分に普及していないという批判が挙げられている」(66)

Der Chefkameramann des Fanck'schen Teams, Richard Angst, hatte beim Drehen von *Die Tochter des Samurai* zahlreiche Neuerungen, zum Beispiel Gegenlichtaufnahmen, eingeführt. Auch die Technik der Außenaufnahmen erfuhr durch ihn eine wesentliche Verbesserung.[56] Angst wurde deshalb im Juni 1937 erneut nach Japan verpflichtet.[57] Während dieses zweiten Japanaufenthaltes begannen unter der Regie von Nomura Kôshô (auch Nomura Hiromasa) (1905–1979) die Dreharbeiten zu *Das heilige Ziel* (japanischer Titel *Kokumin no chikai* = Der Schwur unseres Volkes), einer weiteren deutsch-japanischen Co-Produktion. Der Film spielt im Skifahrermilieu – ein deutscher Skilehrer (Sepp Rist) trainiert japanische Abfahrtsläufer – und war als Werbung für die für 1940 in Sapporo geplante Winterolympiade vorgesehen.[58] Auch hier versuchte die Nazi-Propaganda, den Film für die Blut- und Bodenideologie nutzbar zu machen: "Der Hintergrund des japanischen Volkstums verleiht dem Film einen bodenständigen Ausdruck."[59]

Der Beginn des japanisch-chinesischen Krieges veranlaßte die japanische Regierung am 22. September 1937, die Einfuhr ausländischer Filme stark zu drosseln. Weitere bereits ins Auge gefaßte Gemeinschaftsproduktionen wurden offensichtlich nicht mehr realisiert.[60] Statt dessen verlagerte sich das japanische Interesse zunächst auf Wochenschauen. Nur noch wenige deutsche Filme, darunter *Fest der Völker* und *Fest der Schönheit*, die beiden Olympiade-Filme von Leni Riefenstahl, *Burgtheater, Das Mädchen Irene* (beide 1939) sowie *Ohm Krüger* (JE: 1943) mit Emil Jannings kamen in die japanischen Kinos.[61] *Die Tochter des Samurai* wurde zwar zu einem großen Erfolg, der jedoch das Interesse am japanischen Film in Deutschland nicht wesentlich zu stimulieren vermochte. Erst als man unter der Fiktion der Achsenmächte neben der politischen auch die kulturelle Verbundenheit Japans, dem "Preußen des Fernen Ostens", mit der "germanischen Seele" herausstellen mußte, wurde Japan in den deutschen Kinos wieder stärker präsent, allerdings kaum mit Spielfilmen, sondern durch ausführliche Wochenschauberichte und Propagandazwecken dienende Dokumentarfilme.[62] Besonders hervorzuheben sind hier *Nippon, das Land der aufgehenden Sonne* (U: 1942), ein in

ワイマール共和国ならびにナチ時代のベルリンの舞台における日本

　ワイマール共和国時代、ナチ時代をつうじてベルリンと日本演劇界には、さまざまなレベルの交流が見られた。日本演劇をベルリンに持ち込もうという真剣な努力もあった。日本の、あるいは日本的なものと考えられていた題材がベルリンの舞台で取り上げられる回数も増した。日本を代表する演劇人がベルリンに留学し、特にエルヴィン・ピスカートルやグスタフ・フォン＝ヴァンゲンハイムを中心とするアバンギャルド芸術を知るにいたった。ベルトルト・ブレヒトが日本演劇の観点について研究したのも丁度この時期にあたる。また、ベルリンが当時の日本の現代舞踊に与えた影響も測り知れない。

　日本の研究者らによれば、第一次世界大戦初期に日本演劇に対するドイツの興味が薄れたのは、ドイツで排外的気運が高まったことに由来し、その後改めて関心が高まったのは、異国的なものへの憧憬に由来する(67)。ハンス・バッハヴィッツの《吉原》（1923年初演）や、クラブントの『桜の宴』などの1920年代の戯曲においてヨーロッパは、前者では暴力を暗示し、後者ではあでやかな桜の花と蝶々をモチーフとしつつ、極東に対する夢を徹底的にむさぼり見ていたといえよう(68)。

　この「夢」を少なくとも舞台の上で実現する機会を、ベルリンは早いうちに得ていた。1928年8月1日から28日まで、二代目市川左団次（1880年〜1940年）がモスクワとレニングラードで歌舞伎公演をおこない、その成功はドイツ演劇界にも知られるところとなった(69)。これに続いて二代目左団次、河原崎長十郎（二世、1902年〜1981年）および市川団子（1908年〜1963年）(b)はベルリンも訪問したが(70)、帝国首都で歌舞伎を上演する機会は利用されなかった。1930年10月3日、筒井徳二郎率いる劇団がベルリン

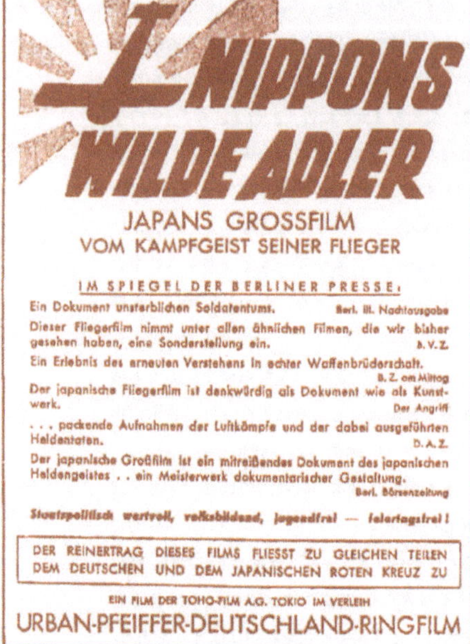

『南海の花束』（阿部豊監督、1942年）のドイツ上映用ポスター
Filmplakat 'Nippons wilde Adler', 1942

Deutschland aus japanischem Filmmaterial hergestellter Dokumentarfilm, der sämtliche auch heute noch gültigen Klischees zu festigen suchte,[63] sowie *Nippons wilde Adler* (U: 1942), "Japans Großfilm vom Kampfgeist seiner Flieger"[64], dessen propagandistischer Stellenwert allein schon durch die Anwesenheit von Goebbels und Botschafter Ôshima bei der deutschen Erstaufführung zum Ausdruck kommt. Zumindest auf deutscher Seite wurde das Medium Film zum wichtigsten Instrument der inneren wie äußeren psychologischen Kriegführung. Die filmische Verwertung der Erfolge des Verbündeten zu einer Zeit, als Deutschland seine ersten Niederlagen erlitt, hatte dadurch einen besonderen Grad von Wichtigkeit erlangt.[65] "Die Beschwerdeliste der deutschen Seite des japanisch-deutschen Kulturausschusses Tôkyô, 1943, meldet demgegenüber Kritik an einer unzureichenden Repräsentation des deutschen Filmes im japanischen Kino an".[66]

のテアター・デス・ヴェステンスで公演を開始
した。日本では無名の殺陣師だった筒井は、川
上音二郎と同様、志を同じくする者を欧米公演
のために集め、古典歌舞伎を上演すると偽った
のであった。実際、この偽歌舞伎は好評を博し
たようである。エルヴィン・ピスカートルにい
たっては、これを「演劇界今シーズン最大の出
来事」と評しさえもした(71)。しかし、事情につう
じた者は、この茶番劇の本質をすぐに見抜き、
日本から第一級の劇団をベルリンへ招くという
ゾルフ元駐日ドイツ大使の努力が、これで無に
帰してしまうことを懸念したのである(72)。日本文
化に造詣の深い者たちの多くは、日本の舞台芸
術に傾倒していった。1930年2月15日から3
月23日まで、プリンツ・アルブレヒトシュトラ
ーセ通りにあった旧工芸美術館の採光吹き抜け
で、日本演劇に関する展覧会が開催され、グラ
ーザー、ルンプ、ゾルフの所蔵品からおもに木
版画、能面、能装束が展示された(73)。しかし、一
般に1930年代はむしろ個々人によって日本の豊
かな舞台芸術がベルリンで紹介された時期であ
った。

　ここで最初に名を挙げるべきは舞踊家であろ
う。1920年代初期にはすでに石井漠（1886年
〜1960年）とその妻小浪(c)とがクリントヴォル
ト・シャルヴェンカ・ホールの舞台に上がった。
しかし、石井は本来母国の芸術を伝えるために
訪独したのではなく、日本の古典舞踊の枠から
自らを解放するための新しい形式を探す途上に
あった。楳茂都陸平（1897年〜1985年）につ
いても同様のことが言えるが、楳茂都は古典的
日本舞踊の厳しい教えをバックグラウンドにし
ており、日本国文部省の奨学金を得て公演およ
び研究のため欧米に派遣された。1932年にはル
ネサンス劇場等で公演し、またベルリン芸術大
学において夫人とともに日本舞踊ワークショッ
プを開催、大きな注目を集めてもいる(74)。楳茂都

Japan auf Berliner Bühnen in der Weimarer Republik und während der Nazi-Zeit

Die Kontake Berlins mit den japanischen darstellenden Künsten verlaufen in dieser Zeit auf mehreren Ebenen: Es gibt ernstzunehmende Versuche, japanisches Theater nach Berlin zu holen. Japanische – oder als japanisch erachtete – Stoffe erscheinen vermehrt auf der Bühne. Einige maßgebliche japanische Theaterleute studieren in Berlin und lernen vor allem die künstlerische Avantgarde um Erwin Piscator und Gustav von Wangenheim kennen. Schließlich fällt auch die Beschäftigung Bertolt Brechts mit Aspekten des japanischen Theaters in diese Zeit. Auch dem modernen japanischen Tanz verleiht Berlin wesentliche Impulse.

Das abnehmende Interesse für japanisches Theater zu Beginn des 1. Weltkrieges führen japanische Wissenschaftler auf einen wachsenden Chauvinismus in Deutschland, sein Wiedererstarken auf eine Sehnsucht nach der Fremde zurück.[67] "In einem Drama der 20er Jahre wie 'Yoshiwara' von Hans Bachwitz (U: 1923) oder 'Das Kirschblütenfest' von Klabund war ein europäischer Traum vom fernen Orient zu Ende geträumt worden, der eine in Chiffren der Gewalt, der andere in lichten Blüten- und Schmetterlingsmetaphern."[68]

Schon recht früh hätte es in Berlin die Möglichkeit gegeben, diesen "Traum" zumindest auf der Bühne Wirklichkeit werden zu lassen: Vom 1. bis 28. August 1928 gastierte Ichikawa Sadanji II. (1880–1940) mit seinem Kabuki-Ensemble in Moskau und Leningrad. Der Erfolg wurde auch von der deutschen Theaterwelt durchaus zur Kenntnis genommen.[69] Obwohl Sadanji, Kawarazaki Chôjurô II. und Ichikawa Danko (1908–1963) anschließend Berlin besuchten,[70] blieb die Gelegenheit, Kabuki in der Reichshauptstadt zu zeigen, ungenutzt. Am 3. Oktober 1930 begann im Theater des Westens das Gastspiel einer Truppe unter Leitung von Tsutsui Tokujirô. Dieser in Japan völlig unbekannte Fechtkünstler hatte ähnlich wie Kawakami Otojirô eine Gruppe Gleichgesinnter für eine USA- und Europa-Tournee um sich geschart und gab vor, das klassische Kabuki zu repräsentieren. In der Tat muß das Pseudo-Kabuki recht gut angekommen sein – Erwin Piscator soll die Aufführungen sogar als das "größte Theaterereignis der

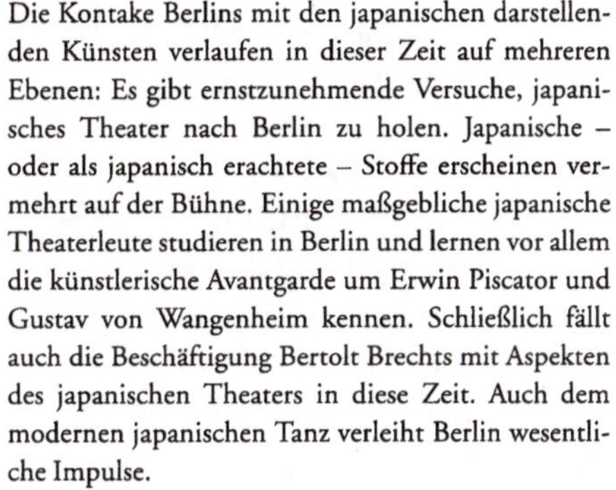
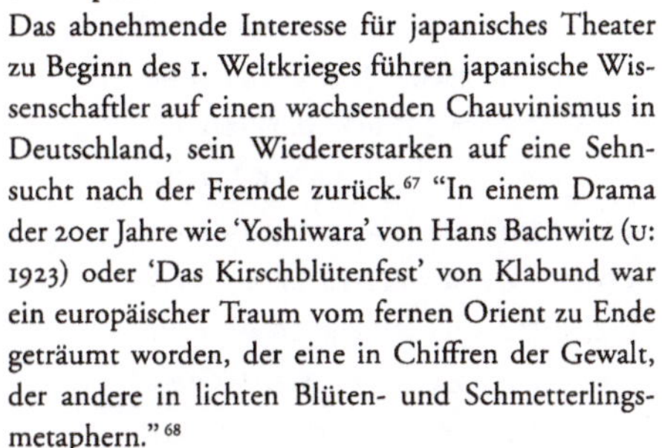

のベルリン滞在の主要目的はルドルフ・ラーバン（1879年〜1958年）について現代舞踊を学ぶことにあった。江口隆哉（1902年〜1977年）は後に妻となる宮操子（1909年生まれ）(75)とともにマリー・ウィグマン（1886年〜1973年、舞踏家、振付師）の下で研鑽を積むためベルリンに来て、1933年10月26日にはバッハ・ホールで公演もしたが、両者は東京に帰って舞踏学校を開き、ドイツで学んだことを中心に教えた。青山圭男（1903年〜1976年）も、ベルリンの舞踊界にあって熱心に学んだ者のうちに数えられる。青山は1934年に訪欧、おもにマリー・ウィグマンとハラルド・クロイツベルク（1902年〜1968年）の講義を受けた。これが、日本出身の舞踏芸術家である青山の公演が誤解される要因となった。たとえば1935年5月7日の《日本古典舞踊公演》についての批評に見られるように「この公演では、残念ながら日本人舞踏家は、中部ヨーロッパの舞踏芸術をつまみ食いしすぎていた」というのが一般の反応であった(76)。青山は後に東京で松竹歌劇団の演出と振付で知られるようになる。

これとまったく違った役割を果たしたのは邦正美（1908年生まれ）である。邦は、日独防共協定が結ばれた後の1937年3月にドイツを訪れ、舞踏家としても活躍した。しかし、日本の舞台芸術に関する記事を数多く執筆し、むしろ出版の分野において成果を上げたといえよう。たとえばマルティン・ラミングの《日本ハンドブック》（1943年）では日本演劇の項を執筆している。邦は終戦をドイツで迎え、1940年代も終りを告げようというころに日本に帰国して舞踏研究所を開いたが、同研究所は現在も存在している(d)。

演劇界にテーマを戻してみると、1927年から1931年まで千田是也（1904年〜1994年、本名伊藤圀夫）がベルリンに滞在した。千田は築

Saison"[71] bezeichnet haben. Kenner durchschauten das Spektakel jedoch sofort und fürchteten sogar, daß die Bemühungen des ehemaligen deutschen Botschafters in Japan, Solf, eine erstrangige Truppe nach Berlin zu holen, durch dieses Gastspiel zunichte gemacht würden.[72] In der Tat widmeten sich immer mehr Kenner der japanischen Kultur den darstellenden Künsten. Vom 15. Januar bis 23. März 1930 fand im Lichthof des alten Kunstgewerbemuseums an der Prinz-Albrecht-Straße die bis dahin größte Ausstellung zum japanischen Theater statt, die hauptsächlich mit Holz-Schnitten, Nô-Masken und -Gewändern aus den Sammlungen Glaser, Rumpf und Solf bestritten wurde.[73] Im übrigen sind die 30er Jahre eher von Aufführungen einzelner Persönlichkeiten bestimmt, die Ausschnitte des reichen japanischen Theaterschaffens in Berlin vorstellten.

An erster Stelle sind hier die Tänzer zu nennen. Bereits in den frühen 20er Jahren waren Ishii Baku (1886–1960) und seine Frau Konami im Klindworth-Scharwenka-Saal aufgetreten. Ishii kam jedoch nicht als künstlerischer Botschafter seines Landes, sondern war auf der Suche nach neuen Formen, um sich aus den Fesseln des klassischen japanischen Tanzes zu befreien. Ähnliches gilt für Umemoto Rikuhei (1897–1985), der jedoch eine strenge Ausbildung in klassischem japanischem Tanz genossen hatte und mit einem Stipendium des japanischen Kultusministeriums auf eine Vortrags- und Studienreise durch die USA und Europa geschickt wurde. Im Sommer 1932 gastierte er unter anderem im Renaissance-Theater und veranstaltete gemeinsam mit seiner Frau einen vielbeachteten Nihon Buyô-Workshop in der Hochschule der Künste.[74] Vor allem war er jedoch nach Berlin gekommen, um bei Rudolf Laban (1879–1958) modernen Tanz zu studieren. Eguchi Takaya (1902–1977) kam mit seiner späteren Frau Misako (Jahrgang 1909)[75] zum Studium bei Mary Wigman nach Berlin und gastierte u.a. am 26. Oktober 1933 im Bach-Saal. Nach ihrer Rückkehr gründeten die beiden in Tôkyô eine Tanzschule, in der fast ausschließlich das in Deutschland Erlernte umgesetzt wurde. Auch Aoyama Yoshio (1903–1976) gehörte zu den eifrigen Studenten der Berliner Tanzszene. Er war 1934 nach Europa gekommen und hospitierte hauptsächlich bei Mary Wigman und Harald Kreutzberg (1902–1968).

地小劇場の第一回研究生だったが、1926年にイデオロギー上の理由から退団し、反帝国主義運動に身を投じた。

「最も重要な体験をしたのはベルリンにおいてであった。グスタフ・フォン＝ヴァンゲンハイムとの出会いが大きな意味をもった。ヴァンゲンハイムをつうじてアルトゥール・ピーク、マキシム・ヴァレンティンなどと知り合う。千田[77]は左翼劇団に出入りし、1929年にはドイツ共産党員となり、出版物のグラフィックデザインをしながら生計を立てた。1931年にはヴァンゲンハイムの〈劇団1931〉に参加し、《鼠取り》上演のための舞台装置、仮面や衣装制作に携わった」[78]

千田是也は映画のエキストラや興行師、観光ガイドなどをしながら何とか生活していたが、ベルリンの前衛芸術家とも良いつきあいがあったため、ベルリンを訪れる日本のインテリの窓口的存在となった。1931年、彼は日本に帰国し、プロレタリア演劇運動に参加した。その後検挙され、二年余にわたる獄中生活を経て1944年には俳優座を違法ながらも設立した。俳優座は現在も存在し、この劇団こそが本来新劇の中心であったといえる。ここで千田は特にブレヒトの演出家として活躍し、実際ほとんどのブレヒト作品の日本語訳は彼の筆によるものである。1978年にはドイツ民主共和国芸術院（アカデミー）の在外会員に選ばれ、1982年にはフンボルト大学より名誉博士号を授けられた。

千田の自伝は、ベルトルト・ブレヒトと親交があったかどうかにはまったく触れていない。その可能性があった時期にブレヒトが日本について研究していたことにかんがみても、これは不可解なことである。1929年、ブレヒトの右腕であったエリーザベト・ハウプトマン（1897年〜1973年）が作曲家クルト・ヴァイルに能の作品を紹介している。これはアーサー・ウェイリーの英訳[79]

Seine Auftritte als Künstler japanischer Herkunft wurden deshalb mißverstanden. In einer Kritik seiner *Vorführung alter japanischer Tänze* am 7. Mai 1935 im Beethoven-Saal wurde z.B. bemängelt, "daß die Tänzer von Nippon leider bisweilen vom Kelch der sogenannten zentral-europäischen Tanzmuse allzu gerne nippen".[76] Aoyama wurde später in Tôkyô vor allem als Opernregisseur und Choreograph der Shôchiku-Kagekidan-Revue bekannt.

Eine ganz andere Rolle spielte Kuni Masami (Jahrgang 1908). Er kam im März 1937 nach Abschluß des Antikomintern-Paktes nach Deutschland und trat bisweilen auch als Tänzer in Erscheinung. Viel bedeutender jedoch ist sein Wirken auf publizistischem Gebiet. In zahlreichen Artikeln stellte er die japanischen darstellenden Künste vor; aus seiner Feder stammen z.B. die diesbezüglichen Eintragungen in Martin Rammings *Japan-Handbuch* (1941). Kuni erlebte das Kriegsende in Deutschland und kehrte erst 1946 nach Japan zurück, wo er eine Tanzschule gründete, die noch heute besteht.

Zurück zum Theater. Von 1927 bis 1931 weilte Itô Kunio alias Senda Koreya (1904–1994) in Berlin. Er hatte zunächst als Schauspieler der Tsukiji-Theatertruppe angehört, war jedoch 1926 aus ideologischen Gründen ausgetreten und hatte sich der Liga gegen den Imperialismus angeschlossen.

"Die wichtigsten Erfahrungen gewann er jedoch in Berlin. ... Wichtig wurde für ihn ... die Bekanntschaft mit Gustav von Wangenheim ... Über Wangenheim, Arthur Pieck, Maxim Vallentin ... fand Senda[77] Anschluß an die Agitproptruppen, wurde 1929 Mitglied der KPD, arbeitete als Gebrauchsgrafiker für Publikationen ... 1931 schloß er sich der 'Truppe 1931' unter ... Wangenheim an und gestaltete Bühne, Masken und Kostüme für 'Die Mausefalle'."[78]

Senda Koreya schlug sich zeitweilig als Filmkomparse, Impresario und Fremdenführer durch, wurde wegen seiner guten Beziehungen zur Berliner Avantgarde aber auch zur Anlaufstelle für viele japanische Intellektuelle. 1931 kehrte er nach Japan zurück und engagierte sich in der proletarischen Theaterbewegung. Nach Verhaftung und längerem Gefängnisaufenthalt gründete er 1944 illegal das Haiyûza (Actors' Theatre), das noch heute besteht und zum eigentlichen Zentrum des Shingeki, d.h. des modernen

を彼女自身が独訳したものであった⁽⁸⁰⁾。

「ヴァイルは、教育オペラのテキストを探しているところだった。ある日私の翻訳を読んだ彼は『谷行』を戯曲化することをブレヒトに提案した。こうして、ブレヒトも私の翻訳を読むことになったのである。『谷行』では、因習の犠牲となる少年が描かれている」⁽⁸¹⁾

これまで、ハウプトマンはウェイリー訳の忠実な翻訳とされ、この翻訳は英語とドイツ語という欧州語内のみでの言葉の移し換えであると考えられてきた。しかしダルコ・スヴィン⁽⁸²⁾は『谷行』が独語に翻訳された当時ベルリンに滞在していた独文学者、高橋健二（1902年生まれ）と手紙のやりとりがあり、高橋の書簡から以下のように引用しているのは興味深い。「エリーザベト・ハウプトマンは良く知っています。1932年（原文のまま——筆者注）初頭、ベルリンのシャルロッテンブルク区のごく近くに住んでいたことがあるからです。『谷行』の翻訳を手伝って欲しいと頼まれました。日本からシベリア経由で原本を取り寄せ、それと比べたうえで翻訳をいくらか手直ししました。それだけのことでした。ブレヒトには実際に会っていません」

「1932年」初頭というのには勿論問題があるが、おそらく、この手紙を書いた時に88才になっていた高橋の単なる記憶違いと思われる。

ブレヒトの『イエスマン』は1930年6月23日、ベルリン授業教育センターにおいてナータン・ノトヴィッツの下で初演された。少年が残酷な規律に無条件に従うことに対し多くの生徒から批判が上がったため⁽⁸³⁾、ブレヒトは1931年末、結末を変えた改訂版『ノーマン』を発表した。『イエスマン』は1932年、東京の芸術学校の音楽堂において原本に忠実に上演されており、これがドイツ語圏外での初演であったと思われる。東京公演の演出顧問は、1931年に東京亡命し、上野の音楽学校（現東京芸術大学音楽学部）

Sprechtheaters, geworden ist. Hier trat Senda vor allem als Brecht-Regisseur hervor; auch die meisten Brecht-Übersetzungen ins Japanische stammen aus seiner Feder. 1978 wurde er zum korrespondierenden Mitglied der Akademie der Künste der DDR gewählt, 1982 verlieh ihm die Humboldt-Universität die Ehrendoktorwürde.

Sendas Autobiographie enthält keinerlei Hinweise auf Kontakte mit Bertolt Brecht, was ob der Tatsache, daß dieser sich zur fraglichen Zeit mit Japan beschäftigte, verwunderlich erscheint. 1929 stellte Elisabeth Hauptmann, Brechts kongeniale Mitarbeiterin, dem Komponisten Kurt Weill ein Nô-Stück vor, dessen englische Übertragung von Arthur Waley[79] sie ins Deutsche übersetzt hatte.[80]

"Weill suchte ... nach einem Text für eine Schuloper ... Als er eines Tages meine Übersetzung las, schlug er Brecht eine Bearbeitung von 'Tanikô' vor. So lernte Brecht meine Übersetzung kennen ... Bei 'Tanikô' handelt es sich um einen kleinen Jungen, der das Opfer eines alten Brauches wird." [81]

Bis jetzt ging man davon aus, daß Hauptmann die Fassung Waleys ohne größere Veränderungen übernommen hätte, daß sich der künstlerische Transformationsprozeß also in rein innereuropäischen Parametern bewegt haben muß. Hier ist ein Hinweis von Darko Suvin[82] von besonderem Interesse: Er zitiert einen Briefwechsel mit Takahashi Kenji, einem Germanisten, der um die fragliche Zeit in Berlin weilte:

"Ich kannte Elisabeth Hauptmann gut, da wir Anfang 1932 (sic!) zufällig ganz nah in Berlin-Charlottenburg wohnten. Sie bat mich, bei der Übersetzung von 'Tanikô' zu helfen. Ich ließ den japanischen Text davon über Sibirien schicken. Dadurch verbesserte ich einige Stellen der Übersetzung. Das ist alles, was ich für sie getan habe. Ich traf Brecht selbst nicht."

Die Angabe "1932" ist natürlich problematisch, wahrscheinlich jedoch lediglich auf einen Erinnerungsfehler des bei der Abfassung des Briefes an Suvin bereits 88 jährigen Takahashi zurückzuführen.

Der *Jasager* wurde am 23. Juni 1930 in der Aula des Berliner Zentralinstituts für Unterricht und Erziehung unter der Leitung von Nathan Notowicz uraufgeführt. Da viele Schüler die bedingungslose Unterwerfung des Knaben unter das grausame Gesetz kritisierten,[83] brachte Brecht Ende 1931 eine revidierte

常任教授の職にあったクラウス・ブリングスハイム（1883年〜1972年）であった[84]。日本と中国の演劇がブレヒトの異化効果論に与えた影響については、すでに幾度となく詳細に分析されている。いずれにせよ、ベルリンと東京のインテリ層の交流がもたらした影響は小さくない。

ナチスが政権についたこと、1939年11月25日にベルリンと東京の間で文化協定が締結されたこと、そして1940年4月3日に日独文化委員会が発足した結果、舞台芸術も内容的、質的に大きく変化した。文化協定に先駆けて1938年11月18日には宝塚歌劇団が帝国首都ベルリンの報道陣で埋まったベートーベン・ホールで客演した。宝塚についての批評は可憐な少女らを前面に押し出すもので、「叙情的な舞踊では、うっとりするような魅力をたたえる体の軽さとともに、扇や花飾りを優雅に品良く持ち替える少女たちの姿には驚かされた」[85]といったものであった。反面、このころ取り上げられた日本的題材や日本の作品は「道徳」を扱ったものに限られていた。ナチスは「徳」をドイツ国民にも特有のものとしたかったのである。その先駆けを担ったのはトク・ベルツである。宮内省従医を務めたエルヴィン・フォン＝ベルツの息子であるトク・ベルツは1938年、赤穂四十七士のテーマを温め直し『堪平の死』と題する作品の実験上演を企画した。これに続いてベルリンのみでなくドイツのいたる所で初演された類似の演劇作品においては英雄的態度、犠牲的精神、絶対の忠義といったことが常に前面に打ちだされた[86]。これらがどんなものであったか、寺子屋を題材としたパウル・アーベルの翻案作品《金の短刀》から一例として引用してみよう[87]。

コタロウ「神々よ、どうか私に真の男の勇気を与え給え。人生の意義を立派に遂行し得るべく、私の心を強く、偉大なものにしてください」、チヨ「これより他に救われる方法はないの」、マ

Version mit anderem Schluß und den *Neinsager* heraus. Der *Jasager* wurde bereits 1932 in Tôkyô originalgetreu in der Musikhalle des Konservatoriums aufgeführt. Wahrscheinlich handelt es sich dabei um die erste Aufführung außerhalb des deutschen Sprachraumes. Spiritus Rector der Inszenierung war Klaus Pringsheim (1883–1972), der 1931 nach Tôkyô emigriert war und als Ordentlicher Professor an der Kaiserlichen Musikakademie Ueno wirkte.[84] Die Bedeutung des japanischen und chinesischen Theaters für die Formulierung von Brechts Verfremdungstheorie ist bereits mehrfach ausführlich behandelt worden. Auf jeden Fall fanden die intellektuellen Beziehungen Berlin-Tôkyô hier einen nicht unerheblichen Nachhall.

Einen wesentlichen Umbruch in Inhalt und Qualität auf dem Gebiet der darstellenden Künste hatten die Machtübernahme der Nationalsozialisten, das am 25. November 1939 zwischen Berlin und Tôkyô geschlossene Kulturabkommen sowie die am 3. April 1940 erfolgte Konstituierung des Deutsch-Japanischen Kulturausschusses zur Folge. Im Vorgriff auf die Implementierung des Kulturabkommens gastierte ab 18. November 1938 das japanische Revue-Theater Takarazuka, begleitet von einem wahren Presserummel, im Beethoven-Saal der Reichshauptstadt. Während die Kritik im Falle des Takarazuka vor allem die Zierlichkeit der Tänzerinnen in den Vordergrund stellte – "überraschend war bei den lyrischen Tänzen der Wechsel mit Fächern und Girlanden, in deren Handhabung die Mädchen eine Anmut und Grazie entwickeln, verbunden mit einer körperlichen Leichtigkeit, die von bestrickendem Liebreiz ist"[85] – versteiften sich die Bearbeitungen japanischer Stoffe und Adaptionen japanischer Stücke fast ausschließlich auf "Tugenden", die die Nationalsozialisten auch dem deutschen Volk zuschreiben wollten. Den Anfang machte eine von Toku Bälz, dem Sohn des ehemaligen kaiserlich japanischen Leibarztes, 1938 initiierte Studioaufführung von *Das Sühneopfer des Kampei*, einer Bearbeitung des Stoffes über die 47 treuen Samurai des Chûshingura-Zyklus. In fast allen anderen Stücken, die nicht nur in Berlin sondern in ganz Deutschland uraufgeführt wurden, standen Heldenhaftigkeit, Opferbereitschaft und unbedingte Vasallentreue im Vordergrund.[86] Pars pro toto einige

ツオ「これしかないのだ。こうすることで私は罪を贖い、御国を救おう」、チヨ「どうしてあなたは私の願いを聞いてくださらなかったの。あの方はどうしてそうと知りながら死に赴かなければならなかったの」、マツオ「自らの意思で命を捧げた彼だからこそ、私はその最も気高い犠牲を求めることができたのだ」

《金の短刀》は1940年10月12日、カールハインツ・シュトルクス（1908年〜1985年、俳優、演出家）演出の下、ベルリンのジャンダルメンマルクト広場に面する国立劇場で初演された(88)。衣装と舞台装置は明らかに「日本風」で、既存の先入観をそのまま舞台にしたようであった(89)。

これらの作品の政治的な機能について云々されることがあるのは、もっともなことである。内容が当時の時代精神に合致したものであっただけではなく、公演そのものも、決して崩れることがないといわれた枢軸国同盟の戦友間の友情というものを明らかに示していた。各地の初演には国や党の高官が集まり、日本大使館の関係者も列席した(90)。両国民の精神がどれほど類似しているかを誇らしげに繰り返し指摘することで、あたかもイデオロギー上の一致が本当に存在すると宣伝したかったのである。〈ドイツ演劇論〉誌が、すでに創刊年に日本演劇に関する記事を掲載したのも、おそらくこれと同様の目的のためと思われる(91)。ここで序文を担当したのはナチスのイデオロギー担当者アルフレット・ローゼンベルクであった。文化面全般にわたって見られるように舞台芸術界もまた、体制を堅固なものにするため容赦なく利用されたのであった。世紀末に日本オペレッタが流行った頃と同じく、ここでも異文化に対する純粋な興味があったわけではない。異国的なものなら、それがどれほど自国のものと精神的類似性があるとしても、むしろ自己の確信をより効果的に投影できる無難な鏡と考えられたのだ。それだからこ

ドイツ人が演じるチヨとマツオ
Chiyo/Matsuo (Deutsche spielen Japaner)

Zeilen aus *Der goldne Dolch*, einer freien Nachdichtung des Terakoya-Stoffes[87] von Paul Apel:
Kotaro: "Oh, hohe Götter, gebt mir Mannesmut! Mein Herz macht stark und groß, daß ich erfülle meines Lebens Sinn!"... Chiyo: "Gibt's keinen, keinen anderen Weg zur Rettung?" Matsuo: "Es bleibt kein andrer Weg, so büß ich meine Schuld und rette das Land."... Chiyo: "Warum doch gabst du meinem Flehen nicht Gewährung? Warum mußt' wissend er zum Tode schreiten?" Matsuo: "Nur wenn er freien Sinns sein Leben geben wollte, durft' ich dies höchste Opfer von ihm fordern!"
Der goldne Dolch wurde am 12. Oktober 1940 unter der Regie von Karl Heinz Stroux im Staatstheater am Gendarmenmarkt erstaufgeführt;[88] Kostüme und Bühnenbild waren deutlich "japanisiert" und entsprachen den üblichen Klischeevorstellungen.[89]
Zu Recht wird immer wieder auf die politische Funktion der Stücke hingewiesen: Nicht nur daß der Inhalt dem Zeitgeist entsprach, auch die Aufführungen an sich machten die angeblich unverbrüchliche Waffenbrüderschaft der Achsenmächte deutlich, denn bei vielen Uraufführungen waren hochrangige Vertreter der Staats- und Parteiführung sowie Angehörige der japanischen Botschaft zugegen.[90] Ideologische

そ扱われる題材は歌舞伎や文楽あるいは小説といった「市民的」なレパートリーからとられたものに限られていた。厳格な形式を守る能に比べて、ここでは手をくわえられる許容範囲がはるかに大きかったからである。日本からドイツへ、小人数で上演可能な能を招いたならば組織面でも、経済面でも、問題はより少なかったはずなのであるが、そのような企画があったことを示す資料はまったくない。

ドイツとは正反対に、日本は「戦友」と一丸となることを盛んに宣伝しながらも、公的にドイツの作品を上演することはほとんど皆無だった[92]。いずれにせよ1944年には戦争のためすべての劇場が閉鎖された。第二次世界大戦末期にはドイツと日本の文化的つながりも、すっかり途絶えたのである。

付記

本稿および第4章の拙稿執筆にあたり、ベルリン芸術アカデミー、ベルリン州公文書館、ベルリーナ・フェストシュピーレ、ベルトルト・ブレヒト資料館、ケルン日本文化会館、ケルン演劇学資料館およびベルリンのエルンスト・シューマッハー名誉教授に多大なご協力を賜りました。ここに記して謝意を表します。

注

(1) 〈デア・ターゲスシュピーゲル〉紙、1965年10月1日掲載の狂言上演についての評論の見出し

(a) 訳注：イタリアの著名な女優エレオノーラ・ドゥーセ（1850年〜1924年）のこと。

(2) 〈株式伝令〉誌、1900年11月16日掲載の宣伝広告より

(3) 《芸者と侍》は『鞘当』、と『娘道成寺』という全く関係のない二つの作品をつなぎ合わせたものである。

(4) 《裂裘》も古典文学から取り上げられた悲恋物語。

(5) 川上音二郎（1864年〜1911年）。明治の自由民権運動に参加、政治的宣伝活動のために演劇要素を活用。日本演劇に新風を吹き込んだ新派（改良派）のひとり。

Übereinstimmung sollte durch permanente Hinweise auf die angebliche Geistesverwandtschaft beider Völker vorgetäuscht werden. Wahrscheinlich enthielt deshalb bereits der Gründungsjahrgang der Zeitschrift *Deutsche Dramaturgie*, zu dem der Nazi-Chefideologe Alfred Rosenberg ein Geleitwort verfaßt hatte, auch einen Artikel über das japanische Theater.[91] Wie der gesamte kulturelle Bereich wurden also auch die darstellenden Künste hemmungslos zur Stabilisierung des Regimes genutzt. Wie schon bei den Japan-Operetten der Jahrhundertwende stand demnach nicht so sehr das Interesse an einer fremden Kultur im Mittelpunkt: Fremdartigkeit – auch wenn sie als noch so wesensverwandt hingestellt wurde – galt vielmehr als unverfänglicher Spiegel, mit dem eigene Überzeugungen umso wirkungsvoller projiziert werden konnten. Wohl deshalb wurden fast ausschließlich Stoffe aus dem "bürgerlichen" Repertoire von Kabuki, Bunraku und epischen Vorlagen benutzt, denn sie boten eine wesentlich bessere "Angriffsfläche" für Bearbeitungen als etwa die strenge Form des Nô. Obwohl eine Tournee des Nô allein schon wegen der kleineren Zahl von Mitwirkenden auf geringere Organisations- und Finanzierungsschwierigkeiten gestoßen wäre, finden sich keinerlei Hinweise auf diesbezügliche Pläne.

Im Gegensatz zu Deutschland verzichtete Japan trotz der immer wieder propagierten Verbundenheit mit seinem "Waffenbruder" fast völlig auf offiziell geförderte Aufführungen deutscher Stücke.[92] Wegen des Krieges mußten ohnehin im April 1944 alle großen Theater schließen. Am Ende des II. Weltkrieges waren auch die deutsch-japanischen Kulturbeziehungen völlig zum Erliegen gekommen.

Danksagung:

Zur Erstellung meiner beiden Artikel in diesem Buch stellten folgende Institutionen und Privatpersonen Materialien und Archivalien zur Verfügung: Akademie der Künste Berlin, Landesarchiv Berlin, Berliner Festspiele GmbH, Bertolt Brecht Archiv Berlin, Japanisches Kulturinstitut Köln, Theaterwissenschaftliche Sammlung Köln sowie Professor emeritus Dr. Ernst Schumacher, Berlin. Allen sei hiermit herzlich gedankt.

(6) 貞奴（本名小熊貞、1872年〜1946年）。良家の出だが家が破産したため東京の歓楽街で生計を立て、大物政治家の晶屓を得て売れっ子芸者となる。1891年川上と結婚、川上が死ぬまで尽くす。一流の芸者教育が巡業成功の鍵だった。

(7) 1901年11月19日付朝刊

(8) 《舞台と世界》誌、4年目第1号（1901年／2）262頁

(9) 〈ベルリン日報〉紙、1901年11月19日掲載《ベルリンにおける貞奴》

(10) ハナコ（本名大田ひさ、1878年〜1945年）。岐阜の生まれ。旅芸人の一座にくわわり、1901年日本を離れ、デンマークとイギリスで辛酸をなめる。後にロワ・フラー（貞奴一座の興行師）に認められ、ハナコの芸名を授かる。1916年までヨーロッパ各地で公演。1906年マルセイユでロダンと出会う（これをもとに鷗外は、1910年に短編を執筆）。

(11) 参考文献9（77頁）

(12) 参考文献22（78頁）参照

(13) 同上

(14) アルフレット・ケル著《役者の国》1917年、353頁。引用は参考文献33（127頁）より。

(15) 《ミカド》もしくは《ティティプでの一日》。オペラ全二幕、ウィリアム＝Ｓ・ギルバート作、アーサー＝Ｓ・サリヴァ作曲、1889年3月14日ロンドン初演。「《ミカド》の日本人は可笑しく滑稽で、異国的な風習はグロテスクなものとして抽出されている」（参考文献5、127頁）

(16) ベルリン州立資料館所蔵原稿

(17) アーサー・ケヘーネ著《劇作家の日記》、ベルリン、1928年、116頁。引用は参考文献18（39頁）より。

(18) 参考文献28、引用は特に200頁より。

(19) 参考文献33（119頁〜120頁）

(20) 参考文献33（119頁）。参考文献19（112頁）も参照。

(21) オルリクはおそらく本花道と、稀にしか用いられない仮花道の両方を用いた歌舞伎座公演を見たものと思われる。

(22) 参考文献26

(23) 参考文献17中のヴァルザー挿絵参照

(24) 1910年4月26日付朝刊

(25) 参考文献11（参考文献12に再収）。ここで扱われるのは二代目竹田出雲のことで、その生没年についてゲルスドルフは誤った情報を伝えている。正しくは1691年〜1756年。

(26) 参考文献8

(27) 内容については参考文献19（112頁〜113頁）を参照。

(28) 参考文献33（120頁）

(29) フーゴ・フォン＝ホフマンスタール著《パントマイムについて》、1911年。引用は参考文献13（503頁）より

(30) 参考文献33（120頁）

(31) 本名はアルフレット・ヘンシュケ（1890年〜1928年）。とりわけ重要な作品は『灰闌記』（1925年初演）と『桜の

Anmerkungen

1 Überschrift einer Rezension des Kyôgen-Gastspiels: Der Tagesspiegel, 1.10.1965

2 Text einer Anzeige im Börsen-Courier, 16.11.1900

3 *Die Geisha und der Ritter* ist eine Collage zweier nicht zusammengehörender Stücke: *Saya ate* und *Musume dôjôji*.

4 In *Kesa* werden ebenfalls Materialien aus der klassischen Literatur zu einer tragisch endenden Liebesgeschichte verwoben.

5 (1864–1911); zunächst Angehöriger der Bürgerrechtsbewegung der Meiji-Zeit; setzte häufig theatrale Elemente als Mittel zur politischen Agitation ein. K. gilt in Japan als Reformer, der – zusammen mit anderen – das Shinpa, die "neue Welle" des japanischen Theaters der Meiji-Zeit, kreierte.

6 (1872–1946); aus gutem Hause stammend, dann jedoch wegen Verarmung der Eltern ihren Lebensunterhalt im Rotlichtmilieu Tôkyôs verdienende Künstlerin; als Geliebte einflußreicher Politiker stieg sie zur berühmtesten Geisha ihrer Zeit auf. 1891 Heirat mit dem erratischen Kawakami, dem sie bis zu dessen Tod loyal zur Seite stand; die gute Ausbildung, die sie als Geisha genossen hatte, wurde zur Grundlage ihres Erfolges auf den Tourneen.

7 19.11.1901, Morgenausgabe

8 (1901/2) Bühne und Welt. Jg 4, Nr 1, S 262, Bühnentelegraph

9 Berliner Tageblatt, 19.11.1901, Sada Yacco in Berlin

10 (1878–1945) in Gifu in der Nähe von Nagoya unter dem bürgerlichen Namen Ôta Hisa geboren; schloß sich in jungen Jahren einer Wandertruppe an, verließ 1901 Japan; schlug sich zunächst in Dänemark und England durch; wurde 1905 von Loïe Fuller entdeckt, die nach ihrem Erfolg als Impresaria von Sada Yakko eine zweite japanische Truppe zusammenstellen wollte; erhielt von ihr den Künstlernamen Hanako; unternahm bis 1916 zahlreiche Europa-Tourneen. Zum Zusammentreffen mit Rodin kam es 1906 in Marseilles. (Mori Ôgai schrieb 1910 eine Novelle, die diese Begegnung romantisiert).

11 Foley, Kathy (1988) Hanako and the European Imagination. In: Asian Theatre Journal 5, 1, S 77

12 Vgl. Meyerhold, Wsewolod (1979) Schriften. Berlin Ost. Bd 2, S 78

13 ebd.

14 Kerr, Alfred (1917) Das Mimenreich. S 353; zitiert nach Schuster, Ingrid (1977) China und Japan in der deutschen Literatur 1890–1925. Bern und München, S 127

15 *Der Mikado* oder *Ein Tag in Titipu*. Oper in zwei Akten von William S. Gilbert. Musik: Arthur S. Sullivan. (U: 14.3.1889 in London). "Der Mikado zeigt den Japaner in komisch-drolliger Verzerrung, das Fremdartige seiner Sitten erscheint ins Groteske gesteigert." Chlan, Ilse (1983) Japonismus – das Bild Japans und des Japaners auf der europäischen Bühne. In: Leims, Thomas

宴』（1927年初演）

(32) 参考文献37（270頁）参照

(33) 福地桜痴（1841年〜1906年）。短編小説家、戯曲作家、ジャーナリスト。1862年岩倉遣外使節団にくわわる。その後、官庁の役人、ジャーナリストを務め、1881年よりヨーロッパに倣った演劇改良に専念。1889年千葉勝太郎とともに歌舞伎座を設立。歌舞伎の改革に臨み、当時きっての改良派俳優、九代目市川団十郎（1839年〜1903年）と協力。

(34) 折口信とは異なり鴎外は、演劇改革は新しい戯曲によって促されるべきで、そうして初めて新しい演劇について考え、相応の俳優教育をする意味が生まれる、と説いた（参考文献1、上巻、326頁〜327頁参照）。また、ドイツに倣って作家や戯曲作家の役割を高い地位に置くべき、と訴えた。

(35) 参考文献15（88頁）参照

(36) 参考文献37（270頁）。テルオ（テル）役を演じたのは1906年に市川左団次を襲名した市川莚升（1890年〜1940年）。左団次は1906年12月〜1908年8月ロンドン、パリ、ベルリンで研修。1928年の歌舞伎座モスクワ、レニングラード初公演を率いた。参考文献35（45頁〜57頁）参照。旅行後ベルリンに滞在したが、舞台に立ってはいない。参考文献34（81頁）参照。1906年のテル上演では巌谷小波（1870年〜1933年）が演出にあたった。巌谷は特にグリム童話の日本語翻訳で有名で、1900年にはベルリン東洋語学校の講師を務めた。日本の児童文学の礎を築いたとされる。

(37) 坪内逍遥（1859年〜1935年）。明治時代を代表する作家、文芸・演劇評論家。演劇改革の推進者としてシェークスピアの作品にヒントを得て新しい歌舞伎を創造しようと試み、シェークスピアの翻訳者として西洋にも知られるようになった。参考文献20参照

(38) 島村抱月（1871年〜1918年）。文芸評論家、短編作家、劇作家。坪内逍遥の後を継ぎ写実主義運動を代表するとされた雑誌「早稲田文学」主宰。1902年〜1905年イギリスとドイツに滞在。評論家として以外にもイブセンの『人形の家』、メーテルリンクの『モンナ・ヴンナ』『ペレアスとメリザンド』、ズーダーマンの『故郷』等の翻訳で著名。

(39) 三木竹二（1867年〜1908年）。演劇・文芸評論家。森鴎外の弟で京都のドイツ学校（中学）卒業。1899年、改革派雑誌の「歌舞伎」を創刊。兄の演劇活動を支えるとともに、小山内薫の援護者となった。

(40) 小山内薫（1881年〜1928年）。劇作家、演出家、評論家。新劇の理論を打ち立てこれを実践した創始者のひとり。参考文献27参照

(41) 土方興志（1898年〜1959年）。演出家、小山内薫に協力。1922年〜1923年ベルリンに留学しカール・ハイネ（1861年〜1927年）に師事。ここでトラー、カイザー、ピスカートル等の作品を、帰国途上のモスクワではメイエルホ

(Bearb) Kabuki-Holzschnitt-Japonismus. Japonica in der Theatersammlung der Österreichischen Nationalbibliothek. Wien und Köln, S 127

[16] Die MS befinden sich im Berliner Landesarchiv.

[17] Kahane, Arthur (1928) Tagebuch des Dramaturgen Berlin. S 116. Zitiert nach Kim, Kisôn (1982) Theater und Ferner Osten. Untersuchungen zur deutschen Literatur im ersten Viertel des 20. Jahrhunderts. Frankfurt/Main und Bern, S 39

[18] Paul, Barbara (1985) Der Ferne Osten in seiner Wirkung auf das Theater Europas vom 17. bis frühen 20. Jahrhundert. In: Akademie der Künste Berlin (West) (Hrsg) …ich werde deinen Schatten essen – Das Theater des Fernen Ostens. Berlin (West), S 195–202, hier bes. S 200

[19] Schuster (1977) S 119–120

[20] Ebd. S 119; vgl. auch Kuwabara Setsuko (1987) Emil Orlik und Japan. Heidelberger Schriften zur Ostasienkunde Bd 8. Frankfurt/Main, S 112

[21] Orlik hatte im Kabukiza-Theater wahrscheinlich eine Aufführung mit Hon-Hanamichi (Haupt-Hanamichi) und dem nur gelegentlich Verwendung findenden Kari-Hanamichi (Neben-Hanamichi) gesehen.

[22] Orlik, Emil (15.2.1902) Japanisches Theater und Sada Yacco. In: Prager Tageblatt, Morgenausgabe

[23] Vgl. Walsers Buchillustrationen in Kellermann, Bernhard (1911) Sassa yo Yassa. Japanische Tänze, Berlin

[24] 26.4.1910, Morgenausgabe

[25] Gersdorff, Wolfgang von (1907) Die Dorfschule (Terakoya) nach der Tragödie des Takeda Izumo (1688–1765) Bonn. (Nachdruck, in: ders. (1926) Japanische Dramen. Jena. Gemeint ist Takeda Izumo II., dessen Lebensdaten Gersdorff allerdings falsch angibt: Richtig lauten sie 1691–1756.

[26] Florenz, Karl (1900) Japanische Dramen. Terakoya und Asagao. Tôkyô und Leipzig

[27] Zum Inhalt vgl. Kuwabara (1987) S 112–113

[28] Schuster (1977) S 126

[29] Hofmannsthal, Hugo von (1911) Über die Pantomime. Zitiert nach Schöller, Bernd (Hrsg) (1979) Hugo von Hofmannsthal. Gesammelte Werke. Reden und Aufsätze I 1891–1913. Frankfurt/Main, S 502–505, hier bes. S 503

[30] Schuster (1977) S 120

[31] Mit bürgerlichem Namen Alfred Henschke, 1890–1928; wichtig sind vor allem *Der Kreidekreis* (U: 1925) und *Das Kirschblütenfest* (U: 1927)

[32] Vgl. Sugino Kitsutarô (1959) Schillers Dramen auf der japanischen Bühne. In: Maske und Kothurn, Jg 5, Nr 3, S 269–273, hier bes. S 270

リドの作品を知る。参考文献29（43頁〜44頁）参照

(42) 村山知義（1901年〜1977年）。画家、劇作家、演出家。表現主義の研究のため1921年からベルリンに滞在。カイザー、ゲーリング、ココシュカ、ツヴァイクの作品に親しむ。1923年日本帰国。参考文献29（44頁〜45頁）参照

(43) 建物の形式や技術的な装置などはドイツの典型的な都市劇場を模倣。参考文献2（373頁）参照

(44) 参考文献15（90頁）

(45) 設立者で主な出資者は土方興志（上述参照）。参考文献2（374頁）参照

(46) 参考文献42（12頁）参照

(47) 参考文献10（44頁〜49頁）参照

(48) 同上（39頁）

(49) 参考文献34（86頁および96頁〜99頁）。また参考文献10のヒロコ・ゴーヴァスの報告（39頁注4）にも留意

(50) 参考文献16（88頁）参照

(51) 参考文献16（89頁）

(52) 参考文献7（332頁）

(53) 参考文献25（89頁〜109頁）参照

(54) 参考文献6（7頁）

(55) 参考文献21（458頁）。また参考文献10（89頁）も参照

(56) A・S著《日独映画共同製作の一章》〈映画・活動写真〉誌、第30年、第7号、1937年掲載記事

(57) 同誌、第131号、1937年6月9日

(58) 参考文献3（557頁〜558頁）

(59) 参考文献39（51頁）

(60) 参考文献31（408頁）参照

(61) 参考文献10（84頁）

(62) 参考文献4　参照

(63) 参考文献21（459頁）参照

(64) 参考文献10（80頁〜81頁）参照

(65) 参考文献21（454頁〜455頁）参照。たとえば、スターリングラードのドイツ第六方面軍包囲から民心をそらすため、その週ドイツの映画館では日本軍のシンガポール攻略が報道されたが、これは実は十ヶ月も前の出来事であった。

(66) 参考文献31（408頁、注8）

(67) 参考文献24（105頁〜106頁）参照

(68) 参考文献31（404頁）

(69) 参考文献36

(b) 編注：市川猿之助の生年は、日本の文献では1888年。1892年市川団子と名乗り初舞台、1910年二世猿之助襲名。1928年は猿之助襲名後だが、筆者が参照した松竹株式会社編『Grand Kabuki Overseas Tours 1928-1993』では団子となっている。

(70) 参考文献34（81頁）参照

(71) 参考文献34（97頁）

[33] Novellist, Dramatiker und Journalist; nahm 1862 an der Iwakura-Mission teil. Später Regierungsbeamter und Journalist. Ab 1881 Konzentration auf theaterreformatorische Tätigkeiten nach europäischem Vorbild; gründete 1889 zusammen mit Chiba Katsutarô das Kabukiza-Theater Tôkyô; arbeitete mit Ichikawa Danjurô IX. (1839–1903), dem führenden Reformschauspieler der Zeit, vor allem an einer Erneuerung des Kabuki.

[34] Im Gegensatz zu Origuchi verlangte Ôgai eine Reformierung des Theaters durch die Kreierung neuer Dramen. Erst dann sei es sinnvoll, den Bau neuer Theater ins Auge zu fassen und entsprechenden Schauspielunterricht zu erteilen. Vgl. Akiba Tarô (1971) Nihon shingeki shi (Geschichte des neuen japanischen Theaters) Bd 1. Tôkyô, S 326–327. Bei der Funktionsbestimmung des Autors/Dramatikers innerhalb der Theaterhierarchie plädierte Ôgai für eine herausgehobene Position nach deutschem Vorbild.

[35] Vgl. die Aufstellung in Katô Mamoru (1955) Doitsu no gikyoku to Nihon engeki, Teil 4 (Deutsche Dramen und das japanische Theater) In: Shingeki, No 30, S 88–92, bes. S 88

[36] Sugino (1959) S 270; die Rolle des Teruo (=Tell) spielte Ichikawa Enshô (1890–1940), der 1906 den Namen Sadanji annahm. Sadanji unternahm von Dezember 1906 bis August 1908 eine Studienreise nach London, Paris und Berlin und leitete 1928 das erste Auslandsgastspiel des Kabuki in Moskau und Leningrad. Vgl. Shôchiku Kabushiki Kaisha (Hrsg) (1993) Kabuki kaigai kôen no kiroku (Dokumentation der Auslandsgastspiele des Kabuki). Tôkyô, S 45–57. Anschließend hielt er sich privat in Berlin auf, ohne jedoch als Schauspieler in Erscheinung zu treten. Vgl. Senda Koreya (1985) Wanderjahre. Berlin (Ost), S 81. Regie bei der Tell-Aufführung des Jahres 1906 führte Iwaya Sazanami (1870–1933), der u.a. durch Übersetzungen von Märchen der Gebrüder Grimm ins Japanische bekannt wurde. Iwaya wirkte 1900 als Lektor am Berliner Seminar für Orientalische Sprachen; er gilt als Begründer des japanischen Kinder- und Jugendtheaters.

[37] Führender Literat, Literatur- und Theaterkritiker sowie Dramatiker der Meiji-Zeit, Proponent der Theaterreformbewegung; Tsubouchi strebte eine Erneuerung des Kabuki unter Zuhilfenahme des Shakespeare'schen Oeuvres an, als dessen Übersetzer er auch im Westen bekannt wurde. Vgl. Lee, Sang-Kyong (1985) Tsubouchi Shôyô und die Reformbewegung des modernen japanischen Theaters. In: Linhart, Sepp (Hrsg) Japan. Sprache, Kultur, Gesellschaft. Festschrift zum 85. Geburtstag von Alexander Slawik. Wien, S 220–235

[38] Kunst- und Literaturkritiker, Novellist und Dramatiker; leitete als Nachfolger von Tsubouchi Shôyô die Zeitschrift *Waseda Bungaku*, die als Verfechterin des Naturalismus schlechthin galt;

(72) 参考文献30参照

(73) 〈大和——独日協会会報〉第1年、第1冊、51頁〜52頁掲載の《日本の演劇展覧会》報告を参照、1930年

(c) 編注：石井漠の生年に関しては1887年や1890年という説もある。石井小浪（1905年〜1978年）は漠の義妹。

(74) 参考文献23参照

(75) 早稲田大学坪内博士記念演劇博物館編『演劇百科大事典』全6巻、東京、平凡社、1960年では「宮操子」となっているが、ドイツの報道記録では常に「みさお」となっている。

(76) 〈舞踏〉第8年、第6冊、10頁掲載の批評、1935年

(d) 編注：邦正美舞踊研究所と日本教育舞踏研究所

(77) 参考文献32。関東大震災直後、在日朝鮮人が略奪をしているとのデマが流れ、暴行事件があいついだ。伊藤団夫も「朝鮮系の顔だち」のため千駄ヶ谷で袋叩きにあい、その時の朝鮮人への連帯感から千田是也と名乗る。

(78) 参考文献32（201頁）

(79) 参考文献40

(80) ハウプトマンの翻訳はベルトルト・ブレヒト《〈イエスマン〉と〈ノーマン〉——原本、稿本、資料》、フランクフルト・アム・マイン、1966年、の13頁〜18頁に収録。

(81) エリーザベト・ハウプトマン著《いかにして〈イエスマン〉と〈ノーマン〉が成立したか》、1966年参照。引用は、ベルリン第二高等学校での上演プログラム、ベルトルト・ブレヒト資料室、図書目録番号「C 4272 J 94-10」より。

(82) 参考文献38参照。高橋の書簡抜粋は49頁から引用。

(83) 《ノイケルン区のカール・マルクス学校における〈イエスマン〉に関する討議抜粋》〈ブレヒト、ベルトルト〉59頁〜63頁所収、1966年参照。完全オリジナル版はベルトルト・ブレヒト資料室、図書目録番号「407/01-25」

(84) 参考文献14（61頁）参照

(85) W・G著《宝塚の公演——11月14日、ベートーベン・ホール》〈舞踏〉第2年、第10／11冊、14頁所収、1938年

(86) 参考文献31参照、頻出

(87) ベルリン初演の際のプログラム冊子（図書整理番号なし）参照（ケルン演劇学資料館所蔵）

(88) 参考文献31（415頁）によれば10月12日ケーニヒスベルク初演だが、プログラムでは10月12日ベルリン初演とあり、ケーニヒスベルク初演はこれ以前のことか。

(89) ケルン演劇学資料館が同作品からの引用と雑誌切り抜きの舞台写真を保管（出典不明）。参考文献31（419頁）とは異なり、チヨの衣装も日本風演出にマッチ、とある。

(90) 参考文献31（422頁）

(91) 参考文献41

(92) 参考文献31（408頁、注8）

weilte von 1902 bis 1905 zu Studien in Großbritannien und Deutschland; wurde neben seiner Arbeit als Kritiker vor allem durch Übersetzungen von Ibsens *Puppenheim*, Maeterlincks *Monna Vanna* und *Pelleas und Melisande* sowie Sudermanns *Heimat* berühmt.

39 Theater- und Literaturkritiker; jüngerer Bruder von Mori Ôgai; absolvierte die deutsche (Mittel-)Schule in Kyôto, gründete 1899 die Reformzeitschrift *Kabuki*; unterstützte die Theaterarbeit seines Bruders und gilt als Förderer Osanai Kaorus.

40 Dramatiker, Regisseur, Kritiker; als Theoretiker und Praktiker einer der führenden Köpfe des Shingeki, d.h. des neuen Theaters. Vgl. Ottaviani, Gioai (1994) "Difference" and "Reflexivity": Osanai Kaoru and the Shingeki Movement. In: Asian Theatre Journal 11, No 2, S 213–241

41 Regisseur; Mitarbeiter Osanai Kaorus; 1922–23 Studienaufenthalt in Berlin u.a. bei Carl Heine; Bekanntschaft mit den Werken Tollers, Kaisers und Piscators, auf der Rückreise auch mit den Produktionen Meyerholds in Moskau. Vgl. Rimer, J. Thomas (1974) Toward a Modern Japanese Theatre – Kishida Kunio. Princeton, N.J. S 43–44

42 Maler, Dramatiker und Regisseur; Studium des Expressionismus ab 1921 in Berlin; Bekanntschaft mit den Produktionen Kaisers, Goerings, Kokoschkas und Zweigs; Rückkehr nach Japan 1923. Vgl. Rimer (1974) S 44–45

43 Gebäudeform und technische Einrichtungen wurden einem typischen deutschen Stadttheater nachempfunden. Vgl. Barth, Johannes (1972) Japans Schaukunst im Wandel der Zeiten. Wiesbaden, S 373

44 Katô (1955) S 90

45 Gründer und Hauptsponsor war Hijikata Yoshi (s.o.). Vgl. Barth (1972) S 374

46 Vgl. Yamane Keiko (1985) Das japanische Kino. Geschichte, Filme, Regisseure. München und Luzern, S 12

47 Vgl. Freunde der Deutschen Kinemathek (Hrsg) (1993) Filme aus Japan. Retrospektive des japanischen Films. 12. September bis 12. Dezember 1993. Berlin, S 44/49

48 Freunde der Deutschen Kinemathek (1993) S 39

49 Senda (1985) S 86 und 96–99; vgl. dazu die Mitteilungen von Hiroko Govaers (1993) in: Freunde der Deutschen Kinemathek (1993) S 39, Anm 4

50 Vgl. die Erinnerungen des Tôwa-Gründers Kawakita Nagamasa in: Freunde der Deutschen Kinemathek (1993) S 88

51 Kawakita (1993) S 89

52 Fanck, Arnold (1968) Er führte Regie mit Gletschern, Stürmen und Lawinen. Ein Filmpionier erzählt. Autobiographie. München, S 332

参考文献

1. 秋庭太郎著『日本新劇史』上下巻、東京、理想社、1971年

2. ヨハネス・バース著《時代の変遷における日本の舞台芸術》、ウィースバーデン、1972年

3. アルフレット・バウア著《ドイツ劇映画年報　1929年〜1950年》、ミュンヘン、1976年

4. ベータ・ブッファー著《連邦映画資料庫所有の週間ニュースおよびドキュメンタリー映画——1885年〜1950年》、コブレンツ、1984年

5. イルゼ・クラーン著《ジャポニズム——欧州の舞台における日本人と日本のイメージ》、トーマス・ライムス編〈歌舞伎・浮世絵・ジャポニズム——オーストリア国立図書館のジャポニカ演劇蔵書〉所収、ウィーン／ケルン、1983年

6. アーノルト・ファンク著《侍の娘——ドイツの報道に映る映画》、ベルリン（私家版）、1939年

7. 同著《氷河、嵐そして雪崩の演出——映画のパイオニア報告——自伝》ミュンヘン、1968年

8. カール・フローレンツ著《日本の演劇——寺子屋と朝顔》、東京／ライプチヒ、1900年

9. カシー・フォレー著《ハナコと欧州のイマジネーション》〈アジア演劇ジャーナル〉76頁〜85頁所収、1988年

10. ドイツ・キネマテーク友の会編《日本の映画——日本映画回顧展——1993年9月12日〜12月12日》、ベルリン、1993年

11. ヴォルフガンク・フォン=ゲルスドルフ著《竹田出雲（1688年〜1765年）の悲劇をベースとした劇〈テラコヤ〉》、ボン、1907年

12. 同著《竹田出雲（1688年〜1765年）の悲劇をベースとした劇〈テラコヤ〉》、同編著〈日本のドラマ〉所収、イェーナ、1926年

13. フーゴ・フォン=ホフマンスタール著、ベルント・ショッラー編《フーゴ・フォン=ホフマンスタール全作品集——講演および論文Ⅰ　1891年〜1913年》、フランクフルト・アム・マイン、1979年

14. 岩淵達治著《現代の〈イエスマン〉と〈ノーマン〉》〈コミュニケーション〉第21巻、第2号、61頁〜66頁所収

15. 加藤衛著『ドイツの戯曲と日本演劇（4）』「新劇」第30号、88頁〜92頁所収、1955年

16. 川喜多長政著《東和商事・東和映画の創設者川喜多長政の記録》、ドイツ・キネマテーク友の会編〈日本の映画——日本映画回顧展——1993年9月12日〜12月12日〉所収、ベルリン、1993年

17. ベルンハート・ケラーマン著《ささよやっさ——日本の踊り》、ベルリン、1911年

18. Kim Kisôn（漢字不明）著《演劇と極東——1900年〜

53 Vgl. NHK Shôwa shuzai (Edition von Dokumenten der Shôwazeit) (Hrsg) (1987): Hitorâ no shigunaru. Doitsu ni keisha shita hi. (Hitlers Signale. Der Tag, an dem sich Japan Deutschland zuwendete) Sekai e no tôjô (Japans Erscheinen auf der Weltbühne) Bd 9, S 89–109

54 Fanck, Arnold (1939) Die Tochter des Samurai. Ein Film im Echo der deutschen Presse. Berlin, (Privatdruck) S 7

55 Vgl. Leims, Thomas (1990) Das deutsche Japan-Bild in der NS-Zeit. In: Kreiner, Josef und Regine Mathias (Hrsg) Deutschland – Japan in der Zwischenkriegszeit. Bonn, S 441–462, bes. S 458, vgl. auch Freunde der deutschen Kinemathek (1993) S 89

56 A.S. (=Autorenkürzel) (1937) Ein Kapitel deutsch-japanischer Filmarbeit. In: Film-Licht-Bühne, 30. Jg, Nr 7

57 Film-Licht-Bühne (1937) Nr 131, 9. Juni 1937

58 Bauer, Alfred (1976) Deutscher Spielfilm-Almanach 1929–1950. München, S 557–558

59 Volz, Richard (1939) Die Sendung des Films. In: Berlin-Rom-Tokio. Monatszeitschrift für die Vertiefung der kulturellen Beziehungen der Völker des weltpolitischen Dreiecks. Jg 1, Nr 1, S 50–52, bes. S 51

60 Vgl. Schauwecker, Detlev (1990) Japanisches auf den Bühnen der nationalsozialistischen Zeit. In: Kreiner/Mathias (1990) S 403–439, bes. S 408

61 Freunde der Deutschen Kinemathek (1993) S 84

62 Vgl. Bucher, Peter (1984) Wochenschauen und Dokumentarfilme 1885–1950 im Bundes-Filmarchiv. Koblenz

63 Vgl. Leims (1990) S 459

64 Vgl. Freunde der Deutschen Kinemathek (1993) S 80–81

65 Vgl. Leims (1990) S 454–455. Um z.B. von der Einkesselung der 6. deutschen Armee vor Stalingrad abzulenken, wurde in dieser Woche in den deutschen Kinos über die Einnahme Singapurs durch die Japaner berichtet, die allerdings schon zehn Monate zurücklag.

66 Schauwecker (1990) S 408, Anm 8

67 Vgl. Marumoto Takashi (1980) Doitsu ni okeru Nihon engeki juyô no mondaiten. 19seki makki – 1930nen. (Einige Probleme der Rezeption des japanischen Theaters in Deutschland – Vom Ende des 19. Jahrhunderts bis 1930). In: Nihongo nihon bunka No 9, S 93–122, bes. S 105–106

68 Schauwecker (1990) S 404

69 Sordan, Victor (1929) Japanisches Theater in Moskau. In: Das Theater. Jg 10, Heft 1, S 11–12

70 Vgl. Koreya (1985) S 81

71 Koreya (1985) S 97

72 Vgl. Rumpf, Fritz (1930) Japanisches Theater – aber kein Kabuki. In: Yamato. Jg 2, Heft 5, S 251–253

1925年のドイツ文学に関する調査》、フランクフルト・ア
ム・マイン／ベルン、1982年

19. 桑原節子著《エミール・オルリクと日本》〈東アジア
研究に関するハイデルベルク報告集》第 8 巻所収、フラン
クフルト・アム・マイン、1987年

20. Lee Sang-Kyong（漢字不明）著《坪内逍遥と近代日
本演劇の改革運動》、ゼップ・リンハート編〈日本——言語、
文化、社会——アレクサンダー・スラヴィック 85 歳誕生日
記念出版》220頁～235頁所収、ウィーン、1985年

21. トーマス・ライムス著《ナチ時代のドイツにおける日
本のイメージ》、ヨーゼフ・クライナ／レギーネ・マティア
ス共編〈両大戦間の日独》441頁～462頁所収、ボン、
1990年

22. フセヴォロド・メイエルホリド著《著作集》第 2 巻、
東ベルリン、1979年

23. ローベルト・ミュラー著《ベルリンにおける日本の舞
踊芸術》〈大和——独日協会会報》第 4 年、第 3／4 冊、148
頁～150頁所収、1930年

24. 丸本隆著『ドイツにおける日本演劇受容の問題点　19
世紀末——1930年』、大阪外国語大学研究留学生別科編
「日本語・日本文化」第 9 号、93頁～122頁所収、1980年

25. ＮＨＫ〈ドキュメント昭和〉取材班編『ドキュメント
昭和——世界への登場 9 ——ヒトラーのシグナル——ドイ
ツに傾斜した日』、東京、角川、1987年

26. エミール・オルリク著《日本の演劇と貞奴》〈プラハ
日刊》紙掲載、1902年 2 月 15 日付け朝刊

27. ジョイ・オッタヴィアーニ著《〈相異〉と〈反応
性〉——小山内薫と新劇運動》〈アジア演劇ジャーナル、
II〉 2 号、213頁～241頁所収、1994年

28. バルバラ・パウル著《極東が 17 世紀～20 世紀初頭の
欧州演劇に及ぼした影響》、西ベルリン芸術アカデミー編
〈君の影を食べよう——東洋の演劇》195頁～202頁所収、
西ベルリン、フレーリッヒ＆カウフマン出版、1985年

29. Ｊ＝トーマス・ライマ著《新しい日本演劇に向け
て——岸田國士》、プリンストン（ニュージャージー）、
1974年

30. フリッツ・ルンプ著《歌舞伎以外の日本の演劇》〈大
和——独日協会会報》第 2 年、第 5 冊、251頁～253頁所
収、1930年

31. デトレフ・シャウヴェッカ著《ナチ時代の舞台におけ
る日本のもの》、ヨーゼフ・クライナ／レギーネ・マティア
ス共編〈両大戦間の日独》403頁～439頁所収、ボン、
1990年

32. エルンスト・シューマッハー著《千田是也》〈是也〉
199頁～209頁所収、1985年

33. イングリット・シュースター著《ドイツ文学にみられ

[73] Vgl. den Ausstellungsbericht (1930) Japanisches Theater.
In: Yamato. Jg 1, Heft 1, S 51–52

[74] Vgl. Müller, Robert (1930) Japanische Tanzkunst in Berlin. In:
Yamato. Jg 4, Heft 3/4, S 148–150

[75] Das Engeki hyakka daijiten (Enzyklopädie des Theaters) gibt
den Namen Misako, in den zeitgenössischen deutschsprachigen
Presseberichten erscheint als Name jedoch stets "Misao".

[76] (1935) Kritik. In: Der Tanz. Jg 8, Heft 6, S 10

[77] Schumacher, Ernst (1985) Koreya Senda. In: Senda (1985)
S 199–209. Aus Solidarität mit in Japan lebenden Koreanern, die
nach dem großen Erdbeben 1923 fälschlicherweise der Plünde-
rung bezichtigt und tätlich angegriffen worden waren, hatte Itô
Kunio, der seines angeblich koreanischen Aussehens wegen im
Tôkyôter Stadtteil Sendagaya verprügelt worden war, den Künstlernamen Senda Koreya angenommen.

[78] Schumacher (1985) S 201

[79] Waley, Arthur (1921) The Nô Plays of Japan. London

[80] Die Originalfassung der Hauptmannschen Übersetzung ist abgedruckt in: Brecht, Bertolt (1966) Der Jasager und der Neinsager. Vorlagen, Fassungen und Materialien. Frankfurt/Main,
S 13–18

[81] Vgl. Hauptmann, Elisabeth (1966) Wie kam es zum "Jasager"
und zum "Neinsager"? Zitiert nach dem Programmzettel einer
Aufführung durch die 2. Erweiterte Oberschule (Berlin) im Bertolt-Brecht-Archiv, Bibliothek Inv. Nr C 4272, J 94–10

[82] Vgl. Suvin, Darko (1991) The Yamabushi (As presupposed in
Tanikô). In: Communications. Vol 20, No 1/2, S 42–52. Der Aus-
zug aus seinem Briefwechsel mit Takahashi ist auf S. 49
abgedruckt.

[83] Vgl. Protokolle von Diskussionen über den *Jasager* in der Karl-
Marx-Schule Neukölln (auszugsweise). In: Brecht, Bertolt (1966)
S 59–63. Die vollständigen Originale befinden sich unter der Inv.
Nr 407/01–25 im Bertolt-Brecht-Archiv Berlin.

[84] Vgl. Iwabuchi Tatsuji (1992) Der "Jasager und der Neinsager"
heute. In: Communications. Vol 21, No 2, S 61–66, bes. S 61

[85] W.G. (Kritikerkürzel) (1938) Gastspiel der japanischen Tanz-
truppe Takarazuka am 14. November im Beethovensaal. In: Der
Tanz. Jg 11, Heft 10/11, S 14

[86] Vgl. Schauwecker (1990) passim

[87] Vgl. das Programmheft der Berliner Erstaufführung im Archiv
der Theaterwissenschaftlichen Sammlung Köln (ohne Inv. Nr)

[88] Die laut Schauwecker (1990) S 415 auf den 12. Oktober fallende
Uraufführung in Königsberg muß früher stattgefunden haben;
laut Programmzettel fand an diesem Tag die Berliner Erstaufführung statt.

[89] Im Archiv der Theaterwissenschaftlichen Sammlung Köln be-

る中国と日本——1890年〜1925年》、ベルン／ミュンヘン、1977年

34．千田是也著《遍歴時代》、東ベルリン、ヘンシェル出版、1985年

35．松竹株式会社編『歌舞伎海外公演の記録』（日英語）、東京、1993年

36．ヴィクター・ゾルダン著《モスクワにおける日本演劇》〈演劇〉第10年、第1冊、11頁〜12頁所収、1929年

37．杉野橘太郎著《日本の舞台におけるシラーの劇》〈仮面と舞台靴〉第5年、第3号、269頁〜273頁所収、1959年

38．ダルコ・スヴィン著《谷行に見られる山伏》〈コミュニケーション〉第20巻、第1号〜2号、42頁〜52頁所収、1991年

39．リヒャルト・フォルツ著《映画の使命》〈ベルリン・ローマ・東京——世界政策上の枢軸三国民族間における文化関係促進のための月刊誌〉第1年、第1号、50頁〜52頁所収、1939年

40．アーサー・ウェイリー著《日本の能舞台》、ロンドン、1921年

41．ヨーゼフ・ワニンガ著《日本の演劇——神話・舞踏・音楽》〈ドイツのドラマツルギー〉第1年、252頁〜256頁所収、1941年

42．山根恵子著《日本の映画——歴史、作品、監督》、ミュンヘン／ルツェルン、1985年

finden sich aus Illustrierten ausgeschnittene Szenenphotos mit Zitaten aus dem Stück, deren Herkunft sich nicht eruieren ließ. Anders als Schauwecker (1990) S 419 schreibt, entsprach auch die Kostümierung der Chiyo dem japanisierten Stil der Inszenierung.

[90] Schauwecker (1990) S 422

[91] Wanninger, Joseph (1941) Das japanische Theater. Mythos – Tanz – Musik. In: Deutsche Dramaturgie. Jg 1, S 252–256

[92] Schauwecker (1990) S 408, Anm 8

Die Berliner Siemens-Werke in Tôkyô
Frank Wittendorfer

東京に設立されたベルリン企業シーメンス社

フランク・ヴィッテンドルファー

明治天皇は1869年に京都から東京への遷都を
おこなうことにより、日本に政治的、経済的か
つ社会的生活の過激な変化をともなう発展の端
緒を開いた。そして天皇を取り巻く若いエリー
ト政治家たちが、日本を近代的工業国に変貌さ
せるプロセスを比較的短期で進めたのである。
工業化段階の初期には、日本は技術と経済面で
非常に大きな遅れを見せていたが、それはヨー
ロッパとアメリカから専門知識を導入すること
によって徐々に補われた。

1880年代に日本の大都市で電力供給が始まる
とともに、ベルリンの企業シーメンス・ハルス
ケ電気会社は、それまで単に散発的におこなっ
ていた日本への輸出を拡大させ、対日本ビジネ
スを新たに組織することになった[1]。シーメン
ス・ハルスケ電気会社は強電分野でのビジネス
を強化するために、1886年にハンブルクのジャ
パンハウス・ローデと代理店契約を結んだ。ロ
ーデ社は東京と横浜に代理店を持ち、この二都
市を拠点に日本での販売業務をおこなっていた。
電気工学の知識面で日本市場対応に従事したの
はヘルマン・ケスラーであった。シーメンス・
ハルスケ電気会社は一年後の1887年に、エンジ
ニアであるケスラーをローデに派遣した。ケス
ラーの課題は技術面以外にも販売の可能性とマ
ーケティング戦略の調査および電気照明の宣伝
キャンペーンをおこなうことであった。

シーメンス社の創設者ヴェルナー・フォン＝
シーメンスの後継者たち、つまり弟のカールと
息子のアルノルトおよびヴィルヘルムは、1892
年に創設者が死亡した後、企業成長戦略上の路
線転換を図った。これは電気経済が好景気を呈
する同時期に必要に迫られておこなった対策で
あり、具体的には製品品種の拡大や莫大な金需
要に適合した新しい資本政策、あるいは海外活
動の強化と新しい販売技術の導入である。この
一環でローデ社との代理店契約が破棄され、代

Mit der Verlegung des kaiserlichen Regierungssitzes von Kyôto nach Tôkyô im Jahre 1869 leitete der Meiji-Tennô in Japan eine Entwicklung ein, die eine radikale Veränderung des politischen, wirtschaftlichen und gesellschaftlichen Lebens herbeiführte. Eine Elite junger Politiker um den Tennô setzte nun einen Prozeß in Gang, der Japan in vergleichsweise kurzer Zeit zu einem modernen Industriestaat umformte. Die zu Beginn der Industrialisierungsphase noch stark ausgeprägten Defizite in technologischer und ökonomischer Hinsicht wurden durch den Transfer von Fachwissen aus Europa und den Vereinigten Staaten allmählich kompensiert.

Die in den 1880er Jahren einsetzende Versorgung der japanischen Großstädte mit Elektrizität veranlaßte die Berliner Firma Siemens & Halske (s&h), ihre bislang nur sporadischen Exportgeschäfte auszudehnen und neu zu organisieren.[1] Zur Intensivierung des Starkstromgeschäfts schlossen s&h 1886 mit dem

ヘルマン・ケスラー　Hermann Kessler

1897 年当時の東京の地図。1887 年に日本に派遣されたヘルマン・ケスラーの最初の事務所は築地にあった。

Ausschnitt aus einem Stadtplan Tôkyôs aus dem Jahre 1897 mit dem Bereich von Tsukiji, wo sich Hermann Kesslers erste Siemens-Niederlassung ab 1887 befand

りに 1893 年にはシーメンス・ハルスケ電気会社独自の技術事務所であるシーメンス・ハルスケ電気会社代理店・日本事務所が東京に設けられた。ケスラーがビジネスおよび技術面で陣頭に立ち、本社から日本事業のすべてを引き継いだ。

日本政府も外国企業の経済活動に対する大綱条件を改善した。1897 年の通商条約改訂は、資本輸入の大幅な自由化と結び付き、外国の投資家に、より大きな活動の自由を与えた。こうした事情を背景に、シーメンス・ハルスケ電気会社がその数年で日本で受けた注文は満足のいくものであった。受注状況が非常によかったため、国外に直接投資をする覚悟があったシーメンス

Hamburger Japanhaus C. Rohde & Co. einen Agenturvertrag. Rohde unterhielt Vertretungen in Tôkyô und Yokohama, von wo aus er seine Abnehmer bediente. Die elektrotechnischen Kenntnisse zur Bearbeitung des japanischen Marktes stellte Hermann Kessler zur Verfügung, ein Ingenieur, den S&H ein Jahr später, 1887, an Rohde außerdem mit der Aufgabe delegierte, nach Absatzmöglichkeiten und Marketingstrategien zu suchen und Werbekampagnen für elektrische Beleuchtung zu betreiben.

Die Nachfolger des Firmengründers Werner von Siemens, sein Bruder Carl sowie seine Söhne Arnold und Wilhelm, führten nach dessen Tod 1892 den in der konjunkturellen Hochphase der Elektrowirtschaft so dringend erforderlich gewordenen wachstumsstrategischen Kurswechsel durch. Dazu zählte

は、1905年に日本の会社法に則りシーメンス・シュッケルト電機株式会社を設立することになった。25万円の株式資本はその3分の2をベルリンのシーメンス本社が所有し、残り3分の1を新設会社の管理職社員が所有した。

　この二年前、シーメンス・ハルスケ電気会社と、シュッケルト社（ニュルンベルク市）を前身とする電力株式会社から生まれたシーメンス・シュッケルト・ウェルケで構造改革があったが、日本で新設された会社の命名に、この構造改革の影響が見て取れる。以後シーメンス・ハルスケ電気会社は弱電技術を、一方シーメンス・シュッケルト・ウェルケは強電技術を担当した。したがって、日本の事務所はシーメンス・シュッケルト・ウェルケに属した。第一次世界大戦勃発直前には、シーメンス・シュッケルト電機株式会社は東京と大阪それぞれに技術事務所、五つの支店、代理店二店および工場をひとつ有する販売網を敷いていた。当時シーメンス・シュッケルト電機株式会社にはヨーロッパ人の従業員が34人、日本人従業員が167人、そして日本人生産労働者が90人従事していた[2]。会社は広域にわたる販売網を持ち、日本以外にも日本の勢力範囲である朝鮮半島、台湾、南満州をもカバーしていた。

　しかしながら、販売高と収益性の釣合は取れていなかった。受注面での伸びが良好であったにもかかわらず収益状況は悪く、事業報告に記録されている純益高は実情の一部しか表わしていない。理由は、シーメンス・シュッケルト電機株式会社の財政がベルリンの本社の影響をうけていたためである。ベルリン・東京間の取引に対するシーメンス内部での精算勘定価格の変更によって、収益の配分が操作され得たのである。たとえば1909年の日本の国鉄との取引きでは、ベルリンのシーメンス・シュッケルト・ウェルケ鉄道課がシーメンス・シュッケルト電

außer Produktdiversifizierung und einer neuen, dem hohen Geldbedarf angepaßten Kapitalpolitik eine Verstärkung des Auslandsengagements und der Einsatz neuer Vertriebstechniken. Der Agenturvertrag mit Rohde wurde gekündigt und 1893 durch ein firmeneigenes Technisches Büro in Tôkyô unter der kaufmännischen und technischen Leitung von Kessler ersetzt. Die Siemens & Halske Agency Japan, Büro Tôkyô, übernahm nun das gesamte Japangeschäft von der Muttergesellschaft.

Auch der japanische Staat verbesserte die Rahmenbedingungen für die wirtschaftliche Entfaltung ausländischer Unternehmen. Die Revision der Handelsverträge 1897 ermöglichte im Verein mit einer großzügigen Liberalisierung der Kapitaleinfuhr fremden Investoren größere Handlungsfreiheit. Vor diesem Hintergrund entwickelten sich die Japanaufträge von S&H in diesen Jahren befriedigend. Die durchwegs positive Auftragslage und die Bereitschaft zu Direktinvestitionen veranlaßte Siemens 1905 zur Gründung einer Auslandsgesellschaft nach japanischem Gesellschaftsrecht, der Siemens-Schuckert Denki Kabushiki Kaisha (SSDKK). Das Aktienkapital in Höhe von 250.000 Yen hielt zu zwei Dritteln das Berliner Stammhaus, das restliche Drittel lag bei den leitenden Angestellten der neuen Aktiengesellschaft.

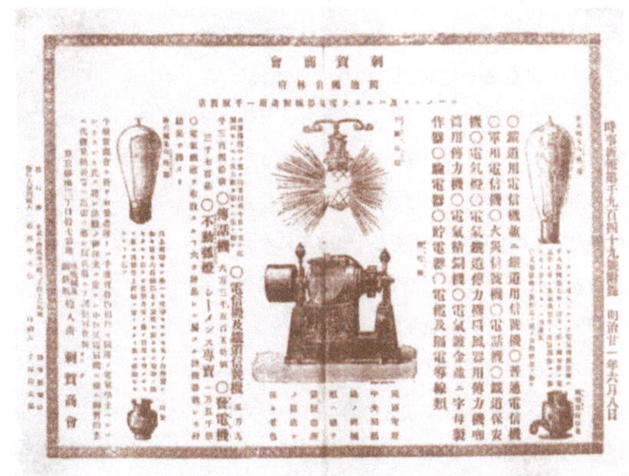

新設のシーメンス代理店の宣伝用ちらし、「時事新報」（1888年6月8日付、第1949号）折り込み

Werbeblatt der jungen Siemens-Vertretung in Japan als Beilage zur Tageszeitung 'Jiji Shinpô', Tôkyô, vom 8. Juni 1888, Nr. 1949

江ノ島電気鉄道（株）、1898 年に敷設免許取得、1902 年に 4
台の木造 4 輪単車で営業開始。モーターはシーメンス・ハ
ルスケ社の 30 馬力モーター、集電装置はシーメンス式弓形
摺触器、台車は H・マイネッケの製品。
Enoshima-Straßenbahn, elektrisch ausgerüstet von
Siemens, 1899 konzipiert und 1902 in Betrieb
gestellt

機株式会社に調達した装備の精算において 9 万
4000 マルクの損失に目をつぶったために、5 万
9000 マルクの利益を上げることができたので
ある[3]。

　ベルリンからの購入価格が値引きされ、純益
が少なかった原因は、日本市場での競争が過酷
であり、販売価格水準が低かったところにある。
アメリカのジェネラル・エレクトロニクス・カ
ンパニーが市場を絶対的に支配する状況下で、
シーメンスは価格競争を受けて立ち、低価格政
策を打ち立てて日本市場への侵攻を図った。そ
のようにしてのみ、大きな市場シェアの獲得が
可能だったのである。すでに 1898 年に東京の技
術事務所は「我々は当地日本で非常に強力な競
争相手と対峙している。アメリカのメーカーは、
我々の総原価価格でさえ太刀打ちできない低価
格で売り込みをかけることが多い」[4] と嘆いて
いる。

　価格競争にくわえてシーメンスの採ったマー
ケティング戦略は、いわゆる企業ビジネスであ
る。地域電力会社や地域路面電車会社の設立、
あるいは自治体の相応の機関に資本参加するこ

Die zwei Jahre zuvor erfolgte konzerninterne Umstrukturierung der Stammfirma Siemens & Halske
und der aus der ehemaligen Elektrizitäts-Aktienge-
sellschaft, vormals Schuckert & Co. (Nürnberg), gebildeten Siemens-Schuckert-Werke (ssw), wirkte
sich bereits auf den Titel aus, unter dem die neue
Gesellschaft in Japan firmierte. s&h waren fortan für
Schwachstromtechnik, die ssw dagegen für Stark-
stromtechnik zuständig. Dementsprechend war die
Geschäftsstelle in Japan ein Unternehmen der ssw.
Kurz vor Ausbruch des 1. Weltkriegs setzte sich das
Vertriebsnetz der ssdkk aus zwei Technischen Büros
in Tôkyô und Ôsaka, aus fünf Zweigbüros, zwei
Agenten und einer Werkstätte zusammen. Zu dieser
Zeit waren 34 europäische, 167 japanische Angestell-
te und 90 japanische Arbeiter für die ssdkk tätig.[2]
Die Firma verfügte über ein weit gespanntes Ver-
triebsnetz, das außer Japan auch die Korea, Formosa
und die Südmandschurei umfassende japanische In-
teressensphäre einschloß.

Geschäftsvolumen und Rentabilität standen in
einem Mißverhältnis zueinander. Ungeachtet der
günstigen Auftragsentwicklung war die Ertragslage
schlecht. Die in den Geschäftsberichten aufgeführten Reingewinne sind nur bedingt aussagekräftig, da
die Finanzen der ssdkk von der Zentrale in Berlin
beeinflußt waren. Durch Änderung der internen
Verrechnungspreise bei Siemens im Geschäftsver-
kehr zwischen Berlin und Tôkyô konnte die Ertrags-

シーメンス・シュッケルト電機株式会社の社員たち（1919 年 11 月）
Mitarbeiter der Siemens-Schuckert Denki Kabushiki Kaisha 1919 im
November

とによってシーメンス・シュッケルト電機株式
会社は一方では投資規模の大きい自治体のプロ
ジェクトに投資し、他方ではそのために必要な
電気技術設備や装置の受注を確保したのである。
世紀の変わり目頃、シーメンスはそのような投
資ビジネスを多数手がけた。たとえば1898年に
はＡＥＧ社と共同で東京の馬車鉄道を引受け、
続いてこれを電化しようとした。また古河財閥
との交渉ももった。古河の鉱山と冶金工場は、
日本でのシーメンス・ハルスケ電気会社の活動
開始当初より最も重要な取引相手に数えられて
いた。シーメンスが古河との交渉で意図したと
ころは、日本最大の銅山の電化に関与すること
であった。

　企業創立者の末息子カール＝フリードリッ
ヒ・フォン＝シーメンスは、1908年に調査の目
的で東京を訪れた直後に企業政策上の様々な対
策を打ち立て日本での販売強化を図った。しか
し、第一次世界大戦前夜における日本市場での
シーメンスの立場は益々不安定になった。1911
年の条約改正で日本は再び関税自主権を回復し、
電気工学製品に保護関税を課すようになった。
その他に、徐々に成長した日本の電気産業が一
部市場において、技術レベルは低いものの小型
エンジン、ヒューズ、ソケット、電線の国内生
産をおこない市場を取り戻した。また、決定的
な競争要因は、日本が本質的に低賃金コストで
生産できたことであった。そこでシーメンスは、
合弁会社設立構想をもって日本の競争相手に立
ち向かおうとした。日本のパートナーとの企業
設立によって現地生産で投資リスクを減少させ、
関税を免れることができ、現地に合った低賃金
生産が可能になり、しかも日本市場へのアクセ
スも容易になった。合弁会社設立構想で第一に
計画に上がったのは、原料事情が有利なケーブ
ルの生産である。隣の大国・中国本土は政治事
情が不安定なために、直接投資には有利な状況

古河虎之助男爵とヘルマン・ケスラー、
古河邸庭園にて（1921年）
Baron Furukawa Toranosuke mit
Hermann Kessler im
Park Furukawas in Tôkyô, 1921

verteilung manipuliert werden.
Ein Geschäft etwa mit der japanischen Staatsbahn konnte 1909 nur deshalb mit einem Gewinn von 59.000 Mark abgewickelt werden, weil die ssw-Bahnabteilung in Berlin bei der Verrechnung der an die ssDKK gelieferten Ausrüstungteile einen Verlust von 94.000 Mark in Kauf nahm.[3] Ursache für die ermäßigten Bezugspreise aus Berlin und für die niedrigen Reingewinne war das schlechte Verkaufspreisniveau in Japan, für das die harte Konkurrenzsituation verantwortlich war. Die Vereinigten Staaten führten den Markt unangefochten mit der General Electric Company an. In dieser Wettbewerbssituation stellte sich Siemens dem Preiskampf und betrieb die Invasion des japanischen Marktes durch Tiefpreispolitik. Nur so konnten möglichst hohe Marktanteile besetzt werden. Das Technische Büro Tôkyô beklagte sich schon 1898: "Wir haben es nun hier in Japan mit einer sehr starken Conkurrenz zu thun. Die amerikanischen Fabrikanten offerieren häufig zu Preisen, gegen die wir selbst mit reinen Selbstkosten nicht ankommen können."[4]
Neben dem Preiswettbewerb zählte zu den Marketingstrategien von Siemens das sogenannte Unternehmergeschäft. Durch Gründung von lokalen Elektrizitäts- und Straßenbahngesellschaften oder durch Beteiligung an entsprechenden kommunalen Einrichtungen finanzierte ssDKK einerseits den Gemeinden die investitionsintensiven Projekte und sicherte sich andererseits dadurch die Bestellaufträge an den dafür benötigten elektrotechnischen Einrichtungen und Anlagen. Um die Jahrhundertwende verfolgte Siemens mehrerer solcher Finanzierungsgeschäfte; 1898 etwa wurde zusammen mit der AEG die Übernahme und anschließende Elektrifizierung der Pferdebahn in Tôkyô angestrebt. Verhandlungen fanden

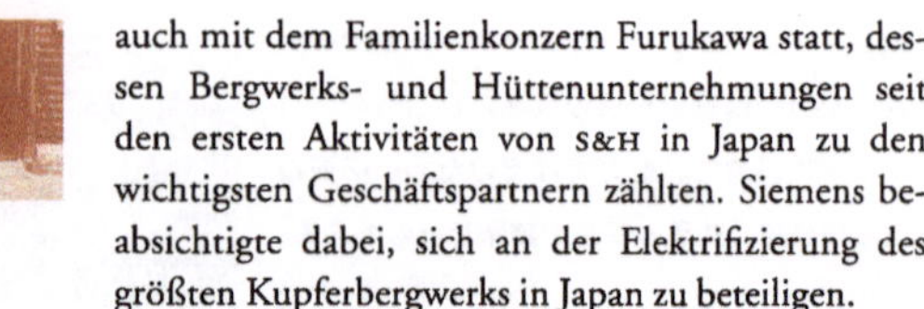

ではなかった。したがって日本との合弁会社設立構想は、日本を拠点として無限のキャパシティーを有する中国および全東アジア市場の征服を図ろうとするものであった。しかし、究極的には住友財閥などとの計画は海軍事件や戦争の勃発で挫折し、ようやく実現されたのは1920年代になってのことである。

シーメンス社員も日本の慣例に倣い、取引相手にお中元やお歳暮を届けた。しかし、シーメンス・シュッケルト電機株式会社が日本海軍に届けた贈物のリストが1913年にイギリス筋をつうじて摘発され裁判沙汰となった。日本上級将校の信望を落とす結果となったこの事件は政府の危機を招き、最終的には内閣総理大臣辞職におよんで、シーメンスは目に見えて威信を失墜した(5)。また、シーメンス支店の支店長をも含む多数の責任者が告訴され、有罪の判決を受けた。

シーメンスが日本で何十年をも費やして構築した幅広いビジネス関係は、第一次世界大戦とドイツの敗戦によってほとんど破壊されてしまった。連合国側の日本は、イギリスの圧力により1917年以降ドイツに対して貿易制限を課し、シーメンス・シュッケルト電機株式会社のビジネス活動を禁止した。戦時中シーメンスは、特に1914年10月と11月に膠州湾および青島から日本に護送された4800人のドイツ人戦争俘虜の世話をし、シーメンス・シュッケルト電機株式会社が1919年末に事業を再開するまで、この大々的な援助活動を自社の重要な戦争課題とした。東京明石町48番のユーゲントシュティールの社屋前で撮った社員のグループ写真には47人が写っており、1919年11月当時東京で勤務していた従業員数は約50人と推定される。

1921年末に東京に派遣された代表団は、以前の合弁会社設立構想を再度取り上げ、古河虎之助男爵と交渉した。その結果、1923年に共同の企業設立と電気機器、変圧装置、開閉器の生産

auch mit dem Familienkonzern Furukawa statt, dessen Bergwerks- und Hüttenunternehmungen seit den ersten Aktivitäten von S&H in Japan zu den wichtigsten Geschäftspartnern zählten. Siemens beabsichtigte dabei, sich an der Elektrifizierung des größten Kupferbergwerks in Japan zu beteiligen.

Trotz der Bemühungen von Carl Friedrich von Siemens, dem jüngsten Sohn des Firmengründers, insbesondere im Anschluß an seine Informationsreise nach Tôkyô im Jahre 1908 wegen firmenpolitischer Maßnahmen zur Absatzsteigerung in Japan, sah Siemens seine Stellung auf dem japanischen Markt am Vorabend des 1. Weltkriegs zunehmend bedroht. 1911 erlangte das Land in einer Vertragsrevision die Zollautonomie wieder und verfügte prohibitive Tarife auf elektrotechnische Erzeugnisse. Darüber hinaus drängte die allmählich anwachsende japanische Elektroindustrie in Marktsegmenten mit bescheidenem technischen Niveau die Importe durch Eigenfabrikation von Kleinmotoren, Sicherungen, Fassungen und Drähten langsam zurück und konnte als entscheidenden Wettbewerbsfaktor wesentlich niedrigere Lohnkosten verbuchen. Der japanischen Konkurrenz trat Siemens mit einem Joint-Venture-Konzept entgegen. Die Gründung von Unternehmen zusammen mit japanischen Partnern und damit die Produktion vor Ort schmälerte das Investitionsrisiko, vermied Zölle, ermöglichte niedrigere, dem örtlichen Niveau angepaßte Löhne und erleichterte zudem den Zugang zum japanischen Markt. Für die Joint-Venture-Pläne kam in erster Linie aufgrund der etwas günstigeren Rohstoffsituation die Kabelfabrikation in Frage. Da das Investitionsklima des benachbarten Festlandriesen China wegen der politischen Situation ungünstig schien, waren die japanischen Joint-Ventures als Basis konzipiert, von der aus der chinesische wie überhaupt der gesamte ostasiatische Markt mit seiner schier unerschöpflichen Kapazität erobert werden sollte. Letztlich scheiterten die Vorhaben – etwa zusammen mit dem Familienkonzern Sumitomo – an der Marine-Affäre und am Ausbruch des Krieges und wurden erst in den 1920er Jahren realisiert.

Entsprechend den japanischen Sitten hatten auch Siemens-Angestellte ihren Geschäftspartnern zu

富士電機製造株式会社設立祝賀会（1923年）

Feier anläßlich der Gründung der Fusi Denki Seizô Kabushiki Kaisha, 1923

工場を（東京と横浜の間にある）川崎に設立す
る契約が成立した。これによって誕生した富士
電機製造株式会社（当時フシと呼んだ。古河の
フとシーメンスのシ⁽ᵃ⁾）の設立資本金1000万円
は、30パーセントがシーメンス、45パーセント
が古河財閥の所有で、残りは日本人の小株主の
所有であった。設立当初の困難を乗り切った後
ビジネスは順調に伸び、6000人の社員を抱える
同社は1938年から1939年に5200万マルクの
売上を達成した⁽⁶⁾。フィルムや無線通信技術と電
話系統の新技術導入によって、1935年にシーメ
ンスと古河間に生産技術と組織上の革新が生じ、
その結果富士電機より弱電技術部門を独立させ、
通信技術の会社富士通信機製造株式会社が誕生
した。

　1945年後の日本の工業においては経済・技術
上でアメリカが優勢であったために、新たな出
発は困難であった。占領国アメリカによって発
布された法律により古河財閥は解体、またシー
メンスの財産は没収される結果となった。残っ
た富士系列会社はグループに統括され、シーメ
ンスの強制退去の後は「フシ」を「フジ」に改
名した。1952年には富士電機とシーメンス・

Feiertagen (ochûgen im Sommer, oseibo zum Jahresende) Geschenke zukommen lassen. Eine Liste der SSDKK über solche auch an die japanische Marine gemachten Präsente gelangte 1913 über britische Kanäle an die Öffentlichkeit und zog ein Gerichtsverfahren nach sich, in dem das Ansehen hoher japanischer Offiziere in Frage gestellt wurde. In der Folge kam es zu einer Regierungskrise, in deren Verlauf der Ministerpräsident zurücktreten mußte, und zu einem spürbaren Prestigeverlust für Siemens.[5] Zahlreiche Verantwortliche, darunter auch der Leiter der Siemens-Filiale, wurden angeklagt und verurteilt.

Die ausgedehnten Handelsbeziehungen, die Siemens im Laufe von Jahrzehnten in Japan aufgebaut hatte, wurden durch den 1. Weltkrieg und seinen für Deutschland negativen Ausgang nahezu völlig zerstört. Seit 1917 waren Handelsbeschränkungen wirksam, die das alliierte Japan auf britischen Druck Deutschland auferlegte und die die Geschäftstätigkeit der SSDKK unterbanden. Während dieser Jahre widmete sich Siemens besonders den im Oktober und November 1914 von Kiautschou (Jiaozhou) und Tsingtau (Qingdao) nach Tôkyô gekommenen 4.800 kriegsgefangenen bzw. internierten oder ausgewiesenen Deutschen. Bis zu ihrer Wiedereröffnung Ende 1919 nahm SSDKK diese großangelegte Hilfsaktion als wesentliche Kriegsaufgabe wahr. Ein Gruppenphoto der damaligen Belegschaft vor dem im Jugendstil 1907 errichteten Werkbau in Akashi-chô 48, Tôkyô, zeigt 47 Personen, so daß sich also die Zahl der Mitarbeiter auf rund 50 schätzen läßt, die in Tôkyô im November 1919 tätig waren.

Eine Ende 1921 nach Tôkyô gereiste Siemens-Delegation griff den alten Gedanken eines Joint-Venture-Unternehmens wieder auf und schloß nach Verhandlungen mit Baron Furukawa Toranosuke 1923 einen Vertrag über Gründung eines gemeinsamen Unternehmens und Errichtung einer Fabrik für elektrische Maschinen, Transformatoren und Schaltgeräte bei Kawasaki, zwischen Tôkyô und Yokohama gelegen. Das Gründungskapital der Fusi Denki Seizô Kabushiki Kaisha – Fusi als Kürzel für **Fu**rukawa und **Si**emens – in Höhe von zehn Millionen Yen lag zu 30 Prozent bei Siemens und zu 45 Prozent bei der Furukawa-Gruppe. Die übrigen Anteile gehörten japanischen Kleinaktionären. Nach anfänglichen

京橋にあった**富士電機製造株式会社の販売店舗**（1924年）
Verkaufsladen der Fusi Denki Seizô Kabushiki Kaisha,
Kyôbashi in Tôkyô 1924

シュッケルト・ウェルケが広範な外部契約を締
結し、強電・制御・計測技術分野での技術提携
が新たに成立した。また、通信技術領域の一部
でも再度シーメンス・ハルスケ電気会社との協
定が生まれた。その後は集中的に企業の再組織
化、新たに製品と販売プログラムを樹立、かつ
技術開発に取り組んだ。今日シーメンスは資本
参加によって、古河グループの三大企業（富士
電機、富士通、古河電気工業）と協力関係に
ある。

　総括すると、電気技術領域での日独経済関係
には本質的に三つの成長段階が見られる。第一
次世界大戦の前夜までは日本は独自の生産、開
発、研究を断念せざるを得ない状態にあり、電
気機器と付属品の輸入に終始した。この状況に

Schwierigkeiten entwickelte sich der Geschäftsgang erfreulich. Mit 6.000 Beschäftigten setzte die Gesellschaft 1938/39 fast 52 Millionen Mark um.[6] Neue Technologien bei Film- und Funktechnik und im Fernsprechwesen führten 1935 zu einer fertigungstechnischen und organisatorischen Neuordnung zwischen Siemens und Furukawa durch Ausgliederung der schwachstromtechnischen Abteilung aus der Fusi Denki und zur Gründung einer eigenen nachrichtentechnischen Gesellschaft, der Fusi Tsûshinki Seizô Kabushiki Kaisha.

Wirtschaftliche und technische Dominanz der Vereinigten Staaten innerhalb der japanischen Industrie gestaltete den Neubeginn nach 1945 schwierig. Von der amerikanischen Besatzungsmacht erlassene Gesetze führten zur Auflösung des Furukawa-Konzerns und zur Beschlagnahme des Siemens-Eigentums. Die verbleibenden Fusi-Gesellschaften wurden in einer Auffanggesellschaft zusammengefaßt, freilich nach dem zwangsweisen Ausscheiden von Siemens unter Änderung des Namens von Fusi in Fuji. Ein umfangreicher Rahmenvertrag begründete 1952 die technische Zusammenarbeit zwischen der Fuji Electric und den ssw auf dem Gebiet der Starkstrom-, Regel- und Meßtechnik neu. Auch in ausgewählten Bereichen der Nachrichtentechnik kam es wieder zu einer Kooperation mit s&h. In den folgenden Jahren wurde mit großer Intensität an der Reorganisation des Unternehmens, an der Neuordnung des Produkt- und Vertriebsprogramms und an der technischen Entwicklung gearbeitet. Heute wirkt Siemens auf der Grundlage entsprechender Beteiligungen mit den drei großen Unternehmen der Furukawa-Gruppe (Fuji, Fujitsû und Furukawa Electric) partnerschaftlich zusammen.

Zusammenfassend läßt sich sagen, daß die deutschjapanischen Wirtschaftsbeziehungen im Bereich der Elektrotechnik von drei wesentlichen Wachstumsphasen geprägt wurden. Bis zum Vorabend des 1. Weltkriegs importierte Japan unter notwendigem Verzicht auf eigene Fertigung, Entwicklung und Forschung lediglich elektrische Apparate und Zubehörteile. Dieser Tendenz trugen s&h durch die Gründung einer Niederlassung 1887 in Tôkyô Rechnung. Japan gab seinen Status als bloßes Importland aber nach der Jahrhundertwende auf und drosselte durch

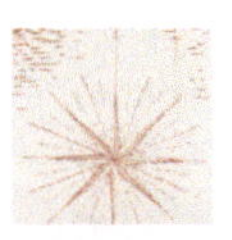

対応するためにシーメンス・ハルスケ電気会社は 1887 年に東京に支社を設立した。しかし、日本は単なる輸入国というステータスから世紀変わり目頃に脱皮し、相応の法規を施行し、同時に国内生産を奨励して外国製品の輸入に歯止めをかけた。この段階では、シーメンスは簡単な機器製造に必要な技術をライセンス協定によって提供した。しかしそれに止まらず、日本人と提携して共同生産をつうじ日本の販売市場と有利な生産条件の確保に乗り出した。このようにして、1923 年には古河財閥とともに富士電機製造株式会社を設立するにいたった。第二次世界大戦による大惨事の後、まず日本の経済はアメリカの強い影響下にあった。西側諸国にとっては驚異的なほどに日本人はエネルギーと力を結集し、日本に経済復興の奇蹟をもたらした。生産面では徐々にライセンス取得による生産からハイテク製品への移行を成し遂げた。今日のドイツと日本のシーメンス社は、技術開発を分業し、相互に納品し合う関係にある。

注

(1) 本稿執筆にあたり参考文献 1 〜 6 、8 を参照した。

(2) データは参考文献 4 （29 頁）より。

(3) シーメンス記録文書室保管原稿（15/Le 503）参照。引用は参考文献 6 （7 頁）より。

(4) シーメンス記録文書室に日本関連資料在り（68/Li 151）。引用は参考文献 6 （9 頁）より。

(5) 参考文献 7

(a) 訳注：現代の日本の辞典は Siemens をドイツ語の発音にならって「ジーメンス」としているが、昔は「シーメンス」と呼ばれていた。ここで設立された合併会社は古河の「フ」と「シーメンス」の「シ」をとって「フシ (Fushi)」と名付けられ、漢字では「富士」と書いたようだ。この由来の話しのためもあり、本文では Siemens を昔ながらの「シーメンス」とした。

(6) 参考文献 8 （10 頁）。ちなみに、従業員数 18 万 7000 人のシーメンス本社の 1938 年／1939 年の売上は、120 万マルクであった。

entsprechende Gesetzgebung die ausländische Einfuhr bei gleichzeitiger Förderung der einheimischen Produktion. Siemens stellte in dieser Phase nicht nur die zur Herstellung einfacher Geräte erforderliche Technologie durch Lizenzabkommen zur Verfügung, sondern begann sich Absatzmärkte und günstige Erzeugungsbedingungen durch gemeinsame Produktion im Verein mit den Japanern im eigenen Land zu sichern. So kam es 1923 zur Gründung eines Unternehmens, der Fusi Denki Seizô, gemeinsam mit dem Furukawa-Konzern. Nach der Katastrophe des II. Weltkriegs befand sich die japanische Wirtschaft zunächst unter starkem Einfluß der Vereinigten Staaten. Die Menschen bündelten ihre Energien und Potentiale in einer für den Westen kaum nachvollziehbaren Weise und führten Japan in ein Wirtschaftswunder, dessen Produktionsseite gekennzeichnet war vom allmählichen Übergang vom plagiativen Lizenznachbau zum High-Tech-Artikel. Heute sind die Beziehungen der Siemens-Gesellschaften in Deutschland und Japan von arbeitsteiliger technischer Entwicklung und gegenseitiger Belieferung bestimmt.

Anmerkungen

[1] Für die vorliegende Darstellung wurden folgende Ausarbeitungen herangezogen: Takenaka Tôru (1989) Die Tätigkeit der Firma Siemens in Japan vor dem Ersten Weltkrieg. In: Siemens Akten-Archiv (SAA) 68/Li 151 (unveröffentlichtes Manuskript); Takenaka Tôru (1988) Die Investitionspolitik der deutschen Elektroindustrie in Japan am Anfang des 20. Jahrhunderts. In: Ebd. (unveröffentlichtes Manuskript); Wilhelms, H. (1979) Die deutsche Elektroindustrie und Japan – ein historischer Abriß. In: Ebd. (unveröffentlichtes Manuskript); Siemens K.K. Tôkyô (Hrsg) (1987) 100 Jahre Siemens in Japan. Festschrift; Maaß, Robert (1958) Die auswärtigen Geschäftsstellen der Siemens-Werke und ihre Vorgeschichte; Momotani Rokurôta (1954) Die Tätigkeit des Hauses Siemens in Japan; Schönwald, G. (1928) Das Werk Fusi. Die elektrotechnische Fabrik Furukawa Siemens. In: Siemens Jahrbuch 1928, S 287–304

[2] Angaben nach Siemens K.K. Tôkyô (Hrsg) (1987) S 29

[3] SAA 15/Le 503, zit. nach Takenaka (1989) S 7

[4] SAA 68/Li 151, Stoffsammlung Japan, zit. nach Takenaka (1989) S 9

[5] Vogt, Karl (1958) Der Fall Siemens und der Marineskandal in

参考文献

1. ロベルト・マース著《シーメンス社の海外支社とその経緯》、1958年

2. 百谷六郎太著《日本でのシーメンス社の活動》、1954年

3. G・シェーンヴァルト著《フシ・富士電機製造株式会社——古河とシーメンスによる電気技術工場》〈シーメンス年鑑1928年〉287頁〜304頁所収、1928年

4. シーメンスK．K．編《日本のシーメンス百年——記念論文集》、東京、1987年

5. 竹中徹著《20世紀初頭の日本におけるドイツ電気機械工業の投資政策》、1988年（68/Li 151）

6. 同著《第一次世界大戦前の日本におけるシーメンス社の活動》、1989年（68/Li 151）

7. カール・フォークト著《1913年末から1914年7月までのシーメンス事件と日本海軍のスキャンダル》、1958年（68/Lm 911）

8. H・ヴィルヘルムス著《ドイツ電気機械工業と日本——歴史概要》、1979年（68/Li 151）

　参考文献5〜8はシーメンス記録文書室に保管されている未発表原稿で、括弧内は検索番号である。

Japan Ende 1913 bis Juli 1914. In: SAA 12/Lm 911 (unveröffentlichtes Manuskript)

[6] Wilhelms (1979) S 10. Zum Vergleich: der Umsatz der beiden Siemens-Stammfirmen betrug 1938/39 bei 187.000 Mitarbeitern 1,2 Milliarden Mark.

Zwei Weltkriege
Marie-Luise Goerke

二度の世界大戦

マリー＝ルイーゼ・ゲールケ

戦争敵国、ベルリンの接近の試み、ベルサイユとワシントン講和条約——第一次世界大戦

　第一次世界大戦は日本とドイツの直接的な紛争につながった。1902年以来イギリスの同盟国である日本は連合国側に立ち、東京は1914年8月にドイツに宣戦を布告した。その事前に日本はドイツの全東洋艦隊を日本海とシナ海から撤退させ、ドイツの膠州湾租借地全部を中国に還付する目的で日本に引き渡すこと、とする対独最後通牒を発した[1]。しかし、ドイツはこれに回答せず、日本海軍は膠州湾を海上封鎖、1914年11月にはドイツの青島要塞を陥落させた。

　同盟国イギリスは、単に英商船が危機にさらされた際の援助を依頼したにすぎなかったため、日本の青島攻撃には控え目な反応を示した。青島の占領は極東における日本の優位をさらに強化し、連合国の反発を招いた。これをベルリンは日本をドイツ陣営に引き寄せるチャンスの到来と見、独日連合の成立を期待して東京を協商諸国から引き離そう試みた。そのためベルリンは、特に多額の軍事出費によって財政難に陥っていた日本に経済援助を申し出た。さらに、極東におけるドイツのそれまでの租借地を日本に供与することを提案した。ベルリンは、三国干渉以前の時代に両国に友好関係が存在した事実にも期待をかけたのであった[2]。

　極東におけるドイツ領の日本供与に関しては、青島はすでに日本に占領されており、借款の見込みにも保証がなかった。目指す日独「特別講和」は挫折、言い替えれば最初からドイツの幻想に過ぎなかったのである[3]。ベルリンは、東京が独自で戦果を上げている状態を認知せず、ドイツの戦争の駒と見なしていたのである。

　「ドイツ帝国指導部の戦争政策で東洋の島国は単なる手助け、簡単に操作できる対象と見られている、という結論に達する。（…）ベルリンは完全に東京を見下している。日本は歴史的な

Kriegsgegner, Berliner Annäherungsversuche, Versailles und Washington: Der I. Weltkrieg

Der I. Weltkrieg führte zu einem direkten Konflikt zwischen Japan und Deutschland, denn Japan, das seit 1902 Bündnispartner Englands war, stand auf der Seite der Alliierten. Tôkyô erklärte Berlin im August 1914 den Krieg und stellte ein Ultimatum, alle deutschen Kriegsschiffe aus den japanischen und chinesischen Gewässern zurückzuziehen. Das gesamte deutsche Pachtgebiet Kiautschou (Jiaozhou) sollte an Japan ausgeliefert werden, das es gegebenenfalls an China zurückgeben würde.[1] Deutschland reagierte auf diese Forderung nicht, Japan griff in Kiautschou an und siegte schon im November des Jahres 1914.

Der japanische Bündnispartner England, der lediglich um Schutz der britischen Schiffe gebeten hatte, reagierte auf den japanischen Vorstoß nach Tsingtau (Qingdao) jedoch verhalten. Die Eroberung von Tsingtau stärkte die japanische Vormachtstellung im Fernen Osten, was zum Unmut der Alliierten beitrug. Berlin sah nun seine Chance gekommen, Japan in diesem Krieg auf seine Seite zu ziehen. Man hoffte auf einen deutsch-japanischen Verbund und versuchte, Tôkyô aus der Entente herauszubrechen. Als Anreiz für einen solchen Schritt bot man Tôkyô finanzielle Unterstützung, da Japan insbesondere durch seine militärischen Aufwendungen an Kapitalmangel litt, des weiteren den Verzicht auf die bisherigen deutschen Pachtgebiete in Fernost zugunsten Japans. Auch setzte Berlin auf die Erinnerung an die Zeit der guten Beziehungen vor der Tripelintervention.[2]

In bezug auf die Abtretung deutscher Gebiete in Fernost an Japan war allerdings nicht zu übersehen, daß Tsingtau bereits Japan gehörte, und die Aussicht auf eine tatsächliche Geldanleihe war noch keine Garantie. Der so erstrebte "Sonderfrieden" scheiterte, bzw. war von Anfang an nichts weiter als eine deutsche Illusion.[3] Berlin betrachtete Tôkyô als Schachfigur seiner Kriegsführung, ohne zu erkennen, daß Tôkyô bereits selbst erfolgreicher Spielführer war.

"... wir [kommen] zu dem Ergebnis, daß die deutsche Reichsleitung das ostasiatische Inselreich in ihrer Kriegszielpolitik im Grunde nur als eine Hilfskraft und damit als ein leicht zu fassendes Objekt betrachtete ... Berlin sah Tokio schlicht von oben herab an. Hinzu kam die historische Erinnerung, die nach

追憶をもつ、とドイツは考えている。さらに帝国指導部が政策の実現で日本古来の倫理観にアピールするのは（…）現実と幻想の取り違えである。それはドイツの対日政策において、交渉相手、かの東洋のプロシアが以前は我が国の弟子であったため、このような考えを持ったのである。まさに歴史上の遺物だ」[4]

東洋における日本の勢力範囲を承認し、独日同盟を成立させようとするドイツの思惑は成功しなかった。日本は協商諸国、連合国側に留まったばかりでなく、戦勝国の側に立ったのである。1919年に締結され、翌1920年1月に発効したベルサイユ講和条約をもち、第一次世界大戦は終結した。日本は同等のパートナーとして他の世界列強の一員であるかに見え、ドイツの運命決定に荷担したのである。青島の利権は日本が継承した。ドイツは敗戦し、ヴィルヘルム二世時代が幕を閉じた。労働者と兵士など広範な民衆からなる協議会（レーテ）を生んだ十一月革命はバイエルン協議会共和国を実現できなかったものの、ドイツ帝政は倒れ、皇帝ヴィルヘルム二世は1918年11月に退位した。翌年2月にワイマールで開かれた国民議会は11日にフリードリッヒ・エーベルト（ドイツ社会民主党・SPD）を初代ドイツ大統領に選出し、ワイマール時代の幕開けとなった。8月には新憲法を制定し、ドイツは民主的共和国になった。

日本と連合国との関係は長くは続かなかった。東京は他の協商諸国との利害対立に巻き込まれ、日本の対中政策に対する列強の抵抗を受ける羽目になった。1922年にはワシントン会議で、日本は中国で獲得した占有権を放棄すべきとする九ヶ国条約が取り決められた。アメリカへの日本人移民の数も制限され、イギリスは1922年に期限切れとなった日英同盟を更新しなかった。また日米英の主力艦保有量比率が3：5：5[5]に制限され、東京はこれを反日的なアングロ・アメ

deutscher Auffassung in Japan wirksam war. Wenn die Reichsleitung darüber hinaus bei der Verwirklichung ihrer Politik an das alte japanische Ethos appelierte ..., verwechselte sie Wirklichkeit mit Illusion. Das war in der deutschen Japanpolitik nur deswegen denkbar, weil es sich bei dem möglichen Verhandlungspartner um den ehemaligen Lehrling, jene 'Preußen des Ostens' handelte; eine recht historische Vorstellung." [4]

Die deutsche Rechnung, Japans Machtsphäre in Ostasien anzuerkennen und dadurch eine deutsch-japanische Allianz zu schaffen, ging nicht auf. Japan blieb nicht nur in der Entente und somit Partner der Alliierten, sondern stand auch auf der Seite der Sieger. Mit dem Versailler Vertrag von 1919, der im Januar 1920 in Kraft trat, fand der 1. Weltkrieg sein Ende. Japan schien als gleichberechtigter Partner an der Seite der anderen Weltmächte aufzutreten: Auch die Japaner entschieden mit über das Schicksal Deutschlands. Tsingtau blieb in japanischem Besitz. In Deutschland war der Krieg verloren und das Wilhelminische Zeitalter beendet. Die Novemberrevolution, bei der es zur Gründung von Arbeiter- und Soldatenräten kam, konnte zwar keine Räterepublik durchsetzen, beendete aber die Monarchie in Deutschland: Wilhelm II. dankte im November 1918 ab. Die Nationalversammlung, die im Februar in Weimar zusammentrat, wählte am 11. Februar 1919 Friedrich Ebert (SPD) zum Reichspräsidenten: Die Weimarer Zeit brach an. Mit der im August beschlossenen Reichsverfassung wurde Deutschland eine demokratische Republik.

Die japanische Allianz mit den Alliierten war jedoch nur von kurzer Dauer. Tôkyô geriet bald in einen Interessenskonflikt mit den anderen Großmächten der Entente und mußte deren Widerstand gegen die japanische Chinapolitik hinnehmen: 1922 wurde in Washington auf einer Neun-Mächtekonferenz entschieden, daß Japan auf seine erworbenen Besitzrechte in China verzichten mußte. Die Zahl der japanischen Einwanderer in die USA wurde zudem begrenzt, und England erneuerte sein Bündnis mit Japan, das 1922 auslief, nicht. Die Begrenzung der Flottenstärken im Verhältnis 5 zu 5 zu 3 zwischen der USA, Großbritannien und Japan[5] war ein weiteres

リカ・ブロック形成と解釈した⁽⁶⁾。こうしてベル
サイユとワシントン講和条約は、ベルリンと東
京の敗北と同義語となったのである。

20年代における民族友好

　ドイツの「黄金の20年代」とは、ワイマール
共和国が経済的に安定した時期から1929年～
1932年の世界経済恐慌にいたるまでの好景気
（特に自動車産業と建築産業の繁栄）と、精神的自
由主義の時代を指し、これは続く十年間のファッ
ショ的ドイツの精神と完全に対照をなす時代で
あった。第一次世界大戦は開戦当初は広くイン
テリ層にも賛同されたが、ついには敗戦にいた
り伝統的な価値基準を崩壊させた。帝政の長い
伝統との断絶が新憲法に規定され、目指す民主
化のプロセスも1924年から1929年の間には短
期ではあるが安定した。

　芸術と文学が社会批判的・革命的な潮流とつ
ながって栄え、市民の危機感や社会が伝統的な
価値観から遠ざかって行く様がモンタージュ、
レポルタージュ、ドキュメンタリズムのような
新しい描写技法で表現された。映画、レコード、
ラジオなどの新しい情報・芸術形態の普及は、
1920年に近郊の7都市、59の農村および27の
大農地を合併し大ベルリンとなったベルリンを、
世界に開くメトロポリスに成長させた。ベルリ
ンの街の情景は新時代にマッチし、せかせかと
したエキセントリックで高慢なニュータイプの
都会人が生まれたのである。彼らはクアフュル
ステンダムやフリードリッヒシュトラーセのよ
うな目抜き通りを散策し、レヴューやバラエ
ティーショーを楽しんだ。モダンで自由奔放な
女性たちの間では刈り上げのヘアースタイルが
流行し、またベルリン市民はポツダム広場の、
有名な「カフェ・ピカデリー」のある「ハウ
ス・ファーターラント」のような娯楽施設で面
白おかしく時を過ごした。

Resultat der Washingtoner Konferenz
und wurde in Tôkyô als anti-japanische
anglo-amerikanische Blockbildung inter-
pretiert.[6] Versailles und Washington wurden Synonyme nationaler Niederlagen in
Berlin und Tôkyô.

Völkerfreundschaft in den 20er Jahren

Die goldenen 20er Jahre bezeichnen in
Deutschland die Phase von der wirtschaftlichen Stabilisierung der Weimarer
Republik bis zur Weltwirtschaftskrise
1929–32 als eine Zeit der wirtschaftlichen
Prosperität (Wirtschaftsaufschwünge vor
allem in der Automobil- und Bauin-
dustrie) und geistigen Liberalität, die den
Geist des faschistischen Deutschlands der
folgenden Dezenien in aller Schärfe kon-
trastieren. Der auch unter den Intellektuellen anfänglich nicht selten begeistert
aufgenommene und dann verlorene 1.
Weltkrieg hatte den Glauben an traditionelle Werte
und Normen erschüttert. Der Bruch mit den alten
Traditionen des Kaiserreichs wurde in der Verfassung
festgeschrieben, und der angestrebte Demokratisie-
rungsprozeß konnte sich zwischen 1924 und 1929
auch kurzfristig stabilisieren.
Kunst und Literatur wurden vielfach im Zusammenhang mit gesellschaftskritischen und revolutionären
Strömungen eingesetzt, die Krise des bürgerlichen
Individuums und seine Entfremdung von den traditionellen Werten in der Gesellschaft fanden ihre Umsetzung in neuen Erzähltechniken wie Montage, Re-
portage und dem Dokumentarismus. Die Ausbreitung neuer Kommunikations- und Kunstformen wie
Film, Schallplatte und Rundfunk prägten Berlin, das
1920 durch den Zusammenschluß der Stadt mit den
diese umgebenden sieben Städten, 59 Landgemein-
den und 27 Gutsbezirken zur Einheitsgemeinde Groß-
Berlin zusammengeschlossen wurde, als weltoffene
Metropole. Das Straßenbild Berlins trug der neuen
Zeit Rechnung, der Typus eines neuen Stadtmenschen wurde geboren: hektisch, überspannt oder
auch blasiert. Man flanierte auf dem Kurfürstendamm oder in der Friedrichstraße, besuchte Revuen
und Varietés. Die modisch-emanzipierte Frau trug

しかし、20年代はすべての市民層に黄金時代をもたらしたわけではなく、共和国の政治はいささか不安定な状況にあった。しかも共和国末期には社会的問題が緊迫化し、資本欠乏と経済崩壊によって露呈した大衆の不平不満、失業者の急増、インフレの悪化は左翼と右翼両勢力の過激化につながり、ついには民主主義共和国の終焉ムードが生まれたのである。これらのゆゆしい諸問題にもかかわらず、当時ベルリンは巨大な商業・金融・取引の重要な場であり、鉄道路線の集結地であり、また1926年のテンペルホーフ飛行場の開設とともに「ヨーロッパの空の交差点」になった。1926年以来毎年開催される〈国際緑の週間〉や、その二年前に始まった恒例の〈ベルリン大ドイツ放送博覧会〉のような見本市にあわせて多数の人間がベルリンを訪れた。「黄金の20年代」とは、特に前衛から大衆芸術におよぶ都市の文化と精神の産物を言い表わす、まさに的確な表現である。ベルリンには35の劇場に多数のオペラハウスとコンサートホールがあった。ラジオが広く普及し、映画は大衆を惹きつけた。1928年に映画館を訪れた人は600万人弱と言われている。映画館ばかりでなく、ドイツ最大の映画撮影所ウーファ（Ｕｆａ）、放送局そして100紙をはるかに越える日刊・週刊紙も町

ポツダム広場、
娯楽施設「ハウス・ファーターラント」（1926年）
"Haus Vaterland" am Potsdamer Platz, 1926

das Haar zum Bubikopf geschnitten, und in den Vergnügungsstätten wie z.B. dem Haus Vaterland am Potsdamer Platz mit dem berühmten Café Piccadilly verlustierten sich die Berliner.

Die 20er Jahre brachten jedoch nicht für alle Teile der Bevölkerung goldene Zeiten und zeichneten sich zudem durch politische Instabilität aus. Die sozialen Probleme spitzten sich am Ende der Weimarer Republik zu: Massenarmut, hohe Arbeitslosenzahlen, steigende Inflation und ebenso die wirtschaftliche Schwäche der Republik, die sich durch Kapitalmangel und Wirtschaftszerrüttung ausdrückte, verschärften die zunehmende Radikalisierung der politischen Gruppierungen von links und rechts und führten schließlich zum Ende der demokratischen Republik und ihrer Aufbruchsstimmung. Ungeachtet all dieser folgenschweren Probleme war Berlin in diesen Jahren ein wichtiger und großer Handels-, Bank- und Börsenplatz, war Eisenbahnknotenpunkt und bildete seit 1926 mit der Eröffnung des Flughafens Tempelhof das "Luftkreuz Europas". Messen wie die Internationale Grüne Woche, die seit 1926 jährlich stattfand, und die zwei Jahre zuvor erstmalig durchgeführte Große Deutsche Funkausstellung Berlin zogen viele Besucher in die Stadt. Die Rede von den "goldenen 20er Jahren" bezog ihre Berechtigung vor allem auch aus den kulturellen und geistigen Hervorbringungen der Stadt, die sich zwischen Avantgarde und populärer Kunst bewegten: 35 Schauspielbühnen und mehrere Opernhäuser und Konzertsäle waren in Berlin beheimatet. Die Popularisierung des Films und des Rundfunks zog regelrecht die Massen an: 1928 erreichte die jährliche Besucherzahl die 60-Millionengrenze. Nicht nur die Kinos, auch die Ufa, größte deutsche Filmgesellschaft, Rundfunkstationen und weit über 100 Tages- und Wochenzeitungen trugen das ihrige zu der kulturellen Vielfalt der Stadt bei. So spannungsgeladen das Leben und der life-style des modernen Stadtmenschen war, so vielfältig war die Kunst in Berlin: Ob Dadaismus oder Expressionismus, ob proletarische Aufklärung, Sozialkritik oder leichte Muse, alles schien möglich. Für den kritischen Ton in der Berliner Kulturszene standen Namen wie George Grosz, Bertolt Brecht und Alfred Döblin,

ヘルマン広場、カールシュタット百貨店（1931年）
Karstadt am Hermannplatz, 1931

の文化を多彩なものにした。近代都市の市民の
生活やライフスタイルは緊張に満ちているだけ
に、ベルリンの芸術は非常に多様であった。ダ
ダイズムに表現主義、プロレタリア的啓蒙、社
会批判に軽い娯楽、あらゆるものの共存が可能
な社会に見えた。ベルリンの文化に流れる批判
的な風潮をジョージ・グロス、ベルトルト・ブ
レヒト、アルフレット・デープリンが代表し、
建築における即物性と機能性を主唱したのはヴ
ァルター・グロピウス、ブルーノ・タウトある
いはハンス・シャロウンだった。しかし、1929
年の世界経済恐慌により多くの企業倒産や破滅
的なインフレーションが生じた結果、600万人
以上もの失業者が巷にあふれ、ベルリンの政治
的、精神的自由にとって絶望的な試練となった
のである。

　20年代の東京における内政状況はベルリンと
似通っていた。日本は第一次世界大戦で大きな
損失を被ることなく戦勝国となり、ドイツのよ
うに倍賞金の支払義務がなかったものの「不穏
な20年代は経済危機、バンククラッシュ、右翼
と左翼の過激化をもたらし、エロ・グロ・ナン
センスの世相が日本にも生まれたのである」⁽⁷⁾

　1912年、天皇崩御によって明治時代が幕を閉
じた。続く大正時代の特徴は自由主義・民主主
義・人格主義思想の普及である。原敬を総裁と
する政友会と加藤高明の憲政会が合同した大政
党の組閣によって、1918年に明治の寡頭政治が

Sachlichkeit und Funktionalität in der Architektur
wurden durch Walter Gropius, Bruno Taut oder
Hans Scharoun präsentiert. Die Weltwirtschaftskrise
im Jahre 1929, Konkurse, Inflation und über 6 Millionen Arbeitslose in Deutschland unterzogen jedoch
die politische und geistige Freiheit Berlins einer Prüfung, die es nicht gewinnen sollte.

Die innenpolitische Situation im Tôkyô der 20er Jahre war der in Berlin nicht unähnlich. Japan war zwar
als Sieger ohne nennenswerte Verluste aus dem vergangenen 1. Weltkrieg hervorgegangen und hatte
nicht wie Deutschland Reparationszahlungen leisten
müssen, "aber die unruhigen zwanziger Jahre hatten
mit Wirtschaftskrisen, Bankkrächen, Rechts- und
Linksextremismus und dem schillernden Glanz von
Ero (Erotik), Guro (Groteske) und Nansensu (Non-
sens) auch in Japan Einzug gehalten." [7]

Schon 1912 ging mit dem Tod des Tennô die Ära
Meiji zu Ende. Die folgende Taishô-Ära war durch
die Ideen des Liberalismus, der Demokratie und des
Individualismus gekennzeichnet: Die Parteienkabi-
nettsbildung durch die großen Blöcke der Seiyûkai
und Kenseikai unter Premier Hara Takashi löste 1918
die Meiji-Oligarchie ab, das allgemeine Wahlrecht
für Männer wurde 1925 eingeführt, es bildeten sich
Oppositionsgruppen, Gewerkschaftsvereinigungen.
Die voranschreitende Industrialisierung, die Verstädterung, die Ausbreitung der allgemeinen Bildung,
Reformen der Arbeits- und Sozialgesetzgebung und
die (kurzlebige) Existenz der ersten kommunistischen Partei 1922 ließen die liberale Phase der 20er
Jahre als Taishô-Demokratie in die japanische Geschichte eingehen. [8] Die "Taishô-Demokratie" ist als
Begriff allerdings umstritten: Die Demokratisierungs-
bemühungen der Taishô-Zeit sprengten nicht den
strukturellen Rahmen der Kaiserlichen Verfassung,
sondern blieben der monarchistischen Struktur verhaftet – was einen wesentlichen Unterschied zwischen der Weimarer Republik und der Taishô-Demokratie ausmacht.

Überdies wurde die liberale Aufbruchstimmung im
Tôkyô jener Zeit nicht nur gefördert und war bald
schon wieder Geschichte: der "Erlaß eines Gesetzes
zur Wahrung des öffentlichen Friedens" von 1925 ermöglichte der Regierung, gegen allzu liberale Tendenzen mittels Einschränkung der Rede- und Ver-

帝国首相宮（ライヒスカンツラーパレー）（1927 年）
Reichskanzlerpalais, 1927

解体した。1925 年には男子の普通選挙権が導入
され、諸野党および労働組合が形成された。産
業化の進展、村落の都市化、一般教育の普及、
労働・社会法の改革、そして 1922 年に（短命に
終わるが）共産党が結成され、この自由主義的
な 20 年代には「大正デモクラシー」という言葉
が生まれ、日本の歴史にその名を留めた(8)。もっ
とも「大正デモクラシー」という概念には議論
の余地がある。それは、大正時代の民主主義化
は天皇主権とする明治憲法の構想の枠を超える
ことがなく、依然君主制構造に深く根差してい
たためである。この点にワイマール共和国と大
正デモクラシー間の本質的な差がある。

　いずれにしても、当時の東京における自由主
義繁栄ムードは奨励されはしたものの、間もな
く歴史の一幕となった。1925 年公布の「治安維
持法」は過度な自由主義的風潮に対し言論と集
会の自由に制限をくわえることを可能にした。
この時の二大政党は保守的な指導者層の政治的
表現であり、彼らは「そのため民主主義の背後
に間もなく共産主義の亡霊が浮かび上がる」(9)
のを見たのである。翌 1926 年には裕仁天皇の昭
和時代が始まり、この時代は 1989 年まで続いた。

　20 世紀に入ってからの十年間、東京の平均的
庶民の日常生活はまだ産業化と近代化の影響を
余り受けておらず、市街の狭い路上では往年の
江戸情調が色褪せていなかった(10)。大正時代が連
想させるものは近代的な大都市文化のみでなく、

sammlungsfreiheit vorzugehen. Die etablierten beiden großen Parteien waren politischer Ausdruck einer konservativen Führungsschicht, die "daher schon
bald hinter der 'Demokratie' das Gespenst des Kom-
munismus auftauchen"[9] sahen. Ein Jahr später, 1926,
brach mit Kaiser Hirohito die Shôwa-Ära an, die bis
1989 dauern sollte.

Der Durchschnittsbewohner Tôkyôs war im ersten
Jahrzehnt des 20. Jahrhunderts in seinem Alltagsleben noch relativ unbeeinflußt von der Industrialisierung und Modernisierung geblieben, und in den engen Straßen der Stadt war die Stimmung des alten
Edo noch nicht verblaßt.[10] Mit der Taishô-Ära ist
nicht nur der Beginn einer breiten, modernen Groß-
stadtkultur assoziiert, sondern ebenso eine gewaltige
Naturkatastrophe: Das bisher schrecklichste Erdbeben in Japan, das sich in Tôkyô am 1. September 1923
um die Mittagsstunde ereignete. Die ganze Stadt fiel
den Erschütterungen und dem anschließenden Feuer
zum Opfer: eine halbe Million Häuser wurde völlig
zerstört, rund 100.000 Menschen starben, 130.000
Häuser stürzten ein. Die Unterstadt, die das alte Edo
mit seiner durch Händler, Handwerker und Künstler
geprägten Atmosphäre symbolisierte, erlitt sehr viel
größere Schäden als die aristokratische Oberstadt
oder die Außenbezirke, die sich entsprechend schneller erholten. Die alten Viertel der Unterstadt fielen
den Flammen zum Opfer, die der Oberstadt blühten
stattdessen auf. Sie allerdings besaßen nicht densel-
ben Charme wie die alten Viertel der Shitamachi und
symbolisierten durch ihre neue Blüte gleichzeitig den
Untergang des alten Edo.

"The great loss was the Low City, home of the mer-
chant and the artisan, heart of Edo culture. From the
beginnings of its existence as the shôgun's capital,
Edo was divided into two broad regions, the hilly Yamanote or High City, describing a semicircle general-
ly to the west of shôgun's castle, now the emperor's
palace, and the flat Low City, the Shitamachi, com-
pleting the circle on the east. Plebeian enclaves could
be found in the High City, but mostly it was a place
of temples and shrines and aristocratic dwellings. The
Low City had its aristocratic dwellings, and there
were a great many temples, but it was very much the
plebeian half of the city. And though the aristocracy
was very cultivated indeed, its tastes – or the tastes

凄まじい天災でもある。1923年9月1日午前11時58分に史上最大の地震が発生したのである。この地震で50万戸の家屋が全焼、死者は約10万人にのぼり、倒壊した家屋数は13万戸にもおよんだ。往年の江戸を象徴する商人、職人、芸術家たちの情緒ある下町の被害は、上流階級の住宅地だったため回復も早かった山の手や郊外一帯よりも甚大であった。下町の旧地区は火災で消滅し、代って山の手が繁栄した。もっとも下町の旧地区のような魅力はなく、山の手の繁栄は同時に往年の江戸の衰退をも意味した。

「しかし、なんといっても最大の損失は、下町そのものが失われてしまったことである。将軍の城下町として登場して以来、江戸は最初から、城の西側に半円形に拡がる山の手と、東半分の下町に分かれていた。山の手は、あちこちに町人の住居の固まっている所が散在していたものの、もっぱら武家、それに神社や寺院が占めていた。下町にも武家屋敷はあったし、寺院の数もおびただしかったけれども、なんといっても町人の町だったことは言うまでもない。武士の教養は非常に高かったが、その趣好は――少なくとも、武士にふさわしいと考えられた趣味は尚古的、学究的だった。江戸の活力の源は、やはり下町にあったのである」(11)

1923年の大地震による壊滅的な被害は、今でも1945年の被害規模と同一視されるほどの凄まじさであった。いずれの場合も、町はいわば完全に新しく建設されなければならなかった。違いはといえば、1923年の破壊は天災で、政治には責任がなかったことである。1923年以後の文学には「新東京」が頻繁に語られるようになるが、これは新しく建設した町だけでなく、市民の新しい生活感覚をも表わしている。新生東京では往年の江戸が空間的に失なわれただけではないようだ。永井荷風は1937年に出版された小説『濹東綺譚』で往年の江戸を探索する様を非

関東大震災後の東京（1923年）
Tôkyô nach dem Beben von 1923

thought proper to the establishment – were antiquarian and academic. The vigor of Edo was in its Low City." 11

Das große Beben war von solchem Ausmaß, daß auch heute noch die Zerstörung der Stadt von 1923 mit der von 1945 in einem Atemzug genannt wird: In beiden Fällen mußte die Stadt quasi neu aufgebaut werden, mit dem Unterschied, daß für die Vernichtung im Jahre 1923 eine Naturkatastrophe und keine vorherig betriebene Politik für das Desaster verantwortlich war. In der Literatur nach 1923 ist häufig von dem "neuen Tôkyô" die Rede, was nicht nur auf die neu aufgebaute Stadt verweist, sondern gleichzeitig auch auf das neue Lebensgefühl der einzelnen Stadtbewohner. Im neu aufgebauten Tôkyô, schien das alte Edo nicht nur räumlich verlorengegangen zu sein. Der japanische Schriftsteller Nagai Kafû, beschreibt in seiner Erzählung von 1937 *Bokutô kitan* (Romanze östlich des Sumidagawa) seine Suche nach dem alten Edo, das er in den Amüsiervierteln Tôkyôs zu finden glaubte, eindringlich und anschaulich:

"Ich habe vorhin geschrieben, daß sich das von mir heimlich besuchte Haus am Abwassergraben in Teramachi 7-chôme ... befindet, in einem Bezirk, der nun keineswegs zum Zentrum dieses Vergnügungsviertels gehört, sondern vielmehr dessen nordwestlichen Zipfel bildet ... Nun, wie wäre es, wenn ich hier mit meinem frisch erworbenen Wissen den Connaisseur spielte und Sie bei dieser Gelegenheit in die Geschichte dieses Viertels einführte? Im Jahre sieben oder acht der Taishô-Ära [1918 oder 1919] wurde we-

常に生き生きと描いている。荷風は東京の色町に江戸を発見できると信じていたのである。

「わたくしの忍んで通ふ溝際の家が寺島町七丁目六十何番地に在ることは既に識した。この番地のあたりはこの盛場では西北の隅に寄つたところで、目貫の場所ではない。(…) 鳥渡通めかして此盛場の沿革を述べやうか。大正七八年の頃、浅草観音堂裏手の境内が狭められ、廣い道路が開かれるに際して、むかしから其邊に櫛比してゐた楊弓場銘酒屋のたぐひが悉く取拂ひを命ぜられ、現在でも京成バスの往復してゐる大正道路の両側に處定めず店を移した。つゞいて傳法院の横手や江川玉乗りの裏あたりからも追はれて來るものが引きも切らず、大正道路は殆軒並銘酒屋になつてしまひ、通行人は白晝でも袖を引かれ帽子を奪はれるやうになつたので、警察署の取締りが嚴しくなり、車の通る表通りから路地の内へと引込ませられた。浅草の舊地では凌雲閣の裏手から公園の北側千束町の路地に在つたものが、手を盡して居残りの策を講じてゐたが、それも大正十二年の震災のために中絶し、一時悉くこの方面へ逃げて來た。市街再建の後西見番と稱する藝者家組合をつくり轉業したものもあつたが、この土地の繁榮はますます盛になり遂に今日の如き半ば永久的な狀況を呈するに至つた。(…) わたくしがふと心易くなつた溝際の家………お雪といふ女の住む家が、この土地では大正開拓期の盛時を想起させる一隅に在つたのも、わたくしの如き時運に取り殘された身には、何やら深い因縁があつたやうに思はれる。其家は大正道路から唯ある路地に入り、汚れた幟の立つてゐる伏見稲荷の前を過ぎ、溝に沿うて、猶奥深く入り込んだ處に在るので、表通りのラヂオや蓄音機の響も素見客の足音に消されてよくは聞えない。夏の夜、わたくしがラヂオのひゞきを避けるにはこれほど適した安息處は他にはあるまい」[12]

gen der Verbreiterung der Straße der hintere Teil des Tempelbezirkes von Asakusa verkleinert. Zur selben Zeit befahl man den Budenbesitzern, deren Speisezelte, Bogenschießbuden, Trinkhallen und so fort, die hier seit alters dichtgedrängt gestanden hatten, ihre Zelte samt und sonders abzubrechen. Sie zogen um und ließen sich ... zu beiden Seiten der Taishô-Straße nieder, wo noch heute der Keisei-Bus verkehrt. Andere Budenbesitzer, die ebenfalls von ihren Standplätzen beim Denpô-Tempel und hinter dem Egawa-Zirkus vertrieben worden waren, folgten ihnen in rascher Folge nach. Bald gab es in der Taishô-Straße nichts als Kneipen von zweifelhaftem Ruf, so daß selbst am helllichten Tag niemand hier entlang gehen konnte, ohne am Ärmel gepackt, gezerrt oder seines Hutes beraubt zu werden. Nachdem die Polizei deshalb die Aufsicht verstärkt hatte, drängten alle diese Lokale von der Autostraße weg in die hinteren Gassen hinein. Unterdessen versuchten diejenigen, die mit ihren Buden noch im alten Asakusa hinter dem Ryôun-Turm und in Senzoku auf der nördlichen Parkseite saßen, mit allen Mitteln ihren Standort zu halten. Doch auch sie verloren beim Großen Erdbeben und der Feuersbrunst im Jahre 1923 ihre Existenz. Zuerst flohen alle hierher. Manche gaben später, nach dem Wiederaufbau des Viertels, ihren Stand auf, wechselten das Gewerbe und gründeten den 'West-Verband der Geisha-Patrone'. So wandelte sich diese an sich schon belebte Gegend in ein blühendes Freudenviertel ... Ich habe in jenem Haus am Abwassergraben unverhofft ein Gefühl von Behagen und Besänftigung gefunden – in dem Haus, das die Frau namens O-Yuki bewohnt und das in einem Winkel aufgehoben liegt, der meine Erinnerungen an die erste Blütezeit der Taishô-Ära wachruft ... Um zu dem Haus zu gelangen, biegt man von der Taishô-Straße aus in eine gewisse Gasse ein, folgt ihr an den schmutzigen Fahnen des Fushimi-Inari Schreins vorbei, längs dem Abwassergraben immer tiefer hinein in das Viertel kleiner Gassen, wo Grammophon- und Radiolärm von der Hauptstraße schwächer, schließlich vom Geta-Getrappel der Bordellbummler fast ganz übertönt wird. Einen passenderen und erholsameren Zufluchtsort von den abendlichen Radios als diesen hätte ich wahrlich nicht finden können." [12]

東京でもラジオと映画が市民の人気を博した。ヨシダ＝クラフトは「活動写真」や演劇の愛好家でないと自称する永井荷風を、戦前の日本の世相に対する辛辣な批評家と呼んでいる。荷風は当時、社会の偽善的道徳と進歩に対する信仰を蔑視していたのであった⁽¹³⁾。ヨシダ＝クラフトは荷風が東京を徘徊したのは真なるもの、生命力あるもの、大都市の粋、機転、ユーモアや軽妙さを探索するためだったと書いており、それは、江戸時代とモダニズムの間における断絶が特に大正時代に表面化した所以であった。

この十年間、東京は真に近代的なメトロポリスに発展した。往年の江戸の面影を残していた政治権力の所在地は今や近代的な大都市に発展し、その変化は一般市民にも徐々に影響をもたらしたのであった。大正時代以前にすでに男性は一般に洋服を着るようになったが、断髪の洋装姿の女性も出現するようになった。商人の町江戸は大正時代には大企業が活動する場となり、産業生産は1910年から1919年までに四倍に増大した。丸の内は資本とマネージメントの拠点となり、大企業の３分の１以上が麹町に本拠地を置いた。1917年に完成したある保険会社の建物は「ビル」と呼ばれた最初のもので、関東大震災前夜に完成した丸の内ビルとともに、大正時代の画期的な建築様式を代表する建物であった⁽¹⁴⁾。大正時代の昼夜の歓楽を広い市民層が存分に楽しんだ。デパートのパイオニアである三越と白木屋はネオンサインを煌々と照らして競い合い、賑やかな銀座通りにはカフェーやバーが軒を並べ、浅草では有名なレヴューと「浅草オペラ」が大衆の人気を集めた。外来語が学生の間で粋と見なされ、「ママ」「パパ」など当時のインテリ層に使われた流行語は、今日では常用語となっている。サイデンステッカーによると、マルクス主義に傾倒する当時の知識階級は「ルンペン・プロレタリアート」の短縮形として

モガ（モダンガール）
Moga (modern girl)

Auch in Tôkyô hatte das Radio und der Film die Bevölkerung begeistern können; Nagai Kafû, der sich selbst als keinen Liebhaber der "bewegten Bilder" oder des Theaters bezeichnet, wird von Yoshida-Krafft als bissiger Kritiker der japanischen Vorkriegsverhältnisse bezeichnet, deren hypokritische Moral und Fortschrittsglaube er verachtete.¹³ Seine Streifzüge durch die Tôkyôter Stadtlandschaft, die sie als Suche nach dem Echten, Vitalen, dem großstädtischen Chic, der Schlagfertigkeit, dem Witz und der Leichtigkeit bezeichnet, sind von dem damalig empfundenen großen Bruch zwischen der Edo-Zeit und der Moderne geprägt, der insbesondere in der Taishô-Ära zum Ausbruch gelangte.

In diesem Jahrzehnt entwickelte sich Tôkyô erst wirklich zu einer modernen Metropole, wandelte sich von der mit dem Hauch Edos umgebenen einstigen Residenzstadt, dem Sitz der politischen Macht, zu einer modernen Großstadt, deren Umbrüche auch auf die normalen Einwohner mehr und mehr Auswirkungen zeitigten. Westliche Kleidung, die sich für den männlichen Teil der Bevölkerung schon vor der Taishô-Ära durchgesetzt hatte, schmückte nun auch so manche Stadtbewohnerin, der ein kurzgeschnittener Pagenkopf ebenso nicht fremd war. Das merkantile Edo machte den großen Unternehmen von Taishô-Tôkyô Platz. Die industrielle Produktion hatte sich zwischen den Jahren 1910 und 1919 vervierfacht, Marunouchi etablierte sich als Ort des Kapitals und des Managements, mehr als ein Drittel der Großunternehmen waren in Kôjimachi ansässig. Das 1917 fertiggestellte Hochhaus einer Versicherungsgesellschaft war das erste Gebäude, das "Biru" (Kurzform von "building") genannt wurde und repräsentierte zusammen mit dem Marunouchi Building, das am Vorabend des Erdbebens fertig gestellt wurde, eine neue Bauweise der Taishô-Zeit, die künftig sich Bahn brechen sollte.¹⁴ Das amüsierliche Tages- und Nachtleben der Taishô-Ära wurde von breiten Bevölkerungsschichten ausgiebig genossen. Die beiden großen Kaufhausketten-Pioniere Mitsukoshi und Shirokiya konkurrierten miteinander, die heller-

「ルンペン」を、また名詞「サボタージュ」を動詞化した「サボる」という言葉を使った(15)。

東京の精神生活を担ったのは西洋に目を向ける知識人だった(16)。第一次世界大戦終局から第二次世界大戦までの時代、インテリたちは「東京の大書店の外国書籍売り場に足を運び」(17)、明治時代のようにヨーロッパやアメリカに渡る必要はなかった。西洋の芸術、文学、精神史は、日本のインテリ層の間に深く根を降ろし、また20年代の東京のインテリたちは、上述のごとくマルクス主義理論と取り組んだ。彼らは社会主義的理念をもって第一次世界大戦の終局、ソ連の十月革命、中国における五・四運動、また日本の発展をも包括するような世界政策上の変革を理解しようとしたのである。1926年に設立された「日本プロレタリア芸術連盟」のように、運動の基本方針を名称に掲げる芸術家グループが多数誕生した。東京は精神的エリートの中心地であり、近代的・政治的権利、理念そして芸術が取り上げられることによって、さらに多くの芸術家、文学家、思想家を惹きつけた。

「20年代の東京はマルクス主義文学運動の発生だけでなく、戦後ヨーロッパの文化的流行との出会いも比類のない形で体験したのである。若い作家たちに特に強い印象を与えたのは1921年に上映された映画『カリガリ博士』（1919年）、1924年に築地劇場で上演されたラインハルト・ゲーリンクの悲劇『海戦』（1918年）、フランスの超現実主義者たちの作品（…）およびポール・モーランの『夜閉ざす』や『夜開く』の短編集（1922年）であった」(18)

大正時代には東京とベルリンの関係も同じく盛んになった。なぜならば、第一次世界大戦後には日独間にもはや直接の摩擦点や利害の対立が存在しなかったためである。ベルリンは極東には占領地を持たず、東洋における日本の優位を承認した。日本に収容したドイツ人俘虜に対

岡本唐貴作
『尖端にたつ女　三態』
（1930年）
Okamoto Tôki,
Drei modisch gekleidete
Damen, 1930

leuchtete und verkehrsreiche Ginza zog mit den Cafés und Bars die Massen an, in Asakusa luden die berühmten Konzerthallen und die Asakusa Opera zu einem Besuch. Fremdwörter galten unter Studenten als schick und Modewörter der Taishô-Ära wie "Mama" oder "Papa", die von den zeitgenössischen Intellektuellen verwendet wurden, sind heutzutage nahezu allgemein gebräuchlich. Nach Seidensticker sprach man in den gebildeten Kreisen dieser Zeit, die eine starke Affinität zum Marxismus aufwiesen, auch von "Rumpen" als Kurzform für "Lumpenproletariat" und von "Saboru", einer Verbalisierung des Substantivs "Sabotage". 15

Das geistige Leben Tôkyôs wurde allgemein zunehmend durch eine intellektuelle Öffnung der Gebildeten zum Westen hin bestimmt.16 Viele Gebildete der Zwischenkriegszeit "lenkten ihre Schritte in die Auslandsabteilungen der großen Buchhandlungen in

中原実作『ヴィナスの誕生』（1924年）
Nakahara Minoru, Geburt der Venus, 1924

する人道的扱い(19)、日本の学識者の間でドイツの
学術と技術が博する名声の高さ、そしてドイツ
の弱体化を図る連合国の政治に同意しない東京
の姿勢は、かつての戦争敵国同士が新たに接近
する上で有利に働いたのである(20)。東京とベルリ
ンの関係は戦後かなり早期に正常な状態に戻り、
1920年には両国間に外交関係が復活し、1921
年にはヴィルヘルム・ゾルフが駐日大使として
東京に赴任した(21)。

　学術と文化領域における関係が再度強化され
た。1926年にはベルリンに日本研究所が、その
姉妹機関として翌1927年には日独文化協会が東
京に創設された。こうして第一次世界大戦前の
時代の関係、つまり明治時代の日独関係の復活
が図られた。ベルリンの市民階級出身の大使ゾ
ルフは、両国の再接近において主要な役割を果
たした人物であり、少なくとも彼は両国の関係
を「一方通行」ではなく、両者の交流と捉えて
いたのである。アルベルト・アインシュタイン、
ロベルト・コッホ、フリッツ・ハーバーが民間
の招待によって日本を訪れ、北里は定評ある医
学研究所を東京に創設した。芸術、文化、学術
と技術領域では、かつての敵国間に急速に友好
関係が高まり、それは多額の寄付金という形で
も現われた。敗戦後のドイツではインフレー
ションが急激に悪化し、学術資金が欠乏するベ
ルリンは、ドイツ学術研究の資金援助を東京か
ら受けたのである(22)。しかし、この多様で友好的
な両国の接近には、間近に迫る政治的変化に
よって再び終止符が打たれることになった。

経済関係

　ベルリン・東京の交流関係において、まずは
文化と学術領域での共同の活動が中心であるよ
うに見えたが、世紀の変わり目以降は経済的
関係も盛んになった(23)。いずれにしても在日ドイ
ツ人のうち通商関係者は他の職種よりも多かっ

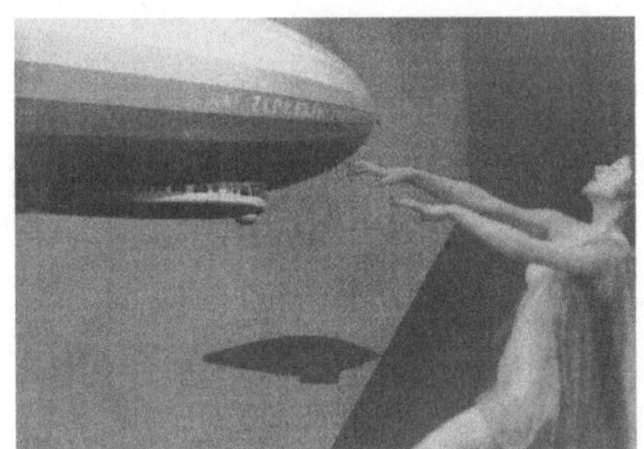

柳瀬三夢作『真夜中から7時まで』（1932年）
Yanase Sanmu, Von Mitternacht bis 7, 1932

Tôkyô" 17 und nicht mehr, wie noch in der Meiji-
Zeit, direkt nach Europa oder Amerika. Westliche
Kunst, Literatur und Geistesgeschichte wurden zu
festen Bestandteilen der gebildeten japanischen
Schicht. Diese Auseinandersetzung der Intellektuellen im Tôkyô der 20er Jahre stand – wie bereits erwähnt – unter dem Zeichen der marxistischen Theorie. Mittels der sozialistischen Ideen versuchte man
die weltpolitischen Veränderungen wie das Ende des
1.Weltkriegs, die Oktoberrevolution in der Sowjetunion, aber auch die eigene Entwicklung in Japan zu
erfassen. Zahlreiche Künstlergruppen, deren Name
Programm wurde, entstanden, so z.B. die 1926 gegründete Japanische Liga für proletarische Kunst
(Nihon puroretaria geijutsu renmei). Tôkyô war das
Zentrum der geistigen Elite und zog durch die anre-
gende Beschäftigung mit den modernen politischen
Rechten, Ideen und Künsten viele Künstler, Litera-
ten und Denker an.
"Das Tôkyô der zwanziger Jahre erlebte nicht nur das
Entstehen einer marxistischen Literatenbewegung,
sondern auch eine Begegnung mit den kulturellen
Moden des Nachkriegseuropa ohnegleichen. Beson-
ders starken Eindruck machten auf die jungen
Schriftsteller der Film 'Das Kabinett des Doktor Ca-
ligari', der 1921 in die Kinos kam, Reinhard Goerings
Tragödie 'Seeschlacht' (1918), die 1924 im Tsukiji-
Theater gespielt wurde, die Geschichte französischer
Surrealisten ... sowie Paul Morands Kurzgeschichten-
sammlung 'Ouvert la nuit' (1922)." 18
In der Taishô-Ära belebten sich ebenso die Bezie-
hungen beider Städte zueinander, da es ja zwischen

杉浦非水作『東洋唯一の地下鉄道』（ポスター、1927年）
Plakat von Sugiura zur Eröffnung der ersten
U-Bahnlinie in Tôkyô, 1927

た(24)。ドイツの対日通商関係の重点は輸出にあっ
たものの、その割合はイギリスやアメリカに比
較して少なかった。しかし機械器具、製造加工
用機械装置、電気製品、塗料、化学製品の分野
で競争国に太刀打ちできる状態であった。重要
な輸出元は1905年に東京に会社を設立したベル
リンの企業シーメンス＝ハルスケ電気会社(25)で、
日本と取引関係にあったＡＥＧ社も同様にベル
リンの企業だった。その他対日貿易に携わった
のはハンザ同盟都市出身の会社である。

　日本の中小企業は、おもにドイツの在日商社
をつうじてドイツ製品を購入した。1898年には
〈東亜〉誌の伝えるところによると、取引商社数
は約50社におよんだ(26)。前世紀末期、日本の対
外貿易の８割余を欧米諸国の商人がおこなって
いる(27)。もちろん日本でもこの外国商社の独占を

Deutschland und Japan seit dem Ende des 1. Weltkriegs keine direkten Reibungspunkte oder Interessensgegensätze mehr gab: Berlin hatte keine Besitzungen mehr in Fernost und erkannte Japans Vormachtstellung in Ostasien an. Die humane Behandlung deutscher Kriegsgefangener in einigen japanischen Lagern,[19] das hohe Ansehen, das die deutsche
Wissenschaft und Technik unter den japanischen
Gelehrten genoß und die Haltung Tôkyôs, der alliierten Politik einer Schwächung Deutschlands nicht
zuzustimmen, begünstigten die erneute Annäherung
der ehemaligen Kriegsgegner.[20] Berlin und Tôkyô
gingen nach dem Krieg ziemlich rasch wieder zur
Tagesordnung über, 1920 wurden die diplomatischen
Beziehungen zwischen beiden Ländern wieder aufgenommen, und 1921 trat der neue Botschafter Wilhelm Solf[21] seinen Dienst in Tôkyô an.

Die Beziehungen im wissenschaftlichen sowie kulturellen Bereich wurden wieder intensiviert. Als
Schwesterinstitute in Berlin und in Tôkyô wurden
1926 das Deutsche Japaninstitut in Berlin und 1927
das Deutsch-Japanische Kulturinstitut in Tôkyô gegründet. Man versuchte, wieder an die Zeit vor dem
1. Weltkrieg, bzw. an die der Meiji-Zeit Anschluß zu
finden. Botschafter Solf, der aus einer Berliner Bür-
gerfamilie stammte, war eine Schlüsselfigur bei der
Wiederannäherung beider Länder, die zumindest er
nicht mehr nur als "Einbahnstraße" begreifen wollte,
sondern als beiderseitigen Austausch. Albert Einstein, Robert Koch und Fritz Haber besuchten mittels Privateinladungen Japan, Kitazato eröffnete in
Tôkyô eine anerkannte medizinische Forschungs-
stätte. Im Bereich der Kunst und Kultur, der Wissenschaft und Technologie kam es recht schnell zwischen den einstigen Kriegsgegnern zu freundschaftlichen Beziehungen, was sich auch in Form von umfangreichen Stiftungen wiederspiegelte. So erhielt
Berlin finanzielle Unterstützung aus Tôkyô für die
deutsche Wissenschaft,[22] für die in Deutschland nach
dem verlorenen Krieg und bei galoppierender Inflation kaum Geld zur Verfügung stand. Diese vielseitige und partnerschaftliche Annäherung sollte jedoch
schon bald durch die bevorstehenden politischen
Veränderungen ein Ende finden.

打破し、間接貿易から直接貿易に移行するよう試みられた。

　産業が急速に発展しつつある日本では、販売のチャンスは良好だった。また、新たに日本の関税自主権を定めた1911年の新条約も、妨げとはならなかった。それまで東京には完全な関税自主権が認められていず、この日本にとって不利益な待遇が継続されるのを願った外国商人も少なくなかった。しかし、日本が新規条約によって保護政策を採るのでは、という心配は杞憂であったことがつぎの記事より明らかになる。

　「日本が多種にわたって関税値上げを徹底したにもかかわらず、日本への輸出は拡大できた。ドイツにとっては、発展しつつある産業の需要拡大が有利に作用したのである。もっとも、需要内容は変化した。ドイツの重工業が輸出に大きく参加するようになり（鉄鋼製品、機械器具）、そのつぎが化学産業である」(28)

　第一次世界大戦によって通商関係は中断された。1916年に在日独亜銀行が閉鎖され、ドイツ人に郵便と電報の使用が禁止されたことにより、貿易は跡絶えた。また、戦争のために商品はほとんど東洋に到着しなかった。しかし、同時にこの窮状は日本にとって最大の好機ともなり、日本はそれを機敏に察知したのである。特に消費財生産部門において、ドイツを含むヨーロッパ諸国のメーカーを日本市場から追放する可能性が生まれた。また重工業部門では、日本はそれまで不可欠であった輸入からの自立を図った。しかし、輸入ストップとなった製品が緊急に必要とされたため、輸入依存型の日本の産業を崩壊させないためには国内生産の必要性が生じた。そして、日本はこれにほぼ成功したのである。しかも国内需要を賄う生産だけでなく、他のアジア諸国の需要をも満たした。こうして日本は東洋諸国への輸出国に発展し、経済繁栄を遂げ大きく飛躍したのであった。

Wirtschaftsbeziehungen

Bei dem Austausch und den Beziehungen zwischen Berlin und Tôkyô scheinen die gemeinsamen Aktivitäten im kulturellen oder wissenschaftlichen Bereich im Vordergrund zu stehen. Dennoch gab es auch wirtschaftliche Kontakte, die sich seit der Jahrhundertwende vertieften.[23] Die Anzahl der aus kaufmännischen Gründen in Japan weilenden Deutschen war – verglichen mit denen anderer Berufssparten – jedenfalls höher.[24] Der Schwerpunkt der deutschen Handelsbeziehungen zu Japan lag auf dem Export, wenn auch der deutsche Anteil am Export nach Japan, verglichen mit dem Englands und dem der USA, gering war. Dennoch konnte Deutschland mit Maschinen, Anlagenbau und elektrotechnischen Erzeugnissen, Farben und chemischen Gütern der Konkurrenz standhalten. Ein wichtiger Lieferant war die Berliner Firma Siemens & Halske, die 1905 eine japanische Tochterfirma in Tôkyô gründete.[25] Zu den Berliner Unternehmen gehörte ebenfalls die AEG, die Handel mit Japan trieb, ansonsten waren die meisten deutschen Firmen im Japangeschäft hanseatischen Ursprungs.

Vorwiegend die japanischen Klein- und Mittelbetriebe erwarben deutsche Güter mittels deutscher Handelshäuser, die in Japan ansässig waren. 1898 waren dies nach Angaben der Zeitschrift *Ost-Asien* knapp 50 Unternehmen.[26] Ende des vorigen Jahrhunderts wurde rund 80% des gesamten japanischen Außenhandels durch ausländische Kaufleute abgewickelt.[27] Natürlich versuchte man in Japan, dieses Monopol durch direkte Handelsbeziehungen, also durch Ausschaltung des Zwischenhandels, zu ersetzen.

Die Absatzchancen waren durch die sich in Japan rasch entwickelnde Industrie gut und wurden auch durch den 1911 geschlossenen neuen Vertrag zwischen beiden Staaten, der ein neues Zollabkommen enthielt, nicht beeinträchtigt. Bislang hatte Tôkyô noch keine vollständige Zollautonomie genossen und nicht wenige Zeitgenossen wollten diesen ungleichgewichtigen Status beibehalten. Die Befürchtungen, Japan werde nun durch das neue Abkommen Schutzzollpolitik betreiben, bestätigten sich jedoch nicht:

"Trotz der zahlreichen Zolltariferhöhungen, die Japan hatte durchsetzen können, konnte der Export nach Japan gesteigert werden. Nutzen zog Deutsch-

この時期に発生した産業分野は戦後も崩壊することなく、世界市場で競合できた。20年代より日本の関心は技術発展、資源と原料の確保にあった。もっとも、これは明治時代のように産業構築のためではなく、国内生産をつうじて技術輸入依存度を減少させるために、さらに産業の発展と専門化を主眼にしていたのである(29)。このような日本産業の構造変化は、ドイツとの経済関係にも影響を及ぼした。東京は、緊密すぎる通商関係は歴史の浅い自国の産業分野を危険に晒すと見なしていたが、他方自国産業を育成するためには近代的技術の輸入が必要であった。そのために、戦時中に保護が解かれ終戦後に競売が可能になったドイツ特許に、日本人の関心が集中した(30)。また、ドイツ人が日本人へのライセンス譲渡を拒否した結果、日本人が独自の工法を開発することも稀ではなかった。その結果、ドイツのライセンスへの依存から解放されたばかりでなく、ドイツ人の強敵となる事態も多く見られた。

本来ならば、このような事態でドイツ側は変化した状況に適合する方向に進むべきであったが、現実は全くその逆であった。多数のドイツ人は、日本人にドイツの知識を習得させるのを拒否しさえすれば、日本の産業がいずれ崩壊す

マルガ・フォン＝エッツドルフ、
女性初の欧亜単独飛行達成
（1931年8月18日〜29日）
Marga von Etzdorf
erste Japan Alleinfliegerin,
Berlin – Tôkyô, 18.–29.8.1931

共和国広場（プラッツ・デア・レプブリーク）（1932年）
Platz der Republik, 1932.

land aus der wachsenden Aufnahmekapazität der sich entwickelnden Industrie, die allerdings auch eine Verschiebung im Bedarf zur Folge hatte. Stärker denn je war die deutsche Schwerindustrie am Export beteiligt (Eisen- und Stahlwaren, Maschinen), gefolgt von der chemischen Industrie." [28]

Der 1. Weltkrieg unterbrach die Handelsbeziehungen. Durch die Schließung der Deutsch-Asiatischen Bank in Japan 1916 und das Benutzungsverbot von Post und Telegraph für Deutsche kam der Handel zum Erliegen. Kriegsbedingt gelangten kaum noch Waren nach Ostasien. Diese Misere barg für Japan gleichzeitig eine ungeheuere Chance, die es zu nutzen wußte: Insbesondere auf dem Konsumgüterbereich ergab sich für Japan die Möglichkeit, europäische und damit auch deutsche Produzenten auf den Märkten zu verdrängen. Im Bereich der Schwerindustrie bemühte sich Japan um Unabhängigkeit von den bislang notwendigen Einfuhren: Da man auf die nun ausbleibenden Güter dringend angewiesen war, mußten diese selbst hergestellt werden, um die importabhängige japanische Industrie nicht zum Erliegen zu bringen – was zu großen Teilen gelang. Neben der Produktion für den Eigenbedarf befriedigte Japan auch die Nachfrage aus den anderen ostasiatischen Staaten, wurde dadurch zum Zulieferer für Ostasien und konnte einen großen Wirtschaftsaufschwung und beträchtliche Entwicklungsfortschritte verzeichnen. Die in dieser Zeit entstandenen Industriezweige brachen auch nach Kriegsende nicht zusammen, sondern behaupteten sich auf dem Weltmarkt. Japan war seit den 20er Jahren an technischen Entwicklungen, Ressourcen und Rohstoffen interessiert, nun allerdings nicht mehr – wie in der Meiji-Zeit – für den Aufbau der Industrie, sondern für deren Weiterentwicklung und Spezialisierung, um sich von der Abhängigkeit entsprechender Technikeinfuhr durch eigene Produktion weiter zu befreien. [29] Diese Strukturveränderung der japanischen Industrie wirkte sich auch auf die wirtschaftlichen Kontakte mit Deutschland aus: Einerseits sah Tôkyô die Gefahr zu enger Handelsbeziehungen, die die eigenen, noch jungen

るものと信じる姿勢を変えなかったのである。この戦略を支える論拠は、競争相手を持たないほど優れたドイツの品質に日本が太刀打ちできるはずがない、というものであった。しかし、日本は間もなく同質の製品を提供できるようになった。その上、ドイツに支店をだすことによって、日本は在日のドイツ商社とも競合できるようになった。たとえば三菱商事は1923年に、またそのすぐ後に三井がベルリンに支店を開設した[31]。1929年には東京で世界エンジニア会議が開催され、この機会に日本は自国の技術の高さを世界に納得させた。ドイツの一技師はつぎのように語っている。

「会議結果を考察すると、日本は確かに技術的経済的成果を収めることに成功したと言えるだろう。日本はいずれの点から見ても近代的国家であり、技術一般あるいは特殊技術分野において他の諸国に引けを取らないことを証明した」[32]

20年代終りの世界経済恐慌は、対日貿易にも影響を及ぼした。日本産業の構造変化により、日本は外国からの投資を求めるようになったが、これは必ずしもドイツが輸出したいと考える分野とは一致していなかった。ひとつ、例を挙げよう。世紀転換期の頃、ベルリンの企業ＡＥＧ社は、社の製品のうち特に電球では「東京のメーカーに価格と質において」勝り、東洋ではトップに立っていた[33]。しかし、1930年代初頭に、情勢が突如として変化した。

「ドイツは1931年には中国に依然250万個の電球を輸出していたが、翌年には100万個に減少した。この数値は損失規模が脅威的であることを示しているが、金額を見ると損失はもっと顕著である。なぜならば、一年の間に収益が約87パーセントも減少したためである」[34]

同様に、日本の満州占領およびその数年後には産業の中心が軍需に置かれるようになったことは、独日通商関係の役には立たなかった。最

Industriezweige hätten gefährden können, andererseits war es notwendig, moderne Technologien einzuführen, um die eigene Industrie weiter aufzubauen. Deutsche Patente waren deshalb begehrte Objekte, deren Schutz während des Krieges aufgehoben und die nach Beendigung des Krieges ersteigert werden konnten.[30] Der deutsche Versuch, den Japanern die Lizenzen zu verweigern, führte nicht selten dazu, daß Japan eigene Verfahren entwickelte. Oft schufen solche eigenen Verfahrensentwicklungen nicht nur Unabhängigkeit von den deutschen Lizenzen, sondern machte diesen sogar noch heftige Konkurrenz.

Eigentlich hätte die deutsche Seite versuchen müssen, sich der veränderten Situation anzupassen. Das Gegenteil geschah. Viele hofften immer noch auf einen Einbruch der japanischen Industrie, der sich sicher ereignen würde, verweigerte man nur den Japanern den Zugang zu deutschem Wissen. Das Argument, auf das man sich bei dieser Strategie stützte, war die konkurrenzlos gute deutsche Qualität, die Japan nicht würde bieten können. Japan war jedoch bald schon in der Lage, gleichwertige Produkte anzubieten. Mit der Errichtung von Firmenvertretungen in Deutschland konnte Japan sogar mit den in Japan ansässigen deutschen Handelshäuser konkurrieren: Mitsubishi Shôji errichtete 1923 eine Filiale in Berlin, Mitsui kurze Zeit später.[31] 1929 fand in Tôkyô der

Weltingenieurkongreß statt, wo japanische Technik zu überzeugen vermochte. Ein deutscher Ingenieur mußte konstatieren:

"Betrachtet man die Ergebnisse des Kongresses, so darf man wohl sagen, daß es Japan gelungen ist, in überzeugender Weise seinen technischen und wirtschaftlichen Erfolg zu dokumentieren. Japan ist in jeder Beziehung ein modernes Land und hat es bewiesen, daß es in den allgemeinen und Spezialfragen der Technik mit anderen Ländern Schritt halten kann." [32]

Die Weltwirtschaftskrise Ende der 20er Jahre wirkte sich auch auf den Japanhandel aus, und die Strukturveränderungen der japanischen Industrie zogen einen Investitionsbedarf nach sich, der

初多くの民間部門に使用された生産能力は、30年代中葉より、つまり日中戦争が開戦された1937年以降、軍事領域に投入されるようになった(35)。ドイツ企業の納品期間が長く、また国家主義的情勢下で東京では自給経済を達成する努力が強まったため、ナチス時代に盛んに唱えられた日独友好にもかかわらず、ドイツは通商関係において優先されず、特権も一切与えられなかった。そのために、1939年を目標に新規通商条約の締結による打開策を打ち出したが、ドイツのポーランド侵攻により同年には実現しなかった。日独伊三国同盟の締結も経済提携の改善をもたらさず、その後は第二次世界大戦という現実に阻まれ、物資交流強化の試みも無に帰したのである。1943年には新規に通商と技術移転を取り決める条約が締結された。発注、銀行口座開設、協定をこの条約に沿っておこなうことになったが、実施にはいたらなかった。なぜならば、戦争渦中にある両国の技術と専門家の交流は、1941年以降は事実上封鎖破壊船や潜水艦によってのみ可能な状態で、これもほとんどの場合が失敗に終わったためである(36)。

戦争に基づくこれらの困難を別としても、一般的にドイツが日独経済関係に消極的であった理由は、ライセンス問題が満足のいく形で明確に解決されなかったところにもある。戦争末期にはドイツの封鎖破壊船が積載する荷の3分の2はバラストであった。ドイツ産業が日本の必要とする物資を輸出しなかったためである(37)。技術移転はいずれにせよ、おもにドイツから日本への一方通行であった。ドイツを踏台とした産業化やドイツ人仲介業者排除の試み、そして「大東亜共栄圏」の貿易を東京が完全に手中に収める努力、という非難に結び付く日本の発展や製品に対するドイツ人の先入観がこの時代の特徴であり、ナチス時代に唱えられた同盟両国の友好とはかけ離れた状態を呈していた。

den Exportwünschen Deutschlands nicht unbedingt entsprach. Ein Beispiel: Um die Jahrhundertwende hatte die Berliner Firma AEG mit ihren Fabrikaten, insbesondere durch ihre Glühlampen dem "Tôkyôter Hersteller durch Billigkeit und Güte" im ostasiatischen Raum den Rang abgelaufen.[33] Anfang der 30er Jahre änderte sich das plötzlich:

"Hatte Deutschland nach China im Jahr 1931 noch rund 2,5 Millionen Glühlampen abgesetzt, so sank der Export im nächsten Jahr auf 1 Million ab. Geben diese Zahlen schon das erschreckende Ausmaß des Verlustes wieder, zeigt sich der Einbruch bei einer wertmäßigen Betrachtung noch deutlicher, da die Erlöse von einem Jahr aufs andere um 87% gesunken waren ..."[34]

Die japanische Okkupation der Mandschurei und die sich einige Jahre darauf einstellende Ausrichtung der Industrie auf eine Kriegsproduktion waren den deutsch-japanischen Handelsbeziehungen ebenfalls nicht förderlich. Viele zunächst im zivilen Bereich genutzte Produktionskapazitäten wurden ab Mitte der 30er Jahre im militärischen Bereich eingesetzt; verstärkt ab 1937, dem Beginn des Krieges zwischen Japan und China.[35] Hinzu kamen lange Lieferfristen deutscher Unternehmen und verstärkte Autarkiebestrebungen Tôkyôs, die im nationalistischen Klima gut gediehen. Deutschland wurde trotz der zur Zeit des Nationalsozialismus vielbeschworenen Freundschaft mit Japan bei den Handelsbeziehungen nicht vorgezogen und genoß auch keinerlei Privilegien. Ein erneuter Handelsvertrag sollte diesem Umstand abhelfen, kam aber wegen der Kriegsereignisse (deutscher Einmarsch in Polen) zum geplanten Datum 1939 nicht zustande. Auch der Abschluß des Dreimächtepaktes brachte keine Verbesserung der wirtschaftlichen Zusammenarbeit mit sich, und in den folgenden Jahren holte die Realität des II. Weltkriegs jeden weiteren Versuch, den Warenaustausch zu intensivieren, ein. 1943 sollte ein neuer Vertrag den Handelsverkehr und Technologietransfer regeln, demgemäß Aufträge getätigt, Bankkonten eingerichtet und Vereinbarungen getroffen wurden, die gar nicht ausgeführt werden konnten, da der von beiden Staaten angeführte Krieg einen Austausch von Technologien

東京でのマルガ・フォン＝エッツドルフ
Marga von Etzdorf in Tôkyô

満州事変

ベルリン・東京ともに同じような状況下で激動の20年代の終りを迎えた。経済的・社会的緊張が勢力を失った諸政党の安定化を阻んだ。軍需関連産業の拡大が図られ、過激化の傾向が強まった。

1931年9月、満州柳条溝におけるいわゆる「南満州鉄道爆破事件」を口実に、日本の関東軍が新たに中国本土での利権拡張を図った。日本軍による満州占領は、明らかに国際連盟の原理に反する初の行動であり、しかも中国領土の侵犯であった(38)。内政上の諸問題——民生党や政友会政党ブロックと産業との癒着と、日本国家の生命線とされた満州を巡る中国との対立激化——が下地となり(39)、軍部が蜂起した後、日本国内に国家主義的な興奮をもたらした。国際連盟は南京政府の提訴に呼応し紛争の終結を迫ったものの、実際の解決は日中両国に任せて黙過し、国際連盟による直接干渉はなされなかった。

関東軍はさらに戦線を拡大し、続いて青年将校らによるクーデター計画と犬養首相暗殺事件が発生した。すでに1932年には軍支配による「挙国一致」内閣が成立し、それとともに日本における政党内閣制に終止符が打たれた。斎藤実海軍大将のもとで国際協調の政治に背を向け、国家の利益を指針とする対外政策への転換が示威的におこなわれた。東京の軍事的関心はおも

und Fachleuten nach 1941 faktisch nur noch durch Blockadebrecher oder U-Boote ermöglichte und selten erfolgreich war.[36]

Abgesehen von diesen kriegsbedingten Schwierigkeiten trugen die ungeklärten oder unbefriedigend gelösten Lizenzfragen zu einer allgemeinen deutschen Reserviertheit bei. In den letzten Kriegsjahren fuhren deutsche Blockadebrecher zu zwei Dritteln mit Ballast, weil die deutsche Industrie nicht die Güter exportierte, die Japan benötigte.[37] Der technologische Transfer vollzog sich zumeist sowieso in nur einer Richtung, d.h. von Deutschland nach Japan. Vorurteile gegenüber japanischen Entwicklungen oder Produkten, gepaart mit dem Vorwurf einer Industrialisierung auf deutsche Kosten – japanische Versuche, deutsche Zwischenhändler auszuschalten und die Bemühungen, den gesamten Außenhandel der "Großostasiatischen Wohlstandssphäre" zentral von Tôkyô aus zu beherrschen – waren Kennzeichen der Realität und kontrastierten die in der NS-Zeit beschworene Völkerfreundschaft der beiden Paktstaaten.

Die Mandschurei-Krise

Die bewegten 20er Jahre endeten in Berlin und Tôkyô ähnlich: wirtschaftliche Krisen und soziale Spannungen verhinderten eine Stabilisierung der politischen Parteien, die an Bedeutung verloren. Die Rüstungsindustrie wurde aufgebaut, die Radikalisierung nahm zu.

Im September 1931 lieferte der sogenannte "Zwischenfall" von Mukden (heute Shenyang) der japanischen Armee den Vorwand, sich erneut auf dem chinesischen Festland auszubreiten. Die Besetzung der Mandschurei durch die japanischen Militärs war der erste klare Verstoß gegen die Prinzipien des Völkerbundes und zudem eine Verletzung des chinesischen Territoriums.[38] Innenpolitische Schwierigkeiten – die enge Verflechtung zwischen den Parteiblöcken Minseitô und Seiyûkai mit der Industrie und die zunehmenden Konflikte mit China wegen der Mandschurei, die als unverzichtbar für die nationale Existenz Japans galt[39] – begünstigten die Welle von nationaler Begeisterung in Japan nach dem Militärschlag. Der Völkerbund reagierte auf den Hilferuf der Regierung von Nanking zögerlich, drang zwar auf eine Beseitigung des Konflikts, überließ aber die tatsächliche Lö-

に近隣諸国に向けられ、後年「大東亜共栄圏」建設によって具体化された。

　1932年3月には、まず日本の占領地となった満州に「新国家」満州国建国が宣言された。当時日本は国際連盟に満州国の承認を求めており、国連加盟諸国に対して満州国におけるビジネスチャンスをちらつかせて承認を得ようとした。しかし、西洋諸国は静観の姿勢を保ち、ベルリンも別行動をとれなかった(40)。ドイツの首都ベルリンでの世論は親中国的で、どちらかというと反日的であった。激怒した市民がバイエルン広場にある日本海軍事務所に投石したりした。日本ではこのような展開を危惧し、「正しい」報道をつうじてベルリンにおける反日ムードの緩和を試みた。日本から入るニュースはドイツ語に訳し、手をくわえ、ドイツの報道機関と官庁に配布した。この活動をおこなった〈在独日本協会情報部〉（後に発行した協会機関紙も同じ名称）は、大使館とベルリンに拠点を置く各商社（大倉、三菱、三井）の資金援助を受けてかなりの成果を上げることができ、ドイツの報道は突如として親日的になった。しかしながら、1933年1月30日に政権を掌握したナチスは、最終的には1933年2月24日に国際連盟での日本傀儡国家・満州国の承認否決に同意した。この議決の結果、日本は国際連盟を脱退したのである。

ナチス時代の「民族友好」

　三国同盟によって表明されることになる両民族の「精神的近似性」は、30年代の初頭にはまだ話題にものぼらなかった。1933年には東京との連合に関する構想は存在せず、しかも、日本に関する知識を持つ政治有力者はわずかであった。後の帝国外相ヨアヒム・フォン＝リッベントロップは、1935年になっても「下関とは一体また誰のことだ」と、部下のエーリッヒ・コルトに聞く始末であった(41)。

sung den beiden beteiligten Staaten. Konkrete Maßnahmen seitens des Völkerbundes blieben aus.

So setzte die Kwantung-Armee ihre Eroberungszüge fort, Aufstandsversuche junger Offiziere des Heeres und Attentate folgten, denen auch Premier Inukai zum Opfer fiel. Bereits 1932 kam es zu einer Allparteienregierung unter der Herrschaft des Militärs und damit zu einem Ende der Parteienkabinette in Japan. Unter Admiral Saitô Makoto wurde die demonstrative Wende von einer Politik der internationalen Kooperation zu einer nur an nationalen Interessen orientierten Außenpolitik vollzogen. Das militärische Hauptinteresse Tôkyôs richtete sich dabei auf die angrenzenden Nachbarstaaten, was einige Jahre später durch die Schaffung einer japanischen "Großostasiatischen Wohlstandssphäre" verdeutlicht werden sollte.

Im März 1932 wurde zunächst in der mittlerweile japanisch besetzten Mandschurei der "neue Staat" Manchukuo gegründet, um dessen Anerkennung Japan im Völkerbund zu diesem Zeitpunkt noch warb und als Anreiz dafür mit wirtschaftlicher Teilhabe lockte. Die westlichen Staaten verhielten sich abwartend. Auch Berlin konnte sich keinen Sonderweg leisten.[40] Die Stimmung in der Hauptstadt war pro-chinesisch und eher anti-japanisch: Eine Ansammlung erzürnter Zeitgenossen bewarfen z.B. das am Bayrischen Platz ansässige Marinebüro mit Steinen. In Japan war man wegen dieser Entwicklung besorgt und versuchte durch die "richtige" Berichterstattung dieser anti-japanischen Stimmung in Berlin abzuhelfen:

新しいアレクサンダー広場（1934年）
Der neue Alexanderplatz, 1934

アスカーニエン広場に面するアンハルターバーンホーフ駅
Anhalter Bahnhof am Askanischen Platz

後の枢軸国日本とドイツの政治的接近は、独英防共協定が成立しなかった結果である。日本とドイツは反ソを共通の旗印に接近し、1936年ベルリン・オリンピック後に締結された日独防共協定によって初めて具体的な形になった。この1936年の日独防共協定と1938年のベルリン・東京文化協定の調印、満州国の正式承認および1940年締結の三国同盟が(42)、従来とは異なる内容の両国提携の一里塚となった(43)。

この演出された友好関係構築の努力はおもに文化と学術領域でおこなわれ、ここでナチスは20年代における誠実な接近の努力とその成果を利用したのである(44)。もっとも、今や互いの文化を学ぶことが目的ではなくなり、戦略的プロパガンダに変化した。つまり、ナチズムのドイツ像と日本像という特定のイメージを普及させるための「文化活動」であった。遅くとも両国間に文化協定が結ばれた一年後、この目的のために計画に則った、つまり強制統制された学術、芸術、音楽、映画、スポーツ、報道、放送(45)、演劇、青少年運動などでの提携が決定された。雨後の茸のごとく生まれた「日本専門家」あるいは日本部門は、この提携、いわゆる「文化情報」の実現を担当した。すなわちプロパガンダである。外務省の文化政策部ばかりでなく、親衛隊、突撃隊、ヒトラー青少年団（ヒトラー・ユーゲント）、ナチス学生同盟、全国労働奉仕団、全国

Aus Japan eintreffende Nachrichten wurden ins Deutsche übertragen, korrigiert und an die deutsche Presse sowie an Amtsstellen verteilt. Dieser finanziell von der Botschaft und verschiedenen in Berlin ansässigen Handelshäusern (Ôkura, Mitsubishi, Mitsui) unterstützte *Nachrichtendienst des Japanischen Vereins in Deutschland*, wie das Blatt später genannt wurde, war recht erfolgreich, die deutsche Presse wurde auf einmal japanfreundlich. Dessenungeachtet stimmten die Nationalsozialisten, die am 30. Januar 1933 die Macht in Deutschland übernommen hatten, der letztendlich beschlossenen Nichtanerkennung des japanischen Marionettenstaates Manchukuo im Völkerbund am 24. Februar 1933 zu. Diese Resolution führte zu dem Austritt Japans aus dem Völkerbund.

"Völkerfreundschaft" in der Nazizeit

Von der "geistigen Verwandtschaft" beider Völker, der durch den Dreimächtepakt Ausdruck verliehen werden sollte, war Anfang der 30er Jahre noch keine Rede. 1933 gab es noch kein Konzept, das eine Allianz mit Tôkyô vorsah. Die Kenntnis über Japan war bei den Politgrößen zudem gering: Der spätere Reichsminister des Auswärtigen, Joachim von Ribbentrop, glänzte noch 1935 mit der Frage "Shimonoseki? Wer ist das denn schon wieder?", die er an seinen Mitarbeiter Erich Kordt richtete.[41]

Die politische Annäherung der späteren Achsenmächte ergab sich aus der Folge des Geschehens und nach dem Scheitern des angestrebten Bündnisses zwischen England und Deutschland. Sie vollzog sich unter dem gemeinsamen Banner einer antisowjetischen Haltung, der man durch den Pakt gegen die Kommunistische Internationale nach der Olympiade 1936 in Berlin erstmalig Ausdruck verlieh. Diese Unterzeichnung des Antikominternpaktes 1936, das Kulturabkommen zwischen Berlin und Tôkyô 1938, die offizielle Anerkennung von Manchukuo und schließlich der 1940 geschlossene Dreimächtepakt[42] bilden die Eckdaten einer neuen Zusammenarbeit[43] beider Länder unter anderen Vorzeichen.

Die Anstrengungen, die für diese inszenierte Bruderschaft betrieben wurden, vollzogen sich hauptsächlich auf dem Gebiet der Kultur und der Wissenschaft, wobei sich die Nationalsozialisten der aufrichtigen Annäherungsbemühungen und -erfolge der

戦争運にも日独文化政策奨励と監視のために文
化政策部が置かれた。帝国教育省はドイツ学術
交流会（ＤＡＡＤ）を引き継ぎ、ドイツ国民啓
蒙宣伝省には日本との特別交流とそのための各
種事業があり、全国音楽院、全国演劇院、全国
映画院、全国新聞院などで実施された⁽⁴⁶⁾。個々の
担当部局や行動委員会、組織がおこなった活動
は多種多様であった。ヒトラー・ユーゲントは
日本旅行を企て、「聖山」富士に登頂した。また、
ヒトラーお気に入りのオペレッタ『微笑の国』
が上演されたばかりでなく、日本の古典劇もベ
ルリンで上演された。東京ではベルリンからの
客演コンサートが催され、学術領域では定期的
に交流がおこなわれた。また、両国において映
画が共同製作され、「情報書」や一般書籍が刊行
された。1940年に予定されていた東京オリン
ピックのためには（もっとも、戦争の進展に
よって実現しなかったが）、たとえば1937年に
はライプチヒ大学が一連の講演を集めた三巻本
を出版し、「日本人の特徴」「日本の政治的重要性」
あるいは「日本女性の発展」などの章で「日本を
理解するための手ほどき」を試みている⁽⁴⁷⁾。

　しかし、イデオロギーと文化の接近は、当時
のプロパガンダが信じ込ませようと図った以上
に多種多様であり、矛盾の方が強かった。それ
は、全市民層や政治的に重要な層において望ま
れた形での共有財産では決してなかった。1938
年にオラニエンブルクの強制収容所をも訪れた
日本軍部のベルリン訪問、あるいは同年に調印
された両国の医師交換協定は、軍部や医学関係
の提携分野で、今日まで明るみにでずどこかの
文書館に埋もれている「接近」が存在するので
は、という疑問を投げかけるものである。

　プロパガンダは一般的ドイツ人が持つ日本像
と、日本でのドイツ像に具体的な影響を与えた
点では成果を上げた。当時両文化の「共通性」
は歪曲され悪用されて広められたとは言え、そ

20er Jahre bedienten.⁴⁴ Nunmehr ging es allerdings
nicht mehr nur um ein Kennenlernen der jeweils an-
deren Kultur, sondern um eine ausschließlich strate-
gisch orientierte Propaganda, die an der Verbreitung
eines bestimmten, nämlich nationalsozialistischen,
Deutschland- und Japanbildes arbeiten, sogenannte
"Kulturarbeit" leisten sollte. Spätestens ein Jahr nach
Abschluß des Kulturabkommens zwischen beiden
Ländern wurde zu diesem Zwecke eine planmäßige
– d.h. also gleichgeschaltete – Zusammenarbeit in
Wissenschaft, Kunst, Musik, Film, Sport, Presse,
Rundfunk⁴⁵, Theater, der Jugendbewegung, etc.
beschlossen. Die überall aus dem Boden schießenden
"Japanexperten" oder Japanabteilungen waren für die
Verwirklichung dieser Zusammenarbeit, der sogenannten Kulturinformation, d.h. für die Propaganda,
zuständig. Nicht nur die spezielle Abteilung für Kulturpolitik im Auswärtigen Amt, sondern auch eigene
Japanreferate bei der ss, der sa, der Hitlerjugend,
dem ns-Studentenbund, dem Reichsarbeitsdienst,
dem Reichskriegerbund, waren für die Förderung
und damit auch für die Kontrolle der deutsch-japanischen Kulturpolitik errichtet worden. Das Reichs-
erziehungsministerium übernahm die Organisation
des Deutschen Akademischen Austauschdienstes
(daad), im Reichsministerium für Volksaufklärung
und Propaganda gab es spezielle Japankontakte und
auch entsprechende Projekte, so bei der Reichs-
kammer für Musik, Theater, Film, Presse, etc.⁴⁶ Die
Aktivitäten der einzelnen Referate, Arbeitsausschüsse
und Organisationen waren vielfältiger Natur: die
Hitlerjugend z.B. reiste nach Japan und bestieg den
"heiligen Berg" Fuji, nicht nur Hitlers Lieblings-
operette *Das Land des Lächelns*, sondern auch klassische japanische Dramen wurden in Berlin aufgeführt,
in Tôkyô gab es musikalische Genüsse aus Berlin zu
hören, es gab geregelte Austauschaktivitäten in der
Wissenschaft, Filme wurden – auch im jeweils
anderen Land – gedreht, "Informationsschriften"
publiziert, Bücher gedruckt. Für die 1940 vorgesehenen Olympischen Spiele in Tôkyô, die allerdings
wegen des fortgeschrittenen Krieges nicht zustande
kamen, brachte schon 1937 die Universität Leipzig
ein aus einer Vortragsreihe entstandenes dreibändiges
Werk heraus, das durch einzelne Kapitel wie die *Eigenart des Japaners*, die *Politische Bedeutung Japans*

ヒムラーと大日本正義団 （1938年）
'Großjapanischer Bund für Gerechtigkeit'
(Dai Nippon Seigidan), mit Himmler, 1938

れぞれの文化をダイジェスト版で明示した。たとえば日本民族は、その「民族精神」を祖先崇拝、武士道精神および天皇崇拝の力より汲み上げる単一民族であると描かれることが多かった。このようなイメージは日本の自己表現と一致するものの、日本でも国がこのイメージの定着を図ったのはそう遠い昔からではなかった、という事実は考慮されていなかった。しかし、そもそもナチスが求めていたのは日本の多様性を知ることや、学術的客観的観点から日本を考察することではなかった。というのも、日独両国における国のために命を捧げる姿勢や恭順なメンタリティーの賛美だけで価値共有体を探す上では充分だったからである。現実に存在する文化的差異や利害対立は、戦争での「運命共同体」を崩壊の危険に晒さないために、完全に否定されるか黙視されたのである。

　こうして昔の日本の武士道や武士の忠誠心は、ドイツの兵隊精神や親衛隊の「我が誉は忠誠なり」とするモットーに匹敵するとされたのである。「優れた」民族の「最終勝利」の目標は「ヨーロッパ新秩序」と「大東亜共栄圏」の構築にあったが、日独の優位性はその文化の優位性によって正当化されたのである。このように文化の優位性を喧伝することにより、アジアとヨーロッパでの侵略が解放戦争として美化された(48)。日本人とドイ

und der *Werdegang der Japanerin* eine entsprechende *Einführung in das Verständnis Japans* geben wollte.[47] Die ideologische und kulturelle Annäherung war jedoch erheblich vielschichtiger und von mehr Widersprüchen gekennzeichnet, als die zeitgenössische Propaganda glauben machen wollte. Sie war in der gewünschten Form keinesfalls Gemeingut in allen Kreisen der Bevölkerung und auch nicht in allen politisch maßgeblichen. Besuche japanischer Militärs in Berlin, die auch z.B. 1938 zu einer Besichtigung des Konzentrationslagers Oranienburg führten, oder auch der 1938 unterzeichnete Ärztevertrag beider Länder werfen die Frage auf, ob nicht doch noch die eine oder andere bislang unbekannte "Annäherung" auf den Gebieten der militärischen oder ärztlichen Zusammenarbeit in den Archiven schlummert.

オラニエンブルクの強制収容所における大日本正義団
'Großjapanischer Bund für Gerechtigkeit'
(Dai Nippon Seigidan), im KZ Oranienburg

ツ人に共通する歴史と精神の類似性の発見において「ナチズム枢軸の文化的装飾としての役割」(49)を熱心に果たすドイツ人日本学者も少なくなかったが、その成果は非常に不条理であり、真の文化相互理解とは無関係な性格のものであった。しかも、ついにはそれぞれの国特有の歴史的出来事が同じ史実と見なされるにいたった。たとえば、1944年に独日協会が開催した作文コンクール「共同の対米戦争でドイツと日本を結ぶものはなにか。以下①〜③からひとつテーマを選んで意見を述べよ。①政治的、②経済的、③文化的」の応募作にその種の意見が見られた。昔すでに両民族はモンゴル人に抗戦し（リーグニッツ1241年、九州1274年および1281年）、またビスマルクの政治的功績は天皇の明治維新の功績に匹敵し、伊邪那岐、伊邪那美はイルミンスールに相応する、などがその例である(50)。ベルリンと東京で合わせて843件集まった応募作文は、もちろんドイツ人の一部の意見を代表するにすぎない。なかには当時でも馬鹿げていると見なされたであろうものや、反対にプロパガンダに完全に一致するものもあった。独日協会はこの種の催しをおこない（作文コンクール、《侍の娘》『国民の誓い』『南海の花束』などの映画上映(51)）、ナチス政策実行の場を創った。1943年まで一時期外務省文化政策部主任であったフリッツ・フォン＝トヴァルドフスキーは、独日協会の政治的機能に確信を持っていた。

「民間の二国間文化協会は独自のイニシアチヴで何十年もの間、民族の文化交流を小規模ながら活発におこなってきたが、ゲッベルスが特定のプロパガンダのために役に立つ環境として発見してからは、民間資金源が枯渇したこともあり、ナチ政権に依存するようになった。（…）強制統制された協会の活動は、すでに述べたごとくプロパガンダ活動にあり、大部分が著名な外国人のベルリン訪問に際して、華々しい社交

Die Propaganda war insofern erfolgreich, als daß sie konkrete Auswirkungen auf das allgemeine deutsche Japanbild und das japanische Deutschlandbild hatte. Die "Gemeinsamkeiten" beider Kulturen, wenn auch verstümmelt und mißbraucht zu der damaligen Zeit verbreitet, manifestieren sich in Form von verkürzten Bildern der jeweiligen Kultur. So wurde nicht selten das japanische Volk als Einheit beschrieben, dessen "Volksgeist" sich aus der Kraft des Ahnenkults, der Kriegermentalität und Tennô-Verehrung speiste. Dies geschah ungeachtet der Tatsache, daß dieses Bild zwar der japanischen Selbstdarstellung entsprach, es aber auch in Japan selbst erst seit jüngerer Zeit Bemühungen gab, dieses Eigenbild mit staatlich betriebener Macht zu etablieren. Aber es ging den Nazis ja auch nicht um eine vielschichtige oder gar kritische Erkundung, denn die Glorifizierung der Todesbereitschaft und Untertanenmentalität beider Länder half bei der Suche nach der gemeinsamen Wertegemeinschaft. Real existierende kulturelle Unterschiede oder Interessensgegensätze wurden schlichtweg geleugnet oder verschwiegen, um die daraus entstehende "Schicksalsgemeinschaft" im Krieg nicht zu gefährden.

So galt der Ehrenkodex und die Loyalität des alten japanischen Schwertadels als Entsprechung zu dem deutschen Soldatengeist und zu der ss-Devise "Meine Ehre heißt Treue". Die "Neue Ordnung in Europa" und die "Großostasiatische Wohlstandssphäre" hießen die Ziele für den zu erwartenden "Endsieg" der "überlegenen" Völker, die aus der ihnen eigenen überragenden Kultur begründet wurde. Die Eroberungszüge in Asien und in Europa wurden durch diese beschworene kulturelle Überlegenheit als Befreiungskriege stilisiert.[48] Die ständigen Erfolge auf der Suche nach Belegen für eine gemeinsame Geschichte und Seelenverwandtschaft zwischen Japanern und Deutschen, bei der deutsche Japanologen nicht selten eifrig ihre "Rolle als kulturelles Dekor der nationalsozialistischen Achse"[49] mitspielten, war absurd und hatten mit wirklichem Kulturverständnis nichts zu tun. Die Suche nach Gemeinsamkeiten gipfelte in der Gleichsetzung von landesspezifischen historischen Ereignissen, die z.B. im Rahmen des von der Deutsch-Japanischen Gesellschaft (DJG) veranstalteten Aufsatzwettbewerbs im Jahre 1944 zu

日独防共協定に調印するリッベントロップと武者小路公共（1936年）
Ribbentrop und Mushanokôji unterzeichnen den
Antikominternpakt, 1936

の場と講演の場を与えることにある。独自の誉
高い伝統を顧慮して強制統制に抵抗した協会は
少なかった。（…）第三帝国の偉大な政策のため
に、活動をすべて帝国に捧げた協会のなかでは
特に独伊協会と独日協会が傑出した」[52]

「アーリア人問題」

しかし、両国の真の接近にはナチスの人種妄
想が障害となった。ナチスの人種政策は、1933
年4月のドイツ官吏復活法の発布をもたらした。
同法にはいわゆる「アーリア人条項」があり、
ここに「人種分類」に対する「法的」基礎が築
かれた。人間蔑視のナチスの分類内で日本人の
位置は不明瞭にされたままで、ナチス全時代を
つうじて指導部は明確にしなかった。「大東亜共
栄圏」の建設を望む日本帝国、神の子孫とする
大和民族はナチスの差別に敏感に反応した[53]。す
でに1933年以来、日本の外交関係者はベルリン
の外務省に差別に対する明確な回答を求めたが、
その努力は無駄に終わっている。

日本人はアーリア人と同等であるというファ
シズム権力者たちの訓令は、ナチス政権下では
だされなかった。不明瞭にさせておいたところ
から生じる解釈の余地には意識的に目をつむり、
またそれを意図したのであった。この問題に見
られた悪意と不明瞭さは、わずかな例外を除い
て差別を生んだのである。たとえば日本人とド
イツ人の間に生まれた混血者たちは「民族友好」

der Frage: "Was verbindet Deutschland und Japan
in ihrem gemeinsamen Kampf gegen us-Amerika?
a.) politisch, b.) wirtschaftlich, c.) kulturell" einge-
sandt wurden: Schon früh hätten beide Völker den
Mongolenhorden in den entsprechenden Kriegen
(Liegnitz 1241 und Kyûshû 1274, 1281) trotzen können, Bismarcks Einigungswerk entspräche der gelei-
steten Meiji-Reform des Tennô, Izanagi und Izanami
glichen Irminsul, usw.[50] Natürlich legt dieser Wettbewerb, bei dem in Berlin und Tôkyô insgesamt 843
Einsendungen eingingen, wenn man die Aufsätze
heute liest, den Blick nur auf einen gewissen Teil der
deutschen Meinungen frei, wovon einige Darstellungen wohl selbst zu jener Zeit als zu absurd gegolten
haben, andere jedoch exakt der offiziellen Propaganda entsprachen. Die DJG schuf mit Veranstaltungen
dieser Art (Aufsatzwettbewerb, Uraufführungen von
nationalsozialistischen Filmen[51] wie *Tochter des Samurai*, *Das heilige Ziel* und *Nippons wilde Adler*,
u.a.m.) der nationalsozialistischen Politik eine Plattform. Der bis 1943 zeitweilige Leiter der Kulturpolitischen Abteilung des Auswärtigen Amtes, Fritz
von Twardowski, läßt keinen Zweifel an der politischen Funktion der DJG aufkommen:
"Die privaten bilateralen Kulturgesellschaften, die
jahrzehntelang aus eigener Initiative ... sehr viel für
den Kulturaustausch im Kleinen zwischen den Völkern getan haben, wurden durch das Versiegen der
privaten Quellen in Abhängigkeit vom NS-Regime
gebracht, nachdem sie Goebbels als brauchbares Mi-
lieu für bestimmte Propaganda-Absichten entdeckt
hatte ... Die Tätigkeit der gleichgeschalteten Gesellschaften wurde, wie gesagt, propagandistisch ausgerichtet und bestand zu einem erheblichen Teil darin,
prominenten Ausländern bei Besuchen in Berlin eine
glänzende gesellschaftliche Plattform oder das Forum für erwünschte Vorträge zu geben. Es hat einige
wenige Gesellschaften gegeben, die sich wegen eigener Mittel und im Hinblick auf eigene ruhmreiche
Tradition einer 'Gleichschaltung' zu widersetzen
wußten ... Von den Gesellschaften, die infolge der
großen Politik ihre Beziehungen ganz in den Dienst
des Dritten Reiches stellten, sind damals ganz besonders hervorgetreten die Deutsch-Italienische und die
Deutsch-Japanische Gesellschaft ..."[52]

の枠からはずされて差別を受けた。なぜならば、ナチスのイデオロギーでは「有色人種」との婚姻は禁止されていたためである[(54)]。それでも保護を受けたり、あるいは幸運であった日本人とドイツ人の夫婦もわずかながらあった。俳優ビクトル・デ＝コバと歌手の田中路子がその一例である。

日本の報道は新生ヒトラー・ドイツの人種差別的法律を詳しく取り上げ、日独混血者に対する無法行為に憤り、これを報道した[(55)]。親日家たちは、人種法はユダヤ人あるいは「有色人種」に適用され、日本人はこれに該当しないことを明確にさせようとした。「日本民族」を「アーリア人種」と同等に置こうとする日本びいきたちは、日本人が独自の文化に対して誇りをもっていることと、人種差別的先入観に対して敏感であることを指摘した。事実それは、他の関連において「ドイツ民族精神」との共通性を探し求めるプロパガンダ的論拠として利用された特性である。しかしながら、当時盛んに誓われた民族友好は両「文化国家」の名状しがたいこじつけの共通性がナチスの人種イデオロギーを崩壊させるほどにはいたらなかった。オットー・キュンメルはゲルマン民族原史先史協会の講演[(56)]で、日本の原史・先史に基づけば、日本人は本来西欧人に数えられるべきであると指摘した。このような非常に珍奇な人類系統理論をもって、まさにナチズムに内包する論拠を利用して日本人差別を排除するよう試みたのであるが、差別そのものの不当性には疑問を挟まなかった。しかし、日本人をアーリア人と見なし、ファッショ的世界像にはめ込む試みは、公式には受け入れられなかったのである。

1934年に独日協会は日本人の「人種問題」解明を図った。協会はナチスの党員ヨハン・フォン＝レアースに見解を求めた。レアースの作成した請願書はナチス党首脳部数人にも配布され

「第一回全日本選抜スキージャンプ東京大会」後楽園急設飛躍台（1938年）
Nationale japanische Skisprungmeisterschaft 1938
in Kôrakuen, Tôkyô

"Die Arierfrage"

Gegen eine wirkliche Annäherung stand auch der Rassenwahn der Nationalsozialisten. Die Rassenpolitik der Nazis führte zu dem schon im April 1933 erlassenen Gesetz zur Wiedereinführung des Berufsbeamtentums, das den sogenannten "Arierparagraphen" enthielt und somit die "gesetzliche" Grundlage für eine "Rassenklassifizierung" schuf. Die Stellung der Japaner innerhalb dieser menschenverachtenden Klassifizierung der Nationalsozialisten blieb unklar und wurde während der gesamten NS-Zeit nicht von oberster Stelle eindeutig geklärt. Das Kaiserreich Nippon, das eine "Großostasiatische Wohlstandssphäre" errichten wollte, d.h. das göttliche Herkunft für sich selbst beanspruchende Yamato-Volk, reagierte auf die nationalsozialistischen Diskriminierungen empfindlich.[53] Schon seit 1933 versuchten japanische diplomatische Kreise vergeblich, vom Auswärtigen Amt in Berlin eine klare und eindeutige Stellungnahme zu dieser Diskriminierung zu erlangen.

Die klärende Direktive der faschistischen Machthaber, daß Japaner den Ariern gleichwertig seien, blieb bezeichnenderweise während der gesamten Herrschaft der Nationalsozialisten aus. Der sich daraus er-

たが、ここでも、日本人の起源を北方民族とする人種差別を内包した論拠が用いられた。ここでは、ハーケンクロイツを想起させる先史時代の巨石墳と日章旗のシンボルが証拠として挙げられ、しかも稀に茶色や濃い金髪の日本人に出会うこと、日本女性が肌に白く化粧するのは白肌を美の理想としていることなどに言及、また、危険を犯してまでもこの人種差別を続行するならば、対外政策上に困難が生じることを指摘した。これに対し人種政策局主任でありヒトラー代理幕僚スタッフのヴァルター・グロースは、人種理念においては一切妥協の余地がないと思われる、と答えている。

「我々の人種政策の正当性を論じる上で、個々の民族グループをそれらの偉大な歴史と文化ゆえに価値ある人種としてドイツ人と同等に置き、血統に従った区別から根本的にはずすことを要求することは、ナチズムの根本思想と人種的思想の放棄を意味する」(57)

三国同盟に表明された国家政策上の接近以前に、駐独大使大島も明確な見解を迫ったが、これも徒労に終わっている。ヒトラーの『我が闘争』中の日本人に関する部分も削除されなかった(58)。日独混血者に関する人種問題上の基本的な規定が存在しなかったところより、政府は個人あるいは当該当局の随意の判断に任せた。ということは、申請者をアーリア人と見なすべきか否かは、ケース・バイ・ケースで決定されたのである。そのため、混血者たちがスポーツクラブや学生連盟への入会を拒否され、混血者を妻とする医師が健康保険医の認可を拒否される(59)など職業禁止を受けたケースも多く、日常では罵言を浴びせられる状態であった。しかし、日独混血者ばかりでなく、ベルリン在住の日本人も日常生活において一部差別待遇を受けた。つぎに二、三の例を挙げる。

gebende Interpretationsspielraum wurde bewußt in Kauf genommen und war gewollt. Die bezüglich dieser Frage herrschende Willkür und Unklarheit erzeugte wenige Fälle von Nicht-Diskriminierungen und viele Fälle von Diskriminierungen: Kinder aus japanisch-deutschen Mischehen wurden z.B. ungeachtet der sonstigen "Völkerfreundschaft" diskriminiert, da nach nationalsozialistischer Ideologie der Eheschluß mit Angehörigen "farbiger Rassen" verboten war.[54] Dennoch gab es aufgrund von Protektion oder vielleicht auch Glück einige wenige deutsch-japanische Ehen, z.B. die zwischen dem Schauspieler Viktor de Kowa und der Sängerin Tanaka Michiko.

Die japanische Presse beschäftigte sich ausführlich mit der rassistischen Gesetzgebung des neuen Hitler-Deutschland und berichtete empört über Ausschreitungen gegenüber Kindern aus deutsch-japanischen Ehen.[55] Japanfreundliche Kreise bemühten sich um die Klarstellung, daß sich die Rassengesetze auf die Juden oder auf die "farbigen Rassen" beziehe, nicht jedoch auf Japaner. Die vielfältigen Versuche japanophiler Kreise, die die "japanische Rasse" als eine der "arischen Rasse" gleichwertige darzustellen versuchten, verwiesen bei ihrer Argumentation auf den Stolz des Japaners auf seine Kultur und auf seine Empfindlichkeit gegenüber rassistischen Vorurteilen – Eigenschaften, die in anderen Zusammenhängen tatsächlich als propagandistische Argumente für die bemühten Parallelen zu dem "deutsch-nationalen Geiste" herhalten mußten. Dennoch, soweit ging die viel beschworene Völkerfreundschaft nicht, daß die unsäglichen und überstrapazierten Gemeinsamkeiten der beiden "Kulturnationen" die Rassenideologie der Nazis durchbrechen konnte. Abenteuerliche Abstammungstheorien, so z.B. die von Otto Kümmel, der in einem Vortrag[56] vor der Gesellschaft für Germanische Ur- und Frühgeschichte darauf verwies, daß Japaner aufgrund ihrer Ur- und Frühgeschichte eigentlich zu den Westeuropäern gerechnet werden sollten, versuchten die Diskriminierungen der Japaner durch eben diese nationalsozialistisch-immanente Argumentation aufzuheben, ohne jedoch das Unrecht der Diskriminierung an sich in Frage zu stellen. Solche Versuche, die Japaner als Arier in das nationalsozialistische Weltbild einzupassen, wurden von offizieller Seite nicht aufgenommen.

— ベルリン・ホーエンシュタウフェンシュトラーセ通りの日本レストラン「曙」経営者杉本は、酒類販売のライセンスを拒否された。これは事実上レストランの閉鎖を意味し、杉本は1935年5月29日の書簡で独日協会に相談している。そこで独日協会は市行政裁判所への提訴に際し、酒類販売免許の付与はドイツにとってプラスになる「観光の奨励」につながると指摘している⁽⁶⁰⁾。これによって杉本が免許を得たか否かは不明である。

— 独日協会はすでに1936年より在独日本人会に「ドイツ人家庭」での下宿を斡旋し、「そうして、ユダヤ人家主の下宿に住みたがらず、ドイツ人家庭との接触を優先する日本人に便宜を図った」⁽⁶¹⁾。しかし、これが本当に「日本人の希望」に添ったのかははなはだ疑問である。

— 日独会⁽ᵃ⁾はガスマスク配布に際して、ベルリン・ヴィルメルスドルフ大管区局への斡旋を独日協会に依頼し、1943年7月19日に配布の約束を受けている⁽⁶²⁾。文書記録から明らかになるように、日本人は自動的にガスマスクをもらえず、独日協会に斡旋を頼まなければならなかったのである。

　日本人にファッショ的人種イデオロギーを納得させる試みや、日本でのドイツ系ユダヤ人亡命者の雇用に干渉することでユダヤ人を差別する、あるいは極東にもユダヤ人芸術家に対するボイコットを求める、といったドイツの試みは成果を上げなかった。東京にいた交換学生は東京での「文化活動」に関して1940年8月11日に独日協会事務局長ヘルムート・ヴェルナーにつぎのような報告をしている。

　「貴殿から受け取る配布物に関して報告いたします。（…）配布物の種類として、一見してプロパガンダ的に見えないものが必要です。優れた書籍、インゼル文庫、テキストの少ない写真集、たとえばベルリン・テラマーレ出版社のド

1934 unternahm die DJG einen Versuch, die "Rassenfrage" des japanischen Volkes zu klären. Sie bat den Nationalsozialisten Johann von Leers um eine Stellungnahme zu diesem Problem, die in der Folge an einige Spitzenfunktionäre der Partei versandt wurde. Auch in dieser Denkschrift wird in rassistisch-immanenter Argumentation der Ursprung der Japaner auf die nordische Rasse zurückgeführt, wobei die an das Hakenkreuz erinnernden Dolmen und Symbole des Sonnenballs in der japanischen Flagge als Beleg angeführt wurden, die bisweilen anzutreffende braune und sogar dunkelblonde Haarfarbe einiger Japaner, der weißgeschminkte Teint der Japanerinnen als Schönheitsideal u.a.m. Selbst auf die Gefahr hin, daß es zu außenpolitischen Schwierigkeiten kommen könne, würde man diese Diskriminierung weiter verfolgen, antwortete Walter Gross, Leiter des Rassenpolitischen Amtes und Mitarbeiter im Stab des Stellvertreters Hitlers, es gäbe keinerlei Kompromisse bei der Rassenidee, denn:

"... In der Erörterung über die Berechtigung unserer Rassenpolitik aber würde die Forderung, einzelne Völkergruppen angesichts ihrer großen Geschichte und Kultur als wertvolle Rasse dem deutschen Menschen gleichzustellen und grundsätzlich von jedem Versuch der blutmäßigen Scheidung abzusehen, die Aufgabe eines nationalsozialistischen Grundgedankens und die Preisgabe rassischen Denkens überhaupt bedeuten ..." [57]

Der japanische Botschafter Ôshima drang ebenfalls vergeblich vor der staatspolitischen Annäherung, der durch den Dreimächtepakt Ausdruck verliehen wurde, auf eine eindeutige Stellungnahme. Auch die entsprechenden Passagen über die Japaner in Hitlers *Mein Kampf* wurden nicht getilgt. [58] Durch den Mangel einer prinzipiellen Regelung zur Rassenfrage bei Kindern aus deutsch-japanischen Mischehen wurde von offizieller Seite der Willkür einzelner Personen oder Behörden freier Lauf gelassen, die von Fall zu Fall entscheiden konnten, ob der Antragsteller als Arier gewertet wurde oder nicht. So gab es Nichtzulassungen von Nachkommen deutsch-japanischer Eltern bei Sportvereinen, Studentenorganisationen, mehrere Fälle von Berufsverboten, z.B. die Nichterteilung einer Kassenzulassung für einen mit einer Halbjapanerin verheirateten Arzt [59] und alltägliche

イツの古都のような写真集です。（…）多くの場
合、がむしゃらな教え方よりも間接的な方法が
効果的です。しかし、私が配布の対象とする
（ツァールのリスト(63)による）層は非常に広く、
約350人から400人であることを念頭に置いて
ください。（…）彼らに半年ごとに〈運動〉誌の
半分しか行きわたらないようでは、良い印象を
与えることは不可能です。しかもこの雑誌は
我々の文化的名声を高めるのには余り貢献しま
せん。一方新規刊行の週間新聞〈帝国〉は非常
に優れており、いくらいただいても多すぎるこ
とはありません。〈ベルリン・ローマ・東京〉も
同様です。（…）用途のないのはポーランドの惨
状に関する書籍やそのたぐいの書籍です」(64)

　しかし「間接的方法」も「友好」を深めるこ
とができないことを、東京からロベルト・ボッ
シュ社の社員に宛てた1942年8月16日の書簡
が明らかにしている。

　「この国が参戦して以来、実際に状況は激変
した。日本軍の驚嘆すべき戦果は、具体的には
想像し難いと思われるが、英米敵国に対してば
かりでなく、全白人に対する尊大な姿勢を生み

東アジア探訪──ドイツ・ルフトハンザ航空
第2回極東・東京航路偵察飛行（1939年）
Ostasien-Expedition – 2. Streckenerkundungsflug
der Deutschen Lufthansa nach Fernost/Tôkyô, 1939

Anpöbelungen. Nicht nur Kinder aus deutsch-japanischen Ehen, sondern auch einige Teile der japanischen Kolonie in Berlin wurde im Alltag diskriminiert. Um nur einige Vorfälle zu nennen:
– Dem Betreiber Sugimoto K. des japanischen Restaurants Akebono in der Hohenstaufenstraße in
Berlin wurde die Lizenz für den Alkoholausschank
versagt, was de facto die Schließung des Restaurants
bedeutete. In einem Schreiben vom 29. Mai 1935
wandte sich Sugimoto an die DJG, die daraufhin für
ihn beim Stadtverwaltungsgericht mit dem Hinweis
auf eine sich für Deutschland günstig auswirkende
"Hebung des Fremdenverkehrs" durch Erteilung der
Ausschank-Konzession argumentierte.[61] Ob Sugimoto daraufhin die Ausschank-Konzession erhalten hat,
ist mir nicht bekannt.
– In Berlin vermittelte die DJG an den Japanischen
Verein in Deutschland schon 1936 Zimmer von
"deutschen Familien", "damit Japaner, die nicht gern
bei jüdischen Vermietern wohnen, sondern es vorziehen, Anschluss an wirklich deutsche Familien zu finden, genügend Auswahl haben."[62] Es ist mehr als
zweifelhaft, ob hier tatsächlich einem "japanischen
Wunsch" entsprochen wurde.
– Der Japanisch-Deutsche Verein mußte die DJG um
Vermittlung bei der Gauverwaltung in Berlin-Wilmersdorf bei der Zustellung von Gasmasken bitten,
die dem Verein am 19. Juli 43 zugesagt wurde.[60] Wie
aus den Akten ersichtlich, bekamen die Japaner
offenbar nicht automatisch Gasmasken, sondern
mußten erst um Vermittlung der DJG bitten.
Die unermüdlichen Versuche, den Japanern die faschistische Rassenideologie näher zu bringen und die
Diskriminierung von Juden durch deutsche Einmischungsversuche bei Anstellung deutsch-jüdischer
Emigranten in Japan oder Aufforderungen zu Boykottaktionen gegenüber entsprechenden Künstlern
auch aus der Ferne durchzusetzen, blieben jedoch erfolglos. Ein Austauschstudent in Tôkyô berichtet
Helmut Werner, Geschäftsführer der DJG, am 11. August 1940 über seine "Kulturarbeit" in Tôkyô:
"... Zu dem Material, das ich zur Weitergabe von Ihnen erhalten soll, folgendes: ... Was die Art des Materials anbetrifft, so brauche ich besonders Dinge, die
nicht gleich auf den ersten Blick nach Propaganda
aussehen. Z.B. gute Bücher, Inselbücherei, Bilder-

出した。しかもこの尊大さは、新聞やラジオによって系統的に、ほとんど病的な極端な形で育成されているために、日本人のなかの明晰な頭脳の持主さえも異常な心理状態を逃れることができず、駄弁にひっかかってしまうのである。ちょっとした例を挙げてみる。ついこの間、日々新聞に出た記事によると、ドイツ人は、日本の対英米戦から、いかに敵地を占領し敵軍兵を捕虜にするか学べたはずだから、今年中にロシア進撃で成果を上げることができる、とある。（…）このナンセンスさは彼らのやり口なのであり、明確な目標を持っている。つまり、東洋がもつ従来のコンプレックスを取り除くだけでなく、全白人種に対して優越感をもたせることである。ちなみに、対英米というよりも、全白色人種との戦いを目標とする日本の現在の戦争プロパガンダに見られるような全白色人種に対するこのグロテスクな尊大さは、諜報プロパガンダの系統的な強化と密接な関係を持っている。（…）白人が皆仮想スパイにされた諜報活動防衛週間が催されただけでなく、隣組（今では軍事的に認められたともいえる近隣組合）も住民を啓蒙することによって、白人を極度に危険な生物と見なすように仕向けられた。（…）いずれにしても総括すると、在日ドイツ人はもはや同盟国人や客としては見なされていず、今のところは法的手段などはないが、できれば追放したい厄介な訪問者として扱われている。（…）もちろんのこと、当地にいるドイツ人はこの戦争が続いている限り、時には怒りを抑えつつも義務を果たし堪えている。しかし、ドイツ人の滞在条件が根本的に（原文では「根本的」に下線──筆者注）変化を見ないなら、有能な人物を当地に引き留めることは非常に難しくなり、そうすると、今日の意味での日本・ドイツ精神が中断されることになるだろう」[65]

bücher ohne viel Text z.B. alte deutsche Städte im Terramare-Verlag Berlin … Die indirekte Methode ist hier oft wirksamer als die Holzhammermethode … Sie müssen aber bedenken, daß der Kreis, der von mir versorgt werden soll (nach Zahls Liste)[63] sehr groß ist, etwa 350–400 Leute umfaßt … (E)s macht einen schlechten Eindruck, wenn die Leute etwa alle halbe Jahre ein halbes Exemplar der 'Bewegung' erhalten, zumal das Blatt auch nicht gerade zur Erhöhung unseres kulturellen Ansehens beiträgt. Die neue Wochenzeitung 'Das Reich' ist ausgezeichnet, davon kann ich nicht genug bekommen, ebenfalls 'Berlin-Rom-Tokio' … Nicht gebraucht werden Bücher über die Greuel in Polen oder ähnliche Bücher."[64]

Daß jedoch auch die "indirekte Methode" die "Freundschaft" nicht erwärmen konnte, macht ein Brief aus Tôkyô vom 16. August 1942 an ein Firmenmitglied der Robert Bosch GmbH deutlich:

"… Hier hat sich in der Tat außerordentlich viel geändert seit dem Kriegseintritt unseres Gastlandes. Die enormen und vor allem überraschenden Erfolge der japanischen Wehrmacht haben zu einer Überheblichkeit nicht nur den englisch-amerikanischen Feinden, sondern allen Weißen gegenüber geführt, von der sie sich schwer ein korrektes Bild machen können. Diese Überheblichkeit wird dabei zudem durch die Presse, durch Tageszeitungen und Rundfunk systematisch in beinahe krankhafter, übersteigerter Form hochgezüchtet, so daß sich auch die klarer denkenden unter den Japanern dieser Psychose kaum mehr entziehen können und auf das unsinnigste Geschwätz hereinfallen. Als kleines harmloses Beispiel: Vor wenigen Tagen schrieb die *Nichi-Nichi*, daß zu hoffen stehe, daß die Deutschen in diesem Jahre den Russenfeldzug erfolgreicher führen könnten, da sie ja nunmehr von den Japanern anhand deren Feldzüge gegen die Amerikaner und Engländer hätten lernen können, wie man feindliches Gebiet tatsächlich erobert und die feindlichen Armeen gefangen nimmt … Dieser Unsinn aber hat Methode und ein klares Ziel, nämlich dem gesamten Osten nicht nur den früheren Minderwertigkeits-Komplex zu nehmen, sondern diesen durch einen ebenso verbreiteten und stoßkräftigen Mehrwertigkeits-Komplex der gesamten weißen Rasse gegenüber zu ersetzen. Hand in Hand mit dieser oft grotesken Überheblichkeit, die sich notabene ge-

これを書いた人物は、他民族に優越すると感じたドイツ人の一元的で絶対的な考えを示す好例である。日本人が従僕の役割を「友好的」に果たさないことに対する不満は相応に大きく、ここでその不条理がピークに達している。

ベルリンと東京は両独裁制が采配を振るう地であり、首都、そして中央機関所在地として大きな政治的位置を占めた。三国同盟締結の半年後、日本の外相松岡洋右はベルリンを訪れ、内閣官房をも訪問した。この時、同盟に対して熱烈な賛辞が述べられた(66)。そして日本への帰路モスクワに立ち寄った松岡は——ドイツの前例に倣い——日ソ中立条約を締結した。1939年8月の独ソ不可侵条約の締結は、防共協定のパートナーである日本をひどく戸惑わせたのである。ベルリンと東京は、新たな軍事的勝利によってのみ両国の世界観にみあう権力が保障されると信じていた。ドイツはポーランドとソ連に進撃することにより東欧に勢力圏を拡大し、他方日本は太平洋地域において資源と市場を確保する、という同盟国の目標は急速に形をとっていった。

1933年2月の帝国議事堂炎上、同年5月のベルリンのオペラ広場における焚書、1938年11月の夜の大規模なユダヤ人迫害（いわゆるライヒス・クリスタルナハト(b)、ベルリンの「ヴァンゼー会議」で決定された「ユダヤ人問題最終的解決」、そして1943年2月にはベルリンのスポーツパレスでのゲッベルスの「総力戦」表明に大観衆が歓呼の声を上げ、こうして市は嘆かわしくもその名を轟かすことになったのである。

東京では1932年5月に犬養首相が暗殺され、政党内閣制が崩壊した。1937年7月には北京近郊の蘆溝橋「事件」を口実として日本の中国侵略戦争が始まった。1938年3月国家総動員法が発布され、政府は人的および物的資源を統制し運用する広範な権限を手中に収めた(67)。東京では太平洋戦争、中国侵略、そしてアジア南進が計

gen alles Weiße richtet, wie überhaupt die jetzige japanische Kriegspropaganda viel stärker auf den Kampf gegen den Weißen als gegen den Engländer und Amerikaner abgestellt ist, geht eine überaus nachdrückliche und systematische Intensivierung der Spionage-Propaganda. Nicht nur, daß ... Anti-Spionage-Wochen abgehalten werden, in denen der Weiße als Spion per se erscheint, auch die Tonari-gumis (heute praktisch militärisch autorisierte Nachbarschafts-Vereinigungen) sorgen durch die Belehrung ihrer Mitglieder dafür, daß die gesamte Bevölkerung in weißen Menschen ein höchst gefährliches Lebewesen erblickt ... Zusammenfassend jedenfalls: Die Deutschen in Japan werden schon gar nicht mehr als Bundesgenossen oder Gäste, sondern mehr als ein lästiger Besuch behandelt, den man gerne abschieben möchte, wofür einem aber vorläufig noch gesetzliche oder sonstige Handhabe fehlen ... Es ist ... selbstverständlich, daß jeder Deutsche hier draußen, wenn auch gelegentlich mit geballter Faust in der Tasche, seine Pflicht tut und aushält, solange dieser Krieg dauert – sollten sich dann aber die Verhältnisse für den Aufenthalt der Deutschen hier **nicht gründlichst** (im Original unterstrichen, A.d.V.) zum Besseren gewendet haben, wird es äußerst schwierig sein, irgendwelche wertvollen Leute hier draußen zu halten, bzw. ist dann mit dem Aufhören des Japan-Deutschtums im heutigen Sinne zu rechnen ..."65

Der Verfasser dieser Zeilen liefert ein Beispiel für die Ausschließlichkeit der monistisch-totalitären Anschauung der Zeitgenossen, sich den anderen Völkern gegenüber überlegen zu fühlen. Der Unmut über die Unwilligkeit der Japaner, sich in diese Untergebenenrolle "freundschaftlich" zu fügen, war entsprechend groß und wird hier in seiner ganzen Absurdität auf die Spitze getrieben.

Berlin und Tôkyô waren die Schaltstellen der beiden Diktaturen und nahmen als Hauptstädte und Sitz der jeweiligen Zentral-Institutionen eine große politische Rolle ein. Ein halbes Jahr nach dem Abschluß des Dreimächteabkommens besuchte der japanische Außenminister Matsuoka Yôsuke Berlin und ebenso die Reichskanzlei. Feurige Lobreden auf das Bündnis wurden gehalten.66 Auf der Rückfahrt nach Japan schloß Matsuoka in Moskau einen – dem deutschen Beispiel folgenden – russisch-japanischen Neutrali-

画され実践に移された。日本軍の特別部隊「731部隊」は1943年から満州において化学兵器開発のための人体実験をおこなった。南京大虐殺と韓国女性の従軍慰安婦問題も、当時の日本の政策の哀しい結果である。「大ゲルマン帝国」と「大東亜共栄圏」間の境界線を東経70度に引くことを提案したのも東京であった。

戦時中におけるベルリンと東京の市民生活は、同じ様な窮状を呈していた。上述の交換学生は東京の生活とドイツ人の様子を1940年11月に報告している。

「日本の経済状態が日増しに悪化していることに簡単に触れておく。たとえば12月1日以降は、当地には石鹸は一種類しかなくなり、油脂の不足を暗示しているようだ。穀粉が非常に少ないために、一週間もパンが手に入らないことも頻繁である。特にひどいのは米不足である。米は平均の一割減産で、現在はおもに暹羅の米を輸入している。米は食堂では日中二、三時間、夜は8時半までしか販売していない。砂糖も同様に不足している。卵は全くない。特に危機的なのは冬の燃料不足だ。（…）戦争に重要な原料分野では、専門家はほとんど望みのない状況と見ている。アメリカが鉄屑の輸出を禁止して以来、日本はいかにこの方面で現状を維持しようとするのか、これは大きな謎である。（…）一般的な政治状況に関しては、三国同盟がかなり冷淡に受け止められた。すべての政治集会は組織されたもので、作為的であった。日常における日本人の不安は大きくなり（物価上昇、依然として低賃金）、しかも中国との紛争は国民の精神的負担となり、将来の見通しは同盟によっても改善されなかった。アメリカから何が起こるのかと、皆がアメリカを凝視している。これは日本人独特の政治的消極性である。（…）その他の出来事で書き添えることは、ヒトラー青年団（ヒトラー・ユーゲント）の東京到着である。

tätspakt ab. Der Abschluß des deutsch-russischen Nichtangriffspaktes vom August 1939 hatte nämlich zu erheblichen Irritationen bei dem Antikominternpartner Japan geführt. Berlin und Tôkyô glaubten ihren weltanschaulich begründeten Machtanspruch nur durch erneute militärische Siege gesichert. Die Ziele der beiden Bündnispartner zeichneten sich rasch klar ab: Deutschland wollte seine Einflußsphäre mit den Überfällen auf Polen und auf die Sowjetunion vor allem in Richtung Osten ausdehnen, Japan dagegen Rohstoffe und Absatzmärkte im pazifischen Raum sichern.

Mit dem Reichstagsbrand im Februar 1933, der Bücherverbrennung auf dem Opernplatz in Berlin im Mai 1933, über die Pogromnacht (sogenannte "Reichskristallnacht") im November 1938, die bei einer Konferenz in einer Villa in Berlin-Wannsee beschlossene "Endlösung der Judenfrage" bis schließlich zu den Massen im Berliner Sportpalast im Februar 1943, die der Erklärung Goebbels des "Totalen Krieges" begeistert zujubelten, erlangte die Stadt traurige Berühmtheit.

In Tôkyô wurde im Mai 1932 durch das Attentat auf Premier Inukai das Ende der Parteienkabinette eingeläutet, im Juli 1937 der Krieg gegen China eröffnet, wobei der sogenannte "Zwischenfall" an der Marco-Polo-Brücke in der Nähe von Peking als Vorwand für den japanischen Eroberungskrieg in China diente. Im März 1938 wurde das Gesetz zur nationalen Generalmobilmachung (Kokka Sôdôinhô) erlassen, das die Regierung ermächtigte, Vermögen und Bürger nach Belieben einzuziehen und die Produktion und den Finanzverkehr zu dirigieren.[67] In dieser Stadt wurde der Pazifische Krieg, der Einfall in China und die Expansion in Südostasien geplant und von dort aus geführt. Die "Truppe 731", eine Sondereinheit der japanischen Armee, führte ab 1943 in der Mandschurei Menschenexperimente zur Entwicklung bakteriologischer Waffen durch. Das Nanking-Massaker und die Zwangsprostitution koreanischer Frauen sind weitere traurige Ergebnisse der japanischen Politik dieser Zeit. Aus Tôkyô kam auch der Vorschlag, eine Begrenzungslinie zwischen dem "Großgermanischen Reich" und der "Großostasiatischen Wohlstandssphäre" am siebzigsten östlichen Längengrad zu ziehen.

（…）ユルゲンス[c]は非常にしっかりとした人物である。青年たちは感じはよいが無邪気そのもので、彼らにとってこの旅行は非常に楽しい気分転換といったところである。その他の出来事は労働戦線（ナチの組織した労働団体——筆者注）官長ゼルツナー氏とクレッシンゼー結社司令官ゴーデス氏（両者とも帝国議会議員——筆者注）の来日である。彼らの印象はよくなかった。ある夜、彼らは帝国ホテルで殴り合いをするほど酔った。（…）同夜一人のドイツ婦人が彼女の部屋に無理やりに押し入ろうとするゼルツナーに煩わされ、日本人のホテル警備員に助けを求めた。ゼルツナーはゼルハイム総領事のことを陰で取るに足らない奴と呼び、リリー・アベック[d]には、少女の頃は可愛いかっただろうが、と面と向かって言う始末である。（…）彼らは制服を着用し勲章と功労章をつけていた。

神話的な要素の濃い建国2600年祝典には十人のジャーナリストしか招待されず、そのうちの二名がドイツ人であった。ドイツ通信社（ナチ時代の名称）の人間とフランクフルター・ツァイトゥンクのゾルゲである。これは三国同盟ゆえに可能になったのであるが、日本側は写真報道員の参加を認めなかった。ベルツも日本の独占という理由で撮影を許されなかった」[68]

食料や衣料の不足、「隣組み」や「愛国連盟」による統制にもかかわらず、井上によると、日本には「絶対主義的天皇制度の機関としての軍独裁」に抵抗するレジスタンス組織がなかった。

「日本全体が軍の巨大な監獄のようだった。国民は戦争にうんざりし、反軍国主義の思想がどんどん広まっていった。しかし日本にはイタリアのような国民のレジスタンスはなく、ドイツのような反ナチスの組織が存在しなかった」[69]

いずれにしても、ようやく五年後に連合国によって恐怖政治に終止符が打たれたのであるが、そこにいたるまで戦争はさらに拡大を続けた。

Die kriegsbedingte Not im Alltag der Bewohner von Berlin und Tôkyô war ähnlich. Der bereits zu Wort gekommene Austauschstudent in Tôkyô berichtet im November 1940 über das Leben der Tôkyôter und über den deutschen Anteil daran:

"In diesem Zusammenhang will ich kurz darauf hinweisen, daß sich die wirtschaftlichen Verhältnisse in Japan von Tag zu Tag verschlechtern. Ab 1. Dezember zum Beispiel gibt es hier Einheitsseife, was auf einen Fettmangel hinzudeuten scheint. Mehl ist sehr knapp, so daß es manchmal eine Woche lang kaum Brot gibt. Besonders schlimm ist es mit der Reisknappheit. Die Ernte liegt 10% unter Durchschnitt. Es wird jetzt besonders siamesischer Reis eingeführt. Reis gibt es in den Gasthäusern nur einige Stunden am Mittag und abends nur bis halb neun. Zucker ist ebenfalls sehr knapp. Eier gibt es nicht. Besonders kritisch wird für den Winter die Knappheit an Feuerungsmaterial ... Auf dem Gebiet der kriegswichtigen Rohstoffe wird die Lage von Fachleuten als beinahe hoffnungslos bezeichnet. Nach dem Schrottembargo der USA ist das große Rätselraten die Frage, wie Japan in dieser Richtung auch nur den Bestand halten will ... Zur allgemeinen politischen Situation ist zu sagen, daß der Dreimächtepakt ziemlich kühl aufgenommen wurde. Alle Kundgebungen waren organisiert und künstlich. Auf der einen Seite sind die Sorgen der Japaner im täglichen Leben größer geworden (steigende Preise, ungefähr gleich niedrige Löhne), außerdem lastet der Chinakonflikt seelisch auf dem Volk, die Aussichten für die Zukunft sind durch den Pakt nicht besser geworden. Alles – man kann es sagen – starrt gebannt nach den USA, was von dort kommen möge. Es [ist eine,] eigenartige politische Passivität des Japaners ... An sonstigen Ereignissen ist in Tôkyô die Ankunft der HJ-Abordnung zu bemerken ... Jürgens ist sehr ordentlich. Die Jungs selbst nett, aber harmlose Leute, für die diese Reise eine sehr schöne und interessante Abwechselung war. Ein weiteres Ereignis ist die Anwesenheit von Herrn Selzner, Reichsamtsleiter der DAF (Deutschen Arbeitsfront, A.d.V.) und Herrn Gohdes, Kommandeur der Ordensburg Crössinsee, beide MdR (Mitglieder des Reichstages, A.d.V.). Der Eindruck dieser Leute ist wenig positiv. Eine Nacht haben sie sich im Imperial dermassen betrunken, daß sie sich geschlagen

すでに 1941年 7 月に日本軍部は南部仏領イン
ドシナ進駐を決行し、ついで対米開戦が決定さ
れた。同盟には相互援助義務が一切なかったに
もかかわらず、ベルリンも続いて対米戦に踏み
切った。ベルリン駐在大使大島浩将軍は、同盟
で結束する日独両国が共に最終勝利まで戦うこ
とを誓った。日本が対米戦を開始した一年後、
ベルリンの日本大使館で開催されたレセプショ
ンでも、日独の結束が盛んに唱えられた(70)。この
レセプションにはヒトラーを除くすべての要人
が参列した。東京では同日、首相東条大将が日
本皇軍の英雄的行為を祝福した。しかし、東条
の熱のこもった演説と持久戦のスローガンは余
り功を奏さなかった。1942年 7 月にアメリカ軍
はサイパンを占領し、ここを基地として日本本
土空撃に飛び立ったのである。1945年 3 月には
東京南部のほぼ全域が爆撃によって破壊された。
一方ドイツは最後の最後まで無意味な戦いを続
けたが、1945年 5 月にヒトラーの自決直後に降
伏した。ナチス独裁者の行為は 600万人弱にお
よぶユダヤ人を虐殺、そしてソ連、ポーランド、
ユーゴスラビア、フランス、イギリス、ドイツ
に大量の戦没者をだしたのであった。

ドイツの降伏三ヶ月後、1945年 8 月 6 日に広
島、そして 8 月 9 日に長崎にアメリカの原爆が
投下された。8 月 8 日にはソ連が対日戦に参戦
し、その四日後にアメリカは再度東京を空撃し
た。天皇は二日後に国民に降伏を告げ(e)、忍び難
きを忍ぶことを求めたのである。つまり、全面
的な敗戦である。こうして第二次世界大戦は終
わった。

haben ... In derselben Nacht mußte eine deutsche
Frau die japanische Hauspolizei zu Hilfe rufen, da
sie von Selzner belästigt wurde, der durchaus in ihr
Zimmer wollte. Den Generalkonsul Sellheim [be-
zeichnete,] Selzner in dessen Abwesenheit als kleines
Würstchen und zu Lily Abegg sagte er, daß sie als
kleines Mächen sicher mal hübsch gewesen wäre ...
Die Leute hatten volle Uniform mit Orden und
Ehrenzeichen an.
Zu den Feierlichkeiten zu den sagenhaften 2.600 Jahren [des Bestehens Japans] sind im ganzen nur 10
Journalisten zugelassen, davon nur 2 Deutsche. Es
sind dies der Vertreter des DNB (Deutschen Nach-
richtenbüros, A.d.V.) und Sorge von der *Frankfurter
[Zeitung]*. Dies geschieht im Zeichen des Dreimäch-
tepaktes. Fotografen sind von japanischer Seite über-
haupt nicht zugelassen worden. Auch Bälz darf nicht
filmen, da dies ein japanisches Monopol ist ..."[68]
Trotz des Mangels an Nahrungsmitteln und Kleidung, der Bespitzelung durch Nachbarschaftsgrup-
pen oder patriotische Vereine, gab es nach Inoue in
Japan keinen organisierten Widerstand gegen die
"Diktatur des Militärs als Organ des absolutistischen
Tennô-Systems":
"... Ganz Japan glich einem riesigen Militärgefängis.
Das Volk war des Krieges überdrüssig, antimilitaristi-
sche Ideen verbreiteten sich immer mehr. In Japan
gab es aber nicht, wie in Italien, einen nationalen Widerstand, oder wie in Deutschland antinationalisti-
sche Organisationen."[69]
In jedem Fall wurde der Schreckensherrschaft erst
fünf Jahre später durch die Alliierten ein Ende gesetzt. Vorerst weiteten sich die angezettelten Kriege
aus.
Die Entscheidung zur Eröffnung des Krieges gegen
die USA fiel in Tôkyô, nachdem japanische Truppen
bereits im Juli 1941 in Indochina stationiert wurden.
Obwohl das Bündnis zu keinerlei Unterstützung verpflichtete, folgte Berlin und erklärte den Amerikanern ebenfalls den Krieg. Der japanische Botschafter
in Berlin, General Ôshima Hiroshi, beschwor die
Bruderschaft beider Länder, Seite an Seite bis zum
"Endsieg". Ein Jahr nach der japanischen Kriegseröff-
nung gegen die USA gab es einen Empfang in der japanischen Botschaft in Berlin, auf dem solcherlei Reden weiter geführt wurden.[70] Alle Größen mit Aus-

注

(1) 参考文献 1 参照。日本は 1922 年にワシントン講和条約で強制されるまで中国に青島を還付しなかった。中国が日本軍の撤退を要求したことに対し、日本は青島、遼東半島、満州の権益を網羅した「二十一ヶ条要求」を提出した。

(2) 参考文献 20

(3) 参考文献 5（183 頁）参照

(4) 参考文献 5（183 頁～184 頁）

(5) 参考文献 12（20 頁）参照

(6) 参考文献 12（21 頁）、13（50 頁）参照

(7) 参考文献 36（83 頁）

(8) クライナーによると（矛盾しているが、と補足せねばならないが）、20 年代に日本で自由主義が流行った理由は第一次世界大戦にある。「第一次世界大戦で日本が付いた民主主義的連合国の勝利は国内に自由主義理念の熱狂的ムードを作り上げた。政治家、知識人、メディアは国際的・平和的な対外政策と立憲政府の強化を奨励した」。引用は参考文献 13（47 頁）より。

(9) 参考文献 12（21 頁）

(10) 1910 年代の東京に関しては本書第 2 章のモンバー参照

(11) 参考文献 29（8 頁）。本参考文献から非常に多くのヒントを得た。（編注：和文は参考文献 29（安西徹雄訳、22 頁）より引用）

(12) 参考文献 19（59 頁～62 頁）（訳注：和文は『荷風全集第 9 巻』、岩波書店、1964 年、135 頁～137 頁より引用）

(13) 参考文献 19（バーバラ・ヨシダ＝クラフトのあとがき）

(14) 参考文献 29（260 頁）（編注：和文は参考文献 29（安西徹雄訳、358 頁）より引用）

(15) 同上（279 頁）（編注：和文は同上（382 頁）より引用）

(16) 本書第 2 章の藤井および第 3 章の尾崎参照

(17) 参考文献 8（572 頁）

(18) 参考文献 8（594 頁）

(19) 参考文献 11 参照。以下引用は 26 頁より。「徳島市近郊、鳴門市の板東と称する村の収容所で前代未聞の事が起こった。この閉鎖された場所に俘虜たちがいわゆる小ドイツを作り、近隣の住民と交流したのである。ドイツ人俘虜の大半は職業軍人でなく様々な分野の専門家や職人だったため、各自がそれぞれドイツ文化を代表した。パン職人は煉瓦のオーブンでパンの焼き方を披露した。彼らはドイツの家具や、冷蔵庫までも作った。ケーキを焼き、ソーセージやハムも生産した。また、隣村の役場を設計し、収容所の外に菜園を作り、野菜を栽培した。ここで作った品物は一般に展示販売された。俘虜の催す展覧会を見に日本人が遠方からも押し寄せた。交響楽団、吹奏楽団、室内管弦楽団や男性合唱団もあり、定期的にコンサートをし、大勢が訪れた。日本で人気のあるベートーベンの第九は、同収容所で日本で初めて演奏された」

nahme Hitlers waren zugegen. Der japanische Ministerpräsident General Tôjô feierte in Tôkyô die Heldentaten der kaiserlichen japanischen Armee. Die glühenden Reden und Durchhalteparolen sollten jedoch nicht viel helfen: Im Juli 1942 eroberten die Amerikaner die Insel Saipan und flogen von hier aus die Luftangriffe gegen Japan. Fast der gesamte Südteil Tôkyôs wurde im März 1945 bei einem dieser Bombardements zerstört. Nach sinnlosen und bis zum Letzten hinausgeschobenen Blutopfern kapitulierte die deutsche Wehrmacht im Mai 1945, nachdem Hitler kurz zuvor Selbstmord begangen hatte. Die Ermordung von knapp sechs Millionen Juden und unzählige Tote in der UdSSR, Polen, Jugoslawien, Frankreich, Großbritannien und Deutschland waren die traurige Bilanz der national-sozialistischen Diktatur.

Drei Monate nach der deutschen Kapitulation fielen amerikanische Atombomben am 6. August auf Hiroshima und am 9. August 1945 auf Nagasaki. Am 8. August trat die Sowjetunion in den Krieg gegen Japan ein, vier Tage später bombardierten die Amerikaner erneut große Teile Tôkyôs. Kaiser Hirohito gab weitere zwei Tage später seinem Volk die Kapitulation bekannt und forderte es auf, das Unerträgliche zu ertragen, d.h. die totale Niederlage. Der II. Weltkrieg war vorbei.

Anmerkungen

Die Literaturangaben werden in meinen vier Einführungskapiteln jeweils beim ersten Mal ihrer Verwendung vollständig angeführt. Im folgenden wird vor der Seitenzahl unter Angabe der Fußnotennummer (FN) und der Kapitelnummer (Kap.), in denen meine jeweiligen Beiträge stehen, auf diese vollständige Literaturangabe verwiesen.

¹ Vgl. u.a. Artelt, Jork (1984) Tsingtau, Deutsche Stadt und Festung in China 1897–1914. Düsseldorf. Japan gab Tsingtau erst an China zurück, als es durch den Washingtoner Beschluß 1922 dazu gezwungen wurde. Als China den Abzug der japanischen Truppen einforderte, reagierte Japan mit den "21 Forderungen", wodurch es seine Rechte in Tsingtau, Liaotung und der Mandschurei festschrieb.

² Pantzer, Peter (1984) Deutschland und Japan vom Ersten Weltkrieg bis zum Austritt aus dem Völkerbund (1914–1933). In: Kreiner, Josef (Hrsg) Deutschland-Japan. Historische Kontakte. Bonn

（編注：ドイツ語からの和訳）

[20] 過去、三国干渉によって両国の関係に暗い影がさしたが、ベルリンの対日関心は第一次世界大戦開戦直前でも比較的強かった。1913年の冬学期には大学の非公式の日本語講座に500人以上が申し込み、そのうち87人が受講、1914年の夏学期は68人であった。参考文献18

[21] ゾルフに関しては本書第3章のフリーゼおよび参考文献3参照。

[22] ベルリンと東京の両姉妹研究所と日本の寄付金については本書第2章のフリーゼ参照。

[23] 技術移転と経済・通商関係に関しては参考文献21～26に挙げたバウアーの広範にわたる研究を参照のこと。

[24] 参考文献17（70頁）参照。「しかし、日本におけるドイツ人史を、ドイツ人教師を中心に捉えてはならない。彼らは最高時でも在日ドイツ人の5分の1に満たなかったのである。ドイツ人の大多数は商人であり、20世紀に入ってからは商業分野で活動する技師と化学者が大多数であった」

[25] 本書第2章のヴィッテンドルファー参照

[26] 参考文献30（第1号、31頁および第2号、74頁）

[27] 参考文献22（117頁）。在日外国人によって設けられた商社の数は1903年には89社で、そのほとんどが運送関係だった。参考文献30（第11号、493頁）

[28] 参考文献22（119頁）

[29] 「国産化」というスローガンは、20年代末期から「技術の国産化」に変わった。参考文献26参照

[30] 参考文献23（170頁）参照。なかでもハーバー・ボッシュ窒素分留法の特許やティッセンの鋼鉄加工特許が好例である。しかし、ライセンス獲得だけですべてが成功したわけではなく、窒素の場合では三井、三菱、住友などが試作したが、窒素分留特許の産業利用は不成功に終わっている。その後まもなく窒素肥料確保のため日本はドイツから窒素を再び輸入しようとドイツ窒素企業連合を訪れている。これに関しては参考文献32（230頁以降）を参照。

[31] 参考文献23（181頁～182頁）参照

[32] 佐多愛彦編「改造　日獨學藝——學藝的　政治經濟的　文化的　日獨親善器關」（タイトルのみ日独語、中身はドイツ語）、ベルリン、ワルテル・ツ・グルイテル出版、第2年（1930年）、第3号、54頁より

[33] 参考文献30（第3号、118頁）

[34] 参考文献22（122頁）

[35] 参考文献26（70頁以降）参照

[36] 参考文献26（75頁）参照（編注：日本語シリーズでは45頁）。バウアーは米国立航空宇宙博物館・スミソニアン研究所の1945年の資料〈在日ドイツ外交官の報告にみる日本の宇宙産業および空軍〉147頁をもとに、日本の研究開発ではなく、生産を援助するドイツ人技師を描写している。

(Studium Universale, Bd 3) S 141–161

[3] Vgl. Hayashima (1982) FN 24, Kap.2, S 183

[4] Hayashima (1982) FN 24, Kap.2, S 183/184

[5] Vgl. Krebs, Gerhard (1984) Japans Deutschlandpolitik 1935–1941 – Eine Studie zur Vorgeschichte des Pazifischen Krieges. (Mitteilungen der Gesellschaft für Natur- und Völkerkunde Ostasiens, MOAG, Bd 91) Hamburg, S 20

[6] Vgl. u.a. Kreiner (1983) FN 3, Kap.1, S 50 und Krebs (1984) FN 5, Kap.3, S 21.

[7] Zahl, Karl (1974) Die zwanziger Jahre. In: Schwalbe, Hans und Heinrich Seemann (Hrsg) FN 27, Kap.1, S 83

[8] Der 1. Weltkrieg bewirkte – paradoxerweise, muß man wohl hinzufügen – nach Kreiner diese Blüte der Liberalität der 20er Jahre in Japan. "Der Sieg der 'demokratischen' Alliierten im Ersten Weltkrieg, zu denen Japan ja als Verbündeter gehörte, löste im Land eine Welle der Begeisterung für liberale Ideen aus. Politiker, Intellektuelle und die Medien sprachen sich für eine international ausgerichtete, friedliche Außenpolitik und eine Stärkung der konstitutionellen Regierung im Lande selbst aus." Kreiner (1983) FN 3, Kap.1, S 47

[9] Krebs (1984) FN 5, Kap.3, S 21

[10] Zu Stadtbild und Atmosphäre Tôkyôs, geschildert aus der Sicht einiger Berliner in den ersten Jahrzehnten des 20.Jahrhunderts, vgl. den Beitrag von Momber im vorliegenden Band.

[11] Seidensticker, Edward (1983) Low City, High City. Tôkyô from Edo to the Earthquake. Rutland, Vermont and Tôkyô, S 8. Dem Werk verdanke ich viele indirekte Anregungen.

[12] Nagai Kafû (1990) Romanze östlich des Sumidagawa. Aus dem Japanischen übertragen von Barbara Yoshida-Krafft. Frankfurt/Main, S 59–62

[13] Yoshida-Krafft (1990) Nachwort. In: Nagai Kafû FN 12, Kap.3, S 153–169

[14] Seidensticker (1983) FN 11, Kap.3, S 260

[15] Seidensticker (1983) FN 11, Kap.3, S 279

[16] Vgl. dazu den Beitrag von Fujii und Ozaki im vorliegenden Band.

[17] Katô Shûichi (1990) Geschichte der japanischen Literatur. Bern München Wien, S 572

[18] Katô (1990) FN 17, Kap.3, S 594

[19] Vgl. Kôshina Yoshio (1990) Deutsche Sprache und Literatur im historischen Wandel des modernen Japan. In: Kôshina Yoshio u.a. (Hrsg) Deutsche Sprache und Literatur in Japan: Ein geschichtlicher Rückblick. Tôkyô, S 7–44, hier S 26: "... In einem Lager in einem Dorf namens Bandô im Bezirk Naruto in der Nähe der Stadt Tokushima kam etwas zustande, was sonst nie zu sehen war. In diesem abgeschlossenen Raum wurde durch die ge-

⁽³⁷⁾ 参考文献33

⁽³⁸⁾ 満州事変に関して詳しくは参考文献27。

⁽³⁹⁾ 満州は ① ロシアおよび1910年に日本に併合された韓国に近く、戦略上重要であった。② 資源搾取と日本製品の販売および資本投下という経済的利点があった。

⁽⁴⁰⁾ 参考文献28参照。軍縮と賠償金支払いはドイツにとって死活問題であり、列強と協調しないでは解決不可能で、国益のためには国際連盟の選ぶ道を辿るより他なかった。これに関しては参考文献20（141頁〜161頁）参照。

⁽⁴¹⁾ 参考文献10（123頁）

⁽⁴²⁾ 本書第3章のクレーブス参照

⁽⁴³⁾ 「日本とドイツ社会がヒエラルキー構造であるために、一元的体制にとって典型的な無能力、言い替えれば横の提携能力の欠如と、両国それぞれの全体主義的な世界制覇要求、およびイデオロギーで固めた非合理な傾向のために、共通の政策を見出せなかった原因、また無法な路線、つまり目標のない膨張政策に対する内部の原因、および両国が共通性を見い出した理由を究明することが可能であるかも知れない。一元体制にとって典型的であるのは、権力のピラミッド構造内では個々の要素を互いに協調させられないために、無政府状態に近くなることである」。参考文献33（123頁）（編注：和文は日本語シリーズ、88頁より引用）

⁽⁴⁴⁾ 参考文献2（66頁）参照。「ナチスが不滅の独日民族友好関係を構築した土壌は、他の者が耕していたのである。ナチスは畑を収用し、種を蒔いた人々の功績を隠しただけだった。なぜならば、ナチスのイデオロギーに不都合だったためである」。ドイツ学術窮状互助会に対する星の寄付は（本書第2章のフリーゼ参照）、当時の副会長フリッツ・ハーバーがユダヤ人であったため、ナチスに無視された。

⁽⁴⁵⁾ 参考文献16参照。ドイツの報道全体（ラジオ放送も）が強制統制された。ラジオ放送に関してはそれぞれの大使館に特別の放送担当官が就任、両国民にそれぞれの「英雄的行為」と「民族的近似性」を教えるばかりでなく、対米短波放送でもそれを流した。

⁽⁴⁶⁾ 参考文献2（273頁以降）、4参照

⁽⁴⁷⁾ 参考文献7（全3冊のうちの第1冊目の目次）参照

⁽⁴⁸⁾ 参考文献16（47頁〜48頁）参照

⁽⁴⁹⁾ 参考文献4（88頁）、34、35参照。ナチズム時代のドイツ人日本学者と日本人ドイツ学者の姿勢に関しては充分な一次研究がなされていないため、これを待たねばならない。日本人ドイツ学者に関しては参考文献9参照。

⁽⁵⁰⁾ 参考文献2（276頁以降）。本文献著者のフリーゼは独日協会主催の作文コンクールを紹介するだけでなく、ナチの時代において強制統制された独日協会についても言及。（編注：イルミンスールとはゲルマン民族のヘルミノネース部族が始祖として崇めた大木のこと）

---

meinsamen Bemühungen der Gefangenen sozusagen ein kleines Deutschland hergestellt, das dann der benachbarten japanischen Bevölkerung dargeboten wurde. Die meisten Gefangenen waren keine Berufssoldaten, sondern verschiedenartige Fachleute und Handwerker. Jeder war auf seine Art ein Vertreter der deutschen Kultur. Ein Bäcker demonstrierte in einem gemauerten Ofen, wie man Brot buk. Deutsche Möbel wurden gezimmert und sogar ein Kühlschrank wurde montiert. Deutsche Kuchen wurden gebacken, deutsche Würste und Schinken produziert. Für ein Dorf in der Nähe entwarfen sie ein Rathaus. Jeder Gefangene legte außerhalb des Lagers einen Schrebergarten an. Die Produkte wurden öffentlich ausgestellt und verkauft, und bei einer Veranstaltung dieser Art versammelten sich die interessierten Japaner von nah und fern ... Unter den Gefangenen gab es ein Symphonie-Orchester, eine Blaskapelle, ein Kammerorchester und einen Männerchor. Es wurden manchmal Konzerte veranstaltet, die immer viel besucht wurden. Die Neunte Symphonie Beethovens, die in Japan beliebteste Symphonie, wurde von diesem Symphonie-Orchester den Japanern zum erstenmal vorgeführt ..."

[20] Trotz Tripelintervention war das Berliner Interesse an Japan auch noch kurz vor dem 1. Weltkrieg vergleichsweise hoch: Im Wintersemester 1913/14 meldeten sich über 500 Personen zu einem nicht-amtlichen Japanischkurs, von denen 87 teilnahmen und im Sommersemster 1914 noch 68 weiter studierten. (1914) Mitteilungen des Seminars für Orientalische Sprachen, Jg 17, Seminarchronik

[21] Zu der Persönlichkeit Wilhelm Solfs vgl. die Beiträge von Friese und Hack im vorliegenden Band und insbesondere: Friese, Eberhard (1986) Weltkultur und Widerstand. Wilhelm Solf 50 Jahre. In: Kreiner, Josef (Hrsg) Japan und die Mittelmächte im Ersten Weltkrieg und in den zwanziger Jahren. (Studium Universale Bd 8) Bonn, S 139–155

[22] Zu den beiden Schwesterinstituten in Berlin und Tôkyô und den japanischen Stiftungsgeldern vgl. den Beitrag von Friese im vorliegenden Band.

[23] Zum Technologietransfer und den Wirtschafts- und Handelsbeziehungen vgl. die zahlreichen und umfassenden Studien von Pauer, Erich (1993) Die technische Zusammenarbeit zwischen Deutschland und Japan von 1930 bis 1945. In: Japanisch-Deutsches Zentrum Berlin (Hrsg) Die deutsch-japanischen Beziehungen in den 30er und 40er Jahren. (Veröffentlichungen des Japanisch-Deutschen Zentrums Berlin, Reihe 1, Bd 17) Berlin, S 67–77; ders. (1992) Technologietransfer Deutschland – Japan von 1850 bis heute. München; ders. (1990) Deutsche Ingenieure in Japan, japanische Ingenieure in Deutschland in der Zwischen-

(51) 舞台芸術と映画に関しては本書第2章および第4章のライムス参照。

(52) 参考文献31（40頁〜41頁）

(53) 参考文献14（203頁）。また202頁では次のようにある。「それぞれの国家絶対主義的秩序を、美化した一方的な歴史像から導きだすことにより、それ相応の敵のイメージが暗示された。日本では白人が日本の社会を崩壊させる腐敗した影響を及ぼす人種として、また外交領域では皇国日本が合法と確信する国家の拡大を阻止する人種と見なされていた。他方ナチス指導部は彼らの人種イデオロギー上の図式にしたがって血縁関係にある北欧からユダヤ・ボルシェヴィズムに支配されるスラブ系下等人種にいたる近隣諸国の分類をおこなった」

(54) 参考文献14参照。「ニュルンベルク人種法発布後初めてユダヤ人のみがドイツ覇権領域で非アーリア人と明確に定義され、政治的合意の道が開かれた」（参考文献14、203頁より引用）。しかし日本「人種」の位置は肯定的にも明確にも規定されず、意識的に解釈の余地を残す不解明の状態にされた。参考文献4（86頁）参照

(55) 参考文献2（270頁）参照

(56) 「キュンメル教授の意見では、マライ人やアジア人の移住は見られないため、日本人は黄色人種ではなく、西欧から広がっていった原始民族の東洋の末裔である」、1993年11月1日付け〈日本協会通信〉第293号参照。

(57) 本件資料は参考文献2（270頁〜271頁）参照。

(58) 参考文献4によると、この問題はベルリンで大島が「交渉」したものの、「非アーリア人種日本人に関するヒトラーの（『我が闘争』の——筆者注）差別的文章は最新版でも削除されなかった」（引用は参考文献4、85頁より）。日本語版では該当文章は削除された。

(59) 参考文献2（270頁）参照

(60) コブレンツ連邦公文書館（以下：ＢＡＫ）「R 64 VI/238, Bl. 62」。ＢＡＫに資料が存在することはアネッテ・ハックさんに教えていただいた。またハックさんの独日協会の歴史に関する論文から多くの有益な示唆をいただいた。

(61) ＢＡＫ「R 64 IV/239, Bl. 335-340」

(a) 編注：在独日本人会（Japanischer Verein in Deutschland）と日独会（Japanisch-Deutscher Verein）が同じものか否か不明。独日協会（Deutsch-Japanische Gesellschaft）と日本倶楽部（Nippon Club）はまた別の組織と思われる。

(62) ＢＡＫ「R 64 IV/239, Bl. 88 und 92」

(63) カール・ツァールは独日協会事務局長（1938年〜1940年）と同時に全国学生連盟の日本関係全権委任者であった。

(64) ＢＡＫ「R 64 IV/142, 43f」。交換学生の名を挙げることは敢えて控えた。短縮し、明白なタイプミスは訂正、脱落箇所は括弧内に補足。

kriegszeit. In: Kreiner, Josef und Regine Mathias (Hrsg) Deutschland – Japan in der Zwischenkriegszeit (Studium Universale Bd 12) Bonn S 289–325; ders. (1984) Deutschland – Japan. Überblick über die wirtschaftlichen Beziehungen, 1900–1945. In: Kracht, Klaus; Bruno Lewin und Klaus Müller, (Hrsg) Japan und Deutschland im 20. Jahrhundert. Wiesbaden, S 116–137; ders. (1984) Die wirtschaftlichen Beziehungen zwischen Japan und Deutschland. 1900-1945. In: Kreiner, Josef (Hrsg) Deutschland-Japan. Historische Kontakte. Bonn, S 161–210; ders. (1983) FN 3, Kap.1, S 88–198

[24] Vgl. Meißner (1961) FN 10, Kap.1, S 70: "Aber die Geschichte der Deutschen in Japan darf nicht auf diese deutschen Lehrer beschränkt werden. Sie haben niemals mehr als zehn, höchstens zwanzig vom Hundert der Deutschen in Japan ausgemacht. Die Mehrzahl der Deutschen bestand aus Kaufleuten und seit der Jahrhundertwende aus kaufmännisch tätigen Ingenieuren und Chemikern."

[25] Vgl. dazu den Beitrag von Wittendorfer in diesem Band.

[26] Ost-Asien (1898) Nr 1, S 31 und Nr 2, S 74

[27] Pauer (1984) Wiesbaden, FN 23, Kap.3, S 117. Die Zahl der von Ausländern in Japan errichteten Handelsgesellschaften betrug 1903 ganze 89, wovon die meisten in der Spedition tätig waren. Ost-Asien (1904) Nr 11, S 493

[28] Pauer (1984) Wiesbaden, FN 23, Kap.3, S 119

[29] Das Schlagwort Kokusanka (Erzeugung im eigenen Land) wuchs sich ab Ende der 20er Jahre zu der Parole Gijutsu no Kokusanka (Entwicklung der Technik im eigenen Land) aus. Pauer (1993) FN 23, Kap.3, S 67–78

[30] Vgl. Pauer (1984) Bonn, FN 23, Kap.3, S 170. Unter anderen z.B. das Patent zur Stickstoffgewinnung nach Haber-Bosch oder Stahlverarbeitungspatente von Thyssen. Nicht in allen Fällen war es mit dem Besitz solcher Lizenzen schon getan, denn in diesem Fall scheiterte trotz der Versuche von Mitsui, Mitsubishi, Sumitomo u.a. die industrielle Verwertung des Stickstoffpatentes. Um den erwünschten Stickstoffdünger dennoch zu besitzen, suchte man nach einiger Zeit das deutsche Stickstoffsyndikat auf, um den Import aus Deutschland für Stickstoff wieder zu ermöglichen. Vgl. dazu auch Vogt, Karl (1962) Aus der Lebenschronik eines Japandeutschen 1897–1941. Tôkyô, S 230ff

[31] Vgl. Pauer (1984) Bonn, FN 23, Kap.3, S 181/182

[32] (1930) Japanisch-Deutsche Zeitschrift (Nichi-Doku-Gakugei). Neue Folge Heft 3, Jg 2, S 54

[33] Ost-Asien (1903) Nr 3, S 118

[34] Pauer (1984) Wiesbaden, FN 23, Kap.3, S 122

[35] Vgl. Pauer (1993) FN 23, Kap.3, S 70ff

[36] Vgl. Pauer (1993) FN 23, Kap.3, S 75, der nach einer Quelle des

(65) ポツダム、中央国立文書館、ヘルベルト・フォン＝ディルクセン関連資料、「Nr. 54, Bl. 220–224」。本資料の存在はアネッテ・ハックさんに教えていただいた。

(66) 本書第3章のクレープス参照

(b) 編注：「ライヒ」は「帝国」、「クリスタルナハト」は直訳すると「水晶の夜」で、ナチによるユダヤ人大虐殺の際に多くのユダヤ系商店のショーウィンドーが破壊され、ガラスの破片が水晶のように煌めいたことによる命名。

(67) 参考文献 6（578頁）

(c) 編注：「ユルゲンス」は多分ヒトラー・ユーゲントの一員と思われるが、仔細は不明。

(d) 編注：リリー・アベック（1901年〜1974年）、本名はエリザベート・アベック。ハンブルク生まれのスイスのジャーナリストで、1936年〜1943年は〈フランクフルター・ツァイトゥンク〉紙、1954年以降は〈フランクフルターアルゲマイネ・ツァイトゥンク〉紙の極東特派員。

(68) BAK「R 64 IV, Nr. 142, Bl. 49f.」。短縮し、明白なタイプミスは訂正、脱落箇所は括弧内に補足。「フランクフルター・ツァイトゥンクのゾルゲ」とはソ連の精鋭スパイのリヒャルト・ゾルゲのこと。著名な医師エルヴィン・ベルツの子息エルヴィン＝トク・ベルツは日本大使館、帝国映画院および独日協会の共同決定によって1940年秋に映画全権委任者として日本に派遣、『南海の花束』（阿部豊監督、1942年）のドイツ語版を製作した。（編注：本書第2章のライムス参照）

(69) 参考文献 6（588頁）

(70) 参考文献 15参照

(e) 編注：終戦詔勅は8月14日、玉音放送は8月15日だったので「二日後」というのは著者の思い違いと思われる。

参考文献

1. ヨルク・アルテルト著《青島——中国におけるドイツの町と要塞　1897年〜1914年》、デュッセルドルフ、1984年

2. エーバハルト・フリーゼ著《1944年のドイツにおける日本像——ナチ時代の対外文化政策の諸問題にかかわる考察》、ヨーゼフ・クライナー編〈ドイツと日本——歴史的接触〉〈一般学、第3巻〉265頁〜284頁所収、ボン、1984年

3. 同著《世界文化と抵抗——ヴィルヘルム・ゾルフ50年》、ヨーゼフ・クライナー編〈第一次世界大戦中および20年代における日本と中欧諸国〉〈一般学、第8巻〉139頁〜155頁所収、ボン、1986年

4. 同著、須本由喜子訳『30年代と40年代の文化事業に関する考察』、ベルリン日独センター編「30年代と40年代における日独関係」「ベルリン日独センター報告集、日本語シリーズ、第12号」55頁〜58頁所収、ベルリン、1994年（著者が参照したドイツ語版についてはドイツ語注46参照）

5. 早島瑛著《特別講和の幻——第一次世界大戦中のドイツ

National Air and Space Museum/Smithsonian Institution, Washington (1945) Information Related to Japanese Aeronautical Industrial Activities and to Japanese Military Aircraft as Reported by German Representatives Stationed in Japan, S 147, die Hilfestellungen der deutschen Ingenieure bei der japanischen Produktion, nicht aber bei Forschungs- und Entwicklungsaufgaben beschreibt.

37 Wietog, Jutta (1993) Zusammenfassung. In: Japanisch-Deutsches Zentrum Berlin (Hrsg) Bd 17, FN 23, Kap.3, S 112–124

38 Ausführlich zu der Mandschurei-Krise: Ratenhof, Gabriele (1984) Deutsches Reich und Mandschureikrise 1931–1933 (Europäische Hochschulschriften Reihe III, Geschichte und ihre Hilfswissenschaften Bd/Vol 215) Frankfurt/Main

39 1. wegen der strategisch wichtigen Nähe zu Rußland und Korea, das 1910 von Japan annektiert wurde, 2. wegen der wirtschaftlichen Vorteile: Ressourcenausbeutung und Absatz japanischer Waren und Kapitals.

40 Vgl. Ratenhof, Gabriele (1990) Das Deutsche Reich, Japan und die internationale Krise um die Mandschurei. In: Kreiner, Josef und Regine Mathias (Hrsg) Deutschland- Japan in der Zwischenkriegszeit (Studium Universale Bd 12) Bonn, S 105–129. Die für Deutschland damals wichtigste Lösung der Abrüstungs- und Reparationsfrage ließ sich nur gemeinsam mit den Großmächten erreichen. Den damaligen deutschen Interessen wäre es aus diesem Grunde kaum dienlich gewesen, einen anderen als den vom Völkerbund eingeschlagenen Weg zu gehen. Vgl. dazu auch: Pantzer (1984) FN 2, Kap.3, S 141–161

41 Kordt, Erich (1950) Nicht aus den Akten ... Die Wilhelmstraße in Frieden und Krieg. Erlebnisse, Begegnungen und Eindrücke 1928–1945. Stuttgart, S 123

42 Vgl. dazu den Beitrag von Krebs im vorliegenden Band.

43 Trotz des Dreimächtepakts war die Allianz beider Staaten nur bedingt wirksam:"Vielleicht ist es ... (durch fächerübergreifende Arbeit, A.d.V.) möglich, zu erkennen, welche Ursachen es sowohl für die Gemeinsamkeiten als auch dafür gegeben hat, daß Japan und Deutschland aufgrund ihrer für monistische Systeme typischen Unfähigkeit bzw. mangelnden Fähigkeit zur horizontalen Kooperation, aufgrund ihres jeweiligen totalitären Anspruches auf die Weltherrschaft und der ideologisch begründeten irrationalen Tendenzen nicht zu einer gemeinsamen Politik finden konnten, welche internen Ursachen für ihren Desperadokurs, ihre ziellose Expansion bestanden. Typisch für diese Systeme ist das hohe Maß an Anarchie, weil die einzelnen Elemente in diesen Machtpyramiden nur wenig kooperieren können." Wietog (1993) FN 37, Kap.3, S 123

44 Vgl. Friese, Eberhard (1984) Das deutsche Japanbild 1944 – Be-

の対日歩み寄り政策》〈19世紀の歴史研究——ケルン大学史学部論文集第11巻〉所収、ミュンヘン／ウィーン／オルデンブルク、1982年

6. 井上清著、マンフレット・フーブリヒト訳《日本の歴史》、フランクフルト・アム・マイン／ニューヨーク、1993年

7. ライブチヒ大学付属体育学研究所編《日本と1940年の第12回オリンピック——日本を理解するためのオリエンテーション》〈ライブチヒ大学付属日本語作業部・地理学作業部および体育研究所の全講演集〉所収、ライブチヒ、1937年

8. 加藤周一著《日本文学史》、ベルン／ミュンヘン／ウィーン、1990年

9. 木村直司著、須本由喜子訳『1933年から1945年までの日本における〈英雄的〉ドイツ文学の受け入れ』、ベルリン日独センター編「30年代と40年代における日独関係」「ベルリン日独センター報告集、日本語シリーズ、第12号」63頁〜74頁所収、ベルリン、1994年（著者が参照したドイツ語版についてはドイツ語注49参照）

10. エーリッヒ・コルト著《記録から忘れじの——平時と戦時におけるヴィルヘルムシュトラーセ通り——1928年から1945年までの体験、出会い、印象》、シュトゥットガルト、1950年

11. 神品芳夫著《近代日本の発展とドイツ語ドイツ文学》、神品芳夫／高橋輝暁／中直一／伊藤真弓共編「日本におけるドイツ語文化回顧展——ＩＶＧ東京大会記念展覧会」（日独語）7頁〜44頁所収、東京、郁文堂、1990年

12. ゲルハルト・クレープス著《1935年〜1941年の日本の対独政策——太平洋戦争前史に関する研究、第2巻》ドイツ東洋文化研究所編〈ドイツ東洋文化研究協会報告、第91巻〉所収、ハンブルク、1984年

13. ヨーゼフ・クライナー著《1850年〜1930年の日本の政治的発展》、ヨーゼフ・クライナー／エーリッヒ・バウアー／レギーネ・マティアス＝バウアー共編〈農業社会から産業社会への日本の変遷〉〈ノルトライン・ヴェストファーレン州研究報告、3168号〉34頁〜53頁所収、オプラーデン、1983年

14. ベルント・マルティン著《第二次世界大戦中の独日同盟》、ヨーゼフ・クライナー／レギーネ・マティアス共編〈両大戦間のドイツと日本〉〈一般学、第12巻〉199頁〜223頁所収、ボン、1990年

15. 同著、須本由喜子訳『同盟の虚像——戦時中（1930年〜1945年）の日本とドイツ』、ベルリン日独センター編「30年代と40年代における日独関係」「ベルリン日独センター報告集、日本語シリーズ、第12号」39頁〜47頁所収、ベルリン、1994年（著者が参照したドイツ語版についてはドイツ語注70参照）

16. 同著《同盟のみせかけ——戦時下におけるドイツと日

merkungen zum Problem der auswärtigen Kulturpolitik während des Nationalsozialismus. In: Kreiner, Josef (Hrsg) Deutschland-Japan. Historische Kontakte. Bonn, S 265–284, hier S 266:"Der Boden, auf dem der Nationalsozialismus die 'unvergängliche deutsch-japanische Völkerfreundschaft' errichtete, war von anderen bereits bestellt worden und es galt hauptsächlich, sich das Feld anzueignen und die Verdienste derer, die die Aussaat geleistet hatten, zu verschweigen, da sie der NS-Ideologie mißfielen." Das Wissen um die Stiftungsgelder Hoshis an die Notgemeinschaft der Deutschen Wissenschaft (vgl. dazu den Beitrag von Friese im vorliegenden Band) wurden bspw. wegen der Verbindung zu dem damaligen Vizepräsidenten der Notgemeinschaft Fritz Haber, der Jude war, von den Nationalsozialisten verschwiegen.

[45] Vgl. dazu Martin, Bernd (1994) Der Schein des Bündnisses – Deutschland und Japan im Krieg (1940–1945). In: Krebs, Gerhard und Bernd Martin (Hrsg) Formierung und Fall der Achse Berlin – Tôkyô. (Monographien aus dem Deutschen Institut für Japanstudien der Philipp-Franz-von-Siebold-Stiftung, Bd 8) München, S 27–57. Wie die gesamte deutsche Presse war auch der Rundfunk gleichgeschaltet, für den an den jeweiligen Botschaften spezielle Rundfunkattachés akkreditiert wurden, die nicht nur der jeweiligen eigenen Bevölkerung beider Länder ihre "Heldentaten" und die "völkische Verwandtschaft" verkünden sollten, sondern auch in den für die USA bestimmten Kurzwellenprogrammen.

[46] Ausführlich dazu Friese (1984) FN 44, Kap.3, S 273ff und ders. (1993) Erwägungen zur Kulturarbeit der dreißiger und vierziger Jahre. In: Japanisch-Deutsches Zentrum Berlin (Hrsg) Bd 17, FN 23, Kap.3, S 84–88

[47] Vgl. das Inhaltsverzeichnis des 1. von insgesamt 3 Heften: Institut für Leibesübungen der Universität Leipzig (Hrsg) (1937) Japan und die XII. Olympischen Spiele 1940 – Eine Einführung in das Verständnis Japans, Heft 1 (Gesammelte Vorträge der Arbeitsgemeinschaft des Japanischen, des Geographischen und des Instituts für Leibesübungen der Universität Leipzig) Leipzig

[48] Vgl. Martin (1994) FN 45, Kap.3, S 47f

[49] Vgl. Friese (1993) In: Japanisch-Deutsches Zentrum Berlin (Hrsg) Bd.17, S 84–88, FN 46, Kap.3, hier S 88; Worm, Herbert (1993) Japanologie unter dem Nationalsozialismus. In: Japanisch-Deutsches Zentrum Berlin (Hrsg) Bd 17, FN 23, Kap.3, S 89–92; ders. (1994) Japanologie im Nationalsozialismus. Ein Zwischenbericht. In: Krebs, Gerhard und Bernd Martin (Hrsg) Formierung und Fall der Achse Berlin – Tôkyô. (Monographien aus dem Deutschen Institut für Japanstudien der Philipp-Franz-von-Siebold-Stiftung, Bd 8) München, S 153–187. Zu den Haltungen

本、1940年〜1945年》、ゲルハルト・クレープス／ベルント・マルティン共編《ベルリン・東京枢軸の形成と崩壊》〈フィリップ＝フランツ・フォン＝シーボルト財団付属ドイツ―日本研究所個別論文集、第8巻》27頁〜57頁所収、ミュンヘン、1994年

17. クルト・マイスナー著《1630年〜1960年の日本におけるドイツ人》、ドイツ東洋文化研究協会編〈ドイツ東洋文化研究協会報告、補巻第26巻〉、東京、1961年

18. 〈ベルリン東洋語学校報告集、第17年号、学校編年記録〉、1914年

19. 永井荷風著、バーバラ・ヨシダ＝クラフト訳《隅田川東の物語》、フランクフルト・アム・マイン、1990年

20. ペータ・パンツァー著《第一次世界大戦から国際連盟脱会までのドイツと日本――1914年〜1933年》、ヨーゼフ・クライナー編〈ドイツと日本――歴史的接触〉〈一般学、第3巻〉141頁〜161頁所収、ボン、1984年

21. エーリッヒ・バウアー著《1850年〜1930年の日本における技術移転および産業革命》、ヨーゼフ・クライナー／エーリッヒ・バウアー／レギーネ・マティアス＝バウアー共編〈農業社会から産業社会への日本の変遷〉〈ノルトライン・ヴェストファーレン州研究報告、3168号〉88頁〜198頁所収、オプラーデン、1983年

22. 同著《ドイツと日本――1900年〜1945年の経済関係の概要》、クラウス・クラハト／ブルーノ・レヴィン／クラウス・ミュラー共編〈20世紀における日本とドイツ〉116頁〜137頁所収、ヴィースバーデン、1984年

23. 同著《1900年〜1945年の日独経済関係》、ヨーゼフ・クライナー編〈ドイツと日本――歴史的接触〉〈一般学、第3巻〉161頁〜210頁所収、ボン、1984年

24. 同著《両大戦間における在日ドイツ人エンジニアおよび在独日本人エンジニア》、ヨーゼフ・クライナー／レギーネ・マティアス共編〈両大戦間のドイツと日本〉〈一般学、第12巻〉289頁〜325頁所収、ボン、1990年

25. 同著《1850年から現代までの独日技術移転》、ミュンヘン、1992年

26. 同著、須本由喜子訳『1930年から1945年までの日独技術提携』、ベルリン日独センター編「30年代と40年代における日独関係」「ベルリン日独センター報告集、日本語シリーズ、第12号」39頁〜47頁所収、ベルリン、1994年（著者が参照したドイツ語版についてはドイツ語注23参照）

27. ガブリエーレ・ラーテンホーフ著《ドイツ帝国と満州事変　1931年〜1933年》〈欧州大学論文報告集III、歴史とその周辺分野、第215巻〉、フランクフルト・アム・マイン、1984年

28. 同著《ドイツ帝国と日本そして満州を巡る国際危機》、ヨーゼフ・クライナー／レギーネ・マティアス共編〈両大戦

der deutschen Japanologen und japanischen Germanisten in der Zeit des Nationalsozialismus muß noch einiges an Primärforschung betrieben werden, da selbige bislang noch nicht erschöpfend aufgearbeitet wurde. Zu der Haltung japanischer Germanisten vgl. Kimura Naoji (1993) Rezeption 'heroischer' deutscher Literatur in Japan 1933–45. In: Japanisch-Deutsches Zentrum Berlin (Hrsg) Bd 17, FN 23, Kap.3, S 93–106

[50] Ausführlich in Friese (1984) FN 44, Kap.3, S 276ff. Friese stellt nicht nur diesen von der DJG veranstalteten Aufsatzwettbewerb vor, sondern geht auch auf die gleichgeschaltete DJG in der Zeit des Nationalsozialismus ein.

[51] Zu den darstellenden Künsten und auch zum Film vgl. den Beitrag von Leims im vorliegenden Band.

[52] Twardowski, Fritz von (1970) Anfänge der deutschen Kulturpolitik zum Ausland. Bonn, S 40f

[53] Martin, Bernd (1990) S 203 Das deutsch-japanische Bündnis im zweiten Weltkrieg. In: Kreiner, Josef und Regine Mathias (Hrsg) Deutschland – Japan in der Zwischenkriegszeit (Studium Universale Bd 12) Bonn, S 199–223, hier S 202 führt dazu aus:"Die unterschiedliche Herleitung der jeweiligen nationaltotalitären Ordnung aus einem verklärten, einseitigen Geschichtsbild implizierte die entsprechenden Feindbilder. Galten in Japan alle 'Weißen' schlechthin als Übermittler verderblicher, die japanische Gesellschaft zersetzender Einflüsse und im außenpolitischen Bereich als Hemmnis einer als rechtmäßig empfundenen Expansion des Kaiserreichs, so klassifizierte die nationalsozialistische Führung entsprechend ihrem Rassenschema die Nachbarnationen von blutsverwandten nordischen Ländern bis hin zu den jüdisch-bolschewistisch beherrschten slawischen Untermenschenstaaten."

[54] Vgl. Martin (1990) FN 53, Kap.3, S 203 "Erst nachdem die Nürnberger Rassengesetze ... Klarheit geschaffen und allein die Juden im deutschen Machtbereich als Nicht-Arier definiert hatten, war der Weg zu einer politischen Übereinkunft frei." Die Stellung der japanischen "Rasse" wurde dennoch nicht affirmativ oder ausdrücklich bestimmt, sondern blieb bewußt offen – was eben solche Interpretationen zuläßt. Vgl. Friese (1993) FN 46, Kap.3, S 86

[55] Vgl. dazu Friese (1984) FN 44, Kap.3, S 270

[56] Vgl. Korrespondenzblatt des Japanischen Vereins, Nr 293, 1.11.1933: "Prof. Kümmel vertritt die Auffassung, daß keine malaiische oder asiatische Einwanderung vorliegt, die Bevölkerung also nicht der gelben, sondern dem östlichen Ausläufer einer sich von Westeuropa sich ausbreitenden Urrasse angehört."

[57] Zur Dokumentation des Vorfalls vgl. Friese (1984) FN 44, Kap.3, S 270/271

間のドイツと日本〉〈一般学、第12巻〉105頁〜129頁所
収、ボン、1990年

29．エドワード・サイデンステッカー著《下町、上町——
江戸から震災までの東京》、ルートラント（バーモント）／
東京、1983年（編注：邦訳は安西徹雄訳『東京　下町山の
手』、東京、筑摩書房、1992年）

30．玉井喜作編〈東亜——商工業・政治・学芸術の月刊誌〉、
ベルリン

31．フリッツ・フォン＝トヴァルドフスキー著《ドイツの
対外文化政策の始まり》、ボン、1970年

32．カール・フォークト著《1897年から1941年にわたる
在日ドイツ人の生活史より》、東京、1962年

33．ユタ・ヴィートク著、須本由喜子訳『30年代と40年
代における日独関係——討議総括』、ベルリン日独センター
編「30年代と40年代における日独関係」「ベルリン日独セ
ンター報告集、日本語シリーズ、第12号」79頁〜88頁所
収、ベルリン、1994年（著者が参照したドイツ語版につい
てはドイツ語注37参照）

34．ヘルベルト・ヴォルム著、須本由喜子訳『ナチス時代の
日本学研究』、ベルリン日独センター編「30年代と40年代
における日独関係」「ベルリン日独センター報告集、日本語
シリーズ、第12号」59頁〜62頁所収、ベルリン、1994年
（著者が参照したドイツ語版についてはドイツ語注49参照）

35．同著《ナチス時代の日本学研究——中間報告》、ゲル
ハルト・クレープス／ベルント・マルティン共編〈ベルリ
ン・東京枢軸の成立と崩壊〉〈フィリップ＝フランツ・フォ
ン＝シーボルト財団付属ドイツ-日本研究所個別論文集、
第8巻〉89頁〜93頁所収、ミュンヘン、1994年

36．カール・ツァール著《20年代》、ハンス・シュワル
ベ／ハインリッヒ・ゼーマン共編〈駐日ドイツ大使たち
1860年〜1973年〉所収、東京、1974年

[58] Nach Friese (1993) FN 46, Kap.3, wurde diese Frage in Berlin durch Ōshima zwar "wegverhandelt", Hitlers "diskriminierenden Sätze (in seinem Buch *Mein Kampf*, A.d.V.) über die 'nichtarischen' Japaner freilich auch in den letzten Auflagen nicht getilgt." Ebd. S 85. In der japanischen Übersetzung ließ man diese Passagen jedoch weg.

[59] Vgl. Friese (1984) FN 44, Kap.3, S 270.

[60] BA Kobl, R 64, IV/228, Bl. 62. Quellenhinweis auf BA Koblenz freundlicherweise von A. Hack, die mir wegen ihrer Arbeit über die Geschichte der Deutsch-Japanischen Gesellschaft sehr viele wertvolle Anregungen schenkte.

[61] BA Kobl, R 64 IV/239, Bl. 335–340.

[62] BA Kobl, R64, IV/228, Bl. 88 und 92.

[63] Karl Zahl bekleidete zwischen 1938 und 1940 das Amt des Generalsekretärs der DJG und war gleichzeitig Japanbeauftragter des Reichsstudentenbundes.

[64] BA Koblenz, R 64, IV/142, 43f. Auf die Namensnennung des Austauschstudenten verzichte ich bewußt. Offensichtliche Tippfehler korrigiert, gekürzt und Auslassungen in Klammern hinzugefügt.

[65] ZSTA Potsdam, NL Herbert von Dirksen, Nr 54, Bl 220–224. Quellenhinweis freundlicherweise von A. Hack.

[66] Vgl. dazu den Beitrag von Krebs im vorliegenden Band.

[67] Inoue Kiyoshi (1993) Geschichte Japans. Aus dem Japanischen von Manfred Hubricht. Frankfurt/Main und New York, S 578

[68] BA Koblenz, R 64 IV, Nr 142, Bl 49f. Offensichtliche Tippfehler korrigiert, gekürzt und Auslassungen in Klammern hinzugefügt. Mit "Sorge von der Frankfurter" ist Richard Sorge gemeint, Topspion der UdSSR. Erwin Toku Bälz, Sohn des berühmten Arztes Erwin Bälz, wurde nach Abstimmungsprozeß zwischen Japanischer Botschaft, Reichsfilmkammer und DJG im Herbst 1940 als Filmbeauftragter nach Japan entsandt. Er stellte die deutsche Fassung des Films *Nippons wilde Adler* her.

[69] Inoue (1993) FN 67, Kap.3, S 588

[70] Vgl. Martin, Bernd (1993) Der Schein des Bündnisses – Deutschland und Japan im Krieg (1940–1945). In: Japanisch-Deutsches Zentrum Berlin (Hrsg) Bd 17, FN 23, Kap.3, S 12–17

"Wir brauchen den Austausch geistiger Güter!"

Eberhard Friese

「我々には精神文化の交流が必要だ」

エーバハルト・フリーゼ

1920年代における民主主義的文化活動の頂点としての東京とベルリンの二つの文化研究所

　40年以上にわたるベルリンにおける日独学術交流の空白の時代に終わりを告げ、1987年11月8日に日独学術交流を課題とする機関としてベルリン日独センターが開所された。ティアーガルテンシュトラーセ通りにあるベルリン日独センターは、1926年にベルリンに創設された日本研究所と、翌1927年に東京に設立された日独文化協会に体現された日独相互理解の伝統を引き継ぐものである。両研究所が創設されてから18年ないし19年経った1945年に両機関は閉鎖され、その後1970年代にケルンに広範な課題を担う日本文化会館が誕生し、ベルリンは永久にケルンに日独交流の課題を一任してしまったかに見えた。

　東京とベルリンの友好都市提携の成立は、ワイマールデモクラシー（共和国）、言い替えれば大正デモクラシー時代の両機関を再考察するにふさわしい機会ではないかと思う。これには感傷的な回想を超える理由が他にもある。かの20年代のデモクラシーを謳歌した時代の両国の活発な文化活動は、現在もなお有益な意見交換の礎となっている。第二次世界大戦終局後の文化政策活動が成果を上げているとすると、それは30年代における文化帝国主義的時代の後、平和と友好の交流という当初の実りある原則に再び立ち戻れたからにほかならない。

　相互文化交流の領域における幾多の人々の業績が、暴力に訴える対立を通して傷つき台無しになることが日常茶飯事となった昨今、70年前に先見の明ある士が史上初めて内省的な大学組織から抜け出し、文化に内在する社会学的な事柄に取り組む研究所を日本とドイツに設立した当時の動機を問い直すべきであろう。

　ベルリンと東京に対称的に設立され、友好的に結ばれる二つの組織を通じて両国の接近を図る構想は、ノーベル賞を受賞した物理化学者フ

Die Kulturinstitute in Berlin und Tôkyô als Höhepunkte demokratischer Kulturarbeit der 20er Jahre

Nach einer Zäsur von mehr als vierzig Jahren öffnete am 8. November 1987 in Berlin erneut ein Haus, das sich der Pflege der deutsch-japanischen Wissenschafts- und Kulturbeziehungen widmet, seine Pforten. Das Japanisch-Deutsche Zentrum Berlin in der Tiergartenstraße beruft sich auf eine Tradition bilateraler Verständigung, die mit der Errichtung des Japaninstituts in Berlin (1926) und des Japanisch-Deutschen Kulturinstituts in Tôkyô (1927) ihren sichtbaren Ausdruck fand. 1945 hatten diese beiden Institute nach 19 bzw. 18 Jahren ihr baldiges Ende gefunden, und lange Zeit sah es so aus, als ob Berlin zugunsten Kölns, wo in den 1970er Jahren das Japanische Kulturinstitut mit weitreichenden Aufgaben entstand, endgültig das Nachsehen haben würde.

Der Abschluß der Partnerschaft zwischen Tôkyô und Berlin dürfte daher Anlaß genug sein, die beiden Institute der Weimarer bzw. der Taishô-Demokratie nochmals in Augenschein zu nehmen. Darüber hinaus gibt es weitere Gründe, die über eine sentimentale Erinnerung hinaus gehen: Nach wie vor gilt die distinguierte Kulturarbeit jener demokratischen Epoche der 20er Jahre beider Länder als Fundament für gedeihlichen Gedankenaustausch, und wenn die kulturpolitische Arbeit nach dem Ende des II. Weltkrieges Erfolge aufweisen kann, so deshalb, weil sie sich nach dem kulturimperialistischen Intermezzo der 30er und 40er Jahre wieder auf die fruchtbaren Prinzipien des friedlichen, partnerschaftlichen Austausches besinnen konnte.

Gerade heute, wo Gewalt und tätliche Auseinandersetzungen die tagtäglich auf interkulturellem Gebiet geleistete Arbeit vieler hundert Menschen beschädigen und zurückwerfen, darf man nach den Beweggründen fragen, die die Weitblickenden vor sieben Jahrzehnten vor Augen hatten, als sie – erstmals in der Geschichte – vom beschaulichen Universitätsbetrieb unabhängige, explizit den kulturimmanenten und gesellschaftswissenschaftlichen Belangen gewidmete Institute zur Erforschung Japans und Deutschlands gründeten.

Der Gedanke, beide Länder durch zwei parallel organisierte und partnerschaftlich verknüpfte Kulturinstitute in Berlin und Tôkyô einander näherzubrin-

リッツ・ハーバーに基づくものである。ハーバーは日本滞在中の1924年、文化・学術政策方面で活動する朋友たちとの話し合いでこの構想を発展させたのである。旧王宮で催されたベルリン日本研究所[a]の開所式にあたり、ハーバーは所長として以下の開所の辞を述べている。

「東京と當地とに於ける二重の學院の設立は我國と外國との關係に一新紀元を劃するものである。學院は從來その例に乏しくはないが、同時に同樣の學院が内外國に並立し、同一組織を有つてゐるものはない。此種の二重制度は今日までは唯政治と經濟との領域に存在しただけである。大公使、領事並に諸處に於ける外國商業會議所は即ちそれである。然し政治方面、經濟方面の外に、此等と同じやうに注意を要する第三の方面がある。それは即ち文化の領域であつて今日の國際關係上極めて重要なものである。而して我國と日本との間には、比新しき制度を設立すべき特別重要な關係が存在すると私は考へるのである。（…）併し吾々は現在を超越して遠く未來を考へ、各國民相互に理解し、相手の思想や感情に精通すれば結局物質的にも精神的にも最も多く利益を受くるに至るものだと信じてゐる。（…）さればとて、幾世紀か經てば何時かは奇特な人が出て、比種の要求が滿たさるゝやうに面倒を見るだらうと今安閑と待つて居るべき時代でもない。我地球上の諸國民の接近は驚くべく急速に行はれ、伯林から倫敦まで僅か五時間で飛ぶことが出來、そして東京までの距離は倫敦までのタツタ九倍に過ぎないからである。（…）即ち日本の如く新たに世界の舞臺に出て來た精神的強國に對し充分な注意を拂はないといふことは、精神的強國の犯し得る最大の怠慢である」[1]

ヴィルヘルム・ゾルフ駐日ドイツ大使は、12月4日のベルリンでの開所式に参列し、つぎのように述べている。

学術窮状互助会から星一に贈られた小さな彫像「Ελπιζ（希望）」
Statuette 'Ελπις' (Hoffnung) Geschenk der Notgemeinschaft der deutschen Wissenschaft an Hoshi.

gen, stammte von dem Nobelpreisträger Fritz Haber, einem Physikochemiker, der ihn während einer Japanreise 1924 in Gesprächen mit kultur- und wissenschaftspolitisch engagierten Freunden entwickelt hatte. Bei der Einweihung des Instituts zur Förderung der wechselseitigen Kenntnis des geistigen Lebens und der öffentlichen Einrichtungen in Deutschland und Japan (Japaninstitut) e.V. am 6. Dezember 1926 im Berliner Stadtschloß führte Haber als Präsident aus:

"Neben dem politischen Wirkungskreise der Botschaften und dem wirtschaftlichen der Handelskammern gibt es noch eine einzige dritte große Sphäre, für die Vorsorge in gleicher Art nötig ist, das Gebiet der Kulturinteressen. Das Gebiet hat in unseren Tagen für die Beziehungen der Völker große Wichtigkeit gewonnen ... Wir sehen über den Augenblick hinaus und sind der Meinung, daß die Völker auf die Länge an äußerem Nutzen und an innerem Gewinn am meisten erreichen, wenn sie sich verstehen lernen und mit dem Denken und Empfinden des anderen vertraut werden ... Es ist auch nicht Zeit, lange zu warten und einem gesegneten späteren Jahrhundert zu überlassen, daß es für die neuen Bedürfnisse Sorge trägt; denn es geht merkwürdig schnell mit dem Zusammenrücken der Völker auf unserer Erde. Wir haben heute fünf Stunden Flugzeit von Berlin nach London, und es ist nur neun mal weiter nach Tokio als nach der englischen Hauptstadt ... Im Lichte einer erhöhten Auffassung ist als Antwort zu sagen, daß eine geistige Macht unzulänglich zu beachten, die gleich Japan neu in das Weltgetriebe getreten ist, das schwerste Versäumnis bedeutet, die eine andere geistige Macht sich zuschulden kommen lassen kann ..."[1]

「日独間の精神文化の交流はすでに長年おこ
なわれているが、それは、我々にとって必要と
されるほどの、そして努力に価するほどの規模
の交流ではない。日本人はドイツの学術と技術
から多くを吸収し、我が国で学んだ様々な機関
や制度を日本に移転した。その反対に、我々は
日本人から精神界の何を受容したのだろうか。
極東の精神界に関する知識、その世界観に関す
る知識はドイツではまだまだ充分ではなく、そ
れらの習得を目標としなければならない。日本
芸術と極東芸術はずっと以前に西欧諸国への侵
略戦争を開始しており、いたるところに理解あ
る地を勝ち得ている。一方ドイツで、また西欧
で余り知られていないのは、極東の仏教文献・
大乗仏教文献が有する形而上学的、宗教的、道
徳的な素晴しい資産である。さらに神道も挙げ
られる。儒教と仏教から発展した日本人の世界
観をもっと深く研究することは、実りあるテー
マではないだろうか。日本人の特性を作り上げ
た世界観の影響が、キリスト教が極東でなした
ごとく、我国にも同じく実りある影響を及ぼす
のではなかろうか。これらは新設の研究所が母
国繁栄のために自らに課した研究テーマの少例
である」(2)

ゾルフは朋友ハーバーの意図に沿い、東京の
研究所の創設を実現させた。ゾルフとハーバー

Der deutsche Botschafter in Tôkyô, Wilhelm Solf,
am 6. Dezember bei der Einweihungsfeier in Berlin
präsent, präzisierte:

"Ein Austausch von geistigen Gütern hat zwischen
Deutschland und Japan schon jahrelang stattgefunden, aber nicht in dem Maße, wie ich es in unserem
Interesse für nötig und erstrebenswert halte. Die Japaner haben viel aufgenommen von deutscher Wissenschaft und deutscher Technik und haben mannigfache Einrichtungen, die sie bei uns studiert haben,
in ihr Land übertragen. Was haben wir an geistigen
Gütern als Austausch dafür erhalten? Die Kenntnis
des geistigen Lebens des Fernen Ostens und seiner
Weltanschauung steht in Deutschland noch lange
nicht auf der Höhe, die zu erreichen wir uns zum Ziel
setzen müssen ... Die japanische und fernöstliche
Kunst überhaupt hat ihren Eroberungszug durch die
Lande des Westens bereits vor längerer Zeit angetreten und gewinnt überall verständnisvollen Boden ...
Weniger bekannt in Deutschland und überhaupt
wohl im Westen sind die ungeheuren metaphysi-
schen, religiösen und moralischen Schätze, die in der
Literatur des fernöstlichen Buddhismus, des Mahaya-
na-Buddhismus, aufgestapelt sind. Ich erinnere des
weiteren an den Shintoismus ... Ist es nicht [ferner]
auch ein praktisch lohnendes Thema, die Weltanschauung der Japaner, wie sie durch den Konfuzia-
nismus und Buddhismus sich entwickelt hat, tiefer zu
erforschen? Sollte nicht der Einfluß einer Weltanschauung, die solche Eigenschaften [wie die Japaner
sie besitzen] ermöglicht, auf unser Land ebenso
fruchtbar wirken können, wie das Christentum im

大阪駅でフリッツ・ハーバーを出迎える星一（1924年）

Hoshi empfängt Fritz Haber am Bahnhof Ōsaka, 1924

星薬科大学でスピーチするフリッツ・ハーバー（1924年）

Ansprache Habers in der Pharmazeutischen Hochschule Hoshi, 1924

星一の工場に出迎えられるところ。前方は腕を取り合うシャルロッテ・ハーバーと後藤新平、その後に星一とフリッツ・ハーバー
Begrüßung in einem Werk Hoshis. Charlotte Haber und Fürst Gotô Shimpei Arm in Arm. Im Hintergrund Hoshi und Haber

横浜港で出迎えを受けるフリッツ・ハーバー
Erste Begrüßung Habers im Hafen von Yokohama

は1914年にドイツ協会で知り合った仲である。東京の研究所設立にあたり、ゾルフは種々の困難を克服しなければならなかった。理由は、在日ドイツ商工会の代表者たちも（彼等は産業スパイを恐れていた）日本政府も異議を唱えたためである。また、日本の学術中央組織も連合国、特にフランス人の批判を避けるがために躊躇したのである。フランス人にとって研究所の設立は好ましいはずがなかった。事実、東京にドイツ文化研究所を創設することは、日本が対独学術ボイコット協定の網をくぐることを意味した。日本学士院に代表された日本政府は、第一次世界大戦中にドイツ学術ボイコットの義務を負い、当時もなおその維持のほどをパリは不信の目をもって監視していたのである。そこでゾルフは東京のフランス人同僚と協議し、有力な政治家後藤新平と製薬会社経営者であり後援者である星一の援助のもとに、これらすべての危惧を取り去ることに成功したのであった。

　本稿では枚数に限りがあるために、両研究所の創立史と特に設立を可能にした社会的・歴史的状況を詳細に述べることは不可能である。これは一部他でおこなわれているので、そちらを参照されたい(3)。ここでは少なくとも輪郭を描く助けとなる局面を二、三述べることにする。

　すでに20世紀の初め、偉大なプロイセンの文化政治家テオドール・アルトホッフが、対外文化

Fernen Osten? Das sind nur einige wenige Themata, deren Studien dem neuen Institut zum Wohle unseres Vaterlandes obzuliegen haben werden …"[2]
Solf verhalf im Sinne seines Freundes Haber – beide kannten sich gut von der Deutschen Gesellschaft 1914 her – dem Institut in Tôkyô zur Geburt. Dabei hatte er mannigfache Schwierigkeiten zu überwinden, da sowohl die Vertreter der deutschen Industrie und des Handels in Japan Einwände erhoben (sie fürchteten Industriespionage) als auch die japanische Regierung. Auch die japanischen wissenschaftlichen Dachverbände zögerten, weil sie Kritik von den Alliierten, vor allem von den Franzosen, vermeiden wollten, denen das neue Institut nicht genehm sein konnte. Faktisch bedeutete die Errichtung des deutschen Kulturinstituts in Tôkyô nämlich das Unterlaufen des Wissenschaftsboykotts, zu dem sich die japanische Regierung, vertreten durch die Japanische Akademie der Wissenschaften, während des 1. Weltkrieges verpflichtet hatte, und über dessen Einhaltung in Paris noch immer eifersüchtig gewacht wurde. Im Benehmen mit seinem französischen Kollegen in Tôkyô hat Solf alle diese Bedenken ausräumen können, unterstützt von dem einflußreichen Politiker Gotô Shimpei und dem Pharmaziefabrikanten und Mäzen Hoshi Hajime.

Es ist hier wegen des eng umrissenen Raumes nicht möglich, die Entstehungsgeschichte der beiden Häuser und vor allem auch die gesellschaftlichen und historischen Gegebenheiten, die die Errichtung beider Stätten überhaupt erst ermöglichten, ausführlich abzuhandeln. Teilweise ist dies bereits an anderer Stelle geschehen und kann dort nachgelesen werden.[3] Wenigstens sollen aber einige Aspekte erwähnt werden, die den Rahmen zu skizzieren helfen.

函館のルードヴィッヒ・ハーバー墓前にて

Am Grabe Ludwig Habers in Hakodate

事業は適切な機関の設立なくしては効果的におこ
なえないと指摘した。そしてドイツを最も重要な
文化諸国と結ぶ二国間相互文化機関網の構築を一
貫して提案した。彼の死後（1907年）、ベルリ
ンにまずアメリカ文化研究所が設立された。続い
てロンドンとベルリンを結ぶ計画であったが、戦
争によって挫折した。1918年以後、外国では長
年にわたり反ドイツ戦争プロパガンダが作用し続
け、外務省は適切な方策を講じ得ないでいた。そ
れだけに緊急に、新たに相互文化事業をおこない、
外国で独自の文化を表現できる機関の必要性が明
白になった。外務省文化部門の主任であり、リベ
ラルで視野の広い東洋学者カール＝ハインリッ
ヒ・ベッカー(4)の下で、外国におけるドイツ文化
の紹介が静かに慎重に民主的に開始された。これ
は、他の文化にも相互的に同じチャンスを与える
ことを図ったもので、片方に支配されるのではと
いう万一の危惧を拭い去るために対称構造、つま
り一対の機関の設立を推奨したアルトホッフの意
図に適ったものであった。日独両研究所の設立は、
アルトホッフの文化政策の成果と把握してもよい
だろう。研究所の内部構造にも対称性が持たらさ
れた。二国管理委員会の下に、両研究所には日独
一名づつの所長のポストを設けた。当然ながら東
京では日本人の所長に、ベルリンではドイツ人の
所長により大きな比重が置かれはしたが。初代所

Schon zu Beginn des 20. Jahrhunderts hatte der große preußische Kulturpolitiker Theodor Althoff auf
den Punkt hingewiesen, daß auswärtige Kulturarbeit
nicht mehr ohne geeignete Institutionalisierung
wirksam genug betrieben werden könne und folgerichtig ein paritätisch gewebtes Netz von bilateralen
Kulturinstituten vorgeschlagen, das Deutschland mit
den wichtigsten Kulturnationen verbinden solle.
Nach seinem frühen Tod (1907) kam es zunächst zur
Errichtung eines Kulturinstitutes der Vereinigten
Staaten von Amerika in Berlin; der Krieg vereitelte
den Plan, auch London und Berlin zu verbinden.
Nach 1918 wirkte sich im Ausland noch längere Zeit
die Kriegspropaganda gegen Deutschland aus, der
das Auswärtige Amt keine geeigneten Instrumente
entgegenzustellen hatte. Aufs neue und umso dringlicher erwies sich die Notwendigkeit der Anlage von
Instituten, die der wechselseitigen Kulturarbeit und
der eigenen Kulturdarstellung im Ausland zu dienen
imstande waren. Unter dem liberalen und weitsehen-
den Leiter der Kulturabteilung im Auswärtigen Amt,
dem Orientalisten Carl Heinrich Becker[4], begann die
leise und einfühlsame demokratische Arbeit für die
Darstellung der deutschen Kultur im Ausland. Den
anderen Kulturen wollte man reziprok dieselben
Chancen einräumen, ganz im Sinne Althoffs, der die
parallele Konstruktion, d.h. Institutspaare, empfoh-
len hatte, um etwaige Befürchtungen abzubauen, dominiert zu werden. Das deutsch-japanische Instituts-
paar darf man also als ein spätes Resultat Althoffscher
Kulturpolitik auffassen. Auch in der inneren Konstruktion lag Parität vor: Unter einem binationalen
Kuratorium in beiden Häusern wirkten je ein gleichberechtigter japanischer und deutscher Leiter, wenn
naturgemäß auch dem japanischen Direktor in
Tôkyô und dem deutschen in Berlin größeres Gewicht zukam. Als erste Direktoren wirkten in Berlin
der Philosoph Uno Tetsuto und der Japanologe und
Völkerkundler Friedrich Max Trautz, in Tôkyô der
Japanologe Wilhelm Gundert und der Philosoph
Tomoeda Takahiko.
Möglich wurde die Annäherung beider Länder durch
den Wegfall imperialistischer Interessen nach dem
1. Weltkrieg, die zuvor, wie im Falle der deutschen
Festung in Ostasien, Tsingtau (Qingdao), zu politi-
schen Irritationen Japans geführt hatten. Hinzu kam

長として、ベルリンでは哲学者宇野哲人と日本学者であり民族学者であるフリードリッヒ＝マックス・トラウツが、東京では日本学者ヴィルヘルム・グンデルトと哲学者友枝高彦が就任した。

　両国の接近が可能になったのは第一次大戦後ドイツが、青島要塞建設のような日本の政治を刺激する帝国主義的関心を放棄したためである。それに、対外政策上での両国の孤立感もくわわった。敗戦国ドイツも、また大権力指向ゆえに連合国より不信の目で見られていた戦勝国日本も、孤立感をうめる友好国を求めていたのである。戦前に日独の学術・文化交流が活発であったところより、ドイツ外務省と一部日本国外務省も、堅実な文化政策に最初から期待したのである。このことは、ゾルフが1920年に日本政府に提出した信任状にもすでに表現されている。本稿では枚数の都合により、20年代の文化政策は非常に多面的であったこと、世界大戦での敵国同志が短期間のうちに友好国になるほどに成果があった事実を記するに止めておく。また両国民にとってポピュラーな出来事もあった。優秀なパイロットによる東京からベルリン・テンペルホーフへの先駆的飛行（阿部と河内、1925年9月）やベルリンから東京への先駆的飛行（フォン＝ヒューネフェルト、1928年10月）、ツェッペリーン飛行船の日本への飛行（エッケナ、1929年）、国対抗スポーツ競技などである。また、当時特に奨励されたのは、文化芸術領域の活動に対するイニシアチヴであった。しかし、ナチスが実権を掌握した時、彼らはワイマール共和国時代に築かれた基盤に立ち入り、直ちにあるいは徐々に民主的でリベラルな人物の大部分を諸機関から追放していったのである。

　このようにして20年代にはいくつかの相互文化交流友好協会が生まれ、ベルリンと東京の研究所が創設された後はライプチヒや京都などに文化・学術研究所などが誕生した。

das Gefühl außenpolitischer Isolation: Sowohl der Verliererstaat Deutschland als auch der von den anderen Alliierten wegen seines Großmachtstrebens mißtrauisch beäugte Siegerstaat Japan suchten nach Ausgleich und Verbündeten. Wegen der vor dem Krieg lebhaft entwickelten Wissenschafts- und Kulturbeziehungen zwischen Japan und Deutschland setzte das Berliner Auswärtige Amt und teilweise auch das in Tôkyô von vorneherein auf eine gediegene Kulturpolitik. Dies kommt bereits in dem Beglaubigungsschreiben zum Ausdruck, das Solf 1920 der Japanischen Regierung überreichte. Hier darf – in der gebotenen Kürze – festgehalten sein, daß die demokratische Kulturpolitik der 20er Jahre außerordentlich vielseitig angelegt und so erfolgreich war, daß sie aus den beiden Feindstaaten des Weltkrieges in kürzester Zeit befreundete Nationen machte. Es gab damals auch so populäre Ereignisse wie die Pionierflüge japanischer Fliegerasse von Tôkyô bis Berlin-Tempelhof (Abe und Kawachi, September 1925), deutscher Piloten von Berlin nach Tôkyô (von Hünefeld, Oktober 1928), eine Zeppelinfahrt nach Japan (Eckener, 1929), Landessportkämpfe usw. Vor allem aber wurden erhebliche und weitreichende Initiativen für Leistungen auf dem Gebiete von Kultur und Kunst entwickelt. Als die Nationalsozialisten ans Ruder kamen, konnten sie die Plattform betreten, die die Weimarer Zeit gelegt hatte und aus den Institutionen sogleich oder allmählich den größten Teil der demokratisch-liberalen Persönlichkeiten entfernen.

So entstanden in den 20er Jahren z.B. die bilateralen kulturellen Freundschaftsgesellschaften und später, nach den Häusern in Berlin und Tôkyô, die Kultur- bzw. Wissenschaftsinstitute in Leipzig und Kyôto u.a. mehr.

尾竹竹波作風刺画、（上）ハンナ・ゾルフ＝ドッティとシャルロッテ・ハーバー、（下）後藤新平、ヴィルヘルム・ゾルフ、フリッツ・ハーバー

Karikaturen des Malers Odake Chikuha von Hanna Solf-Dotti, Charlotte Haber, Gotô Shimpei, Wilhelm Solf, Fritz Haber

20年代はわけても民間レベルで大々的な寄付
がおこなわれた時代でもあった。敗戦と続く戦
後のインフレによるドイツの窮状が日本に知れ
わたった後、一般市民も敗戦敵国であるドイツ
大使館に寄付金を託したのであった。日本の医
師たちは、彼らが若き日に学んだ地で貧困に喘
ぐかつての師を資金援助した。また、非常に
活動的な医師佐多愛彦の発案によるものと思わ
れるが、大阪市はベルリンの医師レオ・ラング
シュタインに送金した。後々までも重要な意味
を持つことになったのは実業家の望月軍四郎と
上述の星一の二人の東京市民による、ドイツ、
おもにベルリンの自然科学基礎研究促進のため
の学術窮状互助会（現ドイツ学術振興会）に対
する多額の寄付であった。星は1920年から1925
年の間に学術窮状互助会および日本研究所に総
額16万円金貨以上を寄付している。学術窮状互
助会では、この寄付金で化学と物理研究を進め、
なかでもオットー・ハーンとリーゼ・マイトナ
ーは核分裂の研究を進めたのであった。窮状互
助会の星委員会にはハーンの他にノーベル賞受
賞者のマックス・プランク、フリッツ・ハーバ
ーおよびリヒャルト・ヴィルシュテッターが所
属していた。望月は、1922年にベルリンのヴィ
ルヘルム皇帝協会に少なくとも2万5000円金貨
を寄付し、生物学と物理学研究を奨励した。同
協会にはプランク、ハーバー、ハレ出身のエミ
ール・アブダーハルデンおよびベルリンの生物
学者リヒャルト・ゴールドシュミットが委員と
して参加した。1938年には原子物理学者テオド
ール・シュミットがレニウム、インジウム、ユー
ロピウムなどの原子核研究に対し望月資金の奨
学金を受けた（シュミット曲線図は彼にちなむ
命名である）。以上の名前とデータおよび金額
は、日本の寄付金がいかに重要な意味を持って
いたかを如実に示している。しかし、東京から
送られた寄付金が広島と長崎の破壊に直接関与

後藤新平宅にて左から尾竹竹波、ヴィルヘルム・ゾルフ、後藤新平、
フリッツ・ハーバー（1924年）
Im Hause von Gotô Shimpei, Tôkyô, 1924. Von links: Der Maler
Odake, Solf, Gotô, Haber

Die 20er Jahre waren nicht zuletzt eine Zeit großer
privater Stiftungen. Als sich das durch Niederlage
und anschließende Inflation hervorgerufene Elend
Deutschlands in Japan herumsprach, spendeten auch
einfache Leute der Deutschen Botschaft Geld für die
besiegten Feinde. Japanische Mediziner halfen ihren
verarmten deutschen Lehrern in den Studienorten
ihrer Jugend. Die Stadt Ôsaka, hierin wohl animiert
durch den sehr rührigen Mediziner Sata Aihiko, stif-
tete für den Berliner Arzt Leo Langstein. Von nachhaltiger Bedeutung waren die Stiftungen, mit denen
der Kaufmann und Aktienmakler Mochizuki Gun-
shirô und der bereits genannte Hoshi Hajime, zwei
Bürger Tôkyôs, die Entwicklung der naturwissenschaftlichen Grundlagenforschung in Deutschland,
hauptsächlich in Berlin, förderten. Hoshi spendete
insgesamt von 1920 bis 1925 mehr als 160.000 Goldyen an die Notgemeinschaft der deutschen Wissenschaft und an das Japaninstitut. Bei der Notgemeinschaft, heute die Deutsche Forschungsgemeinschaft,
wurde mit diesem Geld Chemie und Physik betrieben, unter anderem haben auch Otto Hahn und Lise
Meitner mit diesem Geld ihre Forschungen zur
Atomspaltung vorangetrieben. Im Beirat der Hoshi-
Stiftung bei der Notgemeinschaft saßen außer Hahn
noch die Nobelpreisträger Max Planck, Fritz Haber
und Richard Willstätter. Mochizuki übermittelte
1922 der Kaiser-Wilhelm-Gesellschaft in Berlin wenigstens 25.000 Goldyen, die damit biologische und
physikalische Forschungen förderte. Planck und Haber, der Hallenser Emil Abderhalden und der Berliner Biologe Richard Goldschmidt wirkten im Stif-
tungsrat mit. Noch 1938 erhielt der Atomphysiker
Theodor Schmidt, nach dem die Schmidt-Linien
und -Diagramme benannt sind, für seine Untersuchungen am Atomkern von Renium, Indium, Euro-

したことは、歴史の皮肉といわざるを得ない。

　初期の民間イニシアチヴの努力の成果は、1922年のアルベルト・アインシュタインの日本旅行を実現した。アインシュタインの訪日は、上述のドイツ人に対する学術ボイコットを克服することを目的としていたが、これが達成されたばかりでなく、当初の期待をはるかに上回るものであった。数万人の日本人の熱狂的な歓迎を受けたアインシュタインは、夥しい数の聴衆を前に物理を語り、世界平和確保と世界文化発展を可能にするための課題を語り、その後はもはやボイコットを真面目に考える者はいなくなった。

　アインシュタインはいわば日本を開拓したパイオニアにあたり、その後、数多くのドイツ人学者が彼の開拓した道を辿ったのである。1924年のハーバーの訪日は星の招待によるものだが、日本人との素晴しい出会いに感激した朋友アインシュタインが強く推薦したからこそ、ハーバーは日本旅行を決心したのであった。

　1933年以降、相互交流の原則に則る従来の文化活動の条件、形態、内容そして目的が変化し、文化政策という言葉が優先されるようになった。民間のイニシアチヴは抑制されるか、少なくとも管理されるようになった。同時に、ワイマール共和国時代の活動とそれに貢献した人々は弾劾され、彼らが内容のない美辞麗句を並べたて

星一の工場を見学するフリッツ・ハーバー

Haber besichtigt ein Werk Hoshis

pium u.a. Mochizukis Gelder als Stipendiat. Die obigen Namen, Daten und Zahlen mögen hinlänglich die Wichtigkeit der japanischen Stiftungen beleuchten: Die Ironie der Geschichte wollte es, daß Geld aus Tôkyô mittelbar daran beteiligt war, die Städte Hiroshima und Nagasaki in Schutt und Asche zu legen.

Sichtbaren Ausdruck des Bemühens um frühe private Initiativen bildete die Japanfahrt Albert Einsteins 1922. Die Reise sollte der Überwindung des genannten Wissenschaftsboykotts gegen Deutsche dienen, und sie hat das gesteckte Ziel nicht nur erreicht, sondern weit übertroffen. Nach Einsteins wahrhaft triumphalem Empfang in Japan, wo er vor Zehntausenden von Zuhörern über Physik sprach und über die Aufgabe, den Weltfrieden zu sichern und die Entfaltung der Weltkultur zu ermöglichen, konnte dort niemand mehr ernsthaft an den Boykott denken.

Einstein war in diesem Lande gewissermaßen der Pfadfinder, dem zahlreiche deutsche Gelehrte folgten. Auch Habers Fahrt 1924, auf Einladung Hoshis, geschah mit nachdrücklicher Empfehlung des Freundes Einstein, der begeistert von seinen positiven Begegnungen mit den Menschen in Japan gesprochen hatte.

Ab 1933 änderten sich die Bedingungen und Formen, Inhalt und Zweck der bilateralen Kulturarbeit. Nun wurde das Wort der Kulturpolitik bevorzugt. Die private Initiative wurde zurückgedrängt, oder zumindest kontrolliert. Gleichzeitig wurde über die Aktivitäten der Weimarer Epoche und deren Schöpfer der Stab gebrochen und die Propagandalüge aufgezogen, der Nationalsozialismus baue die "deutsch-japanische Freundschaft" auf, nachdem man vorher angeblich nur inhaltsleere Reden und ein paar Blumensträuße ausgetauscht habe. Tatsächlich aber gestaltete sich der Beginn dieser "Freundschaft" zu einer Diskriminierungskampagne der Kinder aus deutsch-japanischen Ehen, die wegen der rassischen Verfolgung Anpöbelungen, Zurücksetzungen und sogar Berufsverbote zu erleiden hatten. Als Beispiel mag Dr. Otto Urhan aus Berlin gelten, Diplomlandwirt und Forscher in der Reichsanstalt für Land- und Forstwirtschaft in Berlin-Dahlem, den man zunächst zum ungelernten Arbeiter degradierte, bevor er zum 30. Juni 1933 die Kündigung erhielt, unter Berufung

て花束交換以上のことをなさなかったからナチ政権がここで「日独民族友好」関係を構築するのだ、といった偽りのプロパガンダが打ち立てられたのである。しかし、この「友好」の幕開けとなったのは、日独混血者たちに対する差別キャンペーンであった。ドイツに住む混血者たちにはアーリア民族特有のステータスが与えられていないために彼らは罵言を浴び、差別されただけでなく、職業禁止令にあったのである。ベルリン出身のオットー・ウルハーン博士が好例といえよう。農学士でありベルリン・ダーレム地区の帝国農林庁の研究員であったウルハーンは、まず未熟練労働者の地位に格下げされ、1933年6月30日には悪名高いドイツ官吏復活法をたてに解雇されたのであった。

日本人を母親に持つウルハーンは、ハーバー、ゾルフおよび日本大使館の仲介で日本に亡命した。日本のマスコミが彼の宿命とそのほかにも多数発生したこの種の出来事を仔細に報道したために、実際は全く非友好的である日独「友好」は厳しい試練に直面することとなった。追放されたベルリン人のなかにはアインシュタインやハーバーのような著名人以外にも社会学者ヴィルヘルム・ハース、独日協会の会長であった日本学者アレクサンダー・カノッホなど無名の文化政治家たちがいた。当時ゲッベルス、リッベントロップおよび他のナチス首脳陣によって華々しく正式締結された「独日友好」協定が今日まで両国市民の間で歴史的神話として生き続けているのは驚くべき事実である。余りにも素早く、余りにも熱心に「ベルリン・ローマ・東京」の枢軸を支援した多数のドイツ人日本専門家たちは、1945年以降に歴史上の誤認を修正することを怠ったのである。多くの者が口を閉ざした。それもほとんどが永久に。

戦時中ベルリンでは外国学術教育すべてがフランツ＝アルフレット・ジックス教授の監督下

札幌の北海道大学にて

In der Universität Hokkaidô in Sapporo

フリッツ・ハーバー講演会

Haber spricht

auf das berüchtigte Gesetz über die Wiederherstellung des Berufsbeamtentums.

Urhan, dessen Mutter Japanerin war, emigrierte durch Vermittlung Habers, Solfs und der Japanischen Botschaft nach Japan. Sein Schicksal und die Fälle weiterer Betroffener führten zu einer harten Belastungsprobe dieser so völlig unfreundlichen Freundschaft, da die japanische Presse ausgiebig berichtete. Andere Berliner, die gehen mußten, waren, außer den Großen wie Einstein und Haber, auch unbekanntere Kulturpolitiker, wie z.B. der Soziologe Wilhelm Haas und der Japanologe Alexander Chanoch, zuvor die Leiter der Deutsch-Japanischen Gesellschaft. Erstaunlicherweise ist der Ruf dieser damals von Goebbels, Ribbentrop und anderen NS-Größen mit großem Aufwand und mit formellen Abkommen besiegelten "deutsch-japanischen Freundschaft" bis auf den heutigen Tag in der Bevölkerung als historischer Mythos unzerstörbar. Die deutschen Japanexperten, von denen allzuviele sich allzu eilfertig in den kulturpolitischen Dienst der Achse "Berlin–Rom–Tôkyô" stellten, versäumten nach 1945 zumeist

岡本一平作、松島の酒場でアインシュタインを囲む日本の物理学者たち
（スケッチ、1922年）

Okamoto Ippei: Kneipe in Matsushima. Trinkrunde mit Einstein
und japanischen Physikern, Zeichnung 1922

の外国学術研究所に統合された。ジックスは
1941年以来ナチ親衛隊准将であり、1945年に
は旅団長に昇進した。かの親衛隊諜報機関で教
育を受けた彼は（一時期アドルフ・アイヒマン
の上役であった）、同時に外務省文化政策部の主
任として全権を握り、非常に重要な地位を占め
る中心的人物であった。

　日本研究所は唯一の外国学術機関として形式
上の自立を維持していたものの、スタッフはシ
ンケルの旧建築アカデミーの建物を拠点とする
ジックスの外国学術研究所で講義を受け持たな
ければならなかった。その上、ジックスは日本
研究所の副総裁でもあった。小さな日本研究所
が形式上だけでも自立性を維持できたのは、対
称性というアルトホッフの理念のおかげであり、
日本人に対する配慮から敢えて侵害しようとし
なかったのである。マルティン・ラミング教授
は1930年に日本研究所副所長に就き、1934年
以降は所長を務めた。日本研究所の最後の所長
となったラミングは、1945年以降研究所の再建
に尽力し、かつての研究所の蔵書を可能な限り
取り戻した。しかしながら、日本研究所は支援
を得られず、しかも二十年間も事務所もない状
態のままに1966年には法的に解散した。それで
もラミングは書籍と手書き文書の多くを取り戻
すことに成功している。これらは1944年にナチ

die Richtigstellung. Allzu viele schwiegen allzu lange
und die meisten für immer.

In Berlin faßte man während des Krieges die gesamten auslandswissenschaftlichen Ausbildungsgänge in
einem entsprechenden Institut unter der Aufsicht des
Professors Franz Alfred Six zusammen. Six war seit
1941 SS-Oberführer; er wurde noch 1945 zum Briga-
deführer befördert. Ihm kam eine höchst bedeutende
Schlüsselstellung zu, da er, der aus dem Sicherheits-
dienst jener Organisation kam – zeitweise war er Vor-
gesetzter Adolf Eichmanns – gleichzeitig als Chef der
Kulturpolitik und Gesandter Erster Klasse im Auswärtigen Amt auch die praktische Politik mitbe-
stimmte.

Das Japaninstitut blieb zwar als einzige auslandswis-
senschaftliche Einrichtung formal selbständig, doch
hatten seine Mitarbeiter auch in Six' Auslandswis-
senschaftlichem Institut in der früheren Schinkel-
schen Bauakademie zu dozieren, und überdies saß Six
auch noch als Vizepräsident im Japaninstitut selbst.

エミール・オルリク作、フリッツ・ハーバー肖像画（エッチング、1927年）
Emil Orlik: Porträt Fritz Haber, Radierung 1927

王宮内ベルリン日本研究所図書室

Bibliotheksraum im Japaninstitut des Berliner Stadtschlosses

党の民族問題担当官であるヨハン・フォン＝レアース（別名オマール＝マニン・フォン＝レアース）教授によりテューリンゲンに疎開され、そこでアメリカ軍に押収されてワシントンに移管されたのであった。

　しかし、蔵書の約3分の2は喪失するか、未だに行方が不明のままである。一部は戦争末期にはシャルロッテンブルク区のブリュッケンアレー通りにあった研究所で、一部はフュルステンヴァルデ近郊ラウエンの避難倉庫で侵攻してきたソ連軍の手に落ちたのである。

　東京の研究所は1943年から1944年の間、三井高陽男爵の寄付をもとに、同研究所のために特別に設計された建物に居していた。この建物は戦災で失われ、皇居近辺にあった敷地は人手にわたった。今日ではこの敷地にはホテルが立っており、隣には現在なおムッソリーニ時代のイタリア文化研究所の建物がある。この土地も同じく三井の基金をもとに購入されたものである。

付記

　ブランデンシュタイン家（ブルク・ブランデンシュタイン）、ギュンタ・ハーシュ博士（ベルリン）、ルッツ・ハーバー博士（バース）、木村直司教授（東京）、エーファ・ルーイス氏（バース）、スン＝ジョ・パルク教授（ベルリン）および吉田国臣教授（東京）に感謝する。

Die formale Eigenständigkeit des relativ kleinen Japaninstituts verdankte es der Althoffschen Idee der Paarigkeit, die man aus Rücksicht gegen die Japaner nicht anzutasten wagte. Der letzte langjährige deutsche Leiter des Instituts, Prof. Martin Ramming, der dem Hause seit 1930 als Stellvertretender Leiter, seit 1934 als Leiter vorstand, setzte sich nach 1945 nachhaltig für die Wiedererrichtung seiner Institution ein und sicherte, so gut es ging, die Bibliotheksbestände. Dennoch mußte das Japaninstitut wegen mangelnder Unterstützung, schon seit 20 Jahren ohne Räumlichkeiten, 1966 auch juristisch aufgelöst werden. Immerhin konnte Ramming erfolgreich die Rückführung eines großen Teils der Buch- und Handschriftenbestände in die Wege leiten. Diese Werke hatte man 1944 im Hause des NS-Rassespezialisten Prof. Johann (alias Omar Manin) von Leers in Thüringen gelagert, und von dort aus brachten die US-Truppen sie nach Washington.

Doch rund zwei Drittel der Bestände sind verloren bzw. noch immer verschollen. Sie fielen den einrükkenden Sowjets in die Hände, zum Teil im Institut selbst, das sich bei Ende des Krieges in der Brückenallee in Charlottenburg befand, zum Teil im Ausweichlager Rauen bei Fürstenwalde.

Das Institut in Tôkyô war zwischen 1943 und 1944 in einem eigens dafür entworfenen Gebäude untergebracht, für das Baron Mitsui Takaharu eine bedeutende Stiftung gemacht hatte. Durch Bombenvolltreffer bald wieder verloren, geriet das Gelände neben der Mauer des Kaiserschlosses bald nach dem Krieg in fremde Hände. Heute steht auf dem Platz ein Hotel, daneben noch immer der Bau des Italienischen Kulturinstituts aus Mussolinis Zeit, dessen Grundstück ebenfalls aus der Stiftung Mitsui stammt.

Danksagung:

Ich danke Familie von Brandenstein, Burg Brandenstein; Dr. Günther Haasch, Berlin; Dr. Lutz Haber, Bath; Prof. Kimura Naoji, Tôkyô; Frau Eva Lewis, Bath; Prof. Sung-Jo Park Berlin und Prof. Yoshida Kuniomi, Tôkyô.

注

(a) 編注：正式名称は「獨逸及び日本の精神的生活及び公的施設の相互的理解促進協會」、日本での略称は「日本學會」。

(1) 《管理委員会理事長・枢密顧問官フリッツ・ハーバー教授の祝辞》〈ベルリン日本研究所開所式小冊子〉所収、1927年頃。最新の伝記（参考文献５）参照（編注：邦訳はフリッツ・ハーバー著、田丸節郎訳『ハーバー博士講演集——國家と學術の研究』、東京、岩波書店、1931年、73頁〜78頁より引用）

(2) 前出（注１）の小冊子より、駐日ドイツ大使ゾルフ博士の祝辞。ゾルフに関しては最近のエッセイ（参考文献４のドイツ東亜美術協会会報）を参照。ゾルフはベルリンにあった同協会の初代会長であった。

(3) 参考文献１〜３参照

(4) ベッカーは1931年から1932年にかけて中国と日本に赴き、極東の文化を高く評価する仔細な書簡報告を残している。

参考文献

1. エーバハルト・フリーゼ著《アインシュタイン、ハーバー、ベルリンおよび日本——日独学術関係の一章》、ティールマン・ブッデンジーク編〈ベルリンにおける学問——展覧会カタログ〉第３巻、139頁〜143頁所収、ベルリン、1987年

2. 同著《ベルリン日本研究所　1926年〜1945年——その組織と活動に関する考察——ベルリン日本研究所の出版目録記載》、ハルトムート・ヴァルラーヴェンス編〈お前は熱くおれ達の心が分る——日独文化関係の狭間に見るフリッツ・ルンプ（1888年〜1949年）〉73頁〜88頁所収、ＶＣＨアクタ・フマニオラ出版、ヴァインハイム、1989年（ベルリン日本研究所の文書目録つき）

3. 同著《継続と変遷——第一次世界大戦後の日独文化・学術関係》、ルドルフ・フィアハウス／ベルンハルト・フォム＝ブロッケ共編〈政治と社会の緊張関係における研究——ヴィルヘルム皇帝協会／マックス・プランク協会の歴史と構造〉801頁〜834頁所収、シュトゥットガルト、1990年

4. パトリツィア・イルカ＝シュミッツ著《東亜美術協会1926年〜1955年》〈ドイツ東亜美術協会会報〉、第２号所収、1992年10月

5. ディートリッヒ・シュトルツェンベルク著《フリッツ・ハーバー——化学者・ノーベル賞受賞者・ドイツ人・ユダヤ人》、ヴァインハイム他、1994年

Anmerkungen

[1] Aus der Einweihungsbroschüre des Japaninstituts: Rede des Vorsitzenden des Kuratoriums, des Geheimen Regierungsrats Prof. Dr. F. Haber. – Vgl. die neueste Biographie: Stoltzenberg, Dietrich (1994) Fritz Haber. Chemiker, Nobelpreisträger, Deutscher, Jude. Weinheim, usw.

[2] Aus derselben Broschüre: Ansprache des deutschen Botschafters in Tokio, Dr. Solf. – Vgl. zu Solf den neueren Essay von Jirka-Schmitz, Patrizia (1992) Die Gesellschaft für Ostasiatische Kunst (1926–1955). In: Mitteilungen der Deutschen Gesellschaft für Ostasiatische Kunst. Nr 2, Okt. (Solf war der erste Präsident der Gesellschaft in Berlin)

[3] Vgl. Friese, Eberhard (1990) Kontinuität und Wandel. Deutsch-japanische Kultur- und Wissenschaftsbeziehungen nach dem Ersten Weltkrieg. In: Vierhaus, Rudolf und Brocke, Bernhard vom (Hrsg) Forschung im Spannungsfeld von Politik und Gesellschaft. Geschichte und Struktur der Kaiser-Wilhelm-/Max-Planck-Gesellschaft. Stuttgart, S 801–834; ders. (1987) Einstein, Haber, Berlin und Japan. Ein Kapitel deutsch-japanischer Wissenschaftsbeziehungen. In: Buddensieg, Tilmann (Hrsg) Wissenschaften in Berlin. Ausstellungskatalog, Berlin, Bd 3, S 139–143; ders. (1989) Das Japaninstitut in Berlin, 1926–1945. Bemerkungen zu seiner Struktur und Tätigkeit. Mit einer Liste der Veröffentlichungen des Japaninstituts. In: Walravens, Hartmut (Hrsg) Du verstehst unsere Herzen gut. Fritz Rumpf (1888–1949) im Spannungsfeld der deutsch-japanischen Kulturbeziehungen. Weinheim, S 73–88 (mit einem Schriftenverzeichnis des Berliner Japaninstituts)

[4] Becker fuhr 1931–32 selbst nach China und Japan und hat ausführliche Briefberichte hinterlassen, aus denen eine hohe Wertschätzung auch der Kulturen des Fernen Ostens spricht.

ベルリン独日協会に反映される日独関係史　ギュンタ・ハーシュ

Die Geschichte der Deutsch-Japanischen Beziehungen im Spiegel der Deutsch-Japanischen Gesellschaft Berlin
Günther Haasch

独日協会のベルリン日本研究所と東京日独協会との協力関係（1928年～1945年）

ワイマール共和国時代における独日協会の歴史は、ベルリン日本研究所の創設と、和独会の旧会員多数の活動と関係が深い[1]。

それとは反対に、独日協会を再生させたのは一人の人物、哲学教授の鹿子木員信の働きであった。彼は1924年から研究目的でベルリンに滞在し、日本語講師も務めていた。すでに1926年の初春、鹿子木はノーベル賞受賞者で、日本研究所の創設者でもあるフリッツ・ハーバーに宛て彼の構想をしたためた書簡を送り、ハーバーはこれをドイツ外務省に取りついでいる。書簡のなかで鹿子木は日本研究所にくわえ、さらに一般講演会の開催や情報出版などをつうじて日本に関する知識を広めるためのフォーラムとして日本研究友好会の設立を求めたのである。

関心を示すあらゆる機関の支援を得て、1928年7月に鹿子木のセミナー参加者を中心に独日共同研究グループが設立された。目標はドイツ社会で日本に対する関心と理解を呼び起こすことであった[2]。独日共同研究グループとその後継機関である独日協会の機関誌は〈大和〉と称し（1932年末まで刊行）、初めは鹿子木自ら、また1930年以降は日本学学者のマルティン・ラミングが編集した。

理事会役員のほとんどが三十代から四十代の年齢であった。彼らの主な関心は芸術と哲学領域にあり、ほとんどが日本語に堪能であった。そのなかで唯一の例外は、心理学者で社会学者のヴィルヘルム・ハースであった。彼は日本学学者でなかったにもかかわらず、鹿子木が日本に帰国後満場一致で会長に選ばれ、ナチの政権掌握まで務め上げた。

設立に関与したその他の会員のなかで最も著名な人物は副会長の芸術家フリッツ・ルンプと書記を務めたアレクサンダー・カノッホである。

Die Deutsch-Japanische Gesellschaft und ihr Zusammenwirken mit dem Japaninstitut Berlin und der Japanisch-Deutschen Gesellschaft in Tôkyô von 1928–1945

Die Geschichte der Deutsch-Japanischen Gesellschaft (DJG) in der Weimarer Zeit ist eng verknüpft mit der Gründung des Japaninstituts in Berlin und der Wirksamkeit einer ganzen Reihe von ehemaligen Mitgliedern der Wa-Doku-Kai.[1]

Die Neugründung der DJG war hingegen das Werk des Philosophieprofessors Kanokogi Kazunobu, der seit 1924 zum Studium und als Japanisch-Lektor in Berlin weilte. Bereits im Frühjahr 1926 schickte er eine Denkschrift an den Nobelpreisträger Fritz Haber, dem Gründungsvater des Japaninstituts, die von diesem an das Auswärtige Amt weitergeleitet wurde. In seiner Denkschrift forderte er, zusätzlich zum Japaninstitut eine Gesellschaft der Freunde der Japan-Forschung zu gründen, die durch öffentliche Vorträge, Herausgabe von Berichten u.ä. als Forum zur Verbreitung der Kenntnisse über Japan dienen könnte.

Mit Unterstützung aller interessierten Institutionen wurde dann im Juli 1928 aus dem Kreise von Kanokogis Seminarteilnehmern eine Deutsch-Japanische Arbeitsgemeinschaft (DJAG) gegründet, um das Interesse und Verständnis für Japan in der deutschen Öffentlichkeit wachzurufen.[2] Die Zeitschrift der DJAG und dann der DJG bis Ende 1932 hieß *Yamato* und wurde anfangs von Kanokogi selbst, ab 1930 von dem Japanologen Martin Ramming redigiert.

Der Vorstand bestand im wesentlichen aus 30- bis 40jährigen; ihre Hauptinteressen lagen im Bereich der Kunst und der Philosophie, und fast alle konnten Japanisch lesen oder sprechen. Die einzige Ausnahme war der Psychologe und Soziologe Wilhelm Haas. Obwohl nicht Japanologe, wurde er doch nach der Abreise Kanokogis von allen zum Vorsitzenden gewählt und blieb dies auch bis zur Machtübernahme der Nationalsozialisten.

Von den übrigen Gründungsmitgliedern sind am bekanntesten: als stellvertretender Vorsitzender der Künstler Fritz Rumpf, 1914 in Tsingtau (Qingdao) gefangengenommen, und als Schriftführer der Jurist und promovierte Japanologe Alexander Chanoch, der viele Veranstaltungen zur japanischen Wirtschaft durchführte. Wie Haas war auch er Jude und wurde

ルンプは1914年に青島で日本軍の捕虜となり、日本の収容所で過ごした経験をもつ。また、日本経済関係の催しを多数実施したカノッホは、法律家であり日本学博士であった。カノッホもハース同様にユダヤ人であったために、ナチの政権掌握と同時に独日協会理事会より「追放」された。

協会に活気を与えた最も著名な人物の一人は、日本大使館付商務官アレクサンダー・ナガイであった。日本人とドイツ人の混血者であるナガイは日独両語を完璧にこなし、彼の私宅はドイツ人と日本人の出会いの場になった。

1929年初めの独日共同研究グループの構造改革によって、同年11月25日に独日協会を新設するための基盤が作られ、協会活動目的には「日本人とドイツ人の人的関係の振興」がくわえられた。独日協会は講演会や出版関係の事業を日本研究所と緊密に提携しておこない、その他に文学朗読会、展覧会、博物館見学、日本音楽への入門、あるいはスライドを用いた講演を実施した。

ナチの権力掌握後、国家社会主義ドイツ労働者党[8]、外務省、そして宣伝省が共同で独日協会をも強制統制しようと試みた。この目標を達成するために理事会役員を強制解職させ、1933年10月4日の理事会選挙の結果ナチあるいはナチ共鳴者が要職を占めるようになった。しかし、ナチ国家に追従しない退役海軍大将パウル・ベーンケを会長に選出し、また著名な日本人を理事会に迎えたことはナチの強制統制に対する一種の抵抗でもあった。ユダヤ系ドイツ人会員は協会に留まることを許され、まずは会員のステータスを維持できた。「アーリア条項」発令後には、新規会員の場合にはアーリア人であることを立証しなければならなくなった。

新理事会は経済、報道、文化、軍部、政治の要人を多数招待する大々的な催しを開催し、帝

daher nach der Machtübernahme mit diesem gleichzeitig aus dem Vorstand der DJG "entfernt".

Eine der bekanntesten Persönlichkeiten im Leben der Gesellschaft war Alexander Nagai, Handelsattaché der japanischen Botschaft. Aus einer japanisch-deutschen Verbindung hervorgegangen, beherrschte er Deutsch und Japanisch gleicherweise perfekt und machte sein Haus zu einem Begegnungszentrum für Deutsche und Japaner.

Durch eine Umstrukturierung der DJAG Anfang 1929 wurde die Grundlage für die Neugründung der Deutsch-Japanischen Gesellschaft am 25. November 1929 geschaffen. Die Vereinszwecke wurden durch "die Pflege der persönlichen Beziehungen zwischen Japanern und Deutschen" erweitert, die Vortrags- und Veröffentlichungsarbeit erfolgte in enger Zusammenarbeit mit dem Japaninstitut, zusätzlich wurden durchgeführt: Literaturlesungen, Ausstellungen, Museumsführungen oder Einführungen in die japanische Musik sowie Lichtbildervorträge.

Nach der Machtübernahme durch die Nationalsozialisten versuchte man in einer konzertierten Aktion von NSDAP, Auswärtiges Amt und Propagandaministerium, nun auch die DJG gleichzuschalten. Dies wurde dadurch erreicht, daß man den alten Vorstand zum Rücktritt zwang und am 4. Oktober 1933 einen neuen wählte, in dem Nationalsozialisten oder NS-Sympathisanten wichtige Positionen einnahmen. Einen gewissen Ausgleich dafür stellte die Wahl des dem NS-Staat distanziert gegenüberstehenden Admiral a. D. Paul Behncke zum Präsidenten dar sowie die Aufnahme bedeutender japanischer Persönlichkeiten in den Vorstand. Die jüdischen deutschen Mitglieder durften weiterhin in der Gesellschaft verbleiben und behielten zunächst auch ihren Mitgliederstatus. Erst nach Erlaß des "Arierparagraphen" mußte bei Neuaufnahme der "Ariernachweis" geführt werden.

Der neue Vorstand führte Großveranstaltungen durch, zu denen mehrere hundert wichtiger Persönlichkeiten aus Wirtschaft, Presse, Kultur, Militär und Politik eingeladen wurden, unter denen sich oft Reichsminister, Staatssekretäre und mitunter sogar der Reichspräsident befanden. Der Anteil der Führungskräfte unter den Mitgliedern stieg noch durch regelmäßige Vortragsveranstaltungen mit anschließendem Abendessen und einen Mittagstisch, der alle

独日協会、紀元 2600 年祭 （1940 年）
DJG-Festakt zur '2600 Jahr Feier' des japanischen Kaiserreichs, 1940

国大臣、事務次官、時には帝国大統領の姿さえ
も見受けられた。定期講演と続く夕食会、また、
隔週におこなわれたプレスハウスでの昼食会を
つうじ、会員中に要人の占める割合が多くなっ
ていった。1934 年末には週五日制の協会事務所
が設置され、事務局長、女性秘書、文化担当所
員およびプレス担当所員が業務に当たった。

　独日協会はすべての日本関係の催しと、独日
研究所間のコンタクトに関する独占権を主張し、
1936 年以降は独日協会の会長が日本研究所所長
の座も占め、また、ミュンヘン・ドイツアカデ
ミーの日本委員会会長も務めた。このようにし
て独日協会が日独関係に及ぼす影響は歴然と
なった。

　理事会、評議会、事務局関係者には絶対的な
ナチ信奉者は比較的少なかったとはいえ、外務
省、宣伝省、国家間委員会は財政援助をつうじ
て協会活動に影響を及ぼすことができた。協会
年間予算は 1934 年には３万 3000 帝国マルクで
あったが、1944 年には 21 万 5000 帝国マルク
に増額された。もっとも、予算が増額されたの
は、ベルリンの本部が各地に数多く開設された
支部の経費を賄ったためでもあった(3)。

　ナチズムの時代には協会は毎月講演会を開催
し、日本大使館とドイツの公共機関に、それぞ
れ独自の観点で対外政策問題を発表する機会を
与えた。これら講演の多くは〈独日協会文書〉
シリーズとして出版された。さらにもうひとつ

14 Tage im Haus der Presse stattfand. Ende 1934 wurde eine fünftägig besetzte Geschäftsstelle eingerichtet
mit einem Generalsekretär, einer Sekretärin, einem
Kultur- und einem Pressereferenten.

Die DJG beanspruchte das Monopol auf alle japan-
kundlichen Veranstaltungen und auf alle Kontakte
zwischen deutschen und japanischen Institutionen,
und ab 1936 war der Präsident der DJG gleichzeitig
auch Präsident des Japaninstituts und auch Vorsitzender des Japan-Ausschusses der Deutschen Akademie München. Damit war der Einfluß der DJG auf
die deutsch-japanischen Beziehungen nicht mehr zu
übersehen.

Wenn auch im Vorstand, im Beirat und in der Geschäftsstelle relativ wenig überzeugte Nationalsozialisten saßen, konnten doch das Auswärtige Amt, das
Propagandaministerium und zwischenstaatliche Aus-
schüsse durch ihre finanziellen Zuwendungen wohl
einen gewissen Einfluß auf die Tätigkeit der Gesellschaft gewinnen. Der Etat wuchs von 33.000 Reichsmark (RM) (1934) auf über 215.000 RM (1944), wobei
allerdings berücksichtigt werden muß, daß aus dem
Etat der Berliner Zentralstelle auch die Ausgaben der
immer zahlreicher werdenden Zweigstellen beglichen
werden mußten.[3]

Die Vortragsaktivitäten der Gesellschaft in der Zeit
des Nationalsozialismus fanden allmonatlich statt
und gaben sowohl der japanischen Botschaft als auch
deutschen offiziellen Stellen Möglichkeiten zur Darstellung außenpolitischer Fragen aus eigener Sicht.
Viele dieser Vorträge wurden in der Reihe *Schriften
der Deutsch-Japanischen Gesellschaft* veröffentlicht.
Eine weitere bedeutende Funktion der DJG scheint
ganz von ihrem langjährigen Präsidenten, dem Admiral Behncke, entwickelt worden zu sein. Er forderte,
die Kenntnis des Japanischen an den Schulen und
Universitäten Deutschlands zu vermitteln, die Verständigung zwischen beiden Völkern durch Schüler-,
Studenten- und Professorenaustausch zu verstärken,
neue Lehrstühle für das gegenwärtige Japan einzurichten und Stipendien für Hochschulabsolventen
auszusetzen, die nach abgeschlossenem Hochschul-
studium Japan gründlich kennenlernen sollten. Auch
junge deutsche Offiziere sollten sich Japanischkennt-
nisse aneignen, japanische Juristen, Ärzte, Geistes-
und Naturwissenschaftler sollten mit deutschen Fach-

の重要な独日協会の機能が発展したのは、長年会長を務めたベーンケ海軍大将の努力の結晶であるようだ。彼はドイツの学校と大学で日本語を教えること、両民族の相互理解を生徒、学生、教授の交換をつうじて強化すること、現代日本に関する講座を設置し、大学卒業者を日本に留学させるための奨学金制度を設けることを要求した。また、若手のドイツ人将校も日本語の知識を身につけるべきで、日本人法律家、医師、人文科学者や自然科学者を各専門分野のドイツ人と交流させる必要がある、と考えた。そもそも「我が民族は世界事情に疎いのだから、これに対処しなければならない」(4)のであった。

こうした要求は聞き入れられなかったが、ベーンケ海軍大将は否定的な回答にも意気阻喪することなく、必要と確信する目標のために戦い続け、独日文化協定の締結に望みを託したのであった。文化協定は彼の死後二年経った1938年11月にようやく締結の運びとなったのであるが、他界直前まで彼は日独の接近と提携プロセスにおける推進力であり続けた。彼は、おもにナチ直属機関の外側で、つまり伝統的に古くからある省庁をつうじて目標の実現を試みたのである。

ナチの人種妄想によって日独友好関係が後々まで損なわれる恐れが生じた。独日協会は嘆願書、講演、話し合いなど一連の手段を駆使して日本人と日独混血者に対する差別を排除しようとしたが、すべてが徒労に終わった。そこでついにベーンケ海軍大将は、ナチ親衛隊隊長ヨハン・フォン＝レアースに日本人の名誉を守るために請願書の作成を依頼した。1933年11月にベーンケは、日本人を「アーリア人」と同格に置くことによって日本人と独日混血者に対する差別をなくすように、という嘆願を添え、レアースの請願書を内務大臣および外務大臣ならびに総統代理人と総統の人種政策局に提出した。

kollegen zusammengeführt werden. Überhaupt sollte man "der in unserem Volke bestehenden Weltfremdheit entgegenarbeiten"[4].

Dabei ließ er sich auch von abschlägigen Bescheiden nicht entmutigen, sondern kämpfte weiter für das als notwendig erkannte Ziel, das er durch ein deutsch-japanisches Kulturabkommen sichern wollte. Dieses wurde zwar erst im November 1938, zwei Jahre nach seinem Tode, abgeschlossen. Admiral Behncke war jedoch bis zu seinem Tode die treibende Kraft in diesem Prozeß der Annäherung und Zusammenarbeit und hat diese im wesentlichen außerhalb der NS-Organe über die klassischen Ministerien zu erreichen versucht.

Der Rassenwahn der Nationalsozialisten drohte die freundschaftlichen Beziehungen zwischen Japan und Deutschland nachhaltig zu beeinträchtigen. Die DJG versuchte, in einer Reihe von Eingaben, von Vorträgen und von Gesprächen die Diskriminierung der Japaner und Halbjapaner aufzuheben, doch vergeblich. So beauftragte Admiral Behncke schließlich den SS-Obersturmführer Johann von Leers mit einer Denkschrift zur Ehrenrettung der Japaner. Diese Denkschrift wurde im November 1933 von Behncke an den Innen-, den Außenminister, den Stellvertreter des Führers und das Rassenpolitische Amt des Führers gesandt mit der Bitte, die Diskriminierung der Japaner und der Abkömmlinge aus deutsch-japanischen Ehen durch Gleichstellung der Japaner mit den "Ariern" zu beenden. Erst 1935 erfolgt vom Rassenpolitischen Amt der NSDAP die vollständige Zurückweisung dieser Bitte mit der unverhüllten Drohung, daß die Darlegungen der Denkschrift "ein völliges Unverständnis für das Prinzip rassischen Denkens [beweisen]"[5]. So kam es erst 1936 nach Abschluß des Antikominternpakts zu einer Duldung von "Rassenmischungen" von Deutschen und Japanern, aber Diskriminierungen von "Japanabkömmlingen" oder von deutsch-japanischen Ehen kamen bis in die Kriegszeit immer wieder vor. Die Geschäftsstelle der DJG befand sich jedoch bis zum Kriegsende im ehemaligen Sekretariatsgebäude der Japanischen Botschaft in der Ahornstraße – ein Zeichen für die außerordentlich gute Zusammenarbeit zwischen DJG und Japanischer Botschaft.

ようやく 1935 年になって国家社会主義ドイツ労働者党の人種政策局はこれに答え、「請願書の解釈は、人種思想の原則に対する無理解を（証明している）」というあからさまな威嚇とともに嘆願を却下した[5]。ドイツ人と日本人の「人種混合」が許容されるようになったのは、防共協定締結後の 1936 年のことである。しかし「日本人子弟」や独日混血者に対する差別事件は戦時中にも繰り返し発生した。終戦まで独日協会はアーホルンシュトラーセ通りにあった日本大使館事務局の建物に事務所をもち、これは独日協会と日本大使館が非常に良い関係にあったしるしである。

　戦争終局まで独日協会はケルン、フランクフルト・アム・マイン、ハノーバー、ブレスラウ、ミュンヘン、シュトゥットガルト、ライプチヒ、ハンブルク、マグデブルク、ハイデルベルク、ミュンスター、シュテッティン、ウィーン、ザルツブルク、リンツに 15 の支部を設立した。こうして協会の活動領域は大きく拡大され、支部の活動も大部分を協会本部の予算で賄った。戦争最後の年にはベルリン空襲が激しくなったために、講演はラジオで放送された。戦争破壊と外交関係中断の結果、1952 年に日独外交関係が再開されるまでベルリン独日協会の活動も休止状態であった。

再設されたベルリン独日協会と東京のドイツ東洋文化研究協会、在日日独協会および新設のベルリン日独センターとの提携（1952 年〜1994 年）

　1928 年から 1945 年までベルリンの独日協会はドイツ各地の支部を采配する本部であったが、戦後はこの構造に変化が生じた。ベルリン独日協会（1952 年の再生後）は、1955 年にはフランクフルト・アム・マインの旧支部を復活させたが、遅くとも 1961 年の壁構築以降、まもなくベルリンが往年の首都機能を失うことが瞭然となったため、ドイツ連邦共和国（当時）各地

In den Jahren bis zum Ende des Krieges dehnte die Gesellschaft durch die Einrichtung von 15 Zweigstellen in Köln, Frankfurt/Main, Hannover, Breslau, München, Stuttgart, Leipzig, Hamburg, Magdeburg, Heidelberg, Münster, Stettin, Wien, Salzburg und Linz ihren Wirkungskreis bedeutsam aus und finanzierte die Aktivitäten der Filialen weitgehend durch Zahlungen aus ihrem Etat. Erst im letzten Kriegsjahr wich man infolge des zunehmenden Bombenkrieges auf Berliner Radiovorträge aus. Infolge der Kriegszerstörungen und des Ruhens der diplomatischen Beziehungen gab es bis zur Wiederaufnahme der diplomatischen Beziehungen im Jahre 1952 keine weitere Tätigkeit der DJG in Berlin.

Die wiederbegründete Deutsch-Japanische Gesellschaft Berlin und ihre Zusammenarbeit mit der OAG Tôkyô, den Japanisch-Deutschen Gesellschaften (Nichi-Doku-Kyôkai) in Japan und dem neugegründeten Japanisch-Deutschen Zentrum Berlin 1952–1994

War die Deutsch-Japanische Gesellschaft in Berlin von 1928–1945 noch die Zentrale für alle Zweigstellen in Deutschland, so änderte sich dies nach dem Kriege. Zwar gründete die DJG Berlin (nach ihrer Wiedereröffnung 1952) noch 1955 ihre alte Zweigstelle Frankfurt/Main, aber spätestens seit dem Mauerbau von 1961 war allen klar, daß Berlin seine einstige Hauptstadtfunktion in absehbarer Zeit nicht übernehmen würde. So gründeten sich in der alten BRD viele alte und neue Zweigstellen als selbständige Deutsch-Japanische Gesellschaften, was ja auch der neuen föderativen Struktur der Bundesrepublik entsprach.

Aber auch ohne Regierungsvertreter in der Stadt und geschwächt durch den Exodus der Wirtschaft seit 1961, entwickelte sich die Gesellschaft schnell und zählte nach 25 Jahren über 400 Mitglieder. Da Politik und Wirtschaft ihre Zentralen nach Westdeutschland verlegt hatten, blieb im wesentlichen die Kultur als Betätigungsfeld. So waren im Vorstand und Beirat der DJG Wissenschaftler und Künstler führend tätig, und unter den Mitgliedern fand sich eine er-

弓道
Bogenschießen

に新旧交えた多数の支部が独立した独日協会と
して発足した。これはドイツの新たな連邦制度
構造に適合するものであった。

　政府代表機関がベルリンに存在せず、また、
1961年以降は経済界がベルリンを去り市が弱体
化したにもかかわらず、ベルリンの協会は急速
な発展を遂げ、二十五年後には会員数が400人
以上になった。政治経済の中心が西ドイツに移
行したためにベルリン独日協会の活動は文化領
域が中心となった。そのために、独日協会の理
事会および評議会で指導的な地位を占めたのは
学者や芸術家であったが、会員のなかには驚く
ほど多数の医師、薬剤師、法律家がいた。しか
し、今世紀前半においてドイツの医学、薬剤学
および法学が日本に与えた影響の大きさを考え
ると、それほど不思議ではないかも知れない。

　70年代初めにベルリン協定が締結された後、
独日協会は東独入国の限られた可能性を駆使し
て遠足を企画した。また、ドイツ人と日本人会
員が交わる最上の機会である夏祭りに人気が集
まった。学術講演、映画上映、演劇上演などの
他に、独日協会は積極的に講演選集や日本語に
よる講演の翻訳を出版した。

staunlich hohe Zahl von Ärzten, Pharmazeuten und
Juristen. Wenn man bedenkt, wie groß der Einfluß
der deutschen Medizin, Pharmazie und Rechtslehre
auf Japan in der 1. Hälfte dieses Jahrhunderts gewesen ist, erscheint dies nicht mehr so erstaunlich.

Nach den Berlin-Verträgen der frühen 70er Jahre
wurden die beschränkten Ausflugsmöglichkeiten in
die DDR voll ausgeschöpft und Sommerfeste mit zahlreichen Begegnungsmöglichkeiten zwischen deutschen und japanischen Mitgliedern zu besonders be-
liebten Veranstaltungen. Neben der Durchführung
von wissenschaftlichen Vorträgen, Filmvorführungen
und Theateraufführungen wurde die DJG nun auch
aktiv als Herausgeber von Sammlungen ausgewählter
Vorträge und von Übersetzungen aus dem Japanischen.

Mit der Eröffnung des Japanischen Kulturinstituts in
Köln 1979 stand ein weiterer Partner zur Verfügung,
der durch die Überlassung von Filmen, Ausstellungen und Referenten die Tätigkeit der DJG wesentlich
unterstützte. Mit der Einrichtung des Japanisch-
Deutschen Zentrums Berlin eröffneten sich neue Tä-
tigkeitsmöglichkeiten, da die DJG nicht nur dorthin
ihr Büro verlegen konnte, sondern auch in enger Kooperation mit der Leitung des Hauses dort die meisten ihrer Veranstaltungen durchführt.

Seit den späten 80er Jahren ergibt sich eine engere
Zusammenarbeit mit der Japanisch-Deutschen Ge-

　1979年にケルンに日本文化会館が開館された
ことで、協会に新しいパートナーが生まれた。
映画や展示会の貸出および講演者の派遣によっ
て独日協会の活動を力強くご援助いただいた。
また、ベルリン日独センター創設によって協会
には新しい活動の可能性が開かれた。なぜなら
ば、独日協会はベルリン日独センターの建物の
一角に事務所を得たばかりでなく、ベルリン日
独センターの首脳部と緊密に提携し、協会の催
し物の大部分を同センターの建物で開催してい
るためである。

　80年代の終わりに東京日独協会との緊密な提
携が生まれ、中高生や大学生の大がかりなホー
ムステイプログラムを実現させることができた。
東京のドイツ東洋文化研究協会（OAG）とは、
共同のイベントに関する取り決めが計画されて
いる。1989年の東独国家崩壊後、ベルリン独日
協会はドイツ連邦新州各地で独日協会の新設を
援助し、また、総領事館の助けを得て新設協会
の活動を支援している。

　会員数は過去数年間に700人以上に増大した。
同じく後援企業数も飛躍的に増え、ベルリン日
本商工会の幹事たちも、数年来独日協会の理事
として精力的に活動している。同様に、他の重
要な機関との提携も強化された。

　東西の出来事の中心地であり接点であるベル
リン、そして中欧と極東間の掛け橋としてのベ
ルリン独日協会、これはすでに現実となってい
る。政府と連邦議会がベルリンに移転し、当地
に進出する日本企業がさらに増え、また、ドイ
ツ企業や学者、学生たちにとって東京の魅力が
一層大きくなるとともに、協会の果たす掛け橋
としての機能はさらに重要性を増すことになる。

餅つき
Mochi-Stampfen

柔道
Judo-Vorführung

アンサンブル・ラセンカンによる
能の現代的翻案劇
Moderne Nô-Adaption durch
das Lasenkan Ensemble

sellschaft (JDG) Tôkyô, mit der umfangreiche Homestay-Programme für Schüler und Studenten verwirklicht werden können. Mit der Deutschen Gesellschaft für Natur- und Völkerkunde Ostasiens Tôkyô (OAG) sind Vereinbarungen über gemeinsame Veranstaltungen in der Planung. Nach dem Zusammenbruch der DDR 1989 half die DJG Berlin bei der Gründung mehrerer DJGs in den Neuen Bundesländern und unterstützt diese mit Hilfe des Generalkonsulats bei ihren Aktivitäten.

Die Zahl der Mitglieder hat sich in den letzten Jahren auf über 700 erhöht, die Zahl der Förderfirmen nahm ebenfalls stark zu, Vorstandsmitglieder des japanischen Industrie- und Handelsvereins arbeiten seit Jahren im Vorstand der DJG tatkräftig und erfolgreich mit. Die Zusammenarbeit mit anderen wichtigen Institutionen hat ebenfalls stark zugenommen.

Berlin als Drehscheibe und Treffpunkt zwischen Ost und West und die Deutsch-Japanische Gesellschaft Berlin als Brücke zwischen der Mitte Europas und dem äußersten Osten Asiens – das ist bereits eine Realität. Diese Brückenfunktion wird immer wichtiger werden mit der Übersiedlung von Regierung und Parlament nach Berlin und der dann folgenden Ansiedlung zusätzlicher japanischer Niederlassungen in Berlin und der immer größer werdenden Attraktivität Tôkyôs für deutsche Firmen, Wissenschaftler und Studenten.

Anmerkungen

[1] Auch für diesen Berichtsteil verdanke ich wesentliche Informationen dem Manuskript von Hack, Annette (1996) Geschichte der DJG Berlin. In: Haasch, Günther (Hrsg) Die Deutsch-Japanischen Gesellschaften 1888-1996. Berlin, S 1-440

[2] (1929) Yamato. S. 40; Friese, Eberhard (1980) Japaninstitut und Deutsch-Japanische Gesellschaft Berlin. Quellenlage und ausgewählte Aspekte ihrer Politik 1926-1945. Berlin: Ostasiatisches

注

(1) 本章においても参考文献 2 のアネッテ・ハック執筆箇所《ベルリン独日協会の歴史》（ 1 頁〜440 頁）を大いに参照させていただいた。

(2) 〈大和──独日協会会報〉、1929 年、40 頁。また参考文献 1（17 頁の注 4 ）

(a) 編注：一般にいう「ナチ党」のこと。

(3) コブレンツ連邦公文書館「R64 IV/7」188 頁〜189 頁

(4) コブレンツ連邦公文書館「R64 IV/38」160 頁

(5) 参考文献 1（53 頁）

参考文献

1. エーバハルト・フリーゼ著《ベルリン日本研究所とベルリン独日協会──資料および 1926 年〜1945 年の政治分析》、ベルリン自由大学東洋学科編〈近代日本の社会経済研究、臨時第 9 号〉所収、ベルリン、1980 年

2. ギュンタ・ハーシュ編『独日協会の昔と今』（タイトルのみ日独語、中身はドイツ語）、フォルカー・シュピース学術出版、1996 年

Seminar, FU Berlin (Social and Economic Research on Modern Japan, Occasional Papers No 9) S 17, Anmerkg 4

[3] Bundesarchiv Koblenz, R 64 IV/7 188f

[4] Bundesarchiv Koblenz, R 64 IV/38 160

[5] Friese (1980) S 53

㈶日独協会四十五年の歩み

㈶日独協会出版広報委員会

I. ㈶日独協会前身の二協会

㈶日独協会は第二次大戦後七年目にサンフランシスコ講和条約発効による日独両国の国交再開を機とし、戦前の旧日独協会および㈶日独文化協会会員の有志を中心として 1952 年 7 月 22 日、新たに設立されたものである。

旧日独協会は 1911 年 10 月 30 日、総裁久邇宮邦彦王殿下（現皇太后の父君に当る）、副総裁元首相・陸軍大将桂太郎公爵、名誉会頭フォン゠レックス伯爵・駐日ドイツ大使、会頭枢密顧問官・元外相青木周蔵子爵、理事長長井長義東大教授等により日独両国民の交誼を親密ならしめ、学術交換およびその他の研究を以て目的とし、朝野の有識者 300 余名の会員を集めて創立された。本会の事務所は当時小石川関口台町の「ドイツ学協会学校」（現独協学園）に置かれ、主として社交機関として活動し、永田町の首相官邸でビア・アーベントを催したこともある。しかし 1914 年 8 月、第一次大戦勃発で日独交戦状態に入るや全ドイツ人の会員を失い停会した。1918 年、戦後となっても暫く再生されず、日本がドイツに対する賠償金請求を放棄した時期まで停滞したが、1926 年 10 月にいたり元内相・外相後藤新平伯爵、ゾルフ駐日ドイツ大使等の尽力により再興され、事務所は日比谷公園市政会館内に置かれ、後年園田三郎（横浜正金銀行）が常務理事として運営に当った。

㈶日独文化協会は、第一次大戦後の初代駐日ドイツ大使ゾルフ博士の発起でベルリンに 1926 年 5 月に創設された日本研究所（所長はノーベル化学賞受賞者フリッツ・ハーバー教授）に対応する機関として、1914 年以降停滞していたドイツ学界との交流を待つ識者を集め、1927 年 6 月 18 日に日独文化交流を目的として設立された。日独文化協会は日独協会と同居し、日独両国政府の補助および経済界の多大な後援により広範な活動を開始した。たとえば両国間の交換

45 Jahre Japanisch-Deutsche Gesellschaft Tôkyô
JDG, Ausschuß für Öffentlichkeitsarbeit

1. Die beiden Vorläufergesellschaften der JDG

Sieben Jahre nach dem Ende des II. Weltkriegs wurden durch den Friedensvertrag von San Francisco die diplomatischen Beziehungen zwischen Japan und Deutschland wieder aufgenommen. Am 22. Juli 1952 wurde die Japanisch-Deutsche Gesellschaft Tôkyô (JDG) mit ehemaligen Mitgliedern der Vorkriegsgesellschaften JDG und Japanisch-Deutsches Kulturinstitut neu gegründet.

Die alte JDG war am 30. Oktober 1911 gegründet worden, und zwar u.a. von Prinz Kuninomiya Kunihiko (Präsident), dem ehemaligen Ministerpräsidenten Katsura Tarô (Vizepräsident), dem deutschen Botschafter in Japan Graf von Rex (Ehrenvorsitzender), dem Außenminister Aoki Shûzô (Vorsitzender) und dem Professor der Universität Tôkyô Nagai Nagayoshi (Direktor), um die Freundschaft zwischen Japan und Deutschland zu vertiefen und den wissenschaftlichen Austausch und andere Studien zu fördern; damals hatte die JDG 300 Mitglieder, die Gebildete aus dem ganzen Land waren. Das Büro der JDG befand sich zu der Zeit in Koishikawa, Sekiguchidaichô in der Doitsugaku Kyôkai Gokkô (heute Dokkyô-Schule), wo die gesellschaftlichen Aktivitäten stattfanden, während man sich zum *Bierabend* in der Residenz des Ministerpräsidenten in Nagata-chô versammelte. Als aber im August 1914 bei Ausbruch des I. Weltkriegs Japan und Deutschland Kriegsgegner wurden, mußten alle deutschen Mitglieder die Gesellschaft verlassen. Auch nach dem Ende des Krieges (1918) konnte sich die Gesellschaft nicht wieder regenerieren, und bis zu der Zeit, als Japan auf seine Reparationsansprüche gegenüber Deutschland verzichtete, änderte sich daran nichts; erst im Oktober 1926 kam es durch die Unterstützung des ehemaligen Innen- und damaligen Außenministers Graf Gotô Shimpei und des deutschen Botschafters in Japan Wilhelm Solf zu einer Restauration; das Büro befand sich jetzt in der Stadtverwaltung von Hibiya-kôen, die kommenden Jahre war Sonoda Saburô von der Yokohama Specie Bank (Yokohama Shôkin Ginkô) der geschäftsführende Vorstand der JDG.

Nach dem I. Weltkrieg, am 18. Juni 1927, wurde das Japanisch-Deutsche Kulturinstitut von Botschafter Solf ins Leben gerufen. Es sollte ein Gegenstück zu dem im Mai 1926 in Berlin eingerichteten Japan-

教授としてベルリンの日本研究所からはベルリン大学のエドゥアルト・シュプランガー（哲学・教育学）、日本からは建築学者の伊藤忠太、経済学者の荒木光太郎などが派遣された。また東京で大ドイツ国展覧会、ベルリンで日本美術展覧会が開催された。そして理事長高楠順次郎東大名誉教授（文化勲章受章者）の頃、活動の伸展とともに借事務所から自主会館の必要性が希求されるに及び、1939年皇居付近の千鳥ケ淵のお堀端にあった麹町三番町の理事三井高陽男爵邸敷地の一部（690坪、約2300 m²）が寄贈され、財界寄付金を併せて1942年「日独文化会館」が現在の在日ドイツ商工会議所の近接地に建設された。会館は多数の役職員の下に催物ホール、図書館、研究室等を設け益々発展したが、1945年の戦災で焼滅した。そしてこの両会とも1945年の敗戦と同時に自然消滅した。

II. (財)日独協会の設立

　1952年日独国交の再開とともに前述のごとく新しく(財)日独協会が組織され、この旧日独協会ならびに旧日独文化協会の事業を継承して再発足した新日独協会が現行の会である。新日独協会は、最後の旧日独文化協会理事長三井高陽元男爵の主唱で、元駐独大使・宮内省宗秩寮総裁の武者小路公共元子爵、元駐独大使館付海軍武官小島秀雄少将、元三菱商事ベルリン支店長飯野浩次（後の常務取締役）、相良守峯東大教授（後の文化勲章受章者）、戦前の(財)日独医学協会理事長石橋長英、元同盟通信ベルリン支局長江尻進等の発起で「日独両国民相互の協力により両国文化の交流、科学技術および経済上の連絡を密にし、もって両国の理解と親善に寄与すること」を目的に設立され、駐日ドイツ大使を名誉会長に推戴し、翌1953年12月16日を以て文部省ならびに外務省共管の財団法人（基金50万円）として認可された。爾来45年の間、当協会

institut (dessen Vorsitzender der Nobelpreisträger Fritz Haber war) sein. Das Japanisch-Deutsche Kulturinstitut sollte den seit 1914 stagnierenden Austausch von Kultur und Wissenschaftlern wieder in Gang bringen, es existierte parallel zur JDG und erhielt von den Regierungen beider Länder weitreichende Unterstützung; durch die großzügige Hilfe der Industrie konnte es seine Arbeit aufnehmen. Zum Beispiel kamen aus beiden Ländern Austauschprofessoren, vom Berliner Japaninstitut der Philosoph und Pädagoge Eduard Spranger, aus Japan der Architekt Itô Chûta und der Wirtschaftswissenschaftler Araki Kôtarô. Außerdem wurden in Tôkyô die *Große Deutschlandausstellung* und in Berlin die *Ausstellung Altjapanische Kunst* gezeigt. Während der Zeit, als der Professor emeritus Takakusu Junjirô der Universität Tôkyô Vorstandsvorsitzender war, wurden die Aktivitäten der Gesellschaft so ausgedehnt, daß es notwendig wurde, aus den gemieteten Räumen in eigene umzuziehen. 1939 schenkte Baron Mitsui Takaharu der Gesellschaft ein Grundstück (ca. 2300 m²) auf seinem Anwesen in der Nähe des kaiserlichen Palastes am Chidorigafuchi-Palastgraben in Kôjimachi Sanban-chô, und zusammen mit einer Spende aus der Wirtschaft konnte 1942 das "Japanisch-Deutsche Kulturinstitut" in der Nachbarschaft des heutigen Sitzes der Deutschen Industrie- und Handelskammer in Japan errichtet werden. Durch die zahlreichen Vorstandsmitglieder konnte sich das Haus immer weiter ausdehnen, es gab eine Ausstellungshalle, eine Bibliothek, Studienräume etc., doch bei dem großen Luftangriff auf Tôkyô 1945 wurde es zerstört. So fanden beide Gesellschaften mit der Niederlage im II. Weltkrieg gleichzeitig ihr Ende.

2. Die Gründung der JDG Tôkyô

1952 wurde nun, wie bereits erwähnt, gemeinsam mit der Wiederaufnahme der diplomatischen Beziehungen zwischen Japan und Deutschland, die neue JDG eingerichtet; und diese JDG, die praktisch die Nachfolgerin der alten JDG und des alten Japanisch-Deutschen Kulturinstituts ist, ist unsere heutige Gesellschaft. Die neue JDG wurde mit der Unterstützung von Baron Mitsui Takaharu, der zuletzt Vorstandsvorsitzender in der alten JDG gewesen war, von Vicomte Mushanokôji Kintomo (ehem. Botschafter

は日独の政府・関係諸団体との連絡を密にし、両国の各分野における友好関係を推進する中核団体として歩みを続け、現在の財団規模は法人会員180社、個人会員1200名、基金1億3000万円、年間事業予算額7000万円で、樋口廣太郎会長、園田和朗、木村敬三両副会長の下で運営している。歴代会長は下記のとおり。

（就任年月）

1952年7月　武者小路公共（元駐ドイツ大使）

1955年4月　高橋龍太郎（元商工相、元サッポロビール会長）

1965年7月　三井高陽（元日独文化協会理事長、三井船舶社長）

1984年5月　上田常光（元駐ドイツ大使）

1987年3月　丸田芳郎（元花王社長、現相談役）

1995年4月　樋口廣太郎（アサヒビール会長、経団連副会長）

III. ㈶日独協会の事業沿革・概要

1. 友好親善活動

　設立以来、来日するドイツ要人、各界代表、学者文化人、音楽家、研修生、留学生、公的派遣青少年等との交流に努め、特に政府要人（国賓、公賓、高官）に対する当協会の歓迎会開催の沿革は1957年2月に戦後初の日独文化協定調印と太平洋地区のドイツ公館長会議主宰のため来日したハルシュタイン外務次官を皮切りに、エアハルト副首相（1958年）、アデナウアー首相（1960年）、ゲルステンマイヤー連邦議会議長（1962年）、リュプケ大統領（1963年）、キージンガー首相（1969年）、シェール大統領（1978年）、シュミット首相（1978年）、カールステンス連邦議会議長（1979年）、コシュニック参議院議長（1982年）らと続き、コール首相来日の際には迎賓館に日独協会の役員と青壮年部（JG）代表18名が表敬訪問（1983年）をしている。また来日記念講演者としてはバルケ原子力相（1959

in Deutschland, Beamter des Kaiserlichen Hofamtes), Admiral Kojima Hideo (ehem. Botschafter in Deutschland), dem ehem. Leiter der Mitsubishi-Handelsvertretung in Berlin, Jino Hirotsugu (später stellv. Direktor), Professor Dr. Sagara Morio von der Universität Tôkyô (erhielt später den Order of Culture), Ishibashi Chôei, vor dem Kriege der Vorsitzende der Japanisch-Deutschen Gesellschaft für Medizin, und Ejiri Susumu, ehem. Leiter der Dômei-Nachrichtenagentur in Berlin, eingerichtet mit dem Ziel, "den kulturellen Austausch und die wissenschaftlich-technischen und wirtschaftlichen Verbindungen zwischen den beiden Staaten zu vertiefen und Verständnis und Freundschaft zwischen ihnen zu fördern." Zum Ehrenpräsidenten wurde der in Japan residierende deutsche Botschafter ernannt. Am 16.12.1953 wurde die JDG dann vom Kultusministerium und vom Außenministerium als rechtsfähige Stiftung (mit einem Grundkapital von 500.000 Yen) anerkannt. In den 45 Jahren seither hat die JDG die Beziehungen zu den Regierungen und verwandten Organisation in beiden Ländern gepflegt. Sie hat als Kern in beiden Ländern in verschiedenen Bereichen freundschaftliche Beziehungen gefördert und hat gegenwärtig unter dem Vorsitzenden Higuchi Hirotarô und den beiden stellvertretenden Vorsitzenden Sonoda Kazuo und Kimura Keizô als Mitglieder 180 Firmen und 1200 Privatpersonen; das Grundkapital beträgt 130 Millionen Yen (ca. DM 1,9 Mio.) und der Jahresetat beläuft sich auf 70 Millionen Yen (ca. DM 1 Mio.). Die Vorsitzenden der JDG nach dem Krieg waren:

Juli 1952: Mushanokôji Kintomo (ehem. Botschafter in Deutschland)

April 1955: Takahashi Ryûtarô (ehem. Industrie- und Handelsminister, Präsident der Sapporo Beer Brewery)

Juli 1965: Mitsui Takaharu (ehem. Präsident der Mitsui-Reederei, ehem. Vostandsvorsitzender des Japanisch-Deutschen Kulturinstituts)

Mai 1984: Ueda Tsuneaki (ehem. Botschafter in Deutschland)

März 1987: Dr. Maruta Yoshio (ehem. Präsident von KAO, z.Z. Berater)

April 1995: Higuchi Hirotarô (Präsident von Asahi Beer, Stellvertretender Präsident des Keidanren)

年）、シュワルツハウプト保健相（1963年）、シュレーダー外相（1963年）、ゲンシャー外相（1985年）、ノルトライン・ヴェストファーレン州ラウ首相、ドイツ社会民主党（ＳＰＤ）議員団長フォーゲル元法相（1984年）、近年ではラムスドルフ自民党（ＦＤＰ）党首、ハウスマン経済相（1989年）、シュレージンガー連銀副総裁（1990年）、メレマン経済相（1991年、1992年）、ディープゲン・ベルリン市長（1996年）らをお迎えしている。さらに学界からレッペ化学反応のＷ＝Ｊ・レッペ博士（1953年）、ノーベル化学賞受賞のアドルフ・ブテナント教授（1963年）およびノーベル物理学賞のＷ＝Ｋ・ハイゼンベルク教授（1967年）、教会からケルン大司教フリングス枢機卿（1957年）、同ヘフナー枢機卿（1973年）等が挙げられる。

　来日グループに対する歓迎会として、

— ドイツ通商使節団ハンス・シュトラック団長（経済省）ほか8名（1954年）

— 日独経済協定改定使節団クルト・ダーニエル団長（経済省）一行（1961年）

— ドイツ練習艦「ドイチュラント号」来航乗組員歓迎会開催（1965年）、同来航歓迎会（1974年）、同来航歓迎会（1978年）

— ドイツハンドボール選手団エルンスト・フェイク団長以下21名（1956年）

— 東京オリンピック大会ドイツ選手団375名およびドイツ大統領差遣ドイツ青少年代表団（ヘック家庭青少年相引率）160名（1964年）

などがある。

2. 記念祭等の文化行事

　1961年1月24日、日独修好条約100年記念祝賀会は、池田首相、清瀬衆議院議長、横田最高裁長官等三権の長、およびルフトハンザの日本行き第一便で来日のゼーボーム連邦交通相等来賓を迎え盛会を極めた。またケルン独日協会

3. Entwicklung und Aussicht der Aktivitäten der JDG
(1) Bemühungen um freundschaftliche Beziehungen

Seit ihrem Bestehen hat sich die JDG für den Austausch mit Persönlichkeiten, die aus Deutschland nach Japan kommen, eingesetzt, und zwar Vertreter aus allen Bereichen, Wissenschaftler und Künstler, Musiker, Praktikanten, Studenten, öffentlicher Jugendaustausch usw.; insbesondere wurden auch Begrüßungstreffen mit hohen Regierungsvertretern (Staatsgäste, leitende Beamte) von der JDG durchgeführt. Den Anfang machte im Februar 1957 der Staatsminister im Auswärtigen Amt Hallstein, der zur Unterzeichnung des ersten deutsch-japanischen Kulturabkommens und als Leiter der Konferenz der deutschen Auslandsvertretungen in der pazifischen Region nach Japan gekommen war, es folgten Wirtschaftsminister Erhard (1958), Bundeskanzler Adenauer (1960), Bundestagspräsident Gerstenmaier (1962), Bundespräsident Lübke (1963), Bundeskanzler Kiesinger (1969), Bundespräsident Scheel (1978), Bundeskanzler Schmidt (1978), der damalige Bundestagspräsident Carstens (1979), Bundesratspräsident Koschnik (1982). Als Bundeskanzler Kohl 1983 nach Japan kam, statteten ihm 18 Mitglieder der JDG und der "Jungen Gemeinschaft" (s.u.) einen Freundschaftsbesuch ab. Als Redner zu Vorträgen bei Gedenk- und Jubiläumsfeiern wurden der Bundesminister für Atomfragen Balke (1959), die Bundesministerin für Gesundheit Schwarzhaupt (1963), Außenminister Schröder (1963), Außenminister Genscher (1985), der Ministerpräsident von Nordrhein-Westfalen Rau, der SPD-Fraktionsvorsitzende und Bundesminister für Justiz Vogel (1984) und in jüngerer Zeit der damalige FDP-Vorsitzende Graf Lambsdorff und Wirtschaftsminister Haussmann (1989), Bundesbankpräsident Schlesinger (1990), Wirtschaftsminister Möllemann (1991 und 1992), der Regierende Bürgermeister von Berlin Diepgen (1996) willkommen geheißen. Aus der Wissenschaft kamen der Erfinder der Reppe-Synthese, der Chemiker Reppe (1953), der Nobelpreisträger für Chemie Butenandt (1963) und der Nobelpreisträger für Physik Heisenberg (1967), aus kirchlichen Kreisen die Erzbischöfe von Köln, Kardinal Frings (1957) und Kardinal Höffner (1973).

の行事に呼応して1962年10月5日開催の「ゾ
ルフ大使生誕100年記念祭」は参加者に深い感
銘を与え、さらに1966年10月26日のケンペル
没後250年・シーボルト没後100年記念式典は
日独協会、日本国際医学協会、ドイツ東洋文化
研究協会（OAG）共催でホテル・ニュー・オ
ータニに850名という多数の出席者を得た特筆
すべき行事だった。なお1954年から1975年ま
で21回続けられた「文化のつどい」は、1957
年11月の第7回以降「ドイツ文化の夕べ」と改
称され、「シラー生誕200年記念の夕」（1959年）、
「ヘルマン・ヘッセを偲ぶ会」（1962年）、「リヒ
アルト・ワグナー生誕150年記念の夕」（1963
年）、「リヒアルト・シュトラウス生誕100年記
念の夕」（1964年）、「ベートーベン生誕200年
記念の夕」（1970年）等が開催され、講演、音
楽、映画等を入場無料でドイツ文化を広く市民
に紹介する有益な役割を果たした。その他「バ
ッハ・ヘンデル生誕300年記念コンサート」
（1985年）等の当協会主催音楽会が適宜開かれ
たが、会員親睦の月例会、会員シュタムティッ
シュ、クリスマスの集い、ビア・アーベント、
ドイツ・ワイン・プローベ等は定例となった行
事である。

3.　各種ドイツ語講座の開催

　ドイツ語普及事業として当協会設立翌年
（1953年）より理事・文芸委員長の相良守峯東
大教授（文化勲章受章者）と櫻井和市学習院大
学教授（後の院長）の構想により、学生・社会
人を対象とした短期集中講座の「夏期ドイツ語
講習会」が開設され、1997年はその45年目を
迎える。さらに1959年8月、当時のドイツ大使
館文化部の要請で当協会はミュンヘンのゲー
テ・インスティテュート本部からアルブレヒ
ト・エーラ講師を招聘し、上智大学の教室を借
用して夜学の「現代ドイツ語講座」を開催、そ

Es kamen auch Gruppen nach Japan, für die es einen Empfang gab:
– die deutsche Handelsvertragsdelegation für Japan unter Leitung von Hans Strack aus dem Bundesministerium für Wirtschaft (8 Personen, 1954), und
– die Delegation zur Revision des deutsch-japanischen Wirtschaftsabkommens unter Leitung von Kurt Daniel (Bundesministerium für Wirtschaft) (1961)
– die Besatzung des Segelschulschiffs *Deutschland* (1965, 1974 und 1978)
– die deutsche Handball-Nationalmannschaft unter Leitung von Ernst Feick mit 21 Personen (1956)
– die deutschen Teilnehmer an den olympischen Spielen in Tôkyô 1964 (375 Personen) und die vom Bundespräsidenten entsandte deutsche Jugenddelegation unter Leitung von Bundesfamilienminister Heck (160 Personen)

(2) Kulturelle Ereignisse zu verschiedenen Jubiläen

Im Januar 1961 wurde eine Gedenkfeier zum 100-jährigen Bestehen freundschaftlicher Beziehungen zwischen Japan und Deutschland durchgeführt, an der unter anderem Premierminister Ikeda Hayato, Unterhauspräsident Kiyose Ichirô, der Oberste Richter Yokota Kisaburô sowie Bundesverkehrsminister Seebohm, der mit der Lufthansa-Maschine Nr. 1 nach Japan gekommen war, teilnahmen. Einen tiefen Eindruck auf alle Teilnehmer hat die in Übereinstimmung mit einer Veranstaltung der Deutsch-Japanischen Gesellschaft Köln durchgeführte Gedenkfeier *Zum 100. Geburtstag von Botschafter Solf* am 5. Oktober 1962 gemacht, und ein großes Ereignis war die Gedenkfeier zum 250. Todestag von Engelbert Kämpfer und zum 100. Todestag von Siebold, die die JDG zusammen mit der Japan International Medical Association und der Deutschen Gesellschaft für Natur- und Völkerkunde (OAG) am 26. Oktober 1966 im Hotel New Ôtani vor 850 Anwesenden durchführte. Von 1954 bis 1975 gab es 21 *Kulturelle Treffen*, die im November 1957 in *Abend der deutschen Kultur* umbenannt wurden. Themen waren zum Beispiel *Ein Abend zum 200jährigen Jubiläum von Schillers Geburtstag* (1959), *Erinnerungen an Hermann Hesse* (1962), *Ein Abend zum 150jährigen Jubiläum von Richard Wagners Geburtstag* (1963), *Ein Abend zum*

の後の 1962 年 5 月、ミュンヘンのゲーテ・インスティテュート東京支部（東京ドイツ文化センター）の発端を開くべく尽力した。

1988 年からは当協会事務所において会員向けドイツ語（夜学半年コース）を開設し、講師陣に東京ドイツ文化センター派遣のドイツ人講師および日本人大学教授を迎え、また 1996 年 10 月から「土曜講座」（半期 20 回）を新設し、1997 年 4 月より船橋市で「土曜講座」を併設した。

4. 機関誌等の刊行

日独の相互理解と交流を深め、また会員と協会を結ぶ絆として当協会設立年の 11 月に機関誌第 1 号が「日独協会会報」（A 5 版）の名で刊行され、1960 年誌名が「日独月報」と改められ、1989 年 1 月（第 411 号）まで刊行された。爾来「出版広報委員会」（江尻進委員長）の新構想により様式、編集内容等が改訂された現機関誌「Die Brücke　かけ橋」（A 4 版）が年 11 回発行され、会員のみならず日独関連団体に 2500 部配布されている。1997 年 5 月は機関誌通巻 500 号として記念特別号を刊行した。

従来、集会講演・行事記録等に徹した上述の「会報・月報」の時代には季刊誌、日本向け「げるまにあ」、独人向け「日本」を刊行、また日本文学翻訳書、独人著書も公刊していた。

5. 関係諸団体との協力および後援

当協会は各地日独協会（45 協会）、在独独日協会（35 協会）の他、ドイツ大使館・領事館、文化機関、学術研究機関、経済産業機関、在独機関などドイツに関わるさまざまな分野の機関と協力関係を築いている。また在日ドイツ人留学生援助基金に拠出、関東大学ドイツ研究会連合（VDSG）＊の行事・大学ドイツ語弁論大会も後援している。

100jährigen Jubiläum von Richard Strauß' Geburtstag (1964), *Ein Abend zum 200jährigen Jubiläum von Beethovens Geburtstag* (1970), außerdem gab es Vorträge, Konzerte und Filme, die bei freiem Eintritt dazu beitrugen, den Bürgern Tôkyôs die deutsche Kultur zu präsentieren. Außerdem veranstaltet sie Konzerte, zum Beispiel ein *Konzert zum 300. Geburtstag von Bach und Händel* (1985), es gibt monatliche Treffen für freundschaftliche Beziehungen und den Austausch unter den Mitglieder, und der *Mitglieder-Stammtisch*, eine *Weihnachtsfeier*, der *Bierabend*, die *deutsche Weinprobe* und ähnliches finden regelmäßig statt.

(3) Die Durchführung von Deutschkursen

Bereits ein Jahr nach der Gründung der JDG (1953) wurde auf Anregung von Professor Sagara Morio, dem Vorstandsmitglied und Vorsitzenden des Ausschusses für Kunst und Literatur, Professor an der Tôkyô-Universität und Träger des Ordens für Kultur und Wissenschaft, und Professor Sakurai Waichi, Professor an der Gakushûin-Universität (und deren späterer Rektor) ein Intensivkurs *Sommerseminar für die deutsche Sprache* für Studenten und Angestellte eingerichtet, der 1997 zum 45. Mal stattfinden wird. Im August 1959 hat die JDG auf Bitte der Kulturabteilung der damaligen deutschen Botschaft den Lehrer Albrecht Öhler vom Goethe-Institut in München eingestellt und in den Räumen der Sophia-Universität einen Abendkurs *Lebendiges Deutsch* durchgeführt; dies war der Anstoß dafür, daß im Mai 1962 das Goethe-Institut Tôkyô eröffnet wurde.
Seit 1988 werden in dem Räumen der JDG Deutschkurse (halbjährliche Abendkurse) angeboten, die sich an Mitglieder wenden. Die Lehrer sind Deutsche, die vom Goethe-Institut geschickt werden, und japanische Universitätsprofessoren; außerdem wurde im Oktober 1996 ein *Samstags-Kurs* (20mal im Halbjahr) eingericht, und seit April 1997 gibt es auch einen *Samstags-Kurs* in Funabashi.

(4) Monatsberichte und andere Publikationen

Um das gegenseitige Verständnis zwischen Japan und Deutschland zu vertiefen und auch, um die Gesellschaft und ihre Mitglieder miteinander zu verbinden, hat die JDG im November ihres Gründungsjahres den

6. 青壮年部の日独交流

　1966年には、都内21大学のドイツ研究サークルからなる関東大学ドイツ研究会連合のOB若手会員により、日独協会青壮年部が設立された。青壮年部は、協会組織の底辺拡大と将来の発展のため多彩な活動をおこない、AIESECドイツ研修生、訪日ドイツ青少年団、ハンブルク桜の女王等の歓迎会、研修旅行、ハイキング、ビア・アーベント、新年もちつき大会などを自主企画で実施した。現在、若手月例会（JGシュタムティッシュ）では、事務所で若手会員と在京ドイツ人留学生が30名前後集い、交流を深めている。1989年からは毎年10月10日（体育の日）に鎌倉交流旅行をおこない、1996年には「すみだ川七福神めぐり」へとコースを変え、日独若人合計159名の参加となった。1989年以降は、日独協会と独日協会の共催事業として若人の短期ホームステイ事業を実施し、現在までに140名近い日独の若人がこのプログラムに参加している。

7. ドイツ統一と日独協会

　ドイツ統一（1990年）は、日本においても好意的かつ大きな関心を以て迎えられた。この年5月のシュミット東独大使講演会を皮切りに、6月に東西ジャーナリスト座談会、9月には東西ドイツ作家・文学者討論会を開催し、その内容はマスコミにより広く紹介された。さらに11月には「ドイツ統一を記念するつどい」、1991年にはドイツ信託公社ブロイエル総裁講演会、1992年には「激動の欧州」講演会をシリーズで開催した。また1993年、1994年には、新連邦5州（旧東独）の若人を夫々3名宛日本でのホームステイに招待した。さらに1994年11月には国際交流基金の招聘により、9名の新連邦5州交流団体代表者（うち6名は独日協会会長および役員）が来日し、当協会も歓迎会に協力した。

ersten Monatsbericht unter dem Namen *Nichi-Doku Kyôkai Kaihô*. (Bulletin der Japanisch-Deutschen Gesellschaft) (A5-Format) herausgebracht, 1960 wurde die Publikation in *Nichidoku Geppô* (Japanisch-Deutsche Monatsberichte) umbenannt, von der bis 1989 411 Ausgaben erschienen sind. 1989 wurde auch eine Redaktion ins Leben gerufen, deren Vorsitz Ejiri Susumu übernahm und die eine in Form, Stil und Inhalt verbesserte Version erstellte, das Magazin *Die Brücke/Kakehashi*, (A4-Format), die elfmal im Jahr erscheint. 2500 Exemplare werden nicht nur an Mitglieder, sondern auch an verschiedene japanisch-deutsche Institutionen verteilt. Gleichzeitig mit den bereits erwähnten Sammlungen von Sitzungsvorträgen und Veranstaltungsberichten *Bulletin* und *Monatsberichte* wurden auch die Hefte *Germania*, das sich an die Japaner, und *Nippon*, das sich an Deutsche wendete, herausgegeben, außerdem wurden Übersetzungen japanischer Literatur und Werke deutscher Autoren publiziert.

(5) Zusammenarbeit mit anderen Institutionen

Neben den verschiedenen Japanisch-Deutschen Gesellschaften (45) und den Deutsch-Japanischen Gesellschaften in Deutschland (35), wurden zur deutschen Botschaft und den Generalkonsulaten, Kulturinstituten, Wissenschafts- und Forschungsinstituten, Wirtschafts- und Unternehmensorganisationen, Firmen, die in Deutschland ansässig sind usw., also zu Insitutionen, die mit Deutschland in Beziehung stehen, in den verschiedensten Bereichen Beziehungen und eine Zusammenarbeit aufgebaut. Außerdem trägt die JDG zu einem Fonds bei, aus dem deutsche Studenten in Japan unterstützt werden, und sie unterstützt Veranstaltungen der Vereinigung für deutsche Studien der Studenten in Kantô (VDSG) und Redewettbewerbe an den Universitäten.

(6) Die "Junge Gemeinschaft" und japanisch-deutscher Austausch

1966 wurden von den Juniormitgliedern der VDSG, deren Mitglieder aus Germanistenkreisen von 21 Universitäten im Raum Tôkyô kommen, die "Junge Gemeinschaft" (JG) der Japanisch-Deutschen Gesellschaft gegründet. Die JG führt vielfältige Aktivitäten für die zukünftige Entwicklung und für die Verbrei-

8. ベルリン日独センターとの協力関係

当協会は、1987年にベルリン日独センターが入居することになっていた旧日本国大使館建物修復のため経済界を中心として10億円の募金をとりまとめた。1988年2月には中曽根康弘元首相をお迎えして「ベルリン日独センターの夕」を東京にて開催し、同センターを広く日本で紹介した。

爾来、当協会は同センターと緊密な協力関係を維持しているが、1991年には協会内にベルリン日独センター委員会を設立し、そのイニシアティヴのもとで、1994年2月には東京にて二日間の日独対話シンポジウムを開催、11月には同報告書を出版、同センターの存在を日本において広めることができた。

9. 日独交流団体の台頭

当協会の設立に次いで1952年12月15日には(社)大阪日独協会が設立され、札幌、名古屋、神戸、岡山、松山、福岡等で日独協会の設立が相次ぎ、現在日本国内では45協会を数える。当初姉妹関係に立つ「全日独協会」が組織され、東京での1960年アデナウアー首相来日歓迎会、1963年リュブケ大統領歓迎会を各会共催でおこない、また独日協会連合会（ＶＤＪＧ）主催の日独間チャーター便に全日独協会連帯で協賛したが、1988年には規約に基づく「全国日独協会連合会」（初代会長丸田芳郎）が正式に発足し、年次総会開催による相互情報交換と協力をおこなっている。

一方、1962年には東京ドイツ文化センターとドイツ商工会議所が設立され、ドイツ東洋文化研究協会は1993年に創立120周年を祝った。日本独文学会、ドイツ語学文学振興会、日本国際医学協会、日独歯学協会、日独文化研究所などの活動にくわえ、ここ数年の間にドイツ―日本研究所、日本カール・デュイスベルク協会、ド

terung der Basis der Organisation durch; eine Begrüßungsfeier für die deutsche AIESEC-Sektion, für deutsche Jugendgruppen bei ihrem Japanbesuch und für die Hamburger Kirschblütenkönigin, Bildungsreisen, Radtouren, Bierabende, Neujahrsfeiern und vieles mehr wurden selbständig geplant und durchgeführt. Zur Zeit treffen sich am Juniorenstammtisch in den Räumen der JDG etwa 30 Jugendmitglieder und deutsche Studenten, die in Tôkyô leben, und pflegen den Austausch. Seit 1989 findet jährlich am 10. Oktober (Tag des Sports) eine Reise nach Kamakura statt; 1996 haben 159 Junioren an der *Sumidagawa Shichifukujin Meguri* (Pilgerfahrt zu den 7 Glücksgöttern in Sumidagawa) teilgenommen. Seit 1989 wird als Gemeinschaftsprojekt der Japanisch-Deutschen und der Deutsch-Japanischen Gesellschaften für Jugendliche ein Homestay-Programm durchgeführt, an dem bisher knapp 140 japanische und deutsche Jugendliche teilgenommen haben.

(7) Die deutsche Einheit und die JDG

Die Vereinigung der beiden deutschen Staaten 1990 ist auch in Japan voller Freude und mit großem Interesse aufgenommen worden. Im Mai 1990 hielt zunächst der Botschafter der DDR, Manfred Schmidt, einen Vortrag, im Juni gab es eine Gesprächsrunde mit Journalisten aus Ost und West, im September wurde eine Diskussionsrunde mit Autoren und Literaturwissenschaftlern aus Ost- und Westdeutschland veranstaltet, über deren Inhalt in den Massenmedien ausführlich berichtet wurde. Dann folgten im November die *Gedenkveranstaltung zur deutschen Einheit,* 1991 ein Vortrag von Birgit Breuel über die Treuhandanstalt und 1992 die Vortragsserie *Europa in Bewegung.* 1993 und 1994 wurden aus den fünf Neuen Bundesländern jeweils drei Jugendliche zu einem Aufenthalt in japanischen Familien eingeladen. Im November 1994 konnten mit Hilfe eines Unterstützungsfonds für internationalen Austausch neun Repräsentanten von Institutionen für Kulturaustausch aus den Neuen Bundesländern (davon waren sechs Komiteemitglieder oder Vorstände von Deutsch-Japanischen Gesellschaften) nach Japan kommen, wobei die JDG bei dem Begrüßungsempfang mitwirkte.

イツ学術交流会（ＤＡＡＤ）友の会、東・西日本フンボルト協会などが相次いで設立された。経済関係では、新連邦5州を含む殆どの連邦州の経済促進事務所（日本法人を含む）が設置されている。

10.　1997年度の事業計画

（1）調査研究事業

日独の文化、経済、政治、社会、学術等を研究

（2）会報・記念誌刊行事業

— 当協会実施事業の案内と報告、日独の文化、経済、社会、学術等に関する情報と交流状況、会員・関係諸団体の紹介、日独マスコミの動向などを掲載した会報を年11回、各号2500部刊行

— 日独修好140周年（2000年）記念誌を刊行するための資料蒐集

（3）文化交流・国際交流・国際人育成事業

— 来日ドイツ人に対し、懇親会の開催、当協会催物などへの招待、および当協会刊行物を寄贈

— 当協会会員、特に若手会員、関東学生ドイツ研究会連盟＊およびドイツ人留学生間の親睦・交流を図るために次の事業を実施

i　来日ドイツ人留学生を歓迎するため、遠足をドイツ学術交流会友の会と共催

ii　若手月例会（ユニオーレン・シュタムティッシュ）の開催

— 各大学ドイツ研究会事業などに対する援助

— ドイツ学術交流会友の会との共催事業として、ドイツ人留学生援助基金に拠出し住宅確保、歓迎会開催などの事業を支援

— 会報など当協会出版物を独日協会、東京ドイツ文化センター、日本語教育を実施しているドイツの大学および関係団体に寄贈

— ホームステイ事業

(8) Die Zusammenarbeit mit dem Japanisch-Deutschen Zentrum Berlin

Durch die Vermittlung der JDG konnte 1987 eine Milliarde Yen (damals ca. DM 12 Mio.) für die Restaurierung des Gebäudes der ehemaligen japanischen Botschaft für das Japanisch-Deutsche Zentrum Berlin (JDZB) aufgebracht werden. Das Geld wurde hauptsächlich von der japanischen Industrie zur Verfügung gestellt. Im Februar 1988 wurde unter Anwesenheit des früheren Ministerpräsidenten Nakasone in Tôkyô ein *Abend des Japanisch-Deutschen Zentrums Berlin* veranstaltet, auf dem das JDZB in Japan einem breiten Publikum vorgestellt wurde.

Seitdem unterhalten die JDG und das JDZB enge Kooperationsbeziehungen. 1991 wurde in der JDG ein "Ausschuß für das Japanisch-Deutsche Zentrum Berlin" geschaffen, auf dessen Initiative im Februar 1994 in Tôkyô ein zweitägiges japanisch-deutsches Symposium durchgeführt wurde, mit dem die Präsenz des JDZB in Japan verstärkt werden konnte. Im November 1994 veröffentlichte die JDG einen Bericht über dieses Symposium in japanischer Sprache und im April 1995 das JDZB einen Bericht in deutscher Sprache.

(9) Organisationen für den Austausch zwischen Japan und Deutschland

Nach der Gründung der JDG Tôkyô wurde am 15. Dezember 1952 die JDG Ôsaka gegründet, und dann folgten nacheinander die Japanisch-Deutschen Gesellschaft von Sapporo, Nagoya, Kôbe, Okayama, Matsuyama, Fukuoka usw., und inzwischen gibt es 45 JDGs. Die anfangs auf partnerschaftlichen Beziehungen beruhenden "Japanisch-Deutschen Gesellschaften Japans" konstituierten sich, und der Begrüßungsempfang für Bundeskanzler Adenauer 1960 in Tôkyô und der für Bundespräsident Lübke 1963 wurden von allen JDGs gemeinsam veranstaltet. Es wurden auch gemeinsam mit der Vereinigung der Deutsch-Japanischen Gesellschaften (VDJG) billige Flüge zwischen Japan und Deutschland organisiert, und 1988 wurde dann offiziell der Verband der Japanisch-Deutschen Gesellschaften (mit dem ersten Präsidenten Maruta Yoshio) ins Leben gerufen, dessen Jahreshauptversammlung die gegenseitige Berichterstattung und die Zusammenarbeit koordiniert.

「Die Brücke　かけ橋――日独協会機関誌」、1993年2月号
Die Brücke – Zeitschrift der Japanisch-Deutschen
Gesellschaft e.V. Tôkyô, 2/93

「Die Brücke　かけ橋――日独協会機関誌」、1994年4月号
Die Brücke, 4/94

日独の各地にある日独・独日協会共同事業
として、双方の会員子女および学生会員の
短期ホームステイを実施
―　日独青少年交流計画のための基金拠出（準
備金積立）
（4）例会開催事業
―　日独の文化、社会、政治、学術等に関する
講演会や音楽会の他、ビア・アーベント、

Von deutscher Seite wurden 1962 das Goethe-Institut
Tôkyô und die Deutsche Industrie- und Handelskammer in Japan eröffnet, die OAG beging 1993 ihren
120. Geburtstag.

Im Lauf der Jahre kamen weitere Institutionen dazu:
die Japanische Germanistenvereinigung, die Gesellschaft zur Förderung der Sprache und Kultur
Deutschlands, die International Medical Society of
Japan, die Japanisch-Deutsche Zahnmedizinische Gesellschaft, das Japanisch-Deutsche Kulturinstitut und
das Deutsche Institut für Japanstudien (Philipp-
Franz-von-Siebold-Stiftung), die Karl Duisberg-Ge-
sellschaft, der Freundeskreis des DAAD (ehemalige
Stipendiaten) und die Humboldt-Gesellschaften von
Ost- und Westjapan (ebenfalls ehemalige Stipendiaten). Was die wirtschaftlichen Beziehungen anbelangt,
so wurden in fast allen Bundesländern, einschließlich
den fünf neuen, Wirtschaftsförderungsbüros eingerichtet (zu denen auch japanische Unternehmen gehören).

(10) Die Vorhaben für 1997
a. Forschungsaktivitäten
Studien zu Kultur, Wirtschaft, Politik, Gesellschaft
und Wissenschaft in Japan und Deutschland
b. Bulletins und Gedenkschriften
Berichte und Bekanntmachungen über die Aktivitäten der JDG, Berichte und Austauschartikel über Themen aus Kultur, Wirtschaft, Gesellschaft und Wissenschaften in Deutschland und Japan, Vorstellung von
Mitgliedern und befreundeten Institutionen, Publikationen über Trends in den Massenmedien in Japan
und Deutschland usw. werden in der Brücke (11 mal
im Jahr, 2500 Exemplare) veröffentlicht.
Materialsammlung für eine Jubiläumsschrift zum
140jährigen Bestehen der japanisch-deutschen Freundschaft (im Jahre 2000)
**c. Kulturaustausch, internationaler Austausch, inter-
nationale Ausbildung**
Für Deutsche, die sich in Japan aufhalten, werden
Treffen angeboten, sie werden zu Veranstaltungen der
JDG eingeladen und bekommen die Publikationen
der JDG.
Für die Planung von Freundschaftstreffen und Austausch von Mitgliedern der JDG, besonders für die
Junior-Mitglieder, VDSG und deutschen Studenten in

クリスマスなどの催物を開催し、会員相互
の交流・親善を推進

— シュタムティッシュの開催

— 要人来日の機会をとらえ、レセプションを
開催

（5）ドイツ語普及事業

— 上智大学において第45回ドイツ語夏期集
中講習会を開催（7月〜8月、10日間、7
クラス開講）

— 「ビジネスマン向けドイツ語講座」を当協
会事務所において開催（週1回、6ヶ月を
1コースとし、4月〜9月と10月〜3月に
各5クラス）

— 千葉県日独協会の協賛の下、船橋教室を開
設（土曜講座2クラス）

— ビジネスマン向けドイツ語講座の一環とし
て、法人会員の要請にもとづきドイツ人講
師を派遣し、ビジネス・ドイツ語の講座を
開設

— 全国ドイツ語スピーチコンテストをドイツ
語学文学振興会と共催（東京ドイツ文化セ
ンター、ルフトハンザの協賛を予定）

（6）同種団体との連携事業

— 全国日独協会連合会年次総会を開催

— ベルリン日独センターとの共同プロジェク
トの実施（10月7日、江戸東京博物館）

— 機関誌「JDZB-ECHO」の日本での発送
代行

（7）会員維持普及事業

— 会員の維持普及活動

— 会員名簿の発行

— その他の事業

Japan werden folgende Aktivitäten durchgeführt:
– gemeinsam mit dem Freundeskreis des DAAD veranstaltet die JDG zur Begrüßung von deutschen Studenten in Japan einen Ausflug;
– Durchführung des Junioren-Stammtisches.
Unterstützung von Aktivitäten der Studiengesellschaf-
ten für deutsche Kultur an den Universitäten.
Als gemeinsame Aktivitäten mit dem Freundeskreis
des DAAD unterstützen wir deutsche Austauschstudenten bei der Wohnungssuche und führen Willkom-
mensempfänge durch.
Berichte der JDG werden an DJGs, Goethe-Institute,
Institutionen, die Japanisch-Unterricht geben, deutsche Universitäten und befreundete Institionen verteilt.
Homestay-Programme: als gemeinsame Aktivität mit
allen JDGs und DJGs in Japan und Deutschland werden Kurzaufenthalte für Kinder von Mitgliedern und
studentische Mitglieder organisiert.
Beitrag zum Unterstützungsfonds für japanisch-deutschen Jugendaustausch (Reservefonds).

d. Reguläre Aktivitäten

Außer Vorträgen über japanische und deutsche Kultur, Gesellschaft, Politik, Wissenschaften und Kon-
zertveranstaltungen, gibt es den *Bierabend* und die
Weihnachtsfeier, monatliche Treffen für freundschaftliche Beziehungen und den Austausch unter den Mitgliedern und den Stammtisch.
Durchführung von Empfängen für VIPs, die nach Japan kommen.

e. Verbreitung der deutschen Sprache

In der Sophia-Universität wird zum 45. Mal der
Intensivkurs *Sommerseminar für die deutsche Sprache*
(10 Tage im Juli/August, 7 Klassen) durchgeführt;
Deutschkurs für Geschäftsleute in den Räumen der JDG
(einmal in der Woche 6 Monate, April–September,
Oktober–März, jeweils 5 Klassen);
in Zusammenarbeit mit der JDG Chiba-ken in den
Räumen in Funabashi der *Samstags-Kurs* (2 Klassen);
als Ergänzung zum *Deutschkurs für Geschäftsleute* wird
auf Anfrage von Firmen ein Kurs *Geschäfts-Deutsch*
mit Lehrern, deren Muttersprache Deutsch ist, abgehalten;
gemeinsam mit der Gesellschaft zur Förderung der
Sprache und Kultur Deutschlands wird ein landeswei-
ter Redewettbewerb in Deutsch durchgeführt (es ist

注

* 本来なら1953年～1984年「日独月報」370号（1月／2月合併号）頃までの活動期間の正式名称たる関東大学ドイツ研究会連合（ただし、70年代前後10余年間の空白時代がある）と称すべきであるが、ある時期から関東学生ドイツ研究会連盟、関東大学ドイツ研究会連合等随意に呼ばれるようになった。

参考文献

1. エーバハルト・フリーゼ著《日独の歴史的接点》、同学社刊、1985年3月

2. 武蔵野女子学院刊『高楠順次郎先生伝』、1957年5月

3. 日独協会刊「げるまにあ」第11号（季刊誌）、1962年9月

4. 日独協会刊「日独月報」第167号（1967年11月刊）、第225号（1972年10月刊）、第227号（1972年11月刊）、第288号（1977年11月刊）

5. 日独協会刊『日独文化交流の史実』、1974年3月

6. 日独協会刊『日独協会25年史要』、1979年7月

7. (社)日本薬学会刊『長井長義伝』、1960年2月（非売品）

8. 横山要編『三井高陽年譜』、1984年7月（非売品）

geplant, mit dem Goethe-Institut und der Lufthansa zu kooperieren);

f. gemeinsame Aktivitäten mit anderen Institutionen

Durchführung der nächsten Dachverbandstagung; Realisierung eines Projektes mit dem JDZB (7. Okt.); Versand des JDZB-ECHO in Japan

g. weitere Aktivitäten

Bemühungen zur Erhaltung und Erweiterung des Mitgliederbestandes; Veröffentlichung eines Mitgliederverzeichnisses; andere Aktivitäten

Veröffentlichungen

– Friese, Eberhard (1985) Deutschland–Japan. Historische Kontakte. Tôkyô: Dôgakusha

– Musashino Joshigakuin (Musashino Frauenuniversität) (Hrsg) (1957) Takakusu Junjirô Sensei Den (Biographie von Professor Takakusu Junjirô)

– Nichidoku Kyôkai (JDG) (Hrsg) (1962) Germania, Nr 11 (Vierteljahresheft)

– Nichidoku Kyôkai (JDG) (Hrsg) (1967–1977) Nichidoku Geppô (Japanisch-Deutsche Monatsberichte) Nr 167, November 1967, Nr 225, Oktober 1972, Nr 227, November 1972, Nr 288, November 1977

– Nichidoku Kyôkai (JDG) (Hrsg) (1974) Nichidoku bunkakôryû no shijitsu (Historische Tatsachen zum japanisch-deutschen Kulturaustausch)

– Nichidoku Kyôkai (JDG) (Hrsg) (1979) Nichidoku Kyôkai 25nenshiyô (25 Jahre Japanisch-Deutsche Gesellschaft)

– Nihon Yakugaku-kai (Pharmazeutische Gesellschaft Japan) (Hrsg) (1960) Nagai Nagayoshi Den (Biographie von Nagai Nagayoshi) (nicht im Handel)

– Yokoyama Kaname (Hrsg) (1984) Mitsui Takaharu Nenpu (Tabellarischer Lebenslauf von Mitsui Takaharu) (nicht im Handel)

美術史が終焉しかねる時　東京・ベルリンを廻り舞台にした村山知義のアヴァンギャルド　尾崎眞人

確かにアヴァンギャルド芸術が生まれてくる要因というものはあると思う。それは都市が不協和音に満ち溢れてしまった時代である。そして都市が飽和状態になってしまった時代にもアヴァンギャルド芸術を志向する芸術は頭をもたげてくる。前者は1920年代のベルリンや東京を考えればよいだろう。そして後者は現在のベルリンや東京を舞台に考えればよいだろうか。1920年代の時代を背景にして、アヴァンギャルド芸術はベルリンと東京という舞台で、まるで廻り舞台のように展開される。そこには村山知義、中原実、和達知男らのアヴァンギャルドの伝導者だけでは成立しなかった「時」と「場」の成立要因もあったことだろう。

理想と現実、正義と猥雑、富と貧困という二律背反のどちらにも自己の存在を委ねることができない者たちのエネルギーが、モダニズムの出口を蹴破り、アヴァンギャルドの戸口を叩く。ワイマール共和国の崩壊するベルリンと、関東大震災で崩壊した東京は、すでに健全な都市の機能は働かなくなっていた。そしてモダニズムとして迎えられていた新しい美術も、直ぐさま「資本」の餌食にされ、大衆風俗へと消化されようとしていた。

村山知義や中原実によって、ベルリンで萌芽したアヴァンギャルド芸術は、東京で新たな種をまかれることになる。時は、都会という未曾有の集合社会を形成させる条件をそろえて待っていた。まさに都会は、美術においても、畏敬した自然美の『大地のヴィナス』から、自らが創造主として創造した『都会のヴィナス』を奉ろうとしていた[1]。

ここでは、村山知義の駆けめぐったベルリンでの足跡を追い、かつ村山知義の作品をとおして、アヴァンギャルド芸術がどの様に作家のなかで形成されたのかを見てみたい。

村山知義の駆けめぐった、ベルリンはわずか

Unsterbliche Kunstgeschichte: Berlin und Tôkyô – Die Drehbühnen für Murayama Tomoyoshis avantgardistische Kunst
Ozaki Masato

Für die Entstehung der avantgardistischen Kunst scheint mir in erster Linie eine ganz bestimmte Ursache verantwortlich zu sein. Und diese Ursache finden wir in einer Epoche, in der die Städte in allen Winkeln und Enden von schrillen Dissonanzen widerhallten. Und auch in Epochen, in denen sich in den Städten ein Zustand der Saturiertheit ausbreitete, traten Kunstströmungen in Erscheinung, die auf die Avantgardekunst abzielten. Für die erstere Epoche sind die Städte Berlin und Tôkyô in den 20er Jahren ein gutes Beispiel. Und vielleicht sind es die Städte Berlin und Tôkyô der Gegenwart, die sich als Bühnen für letztere denken lassen. Vor dem zeitgeschichtlichen Hintergrund der 20er Jahre entwickelte sich die avantgardistische Kunst in Berlin und Tôkyô wie auf einer Drehbühne. Hier sehen wir die Zeit und die Orte, die für die Entstehung der Avantgarde-Kunst ursächlich sind. Murayama Tomoyoshi, Nakahara Minoru, Wadachi Tomoo, die Sendboten der Avantgarde, hätten diese Kunstrichtung alleine nicht zustandegebracht.

Die Energie jener Menschen, denen es unmöglich war, ihre Existenz den Antinomien Ideal und Wirklichkeit, Gerechtigkeit und vulgäres Chaos, Reichtum und Armut zu überlassen, sprengte das Tor des

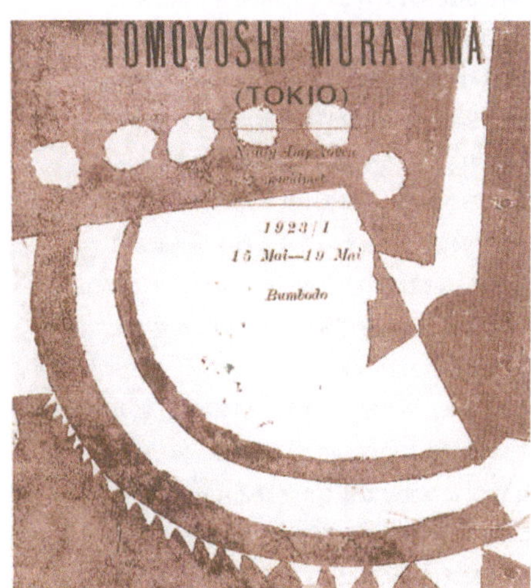

戸田達雄作（リノカット、1924年）
Toda Tatsuo: Linoleumschnitt, 1924

村山知義作『美しき乙女に捧ぐ』（1922年頃）

Murayama: Schönen Mädchen gewidmet, um 1922

一年たらずのことであったが、その正確な記録は何故か残されていない。村山自身の伝記や多くの自筆文章のあるなかで不思議な事である。それは村山知義が断片的にしか語れないほどの混乱と、そして性急な自己意識の改革が滞在中になされていたことを示しているとは考えられないだろうか。村山知義はドイツ滞在のなかで、それまでに自己が関わってきた色々な美術と再び遭遇し、それらの自己統一のために、自己意識の改革が急速なものとなって展開したのではないだろうか。

　「未来派、絶対派、表現派、構成派——これ等の新形式は私の内心のこんとんと、新しい刺激のために極度に緊張した神経とに適った。私は二、三箇の作品に依る瀬踏ののち、一番ひどいダダに真逆様に跳び込んでしまった。私は此処に、全く私を陶酔させる表現手段を獲得したと思った」[2]

Modernismus auf und klopfte am Eingang zur Avantgarde-Kunst. In Berlin, wo der Zusammenbruch der Weimarer Republik zu beobachten war, und in Tôkyô, das aufgrund des schweren Kantô-Bebens (1923) kollabierte, waren alle Funktionen eines gesunden Stadtwesens zum Erliegen gekommen. Und auch die neue Kunstströmung, die als Modernismus begrüßt worden war, war bereits eine Beute des Kapitals geworden und vom Massengeschmack aufgesogen worden.

Von Murayama Tomoyoshi und Nakahara Minoru wurde in Tôkyô erneut der Samen der Avantgarde-Kunst ausgestreut, der in Berlin gerade aufgekeimt war. Die Zeit war reif für dieses Ereignis, das nur unter der Bedingung denkbar war, daß sich mit den Großstädten eine in der Geschichte noch nie dagewesene Lebensgemeinschaft verschiedenster Schichten herausgebildet hatte. Die Großstädte kamen in ein Stadium, in dem sie sich auch auf dem Gebiet der Kunst von der bislang verehrten Naturschönheit der *Venus der Erde* abwandten und zur Verehrung der *Venus der Stadt*[1] übergingen, die von den Großstädten selbst erschaffen wurde.

Ich möchte hier den Spuren Murayama Tomoyoshis folgen, die wir in Berlin finden können, und anhand von Murayamas Kunstwerken zeigen, wie die avantgardistische Kunst im Bewußtsein dieses Künstlers Formen angenommen hat.

Murayama Tomoyoshis Jagd durch Berlin dauerte knapp ein Jahr, und dennoch sind aus irgendeinem Grund keine präzisen Aufzeichnungen über diesen Zeitraum erhalten geblieben. Dies ist um so mysteriöser, als Murayamas Autobiographie und zahlreiche von ihm selbst verfaßte Texte existieren. Ich denke, wir können dieses Faktum als Hinweis darauf verstehen, daß das Chaos, in dem sich der Künstler damals befand, so groß war, daß er lediglich in fragmentarischer Weise über diese Zeit zu berichten vermochte, und daß sich in dieser Zeit zudem sein Bewußtsein rapide veränderte. Während seines

その一方でクラッシックな従来の写実主義や宗教画を、実際に眼のあたりにすることで、押し殺していた絵画への熱が一挙に吹きだしたようであった。

「浪漫派時代のロセッティやバーン＝ジョーンズは、発展せずに死んだ私の子供の頃の浪漫主義を復活させた。ジャヴァンヌやミレーは母から受け継いだ新教にあぶらを注いだ。フランドル派の密画は、私のごく幼児の、平和な、閉じ籠った家庭生活を思い出させた」(3)

村山知義のドイツ遊学の初期目的は、原始キリスト教をベルリン大学哲学科で学ぶことであった。しかし、大学入学にラテン語が必要なことを知るにいたり断念する事になる(4)。それにとって替わって、ノイエ・タンツなどの舞踏を見ることに専念していたようである。そして大学受験のため押し殺していた色々な美術に対する関心が堰を切ったかのように村山知義を襲った。

「これらのもろもろのものが一度に私に押し寄せた。如何に私自身を分裂させても到底追いつく筈のものではなかった。しかし、分裂させずにはいられない。私は居ても立ってもいられない状態に陥った。私は一枚毎に異なった内容に飛び込んだ」(5)

従来、村山知義の美術に対する1922年の意識変化を、既成美術 ― 新興美術 ― ダダ、そして村山自身が命名したところの意識的構成主義というステップを追った変遷と思われていたが、現実にはもっと混沌とした状態のなかで意識的構成主義にいたったと考えたほうがよいであろう。より自己を真に近づける方法論として、「つぎからつぎと固定しようとする自分の観念を絶えず意識的に否定して、反対の観念へと振動しなければならない」(6)と考えたのが「意識的構成主義」と名付けられた方法論であった。しかし、後日、作者自身が自戒をこめて「まだ二十一才

Deutschlandaufenthaltes kam Murayama Tomoyoshi abermals mit verschiedenen Kunstströmungen in Kontakt, mit denen er schon vorher in Berührung gekommen war. Dies läßt es als denkbar erscheinen, daß sich in ihm ein rascher Bewußtseinswandel vollzog, der es ihm ermöglichte, diese verschiedenen Strömungen mit seiner eigenen Persönlichkeit in Einklang zu bringen.

"Futurismus, Suprematismus, Expressionismus und Konstruktivismus – diese neuen Stilrichtungen kamen dem Chaos in meinem Inneren und meinen Nerven, die aufgrund der vielen neuen Reize, die auf mich einstürmten, aufs äußerste angespannt waren, außerordentlich entgegen. Nach zwei, drei anfänglichen Versuchen mit eigenen Werken stürzte ich mich kopfüber in die wildeste Form: den Dadaismus. Ich hatte das Gefühl, damit ein Ausdrucksmittel in die Hand bekommen zu haben, das mich in trunkenen Taumel versetzte." [2]

Andererseits erwachte allem Anschein nach in Murayama mit einem Schlag eine bis dahin unterdrückte Leidenschaft für Gemälde, nachdem er Bilder, die dem herkömmlichen klassischen Realismus verpflichtet waren, und religiöse Gemälde im Original gesehen hatte.

"Rossetti und Burne-Jones, in ihrer romantischen Phase, erweckten die Romantik meiner Kinderzeit wieder zum Leben, die in mir gestorben war, ohne sich je weiterentwickelt zu haben. Puvis de Chavannes und Millet verstärkten meine Leidenschaft für den Protestantismus, die ich dem Einfluß meiner protestantischen Mutter zu verdanken hatte. Die Miniaturmalerei der Flämischen Schule erinnerte mich an das außerordentlich friedvolle und behütete Familienleben, das ich in meiner frühen Kindheit erlebt hatte." [3]

Ursprünglich hatte Murayama die Absicht, im Philosophischen Seminar der Berliner Universität das Urchristentum zu studieren. Dieses Vorhaben gab er aber auf, als er erfuhr, daß für die Immatrikulation Lateinkenntnisse unerläßlich waren. [4] Allem Anschein nach besuchte er stattdessen häufig Vorstellungen, in denen Tanzformen wie der Neue Tanz zu sehen waren. Und Murayama wurde – geradeso, als wäre eine Grenze durchbrochen worden – von seinem Interesse für verschiedene Kunstformen, das er

の若造である。これがヘーゲルの悪弁証法の芸術論への適用であり」⁽⁷⁾と反省しているように、非常に観念的なものであった。そして方法論としては、ダダと類似したものであった。

　村山知義の1922年のドイツでの動きを整理するとつぎのようになる⁽⁸⁾。なお括弧内は村山知義が下宿した下宿先。

I 期

1月4日：村山知義日本発

2月：村山知義ベルリン着（アウグスブルク
　　　シュトラーセ通り、シュルツェ家）

3月：村山、永野『国際未来派展、ノイマン・
　　　グラフィックコレクション』に出品

II 期

5月28日〜7月3日：村山、永野、和達「第一
回国際進歩的芸術家会議」に参加。村山、永野
は同時開催の『第一回国際展覧会』に出品

村山知義作『あるユダヤ人の少女』（1922年）
Murayama: Portrait eines jüdischen Mädchens, 1922

bislang im Hinblick auf die Aufnahmeprüfung für die Universität unterdrückt hatte, förmlich überwältigt.

"All diese verschiedenen Dinge stürmten gleichzeitig auf mich ein. Und in wieviele Personen ich mich auch aufspaltete, es war unwahrscheinlich, daß ich jemals damit Schritt halten konnte. Andererseits mußte ich mich aufspalten, da ich sonst die Situation nicht ertragen hätte. Ich war in einen Zustand geraten, der einfach unerträglich war. In jedem Gemälde stürzte ich mich auf ein neues Sujet."[5]

Bislang ging man davon aus, daß die Veränderungen, die sich im Jahr 1922 in Murayama Tomoyoshis Bewußtsein gegenüber der Kunst vollzogen, folgende Phasen durchlaufen hatten: herkömmliche Kunst – neue Kunst – Dadaismus – und schließlich "Bewußter Konstruktivismus" (Ishikiteki Kôseishugi; der Terminus stammt von Murayama selbst). Es dürfte allerdings mehr für die Annahme sprechen, daß Murayama unter wesentlich chaotischeren Umständen zum Bewußten Konstruktivismus gelangte. Die Methode, die ihn in noch größere Nähe zu seinem wahren Ich bringen sollte – Murayama war der Ansicht, "daß ich jedes neue Konzept, das sich in mir verfestigen wollte, bewußt zu verwerfen hatte, und die Schwingungen meiner Seele mich zu dem jeweils konträren Konzept führen mußten"[6] –, war die Methode, die der Künstler selbst Bewußter Konstruktivismus nannte. In späteren Tagen unterzog er diese Methode jedoch einer kritischen Reflexion, und wie das folgende Zitat zeigt, war Murayamas Arbeit ein außergewöhnlich idealistisches Vorhaben: "Ich war ja kaum mehr als ein halbgarer Jüngling von 21 Jahren. Und meine theoretische Arbeit war eine Anwendung der falschen Hegelschen Dialektik auf die Kunsttheorie."[7] Inhaltlich gesehen weist diese Arbeit zahlreiche Analogien zum Dadaismus auf.

Wenn wir Murayama Tomoyoshis Aktivitäten in Deutschland im Jahr 1922 in einer Übersicht ordnen, kommen wir zu folgender Aufstellung:[8]

I

4. Januar: Murayama verläßt Japan.

Februar: Ankunft Murayamas in Berlin (Unterkunft: Augsburger Straße, Familie Schultze).

März: Murayama und Nagano nehmen an der *Internationalen Ausstellung der Futuristen* (Graphische

III期

7月：この頃アーキペンコ宅訪問か（メーリ
　　　ングダム通り、シュッテ家）

8月：夏、意識的構成主義を確立か

9月1日〜15日：『二人展』（トワルディ画廊）
　　　開催

秋：　和達とパリ、スイス、イタリア旅行
　　　（労働者町、エスベット家）

10月：『第一回露士亜美術展』展、観覧か

12月：村山、永野帰国する。

　ここでⅠ、Ⅱ、Ⅲと三つの時期に細分化した
のは、村山のアヴァンギャルドに対する、意識
段階を示すものであり、Ⅰ期は日本未来派と自称
していた時期である(9)。Ⅱ期は転換期であり、ダ
ダや構成主義の影響下に自己改革がおこなわれ
ていた時期である。Ⅲ期は意識的構成主義を方
法論として確立したと思われる時期である。ま
た細密描写の肖像画や印象派的肖像画は、各期
にそれぞれ意識的構成主義作品と平行するかた
ちで描かれていた。

　村山知義の意識的構成主義の理論によって作
られた作品は、1923年の帰国後、『意識的構成
主義的小作品展――ニッディー・テムペコーフ
ェンと〈押しつけがましき優美さ〉とに捧ぐ』
（1923年5月15日〜19日）展に50点、そして
『マヴォ・第一回展覧会』（1923年7月28日〜
8月3日）に101点出品するなど、勢力的な創
作活動がなされている。ドイツ時代の総決算と
でもいうべき『マヴォ・第一回展覧会』の101
点の作品を分類してみると、つぎのようにグル
ーピングできる。

① 舞踏・演劇関連の作品（『イム・ペコーフエン
に依って踊られた花の生命』などのノイエ・タ
ンツの踊り子を主題にした作品）

② 写実的に描かれた人物像（『ヴキスバーデンの
ヘルタ・ハインツェ』『少女メタの像』など）

フムメルのワルツァを踊る
村山知義
Murayama tanzt einen
Walzer von Hummel

Sammlung Neumann) mit eigenen Werken
teil.

II

28. Mai – 3. Juli: Murayama, Nagano und
Wadachi nehmen an der *Ersten Internationalen Konferenz fortschrittlicher Künstler* teil;
Murayama und Nagano beteiligen sich mit
eigenen Werken an der gleichzeitig statt-
findenden *Ersten Internationalen Ausstellung*.

III

Juli: Möglicherweise Besuch im Hause Ar-
chipenkos (Unterkunft: Mehringdamm, Familie Schütte).

August: Im Sommer möglicherweise Entstehung des Bewußten Konstruktivismus.

1.–15. September: Ausstellung *Zwei Künstler*
(Galerie Twardy); im Herbst zusammen mit
Wadachi unterwegs nach Paris, in die
Schweiz und nach Italien (Unterkunft: Ar-
beiterviertel, Familie von Elsbeth).

Oktober: Möglicherweise Besuch der *Ersten Russischen Ausstellung*.

Dezember: Rückkehr von Murayama und Nagano
nach Japan.

Die hier unter I, II und III im Detail aufgeführten
Zeitabschnitte zeigen die Stufen von Murayamas sich
wandelndem Bewußtsein gegenüber der Avantgarde.
Im Zeitabschnitt I verstand sich Murayama als Mitglied der japanischen Futuristen.[9] Abschnitt II war
die Periode des Umbruchs, in dem sich unter dem
Einfluß des Dadaismus und des Konstruktivismus
Murayamas Persönlichkeit wandelte. Abschnitt III
war die Periode, in der Murayama den Bewußten
Konstruktivismus als künstlerische Methode formulierte. Parallel zu den Werken, die dem Geist des Bewußten Konstruktivismus verpflichtet sind, malte
Murayama jedoch in allen drei Zeitabschnitten auch
sorgfältig ausgeführte Porträts und ebenso Porträts,
die dem Impressionismus verpflichtet sind.
Von den Werken, die Murayama Tomoyoshi auf der
Basis der Theorie des Bewußten Konstruktivismus
geschaffen hatte, zeigte er nach seiner Rückkehr nach
Japan 50 Exponate in der Ausstellung *Kleine Werk-
schau bewußt konstruktivistischer Arbeiten – Gewidmet der aufdringlichen Anmut und Niddy Impekoven*
(15. bis 19. Mai 1923) und 101 Exponate in der Aus-

269

③ 宗教的色彩の強い作品（『聖者の死』『Sün-denfall Germanica』）

④ コンストラクション的傾向の作品（『赤いコンストルクシオン』）

⑤ 形成芸術

　上記作品のうちの ⑤ の形成芸術については、『オセロ』やグリルパルツェルの『トレドの猶太女』などの舞台装置、展覧会の招待状、本屋や劇場、活動写真館の設計、壁画の下図、そして踊り子たちの人形といったように、従来の美術の範疇を拡大した創作にいたっている。形成芸術拡大のためにマヴォを結成した村山たちは、そのマヴォ宣言のなかにも、マヴォの形成芸術として、つぎのことを宣言している。

　「講演会、劇、音楽会、雑誌の発行、その他をも試みる。ポスター、ショウキンドー、書籍の装釘、舞台装置、各種の装飾、建築設計等をも引き受ける」

　こうした形成芸術への思考はドイツで感化を受けたアヴァンギャルドの日本での移植と考えてよいであろう。第一に1924年7月に創刊される「Mavo」誌自体、1922年のベルリンを軸としたアヴァンギャルド雑誌〈ヴェシュチュ、ゲーゲンシュタント、オブジェ〉〈メルツ〉そして〈デ・スティール〉などとの関連が考えられる(10)。

　また村山の作ったノイエ・タンツなどの踊り子の人形などは、現存していないので作品を推測するだけではあるが、ハンナ・ヘーヒ（1889年〜1978年、画家、グラフィック家）のダダ人形と同類のものであったかもしれない。

　そうしたなかで、村山の想念した意識的構成主義の理論に裏打ちされた作品を考えると、現存している作品のなかでは、『あるユダヤ人の少女』『サディスティシュな空間』『美しき乙女に捧ぐ』の作品を挙げることができよう。これらの『あるユダヤ人の少女』や『美しき乙女に捧ぐ』の作品には、シュビッターズのメルツ

stellung *Mavo Erste Ausstellung* (28. Juli bis 3. August 1923), worin seine energiegeladene Schaffenstätigkeit ihren Ausdruck fand. Analysiert man die 101 Exponate, die in *Mavo Erste Ausstellung* – diese Ausstellung läßt sich auch als Schlußbilanz von Murayamas Zeit in Deutschland bezeichnen – gezeigt wurden, so lassen sich folgende Werkgruppen bestimmen:

1. Werke, die im Zusammenhang mit Tanz und Theater stehen. (Bilder wie *Das Leben der Blumen, getanzt von Niddy Impekoven*, die Tänzerinnen des Neuen Tanzes zum Thema haben).

2. Realistische gemalte Menschenbildnisse (*Herta Heintze in Wiesbaden, Bildnis des Mädchens Meta*).

3. Werke mit betont religiöser Färbung (*Der Tod des Heiligen, Sündenfall Germanica*).

4. Werke mit konstruktivistischer Tendenz (*Rote Konstruktion*).

5. Gestaltende Kunst (Keisei Geijutsu).

Bei der Werkgruppe 5 handelt es sich um Arbeiten, die über den Bereich herkömmlicher Kunst hinausgehen: Zur gestaltenden Kunst zählen Arbeiten für das Theater – zu nennen sind hier beispielsweise die Bühnenausstattungen für *Othello* und Grillparzers *Die Jüdin von Toledo* – Einladungsschreiben für Ausstellungen, Entwürfe für Buchläden, Theater und Filmvorführungsstätten, Skizzen für Wandgemälde und Puppen, die Tänzerinnen darstellen. Murayama und seine Freunde, die sich zur Erweiterung der gestaltenden Kunst in der Gruppe Mavo zusammenschlossen, propagierten im Manifest der Mavo folgende Betätigungsfelder dieser Kunst:

"Vortragsversammlungen, Theater, Musikaufführungen, die Publikation von Zeitschriften. Und auch auf anderen Gebieten werden wir Versuche anstellen. Wir nehmen auch Aufträge an für Plakate, die Gestaltung von Schaufenstern, Buchumschläge und Illustrationen, Bühnenausstattungen, alle Arten von Schmuck und architektonische Pläne."

Man kann davon ausgehen, daß die Überlegungen, die zur gestaltenden Kunst führten, ein Transplantat sind, das von der Avantgarde-Künstlern unter dem Einfluß, dem sie während ihres Deutschlandaufenthaltes ausgesetzt waren, nach Japan verpflanzt wurde. Und vor allem kann man davon ausgehen, daß zwischen der Zeitschrift *Mavo*, die erstmals im Juli 1924 publiziert wurde, und den avantgardistischen Zeit-

村山知義作『サディスティシュな空間』（1922 年）
Murayama: Ein sadistischer Raum, 1922

と同じアッサンブラージュの技法が取られている。『あるユダヤ人の少女』には３番目の下宿先の階下に住んでいたユダヤの少女、ゲルダ・マヨロウィツの右耳後ろの髪の毛やペーパーナプキンなどをアッサンブラージュしているし、『美しき乙女に捧ぐ』では布をコラージュしたりしている⑴⑴。

　1922年というアヴァンギャルドの十字路であったベルリンから、村山知義は、意識的にそしてある部分では無意識のうちに、多くのものや交遊関係を内に取り入れることになった。余りに性急な自己の意識改革のために、当時としては多少の飛躍しかねる理論展開をする意識的構成主義ではあったが、崩壊されつくした関東大震災後の再建するエネルギーに満ち溢れていたのは、意識的構成主義が「崩壊」と「建設」の両面をも兼ね備えていたダダ的特質を持ち合わせていたからなのではないだろうか。そしてまた村山知義という個人の資質のなかには、人間の不可思議に対する憧憬というものも拭いされないものとして存在していたのも事実であろう。ユダヤの少女、ゲルダ・マヨロウィツへの恋心と憧れは、ゲルダをとおして知りえた古代ヘブライ語として『あるユダヤ人の少女』に残される。「心から息子へ」という上段の意味と「行為の努力と困難」という意味の、日本人には判読不可能な言葉に秘めた意味はユダヤ教の教典の一節でもあるのだろうか。他の作品に『美しいゲルダの生とのたわむれ』『賢く美しき猶太の少女ゲルダ・マヨロウキッツ』というゲルダを描いた作品題名と関連付けて考えるとそこに

schriften *Weschtsch. Gegenstand. Objet*, deren Bühne das Berlin des Jahres 1922 war, sowie *Merz* und *De Stijl* ein Zusammenhang besteht.[10]

Die Puppen Murayamas, die Tänzerinnen des Neuen Tanzes darstellen, sind nicht erhalten geblieben, so daß wir in ihrem Fall lediglich Vermutungen anstellen können – möglicherweise glichen sie den dadaistischen Puppen von Hannah Höch.

Von den Werken, die erhalten geblieben sind und die auf der Basis der Theorie des von Murayama konzipierten Bewußten Konstruktivismus geschaffen wurden, lassen sich folgende Arbeiten anführen: *Porträt eines jüdischen Mädchens*, *Sadistischer Raum* und *Schönen Mädchen gewidmet*. Im *Porträt eines jüdischen Mädchens* und in *Schönen Mädchen gewidmet* wird wie in der Merzkunst von Kurt Schwitters die Technik der Assemblage verwendet. In *Porträt eines jüdischen Mädchens* verarbeitete Murayama unter anderem Papierservietten und eine Haarlocke von Gerda Mayorowitz, die im Stockwerk unter dem Zimmer seiner dritten Berliner Wohnung wohnte. Das Werk *Schönen Mädchen gewidmet* ist eine Collage, in der Tücher verarbeitet wurden.[11]

Im Berlin des Jahres 1922, dieser Schnittfläche der Avantgarde, gewann Murayama Tomoyoshi zahlreiche Freunde, deren Einflüsse er bewußt und zum Teil auch unbewußt innerlich verarbeitete. Er entwarf die Theorie des Bewußten Konstruktivismus, deren Weiterentwicklung seinerzeit allerdings wegen seines allzu raschen Bewußtseinswandels nicht so recht vorwärtskam. Wir dürfen uns jedoch mit Recht fragen, ob nicht seine überschäumende Energie, die mit dem Wiederaufbau einherging, den der vom großen Kantô-Erdbeben verursachte Zusammenbruch nötig machte, damit zusammenhängt, daß der Bewußte Konstruktivismus in sich speziell dadaistische Eigenschaften wie Zusammenbruch und Aufbau vereinigte. Zudem dürfte es eine Tatsache sein, daß die Sehnsucht nach dem Mysterium des Menschen unauslöschlich in die Natur des Individuums Murayama Tomoyoshi eingeprägt war. Seine sehnsüchtige Liebe zu dem jüdischen Mädchen Gerda Mayorowitz hat sich in dem Werk *Porträt eines jüdischen Mädchens* in Form von Worten aus dem Althebräischen bewahrt, die er von diesem Mädchen gelernt hatte. Sehen wir uns in diesem Zusammenhang die Titel von anderen

は、ストイックな青年の恋心が浮かび上がってく
る。村山知義自身の青年期も、また「崩壊」と
「建設」をベルリンで体験したのかもしれない。

注

(1) 参考文献 6

(2) 参考文献 2（44頁）

(3) 同上

(4) 参考文献 4

(5) 同上

(6) 参考文献 3（14頁）

(7) 同上

(8) 村山知義のベルリンでの足跡は、参考文献 1 および 5 に
仔細な論文がある。

(9) 参考文献 5（113頁）

(10) 参考文献 7

(11) 現存している『美しき乙女に捧ぐ』の作品の一部には発表
当初の布が欠落している部分があり、当初のものとは異なる。

参考文献

1.　水沢勉著『乱反射する光彩——ベルリンの村山知義、
1922年』「ART　VIVANT」33号所収、西武美術館、
1989年

2.　村山知義著『美術の通った道』、1927年執筆、「プロレ
タリア美術のために」所収、アトリエ社、1930年

3.　同著『私のアバンギャルド時代』「本の手帖、Vol. 3、
No. 3」所収、昭森社、1963年

4.　同著『演劇的自叙伝』、東邦出版社、1974年

5.　五十殿利治著『ベルリンの未来派——村山知義、永野芳
光、和達知男』「筑波大学芸術学系研究報告 9」所収、筑波
大学芸術学系、1988年

6.　尾崎眞人著《＜大地のヴィナス＞から＜都会のヴィナ
ス＞へ》〈日本とヨーロッパ　1543年〜1929年〉204頁
〜216頁所収、ベルリーナ・フェストシュピーレ、アルゴ
ン出版、1993年

7.　同著《マヴォ第一回展覧会カタログ》《芸術誌
MAVO》《構成派研究》［作品解説］〈日本とヨーロッパ
1543年〜1929年〉578頁〜580頁所収、ベルリーナ・フ
ェストシュピーレ、アルゴン出版、1993年

Arbeiten an – Titel von Werken wie *Teilnahme an der
Lebenslust der schönen Gerda* oder *Das kluge und schöne jüdische Mädchen Gerda Mayorowitz*, in denen Murayama Gerda dargestellt hat, so tritt uns sehr klar die
Liebe eines stoischen jungen Mannes vor Augen.
Murayama Tomoyoshi hat in jungen Jahren möglicherweise selbst in Berlin die Erfahrung des Zusam-
menbruchs und des Aufbaus gemacht.

Anmerkungen

[1] Ozaki Masato (1993) Von der "Venus der Erde" zur "Venus der
Großstadt". In: Japan und Europa 1543–1929. Berlin: Argon,
S 204–216

[2] Murayama Tomoyoshi (1930) Bijutsu no kayotta michi (Wege
der Kunst). In: Murayama Tomoyoshi (Hrsg) Puroretaria bijutsu
no tame ni (Für eine proletarische Kunst). Tôkyô: Atoriesha, S 44

[3] Ebd.

[4] Murayama Tomoyoshi (1974) Engekiteki jijoden (Theatralische
Autobiographie). Tôkyô: Tôhô Shuppansha

[5] Ebd.

[6] Murayama Tomoyoshi (1963) Watakushi no abangyarudo jidai
(Meine avantgardistische Zeit). In: Hon no techô (Bücherschau),
Bd 3/3, Tôkyô: Shôshinsha. S 14

[7] Ebd.

[8] Detaillierte Ausführungen zu Murayamas Berliner Aktivitäten
finden sich in folgenden Arbeiten: Mizusawa Tsutomu (1922)
Ranhansha suru kôsai – Berurin no Murayama Tomoyoshi. (Dif-
fus reflektierter Glanz – Murayama Tomoyshi in Berlin). In ART
VIVANT (1989) Nr 33; Omuka Toshiharu (1988) Berurin no mi-
raiha – Murayama Tomoyoshi, Nagano Minoru, Wadachi Tomoo
(Die Futuristen von Berlin – Murayama Tomoyoshi, Nagano
Minoru und Wadachi Tomoo). In: Tsukuba daigaku geijutsugakukei (Hrsg) Tsukuba daigaku geijutsugakukei kenkyû hôkoku 9
(Forschungsberichte der Universität Tsukuba, Fakultät für Kunst-
wissenschaft, Bd 9)

[9] Ebd. S 113

[10] Ozaki Masato (1993) Katalog der ersten Ausstellung der Gruppe
Mavo. Die Kunstzeitschrift Mavo. Untersuchungen über die
Konstruktivisten (kôseiha kenkyû). [drei Erläuterungen] In: Ja-
pan und Europa 1543–1929. Berlin: Argon, S 578–580

[11] Das Bild *Schönen Mädchen gewidmet* unterscheidet sich in der
jetzigen Form von seinem ursprünglichen Zustand, da der Stoff
teilweise fehlt.

ベルリンの日本美術

ハルトムート・ヴァルラーヴェンス

まずフランスで殊の外人気のあったジャポニズムは、ドイツでの日本美術に対する関心をも促したが、当初ベルリンは日本美術にとって中心的な役割を果たさなかった。ヴォルデマール・フォン＝ザイドリッツがドレスデンで日本の浮世絵（版画）コレクションを築き、ユストゥス・ブリンクマンはハンブルク工芸美術館での彼の収集と研究活動の重点を日本美術に置き、フライブルクでは画期的な美術史家であり民族学者のエルンスト・グロッセが日本美術の卓越した専門家として活躍した。またウィーンではアドルフ・フィッシャーが日本美術に強く傾倒し、彼らの活動がベルリンに影響をもたらしたのである。

ベルリン美術工芸博物館附属図書館（1924年以後は美術図書館になる）の館長ペーター・イェッセン（1858年〜1926年）は⁽¹⁾、恐らくドレスデンのザイドリッツに刺激を受けたのであろうが、日本の浮世絵（版画）に深い関心を持った。すでに1905年にイェッセンは大規模な展覧会を催し⁽²⁾、アルトゥール・グヴィナー、グスタフ・ヤコービ、ジェームス・ジモン、オットー・イェッケル、カール・ケーピング、マックス・リーバーマン、エミール・オルリクなど多数の個人収集家が作品を一部寄贈して同展に寄与した。その後イェッセンはこの領域での収集を着々と進め、1911年には東アジアへ旅行してコレクションをさらに拡大することができた⁽³⁾。このようにして間もなく立派な浮世絵（版画）コレクションが生まれ、今日ベルリン東洋美術博物館に収められている。イェッセンは1924年に以下のように語っている。

「我々が（収集）を始めたのは遅かった。今後は急騰する価格についていけないだろう。しかし、一連の理解ある後援者たちによる援助のお陰で、我々は20年代に最上質の一枚摺りや絵本を集めることができた。ドイツではいずれに

Japanische Kunst in Berlin

Hartmut Walravens

Der zunächst besonders in Frankreich populäre Japonismus förderte auch das Interesse für japanische Kunst in Deutschland, wobei Berlin anfangs eine eher periphere Rolle einnahm. Woldemar von Seidlitz begründete die japanische Farbholzschnittsammlung in Dresden, Justus Brinckmann legte einen Schwerpunkt seiner Sammlungs- und Forschungstätigkeit beim Hamburger Museum für Kunst und Gewerbe auf die japanische Kunst, und in Freiburg zeigte sich der bahnbrechende Kunsthistoriker und Ethnologe Ernst Grosse als feinsinniger Kenner japanischer Kunstwerke. In Wien begeisterte sich Adolf Fischer für die Kunst Japans. All dies hatte seine Auswirkungen auf Berlin.

Peter Jessen (1858–1926)[1], Leiter der Bibliothek des Kunstgewerbemuseums in Berlin (ab 1924: Kunstbibliothek), interessierte sich lebhaft, vielleicht angeregt durch Seidlitz in Dresden, für den japanischen Farbholzschnitt. Bereits 1905 arrangierte er eine größere Ausstellung[2], zu der zahlreiche Privatsammler wie Arthur Gwinner, Gustav Jacoby, James Simon, Otto Jaekel, Karl Koepping, Max Liebermann und Emil Orlik, teils durch Stiftungen, beitrugen. Jessen verfolgte dieses Sammelgebiet zielbewußt weiter. 1911 unternahm er eine Ostasienreise, auf der er die Bestände erweitern konnte.[3] So kam bald eine stattliche Farbholzschnittsammlung zusammen, die sich heute im Museum für Ostasiatische Kunst in Berlin befindet. Jessen schrieb 1924:

"Wir haben spät begonnen [zu sammeln] und werden fortab den rasend wachsenden Preisen nicht mehr folgen können. Aber dank vertrauensvoller Hilfe einer Reihe warmherziger Gönner haben wir in zwanzig Jahren einen Bestand von bester Qualität vereinigen können, Einzelblätter und Bücher. In Deutschland das immerhin Umfangreichste, an Güte nicht unwürdig neben dem an Zahl reicheren Besitz des Auslandes."[4]

Adolf Fischer (1856–1914)[5], wohlhabender Fabrikantensohn aus Wien, Schauspieler aus Passion, zeitweise Direktor des Königsberger Stadttheaters und Weltreisender, war seit seiner ersten Ostasienreise 1892 von Japan begeistert. Er sammelte Ostasiatica, Ethnologisches wie Kunst und publizierte über Japan. So erschienen seine *Bilder aus Japan*[6] und *Wandlungen im Kunstleben Japans*[7] (mit Illustrationen des Künst-

しても最大のコレクションであり、数の上では
我々に勝っている外国のコレクションと比べて
も、質の面で退けをとらないものである」[4]

ウィーン出身の富裕な実業家の息子アドル
フ・フィッシャー（1856年〜1914年）[5]は熱
狂的な演劇愛好家で自らも舞台に立ち、一時期
ケーニヒスベルク市立劇場の総監督をも務めた
人物である。また、世界各地を漫遊し、1892年
に初めて東アジアを訪れた際に日本に深く感銘
を受けた。彼は東洋の美術品や民芸品を収集し、
日本に関する著作《日本風物》[6]および《日本の
美術状況の変遷》[7]（1898年〜1899年に日本
全国を旅した際に同道した芸術家和田英作の挿
絵付き）を出版した。その後フィッシャーはベ
ルリンに居を転じ、1901年には日本から持ち
帰った多数の美術品を含む彼の最初の東洋美術
コレクションが終身年金の給付を受けるのと引
き替えにベルリン民族学博物館に譲渡された。
博物館のコレクションは引き続きフィッシャー
によって追加されていった[8]。

ベルリン博物館の総裁ヴィルヘルム・フォ
ン＝ボーデは[9]、可能な限りの資金を投入し、か
つ個人としても全力を尽くし、このコレクショ
ンを世界的なレベルに格上げした。彼は東洋美
術コレクションを築く必要性を認め、ハンブル
クから一人の若い学者を呼び寄せた。ハンブル
ク工芸美術館のユストゥス・ブリンクマンの下
で二年間（1901年〜1903年）ボランティア館
員として働き、日本に深い関心を抱くオット
ー・キュンメル（1874年〜1952年）[10]である。
日本美術収集に確固とした基礎を作る理想的な
機会となったのは、パリ在住経験をもつ日本人
美術商林忠正の遺言であった。林はかつてヴィ
ルヘルム・フォン＝ボーデより受けた恩義に応
え、彼の所蔵品の購入価格先買権をボーデに与
えるように遺言したのである。ボーデはこれを
ベルリンに与えられたチャンスと見、キュンメ

フリーダ・フィッシャーと
アドルフ・フィッシャー
Frieda und Adolf Fischer

lers Wada Eisaku, mit dem er 1898/
1899 durch Japan gereist war). Inzwischen hatte Fischer seinen Wohnsitz
nach Berlin verlegt, und seine erste
Ostasien-Sammlung mit vielen Stük-
ken aus Japan ging 1901 gegen eine
Leibrente in den Besitz des Berliner
Museums für Völkerkunde über. Diese
Bestände wurden weiterhin von Fischer ergänzt.[8]

Wilhelm von Bode[9], Generaldirektor
der Berliner Museen, der die Sammlungen unter höchstem persönlichen
wie finanziellen Einsatz auf Weltni-
veau brachte, hatte die Notwendigkeit
erkannt, ostasiatische Sammlungen
aufzubauen. Er holte sich dazu einen
jungen Mann aus Hamburg, Otto
Kümmel (1874–1952)[10], der zwei Jahre
(1901–1903) bei Justus Brinckmann am
Museum für Kunst und Gewerbe als
Volontär gearbeitet hatte und großes
Interesse an Japan zeigte. Eine ideale
Gelegenheit, einen soliden Grund-
stock für eine japanische Kunstsamm-
lung anzulegen, bot sich durch eine letztwillige
Verfügung des in Paris ansässig gewesenen japani-
schen Kunsthändlers Hayashi Tadamasa. Dieser hatte
nämlich – als Dank für eine ihm einst von Wilhelm
von Bode erwiesene Gefälligkeit – bestimmt, daß
Bode aus dem Nachlaß das Vorkaufsrecht zu Ein-
kaufspreisen haben solle. Bode sah eine Chance für
Berlin und entsandte Kümmel und dessen erfahrenen
Mentor Ernst Grosse[11] nach Japan. Der zwei-
(Kümmel) und dreijährige (Grosse) Aufenthalt in
Japan, vorwiegend in Tôkyô, führte nicht nur zum
Erwerb erstklassiger Kunstwerke für die Berliner
Museen,[12] sondern war für beide Gelehrte ein persön-
liches und wissenschaftliches Erlebnis von enormer
Tragweite, das sie beide ihr Leben lang eng mit Japan
verbinden sollte.

Otto Kümmels Bedeutung für die japanische Kunstgeschichte und -förderung in Deutschland ist kaum
zu überschätzen. Seine wissenschaftlichen Fähigkeiten wie sein organisatorisches Geschick bewirkten
trotz aller finanziellen Schwierigkeiten ein ständiges

ルと経験豊かな彼の助言者であるエルンスト・グロッセ[11]を日本に派遣した。二人は東京を中心に二年（キュンメル）から三年（グロッセ）日本に滞在し、ベルリン博物館のために一級の美術品を入手したばかりでなく[12]、両学者が個人的また学術面で得た体験は非常に貴重であり、彼らを生涯日本と強く結び付けることになったのである。

　オットー・キュンメルは日本美術史とドイツにおける日本美術振興に対し計り知れない貢献をした。彼の学術的能力と組織上の手腕のもと財政的に困難な状況にあったにもかかわらずベルリンの日本美術所蔵品の数は絶えず増加し、ベルリン大学のカリキュラムに日本美術史講座が設けられ（1927年以来キュンメルは同大学で嘱託教授として活動）、大々的で全国的規模の展覧会が催され、東亜美術協会の設立と東洋美術関係誌が発行されたのである。

　1912年にキュンメルは国立民族学博物館東洋部長に就任し、1924年には館長に任命された[13]。1933年から1939年までは国立博物館総裁を、その後は1945年まで総裁代理を勤めた。戦争によるベルリン博物館の破壊と所蔵品の喪失はキュンメルを深く落胆させ、彼のライフワークを破壊した。しかし、最新の情報によると、喪失した日本美術品はペテルスブルクに保管されている模様である。

　主要な所蔵品のひとつである嵯峨天皇の肖像画は、戦時中喪失したわけでも他所に疎開されたわけでもなく、キュンメルが日本に贈呈したのである[14]。1907年9月30日にキュンメルは東京からつぎのような報告をしている。

　「真の掘出し物は長い間探し求めていた土佐派の作品である。それも非常に稀な嵯峨天皇の肖像画で、素晴しい保存状態の珍しく色彩豊かな絵である。東京のある僧侶の所蔵で、私に売りたいとの申出があった。9世紀の著名な絵師の

オットー・キュンメル作、
エミール・オルリクの歩き姿
（パステル）
Otto Kümmel,
Kreidezeichnung von Orlik

Wachstum der Berliner Japansammlungen, die Einführung der japanischen Kunstgeschichte in den Lehrplan der Berliner Universität (wo er seit 1927 als Honorarprofessor wirkte), spektakuläre, überregionale Ausstellungen, die Gründung einer Gesellschaft für Ostasiatische Kunst und die Publikation einer Zeitschrift für ostasiatische Kunst.

1912 wurde Kümmel zum Direktor der Abteilung für Ostasiatische Kunst der Staatlichen Museen, 1924 zum Direktor des Museums für Ostasiatische Kunst [13] ernannt. 1933–1939 wirkte er als Generaldirektor der Staatlichen Museen, ein Amt, das er bis 1945 kommissarisch weiterführte. Die Zerstörung dieser Berliner Museen und der Verlust der Sammlungen durch das Kriegsgeschehen deprimierten ihn tief und vernichteten sein Lebenswerk. Nach letzten Informationen scheinen sich die verlorenen japanischen Sammlungen offenbar in St. Petersburg zu befinden.

Ein Hauptstück der Sammlung, das Porträt des Kaisers Saga, ist indes weder verloren noch verlagert, da Kümmel es Japan zum Geschenk gemacht hat. [14] Am 30. September 1907 berichtete Kümmel aus Tôkyô:

"An erster Stelle steht ein wirklicher Fund, das erste, seit langem ersehnte Bild der Tosa-Schule, obendrein ein sehr ungewöhnliches, das Portrait des Kaisers Saga, ein wunderbares Bild von vorzüglicher Erhaltung und ungewöhnlicher Pracht der Farbe, das mir aus dem Besitze eines Priesters in Tôkyô angetragen wurde. Zugeschrieben wird es einem hohen Herren des 9. Jhdts. Ich bin aber nicht optimistisch genug, das zu glauben. Über die Zeit sind wir, Prof. Grosse und ich, noch nicht im klaren, da es uns an Vergleichsobjekten vollkommen fehlt. Nach den Farben, die sich durch ungewöhnliche Leuchtkraft auszeichnen und das alte, ganz eigentümliche Korallenrot aufweisen, kann es schwerlich jünger als das 12. Jhdt sein. Das wird sich ja aufklären. Der Preis ist verhältnismäßig sehr mäßig – 2.500 Yen. Ich bin stolz darauf, das Bild dem Museum in Tôkyô und dem Baron Kuki, die sich eifrig darum bewerben, entführt zu haben." [15]

筆とされているが、私はそれを信じるほど楽観的ではない。時代については比較できる作品がないために、グロッセ教授も私もまだ確信を持っていない。稀な輝きを放つ色彩と昔の特徴である微妙な珊瑚色は、12世紀以降のものとは言い難い。しかしいずれ解明できるだろう。値は比較的安く、2500円である。この絵の獲得に熱を入れていた東京博物館と九鬼男爵の先を越したことを、私は非常に誇りに思っている」(15)

　1912年にキュンメルは同僚のベルリン民族学博物館のウイリアム・コーンとともに〈東アジア誌〉を創刊した。同誌はドイツ語圏内における東洋美術研究の重要な機関になった。もっとも、戦争のために1943年には廃刊せざるを得なくなったが通算28年間刊行され、1926年以降は〈東亜美術協会会報〉という付録が付くようになった。

　その他キュンメルは広範な著作の出版活動をつうじて東洋美術、特に日本美術の研究とその結果を広め一般化させる上で大きく貢献した。彼の執筆した論文は300以上に及んでいる。東洋美術史はキュンメルによって初めて学術としての地位を得たのである。

　キュンメルの朋友でありオルリクの弟子であったフリッツ・ルンプ（1888年〜1949年）(16)は余り世間の注目を受けなかったものの、多面にわたる日本研究をつうじて非常に重要な貢献をした。ルンプはすでに第一次世界大戦以前に日本に赴き、日本の演劇、文学、民俗学と取組み、芸術家グループ「パンの会」の会員になった(17)。日本での長い収容生活を送った後、在ベルリン日本研究所での仕事に従事し、カタログの作成、日本の演劇、玩具、メルヒェンに関する本を執筆した。なかでも日本の浮世絵（版画）に関する評論は殊の外重要であり、非常に厳密な学術的手法で当分野の研究に堅実な基盤を築いた。彼の書いた《日本の浮世絵（版画）の巨

〈東アジア誌〉
Ostasiatische Zeitschrift

1912 gründete Kümmel zusammen mit seinem Kollegen William Cohn vom Völkerkundemuseum in Berlin die *Ostasiatische Zeitschrift*, die das maßgebende Organ für die Erforschung der ostasiatischen Kunst im deutschsprachigen Raum wurde, allerdings kriegsbedingt ihr Erscheinen 1943 einstellen mußte. Insgesamt sind 28 Jahrgänge erschienen, die ab 1926 auch als Beiblatt die *Mitteilungen der Gesellschaft für Ostasiatische Kunst* enthielten.

Kümmel hat darüber hinaus durch eine umfassende Publikationstätigkeit zur Erforschung der ostasiatischen, speziell der japanischen Kunst und zur Verbreitung und Popularisierung ihrer Ergebnisse beigetragen. Sein Schriftenverzeichnis umfaßt über 300 Nummern. Die Ostasiatische Kunstgeschichte erhielt erst durch Kümmel wissenschaftlichen Rang.

Ein enger Freund Kümmels war der Orlik-Schüler Fritz Rumpf (1888–1949)[16], der weniger im Lichte der Öffentlichkeit stand, aber durch seine vielseitige Tätigkeit der Japanforschung wesentliche Dienste geleistet hat. Noch vor dem 1.Weltkrieg hatte er Japan

倉田白羊作、フリッツ・ルンプ肖像画（鉛筆画）
Fritz Rumpf, Bleistiftzeichnung von Kurata Hakuyô

匠たち》(18) は非常に画期的な作品だった。彼は
この本のなかで、ベルリンのヴァイセンゼー地
区の牧師であり、当時同分野に最も精通した浮
世絵収集家ユリウス・クルト（1870年～1942
年）(19) に見られた不正確な点を改善した。また
ルンプは綿密に日本の資料を検討し、たとえば
芝居絵のような難解な浮世絵の内容をも明らかに
した。ルンプは「複雑な題材に精通しており、
我々他の者は彼に比較すると不出来である」(20) と
クルトは評している。《1608年の伊勢物語と同
書が17世紀の日本の挿絵に与えた影響》(21) は、
ルンプの重要な挿絵研究が完結したものである。

　クルト・グラーザー（1879年～1943年）(22) と
協力してルンプは研究活動を進めた。グラーザ
ーは1924年にベルリン美術図書館館長ペータ
ー・イェッセンの後任者となった人物である。
医者であり美術史家として、しかも〈ベルリン
株式伝令〉紙の美術評論家としての疲れを知ら
ない活動のなかで、彼は日本美術の役割を強調し
続けた。すでに1908年に《日本絵画における空間
表現》(23) を研究し、また《東洋の美術》(24)《東洋の彫
刻》(25)《東洋美術》(26) などの他、多数の著作を出
版した。フリッツ・ルンプと共同で1930年には美
術図書館において《日本の演劇展》を開催し(27)、

auf einer Reise kennengelernt. Er befaßte sich mit
Theater, Literatur und Volkskunde und wurde Mitglied der literarischen Gesellschaft Pan no kai.[17] Nach
jahrelanger Internierung in Japan arbeitete er dann in
Deutschland am Japan-Institut in Berlin, verfaßte
Kataloge, schrieb über das japanische Theater, japanisches Spielzeug und japanische Märchen. Besondere Bedeutung haben seine kritischen Beiträge über
japanische Farbholzschnitte gewonnen, in denen er
akribisch und mit wissenschaftlicher Methode der
Forschung ein solides Fundament gab. Bahnbrechend
waren seine *Meister des japanischen Farbenholz-
schnitts*[18], in denen er die vielen Ungenauigkeiten des
Connaisseurs und Sammlers Julius Kurth (1870–
1942)[19], Pfarrer in Berlin-Weißensee und damals einer
der besten Kenner der Materie, richtigstellte. Seine
sorgfältige Auswertung der japanischen Quellen und
die Klarstellung schwieriger Sachverhalte, z.B. bezüglich der Theaterholzschnitte, führten Kurth zu dem
Kommentar: "[Rumpf] beherrscht den kompli-
zierten Stoff derartig, daß wir anderen dagegen Stüm-
per sind."[20] Eine wichtige Arbeit Rumpfs betrifft die
japanische Buchillustration *Das Ise Monogatari von
1608 und sein Einfluß auf die Buchillustration des 17.
Jahrhunderts in Japan*[21].

Eine enge Zusammenarbeit hatte Rumpf mit dem
Direktor der Kunstbibliothek in Berlin, Curt Glaser
(1879–1943)[22], der 1924 Nachfolger von Peter Jessen
geworden war. Als Mediziner und Kunsthistoriker
wie auch Kunstkritiker (*Berliner Börsen-Courier*)

クルト・グラーザー
Curt Glaser

betonte Glaser im Rahmen seines
unermüdlichen Schaffens die Rolle der
japanischen Kunst. Bereits 1908 hatte
er sich mit der *Raumdarstellung in der
japanischen Malerei*[23] befaßt; umfangreiche Arbeiten für ein breiteres Publikum folgten, so *Die Kunst Ostasiens*[24],
Ostasiatische Plastik[25] und *Ostasiatische
Kunst*[26]. Die Zusammenarbeit mit Fritz
Rumpf führte 1930 zu einer Ausstellung *Japanisches Theater* in der Kunstbibliothek,[27] wozu ein Beiband mit
umfangreichen Beiträgen[28] erschien.
Auch bei der Bearbeitung der wertvollen Farbholzschnitt-Sammlung Tony
Straus-Negbaur in Berlin wirkten bei-

併せて多数の論文を掲載した付随論文集を出版した[28]。また、トニー・シュトラウス＝ネグバウアーの貴重な浮世絵（版画）コレクションを二人は共同で研究した[29]。グラーザーは1933年に「民族的な理由で」解雇され、イタリアを経てアメリカに亡命した。

　美術商フェリックス・ティコティン（1893年～1986年)[30]は1927年に拠点をベルリンに移し、クアフュルステンダム大通り15番に画廊を開いた。1911年ドレスデンでの《衛生学展》で日本の浮世絵（版画）と出会い愛好者になった彼は、以後日本美術を集中的に取り扱うことを決心した。日本の幽霊をテーマとした第一回の展覧会は非常にセンセーショナルなもので、オープニングは1927年4月27日の真夜中におこなわれた。この展覧会のカタログを作成したのはフリッツ・ルンプである。後にこの興味深いテーマをケルンの美術館が取り上げ、1980年に展覧会を開催している。ティコティンは1933年に国外に亡命せざるを得なくなったが、それまで彼の画廊は常に活況を呈していた。ヴィリー・プレンツェルが生花を展示し、現代の掛け物、大津絵、浮世絵展などが次々と催された。掛け物と浮世絵展のカタログ作成は、またしてもルンプが手がけた。

　ティコティン画廊の活動とベルリンにおける日本美術の動向を報じたのは、鹿子木により独日共同研究会機関誌として創刊された〈大和――独日協会会報〉（1929年～1932年）であった[32]。後に在東京の日独文化協会とベルリン日本研究所および独日協会が同誌に協力するようになった。アレクサンダー・カノッホ、ブルーノ・ベッツォルト、フリッツ・ルンプ、黒田源次、マルティン・ラミング、ハンス・ブレゼントなど著名な専門家が寄稿したが、四年後には日本学研究の専門機関に場を譲るために廃刊になった。代わって1935年から1944年の間、日本学研

フェリックス・ティコティン
Felix Tikotin

de zusammen.[29] Glaser wurde 1933 "aus rassischen Gründen" seiner Stellung enthoben und emigrierte über Italien in die USA.

1927 zog der Kunsthändler Felix Tikotin (1893–1986)[30] mit seiner Galerie nach Berlin und etablierte sich auf dem Kurfürstendamm (Nr. 15). Er hatte auf der Hygiene-Ausstellung 1911 in Dresden japanische Farbholzschnitte kennen- und liebengelernt und hatte beschlossen, sich auf japanische Kunst zu konzentrieren. Gleich die erste Ausstellung war spektakulär: *Japanische Gespenster*, eröffnet am 27. April 1927 zur Geisterstunde. Katalog: Fritz Rumpf. Das interessante Thema führte 1980 zu einer Neuausstellung in Köln.[31] Bis zum Jahre 1933, als Tikotin emigrieren mußte, gab es ein geschäftiges Leben in der Galerie: Willi Prenzel stellte seine Ikebana-Arrangements aus. Moderne Kakemono folgten, dann Ôtsue, darauf Ukiyoe. Die Kataloge zu den Ausstellungen über Kakemono und Ukiyoe stammten wiederum von Rumpf ...

Über die Tätigkeit der Galerie Tikotin und das Berliner japanische Kunstleben informierte die Zeitschrift *Yamato* (1929–1932)[32], die von Kanokogi als Zeitschrift der Deutsch-Japanischen Arbeitsgemeinschaft begründet worden war. Später wirkten das Japanisch-Deutsche Kulturinstitut in Tôkyô und das Japaninstitut in Berlin wie auch die Deutsch-Japani-

オットー・キュンメル、ハンス・フランク、佐久間信。クラコフ（1945年までドイツ領だったポーランド南部の町）で開催された木版画展にて
Kümmel, Hans Frank und Sakuma Shin bei Holzschnittausstellung aus Krakau

「日本」Nippon

究誌「日本」がベルリン日本研究所と東京の日
独文化協会によって刊行された[33]。

　これと平行して、戦時中には政治的な画策に
より、枢軸三国の結束を顕示するための機関誌
〈ベルリン・ローマ・東京〉[34]が刊行された。適
切な執筆者がいなかったためであろうか、日本
に関する部分はわずかであったが、ドイツ語と
イタリア語で非常に厳かな装丁で刊行された
（初期の頃は日本語の目次を添えていた）。なか
にはルンプとキュンメルの注目に値する論文も
見られる。

注

[1] 参考文献 9 参照

[2] 参考文献 15

[3] 参考文献 13 参照

[4] 参考文献 14 （16頁）

[5] 参考文献 30 参照

[6] 参考文献 2

[7] 参考文献 3

[8] 参考文献 25

[9] 参考文献 19 （表 1 ） 参照

[10] 参考文献 33 参照

[11] 参考文献 18 （表 1 ） 参照

[12] 参考文献 4 の展覧会カタログ参照。当時グロッセとキュ

sche Gesellschaft mit. Die Zeitschrift, in der namhafte Fachkenner wie Alexander Chanoch, Bruno Petzold, Fritz Rumpf, Kuroda Genji, Martin Ramming und Hans Praesent publizierten, stellte nach vier Jahrgängen ihr Erscheinen ein, um für ein japanologisches Fachorgan Platz zu schaffen. Dieses kam in den Jahren 1935–1944 unter dem Titel *Nippon. Zeitschrift für Japanologie* als Publikation des Japaninstituts Berlin und des Japanisch-Deutschen Kulturinstituts in Tôkyô heraus.[33]

Parallel dazu erschien während der Kriegsjahre noch eine aus politischem Kalkül gegründete Zeitschrift *Berlin-Rom-Tokio*[34], die die Verbundenheit der drei Achsenmächte dokumentieren sollte. Die Beiträge, wohl aus Mangel an geeigneten Autoren nur zum geringeren Teil über Japan, erschienen jeweils deutsch und italienisch und in nobler Aufmachung (anfangs mit zusätzlichem japanischem Inhaltsverzeichnis). Darunter finden sich beachtliche Artikel von Rumpf und Kümmel.

Anmerkungen

[1] Vgl. Glaser, Curt (1926) Peter Jessent †. In: Berliner Museen 47, S 541–56

[2] Japanische Farbendrucke, 19. März bis 16. April 1905. Königliche Museen Berlin, Kunstgewerbe-Museum. Berlin

[3] Vgl. Jessen, Peter (1921) Japan, Korea, China. Reisestudien eines Kunstfreundes. Leipzig

[4] Jessen, Peter (1924) Die Staatliche Kunstbibliothek in Berlin. Berlin, S 16

[5] Vgl. Walravens, Hartmut (1983) Bibliographien zur ostasiatischen Kunstgeschichte in Deutschland 1. Hamburg

[6] Fischer, Adolf (1897) Bilder aus Japan. Berlin: Bondi

[7] Fischer, Adolf (1900) Wandlungen im Kunstleben Japans. Berlin: Bahr

[8] (1908) Neue ostasiatische Kunstwerke für das Museum für Völkerkunde in Berlin. In: Gartenlaube, S 1018–1020

[9] Vgl. Kümmel, Otto (1929) Wilhelm von Bode. In: Ostasiatische Zeitschrift NF 15, S 43–45, 1 Taf.

[10] Vgl. Walravens, Hartmut (1987) Otto Kümmel. Streiflichter auf Leben und Wirken eines Berliner Museumsdirektors. In: Jahrbuch der Stiftung Preußischer Kulturbesitz, Jg 24, S 137–149

[11] Vgl. Kümmel, Otto (1927/28) Ernst Grosse. In: Ostasiatische Zeitschrift NF 4, S 93–107, 1 Taf.

[12] Vgl. z.B. den Katalog einer Vorab-Ausstellung der Erwerbun-

ンメルはまだ日本に滞在中であったが、この新規入手美術品
展覧会カタログ作成のためにベルリンにテキストを送ったよ
うである。

(13) 参考文献 7 参照

(14) 参考文献 17 参照

(15) 参考文献 32（58頁）参照

(16) 参考文献 34 参照

(17) 本書第 2 章のペルトナー参照

(18) 参考文献 26

(19) ユリウス・クルトは多数の専門書を著し、現在なお高い
評価を受けているものもある（参考文献 20 〜 22、24）。

(20) 参考文献 23

(21) 参考文献 29。本博士号取得論文はベルリン大学でキュ
ンメルの下で著された。

(22) 参考文献 35、36 参照

(23) 参考文献 5

(24) 参考文献 6

(25) 参考文献 8

(26) 参考文献 10

(27) 参考文献 11

(28) 参考文献 12

(29) 参考文献 27、28

(30) 参考文献 34（118頁〜 124頁）参照

(31) 参考文献 16

(32) 参考文献 31 参照

(33) 参考文献 37 参照

(34) 参考文献 1

参考文献

1.〈ベルリン・ローマ・東京――世界政策上の枢軸三国民
族間における文化関係促進のための月刊誌〉第 1 巻〜第 5
巻、1933年〜1944年

2. アドルフ・フィッシャー著《日本風物》、ベルリン、ポ
ンディ出版、1897年

3. 同著《日本の美術状況の変遷》、ベルリン、パール出版、
1900年

4.《東洋美術工芸――美術工芸博物館展覧会　1908年 6
月〜10月》、ベルリン、1908年

5. クルト・グラーザー著《日本絵画における空間表現》
〈芸術学月刊誌〉402頁〜420頁所収、1908年

6. 同著《東洋美術》、ライプチヒ、1913年

7. 同著《新規開館ベルリン東洋美術館》〈造形美術誌 58〉
140頁〜142頁所収、1924年〜1925年

8. 同著《東洋の彫刻》、ベルリン、1925年

9. 同著《ペータ・イェッセン》〈ベルリンの博物館・美術
館 47〉541頁〜556頁所収、1926年

gen: Führer durch die Sammlung ostasiatischer Kunstwerke, ausgestellt im Kunstgewerbe-Museum, Juni-Oktober 1908. Grosse
und Kümmel befanden sich zu dem Zeitpunkt noch in Japan,
aber sie haben wohl den Text für die Publikation geliefert.

[13] Vgl. auch Glaser, Curt (1924/25) Das neueröffnete Museum
ostasiatischer Kunst in Berlin. In: Zeitschrift für bildende Kunst
58. S 140–42

[14] Vgl. auch Kümmel (1925) Das Bildnis des Kaisers Saga in den
Berliner Museen. In: Ostasiatische Zeitschrift NF 2. S 70–71

[15] Vgl. Walravens, Hartmut (1984) Otto Kümmel. Hamburg, S 58

[16] Vgl. Walravens, Hartmut (Hrsg)(1989) Du verstehst unsere
Herzen gut. Fritz Rumpf (1888–1949) im Spannungsfeld der
deutsch-japanischen Kulturbeziehungen. Weinheim

[17] Vgl. den Beitrag von Pörtner im vorliegenden Band.

[18] Rumpf, Fritz (1924) Meister des japanischen Farben-
holzschnitts. Neues über ihr Leben und ihre Werke. Berlin und
Leipzig, VII/142 S, 18 Taf.

[19] Verfasser zahlreicher, teils bis heute geschätzter Werke: Kurth,
Julius (1907) Utamaro. Leipzig, XIV/390 S; ders. (1923) Suzuki
Harunobu. München, 121 S; ders. (1910) Sharaku. Eine kritische
Publikation des Gesamtwerkes. München, 123 S; ders. (1925–29)
Geschichte des japanischen Holzschnittes. Bd 1–3, Leipzig

[20] Kurth, Julius (1924) Zu Fritz Rumpfs "Die Anfänge des japanischen Holzschnitts in Edo". In: Ostasiatische Zeitschrift, Jg 11,
S 160

[21] Rumpf (1932) Das Ise Monogatori von 1608 und sein Einfluß
auf die Buchillustration des 17. Jahrhunderts in Japan. Berlin.
Das Werk entstand als Dissertation an der Berliner Universität
unter der Leitung von Kümmel.

[22] Vgl. Walravens, Hartmut (1990) Deutsche Ostasienwissen-
schaftler und Exil (1933–1945) In: Bibliographie und Berichte.
Festschrift für Werner Schochow. München, S 231–266 (mit
Schriftenverzeichnis Glasers); Walravens, Hartmut (1989) Curt
Glaser (1879–1943). Zum Leben und Werk eines Berliner
Museumsdirektors. In: Jahrbuch Preußischer Kulturbesitz 26,
S 99–121

[23] Glaser, Curt (1908) Raumdarstellung in der japanischen Malerei. In: Monatshefte für Kunstwissenschaft. S 402–420

[24] Glaser, Curt (1913) Die Kunst Ostasiens. Leipzig, VIII/222 S

[25] Glaser, Curt (1925) Ostasiatische Plastik. Berlin, 97 S, 172 Taf.

[26] Glaser, Curt (1929) Ostasiatische Kunst (Anton Springers
Handbuch der Kunstgeschichte 6) Leipzig

[27] Glaser, Curt (1930) Japanisches Theater. Führer durch die Ausstellung vom 15. Februar bis 23. März 1930 im Lichthof des alten
Kunstgewerbemuseums Berlin. Berlin, 15 S

[28] Glaser, Curt (Hrsg) (1930) Japanisches Theater. Mit Beiträgen

10. 同著《東洋美術》〈アントン・シュプリンガーの美術史ハンドブック 6〉所収、ライプチヒ、1929年

11. 同著《日本の演劇——旧ベルリン美術工芸博物館採光吹き抜けホール展覧会　1930年2月15日～3月23日》、ベルリン、1930年

12. 同編《日本の演劇——F・ルンプ、F・ペルチンスキー、佐野和彦の論文掲載》〈日本文化 I〉、ベルリン、1930年

13. ペータ・イェッセン著《日本、朝鮮、中国——美術愛好家の旅のスケッチ》、ライプチヒ、1921年

14. 同著《ベルリン国立美術図書館》、ベルリン、1924年

15. ベルリン王室博物館所属美術工芸博物館編《日本の浮世絵版画展——1905年3月19日～4月16日》、ベルリン、1905年

16. 近藤映子著《日本の幽霊——ティコティン・コレクションより18世紀～19世紀の木版画・絵本・素描》、ケルン、1980年

17. オットー・キュンメル著《ベルリン博物館所蔵の嵯峨天皇肖像画》〈東アジア誌〉新シリーズ第2号、70頁～71頁所収、1925年

18. 同著《エルンスト・グロッセ》〈東アジア誌〉新シリーズ第4号、93頁～107頁所収、1927年／1928年合併号

19. 同著《ヴィルヘルム・フォン=ボーデ》〈東アジア誌〉新シリーズ第15号、43頁～45頁所収、1929年

20. ユリウス・クルト著《歌麿》、ライプチヒ、1907年

21. 同著《写楽——全作品の詳細な考証》、ミュンヘン、1910年

22. 同著《鈴木春信》、ミュンヘン、1923年

23. 同著《フリッツ・ルンプの〈江戸における日本木版画の初期〉について》〈東アジア誌〉第11年、160頁所収、1924年

24. 同著《日本の木版画の歴史》全3巻、ライプチヒ、1925年～1929年

25. 《ベルリン民族学博物館が新しく入手した東洋美術品》〈あずまや〉1018頁～1020頁所収、1908年

26. フリッツ・ルンプ著《日本の浮世絵版画の巨匠たち——彼等の生涯と作品の新事実》、ベルリン／ライプチヒ、1924年

27. 同著《日本の初期木版画——ベルリンのトニー・シュトラウス=ネグバウアーのコレクションより25枚をコロタイプ印刷複製出版》、ベルリン、1925年（クルト・グラーザー序文、フリッツ・ルンプ解説）

28. 同著《トニー・シュトラウス=ネグバウアー・コレクション——17世紀から19世紀の日本の浮世絵版画》、ベルリン、1928年（クルト・グラーザー序文、フリッツ・ルンプ解説）

29. 同著《1608年の伊勢物語と同書が17世紀の日本の挿

von F. Rumpf, F. Perzynski, Sano Kazuhiko. Berlin, 192 S, 22 Taf. (Nihon Bunka 1)

29 Rumpf, Fritz (1925) Frühe japanische Holzschnitte. 25 Blätter in Faksimile-Lichtdruck aus der Sammlung Tony Straus-Negbaur, Berlin. Mit Einleitung von C. Glaser und beschreibendem Verzeichnis von F. Rumpf. Berlin, 25 S. 2°. Rumpf, Fritz (1928) Sammlung Tony Straus-Negbaur. Japanische Farbenholzschnitte des 17. bis 19. Jahrhunderts, eingeleitet von Curt Glaser, beschrieben von Fritz Rumpf. Berlin, XII/120 S, 48 Taf.

30 Vgl. Walravens (1989) Weinheim S 118–124

31 Kondô Eiko (1980) Japanische Gespenster. Holzschnitte, Alben und Handzeichnungen des 18. und 19. Jahrhunderts aus der Sammlung Tikotin. Köln, 82 S

32 Vgl. Walravens, Hartmut (1983) Yamato – eine deutsche japanologische Zeitschrift. Hamburg

33 Vgl. Walravens, Hartmut (1991) Beiträge zur Ostasienbibliographie: Deutsche Literaturzeitung – Orientalisches Archiv. Berlin

34 Berlin-Rom-Tokio. Monatsschrift für die Vertiefung der kulturellen Beziehungen der Völker des weltpolitischen Dreiecks. (1939–44) Bd 1–5

絵に与えた影響》、博士号取得論文、ベルリン、1932年

30. ハルトムート・ヴァルラーヴェンス著《ドイツの東洋美術史文献、第1巻》、ハンブルク、1983年

31. 同著《大和──ドイツの日本学研究誌》、ハンブルク、1983年

32. 同著《オットー・キュンメル》、ハンブルク、1984年

33. 同著《オットー・キュンメル──ベルリンのある博物館館長の生涯と活動の一端》〈プロイセン文化財団紀要〉第24年、137頁〜149頁所収、ベルリン、ゲブリューダ・マン出版、1987年

34. 同編《お前は熱くおれ達の心が分る──日独文化関係の狭間に見るフリッツ・ルンプ（1888年〜1949年）》、ヴァインハイム、VCH アクタ・フマニオラ出版、1989年

35. 同著《クルト・グラーザー（1879年〜1943年）──ベルリンのある博物館館長の生涯と業績》〈プロイセン文化財団紀要〉第26年、99頁〜121頁所収、ベルリン、ゲブリューダ・マン出版、1989年

36. 同著《ドイツの東洋学研究者と亡命　1933年〜1945年》〈文献目録と報告──ヴェルナー・ショホフの祝賀記念論文集〉231頁〜266頁所収、ミュンヘン、1990年（グラーザーによる参考文献付載）

37. 同著《東洋文献目録〈ドイツ文学誌〉オリエント資料館》、ベルリン、1991年

ベルリンでは《日本とヨーロッパ　1543年〜1929年》(1)と銘打った展覧会が1993年9月12日より12月12日まで開催されたが、ベルリンにおいて、このような大きな規模で日本の芸術作品が展示されたのは、これが初めてではなかった。

日本の美術にベルリンの観衆が初めて接触をもったのは、1912年のことである。オットー・キュンメル（1874年〜1952年）(2)が中心となり同年《東洋の古美術展》という展覧会が催された。数多くの絵画や美術工芸品、刀剣の鍔に始まり漆器、浮世絵などが中国および朝鮮からの作品とともに展示されたのだったが、それらはほとんどすべてドイツ国内の美術館や個人の所蔵品であった。この初の試みともいえる展覧会への反響は「数少ない東洋通の間で喝采を浴びたことを除けば、およそ当惑といったものであり、さらには極端な拒絶反応も、ままあった」(3)

1930年代にベルリンで開催された二つの大きな日本美術展においては、大衆の反応は全く異なったものとなった。しかし残念ながらこの二つの展覧会はドイツにおいても日本においても、すでに忘れ去られてしまったようである。忘却の彼方にある二つの重要な展覧会についての考察が、この論文の趣旨である。

1931年には『伯林日本畫展覽會』が、1939年には『日本古美術展覽會』が開催され、ドイツの大衆は、このためにわざわざ日本から運ばれた貴重な芸術作品を鑑賞する機会に恵まれた。

『伯林日本畫展覽會』（1931年）

ベルリンの国立博物館東洋美術部部長のオットー・キュンメルが元来企画していたのは、日本の古美術についての展覧会であった。しかし、ここで難題がいくつか持ち上がったのである。日本からの輸送に関し膨大な保険金が必要であること、また、国宝の言わば国外持ち出し禁止条項により展覧会の趣旨の変更を余儀なくされ

一九三〇年代に開催された日本美術の二つの重要な展覧会について　桑原節子

Zwei bedeutende Ausstellungen japanischer Kunst in den 30er Jahren dieses Jahrhunderts

Kuwabara Setsuko

Die Ausstellung *Japan und Europa 1543–1929*[1] vom 12. September bis 12. Dezember 1993 war nicht die erste in Berlin, in der japanische Kunstwerke in einem beeindruckenden Umfang gezeigt wurden.

Erste Kontakte zur japanischen Kunst konnte die Öffentlichkeit schon 1912 knüpfen, als die von Otto Kümmel (1874–1952)[2] konzipierte *Ausstellung alter ostasiatischer Kunst* stattfand. Zahlreiche Werke aus der Malerei und dem Kunstgewerbe wie Schwertstichblätter, Lackarbeiten und Ukiyoe-Drucke, die neben chinesischen und koreanischen Exponaten fast ausschließlich aus deutschen Museen und Privatsammlungen stammten, konnten betrachtet werden. Die Reaktion auf diese erste pionierhafte Ausstellung war "Begeisterung bei den wenigen Sachkennern, überwiegend jedoch Hilflosigkeit und in einigen Fällen schroffe Ablehnung".[3]

Ganz anders äußerte sich jedoch das Publikum zu den beiden großen Berliner Ausstellungen japanischer Kunst in den 30er Jahren dieses Jahrhunderts. Leider sind sie heute sowohl in Deutschland als auch in Japan fast in Vergessenheit geraten; ihnen widmet sich dieser Beitrag.

1931 war es die *Ausstellung von Werken lebender japanischer Maler* und 1939 die *Ausstellung Altjapanischer Kunst*, die dem deutschen Publikum Gelegenheiten boten, kostbare Kunstschätze, die nur zu diesem Zweck aus Japan geschickt wurden, kennenzulernen.

Die *Ausstellung von Werken lebender japanischer Maler* (1931)

Ursprünglich plante der Direktor der Ostasienabteilung der Staatlichen Museen zu Berlin, Otto Kümmel, eine Ausstellung altjapanischer Kunst. Dabei traten jedoch schwer lösbare Probleme auf: Zu hohe Versicherungskosten oder das Quasi-Ausleihverbot der japanischen Nationalschätze (Kokuhô) für das Ausland zwangen ihn, das Thema der Ausstellung zu ändern. So bat er Wilhelm Solf[4] um Vermittlung bei der Suche nach Unterstützung auf japanischer Seite für eine Ausstellung zeitgenössischer japanischer Kunst.

Bereits im Oktober 1927 trug Wilhelm Solf dem japanischen Erziehungsminister, Tanaka Giichi (1864–1929), den Plan für die Ausstellung vor.[5] Bald wurde ein Arbeitsausschuß in Tôkyô gegründet und im De-

プロシア芸術アカデミー（1931年）
Preußische Akademie der Künste, 1931

たキュンメルは、当時の日本を代表する美術展開催を日本側が援助してくれる様、ヴィルヘルム・ゾルフ⁽⁴⁾に仲介を依頼した。

これを受け1927年にはすでにゾルフが日本の文部大臣田中義一（1864年〜1929年）に計画を打ち明けている⁽⁵⁾。すぐに東京ではこの件に関する準備委員会が設置され、1929年12月には、文部省が当時の金額で4万円を補助金として支出することを決定した。出品画家の選択は1930年1月までかかったが、結局顔ぶれは1919年に創設された帝国美術院か、1898年に岡倉天心（1862年〜1913年）の組織した芸術家協会である日本美術院の会員であった。1930年6月末までに、準備委員会にはベルリンの展覧会のために特別に制作された146点の作品が集まった⁽⁶⁾。

主催はベルリンの東亜美術協会、プロシア芸術院、日本帝国美術院および東京の日独文化協会であった。この展覧会の早期実現には、両国の関係が向上したことにくわえ、1926年にベルリン日本研究所が、また1927年に東京に日独文化協会が設置されたことが大きく貢献した⁽⁷⁾。

展示作品は、日本の観衆にも短期間ではあったが公開された。始めに京都⁽⁸⁾で7月15日から17日まで、東京で7月26日から30日まで展示された後、8月7日にドイツに向け船で送られたのである。

ベルリンでは《現在活躍中の日本の画家展》

zember 1929 entschied sich das Erziehungsministerium, 40.000 Yen zur Verfügung zu stellen. Die Auswahl der Künstler dauerte bis Januar 1930; es waren Mitglieder der 1919 gegründeten Kaiserlichen Akademie der Künste (Teikoku Bijutsuin) oder des 1898 von Okakura Tenshin (1862–1913) gegründeten Künstlervereins Nihon Bijutsuin. Insgesamt erhielt der Ausschuß bis Ende Juni 1930 146 Werke [6], die eigens für die Berliner Ausstellung geschaffen wurden.

Die Veranstalter waren die Gesellschaft für Ostasiatische Kunst, Berlin, die Preußische Akademie der Künste, die Kaiserliche Japanische Akademie der Künste und das Japanisch-Deutsche Kulturinstitut in Tôkyô. Beschleunigend auf das Zustandekommen der Ausstellung wirkte auch die positive Entwicklung des Verhältnisses beider Länder und die Gründung Japanisch-Deutscher Kulturinstitute in Berlin (1926) und in Tôkyô (1927). [7]

Für das japanische Publikum wurden die Exponate kurzzeitig vom 15. bis 17. Juli erst in Kyôto [8] und dann vom 26. bis 30. des Monats in Tôkyô ausgestellt, bevor sie am 7. August 1930 nach Deutschland verschifft wurden.

In Berlin fand die *Ausstellung von Werken lebender japanischer Maler* vom 17. Januar bis 28. Februar 1931 in der Preußischen Akademie der Künste am Pariser Platz statt. Bereits am 15. Januar 1931 empfing der Botschafter, Tôgô Shigenori (1882–1950), ca. 200 Gäste zu Teezeremonien in der Botschaft. Dabei wurde der von Yashiro Yukio (1890–1975) [9] verfaßte "inhaltlich wie in seiner äußeren Erscheinung gleich vortreffliche Katalog" [10], den Besuchern geschenkt. Dieser Empfang fand bei den Eingeladenen und in der

と銘打った『伯林日本畫展覧會』が、パリ広場のプロシア芸術院で1931年2月17日から28日まで開催された。同年1月15日にはすでに東郷茂徳（1882年～1950年）駐独大使が約200人を招待して大使館で茶会を催し、矢代幸雄（1890年～1975年）(9)が編纂した「内容的にも体裁上も非のうちどころのないカタログ」(10)が招待客に配られている。このレセプションは招待客の間でも、報道陣の間でも好評を博した。141人に及ぶ当時の日本画家(11)の手になる147作品の展覧会は、1931年1月17日正午、盛大に幕開けとなった。

展覧会は「このように小規模のものでありながらも、現代芸術の様々な方向性をほとんど網羅しており、観る者に、日本絵画の発展の全容について、ある種のイメージを与えるのに成功した」(12)

矢代は、展覧会開催地の重要性を強調した。

「ベルリンで理解されるということは紛れもなく、この地に中心を置くヨーロッパ全体の学術、芸術界に理解されることと同義である」(13)

しかし、彼は同時に、東洋の芸術がヨーロッパにおいて、まだその価値にふさわしいだけの注意を払われていないことをも示唆し、その上で、この展覧会が「この現状に転機を与えるよう効果的な役割を果たし、東洋の絵画について、まずはこれを正当な芸術として認識してもらい、そうすることによってすでに東洋の芸術を高く評価しているヨーロッパの人々に依りどころを与えることができること」(14)を希望している。

ベルリンでの展覧会会期中、34作品について買い手が見つかった。そのなかには、山口蓬春（1893年～1971年）の『雨季』や川崎小虎（1886年～1977年）の『笹に蛍』も含まれていた。これらの買上作品はデュッセルドルフにおける展覧会を経て買い手に渡った。横山大観（1868年～1958年）の『叭々鳥』や速水御舟（1894年～

Presse ein positives Echo. Am Mittag des 17. Januar 1931 wurde die Ausstellung mit 147 Werken von insgesamt 141 Künstlern[11] feierlich eröffnet.

Die Ausstellung "umfaßte doch selbst in dem kleinen Umfang ... die meisten Kunstrichtungen der Gegenwart und ermöglichte es so dem Betrachter, sich von der Gesamtentwicklung der japanischen Malerei ein Bild zu machen".[12]

Yashiro unterstrich die Bedeutung des Ausstellungsortes:

"In Berlin verstanden zu werden, das bedeutet ohne Frage: Bei der wissenschaftlichen und künstlerischen Welt Europas, soweit sie hier ihren Mittelpunkt hat, Verständnis zu finden."[13]

Ferner deutete er jedoch auch an, daß die ostasiatische Kunst in Europa noch nicht ganz angemessen bewertet werden würde, und äußerte seine Hoffnung, daß diese Ausstellung "ein wirksames Mittel sein möge, in diesen Zuständen Wandel zu schaffen, das Verständnis für die ostasiatische Malerei überhaupt in die richtigen künstlerischen Bahnen zu lenken und so der Einstellung des europäischen Bewunderers ostasiatischer Kunst Halt und Richtung zu geben."[14]

In Berlin fanden 34 Werke während der Ausstellung Käufer, darunter *Regenzeit* von Yamaguchi Hôshun (1893–1971) und *Leuchtkäfer auf Bambusgras* von Kawasaki Shôko (1886–1977). Sie wurden nach der Ausstellung in Düsseldorf den neuen Besitzern übergeben. 11 Werke, darunter *Haha-Vogel* von Yokoyama Taikan (1868–1958), *Nächtlicher Schnee* von Hayami Gyoshû (1894–1935), und *Stilleben – Fisch und Gemüse* von Takeuchi Seihô (1864–1942), wurden dann im August des Jahres 1931 der deutschen Regierung geschenkt und nach etwa einem halben Jahr offiziell den Beständen der Ostasienabteilung der Staatlichen Museen zu Berlin zugeordnet. Heute befinden sich noch 10 Werke[15] im Besitz des Museums für Ostasiatische Kunst (Staatliche Museen zu Berlin, Preußischer Kulturbesitz) in Berlin-Dahlem. Das Bild *Lüftung der Kleider* von Uemura Shôen (1875–1949) ging Ende des Krieges verloren.

Mit der stattlichen Zahl von ca. 22.000 Besuchern bis zum Ende der Berliner Ausstellung wurde beinahe ein Besucherrekord erreicht. Vom 19. März bis 4. April konnte man die Ausstellung in Düsseldorf und vom 2. bis 19. Mai in Budapest besuchen.

《偉大な作品に見る日本の顔》〈ド
イチェ・アルゲマイネ・ツァイトゥ
ンク〉紙（1939年2月15日付）
折り込み記事
Das Gesicht Japans im
Spiegelbild des Meisterwerks,
Deutsche Allgemeine Zeitung,
Beiblatt

1935年）の『夜雪』、竹内栖鳳（1864年〜1942
年）の『魚菜』など11点は1931年8月にドイツ
政府に寄贈され、その後約半年で正式にベルリ
ンの国立博物館東洋美術部の管轄下に置かれた。
今日でも、そのうち10点は[15]東洋美術館（プロ
イセン文化財団所属のベルリン国立美術・博物
館グループに属す）の所蔵である。上村松園
（1875年〜1949年）の『虫干し』は、戦争末期
に紛失した。

　ベルリンの展覧会には約2万2000人の画期的
数の観覧者が訪れ、入場者数の新記録を書き換
えんばかりであった。3月19日から4月4日ま
ではデュッセルドルフで、5月2日から19日ま
ではブダペストに移り展覧会が続行されている。

『日本古美術展覧會』（1939年）

　1937年6月には、当時の駐日ドイツ大使であ
ったヘルベルト・フォン＝ディルクセン（1882
年〜1955年）が日本政府に対し、ベルリンで日
本の古美術展を開催したい旨申し出ている。同

Die *Ausstellung Altjapanische Kunst* (1939)

Im Juni 1937 äußerte der damalige deutsche Botschafter in Japan, Herbert von Dirksen (1882–1955),
gegenüber der japanischen Regierung den Wunsch,
eine Ausstellung alter japanischer Kunst in Berlin zu
veranstalten. Bereits im September reiste Otto Kümmel, nun als Generaldirektor der Staatlichen Museen
in Berlin, nach Japan, um das Einverständnis zur
Durchführung der Ausstellung zu erhalten und so
seinen bereits vor 1931 gehegten Wunsch einer *Ausstellung Altjapanischer Kunst* erfüllen zu können. Die
folgende Ausstellung mit bisher im Ausland beispiel-
los kostbaren Exponaten[16] wurde durch den Abschluß des deutsch-japanischen Vertrags (Antikominternpakt) vom 25. November 1936 und des Kulturabkommens vom 25. November 1938 ermöglicht.
Während der Vorbereitungszeit des Antikominternpaktes gab Hitler, höchstwahrscheinlich auf Rat von
Otto Kümmel, ein altes Bildnis des Kaisers Saga
(786–842) aus den Berliner Museumsbeständen an
das japanische Kaiserhaus zurück.[17] Diese Geste ver-
fehlte ihre Wirkung nicht.

Mit der Unterstützung der Kaiserlich Japanischen
Regierung und der Gesellschaft für Ostasiatische
Kunst fand die Ausstellung vom 28. Februar bis

年9月には、ベルリンの国立美術・博物館グル
ープ総館長に就任したオットー・キュンメルが
来日し、同展覧会を挙行するにあたっての理解
を得るため尽力し、1931年以前に立ち消えに
なっていた日本の古美術展を今度こそ実現させ
よう、と試みた。これほど貴重な日本の古い芸
術作品が展覧会のために海外に持ち出されたの
は初めてのことであったが(16)、それにはおもに日
独防共協定が1936年11月25日に締結され、ま
た1938年11月25日には日独文化協定も締結さ
れたことが大きく貢献した。日独防共協定の折
衝中にヒトラーは、ベルリン美術館所蔵であっ
た嵯峨天皇（786年〜842年）の肖像画を日本
の皇室に返却している(17)。おそらくはキュンメル
のアドバイスを受けたのだと言われているが、
ドイツ側がここで狙った効果は存分に現れた。

　大日本帝国政府の支援を受け、東亜美術協会
の主催したこの展覧会は1939年2月28日から
3月31日まで、ベルリンの美術館島上にあるド
イツ美術館で開催された(18)。

　1931年の展覧会の時とは対照的に、今回は展
示品がハンブルク港に着く1939年1月17日以
前から開催準備期間をつうじ数多くの新聞が関
係記事を掲載したため、この展覧会の重要性は
ごく一部の識者に対象を絞らず、幅広く喧伝さ
れた(19)。横山大観の手になる展覧会用ポスターに
は桜と日輪がほどこされ、2月にはベルリン中に
張られたことも評判を高めるのに一役買った。

　1939年2月28日正午、この展覧会はヒトラー
総統臨席のもと幕が切って落とされたのである。

　展覧会用に200点を越す作品が選定され、そ
のなかには皇室所有の2作品や東京帝室博物館
からの10点も含まれていた。29点の国宝、61
点の重要美術品を始めとする美術史上の宝物が
美術館を始めとする神社、寺、個人のもとから
これほどの規模で海外へと持ち出されたのは、
かつて例のないことであり、これら作品はカタ

31. März 1939 im Deutschen Museum auf der Museumsinsel statt.[18]

Im Gegensatz zur Ausstellung von 1931 wurde diesmal bereits vor der Ankunft der Exponate in Hamburg am 17. Januar 1939 und während des Aufbaus der Ausstellung mehrmals in zahlreichen Zeitungen berichtet, so daß nicht nur ein kleiner Kreis von Fachleuten über die einmalige Bedeutung der Ausstellung unterrichtet war.[19] Das von Yokoyama Taikan entworfene Ausstellungsplakat mit der Darstellung von Kirschblüten und dem Sonnenball, das im Februar überall in Berlin zu sehen war, trug auch zur Popularität bei.

Am Mittag des 28. Februars 1939 wurde die Ausstellung in Anwesenheit Hitlers eröffnet.

Für die Ausstellung wurden 126 Katalognummern mit über 200 Einzelwerken ausgewählt: Darunter zwei Kunstwerke aus dem Besitz des kaiserlichen Hauses und zehn Werke aus dem Kaiserlichen Museum in Tôkyô. Insgesamt wurden 29 Nationalschätze und 61 wichtige Kunstschätze aus Museen, Shintoschreinen, buddhistischen Tempeln und von privaten Besitzern zum ersten Mal im Ausland in dieser kunsthistorischen Qualität ausgestellt. Das Kunstgewerbe

『伯林日本古美術展覧會記念図録』表紙題目字は横山大観（1939年）
Einband des Gedächtniskatalogs der Ausstellung Altjapanischer
Kunst, Berlin 1939 (Titelschrift von Yokoyama Taikan)

ログ上では 126 項目にまとめられた。工芸品は、能・狂言の面および能装束数点を除いては出品されていない。しかし、絵画、彫刻をつうじ 7 世紀初頭から 19 世紀半ばまでの日本美術史の発展がくまなく網羅された(20)。

展覧会はドイツ美術館の二階で開催された。ここは普段「デューラー、ホルバイン、アルトドルファー、クラナッハ、バルドゥング、ブルクマイヤーなどの貴重なドイツの絵画が所狭しと並ぶ場なのである」(21)

日本側はすべての展示品がショーケースに収められるよう希望した。この意に沿えるよう展示場そのものがミュンヘンのマックス・ヴィーダーアンダス教授により改築され、日本様式を兼ね備えることとなった。展覧会は、あらゆる予想をはるかに上回る成功を収め、31 日間で 6 万 4500 人を越える入場者を記録した。出展作品すべての写真が載せられているカタログは 1 万 4500 部が最初の一ヶ月で売られた後、1941 年 10 月までに完売した(22)。

こうして「ドイツ人と日本人という、友好関係にある二国民の相互理解を深めるための新たな橋をかけるという、この展覧会の目的は果たされた」(23)

日本の芸術作品を選りすぐって外国に送り展示するという史上例のなかった試みは、政治的背景があったからこそ可能になったのであったし、その成功は、二つの文化的国民の親善の証しであると、盛んにプロパガンダがおこなわれた。

1939 年 7 月 5 日から 11 日まで、ベルリンで展示された作品はすべてもう一度東京の帝室博物館で公開され、日本の大衆も、このように貴重な美術作品をみる稀な機会を得た。

1939 年 12 月には、非常に装丁を凝らした二巻からなる『日本古美術展覧會』記念目録が東京で出版され、成功裡に終わったこの文化面を越えた二国間交流に終止符を打った(24)。

十一面観音（14世紀）、個人蔵、東京

Elfgesichtige Kwannon, 14 Jhdt., Privatbesitz, Tôkyô

war außer durch einige Nô- und Kyôgen-Masken sowie Nô-Gewändern nicht vertreten. Anhand der Malerei und Plastik wurde hier die Entwicklung japanischer Kunstgeschichte vom Beginn des 7. Jahrhunderts bis zur ersten Hälfte des 19. Jahrhunderts aufgezeigt. [20]

Die Ausstellung fand im Obergeschoß des Deutschen Museums, das normalerweise die "kostbaren deutschen Gemälde birgt, die Gemälde Dürers und Holbeins, Altdorfers und Cranachs, Baldungs und Burgkmaiers" [21], statt.

Damit nach dem Wunsch der Japaner alle Exponate hinter Glas untergebracht werden konnten, wurden die Räume durch Prof. Max Wiederanders aus München umgestaltet und dem japanischen Stil angepaßt. Der Erfolg der Ausstellung übertraf alle Erwartungen bei weitem: in 31 Tagen zählte man über 64.500 Besucher. In dem umfangreichen Katalog waren sämtliche Exponate abgebildet. Über 14.500 Kataloge wurden im ersten Monat verkauft, vor Oktober 1941 waren alle vergriffen. [22]

So "erfüllte die Ausstellung ihren Zweck, eine neue Brücke des Verständnisses zwischen den beiden befreundeten Völkern, dem deutschen und japanischen, zu schlagen". [23]

注

(1) 参考文献 4

(2) 参考文献 17 （137 頁以降）

(3) 参考文献 15。この場を借り、本テーマに関する多数の新聞記事をご親切に提供してくださったヴァルラーヴェンス先生に改めて感謝申し上げる。

(4) インド学者であり、東亜美術協会会長であったヴィルヘルム・ソルフ博士（1862年〜1936年）は、1920年から1928年まで大使として日本に滞在し、文化、学術面で両国の交流を促進した。ソルフは個人的にも日本文化に興味を示し、1925年には木版画家の名取春仙（1886年〜1960年）に自身の浮世絵風の肖像画を依頼作成させている。

(5) 参考文献 14 （275頁）

(6) 実際には 147 作品が展示され、カタログに収録された。佐藤道信によれば、小室翠雲（1874年〜1945年）は展覧会の開会式に出席したが、掛軸「昆虫図」（双幅）をおそらく自分でベルリンに運びこんだのではないか、という。参考文献 14 （275頁）

(7) 両機関の成立については参考文献 6 を参照。

(8) 参考文献 12

(9) 矢代幸雄教授は東京帝室博物館の学芸員であり、1930年 11 月から展覧会の学術面の準備のためベルリンに滞在した。同氏の他、1930年 4 月よりベルリン日本研究所の会長としてベルリンにいた上野直昭教授（1882年〜1973年）もこの準備に携わっている。

(10) 参考文献 8

(11) 参考文献 2 参照

(12) 参考文献 2 （11頁）参照。キュンメルも、作品の選択はほとんど客観的すぎるほどで、1930年における日本の画壇を学術的な冷徹さをもって切り取ったもの、と述べている。また「本展覧会で日本の現代美術の実情を見せ尽くすことはできない。なぜなら寺崎広業（1866年〜1919年）や偉大な富岡鉄斎（1836年〜1924年）など、現在にも息づく画家の作品が、彼らが肉体的にはもう死亡しているためにここに登場してこないからだ」と批判した。参考文献 9 （254頁）より引用

(13) 参考文献 2 （12頁）、5 参照

(14) 参考文献 2 （10頁）

(15) すでに挙げられている 3 点の他、以下の 7 点がくわわる。『水声聲』鏑木清方（1878年〜1972年）、『深山晩秋』川合玉堂（1873年〜1957年）、『蘆雁』荒木十畝（1872年〜1944年）、『保津の清流』山本春挙（1872年〜1933年）、『白雲出岫』結城素明（1875年〜1957年）、『飢雅図』西山翠嶂（1879年〜1958年）、『虫の声』小室翠雲（1876年〜1945年）

(16) 1929年および 1935年に発布された条例により国宝（1929年）および重要美術品（1935年）は日本国外持ち出

Der politische Hintergrund ermöglichte diese historisch beispiellose Ausstellung japanischer Kunst mit auserlesenen Exponaten im Ausland, und der Erfolg der Ausstellung wurde wiederum als Beweis für die Freundschaft beider Kulturvölker propagiert.

Vom 5. bis 11. Juli 1939 wurden alle zuvor in Berlin ausgestellten Bilder im Kaiserlichen Museum in Tôkyô gezeigt. Damit gab man auch dem japanischen Publikum die seltene Gelegenheit, sich die kostbaren Kunstwerke anzusehen.

Im Dezember 1939 wurde der sehr aufwendige, zweibändige Gedächtniskatalog der Ausstellung *Altjapanischer Kunst* in Tôkyô herausgegeben und diente als Abschluß dieses erfolgreichen, nicht nur kulturellen Austausches. [24]

Anmerkungen

[1] Croissant, Doris und Lothar Ledderose (Hrsg)(1993) Japan und Europa. Ausstellungskatalog. Berlin: Argon

[2] Walravens, Hartmut (1987) Otto Kümmel, Streiflichter auf Leben und Wirken eines Berliner Museumsdirektors. In: Jahrbuch der Stiftung Preußischer Kulturbesitz. Jg 24, Berlin: Gebr. Mann, S 137ff

[3] Walravens, Hartmut (1984) Die Ostasienausstellung Berlin 1912 und die Presse. Hamburg: C. Bell (Bibliographien zur ostasiatischen Kunstgeschichte in Deutschland, Bd 4) An dieser Stelle möchte ich mich bei Herrn Dr. Hartmut Walravens ganz herzlich bedanken, daß er mir freundlicherweise zahlreiche Zeitungsausschnitte zu diesem Thema zur Verfügung gestellt hat.

[4] Der Indologe und Vorsitzende der Gesellschaft für Ostasiatische Kunst, Dr. Wilhelm Solf (1862–1936), hielt sich als Botschafter in Japan von 1920 bis 1928 auf und förderte die Partnerschaft im kulturellen und wissenschaftlichen Bereich der beiden Länder. Er interessierte sich auch selbst für die japanische Kunst und ließ sogar 1925 sein Portrait im Ukiyoe-Stil von dem Holzschnittkünstler Natori Shunsen (1886–1960) schaffen.

[5] Satô Dôshin (1992) Berurin nihonga tenrankai (Ausstellung japanischer Bilder in Berlin). In: Hizô Nihon Bijutsu Taikan, Bd 7, Berurin Tôyô Bijutsukan. Tôkyô: Kôdansha, S 275

[6] Tatsächlich wurden insgesamt 147 Werke ausgestellt und in den Katalog aufgenommen. Satô vermutet, daß Komuro Suiun (1874–1945), der an der Eröffnung der Ausstellung teilnahm, evtl. sein Werk (Hängerollenpaar *Der Chor der Insekten*) selbst mit nach Berlin genommen hat. Satô (1992) S 275

[7] Über die Gründung der beiden Institute: Friese, Eberhard

し禁止となった。その後、文部大臣が関係当局と折衝した後、1936年に初の例外措置が認められ、国宝3点がボストンでの展示へと送られている。1938年7月12日に展覧会委員会は国宝と重要美術品をベルリンへ送る許可を得た。

(17) 東亜美術協会の会長であるフォン＝ディルクセン博士が急病で欠席したため、開会式の挨拶を代読したキュンメルは、その席で、ヒトラーから返還された肖像画についても触れている。1939年3月1日付の〈ベルリン地方ニュース〉紙参照。1935年6月28日付の「朝日新聞」には、その前日にヒトラー自ら駐独日本大使の武者小路公共（1892年〜1962年）に対し、嵯峨天皇の肖像画を返却する旨正式伝達があった、と報道された。今日でもこの肖像画は皇室のコレクションとなっている。参考文献13、270頁以降および写真9参照。ヴィルヘルム・フォン＝ボーデに宛てた1907年9月30日付の手紙のなかで京都にいたキュンメルは「長い間探し求めていた土佐派の作品、それも非常に稀な嵯峨天皇の肖像画を、2500円で」購入したと書いている。そして「東京博物館と九鬼男爵（美術愛好家および芸術政策家の九鬼隆一（1852年〜1931年）——筆者注）の先を越したことを、私は非常に誇りに思っている」と続けている。参考文献16（58頁）より引用

(18) 参考文献1

(19) キュンメルは「ドイツの新聞と一般雑誌はこぞって写真入りの長い記事を掲載し、芸術雑誌には詳細な論文が載った」と書いている。参考文献10（267頁）より引用

(20) 「佛畫、大和繪、近世の装飾畫、此の三つを中心として日本畫の最も本質的な特色を発揮すること、之れに佛像彫刻をも加えて略ぼ日本古美術の全貌を示すこと、量よりも質を、出來る限り優秀な作品を得ること」というのが、ドイツ側の提案であった。参考文献7

(21) 1939年2月28日付〈ベルリン地方ニュース〉紙

(22) 参考文献10（267頁）、11（145頁）

(23) フォン＝ディルクセンの挨拶文。参考文献10（265頁）より引用

(24) 参考文献3『伯林日本古美術展覧會記念図録』は序文67頁、本文431頁、213作品の折り込みからなる。本カタログのために横山大観は表紙の題目字と富士山の水彩画を作成した。

参考文献

1. 《日本古美術展覧會》（展覧会カタログ）、ベルリン、1939年

2. 《伯林日本畫展覧會》（展覧会カタログ）、ベルリン、ヴュルフェル出版、1931年

3. 伯林日本古美術展覧會委員会刊行『伯林日本古美術展覽會記念図録、上下2巻』、東京、大塚巧芸社、1939年（非売品）

(1987) "Das Verständnis fördern und dem Frieden dienen ... ", Gründung und Ambiente der Deutsch-Japanischen Kulturinstitute in Berlin und Tôkyô. In: Festschrift zur Einweihung des Gebäudes der ehemaligen japanischen Botschaft in Berlin-Tiergarten am 8. November 1987. Berlin, S 28ff

8 Kyôto Kokuritsu Kindai Bijutsukan (Hrsg) (1986) Kyôto no nihonga 1910–30 (Japanische Malerei aus Kyôto 1910–1930), Ausstellungskatalog. Kyôto, o.S.

9 Prof. Dr. Yashiro war Kustos des Kaiserlichen Museums in Tôkyô und hielt sich seit November 1930 für die wissenschaftliche Vorbereitung der Ausstellung in Berlin auf. Neben ihm betreute auch Prof. Ueno Naoteru (1882–1973) wissenschaftlich die Ausstellung, der als Leiter des Berliner Japan-Institutes bereits seit April 1930 in Berlin war.

10 Glaser, Curt (1931) Moderne japanische Maler. In: Berliner Börsen-Courier, 18.1.1931

11 Vgl. Ausstellung von Werken lebender japanischer Maler (1931) Ausstellungskatalog. Berlin: Würfel

12 Ausstellungskatalog (1931) S 11. Auch Kümmel kommentierte, daß die Auswahl der Werke ein beinahe zu objektives Bild, ein mit fast wissenschaftlicher Kühle gelegter Schnitt durch die Malerei des Jahres 1930 zeigt. Ferner bemerkte er kritisch, daß "die Ausstellung eine wirkliche Vorstellung von der modernen Malerei Japans schon deshalb nicht geben könne, weil einige der Größten, wie Terasaki Kôgyô (1866–1919) und der geniale Tomioka Tessai (1836–1924), so lebendig sie heute noch wirkten, körperlich tot und deshalb nicht vertreten seien". Kümmel, Otto (1931) Japanische Malerei in Deutschland. In: Der Türmer, Deutsche Monatshefte 33. Berlin, S 254

13 Vgl. Donath, Adolph (1931) Japanische Malerei. In: Berliner Tageblatt, Abend-Ausgabe vom 17.1.1931. Vgl. ebenso Ausstellungskatalog (1931) S 12

14 Ausstellungskatalog (1931) S 10

15 Außer den bereits erwähnten drei Werken gehören sieben folgende Bilder dazu: *Mädchen am Quell* von Kaburagi Kiyokata (1878–1972), *Spätherbst im Gebirge* von Kawai Gyokudô (1873–1957), *Wildgänse im Schilf* von Araki Juppo (1872–1944), *Hozu-Fluß* von Yamamoto Shunkyo (1872–1933), *Berge in Wolken* von Yûki Somei (1875–1957), *Hungrige Raben* von Nishiyama Suishô (1879–1958) und *Der Chor der Insekten* von Komuro Suiun (1876–1945).

16 Durch die 1929 und 1935 erlassenen Gesetze durften grundsätzlich keine Nationalschätze, Kokuhô (1929), sowie keine wichtigen Kunstschätze, Jûyô bijutsuhin (1935), japanischen Boden verlassen. So wurden, z.B. 1936, nachdem der Erziehungsminister im Einverständnis mit den beiden zuständigen Regierungsaus-

4. ドーリス・クロワッサン／ロータ・レッダローゼ共著《日本とヨーロッパ》（展覧会カタログ）、ベルリン、アルゴン出版、1993年

5. アドルフ・ドーナート著《日本絵画》〈ベルリン日報〉紙、1931年1月17日夕刊掲載

6. エーバハルト・フリーゼ著『相互理解を促進し、平和に貢献する・・・——ベルリン日独センター開所式のための書下ろし論攷』「ベルリン旧日本国大使館建物開所式典——1987年11月8日——記念出版」（日独語）28頁〜47頁所収、ベルリン、1987年

7. 福井利吉郎著《序文》〈日本古美術展覧會〉（展覧会カタログ）XV頁所収、ベルリン、1939年

8. クルト・グラーザー著《現代日本画家》〈ベルリン株式伝令〉紙、1931年1月18日掲載

9. オットー・キュンメル著《ドイツにおける日本の絵画》〈鐘楼守——ドイツの月刊誌、第33号〉所収、ベルリン、1931年

10. 同上／フリッツ・ゲルプケ共編《東亜美術協会会報》、新シリーズ14号、ベルリン、ワルテル・ツ・グルイテル出版、1939年

11. 同編《東亜美術協会会報》、新シリーズ17号、ベルリン、1941年

12. 京都国立近代美術館編『京都の日本画1910年〜30年』（展覧会カタログ）、京都、1986年

13. 毎日新聞社刊『皇室の至宝1——御物1』、東京、1991年

14. 佐藤道信著『伯林日本画展覧会』「秘蔵日本美術大観、第7巻、ベルリン東洋美術館」所収、東京、講談社、1992年

15. ハルトムート・ヴァルラーヴェンス著《1912年のベルリンにおける東アジア展と報道》〈ドイツにおける東アジア美術史文献目録、第4巻〉所収、ハンブルク、C・ベル出版、1984年

16. 同著《オットー・キュンメル》〈ドイツの東洋美術史文献、第3巻〉所収、ハンブルク、C・ベル出版、1984年

17. 同著《オットー・キュンメル——ベルリンのある博物館館長の生涯と活動の一端》〈プロイセン文化財団紀要、第24年〉137頁〜149頁所収、ベルリン、ゲブリューダ・マン出版、1987年

schüssen Ausnahmen zugestimmt hatte, zum ersten Male nur drei Nationalschätze zu einer Ausstellung in Boston geschickt. Am 12. Juli 1938 erhielt der Arbeitsausschuß die Genehmigung, Nationalschätze und wichtige Kunstschätze zur Ausstellung nach Berlin zu versenden.

[17] Kümmel verlas bei der Eröffnungsfeier die Begrüßungsansprache an Stelle des plötzlich erkrankten, ersten Vorsitzenden der Gesellschaft für Ostasiatische Kunst, Dr. von Dirksen, wobei er auch das von Adolf Hitler zurückgegebene Bild erwähnte. Vgl. *Berliner Lokal-Anzeiger* vom 1.3.1939. In der japanischen Zeitung *Asahi Shimbun* vom 28.6.1935 ist zu lesen, daß Hitler dem japanischen Botschafter, Mushanokôji Kintomo (1892–1962), einen Tag zuvor in Berlin eine offizielle Mitteilung über die baldige Rückgabe des Bildnisses des Kaisers Saga der japanischen Kaiserfamilie machte. Das Bild befindet sich heute noch in der kaiserlichen Sammlung, Tôkyô. Vgl. Kôshitsu no shihô 1, Gyobutsu 1 (1991). Tôkyô: Mainichi Shinbunsha, S 207ff, Abb 9. In einem Brief an Wilhelm von Bode schrieb Kümmel am 30.9.1907 aus Kyôto: Kümmel kaufte für 2.500 Yen das "seit langem ersehnte Bild der Tosa-Schule, obendrein ein sehr ungewöhnliches, das Portrait des Kaisers Saga". Ferner schrieb Kümmel: "Ich bin stolz darauf, das Bild dem Museum in Tôkyô und dem Baron Kuki (Kuki Ryûichi: 1852–1931; Kunstkenner und -politiker, A.d.V.), die sich eifrig darum bewerben, entführt zu haben". In: Walravens, Hartmut (1984) Otto Kümmel. Hamburg: C. Bell (Bibliographien zur ostasiatischen Kunstgeschichte in Deutschland, Bd 3) S 58

[18] Ausstellung Altjapanischer Kunst (1939) Ausstellungskatalog. Berlin

[19] Kümmel schrieb, daß "wohl alle deutschen Zeitungen und alle Zeitschriften allgemeinen Charakters längere, oft reich bebilderte Berichte, die Kunstzeitschriften ausführliche Aufsätze" gebracht hätten. In: Kümmel, Otto und Fritz Gelpke (Hrsg)(1939) Mitteilungen der Gesellschaft für Ostasiatische Kunst, NF 14, Berlin: Walter de Gruyter, S 267

[20] "Daß vor allem die buddhistische Malerei, das Yamato-E und die neuere dekorative Malerei die besondere Eigenart der japanischen Malerei ausmachen, und daß sie, wenn man noch die buddhistische Skulptur hinzufügt, das Wesentliche der japanischen Kunst bezeichnen, daß es mehr auf die Güte als auf die Zahl ankomme, und daß es wünschenswert wäre, für die Ausstellung soweit wie möglich hervorragende Kunstwerke zu sichern ..." waren die Vorschläge von der deutschen Seite. In: Fukui Rikichirô (1939) Einleitung. In: Ausstellungskatalog. S xv

[21] Berliner Lokal-Anzeiger vom 28.02.1939

[22] Kümmel (1939) In: Mitteilungen der Gesellschaft für Ostasiati-

sche Kunst. S 267. Kümmel (1941) In: Mitteilungen der Gesellschaft für Ostasiatische Kunst. S 145

[23] Begrüßungsansprache von Herbert von Dirksen. Zitiert nach: Kümmel (1939) In: Mitteilungen der Gesellschaft für Ostasiatische Kunst. S 265

[24] Japanischer Ausschuß für die Berliner Ausstellung Altjapanischer Kunst (Hrsg) (1939) Gedächtniskatalog der Ausstellung Altjapanischer Kunst Berlin 1939, 2 Bände, in japanischem Einband, LXVII, 431 S, gefaltet mit 213 Tafeln. Tôkyô: Ôtsuka Kôgeisha (nicht im Handel). Für diesen Katalog schuf Yokoyama Taikan neben der Titelschrift auch eine Tuschzeichnung vom Berg Fuji für den Inneneinband.

「ゾルフ大使は、スピーチや講演というよりも、信頼と好感を抱かせる人柄によって行動し、芸術的な外交手腕によって数年と経たぬうちに在東京外交官のなかでも代表的人物となり、外交団首席にまでなった。日独通商条約の締結は大きな政治的功績であり、これにより貿易上の制限と障害の時代が克服された。ゾルフ成功の秘密はゾルフの多方面にわたる教養と深い関心、それに日本の要人に対する愛想のいい、率直な、友好的な態度にあった。ゾルフは鋭い議論を振りかざしたり、ドイツ側の要求を強く主張しないで外交上の要望を貫徹する術を心得ており、その説得術によっていつの間にか多くの事柄を成就させることができた。斯くの如く見てくると、ゾルフは大きな問題があるとき、果断敢行するタイプではなく、実行の時が熟するまで待つタイプだったことが分かる」[1]

1897年から東京で歴代大使を観察できる立場にあったカール・フォークトは、ワイマール共和国が東京に派遣した初めての大使についてこう書いている。これと比較できるだけの日本側からの人物評も探せば見つかると思われる。日本側は、日本芸術と文化に対するゾルフの真の関心、仏教に関する知識、国際的見識、植民地政策論上の著作などをゾルフの高い人物評価の理由に挙げるであろう[2]。

1929年にベルリンに帰ると、ゾルフは多彩な政治、文化活動に身を捧げた[3]。東洋、とりわけ日本との関係が維持された。ゾルフは東亜美術協会会長となり、友人フリッツ・ハーバーからベルリン日本研究所所長[4]を受け継いだ。独日協会の名誉会長職も精力的に務め、ゾルフの影響で独日協会はベルリン日本研究所に接近することになる[4]。

「私はここで、東京にいるかの如く中国政治を見守っております」と、ゾルフは1930年初めに出淵勝次宛てに書いている。「幣原さんが再び

ヴィルヘルム・ゾルフ大使とナチ初期時代の東京とベルリン

アネッテ・ハック

Botschafter Wilhelm Solf und die ersten Jahre der Nazizeit in Berlin und Tôkyô
Annette Hack

"Durch seine Persönlichkeit, die Vertrauen und Zuneigung einflößte, wirkte Solf mehr als durch Reden oder Vorträge, und durch sein Geschick, das Instrument der Diplomatie meisterhaft wie ein Künstler zu spielen, wurde er nach wenigen Jahren der führende Vertreter der ausländischen Diplomatie in Tôkyô und endlich Doyen des diplomatischen Corps. Von grösseren politischen Erfolgen ... spricht der Abschluß eines deutsch-japanischen Handelsvertrages, durch den die Periode der Beschränkungen und mancherlei Erschwerungen im Handelsverkehr überwunden wurde. In seiner vielseitigen Bildung, seinem regen Interesse, seinem Eingehen auf die leitenden Männer Japans, denen er leutselig, offen und freundlich entgegentrat, lag die Wurzel seines Erfolgs. Er verstand es, diplomatische Wünsche ohne scharfes Argumentieren oder starke Betonung deutscher Ansprüche durchzusetzen und hat vieles unter der Hand durch seine Überredungskunst regeln können. So gesehen versteht man, daß er kein Mann kurzentschlossenen Tuns war, wenn größere Fragen zur Debatte standen. Er ließ den Dingen ihren Lauf, bis die Entwicklung ihm reif für ein Eingreifen schien." [1]

So beschrieb Karl Vogt, der von 1897 an deutsche Botschafter in der japanischen Hauptstadt hatte beobachten können, den ersten Botschafter, den die Weimarer Republik nach Tôkyô entsandte. Eine vergleichbare Charakteristik aus japanischer Feder wäre noch zu entdecken; sie würde vielleicht Solfs echtes Interesse an der japanischen Kunst und Kultur, seine

後藤新平がハーバーとゾルフを招いて開催した晩餐会（1924年）
Bankett Gotôs für Haber und Solf, 1924

外相になられたのを喜んでおります。私は今、各地で講演をしてドイツ人に日本国および日本人について理解してもらうよう努めております。日本国の事情について一部恐ろしいくらいの無知が西欧全体を支配しております。我々は長岡さんの家族としばしば親交しておりますが、私はベルリンの我が家がメゾン・ジャポネーズ（日本の家）と称されているのを誇りに思っております」(5)

日本は満州支配を軍事力を行使せずに達成できる、としたゾルフが幣原という人物に抱いた希望は満たされなかった。1931年9月に戦争状態に入り、「満州事変」と婉曲に呼ばれた軍事行動は1932年3月1日傀儡国家満州国建国で一応決着した。この問題では、ドイツおよび世界の同情が中国側に向けられた。中国における日本の権益を支持するか、少なくとも理解させようとした日本側以外の意見のひとつに、ヴィルヘルム・ゾルフが1932年3月25日付〈ベルリン株式新聞〉に書いた《極東紛争の原因について》と1934年12月23日付〈ベルリン日報〉に書いた《日本》がある(6)。後者に対し「ドイツ在留中国人祖国防衛連盟」からつぎのような抗議文が寄せられた。

「貴殿は日本帝国主義を生存闘争だとおっしゃる。しかし、それは大間違いであります。甲さん家庭が子沢山で貧乏であるからといって隣の乙さんのものを盗むのを、閣下は生存のための闘争という言葉で正当化されますか」(7)

この非難は妥当とは言え、ゾルフとしてはむしろ日本の立場を説明して、日本の中国政策がヨーロッパの跡を追ったもので、干渉と一方的な中国支持は紛争を拡大するに過ぎないことをヨーロッパ人とアメリカ人に明確にしようとしたのである。しかし、慎重にニュアンスを込めて議論する時期はドイツの首府でも、日中戦争においても過ぎ去っていた。

Kenntnis des Buddhismus, seinen internationalen intellektuellen Horizont und seine kolonialtheoretischen Schriften als Gründe für die Wertschätzung anführen.[2]

1929 nach Berlin zurückgekehrt, widmete Solf sich vielfältigen politischen und kulturellen Aufgaben.[3] Der Bezug zu Ostasien, speziell zu Japan, blieb dabei erhalten: Solf führte den Vorsitz in der Gesellschaft für Ostasiatische Kunst, übernahm von seinem Freund Fritz Haber den Vorsitz im Kuratorium des Japan-Instituts und wurde ein sehr aktiver Ehrenpräsident der Deutsch-Japanischen Gesellschaft, die sich unter seinem Einfluß dem Japan-Institut annäherte.[4]

"Ich verfolge hier die chinesische Politik mit demselben Interesse, als wäre ich noch in Tôkyô," schrieb Solf Anfang 1930 an Debuchi Katsuji. "Ich freue mich, daß Shidehara wieder am Ruder ist. Ich bin eifrig damit beschäftigt, durch Vorträge an verschiedenen Orten meine Landsleute über Japan und die Japaner aufzuklären. Es herrscht im ganzen Westen eine teilweise hanebüchene Unkenntnis über japanische Verhältnisse. Wir sind mit Nagaokas viel zusammen, und ich bin stolz darauf, daß unser Haus in Berlin als das maison japonaise gilt."[5]

Solfs in der Person Shideharas verkörperte Hoffnung, daß sich Japans Vormachtstellung in der Mandschurei ohne Einsatz militärischer Gewalt würde erreichen lassen, erfüllte sich nicht. Im September 1931 kam es zum Krieg. Der euphemistisch als "Mandschurei-Zwischenfall" bezeichnete Waffengang wurde mit der Errichtung des Marionettenstaates Manchukuo am 1. März 1932 vorläufig beendet. Die Sympathien der deutschen wie der Weltöffentlichkeit lagen in dieser Frage auf Seiten Chinas. Zu den wenigen nicht-japanischen Stimmen, die Japans Ansprüche in China unterstützten oder zumindest nachvollziehbar machen wollten, zählten auch Wilhelm Solfs Artikel: "Wie kam es zum Konflikt im Fernen Osten?" in der *Berliner Börsenzeitung* vom 25. März 1932 und "Japan" im *Berliner Tageblatt* vom 23. Dezember 1934.[6] Der letztere trug ihm einen Protestbrief der Liga für Vaterlandsverteidigung der Chinesen in Deutschland ein, in dem es hieß: "Sie bezeichnen den japanischen Imperialismus als 'Existenzkampf'. Dies ist ein großer Irrtum! Wenn

ゾルフは30年代初め、何人かの著名人ととも
にナチスの台頭に対抗して保守中道市民運動、
一種の理性連合を組織しようとしたが、失敗す
る。ナチスが「政権獲得」すると、ゾルフはこ
のことだけでもうすでに疑わしい人物と見なさ
れた。

　何人かの会員が当局の支持を得て独日協会を
思想統制しようとした動きは、ユダヤ人の理事
だけでなく、名誉会長であるヴィルヘルム・ゾ
ルフに対するものでもあった⁽⁸⁾。しかし、この策
略を演出した日本海軍事務所の酒井直衛⁽⁹⁾と武器
商人フリードリッヒ＝ヴィルヘルム・ハックは
日本におけるゾルフの名声を知っており、宣伝
省の密偵からゾルフの身を守った。ゾルフは名
目上独日協会名誉会長に止どまるものの、その
後は独日協会をベルリン日本研究所からなるべ
く遠ざけるようにした。

　1933年秋、ゾルフはまたもナチスから嫌疑を
かけられる。ゾルフが、大阪府立医科大学学長
であり長年にわたって日独文化学術交流に尽く
した佐多愛彦をつうじて、職を追われたユダヤ
人研究者や芸術家のために日本で職を世話しよ
うとしたからだ。「ゾルフのリスト」に載った名
前で最も有名だと思われるのは、当時ベルリン
芸術大学作曲科の主任をしていた作曲家アーノ
ルト・シェーンベルクの名前である。職探しに
佐多は日本の新聞を利用した。新聞ではゾルフ
の名前を挙げ、解雇されたフリッツ・ハーバー
も日本に招聘できたら、と希望を述べた。この
やり方の効果は実証済で、アーリア条項によっ
て職を追われたドイツ人の父と日本人の母を持
つベルリン帝国農林生物研究所の職員の場合は
日本で大反響を呼び、職の申出がたくさんあっ
たのである。この記事によってヴィルヘルム・
ゾルフに危険が降りかかるとは、佐多は全く考
えてもみなかった。

　独日協会の理事であり、事務局長も兼任して

ハーバー夫妻を囲むゾルフ（右から三人目）と星（左から二人目）、青函
連絡船上（1924 年）

Auf dem Fährschiff Aomori–Hokkaidō 1924, Solf 3. von rechts
neben Habers und Hoshi (2. v. links)

A kinderreich und arm ist und das Eigentum seines
Nachbarn B raubt, würden Sie, Exzellenz, diese Räubertätigkeit mit der Bezeichnung 'Existenzkampf'
rechtfertigen?" [7]
So berechtigt diese Kritik ist, ging es Solf doch eher
darum, den japanischen Standpunkt darzustellen
und Europäern und Amerikanern deutlich zu machen, daß Japan in seiner China-Politik europäischen
Spuren folgte und daß Einmischung und die einseitige Unterstützung Chinas den Konflikt nur noch verschärfen würde. Die Zeit für abwägende, nuancierende Argumentationen war allerdings vorbei. Im
japanisch-chinesischen Konflikt nicht weniger als in
der deutschen Hauptstadt.
Solf hatte sich mit einigen anderen Persönlichkeiten
des öffentlichen Lebens Anfang der 30er Jahre vergeblich bemüht, eine Sammlungsbewegung der konservativen bürgerlichen Mitte, eine Art Koalition der
Vernunft, gegen den aufstrebenden Nationalsozialismus ins Leben zu rufen. Nach der "Machtergreifung" galt er schon allein deshalb als suspekt.
Die amtlich geförderten Bestrebungen einiger Mitglieder zur Gleichschaltung der Deutsch-Japanischen
Gesellschaft richteten sich nicht nur gegen die jüdischen Vorstandsmitglieder, sondern auch gegen Wilhelm Solf als Ehrenpräsidenten. [8] Sakai Naoe [9], ein
Mitarbeiter des japanischen Marinebüros, und Friedrich Wilhelm Hack, ein Makler für Rüstungsgeschäfte, die diesen Coup mitinszenierten, kannten jedoch
Solfs Ansehen in Japan und setzten sich gegen die

いたハックはすぐにゾルフ夫人を訪ねて、こう言った。

「ナチ首脳部から、ドイツ人教授の日本招聘問題に関して閣下とお話しするよう依頼を受けて参りました」(10)。ハックの報告から、ゾルフ夫人とハックがこの案件を荒立てないように努めたことが分かる。「日本側が、いろんな面で信頼のおける相手であるゾルフ博士に問い合わせたため、私には具体的なことは何も連絡されなかった」と、ハックは書き留めている(11)。

この事件と関係があるかどうかわからないが、ゾルフは夫人とともに「まずは内々に、個人として」当時東京の日独文化協会の会長である大久保利武侯爵から「半年ないし一年の間」日本に招待される。ゾルフは当時の駐日ドイツ大使ヘルベルト・フォン＝ディルクセンにこの招待の件を伝え、つぎのようにつけくわえた。

「日本に旅するに及び、急進派諸君と何等かの共通基盤を設けるため、ノイラート外相とお話して、事前にヒトラー首相にお目にかかれるように取り計りたいと思っております。(…)貴兄のご意見は如何でありましょうか。何等かの反対理由でもおありでしょうか。我々二人は日本に旅することを喜ぶものでありますが、喜んで何かをする場合、それに反対する理由があっても気づかないことが往々にしてあります。どうか小生の道先案内となり、場合によっては行かないほうがいいとでも言ってくださいますよう」(12)

ゾルフがヒトラーの謁見を求めたのにはそれなりの理由がある。すでに大使時代に東京と神戸のドイツ人地区に苦労したからである。

「この人たちはみな、いや多くは、みせかけで万歳と歓呼する習慣をまだ捨てておらず、また旧体制の支持者でさえ、少なくとも時期尚早で災難なことだと考えているような事がドイツで起きるのを望んでおる。要はカップ一揆(b)や他

東京駐在中のヴィルヘルム・ゾルフ（1920年〜1927年）
Solf in Tōkyō, zwischen 1920–1927

Emissäre des Propagandaministeriums durch. Solf blieb rein nominell der Ehrenpräsident der Deutsch-Japanischen Gesellschaft. Er bemühte sich aber fortan, sie vom Japan-Institut möglichst fern zu halten.

Im Herbst 1933 geriet Solf bei den Nationalsozialisten erneut in Mißkredit. Er versuchte nämlich, über Sata Aihiko, den Präsidenten der Medizinischen Hochschule Ōsaka und langjährigen Förderer der deutsch-japanischen Kultur- und Wissenschaftsbeziehungen, in Japan Anstellungen für entlassene jüdische Wissenschaftler und Künstler zu finden. Der wohl bekannteste Name auf "Solfs Liste" ist der des Komponisten Arnold Schönberg, damals Leiter einer Meisterklasse für Komposition an der Berliner Akademie der Künste. Bei seiner Suche nach Anstellungsmöglichkeiten schaltete Sata die japanische Presse ein, wobei er Solf erwähnte und der Hoffnung Ausdruck gab, auch der entlassene Fritz Haber möge nach Japan kommen. Dieser Weg hatte sich schon einmal als probat erwiesen: der Fall eines ebenfalls aufgrund des Arierparagraphen gekündigten Mitarbeiters der Biologischen Reichsanstalt für Land- und Forstwirtschaft in Berlin – Sohn eines deutschen Vaters und einer japanischen Mutter –, hatte in Japan hohe Wellen geschlagen; der Betreffende hatte zahlreiche Angebote für eine Tätigkeit in Japan erhalten. Sata konnte sich offenbar nicht vorstellen, daß er Wilhelm Solf durch diese Veröffentlichung gefährden könnte.

Prompt meldete sich das DJG-Vorstandsmitglied Hack bei Frau Solf:

の右からの一揆がもっと成功して、それが繰り返されることを期待しておるのだ」と、ゾルフはもう1921年の段階でドイツに書いている(13)。

「ナチの政権掌握」が在日ドイツ人にどのような影響を及ぼしたか、ゾルフは現地からの手紙で知った。

「6月後半（1933年 ―― 筆者注）になって、当地でもナチ党支部が組織され、党員は約35人を数えております。祖国から6月30日に突然入党禁止指令が来ていなかったとしますと、冷静で慎重な人たちも入党していたでありましょう。支部は二週間毎に集会を開き、シーメンスのシャルフ元大尉の指導の下に置かれておりますが、元大尉は元大尉で非党員であるクノルやブラーゲの強い影響を受けております。27日にＤＶＴの臨時総会が開かれ、ケストナーが止むを得ず辞任した結果として新たに理事が選出されることになるようであります。（…）さらに、シャルフはアーリア条項の適用、日本人およびドイツ人の日本人妻（！）の締めだし、ＯＡＧからの隔離を押しとおそうとしております。（…）いずれＯＡＧも思想統制するつもりでありましょうが、日本人や他の外国人会員がおりますので、そう簡単ではありますまい」(14)

九ヶ月経った東京のドイツ人の様子を、大使館事務局長の夫人はゾルフ宛につぎのように書き送っている。

「もう情勢が全く変わって参りました。大使館も大変不安な様子で、ナチ支部当局に完全に押されてしまっておりますのよ。（…）ドイツ人地区の皆さんは何や彼やとよく集まっておられますが、それが新しい争い事の種となるばかりです。（…）主人も、シャルフさんやブラーゲさんが音頭を取っていらっしゃるＯＡＧにあまり行きたがらないのは、貴方様にもご理解いただけると思いますわ。私たちは本当によく集められておりますの。ドイツの夕べやら、ラインの

"Ich bin von der Leitung der NSDAP beauftragt, eine Angelegenheit, die mit der Berufung deutscher Professoren nach Japan zusammenhängt, mit Seiner Exzellenz zu besprechen." [10] Hacks Bericht zeigt, daß Frau Solf und er sich bemühten, die Angelegenheit herunterzuspielen. Hack bemerkte: "Etwas Konkretes wurde mir nicht mitgeteilt, da die Japaner sich an Dr. Solf, der ihr Vertrauensmann für viele Angelegenheiten ist, gewandt hatten." [11]

Ob im Zusammenhang mit dieser Affäre oder nicht, Solf wurde zusammen mit seiner Frau "zunächst informell vertraulich und inoffiziell" von Marquis Ôkubo, dem Präsidenten des Japanisch-Deutschen Kulturinstituts in Tôkyô, "für ein halbes oder ein ganzes Jahr" nach Japan eingeladen. Er machte dem amtierenden deutschen Botschafter in Tôkyô, Herbert von Dirksen, Mitteilung von dieser Einladung und fügte hinzu:

"Um bei meiner Reise in Japan mir den radikalen Leuten gegenüber eine gewisse Plattform zu verschaffen, werde ich mit Neurath die Sache so regeln, daß ich vorher bei dem Reichskanzler empfangen werde. ... Wie stehen Sie zu der ganzen Sache, haben Sie irgendwelche Gründe dagegen? Wenn einer etwas so gern tut, wie wir Beide nach Japan reisen, wird man vielleicht etwas unkritisch gegenüber denjenigen Gründen, die dagegen sprechen und da bitte ich Sie, mein Pfadfinder zu sein und mir evtl. zu sagen: besser nicht!" [12]

Solf wußte, warum er sich um eine Audienz bei Hitler bemühen wollte. Schon in seiner Zeit als Botschafter hatte er es mit den deutschen Kolonien in Tôkyô und Kôbe nicht leicht gehabt.

"All diese Leute oder doch eine ganze Anzahl von ihnen haben es sich immer noch nicht abgewöhnt, auf dem falschen Fuße Hurra zu schreien und hoffen, daß das in Deutschland eintritt, was selbst Anhänger des alten Regimes als mindestens verfrüht für ein Unglück halten, nämlich die Wiederholung mit mehr Erfolg des Kappschen und anderer Putsche von rechts," schrieb er schon 1921 nach Deutschland. [13]

Welche Wirkung die "Machtergreifung" auf die Deutschen in Japan hatte, erfuhr Solf von Briefpartnern vor Ort:

"Erst in der 2. Junihälfte [1933] hat sich hier eine Ortsgruppe der NSDAP gebildet, die etwa 35 Mitglie-

夕べやら、冬期貧民救援やら、講習会やコンサートなど。でも、皆さんどなたも隣の方たちが恐くて、できる限りの大声で《旗を高く掲げ》を歌おうと一生懸命なのですね。これに『我が闘争』が真のドイツ魂のお手本となっておりますの。私自身がこういう範疇の人間に入らないことは申し上げるまでもございません。第一私は純粋のドイツ人ではありませんもの。子供もございません。それに三十も越えました。（…）私が大使館の一員として（…）お情けをかけて受け入れられる悪分子でしかないと、かなりはっきり示される方もいらっしゃいます。

K夫人は王よりも王らしい方のようですわ。夫人はできることなら、ユダヤの本はみな燃やして、ユダヤ人はみな殺しにしておしまいになりたいのです。

シュタインフェルト夫人が私にお話になったところによりますと、一日に三回も四回もご招待があるそうで、皆さん知らない方たちばかりですが、たいんへんお優しいということです。夫人は、現在のドイツ人から離れてほっとしたとおっしゃっております。ユダヤ人は私たちにたいへんやさしいのですよ。とくに、私もシャルフさんに挨拶されないことを皆さんが耳にされてからですね。皆さんは私を同じように苦しむ仲間だと思っておいでなのです。私の問題がまもなく解決されるよう祈っております。私も主人のようにそれにはたいへん苦しみましたから。

もしお暇がおありになれば、私ども哀れな人間のことを思って、それにふさわしい立派な方がナチ支部の指導者になられるようお取り計らいくださいませ。昔のことを根に持ったりしない新しい方で、とくに大使館のことをとやかくいわない方を。（…）このところ夕べの集いは一種の異端審問集会のようになっております。同胞の方たちを審問して、（悪者に──筆者注）し、抹殺してしまいますの。（…）私たち女も集めら

der zählt. Einige ruhige und besonnene Leute wären noch dazu gekommen, wenn nicht von der Heimat aus plötzlich am 30. Juni eine Aufnahmesperre verhängt worden wäre. Die Gruppe tagt alle 14 Tage und steht unter Leitung des Hauptmanns a.D. Scharf von Siemens, der wieder seinerseits stark von den Nicht-Parteigenossen Knorr und Plage beeinflußt wird. Am 27. finde eine außerordentliche Generalversammlung der DVT statt, auf der der Vorstand infolge des erzwungenen Rücktritts von Kaestner neu gewählt werden soll ... Ferner will Scharf die Annahme eines Arierparagraphen, den Ausschluß von Japanern, auch von japan. Frauen Deutscher (!) und eine Lösung von der OAG durchdrücken, ... Später will man vielleicht auch die OAG gleichschalten, was wegen der japanischen und sonstigen ausländischen Mitglieder gar nicht so leicht ist." [14]

Die Stimmung unter den Deutschen in Tôkyô ein dreiviertel Jahr später wurde Solf von der Frau des Botschaftskanzlers anschaulich geschildert:

"Es ist alles so ganz anders jetzt geworden. Auch die Botschaft ist sehr unsicher und der Ortsgruppe ganz ausgeliefert. ... Die Kolonie wird eifrigst zusammengetrieben, aber daraus entstehen nur neue Zwistigkeiten. ... Daß mein Mann jetzt wenig Lust verspürt in die OAG zu gehen, wo Herr Scharf und Herr Plage den Ton angeben, können Sie ja verstehen. Wir werden mächtig zusammengetrieben, deutsche Feste, Rheinische Abende, Winterhilfe, Schulungsabende, Konzerte usw. Aber jeder hat Angst vor seinem Nachbar und jeder versucht so laut wie möglich 'Die Fahne hoch' zu singen. Das und 'Mein Kampf' sind ein Maßstab für die echt-Deutsche Gesinnung. Daß ich unter diese Rubrik nicht komme, brauche ich wohl nicht zu sagen. Erstens bin ich keine 'echte' Deutsche, dann keine Mutter und drittens schon über 30 Jahre alt ... Es wird mir auch ziemlich deutlich gezeigt, daß ich als ein Mitglied der Botschaft ... nur ein geduldetes Übel bin.

... Frau K. ist plus royaliste que le Roi. Am liebsten möchte sie alle jüdischen Bücher verbrennen und alle Juden ermorden. ...

Frau Steinfeld erzählte mir, daß sie manchmal 3–4 Einladungen pro Tag hätte und alles von den Fremden, die sie ganz reizend behandeln. Sie meinte, sie sei froh, von den jetzigen Deutschen getrennt zu

れ、三回欠席しますとブラックリストに載せられて、シャルフさんのところに出頭しなければなりません。それがどんな結果になるかは、想像もつきませんわ。といいますのも、東京や大森、横浜ではどなたも三回欠席するような勇気ある方などありませんもの。老人や病人、純粋なドイツ人から私たちのように社会から半分追放された者まで、皆さん参加しておりますわ」[15]

ゾルフ自身も自分自身の案件で過信していたように、この手紙の筆者もゾルフの影響力を買い被っていた。「この件」が、ノイラート外相をとおしても、ゾルフが考えたようには捗らないのは明らかだった。長年の知人で、東亜協会[c]事務局長のモーアをとおしてナチ党海外支部指導者と接触するのもうまくいかず、モーアはゾルフの依頼から手を引いた。東洋にいる知人、たとえば東京の独逸東洋文化研究協会（OAG）会長クルト・マイスナーなどは、ベルリンでゾルフを訪ねないほうが良いと考えていた。友人や知人との関係がこれほど頼りにならないものであったのに対し、敵との関係は予想することができた。

すでに述べたヴォルフラム・フォン＝クノルは、ベルリンに帰って、独日協会会長パウル・ベーンケのために書いたメモランダムのなかでこう憤慨している。

「ゾルフとフォレーチュが我々のところに寄越した教授たち、つまりアインシュタインからマン兄弟、マグヌス・ヒルシュフェルト教授にいたるまでをドイツの偉大なる精神としたお陰で、我々もこれらドイツ人諸君と同類に見なされ、外地においてもドイツ人として少しずつ余計に恥しく思わざるを得なくなった。日本人も終いには、『貴君たちの偉大なる精神とは、ユダヤ人マルキストだけなのですか。それならこれ以上のプレゼントはお断りします』と質問するようになってしまった」[16]

sein. Zu uns sind die Juden sehr nett, ganz besonders, seitdem sie gehört haben, daß auch ich nicht von Herrn Scharf gegrüßt werde. Also sehen sie in mir eine Leidensgenossin, ich hoffe, daß mein Fall sich bald klären wird, ich habe sehr darunter gelitten, wie auch mein Mann.

Falls Sie die Gelegenheit mal haben sollten, denken Sie an uns Arme und sorgen Sie dafür, daß wir einen anständigen und richtigen Leiter für die Ortsgruppe bekommen. Einen neuen Menschen, der keine alten Rechnungen zu begleichen hat, ganz besonders mit der Botschaft. ... Jetzt sind die Abende eine Art Inquisitionsversammlung, wo man über seine Mitmenschen Gericht hält und sie [schlecht?] macht und vernichtet. ... Auch wir Damen müssen zusammenkommen, wer 3 mal ausfällt, kommt auf die schwarze Tafel und vor Herrn Scharf. Was dann kommt, kann man sich nur ausmalen, denn keiner in Tokio und Ômori und Yokohama wird soviel Mut aufbringen, 3 mal nicht zu erscheinen. Alte und Kranke, echt Deutsche und wir Halbausgestoßene, wir kommen alle ..." 15

Solfs Wirkungsmöglichkeiten hatte die Schreiberin völlig überschätzt – wie er selber in seiner eigenen Angelegenheit auch. Ganz offensichtlich ließ sich "die Sache" mit Reichsaußenminister Neurath nicht so regeln, wie Solf sich das gedacht hatte. Ebensowenig gelang es ihm, über den Geschäftsführer des Ostasiatischen Vereins, Mohr, einen langjährigen Bekannten, einen Kontakt zum Gauleiter der NSDAP-Auslandsorganisation herzustellen. Mohr entzog sich der Bitte. Andere Bekannte aus Ostasien, so der Vorsitzende der OAG Tôkyô, Kurt Meißner, fanden es opportun, Solf in Berlin nicht zu besuchen. So unverläßlich Bekanntschaften und Freundschaften wurden, so berechenbar blieben die Feindschaften.

Der bereits genannte Wolfram von Knorr, nach Berlin zurückgekehrt, geiferte in einem seiner Memoranden für den Präsidenten der DJG Paul Behncke: "Professoren, wie sie uns Solf und Voretzsch kommen ließen, von Einstein über Gebrüder Mann bis 'Prof.' Magnus Hirschfeld als deutsche Geistesgrößen trugen das Weitere dazu bei, daß man als Deutscher sich draußen allmählich schämen mußte, mit diesen 'Deutschen' in einen Topf geworfen zu werden. Schließlich mußte es aber noch dazu kom-

事実、アルベルト・アインシュタインとマグヌス・ヒルシュフェルトは日本側からの招待かあるいは船旅の途中で日本を訪問している。トーマス・マンはゲーテ記念の年に当たる1932年に《日本の青少年へ》というメッセージを寄せている。それ以外はすべてフォン＝クノルの密告をもくろむがための作り話にすぎなかった。

このようなルサンチマンが支配していたため、ゾルフもトラブルなく日本に行けることは期待できなかった。「道先案内人」ヘルベルト・フォン＝ディルクセンも旅行を可能にする道を見つけることができないでいた。

「この地の旧い友人が貴兄に抱く好意と友情に変りはありません。しかし、その一方でナチ党の支部当局が貴兄に非常な反感を抱いていることも事実としてお伝えしなければなりますまい。(…) この反感は変え得るものなのかどうか、どうすれば変えられるのか、小職は考えたくありません。反感が存在することと、貴兄が数ヶ月後に日本を訪問されることになればその反感がはっきり感じ取れるようになることを確認するだけで充分であります。この反感が公に表にでるのを逸らすのは、小職にもできるかと存じます。しかし、たとえば貴兄のためのパーティーなどに支部当局を参加させることができるとは思われません。さらに、何かのきっかけで支部当局のなかでも特に血の気の多い輩が何等かの形で反感を露にしてしまいますと、それが拡大していく恐れもあります」(17)

ゾルフは他方面からも、手紙や口頭で同じようなことを聞いた。「燃え上がるような、病的な憎悪に満ちた災いが時代の流れを決めて主導権を握っている限り」(18)大使館は無力のようであった。

1934年になると、手紙のやりとりが監視されているという印象をゾルフが受けたと思わざるを得ない節が増えた。個人の手紙でゾルフは名

men, daß die Japaner selbst die Frage stellten 'Habt Ihr denn nur jüdische Marxisten als Geistesgrößen? Dann verzichten wir auf weitere Beglückung!'" [16]

Tatsächlich hatten Albert Einstein und Magnus Hirschfeld Japan auf japanische Einladung oder als Zwischenstation auf einer Schiffsreise besucht; Thomas Mann hatte im Goethejahr 1932 eine Botschaft *An die japanische Jugend* gerichtet. Alles Weitere entsprang von Knorrs denunziatorischer Phantasie.

Wenn solche Ressentiments tonangebend waren, durfte Solf nicht auf eine Japan-Reise ohne Störungen rechnen. Der "Pfadfinder" Herbert von Dirksen fand denn auch keinen Weg, die Reise zu ermöglichen:

"Die Sympathie und die Freundschaft, die Sie bei Ihren hiesigen alten Freunden genießen, ist Ihnen erhalten geblieben: aber andererseits muß ich wahrheitsgemäß berichten, daß die Ortsgruppen der NSDAP scharf gegen Sie eingestellt sind. ... Ich möchte auch nicht darauf eingehen, ob und wie diese Einstellung geändert werden kann; es genügt festzustellen, daß sie vorhanden ist und daß sie sich bei einem Besuche von Ihnen in den nächsten Monaten fühlbar machen würde. Es würde mir vielleicht gelingen, eine **öffentliche** Bekundung dieser feindseligen Stimmung abzubiegen; aber ich glaube nicht, daß z.B. die Ortsgruppen zur Teilnahme an gesellschaftlichen Veranstaltungen zu Ihren Ehren zu bewegen wären. Es würde weiter auch zu befürchten sein, daß bei irgendwelchen Anlässen einzelne besonders temperamentvolle Mitglieder der Ortsgruppe sich doch zu irgendwelchen Bekundungen hinreißen lassen würden, die dann in weitere Kreise dringen könnten." [17]

Auch von anderer Seite hörte Solf schriftlich und mündlich Ähnliches. Die Botschaft schien machtlos, "solange der von einem glühenden pathologischen Haß beseelte Plage hier die Richtung gebend und führend tätig ist." [18]

Im Laufe des Jahres 1934 mehrten sich die Anzeichen dafür, daß Solf den Eindruck hatte und haben mußte, seine Korrespondenz werde überwacht. Er beginnt, in Privatbriefen Namensnennungen, gelegentlich sogar die Anrede oder die namentliche Unterzeichnung zu vermeiden, Hinweise auf verloren gegangene Briefe und Mitleser zu geben, sich vage

前を書かず、ときには呼称や記名サインさえも避け、手紙が紛失したことや誰かに読まれていることを暗示したり、表現を曖昧にしたり、どちらにも取れるような表現を使うようになり始める。たとえば、後藤新平の長年の秘書森孝三への書簡でこう書いている。

「ここから貴兄に何も書くことができません（「こちらから、貴兄にドイツについて何かを書くことはできません」の意か——筆者注）。新政府が日々解決せねばならぬ数多くの問題について見解を申し述べることは、思慮深くかつ公平な人間にとって極めて困難なことであります。ひとつ嬉しき事があります。それは、日本と日本の目標に対する理解が増したこと、しかし軍と文民の対立を正しく認識していないこと、さまざまな思想の流れの配分を間違えていることです。日本人、とりわけ軍人にナチズムの根本思想といったものに対する強い傾倒が見られ、その一方で文民は躊躇しながら、少し懐疑心を抱きながら新世界観に近づいています。新しい流れは権力関係のなかに定着してしまい、それに反対することは不可能なばかりでなく、不利になるはずであると、私は一般的に理解しております。と申し上げるのは、ドイツにおいて同じだけの権威と権力を握ることのできる人物なりグループは、どこにも見当たらないからであります。ご招待の件、非常に喜んでおり、書状（公式の招待状——筆者注）を心待ちにしております」(19)

森孝三はすでにこの書状のことを約束していた。「来春桜の花の時期に、貴兄をお待ちしております」(20)。森は、社団法人独逸文化研究所（京都市左京区）の開所式に当たって日本のラジオ放送でゾルフの声を聞けて嬉しく思ったと言う。新聞も好意的に報道したとゾルフに伝えている。

ディルクセン大使はこれについてつぎのように通知している。「独逸文化研究所の開所に際し

auszudrücken und doppeldeutige Wendungen zu gebrauchen. So zum Beispiel an Mori Kôzô, den langjährigen Sekretär Gotô Shimpeis:
"Von hier kann ich Ihnen nichts schreiben. (Von hier aus? Über Deutschland? A.d.V.) Es ist für einen denkenden und gerechten Menschen außerordentlich schwierig, zu den vielen Problemen Stellung zu nehmen, die von der neuen Regierung tagtäglich zu lösen sind. Eins freut mich: daß das Verständnis für Japan und seine Ziele gewachsen ist, daß man aber den Dualismus zwischen Militär und Zivil nicht richtig bemerkt und daß man sich in der Dosierung der einen und der anderen Geistesrichtung irrt. Bei den Japanern finde ich – namentlich bei den Militärs – eine starke Hinneigung zu gewissen Grundsätzen des Nazismus, während die Zivilisten mit mehr Zögern und etwas zweifelnd an die neue Weltanschauung herantreten. Im allgemeinen fasse ich die neue Richtung so auf, daß sie in ihren Machtverhältnissen etabliert ist und daß eine Opposition nicht nur unmöglich ist, sondern schädlich wirken muß. Denn ich sehe nirgends einzelne Persönlichkeiten oder Gruppen, die in der Lage wären eine gleich große Autorität und damit gleiche Macht über Deutschland zu gewinnen. Über die Angelegenheit der Einladung freue ich mich außerordentlich, und ich erwarte mit großer Spannung ein [offizielles Einladungs-] Schreiben ..." [19]
Mori Kôzô hatte dieses Schreiben bereits in Aussicht gestellt: "Wir erwarten Sie auf nächsten Frühling zur Kirschblütenzeit." [20] Es sei ihm eine Freude gewesen, Solfs Stimme anläßlich der Einweihung des deutschen Forschungsinstituts in Kyôto im japanischen Rundfunk zu hören, auch die Presse habe positiv darüber berichtet.
Botschafter von Dirksen vermeldete dazu: "Sogar Ihre Ansprache anläßlich der Eröffnung des Forschungsinstituts in Kyôto hat Anlaß zu einem Schriftwechsel zwischen der Auslandsorganisation [der NSDAP] in Hamburg und der hiesigen Ortsgruppe gegeben. Die Ortsgruppe ist bei mir vorstellig geworden und hat sich darüber beschwert, daß diese Ansprache von Ihnen gehalten worden sei und daß die Botschaft nicht dagegen Schritte unternommen hätte. Wenn ich auch diese Vorstellungen zurückgewiesen habe, so ist doch daraus die Stärke des

て貴兄がされた講演でさえ、ハンブルクの（ナチ党――筆者注）海外支部と当地の支部の間で文書をやりとりすることになりました。当地の支部が小職のところに参りまして、あのスピーチを貴兄がされたこと、さらに大使館がそれに対して何も策を講じなかったことを抗議していきました。小職、抗議を退けはしたものの、貴兄に対する抵抗がまだ根強いことがこれでお分かりいただけると思います。やはり今もって、貴兄の旅がうまくいく条件は、ハンブルク海外支部が事前にはっきりと同意して当地支部に指示をだすことであると思われます。日本側では、貴兄と貴兄の奥方をできるだけ早くこちらにお迎えしたいという意向が依然として強く、昨日も三井男爵が貴兄の旅行計画について小職にお尋ねになられたほどです」(21)

しかし、ゾルフが東京宛にだした手紙では、旅行計画のことが再び話題にのぼることはなかった。(22)

東京でも反自由主義的な精神が勢力を伸ばし始めた。「現在、欧州デモクラシーの国家思想を否定して、その代りに現人神として、国家と人民の絶対君主として、古い日本民族主義の意味における国家権力として日本古来の天皇思想を標榜する超保守的な思想が荒れ狂っております」と森孝三は1935年3月にゾルフ宛に書いている。「美濃部教授の例は近代の破門であります。小生は今日、美濃部天皇機関説排撃集会に参加せよとの命令を受けました。発起人は327名で、将軍や政治家、学者が多数参加を約束しております。貴族院と衆議院において、政府はこの如き対国家危険思想は根絶せよとトーンが高くなってきております。美濃部教授の貴族院議員辞任、天皇機関説を支持する大学教授すべての国立大学からの追放、美濃部教授の著書の発禁さえ要求しております。学生時代に小生、天皇機関説を擁護された一木教授の講義を聞きまし

noch immer bestehenden Widerstandes gegen Sie zu ersehen. Ich glaube also, daß auch heute noch die Voraussetzungen für ein glückliches Gelingen einer Reise von Ihnen hierher die vorherige ausdrückliche Zustimmung der Auslandsorganisation in Hamburg und die Erteilung einer Weisung von dieser an die hiesige Ortsgruppe sein müßten. Auf japanischer Seite ist der Wunsch, Ihre Frau und Sie hier möglichst bald zu begrüßen, nach wie vor sehr rege; erst gestern fragte mich der Baron Mitsui nach Ihren Reiseplänen." 21

In der Korrespondenz mit seinen Briefpartnern in Tôkyô wurden diese Pläne aber nicht wieder erwähnt. 22

Auch in Tôkyô begann ein illiberaler Geist die Oberhand zu gewinnen. "Augenblicklich tobt die hochkonservative Geistige Strömung, welche die europäisch-demokratische Staatsidee zurückweist und anstatt derer die altjapanische Kaiseridee als weltliche Vergötterung, als absoluten Herrscher über Land und Leute, als patria Potestas im Sinne des Altjapanertums propagiert", schrieb Mori Kôzô im März 1935 an Solf. "Professor Minobe ist mit modernem Bann belegt. Heute habe ich die Aufforderung erhalten, (mich) an eine(r) Minobe-Organ-Theorie-Bekämpfungsversammlung zu beteiligen, von 327 Veranstaltern, wobei viele Generäle, Politiker, Gelehrte ihre Teilnahme zusagten. Im Ober- und Unterhaus sind die Stimmen laut, die Regierung soll solche staatsgefährliche Idee ausrotten, sogar man fordert die Resignation Minobes aus (dem) Oberhause, die Vertreibung aller Professoren aus Staatsschulen, welche Anhänger der Organtheorie sind, das Verbot (von) Minobes Werke(n). Ich habe in meiner Studentenzeit die Vorlesung Ikki's gehört ..., welcher auch die Organtheorie verfochten hatte (sein Gegner war Professor Hodsumi, der jüngere Bruder des bekannten Rechtsphilosophen ... Der jüngere Hodsumi – schon lange gestorben – hat die Bornhacksche Theorie: die Identifizierung der Staats- und Königspersönlichkeit verfochten). Zufällig habe ich die alte(n) Urkunde(n) aus Anfang Meiji-Zeit gesehen, woraus schon damals derselbe Streit ... angenommen werden kann. Die Geschichte wiederholt sich zu allen Zeiten und in allen Ländern." 23

た（一木教授に対するは穂積教授で、有名な法哲学者穂積の弟でありました。弟の穂積教授はかなり前に亡くなっておりますが、国家の人格と国王の人格を同一視するボルンハック理論の支持者であります）。偶然、明治初期の古い文書を見る機会がありましたが、当時すでにこういう論争があったことが推察されます。いつの世も、どの国でも歴史は繰り返されております」[23]

ゾルフは、再び日本を見ることなく1936年2月6日この世を去った。

果たされなかったベルリンから東京への旅物語は、答えることができる以上にたくさんの問いを投げかけている。さらに、物語にはつぎのような後日談が続く。

戦時中、ハンナ・ゾルフ夫人はベルリンの住居でナチズムに反対する人たちと定期的にお茶会を開いていた。1944年1月、ハンナ・ゾルフと夫人周辺の人々約70人が逮捕され、夫人と娘、他の女性数人はザクセンハウゼンとラーヴェンスブリュックの強制収容所に収容された。1944年7月1日、ハンナ・ゾルフ以下数名に対する裁判が、民族裁判所においてローラント・フライスラーを裁判長として開かれた。容疑は反逆罪、敵対者援助、国防力破壊工作、敗北主義である。しかし、大島浩駐独日本国大使が夫人の夫の功績を楯として奔走したため、ゾルフ夫人は他の被告とは別に裁判された[24]。ゾルフ夫人がヒトラーは銃殺されるべきだと発言したことがスパイの耳に入っているので、夫人は死刑判決を受けるものと予想されていた。しかし、日本大使館が関与したからであろうか、裁判は何度となく延期され、ゾルフ夫人と娘は生命を取り留めることができた。

Wilhelm Solf starb, ohne Japan wiedergesehen zu haben, am 6. Februar 1936.

Die Geschichte dieser vereitelten Reise von Berlin nach Tôkyô wirft mehr Fragen auf als sie beantworten kann. Sie hat außerdem ein Postskriptum.

Während des Krieges hielt Frau Hanna Solf in ihrer Berliner Wohnung regelmäßige Teegesellschaften von Gegnerinnen und Gegnern des Nationalsozialismus ab. Im Januar 1944 wurden etwa siebzig Persönlichkeiten des Kreises um Hanna Solf verhaftet, sie selbst, ihre Tochter und einige andere Frauen kamen in die Konzentrationslager Sachsenhausen und Ravensbrück. Am 1. Juli 1944 wurde unter Vorsitz von Roland Freisler vor dem Volksgerichtshof der Prozeß gegen Hanna Solf und einige andere wegen Hochverrat, Feindbegünstigung, Wehrkraftzersetzung und Defaitismus eröffnet, das Verfahren gegen Frau Solf jedoch abgetrennt, weil sich der japanische Botschafter Ôshima Hiroshi unter Hinweis auf die Verdienste ihres Mannes für sie verwendet hatte.[24] Frau Solf hatte mit einem Todesurteil zu rechnen, da sie vor den Ohren eines Spitzels gesagt hatte, Hitler gehöre an die Wand gestellt. Termine für ein neues Verfahren wurden – möglicherweise wegen der Anteilnahme der japanischen Botschaft – immer wieder hinausgeschoben; Frau Solf und ihre Tochter überlebten die Haft.

Anmerkungen

[1] Vogt, Karl (1962) Aus der Lebenschronik eines Japandeutschen. (1897–1941). Privatdruck. Tôkyô: OAG, 289f. Im ersten Satz des Zitats "Solf" ergänzt.

[2] Zu Solfs Biographie im allgemeinen: Vietsch, Eberhard von (1961) Wilhelm Solf – Botschafter zwischen den Zeiten. Tübingen; Friese, Eberhard (1986) Weltkultur und Widerstand – Wilhelm Solf 50 Jahre. In: Kreiner, Josef (Hrsg) Japan und die Mittelmächte. Bonn. Solfs Buch (1919) Kolonialpolitik – Mein politisches Vermächtnis, Berlin, erschien u.d.T.: Shôrai no shokumin seisaku, übersetzt von Nagata Saburô mit Vorworten von Yamamoto Miono und Tajima Kinji, Tôkyô: Yûhikaku. Solfs Nachlaß im Bundesarchiv Koblenz enthält etliche rühmende Artikel über ihn, vor allem aus den englischsprachigen japanischen Zeitungen.

[3] Vorsitz der Maximilian-Gesellschaft, Mitherausgeber der *Europäischen Revue*, Vorsitzender des Verwaltungsrates des Deutschen

注

(1) 参考文献 6（289頁以下）、引用第一文「ゾルフ」補足

(2) ゾルフの伝記には参考文献 1、4、5がある。またコブ
レンツ連邦公文書館（以下：ＢＡＫ）のゾルフの遺品に日本
の英字新聞を中心にゾルフを賞賛する多数の記事がある。

(3) マクシミリアン協会会長、〈ヨーロッパ展望〉共同編集、
シュトゥットガルトのドイツ国外国連絡協会会長、ベルリ
ン・レッシング単科大学学長など。（編注：Maximilian-
Gesellschaft は1911年からベルリンに、現在はハンブルク
に在る愛書家協会で、定訳は不明。Deutsches Auslands-
institut は Institut für Auslandsbeziehungen のことと
思われ、日本語名称は上述のとおりだが「ドイツ外国関係研
究所」とも訳される。Lessing-Hochschule は1910年に
創設された成人教育施設、定訳は不明）

(a) 編注：「ベルリン日本研究所」の日本での通称は「日本
學會」。本書第３章のフリーゼおよびクレープス参照

(4) これについては、本書第３章のフリーゼ、ハーシュおよび
ヴァルラーヴェンス参照。

(5) 出淵勝次宛1930年１月13日付ゾルフ書簡、ＢＡＫ
「NL Solf, Nr. 81, Bl. 12–13」。幣原は外相を歴任した幣原
喜重郎（1924年〜1927年、1929年〜1931年４月）、長
岡家はおそらく長岡春一大使とその家族のことと思われる。

(6) ベルリンの論争の報道には検討の必要がある。日本を擁
護するため、在留邦人が多数のドイツ語小冊子を出版した。

(7) ゾルフ宛1934年12月27日付ドイツ在留中国人祖国防
衛連盟の書簡、複写。ＢＡＫ「R 64 IV (Bestand Deutsch-
Japanische Gesellschaft) Nr. 236」353頁〜355頁、引
用箇所は353頁。書簡は宣伝省外国部をつうじて独日協会
が入手した。

(8) 「ゾルフ閣下（要注！——筆者注）に関する協会見解につ
いて議論。酒井は日本の各方面からゾルフ閣下（要注！——
筆者注）に対して多大の好意が寄せられていることを強調。
議長はゲッベルス大臣に報告後、初めて見解をだせるとし
た」。1933年５月（６月）２日付独日協会組織編成作業委
員会議事録。外務省政治公文書館「Nr. 104,900 "Deutsch-
Japanische Gesellschaft"」

(9) 酒井直衛については参考文献３の自叙伝参照。成城大学
田島信男教授に同書をご紹介いただいた。感謝申し上げる。

(10) ハンナ・ゾルフ夫人宛ハック書簡、日付なし（1933年
11月１日頃）、ＢＡＫ「NL Solf, Nr. 93, Bl. 5」。この頃ゾ
ルフは入院中である。

(11) 宛名なし1933年11月３日付独日協会事務局長（つまり
ハック）書簡、複写。ＢＡＫ「R 64 IV, Nr. 239」225頁〜
226頁、引用箇所は226頁。この教援活動が日本でどの程
度続けられたかは不明。ドイツ人亡命者の日本での就業は
40年代にいたるまで日独文化交流上の争点であった。後に

Auslandsinstituts in Stuttgart, Präsident der Lessing-Hochschule in Berlin u.a.m.

[4] Vgl. dazu die Beiträge von Friese, Haasch und Walravens im vorliegenden Band.

[5] Solf an Debuchi Katsuji, 13.1.1930. Bundesarchiv Koblenz, NL Solf, Nr. 81, Bl. 12–13. Shidehara = Shidehara Kijûro, japan. Außenminister von 1924–1927 und von 1929 bis April 1931. Nagaokas = vermutlich Botschafter Nagaoka Harukazu und Familie.

[6] Der publizistische Niederschlag des Konfliktes in Berlin bedarf noch der Aufarbeitung. Es erschienen zur Verteidigung des japanischen Standpunktes eine ganze Reihe deutsch geschriebener Broschüren japanischer Verfasser in Berlin.

[7] Liga für Vaterlandsverteidigung der Chinesen in Deutschland an Solf, Berlin 27.12.1934. Abschrift. Bundesarchiv Koblenz, R 64 IV (Bestand Deutsch-Japanische Gesellschaft) Nr 236; 353–355, hier: 353. Der Brief erreichte die DJG über die Auslands-Abteilung des Propagandaministeriums.

[8] "Betreffs der Stellung der Gesellschaft zu Excellenz Solff (sic) kam es zu einer Diskussion. Herr Sakai betonte die großen und die allgemeinen Sympathien, die Excellenz Solff (sic) in allen japanischen Kreisen genösse. Der Versammlungsleiter gab bekannt, daß eine Stellungnahme erst nach Bericht an Herrn Minister Goebbels erfolgen könne." Zitiert nach: Sitzungsprotokoll des "Arbeitsausschusses zur Neubildung der deutsch-japanischen Gesellschaft" vom 2. Mai/Juni 1933. Politisches Archiv des Auswärtigen Amtes, Nr 104.900 "Deutsch-Japanische Gesellschaft".

[9] Zu Sakai vgl. dessen autobiographische Schrift: Nijûnen no ayumi – Western Trading Kabushiki Kaisha shôshi (20 Jahre Fortschritt – Kleine Geschichte der Western Trading AG) Privatdruck. Die Kenntnis dieser Schrift verdanke ich der besonderen Freundlichkeit von Professor Tajima Nobuo, Seijô Universität, Tôkyô.

[10] Hack an Frau Hanna Solf, o.D. (ca. 1.11.1933), NL Solf, Nr 93, Bl 5. Solf lag zu dieser Zeit im Krankenhaus.

[11] Geschäftsführer der Deutsch-Japanischen Gesellschaft e.V. (i. e. Hack), ohne Adressaten, 3.11.1933. Durchschlag. BA Koblenz R 64 IV, Nr 239; 225–226, hier: 226. Inwieweit diese Hilfsaktion in Japan weitergeführt wurde, ist mir nicht bekannt. Die Beschäftigung deutscher Emigranten in Japan blieb bis in die 40er Jahre ein Streitpunkt in den deutsch-japanischen Kulturbeziehungen. Solf selbst beschied spätere Hilfesuchende stets abschlägig, seine bisherigen Bemühungen hätten in keinem Fall zum Erfolg geführt.

[12] Solf an von Dirksen, NL Solf, Nr 94, Bl 45–46. Hier: Bl 46. Neurath = Reichsaußenminister Konstantin Freiherr von Neurath.

ゾルフ自身、これまでの努力は全く実らなかったとして助力を求める人に断わりの返事を送っている。

(12) フォン＝ディルクセン宛ゾルフ書簡、BAK「NL Solf, Nr. 94, Bl. 45-46」、引用箇所は46葉。ノイラートとは、コンスタンティン・フライヘル＝フォン＝ノイラート帝国外務大臣のこと。

(b) 編注：1920年 3 月13日、帝制復活を目指して共和国政府に対し反乱を起こした国防軍右派によるベルリン進撃。指導者の政治家ヴォルフガンク・カップ（1858年～1922年）の名前に由来する。反乱軍はベルリンを占拠する勢いだったが、労働者の総罷業によって五日で挫折した。

(13) シュリーバー宛1921年 4 月16日付ゾルフ書簡、参考文献 5 （246頁）より引用

(14) ゾルフ宛1933年 7 月20日付駐日ドイツ大使フォン＝エルトマンスドルフ書簡、BAK「NL Solf, Nr. 92, Bl. 36」。引用文中の感嘆符は原文どおり。DVTは第一次大戦後、国家祝日行事と社交・音楽・スポーツ等の振興のため設立された東京ドイツ連盟、OAGは独逸東洋文化研究協会、ケストナーはアルベルト・ケストナー工学士（カイ夫人と結婚）、シャルフはフリッツ・シャルフ主任技師、ブラーゲはヴィルヘルム・ブラーゲ博士（法律・特許事務所経営）、クノルは元フリゲート艦艦長で武器商のヴォルフラム・フォン＝クノルで、ベルリンに帰ってから独日協会顧問となった。参考文献 2 （122頁～124頁）参照

(15) ゾルフ宛1934年 4 月10日付エレン・シュルツェ書簡、BAK「NL Solf, Nr. 94, Bl. 74-77」。筆跡からするとシュルツェ夫人はアメリカ人の可能性があり、したがって「アーリア性」が不明確であった。

(c) 編注：これは、おそらく本書第 2 章ゲールケの「Ostasiatischer Verein」と同一機関、つまり「ドイツ東亜細亜協会」のことと思われる。

(16) 《独日関係とその育成について》、名前は記されていないが筆跡からしてクノルのものと思われる1935年 1 月13日付メモランダムの複写。BAK「R 64 IV, Nr. 230, Bl. 120-121」、引用箇所は121葉。メモランダムの〈ドイツの対策〉（124葉～125葉）には「ここで正しく行動するためには、まず日本人を熟知せねばならない。日本人はユダヤ人の性急さがない東洋のフランス人である。賢く、男らしく、残酷なまでに勇敢で（血に対する陶酔）、勤勉で、限りなく自惚れで、ショービニストで、人生の意味の問題に煩わされない。これは祖先崇拝によって自分を一族の現世の具現者であり、一族のみが重要であると見なしているからである。他方で日本人は酒と女の官能の喜びに陶酔しきる傾向もある」とある。

(17) ゾルフ宛1934年 4 月 6 日付フォン＝ディルクセン書簡、BAK「NL Solf, Nr. 94, Bl. 69-71」、引用箇所は69葉～70葉。

(18) ゾルフ宛1934年 9 月17日付シュルツェ書簡、BAK

[13] Solf an Schlieper, 16.4.1921. Zit. n. von Vietsch, S 246

[14] von Erdmannsdorf, Dt. Botschaft Tôkyô, an Solf, 20.7.1933. NL Solf, Nr 92, Bl 36. Hervorhebung im Original. DVT = Deutsche Vereinigung Tôkyô, gegründet nach dem 1. Weltkrieg für nationale Feiern und zur Pflege von Geselligkeit, Musik, Sport u.ä. OAG = Deutsche Gesellschaft für Natur- und Völkerkunde Ostasiens. Kaestner = Dipl.-Ing. Albert Kestner (verheiratet mit Frau Kei). Scharf = Oberingenieur Fritz Scharf. Plage = Dr. Wilhelm Plage, Inhaber eines Rechts- und Patentbüros. Knorr = Wolfram von Knorr, Fregattenkapitän a.D. und Rüstungsmakler, nach seiner Rückkehr nach Berlin u.a. Beiratsmitglied der DJG. Vgl. auch Meißner, Kurt (1940) Deutsche in Japan, 1639–1939. Stuttgart und Berlin, S 122–124.

[15] Ellen Schultze an Solf, 10. 4. 1934. NL Solf, Nr 94, Bl 74–77. Ihrer Handschrift nach könnte Frau Schultze Amerikanerin gewesen sein, wodurch wohl ihr "Arierstatus" ungeklärt war.

[16] "Betrifft deutsch-japanische Beziehungen und ihre Pflege." Abschrift eines namentlich nicht gezeichneten, nach dem hs. Original jedoch von Knorr zuzuschreibenden Memorandums vom 13.1.1935. BA Koblenz, R 64 IV, Nr 230, Bl 120–121, hier: 121. In der Fortsetzung seines Memorandums: "Maßnahmen von Deutschland" (ibid. 124f) heißt es einleitend: "Um hier richtig zu verfahren, muß man zunächst den Japaner selbst gut kennen! Der Japaner ist, ohne die jüdische Hast, der Franzose des Ostens: intelligent, männlich, tapfer bis zur Grausamkeit (Blutrausch), arbeitsam, maßlos eitel und chauvinistisch und von der Frage nach dem Sinn des Lebens nicht beschwert, da ihn der Ahnenkult sich selbst nur als eine Augenblicksverkörperung der Geschlechterkette sehen läßt, welch letztere allein wichtig ist. Auf der anderen Seite neigt der Japaner zu restlosem Sinnengenuß: Sake und Mädchen."

[17] Von Dirksen an Solf, 6.4.1934, NL Solf Nr 94, Bl 69–71, hier: 69f

[18] Schultze an Solf, 17.9.1934, NL Solf Nr 94, Bl 157–158, hier: 157 (Botschaftskanzler Hermann Schultze)

[19] gez. "alter Freund in Deutschland" an Mori Kôzô, 28.11.1934, NL Solf, Nr 94, Bl 187–188

[20] Mori Kôzô an Solf, 13.11.1934, ibid. Bl. 174–176. Das deutsche Forschungsinstitut war eine nur mit japanischen Spenden gebaute Einrichtung. Solf hatte die Ansprache über den deutschen Kurzwellensender als Präsident des Japan-Instituts gehalten.

[21] Von Dirksen an Solf, 8.2.1935, NL Solf, Nr 95, Bl 25–26, hier: 26. Der Baron Mitsui = vermutlich Mitsui Takaharu, ein großer Förderer der ausländischen Japankunde, Vorstandsmitglied des Japanisch-Deutschen Kulturinstituts in Tôkyô.

[22] Lagi Solf bemühte sich offenbar von China aus, ihrem Vater die

「NL Solf , Nr. 94, Bl. 157-158」、引用箇所は157葉（ヘルマン・シュルツェ大使館事務局長）。

(19) 森孝三宛1934年11月28日付「ドイツの旧友」とサイン入り書簡、ＢＡＫ「NL Solf, Nr. 94, Bl. 187-188」

(20) ゾルフ宛1934年11月13日付森孝三書簡、ＢＡＫ「NL Solf, Nr. 94, Bl. 174-176」。独逸文化研究所は日本の寄付だけで設置された機関で、ゾルフは日本研究所所長としてドイツ短波放送をつうじてスピーチした。

(21) ゾルフ宛1935年2月8日付フォン＝ディルクセン書簡、ＢＡＫ「NL Solf, Nr. 95, Bl. 25-26」、引用箇所は26葉。三井男爵とは、おそらく外国での日本学の熱心な推進者で、東京の日独文化研究所理事であった三井高春のこと。

(22) ラーギ・ゾルフは、中国から父親に日中紛争仲介役のポストを世話し、ディルクセンとボーレの許可なしで東アジア旅行を実現させようとした。ゾルフ宛1935年10月21日付ラーギ・ゾルフ書簡、ＢＡＫ「NL Solf, Nr. 95, Bl. 89-91」

(23) ゾルフ宛1935年3月16日付森孝三書簡、ＢＡＫ「NL Solf, Nr. 95, Bl. 37-38」。美濃部とは美濃部達吉、一木とは一木喜徳郎、穂積とは穂積八束、ボルンハックとはコンラート・ボルンハークのこと。

(24) 参考文献5（338頁〜339頁）、7（176頁〜177頁）。ハンナ・ゾルフのお茶会については、これ以上は不明。彼女とともに訴えられたオットー＝Ｃ・キープとエリザベート・フォン＝タッデンは一日の公判で死刑判決を受け、処刑された。

参考文献

1. エーバハルト・フリーゼ著《世界文化と抵抗――ヴィルヘルム・ゾルフの50年》、ヨーゼフ・クライナー編〈日本と中欧諸国〉所収、ボン、1986年

2. クルト・マイスナー著《1639年〜1939年の日本におけるドイツ人》、シュトゥットガルト／ベルリン、1940年

3. 酒井直衛著『二十年のあゆみ――ウェスターン・トレーディング株式会社小史』（私家版）

4. ヴィルヘルム・ゾルフ著《植民政策――私の政治的遺産》、ベルリン、1919年。邦訳は長田三郎訳『将来の植民政策』、東京、有斐閣、出版年不詳（山本美越乃、田島錦治序文）。

5. エーバハルト・フォン＝フィーチュ著《ヴィルヘルム・ゾルフ――二つの時代を生きた大使》、テュービンゲン、1961年

6. カール・フォークト著《ある在日ドイツ人の人生録より（1897年〜1941年）》、東京、ＯＡＧ出版、1962年（私家版）

7. ハインリッヒ＝ヴィルヘルム・ヴェルマン著《シャルロッテンブルク抵抗運動　1933年〜1945年》、ベルリン、1991年

Position eines Vermittlers im chinesisch-japanischen Konflikt zu verschaffen, die ihm eine Ostasienreise ohne das Placet von Dirksens und Bohles ermöglicht hätte. Lagi Solf an Solf, 21.10.1935, NL Solf, Nr 95, Bl 89–91

[23] Mori an Solf, 16.3.1935, NL Solf, Nr 95, Bl 37–38. Minobe = Minobe Tatsukichi. Ikki = Ikki Kitokurô. Hodsumi = Hozumi Yatsuka. Bornhack = Konrad Bornhak

[24] Nach von Vietsch S 338f. und Wörmann, Heinrich Wilhelm (1991) Widerstand in Charlottenburg 1933–1945. Berlin, S 176f. Näheres über den Kreis um Hanna Solf ist mir nicht bekannt. Von ihren Mitangeklagten wurden Otto C. Kiep und Elisabeth von Thadden nach eintägiger Verhandlung zum Tode verurteilt und hingerichtet.

ベルリン・東京・ローマ（一九三三年〜一九四五年）

ゲルハルト・クレープス

政治関係と軍事協力

　日独伊の関係は、ソ連に対するベルリンと東京の利害が一致したことにその端を発する。イデオロギー上の反感が領土拡大主義上の利益と結合したのである。日本側は軍部主導で、大島浩武官がベルリンで指揮を執った。大島は後にベルリン大使に就任することになる（1938年〜1939年、1940年〜1945年）。ドイツ側では、両国橋渡しの先駆者ヨアヒム・フォン＝リッベントロップが国家社会主義ドイツ労働者党内を動き回った。彼は後に外務大臣になる（1938年〜1945年）。つぎに重要な大島の接触者として、ヴィルヘルム・カナーリス海軍大将を挙げなければならない。軍の「防衛部隊」長である。

　独日提携の提唱者は、両国が19世紀以来お互いに抱いていた尊敬を基本にすることができた。しかし、この気持ちは、ヒトラーが権力を握った後国家社会主義的な純血イデオロギーによって侵害されるが、ドイツ側が曲芸のような議論を展開させることによって最終的に純血イデオロギーは日本人にとって侮蔑的な実体を失ってしまう。両国の関係は1936年11月に成立した日独防共協定で初めて形となってあらわれた。同協定には一年後にイタリアも加入している。公表された部分では共産主義インターナショナルに対抗するための情報交換が合意されており、非公開の追加協定で、万一調印国のひとつがソ連の攻撃の犠牲になる場合に好意的中立を守ることが約束された。さらに——いくつかの場合を除いて——ソ連と政治的な条約を締結してはならないことが合意された。イタリアは——その後のすべての加入国も含めて——協定の公表された部分だけに調印し、秘密追加合意事項のことは公式には全く何も知らされなかった。

　日本は1937年夏から中国と戦争状態に入り、約一年後にベルリン、ローマと同盟締結交渉を開始した。第三国の紛争介入を阻止するためで

Die politischen Beziehungen und die militärische Zusammenarbeit

Die Verbindung zwischen Japan, Deutschland und Italien nahm zunächst von einer Interessengemeinschaft zwischen Berlin und Tôkyô gegen die UdSSR ihren Ausgang. Dabei verbanden sich Antipathien ideologischer Art mit expansionistischen Interessen. Auf japanischer Seite war die Armee Schrittmacher, angeführt von Militärattaché Ôshima Hiroshi in Berlin, der später sogar dort den Botschafterposten übernehmen sollte (1938/39 und 1940–45). Deutscherseits wirkte der Vorkämpfer einer Annäherung, Joachim von Ribbentrop, innerhalb der NSDAP. Er sollte später Außenminister werden (1938–45). Als zweitwichtigste Kontaktperson Ôshimas ist Admiral Wilhelm Canaris zu nennen, der Chef der militärischen "Abwehr".

Die Proponenten einer deutsch-japanischen Verbindung konnten auf eine Hochachtung aufbauen, die beide Nationen seit dem 19. Jahrhundert füreinander empfanden. Beeinträchtigt wurden die Gefühle allerdings nach Hitlers Machtübernahme zunächst durch die nationalsozialistische Rassenideologie, die schließlich erst durch einige akrobatisch anmutende Argumentationen von deutscher Seite für die Japaner an kränkender Substanz verlor. Ihren ersten Ausdruck fand die Verbindung zwischen beiden Ländern in dem Antikominternpakt vom November 1936, dem ein Jahr später Italien beitrat. In dem veröffentlichten Teil wurde ein Informationsaustausch gegen die Kommunistische Internationale vereinbart und in geheimen Zusatzabkommen wohlwollende Neutralität für den Fall zugesagt, daß einer der Signatarstaaten Opfer eines sowjetischen Angriffs werden sollte. Außerdem dürften mit der UdSSR – wenige Fälle ausgenommen – keine politischen Verträge geschlossen werden. Italien – und alle späteren Beitrittsländer – unterzeichneten nur den veröffentlichten Teil des Abkommens und erfuhren offiziell nie etwas über das Bestehen geheimer Zusatzvereinbarungen.

Vom Sommer 1937 an sah sich Japan in einen Krieg mit China verwickelt und nahm etwa ein Jahr später Bündnisverhandlungen mit Berlin und Rom auf, um Drittmächte von einem Eingreifen in den Konflikt abzuschrecken. Da Deutschland und Italien aber inzwischen immer mehr in einen Gegensatz zu den

ある。しかし、その間にドイツとイタリアが一段と西方列強と敵対関係に入ったので、独伊両国は同盟関係をソ連だけでなく、英仏にも対抗するものとするよう要求した。しかし、日本がそれに抵抗したため、交渉が長引くことになる。最終的にドイツは妥協案として1939年8月にソ連と不可侵条約を締結し、この問題を打開する。日本はこれを防共協定違反だとして極端に不満を示した。日本がちょうどノモンハンのモンゴル・満州国境線でソ連と戦争状態に入り、壊滅的な敗北に直面していたからなおさらである。

しかし、東京はドイツが1940年に西方、特にオランダ、フランスを制覇すると、東南アジアに位置するヨーロッパ諸国の植民地を引き取ることができるようにするため、ドイツとの再接近に強い関心を示した。イギリスの敗北は数週間、遅くとも数ヶ月の問題のように思われた。そこで東京はベルリン、ローマと1940年9月に日独伊三国同盟条約を結ぶ。これは、アメリカがヨーロッパとアジアでの戦争に介入するのを阻止するための対米軍事防衛同盟である。さらに、ドイツとイタリアはアジアにおける日本の指導的地位を承認し、日本はヨーロッパにおける独伊の覇権に対する指導的地位を承認した。一時、ソ連を枢軸同盟に加入させることも検討されたが、ヒトラーが1941年6月にロシア攻撃を開始したことで失敗した。1941年4月にソ連と中立条約を結んだ日本は東南アジア侵攻に集中するため、独ソ戦争には介入しなかった。日本は、アメリカが中立を守ることを期待していた。アメリカとは春から――ドイツから極端に不信にとられた――調整会談をおこなっている。7月に日本がフランス領インドネシア南部を占領すると、アメリカは経済封鎖にでて、とりわけ石油の供給不足から東京は何らかの行動にでざるを得なくなった。1941年12月に日本がアメリカを攻撃すると、三国条約では義務づけられ

Westmächten gerieten, forderten sie, die Allianz nicht nur gegen die UdSSR, sondern auch gegen England und Frankreich zu richten. Dagegen sträubte sich Japan jedoch, so daß es zu einer Verschleppung der Verhandlungen kam. Schließlich wählte Deutschland die Alternativkonzeption, indem es mit der Sowjetunion im August 1939 einen Nichtangriffsvertrag schloß. Japan reagierte auf diesen Bruch des Antikominternpaktes äußerst verstimmt, zumal es sich gerade im mongolisch-mandschurischen Grenzgebiet bei Nomonhan in einen Krieg mit der UdSSR verwickelt sah und vor einer vernichtenden Niederlage stand.

Tôkyô zeigte aber nach den deutschen Siegen im Westen 1940, besonders über Holland und Frankreich, starkes Interesse an einer Wiederannäherung, um den europäischen Kolonialbesitz in Südostasien übernehmen zu können. Englands Niederlage schien nur noch eine Frage von Wochen oder höchstens Monaten. Daher schloß Tôkyô mit Berlin und Rom im September 1940 den Dreimächtepakt, ein Defensivbündnis gegen die USA, um Amerika von einem Kriegseintritt, sowohl in Europa wie in Asien, abzuschrecken. Außerdem erkannten Deutschland und Italien Japans Führungsrolle in Asien an und erhielten eine ebensolche Zusage für ihre eigene Hegemonialstellung in Europa. Eine Einbeziehung der UdSSR in den Block wurde zeitweise erwogen, scheiterte aber mit Hitlers Angriff auf Rußland im Juni 1941. Japan, das im April 1941 einen Neutralitätsvertrag mit der UdSSR abgeschlossen hatte, beteiligte sich an diesem Krieg nicht, um sich ganz auf den Vorstoß nach Südostasien konzentrieren zu können. Immer noch hoffte es, dabei die USA neutral zu halten, mit denen seit dem Frühjahr – von Deutschland mit äußerstem Mißtrauen betrachtete – Ausgleichsgespräche geführt wurden. Die im Juli vollzogene Besetzung des Südens von Französisch-Indochina durch Japan hatte ein amerikanisches Embargo zur Folge, das Tôkyô vor allem wegen der fehlenden Öllieferungen zum Handeln veranlaßte. Als Japan im Dezember 1941 die USA angriff, erklärten Deutschland und Italien einige Tage später den Vereinigten Staaten den Krieg, obwohl der Dreimächtepakt sie dazu nicht verpflichtete. Grundlage wurde vielmehr ein nach Kriegsbeginn unterzeichnetes Abkommen, in einem gemeinsamen Krieg gegen die USA und

ていないにもかかわらず、ドイツとイタリアは数日後にアメリカ合衆国に宣戦布告した。ここではむしろ、米英に対する共同戦線では単独講和を結ばないとする開戦後に調印された協定が基本になった。——これはもともと日本の提案であったが、最終的にドイツの条件になったのである。

しかし、これも軍事上の協力にはいたらなかった。一時目標とされた中近東とインドへの挟み撃ち攻撃は一度も実現されていない。日本が仲介の労をとっても良しとして何度となく提案した独ソの単独講和は、ヒトラーによってすげなく拒否された。物資交換はほぼ完全に麻痺していたし、技術ノウハウの移転も不信と対抗意識が横行して遅れるばかりであった。こうして、枢軸三国は最終的にヨーロッパとアジアでそれぞれ敗北した。

ベルリン・東京・ローマ——プロパガンダと文化協力

　1936年にムッソリーニの娘婿である外務大臣ガレアツォ・チアノが、そしてその翌年に初めて「ドゥーチェ」(a)がベルリンを訪れたとき、その出費たるものはほとんど限界を知らなかった。それに対して、日本の要人がベルリンを訪れるのは距離の問題もあり、随分先のことであった。1941年3月と4月、外務大臣松岡洋右がドイツ帝国の首都を訪問した。松岡を対英開戦に、すなわちイギリスの稜堡シンガポールを攻撃するように説得しなければならなかった。再び莫大な資金が投入された。その費用たるや、ちょうど東京から召還されたゲルハルト・マツキー武官につぎのようにコメントさせている。

　「小生の考えるに、この歓迎レセプションは、かなりおおげさなものだった。できるだけたくさんのお金を後で払わせようと、家畜商人を家畜小屋に連れていく前に酔わせてしまうような

松岡洋右外相を熱狂的に迎えるベルリン市民（1941年）

Jubelnde Bevölkerung beim Matsuoka Besuch in Berlin, 1941

Großbritannien keinen Sonderfrieden zu schließen – ein ursprünglich japanischer Vorschlag, der schließlich zur deutschen Bedingung geworden war.

Zu einer militärischen Zusammenarbeit aber kam es nicht; eine zeitweise anvisierte Verbindung durch einen Zangenangriff auf den Nahen Osten und Indien wurde nie verwirklicht. Das von Japan immer wieder vorgeschlagene Alternativkonzept eines deutschen Sonderfriedens mit der UdSSR, eventuell mit Vermittlung Tôkyôs, wurde von Hitler brüsk abgelehnt. Der Warenaustausch kam fast völlig zum Erliegen, und der Transfer von technischem Know-how wurde durch das herrschende Mißtrauen und Rivalitätsdenken stark verzögert. So wurden die Dreipaktmächte schließlich in Europa und Asien getrennt geschlagen.

Berlin–Tôkyô–Rom: Propaganda und kulturelle Zusammenarbeit

Als Mussolinis Schwiegersohn und Außenminister Galeazzo Ciano 1936 und im Folgejahr der "Duce" selbst Berlin ihre ersten Besuche abstatteten, kannte der Aufwand kaum Grenzen. Hochkarätige japanische Gäste ließen dagegen lange auf sich warten, allein schon bedingt durch die räumliche Entfernung. Im März und April 1941 stattete dann schließlich Außenminister Matsuoka Yôsuke der Reichshauptstadt einen Besuch ab. Er sollte zum Eintritt in den Krieg gegen England und daher zum Angriff auf die britische Bastion Singapur überredet werden. Wieder wurde ein gewaltiger Aufwand getrieben, der den gerade von seinem Tôkyôter Posten abberufenen Militärattaché Gerhard Matzky zu dem Kommentar veranlaßte:

"Der hiesige Empfang war nach meinem Geschmack weit übertrieben; es war so, als ob man einen Viehhändler schon betrunken macht, bevor man ihn in den Stall führt, damit er nachher teurere Preise zahlt.

ものだった。これで、かなり危い方法で日本人の自己顕示欲をくすぐったことになる」

1942年秋、日本側はソ連との単独講和の利点をドイツに説くとともに今後の共同戦略について取り決めるため、将軍東条英樹首相自らを団長とする代表団を飛行機でベルリンに派遣することを検討していた。しかし、ドイツ側に関心がないと見てこの考えを諦め、代表団は結局数ヶ月遅れて出発した。しかし、代表団を指揮したのは少将でしかなかった。

ドイツがロシアにまで拡大したゲルマン大帝国の建設を計画していたとき、日本は「大東亜共栄圏」と呼ばれる東アジアと東南アジアの覇権領域の建設に努力していた。ムッソリーニも地中海沿岸全域でローマ帝国を再建することを夢見ていた。都市計画は、この誇大妄想とともに進行したのである。ローマが鼻高々とその古典期とそれ以後も見逃してはならないローマの意味について語ることができたのに対し、東京とベルリンは比較的新参ものの首都として――それぞれ1868年と1871年以降だが――威信も壮麗さもなく、たとえばパリやロンドンと比べても見劣りするのは明らかだった。価値を引き上げる目的でムッソリーニが首都ローマを広い道路や豪華な建物で改造せざるを得ないと考えていたとき、ヒトラーは民族の偉大さの証しとするためにベルリンを「世界の首都ゲルマニア」にする計画を立て、資金不足にもかかわらずでにその計画に取り組んでいた。そしてたとえば、枢軸国日本とイタリアのきらびやかな大使館がティアーガルテン地区に並んで誕生している。1936年のオリンピック開催で盛んに建設工事がおこなわれることになるが、それは第三帝国が威信を獲得することによって後で正当化されたように思われた。

東京は1923年に起こった関東大震災の大被害から立ち直った。燃え易く、地震に弱い古い建

Der japanischen Großmannssucht wurde dadurch in nicht ungefährlicher Weise Vorschub geleistet.”

Im Herbst 1942 wurde von japanischer Seite erwogen, eine Delegation unter Premierminister General Tôjô Hideki selbst per Flugzeug nach Berlin zu entsenden, um den Bündnispartner von der Ratsamkeit eines Sonderfriedens mit der UdSSR zu überzeugen und weitere gemeinsame Strategien abzusprechen. Angesichts des deutschen Desinteresses aber wurde der Gedanke wieder aufgegeben, und als die Gesandtschaft schließlich nach mehrmonatiger Verzögerung abreiste, stand sie nur unter der Leitung eines aktiven Generalmajors.

Plante Deutschland die Schaffung eines germanischen Großreiches, das sich bis weit nach Rußland hinein erstrecken würde, so strebte Japan nach einem “Großostasiatische Wohlstandssphäre” benannten Hegemonialraum in Ost- und Südostasien; Mussolini schließlich träumte von der Wiederherstellung des Römischen Reiches rund um das Mittelmeer. Einher mit diesem Größenwahn ging die Stadtplanung. Konnte Rom mit Stolz auf die Antike und die auch danach nicht zu übersehende Bedeutung der Stadt verweisen, so verfügten Tôkyô und Berlin als relativ neue Hauptstädte – seit 1868 bzw. 1871 – über wenig Prestige und Pracht und fielen z.B. deutlich gegenüber Paris oder London ab. Sah sich schon Mussolini veranlaßt, seine Hauptstadt zwecks Aufwertung durch breite Straßen und pompöse Gebäude umzubauen, so plante Hitler zur Dokumentation nationaler Größe den Ausbau Berlins zur “Welthauptstadt Germania” und nahm diesen trotz knapper finanzieller Mittel bereits in Angriff. Dabei entstanden unter anderem bombastische Botschaftsgebäude der Verbündeten Japan und Italien in enger Nachbarschaft im Tiergartenviertel. Die Olympiade 1936 hatte ebenfalls zu einer regen Bautätigkeit geführt, die nachträglich durch den deutlichen Prestigegewinn des Deutschen Reiches gerechtfertigt erschien.

Tôkyô hatte sich inzwischen von der Katastrophe des großen Erdbebens im Jahre 1923 erholt. Statt der leicht brennbaren und gegen Erdbeben anfälligen alten Gebäude waren in der Innenstadt zahlreiche Bauten aus Stahlbeton errichtet worden. Im Jahre 1936 wurde das imposante Parlamentsgebäude vollendet. Danach aber, nach Ausbruch des China-Krieges,

物に代わって鉄筋コンクリート建ての建物が中
心部に建設された。1936年には威風堂々とした
国会議事堂が完成した。しかし、それ以後、日
中戦争の勃発後は資金不足から大型の貫禄ある
建物はほとんど出現しなかった。東京は1940年
夏期オリンピック大会の開催権を獲得し、大会
はドイツの前例に基づき、宣伝費をたくさん注
ぎ込んで実施されることになっていた。しかし、
東京は日中戦争の負担が大きいことからオリン
ピック開催権を再び返還してしまう。いずれに
せよ1940年は戦争一色で、オリンピックは開催
されなかった。東京はその後、1964年にようや
くオリンピック大会開催地となる。

　政治関係と軍事関係に平行して、ベルリン・
東京・ローマ間の密接な文化関係も宣伝、振興
された。1939年に費用をかけた雑誌〈ベルリ
ン・ローマ・東京——世界政策上の枢軸三国民
族間における文化関係促進のための月刊誌〉が
登場する。同誌は帝国外務大臣ヨアヒム・フォ
ン＝リッベントロップの後援の下に発行された。
イタリアが1943年9月に降伏して陣営を変える
と、同誌名を変更すべきかどうか問題になった。
リッベントロップは誌名を変更しないことを決
定するが、いずれにせよ同誌の発行は「紙不足」
から1944年5月に中止される。

　文化政策においては、一部の既存機関が利用
された。組織を変えて新しい国家主義的意味で
利用したのである。また、新しい協定を結んで
交流を強化することもあった。ベルリンでは、
国家社会主義勢力の政権掌握時に駐日ドイツ大
使の職にあったヴィルヘルム・ゾルフが所長を
務める1926年創立の登記社団ベルリン日本研究
所（正式名称は「獨逸及び日本の精神的生活及
び公的施設の相互的理解促進協會」）[b]と独日協
会（1929年創立、1890年創立の前身協会に由
来する）が国家の文化政策問題に利用されるよ
うになる。したがってユダヤ人会員は即刻除名

〈ベルリン・ローマ・東京〉
Zeitschrift Berlin–Rom–Tokio

enstanden aus Mangel an finanziellen
Mitteln kaum noch größere Prestige-
bauten. Die Stadt hatte den Zuschlag
für die Olympischen Sommerspiele
1940 erhalten, die nach deutschem
Vorbild mit großem Propagandaauf-
wand durchgeführt werden sollten. Bedingt durch die Belastung des China-
Krieges aber gab Tôkyô den Auftrag
zur Abhaltung der Spiele wieder zurück. Im Jahre 1940 herrschte dann
ohnehin Krieg, und die Olympiade wurde gar nicht
durchgeführt. Tôkyô sollte dann erst 1964 Austra-
gungsort der Spiele werden.

Parallel zur politisch-militärischen Verbindung wurden auch engere kulturelle Beziehungen zwischen
Berlin, Tôkyô und Rom propagiert und gefördert. Ab
1939 erschien die aufwendige Zeitschrift *Berlin-Rom-
Tokio. Monatsschrift für die Vertiefung der kulturellen
Beziehungen der Völker des Weltpolitischen Dreiecks*,
herausgegeben unter der Schirmherrschaft des
Reichsministers des Auswärtigen, Joachim von Ribbentrop. Als Italien im September 1943 aus dem
Krieg ausschied und sogar die Seite wechselte, stellte
sich die Frage, ob der Name der Zeitschrift geändert
werden sollte. Ribbentrop entschied sich für die Bei-
behaltung, doch wurde das Erscheinen im Mai 1944
ohnehin "aus Papiermangel" eingestellt.

In der Kulturpolitik bediente man sich teilweise der
bestehenden Institutionen, die man umformte und
im neuen nationalistischen Sinne nutzte, teilweise
aber auch dadurch, daß man neue Abkommen schloß
und den Austausch intensivierte. In Berlin wurden
das 1926 gegründete Japaninstitut e.V. (voller Titel:
Institut zur wechselseitigen Kenntnis des geistigen
Lebens und der öffentlichen Einrichtungen in
Deutschland und Japan) dessen 1. Vorsitzender zur
Zeit der nationalsozialistischen Machtübernahme der
ehemalige Botschafter in Tôkyô, Wilhelm Solf, war,
und die Deutsch-Japanische Gesellschaft (gegr. 1928,
aus einer 1890 gegründeten Vorläufervereinigung
hervorgegangen) jetzt mehr für die Anliegen staatlicher Kulturpolitik eingesetzt; deshalb wurden schon
sehr bald Juden ausgeschlossen. In Japan bestanden
neben der Nichi-Doku Kyôkai, in der hauptsächlich
an Deutschland interessierte Japaner als Mitglieder

された。日本には、ドイツに関心を寄せる日本人がおもな会員となっている日独協会のほか、1927年に創立された日独文化協会、1934年に創立された社団法人独逸文化研究所（京都市左京区）があった。

これらベルリンと東京の各研究所が両国の文化交流を強化した。1873年に創立された独逸東洋文化研究協会（ＯＡＧ）もその活動をとおしてドイツで日本に関する知識を広めるのに貢献した。日本の高等学校で教えるたくさんのドイツ人教師が言語や文学、国土に関してすぐれた知識を習得した。彼らはまもなくドイツでも最も重要な日本学者に数えられるようになり、戦前、戦後とドイツの大学で教鞭をとる。たとえばカール・フローレンツ、ヴィルヘルム・グンデルト、ホルスト・ハミッチュ、ヴァルター・ドーナート、ヘルベルト・ツァッヘルトがそうである。ハンブルク、ベルリン、ライプチヒの各大学で日本学を専攻・修了することができたが、日本学も次第に国家社会主義政策に奉仕するようになる。日本ではドイツ学が、ドイツの日本学より大規模におこなわれていたのであるが、同じようにドイツ民族思想と政治宣伝に影響されて成果を上げていた。

さらにきずなを深め、コンタクトを拡大するために二国間条約が結ばれた。たとえば1938年11月25日（日独防共協定二周年記念日）に成立した日独文化協定と、その最終協定である1939年6月2日成立の日独医学協定（ドイツと日本の文化関係を拡大するための日独医師協力に関するドイツ帝国医師会と日独医学協会の合意）がそれである。

音楽家や音楽公演の交流も頻繁におこなわれた。宝塚歌劇団が1938年10月に《ハロー・ベルリン》を、翌月には《ベルリン・ローマ》を公演した。しかし、音楽の分野では東京とベルリンでしばしば争いが起きた。日本在住のドイ

日独学術会合に参加した
婦人たち
Zwei Frauen zur
Deutsch-Japanischen-
Akademikertagung

vertreten waren, das 1927 gegründete Deutsch-Japanische Kulturinstitut in Tôkyô, und seit 1934 das Deutsche Forschungsinstitut in Kyôto.

Diese Institute in Berlin und Tôkyô stärkten den Kulturaustausch zwischen beiden Ländern. Auch die 1873 gegründete Deutsche Gesellschaft für Natur- und Völkerkunde Ostasiens (OAG) trug mit ihren Aktivitäten zur Verbreitung von Kenntnissen über Japan in Deutschland bei. Zahlreiche deutsche Lehrer an japanischen Oberschulen (Kôtôgakkô), erwarben sich hervorragende Sprach-, Literatur- und Landeskenntnisse. Sie zählten bald zu Deutschlands bedeutendsten Japanologen und wirkten in der Vor- oder/und Nachkriegszeit an deutschen Universitäten, wie Karl Florenz, Wilhelm Gundert, Horst Hammitzsch, Walter Donat und Herbert Zachert. Ein volles Japanologiestudium konn-te an den Universitäten Hamburg, Berlin und Leipzig absolviert werden. Allmählich aber glitt das Fach in den Dienst der nationalsozialistischen Politik ab. Ähnlich wurde die Germanistik in Japan, die einen viel größeren Umfang hatte als die Japanologie in Deutschland, von deutsch-völkischem Gedankengut und politischer Propaganda beeinflußt und entsprechend ausgerichtet.

Bilaterale Verträge sollten die Bande weiter festigen und die Kontakte erweitern: So z.B. das Deutsch-Japanische Kulturabkommen vom 25. November 1938 (2. Jahrestag des Antikominternpaktes) und als Anschlußabkommen dazu das Deutsch-Japanische Medizinerabkommen vom 2. Juni 1939 (Vereinbarung zwischen der deutschen Reichsärztekammer und der Japanisch-Deutschen Medizinischen Gesellschaft über die Zusammenarbeit der deutschen und japanischen Ärzte zum Ausbau der kulturellen Beziehungen zwischen Deutschland und Japan).

Ein Austausch von Musikern und Musikprogrammen fand häufig statt. Die Takarazuka-Frauenrevue stellte ihr Programm im Oktober 1938 unter dem Titel *Hallo Berlin* und im Folgemonat unter *Berlin–Roma* vor. Gerade auf dem Gebiet der Musik jedoch ergaben sich häufig Querelen zwischen Tôkyô und Berlin, da viele deutsche Musiker in Japan Juden waren. Während des Krieges durften in Japan an ausländi-

ツ人音楽家の多くがユダヤ人だったからである。戦時中、日本では外国の音楽というとドイツ人とイタリア人作曲家の作品だけが演奏を許可された。映画界での協力は少なく、おもなものに原節子主演でアーノルト・ファンク監督の《侍の娘》（日本語版『新しき土』）が知られている。

1939年ベルリンで、貴重なオリジナル作品を多数揃えた『日本古美術展覧会』が開催された。この種のある程度非政治的な自己表現とは異なり、1943年初めに東京とその他五つの日本の都市で開催された『反ユダヤ・反フリーメーソン展』は明らかに国家社会主義的影響を受けたものである。主催者は大阪毎日新聞で、在日ドイツ大使館が後援した。

青少年の交流プログラムは予算上の理由から小規模でおこなわれた。ヒトラー青少年団（ヒトラー・ユーゲント）の日本訪問はもっぱら宣伝色濃く利用された。学卒者や学生、大卒研究者の交流も促進された。独日学卒者会議が1939年から1944年の間に開催されている。ハインリヒ・ヒムラーは日本に熱中して、ことばを学ばせるために枢軸国日本に親衛隊将校を派遣することを計画していた――もっともこれは、共同戦線で勝利した暁の計画であった。

scher Musik nur noch Werke deutscher und italienischer Komponisten gespielt werden. Die Zusammenarbeit auf dem Filmsektor war gering. Sie wurde hauptsächlich durch den Film von Arnold Fanck *Die Tochter des Samurai* (japanisch: *Atarashiki tsuchi* = Die neue Erde) mit Hara Setsuko in der Hauptrolle bekannt.

In Berlin fand 1939 die *Ausstellung Altjapanische Kunst* mit vielen wertvollen Originalen statt. Anders als derartige, noch halbwegs unpolitischen Selbstdarstellungen ging die Anfang 1943 in Tôkyô und fünf weiteren japanischen Städten gezeigte *Antijüdische und Antifreimaurer-Ausstellung* eindeutig auf nationalsozialistische Beeinflussung zurück. Veranstalter war die Zeitung *Ôsaka Mainichi*, Förderer die deutsche Botschaft in Tôkyô.

Ein Jugendaustauschprogramm wurde aus Kostengründen nur in kleinem Rahmen durchgeführt. Propagandistisch ausgeschlachtet wurden hauptsächlich Besuche der Hitlerjugend in Japan. Der Austausch von Akademikern, Studenten wie graduierten Wissenschaftlern, erfuhr ebenfalls eine Förderung. Deutsch-Japanische Akademikertagungen wurden 1939–1944 abgehalten. Heinrich Himmler sah in seiner Begeisterung für Japan die Entsendung zahlreicher ss-Offiziere zum Sprachstudium in das Land des Verbündeten vor – allerdings erst nach dem zu erringenden Sieg in dem gemeinsamen Krieg.

在日ドイツ大使館専用車（1938年）
Limousine der deutschen Botschaft in Tôkyô, 1938

注

(a) 編注：ムッソリーニの称号で、イタリア語で指導者・総督のこと。

(b) 編注：日本での略称は「日本学會」。

参考文献

1. カール・ボイド著《日本におけるヒトラーの盟友——大島浩将軍と、その摩訶不思議な知識—— 1941年〜1945年》、ローレンス、カンザス大学出版、1993年

2. ヴァルド・フェレッティ著《1935年〜1941年のイタリアの対外政策と日本》、ミラノ、ジッフル出版、1983年

3. ジョン＝Ｐ・フォックス著《ドイツと 1931年〜1938年の極東危機——外交とイデオロギーに関する研究》、オックスフォード、オックスフォード大学出版、1982年

4. エーバハルト・フリーゼ《ベルリン日本研究所とベルリン独日協会——文献研究および 1926年〜1945年の同機関の政策研究》、ベルリン自由大学東洋学科編〈近代日本の社会経済研究——臨時第 9 号〉所収、ベルリン、1980年

5. ゲルハルト・クレープス著《1935年〜1941年の日本の対独政策——太平洋戦争前史に関する研究、第 2 巻》、ドイツ東洋文化研究協会編〈ドイツ東洋文化研究協会報告、第91巻〉所収、ハンブルク、1984年

6. 同／ベルント・マルティン共編《ベルリン・東京枢軸の成立と崩壊》、ミュンヘン、ユディツィウム出版、1994年

7. ヨーゼフ・クライナー／レギーネ・マティアス共編《両大戦間のドイツと日本》、ボン、ボーヴィア出版、1990年

8. ベルント・マルティン著《第二次世界大戦中のドイツと日本——真珠湾攻撃からドイツの降伏まで》、ゲッティンゲン、ムスタシュミット出版、1969年

9. 三宅正樹著『日独伊三国同盟の研究』、東京、南窓社、1975年

10. ジェームス・モーレイ著《抑制外交—— 1935年〜1940年の日独ソ——〈太平洋戦争への道——開戦外交史〉から抜粋翻訳》、ニューヨーク、コロンビア大学出版、1976年

11. テオ・ゾンマー著《1935年〜1940年の大国間の日独——防共協定から三国同盟まで》、テュービンゲン、ＪＣＢ・モール（パウル・ジーベック）出版、1962年

12. 田嶋信雄著『ナチズム外交と〈満洲国〉』、東京、千倉書房、1992年

13. 義井博著『日独伊三国同盟と日米関係——太平洋戦争前国際関係の研究』、東京、南窓社、1971年

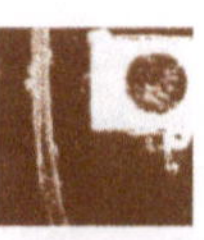

Literatur

– Boyd, Carl (1993) Hitler's Japanese Confidant. General Ôshima Hiroshi and Magic Intelligence, 1941–1945. Lawrence: University Press of Kansas

– Ferretti, Valdo (1983) Il Giappone e la politica estera italiana 1935–41. Mailand: Giuffrè

– Fox, John P. (1982) Germany and the Far Eastern Crisis 1931–1938. A Study in Diplomacy and Ideology. Oxford: Oxford University Press

– Friese, Eberhard (1980) Japaninstitut Berlin und Deutsch–Japanische Gesellschaft Berlin. Quellenlage und ausgewählte Aspekte ihrer Politik 1926–1945. Berlin: Ostasiatisches Seminar, FU-Berlin (Social and Economic Research on Modern Japan, Occasional Papers No 9)

– Krebs, Gerhard (1984) Japans Deutschlandpolitik 1935–1941. Eine Studie zur Vorgeschichte des Pazifischen Krieges. 2 Bd, Hamburg: OAG (Mitteilungen der Gesellschaft für Natur- und Völkerkunde Ostasiens e.V., MOAG Bd 91)

– Krebs, Gerhard und Bernd Martin (Hrsg) (1994) Formierung und Fall der Achse Berlin–Tôkyô. München: iudicium

– Kreiner, Josef und Regine Mathias (Hrsg) (1990) Deutschland-Japan in der Zwischenkriegszeit. Bonn: Bouvier

– Martin, Bernd (1969) Deutschland und Japan im Zweiten Weltkrieg. Vom Angriff auf Pearl Harbor bis zur deutschen Kapitulation. Göttingen: Musterschmidt

– Miyake Masaki (1975) Nichi-Doku-I sangokudômei no kenkyû (Studien zum japanisch-deutsch-italienischen Dreimächtepakt). Tôkyô: Nansôsha

– Morley, James (1976) Deterrent Diplomacy: Japan, Germany, and the USSR, 1935–1940. Selected translations from Taiheiyô sensô e no michi: kaisen gaikô shi. New York: Columbia University Press

– Sommer, Theo (1962) Deutschland und Japan zwischen den Mächten 1935–1940. Vom Antikominternpakt zum Dreimächtepakt. Tübingen: J.C.B. Mohr (Paul Siebeck)

– Tajima Nobuo (1992) Nachizumu gaikô to "Manshûkoku" (Nationalsozialistische Außenpolitik und "Manchukuo"). Tôkyô: Chikura Shobô

– Yoshii Hiroshi (1971) Nichi-Doku-I sangoku dômei to Nichi-Bei kankei. Taiheiyô sensôzen kokusaikankei no kenkyû (Der japanisch-deutsch-italienische Dreimächtepakt und die japanisch-amerikanischen Beziehungen. Eine Studie zu den internationalen Beziehungen in der Zeit vor dem Pazifischen Krieg). Tôkyô: Nansôsha

ベルリンの戦後

　降伏後のベルリンは瓦礫の山という惨状であった。人口は230万人とほぼ半減し、その半数以上が女性、4分の1が60才以上の高齢者であった。戦時中避難したり疎開していたベルリン市民の多くが戻ってきた。しかし、夥しい数の人間がナチスの強制収容所で殺害され、ヒトラー・ドイツから亡命、あるいは戦争の犠牲となり命を落とした。ドイツ降伏の直前、1945年2月のスターリン、チャーチル、ルーズベルトによるヤルタ会談で、未だ降伏していないドイツと日本に対する政治・戦略的対策に関する合意がなされた。

　1945年8月、ポツダム会談によって連合国のドイツ占領政策基本方針が決定された。戦勝国四ヶ国の提携、非ナチ化、連合国によるドイツの軍事占領である。ベルリンは四列強の管理下に置かれ、特殊な地域になった[a]。降伏後の数年間は工場解体と賠償、旧ドイツ東部領域から戻ってきた人々を社会に受け入れる上での困難、そして連合国による非ナチ化の影響が強く認められた。市の四つの占領地区は、それぞれの占領国の影響下にあった。しかし、四占領地区に分割されたベルリンは間もなく互いに相反する二つの社会秩序および経済秩序に編入されていった。すなわちソ連占領地区は社会経済制度に、そして他の三地区は西側連合国の制度に編入され、それぞれに異なった政党制度が生まれることになった。ソ連軍政部は1945年夏にソ連占領地区に四つの政党（ドイツ共産党・KPD、キリスト教民主同盟・CDU、自由民主党・LPDP、社会民主党・SPD）の結成を許可することによってブロック制度の形成に着手した。1946年4月にはソ連の強い圧力によりドイツ共産党と社会民主党の合体が決議され、ソ連占領地区にドイツ社会主義統一党（SED）が成立し、また西側連合国占領地区では複数政党

Nach 1945 …
Marie-Luise Goerke

Nachkriegszeit in Berlin

Nach der Kapitulation war Berlin ein Trümmerhaufen: Die Bevölkerung hatte sich auf 2,3 Millionen Einwohner nahezu halbiert, davon waren weit über die Hälfte Frauen, ein Viertel war über 60 Jahre alt. Viele der im Krieg geflüchteten oder evakuierten Berliner kehrten in die Stadt zurück. Doch es fehlten diejenigen, die durch Deportationen in die Konzentrationslager der Nationalsozialisten in den Tod getrieben worden waren, die aus Hitler-Deutschland hatten flüchten müssen und die im Krieg ihr Leben verloren hatten. Im Februar 1945 berieten in Jalta Stalin, Churchill und Roosevelt politische und strategische Maßnahmen gegen Deutschland und Japan, das zu diesem Zeitpunkt noch nicht kapituliert hatte.

Im August 1945 wurden mit dem Potsdamer Abkommen die Richtlinien der alliierten Deutschlandpolitik festgelegt: Zusammenarbeit der Siegermächte, Entnazifizierung, militärische Besetzung Deutschlands durch die Alliierten. Berlin bildete dabei eine besondere Einheit unter Viermächteverwaltung. Die ersten Jahre waren von Demontagen und Reparationen gekennzeichnet, von Eingliederungsschwierigkeiten der Heimkehrer aus den ehemaligen deutschen und deutsch besetzten Ostgebieten und von den Entnazifizierungsbemühungen der Alliierten. Die einzelnen Besatzungszonen der Stadt standen dabei unter dem bestimmenden Einfluß der jeweiligen Besatzungs-

廃墟となった帝国議事堂（1948年）
Reichstag-Ruine, 1948

ヴィルヘルム皇帝記念教会（1950年）
Kaiser-Wilhelm-Gedächtniskirche, 1950

制度が敷かれた。連合諸国間の国際的な緊張が
高まるとともに、東西占領地区の政党組織間に
おける市政での対立が強まった。まず、アメリ
カとイギリス占領地区が1947年1月に統合経済
領域（通称二国地区）を作り、この統合の機関
（経済評議会、執行評議会、行政監督局）が全て
の問題の解決にあたるものとされた。続いて
1949年4月にフランス占領地区が同経済統合に
加入することによって、これは三国地区に拡大
された。この統合に対する回答としてドイツ社
会主義統一党は1947年12月にドイツ人民評議
会運動を起こし、翌年統一と平和のための憲法
制定機関としての人民評議会を結成した。こう
して、ポツダム会談で合意された戦勝諸国の共
同政策は挫折した。西側三地区はアメリカのマ
ーシャルプランに参加し、経済的・構造的援助
を受け、また共産主義の挑戦に立ち向かう西ベ
ルリン「要塞」も援助を受けたのである。米英
仏は西側地区で通貨改革を実施し、ベルリンの
西側占領地区でも有効な西マルクの導入によっ
て東西ベルリン間の購買力の格差が大きくなり、
いわゆる国境往来者⑴の数が増大した。すでにド
イツ民主共和国建国以前の1949年に、ソ連占領
地区に抜本的改革が実施された。この改革は基
本的に西側占領地区の制度とは異なるものであ

macht. Die Vierzonenspaltung Berlins wandelte sich
jedoch bald in zwei einander gegenüberstehende Ge-
sellschafts- und Wirtschaftsordnungen – in ein sozio-
ökonomisches System der sowjetisch besetzten Zone
(SBZ) und in eines der westlichen Alliierten – in denen unterschiedliche Parteiensysteme entstanden.
Die Sowjetische Militäradministration leitete im
Sommer 1945 in der SBZ die Bildung eines Block-
systems mit der Zulassung von vier Parteien (KPD,
CDU, LPDP, SPD) ein. Aus der KPD und der SPD ging
im April 1946 aufgrund starken sowjetischen Drucks
die Sozialistische Einheitspartei Deutschlands (SED)
in der SBZ hervor, in den Westzonen entstand ein
pluralistisches Parteiensystem. Streitigkeiten innerhalb des Magistrats zwischen den Parteiorganisatio-
nen des West- und Ostsektors verstärkten sich angesichts der zunehmenden internationalen Spannungen
unter den Alliierten. Der Zusammenschluß der amerikanischen und britischen Zone in Deutschland zu einer
zunächst wirtschaftlichen Vereinigung
(sogenannte Bizone) im Januar 1947
erlangte durch Wirtschafts-, Länder-
und Exekutivrat ein staatliches Element und erweiterte sich später durch
den Beitritt der französischen Zone im
April 1949 zur Trizone. Auf diesen Zusammenschluß reagierte die SED im
Dezember 1947 mit dem deutschen
Volkskongreß für Einheit und Frieden,
der als verfassungsgebende Körper-
schaft den Deutschen Volksrat bildete.
Die in Potsdam verabredete gemeinsame Politik der Siegerstaaten scheiterte.
Die drei westlichen Sektoren erhielten
finanzielle und strukturelle Hilfe durch
den amerikanischen Marshallplan, mit
dem auch das "Bollwerk" West-Berlin
gegen die kommunistische Herausforderung unterstützt wurde. Durch die
Einführung der in den Westsektoren
Berlins gültigen Westmark, verschärfte
sich der Kaufkraftunterschied zwischen
Berlin (West) und Berlin (Ost) und
förderte damit auch die Zunahme der
sogenannten Grenzgänger[1]. Bereits im

り、企業の没収と国有化、土地改革、司法改革、中央行政の構築などを内容とした。

　1948年6月には通貨改革計画を巡る対立により、かつての反ヒトラー連合はついに破局を迎えた。1948年6月よりソ連は目前に迫る西ドイツ建国をベルリン封鎖によって阻止しようとした。こうして、ベルリンは政治上の強制手段と化したが、西側列強は空輸大作戦をおこないベルリンを放棄しなかった。封鎖は1949年5月に解かれたものの、その代償は徐々に進行する市の分断であった。政治上での分断はすでに完結しており、ベルリンの東地区ではフリードリッヒ・エーベルトが市長に、西側地区ではエルンスト・ロイターが市長に就任した。1949年5月23日、ドイツ連邦共和国（西ドイツ）の基本法が可決され、同年5月24日に公布・発効した。他方、ドイツ民主共和国（東ドイツ）のドイツ人民評議会憲法委員会が作成した憲法は1949年10月7日に可決された。ベルリンは、自身も東西に分割され、民主共和国側の真ん中に位置していた。まず新生連邦共和国はボンを議会と政

瓦礫を片づける婦人たち（1945年冬）
Trümmerfrauen, Winter 1945/46

ブランデンブルク門（1946年）
Brandenburger Tor, 1946

破壊されたティーアガルテン公園（1946年）
Zerstörter Tiergarten, 1946

Jahre 1949, schon vor Gründung der DDR, wurden in der SBZ grundlegende Reformen durchgeführt, die sich grundsätzlich von dem System der Westzonen unterschieden: Enteignung und Verstaatlichung der Industrie, Bodenreform, Justizreform, Aufbau einer neuen Zentralverwaltung, u.a.

Im Juni 1948 kam es durch die Auseinandersetzungen um die geplante Währungsreform zum endgültigen Bruch der einstigen Anti-Hitler-Koalition. Die UdSSR versuchte, die bevorstehende Weststaatengründung durch eine Blockade Berlins ab Juni 1948 zu verhindern. Berlin wurde zum politischen Druckmittel, das die Westmächte nicht bereit waren preiszugeben: Die Luftbrücke wurde eingerichtet, im Mai 1949 die Blockade beendet, die schrittweise sich vollziehende Spaltung der Stadt war der Preis. Die politische Spaltung war bereits vollzogen, im Ostteil Berlins wurde Friedrich Ebert Oberbürgermeister, im Westteil Ernst Reuter. Am 23. Mai 1949 wurde das genehmigte Grundgesetz für die Bundesrepublik Deutschland (BRD) verkündet und trat am 24. Mai in Kraft. Die vom Verfassungsausschuß des Deutschen Volksrats ausgearbeitete Verfassung der Deutschen Demokratischen Republik (DDR) wurde am 7. Oktober 1949 verabschiedet. Berlin lag – selbst in einen West- und Ostteil gespalten – mitten in der DDR. Für die neu gegründete Bundesrepublik wurde nun Bonn zum provisorischen Sitz von Parlament und Regierung; den Titel "Bundeshauptstadt" sollte das kleine Städtchen erst mit dem Bonn-Vertrag im Jahre 1970 erhalten. Für die neu gegründete DDR wurde der Ostteil Berlins zur Hauptstadt, die allerdings von der Bundesregierung juristisch nicht anerkannt wurde, da man Berlin unverändert als ganze Stadt unter der Viermächteregierung stehend verstand.

Das kulturelle Leben Berlins beschränkte sich in der Nazizeit nach Reichstagsbrand und Bücherverbren-

手回しオルガン弾き（1946年）
Leierkastenmann, 1946

買い出し列車（1946年）
Kartoffelexpreß, 1946

府の仮の所在地に定めたが、小都市ボンは1970年のボン条約によって正式に「連邦首都」に位置付けされることになる。民主共和国では東ベルリンが首都になったが、ベルリンを依然として連合国四列強の管理地区とみなす連邦政府は、法的にこれを承認しなかった。

ナチス時代に帝国議事堂炎上と焚書、検閲とテロ、多数の芸術家や知識人の迫害と追放をなした後に残されていた文化生活は、すべてがナチスの文化・社会政策の方針に合わせた内容の演劇、映画、コンサートのみであった。ハーケンクロイツが脅威の影を投じる町に留まった人々は、同調するかあるいは私生活に引きこもったのである。戦争終局とともに、市民は20年代のベルリンが蘇ることを期待した。すでに終戦の年にコンサートや演劇が上演され、ラジオ放送が再開された。この一年後には博物館と図書館が再び開館された。西ベルリン地区では「前線の町」という自覚のもとに、文化政策と

nungen, Zensur und Terror, Verfolgung und Deportation vieler Künstler und Intellektueller, auf ein Theater-, Kino- und Konzertprogramm, das ganz auf die Bedürfnisse der NS-Kultur- und Gesellschaftspolitik zugeschnitten war. Diejenigen, die im Schatten des Hakenkreuzes in der Stadt blieben, paßten sich an oder zogen sich ins Private zurück. Nach Kriegsende hofften nun viele auf eine Wiederbelebung des Berlin der 20er Jahre. Bereits 1945 gab es Konzerte, Theaterinszenierungen, Rundfunksendungen, ein Jahr später öffneten die ersten Museen und Bibliotheken. Der westliche Teil der Stadt begriff sich dabei als "Frontstadt", in der sich die kulturpolitischen und ästhetischen unterschiedlichen Auffassungen im Zeichen der politisch-ideologischen Auseinandersetzungen der Siegermächte entfalteten.

Eine Hauptstadt, keine Hauptstadt

Im Frühjahr 1950 erklärte ein Beschluß des Deutschen Bundestages West-Berlin zum Notstandsgebiet. Ein Aufbauprogramm trat in Kraft, das die Arbeitslosigkeit bekämpfen, die Enttrümmerung vorantreiben, den Wohnungsbau fördern und Grünanlagen errichten sollte. Das Kaufhaus des Westens

様々な芸術活動が連合国間の政治上、イデオロ
ギー上の対立のなかで展開されていった。

首都・東ベルリン、非首都・西ベルリン

　1950年の初春、ドイツ連邦議会は西ベルリン
を経済窮迫地域に指定した。失業対策、瓦礫の
除去、住居建設奨励、緑地公園建設などを内容
とする再建プログラムが発効した。百貨店カウ
フハウス・デス・ヴェステンス（KaDeWe）が
再びオープンし、その一年後にはテンペルホー
フ空港が民間航空用に開かれた。国際映画祭と
国際緑の週間⁽ᵇ⁾も1951年以来毎年ベルリンで開
催されるようになった。

　民主共和国の社会はソ連の社会主義をモデル
に組織されていった。社会主義国家建設のため
に重工業の発展、農業生産共同組合の形成、市
民の政治的感化が優先目標とされた。東ベルリ

新興住宅地（1955年）
Neubausiedlung, 1955

(KaDeWe) wurde wieder eröffnet, ein Jahr später der Flughafen Tempelhof für den zivilen
Luftverkehr. Die Internationalen Filmfestspiele und die Internationale Grüne Woche finden
seit 1951 jährlich in Berlin statt.
Die Gesellschaft der DDR wurde
zunehmend nach dem sowjetischen Modell des Sozialismus
organisiert. Für den sozialistischen Aufbau wurden die vorrangigen Ziele – Entwicklung der Schwerindustrie, Bildung von Landwirtschaftlichen Produktionsgenossenschaften (LPG),
Hinwendung zu nationaler Agitation – benannt. In
Ost-Berlin wurde der erste Fünfjahresplan zur Entwicklung der Volkswirtschaft der DDR beschlossen,
der die Jahre 1951–55 umfaßte. Anfang 1952 startete
die SED ein Nationales Aufbauprogramm Berlin, das
ein Jahr später auf die ganze DDR ausgeweitet wurde.
Dabei wurde planmäßig der repräsentative Aufbau
der Hauptstadt der DDR vorangetrieben, wobei vor
allem der alten Prachtstraße Unter den Linden
verstärktes Interesse galt. Im Dezember 1952 begann
man in Ost-Berlin mit einem Versuchsprogramm des
Fernsehens, knapp vier Tage später zog das westdeutsche Fernsehen in West-Berlin nach.
1952 wurden die Telefonverbindungen zwischen beiden Teilen der Stadt als Reaktion auf die Unterzeichnung des Deutschlandvertrags zwischen der Bundesrepublik, West-Berlin und den drei Westmächten
vom östlichen Teil unterbrochen. Straßen- und Fernbahnverbindungen von West-Berlin ins Umland und
nach Ost-Berlin wurden abgeriegelt und konnten nur
noch mit Passierscheinen und Sonderausweisen benutzt werden.
Nach Stalins Tod lockerte die SED das zunächst
aufgestellte Programm, die Aufwendungen für die
Schwerindustrie sollten vermindert, die Privatinitiative im Handel und in der Landwirtschaft gefördert
werden. Dennoch wurde am 26. Mai 1953 die Erhöhung der Arbeitsnormen bei den Industriebetrieben
um 10% beschlossen, was zu Demonstrationen und
Streiks der Bauarbeiter führte. Am 17. Juni kam es zu
einem Arbeiteraufstand in der gesamten DDR, bei
dem sich rund 10% der Arbeitnehmer beteiligten.

ツォー駅（バーンホフツォー）、中央は公共投資による住
宅建設予定地図（1952年）
Am Bahnhof Zoo, 1952, mit Karte der geplanten
Gebiete für den sozialen Wohnungsbau

ンでは国民経済発展を目指す第一次五ヶ年計画（1951年〜1955年）が決議された。1952年初めにドイツ社会主義統一党は「ベルリン建設国家基本方針」に着手し、これは、一年後に民主共和国全域に拡大適用された。この一環で首都建設が計画的におこなわれ、特に往年の華麗な目抜き通りウンター・デン・リンデンが重点地区となった。1952年12月、東ベルリンではテレビのテスト放送を開始し、その四日後には西ドイツテレビも西ベルリンでテレビ放送をおこなった。

1952年、東西ベルリン間の電話回線が切断された。これは連邦共和国、西ベルリンおよび西側列強間のドイツ条約調印に対する東側の答えであった。西ベルリンから郊外や東ベルリンに通じる道路が切断され、遠距離電車の連絡も閉ざされ、以降は東西の往来には通行証と特別証明書が必要になった。

スターリンの死後、ドイツ社会主義統一党はより柔軟な路線へ転向し、重工業に対する出費を減少させ、商業と農業部門での民間イニシアチヴを奨励させる予定であった。しかし、1953年5月26日に産業部門におけるノルマの約10

爆破前の王宮
（1950年9月）
Stadtschloß vor der Sprengung,
September 1950

一部爆破された王宮
（1950年9月）
Zum Teil gesprengtes Stadtschloß,
September 1950

Nun ging es nicht mehr nur um die Durchsetzung wirtschaftlicher Reformen, sondern auch um politische Forderungen nach freien Wahlen und Rücktritt der Regierung. Der Aufstand wurde von sowjetischen Truppen blutig niedergeschlagen.

Die ehrgeizigen Ziele des ersten Fünf-Jahresplans der DDR konnten nicht erreicht werden, was auch auf die ungünstigen Ausgangsbedingungen (Demontagen, Reparationen, schlechte Energie- und Rohstoffbasis) zurückzuführen waren.

1958 führte das sowjetische Ultimatum – Beendigung der Besetzung der Westzonen und Umwandlung von West-Berlin in eine selbständige politische Einheit – zu einer erneuten Krise in der Stadt und aufgrund der schwerwiegenden wirtschaftlichen und politischen Probleme zu erheblichen Flüchtlingsströmen vom Ost- in den Westteil. Die drei westlichen Siegermächte beharrten auf ihrer Präsenz in West-Berlin, Verhandlungen blieben ohne Erfolg. Am 13. August 1961 errichtete die DDR mit Billigung der Warschauer Paktstaaten auf der Demarkationslinie des Ostsektors die militärisch gesicherte Berliner Mauer. Außer Protesten unternahmen die westlichen Siegermächte nichts – die jeweiligen Einflußsphären und damit auch die jeweiligen deutschen Staaten wurden de facto respektiert.

Die Erlangung der Souveränität beider Staaten vollzog sich bis Mitte der 50er Jahre auch durch die Integration in NATO bzw. Warschauer Pakt. Die bundesdeutsche Außenpolitik richtete sich auf die Gegebenheit der deutschen Teilung jedoch erst viel später durch den von Willy Brandt initiierten Dialog mit der DDR ein. Auf den Abschluß des zwischen beiden deutschen Staaten ausgehandelten Grundvertrages (1972) folgte die diplomatische Anerkennung der

ポツダム広場でソ連軍戦車に投石する市民（1953年6月17日）
Aufstand des 17. Juni 1953 am Potsdamer Platz

ベルリン訪問中のジョン＝Ｆ・ケネディ米大統領とヴィリー・ブラント市長
（1963年6月26日）
Der Amerikanische Präsident John F. Kennedy und Willy Brandt
am 26. Juni 1963

パーセント引き上げが決定され、6月16日に建設労働者がデモをおこない、ストに入った。運動はまたたくまに全国に広がり、翌17日には民主共和国全土の労働者が蜂起し、労働者の約10パーセントが参加したといわれている。始め経済的改革の要求が中心であったが、やがて自由選挙の実施や政府退陣などの政治的要求が登場した。結局ソ連軍の介入により武力鎮圧され、多数の犠牲者をだした。

　民主共和国の第一次五ヶ年計画の野心的な目標は、スタート条件が不利であったために（工場施設の徴収、巨額の賠償支払、脆弱なエネルギーおよび原料基盤）達成されなかった。

　1958年のソ連の最後通牒——西ベルリンをひとつの独立した政治的存在・自由都市とし、どこの国もその活動に干渉しないことにせよ——は、ベルリンに新たに危機をもたらし、経済・政治情勢の険悪な東から大量の市民が西側に逃亡し始めた。西側の三戦勝国は西ベルリンでのプレゼンスに固執し、両サイドの交渉は成果をもたらさなかった。1961年8月13日、民主共和国はワルシャワ条約機構諸国の承認を得て、東占領地区の暫定的境界線上に壁を構築し、軍隊によって監視することに踏み切ったのである。これに対し、西側戦勝諸国は抗議以外は何らの

DDR durch fast alle Staaten und führte 1973 zu dem Beitritt beider Staaten in die UN.

Nachkriegszeit in Tôkyô

Die Ausgangssituation in Japan nach Kriegsende war mit der in Deutschland zwar vergleichbar, nahm aber in der Folge einen anderen Verlauf. Beide Nationen sollten entmilitarisiert, politisch gesäubert und demokratisiert werden. Dennoch gab es grundlegende Unterschiede bei den Ausgangspositionen beider Staaten nach Ende des II. Weltkriegs. Die Konfrontationen zwischen den westlichen Alliierten und der UdSSR machten Berlin zum Schauplatz des Kalten Krieges – nicht so Tôkyô. Der angezettelte und verlorene Krieg und die sich daraus ergebende Existenz zweier deutscher Staaten führte nicht nur zu einer deutsch-deutschen Politik, sondern auch zu einer unterschiedlichen weltpolitischen Einbindung Japans und Deutschlands: Der folgende Einbezug von Japan und Deutschland in die Wirtschafts- und Sicherheitssysteme der westlichen Nationen beschränkte sich allein auf den westlichen Teil des geteilten Deutschlandes und ebenso auf West-Berlin. Demgegenüber stand die Integration der DDR in den Warschauer Pakt.

Nach Gasteyger galt Japan zudem bei den Weltmächten, im Gegensatz zu Deutschland, nicht als das "verlorene Kind einer einstmals einheitlichen Völkerfamilie"[2] und damit auch nicht als das schwarze Schaf innerhalb der westlichen Gemeinschaft. Es wurde sowieso als Außenseiter betrachtet, und das sowohl im geographischen als auch im kulturell-ideologischen Sinne. Die Zukunft Deutschlands war mehr als die Japans von dem Willen anderer europäischer und der beiden Weltmächte abhängig, und die Stadt Berlin spielte eine andere politische Rolle als Tôkyô.

Die sich unter amerikanischer Besatzung vollziehende Umgestaltung des japanischen Kaiserreichs setzte entsprechend der erst im August erfolgten Kapitulation später als in Deutschland ein. In Japan war dabei eine andere Vorgehensweise möglich, schon allein, weil es – anders als in Deutschland – nur eine Besatzungsmacht gab. Bis April 1946 verfolgten die Amerikaner die angestrebte Entmilitarisierung und Demokratisierung Japans. Die Auflösung des Militärs, die Verhaftung mutmaßlicher Kriegsverbrecher und die

処置も講じなかった。こうして列強の影響範囲
と、それとともに東西二つのドイツ国家も事実
上主権国として尊重されるようになった。

　連邦共和国は北大西洋条約機構に、また民主
共和国はワルシャワ条約機構に参加して、50年
代中葉までに完全主権を確保した。しかし、ド
イツ連邦共和国がドイツ分割という現状を認め
たのは、ずっと後にヴィリー・ブラント首相が
民主共和国との対話を求める東方政策を始めて
からである。1972年には両ドイツ国家で難航し
た交渉の末「基本条約」が締結された。続いて
民主共和国の国際的承認のラッシュがおこり、
1973年には東西両ドイツが国連に加盟した。

東京の戦後

　終戦直後の日本の状況はドイツのそれと比較
し得るものの、時とともに異なった方向を辿る
ことになった。日独両国ともに非軍事化され、
政治的に粛清され、民主化されることになった。
しかしながら、第二次世界大戦後の両国の出発
点には根本的な相違点が見られる。西側連合国
とソ連間の対立はベルリンを冷戦の舞台に仕立
てたが、東京はこの事態を免れた。戦争の張本
人として敗戦し、その結果として生まれた二つ
のドイツ国家は、ドイツ・ドイツ政策をもたら
しただけでなく、日本とドイツをそれぞれ異
なった世界政策にリンクすることになった。日
本とドイツともに西側諸国の経済・安全保障制
度に仲間入りしたが、それは分割されたドイツ
の西側部分と西ベルリンのみに限定された。反
対に民主共和国はワルシャワ条約機構に編入さ
れた。

　さらにガスタイガーによると、日本はドイツ
のように西側列強の「かつての統一民族ファミ
リーの失われた子供」⁽²⁾と見なされず、よって西
側共同体の異分子とも見なされなかった。どの
みち日本は地理的にも文化・イデオロギー的な

Aufhebung der im Krieg erlassenen Gesetze, die die
Meinungs-, Presse-, Versammlungs- und Redefreiheit
einschränkten, waren erste Maßnahmen. Weitere
folgten: Das Frauenwahlrecht wurde eingeführt, Gewerkschaften eingerichtet, die Bildung liberalisiert,
die Vergöttlichung des Tennô verboten und der Staat
wurde vom Shintoismus getrennt. Das Vermögen der
Finanzindustrie wurde eingefroren, die Berufsoffi-
ziere verloren ihren Beamtenstatus, Entlassungen von
Personen aus öffentlichen Ämtern folgten. Die politischen Gefangenen wurden freigelassen. Die ein Jahr
nach Kriegsende geplante Agrarreform sollte das
System des Großgrundbesitzers beseitigten, die ver-
fassungsmäßige Entmachtung des Adels sollte dessen
politische Einflußnahme für die Zukunft verhindern.
Im Gegensatz zu der deutschen Entnazifizierung, bei
der in Nürnberg das System selber vor Gericht gestellt werden sollte, zog man in Japan jedoch nur den
Militärapparat zur Verantwortung.³ Der Tennô wurde nicht zur Verantwortung gezogen. Massenent-
lassungen von Berufsoffizieren und Geheimdienst-
führern, Hinrichtungen von Militärangehörigen und

終戦直後の東京
Tôkyô, zu Kriegsende

意味でも局外者と見られていたのである。ドイツの将来は日本以上に他のヨーロッパ諸国と米ソの意思に依存し、ベルリンの町は東京とは違った政治的役割を担ったのである。

アメリカ占領軍のもとで進められた日本皇国の改革は、日本の降伏が８月であったために、ドイツよりも遅れて開始された。ドイツとは異なり、日本では占領国が一国であったところからもドイツとは違った方法が可能であった。1946年４月まで、まずアメリカは日本の非軍事化と民主化の遂行に努めた。軍隊の解散、戦犯の逮捕、そして戦時中に発布された見解、報道、集会、発言の自由を制限する治安立法の廃止が手がけられた。続いて婦人参政権の実現、労働組合の結成、教育の民主化、天皇神性の否定、そして国家神道の解体がおこなわれた。さらに銀行の財産は凍結され、職業軍人が公務員としての特権を失い、公職に就く人物が解雇され、政治犯は釈放された。終戦一年後に計画された農地改革は大地主制度の廃止を、憲法に則る貴族階級の権利剥奪は、将来彼らが政治的影響を及ぼすことを阻止する目的でおこなわれた。ニュルンベルクで制度そのものが裁判で問われたドイツの非ナチ化とは反対に、日本では軍隊組織のみが責任を問われ(3)、天皇責任は問われなかった。職業軍人と特高警察幹部が大量に解雇され、軍人の死刑が執行された。また、戦争放棄と軍隊不保持を保障する日本国憲法第九条は、将来の軍隊による政治介入を阻止するためのものである。

軍需産業の急速な解体は経済危機をもたらした。インフレーションは激化し、大量の失業者を生み、また米穀の割当通帳制が実施された。井上清は、当時は戦争末期の状況よりも悲惨であったという。もっとも、国民は憲兵の抑圧を恐れる必要がなくなった(4)。様々な政党が公党として活躍を始め、労働組合や民主団体が結成された。

der im Artikel 9 der japanischen Verfassung garantierte Verzicht auf Krieg und Streitmächte sollten ein erneutes Eingreifen der Militärs in die Politik vollends unmöglich machen.

Der plötzliche Abbau der Rüstungsindustrie bewirkte eine ökonomische Krise. Inflation, Arbeitslosigkeit und Rationierung der Hauptnahrungsmittel waren die Folge. Nach Inoue war die tägliche Not nun größer als die in der letzten Phase des Krieges; allerdings hatten die Menschen nicht mehr die Repressalien der Militärpolizei zu fürchten.[4] Die verschiedenen politischen Parteien wurden wieder aktiv, ebenso die Gewerkschaften und die demokratischen Verbände.

Die Revision der japanischen Verfassung, die im Mai 1947 in Kraft trat, schaffte die Monarchie nicht ab, sondern beschnitt die Funktion des göttlichen Kaisers durch den Artikel 1 der neuen japanischen Verfassung: Er wird zum Symbol Japans, seine Stellung gründet sich auf den Willen des japanischen Volkes, bei dem auch die oberste Gewalt liegt.

Allein die Bürokratie und die Wirtschaft konnten sich ihre angestammten Plätze sichern, wobei die vorgesehene Entflechtung der japanischen Wirtschaftskonzerne (Zaibatsu) scheiterte: Trotz Trennung von Management und Kapitalbesitz blieb der Einfluß der Inhaberfamilien und der Bürokratie erhalten.[5] Die vorgesehene Entflechtung der japanischen Wirtschaft und auch die politischen Säuberungsaktionen der Elite wurden von der japanischen Bürokratie unterlaufen[6] bzw. wurden mit großer Langsamkeit betrieben, so daß sie spätestens 1948 anderen Dringlichkeiten Platz machte: dem Ost-West-Konflikt. Im Schatten dieser weltpolitischen Auseinandersetzung ging es nun nicht mehr um die Zerschlagung der Macht der einstigen Kriegstreiber, sondern um die wirtschaftliche Wiederaufrüstung Japans. Infolge des sich international zuspitzenden Kalten Kriegs diente die Besatzungspolitik in Japan dem Ziel, das fernöstliche Land dank amerikanischer Wirtschaftshilfe, dem Verzicht auf Reparationsforderungen und der Übernahme der Landesverteidigung gegen den kommunistischen Gegner durch die USA aufzubauen und zu stärken.

Überdies waren die Amerikaner mit ihrem "Schützling" zufrieden: Der Oberbefehlshaber der Alliierten Streitkräfte (Supreme Commander for the Allied

東京の米軍売店ＰＸ（現和光）前の憲兵（1945年）
MP vor Tôkyô PX 1945 (heute Kaufhaus Wakô)

　明治憲法を抜本的に改正し、1947年５月から
施行された日本国憲法は君主制を廃止しなかっ
たものの、神性天皇の機能は第一条によって排
除された。天皇は日本の象徴となり、主権を有
する人民の意思に基づくものとなった。

　官僚機構と経済のみが従来の位置を維持でき
たが、それにより、予定された日本の財閥解体
は挫折した。経営管理と資本所有の分離にもか
かわらず、一族、一門と官僚機構の影響力は従
来どおりであった⁽⁵⁾。予定された日本経済の分散
化とエリートの政治的粛清処置は、日本の官僚
機構の抵抗に会い⁽⁶⁾、あるいは官僚機構が非常に
ゆっくりと対処したために、遅くとも1948年に
はより急を要する事柄、すなわち東西紛争がこ
れに優先されるようになった。世界政治上の対
立が生じるとともに、かつての戦争挑発者の権
力を崩壊させることよりも、日本経済の復興が
より重要となったのである。国際的に緊迫する
冷戦の帰結としての日本における占領政策の目
標は米国の経済援助、賠償要求の放棄、国土防
衛の肩代わりをつうじて、この極東の国を共産

Powers, SCAP), General MacArthur, konstatierte
schon nach einem Jahr der amerikanischen Besatzung, daß sich das japanische Volk tatsächlich die
einstigen verbrecherischen Wurzeln habe ziehen
lassen und sich dem amerikanischen Vorbild der
Demokratie zugewendet habe.[7] Abgesehen von der
gezielten Umstrukturierung nach amerikanischem
Vorbild in politischer Hinsicht und der wirtschaftlichen Unterstützung wirkten sich die engen Beziehungen zu Washington auch auf alle anderen Gebiete im Nachkriegsjapan aus: Die Entwicklung des
Informationswesens, des Erziehungswesens, der Wissenschaft etc. stand unter amerikanischem Einfluß,
ebenso das Alltagsleben der Bevölkerung.

Im Zuge der Auseinandersetzungen um Korea beschleunigte sich der Ausbau Japans als "unsinkbarer
Flugzeugträger", d.h. als Stützpunkt der USA. Im
Juni 1950 begann der Korea-Krieg, der Japan durch
die Versorgung der amerikanischen Truppen in
Korea einen Wirtschaftsaufschwung verschaffte.

Die Amerikaner richteten im Zuge des Kriegsgeschehens die "Nationale Polizeireserve"[8] in Japan ein und
legten zudem einen Sicherheitsvertrag vor. Dieser
Vertrag schrieb die Stationierung amerikanischer
Truppen in Japan fest und wurde 1951 zusammen mit
dem Friedensvertrag in San Francisco unterzeichnet.
Mit den Verträgen von San Francisco ging die amerikanische Besatzungszeit in Japan zu Ende. Moskau
und Tôkyô gelangten erst ein Jahr später als Deutschland, 1956, zu einer gemeinsamen Erklärung, die die
Beendigung des Kriegszustands beinhaltete. In diesem Jahr wurde Japan Mitglied in den UN.

Wiederaufnahme der Beziehungen beider Städte

Die Kontakte zwischen den einstigen beiden Achsenmächten waren in den ersten Jahren nach 1945 naturgemäß gering. 1952 wurden diplomatische Beziehungen, die bis zu diesem Zeitpunkt verboten waren,
zwischen beiden Staaten wieder aufgenommen. Zwei
Jahre später kam der japanische Premierminister
Yoshida Shigeru in die Bundesrepublik und bildete
damit den Auftakt einer Reihe von Staatsbesuchen.
Zwischen den beiden Städten West-Berlin[9] und
Tôkyô wurden bald wieder Verbindungen geknüpft:
Willy Brandt, Berlins Regierender Bürgermeister
von 1957–1966, stattete ein Jahr vor Bundeskanzler

主義敵国に対抗する国として他ならぬアメリカによって復興させ、自立させることにあった。

さらにアメリカは自国の「保護国」に満足していた。連合国軍最高司令官マッカーサーは、すでにアメリカによる占領一年後に、日本国民はかつての犯罪的な根を断ち、アメリカの民主主義の模範に従っていると確認している[7]。アメリカを見本とする政治的構造改革と経済的援助を別としても、戦後日本の全領域でワシントンとの関係は緊密であった。情報関係、教育制度、学術部門などはアメリカの影響下で発展し、国民の日常生活にもアメリカの影響が浸透していった。

朝鮮戦争において日本は「不沈航空母艦」として、すなわちアメリカ軍の基地として飛躍的な発展を遂げた。1950年6月に勃発した朝鮮戦争は、アメリカ軍に物資供給することで、日本に経済繁栄をもたらしたのである。

朝鮮戦争をきっかけとし、アメリカより「警察予備隊」創設命令がだされ[8]、安全保障条約締結が提唱された。同条約はアメリカ軍の日本駐留を認め、1951年に講和条約とともにサンフランシスコで調印された。サンフランシスコにおける対日講和条約調印とともに、日本の占領状態が終結した。モスクワと東京はドイツよりも一年遅れの1956年に日ソ間の戦争状態を終結させ、国交を回復するための日ソ共同宣言に調印した。また、この年に日本は国連加盟国になった。

両都市関係の再開

かつての枢軸国間には、必然的に1945年から数年間はほとんど交流がなかった。1952年にこの時点まで禁止されていた国交が再び樹立され、二年後には日本の首相吉田茂が連邦共和国を訪問し、続く一連の公式訪問が始まった。

西ベルリン[9]と東京の両都市間の関係も間もな

Konrad Adenauer Tôkyô 1959 einen offiziellen Besuch ab. Schon in den Jahren zuvor gab es punktuelle Berührungen: Otto Suhr, von 1955–57 Regierender Bürgermeister von Berlin, nahm 1956 an der Weltkonferenz der Bürgermeister der Großstädte in Tôkyô teil. Mehrere Delegationen des japanischen Ober- und Unterhauses besuchten Ende der 50er Jahre Berlin.

Im Rahmen des vom Auswärtigen Amt in Bonn unterstützten deutsch-japanischen Beamtenaustauschprogramms wurde im August 1958 vereinbart, einen Berliner Verwaltungsbeamten für ein Jahr mit einem Tôkyôter Kollegen auszutauschen. Die Wahl fiel auf den Berliner Oberregierungsrat und Leiter des Versorgungsamtes Dr. Werner Jahn, der die vom Berliner Senat für Inneres aufgestellten Bedingungen erfüllen konnte: Erwünscht war ein geeigneter Beamter des höheren, nicht technischen Verwaltungsdienstes, der – aus finanziellen Gründen – alleinstehend, mit widerstandsfähiger Gesundheit und englischen Sprachkenntnissen ausgestattet sein sollte.[10] Im Gegenzug kam der damalige Referent für Bauwesen der Stadtverwaltung Tôkyô, Ikehara Shinzaburô, für ein Jahr nach Berlin. Jahn stellte dem Tôkyôter Verwaltungswesen, das "in vieler Hinsicht deutschen Vorbildern entlehnt ist", in seinem Tätigkeitsbericht gute Noten aus. Die Ausrichtung der japanischen Verwaltung auf die deutsche fuße auf einem eingehenden Studium der deutschen Verhältnisse und einer Bewunderung für alles Deutsche, sei es "Technik, Musik, Dichtung, Wissenschaft aber auch die wirtschaftliche Entwicklung", deren Ehren weiterhin unbedingt zu pflegen seien. Jahn führt weiter aus:
"Das Interesse der japanischen Öffentlichkeit für Deutschland ist allgemein sehr lebhaft: nach dem so sehr erfolgreichen Besuch des Herrn Regierenden Bürgermeisters (gemeint ist Willy Brandt, A.d.V.), der ja in seinen Reden und Interviews ausgezeichnet die japanische Mentalität anzusprechen verstand, war plötzlich Berlin zum Mittelpunkt des öffentlichen Interesses geworden. Ich habe versucht, dieses erweckte Interesse wachzuhalten und in etlichen Vorträgen u.a. vor Studenten, deutschen Schülern, bei der Japanisch-Deutschen Gesellschaft, der Gesellschaft für Ostasiatische Geschichte, in einigen Radiovorträgen und wiederholt im Fernsehen zu vertiefen.

く復興した。西ベルリン市長ヴィリー・ブラント（在職1957年〜1966年）は、西ドイツ首相コンラート・アデナウアーが訪日する一年前の1959年に東京を公式訪問した。すでに、それ以前にも部分的に関係復興の努力が見られ、たとえば1955年から1957年までベルリン市長であったオットー・ズアーは、1956年に東京で開催された大都市市長世界会議に出席しており、50年代の末期には日本の衆議院および参議院の議員代表団が数多くベルリンを訪問した。

ボンの外務省が支援する独日公務員交流プログラムの枠内で、1958年8月にベルリンの行政官と東京の公務員を一年間交換することが取り決められた。選ばれた人物は、上級行政官で戦争犠牲者援護局局長のヴェルナー・ヤーン博士である。彼は、技術関係以外の上級官吏で、資金面の都合で独身の健康かつ英語の知識をもつ人物、というベルリン内務庁が提示した条件を満たすことができたのである[10]。代わりに東京からは、当時都の建設担当官であった池原真三郎[c]が一年間ベルリンに送られた。「多くの点でドイツを見習って構築した東京の行政機構」を、ヤーンは勤務報告のなかで優秀と評価している。また、日本が行政機構構築においてドイツを模範としたのはドイツ事情の仔細な研究と、「技術、音楽、文学、学術および経済発展」などドイツのすべての事柄に対する賛美に基づいており、この栄誉は是が非でも維持していくべきである、と書いている。ヤーンは、つぎのように続けている。

「ドイツに対する日本人一般の関心は非常に高い。演説やインタビューで日本人のメンタリティーに巧みに訴えた市長（西ベルリン市長ヴィリー・ブラントのこと——筆者注）訪日が成功に終わった今、突如ベルリンは一般の関心の的になった。私は、学生やドイツ語を学ぶ生徒を対象とした数多くの講演、日独協会や東洋

日本航空のベルリン・東京線就航
（1991年11月3日）
JAL-Erstflug Berlin-Tôkyô,
3.11.1991

ベルリン駅伝（1991年）
Berlin Ekiden, 1991

Durch diese Tätigkeit wurde ich fast als Vertreter Berlins in Tokio angesehen, zumal ich von seiten der deutschen Botschaft auch in dieser Hinsicht freundlichst unterstützt wurde." Jahn referierte seine Tôkyô-Eindrücke also auch in den Medien. Er zeigte sich in einem seiner Radiovorträge, der am 15. Dezember 1959 im NHK unter dem Titel *Ein Berliner erlebt Japan* ausgestrahlt wurde, von der Modernität Tôkyôs, der Höflichkeit und Bescheidenheit seiner Bewohner und der sprunghaften Industrieentwicklung beeindruckt. Das japanische Interesse an Berlin war unzweifelhaft zu spüren. Auch Status und Alltag der noch nicht durch die Mauer geteilten Stadt wurde allerorts beachtet.

Ikehara, der im Zuge dieses Beamtenaustausches nach Berlin gekommen war und im Bezirksamt Wilmersdorf seine Tätigkeit verrichtete, sprach in einem Artikel der Berliner Zeitung *Der Tagesspiegel* vom 31. Januar 1959 von seinen Berlin-Eindrücken, zu denen neben Schwierigkeiten bei der Nahrungsumstellung und der Trennung von der Familie (offenbar wurde bei der Beamtenauswahl in Tôkyô dem Familienstand keine Beachtung geschenkt) auch die Verwunderung über die frühen Ladenschlußzeiten in Berlin gehörten. Verglichen mit der Aufmerksamkeit, die dem Verwaltungsbeamten Jahn in Tôkyô zuteil wurde, war die Beachtung des japanischen Beamten Ikehara in Berlin jedoch gering.

1961 wurden die deutsch-japanischen Beziehungen, und damit auch die der beiden Städte Berlin und Tôkyô, hundert Jahre alt. Im Januar dieses Jahres flog die Lufthansa nach Abschluß des deutsch-japanischen Luftfahrtabkommens von Frankfurt aus den Eröffnungsflug nach Tôkyô. Die erste direkte Fluglinie zwischen Berlin und Tôkyô wurde erst nach der Vereinigung der Bundesrepublik Deutschland und der Deutschen Demokratischen Republik von der japanischen Fluggesellschaft JAL am 3. November 1991 aufgenommen. Wegen zu geringer Auslastung wurde sie jedoch schon nach einem knappen Jahr wieder eingestellt.

歴史学協会での講演、あるいはラジオ、テレビでの講演で喚起された関心を持続させ、さらに深める努力をした。この活動をつうじて、東京では私はベルリンの代表者のごとく見なされたが、これは、在日ドイツ大使館の非常に好意的な支援を受けたからでもある」

ヤーンはメディアをつうじても東京の印象を語った。1959年12月15日《一人のベルリン市民が体験する東京》と題する日本放送協会（NHK）のラジオ講演で、彼は東京の近代性、市民の礼儀正しさと謙虚さ、飛躍的な産業発展に強く印象を受けた様を語っている。ベルリンに対する日本人の関心は疑いなく大きかった。ベルリンの状態と、当時はまだ壁で分断されていなかった市の日常生活が関心の的となった。

一方ベルリンのヴィルメルスドルフ区役所に配属された池原は、1959年1月31日のベルリン日刊紙〈デア・タゲスシュピーゲル〉に食事の変化と単身赴任生活（東京での人選では配偶関係は考慮されなかったようである）の困難の他に、ベルリンの商店の閉店時間が早いことに対する驚きの様子を書いている。行政官ヤーンが東京で受けた注目に比較して、ベルリンの日本人官吏池原は余り注目されなかった。

1961年には独日関係、それとともにベルリン・東京の関係も百年を迎えた。同年1月、独日航空協定締結後にルフトハンザのフランクフルト・東京線が就航した。ベルリン・東京間の直行便は、ドイツ連邦共和国とドイツ民主共和国が統一されて初めて日本航空によって1991年11月3日に開通された。しかし、利用率が低迷を続け、一年後には廃止された。

1964年10月、東京でアジア初のオリンピックが開催された。1936年のベルリン・オリンピックに続き、東京は1940年の開催地に選ばれていたが、これは第二次世界大戦のせいで実現しなかった。東京がオリンピック開催地として

Im Oktober 1964 wurden in Tôkyô zum ersten Mal in Japan und Asien die Olympischen Spiele ausgetragen. Nach der Olympiade in Berlin 1936 war Tôkyô zwar für das Jahr 1940 gewählt worden, die Spiele konnten aber wegen des II. Weltkrieges nicht mehr stattfinden. Die Wahl des Austragungsortes der Wettkämpfe unterstrich die Stellung Japans in der Welt als neue Industriemacht und gleichzeitig das Ende der Nachkriegszeit. Tôkyô war bestrebt, dieses entgegengebrachte Vertrauen nicht zu enttäuschen: große Umbauten und infrastrukturelle Verbesserungen wie der Ausbau von Expressways, Superschnellzugstrekken und U-Bahnen wurden vorgenommen. Die Spiele zogen jedoch noch eine weitere Veränderung nach sich. Um das große Sportereignis verfolgen zu können, was ja durch die begrenzte Kapazität der Stadien nicht für jeden realisierbar war, wandelte sich der Fernsehapparat vom Luxusgut zum Gebrauchsgegenstand für (nahezu) jederman.

Wirtschaftswunder und Studentenrevolte

Die rasche wirtschaftliche Gesundung der beiden einstigen Achsenmächte erstaunte die Welt und die beiden Staaten selbst und wurde in den 60er Jahren mit dem Schlagwort "Wirtschaftswunder" bezeichnet. 1960 wurde Japan nach den USA, der Bundesrepublik Deutschland und England die viertstärkste Industrienation, die Landwirtschaft erzielte erhebliche Erträge, die Pflichtschulzeit betrug neun Jahre, und 70% der Absolventen genossen eine höhere Ausbildung.[11] Der materielle Lebensstandard stieg in beiden Staaten, Fernsehapparat, Auto, Telefon und Urlaubsreisen erhielten Einzug in den Alltag. Der Widerstand gegen die Konsumgesellschaft und gegen die hauptsächlich auf materielle Bedürfnisse gerichteten gesellschaftlichen Interessen mit ihrer Verdrängung der jüngsten Vergangenheit formierte sich in der Studentenbewegung. In beiden Städten wurden mit einem Mal Demon-

選出されたことは、新興産業国としての世界における日本の位置と、同時に戦後の終局を強調するものであり、東京は寄せられた信頼に報う努力をした。都市改造事業に着手し、高速道路の拡張、新幹線や地下鉄などを建設して社会的生産基盤を改善した。オリンピックは他の分野にも変化をもたらした。競技の観戦には競技場の収容能力に限りがあるために、テレビが贅沢品から日用品になるほど普及したのである。

奇蹟の経済復興と学生暴動

かつての両枢軸国の急速な経済的復興は世界を驚嘆させ、60年代には「奇蹟の経済復興」という言葉で表現された。1960年に日本はアメリカ、ドイツ連邦共和国、イギリスに続く産業国に成長し、農業の収穫量は増大した。義務教育が9年制になり、中卒者の70パーセントが高等教育を受けるようになった[11]。また、両国の物質面での生活水準が上昇し、テレビ、車、電話そして休暇が日常生活の一部となった。しかし、

東京の学生暴動（1967年）

Studentenunruhen in Tôkyô, 1967

西ベルリンの学生運動（ベトナム反戦、1968年2月）

Studentenbewegung in West-Berlin Februar 1968

strationen fast zu Selbstverständlichkeiten. In Berlin demonstrierte man gegen die Notstandsgesetze der aus CDU/CSU und SPD gebildeten großen Koalition, in beiden Städten gegen den Vietnamkrieg, die außenpolitische Übermacht der USA und gegen autoritäre innenpolitische Strukturen. Einen ersten Vorgeschmack der Studentenunruhen hatte man in Tôkyô schon 1960 erfahren, wo sich die Auseinandersetzungen vor allem um die Verlängerung des Japanisch-Amerikanischen Sicherheitsvertrages entfachten.

Das geteilte Berlin zog durch seinen besonderen Status und als größte Universitätsstadt Deutschlands Studenten, Intellektuelle und Künstler aus dem Bundesgebiet an. Gegen eine repräsentative staatliche Kulturpolitik bildeten sich Straßentheater, Freie Gruppen und Szenekneipen, die einer "alternativen" Kultur frönten.

Das kulturpolitische Klima in Ost-Berlin verschärfte sich seit Mitte der 70er Jahre und begrub die erhofften Liberalisierungstendenzen, z.B. durch die 1976 erfolgte Ausweisung des Liedermachers Wolf Biermann. Auf dem Gebiet der deutsch-deutschen Auseinandersetzungen hatte der Beginn der 70er Jahre die weltpolitischen Bestrebungen der beiden Supermächte USA und UdSSR, die Konfrontationen des Kalten Krieges zu beenden, noch zu einer Verständigungspolitik in bezug auf Berlin geführt: Zehn Jahre nach dem Mauerbau, also 1971, wurde mit dem Vier-

消費社会に対する抵抗、戦後処理を放置してお
もに物質的欲求に向けられた社会的関心に対す
る抵抗は、学生運動という形に結集した。西ベ
ルリンでも東京でも、突如としてデモが当然の
こととなった。ベルリンではキリスト教民主社
会同盟（CDU・CSU）と社会民主党の大連
立政権による経済窮迫地域法に反対して、また
ベルリンと東京ではベトナム戦争とアメリカの
外交政策上の優位、そして権威主義的内政構造
に抗議してデモが繰り広げられた。東京では学
生暴動の兆しはすでに1960年に現われ、特に日
米安保条約改定反対の闘争が展開された。

　分割され、特別な状況下に置かれたドイツ最
大の大学都市としてのベルリンには学生、知識
人、芸術家が集まった。国家の文化政策に反対
して「アルタナティーフ」文化を標榜するスト
リート・シアターやアマチュア劇団が結成され、
この運動を支持する若者たちの集まる酒場や喫
茶店が誕生した。

　東ベルリンにおける文化政策は70年代の中葉
から次第に硬直化し、1976年には詩人ヴォル
フ・ビーアマン(d)が市民権を剥奪されるなど民主
化傾向への期待は葬られた。70年代初頭の東西
対立緩和の世界的流れのなかで、連邦共和国と
民主共和国間でもベルリンに関する相互理解の

国会議事堂
Parlamentsgebäude, Tôkyô

銀座四丁目
Ginza mit Kaufhaus Wakô

mächteabkommen die Verantwortlichkeit aller vier
Mächte für Groß-Berlin festgeschrieben. Sowohl die
Anbindung West-Berlins an das Bundesgebiet als
auch der Transitverkehr zwischen der BRD und der
DDR wurden geregelt, der Senat von Berlin schloß
mit der DDR Reise- und Besuchsregelungen ab. Bis
zum Mauerfall 1989 sollten diese Verträge die Grundlage für die Mobilität der Bürger West-Berlins bilden.
Diese Abkommen, die mit dem bisher nicht als Staat
bestätigten "anderen Deutschland" geschlossen wurden, zollten der DDR de facto als Staat ihre Anerkennung. Die Unterzeichnung durch den Staatsrats-
vorsitzenden der DDR, Erich Honecker, bei der Konferenz über Sicherheit und Zusammenarbeit in
Europa (KSZE) 1975 bekräftigte diese anerkennende
Haltung. Ein Jahr zuvor wurde in Ost-Berlin, wo es
schon zahlreiche ausländische Botschaften – u.a.
auch eine japanische – gab, die "Ständige Vertretung
der Bundesrepublik Deutschland" eröffnet.
In Japan folgte nach der Zeit des wirtschaftlichen
Aufschwungs die industrielle Expansion, die durch
gute Geschäfte an der Tôkyôter Börse, die Auslands-
investitionen und Außenhandelsüberschüsse sowie
durch das Entstehen mächtiger Konzerne beschrie-

東京証券取引所
Börse Tôkyô

政策が開始された。壁構築の十年後にあたる
1971年、「ベルリン四ヶ国協定」によって、ベ
ルリンにおける四列強の権利と責任が改めて規
定された⁽ᵉ⁾。この協定によって西ベルリンと連邦
共和国との結びつきが改善され、連邦共和国と
民主共和国間の通過通行が承認されることに
なる⁽ᶠ⁾。西ベルリン州政府はまた、ドイツ民主共
和国と旅行および訪問条約⁽ᵍ⁾を取り決めた。
1989年の壁崩壊までこれらの各種取り決めが西
ベルリン市民の移動の自由を保障するもので
あった。連邦共和国が一独立国家でなく「もう
ひとつのドイツ」と見なしていた民主共和国と
「交通問題条約」を締結したことにより事実上民
主共和国は独立国家として承認された。民主共
和国首席エーリッヒ・ホーネッカーが1975年の
ヨーロッパ安全保障協力会議で調印⁽ʰ⁾したことに
よって、これは一層強調された。その一年前に、
すでに数多くの外国大使館が開かれていた東ベ
ルリンに（日本大使館もあった）、「ドイツ連邦
共和国常駐代表部」が開設された。

　日本では経済成長期に続いて東京証券取引所
の活況、対外投資の増大や貿易収支の黒字、強
力なコンツェルンの誕生を見た産業高度繁栄期

ben wird. 1969 lag das japanische Bruttosozialpro-
dukt schon auf dem zweiten Platz der westlichen
Welt und hatte damit das der Bundesrepublik über-
holt. Das in den ersten Nachkriegsjahren durch amerikanische Hilfe in Höhe von geschätzten zwei Milliarden Dollar aufgebaute Land wurde damit zu dem
schärfsten Wirtschaftskonkurrenten der USA in der
Welt. Der Industriegigant Japan, dessen konservative
Partei fast ununterbrochen seit Kriegsende herrschte,
wuchs immer mehr zu dem ökonomischen Riesen
heran, dem schon 1970 vorhergesagt wurde, er werde
das 21. Jahrhundert beherrschen.¹² Jedoch nicht nur
die auf Wirtschaftswachstum abzielende Politik, sondern auch eine Reihe von sozialen Problemen kenn-
zeichneten diese Jahrzehnte, die sich durch die
Schlagworte: Umweltverschmutzung, Landflucht,
Bevölkerungskonzentration in den Großstädten,
Mangel an sozialer Absicherung und Lebensqualität,
hohe Lebenshaltungskosten u.a. umschreiben lassen.
Die durch den Krieg im Nahen Osten hervorgerufene Ölkrise von 1973/74 führte auch in Japan zu dem
sogenannten Ölschock, zu Erdölverknappung und
Verteuerung. Die globale anschließende Diskussion
um Ressourcenausbeutung und Wachstumsgrenzen
auf der einen und Einstieg bzw. Ausbau der Kern-
energie auf der anderen Seite, eine weltweit einsetzende Stagnation und Rezession der Wirtschaft,
Inflation und das Ansteigen der Arbeitslosenzahlen
waren die Auswirkungen dieser Krise. Japan hingegen konnte sich schneller als die anderen kapitalisti-
schen Systeme wieder erholen, obwohl das Erdöl für

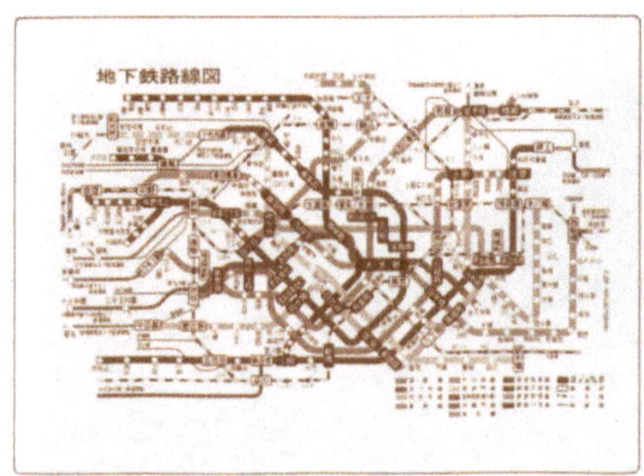

東京地下鉄路線図
U-Bahn Tôkyô, Streckennetz

住文住宅は
住友不動産
ホーム
ヨ
ウ
ル
ー
ム
行
TAMAYA
オール讀物
Number
日本香
MITSUKOSHI
MATSUYA GINZA
MATSU
住友銀行銀座支店
東洋信託銀行

銀座
Ginza

に入った。1969年に日本の国民総生産高はドイツ連邦共和国を追い越し西側諸国の第二位になった。20億ドルと推定されるアメリカの戦後経済援助によって復興したこの国は、世界で最も手強いアメリカの経済競争国に成長した。終戦以来ほぼ一貫して保守政党が支配した産業大国は経済大国への道を邁進し、早くも1970年には、21世紀に日本が世界を支配することを予測する声が聞かれた(12)。しかしながら、経済繁栄を目指す政策ばかりでなく、一連の社会問題が発生したのもこの時期の特徴である。たとえば環境汚染、農民の離村、大都市の過密化、高齢者の増加、社会保障の不備やライフクオリティーの低さ、高い生活費などを挙げることができる。中東戦争によって生じた1973年から1974年にかけての石油危機は、日本でもいわゆる石油ショックを引き起こし、石油の不足と石油価格の高騰をもたらした。その結果、一方では資源搾取と経済成長の限界、他方では核エネルギーの使用と拡大に関し世界的に議論されるようになった。また、この石油危機の影響で世界的な経済の停滞と不況が発生し、インフレーションは激化、失業者が続出した。日本は他の資本主義制度よりも早くこの危機から立ち直った。それも50年代以降石油が国にとって最も重要なエネルギー源であり、ほぼ100パーセント輸入に頼っていたにもかかわらずにである。石油ショックは一連の経済対策と自立の努力につながり（新しい生産分野や合理化などに集中）、日本は危機から脱出してさらに経済大国としての不動の地位を固めたのであった。

現在、壁の崩壊および展望

　西ベルリンの拡大が壁によって人工的に阻止されていた一方、東京は隣接の県に広がり続けた(13)。東京の地価が高いため、一戸建ての持ち家を望む人々の大半は必然的に都心から離れた土

den Staat die wichtigste Energiequelle seit den 50er Jahren darstellte und zu nahezu 100% eingeführt werden mußte. Der Ölschock löste eine Reihe von wirtschaftlichen Maßnahmen und Unabhängigkeitsbemühungen (Konzentration auf neue Produktionszweige, Rationalisierung, u.a.m.) aus, die das Land gestärkt aus der Krise hervortreten ließen.

Gegenwart, Mauerfall und Ausblick

Wurde die Ausdehnung des westlichen Teils Berlins durch die Mauer künstlich verhindert, so breitet sich Tôkyô in die angrenzenden Präfekturen bis heute stetig aus.[13] Wegen des teuren Baugrunds in Tôkyô, wohnt die Mehrzahl der Tôkyôter in zwangsläufig fern des Zentrums gelegenen Eigenheimen, was die für Tôkyô symptomatischen langen Anfahrtswege zum Arbeitsplatz zur Folge hat. Diese Verlagerung des Wohnraums zeichnete sich schon Mitte der 70er Jahre ab: 1975 hatten nach Angaben des Wirtschaftsplanungsamtes in Tôkyô "fast alle Japaner den Wunsch, ein Eigenheim zu erwerben".[14] Das Stadtbild Tôkyôs zollte den Umschlageplätzen der Menschenmassen Rechnung: die Bahnhofsgebiete sind von Einkaufsstraßen, Restaurants und Vergnügungsstätten umgeben, die jeweils Zentrumsstruktur aufweisen. Wenige Straßenblöcke von den Bahnhöfen

ベルリンの壁が崩壊した翌日、ブランデンブルク門前の壁の上に立つ市民（1989年11月10日）

Tag nach der Maueröffnung, 10. November 1989, am Brandenburger Tor

ベルリン市庁舎
Berliner Rathaus

地に住み、その結果、東京の特徴ともいえる長い通勤時間を要している。居住地が都心から離れるこの傾向は、すでに70年代中葉から表面化し始めた現象で、1975年東京経済企画局のデータによると「ほとんどすべての日本人が持ち家を望んでいる」(14)ためである。東京は、多量の人間が出入りする町となった。駅の界隈はショッピング街、レストラン、歓楽施設に取り巻かれ、それぞれがひとつの町の中心部の構造をなしている。しかし、駅からわずか離れた一帯では道路は狭く、小さな商店、喫茶店、そして内風呂のない人々が毎夜集まる銭湯がある。地方を思わせるこの構造は現在もなお大都市東京の現状であり、隣接する賑やかな消費と歓楽の街と魅力的な強いコントラストをなしている。

80年代の中葉、一般に「グラスノスチ（情報公開）」と「ペレストロイカ（再編・改革）」で表わされる革新プロセスがソ連で始まった。国家元首で共産党書記長のミハイル・ゴルバチョフ政権下での革新は鉄のカーテンを取り除いたばかりでなく、ドイツ民主共和国の野党グループ活動にも有利に作用し、80年代末期に市民運動へと繋がったのである。東ベルリンで催された共和国建国40周年記念式典での反政府デモに東独保安省が介入し、これに対する抗議と民主主義と人権を求める大規模なデモが繰り広げら

entfernt finden sich enge Straßen, kleine Einkaufsläden, Cafés und die öffentlichen Badehäuser, in denen sich abends diejenigen versammeln, die über kein eigenes Bad verfügen. Diese dörflich anmutenden Strukturen in der Großstadt Tôkyô stehen heute noch in einem starken und sympathischen Kontrast zu den benachbarten rastlosen Konsum- und Vergnügungsmeilen.

Mitte der 80er Jahre setzte in der UdSSR der Prozeß ein, der gemeinhin durch die Stichworte "Glasnost" und "Perestroika" beschrieben wird. Die Erneuerungen in der UdSSR unter Staats- und Parteichef Michail Gorbatschow hoben nicht nur den eisernen Vorhang an, sondern begünstigten auch Oppositionsgruppen in der DDR, die sich in den späten 80ern zu Bürgerbewegungen zusammenschlossen. Auf Übergriffe durch DDR-Sicherheitskräfte bei Demonstrationen in Ost-Berlin zur Feier des 40. Jahrestages der Republik folgten weitere Massendemonstrationen für Demokratie und Menschenrechte. Am 9. November 1989 sammelten sich Menschenmassen an den innerstädtischen Grenzübergängen, die die überraschende Mitteilung des SED-Politbüros vernommen hatten, daß sie die Grenzen passieren dürften: Die Berliner Mauer war gefallen.

In diesem Jahr, 1989, ging in Tôkyô mit dem Tode des Tennô Hirohito die Epoche Shôwa – mit der die Zeit des II. Weltkriegs assoziiert war – endgültig zu Ende und die Ära Heisei begann.

Nach der Wiedervereinigung der Stadt Berlin und vor allem durch den Beschluß, den Sitz der Bundesregierung von Bonn nach Berlin zu verlegen, erhielten auch die Beziehungen zu Tôkyô neuen Auftrieb. Zu den bspw. schon bestehenden wissenschaftlichen Partnerschaften zwischen Berliner und Tôkyôter Universitäten kamen neue hinzu, und seit 1992 residiert die private Teikyô University am Schmöckwitzer Damm im Süden Berlins.[15]

新宿の東京都庁
Tôkyôter Rathaus in Shinjuku

Die im Ost-Berliner Internationalen Handelszentrum an der Friedrichstraße ansässigen japanischen Unternehmen, vornehmlich Vertretungen der Generalhandelshäuser, verstärkten ihre Personal- und Raumkapazitäten; viele

ベルリンの行政区とその人口
Berliner Bezirke und Einwohnerzahlen

れた。1989年11月9日、国境通過を認めるというドイツ社会主義統一党政治局の予期せぬ知らせを聞いた市民が検問所に殺到した。ベルリンの壁はついに崩壊したのである。

　この年、東京では天皇崩御によって第二次世界大戦と結び付く昭和時代が終り、平成時代の幕開けとなった。

　東西ベルリンの統一、また、特にボンからベルリンへの連邦政府所在地の移転決議は、東京との関係にも新しい刺激となった。すでに存在するベルリンと東京の大学間の学術交流がさらに拡大され、1992年には私立の帝京大学がベルリン南部のシュメックヴィッツァーダム通りに分校を開設した(15)。

　フリードリッヒシュトラーセ通りの東ベルリン国際貿易センターにオフィスを持つ日本企業（おもに商社）は、社員を増やしスペースを拡大した。その他にも銀行、建設会社、旅行社などがベルリンに進出してきた。当初日本企業進出にかけられた大きな期待に反し、今日まで連邦新州では大規模の投資はなされていない。それどころか、統一によってベルリン市は最も大き

Büros kamen hinzu, hauptsächlich Banken, Finanzhäuser, Bauunternehmen und die Touristikbranche. Entgegen den großen Hoffnungen, die das anfängliche japanische Engagement geweckt hatte, ist bisher keine größere Investition in den Neuen Bundesländern getätigt worden. Aufgrund der problematischen Situation der von der Vereinigung am stärksten geforderten Stadt und der sich global verschlechterten Wirtschaftslage, ziehen sich japanische Unternehmen sogar wieder aus Berlin zurück oder reduzieren ihr Personal.[16]

Mit den zögerlich vorangetriebenen Umzugsversuchen der Regierung, den zahlreichen Aufbauschwierigkeiten im ehemaligen Ost-Teil der Stadt und den Strukturschwächen der alten Bundesrepublik, hat die Stadt an der Spree sicher härter zu kämpfen, als allzu optimistische Stimmen es noch Anfang der 90er Jahre wahrhaben wollten. Zudem schlägt der Abzug der alliierten Truppen nach dem Mauerfall ins Gewicht: Berlin muß nun beweisen, daß es auch ohne amerikanische Volksfeste und Kneipen, ohne sowjetische Völkerfreundschaft und Soljanka, eine weltoffene Stadt mit dem Flair einer internationalen Metropole sein kann. Der nostalgische und provinzielle Rückzug in das Ambiente der West-Berliner Insel-Atmosphäre oder der Ost-Berliner Hauptstadt-Sonderstellung ist nun jedenfalls nicht mehr möglich.

な負担を強いられ多大な問題を抱えていること、世界的に不況状況が続くことから、今では日本企業は再びベルリンを後にするか、あるいは支社の規模を縮小している(16)。

　政府移転の緩慢なテンポ、旧東ベルリン領域での復興の困難、そして旧連邦州における構造上の脆弱さのために、まだ90年代初めには見られた楽天的すぎる期待に反し、シュプレー河畔の都市ベルリンは非常に厳しい戦いを挑まれている。しかも壁崩壊後の連合軍の撤退も大きな影響を及ぼした。アメリカ軍のお祭りや飲み屋、ソ連の民族友好と名物ソリヤンカ(1)が姿を消した今、ベルリンはメトロポリス独特の雰囲気をもつ、世界に開いた都市で有り得ることを証明しなければならない。西ベルリンに住む人がかつての孤島の状態を、あるいは東ベルリンに住む人が首都としての東ベルリンの特殊な地位をノスタルジックに回想しても、逆戻りはもはや不可能である。

　しかし、市の独特な雰囲気を作り上げたのは連合国のみだった訳ではないことが、将来に期待を抱かせてくれる。日本を例に取ってみよう。ベルリンでは「日本関係のもの」が広く知れわたるようになった。ベルリン日独センター、日本映画、語学講座、美術芸術、踊り、演劇、そしてまた和食のレストラン、布団の店、空手センター、指圧講習会など、直接または間接的に日本に関係する多くの活動は数えきれない。東京でもレストランでドイツ料理が味わえ、テレビではドイツのソーセージや車の宣伝が流され、ドイツ映画も鑑賞できる。日本での寝具としてのベットは、ドイツで布団が知られるようになったよりも古い伝統を持ち、ドイツ語と日本語の学習状況も同様である。我々の日本に関する知識の程度と比べてみても、日本人は一般にドイツをよく知っている。しかしながら、それはそれぞれの国という大きなモザイク画の石の

ネフェルティティ王妃の胸像
Büste der Königin Nofretete

Daß allerdings auch andere ausländische Einflüsse als nur die der Alliierten zu der besonderen Stimmung in der Stadt beitrugen, stimmt optimistisch für die Zukunft. Nehmen wir als naheliegendes Beispiel Japan: Das "Japanische" in Berlin ist populärer geworden: das Japanisch-Deutsche Zentrum Berlin, japanische Kinofilme, Sprachkurse, Kunst, Tanz, Theater und nicht zuletzt die japanischen Restaurants, Futon-Läden, Karate-Schulen, Shiatsu-Kurse … eine erschöpfende Aufzählung aller Aktivitäten in Berlin, die einen direkten oder indirekten Bezug zu Japan haben, ist gar nicht möglich. Auch in Tôkyô kann man deutsche Eßkultur in Restaurants genießen, Werbung für deutsche Würst-

ポツダム広場開発計画
Planung Potsdamer Platz

旧帝国議事堂改築計画
Planung Reichstag

皇居のパノラマ　Panorama von Tôkyô mit Kaiserpalast

一つひとつにすぎないかもしれないが、その一つひとつは相手国に関するエッセンスであり、一般的なイメージを表わしている。これは決して現実を正しく表わすものではないが、知識によってより豊かにされ、先入観と悪用から守ることができるのである。

chen oder Autos im Fernsehen konsumieren oder deutsche Filme ansehen. Das Äquivalent zum Futon, das Bett, blickt in Japan auf eine sehr viel längere Tradition zurück als bei uns die fernöstliche Schlafvariante, und das Erlernen der deutschen Sprache ohnehin. Und sind uns auch die Japaner allgemein mit ihrer Kenntnis über Deutschland – verglichen mit der unsrigen über Japan – weit überlegen, so äußert sich dennoch in jedem einzelnen Teilstückchen, das zu dem großen Bild gehört, der Extrakt und die grundsätzliche Vorstellung der Allgemeinheit über das jeweils andere Land. Diese werden wohl niemals der Wirklichkeit gerecht, doch können sie durch Wissen angereichert werden, das vor Vorurteilen und Mißbräuchen schützen kann.

注

(a) 編注：ドイツの降伏後、旧帝国（1938年以前）の4分の3にあたるドイツ東部領土を除いた地域（現在のドイツ国土）が戦勝国（米ソ英仏）によって四つの占領地域に分割され、各地域の最高司令官によって構成される連合国管理理事会がドイツの最高権力として統治権を行使した。ベルリンはいずれの地域にも属さない四ヶ国共同管理区となり、四国それぞれがベルリンを4分の1づつ占領した。

(1)「国境往来者」とは、西ベルリンに居住しながら東ベルリンで働く人、またはその逆の人のこと。

(b) 編注：毎年春に開催される農産物フェアで、国の内外からの出展がある。

(2) 参考文献 1（164頁）

(3) 参考文献 4（37頁）によると「簡略化した方法でおこなわれた日本の粛清で処罰された人間の数は、西ドイツの数の10分の1に過ぎなかった」

(4) 参考文献 2（595頁）

(5) 解雇処分を受けた日本人のうち、官僚の割合はわずか0.9パーセントであった。参考文献 4（36頁〜37頁）参照

(6) 参考文献 4（36頁）参照

(7) 参考文献 1（171頁）参照

(8) 朝鮮戦争を機にアメリカの覚書によって発足した警察予備隊は後に「自衛隊」と改称されたが、合憲性をめぐる論議が絶えない。日本には徴兵制度は存在しない。

(9) 東ベルリンと東京の関係に関しては本書第4章のイェーガ参照。

(10) ベルリンのヴィルメルスドルフ区にある内務庁の資料より引用（1958年10月14日付けテレックス、テレックス番号426の複写）。以下に言及し、引用する未公開文書の使用に際し、すでに他界されたヤーン博士のご令嬢クラウディア・クンツェ氏に感謝申し上げる。

(c) 編注：池原真三郎は1958年6月当時、東京都建設局指導部監察課中高層係長（技術吏員）だった。

(11) 参考文献 2（610頁）参照

(d) 編注：ヴォルフ・ビーアマン（1936年生）。詩人、歌手。ハンブルク出身。社会主義に夢を託し、17歳で東独へ移住。イデオロギーの虚偽に目覚め、批判。1965年国外旅行等を禁止される。1976年出国を許され、西独で演奏旅行中国籍を剥奪され、以来西独で暮らす。

(e) 編注：もっとも「ベルリン四ヶ国協定」（1971年9月3日調印、1972年6月3日発効）をベルリン全体に関する協定と解釈したのは米英仏で、ソ連の見解では東ベルリンは適用範囲に入っていなかった。

(f) 編注：「ドイツ連邦共和国と西ベルリン間の通商交通に関する協定」（1971年12月17日調印、1972年6月3日発効）で、西ドイツ市民が東ドイツを通過して西ドイツと西

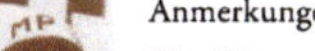

Anmerkungen

Die Literaturangaben werden in meinen vier Einführungskapiteln jeweils beim ersten Mal ihrer Verwendung vollständig angeführt. Im folgenden wird vor der Seitenzahl unter Angabe der Fußnotennummer (FN) und der Kapitelnummer (Kap.), in denen meine jeweiligen Beiträge stehen, auf diese vollständige Literaturangabe verwiesen.

1 "Grenzgänger" nannte man diejenigen, die ihren Wohnsitz in Berlin (West) hatten und in Berlin (Ost) arbeiteten oder umgekehrt.

2 Gasteyger, Curt (1977) Das außenpolitische Erbe der Besatzungszeit. In: Baring, Arnulf (Hrsg) Zwei zaghafte Riesen? Deutschland und Japan seit 1945. Stuttgart und Zürich, S 161–193, hier S 164

3 Nach Martin, Bernd (1987) Japans Weg in die Moderne: Ein Sonderweg nach deutschem Vorbild? Frankfurt/Main, S 37, umfaßten die "nach einem vereinfachten Verfahren in Japan durchgeführten Säuberungen etwa nur ein Zehntel der in Westdeutschland betroffenen Personenzahl."

4 Inoue (1993) FN 67, Kap.3, S 595

5 Vgl. Martin (1987) FN 3, Kap.4, S 36/37. Im Vergleich zu allen amtsenthobenen Japaner bildeten die ihrer Ämter enthobenen Bürokraten nur einen Anteil von 0,9%. (Ebd.)

6 Vgl. u.a. Martin (1987) FN 3, Kap.4, S 36

7 Vgl. Gasteyger (1977) FN 2, Kap.4, S 171

8 Die im Zuge des Koreakriegs und auf Drängen der USA aufgestellte Polizeireserve wurde später in die sogenannten "Selbstverteidigungsstreitkräfte" umgewandelt, deren verfassungskonforme Existenz umstritten ist. Eine Wehrpflicht gibt es in Japan nicht.

9 Zu den Beziehungen zwischen Ost-Berlin und Tôkyô vgl. den Beitrag von Jäger im vorliegenden Band.

10 Zitiert nach den Unterlagen des Senator für Inneres, Berlin-Wilmersdorf, Abschrift des Fernschreibens vom 14.10.58, fsnr. 426. Die im folgenden erwähnten und zitierten, sämtlich unveröffentlichten Unterlagen verdanke ich der freundlichen Unterstützung durch Frau Claudia Kunze, Tochter des mittlerweile verstorbenen Dr. Werner Jahn.

11 Vgl. Inoue (1993) FN 67, Kap.3, S 610

12 Vgl. Nishi Yoshiyuki (1977) Intellektuelle und Politik: Streitfragen in Japan nach dem Kriege. In: Baring, Arnulf (Hrsg) Zwei zaghafte Riesen? Deutschland und Japan seit 1945. Stuttgart und Zürich, S 608

13 Zu der Stadtentwicklung von Berlin und Tôkyô vgl. den Beitrag von Flüchter im vorliegenden Band.

ベルリン間を行き来することが可能になった。「相互の旅客交通の簡易化をはかる交通問題条約」（1972年5月26日調印）で、西ドイツ市民が東ドイツを訪れ、滞在することが可能になった。東ドイツ・東ベルリン市民の西ドイツ・西ベルリン滞在も理論上は可能になったが、ほとんど適用されなかった。

(g) 編注：国際法上東ドイツは西ベルリンを西ドイツの一部とみなしていなかったため、東西政府間の「通商交通に関する協定」（前述注f）と並行して1971年12月に西ベルリンと東ドイツ間で「旅客交通と訪問交通の簡易化および改善をはかる協約」が締結された。

(h) 編注：ホーネッカーが調印したのは、一般に「ヘルシンキ宣言」と呼ばれる「国境通過交通の自由および人権・市民権の尊重を宣言した最終文書」である。

(12) 参考文献5（608頁）参照

(13) ベルリンと東京両都市の発展に関しては本書第4章のフリュヒター参照。

(14) 参考文献6（659頁）参照

(15) これに関しては本書第4章のブロッホロース＆ヘーゲル参照。

(16) 参考文献3参照

(1) 編注：赤蕪で作るロシアのスープ。東ベルリンのレストランのメニューにはあっても、西ベルリンのには無かった料理のなかでも代表的なもの。

参考文献

1. クルト・ガスタイガー著《占領時代の外交政策上の遺産》、アルヌルフ・バーリング編〈二つの臆病な大国——1945年以降のドイツと日本〉161頁～193頁所収、シュトゥットガルト／チューリッヒ、1977年

2. 井上清著、マンフレット・フーブリヒト訳《日本の歴史》、フランクフルト・アム・マイン／ニューヨーク、1933年

3. 日本・ベルリン研究グループ編《日本人はなにを待っているのか——ベルリンにおける日本の投資に関する諸問題》、ベルリン、1993年

4. ベルント・マルティン著《日本の近代への道——ドイツに倣った特別な道か》、フランクフルト・アム・マイン、1987年

5. 西義之著《知識階級と政治——戦後の日本における論争点》、アルヌルフ・バーリング編〈二つの臆病な大国——1945年以降のドイツと日本〉所収、シュトゥットガルト／チューリッヒ、1977年

6. タイヒラー浦田麗子著《社会問題》、ホルスト・ハミッチュ編〈日本ハンドブック〉659頁所収、ヴィースバーデン、1984年

[14] Vgl. Teichler-Urata, Yôko (1984) Soziale Probleme. In: Hammitzsch, Horst (Hrsg) Japan-Handbuch. Wiesbaden, S 659

[15] Vgl. dazu den Beitrag von Brochlos/Hegel im vorliegenden Band.

[16] Vgl. Japan Berlin Study Group (1993) (Hrsg) Worauf warten die Japaner? Zur Problematik japanischer Investitionen in Berlin. Berlin

日本と東ベルリン

ハンス゠ディータ・イェーガ

第二次世界大戦後、日本が公式にドイツと相対する場合、もっぱらボンの「連邦共和国」に目が向けられた。ドイツ連邦共和国は、自らがドイツを代表する唯一の国である、という立場をとっていたため、これを尊重する日本ともうひとつのドイツとの関係は限られたものであった。

しかし、この事実に左右されることなく、東ベルリンはベルリン全体の一部として、また社会主義国の首都として、あるいは偉大な文化的、歴史的背景を持つ都市として、さまざまな分野の日本人を惹きつけるある種の魅力をもっていた。ドイツ民主共和国は国際的に認められるための努力の一環として日本との関係も向上させたいと願っていたため、日本人のそうした興味は好ましいものとして支援されるようにもなった。

60年代当初から日本の共産党、社会党や、それらに近い立場をとる知識人によって、東京をはじめとする各都市に日本DDR友好協会(8)が設立された。大塚金之助、千田是也、向坂逸郎といった顔触れは、ドイツの歴史や文化、マルクス主義やドイツ民主共和国にとりわけ共感した人々であり、友好協会設立の原動力となった。政治経済学および歴史学専門の大塚金之助教授は、東ドイツのドイツ国立図書館に広範にわたる自らの蔵書の大部分を寄贈した。俳優で舞台演出家でもあった千田是也教授は1920年代の末

旧東ドイツ国家評議会
Ehemaliges Staatsratsgebäude der DDR

Japan und Ostberlin
Hans-Dieter Jäger

Nach dem II. Weltkrieg orientierte sich das offizielle Japan in seiner Haltung gegenüber Deutschland auf die Bonner Bundesrepublik. Da dies die Respektierung des Bonner Alleinvertretungsanspruchs einschloß, war der Spielraum für Beziehungen zum anderen deutschen Staat begrenzt.

Dessen ungeachtet übte Ostberlin als Teil Gesamtberlins und als Hauptstadt des sozialistischen Staates wie auch als Stadt mit großem kulturellen und historischen Hintergrund eine gewisse Anziehungskraft auf Japaner unterschiedlicher Kreise aus. Dieses Interesse fand die Sympathie und Unterstützung in der DDR, die im Rahmen ihrer Bestrebungen nach internationaler Anerkennung die Entwicklung von Beziehungen zu Japan forderte.

Seit Anfang der 60er Jahre hatten sich in Tôkyô und anderen Städten Freundschaftsgesellschaften Japan – DDR gebildet, die von der Kommunistischen und Sozialistischen Partei Japans und ihnen nahestehenden Intellektuellen gegründet wurden. Persönlichkeiten, wie Ôtsuka Kinnosuke, Senda Koreya und Sakisaka Itsurô, die sich mit der deutschen Geschichte und Kultur, dem Marxismus und der DDR besonders verbunden fühlten, spielten dabei eine führende Rolle. Professor Ôtsuka, Politökonom und Historiker, übereignete der Deutschen Staatsbibliothek in Ostberlin einen großen Teil seiner umfangreichen Sammlung. Der Schauspieler und Theaterregisseur Professor Senda Koreya hielt sich Ende der 20er Jahre für längere Zeit in Berlin auf und studierte dort u.a. das Theater Piscators und Brechts. So führte er in seinem Theater nach dem Krieg zahlreiche Stücke Brechts, aber auch Heiner Müllers und anderer DDR-Autoren auf. 1979 wurde Senda Koreya Korrespondierendes Mitglied der Ostberliner Akademie der Künste und erhielt von der Humboldt-Universität Berlin die Ehrendoktorwürde.

Die Freundschaftsgesellschaften in Tôkyô und anderen Orten Japans sowie ihre Partnerorganisationen in Ostberlin stellten auf vielfältige Weise Geschichte, Politik, Wirtschaft und Kultur beider Länder vor und forderten einen umfangreichen Personenaustausch. Einen herausragenden Platz im Rahmen des kulturellen Austausches nahm die Präsentation japanischer Kultur in Ostberlin ein. 1970 wurde mit großem Erfolg zum ersten Mal in Ostberlin eine umfangreiche

期に長期にわたりベルリンに滞在し、ピスカートルやブレヒト演劇について研究していた。戦後、彼は自らの劇団でブレヒトはもとより、ハイナー・ミュラー等現代東独作家の作品を上演した。1979年にはドイツ民主共和国芸術院（アカデミー）の在外会員に指名され、フンボルト大学から名誉博士の称号を得ている。

　東京を始めとする各地の友好協会と、そのパートナーである東ベルリンの各機関は、さまざまなやり方で両国の歴史、政治、経済、文化を紹介し、幅広い人的交流を促進した。

　文化交流としてひときわ光彩を放ったのは、東ベルリンで開催された日本文化展である。18世紀、19世紀日本における版画の巨匠大展覧会が、1970年に初めて東ベルリンで開催された。この意味深い催しは、日本経済新聞の当時の会長で、その後顧問となった円城寺次郎の努力によって可能となったものである。円城寺は、文化交流においてその他にも多くの功績を残したことからドイツ民主共和国勲章を授与された。文化学術分野での交流促進の例としては、この他にも日本対外文化協会会長である松前重義東海大学総長が挙げられる。同総長は、第一次世界大戦後にドレスデンでハインリッヒ・バルクハウゼン教授に師事した八木教授⁽¹⁾門下であり、師同様、ドイツ人の学術功績に敬意を払うようになった。松前総長の尽力により、1971年以降、フンボルト大学日本学科の学生が東京で研修を積むことができた。同総長は、ドレスデン工科大学から名誉博士号を授与され、他にもいくつかの賞を授与されている。

　1979年には東ベルリンで大規模な東山魁夷展が開催され、画伯自身も臨席された。ベルリンで東山魁夷展が開かれたのは、これが初めてのことであった。日本の最も重要な現代画家の一人である東山画伯は、1933年〜1934年にヨーロッパに滞在し、ベルリン大学（現フンボルト

展覧会『東ドイツ美術の現在』
入場チケット（1990年6月〜7月）
Eintrittskarte: Zeitzeichen – Malerei
und Grafik aus der Deutschen
Demokratischen Republik, Juni/Juli
1990 (!) in Tôkyô

Ausstellung japanischer Holzschnittmeister des 18. und 19. Jahrhunderts gezeigt. Dieses bedeutende Vorhaben wurde durch den damaligen Präsidenten und späteren Aufsichtsratsvorsitzenden der wichtigsten japanischen Wirtschaftszeitung *Nihon Keizai Shimbun*, Enjôji Jirô, ermöglicht, der sich auch im weiteren auf diesem Gebiet verdient gemacht hat, wofür er mit einem Orden der DDR ausgezeichnet wurde. Eine ähnliche Rolle bei der Förderung des kulturellen und wissenschaftlichen Austausches spielte der Präsident der Gesellschaft für kulturelle Verbindung mit dem Ausland, Professor Matsumae Shigeyoshi, Rektor der Tôkai-Universität. Inspiriert durch seinen Lehrer, Professor Yagi, der nach dem 1. Weltkrieg bei Professor Heinrich Barkhausen in Dresden studiert hatte, hegte Matsumae ebenfalls Hochachtung vor den wissenschaftlichen Leistungen des deutschen Volkes. Dank der Initiativen Matsumaes konnten u.a. erstmals ab 1971 Japanologie-Studenten der Humboldt-Universität regelmäßig zum Japan-Studium in Tôkyô weilen. Professor Matsumae wurde mit der Ehrendoktorwürde der Technischen Universität Dresden und anderen Auszeichnungen geehrt.

1979 wurde in Ostberlin eine umfangreiche *Kaii Higashiyama-Ausstellung* in Anwesenheit des Künstlers gezeigt. Sie war die bis dahin erste und einzige Higashiyama-Ausstellung in Berlin. Higashiyama, der zu den bedeutendsten zeitgenössischen Malern Japans zählt, hatte sich 1933/34 in Europa aufgehalten und als erster japanischer Austauschstudent Kunstgeschichte an der Universität Berlin (heutige Humboldt-Universität) studiert. Er fühlt sich seitdem eng mit Deutschland und Berlin verbunden.

Im Rahmen der Berliner Festtage gastierten das Nô-Theater unter Leitung von Kanze Hideo und das Ka-

大学）初の日本人交換学生として美術史を学ん
だ。それ以来、同画伯はドイツおよびベルリン
に特別の愛着を持っている。

ベルリーナ・フェストターゲ（ベルリン芸術
祭）では観世栄夫、市川猿之助がそれぞれ率い
る能、歌舞伎が東ベルリンで幾度も客演した。

東ベルリンとのコンタクトを持った多くの日
本人のなかには、映画監督の黒沢明の名前も見
られる。同監督は80年代に、ドイツ民主共和国
芸術院（アカデミー）の在外会員に指名された。

東京の日本DDR文化協会にも触れておかね
ばならない。色部義明協和銀行頭取（1980年会
長）、鈴木治雄昭和電工社長（1971年就任）が
会長を務めた同協会は、文化面での人的交流を
サポートした。

経済界での交流には、昭和電工社長（1959年
就任）であった安西正夫が大きな役割を果たし
た。安西の尽力により、1971年には日本DDR
経済委員会が発足し、安西自ら初代会長を務め
た。東ベルリンの国際貿易センターにある安西
の胸像が、その功績を賛えている。その後、同
会長の座にはそれぞれ新日本製鉄会長および経
団連会長も務めた稲山嘉寛、斎藤英四郎が就き、
幾度も東ベルリンに滞在した。それぞれ経済関
係促進についての多大な功績により、ドイツ民
主共和国から表彰されている。

経済分野での交流が進むにつれ、日本の企業
や商社が駐在事務所を東ベルリンに設けるよう
になった。現在でもその多くが残っており、ベ
ルリン日本商工会の会員でもある。この関連で
挙げておきたいのは、内藤雅喜社長のもとで東
洋エンジニアリングが残した功績である。同社
は、東ドイツの化学産業を一部近代化するのに
貢献した。また、東芝も挙げたい。

東芝は、オーバーシェーネヴァイデにある東
ベルリンのテレビ・エレクトロニクス工場に、
ブラウン管製造装置を納入した。

斎藤英四郎
Saitô Eishirô

土屋義彦
Tsuchiya Yoshihiko

千田是也と
ハンス＝ディータ・イェーガ（著者）
Senda Koreya und
Hans-Dieter Jäger

buki-Theater unter Ichikawa Ennosuke
mehrfach in Ostberlin.

Unter den vielen Japanern, die Kontakte
zu Ostberlin unterhielten, befand sich
auch der bekannte Filmregisseur Kurosawa Akira, der in den 80er Jahren zum
Korrespondierenden Mitglied der Akademie der Künste der DDR in Ostberlin
ernannt wurde.

Schließlich sei auch an die Kulturgesellschaft Japan – DDR in Tôkyô erinnert. Ihre Präsidenten, Irobe Yoshiaki,
Präsident der Kyôwa Bank, und Suzuki
Haruo, Präsident des Chemiekonzerns
Shôwa-Denkô, unterstützten vor allem
den Austausch von Persönlichkeiten des
kulturellen Lebens.

Bei der Entwicklung wirtschaftlicher
Kontakte spielte der damalige Präsident
des Chemiekonzerns Shôwa-Denkô,
Anzai Masao, eine bedeutende Rolle.
Seiner Initiative folgend wurde 1971 der
Wirtschaftsausschuß Japan – DDR gegründet, dessen erster Vorsitzender er
wurde. Eine Anzai-Büste im Internationalen Handelszentrum in Ostberlin
erinnert an sein Wirken. Die ihm in dieser Funktion nachfolgenden Inayama
Yoshihiro und Saitô Eishirô, jeweils
Präsidenten des Stahlproduzenten Nippon Steel
Corporation und gleichzeitig des japanischen Unter-
nehmensverbandes Keidanren, weilten mehrfach in
Ostberlin und wurden für ihren Beitrag zur Förderung der ökonomischen Beziehungen mit Auszeichnungen der DDR geehrt.

Im Gefolge wachsender wirtschaftlicher Kontakte
richteten japanische Konzerne und Handelshäuser
Ständige Büros in Ostberlin ein, die heute noch existieren und Mitglieder der Japanischen Industrie-
und Handelsvereinigung in Berlin sind. Hervorzuheben sind in diesem Zusammenhang die Tôyô Engi-
neering Corporation (TEC), unter Leitung des damaligen Präsidenten Naitô Masayoshi, welche führend
an der Modernisierung eines Teiles der chemischen
Industrie der DDR beteiligt war und der Elektronik-
konzern Tôshiba.

国際貿易センターの高層ビル、また内装が素晴らしいグランドホテル・ベルリンは、東ベルリンにおける日本の影響として見逃せない。両方とも東京に本社のある鹿島建設が建てたもので、ベルリンのフリードリッヒシュトラーセ通りに面している。

東ベルリンと東京の両政府が1973年に国交を樹立してからは公式な政治関係も盛んになった。特に、安部晋太郎外相、中曽根康弘首相の東独訪問が挙げられる。その機会に中曽根夫人はフンボルト大学に多数の書物を寄贈した。

日本の参議院には、参議院日本DDR友好議員連盟があり、初代会長であった鍋島直紹の逝去（1981年）にともない、後に参議院議長となった土屋義彦がその後を継いだ。

このように、東ベルリンと東京間の接点と、その名が挙げられたか否かにかかわらぬ多数の日本人の東ベルリン市における功績が、客観的に見ても良好な日本とドイツの友好関係の伝統およびベルリンと東京のパートナーシップを促進してきたことは、偏見のない読者には充分御理解いただける筈である。

注
(a) 編注：1963年6月に「日本DDR友好協会」が設立された。なおDDRはドイツ民主共和国のドイツ語略称で、本書では使用しない方針だが、本章では機関名に使われている場合はそのまま残してある。
(b) 編注：電気通信工学者八木秀次（1886年〜1976年）のことと思われる。もっとも八木がドレスデン工科大学でバルクハウゼン教授の下で学んだのは1913年のことで、これは第一次世界大戦前である。

フリードリッヒシュトラーセ通り（1900年頃）
Friedrichstraße um 1900

フリードリッヒシュトラーセ通りの
グランドホテル・ベルリン
Grand Hotel Berlin in der
Friedrichstraße

Dieser lieferte u.a. für das Ostberliner Werk für Fernsehelektronik in Oberschöneweide eine Anlage zur Bildröhrenproduktion.

Unübersehbare Zeichen japanischen Wirkens in Ostberlin sind das hochaufragende Gebäude des Internationalen Handelszentrums sowie das Grand Hotel Berlin mit seiner beeindruckenden Innenarchitektur. Beide Bauten, errichtet von der bekannten Tôkyôter Firma Kajima Corporation, sind in der Berliner Friedrichstraße zu finden.

Nach Aufnahme diplomatischer Beziehungen zwischen Ostberlin und Tôkyô im Jahre 1973 intensivierten sich auch die offiziellen politischen Kontakte. Insbesondere sei hier an die Ostberlinbesuche des damaligen Außenministers Abe Shintarô und des damaligen Ministerpräsidenten Nakasone Yasuhiro erinnert. Die Gattin des Ministerpräsidenten überreichte aus diesem Anlaß der Humboldt-Universität ein größeres Büchergeschenk.

Im Oberhaus des japanischen Parlaments nahm eine Parlamentarische Freundschaftsgruppe Japan – DDR ihre Arbeit auf. Nach dem Tod ihres ersten Vorsitzenden, Nabeshima Naotsugu, trat der spätere Präsident des Hauses, Tsuchiya Yoshihiko, an die Spitze der Gruppe.

Aus dem hier Dargelegten kann der unvoreingenommene Leser schließen, daß auch die Kontakte zwischen Ostberlin und Tôkyô und das Wirken vieler genannter und nichtgenannter Japaner in den Beziehungen zu Ostberlin objektiv die guten Traditionen der Freundschaft und Zusammenarbeit zwischen Japan und Deutschland und die Partnerschaft Berlin – Tôkyô gefördert haben.

Das Japanisch-Deutsche Zentrum Berlin
Thilo Graf Brockdorff

ベルリン日独センター　ティーロ・グラーフ゠ブロックドルフ

　1983年11月初頭にヘルムート・コール首相が中曽根康弘首相（当時）を訪問した折、両首相は国際的な学術の出会いの場をベルリンに設立することに合意しました。この決断は、同年7月のウィリアムスバーグ・サミットが採択した北アメリカ、ヨーロッパ、日本の三極連帯宣言を背景として下されたものです。本サミットで人々は、日米欧三極において環太平洋間（日米）および環大西洋間（欧米）の関係が、日欧関係に比べてはるかに密接だという現状を認識したからです。出会いの場設立はこういった状況の方向修正を図るものでした。しかし、この決断の準備の際——特に日本で——二つの異なる考え方が浮かび上がってきました。ひとつは、ストラスブールがこういった機関の所在地にふさわしいとするもので、その理由は、大陸が分割されている状況では、ストラスブールがヨーロッパの中心だったからです。もうひとつは——日独両首相の考えですが——ベルリンをこの出会いの場の所在地とする意見で、その理由は、当時すでに中央ヨーロッパや東ヨーロッパをも日欧対話のプロセスに組み込みたいと考えていたからです。つまり両首相は当時、まだベルリン、ドイツ、ヨーロッパひいては世界の分割の終焉が予見できなかった時期だったにもかかわらず、ベルリンが中心的役割を担うだろうというヴィジョンをすでに持っていたのです。

　相応の協議の末、政府間協定が1985年3月1日に調印され、それに従って日本側が——修復を施した上で——ベルリンの旧日本国大使館建物を提供し、ドイツ側が財団基金を用意しました。運営費は日独双方が折半で負担し、財団基金の利息はドイツ側拠出金として計上されます。ベルリン州は本協定で連邦政府が担った責務を履行しました。また、経団連の内部で設立された在京企業グループが当時1200万マルクの寄付金を建物修復のために拠出しました。こうして

343

Als Anfang November 1983 der deutsche Bundeskanzler Helmut Kohl den damaligen japanischen Premierminister Nakasone Yasuhiro besuchte, kamen die beiden Regierungschefs überein, ein internationales Forum der akademischen Begegnung in Berlin zu begründen. Diese Entscheidung wurde vor dem Hintergrund der "Erklärung über trilaterale Solidarität" zwischen Nord-Amerika, Europa und Japan gefällt, die der Weltwirtschaftsgipfel von Williamsburg im Juli des gleichen Jahres verabschiedet hatte. In diesem Zusammenhang war man sich des Umstandes bewußt geworden, daß die transpazifischen und die transatlantischen Beziehungen in diesem Dreieck wesentlich intensiver waren, als die europäisch-japanischen. Das damals anvisierte Forum sollte hier Abhilfe schaffen. Allerdings gab es bei der Vorbereitung dieser Entscheidung – vor allem in Japan – zwei verschiedene Denkschulen: Die eine favorisierte Straßburg als Sitz eines solchen Instituts, weil dort das Zentrum desjenigen Europas gesehen wurde, das unter den Bedingungen der Teilung des Kontinents von Interesse zu sein schien. Die andere Denkschule – und dazu gehörten die beiden genannten Regierungschefs – trat für Berlin als Sitz dieses Forums ein, weil sie schon damals auch Mittel- und Osteuropa in den Prozeß dieses Dialogs mit Europa einbezogen sehen wollten. Diese beiden Staatsmänner hatten also bereits damals, als das Ende der Teilung Berlins, Deutschlands, Europas und letzlich auch der Welt noch nicht abzusehen war, eine visionäre Sicht von der zentralen Rolle Berlins.

Nach entsprechenden Konsultationen wurde das Regierungsabkommen vom 1. März 1985 abgeschlossen, wonach die japanische Seite das Gebäude der ehema-

入りロホール（1987年）
Eingangsbereich, 1987

入りロホール（1942年）
Eingangsbereich, 1942

ベルリン日独センターは、1985年1月15日には1500万マルクの原資を持つドイツ法に基づく民間財団として設立され、業務を1985年8月から開始しました。

　まず手始めに、ベルリンのティーアガルテン区にある旧日本国大使館建物の修復事業があったわけですが、この建物は1938年から1942年にかけて建築家ルードヴィッヒ・モースハーマーとツェーザ＝F・ピンナウが当時のベルリン改造計画にのっとって設計、建設したもので、1945年にはベルリンを巡る戦いの際に大幅に損傷をうけました。修復課題は建築家黒川紀章、内装家山口泰治、そしてそれ以前にベルリン・ミッテ区（当時東ベルリン）の国際貿易センターとグランドホテルの建設にあたっていた鹿島

ligen japanischen Botschaft in Berlin – in renovierter Form – und die deutsche Seite das Stiftungskapital zur Verfügung stellt. Die laufenden Kosten sollten von beiden Seiten zu gleichen Teilen getragen werden, wobei die Zinsen aus dem Stiftungskapital der deutschen Seite anzurechnen sind. Das Land Berlin trat in die Verpflichtungen der Bundesregierung aus diesem Abkommen ein und brachte das Stiftungskapital ein. Eine Gruppe von Unternehmen in Tôkyô, die im Rahmen des Unternehmerverbandes Keidanren begründet worden war, brachte Spenden in Höhe von ca. DM 12 Mio. für die Wiederherstellung des Gebäudes auf. Das Japanisch-Deutsche Zentrum Berlin (JDZB) war bereits am 15. Januar 1985 als private Stiftung deutschen Rechts mit einem Kapital von DM 15 Mio. gegründet worden. Die Stiftung nahm ihre Arbeit im August 1985 auf.

Zunächst galt es, das Gebäude der alten japanischen Botschaft in Berlin-Tiergarten, das in der Zeit von 1938 bis 42 von den Architekten Ludwig Moshamer und Cäsar F. Pinnau im Zuge der damals beabsichtigten Umgestaltung Berlins er- bzw. eingerichtet, 1945 aber bei den Kämpfen um Berlin stark beschädigt worden war, wieder herzurichten. Diese Aufgabe übernahmen der Architekt Kurokawa Kishô und der Innenarchitekt Yamaguchi Taiji sowie die Bauunternehmen Kajima, das bereits zuvor das Internationale Handelszentrum (IHZ) und das Grand Hotel in Berlin-Mitte (damals Ost-Berlin) gebaut hatte, und Takenaka Kômuten zusammen mit den deutschen Unternehmen Dyckerhoff & Widmann, Walter Thosti Boswan Bau-AG (WTB) und Hochtief als Subcontractors. In der Zeit von März 1986 bis November 1987 wurde das alte Kanzleigebäude saniert und ausgebaut, das Hauptgebäude, das aufgrund der Kriegseinwirkungen baufällig geworden war, abgerissen und weitgehend im alten Stil wieder aufgebaut. Im März 1988 konnte die Stiftung ihren Vollbetrieb in diesem Gebäude aufnehmen, das bereits im November 1987, dem Jahr des 750jährigen Bestehens Berlins, eingeweiht werden konnte.

Kurokawa Kishô, Bauhaus- und Tange-Schüler, hatte sich bemüht, die strenge neoklassizistische Fassade im (wie manche meinen: Speer'schen) Stil der 30er Jahre aufzulockern, was ihm aber nur an zwei Stellen an der rückwärtigen Seite der Gebäude genehmigt

建設と竹中工務店が、ドイツの企業ディカホフ＆ヴィットマン、ヴァルター・トスティ・ボスワウ建設、ホーホティーフ土木を下請けとして引き受けました。1986年3月から1987年10月にかけて旧事務管理棟が修復、改築され、戦争による損傷で荒廃していた本館部（旧公邸部）は解体され、ほぼ元のままに復元されました。センターはベルリン建市750周年にあたる1987年11月8日に開所式を祝い、1988年3月からこの建物で通常業務を開始しました。黒川紀章は、30年代様式（いわゆるシュペーア様式）の厳格な新古典主義のファサードの印象を緩和しようと試みましたが、これは通りに面していない建物部分二ヶ所に関してしか許可されませんでした。また、ドイツ連邦共和国から日本へ寄贈という形でブリギッテとマルティン・マチンスキー＝デニングホフ夫妻と蓮田修吾郎の合作による現代彫刻（9×6メートル）を建物正面の前庭に置き、建物に新しいアクセントをくわえようという試みも実現しませんでした。ベルリンの一般市民にとって目に見える建築上の変化、あるいは目に留まる彫刻作品をつうじて、この建物には元々の建設理由（ナチ時代の枢軸国・日本の大使館として建設されたこと——訳者注）とは別の新しい精神が宿っていることを表現する機会は残念ながら失われてしまったのです。

　建物内部では、二階のいわゆる「美しい階層（ベル・エタージュ）」の修復に際して、当時を伝える図面や写真をもとに大使館時代を再現するよう苦慮しました。建物の残りの部分の内装では、機能性を主眼としました。唯一の例外は、以前は使用人の住居があった四階にいわゆる日本家屋が設けられたことです。日本の伝統様式でつくられたこの家屋をぐるりと囲む瞑想の庭——を暗示する石庭——もあり、見た目を楽しむだけでなく、伝統的な茶会にもその場を提供しています。センターが設立され、その建物

wurde. Auch der Versuch, durch eine moderne Skulptur (9 x 6 m) vor dem Gebäude, die durch ein gemeinsames Werk der Künstler Brigitte und Martin Matschinsky-Denninghoff und Hasuda Shûgorô als Geschenk der Bundesrepublik an Japan realisiert werden sollte, einen neuen Akzent zu setzen, konnte nicht verwirklicht werden. Dadurch wurden leider die Chancen vertan, durch für die Berliner Öffentlichkeit sichtbare bauliche Veränderungen oder eine ins Auge fallende Plastik zu signalisieren, daß ein anderer Geist dieses Gebäude beseelt, als er bei seiner ursprünglichen Begründung vorherrschte.

Im Inneren bemühte man sich bei der Wiederherrichtung der sogenannten Belle-Etage im ersten Obergeschoß um eine Orientierung an Plänen und Photographien, die vom ursprünglichen Botschaftsgebäude noch erhalten waren. Die Innenausstattung der übrigen Gebäudeteile folgte einem weitgehend funktionalen Konzept. Einzige Ausnahme ist das sogenannte Japanische Haus, das in der dritten Etage

大広間（1942年）
Die alte japanische Botschaft – Festsaal

大食堂（1942年）
Die alte japanische Botschaft – Dining Hall

345

戦争で破壊された後廃墟のまま取り残された日本国大使館建物
Ruine, Zustand der Botschaft bis zum Wiederaufbau

が修復されたことで、人々の印象に残る出会い
の場が生まれた訳ですが、この出会いの場をと
おしてベルリンの将来に対する日本の信望がす
べてのベルリン市民に目に見えるものとなった
のです。ベルリンの人々の日常生活はそれまで
三つの保護供与国、米国、英国、フランスの影
響を強く受けてきましたが、これで新しい要素
（日本——訳者注）がくわわり、国際的な豊かさ
を増したのです。このことはエーバハルト・
ディープゲン市長（任期1984年２月〜1989年
３月、1991年１月再任）、ヴァルター・モンパー
市長（任期1989年３月〜1991年１月）、ハン
ナ＝レナーテ・ラウリーン市議会議長（任期
1991年１月〜1995年11月）を始めとするベ
ルリン市議会議員、そしてベルリン市民から常
に称賛されています。ベルリン市民といえば、
センター開所式典に１万人以上が参加してくれ
ました。

　　ベルリン日独センターは学術、法律、社会、
文化等でドイツ、ヨーロッパ、日本そしてアジ
アがその時々に直面する問題を、特に経済と最
新技術——たとえば医学、通信および生産の分

wo früher die Dienstboten gewohnt hatten, erstellt
wurde. Dieses im traditionellen japanischen Stil
errichtete Haus mit einem ihn umgebenden – ange-
deuteten – Meditationsgarten bietet sich nicht nur
für Präsentationen, sondern auch für traditionelle
Tee-Zeremonien an. Auf diese Weise entstand mit
der Stiftung und dem wiederhergerichteten Gebäude
ein beeindruckendes Forum der Begegnung, durch
das auf eine für alle Berliner sichtbare Weise der
Glaube Japans an die Zukunft Berlins dokumentiert
wurde. Das öffentliche Leben Berlins, das bis dahin
von den drei Schutzmächten, den USA, Groß-
britaniens und Frankreichs bestimmt war, wurde so
um eine neue Dimension reicher. Dies ist von den
Regierenden Bürgermeistern Eberhard Diepgen
(1985–89; seit 1991) und Walter Momper (1989–91),
von den Abgeordneten und insbesondere von der
Präsidentin des Abgeordnetenhauses, Hanna-Renate
Laurien (1991–96), und von den Bürgern der Stadt,
von denen über 10.000 Menschen allein an den
Eröffnungsveranstaltungen teilnahmen, stets anerkannt worden.

Das JDZB betrachtet es als seine Aufgabe, aktuelle
Fragen der Wissenschaften, des Rechts, der Gesellschaften und ihrer Kulturen etc. unter besonderer Berücksichtigung des Zusammenhanges mit dem Wirt-
schaftsleben und neuen Technologien – z.B. auch in
der Medizin oder in der Kommunikation und Produktion – in Deutschland und Europa, Japan und
Asien zu stellen und neue Kooperationsansätze zu
finden. Es hat in diesem Rahmen auch ein umfängli-
ches Austauschprogramm, das von dem damaligen
japanischen Ministerpräsidenten Takeshita für ganz
West-Europa angeregt worden ist und für das das japanische Außenministerium die Mittel bereitstellte,
realisiert und dabei über 280 Stipendien an Forscher
und Studenten aus Europa vergeben und betreut, von
denen die Mehrheit an Universitäten und anderen
wissenschaftlichen Einrichtungen in Tôkyô forschen
konnte.

Berlin ist damit zunehmend in den Mittelpunkt des
gegenseitigen Interesses und wissenschaftlichen Austausches zwischen Japan und Europa gerückt. In
Tôkyô, wo das JDZB regelmäßig tagt und eine Reihe
von bedeutenden Symposien abgehalten hat, gab es
ein breites und zunehmendes Interesse an Berlin. Der

野——との関連に鑑みて提起し、新たな協力の端緒を探ることをその活動課題としています。この関連で、竹下総理から西ヨーロッパ全域を対象に提案され、日本国外務省が基金を拠出した包括的な交流基金も実現されました。280件の奨学金がヨーロッパ全域から応募してきた研究者や大学生に与えられ、彼らの多くは東京の大学や学術機関で研究活動をしました。

　ベルリンはこれによって日欧間の相互関心と学術交流の中心としての位置を固めることになりました。ベルリン日独センターは定期的に東京で会合をし、一連の重要なシンポジウムを開催していますが、東京ではベルリンに対する関心がますます高まっています。西ベルリン市長とベルリン日独センター事務総長は、鈴木都知事の提唱により東京で1985年に開催された第一回世界大都市サミットに招待されたこともあります。東京には、ドイツ―日本研究所を含むベルリン日独センターのカウンターパート機関が多数あります。東京大学および東京にある他の多くの私立大学とは、ベルリン日独センターの事業のパートナーとして定期的に交流もあります。1989年から1990年にかけてのベルリン統一に対して東京都民が示した喜びは当時世界中どこにも見られなかったものです。ベルリンに対する東京の新たな関心は、ベルリン日独センターが上智大学と共催した1993年秋のシンポジウム『ベルリン2000年のヴィジョン』でみごとに実を結びました。東京の提唱により、第四回世界大都市サミットもベルリンで開催されました。ベルリン日独センターは、早い時期から、ベルリンと東京間の密接な関係のために尽力してきました。東西統一以前には、市が分断されていることから、都市提携を結ばないことが西ベルリンの政治原則に含まれていましたので、ベルリン日独センターは当時、センターの所在地であるティアーガルテン区と新宿区との間の

Regierende Bürgermeister von Berlin und der Generalsekretär des JDZB waren Gäste auf der ersten Konferenz der bedeutendsten Metropolen der Welt 1985 in Tôkyô, die auf eine Initiative von Gouverneur Suzuki zurückgeht. In Tôkyô befinden sich auch die meisten Counterpartinstitute des JDZB einschließlich des Deutschen Instituts für Japanstudien. Die Universität von Tôkyô und viele andere private Universitäten der Stadt sind regelmäßig Partner bei den Projekten des JDZB. Die vorbehaltslose Freude der Bürger Tôkyôs über die Vereinigung von Berlin in den Jahren 1989/90 sucht ihresgleichen in der Welt. Gekrönt wurde dieses neue Interesse Tôkyôs an Berlin durch ein Symposium, das das JDZB in Zusammenarbeit mit der Sophia Universität im Herbst 1993 mit dem Thema *Vision Berlin 2000* durchgeführt hat. Auf eine Initiative von Tôkyô hin fand denn auch die vierte Metropolenkonferenz 1994 in Berlin statt. Das JDZB hat sich bereits frühzeitig für engere Beziehungen zwischen Berlin und Tôkyô eingesetzt. Vor der "Wende" gehörte es zu den politischen Prinzipien West-Berlins, wegen ihrer Teilung keine Städtepartnerschaften einzugehen. Aus diesem Grunde hat das JDZB damals daran gearbeitet, ein Partnerschaft zwischen dem Bezirk Tiergarten, in dem es gelegen ist, und dem Tôkyôter Bezirk Shinjuku zu realisieren, die am 6. Juli 1994 unterzeichnet werden konnte. Knapp zwei Monate zuvor ist die Partnerschaft zwischen Berlin und Tôkyô finalisiert worden, die durch die

旧東独国家保安省（シュタージ）資料に関する連邦全権受託庁のガウク長官講演会（ベルリン日独センター多目的ホールⅠ（元大食堂）、1997年4月10日）
Zuhörer beim Vortrag von Herrn Gauck zum Stasi-Unterlagen-Gesetz am 10.4.97 im JDZB (ehem. Dining Hall)

提携の実現のために奔走し、同区の提携は 1994 年 7 月 6 日に調印されました。そのわずか二ヶ月前に、東西統一によって可能になったベルリンと東京の都市提携も実現しました。ベルリン日独センターはこの都市提携プロジェクトも積極的に支援してきました。そのことについては本書をご覧いただけばご理解いただけるでしょう。ベルリン市長と東京都知事が 1994 年 5 月にベルリン日独センターで会談したことは、こういった意味でもンターの活動の特別な頂点だったといえるでしょう。

　ベルリンと東京は、時代の流れが両者の関係に暗い影を落としたこともありましたが、ほぼ 150 年にわたる歴史をともに振り返ることができます。そのなかでは岩倉遣外使節団や後の陸軍軍医総監である森鷗外、またシーメンスや三井といった企業および日独協会あるいは和独会（1888 年〜 1912 年）が重要な役割を果たしました。ベルリン日独センターは、1926 年および 1927 年に両市に設立された姉妹機関（ベルリン日本研究所と日独文化協会のこと——訳者注）の伝統を継ぐものです。1994 年の友好都市関係の締結はこの歴史的発展に新たな刻印を押しましたが、これは同時に、また特に、互いの国の首都であり、互いの属する域内のリーダー都市である両都市の未来に向けての使命でもあります。両都市は見本となり、そしてこの世界にあって、平和で、人間にふさわしく、環境に優しい発展のための責任を担っていくことでしょう。

ヘルツォーク連邦大統領と在独日本企業代表者懇親会（ベルリン日独センター多目的ホール II（元大広間）、1997 年 3 月 20 日）

Bundespräsident Herzog mit Vertretern der japanischen Industrie am 20.3.97 im JDZB (ehem. Festsaal)

Wende ermöglicht worden ist. Das JDZB hat auch dieses Projekt aktiv unterstützt, was durch dieses Buch dokumentiert werden soll. Es war daher ein besonderer Höhepunkt im Leben des JDZB, als sich der Regierende Bürgermeister von Berlin und der Gouverneur von Tôkyô im Mai 1994 im JDZB trafen.

Berlin und Tôkyô können auf eine Geschichte von nahezu anderthalb Jahrhunderten zurückblicken, in der die Besuche der Iwakura-Mission und des späteren japanische Generaloberstabsarzt Mori Ôgai, aber auch Unternehmen wie Siemens und Mitsui und nicht zuletzt die Deutsch-Japanische Gesellschaft bzw. die alte Wa-Doku-Kai von 1888-1912 schon frühzeitig eine wichtige Rolle gespielt haben, wenngleich die Schatten der Zeitläufe auch auf diese Beziehungen fielen. Das JDZB steht in der Tradition der 1926 bzw. 1927 in beiden Städten gegründeten Schwesterinstitute. Die Städtepartnerschaft von 1994 besiegelt diese historische Entwicklung, aber sie ist zugleich und vor allem ein Auftrag für die Zukunft der beiden Städte als Hauptstädte ihrer Länder, aber auch als führende Metropolen in ihrer jeweiligen Region. Sie werden Vorbilder sein und damit Verantwortung zu tragen haben für eine friedliche, menschenwürdige und umweltverträgliche Entwicklung in unserer Welt.

Epische Theaterpracht[1]: Die theatralischen Beziehungen zwischen Berlin und Tôkyô von 1945 bis heute

Thomas Leims

Traditionelles Theater in Berlin

Nach dem Ende des II. Weltkriegs und dem Wegfall der ideologisch begründeten Affinität dauerte es – abgesehen von einer Aufführung traditioneller japanischer Tänze bei den Festwochen 1954, über die die Archive nichts enthalten – rund zwanzig Jahre, bis Japan wieder mit darstellenden Künsten in Berlin präsent war. Dann aber wartete Tôkyô gleich mit zwei Glanzlichtern auf: Vom 29. September bis I. Oktober 1965 gastierte zunächst die Nomura-Kyôgen-Gruppe[2] in der Akademie der Künste. Mit Nomura Manzô, dem damaligen Nestor dieser Kunst an der Spitze, zeigte das Ensemble auf einer speziell für diesen Anlaß errichteten Nô-Bühne die Farcen *Utsubozaru* (Der Affe zum Köcher), *Urinusubito* (Der Melonendieb), *Kusabira* (Die Pilze), *Bôshibari* (An den Stock angebunden) und *Futari Daimyô* (Zwei Fürsten).

Höhepunkt der ersten speziell Japan gewidmeten Berliner Festwochen war aber zweifellos das Gastspiel des Kabuki-Theaters Tôkyô vom 2. bis 8. Oktober 1965 im Theater der Freien Volksbühne. Nakamura Kanzaburô, Onoe Baikô und Ichimura Uzaemon[3] brillierten in Berlin mit *Kurumabiki* (Karrenziehen) aus dem Repertoire des männlich rauhen Aragoto-Spielstils, *Shunkan*, einem tragisch endenden Stück über einen verbannten buddhistischen Priester, der allein auf einer einsamen Insel bleiben muß, während seine Gefährten begnadigt in die Hauptstadt zurückkehren dürfen[4], Szenen aus *Kanadehon chûshingura*, dem bekannten Epos über die 47 getreuen Samurai, *Kyôkanoko musume dôjôji* und *Kagamijishi*, zwei handlungsreichen Tänzen aus dem Repertoire des Nihon buyô.

Die Pressekritik gab sich – wie später noch bei vielen Anlässen – so ratlos wie schon beim Gastspiel der Sada Yakko: "Wir europäischen Stämmlinge hatten ... unsere liebe Not, auf dem [geistigen] Boden Asiens richtig Wurzeln ... zu schlagen."[5] Oder: "Wieder hat der Kritiker ... seine Vorstellungen vom Theater zu Hause zu lassen – hier hilft keine Analyse, keine Logik, keine Psychologie, hier in diesem barocken Volkstheater des Kabuki sind unsere Maßstäbe außer Kraft gesetzt."[6]

Das Berliner Publikum hingegen feierte beide Gastspiele mit Ovationen: Das Konzept des damaligen

---

華麗な叙事的演劇(1)　一九四五年から今日にいたる演劇における東京とベルリンの関係

トーマス・ライムス

ベルリンにおける伝統的演劇

　第二次世界大戦終局とイデオロギーで塗り固めた日独の近似性が消滅した後——資料は保存されていないが、1954年ベルリン・フェスティバルウィークでの伝統的日本舞踊の上演を除き——日本が再びベルリンで舞台芸術を披露するのに約二十年もの年月が経過した。1965年、東京は同時に二種の華々しい舞台公演をおこなった。まず9月29日より10月1日まで、野村狂言(2)座が芸術アカデミーに出演した。当時の狂言の大家野村万蔵を筆頭に、一座は海外公演のために特別に作った能舞台で狂言『靭猿』『瓜盗人』『茸』『棒縛り』『二人大名』を上演した。

　初めて日本を主題にした1965年のベルリン・フェスティバルウィークでのハイライトは、疑いなく10月2日から8日まで開催された自由国民劇場（フライエ・フォルクスビューネ）での東京歌舞伎座公演であった。中村勘三郎、尾上梅幸、市村右衛門が異彩を放ち(3)、荒々しい男性的な演出様式・荒事のレパートリーより『車曳』、島流しとなった三人のうち二人は赦免されて都に戻るが、絶海の孤島に一人残される僧侶の悲話『俊寛』(4)、47人の忠臣を描いた有名な『仮名手本忠臣蔵』より数場、および日本舞踊よりストーリー性に富んだ『京鹿子娘道成寺』と『鏡獅子』が上演された。

　新聞の批評は、貞奴の公演の時と同様に「我々ヨーロッパ生まれの人間はアジアの（精神的）土壌に真に根付くのに大変てこずっている」(5)と途方にくれた様子を表わし、これは後のさまざまな機会にも見られた現象であった。「またしても批評家は演劇に対する自らの概念を打ち捨てなければならない。ここでは分析も論理も心理学も助けにならず、雄大壮重な大衆演劇・歌舞伎では我々の尺度は役にたたない」(6)

　しかし、こうした批評に反してベルリンの観客は能と歌舞伎公演に熱狂的な拍手を送った。

ベルリン・フェスティバルウィークの当時の芸術主任ニコラス・ナボコフの「千年の比類ない文化が好意的に注意深く受け入れられる機会をつくる」⁽⁷⁾の構想は完全に成功、以後ベルリンにおける日本、特に東京の芸術紹介の範例となる。

この二年前にはベルリン・ドイツオペラが東京公演をおこない、日本で初めて『フィデリオ』『フィガロの結婚』および『ヴォツェック』をグスタフ゠ルドルフ・ゼルナーの演出で上演した。それから二年たった後にも総監督は、ベルリン・フェスティバルウィークで日本エキゾチシズムが受け入れられたよりも、日本で披露した「ドイツ・エキゾチシズム」のほうがずっと鋭敏に積極的に受け入れられ、また、ドイツオペラに対する日本人の関心が「熱狂的な陶酔状態」に変容することも稀ではなかった、と日本公演に強い感銘を受けた様子で語っている⁽⁸⁾。

1975年のベルリン・フェスティバルウィークでは、初めて本格的な能が上演された。9月16日から18日まで、梅若万三郎率いる日本能楽団が自由国民劇場に出演した。当時の代表的な能楽師たちが『鷺』、十年前にもベルリンで上演された狂言『棒縛り』、そして『羽衣』、狂気の嫉妬からの解放に仏教解脱哲学を用いた『葵上』を二種のプログラムを組んで上演した。その二年前にベルリン・フェスティバルウィークは真言宗の僧侶を招き、儀式・法要で唱える声明を披露した。以後、有限会社ベルリーナ・フェストシュピーレと国際比較音楽研究所との緊密な提携は、時には音楽民族学的な雰囲気を免れ得ない面もあったが、ベルリンに伝統的日本芸術を紹介する上で真価を発揮するようになった。

というのも、ベルリーナ・フェストシュピーレは日本の舞台芸術を単にエキゾチックな芸術として披露するのではなく、最初から美的、社会的、政治的、哲学的バックグラウンドを浮き彫りにすることを原則としていたからである。

künstlerischen Leiters der Berliner Festwochen, Nicolas Nabokov, einen "Einblick in eine tausendjährige einzigartige Kultur" zu schaffen, der "mit Wohlwollen und Aufmerksamkeit aufgenommen"[7] wird, war voll aufgegangen und sollte paradigmatisch für die künstlerische Präsenz Japans, insbesondere Tôkyôs, in Berlin werden.

Zwei Jahre zuvor hatte die Deutsche Oper – als japanische Erstaufführung – in Tôkyô *Fidelio*, *La Nozze di Figaro* und *Wozzek* in der Regie von Gustav Rudolf Sellner gegeben. Noch zwei Jahre später berichtete der Generalintendant begeistert von dieser Tournee: Die "Deutsche Exotik" sei "wacher, agiler, bereiter aufgenommen worden als die japanische bei den hiesigen Festwochen". Die Offenheit für die Deutsche Oper habe sich nicht selten "in ekstatischen Taumel" gewandelt.[8]

Zu den Festwochen 1975 gab es in Berlin zum erstenmal authentisches Nô-Theater: Vom 16. bis 18. September gastierte Nippon Nôgaku-dan unter Leitung von Umewaka Manzaburô in der Freien Volksbühne. In zwei Programmen zeigten die führenden Dar-

自由国民劇場（フライエ・フォルクスビューネ）における『黒塚』公演終了後に三代目市川猿之助の一座と記念写真におさまるリヒャルト・フォン゠ワイツゼッカー元連邦大統領（後列中央、1981年当時は西ベルリン市長）とトーマス・ライムス（後列左端、著者）（1981年10月）
Richard von Weizsäcker (damals Regierender Bürgermeister von Berlin) beglückwünscht Ichikawa Ennosuke III. nach der Aufführung von 'Kurozuka' im Theater der freien Volksbühne (Oktober 1981), links Thomas Leims

日本がつぎにテーマとなったのは、1981年に
ベルリーナ・フェストシュピーレが開催したベ
ルリン・フェスティバルウィークであった。こ
の時初めて三代目市川猿之助がベルリンに来演
した。多くのインタビュー⁽⁹⁾で猿之助が強調して
いるように、彼は、自身の意見では「退屈な」
歌舞伎の常道を離れ、実弟である四代目段四郎
とともに日本の大衆演劇・歌舞伎のアーティス
ティックでスペクタクルな外連（ケレン）の伝
統を復活させたのである。10月1日より4日ま
で、猿之助一座は自由国民劇場にて『俊寛』『連
獅子』および『黒塚』を上演した。『黒塚』は
鬼女と化した老女が罪業消滅を願う悲しい歌舞
伎舞踊で、祖父猿翁（二代目猿之助）が創作し
たものである。猿翁は1928年のソ連公演の後、
勉強のためプライベートにベルリンに滞在して
いたことがある⁽¹⁰⁾。今回はマスコミも猿之助の表
現力と卓越した芸にすっかり魅了されたので
あった。

　「歌舞伎芸術の手法を見事にこなす猿之助。
老女が悟りに至る過程でのパントマイム的舞踊
は素晴しく、この舞台芸術のもつあらゆるニュ
アンスを見せている。緻密な美的演劇の計算の
勝利である」⁽¹¹⁾。猿之助はワークショップをつう
じても彼の芸術を理解させようと試み、こうし
た努力は公演の成功にも一役買ったのである。

　1983年、それまでベルリンでは観られなかっ
た四大伝統芸術のひとつ、文楽が上演された。
しかし、文楽は昔から大阪を本拠地としている
ので、本稿では詳細に取り扱わない。

　過去二回の猿之助公演が大成功だったため、
ベルリーナ・フェストシュピーレは1985年の第三
回世界文化フェスティバル《ホライゾン》に再度
猿之助歌舞伎を招くことにした。日本では、猿
之助が新しく工夫をくわえた『義経千本桜』⁽¹²⁾
が大ヒットしていた。6月12日から18日までの
『義経千本桜』ベルリン公演では、ヨーロッパ

宣伝ちらし（ヴァッシュハウス・ポツダム）
Werbeflyer (Waschhaus Potsdam)

steller ihrer Zeit *Sagi* (Der Reiher), *Bôshibari* (s.o.),
ein Kyôgen, das bereits zehn Jahre zuvor in Berlin
aufgeführt worden war, *Hagoromo* (Das Federkleid)
sowie *Aoinoue* (Die Dame Aoi), ein Stück über
krankmachende Eifersucht, zu deren Heilung buddhistische Erlösungsphilosophie eingesetzt wird. Bereits zwei Jahre zuvor hatten die Festwochen Shô-
myô, von Mönchen der Shingon-Sekte rezitierten
buddhistischen Zeremonialgesang, nach Berlin gebracht. Seit dieser Zeit hat sich die enge Kooperation
zwischen der Berliner Festspiele GmbH und dem Internationalen Institut für vergleichende Musikstu-
dien immer wieder bewährt, wenn es galt, das Terrain
für Aufführungen traditioneller japanischer Künste
in Berlin zu bereiten, wenn auch manchmal ein mu-
sikethnologischer Touch nicht zu leugnen ist.

Denn von Anfang an hatten es sich die Berliner Festspiele zur Regel gemacht, die japanischen darstellenden Künste nicht nur zur exotisch-kulinarischen De-
gustation freizugeben, sondern auch die ästhetischen,
sozialen, politischen und philosophischen Hinter-
gründe zu verdeutlichen.

Den nächsten Japanschwerpunkt veranstaltete die
Berliner Festspiele GmbH anläßlich der Festwochen
1981. Zum erstenmal gastierte Ichikawa Ennosuke III.
in Berlin. Ennosuke hatte, wie er in mehreren Inter-
views⁹ betonte, die Pfade des seiner Meinung nach
"langweiligen" Kabuki verlassen und gemeinsam mit
seinem Bruder Danshirô IV. die artistische, spektaku-

初公開の大スペクタクルが披露された。日本で
上演するとおりに猿之助扮する狐忠信が親の皮
で張った鼓を手にし、狂喜して空を飛ぶシーン
を演じたのである。宙乗りと呼ぶ吊装置は、特
別に自由国民劇場の天井に花道(13)上に沿って取
り付けられた。しかし、ベルリンのマスコミの
批評はこの果敢なシーンよりも「世界戯曲文学
のなかでも最も巧みに演出された死の場面」(14)
に感銘を受けた。戦いに破れ、錨の太縄を体に
巻きつけた名将を演じる猿之助が、錨を海に投
げ入れて徐々に断崖から海に引きずり込まれて
行く場面である。連邦大統領リヒャルト・フォ
ン＝ワイツゼッカーも深く感銘を受けた観客の
一人であった。彼は1981年にも、当時の西ベル
リン市長として猿之助歌舞伎を鑑賞している。

　芸術アカデミーは《君の影を食べよう――東
洋の演劇》と題する展覧会で極東地域の舞台芸
術の舞台裏を見せた。日本は舞楽面、歌舞伎の
衣装と能装束および文楽人形を展示した。

　1987年、ベルリン建市750年祭と重なったベ
ルリン日独センター開所式にちなみ、再度能公
演がおこなわれた。今回は能の改革者観世栄夫
を筆頭に、1987年11月11日から14日まで自
由国民劇場で能『求女塚』と『景清』、狂言『止
動方角』と『木六駄』が上演された。公演に向
けて謡曲が初めて独訳され、演出に関する詳細
な説明もくわえられた(15)。今回も出演者たちはワ
ークショップをおこない、観客の質問に答えた。

　ベルリンにおける日本芸術のイベントの最高
潮は、1993年9月開催の第43回ベルリン・フ
ェスティバルウィークであった。すべてを圧倒
した展覧会《日本とヨーロッパ――1549年～
1929年》の傍らでは、市川猿之助の公演でさえ
も控えめに映った。歌舞伎公演は9月9日から
12日まで、今回はベルリン・ドイツオペラ劇場
で『双面道成寺』（嫉妬に狂った巫女が蛇に変身
し、寺の鐘に圧殺されるパロディー風の舞踊）

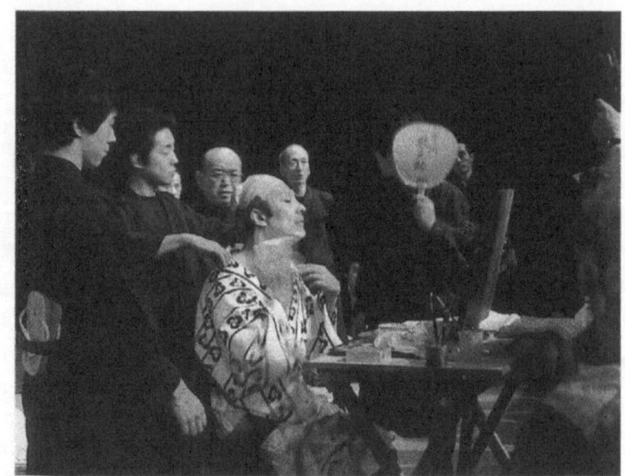

三代目市川猿之助（ベルリン、1981年）
Ennosuke III., Berlin 1981

läre Tradition (Keren) dieses japanischen Volkstheaters wiederbelebt. Vom 1. bis 4. Oktober führten Ennosuke und sein Ensemble in der Freien Volksbühne *Shunkan* (s.o.), *Renjishi* (Tanz der zwei Löwen) sowie *Kurozuka*, den tragischen Tanz einer alten Frau, die vergeblich versucht, einem Bannfluch zu entfliehen, der sie zum menschenfressenden Monster hatte werden lassen, auf. Ennosuke hatte dieses Stück von seinem Großvater Danko (Ennosuke II.) übernommen, demselben Danko, der 1928 nach dem Kabuki-Gastspiel in der Sowjetunion anonym zu Studienzwecken in der Stadt geweilt hatte. [10] Diesmal konnte sich auch die Presse der Ausdruckskraft und spielerischen Brillianz des Schauspielers nicht entziehen: "Ennosuke beherrscht die Mittel der Kabuki-Kunst meisterhaft ... Sein pantomimischer Tanz der alten Frau auf dem Wege der religiösen Erleuchtung ist schlichtes Faszinosum, zeigt alle Nuancen dieser Schauspielkunst ... Ein Triumph exakt ästhetischer Theaterplanung." [11] Ennosukes Bemühungen, durch einen szenischen Workshop seine Kunst transparent zu machen, trugen ebenfalls zum Erfolg bei.

1983 gastierte als letztes Genre der vier großen traditionellen Künste auch das Puppentheater Bunraku in Berlin. Da diese Kunst jedoch seit alters her in Ôsaka beheimatet ist, erübrigt sich hier eine ausführlichere Behandlung.

Der Triumph Ennosukes bewog die Berliner Festspiele, sein Kabuki auch zum 3. Festival der Weltkulturen *Horizonte* 1985 einzuladen. Inzwischen war seine Neuinterpretation des Stückes *Yoshitsune sen-*

および『黒塚』（前述参照）が再度上演された。男性が支配する伝統芸術に対するいわばコントラストとして——能、狂言、歌舞伎では女性の役も男性が演じる——女性のみが演じる伝統的ジャンルが紹介された。1993年9月10日と11日にヘッベル劇場(ヘッベル・テアーター)で上演された神崎ひで丞一座の地唄舞である。地唄舞とは、ドイツでは芸者の名で知られる芸妓の伝統的舞踊である。神崎ひで丞はすでにドイツ統一直後の1990年10月に、ローザ・ルクセンブルク広場の国民劇場（フォルクスビューネ）と、ヘッベル劇場に出演した。当時批評家のクラウス・ガイテルは「日本の舞踊の驚き」「幾度も濾過した舞踊の香水。舞台上には極度に純度の高い香水の薫りが漂う」(16)と書いている。

9月16日から19日まで、ドイツ・オペラ劇場で再び能が上演された。こうして初めて支配階級の舞台芸術である能と、大衆的芸術歌舞伎を比較する機会がベルリンで与えられた。今回も海外公演のために編成した世阿弥座が、世阿弥元清（1363年〜1443年）作の二曲『砧』と『恋の重荷』、狂言『蝸牛』および『船渡聟』を上演した。

初めて「クロス・オーバー」、すなわち日本のテーマとヨーロッパの形式の融合を実現させたのは、東京バレエ団の《ザ・カブキ——47人の侍》であった。モーリス・ベジャール(17)の振付けで、日本の形式要素を用いて『仮名手本忠臣蔵』をバレエ化して、ヨーロッパの手法で披露したのである。9月21日から10月7日までベルリン・ドイツオペラ劇場に出演した東京バレエ団のプログラムにはモーツァルト、ビゼー、ショパン、プロコーフィエフの音楽に振り付けた純粋な西洋的コレオグラフィーも含まれていた。

20世紀後半のベルリンでは、日本の伝統芸術すべてを直に体験できた。観客の喝采を博さないものはなく、出演者もここメトロポリスでは

bon zakura (Yoshitsune – Tausend Kirschbäume)[12] in Japan zum absoluten, stets ausverkauften Publikumshit geworden. Mit diesem Stück kam Ennosuke vom 12. bis 18.6. auch nach Berlin und wartete mit einem bis dato in Europa nicht gesehenen Spektakel auf: Genau wie in Japan schwebte der Fuchs, nachdem er seine Trommel erhalten hatte, an einer geschickt kaschierten Hängevorrichtung den Hanamichi[13] entlang über die Zuschauer hinweg. Dieser auf japanisch chûnori genante Seilmechanismus war extra für dieses Gastspiel unter der Decke des Theaters der Freien Volksbühne installiert worden. Mehr noch als von dieser Bravournummer war die Berliner Kritik jedoch von der "ausgepichtesten Sterbeszene der dramatischen Weltliteratur"[14] beeindruckt, in der sich Ennosuke als geschlagener Feldherr ein überdimensionales Ankertau um den Leib schlang, den Anker ins Meer warf und vom langsam abrollenden Seil auf einer Klippe stehend in die Tiefe gezogen wurde. Zu den begeisterten Zuschauern gehörte auch Bundespräsident Richard von Weizsäcker, der Ennosuke bereits 1981, damals noch als Regierender Bürgermeister, in der Stadt begrüßt hatte.

Die Akademie der Künste gab in der Ausstellung "... *ich werde Deinen Schatten essen*" – *Das Theater des Fernen Ostens* mit "eingefrorenen" Szenen einen Blick hinter die Kulissen der dramatischen Künste dieser Region. Japan war durch Bugaku-Masken, Kabuki- und Nô-Kostüme sowie Bunraku-Puppen vertreten. Zur Einweihung des Japanisch-Deutschen Zentrums Berlin, das mit der 750-Jahr-Feier der Stadt Berlin zusammenfiel, gastierte 1987 erneut ein Nô-Ensemble in Berlin, diesmal unter Leitung des Reformers Kanze Hideo. Vom 11. bis 14. November 1987 spielte man in der Freien Volksbühne die Nô-Stücke *Motomezuka* (Das Grab der Leidenschaften) und *Kagekiyo* (Der Krieger Kagekiyo) sowie die Kyôgen-Stücke *Shidô hôgaku* (Zauberformel) und *Kirokuda* (Sechs mit Holz beladene Karren). Speziell für diese Tournee wurden die Texte der Stücke erstmals ins Deutsche übersetzt und mit ausführlichen Anmerkungen zur Inszenierung versehen.[15] Wieder stellten sich die Künstler in Werkstattgesprächen den Fragen der Zuschauer.

Den bisherigen Kulminationspunkt der künstlerischen Japan-Präsenz lieferten die 43. Berliner Festwo-

居心地が良かったようである。なかでも猿之助にとっては、祖父がワイマール共和国時代に当地を訪れたことが刺激となっている。しかし、いかに芸術的な作用が強烈であっても、また、付随して開催された学術的な催しや展覧会、講演なども、当市で活動するアーチストたちに日本の伝統とより積極的に取り組むことを促せはしなかった。つまり、ベルリンは、アリアン・ムシュキンやピーター・ブルック(18)は生めなかったのである。日本と芸術上で取り組み始めたのは、80年代になってからである。もっとも以後は非常にインテンシヴになり、主体となったのは若い前衛芸術家たちであった。

ベルリンにおける日本の前衛演劇

　1985年までベルリーナ・フェストシュピーレは、日本の伝統芸術の紹介に重点を置いたが、一方、芸術アカデミーと芸術家の館ベタニエン（キュンストラーハウス・ベタニエン）は前衛芸術に焦点を絞った。しかしながら、今の日本では伝統と革新的なものがぶつかるなかで多様なジャンルが生まれているため、「前衛」というひとつの等質な概念があると考えてはならない。しかも、我々がヨーロッパの習慣で考える以上に日本では舞踊劇と科白劇間の境界線が流動的なこともくわわる。こういった状況を芸術アカデミーは《ＰＭＴＴ（パントマイム・音楽・舞踊・演劇）フェスティバル》をとおして常に構想上でも考慮してきた。

　ここで扱うテーマは、さらに国籍のもつ意味という問題も投げかける。東京、つまり日本から直接来るものだけが日本の舞台芸術なのだろうか。日本に生まれ日本で教育を受け、その後アメリカあるいはフランスで活動し外国の芸術と取り組むアーチストたちや、東京で学んだヨーロッパ人たちは一体どうであるのか。たとえば箱島安（1936年生まれ）は日本で能舞を学び、

chen im September 1993. Neben der alles überragenden Ausstellung *Japan und Europa 1549–1929* nahm sich das erneute Gastspiel von Ichikawa Ennosuke diesmal fast bescheiden aus. Vom 9. bis 12. September spielte das Kabuki, diesmal in der Deutschen Oper, *Futa-omote dôjôji* (Tempeltanz der Doppelgesichter), eine parodistische Variante des Tanzes der eifersüchtigen Tempeltänzerin, die zur Schlange wird und die Tempelglocke erdrückt, und erneut *Kurozuka* (s.o.). Quasi als Kontrapunkt zu den von Männern beherrschten Traditionskünsten – in Nô, Kyôgen und Kabuki werden auch die Frauenrollen von Männern dargestellt – wurde auch ein nur von Frauen getragenes traditionelles Genre in Berlin gezeigt. Am 10. und 11. September 1993 gastierte Kanzaki Hidejô mit ihrem Ensemble im Hebbeltheater und führte Jiutamai, den klassischen Unterhaltungstanz der bei uns unter dem Namen Geisha bekannten Entertainerinnen, auf. Kanzaki Hidejô war bereits im Oktober 1990, d.h. unmittelbar nach der Vereinigung, in der Volksbühne am Rosa-Luxemburg-Platz und im Hebbeltheater aufgetreten. Der Kritiker Klaus Geitel sprach damals von einem "japanischen Tanzwunder" und verglich die Aufführung gar mit einem "tausendfach gefilterten Tanzparfüm, das hochkonzentriert über die Bühne weht".[16]

Vom 16. bis 19. September war in der Deutschen Oper erneut Nô zu sehen; erstmals war in Berlin somit die Möglichkeit gegeben, diese aristokratisch geprägte Bühnenkunst mit dem populären Kabuki zu vergleichen. Wieder gastierte das Zeami-za, ein speziell für Auslandstourneen zusammengestelltes Ensemble, diesmal mit zwei Stücken von Zeami Motokiyo (1363–1443), *Kinuta* (Der Walkblock) und *Koi no omoni* (Die Last der Liebe) sowie den Kyôgen-Farcen *Kagyû* (Die Schnecke) und *Funawatashi muko* (Der Bräutigam auf der Bootsüberfahrt).

Ein erstes "Cross-over", d.h. die Verschmelzung japanischer Thematik und europäischer Form, erreichte die Compagnie Tôkyô Ballet in *Kabuki – Die Geschichte der 47 Samurai*, einer Choreographie von Maurice Béjart[17], die unter Verwendung japanischer Stilelemente das Epos *Kanadehon chûshingura* in abendländischer Manier präsentierte. Das Tôkyô Ballet gastierte vom 21. September bis 7. Oktober in der Deutschen Oper. Das Programm umfaßte daneben

続いてニューヨークでモダンダンスを、そしてパリではパントマイムを学んだ。箱島は 1966 年にベルリン自由テレビ局用に 30 分のパントマイム・フィルムを制作した。また、1976 年 5 月 13 日と 14 日には《エゴのヴィジョン》他を芸術アカデミーで演じ、パントマイムの手法と象徴的抽象化を用いて、仏教の核心にあるものを解釈しようと試みた[19]。

1977 年 5 月 18 日、芸術アカデミーで早稲田小劇場が、劇団の芸術監督である鈴木忠志が翻案改作した《トロイアの女》を上演した。狂気役者と呼ばれ強烈な演技を見せる白石加代子を主演女優に抱え、鈴木はヨーロッパの古典テーマを能や歌舞伎や民族舞踊の形式要素に融合させることによって、世界的な名声を勝ち得た。

1978 年 5 月 27 日と 28 日、再び芸術アカデミーのスタジオでは国際的なメンバー構成で、音と動きのパフォーマンス《ザ・ネロウ・ゲート》がおこなわれ、舞踏家の石井満隆とベティーナ・クラインハメスがハンブルクのバンド KOR の演奏をバックに踊った。

つぎの日本関連イベントのゲストは武井慧（生年不詳）であった。1981 年に彼女が率いる一座カンパニー・ケイ・タケイズ・ムーヴィング・アースは「光」をテーマに、当時取り組んでいた 15 のダンスのうちの 6 作品を披露した。武井はまず日本で日本舞踊を学び、後にニューヨークでアンナ・ソコロフに師事した。

菊地純子（1950 年生まれ）も武井と似通った経歴をもつ。振り付け師の厚木凡人の弟子として 1969 年に東京でデビューする以前は、彼女も日本舞踊を学んだ。その後ニューヨークのジェフリー・スクール・オヴ・バレエでレッスンを受け、1976 年にはソロのダンサーとしてニューヨークでデビューした。1982 年の《PMTT フェスティバル》の際に、菊地は《ソロ・ダンス》《クリア・ウォータ》《タンツ 3（ダンス 3）》

auch rein westliche Choreographien zu Musik von Mozart, Bizet, Chopin und Prokowjew.

In der zweiten Hälfte des 20. Jahrhunderts hat Berlin Gelegenheit gehabt, alle traditionellen Künste Japans in eigener Anschauung zu erleben. Keine Aufführung, die nicht vom Publikum mit Ovationen bedacht worden wäre. Auch die Darsteller fühlten sich in der Metropole offensichtlich wohl, insbesondere Ennosuke, den der Besuch seines Großvaters im Berlin der Weimarer Zeit sichtbar inspirierte. Keine noch so intensive künstlerische Ausstrahlung und schon gar nicht die wissenschaftlichen Begleitprogramme, Ausstellungen und Vorträge vermochten jedoch, etablierte, in der Stadt tätige Künstlerinnen und Künstler zu einer intensiveren Beschäftigung mit der japanischen Tradition anzuregen. Personen wie Ariane Mnouchkine oder Peter Brook[18] hat Berlin also nicht hervorgebracht. Eine künstlerische Auseinandersetzung mit Japan begann erst in den 80er Jahren und war – dann allerdings umso intensiver – der jugendlichen Avantgarde vorbehalten.

Japans Theateravantgarde in Berlin

Während die Berliner Festspiele bis 1985 ganz auf die Präsentation japanischer Traditionskunst setzten, widmeten sich vor allem die Akademie der Künste und das Künstlerhaus Bethanien schwerpunktmäßig der Avantgarde. Bei der gerade in Japan gegebenen Genrevielfalt im Spannungsfeld von Tradition und Moderne muß man sich jedoch davor hüten, dem Begriff Avantgarde mehr Homogenität beizumessen, als er tatsächlich auszudrücken vermag, zumal die Grenzziehung zwischen getanztem und hauptsächlich gesprochenem Theater wesentlich fließender verläuft, als wir das im europäischen Kontext gewohnt sind. Die Akademie der Künste hat diesen Gegebenheiten mit ihrem Festival PMTT (Pantomime-Musik-Tanz-Theater) konzeptionell seit jeher Rechnung getragen.

Bei der hier vorgetragenen Thematik stellt sich zusätzlich die Frage nach der Bedeutung von Nationalität: Gilt nur das als japanische darstellende Kunst, was ex Tôkyô, d.h. direkt aus Japan, zu uns kommt? Wie steht es mit Künstlerinnen und Künstlern, die zwar in Japan geboren und ausgebildet sind, aber in den USA oder Frankreich arbeiten und sich mit den

《ベヴェーグングス・ラボール（動きの実験室）》および《タンツ2（ダンス2）》を5月15日と16日に演じた。

　1984年に日本を代表したのはエイコとコマ[a]であった。二人は完全な素人として、1971年に土方巽（1928年〜1986年）の舞踏学校に入学した。早くも翌年1972年には二人は一本立ちのアーチストとして東京でデビューし、平行して大野一男（後述参照）とマリー・ヴィグマンの弟子マンニャ・シュミエルのもとで学んだ。5月30日と31日の両日、一年前にニューヨークで初演されたパフォーマンス《グレイン》を芸術アカデミーで上演した。1989年には芸術アカデミーで再度公演し、《サースト・アンド・ツリー》を演じた（5月22日から24日まで）。

　1992年4月15日から16日まで、舞踏界の大御所大野一男（1908年生まれ）が息子の慶人とともに、この年《クローズアップ・オブ・ジャパン》を企てた芸術アカデミーに出演した。舞踏の大家たちのなかで大野一男はベルリンと一番強い繋がりをもっているようである。大野は若い頃にマリー・ヴィグマンを崇拝し、1936年に日本で公演した彼女の弟子ハラルド・クロイツベルクに強く影響を受けた。大野は土方巽とともに暗い魂の踊り・暗黒舞踏を発展させた。沈黙の、純粋に身体のあり方そのものをとおして考え、身体と魂をもって50年代と60年代の高度経済成長期の日本に反抗したのである。芸術アカデミーでは当時の彼の最新作、バイオリン製作者ストラディヴァリを題材とする『花鳥風月』を上演した。

　その他に、暗黒舞踏の代表者として重要なのは古川あんず（1952年生まれ）である。彼女は1975年に田村哲郎（1950年〜1991年）とともに、最も有名な舞踏グループ「ダンス・ラブ・マシーン」を結成し、また1982年以降はソロ・ダンサーとしても活動している。1992年4

dortigen Künsten auseinandersetzen oder gar mit Europäern, die ihre Ausbildung in Tôkyô erfahren haben? Hakoshima Yasu etwa hatte zwar in Japan den Nô-Tanz erlernt, studierte dann aber Modern Dance in New York und Pantomime in Paris. 1966 machte er einen 30-Minuten-Film über Pantomime für den Sender Freies Berlin. Am 13. und 14. Mai 1976 gastierte er in der Akademie u.a. mit *Vision des Ego*, einem Stück, in dem er mit pantomimischen Mitteln und durch symbolische Abstraktion einige der wichtigsten Punkte des Buddhismus zu deuten versuchte.[19]

Am 18. Mai 1977 war die Akademie Gastgeber für das Waseda Shôgekijô (Kammertheater Waseda). Das Ensemble zeigte die Adaption der *Troerinnen* seines künstlerischen Leiters Suzuki Tadashi. Suzuki hatte, nicht zuletzt aufgrund der phänomenalen, trancehaften Schauspielkunst seiner Hauptdarstellerin Shiraishi Kayoko, durch die Verschmelzung europäischer klassischer Thematik mit aus dem Nô, Kabuki oder Volkstänzen entnommenen Stilelementen Weltruhm erlangt.

Am 27. und 28. Mai 1978 gab es, wiederum im Studio der Akademie, *The Narrow Gate*, eine Performance für Klang und Bewegung, in internationaler Besetzung. Ishii Mitsutaka, ein Butoh-Künstler, und Bettina Kleinhammes tanzten zur Musik der Gruppe KOR aus Hamburg.

Nächster Gast mit Japan-Bezug war Takei Kei. 1981 zeigte sie mit ihrer Compagnie Kei Takei's Moving Earth sechs ihrer damals existierenden 15 tänzerischen Auseinandersetzungen mit dem Thema "Licht". Takei Kei hatte zunächst in Japan Nihon buyô (klassischen japanischen Tanz) studiert, bevor sie sich in New York der Schulung durch Anna Sokolow unterzog.

Einen ähnlichen künstlerischen Werdegang hatte Kikuchi Junko. 1969 debütierte sie als Schülerin des Choreographen Atsugi Bonjin in Tôkyô. Zuvor hatte sie auch Unterricht in klassischem japanischem Tanz genossen. Nach dem Studium an der New Yorker Joffrey School of Ballet debütierte sie 1976 dort mit einem Soloprogramm. Anläßlich des PMTT 1982 zeigte sie am 15. und 16. Mai die Tänze *Solo Dance*, *Clear Water*, *Tanz 3*, *Bewegungslabor* und *Tanz 2*.

月25日と26日にダンス・ラブ・マシーンは芸術アカデミーで《ル・コン・デ・ラ・ルナルド（狐のコン）》[19]と《ラヴ・サイエンティスト・オア・ア・マン・フー・ウォズ・コールド・ザ・バード》を演じた。古川あんずは1988年にベルリン・ダンスフェスティバル《ケルパーベヴェーグング（身体の動き）》に参加し、ナウニンシュトラーセ通りの舞踏会館（バルハウス・ナウニンシュトラーセ）で踊った。

モダンダンスで日本を代表する第一人者は木佐貫邦子（1958年生まれ）である。この分野で活動する他のダンサーたちとは反対に、木佐貫は外国で学ぶことを拒否し続けた。彼女独自の形式を発展させる自由は、日本でしか見つけられないからだという。1992年4月23日、彼女は山崎広太（1959年生まれ）とともに芸術アカデミーのスタジオで、井上鑑（1954年生まれ、サウンド・コーディネータ）のサウンドコラージュ《アナザー》を上演した。

1985年以降はベルリーナ・フェストシュピーレも日本の現代芸術を取り上げ、フェスティバル《ホライゾン》に白虎社を招待した。伝統的な猿之助歌舞伎のコントラストをなす芸術として、1985年6月22日から29日までシアター・マニュファクチュア劇場に出演した白虎社は、観客とマスコミに絶賛された。また、白虎社は公演期間中に旧帝国議事堂近くのベルリンの壁間近でパフォーマンスをおこない、衆目を驚かせた。

1993年9月27日と29日、同じくフェストシュピーレの招待でパッパ・タラフマラが日本の前衛を代表して、ローザ・ルクセンブルク広場の国民劇場に出演した。「パッパ・タラフマラの芸術は東洋の時間と動きの観念に基づいているが、日本の伝統形式に拘束されていない」[20]

フェストシュピーレと芸術アカデミーは、数多くある前衛的舞踊形態のひとつとして舞踏を

1984 repräsentierten Eiko & Koma Japan. Sie waren ohne künstlerische Vorbildung 1971 in die Butoh-Schule von Hijikata Tatsumi eingetreten. Bereits 1972 debütierten sie als selbständige Künstler in Tôkyô, lernten aber gleichzeitig weiter bei Ohno Kazuo (s.u.) sowie bei Manja Chmièl, einer Schülerin von Mary Wigman. Am 30. und 31. Mai zeigten sie in der Akademie der Künste *Grain*, eine Performance, die sie nur ein Jahr zuvor in New York uraufgeführt hatten. 1989 gastierten sie ein zweites Mal in der Akademie, diesmal mit *Thirst and Tree* (22. bis 24. Mai).

Am 15. und 16. April 1992 war dann der große alte Mann des Butoh, Ohno Kazuo (1908), mit seinem Sohn Yoshito zu Gast in der Akademie, die sich für dieses Jahr ein *Close-up of Japan* vorgenommen hatte. Bei Ohno Kazuo ist der Berlin-Bezug unter allen Größen des Butoh wohl am stärksten. In seiner Jugend verehrte er Mary Wigman und wurde stark von ihrem Schüler Harald Kreutzberg beeinflußt, der 1936 in Japan gastiert hatte. Gemeinsam mit Hijikata Tatsumi war er es gewesen, der Ankoku Butoh, den Tanz der schwarzen Seelen, entwickelt hatte, eine stumme, rein auf körperliche Bewegung setzende Tanzform, die sich mit Leib und Seele gegen das Japan der wirtschaftlichen Hochwachstumphase der 50er und 60er Jahre wandte. In der Akademie zeigte er sein damals neuestes Stück *Ka chô fû getsu* (Blume-Vogel-Wind-Mond) über den Geigenbauer Stradivari.

Eine weitere wichtige Vertreterin des Ankoku Butoh ist Furukawa Anzu. Sie hatte 1975 zusammen mit Tamura Tetsurô (1950–1991) eine der prominentesten Butoh-Grupen, Dance Love Machine, gegründet, war seit 1982 aber auch solistisch aufgetreten. Am 25. und 26. April 1992 zeigte sie in der Akademie zwei Versionen von *Le Kon de la Renarde* und *Love Scientist or A Man who was called The Bird*. Schon 1988 war Furukawa Anzu beim Berliner Tanzfestival *Körper-Bewegungen* im Ballhaus Naunynstraße aufgetreten.

Kisanuki Kuniko (Jahrgang 1958) gilt als die japanische Repräsentantin des Modern Dance schlechthin. Im Gegensatz zu den meisten ihrer Kolleginnen hat sie es stets abgelehnt, sich im Ausland weiterzubilden, da sie nur in Japan die Freiheit finde, ihren eigenen Stil zu entwickeln. Als Welturaufführung gab sie gemeinsam mit Yamazaki Kôta am 23. April 1992 im

散発的に紹介してきたが、他方芸術家の館ベタニエンは1986年に恒例の演劇の集いの際に、それまで海外で開催されたなかでも最大かつ最高と思われる舞踏フェスティバル開催に成功した。5月23日から6月1日まで大野一男、ダンス・ラブ・マシーン、石井満隆、田中眠そして恵路幾代が出演し、舞踏最盛期のさまざまな様式、芸術目標と流派を紹介した[21]。

伝統芸術、現代芸術、前衛芸術というカテゴリーの分類には限界があるが、これはさて置いても前述の各ジャンルの日本芸術は、ベルリンでは単に上演されたというだけで、当地での受容の仕方は受け身であった。日本の舞台芸術と積極的に取り組むようになったのは、一例を除けばつい最近のことである。

その一例とは、すでに1972年12月にフォーラム劇場で寺山修司（1935年～1983年）の《ガリガリ博士の犯罪》（クラウス・ホーザー演出）が上演されたことである。ドイツではむしろ映画作家として知られている寺山は、その作品が上演されるにあたり、つぎの演出上の要求をした。「この作品は舞台と観客席の区切りを取り除く。必要なのは極度に幾何学的構造の家であり、風呂場、居間、子供部屋、納戸、客間にわかれ、それに二階がある。演技は各部屋で同時におこなわれる。観客は座る位置によって作品の流れをそれぞれが主観的に追い、演技の断片のみから因果関係を作り出すことができる」[22]。評論家たちは作品自体も演出も扱いあぐね、「私は劇場を後にした時、アレクサンダー・クルーゲの映画『サーカス小屋の芸人達――処置なし』の状態であった。観客も同様だった」[23]「当夜は恥じさらしもいいところで、演劇活動がいかに不安定な基準に成り立っているかを示している。ここでも馬鹿げた前衛主義とひどいディレッタンティズムに陥っている」[24]と酷評であった。

反対に好評を博したのは、1994年10月に

Studio der Akademie *Another* zu Klangcollagen von Inoue Akira.

Ab 1985 bezogen auch die Berliner Festspiele die japanische Moderne ein und luden das Butoh-Ensemble Byakko-sha zum *Horizonte*-Festival ein. Als Kontrapunkt zum traditionellen Kabuki Ennosukes wurde Byakko-sha, die vom 22. bis 29. Juni 1985 in der Theatermanufaktur gastierten, von Publikum und Presse gleichermaßen gefeiert. Besondere Aufmerksamkeit erregte ihre Performance an der Mauer in Höhe des Reichstagsgebäudes.

Am 27. und 29. September 1993 repräsentierten dann, ebenfalls auf Einladung der Festspiele, Pappa Tarahumara und sein Ensemble die japanische Avantgarde. Spielort war die Volksbühne am Rosa-Luxemburg-Platz. "Die Arbeit von Pappa Tarahumara basiert auf der östlich geprägten Auffassung von

ベルリンの舞踏ダンスシアター「たとえば――テアトル・ダンス・グロテスク」

Berliner Butoh-Tanzgruppe Tatoeba – Théâtre Danse Grotesque e.V Berlin

キュブリーシュトラーセ通りで井上靖の『猟銃』を三部作のモノローグとして演じたティナ・エンゲルであった。演出は日本の伝統に精通し、ドイツでしばしば演出活動をおこなっているヨシ・オイダ(c)であった。

1987年、ベルリンに独日ダンスシアターとして「たとえば——テアトル・ダンス・グロテスク」が創設された。日本の舞台芸術と取り組む初のグループの主要課題は、舞踏パフォーマンスとダンサーの養成である。「たとえば」は1991年以来広く活動し、ソロやグループ公演をおこなっている。1991年9月12日から29日にはパフォーマンス『十二単』を新ナザレ教会（ノイエ・ナツァレートキルヒェ）にて上演した。

その他にもまだ多数のグループやソロのアーチストが日本と取り組んでいるが、インディペンデント文化センター「タヘレス」がその中心になっているようである。

ドイツ民主共和国の首都・東ベルリンにおける日本

ドイツ民主共和国の代表者が日本の文化に初めて触れたのは、1964年の東京オリンピックの時である。当時はハルシュタイン原則(d)が有効だったため、また単なる外貨不足という理由で、日本の劇団は東ベルリンに渡航できなかった。そこで東独は——この時期には西側諸国よりもずっと積極的に——近代日本演劇の学術研究と(25)戯曲の独訳に専念したのである(26)。

1969年のベルリーナ・フェストターゲ（ベルリン芸術祭）に際して、世阿弥・能楽観世座が9月27日から10月2日までベルリーナ・アンサンブル劇場にて能『邯鄲』と狂言『月見』を上演した。演劇学者であり劇評家であるエルンスト・シューマッハーは1969年10月1日につぎのように書いている。

「ブレヒトの言うごとく演劇が独自の言語で

シャウビューネにおける井上靖作の『猟銃』公演に関する〈ターゲスシュピーゲル〉紙の記事（1994年10月17日付）

Tagesspiegel-Artikel über die Aufführung von 'Das Jagdgewehr' von Inoue an der Schaubühne vom 17.10.1994

Zeit und Bewegung, bewahrt sich jedoch Freiheit gegenüber traditionellen japanischen Formen." 20

Während die Festspiele und auch die Akademie der Künste Butoh als eine unter vielen avantgardistischen Theaterformen eher sporadisch zeigten, gelang es dem Künstlerhaus Bethanien anläßlich des Theatertreffens 1986, das wohl größte und repräsentativste Butoh-Festival, das bis dato außerhalb Japans stattgefunden hatte, in Berlin zu organisieren. Vom 23. Mai bis 1. Juni gastierten Ohno Kazuo, Dance Love Machine, Ishii Mitsutaka, Tanaka Min, Eji Ikuyo und viele andere in Berlin und gaben in der Blütezeit des Butoh einen Einblick über die verschiedenen Richtungen, künstlerischen Stränge und Schulen. 21

Unabhängig von einer nur bedingt tauglichen Kategorisierung in Tradition, Moderne und Avantgarde wurden alle bisher geschilderten Genres in Berlin lediglich vorgeführt und passiv rezipiert. Mit einer Ausnahme findet eine aktive künstlerische Auseinandersetzung mit den darstellenden Künsten Japans erst in jüngster Zeit statt.

Bereits im Dezember 1972 spielte allerdings das Forum-Theater *Die Verbrechen des Professor Garigari* von Terayama Shûji (Regie: Klaus Hoser). Terayama, in Deutschland eher als Filmemacher bekannt, hatte für die Inszenierung seines Stückes gefordert: "Dieses Stück hebt die Trennung von Bühne und Zuschauerraum auf. Notwendig ist ein äusserst geometrisch konstruiertes 'Haus', aufgeteilt in Bad, Speisezimmer, Kinderzimmer, Abstellraum, Salon, erste Etage ... Die Handlung verläuft simultan, verteilt auf die verschiedenen Räume. Der Zuschauer, abhängig von seinem Standort, kann nur sehr subjektiv das Spiel verfolgen. Nur aus den Handlungs-Bruchstücken kann er die Kausalität herstellen ..." 22 Die Kritik kam weder mit dem Stück noch mit der Inszenierung zurecht: "Als ich das Theater verließ ... war ich wie Alex-

あるなら、またそれゆえに独自の記号論について問うことができるなら、能は格好の対象である」⁽²⁷⁾。日本ではよく「左派」扱いされる当界の異端児・観世栄夫は、シューマッハーとのインタビューでも「ベルリーナ・アンサンブルとの実ある関係」を語っている。世阿弥座は1976年に再度東ベルリンで公演し、ドイツ民主共和国芸術院（アカデミー）と舞台芸術大学において能のデモンストレーションもおこなった。この年には大阪の文楽座もドイツ劇場（ドイチェス・テアーター）で公演をおこなった。

1978年10月、ベルリーナ・フェストターゲにブーク人形劇場が招待された。劇団ブークは1929年に設立され、直ちに国際的な接触を求める活動をおこなった。当時「左翼」とされた多数の演劇同様に劇団ブークも30年代に度重なる抑圧を受け、1940年にはついに解散に追い込まれ、1947年になって再生したのである。こうした歴史的なバックグラウンドをもつ劇団ブークは、東独の敷く国際主義的文化政策路線に一致したのである。ベルリンでは『小さなトムトム』と『人形日本風土記』が上演された。

1980年、日本DDR文化協会⁽ᵉ⁾と東独日本管理委員会が設立された。スポンサー資金をもとに日本東独間の文化交流を促進しようとするものであった。すでに長い間、東独は東ベルリンでも歌舞伎公演を実現させようと努力していた。ついにこの努力が実ったのは、1987年のベルリン建市750年祭においてである。市川猿之助一座が来演し、『義経千本桜』を国民劇場で上演した（11月18日〜21日）が、西ベルリンでのような宙乗（前述参照）は見られなかった。東ベルリンでも猿之助は絶賛を博した。

1989年6月、再度世阿弥・能楽観世座がドイツ劇場で公演し、能『隅田川』『経政』『恋重荷』および狂言『瓜盗人』を上演した。

これまでの東ベルリンと東京の演劇関係にお

ander Kluges 'Artisten unter der Zirkuskuppel – ratlos'. Das Publikum desgleichen." 23 "... Dieser Abend bleibt blamabel und zeigt, auf wie schwankenden Kriterien eine Theaterarbeit begründet ist, ... die hier wieder einmal in dummen Avantgardismus und grobes Dilettantentum abrutscht." 24

Lob hingegen erntete Tina Engel, die im Oktober 1994 in der Probenbühne der Berliner Schaubühne an der Cuvrystraße *Das Jagdgewehr* von Inoue Yasushi als dreiteiligen Monolog gab. Regie führte Yoshi Oida, der, selbst gut mit der japanischen Tradition bekannt, recht häufig in Deutschland inszenierte.

1987 wurde in Berlin das tatoeba-Théâtre Danse Grotesque als "deutsch-japanisches Tanz-Theater" gegründet. Butoh-Performance und -Ausbildung hat sich diese erste Berliner Gruppe, die sich speziell mit japanischer darstellender Kunst beschäftigt, als Hauptaufgabe gestellt. In Solo- und Gruppenaufführungen erreicht tatoeba seit 1991 eine größere Öffentlichkeit, zum Beispiel mit *Jû-ni hitoe – Die zwölf Kimonos*, einer Butoh-Dance Performance in der Neuen Nazarethkirche vom 12. bis 29. September 1991.

Noch viele andere Gruppen und Solisten gehen auf Japan ein. Dabei scheint sich mit dem autonomen Kulturzentrum Tacheles ein gewisser Kristallisationspunkt zu bilden.

Japan in der Hauptstadt der DDR

Erste Kontakte zur Kulturwelt Japans knüpften die Repräsentanten der DDR bereits 1964 während der Olympiade in Tôkyô. Da japanische Ensembles wegen der damals herrschenden Hallstein-Doktrin und nicht zuletzt aufgrund des leidigen Devisenproblems nicht nach Berlin (Ost) reisen konnten, widmete sich die DDR – zu dieser Zeit viel stärker als der Westen – der wissenschaftlichen Aufarbeitung 25 des japanischen Theaters der Moderne sowie Übersetzungen von Dramen ins Deutsche. 26

Anläßlich der Berliner Festtage gastierte vom 27. September bis 2. Oktober 1969 das Zeami-za im Berliner Ensemble; gegeben wurden *Kantan* und das Kyôgen-Stück *Die Mondschau*. Ernst Schumacher, Theaterwissenschaftler und Kritiker zugleich, schrieb am 1. Oktober 1969:

けるクライマックスとして、十二代目市川団十郎と五代目坂東玉三郎の歌舞伎公演が、東独建国40周年記念祝典を飾るイベントとして企画された。フリードリッヒシュタット・パラスト劇場での演目は、能を歌舞伎化した『棒縛り』、女形玉三郎の演じる『鷺娘』および『一谷嫩軍記・熊谷陣屋』であった。『鷺娘』は、白鷺の精が恋する町娘に変身するが、地獄の責めにあい鷺として息絶える運命を描くものである。団十郎が見事な演技を見せた『熊谷陣屋』は、武将熊谷次郎直実の忠義にまつわる悲話である。敵方の将が敦盛であることを知った直実は、これを討つことができず、しかし源氏方の手前、一子を身替わりにたてた。直実は義経の内意を悟ったのである。

　フリードリッヒシュタット・パラスト劇場で1989年10月11日と12日におこなわれた公演は、両日ともに満席にならなかった。まさにこの頃、東独に反政府派の動きが激しくなっていたのが原因である。情勢の変化と秘密警察の情け容赦ない行動は歌舞伎公演にさえも直接的な影響を与えた。楽屋に外国旅行の自由を要求する壁新聞が張られたり、ドイツ人スタッフの家族が突然姿を消したかと思うと何日か後に再び姿を現わす、というような状態であった。彼らは連行されて虐待と暴行を受けていたのである。つぎの公演地であったドレスデン（ゼンパー・オペラ劇場）からウィーンへは、プラハ経由の汽車で移動する予定であったが、ドレスデン中央駅が閉鎖され、急遽予定を変更しバスにせざるを得なくなった。このように歌舞伎公演は政治的変革の真只中でおこなわれたのであり、一座の全員が歴史的な意味を充分に認識していた。しかしこのような状況にもかかわらず、歌舞伎団は最後の最後まで手厚いもてなしを受けたことは、ここに明記しておかなければならない。

　1990年10月12日の地唄舞公演が（前述参

"Wenn Theater, wie Brecht sagt, 'eine Sprache für sich' ist, und deshalb nach seiner Semiotik gefragt werden kann, dann stellt das Nô-Spiel dafür ein günstiges Objekt dar."[27] Dabei knüpfte Kanze Hideo, selbst ein in Japan oft der "Linken" zugeordneter Querdenker, "fruchtbare Beziehungen mit dem Berliner Ensemble", wie er in einem Gespräch mit Schumacher sagte. Das Zeami-za spielte 1976 erneut in Ost-Berlin und gab dabei auch Demonstrationen der Nô-Kunst an der Akademie der Künste der DDR sowie der Hochschule für Schauspielkunst. Im Deutschen Theater war 1976 auch das Bunraku-Ensemble aus Ôsaka zu Gast.

Im Oktober 1978 luden die Berliner Festtage das Puppentheater PUK ein. PUK wurde 1929 gegründet und suchte sofort internationale Kontakte. Wie viele andere als "links" eingestufte Theater war PUK in den 30er Jahren vielen Repressionen unterworfen, wurde 1940 gar aufgelöst und konnte sich erst 1947 wieder neu formieren. Mit diesem historischen Hintergrund entsprach das Ensemble der internationalistischen Kulturpolitik. In Berlin zeigte man *Der kleine Tom-Tom* und *Ningyô Nihon fudoki* (Aufzeichnungen über Sitten und das Land Japan für Puppentheater).

1980 wurden die Kulturgesellschaft Japan-DDR und das Kuratorium DDR-Japan gegründet. Mit Sponsorengeldern sollte auch der Kulturaustausch richtig in Gang gebracht werden. Sehr lange arbeitete die DDR daran, Kabuki auch nach Ost-Berlin zu holen. 1987, zur 750-Jahrfeier, war es endlich soweit: Ichikawa Ennosuke gastierte mit *Yoshitsune senbon zakura* in der Volksbühne (18. bis 21. November), eine chûnori (s.o.) wurde allerdings nicht verwendet. Auch in Ost-Berlin wurde Ennosuke gefeiert.

Im Juni 1989 gastierte noch einmal das Zeami-za im Deutschen Theater, und zwar mit den Nô-Stücken *Sumidagawa* (Der Fluß Sumidagawa) und *Tsunemasa* (Der Feldherr Tsunemasa) sowie den Kyôgen-Farcen *Urinusubito* (Der Melonendieb) und *Koi no omoni* (Die Last der Liebe).

Als vorläufiger Höhepunkt der theatralen Beziehungen zwischen Ost-Berlin und Tôkyô war die Kabuki-Tournee von Ichikawa Danjurô XII. und Bandô Tamasaburo V. geplant gewesen. Mit diesem Gastspiel sollte der 40. Jahrestag der Gründung der DDR gefeiert werden. Auf dem Programm der Aufführungen

照）、東独のベルリーナ・フェストターゲが企画する最後の行事となった。

結論としていえば、東独首都での日本からの公演数は、西ベルリンと比べてずっと少なかった。ここで面白いことは、だいたい同じ劇団が東西ベルリンに来演し、一部同じレパートリーを上演したが、一回の海外公演において東西両方で前後して公演することがなかった事実である。東独の演劇学と日本学は、これら公演を西洋のカテゴリーに学術的に分類する努力をしたが、西側の演劇学と日本学ではそのような努力は見られず、音楽民族学が努力したのみであった。

ベルリンでの日本映画

第二次世界大戦後、ベルリンで日本映画が盛んに上映されるようになった。わけても1951年のヴェネチア国際映画祭で黒沢明の『羅生門』が大賞を獲得したことが大きなきっかけとなった。ベルリンは世界的に著名な映画作家だけでなく、前衛派の新人たちも積極的に迎え入れた。

1982年以降、日本映画は定期的にベルリン国際映画祭のコンペティションに参加した。1986年『槍の権左』（篠田正浩監督）が銀熊賞を、1987年には『海と毒薬』（熊井啓監督）が同じく銀熊賞を獲得した。

コンペティション部門よりも重要な機能を果たしているのは、ヤングフォーラム部門である。大島渚、衣笠貞之助、今村昌平、寺山修司、溝口健二、原一男など、多くの映画監督たちが本部門をつうじてベルリン内外の観客に紹介された。また、映画祭主催者はスキャンダルを恐れない勇気を見せることも多かった。たとえば大島渚の『愛のコリーダ』（1976年）をポルノ映画と見た検察庁が、映画祭の最中にこれを押収するという事態も発生したのである。この映画は後に一般公開されるようになった。

ベルリン映画祭にくわえて、さまざまなテー

im Friedrichstadt-Palast standen die Kabuki-Version von *Bôshibari* (An den Stock gebunden), *Sagi musume*, das Glanzstück des Frauendarstellers Tamasaburô, in dem sich ein Reiher in ein junges verliebtes Mädchen verwandelt, jedoch dazu verurteilt bleibt, als Reiher zu sterben und *Kumagai jinya* (Das Feldlager des Generals Kumagai), in dem Danjurô brillierte. Das Stück erzählt die tragische Geschichte eines treuen Generals, der im gegnerischen Befehlshaber den jungen Atsumori erkennt, der unbedingt zu schonen ist. Um jedoch nicht als illoyal seiner eigenen Armee gegenüber zu erscheinen, muß er, mit Wissen und Billigung seiner Oberen, seinem eigenen Sohn anstelle Atsumoris den Tod geben.

Der Friedrichstadt-Palast war weder am 11. noch am 12. Oktober 1989 ausverkauft, denn inzwischen hatte sich in der DDR bekanntlich Opposition geregt. Von den Veränderungen und auch vom brutalen Vorgehen der Stasi war zumindest mittelbar auch das Kabuki-Ensemble betroffen: In den Garderoben tauchten Wandzeitungen mit Forderungen nach Reisefreiheit auf, Angehörige von Mitarbeitern des DDR-Stabes waren tagelang verschwunden und tauchten dann geschunden und geschlagen wieder auf, die Weiterreise von Dresden – die Semperoper war der nächste Spielort – mit dem Zug über Prag nach Wien mußte kurzfristig umdisponiert und mit Bussen durchgeführt werden, da der Dresdner Hauptbahnhof gesperrt war. Das Kabuki-Gastspiel fand also mitten im politischen Umbruch statt und das Ensemble war sich der historischen Tragweite der Geschehnisse durchaus bewußt. Trotzdem, und das muß ausdrücklich konzediert werden, erfuhr das Kabuki-Ensemble bis zuletzt eine herzliche Gastfreundschaft.

Die Jiuta-mai Aufführung am 12. Oktober 1990 (s.o.) stellte somit die letzte noch von den Berliner Festtagen der DDR konzipierte Veranstaltung dar.

Fazit: Die japanischen Gastpiele in der DDR-Hauptstadt waren an Zahl wesentlich geringer als die in Berlin (West). Interessant ist, daß im wesentlichen dieselben Ensembles teilweise mit demselben Repertoire in beiden Teilen der Stadt gastierten, niemals jedoch anläßlich derselben Tournee. Die DDR-Theaterwissenschaft und die dortige Japanologie bemühten sich stärker um eine wissenschaftliche Einordnung in abendländische Kategorien als dieselben Disziplinen

マでの「回顧シリーズ」として数多くの日本映画が上映された。たとえば1981年と1985年に、アルゼナール映画館は一連の過去の名作を上映している。「回顧シリーズ」として最大のものは1993年9月12日から12月12日まで日本をテーマとしたベルリン・フェスティバルウィークの一環でおこなわれた。ドイツ・キネマテーク友の会がプログラムを構成し、1926年の衣笠の『狂った一頁』から1991年の竹中直人の『無能の人』まで、三ヶ月間で合計114本もの映画が上映された(28)。

特にベルリン・東京を主題にしたものは、ヴィム・ヴェンダースの二本の映画である。まず『東京画』は小津安二郎に捧げる映画である。「今世紀にまだ聖地があるとしたら――映画の聖地のようなものがあるとしたら、私にとっては日本の小津安二郎監督の作品であるはずだ」(29)というナレーションでヴェンダースは始めている。『東京画』のドイツでの初上映は1985年6月8日にアルゼナール映画館でおこなわれた。『服装と都市の記録』はファッションデザイナー山本耀司と、彼がおもに活動する都市を描いた作品である。「伝統的なものと近代性が混沌とする東京、顔をもたないのに取り違えようのない東京は、ヴェンダース世代のメタファーになる」(30)。この映画は1990年3月29日にベルリンのフィルムパラスト映画館でドイツ初上映された。

東京におけるベルリン

メトロポリス東京は疑いなく日本文化生活の中心地である。それも、一部民間イニシアチヴや国の援助で、徐々に地方が東京との格差を埋める努力を始めたにもかかわらずにである。そのため、日本の文化事業面での海外との接触もおもに東京から、言い替えれば東京を経由しておこなわれるのは当然といえる。「ベルリンにおける東京」をスローガンとする行事は「ベルリ

im Westen, wo dies lediglich von der Musikethnologie geleistet wurde.

Der japanische Film in Berlin

Nach dem II. Weltkrieg nahm die Präsenz des japanischen Films in Berlin rasch zu, nicht zuletzt durch den Erfolg von Kurosawa Akiras *Rashômon* bei der Biennale in Venedig 1951. Berlin war stets ein interessierter Gastgeber sowohl für die international bekannten Großen als auch für die Newcomer der Avantgarde.

Ab 1982 nahmen japanische Filme regelmäßig am Wettbewerb der Internationalen Filmfestspiele teil. 1986 erhielt *Yari no Gonza* (Die verbotene Liebe des Samurai) (Regie: Shinoda Masahiro) einen Silbernen Bären, 1987 wurde *Umi to dokuyaku* (Regie: Kumai Kei) mit dem gleichen Preis ausgezeichnet.

Eine fast noch wichtigere Plattform stellte das Forum des jungen Films dar. Ôshima Nagisa, Kinugasa Teinosuke, Imamura Shôhei, Terayama Shûji, Mizoguchi Kenji , Hara Kazuo ... sie alle und viele andere wurden im Forum nicht nur dem Berliner Publikum bekanntgemacht. Dabei bewiesen die Veranstalter nicht selten auch Mut zum Skandal: *Ai no kori da* (Im Reich der Sinne) von Ôshima Nagisa etwa wurde während des Festivals von der Staatsanwaltschaft als pornographisch beschlagnahmt, später aber rehabilitiert.

Neben den Filmfestspielen waren japanische Filme in zahlreichen Retrospektiven mit unterschiedlichen Schwerpunkten zu sehen, so z.B. 1981, dann 1985 im Arsenal-Kino. Die größte Retrospektive fand anläßlich des Japanschwerpunktes der Festspiele vom 12. September bis 12. Dezember 1993 statt. In einem von den Freunden der Deutschen Kinemathek zusammengestellten Programm wurden in drei Monaten 114 Filme gezeigt, *Kurutta ippeiji* (Eine Seite des Wahnsinns) von Kinugasa Teinosuke aus dem Jahr 1926 ebenso wie *Munô no hito* (Herr Taugenichts) von Takenaka Naoto von 1991.[28]

Einen speziellen Bezug zum Thema Berlin-Tôkyô haben zwei Filme von Wim Wenders. *Tôkyô-ga* ist eine Hommage an Ozu Yasujirô: "Wenn es in diesem Jahrhundert noch Heiligtümer gäbe, wenn es noch so etwas gäbe wie das Heiligtum des Kinos, müßte es für mich das Werk des japanischen Regisseurs Yasujirô

ンにおける日本」とほぼ同義語である。つまり東京の特殊性とはその文化的遍在性であり、美学的に説明できる地域的特殊性などではない。

日本市場ではベルリーナ・アンサンブルの公演もドイツの他の連邦州の公演と競合し、ベルリン特有のものとして認識されず、一般的にドイツ文化と総称されるのである。「ベルリンにおける東京」の場合も根本的に同じであるが、もっとも、ほとんどの芸術グループが本当に東京を本拠地としているのである。東京で特にベルリンの舞台芸術として認識されたのは、ベルリン芸術アカデミーの後援でゲルハルト・ボーナーが再現させたオスカー・シュレンマーの『三つのバレエ』のみであった。これは1989年7月18日から23日まで、第五回サマー・フェスティバルにおいて草月会館で上演された。それより早く、1987年9月22日から28日まで、東京ドイツ文化センターのシリーズ《東京におけるベルリン》としてデボラ・マッコール＆カンパニーがシュレンマーのバウハウス舞踏をラフォーレ原宿で公演した。その他には、千田是也（1904年〜1994年）と岩淵達治（1927年生まれ）の俳優座ブレヒト公演を除けば、舞台芸術は音楽（ベルリン・フィルハーモニー、コーミッシェ・オーパー、ベルリン・ドイツオペラなど）に対抗することはできなかった。

さいごに

おもに伝統芸術を単に披露するという時期が長く続いた後に、ようやく80年代の末期になって、敬意を抱くが控え目に感心するという従来の姿勢から、未知のものとの偏見ないかかわりを試みる傾向が現れ始めた。もはや異質の表現形式は自身の美的基盤を脅かすものではなく、むしろこれを拡大し豊かにするものと見なされるようになった。ベルリンと東京の関係で目につく事柄は、日本がゲオルク・カイザーからポ

Ozu sein", beginnt Wenders seinen Off-Kommentar.[29] Die deutsche Erstaufführung von *Tôkyô-ga* fand am 8. Juni 1985 im Arsenal-Kino statt. *Aufzeichnungen zu Kleidern und Städten* ist dem japanischen Modeschöpfer Yamamoto Yohji und der Stadt, in der er hauptsächlich arbeitet, gewidmet. "Tôkyô, das Durcheinander von Traditionellem und Modernem, identitätslos und unverwechselbar, wird zur Metapher der eigenen Generation." [30] Deutschlandpremiere hatte der Film am 29. März 1990 im Filmpalast Berlin.

Berlin in Tôkyô

Ohne Frage ist die Metropole Tôkyô der Kristallisationspunkt des japanischen kulturellen Lebens schlechthin. Deshalb ist es selbstverständlich, daß auch die Außenkontakte des japanischen Kulturbetriebes hauptsächlich über Tôkyô laufen. Das Spezifische an Tôkyô ist also seine kulturelle Omnipräsenz und nicht etwa eine wie auch immer geartete regionale Spezifik, die sich gar ästhetisch deuten ließe.

Zu gleicher Weise werden in Japan Gastspiele von Berliner Ensembles kaum als spezifisch berlinerisch rezipiert, sondern allgemein der deutschen Kultur zugeordnet. Bei "Tôkyô in Berlin" ist es im Grunde nicht anders, allerdings kommen die meisten Ensembles eben aus Tôkyô. Als speziell Berliner darstellende Kunst wurde in Tôkyô deshalb hauptsächlich nur *Das Triadische Ballett* von Oskar Schlemmer wahrgenommen, das vom 18. bis 23. Juli 1989 in der von der Akademie der Künste betreuten Rekonstruktion von Gerhard Bohner in der Sôgetsu Hall beim 5th Tôkyô Summer Festival gastierte. Bereits vom 22. bis 28. September 1987 gastierte in der Reihe *Berlin in Tôkyô* des Goethe-Instituts Debra McCall & Company mit Bauhaus Tänzen von Schlemmer im Laforet Museum in Harajuku. Ansonsten konnten die darstellenden Künste, vielleicht einmal abgesehen von den Brecht-Produktionen Senda Koreyas und Iwabuchi Tatsujis am Haiyû-za (Actors' Theatre), nicht mit der Musik (Berliner Philharmoniker, Komische Oper, Deutsche Oper etc.) konkurrieren.

Schlußbemerkungen

Nach einer langen Phase der reinen Präsentation vor allem der traditionellen Künste zeigt sich zum Ende

バウハウス・ダンス・トーキョーのプログラム
Bauhaus Dance Tôkyô, Begleitheft 1987

ートー・シュトラウスにいたるドイツ・モデル
ネを認識したのに対し、ベルリンは東京のモデ
ルネ、すなわち日本におけるドイツ現代演劇の
受容のプロセスの成果を見なかった事実である。
ということは、演劇分野でのベルリンと東京の
関係はまだまだ特殊だといえ、もう少し正常化
することが望ましいところである。

付記

　本稿および第2章の拙稿執筆にあたり、ベル
リン芸術アカデミー、ベルリン州公文書館、ベ
ルリーナ・フェストシュピーレ、ベルトルト・
ブレヒト資料館、ケルン日本文化会館、ケルン
演劇学資料館およびベルリンのエルンスト・シ
ューマッハー名誉教授に多大なご協力を賜わり
ました。ここに記して謝意を表します。

der 80er Jahre erstmals die Tendenz, von zwar ehrfürchtigem aber distanziertem Staunen überzugehen zu einem unbefangenerem Umgang mit dem Fremden. Unterschiedliche Formensprachen werden nicht mehr als eine Bedrohung der eigenen ästhetischen Basis sondern als deren Erweiterung gesehen. Auffällig im Verhältnis Berlin-Tôkyô ist, daß Japan zwar die deutsche Moderne von Georg Kaiser bis Botho Strauß, Berlin aber nie die japanische Moderne, d.h. das Produkt dieses Rezeptionsprozesses, wahrgenommen hat. Noch also sind die Beziehungen Berlin-Tôkyô auf dem Gebiet des Theaters etwas Besonders. Wünschenswert wäre deshalb ein wenig mehr Normalität.

Danksagung

Zur Erstellung meiner beiden Artikel in diesem Buch stellten folgende Institutionen und Privatpersonen Materialien und Archivalien zur Verfügung: Akademie der Künste Berlin, Landesarchiv Berlin, Berliner Festspiele GmbH, Bertold Brecht Archiv Berlin, Japanisches Kulturinstitut Köln, Theaterwissenschaftliche Sammlung Köln sowie Professor emeritus Dr. Ernst Schumacher, Berlin. Allen sei hiermit herzlich gedankt.

Anmerkungen
[1] Titel einer Rezension von Jürgen Engelhardt, Der Tagesspiegel, 3.10.1981
[2] Komödiantische autonome Zwischenspiele zwischen zwei Nô-Stücken; in dieser Form spätestens seit dem 15. Jahrhundert bekannt.
[3] Alle Darsteller erhielten später von der japanischen Regierung den Ehrentitel Ningen Kokuhô (Lebender Nationalschatz) zuerkannt.
[4] Dieses Stück wurde 1981 erneut, diesmal von Ichikawa Ennosuke III. in Berlin aufgeführt.
[5] Von der Schwermut des Nichtverstehens. Kritik von Karena Niehoff, Der Tagesspiegel, 1.10.1965 zum Kyôgen-Gastspiel

注

(1) ユルゲン・エンゲルハルトの批評の見出し。〈デア・ターゲスシュピーゲル〉紙掲載、1981年10月3日

(2) 能と能の合間に上演される独立した笑劇。現在の形は遅くとも15世紀以来知られている。

(3) 彼らは後に人間国宝に指定される。

(4) これは1981年に再びベルリンで三代目市川猿之助によって演じられた。

(5) カレナ・ニーホフ著《不可解の憂鬱から》〈デア・ターゲスシュピーゲル〉紙掲載、1965年10月1日（狂言の公演に関する批評）

(6) ヴァルター・カルシュ著《日本の大衆演劇》〈デア・ターゲスシュピーゲル〉紙掲載、1965年10月5日（歌舞伎の公演に関する批評）

(7) 1965年ベルリン・フェスティバルウィークの公式プログラム冊子III頁に掲載されたナボコフの挨拶文

(8) Ｓｃ（批評家イニシアル）著《日本への旅——ウラニアにおけるグスタフ゠ルドルフ・ゼルナー》〈デア・ターゲスシュピーゲル〉紙掲載、1965年10月21日

(9) 参考文献8

(10) 参考文献9（81頁、85頁）

(11) エンゲルハルトの批評の見出し《華麗な叙事的演劇》〈デア・ターゲスシュピーゲル〉紙掲載、1981年10月3日（歌舞伎公演に関する批評）

(12) 狐忠信は人間に姿を変えて、親狐の皮を張った静御前の持つ鼓を追う。義経は親を慕う心根にうたれ、静を守った礼として鼓を狐に与える。

(13) 本書第2章のライムス参照

(14) クラウス・ガイテル著《すべての芸術の盛大なパレード》〈ベルリーナ・モルゲンポスト〉紙掲載、1985年6月14日（歌舞伎公演に関する批評）

(15) 参考文献2（49頁～98頁）参照

(16) 〈ベルリーナ・モルゲンポスト〉紙、1990年10月

(17) モーリス・ベジャールは常に猿之助と芸術上の交流をおこなっている。参考文献8のベジャールのインタビュー（113頁～114頁）を参照。

(18) アリアン・ムシュキンとピーター・ブルックは能と歌舞伎の形式要素を取り入れた実験で世界的に評価されている。

(19) 略歴は、おもに芸術アカデミーが上演に際して出したプログラム冊子より引用。

(a) 編注：アメリカを中心に活躍する二人組でコンビ名「Eiko & Koma」、本名不詳。エイコは1952年生まれ、コマの生年は不明。

(b) 編注：le Kon という単語が見あたらず、le conté（伯爵）または le conte（童話）の可能性も考慮して著者に問い合わせたが、正しい題名は不明。

[6] Japanisches Volkstheater. Kritik von Walter Karsch, Der Tagesspiegel, 5.10.1965 zum Kabuki-Gastspiel

[7] Grußwort Nabokovs in Almanach/Offizielles Programm der Berliner Festwochen 1965, S III

[8] Sc (Rezensentenkürzel) Reise nach Japan – Gustav Rudolf Sellner in der Urania. Der Tagesspiegel, 21.10.1965

[9] Leims, Thomas und Manuel Trökes (Hrsg) (1985) Kabuki – Das klassische japanische Volkstheater. Berlin: Quadriga Verlag

[10] Senda Koreya (1985) Wanderjahre. Berlin: (Ost) Henschelverlag, S 81 und 85

[11] Epische Theaterpracht. Kritik von Jürgen Engelhardt, Der Tagesspiegel, 3.10.1981 zum Kabuki-Gastspiel

[12] Der Fuchs Tadanobu sucht, oft in menschlicher Verkleidung, nach einer Trommel, die mit dem Fell seiner Eltern bespannt ist. Die Trommel gelangt in den Besitz der Geliebten des Feldherrn Yoshitsune. Da der Fuchs beiden treu gedient hat, erhält er die Trommel schließlich zum Geschenk.

[13] Vgl. dazu den Beitrag von Leims im vorliegenden Band.

[14] Pompöse Parade aller Künste. Kritik von Klaus Geitel, Berliner Morgenpost, 14.6.1985 zum Kabuki-Gastspiel

[15] Vgl. Berliner Festspiele GmbH (Hrsg) (1987) Japan in Berlin. Magazin mit den vollständigen Texten der Nô-Stücke. S 49–98

[16] Berliner Morgenpost, 10.1990

[17] Maurice Béjart steht in ständigem künstlerischen Austausch mit Ennosuke. Vgl. das Interview mit ihm in Leims/Trökes (1985) S 113–114

[18] Beide haben in weltweit beachteten Experimenten mit Stilmitteln des Nô und Kabuki gearbeitet.

[19] Die biographischen Informationen wurden hauptsächlich den zu den jeweiligen Aufführungen von der Akademie der Künste herausgebenen Programmzetteln entnommen.

[20] Vgl 43. Berliner Festwochen (Hrsg) (1993) Journal. S 72

[21] Zu diesem Festival erschien ein hervorragendes Buch: Haerdter, Michael und Kawai Sumie (Hrsg) (1986) Die Rebellion des Körpers. Ein Tanz aus Japan. Butoh. Berlin: Alexander Verlag

[22] Terayama Shûji (o.J.) Das Verbrechen des Professor Garigari. Deutsch von Manfred Hubricht. Frankfurt/Main: S. Fischer Verlag [Bühnenmanuskript] S 1 und S 5

[23] Rotkäppchen ist ein Mann und erwartet Besuch. Kritik von Hellmut Kotschenreuther, Der Tagesspiegel, 23.12. 1972 zur Terayama-Inszenierung des Forum-Theaters

[24] Dilettantentheater. Kritik von Roland H. Wiegenstein, Frankfurter Rundschau, 24.12.1972 zur selben Inszenierung

[25] Berndt, Jürgen (1975) Japan. In: Berger, Karl Heinz e.a. (Hrsg) Schauspielführer Bd III/2 S 589–602, Berlin: Henschelverlag

[26] Berndt, Jürgen (Hrsg/Übers) (1968) Japanische Dramen. Ber-

(20) ベルリン・フェスティバルウィーク編〈ジャーナル〉、1993年、72頁参照

(21) このフェスティバルに関して優れた本（参考文献6）が出版された。

(22) 参考文献10（1頁〜5頁）

(23) ヘルムート・コチェンロイター著《赤頭巾ちゃんは男で、客がくるのを待っている》〈デア・ターゲスシュピーゲル〉紙掲載、1972年12月23日（フォーラム劇場での寺山演出に関する批評）

(24) ローラント＝H・ヴィーゲンシュタイン著《ディレッタントの芝居》〈フランクフルター・ルントシャウ〉紙掲載、1972年12月24日（フォーラム劇場での寺山演出に関する批評）

(c) 編注：ヨシ・オイダ（1933年生まれ）。本名は笈田勝弘。ピーター・ブルック（注18）一座のメンバー。

(d) 編注：ハルシュタイン原則は、西ドイツのハルシュタイン外務次官からきた命名で、東ドイツを承認した国とは断交するという西ドイツの外交基本原則。1955年〜1969年に有効。

(25) 参考文献4

(26) 参考文献3には秋元松代著『礼服』、山崎正一著『世阿観――光と影』、木下順二著『夕鶴』、宮本研著『ザ・パイロット』、安部公房著『幽霊はここにいる』が収められている。

(27) エルンスト・シューマッハー著《劇的な典礼》〈ベルリーナ・ツァイトゥンク〉紙掲載、1969年10月1日（能公演に関する見出し）

(e) 編注：ＤＤＲはドイツ民主共和国のドイツ語略称で、本書では使用しない方針だが、本稿では機関名に使われている場合はそのまま残してある。

(28) これを機会に出版されたカタログ（参考文献5）は、ドイツ語による日本映画に関する最も専門的で広範なもののひとつである。

(29) 参考文献7（260頁）より引用。

(30) 参考文献7（284頁）

参考文献

1. 西ベルリン芸術アカデミー編《君の影を食べよう――東洋の演劇》、西ベルリン、フレーリッヒ＆カウフマン出版、1985年

2. ベルリーナ・フェストシュピーレ編《ベルリンにおける日本》、1987年（能謡曲の完訳をつけた冊子）

3. ユルゲン・ベルント訳編《日本の戯曲》、ベルリン、フォルク・ウント・ヴェルト出版、1968年

4. ユルゲン・ベルント著《日本》、カール＝ハインツ・ベルガー他編〈芝居の手引き第III／2〉589頁〜602頁所収、ベルリン、ヘンシェル出版、1975年

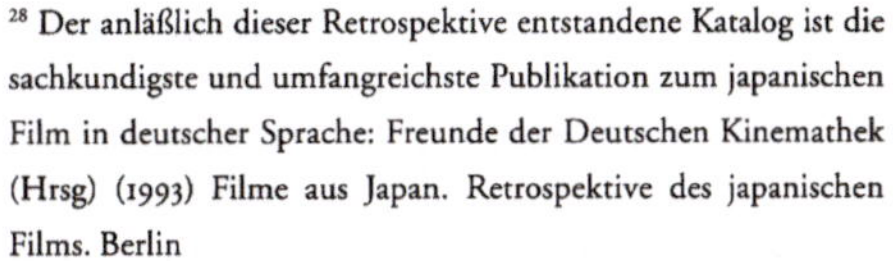

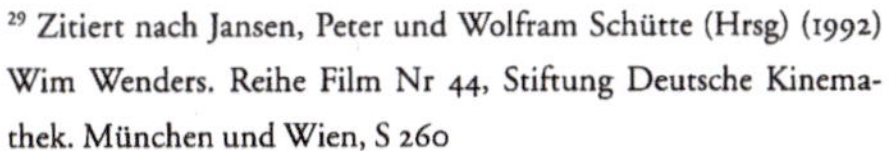

lin: Verlag Volk und Welt. Enthält Akimoto Matsuyo *In Gala*; Yamazaki Masakazu *Licht und Schatten*; Kinoshita Junji *Der Abendkranich*; Miyamoto Ken *Der Pilot*; Abe Kôbô *Geister in Kitahama*

[27] Eine theatralische Liturgie. Kritik in der Berliner Zeitung (Ost) 1.10.1969 zum Nô-Gastspiel

[28] Der anläßlich dieser Retrospektive entstandene Katalog ist die sachkundigste und umfangreichste Publikation zum japanischen Film in deutscher Sprache: Freunde der Deutschen Kinemathek (Hrsg) (1993) Filme aus Japan. Retrospektive des japanischen Films. Berlin

[29] Zitiert nach Jansen, Peter und Wolfram Schütte (Hrsg) (1992) Wim Wenders. Reihe Film Nr 44, Stiftung Deutsche Kinemathek. München und Wien, S 260

[30] Jansen/Schütte (1992) S 284

5. ドイツ・キネマテーク友の会編《日本の映画——日本映画の回顧展——1993年 9 月 12 日〜12 月 12 日》、ベルリン、1993年

6. ミヒャエル・ヘルター／河井純枝共著《身体の反撃——日本の踊り——舞踏》、ベルリン、アレクサンダー出版、1986年

7. ペーター・ヤンセン／ヴォルフラム・シュッテ共編《ヴィム・ヴェンダース》〈映画〉第 44 号、ミュンヘン／ウィーン、ドイツ・キネマテーク財団、1992年

8. トーマス・ライムス／マヌエル・トレーケス共編《歌舞伎——日本の伝統的大衆演劇》、ベルリン、クワドリガ出版、1985年

9. 千田是也著《遍歴時代》、東ベルリン、ヘンシェル出版、1985年

10. 寺山修司著、マンフレット・フーブリヒト訳《ガリガリ博士の犯罪》、フランクフルト・アム・マイン、S・フィッシャー出版、舞台脚本、出版年不詳

Die Deutsche Oper Berlin in Tôkyô 1993
Götz Friedrich

ベルリン・ドイツオペラ　一九九三年度東京公演　ゲッツ・フリードリッヒ

日独の文化交流の歴史を見ると、オペラある
いは音楽全般は特別な意味を持っている。もち
ろん政治、経済や学術といった分野における交
流のほうが、その進展を捉えやすいように見受
けられる。しかしながら文化は、恒常的影響力
をもつ人間的基盤を形成する。そもそも文化と
は個人的体験となると同時に、個々を豊かにす
る。言葉の壁を超えた芸術である音楽は、人類
の歴史を最も幅広く演じるオペラにおいて具象
化されたといえよう。オペラでは理性とファン
タジーが相互に影響しあい、言葉にならないも
のがさまざまな次元においてあからさまになっ
てゆく。

ヨーロッパやアメリカにおいて日本の音楽教
育水準の高さを実証する日本人音楽家は増える
一方である。日本人作曲家も重要な位置を占め
るようになった。また、国営放送局である日本
放送協会（ＮＨＫ）と特に民間企業と企業人に
よるイニシアチヴのお陰で、すでにいくつもの
海外の一流オペラ座公演が日本で開催されたが、
それによって日本でも西洋オペラの伝統が特筆
に値するほどよく知られ、好まれるようになっ
た。なかでも大成功といえるのは、オペラが単
に娯楽として提供されるにとどまらず、このよ
うな交流をつうじて日本人が国内にも目を向け、
その結果、日本的なものと国際的なものとが融
和する自らの歌劇場の構想、という日本のオペ
ラ関係者の念願が各方面から支持されることに
つながったことである。

1961年に設立されたベルリン・ドイツオペラ
は、この心躍る発展に幾度もかかわってきた。
すでに1963年に東京への第一回引越し公演⁽⁸⁾が
おこなわれ、『フィガロの結婚』『フィデリオ』
『トリスタンとイゾルデ』と『ヴォツェック』を
上演した。指揮台にはカール・ベーム、ハイン
リッヒ・ホルライザー、ロリン・マゼールが立っ
た。早くも1966年には再び種々のプログラムに

In der Gestaltung der kulturellen Beziehungen zwischen Japan und Deutschland kommt der Oper,
überhaupt der Musik eine besondere Bedeutung zu.
Natürlich nehmen sich die Entwicklungsstufen der
Beziehungen in Wirtschaft, Politik und Wissenschaft
greifbarer aus. Die Kultur aber schafft eine perma-
nent wirkende humane Basis. Ihre Wirkung zielt auf
persönlichste Erfahrungen und Bereicherungen. Die
Musik als alle Sprachgrenzen überschreitende Kunst
vergegenständlicht sich in der Oper als dem umfas-
sendsten Spiel menschlicher Geschichten, in denen
Ratio und Phantasie einander bedingen und Dimensionen des Unaussprechlichen aufgerissen werden.
Immer größer wird die Zahl der japanischen Musiker, die in Europa und Amerika Zeugnis ablegen
von dem hohen Stand der Musikerziehung in ihrem
Land. Und auch japanische Komponisten kommen
mehr und mehr zu Wort. Es ist – neben den Aktivitäten der staatlichen Rundfunk- und Fernsehgesellschaft NHK – vor allem der Initiative privater Un-
ternehmer und Firmen zu danken, daß durch die
Gastspiele namhafter Opernensembles die Opernkunst europäischer Prägung in Japan einen beach-
tenswerten Grad an Bekanntheit und Beliebtheit er-
rang, wobei die besten Ergebnisse überall dort zu verzeichnen sind, wo nicht einfach die kulinarische Lust
bedient wird, sondern wo derartige Begegnungen zur
Entdeckung innerer Befindlichkeiten beitragen und
die Suche der japanischen Opernschaffenden nach
einem eigenen neuen Musiktheater unterstützt wird,
einem Musiktheater, in dem sich das Nationale und
das Internationale gegenseitig aufheben.
Die Deutsche Oper Berlin, 1961 neu gegründet, war
in diesen spannenden Prozeß mehrfach einbezogen.
Sie unternahm ihr erstes Gesamtgastspiel nach Tôkyô
bereits 1963 mit *Figaros Hochzeit, Fidelio, Tristan und
Isolde* und *Wozzeck*. Karl Böhm, Heinrich Hollreiser
und Lorin Maazel dirigierten. Schon 1966 folgte die
zweite Tournee, wiederum mit unterschiedlichem
Opernprogramm. Und 1970 führte die dritte Gast-
spielreise das Ensemble erst nach Ôsaka und dann
nach Tôkyô.
Nach einer langen Pause konnte 1987 die Einladung
von Herrn Sasaki Tadatsugu, dem Präsident der Japan Performing Arts, realisiert werden, zum erstenmal in der japanischen Operngeschichte die gesamte

よる第二回引越し公演が続き、そして1970年の第三回日本公演は大阪で開幕してから東京で公演をおこなっている。

その後長い休息を経て、1987年に日本舞台芸術振興会の佐々木忠次会長の招きにより、日本のオペラ史上初めてリヒャルト・ワーグナー作曲『ニーベルングの指環』全四部を総上演することができた。横浜で一回、東京で二回の公演は、ワーグナー旋風を巻き起こした。聴衆は、明らかに三つのグループに大別された。第一は昔ながらのワグネリアン、第二がヴィーラント・ワーグナー演出への心酔者、そして第三にもっと若い世代で「ベルリンの〈リング〉」にすっかり共鳴するにいたったグループである。その際、我々の〈リング〉のモットー「初めは終わり、終わりはまた新しい始まり」(b) が、その仏教的ニュアンスのためか、日本におけるワーグナー作品の内面的理解を助け、日本人が神話的深層心理の世界において自らの内にも似たものを、場合によっては同じものを見つけることを手伝ったことに疑いはない。いずれにせよ、日本の聴衆が歌手やオーケストラの出来映えに喝采を送ってくれただけでなく、壮大な世界劇の渦に飲み込まれにくるにあたって周到な準備をしてきたことに、我々ベルリン・ドイツオペラの団員は驚き、感謝に絶えなかった。一見なじみの薄いようなものに、内面における共通性が提示されたのである。そしてこのようなプロセスは過去においても現在においても一方的なものではありえず、常に相互性を持つものである。

その六年後に再び東京公演をおこなうことになった際、多くの人々にとって先回の『ニーベルングの指環』の印象が極めて鮮明に残っていることが判明した。佐々木氏と私は、我々のワーグナー解釈の幾例かを今回も紹介することを決めてプログラムを組んでいたが、これは有意義なこと（そして聴衆に対する効果絶大）だっ

Ring-Tetralogie von Richard Wagner dort aufzuführen. Ein Zyklus in Yokohama und zwei in Tôkyô entfachten eine Art Wagner-Fieber. Deutlich waren drei Publikumsgruppen zu unterscheiden: die Alt-Wagnerianer, die Wieland Wagner-Enthusiasten und die jüngere Schicht, die sich nun voll mit dem "Berliner Ring" identifizierte. Dabei half das Motto unseres Rings "Anfang ist Ende, und Ende ist Anfang" ganz zweifellos, gerade in der Nähe buddhistischer Religionsvorstellungen das innere Verständnis für das Werk Wagners zu öffnen und im mythischen Unterbewußtsein Parallelen, sogar Übereinstimmungen zu entdecken. Jedenfalls beobachteten wir Berliner erstaunt und dankbar, wie die Japaner sich nicht auf die Akklamation gesanglich-musikalischer Leistungen beschränkten, sondern, inhaltlich aufs beste vorbereitet, sich in den Sog des grandiosen Welttheaters begaben. Gerade das scheinbar Fremde legte innerste Verwandtschaften frei. Und solch ein Vorgang beruhte und beruht stets auf Gegenseitigkeit.

Als wir nach sechs Jahren wieder nach Tôkyô kamen, stellten wir fest, wie frisch bei den meisten der Ring-Eindruck geblieben war. Deshalb erwies sich auch der programmatische Entschluß, den Herr Sasaki und ich trafen, als überaus sinnvoll (und publikumswirksam!), bei diesem Gastspiel wiederum Beispiele unserer Wagner-Rezeption vorzustellen. Fünfmal zeigten wir *Lohengrin*, fünfmal *Die Meistersinger von Nürnberg* und ebenso oft *Tristan und Isolde*. Diese Inszenierung wurde vom NHK verfilmt und bereits wenige Wochen nach Beendigung unseres Gastspiels über das Fernsehen ausgestrahlt. Herr Frühbeck de Burgos führte außerdem mit unserem Orchester Beethovens 9. Sinfonie auf, der Doyen Heinrich Hollreiser dirigierte in Erinnerung an die japanische Erstaufführung des Rings Ausschnitte aus diesem Werk in einem Festkonzert in Yokohama.

Es gibt zahlreiche Stimmen, die diesem Gastspiel im September und Oktober 1993 eine möglicherweise noch größere Bedeutung beimessen als den vorangegangenen – eine Bedeutung, die ins Politische greift und die grenzüberschreitende Rolle der Opernkunst einmal mehr unterstreicht.

Die Deutsche Oper Berlin kam diesmal nicht als Sendbote des seine Freiheit verteidigenden Westberlin, sondern als kultureller Botschafter aus der

た。こうして『ローエングリン』『ニュルンベルク
のマイスタージンガー』『トリスタンとイゾルデ』
をそれぞれ五回づつ上演する運びとなったので
ある。『トリスタンとイゾルデ』の公演はNHKが
収録し、引越し公演が済んでまだ数週間もたた
ないうちに放映された。この他にラファエル・
フリューベック＝デ＝ブルゴスが我々のオーケ
ストラを率いてベートーヴェンの第九交響曲を、
またハインリッヒ・ホルライザーが先の来日時
の『ニーベルングの指環』四部作日本初演を回
想して『ニーベルングの指環』からの抜粋を横
浜における盛大な演奏会で指揮する機会もあった。

　1993年9月〜10月におこなわれたこの引越
し公演は、ともすると過去のどの例をも上回る
重要な意味をもつものであった、とする声は少
なくない。つまり、政治的意味合いがくわわり、
国境を越えるオペラ芸術の役割が一層強調され
るにいたったからである。

　ベルリン・ドイツオペラは、今回は自由の防
衛の象徴である西ベルリンの使者として来日し
たのではない。統一され、かつての首都、そし
て新たにドイツの首都となったベルリンからの
文化大使としてやってきたのである。ベルリ
ン・ドイツオペラが東京にいた時期、天皇皇后
両陛下は丁度ベルリンを含むドイツを御訪問中
であった。同じ時、西暦2000年のオリンピック
開催地に立候補していたベルリンは敗れ、その
結果、ドイツの価値や尊厳が非常に注目される
ようになった。しかしながら尊厳の方は、我々
の日本滞在中にも旧東独、旧西独問わずドイツ
のあちこちで頻発したネオナチ分子による無法
行為という憤懣やるかたない形で汚されてし
まったのである。

　そのような時期の来日とあって、日本の大衆
は我々に対しとりわけ注意を払うようになった。
こうして、ほとんど売り切れの公演は主要政治
家、各国の在日外交官、日本の一流芸術家と

wiedervereinten ehemaligen und neuen deutschen
Hauptstadt. Als wir in Tôkyô waren, besuchte das
japanische Kaiserpaar Deutschland und Berlin.
Gleichzeitig unterlag Berlin in seiner Olympia-Be-
werbung, was den Blick freilegte auf das, was den
Wert und die Würde Deutschlands insbesondere ausmacht. Diese Würde wurde jedoch gerade in der Zeit
unseres Gastspiels durch zahlreiche Ausschreitungen
neo-faschistischer Elemente in verschiedenen Städten
des ehemaligen Ost- und Westteils Deutschlands auf
empörende Weise befleckt.

Eine solch zeitliche Umgebung machte die japanische Öffentlichkeit für unser Gastspiel besonders
hellhörig. So fanden unsere meist ausverkauften Aufführungen auch ein großes Interesse bei führenden
Politikern, beim Diplomatischen Korps und herausragenden japanischen Künstlern.

Das Wagner-Fieber grassierte. Fast als Sensation wurde vermerkt, daß selbst Kritiker weinend aus *Tristan
und Isolde* kamen und sich ihrer Tränen nicht schäm-
ten. Elsas Elend und Elsas Mut beschäftigten die
Disputanten mindestens genauso wie der Ritter
Lohengrin, der aus dem Geheimnis kam und ins
Nichts entschwindet. Dergleichen assoziierte man
mit eigenen Legenden. Hans Sachs wurde in unserer
Interpretation deutlich als Prototyp des unangepaß-
ten Künstlers begriffen, das Understatement seiner
Charakterisierung bis hin zur Kostümierung immer
wieder befragt. *Die Meistersinger von Nürnberg* über-
zeugten als komödiantisch-musikalische Lektion der
Demokratie. Nirgendwo wurde das Verlangen nach
alt-deutschem Pomp und Plüsch laut. Sehr sensibel
wurde die Inszenierung als Exempel neuer deutscher
Selbstbesinnung gewertet. Ein Student z.B. fragte auf
einer der vielen Diskussionen, die wir in der Sophia
Universität oder im Goethe-Institut veranstalteten,
ob der versöhnende Handschlag zwischen Hans
Sachs und Sixtus Beckmesser unter der Meister-
singer-Fahne mit dem deutlichen Zeichen des
Davidssterns als spezieller Ausdruck eines "Berliner
Meistersinger-Konzepts" zu verstehen sei, weil dieser
Gestus signifikant die Haltung der Berliner Aufklärung Ende des 18. Jahrhunderts manifestiere,
deren Charakteristikum die Liberalität gegenüber
den jüdischen Mitbürgern wurde.

いった人々からも大きな関心を寄せられること
となったのである。

ワーグナー熱は、冷めることを知らなかった。
音楽評論家らでさえ『トリスタンとイゾルデ』
に感激のあまり涙を流し、それを恥じらう様子
もなかったのはセンセーショナルともいえる、
と伝えられた。エルザの悲哀と勇敢さは、神秘
のうちに現われて無のなかへ消えて行く騎士ロ
ーエングリンについてと同じほど熱っぽく議論
された。また、日本の伝説も関連して思い起こ
された。ベルリン・ドイツオペラの演出は、ハ
ンス・ザックスを典型的アウトサイダーの芸術
家として描いているが、彼の控えめな表現法か
ら衣装についてまで詳しく追及された。『ニュル
ンベルクのマイスタージンガー』は、民主主義
の喜劇的音楽的な教訓として支持されたのであ
る。これぞ古きドイツ、といいたげなけばけば
しさや俗物趣味を求める声は、決して大きくは
ならなかった。我々の演出は新しきドイツの自
意識の表われ、と極めて繊細に評価された。上
智大学や東京ドイツ文化センターにおいて数多
くの討論会がもたれたが、そのなかである学生
は、ハンス・ザックスとシクストゥス・ベック
メッサーが明らかにダビデの星と分かるシンボ
ルのついたマイスタージンガーの旗の下で和解
の握手をすることについて、これはベルリンな
らではのマイスタージンガーだということか、
と質問した。彼はこの場面が、ユダヤ人市民に
対するリベラルな態度に象徴される18世紀末ベ
ルリンの啓蒙主義を明らかに示している、とい
うのであった。

人間についてのこの種の根本的な問いが、こ
れほど明確に提示されることは、ドイツにおい
ても稀なことである。そのためなおのこと、東
京でこれほどの好奇心、知識、体験欲を目のあ
たりにし、我々はすっかり感服してしまった。

日本において我々は、完璧な組織力、また日

Wir waren fasziniert von soviel Neugier, Detailkennt-
nis, Erfahrungssuche, zumal auch dort, von wo wir
kamen, humanexistentielle Fragen dieser Art selten so
präzise gestellt wurden, wie wir es in Tôkyô erlebten.
Unsere Bewunderung für die Gastgeber steigerte sich
noch aufgrund der perfekten Organisation, des hohen Einsatzes gerade auch der japanischen Techniker
und Beleuchter. Unvergeßlich blieb, wie die Festwie-
se der *Meistersinger von Nürnberg* den japanischen
Extrachor und Kinder von dort mit unserem Ensemble vereinte. So wurden Freundschaften geknüpft
oder erneuert, die den Sinn solcher Begegnungen
nicht minder ausmachen als die große, bewegende
Thematik Wagners.

Immer wieder wurden wir mit der Frage konfrontiert, wie denn dieses ganz außerordentliche geistige
und emotionelle Engagement des dortigen Publi-
kums gegenüber Wagner zu begründen sei. Da kommen sicher viele Faktoren zusammen. Ich denke, die
Mythen, wie Wagner sie darstellt, reißen im Unterbewußtsein Übereinstimmungen auf, die sonst ver-
deckt sind. Und gerade Wagners Musik scheint in
den der Disziplin so verpflichteten Japanern innere
Explosionen auszulösen, die zu einem Totalerlebnis
führen. Solche Beobachtungen verweisen auf gemeinsame Wurzeln und Bindeglieder der Weltkultur.
Und angesichts der in unseren Breiten in letzter Zeit
vor allem auf die sozialkritischen Aspekte beschränkten Regie-Interpretationen ist solche Hinwendung
vor allem der jüngeren Leute zu einer vor allem
traumatisch-mythischen Erlebnissuche überaus auf-
schlußreich. Sie ist eine Lehre, die wir mitnahmen
und beherzigen werden.

Ein Resümee über dieses Gastspiel, dem 1998 ein wiederum nächstes folgen soll, ist leicht zu ziehen und
bleibt dennoch unvollständig:

Begegnungen dieser Art sind unentbehrlich und deshalb auch staatlicherseits unterstützenswert, weil sie
fortwirken vor allem in den jungen Menschen, die
wesentlich mit darüber entscheiden werden, ob der
Wunsch nach noch engeren Beziehungen individuell
gestützt und erfüllt wird. Man gibt und empfängt
wechselseitig. Anders kann es nicht sein, wenn
Freunde auf den entgegengesetzten Seiten des Erd-
balls zueinander finden wollen, ihn gewissermaßen
durchdringend.

本人の技術関係者や照明担当者の高度な仕事ぶりにも感嘆した。『ニュルンベルクのマイスタージンガー』の祝宴の場でエキストラで入った日本の合唱団と子供たちが我々と一体となった時のことは忘れ難い思い出として残っている。こうして友情が生まれ、育まれてゆく。こういった交流においてはこの種の出会いが、偉大な、心を打つワーグナーの主題そのものにひけを取らないほど、大きな意味を持つのである。

度々我々が考えさせられたのは、一体どうして日本の聴衆はワーグナーに対しこれほど精神的、感情的にただならぬ思い入れを示すのだろう、ということであった。この疑問に対する答えには、いくつもの要素があるに違いない。私の見るところワーグナーが表現する神話は、深層心理において普段は隠されている共感を呼び起こすのだと思う。常日頃規律正しさを義務とする日本人は、他ならぬワーグナーの音楽によって一種の内的爆発を経験し、そこから完全体験を得るようである。このように考察してゆくと、世界文化における日本人とドイツ人の共通のルーツ、つながりが浮かび上がって来るようだ。そして、このところ特に社会批判的な見地に的をしぼった演出しか見られなかった我々の社会は、日本の、特に若い世代の聴衆がとりわけトラウマ的神話的体験を求めているという事実に教示されるところが大であり、この教えを我々はドイツに持ち帰り、将来も、これを心に留め置くであろう。

1998年には次回の日本公演が予定されている[c]。今回の引越し公演についてまとめるのは簡単だが、それは決して完璧なものではあり得ない。それでも、つぎのようにまとめてみよう。

この種の交流は、欠くべからざるものであり、国を挙げてサポートする価値は充分にある。なぜならば、これは若い世代に末永く影響を与えることになるからである。そして若い世代こそ、

Der Oper in Japan ist zu wünschen, daß sie die produktive Verbindung zwischen nationalem Anspruch und internationalem Standard herstellt. Die Initiativen privater Veranstalter sind dabei ebenso von den Kommunen und vom Staat zu stützen, wie die sich entwickelnde Nationaloper. Das heißt natürlich, Oper muß so konzipiert und aufgeführt werden, daß sie in das Leben von immer mehr Menschen formend und bereichernd eingreifen kann. Nur so wird sie als unverzichtbarer Teil des gesellschaftlichen Lebens zu begreifen sein. Der Staat kann sich – ob bei uns, ob in Japan – nicht davonstehlen, wenn es um die Bewahrung und Entwicklung eines der kostbarsten Kulturgüter geht, die sich die zivilisierte Menschheit geschaffen hat.

より深い交流が望まれる場合、これを個々に支援し、叶えられるかどうかを決定する立場に将来置かれるからである。与えるだけ、ということも、受けるだけ、ということもありえない。地球の反対側に住む友どうしがある程度まで相手の文化に侵入する色合いを含みながらもお互いを知りたいと思えば、この種のギブアンドテイクは不可欠である。

　日本のオペラ界に対しては、国内における要求と国際的スタンダードを建設的に結び付けることを望む。民間のイニシアチヴは、現在進んでいる国立歌劇場計画と同じように、自治体や国に支援されるべきである。つまり、オペラは、より多くの人々に語りかけ、個人が生き方を形成し人生を豊かにするチャンスとなるよう構想され、上演されなければならない、ということである。そうして初めてオペラは社会生活において欠くことのできない存在として把握されるようになろう。文明を知った人間が創造した文化財のうちでも最も尊いもののひとつを守り、発展させてゆくためには、ドイツにおいても、日本においても、国が知らぬ顔をしているわけにはゆかないのである。

注

(a) 編注：歌手、オーケストラ、舞台、衣装、大道具、小道具等劇場を動かす人すべてを動員して、本拠地以外で長期間おこなう公演。

(b) 編注：山崎睦著『フリートリッヒの〈リング〉』、吉田秀和／田宮堅二／山崎睦共著「ベルリン・ドイツ・オペラ」5頁～9頁所収、音楽之友社、1987年、5頁より引用。

(c) 編注：第六回目の引越公演は、予定どおり1998年2月におこなわれることになった。

教育における東京とベルリンの交流

ギュンタ・ハーシュ

1886年の東京教育使節団の研究対象となった王立アウグスタ学校とその女性教師学校

1870年代、教育制度と教育方法に関して日本はドイツを手本のひとつとして検討しようと決定し、それに基づき、日本の使節団や代表団がドイツを訪れているが、その研究対象は主としてベルリンの施設だった。

実際ベルリンには最も古い女学校のひとつがあったため、ベルリンはその目的に適したところであった。選ばれたのは1832年にベルリン・フリードリッヒシュタット地区に創立された新女子高等・中学校で、1863年に「王立アウグスタ学校」（女性教師のための王立学校と付属女子高等・中学校）と改名され、数十年にわたってベルリンの各女学校に卒業生を教師として送り込んでいた。「イギリス、フランス、オーストリア、ロシア、イタリアでさえもこの学校の女性教師を採用」し、「同校のもつ意味はベルリン、プロシア以外にも広がることになる」⁽¹⁾

入学希望が増えて生徒数が急増したため、リベラルなプロシア王妃アウグスタの後援を受けていた同校を新築しなければならなくなり、1886年5月1日、クラインベーレンシュトラーセ通り16〜19番地に新校舎が完成した。〈フォッシシェ・ツァイトゥンク〉紙は落成式の模様をつぎのように伝えている。

「講堂でおこなわれた式には多数が参列した。文化省からは枢密顧問官（…）が出席、州教員会会長（…）自らも同席した。（…）また、ベルリン新教教区総監督（…）や学校校長であるシュルツェ督学官、オイラー教授の他、ベルリン滞在中の日本文部省の代表二人の姿も見られた」⁽²⁾

文部省の人間が、ベルリン滞在について東京にどう報告し、それからどういう結論がでたのか筆者は知らない。ただ、国立アウグスタ学校が1946年にゾフィー・ショル高等学校と改名され、これが日本の手本となった女学校の継承校

Wechselbeziehungen Berlin – Tôkyô im Bildungsbereich
Günther Haasch

Die Königliche Augusta-Schule und ihr Lehrerinnen-seminar als Studienobjekt für eine japanische Unterrichtsdelegation aus Tôkyô im Jahre 1886

Nach der japanischen Entscheidung in den 70er Jahren des vorigen Jahrhunderts, auch deutsche Institutionen und Methoden im Bildungsbereich als mögliche Vorbilder und Anregungen zu prüfen, reisten japanische Delegationen und Kommissionen nach Deutschland und wählten ihre Studienobjekte vorzugsweise in Berlin aus.

Dabei bot sich in der deutschen Hauptstadt eine gute Gelegenheit mit einer der ältesten Mädchenschulen, der bereits 1832 als Neue Töchterschule auf der Friedrichstadt gegründeten und 1863 in Königliche Augusta-Schule (Königliches Seminar für Lehrerinnen mit verbundener Töchterschule) umbenannten Anstalt, die auf Jahrzehnte die Berliner Mädchenschulen mit ihren Absolventinnen als Lehrerinnen versorgte. "Selbst England, Frankreich, Österreich, Rußland und Italien … stellten Lehrerinnen aus dieser Schule ein", deren "Bedeutung bald über Berlin und Preußen hinausreichen sollte."[1]

Wegen der großen Nachfrage und der daraus folgenden schnell wachsenden Zahl der Schülerinnen ergab sich bald die Notwendigkeit eines Neubaus für die unter dem Schutz der liberalen preußischen Königin Augusta stehenden Schule. So wurde dann am 1.Mai 1886 das neue Schulgebäude in der Kleinbeerenstraße 16–19 eingeweiht, und die *Vossische Zeitung* berichtete über die Einweihungsfeier u.a.:

"Eine festliche Versammlung hatte sich in der Aula zusammengefunden. Vom Kultusministerium waren die Geheimen Räte … gekommen. Der Präsident des Provinzial-Schulkollegiums … wohnte persönlich der Feier bei …Wir bemerkten ferner den Generalsuperintendenten von Berlin, … den Seminardirektor Schulrat Schultze, den Prof. Euler, sowie auch die beiden hier weilenden japanischen Unterrichtsbeamten."[2]

Welche Berichte über diesen Besuch nach Tôkyô geschrieben wurden und welche Schlußfolgerungen daraus gezogen wurden, ist dem Berichterstatter nicht bekannt. Es soll an dieser Stelle aber nicht unerwähnt bleiben, daß es gerade die Nachfolgerin dieser vorbildlichen Mädchenschule war, die 1946 in Sophie-Scholl-Oberschule umbenannte Staatliche

で、1986年にベルリンの高等学校で初めて日本語の授業を導入した学校であることは、ここで述べておかねばならない。

ベルリンにおける日本人学校の始まり——ベルリン日本人学校（1935年〜1939年）

　再び日本大使館が開かれるとともに大使館職員や学生、研究者、ジャーナリスト、企業関係者が大勢ベルリンにやってきた。これら日本人の多くは家族連れで、1935年にはすでに300名の日本人が滞在し、なかには外交官や国鉄、その他国家機関の代表、大手商社や船会社の駐在員などの子女、約15名の学童も含まれていた。

　これら子供たちのために、日本大使館の後援でドイツ初の日本人学校が設立される。当初アーホルンシュトラーセ通りの大使館で授業がおこなわれていたが、学校は1936年にベルリンのヴィルメルスドルフ区のバーベルスベルクシュトラーセ通り49番地に移転し、授業は一階の7部屋からなる住宅を利用しておこなわれた。生徒数は1939年までに25人に増加したが、両親が三年ないし四年以上ドイツに滞在するのは稀で、変動が大きく、1939年にベルリン在住日本人数が400人以上に増えても、生徒数は増加しなかった[3]。これに対して、東京のドイツ人学校には当時すでに100人の生徒がおり、ギムナジウムのゼクンダ[a]まで修了することができた。

　日本人学校の生徒数が少なかったのは、日本では早くから一流校に入っておかないと子供の出世と結婚に差し支えるとする、当時すでに存在した両親の心配によるものだと思われる。したがって、ベルリンに来たのはほとんどが小学生の年齢、つまり6歳から12歳までの子女である。校長は日本人のゲルマニスト樽井教授で、熱心に校務に専念して、日本人教師5名、ドイツ人教師2名とともに日本のカリキュラムをこなすのに努力した。それにくわえて「郷土

Augustaschule, an der im Jahre 1984 als erster Berliner Oberschule der Unterricht des Japanischen eingeführt wurde.

Die Anfänge der japanischen Schule in Berlin 1935–1939: Berlin Nipponzin Gakkô

Mit der Wiedereröffnung der japanischen Botschaft kamen auch viele Botschaftsangehörige und danach Studenten, Wissenschaftler, Journalisten und Firmenvertreter nach Berlin. Viele von ihnen brachten ihre Familien mit sich. So gab es in Berlin 1935 bereits an die 300 Japaner, unter ihnen etwa 15 schulpflichtige Kinder von Attachés, von Vertretern der Staatsbahn und anderer staatlicher Stellen sowie von Vertretern der großen Handelsgesellschaften und Schifffahrtslinien.

Für diese Kinder wurde mit Unterstützung des Botschafters die erste japanische Schule in Deutschland gegründet, die zunächst in der Botschaft in der Ahornstraße betrieben und erst 1936 in eine siebenzimmrige Wohnung im Erdgeschoß der Babelsberger Str. 49 nach Berlin-Wilmersdorf verlegt wurde. Bis 1939 erhöhte sich die Anzahl der Schüler auf 25. Da jedoch die Eltern selten länger als drei oder vier Jahre in Deutschland blieben, war die Fluktuation sehr groß, und die Schülerzahl blieb beschränkt, auch wenn sich die Anzahl der japanischen Staatsbürger in Berlin bis 1939 auf über 400 erhöhte.[3] Im Vergleich dazu zählte die deutsche Schule in Tôkyô bereits 100 Schüler und schloß mit der Sekundarreife ab.

Die geringe Anzahl der Schüler erklärt sich wohl aus der schon damals vorhandenen Furcht der Eltern davor, die beruflichen Aufstiegs- oder Heiratschancen der Kinder zu vermindern, wenn die in der Heimat vorhandene beste Schule nicht rechtzeitig gewählt wurde. Daher kamen nur Kinder im Grundschulalter nach Berlin, also meist Sechs- bis Zwölfjährige. Der Schulleiter war ein japanischer Germanist, Prof. Tarui, der sich mit großem Engagement der Schule annahm und bald mit fünf japanischen und zwei deutschen Lehrkräften den japanischen Lehrplan zu verwirklichen suchte. Als "Heimatkunde" wurde zusätzlich Deutsch und deutsche Landeskunde unterrichtet. Alle Schüler, die so unterschiedlichen Klassen wie denen von 1 bis 8 angehörten, wurden in drei klassenübergreifenden Lerngruppen unterrichtet.[4]

授業」としてドイツ語とドイツ地誌の授業もおこなわれた。1年生から8年生までの生徒は三つの複式学級に分かれて授業を受けた(4)。

しかし、これらすべてのことは1939年9月1日の戦争勃発とともに終りを告げる。大使館は東京からの指令で、家族を同伴する日本人男性すべてに夫人と子供を即刻日本船でアムステルダム、アメリカ経由で帰国させるよう命じたからである。家族はみな無事に帰国できた。

戦時中（1944年～1945年）にベルリンのギムナジウムでおこなわれた日本語教育

1936年にベルリンで開催された日本学学会で、日本語を選択科目としてドイツのギムナジウムで教えてはどうかという提案がだされた。この提案を引合いに、1942年2月におこなわれた第四回独日文化交流総会議の席上で日本側から同じ主旨の要請がだされるが、「ドイツ学校教育の基本方針は不変」という理由から、ドイツ側はこれを拒否した(5)。しかし、1944年夏、ドイツと日本の双方は1944年10月から伝統あるヨアヒムスタール・ギムナジウムで日本語を選択科目として教えることを決定した。

これを受けて、日本文部省は哲学者篠原正瑛を派遣する。雇用契約で篠原は、ヨアヒムスタール・ギムナジウムの教師や日本の外交官と同格に扱われ、週4時間の授業で月額500帝国マルクというかなりの給料を貰っていた。

授業は公式にはクヴァルタ（ギムナジウムの第3学年）から始まることになっていたが、希望者が充分でなかったので、年齢枠に捉われずにゼックスタ（ギムナジウムの第1学年）から下級テルティア（ギムナジウムの第4学年）までの生徒を対象に授業が編成された。1944年10月から1945年3月までの間、10歳から14歳の男子生徒12人が授業を受け、なかには驚くべき成績を修めた者もいた。授業で使われたの

Alles endete jedoch sehr schnell bei Kriegsausbruch am 1. September 1939, als die Botschaft auf Anweisung von Tôkyô alle verheirateten Männer veranlaßte, ihre Frauen und Kinder unverzüglich mit einem japanischen Schiff über Rotterdam und Amerika nach Japan zu schicken, wo sie denn auch alle unversehrt eintrafen.

Japanischunterricht an einem Berliner Gymnasium während der Kriegszeit (1944/45)

Auf dem Japanologen-Tag 1936 in Berlin wurde der Vorschlag gemacht, Japanisch als Wahlfach an deutschen Gymnasien einzuführen. Unter Berufung auf diesen Vorschlag wurde auf der 4. Vollsitzung des deutsch-japanischen Kulturausschusses im Februar 1942 von japanischer Seite die gleiche Forderung gestellt, die jedoch von deutscher Seite wegen der "festliegenden Gesamtausrichtung der deutschen Schulerziehung" abgelehnt wurde.[5] Dennoch wurde im Sommer 1944 von deutscher und japanischer Seite gemeinsam beschlossen, ab Oktober 1944 Japanisch als Wahlpflichtfach einzuführen und zwar am traditionsreichen Joachimsthalschen Gymnasium.

Für die Realisierung wurde der japanische Philosoph Shinohara Seiei vom japanischen Außenministerium entsandt. In seinem Anstellungsvertrag wurde er den Lehrern am Joachimsthalschen Gymnasium gleichgestellt, ebenso dem japanischen diplomatischen Personal und erhielt für seine vier Unterrichtsstunden pro Woche ein üppiges Gehalt von 500 Reichsmark (RM) monatlich.

Der Unterricht sollte offiziell in der Quarta (Klasse 7) beginnen. Da sich aber nicht genügend Freiwillige meldeten, wurde er klassenübergreifend mit Schülern von Sexta (Klasse 5) bis Untertertia (Klasse 8) organisiert. 12 Jungen im Alter von 10–14 Jahren nahmen von Oktober 1944 bis März 1945 am Unterricht mit z.T. erstaunlichen Ergebnissen teil. Dabei wurde als Unterrichtswerk der 1. Band des Lesebuches für den muttersprachlichen Unterricht an japanischen Grundschulen benutzt.[6]

Nach Vorstellung der Nationalsozialisten sollte der Japanischunterricht nur ein Element im Gesamtplan eines Ostasienzuges am Joachimsthalschen Gymnasium sein. Walter Donat, NSDAP-Mitglied und Direktor des Ostasien-Instituts in Berlin[7], erläuterte auf

は日本の国語読本第一巻である⁽⁶⁾。

　ナチスの考えでは、日本語の授業はヨアヒムスタール・ギムナジウムにおける東洋教科の全体カリキュラムのひとつでしかなかった。ナチ党員で、ベルリンの東アジア研究所⁽⁷⁾の所長ヴァルター・ドーナートは1944年10月におこなわれた東洋関係者の会合で、これに関する関連問題全体についてこう説明している。

－　ヨアヒムスタール・ギムナジウムに新設される東洋教科のための日本語および日本地誌の教科書は東洋学者の手によって作成されるものとする

－　東洋の歴史および地理の知識が大きな比重を占めるものとする

－　いくつかの東洋言語のためにローマ字化問題を解決するものとする

　日本語教育が古典語学者の激しい抵抗にもかかわらずに導入されたのは、それが上層部の政治決定だったからであり、この頃すでにヨアヒムスタール・ギムナジウムが独立性を失って「ドイツ祖国学校」のようになっていたからである。祖国学校は当時すべてナチス親衛隊中央本部長ハイスマイアーの監督下にあった。ハイスマイアーは悪名高い「国家政策教育施設」の監督官として、将来のナチ指導者の養成と監督を委任された人物のなかでも高い地位にあり、大島海軍大将とともにヨアヒムスタール・ギムナジウムの日本語授業を視察したこともある。

　1945年春の敗戦は、当然のことながらドイツの学校で試みられた日本語の授業に一時的な終わりをもたらす結果となる。

1984年以降におけるベルリンの日本語教育

　戦争最後の年にヨアヒムスタール・ギムナジウムで試験的におこなわれた日本語教育だが、戦後は将来の見通しがつかなかった。その後、日本からの輸出品が急激に増加して伝統あるド

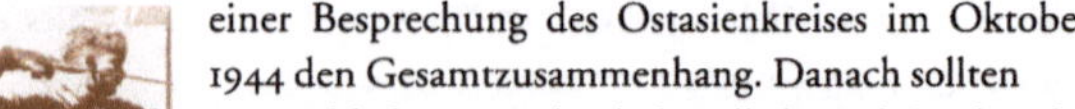
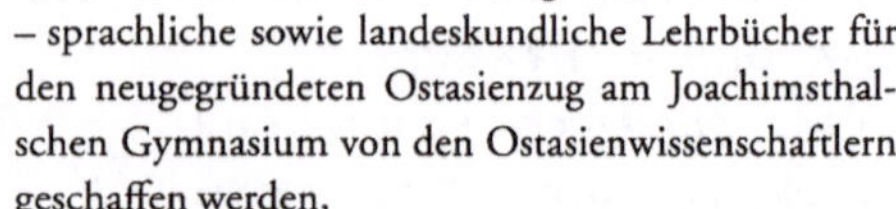
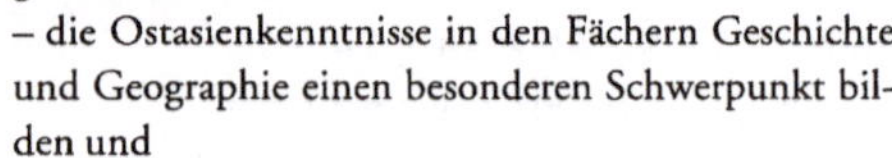

einer Besprechung des Ostasienkreises im Oktober 1944 den Gesamtzusammenhang. Danach sollten
– sprachliche sowie landeskundliche Lehrbücher für den neugegründeten Ostasienzug am Joachimsthalschen Gymnasium von den Ostasienwissenschaftlern geschaffen werden,
– die Ostasienkenntnisse in den Fächern Geschichte und Geographie einen besonderen Schwerpunkt bilden und
– das Transkriptionsproblem für die verschiedenen ostasiatischen Sprachen gelöst werden.

Der Japanischunterricht konnte gegen den heftigen Widerstand der Altphilologen wohl nur deshalb eingeführt werden, weil es sich letztlich um eine politische Entscheidung an hoher Stelle handelte und das Joachimsthalsche Gymnasium zu dieser Zeit bereits seine Selbständigkeit verloren hatte und zu einer "Deutschen Heimschule" erklärt worden war. Alle Heimschulen unterstanden dem ss-Hauptamtschef Heißmeyer, der als Inspekteur der berüchtigten "Nationalpolitischen Erziehungsanstalten" (Napola) eine herausragende Stellung in der Hierarchie der mit der Steuerung und Kontrolle des Führungsnachwuchses des NS-Staates Beauftragten einnahm und der auch zusammen mit Admiral Ōshima den Japanischunterricht am Joachimsthalschen Gymnasium visitierte.

Die Niederlage des Frühjahrs 1945 setzte natürlich auch den ersten Versuchen eines Japanischunterrichts an deutschen Schulen ein vorläufiges Ende.

Japanischunterricht an Berliner Schulen seit 1984

Der Japanischunterricht, der versuchsweise im letzten Kriegsjahr am Joachimsthalschen Gymnasium eingeführt worden war, hatte nach Kriegsende keine Zukunftsaussichten. Erst mit dem explosionsartigen Anstieg japanischer Exporte nach Deutschland und in die traditionellen Absatzmärkte Deutschlands begann man die Dynamik und Wirtschaftskraft des bisherigen "junior partners" in Ansätzen zu begreifen.
Die Überwindung der Sprachbarrieren schien eine wesentliche Voraussetzung zum Abbau des eigenen Defizits im Außenhandel mit Japan und für die Ansiedlung japanischer Firmen in Deutschland zu sein. Angesichts der Tatsache, daß in Japan jährlich über 100.000 Studienanfänger Zweijahreskurse in Deutsch

イツ市場に進出するとともに、ドイツ人はそれ
までの「若きパートナー」の活力と経済力を理
解し始める。

　日本に対する貿易赤字を減らすとともに日本
企業をドイツに誘致するためには、言葉の障害
を克服することがそのおもたる前提のように思
われた。ドイツの大学では日本語を学ぶ学生が
数百人しかいないのに対して、日本では年間10
万人以上の学生が最初の二年間にドイツ語の授
業を受けているという事実から、教育行政機関
のなかに、日本語と日本地誌を早い時期に教え
ることによって、まず言葉の学習上で日本との
間にある大きな格差を減らそうと考え始める機
関があらわれたのである。

　これによって、連邦教育学術省の後援でテス
トモデル「ゼクンダⅠ、Ⅱの日本語」が設置され、
テスト期間は最終的に1987年1月1日から
1989年12月31日とされた。ベルリンでは東西
統一に関連してテスト期間が1994年12月31日
まで延長された。テストモデルでは、各州でい
ろいろな方法を用いるとともにいろいろな目標
を設定することによって、どの方法、どの組織
形態、どの学年、どのカリキュラムが将来の日
本語科目で最もよい成果を期待できるかを調査
しようとした。ベルリンは特に以下のような重
要な作業を担当した。

－　日本語科目の基本計画の作成と実証（特に
　　中級レベルで）

－　ギムナジウムの第5学年～第7学年用の教
　　科書の作成と実証

－　日本語教育の補助手段としての視聴覚教材
　　（映画とスライド）の作成と資金拠出

－　二年間の現場教育研修に参加することによ
　　る日本語教師の体系的教授法教育

教材の学問的レベルを確保するため、ベルリ
ン自由大学によって日本語教材研究グループが
設けられ、責任者にハンブルク大学日本学科の

belegen, gegenüber wenigen Hundert von Japanisch
Studierenden an deutschen Hochschulen, begannen
Überlegungen in verschiedenen Kultusverwaltungen,
durch eine frühzeitige Einführung in Sprache und
Landeskunde Japans zumindest das gewaltige Sprach-
defizit gegenüber Japan zu verringern.

Diese Überlegungen führten zur Einrichtung eines
vom Bundesministerium für Bildung und Wissenschaft (BMBW) unterstützten Modellversuchs "Japanisch in den Sekundarstufen I und II", für den
schließlich eine Laufzeit vom 1. Januar 1987 bis zum
31. Dezember 1989 vorgesehen wurde. Berlin erhielt
wegen der einigungsbedingten Probleme eine zusätzliche Verlängerung bis zum 31. Dezember 1994. Der
Modellversuch sollte mit unterschiedlichen Ansätzen
und Zielen in den einzelnen Ländern ermitteln, welche Methoden, Organisationsformen, Jahrgangsstu-
fen und Curricula in einem zukünftigen Schulfach
Japanisch die größten Erfolge versprachen. Dabei
übernahm das Land Berlin besonders wichtige Aufgaben:

– die Entwicklung und Erprobung von Rahmenplä-
nen für das Fach Japanisch (besonders in der Mittelstufe)

– die Entwicklung und Erprobung von Lehrbüchern
für die Klassen 9–11

– die Konzipierung und Finanzierung von audiovisu-
ellen Medien (Filmen und Diaserien) zur Unterstützung des Japanisch-Unterrichts

– die methodisch-didaktische Ausbildung japanischer Lehrkräfte durch Teilnahme an einer zweijährigen unterrichtspraktischen Ausbildung.

Zur wissenschaftlichen Absicherung der herzustellen-
den Lehrmaterialien wurde von der Freien Universität Berlin eine Arbeitsstelle Lehrmaterialien Japanisch eingerichtet, zu deren Leiter der Hamburger Japanologe Prof. Dr. Roland Schneider berufen wurde.
Zur pädagogischen Absicherung des Modellversuchs
wurde der Seminarleiter und Studiendirektor Dr.
Günther Haasch vom Senator für Schulwesen zum
Leiter des Modellversuchs und der neugeschaffenen
Kommission für den Japanischunterricht an der Berliner Schule berufen. Beide Gremien konzipierten gemeinsam das neue Lehrbuch *Japanisch für Schüler*,
das nach Auflösung der Arbeitsstelle (Ende 1990) von
der Senatsverwaltung für Schule, Berufsbildung und

ローラント・シュナイダー教授が任命された。テストモデルの教育的レベルを確保するため、学校主任でギムナジウム教頭であるギュンタ・ハーシュがベルリン州学校・職業教育・体育庁長官から、テストモデルの責任者および新しく設置されたベルリンの学校における日本語教育委員会委員長に任命された。この二つの組織は共同で新しい教科書《中・高生のための日本語》を作成し、教科書は教材研究グループの解散（1990年末）後、現場教師の協力でベルリン州学校・職業教育・体育庁によって完成された。

現在、テストモデルも終了して、統一ベルリンでは男女合わせて240人の生徒が通常五年間の日本語の授業を受けている。1992年からは基礎コースの成績をアビトゥーア[b]の最終成績にくわえられるようになり、1994年からは他の第三外国語と同じく、日本語をアビトゥーアで第四試験科目（口頭）として選択できるようになった。現在日本語の授業は五つのギムナジウムと二つの総合学校の他、銀行保険会社上級教育センターと技術経済専門高等学校のそれぞれ各一ヶ所でおこなわれている。

授業を担当しているのは四人の日本人女性教師と二人のドイツ人教師で、専門資格の他、教員免許も所持している。日本語を教えるベルリンの学校のほとんどすべては、すでに何度も日本旅行を実施して、日本の学校の生徒や教師と実りある交流をおこなってきた。そこから姉妹校関係が生まれたケースもある。

1904年から1992年までの東京・横浜の独逸學園

ドイツで最初の日本人学校が1935年にようやく設立されたのに対し、横浜のドイツ人地区ではすでに1904年にドイツ・スイス人学校が生徒8人で開校された。生徒数は1919年までに99人に増加したが、その後日本政府によるドイツ企業の押収とそれにともなうドイツ人の帰国に

Sport in Zusammenarbeit mit den unterrichtenden Lehrkräften weiterentwickelt wurde.

Heute, nach Abschluß des Modellversuchs, nehmen im wiedervereinigten Berlin über 240 Schülerinnen und Schüler in meist fünfjährigen Kursen am Japanischunterricht teil. Seit 1992 können die in den Grundkursen erreichten Leistungen in die Gesamtqualifikation des Abiturs eingebracht werden, und seit 1994 kann Japanisch wie jede andere dritte Fremdsprache im Abitur als 4. (mündliches) Prüfungsfach gewählt werden. Im einzelnen findet der Unterricht an fünf Gymnasien, zwei Gesamtschulen, einem Oberstufenzentrum für Banken und Versicherungen sowie an einer Fachhochschule für Technik und Wirtschaft statt.

Der Unterricht wird von vier Japanerinnen und zwei deutschen Lehrkräften durchgeführt, die neben einer fachlichen auch noch eine pädagogische Qualifikation erworben haben. Nahezu alle Japanisch unterrichtenden Schulen in Berlin haben bereits mehrfach Japanreisen unternommen, die zu fruchtbaren Begegnungen mit Schülern und Lehrern japanischer Schulen geführt haben. Teilweise haben sich daraus Schulpartnerschaften ergeben.

ナチ時代の東京ドイツ学園（大森、1936年頃）
Deutsche Schule Tôkyô um 1936

よって急激に減少した。しかしそれでも、独逸學園からは有名なリリー・アベック[c]のような重要な日本関係執筆家がでている。

　1923年の大地震は、校舎は無事とはいえ、横浜独逸學園の終りを意味した。しかし、ドイツ人の大部分が東京に移ったので、その年のうちに東京独逸學園が設立される。同校は3クラスからすぐに8クラスに増えたため、1933年東京・大森の新校舎に移り、1991年に横浜に移転するまで大森に止どまった。

　1934年には財団法人独逸學園の設立が決定され、それとともに独逸學園は法人として土地登記簿に記入され、税金も免除されることになった。さらに、学校は下級ゼクンダまで拡大され、中等教育修了資格[d]まで取得できるようになったが、1940年に父兄の希望でアビトゥーアまで拡大されると、同資格取得試験は廃止された。

　土地と建物の費用と設備費、維持費、教員の給与は、主として東京独逸學園協會、つまり父兄と後援企業によって負担されなければならなかった。1933年度の東京独逸學園協會の収支は3万2000円を超えている（当時の家政婦の年間給与は500円である）[8]。土地は友好的な価格だったから購入できたのであって、土地所有者が「日独友好を強化するために」安い値段で土地を學園協會に譲ったのである[9]。

　第一回目のアビトゥーア試験は1942年に実施され、これによって東京独逸學園は、当時のオット駐日ドイツ大使の支援で幼稚園と基礎課程を含む8年制の完全なギムナジウムとなった。生徒数は1933年の51人から、1937年の86人、1941年秋にはアメリカとインドネシアからドイツ人家族の疎開があって289人と飛躍的に増え、場所と教員不足を招くことになる。大都市が爆撃されたことから1944年にドイツ人がすべて千石原や軽井沢、川口に疎開してしまって、学校の状況は一段と悪化した。

東京横浜ドイツ学園（1991年開校）
Die deutsche Schule
Tôkyô-Yokohama seit 1991

Die deutsche Schule in Tôkyô-Yokohama von 1904–1992

Während in Deutschland die erste japanische Schule erst 1935 gegründet wurde, hatte die deutsche Kolonie in Yokohama schon 1904 ihre deutsch-schweizerische Schule mit acht Kindern eröffnet. Die Schülerzahl wuchs bis 1919 auf 99 an, ging dann aber wegen der Konfiskation der deutschen Firmen durch die japanische Regierung und die dadurch bewirkte Heimreise vieler Deutscher stark zurück. Immerhin gingen aus dieser Schule so bedeutsame Japan-Schriftsteller wie die berühmte Lily Abegg hervor.

Das große Erdbeben von 1923 bedeutete das Ende der Deutschen Schule Yokohama, obwohl das Gebäude unversehrt geblieben war. Aber der größte Teil der Deutschen zog nach Tôkyô um, so daß hier noch 1923 die Deutsche Schule Tôkyô gegründet wurde. Da die Schule aber schnell von drei Klassen auf acht anwuchs, zog man 1933 in einen Neubau nach Tôkyô-Ômori um, wo die Schule bis zum Wechsel nach Yokohama im Jahre 1991 bleiben konnte.

Bereits 1934 wurde die Stiftung Deutsche Schule e.V. beschlossen. Damit wurde die Deutsche Schule eine juristische Person und konnte ins Grundbuch eingetragen und von Steuern befreit werden. Ferner wurde der Ausbau der Schule bis zur Untersekunda bestimmt, so daß die Schule nunmehr mit der Prüfung der Mittleren Reife abschloß. Erst als 1940 auf Wunsch der Eltern die Schule bis zum Abitur weitergeführt wurde, entfielen die Prüfungen zur Mittleren Reife.

Grundstücks- und Gebäudekosten sowie die Kosten für das Mobiliar, den Unterhalt und die Lehrergehälter mußten im wesentlichen durch den Deutschen Schulverein Tôkyô, d.h. durch die Eltern und die Förderfirmen getragen werden. Im Jahr 1933 beliefen sich Einnahmen und Ausgaben des Deutschen Schulvereins Tôkyô auf über 32.000 Yen (bei einem Jahresgehalt für eine Dienerin von 500 Yen).[8] Der Erwerb des Grundstücks wurde nur möglich durch einen Freundschaftspreis, zu dem der Eigentümer das Grundstück "zur Befestigung der deutsch-japanischen Freundschaft" dem Schulverein überließ.[9]

生徒数が30年代に急激に増加するなかで、純粋な日本人家庭や日本人とドイツ人が結婚している家庭の日本語を話す生徒も急速に増加した。これは20年代あるいはそれ以前には見られなかった新しい現象である。1935年には生徒のほぼ3分の1がドイツ語に問題を感じていたという⁽¹⁰⁾。そこで、日本語を母国語とする生徒のために補習語学講座を設けなければならなくなる。このように言葉の問題があったとはいえ、それは全体としてドイツ人と日本人の結び付きを示す喜ばしい徴候であった。この結び付きをさらに強化するため、1939年にオット大使が東京独逸學園に日本語講座を設けることを勧め、その年の10月にギムナジウムの第2学年から第3学年までに設置された。1940年には上級講座も追加され、ヨアヒムスタール・ギムナジウムよりも四年早くドイツのギムナジウムで日本語の授業がおこなわれたことになる。

1947年に連合国側が指令したドイツ人の本国送還とともに、独逸學園の歴史も終りを告げたように思われたが、日独外交関係が復活した一年後には、東京・横浜ドイツ人学校協会も発足し、1953年12月1日に東京・大森にドイツ人学校が開校する運びとなった。

1955年には幼稚園、基礎課程、高等学校（ギムナジウムの第1学年から第4学年）も復活し、1956年に「東京ドイツ学園」として日本当局より正式に認可された。まもなく学校は増築され、上級課程も開始、1960年には初のアビトゥーア試験も実施、1962年には卒業試験を毎年実施する権限を持つ完全校の認可も得た。生徒数もすぐに200人を超え、校舎は再び手狭になった。

敷地を少し買い足してもスペースの問題を解決することができず、校舎は老朽化するばかりである。昼間の生徒以外にも、夜間には東京ドイツ文化センターの委託で日本人学生300人にドイツ語の授業をおこなわなければならなかっ

Die ersten Abiturprüfungen wurden 1942 durchgeführt. Damit hatte sich die Deutsche Schule Tôkyô durch den engagierten Einsatz des Botschafters Ott zu einem voll ausgebauten achtjährigen Gymnasium mit vorgeschaltetem Kindergarten und angeschlossener Grundschule entwickelt. Die Schülerzahl nahm von 51 im Jahre 1933 über 86 im Jahre 1937 auf 289 im Herbst 1941 infolge der Evakuierung deutscher Familien aus den USA und Indonesien sprunghaft zu, was zu großen räumlichen Problemen und Engpässen bei den Lehrkräften führte. Die Situation wurde noch verschlimmert durch die Evakuierung aller Deutschen wegen der Bombardierung der großen Städte nach Sengokuhara, Karuizawa und Kawaguchi im Jahre 1944.

Während des schnellen Anstiegs der Schülerzahlen in den 30er Jahren kam es auch zu einem rapiden Anstieg der japanischsprachigen Schülerinnen und Schüler aus rein japanischen oder deutsch-japanischen Ehen. Dies war ein neues Phänomen, das es in den 20er Jahren und vorher nicht gegeben hatte. 1935 sollen fast ein Drittel der Schüler Schwierigkeiten mit der deutschen Sprache gehabt haben,[10] so daß für diese Kinder mit japanischer Muttersprache zusätzliche Sprachkurse eingerichtet werden mußten – bei allen sprachlichen Schwierigkeiten insgesamt doch ein erfreuliches Zeichen für die Verbindung zwischen Japanern und Deutschen. Um diese Verbindung noch zu festigen, empfahl Botschafter Ott 1939 die Einrichtung von japanischen Sprachkursen an der Deutschen Schule Tôkyô, was dann auch im Oktober 1939 für die Klassen 6–9 geschah. Diese wurden ab 1940 durch Kurse für Fortgeschrittene ergänzt, so daß hier schon 4 Jahre vor dem Experiment am Joachimsthalschen Gymnasium an einem deutschen Gymnasium Japanisch unterrichtet wurde.

Mit der von den Alliierten im Jahre 1947 angeordneten Repatriierung aller Deutschen schien auch die Geschichte der Deutschen Schule Tôkyô beendet zu sein, doch schon ein Jahr nach der Wiederherstellung der diplomatischen Beziehungen zwischen Japan und Deutschland konstituierte sich der deutsche Schulverein Tôkyô-Yokohama und eröffnete in Tôkyô-Ômori am 1. Dezember 1953 die deutsche Schule. Schon 1955 gab es wieder einen Kindergarten, eine Grundschule und eine Höhere Schule (fünfte bis

東京ドイツ学園（大森）
Die deutsche Schule in Ômori

た。そこで新しい校舎が緊急に必要となり、1966年から1969年にかけて建設された。新校舎は生徒250人を収容でき、スペースの問題は以後数十年間起こらないように思われた。しかし、ドイツ人家庭の東京移住は止どまることを知らず、1977年に生徒数が500人を超え、80年代には550人を上回った⁽¹¹⁾。

これ以上敷地を買い足すのは不可能だったため、学校協会は学校の敷地を建物と一緒に売り払って、それを資金に東京近郊の安い土地にもっと大きな校舎を建てるという計画に取り組まざるを得なくなる。数年にわたって極めて厳しい交渉を重ねた結果、不可能が可能になった。東京・大森での授業を全面的に継続しながら4000平米の学校敷地を売却して、その資金で2万平米の土地を購入するだけでなく、そこに立派な校舎も建てられることになったのである。もちろんこれは横浜市当局の支援やドイツとスイスの各企業による多額の寄付、ドイツ政府による建設・設備費補助があって初めて実現されたものである⁽¹²⁾。1991年度⁽ᵉ⁾の開始とともに、東京横浜ドイツ学園は新横浜近くにある港北ニュータウンの新校舎で授業を開始した。これによって、同校はほぼ70年ぶりに元の場所近くに戻ってきたことになる。しかし、今回は500

achte Klasse). 1956 wurde die Schule als Tôkyô Doitsu Gakuen von den japanischen Behörden anerkannt. Sehr bald wurde die Schule weiter ausgebaut, eröffnete eine Oberstufe, führte 1960 die erste Abiturprüfung durch und erhielt 1962 die Anerkennung als Vollanstalt mit der Berechtigung, die Reifeprüfung jährlich durchzuführen. Bald wurde es wieder räumlich zu eng, denn die Schülerzahl war sehr schnell auf über 200 angewachsen.

Auch ein kleiner Geländezukauf konnte die Raumnot nicht mindern, das Hauptgebäude wurde baufällig, und neben den Tagesschülern waren abends noch 300 japanische Deutschstudenten im Auftrag des Goethe-Instituts zu unterrichten. So war ein Neubau überfällig, der dann von 1966–1968 verwirklicht wurde. Er gab 250 Kindern ausreichend Platz und schien damit die Raumnot für Jahrzehnte beseitigt zu haben. Doch der Zustrom deutscher Familien nach Tôkyô ließ nicht nach: schon 1977 wurde die Zahl von 500 Schülern überschrittem, in den 80er Jahren die Zahl von 550. [11]

Da ein Geländezukauf nicht möglich war, mußte sich der Schulverein mit dem Gedanken befreunden, das Grundstück samt den darauf befindlichen Gebäuden zu verkaufen und für den Erlös einen weit größeren Neubau am Rande von Tôkyô auf einem dort billiger zu erwerbenden Gelände zu errichten. In außerordentlich schwierigen jahrelangen Verhandlungen gelang schließlich das Unmögliche: Bei vollem Schulbetrieb am alten Standort in Tôkyô-Ômori wurden die 4.000 m² des Schulgrundstücks zu einem Preis

人を優に超える生徒を収容できる豪華な校舎で、図書館、音楽・演劇ホール、カフェテリア、専門学習室、予習室、教員室、充分な教室、大きな室内プール、巨大な運動場が備えられている。校舎は手本となるような施設で、日本の教員や建築家の各代表団がよく視察に訪れている。

東京ドイツ学園の再開後40年間で生徒構成が変わり、それにともなって学校の目的も機能も変わってきた。学校の正式目的は今までどおりドイツのカリキュラムによるドイツ人子女の教育であるが、日本の学校や大学との接触が増えるのにともなって、日本語が必修科目となり、人文科学および社会科学の科目で日本を取り上げることが義務付けられている。

1990年度の生徒527人のうち、136人がドイツ人以外で、11ヶ国の生徒がこの期間にドイツ学園に通学した。つまり、同校は生徒構成からしてエキスパート校というよりは出会いの学校である。132人の生徒、つまり全校の25パーセントが二文化家庭、つまり日本語とドイツ語で育っている。アビトゥーア受験者を見ても同じ割合である[13]。ここに異文化交流の大きな可能性が潜んでおり、それが卒業生の将来の職業で実現される可能性がある。しかし、東京横浜ドイツ学園はすでに学校生活の段階で日本とドイツの文化交流に貢献しようとしている。同校はかなり前から何度となく全日本合唱コンクールに参加しているし、いくつかの日本の学校とは教員同士が相互に訪問したり、学校同士で運動会に参加したりと密接に交流している。東京横浜ドイツ学園の教師がおこなう日本人学生向けドイツ語授業は変わることのない伝統にまで定着している。また、同校のコンサートや劇公演があると、周辺の学校からも生徒が大勢集まる。

ベルリン日本人国際学校

ドイツ再統一とともにベルリンも数年のうち

ベルリン日本人国際学校の教師と全校生徒

Foto der Japanischen Internationalen Schule zu Berlin

verkauft, der es nicht nur erlaubte, ein Grundstück von 20.000 m² zu kaufen, sondern auch, darauf ein beispielhaftes Schulgebäude zu errichten. Dies alles konnte natürlich nur mit Unterstützung der Stadtverwaltung von Yokohama, durch die großzügige Spendenleistung deutscher und schweizerischer Firmen und mit Hilfe eines Baukosten- und Inventarzuschusses der Bundesregierung geschehen.[12] Mit Beginn des Schuljahres 1991/92 nahm die Deutsche Schule Tôkyô-Yokohama inmitten eines großen Neubaugeländes in Kôhoku-New-Town in der Nähe von Shin-Yokohama ihren Betrieb auf. Damit kehrte sie nach fast 70 Jahren wieder in die Nähe ihres Ursprungsortes zurück. Diesmal allerdings mit einem Prachtbau für weit über 500 Schüler mit Bibliothek, Theater- und Musiksaal, Cafeteria, Fach- und Vorbereitungsräumen, Lehrerzimmern und ausreichenden Unterrichtsräumen, mit einer großen Schwimmhalle und einem riesigen Sportplatz – eine vorbildliche Anlage, die daher zu Recht beliebtes Ziel von japanischen Lehrer- und Architektendelegationen geworden ist.

に政府が移転して、ドイツの政治・経済の中心になるであろう、と日本では確信されていた。それで、1990年と1991年に日本企業のベルリン進出が相次ぎ、政府のベルリン移転に対する期待と統一による経済ブームを見越して、日本企業はベルリン支店を開設した。それによって日本の企業関係者が家族同伴でベルリンに移住し、大使館員とジャーナリストがボンからベルリンに移住するのは別にしても、さらに多くの日本人がベルリンに来るものと予想された。

日本の固定化した学校制度と進学校や大学に入るための厳しい入学試験のことを考えると、子女が帰国したときに学校の勉強の遅れを感じないように配慮されない限り、基本的に日本企業関係者が家族同伴でベルリンに来ることはないであろうことがはっきりしていた。これは、日本の文部省の認可と財政援助を得て、日本式カリキュラムと日本から派遣された教師をベースに日本人学校を設立しない限り不可能だったのである。

そのためには、ベルリン州学校・職業教育・体育庁と政界首脳の支援の他、ベルリン州政府の諸庁の協力が緊急に必要とされた。学校教育庁との初めての話合いはすでに1991年春におこなわれたものの、適当な場所を探すのが非常に難しく、一年後にやっと各関係者の協力を得てベルリンのヴァンゼー湖畔にあるドイツ赤十字社の建物を借りることができた。東京から認可も下りていたので、1993年4月23日にベルリン日本人国際学校を開校することができた。開校の式典にはベルリン市長、駐ベルリン日本国総領事の他、ベルリン州学校・職業教育・体育庁長官が列席した。

世界的な不況から予想されたほどの日本企業の進出はなかったが、ベルリン日本人国際学校は順調に発展してきている。ドイツの現地校とも緊密な交流があり、すでに何度となく現地校

In den letzten 40 Jahren nach der Wiedereröffnung der Deutschen Schule Tôkyô haben sich Zusammensetzung der Schülerschaft und damit auch Ziel und Funktion der Schule wesentlich verändert. Zwar ist ihre offizielle Aufgabe nach wie vor die Ausbildung deutscher Kinder nach deutschen Lehrplänen, doch haben die Kontakte zu japanischen Schulen und Universitäten zugenommen, Japanisch ist Pflichtfach, und die Beschäftigung mit Japan ist in den geistes- und gesellschaftswissenschaftlichen Fächern verbindlich.

Unter den 527 Schülern des Schuljahres 1990/91 waren 136 nichtdeutsche. Angehörige aus 11 Nationen besuchten in diesem Zeitraum die deutsche Schule. Sie war also von ihrer Zusammensetzung her eher eine Begegnungs- als eine Expertenschule: 132 Kinder, also 25% der Schülerschaft, stammten aus bikulturellen Ehen, wuchsen also sowohl japanisch- als auch deutschsprachig auf, das gleiche Verhältnis findet sich unter den Abiturienten.[13] Hier liegt ein großes Potential interkultureller Aktivitäten, das sich vor allem im späteren Berufsleben der Schulabsolventen realisieren könnte. Aber auch schon im Schulleben selbst versucht die Deutsche Schule Tôkyô-Yokohama ihren Beitrag zum kulturellen Austausch zwischen Japan und Deutschland zu leisten:

鬼の面をもつベルリン日本人国際学校の教師と生徒たち
Kostümierte Kinder der Japanischen Internationalen Schule zu Berlin

の学園祭にも参加している。始まりは細やかなものの、いずれはその先駆者ともいえる1935年に創立されたベルリン日本人学校を凌駕するであろうし、また、現在の小学校課程にくわえて中学校課程もまもなく始まり[7]、周辺の現地校との交流もパートナーシップという強い絆に発展するであろうと期待されている。

注

[1] 参考文献1（10頁）

[2] 参考文献10（3頁）

[3] 1938年11月4日付け〈ドレスデン通信〉紙および1938年8月10日付け〈国民オブザーバー〉紙参照

[a] 編注：ドイツの学校制度では日本の小学校1年から4年にあたる課程が基幹学校で、高等教育まで進む者はギムナジウム（9年制中等教育機関）に進学する。ゼクンダというのは、その第6学年および第7学年（15才～16才）にあたる。

[4] 参考文献3

[5] ヨアヒムスタール・ギムナジウム全体に関する重要資料は、ヨアヒムスタール同窓会誌のなかでも参考文献9あるいは参考文献2（再掲載）に詳細に挙げられている。

[6] 『尋常科用小学校国語読本1巻』、1932年。使用されている文字はかたかな。

[7] 1943年にドーナートが所長として就任した「東アジア研究所」はナチス親衛隊（SS）が新たに設けたベルリン大学付属研究所で、「ベルリン東洋語学校」とは別機関。（ゲールケ注）

[b] 編注：大学入学資格。ギムナジウム最終学年で同資格取得試験を受け、これに合格するとギムナジウム卒業となる。

[c] 編注：リリー・アベック（1901年～1974年）、本名はエリザベート・アベック。ハンブルク生まれのスイスのジャーナリストで、1936年～1943年は〈フランクフルター・ツァイトゥンク〉紙、1954年以降は〈フランクフルターアルゲマイネ・ツァイトゥンク〉紙の極東特派員。

[d] 編注：基幹学校の後、ギムナジウムに進まずに6年間の実科学校に進んだ者が卒業する際に受ける試験。

[8] 参考文献8参照

[9] 参考文献8所収の《東京独逸學園協會會長W・グンデルト博士の開所式スピーチ》の29頁～30頁参照。ここでは、かんの教授の名前が挙げられている。（編注：上述スピーチに「我々の目的のためにほぼ理想的な土地（…）の所有者が、日本で最も徳の高い学問の伝統の担い手として商売上の観点よりも理想的観点を優先し、我々が提示した額で（…）自己

Seit vielen Jahren tritt die Schule immer wieder bei den gesamtjapanischen Chorwettbewerben an, und zu einigen japanischen Schulen sind enge Beziehungen geknüpft worden mit wechselseitigem Besuch der Pädagogen und Teilnahme an den Sportfesten. Der Unterricht japanischer Deutschstudenten durch die Lehrer der Deutschen Schule Tôkyô-Yokohama ist zu einer festen Tradition geworden, und die Konzerte und Theateraufführungen dieser werden von den benachbarten Schulen gern besucht.

Die Japanische Internationale Schule in Berlin
In Japan war man überzeugt, daß mit der Wiedervereinigung auch Berlin binnen weniger Jahre wieder Regierungssitz und damit Zentrum der politischen und wirtschaftlichen Macht Deutschlands werden würde. So setzte in den Jahren 1990 und 1991 ein Ansturm japanischer Firmen auf Berlin ein, die hier in Erwartung des Regierungsumzugs nach Berlin und angesichts des Wirtschaftsbooms im Gefolge der Wiedervereinigung eine Fülle von Zweigstellen eröffneten. Dies führte zum Zuzug von Managern mit ihren Familien, weiterer Zuzug war zu erwarten, ganz abgesehen von der Übersiedlung der Botschaftsangehörigen und der Medienvertreter von Bonn nach Berlin.

Bei dem rigiden japanischen Schulsystem und den strengen Aufnahmeprüfungen zu den weiterführenden Schulen und den Hochschulen war es klar, daß leitende Firmenangehörige in der Regel mit ihrer Familie nur dann nach Berlin kommen würden, wenn dafür gesorgt wäre, daß ihre Kinder bei der Rückkehr nach Japan keine schulischen Nachteile in Kauf nehmen müßten. Dies konnte nur durch die Einrichtung einer japanischen Schule mit japanischem Lehrplan, entsandten japanischen Lehrkräften und der Zulassung und finanziellen Unterstützung durch das japanische Kultusministerium gewährleistet werden.

Dazu war die Hilfe und Unterstützung der Berliner Senatsverwaltung für Schule, Berufsbildung und Sport sowie der politischen Spitze der Stadt und anderer Senatsverwaltungen dringend erforderlich. Die ersten Gespräche mit der Senatsschulverwaltung wurden bereits im Frühjahr 1991 geführt, doch die Suche nach geeigneten Räumen gestaltete sich als

の所有地を気前良く譲渡してくれた。かんの教授ご夫妻をこ
こにお迎えし、その寛大なるご行為に対し我々の感謝の気持
ちと尊敬の念を直接伝えることが出来るのは、格別の喜びで
ある。かんの教授は、これは日独友好の絆を強化することに
貢献することを希望しての行動だったと強調された」とある
ので、「かんの教授」が土地の所有者と思われる。日独文化
交流史にかかわる「かんの」となるとベルリン東洋語学校講
師の菅野養助（任期1908年～1910年）のことか）

(10) 参考文献 6 (31頁) 参照

(11) 参考文献 7 (100頁)、4 (114頁) 参照

(12) 参考文献 5 (140頁)

(13) 参考文献 5 (27頁、140頁、142頁) 参照

(e) 編注：ドイツの学校制度では年度の始めは8月前後。

(f) 編注：中学校課程も最初からあったらしいので、筆者の
思い違いか。

参考文献

1．《ゾフィー・ショル総合学校の十年》、ベルリン、
1988年

2．ヴォルフガンク・ベルクマン著《1944年テンプリンの
ヨアヒムスタール・ギムナジウムでの日本語授業について》
〈アルマ・マーター・ヨアヒミカ――ヨアヒムスタール同窓
会誌〉第71号、1936頁～1941頁所収、1991年（再掲載）

3．《ベルリン日本人学校》〈ハンブルク写真グラフ〉第
21号所収、1936年

4．《東京ドイツ学園年次報告》第31号、1985年

5．《東京ドイツ学園年次報告》第37号、1991年

6．《東京ドイツ学園新築記念集――1967年～1968年》、
東京、1979年

7．《1979年年次報告第25号――東京ドイツ学園75周年
記念集》、東京、1979年

8．《東京独逸學園協會報告第9号、1933年度年次報告》、
1934年

9．ヴァルター・ザウター著《ヨアヒムスタールの日本人》
〈アルマ・マーター・ヨアヒミカ――ヨアヒムスタール同窓
会誌〉第36号、705頁～709頁所収、1973年

10．《1886年5月1日の王立アウグスタ学校新築落成式の
思い出》、ライプチヒ、トイプナー出版、1886年

außerordentlich schwierig. So verging noch ein ganzes Jahr, bis schließlich in hervorragender Zusammenarbeit aller beteiligten Stellen ein Gebäude des
Roten Kreuzes am Wannsee angemietet werden konnte. Die rechtzeitige Zustimmung von Tôkyô ermöglichte die Eröffnung der Japanischen Internationalen
Schule zu Berlin e.V. am 23. April 1993 in einem Fest-
akt, an dem u.a. der Regierende Bürgermeister von
Berlin, der japanische Generalkonsul in Berlin und
der Senator für Schule, Berufsbildung und Sport teilnahmen.

Obwohl aufgrund der weltweiten Wirtschaftsdepres-
sion der erwartete Zustrom von japanischen Niederlassungen in Berlin ausblieb, hat die Japanische Internationale Schule zu Berlin sich erfolgversprechend
entwickelt, steht in enger, nachbarschaftlicher Kommunikation mit deutschen Schulen und ist schon
mehrfach öffentlich mit Schulfesten in Erscheinung
getreten. Wenn ihre Anfänge auch noch bescheiden
sind, so kann man doch erwarten, daß ihre Entwicklung die ihrer Vorgängerin, der Berlin Nipponzin
Gakkô von 1935, übertreffen wird und bald dem
jetzigen Grundschulzug eine Mittelstufe folgen und
der Kontakt mit den benachbarten Schulen sich zu
einer partnerschaftlichen Bindung verstärken wird.

Anmerkungen

[1] (1988) 10 Jahre Sophie-Scholl-Gesamtschule. Berlin, S 10

[2] (1886) Zur Erinnerung an die Einweihung des Neubaus der
Königl. Augustaschule ... am 1. Mai 1886. Leipzig: Teubner, S 3

[3] Vgl. Dresdner Nachrichten vom 4.11.1938 und Völkischer Beobachter vom 10.08.1938

[4] (1936) Berlin Nipponzin Gakkô. In Hamburger Illustrierte,
Nr. 21

[5] Wichtiges Material für das gesamte Projekt am Joachimsthalschen Gymnasium findet sich in zwei Heften der Alma Mater
Joachimica, Zeitschrift der Vereinigung Alter Joachimsthaler
e.V., a) in einem Bericht von Sauter, Walter (1973) Der Japaner
am Joachimsthal. Nr 36, S 705/709, b) im Nachdruck eines
Forschungsberichts des Japanologen Bergmann, Wolfgang (1991)
Über den Japanischunterricht am Joachimsthalschen Gymnasium in Templin 1944. Nr 71, S 1936/41 der Alma Mater Joachimica

[6] (1937) Jinjôka-yô shôgakkô kokugo tokuhon ikkan (Lesebuch für
die Grundschule Bd 1). Die verwendete Schrift war das Katakana-
Silbenalphabet.

[7] Donat war seit 1943 Direktor des Ostasieninstituts an der Universität Berlin, das eigens von der ss gegründet wurde und mit dem Seminar für Orientalische Sprachen nicht identisch ist (A.d.R.).

[8] Vgl. 9. Bericht des Deutschen Schulvereins Tôkyô, S 11, Jahresabschluß 1933

[9] Vgl. Rede Dr. Gundert, S 29/30, in: 9. Bericht des Deutschen Schulvereins Tôkyô. Er nennt einen Prof. Kanno.

[10] Vgl. Festschrift aus Anlaß des Neubaus der Deutschen Schule Tôkyô 1967/68. S 31

[11] Vgl. (1979) Festschrift und 25. Jahresbericht 1979 – Deutsche Schule Tôkyô 75 Jahre. Tôkyô, S 100 und (1985) 31. Jahresbericht der Deutschen Schule. Tôkyô, S 114

[12] (1991) Deutsche Schule Tôkyô – 37. Jahresbericht. S 140

[13] Vgl. 37. Jahresbericht. S 27, 140 u. 142

東京とベルリンの大学間交流

アストリット・ブロッホロース&ハネローレ・ヘーゲル

Universitätsbeziehungen zwischen Berlin und Tôkyô

Astrid Brochlos, Hannelore Hegel

19世紀後半、日本は開国にともない迅速かつ広範な分野における近代化への努力を惜しまず、ドイツはアジア地域に政治的な目を向け始めた。こうして、両国が学術と教育面での協力関係を築く土壌が生まれたのである。ドイツからは数多くの学者や専門家が日本へ渡り、大学を始めとする機関において知識を伝授した。また、日本からは留学生がドイツを訪れ、ベルリンでは現フンボルト大学の前身、当時のフリードリッヒ=ヴィルヘルム王立大学のような名だたる研究機関や、その付属シャリテ大学病院で学んだ。

ベルリンの大学における日本に関する研究や教授は、最初から日本人の教員によってサポートされてきた。1887年10月に設立されたベルリン東洋語学校では設立基準に従い、少なくともドイツ人教員一人、母国語の教員一人という構成をほぼ継続して守ってきた。しかし、この伝統を維持するという事においても、ナチ時代は困難な時代であった。ドイツ人以外の母国語教員を任命することの利と、それにともなう政治的危険を緻密に分析した、そのころのさまざまな文書が現存している。そのような困難にもかかわらず1887年から1945年までの間に語学講師としてベルリンの大学で教鞭をとった日本人は21名にのぼり、そのうち幾人かは、その後学術等の分野で一流とされるようになった人々である。

第二次世界大戦の終結とドイツの分割は、学問の分野においてもベルリンの対日関係の変転を意味せずにはおられなかった。ここから1990年10月3日に東西ドイツ再統一が成るまでは、ドイツ連邦共和国に属するベルリンの西側地域と、ドイツ民主共和国の首都であったベルリンの東側地域とでは、その発展は完全に異なるものであった。

1945年の戦争終結期は、ベルリン東洋語学校にとっても崩壊の時であった。教員や学生の多

Die Öffnung Japans gegenüber dem Ausland und seine Bemühungen um eine schnelle und umfassende Modernisierung auf der einen Seite sowie die Hinwendung deutscher Politik nach Asien auf der anderen Seite bereiteten in der zweiten Hälfte des 19. Jahrhunderts einen fruchtbaren Boden für eine zwischenstaatliche Zusammenarbeit auch auf dem Gebiet von Wissenschaft und Bildung. Zahlreiche deutsche Wissenschaftler und Experten reisten nach Japan, um ihr Wissen an Universitäten und andere Institutionen weiterzugeben, und Japaner kamen nach Deutschland, um an solch renommierten Einrichtungen wie der Königlichen Friedrich-Wilhelms-Universität zu Berlin (heute Humboldt-Universität zu Berlin) oder der ihr angegliederten Charité zu studieren.

Die japanbezogene Lehre und Forschung ist ein Bereich, in dem die Berliner Universität von Anfang an von japanischen Lehrkräften unterstützt wurde. Entsprechend den Gründungsvorgaben für das im Oktober 1887 gegründete Seminar für Orientalische Sprachen setzte sich der Lehrkörper fast durchgängig aus mindestens einem Deutschen und einem Muttersprachler zusammen, wenngleich die Zeit des Nationalsozialismus auch in dieser Hinsicht problematisch war. Verschiedene Schriftstücke aus jener Zeit zeugen davon, wie genau man Nutzen und politische "Risiken" einer Lektorenberufung abwog. Dennoch wirkten zwischen 1887 und 1945 insgesamt 21 Japaner als Sprachlehrkräfte an der Berliner Universität, von denen sich einige in der Wissenschaft oder in anderen Bereichen Rang und Namen erworben haben.

Das Ende des II. Weltkrieges sowie die Teilung Deutschlands bildeten eine Zäsur auch in den Wissenschaftsbeziehungen zu Japan. Von da ab bis zur Wiedervereinigung Deutschlands am 3. Oktober 1990 verliefen die Entwicklungen im Westteil Berlins, der zur Bundesrepublik Deutschland gehörte, und im Ostteil Berlins, der Hauptstadt der Deutschen Demokratischen Republik, völlig getrennt.

Das Kriegsende 1945 bedeutete den Zusammenbruch des Seminars für Orientalische Sprachen, denn ein Großteil der Lehrkräfte und Studenten war ums Leben gekommen, Gebäude und Bibliothek waren zerstört. Dennoch dauerte es nur kurze Zeit, bis die Asienstudien an der Humboldt-Universität wieder auflebten. Bereits im Sommersemester 1947 begann

フンボルト大学夜景
（ウンター・デン・リンデン通り）
Humboldt-Universität bei Nacht,
Unter den Linden

くが命を失っており、建物や図書館は破壊され
た。しかしながらフンボルト大学でアジア研究
が再興されるまでに、さして時間はかからなか
ったのである。1947年の夏学期には、すでにマ
ルティン・ラミングが中国学科の一環として日
本語教育を開始した。独立国家としての国際的
承認を得るための努力として日本とも関係を築
き深めることは、国益にも合致したのである。
日本からは学者が客員研究員や客員講師として
迎えられ、フンボルト大学に籍を置く者も日本
の各機関へと招かれた。協力関係は発展し、
1980年から1983年までの間にフンボルト大学
が提携関係を結んだ日本の大学は6校にのぼり、
そのうち東京にあるのは東京大学、法政大学、
立教大学、帝京大学、東海大学の5校である。
そして東京におけるフンボルト大学の活動の頂
点を極めたのが1984年7月14日から10月14
日まで開催された《ドイツ民主共和国の首都ベ
ルリンのフンボルト大学175年の歴史》と銘う
たれた展覧会であった。

　東側にあるフンボルト大学がだんだんと政党
色を強めてきたことへの抵抗から、1948年にベ
ルリンの西側地域にベルリン自由大学が設立さ
れた。ここにも日本学科が設置され、1954年か
らはハンス・エッカルトがまず正規のポストを
もたない私講師[a]として、1958年からは講座と
は無関係の員外教授として教鞭をとった。しか
しながら、1968年にはエッカルト教授のナチ時

Martin Ramming im Rahmen des Sinologischen Seminars mit der Japanischausbildung. In dem Bemühen um internationale Anerkennung entsprach es
dem Interesse der Regierung der DDR, Verbindungen
auch nach Japan aufzubauen und zu pflegen. Japanische Wissenschaftler wurden als Gastforscher und
-dozenten empfangen und Angehörige der Humboldt-Universität folgten Einladungen an japanische
Institutionen. Die wachsende Zusammenarbeit mün-
dete schließlich in verschiedene Kooperationsverträ-
ge, die die Humboldt-Universität zwischen 1980 und
1983 mit sechs japanischen Universitäten abschloß,
darunter mit der Tôkyô-, Hôsei-, Rikkyô-, Teikyô-
und Tôkai-Universität in Tôkyô. Ein Höhepunkt der
Aktivitäten der Humboldt-Universität in Tôkyô war
die Ausstellung *175 Jahre Humboldt-Universität zu
Berlin, Hauptstadt der Deutschen Demokratischen Republik* vom 14. Juli bis zum 14. Oktober 1984.

1948 war im Westteil Berlins aus Protest gegen die zunehmende parteipolitische Ausrichtung der Humboldt-Universität die Freie Universität Berlin gegründet worden. An ihr wurde ebenfalls eine Japanologie
aufgebaut, die ab 1954 durch Hans Eckardt zunächst
als Privatdozent, ab 1958 als apl. Professor vertreten
wurde. Wegen der politischen Position Eckardts zur
Zeit des Nationalsozialismus kam es 1968 zur ersten
Institutsbesetzung und zur Neuorientierung der Japanologie im Rahmen des Ostasiatischen Seminars.

Das Ende der Deutschen Demokratischen Republik
durch die Vereinigung Deutschlands am 3. Oktober
1990 bildet einen weiteren Einschnitt in die wissenschaftlichen Beziehungen zwischen Berlin und Tôkyô. Die Konfrontation innerhalb Berlins ist durch
Kooperation ersetzt. Den beiden Japanologischen Seminaren an der Humboldt-Universität und der Frei-

代の政治的過去が問題化し、日本学研究所の占
拠という日本学科にとってかつてなかった抗議
活動へと発展し、日本学科は東洋学科の一環と
して再組織されるという新しい出発につながっ
たのである。

　1990年10月3日のドイツ民主共和国の終焉
により、ベルリンと東京の学術交流の歴史は新
たな時代を迎えることとなった。ベルリン内の
東西対立は東西協力にとって代わられ、フンボ
ルト大学、自由大学の両日本学科は、研究や教
授において互いに調整をすることが取り決めら
れた。二つの日本学科、ベルリン日独センター、
森鷗外記念館と、日本との学術交流をより深め
るための前提条件がベルリンには充分に整って
いる。それに呼応して、ベルリンと東京の大学
間の協力関係は新たな第一歩を踏み出した。

　医学の分野で特に伝統的な協力関係を保って
きたフンボルト大学付属シャリテ病院と帝京大
学との交流は、帝京財団（ドイツ）の設立、お
よび1992年4月の帝京大学ベルリンキャンパス
開設によりさらなる進展を見た。さまざまな国
際的課題に直面し、広い視野と創造性を養うた
め、帝京大学生は10ヶ月にわたりベルリンで欧
州学とドイツ語、ドイツ文化を学ぶ機会を与え
られる。

　フンボルト大学と東海大学との交流も、特に
実を大きく結んできている。1981年より日本学
科の学生は定期的に平塚にある東海大学におけ
る10ヶ月の研修に臨んできた。その代わりにフ
ンボルト大学は、おもにドイツ語の集中研修の
ために東海大学生を受け入れている。

　ベルリン自由大学東洋学科は、1980年には東
京大学社会科学研究所との間に協力関係を結ん
でおり、1992年には、この関係がより広範な大
学間提携へと改正された。その他、自由大学は
1984年から京都大学とも極めて緊密な関係を
保っている。

ベルリン自由大学校章
Signet der Freien
Universität

ベルリン工科大学校章
Signet der Technischen
Universität

フンボルト大学校章
Signet der Humboldt
Universität

en Universität ist aufgegeben, sich in Forschung und Lehre miteinander abzustim-
men. Mit zwei Japanologischen Seminaren,
dem Japanisch-Deutschen Zentrum Berlin
und der Mori Ôgai-Gedenkstätte, bietet
Berlin hervorragende Voraussetzungen für
eine intensivierte wissenschaftliche Kooperation mit Japan. Dementsprechend haben
auch die Partnerschaften zwischen Universitäten in Berlin und Tôkyô neue Impulse
erhalten.

Die traditionell enge Kooperation zwischen
der Charité der Humboldt-Universität und
der Teikyô Universität in Tôkyô auf dem
Gebiet der Medizin ist durch die Gründung
der Teikyô Foundation sowie die Eröffnung
des Berlin Campus der Teikyô Universität
im April 1992 auf eine neue Stufe gestellt
worden. Mit dem Ziel, Weltoffenheit und
Kreativität angesichts globaler Aufgaben zu
fördern, wird Studierenden der Teikyô Universität in Berlin ein zehnmonatiges Teilstudium in Europäischen Studien sowie in deutscher Sprache und Kultur angeboten.

Besonders fruchtbar gestaltet sich auch der
Austausch zwischen der Tôkai Universität in
Tôkyô und der Humboldt-Universität. Seit
1981 fährt regelmäßig eine Gruppe von
Studierenden der Japanologie zu einem zehn-
monatigen Teilstudium nach Hiratsuka. Die Humboldt-Universität empfängt dafür Studierende der
Tôkai Universität, vornehmlich zu einer Intensivaus-
bildung in der deutschen Sprache.

Die Freie Universität Berlin ist seit 1980 mit der
Universität Tôkyô durch eine Vereinbarung zwischen
ihrem Ostasiatischen Seminar und dem Institut für
Sozialwissenschaften verbunden. Die Kooperation
wurde 1992 zu einem generellen Universitätsvertrag
erweitert. Daneben pflegt die Freie Universität Berlin
seit 1984 sehr intensive Beziehungen zur Universität
Kyôto.

Besondere Hervorhebung verdient der erst jüngst
im Juli 1994 unterzeichnete Kooperationsvertrag
zwischen der Sophia Universität in Tôkyô und der
Technischen Universität Berlin, da letztere über kein
Japanologisches Seminar verfügt und sich die ver-

帝京大学ベルリンキャンパス
Teikyô Universität, Berlin

多くの大学間交流のなかでも特色あるのが1994年7月に結ばれたばかりの東京の上智大学とベルリン工科大学[b]との交流である。ベルリン工科大学には日本学科がなく、交換留学生として派遣されるのは専攻のかたわら日本語を学ばなければならない経済学科の学生である。

さらに、ベルリン工科大学は1977年に慶応大学と姉妹校関係を結んでおり、素材学と冶金工学の分野での交流がさかんである。

これらの、すでに形式の整った協力関係の枠を越えて、東京とベルリンの間で直接に学術交流がおこなわれるケースは多い。1994年にはおよそ80人の日本人がベルリンの大学に籍を置いていたし、フンボルト大学および自由大学において日本学を主専攻か副専攻として学ぶ学生は437人にのぼっている。

東西ドイツの統一により、19世紀末から今世紀初頭のように、再びベルリンと東京の地が日独の学術分野での交流の要となるための布石が敷かれたといえよう。

注

[a] 編注：「私講師」は教授資格を取得して大学で講義をする資格を持つ講師だが、正規の講師（公務員）ではなく、学生数に応じて講義料を受け取る。

[b] 編注：単科大学としてスタートしたベルリン工科大学は、1946年に総合大学として再設され、現在50以上ある専攻課程のなかには機械工学や電気工学、情報科学や化学だけでなく独文学や心理学、音楽等もある。再設の際も「工科大学」の名前は残った。

abredeten Austauschmaßnahmen an Studierende der Wirtschaftswissenschaften richten, die sich die Kenntnisse der japanischen Sprache nebenher erwerben müssen.

Ferner hat die Technische Universität Berlin 1977 einen Partnerschaftsvertrag mit der Keiô Universität abgeschlossen, der vor allem die Zusammenarbeit in der Forschung auf dem Gebiet der Werkstoffwissenschaften und der Metallurgie zum Inhalt hat.

Neben diesen formalisierten Partnerschaften gibt es eine Vielzahl direkter Kooperationen zwischen Wissenschaftlern in Tôkyô und in Berlin. 1994 waren rund 80 Japaner zu einem Studium an einer der Berliner Hochschulen eingeschrieben. Gleichzeitig studierten an der Humboldt-Universität und an der Freien Universität 437 Deutsche das Fach Japanologie im Haupt- oder Nebenfach.

Mit der Vereinigung Deutschlands sind somit die Voraussetzungen dafür geschaffen, daß Berlin und Tôkyô wieder zu Zentren der wissenschaftlichen Zusammenarbeit zwischen beiden Ländern werden können, wie sie es zum Ende des letzten und Anfang dieses Jahrhunderts bereits waren.

ツォイテナゼー湖畔の帝京大学ベルリンキャンパス
Teikyô Universität Berlin, am Zeuthener See

東京とベルリン　都市発展の比較

ヴィンフリート・フリュヒター

Berlin und Tôkyô: Stadtentwicklung im Vergleich

Winfried Flüchter

ベルリンと東京はともに先進二ヶ国の首都であり、両国の総面積がほぼ等しいことから比較の対象とされやすいが、この比較には限界がある。というのも、ベルリンと東京ではドイツと日本それぞれにおける首都としての機能があまりに異なっているからである。連邦制をとるドイツ連邦共和国ではベルリンは首都としての役割の一部を果たすにすぎない。そのうえ、このドイツ第二の大都市圏(a)の人口は、ドイツの総人口の7パーセントにも満たない。反して東京は中央集権制をとる日本の首都として、そのさまざまな機能を完全に果たしており、首都圏には日本の総人口の4分の1が居住している。第二次世界大戦後の両都市の発展の仕方も、大きく異なっていた。それでもなお、あらゆる大都市を結びつける共通点や発展経緯もあるはずで、それらを手がかりとして述べてゆきたい。

定義と面積比較

東京は、世界最大の都市であろうか。他の巨大都市（メキシコ・シティ、上海など）が非常な成長をとげてきたことを考慮しても、この問いは肯定されてよいだろう。ただし「都市」という意味を行政区域に限るというナンセンスをおかさず、人口密集地を中心とした都市圏を総合して見ることが前提となる。一体今日のベルリンは、これらのとてつもない大都市と肩を並べることができるのだろうか。

「ベルリン」は、行政上の概念でいえば360万人の人口をもつ単一公共体の大ベルリンを示す。これを囲んで新たに発生した八つの郡とひとつの独立都市をくわえると、半径70キロメートル内におよそ500万人が住んでいることになる。単一公共体としての大ベルリンは、1920年に数々の市町村が合併されて生まれた。すでにその時には住居圏も経済圏も、それまでのきわめて小さく区切られた市や町の区域をはるかに

Berlin und Tôkyô bieten sich als Hauptstädte zweier flächenmäßig gleich großer, hochentwickelter Länder für einen Vergleich an. Diesem sind allerdings Grenzen gesetzt. Zu unterschiedlich ausgeprägt sind die Funktionen Berlins und Tôkyôs als Metropolen innerhalb ihrer Länder. Im föderalistischen Staat der Bundesrepublik Deutschland nimmt Berlin nur einen kleinen Teil der Aufgaben einer Hauptstadt wahr und erfaßt als zweitgrößte Stadtregion nicht einmal sieben Prozent der Gesamtbevölkerung. Dagegen konzentriert Tôkyô im zentralistischen Staatssystem Japan die weite Palette der Hauptstadtfunktionen voll auf sich und stellt mit seiner Hauptstadtregion ein Viertel der Bevölkerung des Landes. Zu unterschiedlich haben sich die beiden Hauptstädte vor allem nach dem II. Weltkrieg entwickelt. Dies schließt jedoch Gemeinsamkeiten und Lernprozesse nicht aus, die alle Metropolen miteinander verbinden und die hier nur ansatzweise angesprochen werden können.

Begriffsklärungen, Größenvergleiche

Ist Tôkyô die größte Stadt der Welt? Die Frage kann trotz des enormen Wachstums sonstiger Riesen-Metropolen (z.B. Mexico-City, Shanghai) immer noch bejaht werden, vorausgesetzt, man läßt die Stadt sinnvollerweise nicht an ihren Verwaltungsgrenzen enden, sondern versteht darunter die gesamte, dem Ballungskern zugeordnete Stadtregion. Kann das heutige Berlin mit dermaßen gewaltigen Agglomerationen überhaupt mithalten?

Berlin: Darunter versteht man im administrativen Sinne die Einheitsgemeinde Groß-Berlin mit einer Bevölkerung von derzeit 3,6 Millionen Einwohnern. Unter Einbeziehung der umliegenden neun Stadt- und Landkreise leben im Umkreis von etwa 70 km insgesamt etwa 5 Millionen Menschen. Die Einheitsgemeinde Groß-Berlin entstand 1920 durch Zusammenschluß zahlreicher Kommunen, nachdem der Siedlungs- und Wirtschaftsraum über die Grenzen des zuvor sehr kleinen Stadtgebiets weit hinausgewachsen war. Die überfällige Gemeindeneugliederung 1920 bestätigte administrativ, was Berlin zu jener Zeit war: eine der größten Städte der Welt mit 4 Millionen Einwohnern. Bis heute kaum verändert haben sich die damalige Gliederung in Stadtbezirke (ursprünglich 20, derzeit 22) und die Außengrenze

越えて発展していたのであった。遅きに失した感さえあった1920年の区画整理によってようやくベルリンが400万人の人口を誇る世界でも有数の大都市であることが行政上でも追認されたことになる。当時の区画は、今日までほとんど変更されておらず（当時20区、現在22区）、ブランデンブルク州との境もほぼ当時のままである。ブランデンブルク州は、250万人と極めて人口密度の低い後背地域を形成している[1]。

「東京」は、最も厳密には東京23区をさし、人口は820万人。大ベルリンの70パーセントに過ぎない面積に2.3倍の人間が住んでいる。行政単位である東京都全体を見ると人口は1190万人。しかし、都市化はこの行政地域をはるかに越えて広がっているため、東京を現実的に捉えるならば、東京を中心として散らばる郊外圏もここに含めなければならない。したがって、面積では東京の中心から半径50キロメートルの圏内、人口としては2920万人が「東京」に属すると見なされるべきであり[2]、これは、行政上は「東京大都市圏」と呼ばれる。統計上、ここには東京都のほかに千葉、神奈川、埼玉の3県が含まれる。南関東とも称されるこの地域の総人口は3120万人。後背地と呼べる4県をさらにくわえた関東全体を見てみると3880万人の人口をもつ首都圏ができあがる[3]。首都圏は、山麓地域で人の住まない箇所を除いてみると大ベルリンとブランデンブルク州を合わせたのとほぼ同じ面積となるが、そこに住む人口を比較するとこの首都圏にはベルリン、ブランデンブルクの6.3倍の人間が居住していることになる。

歴史的都市変遷と都市機能

1200年ころにシュプレー河両岸の二つの商人の集落ベルリンとケルン[b]として生まれた町ベルリンは、当時一国を成していたマルク・ブランデンブルク[c]内における人々の居住地が東方に伸

zum Land Brandenburg, das mit einer Bevölkerung von 2,5 Millionen Einwohnern ein nur sehr dünn besiedeltes Hinterland darstellt.[1]

Tôkyô: Dies meint im sehr engen Sinne lediglich die 23 Stadtbezirke (-ku) mit 8,2 Millionen Einwohnern. Hier leben im Vergleich zu Groß-Berlin bereits 2,3 mal so viele Menschen auf nur 70 Prozent der Fläche. Der Regierungsbezirk Tôkyô (-to) zählt 11,9 Millionen Einwohner. Da die Verstädterung weit über die administrativen Grenzen hinausgeht, beinhaltet Tôkyô realistischerweise den gesamten, auf die Kernstadt ausgerichteten suburbanen Raum. In geometrischer Abgrenzung kann damit ein Gebiet im 50 km-Raumradius um Tôkyô-Mitte mit einer Bevölkerung von 29,2 Millionen verstanden werden.[2] In administrativer Abgrenzung spricht man von der Tôkyô Metropolitan Region (Tôkyô daitoshi-ken). Statistisch schließt diese neben der Präfektur Tôkyô, die drei Nachbarpräfekturen Chiba, Kanagawa und Saitama ein. In diesem Gebiet, identisch mit Süd-Kantô, leben 31,2 Millionen Menschen. Bezieht man das gesamte Kantô unter Einschluß vier weiterer Präfekturen als Hinterland mit ein, so erhält man die National Capital Region (Shuto-ken) mit einer Bevölkerung von 38,8 Millionen[3]. Die National Capital Region würde abzüglich solcher Flächen, die als Randgebirge völlig unbesiedelt sind, etwa dem Gebiet der vereinigten Länder Berlin und Brandenburg entsprechen, allerdings das 6,3 fache an Bevölkerung ausmachen.

Historische Stadtentwicklung, Funktionen

Berlin: Zurückgehend auf die um 1200 an der Spree gegründeten Kaufmannssiedlungen Cölln und Berlin lag die im Zuge der Ostsiedlung sich entwickelnde Stadt im damaligen Grenzland ("Mark") Brandenburg weit abseits der Reichszentren des Westens und Südens. Ihre Erhebung zur kurfürstlichen Residenz der Hohenzollern Mitte des 15. Jahrhunderts war die Voraussetzung für eine Entwicklung, die im Zusammenhang mit dem Aufstieg Preußens zum Machtzentrum der preußischen Könige und ab 1870/71 der deutschen Kaiser Berlin zur Hauptstadt des Deutschen Reiches werden ließ.[4] Diese Funktion währte nur 74 Jahre: Kaiserreich (1871–1918), Weimarer Republik (bis 1933), Nationalsozialismus (bis 1945). Die

びていった過程で発展しただけあって、同国内の西部、南部に存在した中心地からはかなりはずれていた。しかし、15世紀半ばにホーエンツォレルン家がブランデンブルク選帝候としてベルリンを居住地に選んだことが、その後のベルリンの発展の布石となった。プロシアが王国として力をつけるに従って、ベルリンは歴代プロシア国王の権力の中心地となり、また1870年〜1871年にはドイツ皇帝がベルリンをドイツ帝国首都と定めたことが、その重要性を決定的なものとした(4)。しかし、ドイツの首都として機能したのはドイツ帝国（1871年〜1918年）、ワイマール共和国（1918年〜1933年）、ナチ時代（1933年〜1945年）の合計74年間でしかなかった。ドイツの分割（1949年〜1990年）、またベルリンがまず戦勝四ヶ国による分割統治市とされ、そのうちの東側地域がその後40年間にわたりドイツ民主共和国の首都であったことは、

Teilung Deutschlands (1949–90) und die Vierteilung Berlins als Sektorenstadt, deren östlicher Teil 40 Jahre Hauptstadt der DDR war, hatte nicht nur politische Brüche zur Folge. Sie brachte der ehemaligen Weltmetropole Rückschläge, die sich im internationalen Vergleich mit konkurrierenden Zentren, insbesondere mit Tôkyô sehr schmerzlich bemerkbar machen. Hinzu kommt, daß die Bundesrepublik Deutschland als föderalistisches Land ganz im Gegensatz zum zentralistischen Japan international die wohl stärkste Dezentralisierung hauptstädtischer Funktionen aufweist[5] – sicher auch ein Ergebnis des II. Weltkrieges. Die Entscheidung des Deutschen Bundestages für Berlin als Sitz von Parlament und Regierung 1991 knüpft an die Tradition der alten Reichshauptstadt wieder an. Die langfristige Verlagerung der Regierungsfunktion vom Rhein an die Spree bringt Berlin neue Schubkraft, die sich allerdings in keiner Weise mit der Vielfalt und Dynamik der Funktionen und Wachstumskräfte Tôkyôs vergleichen läßt. Der Erfolg neuer Stadtplanungskonzepte für Berlin hängt wesentlich mit davon ab, in welcher Zeit und in

ベルリンと東京の地勢比較

Berlin und Tôkyô im Größenvergleich

	面積 (km²) Fläche (km²)	人口 (人) Bevölkerung (E.)	人口密度 (人/km²) Dichte (E./km²)
大ベルリン (単一公共体) Einheitsgemeinde Groß-Berlin	889	3 600 000	4 049
大ベルリンおよび周辺地域（8 郡、1 独立都市） Groß-Berlin mit Umland (8 Landkreise, 1 Stadtkreis)	17 409	5 000 000	287
ベルリンおよびブランデンブルク Berlin mit Brandenburg	29 948	6 100 000	205
東京23区 Tôkyô Stadtbezirke (-ku)	618	8 200 000	13 217
東京都 Tôkyô Präfektur (-to)	2 183	11 900 000	5 430
東京半径50 km地域 Tôkyô im 50 km-Raumradius	7 622	29 200 000	3 831
東京大都市圏（南関東） Tôkyô Metropolitan Region (=Süd-Kantô)	13 548	31 200 000	2 303
東京首都圏（関東および山梨県） National Capital Region (=Kantô + Yamanashi-ken)	36 832	38 800 000	1 053

政治的のみならず幅広い分野で東西ドイツの分
断をもたらした。こうしてかつて世界的にも大
都市であったベルリンは、とりわけ東京など国
際的に競争相手といえる各大都市の発展に無残
なほどの遅れをとったのである。また、ドイツ
連邦共和国は、日本の中央集権制とは対照的な
連邦制度をとるがゆえに、国際的にも首都機能の
分散がもっとも進んだ国である(5)。この特色も、
第二次世界大戦の産物といって良いであろう。
1991年にドイツ連邦議会が国会および政府の所
在地をベルリンと定めたことは、同地が帝国首
都であったことにまつわる伝統を再び継承した
ものである。行政機能を長期的にライン河沿い
のボンからシュプレー河沿いのベルリンに移す
プロジェクトは、ベルリンにとって新たな原動
力となることは間違いない。それでもなお、都
市としての機能の多様性や躍動性、成長力とい
った点において、ベルリンは東京には全く及ば
ないのである。ベルリンの新都市計画の成否は
おもに、ベルリンに計画されている都市機能が、
どれだけの時間をかけてどの程度まで実現される
か、ということにあるといえよう。

　15世紀に築かれた城（太田道灌、1457年）
をもとに興った町、現在の東京は、1603年に幕
府が設置されて初めて江戸という名で日本史に
登場することとなる。1591年〜1603年という
短期間のうちに徳川家康は長く続いた戦国時代
に終止符を打ち、江戸を新しい役割にむけて整
えたのである(6)。徳川時代（1603年〜1868年）
に厳格な中央集権制度が確立された後、1868年
の明治維新にともない首都がそれまで伝統的に
天皇の御所があった京都から移され、同時に名
称も東の都、東京と変わったことにより、日本
の中心地が関西から関東へと移動する条件が
整った。経済的基盤の東への移動が顕著になる
のは第二次世界大戦が終わってからのことだっ
たが、今日の東京は、政治面のみならず文化、

wechem Ausmaß die vorgesehenen Funktionen realisiert werden können.

Tôkyô: Die Stadt, deren Burgstandort auf einen Vorläufer des 15. Jahrhunderts zurückgeht (Ôta Dôkan,
1457), trat erst 1603 unter dem Namen Edo als Sitz
der Shôgune ins Rampenlicht der japanischen Geschichte, nachdem sie in der kurzen Zeit von
1591–1603, der Endphase lang andauemder innenpolitische Machtkämpfe, durch Tokugawa Ieyasu auf
ihre neue Rolle vorbereitet worden war.[6] Die straffe
Zentralisierung des Landes durch die Shogunatsregierung in Edo während der Tokugawa-Zeit
(1603–1868) und die mit der Meiji-Restauration
(1868) einhergehende Verlagerung der Hauptstadt
von Kyôto (dem traditionellen Sitz des Tennô) nach
Edo, das fortan Tôkyô (Östliche Hauptstadt) hieß,
waren wichtige Voraussetzungen für die großregionale Schwerpunktverschiebung vom Kerngebiet Japans im Westen (Kansai) nach Osten (Kantô). Auf
wirtschaftlichem Gebiet trat diese Verlagerung jedoch erst nach dem 11. Weltkrieg deutlich zu Tage.
Tôkyô ist heute vor Ôsaka das nicht nur politische,
sondern auch kulturell und wirtschaftlich mit Abstand führende Zentrum Japans. Seit der Globalisierung der japanischen Wirtschaft Mitte der 8oer Jahre
hat sich die Hierarchisierung des japanischen Städtesystems einseitig zu Gunsten der Hauptstadt im
Sinne einer "Ein-Punkt-Konzentration Tôkyôs" (Tôkyô ikkyoku shûchû) verstärkt. Auf internationaler
Ebene ist Tôkyô zu einem der führenden Wirtschafts-
und Finanzzentren aufgestiegen.[7]

Verstädterung

Berlin: Vor der Industrialisierung reichte die Verstädterung Berlins kaum über die Grenzen der 1736 errichteten Stadt(=Zoll/Akzise)-Mauer hinaus. Im Umkreis von etwa 2 km um den Stadtkern lebten zu
dieser Zeit 86.000 Einwohner, deren Zahl bis 1750
auf 113.000 zunahm. Legt man das Gebiet der späteren Einheitsgemeinde Groß-Berlin zugrunde, lag die
Bevölkerungszahl im Jahre 1834 bei 265.000, 1852
bei 439.000. Sie stieg im Zuge der Industrialisierung
und wachsenden politischen Bedeutung Berlins als
Reichshauptstadt vor allem bis zum 1. Weltkrieg
enorm: 1871: 826.000, 1900: 1,9 Millionen, 1925: 4,0
Millionen, 1939: 4,3 Millionen. Unter Einbeziehung

経済面においても日本の中心地として大阪に水をあけている。80年代半ばに日本経済の国際化が進んでからは、日本の各都市間のヒエラルキーは一段と首都東京の地位を高めて強まり、東京一極集中型はますますその色を濃くしている。国際的にも東京は、世界の経済および金融の中心地のひとつとしてのし上がってきた⁽⁷⁾。

都市化

　産業化以前は、ベルリンの都市化は1736年に建てられた市の囲壁（税関）を越えない範囲に止まっていた。当時、市の中心から半径2キロメートル以内の人口はおよそ8万6000人であり、1750年にはそれが11万3000人に増加。後の大ベルリン地域に視点を拡大してみると1834年には26万5000人、1852年には43万9000人となっている。産業化が進み、帝国首都としてのベルリンの政治的地位が高まるにつれて人口はさらに増え、第一次世界大戦まではその増加傾向が特に甚だしかった。1871年、82万6000人。1900年、190万人。1925年、400万人。1939年、430万人。周辺の郡・市町村をくわえると1939年にはベルリン都市圏の人口はおよそ520万人であり、ここで頂点を極めたことになる。戦争により大ベルリンの人口は1945年には280万人にまで減少した。空襲で総居住空間の33パーセントまでが崩壊したのである。その後1950年までには人口は330万人に回復（周辺市町村を含むと420万人）したものの、今にいたるまで戦前の規模はとり戻していない⁽⁸⁾。

　ベルリンでは、第一次世界大戦前の展開の仕方が現在の都市計画にまで影響を及ぼしている。当時ベルリンは大変なスピードで成長していった。都市計画の観点からは、以下のような点がその特徴として挙げられよう⁽⁹⁾。

—　労働者用団地形式の廉価賃貸アパート：1736年以前の税関囲壁は1866年には取り壊さ

ウンター・デン・リンデン通りとフリードリッヒシュトラーセ通り交差点（1907年）
Unter den Linden/Friedrichstraße, 1907

der angrenzenden Stadt-/Landkreise betrug die Bevölkerungszahl für die gesamte Stadtregion 1939 etwa 5,2 Millionen. Damit war der absolute Höhepunkt erreicht. Kriegsbedingt schrumpfte die Einwohnerzahl Groß-Berlins 1945 auf 2,8 Millionen – der Bombenkrieg hatte 33 Prozent des Wohnungsbestandes zerstört – verzeichnete 1950 einen Anstieg auf 3,3 Millionen (einschließlich der Umlandkreise 4,2 Millionen) und hat bis heute an den Vorkriegsstand nicht wieder anknüpfen können.[8]

Die städtebauliche Entwicklung des Berliner Raumes ist geprägt von Prozessen, die weitgehend noch vor dem 1. Weltkrieg abliefen. Damals erlebte Berlin die größten Wachstumsschübe, die sich städtebaulich vor allem in folgenden Punkten äußerten[9]:

– Mietskasernenbebauung: Im Außenbereich der Zollmauer von 1736, die nach 1866 abgetragen wurde, entwickelte sich ein Wohngürtel hoher, geschlossener Bebauung. Dieser sog. Wilhelminische Ring war entscheidend für die außerordentlich hohe Verdichtung der Stadt. Vor den Eingemeindungen 1920 betrug die Bevölkerungsdichte 28.485 E./km² (1,9 Millionen auf einer Fläche von nur 66 km²).

– Anlage eines Kranzes von Kopfbahnhöfen für elf Fernbahnstrecken (1838–78 eröffnet), Bau der Ringbahn 1870 (als Klammer des Wilhelminischen Gürtels), der Stadtbahn 1882 (als zentrale Ost-West-Querverbindung) und eines Netzes von Pendlerlinien, die über den Radius der Straßenbahnen hinaus weit ins Umland vorstießen.

– Gründung von Villen-/Landhauskolonien und "Gartenstädten" am Stadtrand, gewöhnlich in Nähe einer Bahnhaltestation.

れたが、その線の外側に高層の住宅が密集して建てられていった。ヴィルヘルム・リングと呼ばれるようになるこの団地街の建設は、ベルリンの人口密度を高めることになったのである。市町村合併前の1920年には、人口密度はキロ平米当たり2万8485人であった。66キロ平米内に190万人もが居住していたのである。

――　1838年から1878年にかけて、ベルリンからでる長距離列車の11路線が敷かれたが、その頭端式駅(d)が環状に設置された。ヴィルヘルム地域一帯を結ぶための環状路線が1870年に、東西を横切るSバーン（都市高速鉄道）が1882年に、また通勤者のための電車網が路面電車の及ぶ地域をはるかに越えて外側へとのびていった。

――　市の周辺地域、おもに電車の停車駅の周りには高級邸宅や別荘が次々と建てられ、田園都市の様相を示した。

――　産業化の急速な展開、第二次産業と第三次産業との分離、市の中心地の誕生

　第一次世界大戦前のベルリンの都市と郊外地域の発展は、ディベロッパーが土地を買い上げ、インフラ開発、区画整理をおこなったうえでこれを売却する、という形で進んでいった。しかし、第一次大戦後のワイマール共和国下では、それまでの王国時代とは違い、住宅建設はもはや民間経済にのみ任せられるのではなく、公益を目的とした住宅建設公社や協同組合の役目ともなった。そしてその伝統は第二次世界大戦後にも部分的に継承されてゆくことになる。

　西ベルリンと東ベルリンの戦後復興と都市開発は、40年間にわたる東西分断のため歩調をあわせることを阻まれてきた。ベルリンは、資本主義と社会主義それぞれのパラダイムたるべき異常な存在だった(10)。東西ベルリンに共通していたのは、競争する二つの政治体制のシンボルとしての模範的都市計画という特徴であり、西ベルリンではドイツ連邦共和国政府によるベルリ

東京から富士を望む
Fuji, von Tôkyô aus gesehen

– Expansion der Industrien, Trennung sekundärer und tertiärer Wirtschaftsbereiche sowie Citybildung. Stadtentwicklung und Suburbanisierung Berlins vor dem 1. Weltkrieg waren geprägt durch Aktivitäten von Terraingesellschaften, die Land erwarben, es infrastrukturell erschlossen, in Parzellen gliederten und an Interessenten verkauften. Im Gegensatz zur Zeit der Monarchie, in der der Wohnungsbau Sache der Privatwirtschaft war, verkörperte dann die Weimarer Republik die erste bedeutende Periode gemeinnütziger Wohnungsbaugesellschaften und -genossenschaften, an deren Tradition die Nachkriegszeit teilweise anknüpfte.

Eine gemeinsame Wiederaufbau- und Stadtplanung in West- und Ost-Berlin war durch die Teilung 40 Jahre lang blockiert. Berlin galt als Anomalie und Paradigma zugleich für die "kapitalistische" und die "sozialistische" Stadt.[10] Typisch für beide Stadtteile war u.a. ein Vorzeige-Städtebau als Ausdruck konkurrierender politischer Systeme, realisiert durch Steuerpräferenzen (für West-Berlin von seiten der BRD) bzw. Investitionsprioritäten (zugunsten von Ost-Berlin als "Hauptstadt der DDR"). Beispiele sind der Um- und Ausbau der Stadtzentren, der Wiederaufbau und die Sanierung des Altbaubestandes (im Westen), der Neubau von Großwohnsiedlungen (vor allem im Osten), die Errichtung eines Stadtautobahnnetzes (im Westen).

Außerhalb der Grenzen Groß-Berlins scheint die Entwicklung auf dem Stand der Vorkriegszeit stehengeblieben zu sein: Die Siedlungsspitzen der Vorkriegs-

ン特別減税措置により、また東ベルリンでは「ドイツ民主共和国の首都」として優先的に投資がおこなわれたことにより、この都市計画が促進されたのである。こうして、たとえば東西両地域で中心地の建て直しや拡張、西ベルリンでは古い建造物の復興や近代化、都市高速道路網の整備、また東ベルリンでは特に大住宅地の建設といったことに重点が置かれたのである。

大ベルリンの外側では、戦前がそのまま残されてしまったかのようである。居住地として発展した各地域は、インフラ（とりわけ都市高速鉄道）も含めて今日にいたるまでほとんど変わらぬ姿を見せている。非常にダイナミックでありながらせわしく騒然とした東京の発展と比較すると、あまりにうらぶれていて、ノスタルジーを呼び起こさずにはいない。この原因はといえば、まず人口の膠着、そして東西をへだつ壁の建設が挙げられる。西ベルリンをめぐる水ももらさぬほどに徹底したいわゆる「ベルリンの壁」のため、西ベルリンから周辺地域への都市化はなかった。戦前に重要だった都市高速鉄道網が西ベルリンとの境界で断たれ、半径20キロメートルほどの環状線として西ベルリンを迂回させられたのも壁の影響である。現在、かつてベルリン周辺地域へとのびていた都市高速鉄道網の復旧工事が続いているが、これは近距離公共交通機関が息を吹き返し、分散している住宅地域を結び付け、市の周辺に新たに住宅が点在するように建てられて自然景観が破壊されないようにするための重要な前提となる事業である。

ベルリンとは異なり江戸・東京の人口推移は、第一義には産業化に影響されたものではなく、幕府の設置にともなったものであった。徳川家康が天下をとったすぐ後の1608年に江戸は60万人という当時では信じられないような人口をかかえるようになったのである。その後17世紀〜18世紀の全盛時代には100万人を大きく超えて

zeit samt ihrer Infrastruktur (S-Bahnen!) wirken bis heute fast unberührt, heruntergekommen und nostalgisch im Vergleich zu der außerordentlich dynamischen, aber auch hektisch-turbulenten Entwicklung in Groß-Tôkyô. Ursachen dafür waren die Bevölkerungsstagnation und der Bau der Mauer. Die messerscharfe Grenze um West-Berlin ließ ein Übergreifen der Verstädterung ins Umland von West-Berliner Seite aus nicht zu. Sie war auch der Grund, daß wichtige S-Bahnverbindungen der Vorkriegszeit an der Stadtgrenze zu West-Berlin abgeschnitten und in einen Umgehungsring (ca. 20 km Radius) umgeleitet wurden, der das Umfahren West-Berlins ermöglichte. Die derzeitige Wiederherstellung ehemals gekappter S-Bahnverbindungen ins Berliner Umland ist eine wichtige Voraussetzung für die Revitalisierung des öffentlichen Nahverkehrs, für die Bündelung der Siedlungscluster und die Einschränkung der Zersiedlung am Stadtrand.

Tôkyô: Im Gegensatz zu Berlin war die Bevölkerungsentwicklung in Edo/Tôkyô zunächst weniger eine Folge der Industrialisierung als vielmehr ein Resultat der Hauptstadtwerdung. Bereits wenige Jahre nach der Machtübernahme der Tokugawa erreichte Edo 1608 die unglaubliche Einwohnerzahl von 600.000, zur Blütezeit im 17./18. Jahrhundert weit über eine Million [11] – nicht ungewöhnlich für ostasiatische Hauptstädte, die im Gegensatz zu den Metropolen des Westens schon lange vor der Industrialisierung zu Millionenstädten wurden. Dennoch war Tôkyô bis Ende des 19. Jahrhunderts eine räumlich überschaubare Stadt, deren überbaute Fläche nur unwesentlich über ihre Grenzen zur Edo-Zeit hinausgewachsen war. Äußerst dicht besiedelt innerhalb eines Umkreises von nur 5 km um den Kaiserpalast hob sie sich deutlich von der ländlichen, mit zahlreichen Dörfern durchsetzten Umgebung ab.

Mit Beginn der Industrialisierung Anfang dieses Jahrhunderts wuchs Tôkyô bei stark zunehmender Bevölkerung dermaßen über die Verwaltungsgrenzen seines damaligen Stadtgebietes hinaus,[12] daß 1932 zahlreiche Eingemeindungen vorgenommen wurden, die die Stadt im administrativen Sinne auf die Fläche ihrer heutigen 23 Stadtbezirke (-ku) anwachsen ließen.[13] Nachdem die Einwohnerzahl in den Stadtbezirken 1940 mit 6,8 Millionen ihren ersten Höhe-

いた⁽¹¹⁾。西ヨーロッパとは違い東アジアの各首都は、産業化以前にすでに人口が100万人を超えたところがいくつかあったので、江戸／東京がとりわけ異なっている訳ではない。しかしながら東京は19世紀末までは、建物の密集している地域がかつての江戸の街を越えることはあまりない、見通しのきく、分かりやすい町であった。現皇居のまわり5キロメートルにわたる比較的小さい区域に住居が密集した図は、その周りの田舎風の景色と大きな対比を見せていた。

今世紀初めに産業化が進むと同時に東京は人口をさらに大きく増やし、かつての行政区域を越えて広がっていった⁽¹²⁾。そこで1932年には各周辺地域の東京への併合が実施され、今日の行政的な意味でいう東京23区がこの街に組み込まれたのである⁽¹³⁾。1940年に人口は680万人と最初のピークを迎えたあと、戦争の影響で1945年には280万人にまで減少（いみじくも1945年のベルリンと同数である）。しかし、その後すぐに大きく回復を見せて1950年代の半ばには戦前の水準を取り戻し、1965年には890万人と、かつてなかった頂点に達する。その後23区の人口は減少傾向にある。1950年代末からは周辺地域の人口が増え始め、この傾向は今日では東京から半径40km〜50kmという広大な範囲にわたって顕著になっている。つけくわえておかねばならないのは、東京の中心から半径50キロメートルの地域では都市化が猛烈な勢いで進んできたことだ。1960年から1990年までの間に、この地域の人口は1580万人から2920万人へと倍増した⁽¹⁴⁾。

東京は、二回の大打撃を被りながら成長してきた⁽¹⁵⁾。そのひとつが1923年の関東大震災で、大火災が街を焼きつくし、10万人が犠牲となったうえ、23区内の総居住空間のうち74パーセントが崩壊。二つ目は第二次世界大戦時の東京大空襲であり、10万人が死亡、75万9000軒の家

punkt erreicht hatte, sank sie kriegsbedingt 1945 auf 2,8 Millionen (auf das gleiche Minimum wie Berlin), nahm aber schon bald wieder dermaßen kräftig zu, daß noch vor Mitte der 50er Jahre der Vorkriegsstand eingeholt und um 1965 mit 8,9 Millionen der absolute Spitzenwert erreicht war – seitdem ist der Trend innerhalb der Stadtbezirke rückläufig. Das Bevölkerungswachstum verlagerte sich bereits seit Ende der 50er Jahre vom Ballungskern in die Außenzonen, wo das Maximum der Zunahme inzwischen bis in den Raumradius von 40–50 km vorgedrungen ist. Festzuhalten bleibt, daß die Verstädterung innerhalb des gesamten Umkreises von 50 km um den Kern Tôkyô rasant fortgeschritten ist: Von 1960 bis 1990 nahm die Bevölkerung in diesem Gebiet von 15,8 Millionen um fast das Doppelte auf 29,2 Millionen zu. [14]

Zwei Katastrophen haben die städtische Entwicklung Tôkyôs mitbestimmt: [15] zum einen das Große Kantô-Erdbeben 1923 mit seinen verheerenden Flächenbränden, das etwa 100.000 Todesopfer forderte und den Wohnungsbestand zu 74 Prozent (Stadtbezirke) zerstörte, zum anderen die Bombardierungen im II. Weltkrieg mit ca. 100.000 Toten und 759.000 zerstörten Häusern. Nach dem großen Erdbeben setzte eine planerische Neugestaltung des Zentrums von Tôkyô ein, die bereits 1888 gesetzlich vorgegeben war und sich an moderner westlicher Stadtplanung orientierte. [16]

Das langfristig größte Problem jedoch war die Verstädterung in den Außengebieten, der man von Seiten der Stadtplanung lange konzeptionslos gegenüberstand. Steuernde Akteure im suburbanen Raum waren private Eisenbahngesellschaften, die bereits seit den 1910/20er Jahren Akzente für städtische Entwicklung setzten und bis heute einen erheblichen Einfluß auf Raumordnungs- und Stadtplanungsfragen ausüben. Ausgehend von der Yamanote-Ringbahn (Teilverbindung seit 1891, Fertigstellung 1925) bauten sie zunächst radial ins Umland führende Bahnlinien und erschlossen vor allem im Umfeld der Bahnhöfe neue Wohngebiete mit ansprechender Infrastruktur. An den Schnittstellen der Pendlerlinien entwickelten sich zentrale Orte als Brennpunkte städtischen Lebens. [17] Dies gilt vor allem für die Ringzentren, wo der Pendlerverkehr der Außengebiete auf die Ringbahn trifft. Die Ringzentren, noch in der To-

アレクサンダー広場のパノラマ（1906年）　Panorama des Alexanderplatzes, 1906

屋が破壊されたのである。大震災の後からは、すでに 1888年に発布されていた東京の中心地区についての都市計画法が本格的に実行に移され、西洋近代的な都市計画に基づいて街づくりが進められることになる(16)。

　長期的に見て一番の問題となったのは、都市計画のコンセプトをもたずに都市化が進んだ当時の郊外であった。ここでは、私鉄各社が 1910 年〜1920年から開発の鍵を握ってきており、現在でも都市計画に私鉄各社の意向が大きく影響する状況は変わっていない。環状に走る山手線（部分的には 1891年開通、1925年に全線開通）を中心として、まず郊外へむかう線路が放射状に開設された。こうして郊外の各駅には、魅力的なインフラ環境が整って住宅がどんどん建設されることになる。通勤電車各線の重なる各付近には、都市生活ならではの繁華街が生まれた(17)。この傾向がとりわけ顕著なのは、郊外からの通勤電車が山手線と交わる各駅である。山手線の走る箇所は、徳川時代にはかつての江戸の周辺地域であったのだが（たとえば「新宿」という名称は「新しい郊外住宅地」を意味している）、今日では都心を形成する一要素である。

kugawa-Zeit Außengebiete des damaligen Edo (Beispiel Shinjuku: wörtlich "neuer Wohn"vorort) können heute als integraler Bestandteil der Innenstadt angesehen werden.

Ballungsintensität und Stadtentwicklung Tôkyôs äußern sich in einer fingerförmigen Raumstruktur. Ausgehend vom Stadtzentrum markiert ein Spinnennetz leistungsfähiger, schienengebundener Massenverkehrsmittel die Leitlinien der Verstädterung, der Siedlungsintensität und der Bodenpreise. Für die Umlandbevölkerung, vor allem für die weit über drei Millionen täglich in die Stadtbezirke einströmenden Pendler, die oft über drei Stunden (hin und zurück) unterwegs sind, besteht die Attraktivität ihrer Wohnlage in erster Linie in der schnellen Erreichbarkeit der Innenstadt. Sie ist gewährleistet durch die Nähe der Wohnung zu einem Bahnhof: Je näher und vor allem "schneller" ein Bahnhof als Haltestation von Pendlerschnellzügen, um so höher die Bodenpreise in seinem unmmittelbaren Einzugsbereich.

Vergleich: Bevölkerungsdichte

Trotz seiner viel geringeren Einwohnerzahl kann Berlin bezüglich der Bevölkerungsdichte kleinräumig mithalten. Dies gilt freilich nur für den sehr dicht überbauten Wilhelminischen Ring. So verzeichnete der Stadtbezirk Kreuzberg (10,4 km²) im Jahre 1939 mit 332.635 Einwohnern eine Bevölkerungsdichte von 32.015 E./km², die 1993 bei nur noch 156.668 Ein-

東京の人口集中度や都市としての発展は、掌を中心とした指状の状態にたとえられよう。都心から出発して、それぞれに生産性の高い軌道公共交通機関が郊外を網羅し、これが都市化の度合、人口集中度、地価を決定する大きな要素である。近郊に住み、場合によっては毎日往復に合計3時間以上もかけて都心へむかう通勤者にとって住居選択の際まず重要なのが、都心へでやすいかどうかなのだ。住居が最寄りの駅から近い、ということも決め手となる。したがって、通勤のための最寄りの駅が地理的に都心に近く、とりわけ快速電車の停車駅であることなどにより時間的に近ければ近いほど、その駅近くの住宅地の価格は上昇する。

人口密度

ベルリンは東京に比べ人口がはるかに少ないにもかかわらず、密度の高さでは一部東京にひけをとらない。といってももちろん、これは住宅の密集したヴィルヘルム・リング地区に限ってのことである。たとえばクロイツベルク区（10.4 km²）では、1939年の人口が33万2635人であり、人口密度はキロ平米当たり3万2015人であった。これが1993年には、人口が15万6668人、人口密度がキロ平米当たり1万5064人にまで減少した。同区と地勢の点で比較しうる東京都台東区（山手線上にある上野を含み10.1 km²）では、1935年当時の人口が46万4166人。人口密度はキロ平米当たり4万6417人であり、クロイツベルク区の1.4倍となっていた。しかし、この時期をピークとしてそれ以降は大幅に人口が減少。1990年には台東区の人口は16万2969人にしかすぎず、人口密度はキロ平米当たり1万6168人で、クロイツベルク区の1.1倍となっている。これらの統計[18]は、先進各国の大都市において、ここ数十年来見られる傾向を如実に示すものだ。都市周辺部での人口増

ラントヴェアカナール運河のメッケンブリュッケ橋高架駅（1902年）
Landwehrkanal, Hochbahnhof Möckernbrücke, 1902

wohnern auf 15.064 E./km² zurückgegangen war. Der in Tôkyô flächen- und lagemäßig vergleichbare Stadtbezirk Taitô (10,1 km² mit dem Ringzentrum Ueno) registrierte 1935 mit 464.166 Einwohnern eine Bevölkerungsdichte von 46.417 E./km² (das 1,4 fache von Kreuzberg). Dieser Maximalwert ging allerdings erheblich zurück. 1990 zählte Taitô-ku nur noch 162.969 Einwohner, was einer Dichte von 16.168 E./km² entsprach (dem 1,1 fachen von Kreuzberg). Diese Zahlen[18] spiegeln einen Trend wider, der in allen Metropolen hochentwickelter Staaten seit Jahrzehnten zu beobachten ist: Abnahme der Bevölkerung im Ballungskern zugunsten einer Zunahme im Ballungsrandgebiet. Im Vergleich zu Berlin erscheint der Prozeß der Tertiärisierung/Quartärisierung (der Trend zu hochrangigen Dienstleistungen bei Rückgang der Wohnfunktionen) in Tôkyô durch die hier besonders starke City-Expansion (s.u.) äußerst fortgeschritten. Dennoch ist die Bevölkerungsdichte im Kerngebiet Tôkyô immer noch am höchsten (Radius 0–10km: 13.949 E./km²) und nimmt zentrifugal nur mäßig ab (10–20 km: 10.035 E./km², 20–30 km: 5.232 E./km², 30–40 km: 2.952 E./km², 40–50 km: 1.407 E./km²). Die Zahlen[19] sind symptomatisch für die Intensität der Verstädterung im Ballungsraum Tôkyô. Hier gibt es, ausgehend vom Ballungskern in Richtung Peripherie, über mehrere zehn Kilometer Entfernung hinweg praktisch keine Freiflächen mehr. Im Gegensatz zu dieser schier endlos überbauten Stadt erscheint Groß-Berlin außerhalb des Wilhelmi-

加にともなう中心部での人口減少がそれである。ベルリンと比較した場合、東京の第三次産業化および第四次産業化（住的機能の低下をともなった高水準サービス提供機能への移行）が後に述べる大幅な都心拡張により目立って進んでいる。それでも東京都心の人口密度は、半径0 km〜10 km以内においてキロ平米あたり1万3949人と最高であり、周辺部へむかうに従って極端に減少する訳でもない（キロ平米当たりの人口は半径10 km〜20 km地域で1万35人、半径20 km〜30 km地域では5232人、半径30 km〜40 km地域では2952人、半径40 km〜50 km地域では1407人）。この統計[19]は、人口密集都市東京で、どれほど都市化が集中的に進んでいるかを示すバロメーターといえよう。東京では、人口の密集する中心地から周辺部にむかって数十キロにわたり空き地などはほとんどない。無限に都市化が進んだようにさえ見えるこの街とは対照的にベルリンではヴィルヘルム・リングの外側にでれば公園や林、湖などがのどかな田舎風景を形作っている。これら近郊のリゾート地も、東西の壁が消滅してはじめて全てのベルリン人にとって利用可能となったのである。

都心構造と中心地の魅力

　40年間にわたるベルリンの分割は、戦前のベルリンの都心部をも分断した（東ドイツ下では旧中心部が壁のすぐ横に位置することとなった）。その後、二つの政治システムの対立は、中心部の形成にも影響を及ぼした[20]。かつての副都心が、それぞれ西側の中心部ツォー駅（バーンホーフツォー）近辺、クアフュルステンダム大通り、東側の中心部（アレクサンダー広場近辺、カール・マルクスアレー大通り）へと発展していった。戦前の中心部は、東ドイツ政府関係の機関が林立する地域となった。統一されたベルリンにおけるこれからの中心地の在りかたを探

nischen Ringes mit seinen Parks, Wäldern und Seen als Landschaftsidylle, über dessen großartiges Naherholungspotential auch jenseits der Stadtgrenzen die meisten Berliner erst seit dem Fall der Mauer verfügen können.

Vergleich: Citystruktur und Zentrenattraktivität

Die 40 Jahre lange Teilung der historisch gewachsenen Stadt Berlin hat zu einer Aufspaltung der City geführt, die vor dem Krieg im Kern Berlins (zu DDR-Zeiten im unmittelbaren Grenzbereich der Mauer) lokalisiert war. Danach spiegelte sich die räumliche Konfrontation zweier politisch rivalisierender Systeme auch in der Citybildung wieder.[20] Ehemalige Nebenzentren entwickelten sich zu Stadtzentren des Westens (Zooviertel/Kurfürstendamm) und des Ostens (Alexanderplatzviertel/Karl-Marx-Allee) – die alte City übernahm Regierungsfunktionen der DDR. Anläßlich der Frage nach der zukünftigen Cityplanung für Gesamt-Berlin bietet die Zentrenstruktur Tôkyô Möglichkeiten für Vergleiche und Anregungen.

Ausgehend vom historischen Zentrum um den heutigen Bahnhof Tôkyô (Citygebiet Ginza, Marunouchi, Nihonbashi; Regierungsviertel Kasumigaseki, etc.) hat sich an den Nahtstellen der innerstädtischen Ringbahn ein Kranz von Nebenzentren dermaßen stark entwickelt, daß diese Ringzentren (Shinjuku, Shibuya, Ikebukuro, Ueno) mit dem Hauptzentrum konkurrieren. Hauptzentrum und führende Ringzentren verkörpern die Standorte mit den höchsten, scheinbar ins Uferlose eskalierenden Bodenpreisen (stellen- und phasenweise bis zu 1 Million DM/m²!), mit den höchsten Dichten der Tagesbevölkerung (über 20.000/km²), mit den höchsten Gebäuden und größten Geschoßflächenzahlen (über 10) sowie nicht zuletzt mit den stärksten Passantenströmen: Je größer die Zahl der Aus-, Zu- und Umsteigenden (Ringzentrum Shinjuku allein: über 2 Millionen täglich!), um so attraktiver das jeweilige Bahnhofsgebiet in seiner Funktion als zentrales Geschäfts-, Restaurations- und Vergnügungsviertel. In dieser zentralen Verkehrslage bilden Großwarenhäuser mit einem faszinierenden Waren- und Dienstleistungsangebot städtische Brennpunkte unter Einschluß attraktiver Einzelhandelsviertel, teils auch unterirdischer Laden-

るうえで、東京の都心、副都心構造が比較や考察の対象に成り得ると思う。

丸ノ内線沿いには副都心（新宿、渋谷、池袋、上野）が高度に発展し、現東京駅を中心とした歴史的都心（銀座繁華街、丸の内、日本橋、霞ヶ関官庁街など）と肩を並べている。都心及びおもな副都心地域においては地価が果てしなく高騰し（平米当たり100万マルクという価格が一時ついた所さえある）、日中の人口は最高の密集を示し（キロ平米当たり2万人）、最高層ビルが立ち並び、建造物の平均階数は10階以上と最高であり、最も多くの人々がこの地区を毎日通過している。ある駅での乗降、乗り換え者数が多ければ多いほど、その駅付近は商業、飲食業、飲楽街として魅力的なものとなる（たとえば山手線沿線新宿駅だけで毎日200万人が乗降している）。これらおもだった交通の要所には大型百貨店が目を見はるほどの品数やサービスを提供し、外部の雑踏を逃れ駅への到達を容易にする地下道に設けられた地下商店街を始めとする小売店をも含めて人々が集まる場となっている。中心地にある土地と床面積を小売店がこれほどにくまなく営利を重視して用いている例は、世界でも香港を除いて他にはない。これほどダイナミックでバイタリティがあり、人々が混み合い、騒然とし賑わう様子もほとんど無類のものである。そしてこの魅力ゆえに環境汚染、地価、通勤時間、人口密集、災害時の危険度などの大きな問題を抱えながら、多くの日本人が、それでもなお込み合った都市に住んでも良いと思うのだろう。彼らはこの大都市からまさに代償を得ているのである。

ベルリンの中心地に比べて何という違いだろうか。ベルリン都市部の近距離交通が目指す先は、都市を越えて伸びている。旧東独地域でも自家用車での移動が支配的になってきた。ベルリンには、まさに人々のいき交う一大中心地と

straßen, die bei dem oberirdischen Verkehrschaos den Zugang zu den Bahnhöfen erleichtern. Wohl nirgends auf der Welt (Ausnahme: Hongkong) gibt es einen so rührigen, die Zentren und ihren teuren Grund und Boden dermaßen intensiv und profitorientiert nutzenden Einzelhandel, kaum sonstwo so viel Dynamik, Vitalität und Menschengewimmel, ja Rummel und Trubel: Eigenschaften, die die Japaner an ihren Zentren lieben und das Leben in einem der dichtest besiedelten Ballungsräume, quasi als Entschädigung für gravierende Probleme (Umweltbelastungen, Bodenpreise, Pendelzeiten, Flächenknappheit, Katastrophenanfälligkeit) für viele erst lebenswert machen.

Welch ein Gegensatz zu den Zentren Berlins! Die Zielpunkte des innerstädtischen Nahverkehrs sind hier weit über das Stadtgebiet verstreut. Der Individualverkehr dominiert inzwischen auch im Osten der Stadt. Es fehlt die große, zentral gelegene City als Drehscheibe nicht nur bedeutender zentraler Funktionen, sondern auch des öffentlichen Nahverkehrs. Da Berlin einen Zentralbahnhof nie besessen hat, könnte man in den Stadtzentren des Westens (Bahnhof Zoologischer Garten) und des Ostens (Bahnhof Alexanderplatz) eine Bündelung des Personennahverkehrs erwarten. Diese Funktion ist jedoch im Vergleich zu den Ringzentren Tôkyôs extrem unterentwickelt. Die Entwicklungsdynamik des Zooviertels ist unbestritten, hält aber keinem Vergleich mit den führenden Zentren Tôkyôs stand. Dies gilt um so mehr für das Viertel um den Alexanderplatz, wo zu DDR-Zeiten sozialistische Stadtplanung frei von Zwängen kapitalistischer Marktwirtschaft (Bodenpreise!) mit Flächen beliebig aasen konnte. Man darf gespannt sein, wie die Stadtplanung Berlins diese und andere Zentren, insbesondere das zukünftige Regierungsviertel mit dem Zentralbahnhof, neu gestaltet und in ein Gesamtkonzept integriert. Im Vergleich zu Tôkyô verfügt die deutsche Hauptstadt über erheblich mehr Anteile an kommunaler Fläche: Potentiale, die es ermöglichen, Stadtzentren nicht nur als bunt schillernde, profitgesteuerte Konsumwelt zu begreifen (wie dies in Japan oft einseitig der Fall ist), sondern durch Berücksichtigung öffentlicher Dominanten Akzente auch im Hinblick auf städtische Identität und Individualität zu setzen.

フリードリッヒシュトラーセ通り
駅にて（1907年）
Am Bahnhof
Friedrichstraße, 1907

いうものがない。都心としての機能のみならず、
近距離交通の大交差点が存在しないのである。
ベルリンが、これまで中央駅というものをもっ
たことがないため西側の中心部ツォー駅と東側
の中心部アレクサンダー広場駅（バーンホフア
レクサンダープラッツ）が人々の移動の要とな
っているのではないか、と推測されがちである
が、両駅の交通の要所としての機能の果たし方
は、東京に比較した場合きわめて後進的である
といわざるを得ない。ツォー駅付近がダイナミ
ックに発展していくことは疑いないのだが、そ
れにしてもその規模は控えめで、とても東京に
ある複数の副都心と比べられるものではない。
アレクサンダー広場周辺にいたっては、何をか
いわんや、である。旧東独時代には社会主義的
都市計画の名のもと、資本主義市場経済下では
束縛要因であった地価という問題から自由にな
り、土地を好きなように浪費できたことの結果
が、そこには如実に現われている。これからの
ベルリンの都市計画が、新たにこれらの中心地
区をどのように形成していくか、見物である。

Vergleich: Suburbanisierung und Personennahverkehr
Stadtentwicklung und städtebauliche Infrastruktur
Tôkyôs orientierten sich, typisch für die Phase der
nachholenden Entwicklung Japans, an westlichen
Vorbildern. Dies gilt auch für das öffentliche Nahver-
kehrssystem. Von den damaligen Metropolen Paris,
London und Berlin übernahm man selektiv das für
Tôkyô am besten Geeignete. Das S-Bahnsystem Berlins war als Hochbahn für Tôkyô wegweisend. In Zusammenhang mit dem Ausbau von Pendlerverkehrs-
strecken und daran anknüpfenden "Gartenstädten",
deren Idee freilich Anfang des Jahrhunderts von
Großbritannien ausging, hat Berlin möglicherweise
ebenfalls anregend gewirkt. "Gartenstädte" im Sinne
der klassisch-englischen "New Towns" hat es in
Deutschland freilich nie gegeben, gebaut wurden
vielmehr "Garten-Vorstädte". Bis zum 1. Weltkrieg
wurden zahlreiche Villen- und Landhauskolonien für
gut situierte Bevölkerungsschichten fertiggestellt. Für
die Errichtung von Haltepunkten und Bahnhöfen
mußten allerdings die Erschließer dieser Garten-Vorstädte oft hart mit den (damals oft noch privaten) Eisenbahngesellschaften kämpfen und erhebliche finanzielle Opfer bringen.[21]
Im Vergleich zu Berlin hat diese Form der Suburbanisierung in Tôkyô erst Jahrzehnte später eingesetzt,

東京と比較した場合、ドイツの首都には自治体の所有する土地の割合がかなり高い。これは、中心地区を単にカラフルできらびやかな、利益追求を第一目標とした消費の世界にしてしまわないためには有利な条件といえよう（日本では極端な商業主義傾向に走る例が多い）。公の意図をくみ、都市の独自性と個性の主張を前面に押し出した都市計画も可能なのである。

郊外の発展と近距離交通

　東京の都市発展と都市計画上のインフラ整備は、西洋の発展に追従したころの名残りで、西側の模範に倣っている。これは、公共近距離交通システムについても同様で、かつてのパリ、ロンドン、ベルリンから東京に適した要素だけを選りすぐって導入してきたものだ。ベルリンの都市高速鉄道は、日本の高架鉄道の先駆けとなった。20世紀初頭に英国で生まれたアイデアを取り入れたことで生まれた「田園都市」と、それを繋げる通勤者交通網が整備されたベルリンが、日本人の目に魅力的に映ったのかもしれない。勿論、ベルリンの「田園都市」は、古典的英国的な「ニュータウン」ではなかった。ベルリンに生まれたのは、むしろ「田園郊外」であるといった方が良いだろう。第一次世界大戦までは、富裕階級のための邸宅や別荘が次々と建てられていった。しかし、これら田園郊外の住人は、鉄道がその地に停車し、駅を設けるようになるまで、当時はまだ私有の場合が多かった鉄道会社と長い間かけあい、またしばしば巨額の経済的犠牲を払わねばならなかった[21]。

　東京の郊外の形成と発展は、ベルリンに数十年遅れてようやく始まり、とりわけ、1923年の関東大震災後に本格化したのである。しかし、通勤電車網の拡張をともなった開発は一旦始まると非常に迅速で、集中しておこなわれた。ベルリンの場合とは反対に、かつても今も、東京

ヴィッテンベルク広場（1927年）
Wittenbergplatz, 1927

vor allem nach dem großen Erdbeben von Kantô 1923. Sie erfolgte dann allerdings sehr rapide und gezielt im Zusammenhang mit dem Ausbau von Pendlerlinien. Im Gegensatz zu Berlin waren und sind im Raum Tôkyô private Eisenbahngesellschaften die entscheidenden Akteure bei der Erschließung des Umlandes. Ausgehend von der Ringbahn legten sie Pendlerlinien an und verlängerten diese zentrifugal, wobei der Bahnbau dem Ausbau der Siedlungsinfrastruktur vorausging. Dies ist ein entscheidender Grund dafür, daß im Raum Tôkyô in ungleich stärkerem Maße als in Berlin die Trassen der Pendlerströme zu Leitlinien der Verstädterung wurden. Ein weiterer bedeutender Unterschied zu Berlin liegt darin, daß die (privaten) Massenverkehrsmittel wirtschaftlich operieren! Ihre starke Auslastung beruht sicherlich auf der im Vergleich zu Berlin ungleich höheren Bevölkerungsdichte. Hinzu kommt allerdings, daß die privaten Eisenbahngesellschaften mit dem Bau ihrer Pendlerlinien eine Strategie verknüpften, die nachahmenswert ist: Erschließungsmaßnahmen am Stadtrand auch mit dem Ziel, dort Funktionen zu lokalisieren, die eine rationelle Ausnutzung ihrer Bahnen in **beiden** Richtungen ermöglichen. Beispielhaft dafür war und ist die Planung von "College Towns" (gakuen toshi) am Stadtrand: Schüler und Studenten pendeln in Gegenrichtung zum Berufsverkehr.[22]

圏における周辺地域の都市への組み込みには私
鉄各社が大きな役割を担っている。山手線から
でる通勤電車路線を開設し、それをどんどん外
側へむかって拡張したのだが、鉄道建設は常に
住宅地のインフラ整備に先行していた。これが
決定的な理由となって通勤電車の路線が都市化
の目安となったのである。これはベルリンなど
比べ物にならないほどの規模でおこなわれてい
った。もうひとつ、ベルリンと違う重要な点は
（私有の）大型輸送機関が経済的に健全な運営を
していることだ。乗車率の高さは勿論、東京が
ベルリンとは比較にならない人口密度をもつこ
とにもよるだろう。しかし、ここには私鉄各社
が通勤路線の建設に際し、ある種の戦略を開発
したことも貢献しており、これに倣う価値は充
分にあろう。この戦略とは、鉄道を合理的に両
方向にむけて活用させるべく周辺地域を都市鉄
道網に組み込むということである。例として郊
外の「学園都市」を都心と結ぶ構想に注目され
たい。ここでは学生は通勤者とは反対方向にむ
かって鉄道を利用することになる(22)。

　1920年代の日本には、田園郊外に住むなどと
いう贅沢を許される富裕階級に属する市民が少
なかったので、東京の田園郊外とベルリンの邸
宅、別荘地域を歴史的に比較するのは無理があ
る。当時の東京に、よく知られた田園郊外地域
といえばおよそたったひとつしか見当たらなか
ったことは驚くには当たらない。これが田園調
布(23)であり、今日にいたるまで東京で最も名高
い（くわえて地価の高い）高級住宅地である。
田園調布は東横線沿いに位置し（都心から14キ
ロメートルほど西南）、1923年に現在の東急電
鉄の前身である田園都市鉄道会社により整備さ
れた。この住宅地は、駅から半円状に重なりな
がら広がっていく形からして、ベルリンの中心
地から15キロメートル北西にある田園都市フロ
ーナウ地域に驚く程良く似ている。フローナウ

Der historische Vergleich der Villen- und Landhauskolonien Berlins mit Garten-Vorstädten Tôkyôs
hinkt insofern, als es in den 1920er Jahren in Japan
noch nicht so viele gutsituierte Bürger gab, die sich
diesen Luxus leisten konnten. Es verwundert deshalb
nicht, daß es in Tôkyô aus dieser Zeit so gut wie nur
ein Beispiel für eine renommierte Garten-Vorstadt
gibt: Den'en Chôfu,[23] bis heute einer der angesehen-
sten (und teuersten!) Wohnstandorte Tôkyôs. An der
Tôyoko-Linie gelegen (14 km südwestlich der Stadt-

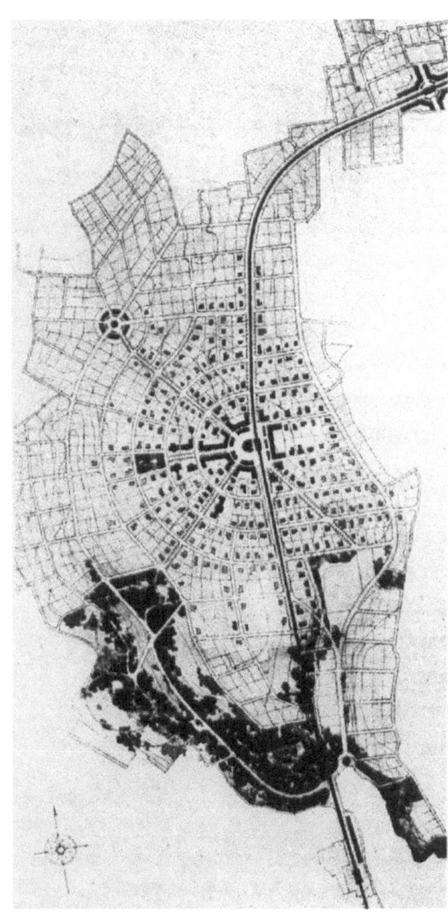

田園調布の都市計画（1924年）

Plan von Den'en chôfu (1924)

の建設は 1910 年に始まった(24)。田園調布でもフ
ローナウでも駅を中心に周辺地域が発展してい
るが、半円状の田園調布と違いフローナウでは
駅の両側から道路が放射状に伸びているので円
形になっている。フローナウは田園調布の模範
だったのだろうか。これは推測に過ぎず、この
問いに答えるためにはさらに調査が必要である。

　過去を振り返れば、ベルリン公共近距離旅客
交通の在りかたは、はじめは東京の見本となる
ものであった。今日ではその状況が逆転してい
るようである。公共、民間双方が出資し、それ
ぞれが網の目のように結びつけられている東京
の大型輸送機関の在りかたはベルリンの将来の
在りかたを決定するうえで見本とされてしかる
べきであろう。50 年代後半から特に発達の著し
かった地下鉄システムについても同様のことが
いえる。東京の地下鉄システムは、大都市の交
通インフラストラクチャーとして世界でも唯一
といえるほどに密集した網状の形態をもつにい
たった。大衆の鉄道利用は、東京圏においては
自家用車の利用に対し絶対的な優越を保ってい
る。自家用車は東京でも普及してはいるが、あ
まり使われないのである。車で通勤することが
楽よりも苦を意味しているのは都心近くの駐車
場が（仮にあれば、の話だが）恐ろしく高くつ
くうえ、自家用車に乗って費やす時間が、効率
的な電車に乗るよりも長いからである。東京の
通勤者は公共交通機関が速く、本数が多く、清
潔で、正確で、かつ比較的経済的なことを評価
している。ベルリンでも自家用車から公共交通
機関へと人々が考えかたを変えるようになるた
めに、東京の状況が参考にならないだろうか。

都市計画と地域計画

　東京は、戦後すぐに強硬、広範な拡張政策を
とった。1956 年には首都圏整備のための法律が
出されている。1944 年の「グレーターロンドン

mitte) und 1923 von der privaten Den'en Toshi (heute Tôkyû)-Eisenbahngesellschaft errichtet, ähnelt
diese halbkreisförmig um den Bahnhof Den'en
Chôfu angelegte Siedlung in frappierender Weise der
"Gartenstadt" Frohnau in Berlin (15 km nordwest-
lich der Stadtmitte), mit deren Bau bereits 1910
begonnen wurde.[24] In beiden Fällen dominiert ein
zentripetal auf den Bahnhof zugeschnittener Grund-
riß, wobei Frohnau durch ein von beiden Bahnhofs-
plätzen ausgehendes sternförmiges Straßenraster im
Gegensatz zu Den'en Chôfu vollkreisförmig angelegt
ist. Diente Frohnau als Modell für Den'en Chôfu?
Diese Frage ist reine Spekulation und verlangt nach
tiefgründiger Untersuchung.

Rückblickend war der öffentliche Personennahverkehr Berlins zunächst vorbildhaft für Tôkyô. Heute
erscheint genau die Umkehrung dieses Satzes rich-
tungsweisend für die Zukunft Berlins. Der aus öffentlichen und privaten Mitteln finanzierte Ausbau
schienengebundener Massenverkehrsmittel Tôkyôs
ist vorbildlich. Dies gilt auch für das U-Bahnsystem,
dessen Erweiterung vor allem seit den späten 50er
Jahren zu einer weltweit wohl einmaligen Verdichtung und Vernetzung der metropolitanen Verkehrs-
infrastruktur geführt hat. Die Nutzung von Schienenverkehrsmitteln durch die Masse der Bevölkerung hat im Raum Tôkyô absolut Vorrang gegenüber
dem auch dort verbreiteten, jedoch nur wenig ge-
nutzten Pkw. Mit dem Auto in die Stadt zu pendeln
bedeutet eher Last als Lust, da zentrennahe Parklätze
(falls überhaupt verfügbar) abschreckend teuer und
die Fahrzeiten mit dem Pkw im Vergleich zu den
leistungsfähigen Schienenverkehrsmitteln überaus
lang sind. Schnelligkeit, Häufigkeit, Sauberkeit,
Pünktlichkeit und relative Preisgunst sind Eigenschaften, die die Pendlerbevölkerung Tôkyôs an
ihren Massenverkehrsmitteln zu schätzen weiß – Anregungen zur Umorientierung vom Individual- auf
den öffentlichen Nahverkehr auch für Berlin!

Vergleich: Stadt- und Regionalplanung

Schon in der frühen Nachkriegszeit zeigte Tôkyô ein
dermaßen starkes, flächenhaftes Ausufern, daß 1956
das Gesetz zur Konsolidierung der Hauptstadtregion
verabschiedet wurde. In Anlehnung an den Plan von
Greater London (1944) war vorgesehen, zur Eindäm-

法」にヒントを得たこの法律の意図は、当時過密状態にあった都市圏の周り数キロメートルを「グリーンベルト」地帯として自然景観破壊を防ぐ措置をとり、さらにその外側地域、都心から約30キロメートルの地域に英国の「ニュータウン」のような衛星都市を建設し、工業化と人口増加のための下地をつくろう、というものであった。しかし、東京の「グリーンベルト」構想は、まったく効果のないものに終わった。緑地帯がやがてその自然景観を失ったのも、ここでは人口増加がとめどを知らず、その外側へむかう圧力があまりに大きく、地域一帯の緑を残すことなど不可能だったからである。各地域がばらばらな地域計画をとっていたことも、このコンセプトが失敗した理由に挙げられる(25)。1965年度以降の首都圏地域計画の見直しによっても、この状況は根本的に変わらなかった。

　東京の問題は、東京23区の上には東京都という行政体があり、そこまでの意思の疎通は可能だが、東京都以上のレベルになると大都市圏を包括する都市計画をおこなう所轄機関がないことにある。東京都および付近の各県どうしの連絡、セクター間独自の協力、といったことはまだまだ満足できる水準にない。人口の集中する東京圏内の都市化に関わる問題を解決するために各都県を包括し統合する権限をもつ計画、目的団体の設立が待たれるところである。そしてその機関は行政上の境界（市町村間および東京都と各県の間の境界）を超えて計画を実行し、またセクター別に協力して仕事ができるようなものでなければならない。空き地の保全、自然景観破壊の防止、環境汚染や自然災害（地震）対策、交通や供給、ゴミ処理のためのインフラ整備、郊外地域における中心地の開発によりその発展の手網をとること等が課題となる。また、これらにも劣らず重要なのが、都市圏へのこれ以上の人口集中を防ぐための対策である。

mung der Zersiedlung u.a. einen "green belt" von mehreren Kilometern Breite um den damals überbauten städtischen Raum herum freizuhalten. In den weiter außerhalb liegenden Gebieten sollte in etwa 30 km Entfernung zum Zentrum ähnlich den britischen "New Towns" zahlreiche Satellitenstädte Ansatzpunkte für Industrialisierung und Bevölkerungsverdichtung werden. Der Plan eines "green belt" für Tôkyô erwies sich jedoch als völlig unwirksam. Daß der projektierte Grüngürtel bald zersiedelt wurde, lag zweifellos ganz wesentlich in der Bevölkerungslawine begründet, gegen deren Druck die Aufrechterhaltung einer Flächendurchgrünung unmöglich war. Die Konzeption mußte aber auch deshalb scheitern, weil es keine kompetente, koordinierte Regionalplanung gab.[25] Auch nach der Revision der Hauptstadt-Regionalplanung 1965 hat sich an dieser Situation Grundlegendes nicht geändert.

Das Problem in Tôkyô besteht darin, daß es oberhalb der 23 Stadtbezirke zwar die gleichnamige Präfektur, oberhalb der Präfekturebene jedoch keine (groß-)regionale Planungsinstanz gibt. Die präfekturale wie

グライスドライエック地区（1905年）

Gleisdreieck, 1905

ヴァンゼー湖水浴場の家族専用区域（1907年）　Familienabteilung Freibad Wannsee, 1907

ベルリンにも似たような問題はあるにせよ、東京のもつ問題が全部ベルリンに当てはまるわけではないし、問題といっても東京が抱えるほどの規模ではない。ベルリンではむしろ、まず冷戦時代の名残りでもある脆弱な経済活動に対する対策をとらなければならない。行政上の大ベルリン地域を超えて市、各地域が開発計画で協力することは1990年以来再び現実のものとなった。数十年にわたり別々に存在し、それどころか敵対視しながら都市計画を別々に実行してきた東西ベルリンを再びひとつにまとめるためには大きな努力が必要である。「主要都市、連邦首都ベルリン」という構想は、単に建築によってそれらしいものを造るだけではなく、都市計画上の優先課題をはっきりさせることでベルリン内に残る東西のギャップをなくすことに貢献

sektorale Kooperation läßt sehr zu wünschen übrig. Zur Bewältigung der Verstädterungsprobleme des Ballungsraumes Tôkyô ist deshalb die Schaffung eines starken, kompetenten Planungs- und Zweckverbandes überfällig, der sowohl über administrative Grenzen hinweg (inter-kommunal und inter-präfektural) als auch sektoral übergreifend zusammenarbeitet. Seine Aufgaben lägen u.a. in der Sicherung von Freiflächen, in Maßnahmen gegen die Zersiedlung, Umweltschäden und Naturkatastrophen (Erdbeben!), in der Standortplanung von Infrastruktureinrichtungen des Verkehrs und der Ver- und Entsorgung, in der Steuerung der Suburbanisierung durch die gezielte Entwicklung zentraler Orte, nicht zuletzt in Maßnahmen zur Verhinderung weiterer Ballung in der Hauptstadtregion.

Berlin hat viele ähnliche, aber längst nicht all diese Probleme, zumal nicht in dieser Intensität. Hier ist es eher die viel zu schwache Wirtschaftsdynamik, mit der die Region als Folge des Kalten Krieges immer

すべきである。すでに見られる「野放図な」展開、周辺地域の景観破壊に対策を講ずるためには効率的な地域計画が必要だ。1920年に大ベルリンが生まれ、それまでは面積的に小さな街でしかなかったベルリンは、その周辺部を行政管轄下に置くようになった。効果的な地域計画の第一歩となったのである。計画されているベルリン特別市とブランデンブルク州の統合は、同様の道への布石となり得るし、ベルリンよりもさらに早急に大都市圏の開発計画に各県と協力して当たらねばならない東京都にも何らかの道筋を示すものであろう。

注

(a) 編注：ドイツで最も人口が多い町はベルリン（350万人）、二位がミュンヘン（125万人）。著者は「大都市圏」ということで、一位にルール産業地帯を考えていると思われる。

(1) 参考文献2（33頁）、10（263頁以降）、13参照

(2) 参考文献23（37頁）

(3) 参考文献22（19頁以降）

(b) 訳注：Coelln（ケルン）、ライン河沿いのKöln（ケルン）とは別。

(c) 訳注：ブランデンブルクの1700年までの名称で、ブランデンブルク国境地域の意。

(4) 参考文献11（317頁以降）

(5) 参考文献1（117頁～118頁）、16（図22）

(6) 参考文献14（24頁以降）

(7) 参考文献7（51頁～52頁）

(8) 参考文献11（318頁以降）、27（414頁以降）

(9) 参考文献10（253頁以降）

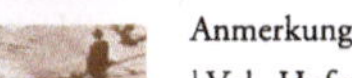

(d) 編注：頭端式駅では線路が行き止まりになっていて、入ってきた列車は逆向きに出ていく。

(10) 参考文献19

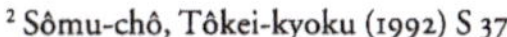

(11) 参考文献14（29頁、44頁）

(12) 参考文献5（10頁以降）

(13) 参考文献26（付録カラー地図）

(14) 参考文献21（37頁）、23（37頁）

(15) 参考文献12（19頁～20頁、25頁～26頁）

(16) 参考文献16（30頁以降）

(17) 参考文献4（121頁以降）

(18) 参考文献24（66頁以降）、25。厚生省人口問題研究所の中川聡史氏のご協力に感謝する。

noch zu kämpfen hat. Eine gemeinsame Stadt- und Regionalplanung für das neue Bundesland in den Verwaltungsgrenzen Groß-Berlins ist seit 1990 wieder Realität. Es bedarf großer Anstrengungen, Jahrzehnte weitgehend nebeneinander, ja gegeneinander verlaufener Planungen in Ost- und West-Berlin zu überwinden. Die Konzeption einer Haupt- und Bundesresidenzstadt Berlin sollte nicht nur durch architektonische Dominanten überzeugen, sondern auch durch gezielte städtebauliche Prioritäten zu einem Abbau des West-Ost-Gefälles innerhalb der Stadt beitragen. Um die jetzt schon beobachtbare "wilde" Entwicklung und Zersiedlung des Umlandes in den Griff zu bekommen, ist eine effiziente Regionalplanung nötig. Mit der Schaffung Groß-Berlins 1920 dehnte sich die flächenmäßig bis dahin kleine Stadt auch administrativ ins Umland aus. Für eine wirksame Regionalplanung war dies ein erster Schritt. Der bevorstehende Zusammenschluß der Bundesländer Berlin und Brandenburg dürfte ein Meilenstein auf diesem Wege sein, wegweisend auch für die Hauptstadtregion Tôkyô die einen großregionalen Planungsverband noch viel dringlicher braucht.

Anmerkungen

[1] Vgl. Hofmeister (1985) S 263ff; Faulenbach u.a. (1993) S 33; Land Brandenburg, Landesamt für Datenverarbeitung und Statistik (1994)

[2] Sômu-chô, Tôkei-kyoku (1992) S 37

[3] Sômu-chô Tôkei-kyoku (1990) S 19ff

[4] Hofmeister (1986) S 317ff

[5] Peppler (1977) Abb 22; Boesler (1983) S 117f

[6] Mogi (1966) S 24ff

[7] Flüchter (1994) S 51f

[8] Hofmeister (1986) S 318ff; Westermann (1968) S 414ff

[9] Hofmeister (1985) S 253ff

[10] Schöller (1974)

[11] Mogi (1966) S 29, 44

[12] Flüchter (1985) S 10ff

[13] Tôkyô Metropolitan University (1988) Farbkartenanhang

[14] Sômu-chô, Tôkei-kyoku (1986) S 37 und (1992) S 37

[15] Ishizuka/Ishida (1988) S 19f/25f

[16] Nihon Toshi Keikaku Gakkai (1988) S 30ff

[17] Flüchter (1980) S 121ff

(19) 参考文献 23 （37頁）

(20) 参考文献 8 、 9

(21) 参考文献 11 （322頁以降）

(22) 参考文献 12 （22頁）、 6 （152頁以降）

(23) 参考文献 18 （46頁）

(24) 参考文献 15 （543頁〜544頁）

(25) 参考文献 3 （99頁以降）

参考文献

1. クラウス＝アーヒム・ベーズラ著《政治地誌》、シュトゥットガルト、トイブナー出版、1983年

2. ユルゲン・ファウレンバッハ他著《首都ベルリン》、政治教育に関する連邦センター編〈政治教育に関する情報、第240号〉所収、ボン、1993年

3. ヴィンフリート・フリュヒター著《日本の都市計画——問題の背景、現状、批判的評価》、アジア研究所編〈アジア研究所報告、第97巻〉所収、ハンブルク、1978年

4. 同著《東京圏一極集中化——中央アジアおよび国土利用計画の観点からみる特徴および問題点》〈地理、第34号〉120頁〜134頁所収、ボン、1980年

5. 同著《東京湾——埋め立て、構造調整、地域開発上の諸問題》〈在ハンブルク・アジア研究所文書、第46巻〉所収、ヴィースバーデン、ハラソヴィッツ出版、1985年

6. 同著《日本の地域開発の観点から見る大学立地および教育の動向》〈ボッフム大学地理研究、第52巻〉所収、パーダボルン、シェーニング出版、1990年

7. 同著《地理的疑問提起、構造および問題》、ハンス＝ユルゲン・マイヤー／マンフレット・ポール共編〈日本〉17頁〜53頁所収、ボン、政治教育に関する連邦センター、1994年

8. ハインツ・ハイネベルク著《東西ベルリンの中心——ドイツの二つの経済システムおよび社会システムにおける大都会の機能的中心づくりの把握および評価の際に生じる諸問題の調査》〈ボッフム大学地理研究、特別シリーズ第 9 巻〉初秋、パーダボルン、シェーニング出版、1977年

9. 同著《東ベルリン中心の最近の変化——社会主義から資本主義へ》、ヴィンフリート・フリュヒター編〈日本と中欧の構造調整〉160頁〜182頁所収、ヴィースバーデン、ハラソヴィッツ出版、1995年

10. ブルクハルト・ホーフマイスター著《古ベルリン、大ベルリン、西ベルリン—— 1786年〜1985年の国土利用計画の試み》、ブルクハルト・ホーフマイスター他編〈ベルリン——大都市圏の地理に関する考察——ベルリン開催の第45回ドイツ地学会大会記冊子〉251頁〜273頁所収、ベルリン、ライマー出版、1985年

11. 同著《ベルリンの都市発展の経緯》、ユルゲン・クラ

[18] Sômu-chô Tôkei-kyoku (1993) S 66ff und Statistisches Landesamt Berlin (1994). Herrn Nakagawa Satoshi, Institute of Population Problems, Ministry of Health and Welfare Tôkyô danke ich für freundliche Mithilfe.

[19] Sômu-chô, Tôkei-kyoku (1992) S 37

[20] Heineberg (1977, 1995)

[21] Hofmeister (1986) S 322

[22] Ishizuka/Ishida (1988) S 22; Flüchter (1990) S 152ff

[23] Satô (1988) S 46

[24] Müller (1985) S 543f

[25] Flüchter (1978) S 99ff

Literatur

– Boesler, Klaus-Achim (1983) Politische Geographie. Stuttgart: Teubner

– Faulenbach, Jürgen u.a. (1993) Hauptstadt Berlin. Bundeszentrale für politische Bildung (Informationen zur politischen Bildung, Nr 240). Bonn

– Flüchter, Winfried (1978) Stadtplanung in Japan. Problemhintergrund, gegenwärtiger Stand, kritische Bewertung. Institut für Asienkunde (Mitteilungen des Instituts für Asienkunde Hamburg, Bd 97). Hamburg

– Ders. (1980) Zentrenausrichtung im Raum Tôkyô: Charakteristika und Probleme aus zentralörtlicher und raumplanerischer Sicht. In: Erdkunde 34. Bonn, S 120–134

– Ders. (1985) Die Bucht von Tôkyô. Neulandausbau, Strukturwandel, Raumordnungsprobleme. (Schriften des Instituts für Asienkunde in Hamburg, Bd 46) Wiesbaden: Harrassowitz

– Ders. (1990) Hochschulstandorte und Bildungsverhalten unter Aspekten der Raumordnung in Japan. (Bochumer Geographische Arbeiten, Bd 52) Paderborn: Schöningh

– Ders. (1994) Geographische Fragestellungen, Strukturen, Probleme. In: Mayer, Hans-Jürgen und Manfred Pohl (Hrsg) Japan. Bonn: Bundeszentrale für politische Bildung, S 17-53

– Heineberg, Heinz (1977) Zentren in West- und Ost-Berlin. Untersuchungen zum Problem der Erfassung und Bewertung großstädtischer funktionaler Zentrenausstattungen in beiden Wirtschafts- und Gesellschaftssysstemen Deutschlands. (Bochumer Geographische Arbeiten, Sonderreihe Bd 9) Paderborn: Schöningh

– Ders. (1995) Recent Centre Change in East Berlin – from Socialism to Capitalism. In: Flüchter, Winfried (Ed) Japan and Central Europe Restructuring. Wiesbaden: Harrassowitz, S 160-182

ーゼン他編〈フランスとドイツ連邦共和国における都市圏〉（ゲオルク・エッカルト研究所の出版集──教科書の国際的研究調査、第50巻〉317頁〜336頁所収、1986年

12. 石塚裕道／石田頼房共著《東京──日本の大都会およびその都市としての発展》、東京都立大学都市研究センター編〈東京──1868年〜1988年の都市の発展および都市計画〉3頁〜35頁所収、東京、1988年（編注：本文献には日本語版と英語版がある。日本語版は石塚裕道／石田頼房共著『首都東京とそのまちづくり』、東京都立大学都市研究センター編「東京　成長と計画　1868－1988」3頁〜22頁所収、東京、1988年）

13. ブランデンブルク州統計局編《統計年鑑》、1994年

14. 茂木均著《1600年〜1860年の江戸の発展の歴史的調査──カーネル大学修士号取得論文》〈都市と都市設計者（株）〉9号所収、東京、1966年

15. コンラート＝ヨーク・ミュラー著《「田園都市」ベルリン・フローナウ地域の密集宅地化と町並みの変化》、ブルクハルト・ホーフマイスター他編〈大都会圏の地理に関する考察──ベルリン開催の第45回ドイツ地学会大会記冊子〉543頁〜571頁所収、ベルリン、ライマー出版、1985年

16. 日本都市計画学会編『近代都市計画の百年とその未来』、東京、彰国社、1988年

17. G・ペプラー著《ドイツ連邦共和国内における首都中央機能の管理の理由および同政治的・経済的影響》〈経済地誌・社会地誌に関するフランクフルト文書集、第27冊〉所収、フランクフルト、1977年

18. 佐藤滋著『田園都市株式会社と同潤会』、日本都市計画学会編「近代都市計画の百年とその未来」46頁所収、東京、彰国社、1988年

19. ペーター・ショラー著《パラダイム・ベルリン──異常からの教訓──都市地理に関する質問とテーゼ》〈地理報道、第26号〉425頁〜434頁所収、ブラウンシュヴァイク、ヴェスターマン出版、1974年

20. 総務庁統計局編『我が国人口の概観』「昭和60年国勢調査──解説シリーズNo.1」所収、東京、1985年

21. 同上、1986年度版

22. 同上、1990年度版

23. 同上、1992年度版

24. 同編『東京都の人口』「平成2年国勢調査　解説シリーズNo.2──都道府県の人口　その13」所収、東京、1993年

25. ベルリン州統計局編《統計年鑑》、1994年

26. 東京都立大学都市研究センター編〈東京──1868年〜1988年の都市の発展および都市計画〉、東京、1988年（編注：本文献には日本語版と英語版がある。日本語版は東京都立大学都市研究センター編「東京　成長と計画　1868－

– Hofmeister, Burghard (1985) Alt-Berlin–Groß-Berlin–West-Berlin. Versuch einer Flächennutzungsbilanz 1786–1985. In: Hofmeister, Burghard u.a. (Hrsg) Berlin. Beiträge zur Geographie eines Großstadtraumes. Festschrift zum 45. Deutschen Geographentag in Berlin. Berlin: Reimer, S 251–273

– Ders. (1986), Phasen der Stadtentwicklung Berlins. In: Klasen, Jürgen u.a. (Hrsg) Der städtische Raum in Frankreich und in der Bundesrepublik Deutschland (Studien zur internationalen Schulbuchforschung, Schriftenreihe des Georg-Eckert-Instituts, Bd 50) S 317–336

– Ishizuka Hiromichi und Ishida Yorifusa (1988) Tôkyô, the Metropolis of Japan and Its Urban Development. In: Tôkyô Metropolitan University, Center for Urban Studies (Ed) Tôkyô Urban Growth and Planning 1868–1988. Tôkyô, S 3–35

– Land Brandenburg, Landesamt für Datenverarbeitung und Statistik (1994) Statistisches Jahrbuch

– Mogi Hitoshi (1966) A Historical Study of the Development of Edo 1600–1860. Tôkyô (City and Town Planners Inc., No 9)

– Müller, Konrad Jörg (1985) Zersiedlung und Ortsbildveränderung in der "Gartenstadt" Berlin-Frohnau. In: Hofmeister, Burghard u.a. (Hrsg) Berlin. Beiträge zur Geographie eines Großstadtraumes. Festschrift zum 45. Deutschen Geographentag in Berlin. Berlin: Reimer, S 543–571

– Nihon Toshi Keikaku Gakkai (The City Planning Institute of Japan)(1988) Kindai toshi keikaku no hyakunen to sono mirai (Centenary of Modern City Planning and its Perspective) Tôkyô: Shôkokusha

– Peppler, G. (1977) Ursachen sowie politische und wirtschaftliche Folgen der Steuerung hauptstädtischer Zentralfunktionen im Raum der Bundesrepublik Deutschland. (Frankfurter Wirtschafts- und Sozialgeographische Schriften Heft 27) Frankfurt

– Satô Shigeru (1988) Den'en Toshi, Inc. and Dôjunkai. In: Nihon Toshi Keikaku Gakkai (The City Planning Institute of Japan) (Ed) Kindai toshi keikaku no hyakunen to sono mirai (Centenary of Modern City Planning and its Perspective) Tôkyô: Shôkokusha, S 46

– Schöller, Peter (1974) Paradigma Berlin. Lehren aus einer Anomalie – Fragen und Thesen zur Stadtgeographie. In: Geographische Rundschau 26. Braunschweig: Westermann, S 425–434

– Sômu-chô Tôkei-kyoku (Statistics Bureau, Management and Coordination Agency) (1985): Waga kuni jinkô no gaikan (Major Aspects of Population of Japan). Showa 60 nen kokusei chôsa, Kaisetsu shirîzu No 1 (1985 Population Census of Japan. Abridged Report Series No 1) Tôkyô

– Sômu-chô Tôkei-kyoku (1986)

– Sômu-chô Tôkei-kyoku (1990)

1988」、東京、1988年)

27. 《ヴェスタマン地理百科、第 1 巻》414頁〜420頁所収の見出語「ベルリン」、ブラウンシュヴァイク、ヴェスタマン出版、1968年

– Sômu-chô Tôkei-kyoku (1992),

– Sômu-chô Tôkei-kyoku (1993) Tôkyô-to no jinkô (Population of Tôkyô-to). Heisei 2nen kokusei chôsa, Kaisetsu shirîzu, No 2, todôfuken no jinkô sono 13 (1990 Population Census of Japan, Abridged Report Series No 2, Part 13) Tôkyô

– Statistisches Landesamt Berlin (1994) Statistisches Jahrbuch

– Tôkyô Metropolitan University, Center for Urban Studies (Ed) (1988) Tôkyô Urban Growth and Planning 1868–1988. Tôkyô

– Westermann, Lexikon der Geographie (1968) Stichwort "Berlin", Bd 1. Braunschweig: Westermann, S 414–420

東京の首都圏計画

田山輝明

始めに——都政略前史

1889年に東京に市政が施行された頃の市域は、都心から半径約5キロメートルの旧15区の行政区の範囲であった。1932年に市域を現行の23区に拡張し、1943年に都政が誕生した。

I. 首都圏計画の沿革

戦時経済の崩壊から平和経済への転換（1945年〜1955年）

この時期における都市政策は、戦災復興土地区画整理事業等の戦災復興事業が中心であり、都市住民にとっては食料難と住宅難が深刻であった。

1950年代に入ると、朝鮮戦争による特需景気により、日本経済は活況を呈するようになり、1955年頃には、戦前の水準を回復するまでになった。1950年には、国土総合開発法が制定された点も特筆するべきことのひとつである。農業人口の減少と都市における第二次、第三次産業の成長がこの時期の特徴である。都市法制の面では、1954年の土地区画整理法の制定が重要である。

首都の建設ないし復興に関して、この時期における最も重要な政策は、首都建設法の制定である。東京は第二次大戦による膨大な戦災地域を抱えてその復興事業に難渋していたため、広く国の各機関の援助を得て首都としての復興を図るために、1950年に、住民投票のもとで首都建設法が成立した。これに基づいて首都建設委員会が設置され、各種の整備計画が検討された。同委員会の検討結果によれば、半径約50キロメートルの首都圏構想が描かれていた。しかし、同委員会の権限はわずかに勧告権のみであり、しかも法律上の対象地域は東京都に限られていた。

Die Hauptstadtplanung für den Großraum Tôkyô

Tayama Teruaki

Kurze Vorgeschichte der Verwaltung der Hauptstadtpräfektur Tôkyô

Das Gebiet, das im Jahr 1889 von der Stadtverwaltung Tôkyô regiert wurde, umfaßte zunächst 15 alte Stadtbezirke in einem Radius von etwa 5 km um das Zentrum. 1932 erweiterte man das Stadtgebiet auf die gegenwärtigen 23 Stadtbezirke, und 1943 wurde die Stadtverwaltung der Hauptstadtpräfektur Tôkyô ins Leben gerufen.

I. Geschichte der Hauptstadtplanung für Tôkyô und Umgebung

Vom Zusammenbruch der Kriegswirtschaft zur Umstellung auf eine Friedenswirtschaft (1945–1955)

Im Mittelpunkt der Stadtpolitik von 1945–1955 standen Projekte zur Behebung der Kriegsschäden und zur Neuordnung von Grund und Boden. Für die Stadtbewohner waren Lebensmittel- und Wohnungsknappheit besonders ernst.

Zu Beginn der 50er Jahre belebte sich die japanische Wirtschaft durch den Boom infolge des Koreakrieges, bis sie um 1955 das Vorkriegsniveau wieder erreicht hatte. Besonders erwähnenswert ist die Verabschiedung des Landesentwicklungsgesetzes (Kokudo sôgô kaihatsu-hô) im Jahr 1950. Die Abnahme der Landbevölkerung und das Wachstum der Sekundär- sowie Tertiärindustrie in den Städten sind charakteristisch für diese Periode. Für die städtische Rechtsordnung ist der Erlaß des Raumplanungsgesetzes (Tochi kukaku seiri-hô) im Jahr 1954 von Bedeutung.

In Zusammenhang mit der Entwicklung bzw. dem Wiederaufbau Tôkyôs war die Verabschiedung des Gesetzes über den Aufbau der Hauptstadt (Shuto kensetsu-hô) die wichtigste politische Maßnahme jener Zeit. Da die Stadt viele im II. Weltkrieg zerstörte Gebiete umfaßte und mit den Wiederaufbauarbeiten zu kämpfen hatte, wurde 1950 das Landesentwicklungsgesetz auf der Grundlage einer Volksabstimmung mit dem Ziel verabschiedet, Tôkyô mit breiter Unterstützung aller Organisationen des Landes als Hauptstadt wiederaufzubauen. Darauf fußend, setzte man eine Kommission für den Aufbau der Hauptstadt (Shuto kensetsu iinkai) ein und prüfte verschiedene Ausbaupläne. Nach den Untersuchungsergebnissen dieser Kommission wurde der Bereich der Hauptstadt (Groß-

高度経済成長第一期（1955年〜1965年）

経済の飛躍的発展を背景として、大都市圏への人口・産業等の集中が進み、都心部での過度の機能集中と周辺部でのスプロール的開発が進行した。その結果、住宅難、通勤・通学難、交通渋滞、大気の汚染等の都市問題が顕著になった。この頃から、東京における都心部からの人口の減少傾向が見られるようになった。この時期の法制度面での特徴は、都市公園法（1956年）、下水道法（1958年）等の制定による都市施設の整備システムの確立であろう。

住宅問題に対処するために、1955年に日本住宅公団が設立され、大都市圏を中心にして中高層住宅の建設が開始された。1954年の首都高速道路公団の設立に見られるような道路整備関連事業が重視されていたのもこの時期の特徴である。

こうしたなかで、大都市の都市問題に広域的・総合的な地域計画や、国土開発計画の見地から取り組むために、従来の首都建設法を廃止して、1956年に首都圏整備法が制定され、首都圏整備委員会が発足した。同法の骨子は、既成市街地についてはそのようなものとして整備し、その無秩序な膨張を防ぐために、その周辺地域にグリーンベルトを設定し市街地の拡大を遮断し、さらにその外周部に市街地開発地域を設定して工業衛星都市等を建設しようとするものであった。このような構想により大都市に流入し、もしくは大都市から分散しようとする人口や産業を外周部に吸収・定着させ、大都市への人口や産業の集中を抑制しようとするものであった。この構想を実効あらしめて大都市での過密問題に対処するために1958年には「首都圏市街地開発区域整備法」が制定された。その翌年には、「首都圏の既成市街地における工業等の制限に関する法律」を制定して、大都市への人口・産業等の流入の原因となる工場や大学の立地を規制した。

raum Tôkyô) mit einem Radius von ungefähr 50 km festgelegt. Aber die Kompetenzen des Gremiums bestanden lediglich im Vorschlagsrecht, außerdem war ihr Gegenstand rechtlich auf das Gebiet der Hauptstadtpräfektur Tôkyô beschränkt.

Die erste Phase des schnellen Wirtschaftswachstums (1955–1965)

Vor dem Hintergrund der sprunghaften Entwicklung der Wirtschaft haben sich Bevölkerung und Industrie immer stärker in den Großstädten konzentriert. Die übermäßige Konzentration auf das Stadtzentrum und die Zersiedelungstendenzen an der Peripherie nahmen zu. In der Folge kam es zu Wohnungsnot, Verkehrsproblemen durch Pendeln zur Arbeit und zur Schule, Staus, Luftverschmutzung und anderen typisch städtischen Problemen. Seit dieser Zeit ist in Tôkyô eine Tendenz zur Abwanderung der Bevölkerung aus dem Stadtzentrum zu beobachten. Charakteristisch für das Rechtswesen dieser Zeit ist die Etablierung eines Systems für die Anlage städtischer Einrichtungen durch die Verabschiedung des Gesetzes über Stadtparks (1956), des Gesetzes über die Kanalisation (1958) und anderer Bestimmungen.

Um dem Wohnungsproblem zu begegnen, wurde 1955 die Japanische Wohnungsbaugesellschaft gegründet, und in den Großstädten wurden vor allem mittelgroße und hohe Wohnhäuser gebaut. Kennzeichnend für diese Zeit ist die Forcierung von Straßenbauprojekten, z.B. die Gründung der Gesellschaft für den hauptstädtischen Schnellstraßenbau von 1954.

Um sich mit den großstädtischen Problemen unter den Gesichtspunkten einer großräumigen und umfassenden Gebiets- und Landesentwicklungsplanung auseinandersetzen zu können, hat man das bis dahin gültige Gesetz über den Aufbau der Hauptstadt (Shuto kensetsu-hô) abgeschafft und 1956 das Gesetz zur Ausgestaltung des Großraums Tôkyô (Shutoken seibi-hô) verabschiedet und eine gleichnamige Kommission (Shutoken seibi iinkai) gegründet. Der Kern des Gesetzes bestand darin, daß die bestehenden Stadtgebiete geordnet werden sollten und daß, um ihre unkontrollierte Ausdehnung zu verhindern, an ihrer Peripherie ein Grüngürtel zu schaffen sei, womit das Wachstum der Stadt blockiert werden sollte. Jenseits davon sollte eine Erschließungszone eingerichtet wer-

こうした構想のうち、グリーンベルト構想は、
地元の反対等のために実現にいたらず、1965年
に、近郊整備地帯として位置づけがなされるこ
とになった。

　この時期の首都圏整備計画は、都心から約
100キロメートルの区域を対象とし、それを規
制市街地、近郊（整備）地帯、周辺地域の三つ
に区分し、つぎのように立案されていた。

　〈既成市街地〉東京都区部および川崎・横
浜・川口・武蔵野・三鷹の5市にわたる連担母
都市の区域であり、この地域の適正収容人口を
1225万人に止めるために、首都圏外の衛星都市
の育成により、そこに超える部分を吸収させる
政策をとった。

　〈近郊整備地帯〉既成市街地を取り巻く、幅
約10キロメートルのベルト地帯（約11万ha）
にグリーンベルトを設定し、中心市街地の過度
な連担膨張を抑え、その自然環境を保護して、
公園緑地、レクリエーション用地とし、生産緑
地にも役立たせようとした。しかし、これは前
述のように結局実現しなかった。

　〈周辺地域〉近郊地帯の外側に衛星都市を育
成し、そこに人口を吸収しようとした。首都圏
市街地開発区域整備法によって、工業団地造成
事業のために土地収用権を付与し、既成市街地
から40km〜50km圏内では7ヶ所、100キロ
メートル圏内では11ヶ所に、約8000ヘクター
ルの工業団地を整備した。

高度経済成長第二期（1966年〜1970年）

　この時期においては、特に重化学工業を中心
として経済成長が進み、首都圏を中心とする都
市化に拍車がかかった。しかし、それは環境問
題、土地問題、過疎・過密問題、社会資本（イ
ンフラ整備）問題をますます深刻なものとした。

　環境問題に関しては、1967年に公害対策基本
法が制定され、これを前提として、大気汚染防

den, um dort z.B. industrielle Satellitenstädte zu bau-
en. Durch solche Konzeptionen wollte man die Einwohner und Industrien, die die Absicht hatten, in die
Großstadt zu gehen oder sich von dort aus zu vertei-
len, außerhalb der Peripherie aufnehmen und seßhaft
machen, um so die Bevölkerungs- und Industriekon-
zentration in der Metropole einzudämmen. Um diese
Konzeptionen wirksam werden zu lassen und dem Problem der Überbevölkerung in der Großstadt zu begegnen, wurde 1958 das Gesetz über die Flächennutzung
im Großraum Tôkyô erlassen. 1959 verabschiedete
man das Gesetz zur Begrenzung von Industrien und
ähnlichen Einrichtungen in den bestehenden Stadtteilen im Großraum Tôkyô, durch das die Gebiete
eingeschränkt wurden, in denen Fabriken und Hochschulen, die einen Hauptgrund für den Zustrom von
Menschen, Industrien usw. in die Ballungszentren bilden, gebaut werden konnten.

Die Grüngürtel-Konzeption kam dabei, unter anderem wegen örtlicher Widerstände, nicht zur Ausführung. Dieser Bereich wurde 1965 als Vorort-Flächennutzungs-Zone eingeordnet.

Die Planungen jener Zeit zur Flächennutzung im
Großraum Tôkyô bezogen sich auf ein Gebiet in
einem Radius von ungefähr 100 km vom Stadtzentrum aus. Dieses Gebiet wurde in bestehende Stadtteile, in eine Vorort-Flächennutzungs-Zone und in
periphere Gebiete mit folgenden Vorlagen eingeteilt:

Bestehende Stadtteile: Hiermit ist das Gebiet der
eigentlichen Stadt, d.h. die Tôkyôter Stadtbezirke
(ku) sowie die fünf Städte (shi) Kawasaki, Yokohama,
Kawaguchi, Musashino und Mitaka gemeint. Um die
Bevölkerungszahl dieses Gebietes bei 12,25 Millionen
Menschen zu halten, was der Aufnahmekapazität entspricht, wurden Maßnahmen ergriffen, alles, was darüber hinausging, durch den Bau von Satellitenstädten
außerhalb dieses Gebietes zu binden.

Vorort-Flächennutzungs-Zone: Es bestand der Plan,
einen Grüngürtel in einer die bestehenden Stadtteile
umgebenden, etwa 10 km breiten Zone (ca. 110.000 ha)
anzulegen und das übermäßige Wachstum der zentralen Stadtteile einzudämmen. Die natürliche Umwelt
in diesem Bereich sollte geschützt werden, Parks und
Erholungsflächen sollten angelegt und auch Industriegrünflächen einbezogen werden. Das alles ist jedoch
nicht zur Ausführung gekommen.

止法や騒音規制法等が制定された。さらには、水質汚濁防止法、廃棄物処理法等も制定された。こうした背景のもとに、公害の防止、自然環境の保護・整備その他の環境の保全を図り、国民の健康で文化的な生活の確保に寄与するため、環境の保全に対する行政を総合的に推進することを主たる任務として、1971年に環境庁が設置された。

1968年には、新都市計画法が制定され、積極的に市街化を進めるべき市街化区域と当面の間、市街化を抑制すべき市街化調整区域とが指定された。このようなゾーニングと開発許可制度とによりスプロール的開発問題に対する対応が図られ、計画的な市街化のための制度的準備がなされた。

都心部については、1969年に都市再開発法が制定され、規制市街地の再開発のための事業手法が確立された。

その他の都市環境施設の整備のための制度としては、下水道五ヶ年計画（1967年に第二次、1971年には第三次計画）が策定されて本格的な展開を見るにいたった。

高度経済成長の終焉期（1970年～1978年）

1971年のドルショック、1973年のオイルショックを契機として、高度経済成長期は終わりを告げる。1974年には、実質経済成長率で戦後初めてマイナス成長を遂げることとなった。この頃同時に過剰流動資金を抱えた法人が活発に土地投機をおこない、その結果、年率にして30パーセントを超える異常な地価騰貴が生じた。こうした状況を背景として1974年に国土利用計画法が制定され、土地取引の規制、遊休土地の利用制度、国土利用計画と土地利用基本計画の策定等が制度化された。税制の面では、投機的土地取引を抑制するために法人の土地譲渡益に対する重加税制度や特別土地保有税等の制度的

Periphere Gebiete: Außerhalb der Vororte wollte man Satellitenstädte zur Aufnahme der Bevölkerung errichten. Durch das o.g. Gesetz über die Flächennutzung im Großraum Tôkyô wurde das Recht zur Enteignung von Grund und Boden eingeräumt, um Industriegebiete zu schaffen. Man richtete Industriegebiete von ungefähr 8.000 ha ein, und zwar sieben in einem Radius von 40 bis 50 km und elf in einem Radius von 100 km um die bestehenden Stadtteile.

Die zweite Phase des schnellen Wirtschaftswachstums (1966–1970)

In dieser Zeit wuchs das Wirtschaftswachstum, vor allem in der Schwer- und Chemieindustrie, weiter, was die Verstädterung besonders im Großraum Tôkyô beschleunigte. Dies verstärkte jedoch die Umweltprobleme, die Probleme von Grund und Boden, die der Unter- und Überbevölkerung und die des gesellschaftlichen Kapitals (Infrastruktur).

Bezüglich der Umweltprobleme wurde 1967 das Grundgesetz über Maßnahmen zur Bekämpfung der Umweltverschmutzung verabschiedet. Dies bildete die Voraussetzung für weitere Gesetze, wie z.B. des Gesetzes zur Bekämpfung der Luftverschmutzung oder des Lärmschutzgesetzes. Weiterhin wurden noch das Gesetz zum Schutz der Wasserqualität und das Abfallbeseitigungsgesetz verabschiedet. Um auf die Bekämpfung der Umweltverschmutzung, den Schutz und die Pflege der Natur sowie die Bewahrung der Umwelt hinzuwirken und dazu beizutragen, der Bevölkerung ein gesundes und kulturell attraktives Leben zu ermöglichen, wurde 1971 das Umweltamt eingerichtet, dessen Hauptaufgabe darin besteht, die Verwaltungsorgane, die für die Bewahrung der Umwelt zuständig sind, kooperativ zu unterstützen.

1968 wurde das Stadtplanungsgesetz novelliert. Darin sind die Zonen der Stadtentwicklung und die mit begrenzter Stadtteilentwicklung definiert, also die Gebiete, deren Entwicklung aktiv gefördert, und solche, wo sie zunächst beschränkt werden sollte. Durch eine solche Einteilung und ein Genehmigungsverfahren für Erschließungen wurde dem Problem der Zersiedelung entgegengewirkt, und man traf systematische Vorkehrungen für eine planmäßige Stadtentwicklung.

1969 wurde ein neues Gesetz zur Stadtentwicklung verkündet, in dem Verfahren zur Wiedererschließung

改革が進められた。1974年には、国土庁が、翌年には宅地開発公団が発足した。

　東京を中心とした大都市の肥大化にともなって、都市における緑地不足は深刻な問題となり、都市行政の分野における最大の問題のひとつとなった。この時期に、都市公園等整備緊急措置法（1972年）、都市緑地保全法（1973年）、生産緑地法（1974年）が制定されている。1972年に発足した下水道事業センターが1975年には日本下水道事業団となり、1981年には、日本住宅公団と宅地開発公団とが統合されて、住宅・都市整備公団として再発足した。

II．現代の首都圏計画

首都圏の整備と広域整備方式

　道州制構想など、日本においても広域行政構想が説かれてから久しいが、現実には、東京都の行政区域の統合は、その範囲に止まっている。国道や国直轄の河川の場合には、国の直轄事業として、都道府県の境界を超えて整備計画が策定され、実施されている。住宅建設についても住宅・都市整備公団は行政区域を超えて住宅建設などを実施できる。しかし、総合的な首都圏整備をおこなうためには、国以外の、既存の行政区域を超えた実施主体が必要である。

首都圏基本計画

　（1）1958年に第一次首都圏基本計画が策定されて以来、経済の高度成長の時期と安定成長の時期への移行期を通じて三次にわたって首都圏基本計画が策定されてきた。この計画の基本的課題は、首都および近郊における過密問題、環境問題その他の大都市問題への対応であったのであり、首都圏整備の基本方針として、首都およびその近郊への人口および諸機能の集中の抑制および分散を基調としてきた。

der bestehenden Stadtteile festgelegt waren. Außerdem wurde ein Fünfjahresplan zur Kanalisation aufgestellt, mit dessen Hilfe beim Ausbau und bei der Wartung von Einrichtungen des städtischen Bereichs wirkliche Fortschritte erzielt wurden (2.Plan: 1967, 3.Plan: 1971).

Die Endphase des schnellen Wirtschaftswachstums (1970–1978)

Mit dem Dollar-Schock von 1971 und dem Öl-Schock von 1973 ging die Zeit des schnellen Wirtschaftswachstums zu Ende. Im Jahr 1974 war erstmals ein Minuswachstum bei der realen Wachstumsrate in Japan zu verzeichnen. Gleichzeitig spekulierten die Firmen, die über hohe Liquiditätsreserven verfügten, mit Grund und Boden, wodurch es zu außergewöhnlichen Steigerungen der Bodenpreise von über 30% pro Jahr kam. Vor diesem Hintergrund wurde 1974 das Gesetz über die Landesraumordnung (Kokudo riyô keikaku-hô) verabschiedet. Es systematisierte unter anderem die Kontrolle des Grundstückhandels, die Nutzung brachliegenden Landes sowie die Festlegung von Landes- und Grundstücks-Raumordnungsplänen. Im Steuerwesen wurden gezielte Reformen zur Eindämmung des spekulativen Grundstückhandels vorangetrieben, z.B. durch hohe Besteuerung der Gewinne bei Grundstücksübertragungen von Firmen oder bei der Sondergrundbesitzsteuer. 1974 wurde das Landesplanungsamt und im folgenden Jahr die Genossenschaft für Baugrunderschließung gegründet.

Mit dem Anwachsen der Großstädte, vor allem Tôkyôs, wurde der Mangel an Grünflächen zu einem ernsten Problem. Es entwickelte sich zu einer der größten Herausforderungen für die städtische Verwaltung. In dieser Zeit wurden das Gesetz über Dringlichkeitsmaßnahmen zur Einrichtung städtischer Parks (1972), das Gesetz zum Schutz städtischer Grünflächen (1973) und das Gesetz über Industriegrünflächen (1974) verabschiedet.

II. Die gegenwärtige Hauptstadtplanung

Methoden der Gestaltung von Hauptstadt und Großraum Tôkyô

Auch in Japan setzt man sich seit langem mit Konzeptionen auseinander, räumlich größere Verwaltungseinheiten zu schaffen, z.B. ein Provinzialsystem (ge-

（2）このような基本方針を達成するために積極的に諸施策が実施されてきたが、首都圏には依然として人口および諸機能が集積しており、過密問題、環境問題その他の大都市問題について充分な解決がなされないままである。一方では、帰省先を有する都市住民が相対的に少なくなり、首都圏自体が故郷であるという住民が増大している。その結果、多くの都市住民にとって「緑の故郷が別にあるから」ということが都市の居住環境の悪化を許すための免罪符にはならなくなったのである。また、金融、情報等の機能は首都圏への集中化傾向が見られ、他の機能については、首都圏への集中化傾向はやや鈍化している。

日本も高齢化社会を迎え、それを前提とした大都市問題の解決が迫られている。その際、「首都圏」の果たすべき役割は極めて大きいものといわなければならない。

（3）この計画は、首都圏整備法に基づいて作成され、同法に基づく「整備計画」（後述）の基本となるものである。関係行政機関と関係地方公共団体の首都圏の整備に関する諸計画の指針となるものである。対象区域は、東京都、埼玉県、千葉県、神奈川県、茨城県、栃木県、群馬県および山梨県である。

現行の首都圏整備計画

（1）この計画は、首都圏整備法に基づいて、かつ首都圏基本計画を基本として作成されたものであり、既成市街地、近郊整備地帯および都市開発区域の整備ならびにこれに関連する首都圏における交通通信体系および水供給体系の広域的整備に関し、その根幹となるべきものを定めたものである。

（2）基本方針は、従来通り、既成市街地、近郊整備地帯および都市開発区域（周辺地域）に分けている点においては変わりがないが、環

genwärtig: Präfektursystem, A.d.Ü.), aber die Integration der Verwaltungsbezirke der Hauptstadtpräfektur Tôkyô stößt nun tatsächlich an ihre Grenzen. Im Falle der Staatsstraßen und der von der Regierung direkt verwalteten Flüsse werden die entsprechenden Pläne als dem Staat unmittelbar unterstellte Projekte über die Präfekturgrenzen hinweg aufgestellt und verwirklicht. Auch beim Wohnungsbau kann die Genossenschaft für Wohnungs- und Stadtgestaltung Bauvorhaben o.ä. ohne Rücksicht auf die Verwaltungsbezirke durchführen. Aber für eine umfassende Gestaltung der Hauptstadt ist ein außerhalb der Provinz und über den existierenden Verwaltungsbezirken stehender Realisierungsträger erforderlich.

Der Gesamtplan für den Großraum Tôkyô

1. Seit 1958 der erste Gesamtplan für den Großraum Tôkyô aufgestellt wurde, ist die Entwicklung über die Zeiten schnellen Wirtschaftswachstums und die Zeit des Übergangs zu stabilem Wachstum bis zum dritten Plan seiner Art gediehen. Grundlegend sollte es durch diesen Plan möglich sein, auf die Überbevölkerung im Großraum Tôkyô sowie auf Umwelt- und andere Großstadtprobleme zu reagieren. Wichtigste Richtlinie für die Gestaltung der Hauptstadt und ihrer Umgebung war die Eindämmung der Konzentration von Menschen und Funktionen im Großraum Tôkyô sowie ihre Verteilung auf andere Gebiete.

2. Um diese Hauptrichtlinie zu verwirklichen, wurden zwar energische Maßnahmen ergriffen, aber Menschen und Funktionen konzentrieren sich nach wie vor im Großraum Tôkyô, und die genannten Probleme haben keine befriedigende Lösung gefunden. Auf der anderen Seite gibt es relativ gesehen immer weniger Stadtbewohner, die noch einen familiären Bezugspunkt in der Provinz haben, und die Zahl derer, für die das Gebiet der Hauptstadt selbst Heimat ist, nimmt zu. Infolgedessen ist der Gedanke "Meine grüne Heimat ist ja woanders!" für viele Stadtbewohner kein Freibrief mehr, eine Verschlechterung des städtischen Wohnmilieus zuzulassen. Die Finanz- oder Informationsfunktionen konzentrieren sich auf den Großraum Tôkyô, auf anderen Gebieten nimmt die Tendenz zur Konzentration eher ab.

Auch in Japan verändert sich die Gesellschaft durch die Tendenz eines immer höheren Anteils von älteren

境保全等への配慮について詳細に規定されている点に特徴が見られる。

　（3）この計画は、主要施策の展開方針として、その現状と課題をつぎのように述べている。

①　東京大都市圏においては、全国的な観点を踏まえて人口および諸機能の適正配置を図るため、従来の東京都区部とりわけ都心部への一極依存構造に代えて、分化を基調とした複数の核と圏域を有する多核多圏型の地域構造を形成し、これらの圏域の連合を都市圏として再構築する。

　周辺地域については、首都圏の均衡ある発展を図る上で重要な地域であることに鑑み、周辺地域の円滑な機能の発揮および総合的な居住環境の整備を推進するため、東京大都市圏との近接性を生かした諸機能の集積、地域相互の連携の強化および地域の自立性の向上を図る。

②　首都圏（約 3 万 6800 km²）には、約 3940 万人が居住しており、特に東京都区部に業務管理機能が著しく集中し、巨大な都市が形成されている。この結果、通勤の長時間化、居住水準の低迷、交通混雑、環境の悪化等の大都市問題を引き起こしている。都心部では業務機能が居住機能を圧迫し、人口の過疎化と高齢化を引き起こし、その程度は地方の過疎地と同様と言われている。こうした状況のもとにあって、土地については1991年に決定された「総合土地政策推進要綱」に基づき、総合的な土地対策の推進が必要とされている。廃棄物については、最終処分場の確保が緊急の課題となっている。水資源については人口一人当たりの水資源賦存量が全国最低であることから、水資源の確保が重要な課題となっている。さらに水質、大気、騒音等に関する環境についてはなお環境基準が未達成の地域があり、まずは基準達成のための努力が必要であるとされている。

　こうしたなかで、一極集中是正のための基本的政策の一環として首都機能の移転問題が具体

Mitbürgern. Die Lösung der großstädtischen Probleme wird unter diesen Bedingungen zwingend. Dabei spielt der Großraum Tôkyô eine Vorreiterrolle.

3. Der Gesamtplan für den Großraum Tôkyô ist auf der Grundlage des Gesetzes zur Ausgestaltung des Großraums Tôkyô erstellt worden. Das gleiche gilt für den Ausgestaltungsplan (s.u.), der seinerseits wiederum auf dem Gesamtplan beruht. Er bildet den Leitfaden für die Planungen der beteiligten Verwaltungsorgane und Firmen bei der Ausgestaltung von Tôkyô und seiner Umgebung. Sein Anwendungsbereich umfaßt die Hauptstadtpräfektur Tôkyô sowie die Präfekturen Saitama, Chiba, Kanagawa, Ibaraki, Tochigi, Gumma und Yamanashi.

Der heute gültige Plan zur Ausgestaltung des Großraums Tôkyô

1. Dieser Plan basiert auf dem Gesetz zur Ausgestaltung des Großraums Tôkyô und wurde außerdem nach den Prinzipien des Grundplans für den Großraum Tôkyô erstellt. Er befaßt sich mit der Gestaltung der bestehenden Stadtteile, der VorortFlächennutzungs-Zone und der städtischen Erschließungszone (Toshi kaihatsu kuiki) sowie mit der großräumigen Einrichtung der damit verbundenen Verkehrs-, Nachrichten- und Versorgungssysteme, zu deren Basis er werden sollte.

2. In der Grundorientierung gibt es keine Änderung der bisherigen Einteilung in bestehende Stadtteile, Vorort-Flächennutzungs-Zone und städtische Erschließungszone (oben als periphere Gebiete bezeichnet). Seine Besonderheit liegt in den detailliert festgelegten Punkten bezüglich der Pflege des Umweltschutzes.

3. Als Grundorientierung beschreibt der genannte Plan Situation und Aufgaben wie folgt:

– Um im Großraum Tôkyô eine vernünftige Verteilung von Bewohnern und Funktionen nach landesweiten Gesichtspunkten zu erreichen, wird anstelle der bisherigen Form der einseitigen Orientierung auf die Stadtbezirke und besonders auf das Zentrum Tôkyôs eine neue Gebietsstruktur geschaffen, die eine Vielzahl von Stadtkernen und Räumen aufweist. Der Verbund dieser Räume wird als Stadtsphäre neu aufgebaut.

Für eine ausgewogene Entwicklung des Großraums Tôkyô spielen die peripheren Gebiete eine wichtige

的課題となり、第119回国会において「国会等の移転に関する決議」がなされるにいたっている。1988年に制定された「多極分散型国土形成促進法」も重要であり、これによると、東京圏における諸機能の適正な配置を図るための業務核都市の整備や東京都区部からの国の行政機関等の移転等の実現に向けて、一層の努力がなされるべきものとされている。

Rolle, in denen sich die Funktionen harmonisch entfalten und genügend Wohnungen gebaut werden können müssen; dazu sollen Netzwerke zwischen Tôkyô und der Peripherie hergestellt werden, die Zusammenarbeit der peripheren Gebiete untereinander muß gestärkt und ihre Selbständigkeit gefördert werden.

– Im Großraum Tôkyô (ca. 36.800 km^2) leben ungefähr 39,4 Millionen Menschen. Besonders in den Tôkyôter Stadtbezirken gibt es eine enorme Konzentration von Geschäfts- und Verwaltungsfunktionen, so daß sich eine riesige Stadt gebildet hat. Dies wiederum führt zu typisch großstädtischen Problemen, wie zunehmende zeitliche Belastungen im Berufspendelverkehr, Absinken des Wohnniveaus, Verkehrschaos, Beeinträchtigung der Umwelt usw.. Im Stadtzentrum verdrängen die gewerblichen Räume die Wohnungen, was Entvölkerung und eine steigende Altersstruktur zur Folge hat. Man sagt, daß das Ausmaß von Entvölkerung und Vergreisung dem der unterbevölkerten Gebiete in der Provinz entspricht. Angesichts dieser Situation wurden 1991 das Programm zur Förderung einer einheitlichen Bodenpolitik beschlossen und die Notwendigkeit entsprechender Schritte bestätigt. Was den Müll betrifft, so ist die Sicherung von Endlagerplätzen zu einer dringenden Aufgabe geworden. Das gleiche gilt für die Sicherung von Wasserquellen, da die pro Kopf der Bevölkerung zur Verfügung stehende Wassermenge die niedrigste im Land ist. In bezug auf Umweltbedingungen wie Wasserqualität, Luft, Lärm usw., gibt es Gebiete, die die bestehenden Normen noch nicht erreichen. Entsprechende Anstrengungen sind vordringlich.

Eine konkrete Aufgabe der allgemeinen Politik ist es, die einseitige Konzentration durch die Verlagerung von Hauptstadtfunktionen zu beheben. Dies führte zu dem Beschluß über den Umzug von Parlament und anderen Organen auf der 119. Parlamentssitzung. Von Bedeutung ist auch das 1988 verkündete Gesetz zur Förderung der Gestaltung des Landes in mehrpoliger und dezentralisierter Form. Danach soll mehr Nachdruck auf die gesunde Verteilung von Organen im Großraum Tôkyô gelegt werden, u.a. sollen Geschäfts- und Verwaltungszentren errichtet und der Umzug von Verwaltungsorganen des Staates aus den Stadtbezirken Tôkyôs verwirklicht werden.

ソニーとベルリンの今までの歩み　㈲ソニー・ベルリン

プロジェクトの縁起

　ソニーは21世紀のヨーロッパのビジネスの拠点としてベルリンで土地を探していたところ、ベルリン市政府からベルリン（ポツダム広場）の再開発に寄与して欲しいという話がありました。

ベルリン再開発へのソニーの参画

　ベルリンはヨーロッパの地理的中心に位置し、東欧への掛け橋であると同時に、ドイツ最大の都市です。連邦政府、議会のベルリン移転に伴い同市が名実共にドイツの首都になることが約束されており、今後ヨーロッパの中心となることが期待されています。

　さらにポツダム広場はかつて欧州屈指のオフィス、繁華街だった歴史的な場所であり、欧州のビジネスセンターとして再生されることが期待されています。

　弊社会長の大賀典雄は、1955年から二年間ベルリンに留学しており、ベルリンには特別な思い出があります。

　以上のような理由からソニーは再開発への参画を決定し、1991年6月14日に不動産事業をおこなう㈲ソニー・ベルリンを設立いたしました。同年6月26日にはベルリン市との間に土地売買契約を結び、翌年8月15日には世界の著名な建築家を集めて建築デザインコンペを開催いたしました。このコンペにはディープゲン・ベルリン市長、ベルリン州建設住宅庁長官、弊社の大賀社長（当時）を含む15名の審査員が出席し、七つの作品のなかからドイツ生まれで現在シカゴ（アメリカ）在住のヘルムート・ヤーン氏のデザインが選ばれました。ヤーン氏はシカゴ市オヘア国際空港のユナイテッド・エアラインズ・ターミナルビルやフランクフルト（ドイツ）のメッセタワーを手掛けた建築家です。

Sony und Berlin
Sony Berlin GmbH

Wie es zu dem Projekt kam

Mit Blick auf das 21. Jahrhundert suchte Sony für seine Europazentrale ein geeignetes Grundstück in Berlin. Seitens des Berliner Senats wurde die Bitte an das Unternehmen herangetragen, einen Beitrag zum Wiederaufbau des Potsdamer Platzes zu leisten.

Sony beteiligt sich an der Entwicklung Berlins

Berlin liegt in der geographischen Mitte Europas, ist eine Brücke nach Osteuropa und gleichzeitig die größte Stadt Deutschlands. Durch den Umzug von Bundesregierung und Bundestag wird Berlin nicht mehr nur dem Namen nach, sondern tatsächlich die Hauptstadt Deutschlands sein und im künftigen Europa eine zentrale Rolle spielen.

Der Potsdamer Platz ist ein geschichtsträchtiger Ort, wo sich schon früher Leben und Handel ganz Europas konzentrierten. Nun soll der Platz als europäisches Geschäftszentrum wiederbelebt werden.

Sony Chairman Ohga Norio studierte von 1955 an zwei Jahre in Berlin und erinnert sich gern an diese Zeit.

Aus den oben genannten Gründen faßte Sony den Beschluß, an der Neugestaltung Berlins mitzuwirken, und gründete am 14. Juni 1991 das Immobilien-Unternehmen Sony Berlin GmbH. Am 26. Juni desselben Jahres wurde mit der Stadt Berlin ein Kaufvertrag über das Grundstück abgeschlossen. Am 15. August 1992 fand unter Beteiligung internationaler Spitzenarchitekten ein Wettbewerb zur Gestaltung

423

プロジェクトの紹介

　このセンターが完成すると、ソニー・ヨーロッパの本社機能の他、ソニー関係のオフィス、フィルムハウス（映画関連の公共機関）[a]、住宅、店舗等を含む複合形態ビルとなります（敷地面積2万6500平米、延床面積約13万平米）。また、敷地内には戦前の有名なホテルであったエスプラナーデの一部も保存建築物として残される予定です。くわえて、八つのスクリーンから成るマルチプレックス・シアターや、迫力の大画面が楽しめるIMAX（アイマックス）シアターも建設され、レストランや様々なショップ等と併せて広くベルリン市民のみならず世界中の皆様に楽しんでいただける総合的な施設となる予定です。

プロジェクトの今後について

　1996年に基礎工事用の掘削作業が本格的に開始され、1999年末には完成させる予定で工事が進められています。今回のプロジェクトでは、ベルリン市民のニーズに合致させ、かつベルリ

des Potsdamer Platzes statt. Die fünfzehnköpfige Jury, der neben (damals noch) Präsident Ohga unter anderem auch der Regierende Bürgermeister von Berlin, Eberhard Diepgen, und der Staatssekretär für Bau und Wohnungswesen angehörten, wählte unter sieben Vorschlägen den Entwurf des in Deutschland geborenen und jetzt in Chicago lebenden Architekten Helmut Jahn aus. Zu den Werken Jahns zählen unter anderem der United Airlines Terminal auf dem internationalen Flughafen O'Hare in Chicago und der Messeturm in Frankfurt/Main.

Das Sony Center am Potsdamer Platz

Nach der Fertigstellung des Projekts wird der Gebäudekomplex nicht nur die Hauptgeschäftsstelle von Sony Europa beherbergen, sondern auch Raum bieten für Büros, die mit Sony in Beziehung stehen, für das Filmhaus (filmrelevante öffentliche Einrichtungen), Wohnungen und Geschäfte (Grundfläche 26.500 m², Bruttogeschoßfläche 130.000 m²). Innerhalb des Komplexes wird ein Teil des schon vor dem Krieg berühmten Hotels Esplanade als Baudenkmal restauriert werden. Außerdem soll es mit einem Multiplex-Movie-Center mit acht Kinos, einem IMAX-3D-Großleinwandkino, verschiedenen Restaurants und Geschäften ein multifunktionales Gebäude sein,

ホテル・エスプラナーデ
皇帝の間
Der Kaisersaal des
Hotel Esplanade

ポツダム広場とライブチヒ広場（1930年）　Potsdamer Platz und Leipziger Platz, 1930

ン市の都市計画とのコーディネーションをつう
じて21世紀のベルリンにふさわしいインターナ
ショナルなビル建築を目指しています。また、
絶えず変化する社会のニーズを的確に捉えた形
でソニーのコーポレート・アイデンティティ
（CI）に合致したビルを作りたいと考えてい
ます。

　ソニーは常に長期的視野に立って将来を展望
することを基本姿勢にして参りました。このプ
ロジェクトはまさに21世紀を展望したものと
なっています。

　これからもいろいろな困難が生じるかもしれ
ませんがドイツの皆様がベルリンに対する「夢」
を捨てずに長期的視野のもと、その実現に向け
て進んでいかれることを信じております。

das nicht nur den Bewohnern Berlins, sondern auch
den Besuchern aus aller Welt zur Unterhaltung dient.

Zukünftige Aktivitäten

1996 wurde mit den Aushubarbeiten für das Fundament begonnen, bis Ende 1999 sollen die Bauarbeiten abgeschlossen sein.

Dieses Projekt, das die Bedürfnisse der Berliner Bürger einbezieht, soll auch durch die Koordination mit
der Städteplanung der Stadt Berlin ein Bauwerk von
Weltgeltung werden, das im Berlin des 21. Jahrhunderts Akzente setzt. Sony möchte ein Gebäude kreie-
ren, das den ständig sich verändernden Ansprüchen
der modernen Gesellschaft gerecht wird und gleichzeitig seiner Corporate Identity entspricht.

Ein äußerst wichtiger Aspekt der Tätigkeit von Sony
bestand immer schon darin, Vorhaben zu realisieren,
die weit in die Zukunft weisen. Dazu zählt auch dieses Projekt, das ins 21. Jahrhundert blickt.

　ソニーも皆様とともにお互いの「夢」を大切
にし、協力して行きたいと思います。皆様の暖
かいご支援をお願い申し上げます。

注

(a) 編注：(財)ドイツ・キネマテーク、ドイツ・キネマテーク
友の会、ドイツ映画テレビ・アカデミー等の公共機関の利用
に供し、映画史資料室も含む映画関連の建物。

Trotz aller Hemmnisse, die auch künftig auf dem
Weg liegen mögen, sind wir davon überzeugt, daß die
Berliner den Traum von ihrer Hauptstadt nicht aufgeben und das Projekt mit Weitblick unterstützen.
Sony wird sich weiterhin einsetzen, um gemeinsam
mit allen aus diesem Traum Wirklichkeit werden zu
lassen.

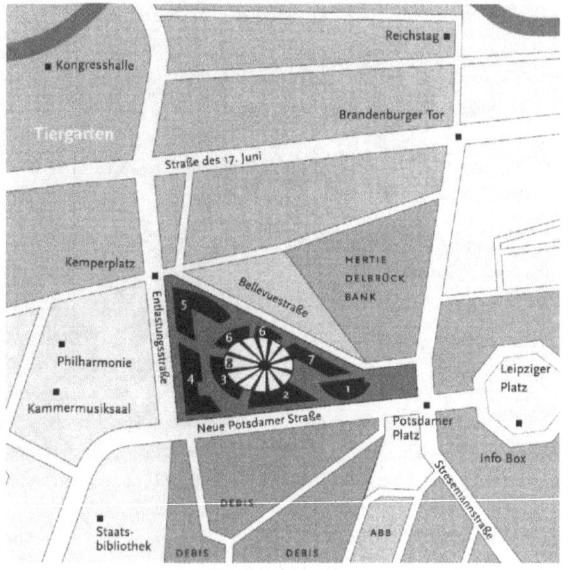

<table>
<tbody>
<tr><td>

ソニーセンター（ポツダム広場）

1. オフィスビル

2.「フィルムハウス」「メディアテーク」

3.「アーバン・エンターテイメント・
　　センター」「フォーラム・アパート」

4. オフィスビル
　　「ノイエポツダマシュトラーセ」

5.「ソニー欧州本社機能」

6.オフィスビル「フォーラム」
　　「ベレビューシュトラーセ通り」

7. 高級マンション
　　「エスプラナーデ・レジデンス」

8. 巨大空間「フォーラム」（小売店、
　　レストラン等）

</td><td>

Sony Center am Potsdamer Platz

1. Büroturm

2. Filmhaus/Mediathek

3. Urban Entertainment Center/
　　Forum Appartements

4. Bürogebäude an der
　　Neuen Potsdamer Straße

5. Sony Europa-Zentrale

6. Büros: Forum/Bellevuestraße

7. Esplanade Residenz

8. Forum
　　(Einzelhandel/Gastronomie)

</td></tr>
</tbody>
</table>

Grundlagen und Gedanken zur Partnerschaft zwischen Tiergarten und Shinjuku
Wolfgang Naujokat

Am 6. Juli 1994 wurde durch die Unterzeichnung der Urkunden die Freundschaftsvereinbarung zwischen Shinjuku und Tiergarten besiegelt. Mit dieser Freundschaftsvereinbarung wurde die im Mai 1994 begründete Städtepartnerschaft zwischen den Städten Tôkyô und Berlin auch auf ihre zentralen Bezirke erweitert.

Für den Bezirk Tiergarten stellt diese Städtepartnerschaft eine besondere Herausforderung dar, ist dies doch die erste Partnerschaft mit einer Region außerhalb der Bundesrepublik Deutschland.

Die Ursprünge dieser Partnerschaft wurden im Dezember 1990 mit dem Besuch des Bach-Chores in Shinjuku gelegt. Im Rahmen dieses Konzertbesuches wurden die ersten Kontakte geknüpft. Im Rückblick dieser Zeit waren für Berlin und damit auch für den Bezirk Tiergarten die Wiedervereinigung der Stadt Berlin nach der Zusammenführung des geteilten Landes von historischer Bedeutung. Die Aufmerksamkeit war damit auf Berlin und seine Bezirke gelenkt.

Im August 1992 konnte dann mit dem Besuch von 20 Jugendlichen aus Shinjuku hier in Berlin die angestrebte Partnerschaft ihren ersten Erfolg erzielen. Nunmehr werden in jedem Jahr Jugendliche aus Shinjuku und Tiergarten im Rahmen des Jugendaustausches Begegnungen durchführen. Dabei kommt gerade dem Jugendaustausch eine besondere Bedeutung zu, denn nur die Verständigung der Jugend miteinander wird diese Partnerschaft auf Dauer zum Erfolg führen.

新宿区とティアーガルテン区の友好提携のための基礎と今後の見解

ヴォルフガング・ナウヨカト

　1994年7月6日に調印された提携文書により、新宿区とティアーガルテン区の友好関係が正式に締結されました。この友好区提携により、1994年5月に締結された東京・ベルリン間の友好都市関係が、その中心地区にも拡張されることになりました。

　ティアーガルテン区にとってこの提携は特別なチャレンジを意味します。何といっても、これはドイツ連邦共和国外の地域との初めての提携だからです。

　この提携の発端は1990年12月にバッハ合唱団が新宿を訪れたことにあります。この時の訪問公演との関連で新宿とティアーガルテンの最初の接触があったわけですが、この時期を振り返ってみますと、分割されていた国ドイツの統一に続くベルリン市の再統一がベルリンにとって、またティアーガルテン区にとっても歴史的な重大事件であったことに気づきます。再統一によって世間の注目がベルリンとその各区に注がれることになったのですから。

　1992年8月には新宿から20名の青少年がここベルリンを訪問し、両区間の友好関係はその最初の成功を収めることができました。以後、新宿とティアーガルテンの青少年は毎年青少年交流事業の枠内で出会いの場をもつことになりました。青少年交流には、まさに特別の意味があると言えましょう。というのは、青少年の相互理解があって初めて両区の友好が長期にわたって実りあるものとなるからです。

　友好提携におけるもうひとつの課題は、それぞれの区が抱えている地域問題に関する情報と、その解決策を互いに交換することです。新宿区とティアーガルテン区はそれぞれの都市の経済と行政の中心として、また交通の要所として、住民の生活条件に直接関わる困難な課題を解決しなければならない立場にあるからです。くわえて、文化関連の分野も、パートナーシップの

Freundschaftsvereinbarung

Als Zeichen gegenseitiger freundschaftlicher Verbindung vereinbaren die Stadtbezirke Tiergarten von Berlin und Shinjuku von Tokio den Austausch und die Förderung von Kultur und Fortschritt sowie der zwischenmenschlichen Beziehungen zum Wohle beider Seiten.

Wir sind der festen Überzeugung, daß die freundschaftlichen Beziehungen über die beiden Stadtbezirke hinaus auch auf Deutschland und Japan Einfluß nehmen werden.

Wir glauben ebenfalls daran, daß die Zusammenarbeit zwischen den beiden Stadtbezirken zum Weltfrieden und Wohlstand der Völker beitragen wird.

5. Juli 1994

Bezirksbürgermeister von Berlin-Tiergarten — **Wolfgang Naujokat**

Bezirksbürgermeister von Tokio-Shinjuku — **Takashi Onoda**

Vorsteher der Bezirksverordnetenversammlung von Berlin-Tiergarten — **Kurt Theil**

Vorsteher der Bezirksverordnetenversammlung von Tokio-Shinjuku — **Koji Uchida**

友好協定

　東京都新宿区とベルリン市ティアガルテン区の両区及びその市民は、相互に友好と親善の絆を深め、文化、教育、まちづくり等の交流を促進することを念願して、友好都市提携の協定を締結する。

　この提携は、両区間のみならず、日本国とドイツ連邦共和国との友好関係に寄与し、さらに両区の協調が世界の平和と繁栄に貢献することを確信するものである。

　ここに両区は、友好の証として、協定の締結を宣言する。

1994年7月6日

東京都新宿区長　小野田 隆

ベルリン市ティアガルテン区長　ヴォルフガング・ナウヨカト

東京都新宿区議会議長　内田 幸次

ベルリン市ティアガルテン区議会議長　クルト・タイル

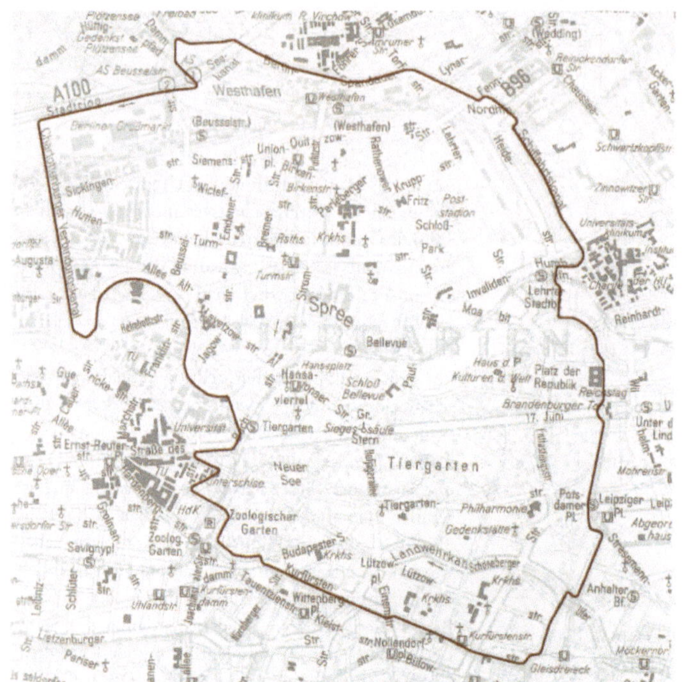

ティアーガルテン区
Bezirk Tiergarten

重要課題として挙げられます。

　このような活動に共に取り組むための基礎は
置かれました。今後はパートナーとの接触をこ
れから何年にもわたって拡大し、強化していか
ねばなりません。

Ein weiterer Schwerpunkt der Partnerschaft soll auch
der gegenseitige Austausch von Informationen über
und Lösungsmöglichkeiten kommunaler Probleme
in den jeweiligen Bezirken darstellen. Die Bezirke
Shinjuku und Tiergarten haben durch ihre besondere
Funktion als Zentren der Wirtschaft und Verwaltung
und damit auch als Verkehrsknotenpunkte in ihrer
Stadt eine schwierige Aufgabe zu lösen, die unmittelbar die Lebensbedingungen ihrer Bewohner be-
rühren. Aber auch der kulturelle Bereich soll ein
Schwerpunkt dieser Partnerschaft sein.
Die Grundlagen hierzu sind gelegt, die Kontakte
müssen nun in den kommenden Jahren ausgebaut
und vertieft werden.

新宿区とティアーガルテン区との友好提携について

小野田　隆

新宿区の国際交流の必要性

　東京都新宿区は東京23区のなかで外国人登録者数がもっとも多く、観光客やビジネスマンなど短期的な来訪者も多い。平成3年に東京都庁が新宿区に移転されたことにともない、新宿区は国際都市としての側面が一層拡大している。国際関係はもはや国の専管事項ではなく、地方自治体はもとより国民一人ひとりの課題にまで普遍化してきている。

　新宿区としては職員も、また区民一人ひとりも、国際的な対応能力を身につけていくことが求められていると考える。このため大切なことは新宿区と新宿区民のありのままの姿を諸外国の人々に知っていただくことであり、また区民が諸外国とその国の人々を知るということである。

　これを実現する方法のひとつとして、直接的な触れ合いが重要でありかつ効果的であると考え、都市間の国際交流の必要性を認識しているところである。

新宿区とティアーガルテン区との交流の経緯

　平成2年12月にベルリンのヴィルヘルム皇帝記念教会バッハ合唱団が来日し、12月8日、新宿区民「第九」合唱団と新宿文化センターで共演した。

　その後、ナウヨカト区長を始めとするティアーガルテン区側の熱心な友好関係を築きたいという提案に応え、平成3年12月に私がティアーガルテン区を公式訪問し、また平成4年9月新宿区議会議員海外事情視察により新井団長以下13名がティアーガルテン区を訪問した。

　この間、平成4年8月に青少年海外交流事業で新宿から20名の青年がティアーガルテン区を訪問し、平成5年4月にはティアーガルテン区の青少年20名を新宿区が受入れ、ホームステイ、社会見学等の交流をおこなった。

Freundschaftsvereinbarung zwischen Tiergarten und Shinjuku
Onoda Takashi

Die Notwendigkeit des internationalen Austausches für Shinjuku

Unter den 23 Stadtbezirken Tôkyôs ist Shinjuku derjenige, in dem die meisten Ausländer registriert sind. Auch viele kurzzeitige Besucher wie Touristen und Geschäftsleute sind hier oft zu Besuch. Mit der Verlegung der Tôkyôter Verwaltung nach Shinjuku im Jahre 1991 hat sich die Rolle des Bezirkes als internationales Zentrum erweitert. Internationale Beziehungen sind nicht nur Sache des Staates, sondern sind immer mehr zur Angelegenheit der lokalen Selbstverwaltungen und jedes einzelnen geworden.

Man kann feststellen, daß die Angestellten, aber auch jeder einzelne Bewohner Shinjukus, danach streben, die Weltoffenheit zu ihrer Herzenssache zu machen. Zu diesem Zweck ist es erforderlich, daß die Ausländer mehr über Shinjuku und seine Bewohner erfahren, aber auch daß die Menschen in Shinjuku mehr über andere Länder und Völker wissen.

Aus diesem Grund ist der unmittelbare Kontakt wichtig und wirksam, und die Notwendigkeit internationaler Beziehungen zwischen Städten bzw. Stadtbezirken liegt auf der Hand.

Einzelheiten des Austauschs zwischen Shinjuku und Tiergarten

Im Dezember 1990 gastierte der Bach-Chor der Berliner Kaiser-Wilhelm-Gedächtniskirche in Japan und trat am 8. Dezember gemeinsam mit dem Chor "Beethovens Neunte" der Bürger von Shinjuku im Kulturzentrum Shinjuku auf.

小野田隆新宿区長
Onoda Takashi, Bürgermeister von Shinjuku

Danach haben Repräsentanten des Bezirks Tiergarten, mit Bezirksbürgermeister Wolfgang Naujokat an der Spitze, vorgeschlagen, rege Beziehungen aufzubauen, so daß ich im Dezember 1991 dem Bezirk Tiergarten einen offiziellen Besuch abstattete. Im September 1992 besuchten 13 Vertreter des Bezirksparlamentes von Shinjuku mit Herrn Arai als Delegationsleiter anläßlich einer Auslandsreise den Bezirk Tiergarten.

Dazwischen weilten im August 1992 20 Jugendliche im Rahmen eines internationalen Jugendaustausches in Tiergarten. Im April 1993 empfingen wir 20 Jugend-

新宿区の青少年、ベルリン日独センターにて（1996年8月12日）

Jugendgruppe aus Shinjuku zu Besuch im Japanisch-Deutschen Zentrum Berlin, 12.8.1996

ティアーガルテン区との交流について

　新宿区は小泉八雲との縁により、すでに平成元年から友好都市堤携をギリシャ共和国レフカダ町とおこなっている。

　今回、新宿区がドイツ連邦共和国ベルリン市ティアーガルテン区をもうひとつの交流の相手先とする理由は、交流の永続性が可能であり、視察、学習、観光の対象が豊富であること、知日・親日的であること等を考慮し、また首都の中心区であるという新宿区との共通性を持つことで友好交流が適切であるとしたものである。

　今後、ベルリンがヨーロッパ社会で果たすべき役割を考えると、新宿区とティアーガルテン区との友好関係は、日本とドイツとの友好の架

liche aus dem Bezirk Tiergarten in Shinjuku, die bei japanischen Familien wohnten und　das japanische Alltagsleben kennenlernen konnten.

Die Beziehungen zum Bezirk Tiergarten

Aufgrund der Beziehungen zu Lafcadio Hearn besteht bereits seit 1989 eine Städtepartnerschaft zwischen dem Bezirk Shinjuku und der griechischen Stadt Lefkada.

Gründe dafür, daß nunmehr auch Beziehungen zum Bezirk Tiergarten in Berlin aufgebaut werden, liegen unter anderem darin, daß diese Zusammenarbeit gute Aussichten hat, von Dauer zu sein, daß der Bezirk Tiergarten häufig Gegenstand und Ziel von Besichtigungen, Studienaufenthalten und Tourismus ist und daß es dort viele Japankenner und Japanfreunde gibt. Außerdem befindet sich der Bezirk

新宿区・ティアーガルテン区友好都市提携祝賀会
（1994年7月6日）
Feier des Freundschaftsvertrages
zwischen den Bezirken Tiergarten und
Shinjuku, 6.7.1994

け橋として大きな意味を持ってくるものと思われる。

　これらのことから、平成6年7月6日、新宿区はティアーガルテン区と友好都市提携を結ぶこととなったものである。

　今後は両区のあいだで既に実績のある青少年交流や児童の作品交流等をとおしてさらに友好交流を図ってゆくことを希望する。

国際交流の継続について

　世界は今、東西対立の構図が崩壊し、不透明な時代を迎えている。このようななかで世界の平和を守り発展していくためには、多様な民族や宗教、言語の存在を互いに理解し合い認め合い、国境を越えて交流し合っていくことが大切であると考える。

　特に我が国は経済大国として、世界のなかで大きな役割を期待されている。そのなかでも新宿区は人々やもの、資金、情報が国境の垣根を越えて集中する国際都市東京の中心地として発展を遂げている。ここにおいて国際化を単なる現象に終わらせないためには、外国人もともに暮らせる地域社会を作っていくとともに、海外

Tiergarten ebenso wie Shinjuku im Herzen der jeweiligen Hauptstadt.

Angesichts der Rolle Berlins in der europäischen Gesellschaft werden die freundschaftlichen Beziehungen der Bezirke Shinjuku und Tiergarten als Brücke der Freundschaft zwischen Japan und Deutschland von zunehmender Bedeutung sein.

Aus all diesen Gründen wurden am 6. Juli 1994 städtepartnerschaftliche Beziehungen zwischen den Bezirken Shinjuku und Tiergarten geknüpft.

Ausgehend von dem bereits bestehenden Jugendaustausch sowie dem Austausch von Kinderzeichnungen und Bastelarbeiten mögen die freundschaftlichen Verbindungen auch weiterhin gedeihen.

Fortsetzung der internationalen Zusammenarbeit

Die Welt geht jetzt nach Beendigung des Ost-West-Konflikts unsicheren Zeiten entgegen. Um in dieser Situation den Weltfrieden zu sichern und zu fördern, ist es von großer Bedeutung, daß wir gegenseitig die Existenz unterschiedlicher Völker, Religionen und Sprachen anerkennen und daß wir den Austausch über die Ländergrenzen hinweg pflegen.

Besonders an die Rolle Japans als wirtschaftliche Großmacht werden hohe Erwartungen geknüpft. Auch in diesem Zusammenhang trägt der Bezirk Shinjuku als Zentrum der Weltstadt Tôkyô, wo Menschen, Waren, Kapital und Informationen international konzentriert sind, zur Entwicklung bei. Damit

新宿
Shinjuku

の都市、とりわけ友好都市提携をしたティアーガルテン区等との交流を着実に積み重ねることが重要である。

die Internationalisierung nicht auf einen bloßen Begriff beschränkt bleibt, müssen wir eine Gemeinde schaffen, in der wir mit Ausländern gemeinsam leben können. Ebenso wichtig ist es, die Beziehungen zu Städten im Ausland und jetzt – nach Herstellung der Städtepartnerschaft – zum Bezirk Tiergarten im besonderen, zuverlässig zu entwickeln.

Berlin und Tôkyô auf dem Weg ins 21. Jahrhundert

Edzard Reuter

二十一世紀へ向かう東京とベルリン

エッツァルト・ロイター

今世紀末には、世界中で田舎より都会にたくさんの人が生活するようになる。それで人々が幸福になれるのかどうか定かではない。しかし、確かなことは、国民の政治的社会的運命が都市の生存能力とダイナミックさ、文化によって決まるということだ。

ドイツとベルリン、日本と東京は同じ響きを持っている。ベルリンと東京もパートナーシップという調和のなかで鳴り響く。このパートナーシップこそが、われわれ国民を結び付ける大きな、全世界的な共通性のシンボルなのだ。それは全く自然なありかたとして経済上の接触と結び付きのことであり、あらゆる地理上の隔りを越えて二つの大都市がもつ近似性を表現している。

それはまた、精神的交流と学問上の協力という輝かしい側面と、両都市と両市民を強く結び付けている戦争の破壊という暗い側面をもつ歴史でもある。そこで、いつまでも文化を衝突させるのではなく、文化の多様性と文化それぞれの豊かさを発展させて巡り合わせるということがわれわれ共通の任務となるのではないであろうか。

その意味で、中曽根首相とコール首相が1983年にベルリン日独センターをつうじて日本とヨーロッパの学術および経済の出会いの場を創設すると決断されたことは正しいし、先見の明があったといえる。ベルリン日独センターの協力で定期的にベルリンで開催される日独対話フォーラムは、特に両国が将来の国際協調関係のなかで演じていかなければならない新しい役割を明らかにすることを目指している。その際、東京とベルリンは一段と責任ある地位を占めることになろう。

そのためには、両都市が自らの持つ国際的次元を自覚することが大切だ。ベルリンの価値は――とりわけプロシアがそうだったが――その国際

Am Ende dieses Jahrhunderts werden weltweit mehr Menschen in Städten leben als auf dem Land. Ob sie dabei alle ihr Glück machen, ist nicht sicher. Gewiß aber ist, daß das politische und gesellschaftliche Schicksal der Nationen von der Lebensfähigkeit, der Dynamik und der Kultur der Städte abhängt.

Deutschland und Berlin, Japan und Tôkyô klingen zusammen – und nun tönen auch Berlin und Tôkyô in der Harmonie der Partnerschaft. Diese Partnerschaft ist Symbol für die großen, weltumspannenden Gemeinsamkeiten, die unsere Völker verbinden. Auf ganz natürliche Weise sind es die ökonomischen Kontakte und Verflechtungen, welche die Nähe der beiden Metropolen charakterisieren – aller geographischen Distanz zum Trotz.

Doch ist es auch die Geschichte mit ihren leuchtenden Seiten geistigen Austauschs und wissenschaftlicher Kooperation einerseits, mit ihren dunklen Seiten kriegerischer Zerstörung andererseits, die eine tiefere Verbindung zwischen den Städten und ihren Bewohnern herstellt. Und bleibt es nicht unsere gemeinsame Aufgabe, statt des Aufeinanderpralls der Kulturen ihre Diversität und ihren jeweiligen Reichtum zu entfalten und zusammenzuführen?

In diesem Sinne war die Entscheidung der beiden Regierungschefs Nakasone und Kohl aus dem Jahr 1983 richtig und weitsichtig, durch das Japanisch-Deutsche Zentrum Berlin ein Forum der wissenschaftlichen und wirtschaftlichen Begegnung zwischen Japan und Europa zu schaffen. Das mit dem Japanisch-Deutschen Zentrum Berlin verbundene und regelmäßig in Berlin tagende Deutsch-Japanische Dialogforum will insbesondere die neue Rolle herausarbeiten, die beide Staaten im internationalen Konzert der Zukunft spielen müssen. Tôkyô und Berlin werden dabei eine zunehmend verantwortungsvolle Position einnehmen.

Dafür ist es wichtig, daß sich beide Städte ihrer internationalen Dimension bewußt sind. Berlin – und das galt vor allem auch für Preußen – verdankte seine Bedeutung seiner Internationalität. Heute haben sich neue Horizonte aufgetan – insbesondere im angrenzenden Osteuropa, aber auch im fernen Asien. Auf diese Weise können Berlin und Tôkyô Eckpfeiler in der Triade Europa-Amerika-Asien werden.

性に依るところが大きかった。現在、新しい地平が開けている。それは特に隣接する東ヨーロッパであり、遠方のアジアである。したがって、ベルリンと東京はヨーロッパ・アメリカ・アジアの三極における拠点となり得る。再編成される世界秩序において、両都市には特別の意味が与えられるであろう。

そうなると、いわゆる大政治だけでは不充分である。都市は、昔から市場のある場であり、親しい人々や未知の人々と出会い、自分のアイデンティティを確認する場であった。地域や国と比べると小さな空間だが、都市においてこそ人々は自分が誰であり、自分に似たように見えるもの、違うように見えるものは何なのかを体験する。ベルリンや東京のような都市では、市民は田舎におけるよりもはるかに凄まじい戦争の破壊を体験した。人々は想像もつかない行動力で再建にとりかかった。人々は現在、巨大都市の生存能力を巡り、また個人と家族の間では人間的欲求のバランスを巡り、繁殖する都市の技術的機能条件を巡って戦っている。

東京とベルリンは21世紀に入る過程において国独自がもつ都市と田舎、自然と文化、宗教と学問、芸術と経済のそれぞれの関係を維持させるばかりでなく、発展させなければならないことを自覚している。発展させるとは、市民生活の世界において新しいバランスをもたせるということだ。そうすれば、あまりにも早い変化が日本やドイツを襲っているが、東洋の知恵に感銘したわが国のある偉大な自然哲学者が命名した如く「人間的なるものの庭」のなかでその空気を吸い、ぜいたくな都会性という宝物をしっかりと掴むことができるようになる。

Ihr wird in der sich neu formierenden Weltordnung eine besondere Bedeutung zukommen.

Die sogenannte große Politik reicht dafür nicht aus. Städte sind seit je Orte des Marktes, der Begegnung mit Vertrautem und Fremdem, der Vergewisserung eigener Identität. Hier – auf kleinem Raum im Vergleich zu Region oder Nation – erfahren die Menschen, wer sie sind, was ihnen ähnlich und was ihnen fremd erscheint. In den Städten, in Berlin wie in Tôkyô, erfuhren die Bewohner den zerstörerischen Krieg noch weit grausamer als auf dem Lande; sie packten den Wiederaufbau an mit ungeahnter Tatkraft; sie kämpfen heute um die Lebensfähigkeit ihrer Megalopolis, um das Gleichgewicht zwischen den humanen Bedürfnissen der Einzelnen und der Familie, um die technischen Funktionsbedingungen des wuchernden Stadtkörpers.

Beide Städte wissen, daß auf dem Weg ins 21. Jahrhundert das in unseren Ländern je eigene Verhältnis von Stadt und Land, Natur und Kultur, Religion und Wissenschaft, Kunst und Wirtschaft sowohl bewahrt als auch entfaltet werden muß – entfaltet zu neuen Balancen in den Lebenswelten der Bürger. Bei allem rasanten Wandel, der Japan wie Deutschland erfaßt, kann so im "Garten des Menschlichen", wie es ein großer, von östlicher Weisheit ergriffener Naturphilosoph unseres Landes genannt hat, die Luft zum Atmen erhalten und der Schatz kostbarer Urbanität gehegt werden.

Autoren

アストリット・ブロッホロース（ベルリン）ベルリン・フン
ボルト大学、日本言語文化センター助手

ティーロ・クラーフ＝ブロックドルフ（ベルリン）ベルリン
日独センター事務総長（1985年就任）

ウィンフリート・フリュヒター（デュースブルク）ゲルハル
ト・メルカトール大学＝デュースブルク綜合大学化学・地理
学部教授、東アジア研究所所長。日本の地理学、なかでも都
市計画を中心に研究

ケッツ・フリードリッヒ（ベルリン）ベルリン・ドイツオペ
ラ総監督。ベルリン日独センター評議員（1985年就任）

エーバハルト・フリーセ（ボッフム）ボッフム大学「日本図
書館」館長。日本学研究者。桑原節子と共編の『エミール・
オルリク〈日本便り〉』（1996年）他日欧文化交流史に関す
る著作多数

藤井久栄（東京）美術史家、美術評論家。筑波大学美術学系
教授（美術史・美術論）1996年退官。『恩地孝四郎と〈月映〉』
他、近・現代美術史、特に近代日本版画史について著作多数

マリー＝ルイーゼ・ケールケ（ベルリン）ベルリン自由大学
日本学卒業（修士号取得）。放送作家

ギュンタ・ハーシュ（ベルリン）東京ドイツ学園副校長
（1963年～1968年）。ベルリン州学校庁「テストモデル」
課長として「日本語教材テストモデル」を担当する他日本関
連プロジェクト担当、1995年退職。ベルリン独日協会会長
（1986年就任）

アネッテ・ハック（ベルリン）ボッフム大学で日本学、歴史
学を修める（修士号取得）。翻訳業。著筆業。代表著書は
ギュンタ・ハーシュ編《独日協会の昔と今》（1996年）の
第1章～第5章。本書寄稿文に登場する独日協会ハック事
務局長は大伯父

ハネローレ・ヘーゲル（ベルリン）ベルリン州学術・研究・
文化庁、国際問題課長

平井正（東京）立教大学文学部ドイツ文学科教授（ドイツ語
講読・ドイツ文学特講）1994年退官。ベルリン関連著作に
『ベルリン　1918-1922　悲劇と幻影の時代』『ベルリン
1923-1927　虚栄と倦怠の時代』『ベルリン　1928-1933
破局と転換の時代』（1981年～1985年）がある

ハンス＝ティータ・イェーガ（ベルリン）東ドイツ外務省に
入省後、2度にわたり日本に駐在（1974年～1976年、
1981年～1988年）、1982年～1988年は駐日大使

ケルハルト・クレーブス（ポツダム）太平洋戦争以前の日本
の対独政策でフライブルク大学で博士号取得（1982年）。ド
イツ＝日本研究所研究員（1990年～1995年）。1996年に
連邦国防省軍事史研究局に学術所員として入る。1933年以
降の日独関係に関する著作多数

桑原節子（ベルリン）ベルリン日独センター、ドキュメン
テーション・図書部部長。美術史家。エーバハルト・フリー

Brochlos, Dr. Astrid, Wissenschaftliche Assistentin, Zentrum für
Sprache und Kultur Japans, Humboldt-Universität zu Berlin

Brockdorff, Dr. Thilo Graf, seit 1985 Generalsekretär, Japanisch-
Deutsches Zentrum Berlin (JDZB)

Flüchter, Prof. Dr. Winfried, Geschäftsführender Direktor, Institut für Ostasienwissenschaften, Fachbereich Chemie - Geographie, Gerhard - Mercator Universität - Gesamthochschule Duis-
burg, zahlreiche Veröffentlichungen zur Stadtplanung

Friedrich, Prof. Götz, Generalintendant, Deutsche Oper Berlin;
Mitglied des Stiftungsrats des JDZB seit 1985

Friese, Dr. Eberhard, Bibliotheksleiter, Japanische Bibliothek,
Universität Bochum, zahlreiche Arbeiten zur europäisch-japanischen Kulturgeschichte, zuletzt *Emil Orlik. Briefe aus Japan* (1996,
japanisch), Hrg. zus. mit Kuwabara Setsuko

Fujii Hisae, Professorin an der Universität Tsukuba bis 1996;
Kunsthistorikerin

Goerke, Marie-Luise, Japanologin und Hörfunkautorin, Berlin

Haasch, Dr. Günther, seit 1986 Präsident der Deutsch-Japanischen Gesellschaft Berlin; war bis 1995 in der Berliner Senatsverwaltung für das Schulwesen als Referatsleiter u.a. zuständig für
japanbezogene Projekte, 1963-68 Stellvertretender Leiter der
Deutschen Schule Tôkyô-Omori

Hack, Annette, Japanologin, Autorin und Übersetzerin, Berlin;
Großnichte des im Buch erwähnten DJG-Generalsekretärs Hack.
Autorin von Kap. 1-5 in Günter Haasch *Die Deutsch Japanischen
Gesellschaften von 1888 bis 1996* (1996)

Hegel, Dr. Hannelore, Leiterin des Referats für internationale Angelegenheiten, Senatsverwaltung für Wissenschaft, Forschung und
Kultur, Berlin

Hirai Tadashi, bis 1994 Professor am Germanistischen Seminar,
Rikkyô Universität, Tôkyô; Berlinspezialist und u.a. Verfasser eines
dreibändigen Werks über Berlin

Jäger, Hans-Dieter, Botschafter a.D., 1974-76 und 1981-88 an der
Botschaft der DDR in Japan, davon 1982-88 als Botschafter, Berlin

Krebs, Dr. Gerhard, seit 1996 Militärgeschichtliches Forschungs-
amt, Potsdam. Dissertation über Japans Deutschlandpolitik vor
dem Pazifischen Krieg (Universität Freiburg), 1990-95 Wissenschaftlicher Mitarbeiter am Deutschen Institut für Japanstudien

Kuwabara, Dr. Setsuko, Leiterin der Abteilung Bibliothek und
Dokumentation, Japanisch-Deutsches Zentrum Berlin, Kunsthistorikerin. *Emil Orlik. Briefe aus Japan* (1996, japanisch), Hrg.
zus. mit Eberhard Friese

Leims, Prof. Dr. Thomas, Departement of Asian Languages and
Literatures, Chair in Japanese, University of Auckland

Masai Yasuo, Prof. Dr. Dr., Departement of Geography, Risshô
University, Tôkyô

ゼと共編の『エミール・オルリク〈日本便り〉』（1996年）
他ジャポニズム関係著作がある
トーマス・ライムス（オークランド）オークランド大学アジ
ア言語・文学部日本学講師。日本関連の著作多数
正井泰夫（東京）立正大学文学部地理学科教授（都市地理学）
ハインツ＝エーバハルト・マウル（ボン）東京の防衛庁防衛
研究所で学び（1984年～）、その後在日ドイツ大使館駐在武
官として勤務（～1990年）、1992年4月に大佐として退官
後ボン大学日本学部の講師に就任
エッカルト・モンバー（京都）京都産業大学外国語学部ドイ
ツ語学科教授（ドイツ語）。ドイツ人による日本旅行・滞在
記を収集・研究
ヴォルフガンク・ナウヨカト（ベルリン）
ベルリン・ティアーガルテン区区長（1995年退任）
小野田隆（東京）東京新宿区区長
尾崎眞人（東京）板橋区立美術館主任学芸員。美術史家。共
著の『キュビズムと抽象美術』（1996年）等、日本の前衛美
術について著作多数
ペーター・ペルトナー（ミュンヘン）ルードヴィッヒ・マキ
シミリアム大学、日本センター所長。著書に《フリッツ・ル
ンプとパンの会》、ハルトムート・ヴァルラーヴェンス編
〈お前は熱くおれ達の心が分る――日独文化関係の狭間に見
るフリッツ・ルンプ（1888年～1949年）〉所取（1989年）、
近著にイェンス・ハイゼと共著の《日本の哲学――誕生から
現在まで》（1995年）がある。多和田葉子の著作を翻訳
エッツァルト・ロイター（シュトゥットガルト）1964年に
㈱ダイムラーベンツ社に入社、代表取締役、監査役会を歴
任。現在はバンクゲゼルシャフト・ベルリンとドイツ・エア
バス・インダストリーズの代表取締役。ベルリン日独センタ
ー評議員（1985年就任）。日独対話フォーラム・ドイツ側座
長（1996年就任）
ハイケ・ショッヘ（ケルン）ベルリン・フンボルト大学日本
学卒業（博士号取得）。通訳業。翻訳業。森鷗外著『独逸日
記』（1992年）をはじめ日本文学多数を独訳、現在司馬遼太
郎の作品を翻訳中
田山輝明（東京）早稲田大学法学部教授（民法）
ハルトムート・ヴァルラーヴェンス（ベルリン）ベルリン国
立図書館圏外書誌調査部部長、司書。日欧および欧亜文化交
流に関する著作多数
ウルリッヒ・ワッテンベルク（ベルリン）ドイツ国立情報処
理研究所、情報工学研究センター。ドイツ国立情報処理研究
所の東京事務所所長として16年間日本に滞在していたころ
より日本史および日独文化交流に関する研究に着手、著作多
数。ベルリン独日協会事務局長（1993年就任）
フランク・ヴィッテンドルファー（ミュンヘン）㈶シーメ
ンス、シーメンス博物館・企業コミュニケーション部

Maul, Heinz Eberhard, Oberst a.D., Lehrbeauftragter an der Universität Bonn am Japanologischen Seminar. 1984-90 Studium am Nationalen Institut für Verteidigungsstudien des japanischen Verteidigungsamtes in Tôkyô und anschließend Militärattache der Botschaft der Bundesrepublik Deutschland in Tôkyô

Momber, Prof. Dr. Eckhardt, Lektor, Fachbereich Fremdsprachen, Abteilung Deutsch, Sangyô Universität Kyôto, Japan; beschäftigt sich mit deutschen Japanreisenden

Naujokat, Wolfgang, bis 1995 Bezirksbürgermeister, Berlin-Tiergarten

Onoda Takashi, Bezirksbürgermeister, Shinjuku, Tôkyô

Ozaki Masato, Kurator, Itabashi Art Museum, Tôkyô. Veröffentlichungen über japanische Avantgardekunst

Pörtner, Prof. Dr. Peter, Leiter des Japan-Zentrums der Ludwig-Maximillians-Universität München. *Fritz Rumpf und die Pan no kai.* In: Hartmut Walravens (1989) *Du verstehst unsere Herzen gut. Fritz Rumpf (1888-1949) im Spannungsfeld der deutsch-japanischen Kulturbeziehungen*, Ko-Autor mit Jens Heise (1995) *Die Philosophie Japans –Von den Anfängen bis zur Gegenwart*

Reuter, Edzard, Vorstandsvorsitzender, Daimler Benz AG (1987-95), Aufsichtsratsvorsitzender von Airbus Industries und der Bankgesellschaft Berlin, Mitglied des Stiftungsrats des JDZB seit 1985, Deutscher Ko-Vorsitzender des Deutsch-Japanischen Dialogforums seit 1996

Schöche, Dr. Heike, Japanologin, Übersetzerin und Dolmetscherin, Köln. Herausgeberin und Übersetzerin von Mori Ôgai (1992) *Deutschlandtagebuch*

Tayama Teruaki, Prof. Dr., Juristische Fakultät der Waseda Universität, Tôkyô

Walravens, Dr. Hartmut, Leitender Bibliotheksdirektor, Leiter der Abteilung Überregionale Bibliographischer Dienste der Staatsbibliothek zu Berlin, Veröffentlichungen über europäisch-japanische Kulturbeziehungen

Wattenberg, Ulrich, GMD-First, Berlin. Langjähriger Leiter des Büros der Gesellschaft für Mathematik und Datenverarbeitung Tôkyô; seit 1993 Geschäftsführer der DJG Berlin; Veröffentlichungen zu den deutsch-japanischen Kulturbeziehungen

Wittendorfer, Dr. Frank, Unternehmenskommunikation Siemens Museum, Siemens AG München

独文和訳

藤野哲子：ブロックドルフ、ディープゲン、ナウヨカト
ICH Industrieanlagen Consulting & Handel GmbH：
ハーシュ（第4章）、ハック、クレープス、ロイター
十見容子：ブロッホロース＆ヘーゲル、フリュヒター、フリードリッヒ、イェーガ、桑原、ライムス（第2章）
須本由貴子：フリーゼ、ゲールケ（全章）、ハーシュ（第1章、第3章）、ライムス（第4章）、マウル、モンバー、ペルトナー、ショッヘ、ヴァルラーヴェンス、ワッテンベルク、ヴィッテンドルファー

和文独訳

インケ・ホッフナー：青島、(財)日独協会
オットー・プッツ：尾崎
ベルント・リースラント：藤井、田山
ハンス・ティール：平井、正井、小野田、(有)ソニー・ベルリン

Deutsch–Japanisch

Fujno Akiko: Brockdorff, Diepgen, Naujokat
ICH Industrieanlagen Consulting & Handel GmbH:
Haasch (Kap. 4), Hack, Krebs, Reuter
Yôko Jûmi-Gleiter: Brochlos und Hegel, Flüchter, Friedrich, Jäger, Kuwabara, Leims (Kap. 2)
Yukiko Sumoto-Schwan: Friese, Goerke, Haasch (Kap. 1 und 3), Leims (Kap. 4), Maul, Momber, Pörtner, Schöche, Walravens, Wattenberg, Wittendorfer

Japanisch–Deutsch

Inge Hoppner: Aoshima, JDG
Otto Putz: Ozaki
Bernd Rießland: Fujii, Tayama
Hans Thiel: Hirai, Masai, Onoda, Sony

写真・図版提供

30頁、101頁、118頁、119頁、120頁、121頁、122頁、124頁、127頁、138頁、141頁、155頁、157頁、274頁、344頁、345頁、350頁、351頁、358頁および359頁掲載の写真等の著作権保有者は残念ながら判明しなかった。したがって、これらに関しては出典または写真保有者の名を挙げる。（五十音順、敬称略）

「アサヒグラフ」（201）

「朝日新聞」（199）

朝日新聞社編『甦る幕末——オランダで保存されていた800枚の写真から』（1986年）（127）

イェーガ、ハンス＝ディータ（341）

ヴァルラーヴェンス、ハルトムート編《お前は熱くおれ達の心が分る——日独文化関係の狭間に見るフリッツ・ルンプ（1888年〜1949年）》（1989年）（138、141）

ウルシュタイン資料サービス（165（2枚）、215、309、320、328上、335中と下）

大塚工藝社（287）

岡本尭雄（112）

鹿島建設（342）

京都工芸繊維大学（204）

京都国立近代美術館（271）

久米美術館（64、65、66、68）

ケルン大学演劇学資料館（153、156、159（2枚）、162、164、174）

ゴーヴァス、ヒロコ（163）

神品芳夫他編『日本におけるドイツ語文化回顧展——ＩＶＧ東京大会記念展覧会』（1990年）（12、18（2枚）、24、32、72、73、75、91、98）

個人蔵（匿名）（275、277、288）

コブレンツ連邦公文書館（84、85、88（2枚）、89、247、278、312）

塩田道夫著『上野駅物語』（1982年）（123）

ジーゲルト、ディートマ（53（2枚））

シーメンス博物館（183、184、185、186、187、189、190）

シモンズ、ペン（25、322、327（2枚）、329（2枚）、330上、331、336）

少林山達磨寺タウト展示室（128、129）

新宿区役所（427、429、432）

セゾン美術館（340）

ソニー・ベルリン（423、424、426）

『大正デモクラシー』「日本人の98年」第10号所収（1972年）（120）

〈第三帝国の芸術〉第7年第2号（1943年2月）（344、345）

帝京大学ベルリンキャンパス（392（2枚））

Bildnachweis

Leider konnten die Urheber der Abbildungen S 30, 101, 118, 119, 120, 121, 122, 124, 127, 138, 141, 155, 157, 274, 344, 345, 350, 351, 358, 359 nicht ermittelt werden. Hier ist deshalb nur der Fundort bzw. der Bildgeber angegeben.

Akademie der Künste (1985) *"... Ich werde Deinen Schatten essen". Das Theater des Fernen Ostens.* S 157

Architekten-Verein zu Berlin (1877) *Berlin und seine Bauten.* S 62, 63, 67

Asahi Gurafu. S 201

Asahi Shimbun. S 199

Asahi Shimbun Hrg. (1986) *Yomigaeru Bakumatsu.* S 127

Berliner Festspiele. S 352

Berliner Verkehrsbetriebe (BVG). S 114, 115, 116

Bildarchiv Preußischer Kulturbesitz. S 80, 81, 92 (beide), 93 (beide), 94 (beide), 96 (u), 98, 146, 149, 194, 195, 196 (2 x klein o), 208, 213 (3x), 276, 277 (u), 279, 311, 315, 316 (3x), 317 (3x), 318 (2x), 319 (2x), 320 (2xo)

Borensztajn-Tikotin, H.. S 278 (o)

Brenn, Wolfgang. S 398, 402

Bundesarchiv Koblenz. S 84, 85, 88 (2x), 89, 247, 278, 312

Bundesarchiv Potsdam (Auswärtiges Amt, Politisches Archiv). S 86, 87

Deutsch-Japanische Gesellschaft Berlin. S 250, 251

Deutsche Schule Tôkyô-Yokohama. S 381, 383

Die Kunst im Deutschen Reich, 7. Jg., Folge 2, Februar 1943. S 344, 345

Domon Ken Kinenkan. S 216, 313, 324, 328

Fischer, Frieda (1942) *Chinesisches Tagebuch. Lehr- und Wanderjahre.* S 274,

Freunde der Deutschen Kinemathek. S. 166, 168

Goethe-Institut Tôkyô. S 364, 365

Govaers, Hiroko. S 163

Haber L. / Friese, Eberhard. S 236 (r), 293

Hibiya Bijutsukan. S 145

Hirai Tadashi. S 118, 119, 121, 124

Hoshi Universität Tôkyô / Eberhard Friese. S 234, 235 (2x), 236 (l), 237, 238, 239, 240, 241 (2x), 242 (o), 295, 296

Hyôgo Kenritsu Kindai Bijutsukan S 407

Institut für Auslandsbeziehungen, Württembergischer Kunstverein (1987) *Exotische Welten – Europäische Phantasien.* S 101, 155 (3x)

IVG-Kongreß in Tôkyô, Ausstellungskatalog (1990). S 12, 18 (2x), 24, 32, 72, 73, 75, 91, 98

Jäger, Hans-Dieter. S 341

Japan Airlines. S 326 (2x)

Japanisch-Deutsche Gesellschaft, Tôkyô. S 262

ベルリン州統計局（334）

ベルリン独日協会（250、251）

ベルリン日独センター（343、344上、346、347、348、430、431）

ベルリン日本人国際学校（384、385）

星薬科大学／エーバハルト・フリーゼ（234、235（2枚）、236左、237、238、239、240、241（2枚）、242上、295、296）

ポツダム連邦公文書館（連邦外務省政治資料室）（86、87）

ボッフム大学日本図書館（242下）

ボーレンシュタイン＝ティコティン、H（278上）

ボン大学日本学科（243）

正井泰夫（55、59）

マルク・ブランデンブルクとベルリンの郷土博物館（メルキシェスムゼーウム）（19、20、21、22、95、96上（2枚）、105、193、196下、197、198、206下、207（3枚）、210、211、397、401、405、406、409、410、425）

水原徳言（130、131、132、133）

村山亜土（160、161、266、268、269）

目黒区美術館（202上）

柳瀬信明（203）

ライムス、トーマス（350、351、358、359）

立命館大学国際平和ミュージアム（380）

Theaterwissenschaftliche Sammlung der Universität Köln. S 153, 156, 159 (beide), 162, 164, 174

Toda Shôichirô. S 265

Tôkyô Kokuritsu Bijutsukan. S 151

Tôkyô Kokuritsu Bunkazai Kenkyûjo. S 284

Tôkyô Metropolitan Government. S 1, 333 (u)

Ullstein Bilderdienst. S 165 (2x), 215, 309, 320, 328 (o), 335 (Mitte, unten)

Walravens, Hartmut Hrg. (1989) *Du verstehst unsere Herzen gut. Fritz Rumpf (1888–1949) im Spannungsfeld der deutsch-japanischen Kulturbeziehungen.* S 138, 141

Wissenschaftsverlag Volker Spiess, S 249

Yanase Nobuaki. S 203